ABC Astronomie

Helmut Zimmermann / Joachim Gürtler

ABC Astronomie

9. Auflage

Autoren
Prof. Dr. Helmut Zimmermann, Jena
Dr. Joachim Gürtler, Jena

Wichtiger Hinweis für den Benutzer
Der Verlag und die Autoren haben alle Sorgfalt walten lassen, um vollständige und akkurate Informationen in diesem Buch zu publizieren. Der Verlag übernimmt weder Garantie noch die juristische Verantwortung oder irgendeine Haftung für die Nutzung dieser Informationen, für deren Wirtschaftlichkeit oder fehlerfreie Funktion für einen bestimmten Zweck. Der Verlag übernimmt keine Gewähr dafür, dass die beschriebenen Verfahren, Programme usw. frei von Schutzrechten Dritter sind. Die Wiedergabe von Gebrauchsnamen, Handelsnamen, Warenbezeichnungen usw. in diesem Buch berechtigt auch ohne besondere Kennzeichnung nicht zu der Annahme, dass solche Namen im Sinne der Warenzeichen- und Markenschutz-Gesetzgebung als frei zu betrachten wären und daher von jedermann benutzt werden dürften. Der Verlag hat sich bemüht, sämtliche Rechteinhaber von Abbildungen zu ermitteln. Sollte dem Verlag gegenüber dennoch der Nachweis der Rechtsinhaberschaft geführt werden, wird das branchenübliche Honorar gezahlt.

Bibliografische Information der Deutschen Nationalbibliothek
Die Deutsche Nationalbibliothek verzeichnet diese Publikation in der Deutschen Nationalbibliografie; detaillierte bibliografische Daten sind im Internet über http://dnb.d-nb.de abrufbar.

Springer ist ein Unternehmen von Springer Science+Business Media
springer.de

9. Auflage 2008

© Spektrum Akademischer Verlag Heidelberg 2008
Spektrum Akademischer Verlag ist ein Imprint von Springer

08 09 10 11 12   5 4 3 2 1

Das Werk einschließlich aller seiner Teile ist urheberrechtlich geschützt. Jede Verwertung außerhalb der engen Grenzen des Urheberrechtsgesetzes ist ohne Zustimmung des Verlages unzulässig und strafbar. Das gilt insbesondere für Vervielfältigungen, Übersetzungen, Mikroverfilmungen und die Einspeicherung und Verarbeitung in elektronischen Systemen.

Planung und Lektorat: : Katharina Neuser-von Oettingen, Dr. Meike Barth
Herstellung: Katrin Frohberg
Umschlaggestaltung: Spiesz Design, Neu-Ulm
Titelfotografie: NASA
Satz: TypoDesign Hecker, Leimen
Druck und Bindung: Krips b.v., Meppel

Printed in The Netherlands
ISBN 978-3-8274-1712-1

Vorwort zur neunten Auflage

Beinahe ein halbes Jahrhundert ist vergangen, seit dieses Buch zum ersten Mal erschien. Das allgemeine Interesse an der Astronomie ist nach wie vor hoch, und auch die Aufbereitung des astronomischen Wissens in Form eines Lexikons scheint uns nichts von ihrer Attraktivität verloren zu haben.

Das Erscheinen der achten Auflage liegt 13 Jahre zurück. Auch in diesem Zeitraum hat die astronomische Forschung – nicht zuletzt durch eine beeindruckende Erweiterung der Beobachtungsmöglichkeiten – wieder bedeutende Fortschritte gemacht, wodurch eine gründliche Durchsicht und Bearbeitung des Buches erforderlich wurde. Um Platz für Neues zu schaffen, haben wir manches, was uns nicht mehr aktuell oder aber entbehrlich erschien, gestrichen oder gekürzt. Wir hoffen, dass der Leser trotzdem alles Wesentliche, was die Astronomie als Ganzes und die Astrophysik im Besonderen heute ausmacht, in verständlicher und ausgewogener Form vorfindet.

Allen, die – früher oder jetzt, als Leser, Freunde oder Fachkollegen – durch Ratschläge, kritische Bemerkungen und großzügige Hilfe das Buch gefördert haben, sei an dieser Stelle vielmals gedankt. Dem Verlag danken wir für die schnelle und umsichtige Herausgabe. Unser besonderer Dank gilt aber unseren Frauen, ohne deren Verständnis, Geduld und Anteilnahme weder die früheren Ausgaben noch die vorliegende Wirklichkeit geworden wären.

Jena, im April 2008   J. Gürtler   H. Zimmermann

Vorwort zur ersten Auflage

Das allgemeine Interesse an astronomischen Fragen hat, was wohl von allen Astronomen begrüßt wird, in jüngster Zeit stark zugenommen. Dabei wurden aber auch zwei bedauerliche Mängel offenbar: Die weithin anzutreffende Unkenntnis auch einfacher astronomischer Dinge und das Fehlen von allgemeinverständlicher Literatur, die auch modernste Forschungsergebnisse berücksichtigt. Das vorliegende Buch soll helfen, die Lücke zu füllen. Es liegt wohl heute im Interesse der meisten Leser, auf eine auftauchende Frage die Antwort möglichst schnell zu finden, ohne erst längere Kapitel eines Lehrbuches studieren zu müssen. Dem kommt, so glauben wir, die hier gewählte Form eines Lexikons besonders entgegen. Das Berücksichtigen moderner, noch im Fluß befindlicher Untersuchungen birgt stets den Nachteil in sich, daß gewissen Aussagen in Kürze überholt sind. Andererseits sind es gerade diese Probleme, die den Laien am meisten interessieren. Um dem Rechnung zu tragen, mußte das Buch in kürzester Frist fertiggestellt werden; auch hierfür hat sich der Verlag in dankenswerter Weise ständig eingesetzt. Die Kürze der zur Verfügung stehenden Zeit erhöhte nicht unbeträchtlich die Schwierigkeiten, die sich bei der Darstellung einer so großen Stofffülle für nur zwei Autoren ergeben. Hätten wir geahnt, wie groß die Schwierigkeiten sind, wir hätten uns wahrscheinlich nicht mit so jugendlichem Eifer in die Bearbeitung gestürzt. Wir danken Herrn Prof. Dr. H. Lambrecht für sein großzügiges Entgegenkommen und für die ständige freundliche Unterstützung während der Arbeit an diesem Buch.

Jena, im Juli 1960   A. Weigert   H. Zimmermann

Hinweise zur Benutzung des Lexikons

Die Stichwörter sind nach dem Alphabet angeordnet und durch **halbfette Grundschrift** hervorgehoben. Synonyme zum Stichwort (Wörter mit gleicher Bedeutung wie das Stichwort) sowie Begriffe, die hervorgehoben werden sollen, sind in ***halbfetter Kursivschrift*** gedruckt. Zur sachlichen Gliederung der Artikel dient S p e r r - d r u c k , zur Hervorhebung bestimmter Begriffe *kursive Schrift*. In der ABC-Folge gelten die Umlaute ä, ö, ü wie die einfachen Buchstaben a, o, u. Wörter, die man unter C vermisst, suche man je nach der Aussprache unter K oder Z und umgekehrt. Wörter, die man unter F vermisst, suche man unter Ph.
Sternnamen u. Ä., die mit einem griechischen Buchstaben beginnen, suche man unter der deutschen Umschrift dieses Buchstabens, z. B. δ-Cephei-Sterne unter Delta-Cephei-Sterne.

Abkürzungen und Zeichen
(außer den üblichen physikalischen Einheitenzeichen)

a	= Jahr(e)	im Allg.	= im Allgemeinen	s.	= siehe
Abb.	= Abbildung	insbes.	= insbesondere	*Sing*	= Singular
abg.	= abgekürzt	Jh.	= Jahrhundert	s. o.	= siehe oben
Abk.	= Abkürzung	Kurzz.	= Kurzzeichen	sog.	= sogenannt
bes.	= besonders	*m*	= Maskulinum	s. u.	= siehe unten
bzw.	= beziehungsweise	^{m}	= Größenklasse	svw.	= soviel wie
d	= Tag(e)	mag	= Größenklasse	Tab.	= Tabelle
d. h.	= das heißt	Mio.	= Million(en)	u. a.	= unter anderem
f	= Feminium	min	= Minute(n)	u. Z.	= unserer Zeitrechnung
geb.	= geboren	Mrd.	= Milliarde(n)	vgl.	= vergleiche
Gen.	= Genitiv	*n*	= Neutrum	v. Chr.	= vor Christus
gest.	= gestorben	*Plur.*	= Plural	z. B.	= zum Beispiel
h	= Stunde(n)	Prof.	= Professor	z. T.	= zum Teil

Sind die Kurzzeichen ^{h}, ^{min} und ^{s} hochgestellt, so ist ein Zeitpunkt (oder eine Koordinate) angegeben, stehen sie in gleicher Höhe mit den vorangehenden Zahlen, so ist eine Zeitdauer gemeint. Ein hochgestelltes ^{m} in Verbindung mit einer Zahl gibt einen bestimmten Zahlenwert innerhalb einer Größenklassenskala an; eine Helligkeitsdifferenz wird durch die Zahlenangabe mit nachgestelltem mag ausgedrückt. Die übliche Bedeutung haben °Grad, ′ Winkelminute, ″ Winkelsekunde.

Hinsichtlich der Bedeutung der astronomischen Zeichen s. das Stichwort Zeichen.

→ Der Verweispfeil wird in zwei Bedeutungen verwendet, einerseits als lexikographischer Verweis, andererseits fordert er auf, das dahinterstehende Wort nachzuschlagen, um weitere Auskünfte zu finden.
[ ] In eckigen Klammern stehen Worterklärungen zum vorangehenden Begriff.

Alb<u>e</u>do. Der Strich unter dem e bedeutet, dass auf diesem Buchstaben die Betonung des Wortes liegt.

Sehr kleine und sehr große Zahlen werden häufig in Potenzform geschrieben, also z.B. $3\,000\,000 = 3 \cdot 10^6$; $3/1\,000\,000 = 3 \cdot 10^{-6}$. Darüber hinaus werden zur Bildung dezimaler Vielfachen oder Teilen von Einheiten die folgenden Vorsätze benutzt:

Vorsilbe	Zeichen	Faktor	Vorsilbe	Zeichen	Faktor
Giga	G	10^9	Dezi	d	10^{-1}
Mega	M	10^6	Zenti	c	10^{-2}
Kilo	k	10^3	Milli	m	10^{-3}
Hekto	h	10^2	Mikro	μ	10^{-6}
			Nano	n	10^{-9}

Einige wichtige Größen

π	3,14159...
e (Basis der natürlichen Logarithmen)	2,71828...
1 Radiant (Bogenmaß)	57,2958° = 206264,8″
1° entspricht im Bogenmaß	$1,74533 \cdot 10^{-2}$ rad
1′ entspricht im Bogenmaß	$2,90888 \cdot 10^{-4}$ rad
1″ entspricht im Bogenmaß	$4,84814 \cdot 10^{-6}$ rad
Zahl der Quadratgrad an der Himmelskugel	41252,96

Lichtgeschwindigkeit	c	$= 2,998 \cdot 10^8$ m·s^{-1}
Gravitationskonstante	G	$= 6,673 \cdot 10^{-11}$ N·m^2·kg^{-2}
Planck'sches Wirkungsquantum	h	$= 6,626 \cdot 10^{-34}$ J·s
Boltzmann-Konstante	k	$= 1,380 \cdot 10^{-23}$ J·K^{-1}
Stefan-Boltzmann-Konstante	σ	$= 5,670 \cdot 10^{-8}$ J·m^{-2}·s^{-1}·K^{-4}
Elektronenmasse	m_s	$= 9,109 \cdot 10^{-31}$ kg
Protonenmasse	m_P	$= 1,672 \cdot 10^{-27}$ kg
Elektronenvolt	1 eV	$= 1,602 \cdot 10^{-19}$ J
Astronomische Einheit	1 AE	$= 1,4960 \cdot 10^{11}$ m
Parsec	1 pc	$= 3,0856 \cdot 10^{16}$ m = 206265 AE
		$= 3,2615$ L$_j$
Lichtjahr	1 L$_j$	$= 9,4606 \cdot 10^{15}$ m = 63240 AE
		$= 0,3068$ pc

Sonnenmasse	$1989 \cdot 10^{30}$ kg
Sonnenradius	$6,960 \cdot 10^8$ m
Sonnenleuchtkraft	$3,847 \cdot 10^{26}$ W
Erdmasse	$5,974 \cdot 10^{24}$ kg
Erdradius (Äquatorradius)	$6,378 \cdot 10^6$ m
Schiefe der Ekliptik (2000.0)	23°26′21,45″
Sterntag	$8,6164 \cdot 10^4$ s (Sonnenzeit)
Sonnentag	$8,6400 \cdot 10^4$ s
	$= 8,6637 \cdot 10^4$ s (Sternzeit)
Tropisches Jahr	$3,1557 \cdot 10^7$ s
Siderisches Jahr	$3,1558 \cdot 10^7$ s

Griechisches Alphabet

Name des Buchstabens	Zeichen des Groß- und Kleinbuchstabens		Deutsche Umschrift	Name des Buchstabens	Zeichen des Groß- und Kleinbuchstabens		Deutsche Umschrift
Alpha	A	α	a	Ny	N	ν	n
Beta	B	β	b	Xi	Ξ	ξ	x
Gamma	Γ	γ	g	Omikron	O	o	o
Delta	Δ	δ	d	Pi	Π	π	p
Epsilon	E	ε	e	Rho	P	ρ	r(h)
Zeta	Z	ζ	z	Sigma	Σ	σ	s
Eta	H	η	e	Tau	T	τ	t
Theta	Φ	ϑ	th	Ypsilon	Y	υ	y
Jota	I	ι	I	Phi	Θ	φ	ph
Kappa	K	κ	k	Chi	X	χ	ch
Lambda	Λ	λ	l	Psi	Ψ	ψ	ps
My	M	μ	m	Omega	Ω	ω	o

A

a, Einheitenzeichen für Jahr.
Å, Einheitenzeichen für → Ångström.
A-Band, von J. Fraunhofer (1787–1826) so bezeichnete breite, bei geringer spektraler Auflösung unaufgelöste, bei etwa 760 nm liegende Absorptionsbande im Sonnenspektrum. Verursacht wird das Band durch eine Gruppe dicht beieinanderliegender, von Sauerstoffmolekülen in der Erdatmosphäre dem Sonnenspektrum aufgeprägten Absorptionslinien.
Abbildungsfehler, → Fernrohr.
Abell-Galaxienhaufen [benannt nach dem amerikan. Astronomen G. O. Abell, 1927–1983], ein Galaxienhaufen hoher Konzentration, der von mindestens 50 Sternsystemen gebildet wird.
Abend, die Zeit um den Sonnenuntergang.
Abendhauptlicht, → Zodiakallicht.
Abendstern, *Hesperus*, der Planet Venus, wenn er östlich der Sonne steht und in der noch hellen Abenddämmerung mit bloßem Auge vor dem Sichtbarwerden der Sterne gesehen werden kann.
Abendweite, der längs des wahren Horizonts vom Westpunkt aus gemessene Winkel bis zum Untergangspunkt eines Gestirns.
Aberration, *1)* zwei Bildfehler bei einem → Fernrohr. *2)* eine infolge der endlichen Lichtgeschwindigkeit und der Bewegung des Beobachters hervorgerufene scheinbare Ortsveränderung der Gestirne. Das von einem Gestirn S auf den Mittelpunkt O des Objektivs eines Fernrohrs fallende Licht benötigt eine gewisse Zeit, um zum Mittelpunkt M des Okulars zu gelangen (Abb. 1). Verschiebt sich während dieser Zeit das Fernrohr infolge

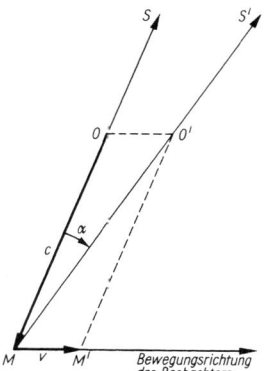

Abb. 1: Zur Aberration des Lichts. Erläuterungen im Text

der Bewegung der Erde in eine Richtung, die nicht mit der zum Gestirn zusammenfällt, trifft das Licht nicht den Punkt M, da dieser bis zum Punkt M′ gewandert ist. Um dennoch den Mittelpunkt M zu treffen, muss die Richtung des Lichtstrahls mit der optischen Achse des Fernrohrs zusammenfallen, diese ist demzufolge um den Winkel α in Richtung der Bewegungsrichtung der Erde zu drehen. Der Mittelpunkt des Objektivs liegt dadurch bei O′, während der Mittelpunkt des Okulars sich noch in M befindet. Das Licht scheint nicht von S, sondern aus der um den *Aberrationswinkel* α zur Bewegungsrichtung des Fernrohrs verschobenen Richtung S′ zu kommen. Der Aberrationswinkel ist abhängig vom Verhältnis der Geschwindigkeit des Fernrohrs zur Lichtgeschwindigkeit sowie vom Winkel zwischen dem einfallenden Lichtstrahl und der Bewegungsrichtung des Fernrohrs, er ist am größten, wenn die Fernrohrbewegung senkrecht zum Lichtstrahl erfolgt. Da die Fernrohrgeschwindigkeiten immer klein gegenüber der Lichtgeschwindigkeit sind, ist auch der Aberrationswinkel sehr klein.
Ein Beobachtungsort auf der Erde unterliegt drei unterschiedlichen Bewegungen, was zu unterschiedlichen Aberrationseffekten führt.
Die *tägliche A.* ist durch die Erdrotation verursacht, der Beobachtungsort bewegt sich längs eines Kreises um die Erdachse. Für einen Beobachter am Erdäquator scheint ein im Meridian stehendes Gestirn um einen Winkel von 0,32″ nach Osten verschoben. Mit wachsender geographischer Breite φ des Beobachtungsorts nimmt dessen Rotationsgeschwindigkeit und entsprechend der Aberrationswinkel α ab, an den Polen ist die tägliche A. gleich Null; allgemein gilt α = 0,32″ cos φ.
Die *jährliche A.* ist durch den Umlauf der Erde um die Sonne bedingt. Die Bewegungsrichtung der Erde nimmt im Laufe eines Jahres unterschiedliche Winkel bezüglich der Richtung zu einem bestimmten Stern ein. Der Aberrationswinkel schwankt dadurch zwischen einem maximalen und einem minimalen Wert. Für Sterne an den Polen der Ekliptik beträgt der zeitlich konstante Aberrationswinkel 20,49552″, der als *Aberrationskonstante* bezeichnet wird. Sterne nahe der Ekliptikpole bewegen sich infolge der jährlichen A. scheinbar nahezu auf einem Kreise um ihren wahren Ort, alle anderen Sterne beschreiben im Laufe eines Jahres Ellipsen mit dem jeweiligen wahren Ort im Ellipsenmittelpunkt. Die Länge der großen Halbachse der *Aberrationsellipse* ist gleich der Aberrationskonstanten, die Länge der kleinen Achse sinkt mit abnehmender ekliptikaler Breite des Sterns. Für Sterne in der Ekliptik entartet die Ellipse zu einer Linie, längs der der Stern im Laufe eines Jahres um die Mittellage pendelt. Die jährliche A. wurde 1728 von J. Bradley (1692–1762) entdeckt.
Die *säkulare A.* wird durch die Bewegung der Sonne verursacht, die diese mitsamt dem Planetensystem im Milchstraßensystem vollführt. Diese Bewegung kann für die Zeiträume, die astronomischen Beobachtungen zur Verfügung stehen, als geradlinig und gleichförmig angesehen werden, wodurch jeder Stern in Richtung auf den Zielpunkt der Sonnenbewegung verschoben erscheint. Diese Ortsveränderungen sind zeitlich konstant, so dass sich für die gegenseitige Lage der Sterne an der Himmelskugel selbst langfristig keine Veränderungen ergeben. Die säkulare A. spielt daher keine Rolle.
Die *Planetenaberration* ist Folge der Bewegung der Erde sowie der anderen Körper des Planetensystems um die Sonne, was bei der Bahnbestimmung der Mitglieder

Aberrationsellipse

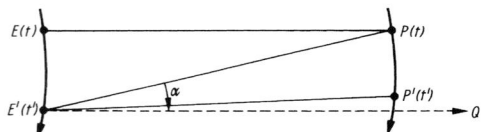

Abb. 2: Zur Planetenaberration. Die Bahnkurve der Erde und die des Planeten sind übertrieben stark gekrümmt dargestellt. Erläuterungen im Text

des Systems zu berücksichtigen ist. Befindet sich ein Körper zur Zeit t im Punkt P seiner Bahn und die Erde im Punkt E (Abb. 2), benötigt das zur Zeit t ausgesandte Licht eine gewisse Zeit, die *Aberrationszeit* ($t'-t$), um zur Erde zu gelangen. Zur Beobachtungszeit t' befindet sich die Erde aber bereits im Punkt E'. Wegen der jährlichen A. scheint der Himmelskörper zu diesem Zeitpunkt nicht in Richtung P, sondern in der Richtung Q zu stehen, die um den Winkel α gegen die Richtung E'P verschoben ist. Die Richtung vom Ort der Erde E' zum Ort P' des Himmelskörpers im Augenblick t' ist mithin nicht gleich der tatsächlich beobachteten Richtung E'Q. Diese ist vielmehr parallel der Verbindungslinie Erde–Himmelskörper zur Zeit t, damit gleich der bei der Bahnbestimmung gesuchten wahren Richtung, da während des kurzen Zeitraumes ($t'-t$) sowohl die Bewegung der Erde als auch die des Himmelskörpers als geradlinig und gleichförmig angesehen werden können. Die Zeit t ergibt sich, wenn von t' die Aberrationszeit subtrahiert wird, die gleich dem Quotient der Entfernung Erde–Himmelskörper und der Lichtgeschwindigkeit ist.

Aberrationsellipse, → Aberration.
Aberrationskonstante, → Aberration.
Aberrationswinkel, → Aberration.
Aberrationszeit, → Aberration.
Abknickpunkt, der Punkt auf der Hauptreihe des → Hertzsprung-Russell-Diagramms bzw. Farben-Helligkeits-Diagramms eines Sternhaufens, bis zu dem die Hauptreihe von ihrem unteren Ende her, dem Bereich der massearmen Sterne, mit Bildpunkten der Haufensterne besetzt ist. Die Lage des A.s vom Alter des Sternhaufens abhängig, → Sternentwicklung.
Ablation, das Ablösen von Oberflächenschichten eines mit hoher Geschwindigkeit in die Erdatmosphäre eindringenden Meteoroiden infolge der bei der Wechselwirkung mit Luftmolekülen auftretenden starken Erhitzung.
Abplattung, *Elliptizität*, Maß für die Abweichung der Gestalt eines Himmelskörpers von der Kugelform. Die A. ist gleich der Differenz Äquatordurchmesser minus Poldurchmesser dividiert durch den Äquatordurchmesser. Hinsichtlich der A. der Planeten → Planet.
Abschattung, *Vignettierung*, 1) die bei einem Spiegelteleskop durch einen sich im Strahlengang befindenden Sekundärspiegel oder Strahlungsempfänger sowie deren Halterung verursachte Verringerung des zum Hauptspiegel gelangenden Strahlenbündels.
2) die bei optischen Teleskopen mit großem Gesichtsfeld auftretende Erscheinung, dass von einem schräg zur optischen Achse einfallenden Strahlenbündel infolge von z. B. der Tubusöffnung des Teleskops nicht die volle Eintrittspupille wirksam wird.

Absolutbeobachtung, → Anschlussbeobachtung.
absolut bestimmte Entfernungen, → Parallaxe.
absolute Helligkeit, Maß für die Strahlungsleistung eines Himmelskörpers mit der Maßeinheit Größenklasse; → Helligkeit.
absolute Temperatur, die vom absoluten Nullpunkt aus in Kelvin gemessene → Temperatur.
Absorption, die Schwächung der Intensität einer elektromagnetischen oder Teilchenstrahlung beim Durchgang durch Materie. Die bei A. aufgenommene Strahlungsenergie geht in andere Energieformen über. Sie kann u. a. in Wärmeenergie der absorbierenden Materie, in Ionisations- oder Anregungsenergie bei der Ionisation bzw. Anregung von Atomen oder in kinetische Energie freier Teilchen umgewandelt werden. Bei der → Streuung erfolgt eine Intensitätsschwächung einfallender Strahlung auf Grund einer Richtungsänderung, nicht infolge einer Energieänderung. Die Intensitätsminderung durch A. und → Streuung zusammen wird als Extinktion bezeichnet.
Bei *kontinuierlicher A.* elektromagnetischer Strahlung wird die Intensität in einem breiten Wellenlängenbereich oder im gesamten Spektrum reduziert. Dies geschieht bei der → Ionisation von Atomen, bei der alle Photonen mit einer höheren Energie als die Ionisationsenergie absorbiert werden können, also alle Strahlung mit einer kürzeren Wellenlänge als es dieser Energie entspricht, wirksam werden kann. Das Absorptionsvermögen eines Elements ändert sich infolgedessen sprunghaft bei einer bestimmten Wellenlänge und erzeugt im Spektrum eine *Absorptionskante*. Eine kontinuierliche A. ohne Beschränkung der Photonenenergie, also bei allen Wellenlängen, erfolgt auch durch freie Elektronen und führt zu einer Erhöhung von deren kinetischen Energie (→ Spektrum). Die A. durch Festkörper ist weitgehend kontinuierlich, wobei die möglichen Energiezustände der Elektronen im Körper zu breiten Bändern „verschmiert" sind und die absorbierte Energie letztlich in Wärmeenergie des Körpers übergeht.
Die *Linienabsorption* ist *selektiv*. Bei ihr werden nur Photonen eines schmalen, diskreten Energiebereichs absorbiert, wodurch eine → Anregung von Atomen oder Ionen, der Übergang von einem Zustand niedriger Energie in einen höherer Energie, erfolgt. Die absorbierte Energie muss genau gleich der Energiedifferenz der beiden Zustände sein. Im Spektrum spiegelt sich das in *Absorptionslinien* bei diskreten Wellenlängen wider. Bei Molekülen können die einzelnen Absorptionslinien so dicht beieinander liegen, dass sie ineinander übergehen und bei geringer spektraler Auflösung als eine breite *Absorptionsbande* erscheinen. Absorptionslinien und -banden sind für die verursachenden Atome bzw. Moleküle charakteristisch.
Das *Absorptionsvermögen* einer Materieschicht hängt von deren chemischer Zusammensetzung, Dichte und Temperatur ab, die zusammen den *Absorptionskoeffizienten* κ bestimmen, sowie der geometrischen Ausdehnung der Schicht. In einer homogenen Schicht der Dicke d nimmt die Intensität eines die Schicht durchsetzenden Lichtbündels um den Faktor $e^{-\kappa d}$ ab, wobei e

≈ 2,718... die Basis der natürlichen Logarithmen bedeutet. Das Produkt aus geometrischer Dicke und Absorptionskoeffizient ist die → optische Dicke der Schicht. Der Absorptionskoeffizient ist im Allg. wellenlängenabhängig, im Zentrum einer starken Absorptionslinie ist er sehr hoch und nimmt in den Linienflügeln beiderseits der Linienmitte ab (→ Spektrum). Er wird vielfach in einen kontinuierlichen, die kontinuierliche A. beschreibenden, und einen Linienabsorptionskoeffizienten, der die Linienabsorption beschreibt, aufgeteilt. Die Absorptionskoeffizienten geben den Grad der Wechselwirkung zwischen Strahlung und Materie an, sie müssen aus atomphysikalischen Größen berechnet werden. Der der Strahlungsabsorption entgegengesetzte Vorgang ist die Strahlungsemission (→ Emission).

Absorptionsbande, → Absorption.
Absorptionskante, → Absorption.
Absorptionslinie, → Absorption.
Absorptionsspektrum, ein Spektrum, in dem dunkle Absorptionslinien einem kontinuierlichen → Spektrum überlagert sind.
Absorptionsvermögen, → Absorption.
Abstand des Perihels vom aufsteigenden Knoten, → Bahnelement.
Abstandsregel der Planeten, → Titius-Bode'sche Reihe.
Achernar *m*, α *Eridani*, der hellste Stern im Sternbild Eridanus mit der scheinbaren visuellen Helligkeit 0^m.46, der Spektralklasse B4 und der Leuchtkraftklasse V. Infolge der schnellen Rotation ist er stark abgeplattet, der äquatoriale Radius beträgt 12,0 Sonnenradien, der polare 7,7. Die Entfernung von der Sonne beläuft sich auf 44 pc oder 144 Lichtjahre. Von unseren geographischen Breiten aus ist der A. nicht sichtbar.
Achondrit *m*, ein Steinmeteorit; → Meteorit.
Achromat, Linsensystem aus mindestens zwei Linsen unterschiedlicher Brechkraft und entgegengesetzter Dispersion, bei dem die chromatische Aberration für zwei Farben minimiert ist.
Achterschiff, das Sternbild → Puppis.
Adams-Ring [benannt nach dem engl. Astronomen J. C. Adams, 1819–1892], Name des äußersten Rings des → Neptun.
Adaption, die „Anpassung" des Auges an eine Helligkeitsänderung. Die Anpassung an völlige Dunkelheit, die Adaptionszeit, beträgt z. T. mehr als 30 Minuten.
adaptive Optik, abbildendes optisches System zur Unterdrückung der infolge der Szintillation die optische Güte eines Spiegelteleskops beeinträchtigenden Störungen; → Spiegelteleskop.
adiabatisch, ohne Energieaustausch mit der Umgebung verlaufend.
Adler, das Sternbild → Aquila.
Adlernebel, *M 16*, *NGC 6611*, ein Emissionsnebel (HII-Gebiet) im Sternbild Serpens (Schlange), in den auffällige dunkle Strukturen, sog. Elefantenrüssel, aus einer Molekülwolke hineinragen. Er ist etwa 2000 pc von der Sonne entfernt.
Adrastea *f*, 1) der zweitinnerste Jupitersatellit. Die A. bewegt sich auf einer elliptischen Bahn mit einer großen Halbachse von 129 000 km und einer Exzentrizität von 0,002 in 7,15 Stunden rechtläufig um den Jupiter.

Die Bahn liegt im Jupiterring nahe der Außenkante des hellen Bandes (→ Jupiter), die Bahnebene fällt mit der Äquatorebene des Jupiters nahezu zusammen, die Neigung beträgt 0,054°. Die Rotationsperiode der A. ist auf Grund der gebundenen Rotation gleich der Umlaufperiode. Die A. ist ein Zwergsatellit mit einem mittleren Durchmesser von 16 km. Die A. gehört zu den Gesteinssatelliten.
Hinsichtlich der Einordnung der A. in das System der Jupitersatelliten → Jupiter.
2) der Planetoid (239).
AE, Einheitenzeichen für → Astronomische Einheit.
Aegir *m*, ein Zwergsatellit des → Saturn.
Ae-Sterne, Sterne der Spektralklasse A mit Emissionslinien im Spektrum, die wie bei den → Be-Sternen durch eine Gashülle um den Stern verursacht werden.
Airglow, → Nachthimmelslicht.
Airy-Scheibchen [benannt nach dem engl. Astronomen und Geophysiker G. B. Airy, 1801–1892], svw. *Beugungsscheibchen*, → Fernrohr.
Aitne *f*, ein Zwergsatellit des → Jupiter.
Akkretion, die Anlagerung von Materie an ein kosmisches Objekt.
Akkretionsscheibe, scheibenförmige Materiekonfiguration um einen massereichen Körper, aus der Materie auf den Körper gelangt. Besitzt die von außen ihm zuströmende Materie Drehimpuls, fällt sie nicht radial auf ihn, sondern sammelt sich infolge der Drehimpulserhaltung in einer mehr oder minder dicken scheibenförmigen Anordnung (Abb. → kataklysmische Veränderliche). In der Scheibe umläuft sie ihn auf nahezu kreisförmigen Kepler-Bahnen mit nach außen abnehmender Winkelgeschwindigkeit. Infolge der differentiellen Rotation kommt es zu einer gasdynamischen Reibung in der Scheibenmaterie, bei der diese aufgeheizt und die entstehende Wärmeenergie, die letztlich umgewandelte Gravitationsenergie ist, abgestrahlt wird. Lokale hydro-magnetische und konvektive Effekte können die Reibungseffekte verstärken. Bei der Reibung wird Drehimpuls in der A. von innen nach außen befördert, so dass sich Materie dem Körper nähern und schließlich auf ihn gelangen kann. Die Abbremsung kann sowohl langsam und allmählich, als auch infolge thermischer Instabilitäten in der Scheibenmaterie plötzlich erfolgen. Die bei der Akkretion freiwerdende Gravitationsenergie kann einen hohen Bruchteil der Ruhenergie der akkretierten Materie betragen, wodurch die Akkretion eine effektivere Energiequelle als Kernfusionsprozesse sein kann.
A.n existieren u. a. um Protosterne sowie sehr junge, gerade entstandene Sterne und können Vorstadien sich bildender Planetensysteme sein (→ Kosmogonie). A.n spielen eine wesentliche Rolle bei → kataklysmischen Veränderlichen, bei → Röntgen-Doppelsternen, in Kernen aktiver Galaxien (→ Sternsystem) sowie bei der Massenzunahme Schwarzer Löcher (→ Schwarzes Loch).
akronychisch, bei Sonnenuntergang aufgehend oder untergehend; → Aufgang.
aktive Galaxie, extragalaktisches → Sternsystem, in dessen Kerngebiet Prozesse mit extrem hohen Energieumsätzen ablaufen.

aktive Optik, mechanisch-optisches Verfahren zur Erhaltung der optischen Güte des Primärspiegels eines Spiegelteleskops während der Beobachtung; → Spiegelteleskop.

aktives Gebiet, *Aktivitätszentrum, Aktivitätsgebiet*, Bereich der Sonnenatmosphäre, in dem die Erscheinungen der → Sonnenaktivität ihren Ursprung haben.

Aktivitätszyklus, die periodische Abfolge der Gesamterscheinungen der → Sonnenaktivität.

akusto-optisches Spektrometer, → Radioteleskop.

Akzeleration, *säkulare Akzeleration*, eine der Störungen der → Mondbewegung.

Alamak, γ *Andromedae*, dritthellster Stern im Sternbild Andromeda, ein Dreifachstern, dessen Hauptkomponente eine scheinbare visuelle Helligkeit von $2^m\!\!.26$ hat und zur Spektralklasse K0 sowie zur Leuchtkraftklasse IIb gehört. In 9,8″ Abstand vom Hauptstern befindet sich ein visueller Doppelstern, der den Hauptstern in 61,1 Jahren umläuft, dessen Komponenten Hauptreihensterne der Spektralklasse B8 bzw. A0 sind und eine scheinbare visuelle Helligkeit von $5^m\!\!.5$ und $6^m\!\!.3$ haben; ihr Abstand voneinander beträgt 0,6″. A. hat eine Entfernung von der Sonne von etwa 109 pc oder 360 Lichtjahren.

al-Battani, → Battani.

Albedo *f*, Maß für das Rückstrahlungsvermögen von zerstreut reflektierenden, nichtspiegelnden Oberflächen. Die A. wird unterschiedlich definiert, wobei z. T. bestimmte Reflexionsgesetze als gültig vorausgesetzt werden. Bei der sog. *sphärischen A.* besteht eine derartige Beschränkung nicht, sie ist definiert durch das Verhältnis der Lichtmenge, die von einer nichtspiegelnden Kugeloberfläche nach allen Richtungen zurückgeworfen wird, zur parallel einfallenden Lichtmenge. Die Voraussetzung parallel einfallender Strahlenbündel ist in der Astronomie wegen der im Allg. großen Entfernungen der reflektierenden Himmelskörper von den sie beleuchtenden Lichtquellen sehr gut erfüllt. Die *geometrische A.* gibt das Verhältnis des von der vollbeleuchteten Scheibe eines Himmelskörpers zum Beobachter gelangenden Lichts zu dem an, das von einer diffus reflektierenden weißen Scheibe gleicher Größe bei senkrechtem Lichteinfall zum Beobachter gelangen würde. Zwischen sphärischer und geometrischer A. besteht ein mathematischer Zusammenhang, der durch das sog. Phasenintegral vermittelt wird.

In der Astronomie hat vor allem die A. von Körpern des Planetensystems wie Planeten, Satelliten, Planetoiden sowie der interplanetarer Staubteilchen Bedeutung. Die Körper leuchten im reflektierten Sonnenlicht. Die von der Erde aus gemessene Helligkeit ist abhängig von der Größe und der A. der Körper sowie von deren Entfernung von der Sonne und der Erde. Sind die Entfernungen und die Größe der Himmelskörper bekannt, kann die A. berechnet werden. Umgekehrt lässt sich bei bekannter (u. U. angenommener) A. und der Entfernung der Durchmesser eines Himmelskörpers abschätzen. Himmelskörper mit einer dunklen, rauen und schlecht reflektierenden Oberfläche, wie z. B. der Mond und der Merkur, haben eine sehr kleine A. (Tab.). Hohe Albedowerte ergeben sich, wenn die Rückstrahlung des Sonnenlichts an Wolken in einer dichten Atmosphäre erfolgt, wie z. B. bei der Venus und der Erde. Die A. der Erde ist aus der Helligkeit des aschgrauen Mondlichts ableitbar. Aus der für die einzelnen Himmelskörper bestimmten Albedo kann durch den Vergleich mit irdischen Substanzen auf die Oberflächenbeschaffenheit der Himmelskörper geschlossen werden.

Beispiele für Werte der geometrischen Albedo

Himmelskörper		irdische Substanzen	
Merkur	0,10	Kreide	0,85
Venus	0,75	Wolken	0,70
Erde	0,29	Granit	0,31
Mond	0,07	Vesuvasche	0,16
Kallisto	0,17	Ätnalava	0,04
Kern des Kometen Halley	0,02–0,04		

Albiorix *m*, ein Zwergsatellit des → Saturn.

Albireo, β *Cygni*, fünfthellster Stern im Sternbild Cygnus (Schwan), ein visueller Doppelstern, dessen hellere Komponente eine scheinbare visuelle Helligkeit von $3^m\!\!.1$ hat, die der lichtschwächeren Komponente beträgt $5^m\!\!.1$. Die Sterne haben einen Winkelabstand von 34,6″, sie können mit einem Feldstecher getrennt gesehen werden. Die hellere rötlichgelb erscheinende Komponente ist ein spektroskopischer Doppelstern, der von einem Stern der Spektralklasse K3 und der Leuchtkraftklasse II sowie einem der Spektralklasse B9,5 und der Leuchtkraftklasse V gebildet wird. Der A. hat eine Entfernung von der Sonne von etwa 115 pc oder etwa 375 Lichtjahren.

Alcyone, *Alkyone*, η *Tauri*, der hellste Stern in den → Plejaden mit einer scheinbaren visuellen Helligkeit von $2^m\!\!.87$, der Spektralklasse B7 und der Leuchtkraftklasse III.

Aldebaran *m*, α *Tauri*, hellster Stern im Sternbild Taurus (Stier). Die scheinbare visuelle Helligkeit variiert sehr langsam und unregelmäßig zwischen $0^m\!\!.75$ und $0^m\!\!.95$, der Mittelwert liegt bei $0^m\!\!.85$. Die Spektralklasse ist K5 und die Leuchtkraftklasse III, die effektive Temperatur beträgt etwa 3 600 K. Der Radius entspricht rund 45 Sonnenradien, die Leuchtkraft ist mehrere hundertmal so groß wie die der Sonne. Der A. ist ein Doppelstern, dessen lichtschwacher Begleiter von rund 11^m sich in einem Winkelabstand von 31″ befindet. Die Entfernung von der Sonne beträgt 20 pc oder rund 65 Lichtjahre.

Alderamin, α *Cephei*, hellster Stern im Sternbild Cepheus mit einer scheinbaren visuellen Helligkeit von $2^m\!\!.44$ und der Spektralklasse A7 sowie der Leuchtkraftklasse IV-V. Die Entfernung von der Sonne beträgt 15 pc oder rund 48 Lichtjahre.

Alfonsinische Tafeln [benannt nach Alfons X., König von Kastilien], → Planetentafeln.

Alfvén, Hannes Olof Gösta, schwed. Physiker, geb. 30.05.1908 in Norrköping, gest. 02.04.1995 in Djursholm, 1940–1973 am Königlichen Institut für Technologie in Stockholm, ab 1967 Prof. an der Univ. von Kalifornien in San Diego, USA. Die Hauptarbeitsgebiete waren Plasmaphysik, Geophysik und Magnetohydrodynamik, in der Astrophysik hauptsächlich galaktische Magnetfelder, Kosmische Strahlung sowie Kosmologie. Er erhielt 1970 den Nobelpreis für Physik.

Alfvén-Geschwindigkeit, → Alfvén-Wellen.

Alfvén-Wellen [benannt nach dem schwed. Physiker H. Alfvén, 1908–1995], elektromagnetische Wellen in einem von einem Magnetfeld durchsetzten Plasma, die sich längs der Kraftlinien des Magnetfeldes als transversale Wellen ausbreiten. Die Ausbreitungsgeschwindigkeit, die *Alfvén-Geschwindigkeit*, ist proportional der Magnetfeldstärke und umgekehrt proportional der Wurzel aus der Plasmadichte, sie ist eine charakteristische Größe für den physikalischen Zustand des Plasmas.

Algenib, *1)* γ *Pegasi,* vierthellster Stern im Sternbild Pegasus mit der Spektralklasse B2 und der Leuchtkraftklasse IV. Er gehört zur Gruppe der → Beta-Cephei-Sterne. Seine scheinbare visuelle Helligkeit schwankt mit einer Periode von 0,152 Tagen zwischen $2^m{.}78$ und $2^m{.}89$. Die Entfernung von der Sonne beträgt 100 pc oder rund 300 Lichtjahre.
2) der Stern α im Sternbild Perseus, der meist → Mirfak genannt wird.

Algol, β *Persei,* veränderlicher Mehrfachstern im Sternbild Perseus, dessen Lichtwechsel durch die gegenseitige Bedeckung eines B8- und eines K2-Sterns verursacht wird. Der B8-Stern ist ein Hauptreihenstern, der K2-Stern ein Unterriese der Leuchtkraftklasse IV. Die Umlaufperiode um den gemeinsamen Schwerpunkt beträgt 2,867 Tage. Das Doppelsternsystem wird von einem F1-Stern in 1,862 Jahren einmal umlaufen. Möglicherweise gehört noch eine vierte Komponente zu diesem Mehrfachsystem. Die scheinbare visuelle Gesamthelligkeit erreicht im Maximum $2^m{.}1$, im Minimum $3^m{.}4$. Die Entfernung von der Sonne beträgt 7,7 pc oder rund 25 Lichtjahre. Der A. ist der Prototyp einer Gruppe von → Bedeckungsveränderlichen, der *Algol-Sterne*.

Algol-Sterne, Typbezeichnung (EA), eine Gruppe von → Bedeckungsveränderlichen.

Alignement *n,* gedachte Verbindungslinie heller Sterne am Himmel oder auf Sternkarten. A.s dienen u. a. zum Auffinden weniger heller Sterne, z. B. Atair. Die verlängerte Verbindungslinie der Sterne Merak und Dubhe im Sternbild Ursa Maior (Großer Bär) zum Polarstern, → Ursa Maior.

Alioth, ε *Ursae Maioris,* Stern im Sternbild → Ursa Maior (Großer Bär).

Alkaid, *Benetnasch,* η *Ursae Maioris,* ein Stern im Sternbild → Ursa Maior (Großer Bär).

Alkor, *Reiterlein, Augenprüfer, 80 Ursae Maioris,* ein Stern im Sternbild → Ursa Maior (Großer Bär).

Alkyone, svw. Alcyone.

allgemeine Absorption, gelegentlich statt → Extinktion gebrauchter Ausdruck.

allgemeine Präzession, → Präzession.

Allgemeine Relativitätstheorie, die von A. Einstein (1879–1955) aufgestellte Theorie der Gravitation; → Relativitätstheorie.

Almagest *m,* Kurzbezeichnung für das Hauptwerk des Ptolemäus (→ Astronomie, Geschichte).

Almukantarat *m,* svw. Azimutalkreis.

Alpha-Canum-Venaticorum-Sterne, $α^2$-*Canum-Venaticorum-Sterne, Spektrumveränderliche* (Typbezeichnung (αCV), veränderliche Sterne der Spektralklasse Ap mit Helligkeitsschwankungen geringer als 0,2 mag und im gleichen Takt einhergehende Variationen der Stärke bestimmter Spektrallinien. Die Periode des Lichtwechsels liegt zwischen 0,5 und etwa 20 Tagen, in Einzelfällen beträgt sie einige 100 Tage. Der Lichtwechsel ist Folge der Rotation der Sterne, die ein starkes Magnetfeld von etwa 0,1 bis 1 Tesla besitzen. Das Magnetfeld verursacht eine inhomogene Helligkeitsverteilung auf der Sternoberfläche. Bei einer Neigung der Magnetfeldachse gegen die Rotationsachse kommt es zu Variationen der scheinbaren Gesamthelligkeit wie auch der Helligkeit von Spektrallinien, da deren Stärke infolge des → Zeeman-Effekts von der Stärke des Magnetfeldes in Blickrichtung abhängt.

Alpha-Cygni-Sterne, α-*Cygni-Sterne,* veränderliche Überriesensterne der Spektralklassen Be und Ae mit Helligkeitsschwankungen von etwa 0,1 mag und einer oftmals unregelmäßigen Schwankungsperiode. Der Lichtwechsel wird durch die Überlagerung nichtradialer Pulsationen mit unterschiedlichen Perioden von wenigen Tagen bis einige Wochen verursacht.

Alphard, α *Hydrae,* hellster Stern im Sternbild Hydra (Weibliche Wasserschlange). Er hat eine scheinbare visuelle Helligkeit von $1^m{.}98$ und gehört zur Spektralklasse K3 sowie zur Leuchtkraftklasse II–III. Seine Entfernung von der Sonne beträgt 54 pc oder rund 175 Lichtjahre.

Alpha-Ring, α-*Ring,* einer der Ringe um den → Uranus.

Alpha-Teilchen, α-*Teilchen,* ein Atomkern des Heliums mit der Massezahl 4.

Alphecca, seltener Name des Sterns → Gemma.

Alpheratz, *Sirrah,* α *Andromeda,* einer der beiden hellsten Sterne im Sternbild Andromeda mit einer scheinbaren visuellen Helligkeit von $2^m{.}1$, der Spektralklasse B9 und der Leuchtkraftklasse IV. Der A. ist ein spektroskopischer Doppelstern mit einer Periode von 96,7 Tagen. Die Entfernung von der Sonne beträgt 30 pc oder rund 100 Lichtjahre.

Altair, svw. Atair.

Altar, das Sternbild → Ara.

Altazimut, *m* und *n,* altes astronomisches Winkelmessinstrument.

Alter-Null-Hauptreihe, die linke, untere Begrenzung des Hauptreihenbandes im Hertzsprung-Russell-Diagramm, auf der die Bildpunkte chemisch homogener Sterne liegen; → Sternentwicklung.

Altersbestimmung, die Ermittlung der seit dem Entstehen eines Objekts verstrichenen Zeit. In der Astronomie wird unter „Alter eines kosmischen Objekts" z. T. auch nur der Zeitraum zwischen der Gegenwart und dem Zeitpunkt verstanden, zu dem der physikalische Zustand des betrachteten Objekts seinem jetzigen Zustand wesentlich ähnlich wurde. Das trifft z. B. für irdisches Gestein zu, das sich erst nach genügender Abkühlung aus dem flüssigen Zustand bilden konnte, es ist das *Verfestigungsalter* des Gesteins.

Eine grundlegende Methode zur A. kosmischer Objekte basiert auf dem Zerfall radioaktiver Atomkerne. Die

Altersbestimmung

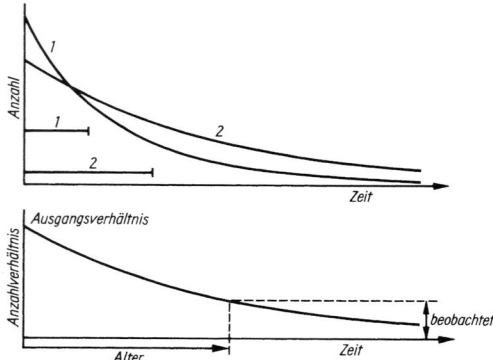

Zur Altersbestimmung mit Hilfe radioaktiver Atomkerne. Oben: die Zahl der Atomkerne zweier Isotope mit unterschiedlicher Halbwertszeit, dargestellt durch die Balkenlänge in Abhängigkeit von der Zeit. Unten: die zeitliche Änderung des Anzahlverhältnisses der zwei Isotope

Halbwertszeit, d. h. die Zeit, in der jeweils die Hälfte einer gegebenen Menge derartiger Atome in einen Endzustand übergeht, ist eine für das betreffende Isotop charakteristische Größe. Sie kann durch Labormessungen empirisch ermittelt werden und ist von äußeren physikalischen Bedingungen völlig unabhängig. Ist die Menge der radioaktiven Ausgangsatome bekannt und wird die Menge der entstandenen Atome bestimmt, lässt sich über die Halbwertszeit das Alter des Objekts berechnen, in dem sich die untersuchten Atome befinden. Wird vorausgesetzt, dass alle Ausgangsatome bereits bei der Entstehung des Objekts in ihm vorhanden waren und dass alle Endatome allein durch den radioaktiven Zerfall entstanden sind und nicht schon zum Teil vorher im Objekt existierten und dass auch noch alle Endprodukte zur Zeit der A. im Material vorhanden sind, lässt sich die Menge der Ausgangsatome aus den noch vorhandenen sowie der Menge der Endatome ermitteln.

Zur A. von terrestrischen, lunaren oder meteoritischen Materialien werden in der Astronomie Zerfallsreihen mit großen Halbwertszeiten verwendet, um die zu erwartenden hohen Alterswerte möglichst sicher zu erfassen. Dabei spielt der radioaktive Zerfall von Uran (U), Thorium (Th), Rubidium (Rb) und Strontium (Sr) eine wesentliche Rolle. Uran und Thorium verwandeln sich unter dem Freiwerden von Heliumkernen über eine Reihe von Zwischenstufen in stabile Isotope von Blei (Pb). Von 1 g Uran-238 (^{238}U) ist nach einer Halbwertszeit von 4,47 Mrd. Jahren die Hälfte der Atome zerfallen, es sind dann 0,5 g ^{238}U und 0,43 g Blei mit der Massezahl 206 (^{206}Pb) sowie 0,07 g Helium der Massezahl 4 (^{4}He) vorhanden. Beim Zerfall eines ^{238}U-Kerns werden insgesamt 8 Helium-4-Kerne frei. Nach dem doppelten Zeitraum ist vom restlichen ^{238}U wiederum die Hälfte zerfallen usw. Aus der Menge des noch in einem Gestein vorhandenen Uranium-238, Blei-206 und Helium-4 kann mithin auf die seit der Entstehung des Gesteins verflossene Zeit geschlossen werden (Abb.). Das Uranisotop der Massezahl 235 zerfällt mit einer Halbwertszeit von 0,704 Mrd. Jahren unter Aussendung von jeweils 7 Helium-4-Kernen in Blei-207, während das Thoriumisotop ^{232}Th mit einer Halbwertszeit von 13,9 Mrd. Jahren in Blei-208 übergeht, wobei jeweils 6 Helium-4-Kerne frei werden. Unter Aussendung nicht eines Helium-4-Kerns, sondern eines Elektrons geht das radioaktive Rubidium-87-Isotop in Strontium-87 über, die Halbwertszeit beträgt 48,8 Mrd. Jahre, während sich Kalium-40 unter Aussendung eines Elektrons in Kalzium-40 verwandelt. Der Kalium-40-Kern hat auch die Möglichkeit, ein Elektron aus seiner Elektronenhülle aufzunehmen und dadurch in einen Argon-40-Kern überzugehen. Etwa 90% der Kalium-40-Kerne enden als Kalzium-40-Kerne und 10% als Argon-40-Kerne, die Halbwertszeit beträgt 1,3 Mrd. Jahre.

A. bei Körpern des Planetensystems. Bei Meteoriten wird vorwiegend die Rubidium-Strontium-Methode angewandt, da Messungen des Heliumgehalts nicht sehr zuverlässig sind. Unter der Wirkung der → Kosmischen Strahlung kann es zu Umwandlungen von ansonsten stabilen Atomkernen kommen, wobei auch Helium freigesetzt wird, und es ist ungewiss, wie stark diese Prozesse zum gemessenen Heliumgehalt beigetragen haben. Bei irdischen Gesteinen spielt eine derartige Umwandlung keine Rolle, da die Kosmische Strahlung nicht sehr tief in den Boden eindringen kann. Für die weitaus meisten Meteoriten ergibt sich das Höchstalter bis zu 4,53 Mrd. Jahren. In einigen wenigen kohligen Chondriten (→ Meteorit), die aus dem ursprünglichsten Material des Planetensystems bestehen, existieren kleine Einschlüsse mit einem Alter von etwa 4,9 Mrd. Jahren, während das Material, in dem die kleinen Partikeln eingebettet sind, etwa 0,4 Mrd. Jahre jünger sind. Wahrscheinlich sind die Einschlüsse interstellaren Ursprungs, worauf das für einige Elemente vom solaren Wert abweichende Isotopenverhältnis hinweist. Die Partikeln waren offensichtlich schon bei der Bildung des Sonnennebels als interstellare Staubteilchen vorhanden (→ Kosmogonie).

Bei Meteoriten lässt sich bestimmen, wie lange sie im Weltraum der Bestrahlung durch die als zeitlich konstant angenommenen Kosmische Strahlung ausgesetzt waren. Energiereiche Protonen der Kosmischen Strahlung können bis in etwa 1 m tief in festes Gestein eindringen und schwere Atomkerne in stabile sowie radioaktive Kerne aufspalten. Aus der Menge dieser Spaltprodukte lässt sich das *Bestrahlungsalter* berechnen. Es beträgt bei Eisenmeteoriten einige 100 Mio. bis 1 Mrd. Jahre, bei Steinmeteoriten hingegen nur etwa 1 Mio. bis 40 Mio. Jahre. Offensichtlich sind diese Meteoriten erst durch die Zerstörung eines größeren Körpers entstanden und waren daher nur verhältnismäßig kurze Zeit der Kosmischen Strahlung ausgesetzt.

Die ältesten bisher gefundenen irdischen Gesteine haben ein Alter von etwa 3,8 Mrd. Jahren, doch wurden an einigen wenigen Stellen auch Gesteine mit dem gegen Verwitterungserscheinungen außerordentlich stabilen Mineral Zirkonsilikat gefunden, deren Alter bis zu 4,1 Mrd. Jahre beträgt. Dieses Alter ist nicht identisch mit dem Alter der Erde, der Zeitdauer ihrer Existenz als selbständiger Himmelskörper, sondern entspricht dem Verfestigungsalter des Gesteins. Auf Grund tektonischer Aktivitäten, z. B. durch Vulkanismus, entsteht immer wieder neues Oberflächengestein, andererseits verschwindet Gestein durch Subduktion im Erdmantel. Das Alter der Erde, genauer die Zeit seit der letzten globalen Durch- bzw. Entmischung der gesamten Erdmaterie, kann mittels der Uran-Blei-Methode ermittelt werden. Dazu muss die im Sonnennebel (→ Kosmogonie) bei der Entstehung der Körper des Planetensystems von Anfang an vorhandene Menge der stabilen Bleiisotope 206 und 207 bekannt sein. Sie lässt sich mittels Messungen an Eisenmeteoriten ermitteln, die praktisch kein radioaktives Uran und Thorium enthalten, so dass der Gehalt an den Bleiisotopen seit der Entstehung dieser Körper konstant blieb. Mit ziemlicher Genauigkeit ergibt sich so das Alter der Erde zu 4,55 Mrd. Jahre.

Für Mondgestein ist das Verfestigungsalter je nach Fundort unterschiedlich, für magmatisches Gestein aus dem Mare Tranquilitatis beträgt es 3,6 Mrd. Jahre, für Gestein aus dem Oceanus Procellarum 2,0 bis 2,6 Mrd. Jahre. Das höchste Alter für Mondmaterial beträgt 4,4 Mrd. Jahre.

Das einheitliche maximale Alter von 4,6 Mrd. Jahren bei Erde, Mond und Meteoriten kann offenbar als Alter des gesamten Sonnensystems angesehen werden, was gerechtfertigt ist, weil die Bildungszeit der einzelnen Körper aus dem Sonnennebel im Vergleich zu ihrer Existenzzeit sehr kurz ist (→ Kosmogonie).

A. bei Sternen. Bei Sternen ist eine A. auf Grund theoretischer Modellrechnungen möglich. Unter „Alter eines Sterns" wird im Allg. die Zeit seit dem Einsetzen der ersten Wasserstoffreaktionen zur Energiefreisetzung, also die Zeit seit dem Beginn des Hauptreihenzustandes, verstanden. Die Zeit zwischen dem Beginn der Bildung aus interstellarer Materie und dem Erreichen des Hauptreihenzustandes ist sehr kurz verglichen mit der Verweilzeit des Sterns in diesem Zustand. Die Entwicklungsrechnungen ergeben (→ Sternentwicklung), dass die Entwicklungsgeschwindigkeit bzw. die Verweilzeit in bestimmten Entwicklungsphasen eines Sterns von seiner Masse und in geringerem Maß von seiner chemischen Zusammensetzung bei der Entstehung abhängt. Die Entwicklung spiegelt sich u. a. in der Änderung beobachtbarer Zustandsgrößen, wie z. B. Leuchtkraft und effektive Temperatur, wider. Ist die Masse und ursprüngliche chemische Zusammensetzung der Sternmaterie bekannt, die bei Hauptreihensternen der beobachteten Zusammensetzung ihrer Atmosphäre gleicht, kann aus den beobachteten Zustandsgrößen das Alter eines Sterns bestimmt werden. Schwierigkeiten ergeben sich dadurch, dass die Änderungsgeschwindigkeiten von Leuchtkraft und effektiver Temperatur in bestimmten Entwicklungsphasen eines Sterns außerordentlich gering sind, was zu nicht sehr zuverlässigen Altersabgaben führt. Dies trifft für den gesamten Hauptreihenzustand zu, der zudem noch der längste während der Gesamtexistenz eines Sterns ist. Für Hauptreihensterne kann daher nur das Maximalalter angegeben werden, die Zeit, die vom Einsetzen der Wasserstoffreaktionen bis zum Verbrauch des gesamten Wasserstoffs im Sternzentrum vergeht. Sie ist entscheidend durch die Sternmasse bestimmt. Ein Stern von 15 Sonnenmassen (entsprechend etwa der Spektralklasse B1) existiert nur etwa 10 Mio. Jahre als Hauptreihenstern, ein Stern von 3 Sonnenmassen (Spektralklasse A0) hingegen 220 Mio. Jahre und ein Stern von 1 Sonnenmasse (Spektralklasse G2) in der Größenordnung von 1 Mrd. Jahre. Ist die Spektralklasse eines Hauptreihensterns bekannt, so auch sein maximales Alter.

Bei Sternhaufen führen Entwicklungsrechnungen zu sehr genauen Altersangaben. Es wird davon ausgegangen, dass alle Sterne eines Haufens nahezu gleichzeitig entstanden, damit gleich alt sind und sich allein in ihrer Masse unterscheiden. Die chemische Zusammensetzung der interstellaren Wolke, aus der ein Sternhaufen hervorging, dürfte weitgehend chemisch homogen gewesen sein (→ Sternentstehung). Bei Beginn der Wasserstoffreaktionen zur Energiefreisetzung befinden sich die Bildpunkte der Sterne auf der Hauptreihe des Hertzsprung-Russell-Diagramms (→ Sternaufbau). Die Bildpunkte der massereichen Sterne, die eine große absolute Helligkeit und eine hohe Effektivtemperatur haben, liegen auf der Hauptreihe am linken oberen Ende im Bereich der Spektralklassen O und B, die der masseärmeren Sterne befinden sich hingegen im Gebiet der Spektralklassen K und M. Ist im Zentralgebiet eines Sterns der Wasserstoffvorrat verbraucht, ändert sich die innere Struktur des Sterns, der Bildpunkt wandert von der Hauptreihe ab. Da die Schnelligkeit dieser Entwicklung entscheidend von der Sternmasse abhängig ist, verlassen die Bildpunkte der massereichen Haufensterne, also die am oberen Ende, die Hauptreihe zuerst. Mit fortschreitender Zeit wandern zunehmend die Bildpunkte der Sterne immer späterer Spektraltyps ab. Der Zeitraum von der Entstehung eines Sterns vorgegebener Masse bis zum Beginn der Abwanderung seines Bildpunktes von der Hauptreihe ist berechenbar (→ Sternentwicklung). Das Alter eines Sternhaufens kann daher anhand des Hertzsprung-Russell-Diagramms bzw. des Farben-Helligkeits-Diagramms aus dem Spektraltyp derjenigen Sterne bestimmt werden, die gerade von der Hauptreihe abzuwandern beginnen, sich am sog. *Abknickpunkt* befinden. (Abb. → Sternentwicklung).

Für Offene Sternhaufen ergibt sich mit dieser Bestimmungsmethode ein Alter in der Größenordnung von einigen Mio. bis wenige Mrd. Jahre. Die ältesten Offenen Sternhaufen, z. B. NGC 188, sind fast 8 Mrd. Jahre alt. Kugelsternhaufen sind im Allg. deutlich älter, für sie ergeben sich Werte in der Größenordnung von etwa 12 Mrd. Jahre. Bei einigen, ganz wenigen Kugelsternhaufen wurden auch deutlich geringere Alterswerte gefunden, der jüngste bisher bekannte Kugelsternhaufen, Palomar 1, ist mit 8 Mrd. Jahren etwa so alt wie die ältesten Offenen Sternhaufen. Die Altersangaben hängen etwas von der Wahl der bei den Entwicklungsrechnungen benutzten Parameter ab, u. a. von der angenommenen Heliumhäufigkeit in der Sternmaterie bei der Entstehung der Sterne. Eine wesentlich größere Unsicherheit, die bis zu 1,5 Mrd. Jahre betragen kann, ergibt sich bei der Anpassung der beobachteten Verteilung der Bildpunkte eines Haufens im → Hertzsprung-Russell-Diagramm an die theoretisch berechnete Verteilung der Bildpunkte eines Haufens vorgegebenen Alters.

Für Sternhaufen kann ihre weitere Existenzzeit, ihr maximales Alter abgeschätzt werden, indem die zeitliche Entwicklung der inneren Bewegungsverhältnisse eines Haufens, die Änderung seiner kinetischen Gesamtener-

Altersbestimmung

gie, untersucht wird. Eine Erhöhung der Energie kann infolge des Vorübergangs massereicher interstellarer Wolken eintreten, bei dem auf die Haufensterne auf Grund von Gezeitenkräften Energie aus der Bewegungsenergie der Wolke übertragen wird. Eine erhöhte mittlere Bewegungsenergie, damit eine erhöhte mittlere Geschwindigkeit der Haufensterne, führt zu einer Vergrößerung des Haufenradius und bei vielen aufeinanderfolgenden Vorübergängen schließlich zur Auflösung des gesamten Haufens. Eine Verringerung der kinetischen Gesamtenergie eines Haufens kann dadurch hervorgerufen werden, dass einzelne Haufenmitglieder infolge von nahen Vorübergängen an anderen Sternen des Haufens eine so große kinetische Energie gewinnen, dass sie den Haufen verlassen und ihre kinetische Energie dem Haufen entführen. Die Verringerung der Gesamtenergie führt zu einer Verkleinerung des Haufenvolumens, wodurch die Sterndichte im Haufen und dadurch die Möglichkeit enger Vorübergänge für die verbliebenen Haufenmitglieder steigt. Insgesamt schrumpft der Haufen, bis schließlich ein stabiler Doppel- oder Mehrfachstern übrigbleibt.

Die zweite Art der Haufenauflösung tritt bei Sternhaufen auf, die bereits bei ihrer Entstehung einen verhältnismäßig kleinen Radius und viele Mitgliedsterne hatten, während die Zerstörung durch äußere Kräfte bei schon anfangs großen Haufen mit wenigen Mitgliedsternen je Volumeneinheit am wirkungsvollsten ist. Aus der beobachteten mittleren Massendichte in einem Haufen und der im Milchstraßensystem herrschenden Dichte und Verteilung massereicher interstellarer Wolken kann die theoretisch maximale Zeit bestimmt werden, nach der sich die Mitgliedsterne eines Haufens im allgemeinen Sternfeld verstreut haben. Beträgt die mittlere Massendichte in einem Haufen etwa 1 Sonnenmasse je Kubikparsec, ergibt sich eine theoretische Existenzzeit von rund 200 Mio. Jahren, woraus sich das beobachtete maximale Alter Offener Sternhaufen von maximal etwa 1 Mrd. Jahre erklärt. Kugelsternhaufen können wegen ihrer weitaus höheren anfänglichen mittleren Massendichte theoretisch ein maximales Alter erreichen, das größer als das bisherige Alter des Milchstraßensystems ist.

A. beim Milchstraßensystem. Das Alter des Milchstraßensystems ist mindestens so hoch wie das seiner ältesten Mitglieder, also mindestens so hoch wie das der ältesten Kugelsternhaufen. Es kann unabhängig davon durch die Untersuchung festgestellt werden, seit wann im Milchstraßensystem Elemente schwerer als Helium gebildet werden. Da diese nur im Innern von Sternen entstehen können, lässt sich ermitteln, seit wann es Sterne im Milchstraßensystem gibt. Dabei wird die Annahme gemacht, dass dem Milchstraßensystem keine intergalaktische Materie zufloss. Bei der A. werden radioaktive Isotope mit geeignet großen Halbwertszeiten untersucht, z. B. Thorium-232 und Uran-238. Diese Isotope können durch den schnellen Einbau von Neutronen in Atomkerne mittlerer Masse beim sog. r-Prozess (→ Elementenentstehung) gebildet werden. Die zur Bildung benötigten starken Neutronenquellen existieren während einer Supernovaexplosion. Das bei der Explosion entstehende Mischungsverhältnis der verschiedenen Atomkerne kann theoretisch berechnet werden. Die Rechnungen ergeben für das Verhältnis von Thorium-232 zu Uran-238 etwa 1,4. Da die Halbwertszeit von ^{232}Th größer als die von ^{238}U ist, nimmt das Häufigkeitsverhältnis ^{232}Th/^{238}U mit der Zeit zu. Aus Untersuchungen von Meteoriten weiß man, dass bei deren Bildung vor rund 4,5 Mrd. Jahren das Verhältnis ^{232}Th/^{238}U zwischen 2,3 und 2,5 betrug. Die in den Meteoriten eingelagerten Thorium- und Urankerne, wie auch die anderen bei den Untersuchungen verwendeten Atomkerne, sind sicherlich nicht alle bei einer einzigen Supernovaexplosion entstanden. Es ist vielmehr anzunehmen, dass das Elementengemisch sich aus vielen Explosionen ergab, die zu sehr unterschiedlichen Zeiten vor der Entstehung des Sonnensystems, damit der untersuchten Meteoriten, erfolgten. Um den Beginn der Elementenentstehung berechnen zu können, muss eine Annahme über die zeitliche Verteilung der Supernovaexplosionen gemacht werden. Im Allg. wird davon ausgegangen, dass die Häufigkeit von Supernovae seit Beginn der mit großer Heftigkeit einsetzenden Sternentstehung mit der Zeit exponentiell abnahm. Die Abklingzeit, die Zeit, in der die Häufigkeit auf rund 37% der Anfangshäufigkeit sank, ist unbekannt. Ihre Bestimmung ist prinzipiell empirisch möglich, da außer dem Thorium-Uran-Verhältnis noch andere Isotopenverhältnisse zur Datierung verwendet werden können. Die Zeitspanne zwischen dem Beginn der Elementenentstehung im Milchstraßensystem und der Bildung des Sonnensystems ergibt sich unter Verwendung der Isotope ^{232}Th und ^{238}U zu etwa 5,8 Mrd. Jahre, unter Verwendung der Isotopen ^{187}Re und ^{187}Os zu rund 9,4 Mrd. Jahre. Zwischen der Entstehung des Milchstraßensystems und dem ersten Maximum der Sternentstehung lag schätzungsweise ein Zeitraum in der Größenordnung von rund 1 Mrd. Jahre.

Rechnet man außerdem das Alter des Sonnensystems hinzu, ergibt sich für das Milchstraßensystem insgesamt ein Alter in der Größenordnung von etwa 10 Mrd. bis 11 Mrd. Jahre, was mit dem für Kugelsternhaufen ermittelten Alter unter Berücksichtigung der Unsicherheiten der angewandten Methoden verträglich ist.

Eine weitere Möglichkeit, das Alter des Milchstraßensystems abzuschätzen, beruht auf der beobachteten Häufigkeitsverteilung Weißer Zwerge in Abhängigkeit von ihrer Leuchtkraft. Weiße Zwerge stellen einen Endzustand der Sternentwicklung dar, bei dem die ausgestrahlte Energie wesentlich aus dem Vorrat an innerer Energie stammt. Ein Weißer Zwerg kühlt langsam ab, seine Leuchtkraft sinkt, die Abkühlrate kann theoretisch bestimmt werden (→ Weißer Zwerg). Das Alter des Milchstraßensystems, genauer die Zeit seit der Bildung der ersten Weißen Zwerge in ihm, kann mithin aus der geringsten Leuchtkraft beobachteter Weißer Zwerge bestimmt werden. Stellarstatistische Untersuchungen der Verteilung der Weißen Zwerge nach ihrer Leuchtkraft ergeben, dass ihre Zahl bei Leuchtkräften geringer als etwa $3 \cdot 10^{-5}$ Sonnenleuchtkräften abrupt abfällt, so dass angenommen werden kann, mit diesen Weißen Zwergen die ältesten erfasst zu haben. Aus der Entwicklungszeit eines Sterns bis zum Erreichen des Weißen-Zwerg-Zustandes und der nachfolgenden Abkühlzeit lässt sich das Alter dieser Weißen Zwerge, damit das Mindestalter des Milchstraßensystems, abschätzen. Es ergibt sich nach diesen Untersuchungen zu rund 10 Mrd. Jahren.

Die z. T. großen Diskrepanzen in den mit den unterschiedlichen Methoden gewonnenen Altersangaben für das Milchstraßensystem liegen z. T. an den noch unzureichenden theoretischen Kenntnissen, auf denen die Methoden basieren, z. T. an den vorhandenen Ungenauigkeiten der Beobachtungen.

Alter des Weltalls. Unter „Alter des Weltalls als Ganzes" wird die Zeit seit der kosmischen Singularität, seit dem Beginn der Expansion des Weltalls, verstanden. Aus den Untersuchungen der verschiedenen kosmischen Entwicklungsphasen ergibt sich ein Wert von 13,7 Mrd. Jahre (→ Kosmologie).

Amalthea *f*, *1)* ein Jupitersatellit. Die A. bewegt sich auf einer elliptischen Bahn mit einer großen Halbachse von 181 400 km und einer Exzentrizität von nur 0,003 in 11,95 Stunden rechtläufig um den Jupiter. Die Bahnneigung gegen dessen Äquatorebene beträgt 0,38°. Infolge der gebundenen Rotation ist die Bahnumlaufperiode gleich der Rotationsperiode. Die A. hat eine sehr unregelmäßige Form mit einem mittleren Durchmesser von 167 km. Die Oberfläche ist durch Einschlagkrater gekennzeichnet, von denen der größte einen Durchmesser von etwa 90 km hat. Die A. scheint kein monolithischer Körper zu sein, eher ein Konglomerat von Gesteinsbruchstücken, das durch die Eigengravitation zusammengehalten wird, worauf u. a. die geringe Dichte von etwa 0,85 g/cm^3 hinweist. Die Oberfläche erscheint dunkel und rötlich, die Albedo liegt bei etwa 0,06 und ähnelt der der kohligen Chondrite (→ Meteorit), was möglicherweise dadurch verursacht ist, dass sich Auswurfmaterial von der Io, einem Nachbarsatelliten, auf ihr abgelagert hat. Die scheinbare visuelle Helligkeit beträgt in Oppositionsstellung etwa 14^m.
Hinsichtlich der Einordnung der A. in das System der Jupitersatelliten → Jupiter.
2) der Planetoid (113).

Ambarzumjan, Viktor Amasaspowitsch, armenischer Astrophysiker, geb. 18.09.1908 in Tiflis, gest. 12.08.1996 in Bjurakan (Armenien): 1925–1928 an der Universität Leningrad, ab 1947 an der Sternwarte Bjurakan; von 1961–1964 Präsident der Internationalen Astronomischen Union. A. arbeitete auf dem Gebiet des Strahlungstransports, der Sternatmosphären und Sternentwicklung, entdeckte die Sternassoziationen.

AM-Herculis-Sterne, Doppelsterne mit Umlaufzeiten von 1 bis 3 Stunden, deren Strahlung eine stark veränderliche Polarisation aufweist. Die AM-H.-S. bilden eine Untergruppe der → kataklysmischen Veränderlichen.

Amor *m*, der Planetoid (1221).

amorph, Atomverteilung in einem Festkörper, bei der keine Fernordnung wie bei Kristallen, wohl aber eine Nahordnung besteht.

Amor-Planetoiden, Gruppe von Planetoiden mit den gleichen Bahneigenschaften wie (1221) Amor; → Planetoid.

Amplitude, *Schwingungsweite*, die Differenz zwischen Maximal- und Minimalwert einer sich periodisch ändernden physikalischen Größe.

Am-Stern, *Metalllinienstern*, Hauptreihenstern der Spektralklasse A oder F, in dessen Spektrum die K-Linie des einmal ionisierten Kalziums wie auch oftmals Linien von Scandium unnormal schwach, die Linien von Metallen, besonders die von Strontium und der Eisengruppe, hingegen verstärkt sind. Der Grad der Verstärkung der Metalllinien ist von Stern zu Stern unterschiedlich; in dieser Hinsicht besteht ein kontinuierlicher Übergang zu spektral normalen Sternen. In der überwiegenden Mehrzahl sind die Am-S.e Mitglieder relativ enger Doppelsterne. Die Rotationsgeschwindigkeit der Am-S.e ist im Allg. klein, was wahrscheinlich auf eine gebundene Rotation in den Doppelsternsystemen zurückgeht. Die Abwesenheit starker Magnetfelder unterscheidet die Am-S.e von den Ap-Sternen.

Analemma, Figur in Form einer langgestreckten Acht, die bei der Verbindung aller von der Sonne im Laufe eines Jahres zur jeweils gleichen Uhrzeit am Himmel eingenommenen Positionen entsteht. Die Längsausdehnung ist durch die im Laufe eines Jahres variierende Höhe der Sonne bestimmt, die Weite durch die sich im Laufe eines Jahres verändernde → Zeitgleichung. Um bei Sonnenuhren statt der wahren die mittlere Sonnenzeit ablesen zu können, muss die Teilung des Zifferblattes die Form eines A.s haben.

Ananke *f*, ein Jupitersatellit, der sich in einer stark elliptischen Bahn mit einer großen Halbachse von 21 276 km und einer Exzentrizität von 0,244 in 629,77 Tagen rückläufig um den Jupiter bewegt. Die Bahn ist mit 144,0° stark gegen die Äquatorebene des Jupiters geneigt. Die A. ist ein Zwergsatellit mit einem mittleren Durchmesser von nur etwa 28 km. Über die Oberflächenbeschaffenheit ist nichts Sicheres bekannt. Wahrscheinlich handelt es sich bei der A. um einen ehemaligen Planetoiden, der vom Jupiter eingefangen wurde.
Hinsichtlich der Einordnung der A. in das System der Jupitersatelliten → Jupiter.

And, Abk. für Andromeda.

Andromeda *f*, *Gen*. Andromedae, abg. *And*, Sternbild des nördlichen Himmels, das im Herbst und im Winter am Abendhimmel sichtbar ist. Die drei nahezu gleich hellen Sterne heißen → Alpheratz (α Andromedae) → Mirach (β Andromedae) und → Alamak (γ Andromedae). Im Sternbild A. liegt der dem bloßen Auge als kleiner schwachleuchtender Nebelfleck erscheinende → Andromedanebel, ein extragalaktisches Sternsystem.
Hinsichtlich der Lage am Himmel → Sternkarten Seite 414, 415 sowie 420.

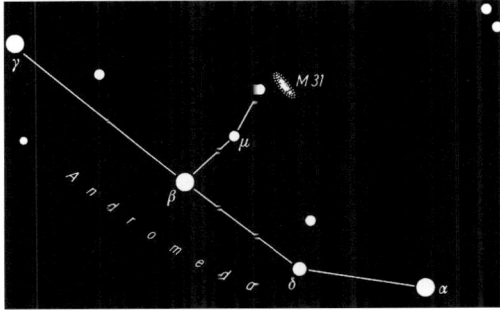

Charakteristische Anordnung der hellsten Sterne des Sternbildes Andromeda

Andromedanebel

Andromedanebel, *M 31*, *NGC 224*, ein extragalaktisches Sternsystem, das im Sternbild Andromeda nahe dem Stern ν Andromedae mit bloßem Auge als kleiner schwachleuchtender Nebelfleck sichtbar ist. Der A. ist das am weitesten entfernte Himmelsobjekt, das mit bloßem Auge gesehen werden kann. Der A. ist ein Spiralsystem, um dessen großen, hellen amorphen Zentralkörper sich mehrere Spiralarme winden. Nach der Hubble'schen Klassifikation gehört der A. zum Typ der Sb-Spiralen (→ Sternsystem). Der Neigungswinkel der Hauptebene des A.s gegen die Sichtlinie beträgt etwa 13°, so dass das System nur in starker perspektivischer Verzerrung beobachtet werden kann (Abb.).

Andromedanebel mit den Begleitern NGC 205 (rechts oben) und M 32 (links vom Nebel etwas unterhalb der Bildmitte). (Aufnahme: Thüringer Landessternwarte Tautenburg)

Die erste Fernrohrbeobachtung stammt von Simon Marius (1573–1614). 1924 wies E. Hubble (1889–1953) erstmals in den äußeren Spiralpartien Einzelobjekte nach, 1944 gelang dies W. Baade (1893–1960) für das Zentralgebiet. Zu den beobachteten Objekten gehören u. a. Delta-Cephei-Sterne, Novae, helle Riesen und Überriesen, Kugelsternhaufen, Offene Sternhaufen und Sternassoziationen sowie ausgedehnte Gebiete dunkler und leuchtender interstellarer Materie. In den vor allem durch Objekte der extremen Population I markierten Spiralarmen reihen sich die interstellaren Gebiete ionisierten Wasserstoffs (HII-Gebiete) mit den zum Leuchten anregenden Sterne hoher Effektivtemperatur sowie helle Überriesen und Sternassoziationen wie Perlenketten aneinander. Die Spiralarme sind von dunkler staubförmiger Materie durchsetzt, die sich in einer wenige 100 pc dicken Schicht um die Hauptebene des Systems anordnet, in den äußersten sichtbaren Randregionen sind kaum interstellare Staubwolken vorhanden. Das neutrale atomare interstellare Wasserstoffgas bildet eine dünne, verwölbte und an vielen Stellen sich verbreiternde Scheibe, die in etwa 11 kpc Entfernung vom Zentrum eine Dicke von etwa 2 kpc erreicht. Der Zentralkörper wird hauptsächlich von alten Sternen der Population II gebildet, die auch, obwohl weniger ausgeprägt, zur Scheibenstruktur beitragen. Die Kugelsternhaufen und die Veränderlichen vom Typ W Virginis als Vertreter der Halopopulation sind in Richtung auf das Zentrum hin konzentriert, erfüllen ansonsten ein etwa kugelförmiges Volumen, kommen daher auch in größeren Abständen von der Hauptebene des Systems vor. Die Mitglieder der Scheibenpopulation, von denen u. a. Novae und rote Riesensterne als Einzelobjekte beobachtbar sind, nehmen eine Zwischenstellung in Bezug auf die Konzentration gegen die Hauptebene ein. Der A. weist eine innere Verwölbung auf, die sich in der Scheibe am deutlichsten ausprägt und wahrscheinlich auf Gezeitenwirkungen durch die beiden Begleiter M 32 und NGC 205 zurückgeht.

Das Zentralgebiet des A.s enthält einen sehr kleinen, sternähnlich erscheinenden Kern mit einem wahren Durchmesser von etwa 6 pc und einer absoluten Helligkeit von etwa -11^m. In etwa 2 pc Entfernung befindet sich eine weitere sternähnliche Struktur, wobei unklar ist, ob es sich um einen Effekt handelt, der durch ein Staubband quer über die Zentralregion verursacht wird, oder ob es möglicherweise der Kern eines ehemaligen, vom A. eingefangenen Sternsystems ist, dessen übrige Mitglieder sich im A. verteilt haben.

Im A. herrscht eine differentielle Rotation. Der Verlauf der Rotationsgeschwindigkeit in Abhängigkeit von der Zentrumsentfernung, die Rotationskurve, ist komplex, da die verschiedenen Struktureinheiten des A. unterschiedlich schnell rotieren. Im Kern wächst die Rotationsgeschwindigkeit stark an und beträgt im Zentrumsabstand von etwa 3,5 pc rund 150 km/s. In der zentralen inneren Scheibe steigt sie bis zu einer Zentrumsentfernung von 400 pc auf etwa 225 km/s an. In etwa 10 kpc Entfernung, der Größenordnung nach vergleichbar mit dem Abstand der Sonne vom Zentrum des Milchstraßensystems, beträgt die Rotationsgeschwindigkeit der Scheibenmaterie rund 300 km/s, die Umlaufperiode etwa 220 Mio. Jahre, was der Umlaufperiode der Sonne um das galaktische Zentrum nahezu entspricht. Dem mittleren Verlauf der Rotationskurve sind viele mehr oder minder große Unregelmäßigkeiten überlagert, die ihre Ursache in lokalen Massekonzentrationen haben, verursacht u. a. durch die Spiralstruktur. In Zentrumsentfernungen größer als etwa 10 kpc bis hin zu etwa 20 kpc nimmt die Rotationsgeschwindigkeit langsam ab, bleibt dann aber mit rund 220 km/s bis zur sichtbaren Grenze des A.s konstant.

Aus dem beobachteten Rotationsverhalten lässt sich die Massenverteilung und die Gesamtmasse des A.s bestimmen. Im Kern sind bis zu etwa 100 Mio. Sonnenmassen konzentriert, wobei es sich möglicherweise um ein Schwarzes Loch handelt. Im Zentralkörper bis etwa 1 kpc Zentrumsabstand sind etwa 10 Mrd. Sonnenmassen enthalten, die Masse in der Scheibe innerhalb von 25 kpc Zentrumsentfernung beträgt rund 20 Mrd. Sonnenmassen. Das Nichtabsinken der Rotationsgeschwindigkeit in den weit außen liegenden Randgebieten, bis mindestens 30 kpc vom Zentrum, zeigt, dass in diesen Gebieten noch viel Masse enthalten ist, so dass sich die Gesamtmasse des A.s wahrscheinlich auf rund $5 \cdot 10^{12}$ Sonnenmassen beläuft.

Etwa 1% der Gesamtmasse des A.s entfällt auf interstellare Materie. Innerhalb von etwa 4 kpc Zentrumsabstand ist neutraler interstellarer Wasserstoff relativ selten, er reicht aber weit über die sichtbare Grenze des A.s hinaus, wie radioastronomische Beobachtungen zeigen. Ionisierter interstellarer Wasserstoff konzentriert sich in einem ringförmigen Bereich zwischen etwa 8 und 10 kpc.

Der Vergleich des A.s mit dem Milchstraßensystem hinsichtlich Masse, Radius, Leuchtkraft und Rotationsverhalten ergibt, dass beide Systeme wahrscheinlich ähnlich gebaut sind. Auch der Typ des A.s dürfte etwa dem des Milchstraßensystems gleichen, ein extragalaktischer Beobachter dürfte bei entsprechender Blickrichtung im Wesentlichen das gleiche Bild vom Milchstraßensystem haben wie wir vom A.

Das Milchstraßensystem und der A. nähern sich einander mit einer Geschwindigkeit von etwa 75 km/s. Der A. hat mindestens 10 Begleiter, darunter M 32, NGC 205 und NGC 147. Der A. ist Mitglied der →Lokalen Gruppe.

Daten des Andromedanebels

Zentrumskoordinaten	
Rektaszension	$\alpha_{2000,0} = 0^h 43^{min}$
Deklination	$\delta_{2000,0} = 41{,}3^0$
Winkeldurchmesser	
im sichtbaren	
Spektralbereich	$0{,}9° \times 4{,}2°$
Entfernung	
vom Milchstraßensystem	etwa 890 kpc
Durchmesser in der	
Hauptebene	etwa 50 kpc
Durchmesser des	
Zentralkörpers	etwa 4 kpc
Durchmesser des Kerns	etwa 6 pc
scheinbare	
Gesamthelligkeit	$m_B = 3^m_{\cdot}9 \quad m_V = 3^m_{\cdot}1$
absolute Gesamthelligkeit	$M_B = -20^m_{\cdot}3 \quad M_V = -21^m_{\cdot}1$

Ångström

Ångström [benannt nach dem schwed. Physiker und Astronomen A. J. Ångström, 1814–1974], Einheitenzeichen Å, in der Spektroskopie noch benutzte Längeneinheit bei Wellenlängenangaben elektromagnetischer Strahlung; 1 Å = 10^{-10} m = 0,1 nm.

Ångström-Streuung, → Streuung.

anisotrop, in unterschiedlichen Richtungen unterschiedliche physikalische Eigenschaften aufweisend.

Anisotropie, die Richtungsabhängigkeit physikalischer Eigenschaften oder Prozesse.

Annihilation, svw. Paarvernichtung; → Paarentstehung.

anomale Kosmische Strahlung, → Kosmische Strahlung.

Anomalie, in der Astronomie Winkel zur Beschreibung des Orts eines Himmelskörpers auf seiner elliptischen Bahn um einen anderen. Die *wahre A.* υ ist bei den Bahnen der die Sonne umlaufenden Himmelskörper der im Sonnenmittelpunkt gemessene Winkel zwischen der Richtung zum Perihel P und der zum Ort G des Gestirns (Abb.). Die *exzentrische A.* E ist der im Mittelpunkt O der Ellipse gemessene Winkel zwischen der Richtung zum Perihel und zu einem Punkt G′, dem

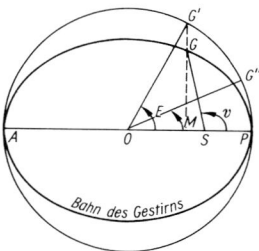

Zur Definition der wahren Anomalie υ, der exzentrischen Anomalie E und der mittleren Anomalie M

Schnittpunkt des verlängerten, von G aus auf die große Achse der Bahn gefällten Lots mit einem Kreis um den Bahnmittelpunkt, dessen Radius gleich der großen Bahnhalbachse ist. Die *mittlere A.* M ist der im Ellipsenmittelpunkt gemessene Winkel zwischen der Richtung zum Perihel und der zu einem sich auf dem Kreis mit konstanter Winkelgeschwindigkeit bewegenden gedachten Körper G″, dessen Umlaufzeit gleich der des Gestirns ist. Wahre und exzentrische A. ändern sich ungleichförmig, die Änderung der mittleren A. ist definitionsgemäß zeitlich konstant. Zwischen exzentrischer und mittlerer A. besteht die sog. *Kepler'sche Gleichung* $E - e \sin E = M$, in der e die numerische Exzentrizität der Bahn bedeutet.

Für Bahnen von Himmelskörpern, die einen anderen Himmelskörper als die Sonne umlaufen, sind die Definitionen entsprechend.

anomalistisch, auf gleiche Anomalie bezüglich.

anomalistischer Monat, → Monat.

anomalistisches Jahr, → Jahr.

Anregung, der Übergang eines Atoms oder Moleküls von einem Zustand niedriger zu einem Zustand höherer Energie (→ Atom). Die *Anregungsenergie* ΔE kann durch Stoß bei *Stoßanregung* oder durch Absorption eines Photons bei *Photoanregung* zugeführt werden. Für die Strahlungsfrequenz ν des absorbierten Photons gilt $\Delta E = h\nu$, wobei h das Planck'sche → Wirkungsquantum bedeutet. Bei einer Stoßanregung wird die kinetische Energie des stoßenden Teilchens um die Anregungsenergie reduziert. Im Bild des Bohr'schen Atommodells wird bei der A. ein Elektron auf ein höheres Energieniveau gebracht. Bei Molekülen kann nicht nur der Energiezustand der Elektronenhülle geändert werden, bei ihnen besteht darüber hinaus die Möglichkeit der A. eines höheren Schwingungs- oder Rotationszustands.

Die Verweilzeit eines Atoms im angeregten Zustand beträgt typischerweise etwa 10^{-8} s, es geht dann unter Aussendung der Anregungsenergie spontan in einen energetisch niedrigeren Zustand über, was ein *Anregungsleuchten* verursacht. Der Übergang in den niedrigeren Zustand kann durch ein Photon mit der passenden Energie ausgelöst werden, wobei das emittierte Photon in Flugrichtung und Polarisationszustand dem auslösenden Photon gleicht (induzierte Emission). Ein die A. rückgängig machender Übergang in einen tieferen Energiezustand kann auch strahlungslos durch einen Stoß erfolgen; dabei wird die Anregungsenergie auf das stoßende Teilchen übertragen und dessen kinetische Energie erhöht. Bei metastabilen Energieniveaus ist die Verweilzeit um z. T. viele Größenordnungen höher, der Übergang zu niedrigeren Energieniveaus ist nach den Regeln der Quantenphysik „verboten", die von Stößen ausgelösten Übergänge sind dann die Regel (→ Atom).

Bei einem sich im → thermodynamischen Gleichgewicht befindenden Gas ist die Zahl der je Zeit- und Volumeneinheit erfolgenden Anregungsprozesse gleich der Zahl der dazugehörigen Umkehrprozesse. Für eine gegebene Atomart hängt der Bruchteil, der sich in einem bestimmten Anregungszustand befindet, die Besetzungsdichte, allein von der Temperatur ab und ist durch die → Boltzmann-Verteilung gegeben. Je höher die Temperatur des Gases ist, umso mehr Atome sind angeregt. Bei vorgegebener Temperatur nimmt die Zahl der angeregten Atome mit wachsender Anregungsenergie ab.

Anregungsenergie, → Anregung.

Anregungsleuchten, → Anregung.

Anregungstemperatur, → Temperatur.

Anschlussbeobachtung, Beobachtung, bei der ein Messwert nicht direkt, sondern relativ zu entsprechenden Werten von Vergleichsobjekten bestimmt wird. Sind dies Sterne, werden diese als *Anschlusssterne* bezeichnet. Die Messwerte der Vergleichsobjekte müssen durch Absolutbeobachtungen ermittelt werden.

Anschlussstern, → Anschlussbeobachtung.

Ant, Abk. für Antlia.

Antalgol-Sterne, veraltete Bezeichnung für → RR-Lyrae-Sterne, die im Gegensatz zu den Algol-Sternen mit ihren regelmäßigen Helligkeitsminima regelmäßige Helligkeitsmaxima haben.

Antapex *m,* Gegenpunkt des → Apex.

Antares *m,* α *Scorpii,* hellster Stern im Sternbild Scorpius (Skorpion), ein halbregelmäßiger Veränderlicher, dessen scheinbare visuelle Helligkeit mit einer mittleren Periode von 1733 Tagen zwischen $0^m_{.}9$ und $1^m_{.}8$ schwankt. Der A. hat die Spektralklasse M1,5 und die Leuchtkraftklasse Iab. Der Durchmesser beträgt etwa 285 Sonnendurchmesser und ist damit größer als die Bahn der Erde um die Sonne, die Leuchtkraft entspricht mehr als dem 10 000fachen der Sonnenleuchtkraft, die effektive Temperatur liegt bei etwa 3500 K. Die Entfernung von der Sonne beträgt etwa 185 pc oder rund 600 Lichtjahre. Der A. ist ein visueller Doppelstern, dessen schwächere Komponente ein Hauptreihenstern der Spektralklasse B2,5 mit einer scheinbaren visuellen Helligkeit von $5^m_{.}4$ ist und einen Winkelabstand von nur $3''$ von der Hauptkomponente hat, die Umlaufperiode beträgt 878 Jahre.

Antenne, Sende- oder Empfangseinrichtung elektromagnetischer Strahlung im Hochfrequenzbereich; → Radioteleskop.

Antennentemperatur, → Temperatur.

Anthe f, ein Zwergsatellit des → Saturn.

anthropisches Prinzip, Hypothese, wonach die menschliche Existenz und die Eigenschaften des Weltalls eng miteinander verknüpft sind. Nach dem *schwachen anthropischen Prinzip* nimmt die menschliche Existenz einen speziellen Platz im Universum ein, da sie sich nur dann und nur dort entwickeln kann, wo die Bedingungen dafür geeignet sind. Weil es Beobachter gibt, muss das Universum Eigenschaften besitzen, die Beobachter zulassen. Das *starke anthropische Prinzip* geht davon aus, dass die physikalischen Gesetze und die Bedingungen des Weltalls genau so sein müssen, dass menschliche Existenz möglich ist.

Antigravitation, → Kosmologie.

Antimaser-Effekt, → Maser.

Antimaterie, aus → Antiteilchen bestehende Materie.

Antiteilchen, das zu einem Elementarteilchen komplementäre Teilchen gleicher Masse und gleichen Spins, aber entgegengesetzter elektrischer Ladung. Elektrisch neutrale Teilchen sind mit ihrem A. nicht notwendigerweise identisch. Beim Neutrino z. B. bilden Spin und Flugrichtung eine Linksschraube, beim Antineutrino eine Rechtsschraube. Das Antineutron unterscheidet sich vom Neutron durch das umgekehrte Vorzeichen des magnetischen Moments.

Antizentrum, Gegenrichtung zum Zentrum des Milchstraßensystems.

Antlia, *Gen.* Antliae, *abg.* **Ant**, *Luftpumpe*, unscheinbares Sternbild des südlichen Himmels. Hinsichtlich der Lage am Himmel → Sternkarten Seite 417 und 419.

Antonoe f, ein Satellit des Jupiter. Hinsichtlich der Einordnung der A. in das System der Jupitersatelliten → Jupiter.

Antu, Name eines der vier 8,2-m-Teleskope der → Europäischen Südsternwarte.

Anzahldichte, Anzahl von Teilchen einer bestimmten Art je Volumenelement.

Aoede f, ein Jupitersatellit. Hinsichtlich der Einordnung der A. in das System der Jupitersatelliten → Jupiter.

Ap..., Apo..., fern von ... .

Apastron n, *Sternferne*, → Apsiden.

Apertur f. Kurzform für Aperturblende; → Fernrohr.

Aperturblende, *Öffnungsblende*, *Gesichtsfeldblende*, die das in ein optisches System gelangende Strahlenbündel festlegende Blende. Bei einem Refraktor ist es die Fassung der Objektivlinse, bei einem Schmidt-Spiegel die der Korrektionsplatte.

Apertursynthese, Verfahren, um mit Hilfe von mehreren kleinen Radioteleskopen ein Teleskop großer Empfängerfläche, also großer Apertur, zu „synthetisieren"; → Radioteleskop.

Apex m, Zielpunkt an der Himmelskugel, auf den sich die Sonne relativ zu den Sternen ihrer näheren Umgebung hin bewegt. Der A. ist abhängig von der Auswahl der Sterne, die zur Bestimmung der → Pekuliarbewegung der Sonne herangezogen werden. Werden Sterne scheinbar heller als 12^m gewählt, liegt der A. im Sternbild Hercules (Herkules), die äquatorialen Koordinaten sind $\alpha = 18^h\,04^{min}$, $\delta = +34°$. Der Gegenpunkt des A., der *Antapex*, liegt im Sternbild Columba (Taube).

Aphel n, *Sonnenferne*, der Gegenpunkt des → Perihels.

Aphelentfernung, *Apheldistanz*, Abstand des Aphels von der Sonne; → Perihel.

Apochromat, Linsensystem aus mindestens drei Linsen unterschiedlicher Brechkraft und Dispersion, bei dem die chromatische Aberration für drei Farben minimiert ist; → Fernrohr.

Apogalaktikum n, → Apsiden.

Apogäum n, *Erdferne*, → Apsiden.

Apollo m, der Planetoid (1862).

Apollo-Planetoiden, Gruppe von Planetoiden mit nahezu der gleichen Bahneigenschaft wie (1862) Apollo; → Planetoid.

Aposelen n, *Mondferne*, → Apsiden.

Apozentrum n, *Zentrumsferne*, → Apsiden.

Aps, Abk. für Apus.

Apsiden *Plur.*, die zwei Punkte der elliptischen Bahn eines Himmelskörpers um einen anderen, bei denen die Körper einen maximalen bzw. minimalen Abstand voneinander haben. Bei einer Bahn um die Erde ist das *Apogäum (Erdferne)* und *Perigäum (Erdnähe)*, bei einer Bahn um den Mond das *Aposelen (Mondferne)* und *Periselen (Mondnähe)*, bei einer Bahn um die Sonne das *Aphel (Sonnenferne)* und *Perihel (Sonnennähe)*, bei der Bahn eines Sterns um das Zentrum des Milchstraßensystems das *Apogalaktikum* und *Perigalaktikum*, bei der Bahn des Begleiters um die Hauptkomponente in einem Doppelsternsystem das *Apastron (Sternferne)* und *Periastron (Sternnähe)*, bei einer elliptischen Bahn um einen Zentralkörper allgemein *Apapsis* oder *Apozentrum (Zentrumsferne)* und *Periapsis* oder *Perizentrum (Zentrumsnähe)*. Die Verbindungslinie der A. ist die *Apsidenlinie*. Bei einer elliptischen Bahn eines Himmelskörpers ist der Abstand der A. die große Achse der Bahn.

Apsidenlinie, Verbindungslinie der beiden → Apsiden einer elliptischen Bahn eines Himmelskörpers.

Ap-Stern, ein Hauptreihenstern der Spektralklasse A mit charakteristischen Besonderheiten im Spektrum, u. a. sind die Linien von Chrom, Mangan, Silizium und

Apus

Strontium sowie die normalerweise nicht sichtbaren Linien seltener Erden, wie z. B. Europium, außergewöhnlich stark und z. T. veränderlich, die Ap-S.e gehören zu den Spektrumveränderlichen. Sterne der Spektralklassen B5 bis B9 oder F0 mit gleichen spektralen Besonderheiten werden ebenfalls als Ap-S.e bezeichnet. Ap-S.e haben relativ geringe Rotationsgeschwindigkeiten mit Perioden von typischerweise 1 bis 10 Tagen und besitzen starke Magnetfelder von etwa 0,04 bis 0,2 Tesla, sie gehören zu den magnetischen Sternen. Der spektralen Veränderlichkeit ist eine magnetische Veränderlichkeit sowie eine geringe visuelle Helligkeitsänderung von etwa 0,01 bis 0,10 mag zugeordnet. Die Sterne stellen wahrscheinlich einen sog. schiefen Rotator dar, bei dem die magnetische Achse gegen die Rotationsachse geneigt ist (→ magnetische Sterne). Das Magnetdipolfeld verursacht lokale chemische Oberflächenanomalien, die bei der Rotation des Sterns periodisch sichtbar werden, gleichzeitig ändert sich die Richtung der Magnetfeldlinien relativ zur Sichtlinie, was die beobachtete Änderung der magnetischen Feldstärke bewirkt.

Apus, *Gen.* Apodis, abg. *Aps, Paradiesvogel*, unscheinbares Sternbild des südlichen Himmels nahe dem südlichen Himmelspol, das von unseren Breiten aus nicht sichtbar ist.
Hinsichtlich der Lage am Himmel → Sternkarte Seite 416.

Aql, Abk. für Aquila.
Aqr, Abk. für Aquarius.
Aquariden, → Meteorstrom.
Aquarius, *Gen.* Aquarii, abg. *Aqr, Wassermann*, zum Tierkreis gehörendes Sternbild der Äquatorzone, das im Herbst am Abendhimmel sichtbar ist. Die hellsten Sterne sind β Aquarii (scheinbare visuelle Helligkeit $2^m\!.91$) und α Aquarii (scheinbare visuelle Helligkeit $2^m\!.96$). Das Sternbild wird von der Sonne bei ihrer scheinbaren jährlichen Bewegung in der zweiten Hälfte des Februars und Anfang März durchlaufen. Im Sternbild liegen mehrere Sternhaufen, von denen z. B. der Kugelsternhaufen M 2 mit einem Feldstecher als kleiner Nebelfleck zu sehen ist, und der scheinbar hellste Planetarische Nebel, NGC 7293.
Hinsichtlich der Lage am Himmel → Sternkarte Seite 418.

Äquator *m*, *1) Himmelsäquator*, die Schnittlinie der unendlich groß gedachten Himmelskugel mit einer senkrecht zur Himmelsachse stehenden Ebene, der *Äquatorebene*. Die Äquatorebene ist die Grundebene des Äquatorsystems, eines astronomischen Koordinatensysteme (→ Koordinaten).
2) Erdäquator, die Schnittlinie der Erdoberfläche mit einer senkrecht zur Erdachse stehenden und den Erdmittelpunkt enthaltenden Ebene. Der Himmelsäquator ist der vom Erdmittelpunkt aus auf die Himmelskugel projizierte Erdäquator.
3) Galaktischer Ä., die Schnittlinie der Himmelskugel mit der Symmetrieebene des Milchstraßensystems, der Galaxis. Der galaktische Ä. ist die Grundebene des galaktischen Koordinatensystems (→ Koordinaten).

Äquatoreal *n*, ältere Bezeichnung für ein parallaktisch, äquatorial montiertes Fernrohr.

äquatoriale Montierung, Aufstellungsart eines Teleskops, bei der eine der beiden Achsen parallel zur Himmelsachse ausgerichtet ist; → Fernrohr.
Äquatorialhorizontalparallaxe, → Parallaxe.
Äquatorsystem, astronomisches Koordinatensystem; → Koordinaten.
Äquidensite *f*, Linie oder Fläche gleicher Schwärzung (Dichte) oder Helligkeit auf photographischen Negativen.
Aquila, *Gen.* Aquilae, abg. *Aql, Adler*, Sternbild der Äquatorzone, das im Sommer am Abendhimmel sichtbar ist. Der hellste Stern des Sternbildes, → Atair oder α Aquilae, gehört zum Sommerdreieck. Durch das Sternbild zieht sich die Milchstraße.
Hinsichtlich der Lage am Himmel → Sternkarte Seite 418.

Äquinoktialpunkte, → Äquinoktium.
Äquinoktium *n, Plur.* Äquinoktien, *Tagundnachtgleiche*, der Zeitpunkt, zu dem die Sonne bei ihrer scheinbaren jährlichen Bewegung im Schnittpunkt von Ekliptik und Himmelsäquator steht und daher für alle Orte der Erde Tag und Nacht gleich lang sind. Das *Frühlingsäquinoktium* fällt etwa auf den 21. März (Frühlingsanfang), das *Herbstäquinoktium* etwa auf den 23. September (Herbstanfang). Da das Kalenderjahr nicht gleich dem tropischen Jahr ist und der Beginn der Tageszählung von der geographischen Länge des Beobachtungsorts abhängt, können sich Verschiebungen um einen Tag ergeben. Die *Äquinoktialpunkte* sind die beiden Punkte der Ekliptik, in denen sich die Sonne zur Zeit der Äquinoktien befindet, es sind der Frühlingspunkt (Widderpunkt) und der Herbstpunkt (Waagepunkt). Infolge von → Präzession und Nutation verschieben sich die Äquinoktialpunkte längs der Ekliptik.

Äquipotentialfläche, *Roche-Fläche* [benannt nach dem franz. Mathematiker E. Roche, 1820–1883], eine Fläche, auf der alle Punkte das gleiche Potential, in einem Schwerefeld die gleiche Schwerebeschleunigung haben. In der Umgebung einer isolierten Masse, z. B. eines Einzelsterns, sind die Ä.n Kugelflächen. Bei Doppelsternen ist die Beschleunigung, die auf ein relativ zu den beiden Komponenten ruhendes Massenelement wirkt, durch die von jeder der beiden Komponenten verursachten Schwerebeschleunigung sowie der infolge des mit den Komponenten gemeinsamen Umlaufs um die Rotationsachse des Systems verursachten

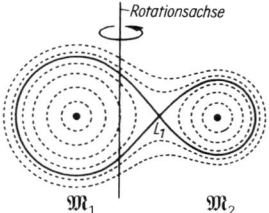

Äquipotentialfläche. Schnitt senkrecht zur Bahnebene eines Doppelsternsystems, dessen Komponenten die Masse $\mathfrak{M}_2$ und $\mathfrak{M}_1 = 2\,\mathfrak{M}_2$ haben. - - - : Schnittlinien mit Äquipotentialflächen; —: Schnittlinie mit der kritischen Roche-Fläche; L_1: innerer Lagrange-Punkt

Zentrifugalbeschleunigung abhängig. Die sich ergebenden Ä.n hängen stark von der Entfernung des Massenelements von den Komponenten ab (Abb.). In unmittelbarer Nähe der Komponenten überwiegt jeweils deren Schwerebeschleunigung, die Ä.n sind nahezu Kugelflächen. Mit wachsendem Abstand ergibt sich eine immer stärkere Verformung, bis die Ä.n schließlich beide Komponenten einhüllen. Die kleinste dieser einhüllenden Flächen ist die sog. *kritische Roche-Fläche*. Sie enthält den inneren Lagrange-Punkt L_1, in dem sich die Beschleunigungen exakt kompensieren (→ Dreikörperproblem). Die genaue Form der Flächen ist vom Massenverhältnis der Doppelsternkomponenten abhängig.

Äquivalentbreite, → Spektrum.
Äquivalenttemperatur, → Temperatur.
Äquivalenzrelation, → Relativitätstheorie.
AR, Abk. für Rektaszension.
Ara, *Gen.* Arae, *Altar*, Sternbild des südlichen Himmels, das von unseren Breiten aus nicht sichtbar ist. Hinsichtlich der Lage am Himmel → Sternkarte Seite 416.
Arago-Ring, [benannt nach dem franz. Astronomen D. F. J. Arago, 1786–1853], der Ring 1989 N 4R des Neptun.
Arbeit, in der Physik das Produkt aus der auf einen Körper wirkenden Kraft und dem Weg, den der Körper unter der Kraft zurücklegt. Einheiten der A. sind Joule, Einheitenzeichen J, Wattsekunde W s oder Newtonmeter N m.
Arche *f*, ein Jupitersatellit.
Hinsichtlich der Einordnung der A. in das System der Jupitersatelliten → Jupiter.
Arctur, *Arktur*, α *Bootis*, hellster Stern im Sternbild Bootes (Bärenhüter) und mit einer scheinbaren visuellen Helligkeit von $-0^m\!.04$ vierthellster Stern am Himmel. Er ist ein Roter Riese der Spektralklasse K1 und der Leuchtkraftklasse III. Die Leuchtkraft beläuft sich auf etwa 200 Sonnenleuchtkräfte, der Durchmesser auf etwa 28 Sonnendurchmesser, die Masse liegt zwischen 0,2 und 1,2 Sonnenmassen. Die effektive Temperatur beträgt etwa 4370 K. Mit einem Alter von rund 10 Mrd. Jahren ist er etwa doppelt so alt wie die Sonne. Die Entfernung von der Sonne beträgt 11,2 pc oder rund 36 Lichtjahre
Arcus *m*, *Plur.* Arcus, Bezeichnung für ein bogenförmiges Strukturelement auf Körpern des Planetensystems.
Arecibo-Radioobservatorium, → Radioteleskop.
Areographie *f*, die kartographische Beschreibung der Marsoberfläche.
areographisch, auf Mars bezüglich.
Argelander, Friedrich Wilhelm August, dtsch. Astronom, geb. 22.03.1799 in Memel (jetzt Klaipeda), gest. 17.02.1875 in Bonn; ab 1823 Observator in Turku und Helsinki (Finnland), ab 1837 Direktor der Sternwarte in Bonn. Die Arbeitsgebiete waren die Eigenbewegungen der Fixsterne und die Pekuliarbewegung der Sonne. 1843 gab er den Sternatlas „Uranometria Nova" [lat., ‚Neue Himmelsvermessung'] heraus, 1859–1862 erschien sein Hauptwerk, die ‚Bonner Durchmusterung', ein → Sternkatalog.

Argo, *Argo Navis, Schiff Argo, Schiff*, altes Sternbild des südlichen Himmels, das heute nicht mehr auf Sternkarten verzeichnet ist, es umfasst die heutigen Sternbilder Vela (Segel), Puppis (Achterschiff), Carina (Kiel) und Pyxis (Kompass).
Ari, Abk. für Aries.
Ariel *m*, ein Uranussatellit, der sich auf einer elliptischen Bahn mit der großen Halbachse von 190 900 km und der Exzentrizität von 0,001 in 2,520 Tagen rechtläufig um den Uranus bewegt. Die Bahn ist mit 0,041° nur gering gegen dessen Äquatorebene geneigt. Der A. hat eine gebundene Rotation, seine Rotationsperiode ist gleich seiner Umlaufperiode. Der Durchmesser des A. beläuft sich auf 1158 km, die Masse auf $1{,}35 \cdot 10^{21}$ kg und die mittlere Dichte auf etwa 1,7 g/cm³. Damit dürfte rund die Hälfte der Masse von Wassereis gestellt werden. Auf der Oberfläche existieren viele, z. T. hell umrandete Einschlagkrater. Charakteristisch ist ein verzweigtes Grabensystem, das die Oberfläche netzartig überspannt (Abb.). Die größten Gräben erreichen Längen von über 500 km, sie sind sehr unregelmäßig, vielfach gebogen und teilweise mit aus der Tiefe hochgequollenem Material gefüllt. Möglicherweise war das Innere des A. früher einmal flüssig, und die Gräben sind Dehnungsstrukturen, die entstanden, als das Innere gefror, doch ist über die Wärmequellen wie auch die innere Zusammensetzung des A. nichts Sicheres bekannt. Die scheinbare visuelle Helligkeit erreicht in Oppositionsstellung nur etwa $14^m\!.4$.
Hinsichtlich der Einordnung des A. in das System der Uranussatelliten → Uranus.
Aries, *Gen.* Arietis, abg. *Ari, Widder*, zum Tierkreis gehörendes Sternbild des nördlichen Himmels, das im Winter am Abendhimmel sichtbar ist. Die Sonne durchläuft bei ihrer scheinbaren jährlichen Bewegung das Sternbild etwa von Mitte April bis Mitte Mai.
Hinsichtlich der Lage am Himmel → Sternkarte Seite 420.
A-Ring, einer der Ringe des → Saturn.
Aristarch von Samos, griech. Astronom, geb. um 320 v. Chr., gest. 250 v. Chr.; lehrte, dass sich die Erde um die Sonne bewegt, wofür er allerdings keinerlei Beweise erbringen konnte, weshalb die Lehre nicht viele Anhänger fand. A. versuchte als Erster, die Entfernungen der Sonne und des Mondes von der Erde mit Hilfe geometrischer Konstruktionen abzuleiten.
Arktur, svw. Arctur.
Armillarsphäre, *Armille*, historisches → astronomisches Instrument.
Array, eine Gruppe zusammengeschalteter Teleskope zum Erreichen eines wesentlich höheren Auflösungsvermögens als das eines Einzelteleskops; → Radioteleskop.
aschgraues Mondlicht, schwache, durch an der Erde reflektiertes Sonnenlicht hervorgerufene Erhellung der Nachtseite des Mondes. Es ist kurz vor und nach Neumond beobachtbar und unterliegt geringen zeitlichen Variationen, da infolge der Erdrotation Regionen, wie Kontinente und Ozeane, mit im Rhythmus der Jahreszeiten, z. E. infolge unterschiedlicher großräumiger Schneebedeckung und globaler Bewölkung unterschiedlicher Albedo, dem Mond zugekehrt sind.

Aspekt

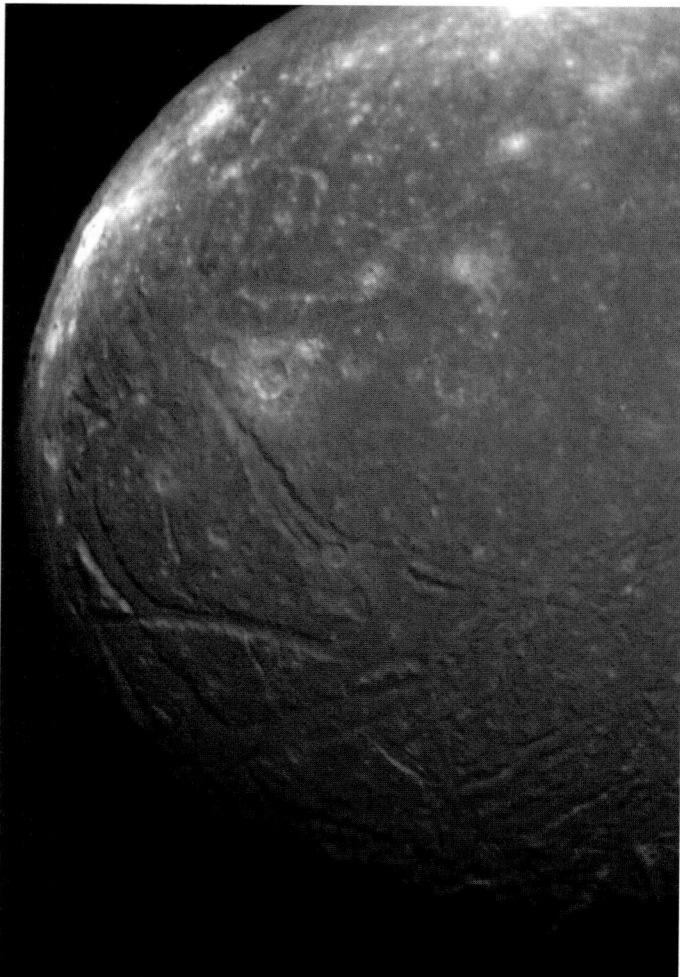

Oberflächendetail des Uranussatelliten Ariel aus einer Entfernung von 170 000 km. (NASA/JPL)

Aspekt *m*, von der Erde aus gesehene Stellung der Sonne, des Mondes oder eines Planeten; → Konstellation.
asphärisch, nicht kugelförmig.
Assoziation, → Sternassoziation.
Aster..., *Astro...*, Stern..., auf Sterne bezüglich.
A-Stern, Stern der → Spektralklasse A.
Asteroid *m*, svw. Planetoid.
Asterope *f*, Stern in den → Plejaden mit einer scheinbaren visuellen Helligkeit von $5^{m}_{.}76$, der Spektralklasse B8 und der Leuchtkraftklasse V.
Asthenosphäre, eine etwa 200 km mächtige plastisch-fließfähige Schicht unter der Lithosphäre der Erde; → Erde.
Astigmatismus, Abbildungsfehler optischer Systeme, verursacht durch Strahlenbündel, die unter einem erheblichen Winkel gegen die optische Achse einfallen; → Fernrohr.
astral, auf die Sterne bezüglich, von den Sternen herrührend.

Astrobiologie, interdisziplinäres Wissenschaftsgebiet von Astronomie, Biologie und Physik, das sich mit den Möglichkeiten und Voraussetzungen von → Leben auf anderen Himmelskörpern beschäftigt.
Astroblem, geologische Bezeichnung für einen durch Meteoritenaufschlag entstandenen Krater.
Astrognosie *f*, die Kenntnis vom Sternhimmel, wie er dem bloßen Auge erscheint.
Astrograph *m*, mehrlinsiges photographisches Fernrohr mit einem Öffnungsverhältnis von 1:8 oder größer; → Refraktor.
Astrolabium *n*, historisches → astronomisches Instrument.
Astrologie, *Sterndeutung*, wissenschaftlich völlig unbegründete Irrlehre, nach der die Erscheinungen am Sternhimmel mit dem irdischen Geschehen in irgendwelchem unabänderlichen, aber erkennbaren Zusammenhang stehen sollen. Die A. behauptet, aus der Stellung der am Himmel sich bewegenden Himmelskörper („Planeten" in ursprünglicher Bedeutung) u. a.

den Charakter und den Lebenslauf von Menschen ableiten bzw. voraussagen sowie angeblich nützliche Ratschläge für das Verhalten eines Menschen geben zu können. Die A. entstammt der Sternkunde des Orients, vor allem der des alten Babylons, wo die Priester gleichzeitig Astronomen und Astrologen waren. Aus diesen Zeiten stammen die gängigsten Begriffe der A., ohne das Geringste an Wahrheitsgehalt gewonnen zu haben. Im Mittelalter war die A. eng mit der Astronomie verknüpft. Noch J. Kepler (1571–1630) machte astrologische Voraussagen, ohne vom Wahrheitsgehalt der vorausgesagten Dinge überzeugt zu sein, um von dem dafür empfangenen Honorar zeitweise sein Leben fristen zu können. Die Astronomie der Gegenwart lehnt jede Art von A. entschieden ab, da sie sich weder auf konkrete Erfahrungstatsachen noch auf eine durch Naturgesetze wohlbegründete Theorie stützt. Obwohl die A. völlig unwissenschaftlich ist, findet sie auch gegenwärtig noch Anhänger und wird nicht selten dazu genutzt, leichtgläubige und abergläubische Menschen zu betrügen.

Die Aussagen über Lebenslauf und Charakter eines Menschen, über günstige Entscheidungen z. B. bei Heiraten, Geschäftsabschlüssen und sonstigen Vorhaben werden aus *Horoskopen* oder *Kosmogrammen* gelesen, schematischen Darstellungen der Stellung der Planeten, der Sonne und des Mondes an der Himmelskugel zur Zeit der Geburt des Menschen oder zu dem Zeitpunkt, für den Aussagen gemacht werden sollen. In den meisten Fällen beruhen die Aussagen nur auf der Stellung der mit bloßem Auge sichtbaren Himmelskörper. Es wird deren Stellung entlang der Ekliptik innerhalb der *Tierkreiszeichen*, 12 gleichgroßen Abschnitten der Ekliptikzone, berücksichtigt, wobei es keinerlei rationale Begründung für gerade diese Anzahl von Ekliptikabschnitten gibt. Ein chinesisches System benutzt z. B. 28 gleichlange Abschnitte. Jedem wird vom Frühlingspunkt beginnend ein Tierkreissternbild in der Reihenfolge Widder, Stier, Zwillinge, Krebs, Löwe, Jungfrau, Waage, Skorpion, Schütze, Steinbock, Wassermann und Fische zugeordnet. Das Tierkreiszeichen Widder umfasst damit die ekliptikalen Längen von 0° bis 30°, das Zeichen Stier die Längen von 30° bis 60° usw. Da seit der Einführung dieser Unterteilung vor mehr als 2000 Jahren der Frühlingspunkt sich infolge der Präzession um etwa 30° längs der Ekliptik verschoben hat, befindet sich *gegenwärtig* das Tierkreiszeichen des Stiers im Sternbild Widder, das Zeichen des Widders im Sternbild Fische usw. Der Tierkreis wird weiterhin in 12 feststehende Abschnitte, sog. *Häuser,* eingeteilt. Haus Nr.1 bis 6 von Osten aus gezählt stehen unter dem Horizont, Nr. 7 bis 12 von Westen aus gezählt über dem Horizont. Infolge der scheinbaren täglichen Bewegung der Himmelskugel verschieben sich die Tierkreiszeichen relativ zum System der Häuser. Es wird jedem Haus ein Tierkreiszeichen zugeordnet, und zwar dem Haus Nr. 1 dasjenige, das gerade über dem Horizont des Beobachtungsorts erscheint (den *Aszendenten*), und den übrigen Häusern entsprechend die anderen Zeichen. Im Laufe eines Sterntags durchläuft somit jedes Tierkreiszeichen jedes Haus in der Folge abnehmender Hausnummern. Die Fragwürdigkeit des Systems zeigt sich u. a. darin, dass eine derartige Zuordnung keineswegs für alle Orte auf der Erde möglich ist. In Gebieten nördlich bzw. südlich der Polarkreise kommen Teile der Ekliptik nie über den Horizont bzw. sinken nie unter ihn, durchlaufen also nie alle Häuser. Außerdem bleiben für diese Gebiete einzelne Planeten in gleicher Weise wie die Sonne in jedem Jahr während eines mehr oder minder langen Zeitabschnitts permanent über oder unter dem Horizont.

Zur Aufstellung eines Horoskops für eine Person wird die Stellung der Himmelskörper in den verschiedenen Häusern und Tierkreiszeichen beachtet, vor allem die Stellung des *Geburtsgebieters*, desjenigen Himmelskörpers, der zur Zeit der Geburt der Person im Haus Nr. 1 stand und der vor allem angeblich für Charakter und das Schicksal dieser Person bestimmend sein soll. Die Stellung der Himmelskörper zur Stunde der Geburt wird als *Nativität* bezeichnet.

Den Planeten, der Sonne und dem Mond sowie jedem Haus und jedem Tierkreiszeichen werden bestimmte Merkmale zugesprochen, wobei diese Merkmale angeblich verstärkt oder geschwächt werden können, je nachdem, ob in den einzelnen Häusern oder Tierkreiszeichen Himmelskörper stehen, die die gleichen oder entgegengesetzten Merkmale haben. Die Zuordnung der Merkmale erfolgt rein schematisch, z. B. erhält jedes Tierkreiszeichen abwechselnd ein männliches bzw. weibliches Merkmal, das Zeichen Stier wird demzufolge völlig formal mit einem weiblichen Merkmal belegt.

Durch Kombination aller Möglichkeiten lassen sich aus der Stellung der Himmelskörper in den Häusern und Tierkreiszeichen beliebige, willkürliche und wünschenswert erscheinende Deutungen herleiten, vor allem, da die Aussagen bewusst vieldeutig und verschwommen gehalten werden. Den angeblich richtigen Voraussagen stehen ungezählte, aber verschwiegene falsche gegenüber. Ein einfacher Beweis gegen die A. ist u. a. die Tatsache, dass sich sowohl bei eineiigen Zwillingen als auch bei zweieiigen das Geburtshoroskop nicht unterscheidet. Man müsste daher für ein Zwillingspaar immer den gleichen Charakter und ein nahezu gleiches Schicksal erwarten können. Es ist aber bekannt, dass zweieiige Zwillinge in Charakter und Veranlagung viel stärker unterscheiden als eineiige. Auch die vielen 1000 Menschen, die eine praktisch gleiche Nativität haben, müssten entsprechend das gleiche Schicksal aufweisen, was absolut unzutreffend ist. Nicht einzusehen ist gleichfalls, weshalb der Augenblick der Geburt eines Menschen für sein Schicksal so entscheidend sein soll, da dieser bekanntermaßen durch äußere Einflüsse bestimmt werden kann. Entscheidender wäre ja wohl, wenn auch nur eine Spur einer vernünftigen Begründung vorhanden sein sollte, der Augenblick der Empfängnis.

Aus der Stellung der Planeten und vor allem der des Mondes wird gelegentlich auch auf das Wetter geschlossen, was genauso unwissenschaftlich und unbegründet wie die A. ist.

Astrometrie, *Positionsastronomie*, *sphärische Astronomie*, Teilgebiet der Astronomie, das sich mit der Positionsbestimmung der als punktförmig angesehenen Gestirne an der Himmelskugel befasst und mit den Ein-

Astrometrie

flüssen, die zu Änderungen der Positionen führen. Untersuchungen, bei denen die Gestirne als physikalische Körper angesehen werden, sind nicht Gegenstand der A., sondern der Astrophysik.

In der *globalen A.* werden Örter und Relativbewegungen der Himmelskörper in einem einheitlichen, den gesamten Himmel überspannenden Koordinatensystem bestimmt. Ein derartiges *Fundamentalsystem, Referenzsystem* wird durch eine große Zahl über den gesamten Himmel verteilter, exakt vermessener konkreter Koordinatenpunkte, z. B. durch Fundamentalsterne oder Quasare, repräsentiert. Aufgabe der *lokalen A.* ist es, die Koordinaten anderer Himmelskörper mit Hilfe von Anschlussbeobachtungen zu ermitteln, wobei die Positionen relativ zu benachbarten, das Referenzsystem definierenden Objekten vermessen werden.

Die Positionen der das Referenzsystem definierenden Himmelskörper werden üblicherweise in das Äquatorsystem eingemessen, bei dem die Äquatorebene der Erde als Grundebene und der Frühlingspunkt als Nullpunkt der Rektaszensionszählung dienen. Die Positionen werden mit Hilfe absoluter, voneinander unabhängiger Deklinations- und Rektaszensionsbestimmungen ermittelt (→ Fundamentalstern). Präzession und Nutation verursachen eine Verlagerung der Äquatorebene und eine Verschiebung des Frühlingspunktes längs der Ekliptik. Das Äquatorsystem ist dadurch zeitlich veränderlich. Infolge der Erdbewegung unterliegen die Örter der Himmelskörper auch scheinbaren, z. T. periodischen, z. T. säkularen Ortsveränderungen an der Himmelskugel (→ Aberration, → Parallaxe).

Ein Referenzsystem muss ein möglichst exaktes → Inertialsystem sein, das keiner Rotation unterworfen ist. In der *klassischen A.* wurde das Referenzsystem üblicherweise durch Sterne repräsentiert, und zwar durch die eines Fundamentalkatalogs. Als Mitglieder des Milchstraßensystems nehmen sie an dessen Rotation teil und erfüllen die Forderung der Rotationsfreiheit nicht exakt. Die Positionen dieser Sterne wurden mittels erdgebundener Beobachtungen bestimmt, wodurch sich grundsätzliche Grenzen hinsichtlich der erreichbaren absoluten Ortsbestimmung ergeben. Die Grenzen sind durch die in der Erdatmosphäre verursachte Refraktion und Szintillation bedingt sowie durch die (geringen) Instrumentenänderungen infolge der Temperaturunterschiede von Nacht zu Nacht, durch Verbiegung der Instrumente bei unterschiedlichen Stellungen zum Horizont wie auch durch Unregelmäßigkeiten in der Lage des Himmelspols (→ Polhöhe).

Ein durch extragalaktische Objekte realisiertes Referenzsystem, z. B. durch punktförmig erscheinende Quasare, kommt einem Inertialsystem fast ideal nahe, da das Weltall als nicht rotierend angesehen werden kann. Gegenwärtig dient ein durch 436 Quasare festgelegtes Koordinatensystem als fundamentales Referenzsystem, das im Rahmen der *Radioastrometrie* aufgestellt wurde. Die Genauigkeit der Positionsbestimmung ist in jeder Koordinate besser als 0,003″, was mit Hilfe von Interferenzmessungen bei sehr großen Basislängen erreicht wird (→ Radioteleskop). Radioastronomisch können nur absolute Deklinationen, nicht aber absolute Rektaszensionen gemessen werden, da es keine Körper im Sonnensystem gibt, die im Radiofrequenzbereich punktförmig erscheinen und zur absoluten Festlegung des Frühlingspunktes geeignet sind. Ein radioastrometrisches Referenzsystem muss daher mit Hilfe von Referenzsternen, die gleichzeitig Radioquellen sind, an ein optisches Äquatorsystem angeschlossen werden.

Das dafür maßgebende optische Referenzsystem stellt das mit dem astrometrischen Satelliten HIPPARCOS geschaffene, durch 118 218 Sterne realisierte Koordinatensystem dar. Deren Positionsgenauigkeit beträgt im Mittel 0,0014″ (→ HIPPARCOS). Infolge des verwendeten Messprinzips ist der Unterschied zwischen globaler und lokaler A. aufgehoben. Der Koordinatenursprung des HIPPARCOS-Systems ist der Schwerpunkt, das Baryzentrum, des Sonnensystems, die Referenzepoche 1991,25. Infolge seiner Realisierung mit Hilfe von Sternen des Milchstraßensystems rotiert es langsam gegenüber dem Quasar-Referenzsystem; außerdem sinkt infolge der Eigenbewegung der Sterne, die das System im Laufe der Zeit verzerren, die innere Genauigkeit. Zur Übertragung des HIPPARCOS-Systems auf andere Epochen werden u. a. die Kenntnis von Präzession, Nutation und der Raumbewegung des Koordinatenursprungs sowie die der Parallaxe und der Eigenbewegung der Referenzsterne benötigt.

Die zur Definition des radioastronomischen Referenzsystems benutzten Quasare haben im Mittel eine scheinbare optische Helligkeit von etwa 18^m bis 19^m, die mit HIPPARCOS erreichte Grenzhelligkeit lag bei etwa 12^{m}5. Zur Verbindung beider Systeme sind entsprechende Anschlussbeobachtungen notwendig.

Die Positionen der Quasare unterliegen wie die der Sterne einer Reihe scheinbarer Ortsänderungen an der Himmelskugel. Zu deren Eliminierung ist die Kenntnis empirisch zu ermittelnder Größen nötig, deren Gesamtheit traditionsgemäß als das System der *astronomischen Konstanten* bezeichnet wird. Die meisten der Konstanten sind mit der Größe, der Figur und dem Gravitationsfeld der Erde sowie deren Bewegung verknüpft, wobei nicht alle Größen unabhängig voneinander sind. Es existieren mathematische Beziehungen zwischen einigen von ihnen, so dass aus geeignet gewählten primären Konstanten sekundäre Konstanten berechnet werden können. Ein Teil der sekundären Konstanten ist der direkten Beobachtung zugänglich, womit die Möglichkeit der Kontrolle und der Schaffung eines in sich konsistenten Gesamtsystems besteht. Zur Sicherung einer möglichst hohen Genauigkeit bei den Rechnungen wird ein spezielles Maßsystem gewählt. Als Zeiteinheit wurde der Tag, als Masseneinheit die Sonnenmasse $\mathfrak{M}_S$ und als Längeneinheit die *Astronomische Einheit* festgelegt. Das dritte Kepler'sche Gesetz, angewandt auf das die Sonne umlaufende Erde-Mond-System, ergibt sich damit zu $a^3 = (U^2 (1 + \zeta)) k^2/(4 \pi^2)$, wobei U die siderische Umlaufzeit in Tagen, a die Entfernung von der Sonne in Astronomischen Einheiten und ζ das Verhältnis von Erdmasse plus Mondmasse zur Sonnenmasse bezeichnen sowie k^2 die Gravitationskonstante vertritt. Die Beobachtungen ergeben für ζ einen Wert kleiner als $3 \cdot 10^{-6}$. Die Astronomische Einheit ($a = 1$) kann als Radius derjenigen Kreisbahn aufgefasst werden, längs der ein Körper mit verschwindend kleiner Masse ($\zeta = 0$) die Sonne in $2\pi/k$ Tagen umläuft. Die sog. *Gauß'sche Konstante* k hat per Definition den Zahlenwert 0,01720209895. Der Zahlenwert von k wurde so gewählt, dass die Größe a der mittleren Entfernung der Erde von der Sonne möglichst nahe kommt. Werden SI-Einheiten mit den Grundeinheiten Sekunde, Kilogramm und Meter benutzt, gilt für das dritte Kepler'sche Gesetz eine Gleichung analoger Struktur, nur tritt an die Stelle von k^2 die Gravitationskonstante G (→ Kepler'sche Gesetze). Da der Wert der Gravitationskonstante nur empirisch mit einer Genauigkeit von $\pm 0{,}85 \cdot 10^{-3}$ bestimmt werden kann, sind alle Ergebnisse, bei deren Ermittlung die Gravitationskonstante G benutzt wird, mit entsprechenden kleinen Fehlern behaftet. Die definitive Festlegung des Zahlenwertes von k zusammen mit dem speziellen Maßsystem sichert dagegen die in der A. benötigten hohen Genauigkeiten.

Als primäre Konstanten gelten u. a. die Lichtgeschwindigkeit, die Zeit, die das Licht für die Durchquerung der Astronomischen Einheit benötigt, der Äquatorradius der Erde, die Gravitationskonstante und das Verhältnis der Mondmasse zur Masse der Erde sowie die allgemeine → Präzession in Länge pro Julianisches Jahrhundert, die Nutationskonstante und die Schiefe der Ekliptik, wobei die Werte der letzten drei Größen für die Standardepoche 2000.0 festgelegt sind. Sekundäre Konstanten sind u. a. die in Meter gemessene Astronomische Einheit, die Sonnenparallaxe, die in Kilogramm gemessene Sonnenmasse sowie die Aberrationskonstante (→ Aberration). Die Zahlenwerte der einzelnen Größen wurden 1976 von der Internationalen Astronomischen Union festgelegt.

Astrometrische Messungen haben über die A. hinaus u. a. für die Aufstellung einer astronomischen Entfernungsskala im Weltall (→ Parallaxe) wie auch für die Bestimmung von Sternmassen auf der Grundlage von Bahnvermessungen visueller Doppelsterne entscheidende Bedeutung. Die A. ist daher für viele astrophysikalische Untersuchungen außerordentlich wichtig und unverzichtbar.

astrometrische Doppelsterne, → Doppelsterne.
Astronautik, svw. Raumfahrt.
Astronomie, *Sternkunde*, *Himmelskunde*, die Wissenschaft von der Materie im Weltall, ihrer Verteilung, Bewegung, ihres physikalischen Zustands, ihrer Zusammensetzung sowie ihrer Entwicklung. Die A. beschäftigt sich mit den Körpern des Sonnensystems (Sonne, Planeten, Satelliten, Planetoiden, Kometen und Meteoroiden), mit den Sternen, Sternhaufen und Sternsystemen, zu denen auch das Milchstraßensystem gehört, sowie mit der diffus verteilten Materie im Sonnensystem (interplanetare Materie), zwischen den Sternen (interstellare Materie) und zwischen den Sternsystemen (intergalaktische Materie). Die A. befasst sich weiterhin mit der im Raum vorhandenen Wellen- und Teilchenstrahlung und den großräumigen physikalischen Feldern, z. B. Magnetfelder und Gravitationsfelder. Die Erde gehört, abgesehen von ihrer räumlichen Bewegung, nicht zum eigentlichen Arbeitsgebiet der A., obwohl sie einer der Planeten des Sonnensystems ist. Grund ist, dass sie im Gegensatz zur überwältigenden Mehrheit aller anderen Himmelskörper speziellen experimentellen Untersuchungen zugänglich ist. Die Erde ist das Arbeitsgebiet der Geowissenschaften, wie Geophysik, Geologie, Geographie und Meteorologie.

Die A. gliedert sich in verschiedene Teilgebiete, die sich in ihren Zielsetzungen ihren Untersuchungsmethoden und in den untersuchten Objekten unterscheiden. Die Aufgliederung, bei denen es viele Überschneidungen gibt, wird z. T. nach ganz unterschiedlichen Gesichtspunkten vorgenommen. Die *Astrometrie*, auch als sphärische A. oder Positionsastronomie bezeichnet, hat vor allem die Aufgabe, die Positionen und Bewegungen der Gestirne an der Himmelskugel festzustellen sowie die dafür benötigten Koordinatensysteme festzulegen und deren Änderungen zu bestimmen, sie schafft die Grundlagen für die geographische Ortsbestimmung sowie die astronomische Zeitbestimmung. In der Astrometrie werden die Himmelskörper idealisiert als leuchtende Punkte an der Himmelskugel aufgefasst und lediglich durch Winkelmessungen die Richtung, aus der das Licht kommt, bestimmt. Die *Himmelsmechanik* beschäftigt sich mit den räumlichen Bewegungen, die die Himmelskörper unter dem Einfluss der Massenanziehung ausführen. Das betrifft vor allem die Bewegungen der Mitglieder des Sonnensystems um die Sonne, aber auch die Bewegungen der Mitglieder von Doppel- und Mehrfachsternsystemen sowie der Sterne in Sternhaufen oder Sternsystemen. Auf der Grundlage der astrometrisch bestimmten Örter kann für die Körper des Sonnensystems eine Bahnbestimmung durchgeführt werden, was die Voraussetzung für die Ephemeridenrechnung ist, mit der die Positionen berechnet werden, die die Himmelskörper zu einem bestimmten Zeitpunkt an der Himmelskugel zu finden sind. Astrometrie und Himmelsmechanik, die bis in die zweite Hälfte des 19. Jh. praktisch die gesamte A. ausmachten, werden unter dem Begriff *klassische A.* zusammengefasst. *Stellarstatistik* und die *Stellardynamik* untersuchen die räumliche Verteilung und die Bewegungen der Sterne in größeren Anordnungen wie Sternhaufen oder Sternsystemen, speziell auch im Milchstraßensystem.

Gegenwärtig nimmt die *Astrophysik* den bei weitem breitesten Raum in der astronomischen Forschung ein. Es wird die von den Objekten kommende Strahlung auf Intensität, spektrale Zusammensetzung und Polarisationsgrad untersucht und daraus möglichst der physikalische Zustand der Himmelskörper, ihre chemische Zusammensetzung, Größe, Oberflächenbeschaffenheit, ihr innerer Aufbau, die Ursache ihres Leuchtens und dergleichen abgeleitet.

Die Astrophysik gliedert sich je nach den angewendeten Forschungsmethoden in viele Untergebiete. Die Beobachtungen der klassischen *optischen A.* erfolgen im visuellen Spektralbereich vom Erdboden aus. Zu größeren Wellenlängen hin schließt sich die *Infrarotastronomie* an, die im nahen und mittleren Infrarotbereich auf erdgebundene Beobachtungsinstrumente stützen kann. Für Beobachtungen im fernen Infrarot müssen z. T. satellitengestützte Teleskope genutzt werden. In der *Radioastronomie*, die die aus dem Weltall kom-

Astronomie

mende Radiofrequenzstrahlung untersucht, reichen erdgebundene Teleskope aus. Der Hochenergiebereich der elektromagnetischen Strahlung ist Gegenstand der **Gammaastronomie** und **Röntgenastronomie**. Da Gamma- und Röntgenstrahlung in der Erdatmosphäre fast vollständig absorbiert werden, sind direkte Untersuchungen im Wesentlichen nur mit satellitengestützten, sich außerhalb der Erdatmosphäre befindenden Beobachtungsinstrumenten möglich. Mit Hilfe erdgebundener Beobachtungen kann Gamma- und Röntgenstrahlung nur indirekt untersucht werden.

Von stark beschleunigten Himmelskörpern großer Masse geht mit Gravitationswellenstrahlung eine Strahlung ganz anderer Natur als die elektromagnetische Strahlung aus. Die **Gravitationswellenastronomie** stellt sich die Aufgabe, sie mit irdischen Detektoren nachzuweisen. Die **Neutrinoastronomie** untersucht die Teilchenstrahlung, die von den aus dem Weltall einfallenden Neutrinos gebildet wird. Ebenfalls eine Teilchenstrahlung ist die Kosmische Strahlung, die sowohl direkt als auch indirekt von der Erde aus untersucht werden kann. Ein Teil der Sonnenphysik setzt sich die Aufgabe, die von der Sonne in Form des Sonnenwinds ausgehende Teilchenstrahlung zu untersuchen. Die **praktische A.** schließlich befasst sich mit der Weiterentwicklung der für die Durchführung der Beobachtungen benötigten Teleskope, Beobachtungsinstrumente und Detektoren sowie der für die Auswertung der Beobachtungsergebnisse notwendigen Geräte.

Neben die Gliederung nach den Beobachtungsmethoden tritt eine Einteilung nach den Forschungsobjekten. Unter der **Stellarastronomie** werden alle Zweige der A. zusammengefasst, die sich stellarstatistisch oder astrophysikalisch mit den Sternen beschäftigen. In ihr spielen auch theoretische Zweige der Astrophysik eine entscheidende Rolle. Die theoretischen Untersuchungen und Modellierungen haben u. a. das Ziel, die physikalische Struktur der Sonne, der Sterne sowie der diffus im Raum verteilten Materie zu bestimmen. Zu diesen Zweigen gehört die **Theorie der Sternatmosphären, des inneren Aufbaus und der Entwicklung der Sterne**, während die **Theorie der interstellaren und intergalaktischen Materie** sich mit den physikalischen und chemischen Prozessen auseinandersetzt, die im interstellaren und intergalaktischen Raum ablaufen. Mit der Sonne, dem uns am nächsten stehenden und daher am besten untersuchten Stern, beschäftigt sich speziell die **Sonnenphysik**. Die **Kosmogonie** hat das Ziel, die Entstehung und Entwicklung der verschiedenen Objekte im Weltall zu untersuchen. Die **Kosmologie** hingegen untersucht die Struktur des Weltalls als Ganzes sowie die zeitliche Änderung der Struktur und die im Frühzustand des Weltalls ablaufenden physikalischen Prozesse. Die **relativistische Astrophysik** schließlich hat alle die Prozesse im Weltall als Forschungsziel, die mit extrem hohen Energien ablaufen und deren Beschreibung nur mit Hilfe der Relativitätstheorie möglich ist.

Die Untersuchungsmöglichkeiten der A. sind im Vergleich mit denen der Physik oder anderer Naturwissenschaften sehr beschränkt, da von den Himmelskörpern nahezu ausschließlich die elektromagnetische Strahlung, die von ihnen direkt ausgesandt, an ihnen reflektiert oder durch sie anderweitig beeinflusst wird, zur Analyse zur Verfügung steht. Sie werden dadurch weiter eingeschränkt, dass die Strahlung im Allg. sehr schwach ist und zusätzlich geschwächt und spektral verändert wird. Untersuchungsmöglichkeiten vor Ort mit geowissenschaftlichen Methoden bieten nur Raumsonden im Falle des Mondes, der näheren Planeten und einiger ihrer Satelliten, Planetoiden, Kometen wie auch der interplanetaren Materie. Meteoriten und die Rückführung von Proben zur Erde ermöglichen Laboruntersuchungen an extraterrestrischem Material.

Astronomische Beobachtungen und ihre Auswertung werden im Allg. in Sternwarten, astronomischen Observatorien und Instituten durchgeführt, die hierfür mit entsprechenden Beobachtungs- und Auswerteinstrumenten ausgerüstet sind. Allerdings findet die Sammlung der Beobachtungsdaten oft weitab von den eigentlichen astronomischen Instituten statt: Große Teleskope werden an klimatisch günstigen Orten aufgestellt, die Anlagen zur Untersuchung z. B. der Neutrinostrahlung befinden sich tief unter der Erdoberfläche, die Raumsonden dagegen weit ab von ihr. Diese Beobachtungseinrichtungen haben mit den klassischen Sternwarten praktisch nichts mehr gemeinsam.

Bei der theoretischen Interpretation der Beobachtungsergebnisse und der Modellierung der im Weltall ablaufenden Prozesse werden die bekannten Gesetze der Physik herangezogen, z. B. die der Mechanik, Thermodynamik, Atomphysik, der Elementarteilchenphysik und der Relativitätstheorie, aber auch die der Chemie. Vonseiten der Theorie werden vielfach neue Beobachtungen angeregt, vor allem solche, die eine Entscheidung ermöglichen, ob eine Theorie richtig ist, abgeändert oder ganz verworfen werden muss. Der Stand der astronomischen Erkenntnisse hängt daher außer vom Stand der technischen Beobachtungsmöglichkeiten entscheidend vom Kenntnisstand in anderen Naturwissenschaften, vor allem von dem in der Physik, ab. Große Fortschritte in der A. sind immer dann zu verzeichnen, wenn neue Beobachtungsinstrumente und Beobachtungsverfahren eingeführt oder wenn in der Physik neue Wissensgebiete entwickelt werden. Andererseits gehen von der A. auch Impulse aus, die sowohl die Beobachtungstechnik im weitesten Sinn als auch die Physik tiefgreifend befruchten.

Geschichtliches. Die A. ist die älteste Naturwissenschaft. Das Staunen über die Welt außerhalb des irdischen Geschehens und der Wunsch, dieses zu verstehen, waren der Antrieb für astronomische Beobachtungen bereits im frühen Altertum. Bei den alten Kulturvölkern, zu denen Babylonier, Ägypter, Chinesen, Inder und Maya gehören, wurden astronomische Beobachtungen aus unterschiedlichen Gründen betrieben. Einerseits galten die Gestirne als Gottheiten und die Bewegungen als Ausdruck des Willens von Gottheiten, andererseits entsprangen die astronomischen Beobachtungen dem praktischen Bedürfnis nach einer brauchbaren Zeiteinteilung. Wenn in diesen Kulturen auch noch keine zutreffenden Begründungen für den Ablauf der beobachteten Bewegungen gegeben werden konnten, so führten die Beobachtungen doch dazu, dass in brauchbarer Näherung Voraussagen über die Stellung der Gestirne am

Himmel gemacht werden konnten. Man beschränkte sich dabei im Wesentlichen auf die Bewegungen der Wandelsterne, zu denen Sonne, Mond und die mit bloßem Auge sichtbaren Planeten Merkur, Venus, Mars, Jupiter und Saturn gehörten. Die religiösen Vorstellungen, die mit den Bewegungen der Gestirne an der Himmelskugel verbunden waren, führten zu dem Glauben, aus den Stellungen der Gestirne auf den Willen der Gottheiten schließen zu können, was zur Sterndeuterei, zur Pseudowissenschaft der Astrologie, führte.

Den höchsten Stand hat die A. zu ihrer Zeit wohl bei den Babyloniern erreicht. Die ältesten Berichte über astronomische Geschehnisse scheinen bis etwa 2000 v. Chr. zurückzureichen, es handelt sich dabei im Allg. um astrologische Ausdeutungen astronomischer Ereignisse. Die früheste wirklich gesicherte astronomische Beobachtung betrifft eine Mondfinsternis im Jahre 721 v. Chr. Die eigentliche Blüte und Vollendung fand die babylonische A. aber erst im 6. bis 5. Jh. v. Chr. Bekannt waren zu dieser Zeit z. B. die synodischen Umlaufzeiten der mit bloßem Auge sichtbaren Planeten sowie der Saroszyklus der Finsternisse. Die größte Leistung der spätbabylonischen A. stellen wohl die Mondtafeln des Kidinnu (um 380 v. Chr.) dar, die das voraussichtliche erste Sichtbarwerden der Mondsichel nach Neumond zu berechnen gestatteten, was wegen der verwickelten Mondbewegungen recht kompliziert ist. Auf der babylonischen A. baute später die griechische auf, die auf dem Weg über die arabische A. Grundlage der modernen A. wurde. Auf die babylonische A. gehen aber auch grundlegende Teile der Astrologie zurück.

Im alten Ägypten war die A. wesentlich weniger umfassend. Es scheint, dass weder Sonnen- noch Mondfinsternisse systematisch beobachtet und verzeichnet wurden und kaum Einblicke in die Bewegungsverhältnisse des Mondes und der Planeten vorhanden waren. Das wesentliche Anliegen der ägyptischen Astronomen, die wie die babylonischen gleichzeitig Priester waren, scheint das Kalenderwesen gewesen zu sein. Dabei galt es vor allem, den Eintritt der jährlichen Nilflut vorauszubestimmen, die für die Wirtschaft des Landes außerordentlich bedeutungsvoll war und zur damaligen Zeit mit dem heliakischen Aufgang des Sirius zusammenfiel.

Die A. im alten China lässt sich mit Sicherheit bis etwa ins 8. Jh. v. Chr. zurückverfolgen. Zwar wird auch von Kometen- und Finsternisbeobachtungen aus früherer Zeit berichtet (bis etwa 2300 v. Chr.), doch ist dies historisch nicht gesichert. Beobachtungen der späteren Zeit (etwa ab 700 v. Chr.) haben auch heute noch hohen wissenschaftlichen Wert. Es scheint, dass sich die Beobachtungen hauptsächlich auf besondere astronomische Ereignisse bezogen, wie auf Finsternisse, Kometen, Meteore oder Sonnenflecken. Man verzichtete darauf, ein astronomisches System abzuleiten, z. B. Gesetze für die Bewegungen der Wandelsterne zu finden, und registrierte nur das astronomische Ereignis, dies aber mit großer Genauigkeit. Wahrscheinlich ist dies der Grund, weshalb man erst im letzten Jahrhundert v. Chr. in der Lage war, den Eintritt von bestimmten Mondphasen und Finsternissen mit einiger Zuverlässigkeit vorauszuberechnen. Auch im alten China wurden astronomische Ereignisse astrologisch gedeutet, da nach alter chinesischer Auffassung eine strenge Bindung zwischen irdischen und himmlischen Ereignissen existierte.

Von der indischen A. des Altertums sind keine besonderen eigenständigen Erkenntnisse überliefert. Das Tatsachenwissen war verhältnismäßig gering und stark mit mythologischem Beiwerk durchsetzt. Erst nach Beginn unserer Zeitrechnung setzte eine Weiterentwicklung ein, in der aber im Wesentlichen nur die von den Griechen übernommenen Erkenntnisse verarbeitet wurden.

Bei den alten Kulturvölkern Mittelamerikas, vor allem bei den Maya, wurden offenbar astronomische Beobachtungen schon sehr frühzeitig durchgeführt. So wird u. a. von einer in Mittelamerika sichtbaren totalen Mondfinsternis im Jahr 3379 v. Chr. berichtet. Viele der Inschriften auf den Gebäuden sowie der sonstigen schriftlichen Hinterlassenschaften der Maya scheinen sich auf astronomische Ereignisse, vor allem in Verbindung mit dem Kalenderwesen, zu beziehen, das anscheinend zur besonderen Blüte gelangte. Da die archäologischen Datierungen der gefundenen Bauwerke zu einem viel geringeren Alter gelangen als die astronomischen Aufzeichnungen vermuten lassen, besteht eine ungeklärte Diskrepanz zwischen den Datierungen.

Das astronomische Wissen der Griechen des Altertums fußte weitgehend auf Beobachtungen babylonischer Astronomen. Dabei galt das Interesse weniger den Erscheinungen als deren Ursachen. Wahrscheinlich ist dies der Grund, weshalb die ersten Planetentheorien in Griechenland entstanden sind. Es wurde versucht, eine begründete Erklärung für die beobachteten Bewegungsabläufe zu geben. Dabei ging man von der Annahme aus, dass die Gestirne als beseelte göttliche Wesen nur die vollkommensten Bewegungen ausführen können, die man in der gleichförmigen Kreisbewegung gefunden zu haben glaubte. Diese Annahme war so überzeugend, dass sie die Vorstellungen aller Astronomen durch das gesamte Altertum und das Mittelalter beherrschte. Erst J. Kepler (1571–1630) konnte auf Grund von Beobachtungen zeigen, dass sich die Planeten in Ellipsen und ungleichförmig um die Sonne bewegen. Philolaus von Kroton (Ende des 5. Jh. v. Chr.), ein Schüler von Pythagoras (um 580 – um 500 v. Chr.), nahm an, dass sich die Erde, die Sonne und alle sichtbaren Planeten in konzentrischen Kreisen um ein Zentralfeuer bewegen. Die Erde sollte dabei diesem immer die gleiche Seite zuwenden, so dass das Feuer von den Bewohnern der abgewandten Seite nicht gesehen werden könne. Sonne, Mond und die Planeten wie auch die Erde dachte man sich als Kugeln, die fest an „Sphären" gebunden sind und sich mit diesen bewegen. Den Gedanken des Zentralfeuers ließ Heraklides von Pontus (um 345 v. Chr.) fallen. Er nahm an, dass sich die Sonne und die Planeten um ein gemeinsames Zentrum bewegen, wobei sich Erde und Sonne immer genau gegenüberstehen. Die scheinbare tägliche Bewegung der Sterne, die an eine „Fixsternsphäre" befestigt gedacht waren, sollte durch eine Drehung der Erde hervorgerufen sein. Einen nächsten Schritt in der Entwicklung einer Planetentheorie stellten die Ansichten von Aristarch von Samos (um 320–250 v. Chr.) dar, einem Mitglied der berühm-

Astronomie

ten Akademie zu Alexandria. Er nahm an, dass die Sonne in dem Zentrum stünde, um das sich die Planeten wie auch die Erde bewegen. Es war die erste heliozentrische Planetentheorie. Das Fehlen parallaktischer Bewegungen der Fixsterne, die bei einer Bewegung der Erde um die Sonne vorhanden sein müssen, erklärte er mit der Größe der Fixsternsphäre, gegen die die Erdbahn sehr klein sei. Die scheinbare tägliche Bewegung der Sterne am Himmel sah er als eine Folge der Rotation der Erde an. Aristarch war mit diesen Anschauungen seiner Zeit offensichtlich so weit voraus, dass seine Argumente für eine heliozentrische Planetentheorie keine allzu große Überzeugungskraft hatten. Sowohl Hipparch (um 190–125 v. Chr.) als auch Ptolemäus (um 90 – um 160) lehnten das System von Aristarch ab und lehrten eine geozentrische Planetentheorie. Die Erde ruht im Mittelpunkt des Systems und alle Himmelskörper bewegen sich auf Kreisbahnen um die Erde. Gegen die Rotation der Erde wurde geltend gemacht, dass alles, was nicht fest mit der Erdoberfläche verbunden sei, z. B. die Wolken, hinter der rotierenden Erde zurückleiben müsse. Während alle vorherigen Planetentheorien mehr oder minder auf philosophisch begründeten Spekulationen beruhten, bemühte sich Hipparch, der bedeutendste Astronom des Altertums, mit Hilfe einer wahrscheinlich von Apollonius von Perge (um 200 v. Chr.) begründeten Epizykeltheorie die Bewegungen der Gestirne mathematisch zu beschreiben. Erst mit Hilfe dieser Theorie war es möglich, Voraussagen über die Örter der Wandelsterne an der Himmelskugel mit etwa gleicher Zuverlässigkeit zu machen, wie es die Babylonier auf Grund allein von Beobachtungen konnten. Die Theorie von Hipparch wurde von Ptolemäus weiter ausgebaut und beherrschte bis zu N. Kopernikus (1473–1543) die A.

Neben den Überlegungen zum Bau des Planetensystems weist die A. des antiken Griechenlands noch weitere wesentliche Leistungen auf. So versuchte Aristarch von Samos zum ersten Mal, die Entfernung und die Größe von Mond und Sonne durch Beobachtungen zu ermitteln. Die besondere Leistung liegt darin, dass er erstmalig die bei der Vermessung der Erde gefundenen geometrischen, irdischen Gesetze zur Untersuchung „himmlischer" Probleme anwendete. Hipparch wiederholte später die Versuche. Er fand für die Entfernung Erde–Mond den verhältnismäßig guten Näherungswert von 33 2/3 Erddurchmesser (der wahre Wert ist 30 1/3 Erddurchmesser), für die Entfernung und die Größe der Sonne erhielt er hingegen um etwa den Faktor 10 zu kleine Werte. Eine hervorragende Leistung der antiken griechischen A. ist auch die erste Erdvermessung durch Eratosthenes (276–194 v. Chr.). Der von ihm gefundene Wert für den Erdumfang stimmt erstaunlich genau mit dem wahren Wert überein. Bedeutungsvoll war weiterhin die Aufstellung eines Sternverzeichnisses durch Hipparch, das im Original verloren gegangen ist. Er fand beim Vergleich seiner neueren Beobachtungen mit früher gemessenen Sternpositionen systematische Unterschiede, was er auf eine allmähliche Änderung des Koordinatenanfangspunktes, des Frühlingspunktes, zurückführte; er wurde so zum Entdecker der Präzession. Das gesamte astronomische Wissen seiner Zeit fasste Ptolemäus in einem Handbuch zusammen, das u. a. den Sternkatalog von Hipparch in Abschrift enthält, in dem von 1 025 Sternen neben den Örtern die scheinbaren Helligkeiten in Größenklassen verzeichnet sind. Da das Buch vor allem über arabische Übersetzungen zur Kenntnis der Astronomen des Mittelalters gelangte, wurde es unter dem verstümmelten arabischen Kurztitel *Almagest* bekannt. Es bezeichnet den letzten Höhepunkt hellenistischen astronomischen Wissens. Als unverrückbare Grundlage beherrschte es die gesamte A. bis zum Ausgang des Mittelalters.

Die Bewahrung und Weiterentwicklung der astronomischen Kenntnisse verlagerte sich in der Folgezeit im Wesentlichen auf den arabischen Kulturkreis. Wenn die Araber auch nur verhältnismäßig wenig Eigenes zum astronomischen Erkenntnisgut beitrugen, kommt ihnen das große Verdienst zu, das antike Erbe gepflegt und verbreitet zu haben. Die wesentlichen astronomischen Schriften des Altertums sind im Allg. in arabischer Übersetzung bekannt geworden, nur Bruchstücke sind direkt auf uns gekommen.

Die Vorstellungen der Araber vom Bau des Planetensystems gründeten sich auf die des Ptolemäus. Dabei wurden die von ihm gegebenen Grundgrößen des Planetensystems, z. B. die synodischen Umlaufzeiten der Wandelsterne, durch eigene Beobachtungen überprüft und z. T. verbessert. Die Ptolemäische Epizykeltheorie liegt auch den Planetentafeln zugrunde, die in dieser Zeit aufgestellt wurden. Die bekanntesten sind die *Hakemitischen Tafeln* von Ibn Junis (um 950–1009) und die *Alfonsinischen Tafeln*, die nach Alfons X. von Kastilien (1223–1284) benannt sind. Weitere wesentliche Leistungen arabischer Astronomen sind die Entdeckung der Änderung der Schiefe der Ekliptik und die Aufstellung verschiedener Sternverzeichnisse, zu denen vor allem der auf eigenen Beobachtungen beruhende Sternkatalog des Tatarenfürsten Ulug-Beg (1394–1449) gehört.

Nach dem Niedergang der arabischen A., der im 14. Jh. deutlich wurde, verlagerte sich das Schwergewicht der astronomischen Wissenschaft nach Mitteleuropa. Ein wesentliches Anliegen der A. zu dieser Zeit war die Festlegung des Kalenders, um das Datum der beweglichen christlichen Feiertage, vor allem des Osterfestes, zu bestimmen. Die Vorausberechnungen basierten auf der Ptolemäischen Planetentheorie mit ihren überbrachten Grundgrößen. Die immer größer werdenden Abweichungen zwischen den vorausberechneten und den beobachteten Positionen des Mondes und der Planeten, die bis zu mehreren Grad betrugen, lösten eine immer stärkere Kritik aus, die aber nicht auf eine Änderung der Ptolemäischen Theorie, sondern auf eine Neubestimmung der Grundgrößen zielte. Man war zu der Überzeugung gelangt, dass nur mittels Beobachtungen die Wahrheit zu finden sei. In diesem Sinn fasste Regiomontan (1436–1476) den Plan, durch systematische Beobachtungen der Planetenbewegungen die benötigten Größen neu und besser zu bestimmen, doch konnte er den Plan wegen seines frühen Todes nicht ausführen. In ähnlicher Weise wirkte G. Purbach (1423–1461), der u. a. zeigte, dass totale Sonnenfinsternisse zwar selten sind, aber vorkommen können. Seine Erkenntnis wurde aber noch von T. Brahe (1546–1601) für falsch gehalten.

Die eigentliche Wende kam nicht vonseiten der Beobachtung, sondern vonseiten der Theorie auf Grund des Neudurchdenkens der Grundlagen der Planetentheorie. Dies getan zu haben, ist das Verdienst von N. Kopernikus. Er fand, dass eine heliozentrische Planetentheorie eine wesentlich einfachere Deutung der Beobachtungsergebnisse ermöglicht als die von Ptolemäus übernommene geozentrische. Auch die Annahme einer Rotation der Erde ergibt eine viel einfachere Erklärung für die scheinbare tägliche Bewegung der Sterne an der Himmelskugel als die Annahme, dass die Erde im Mittelpunkt ruht und die scheinbare Bewegung der Sterne durch eine Bewegung der Fixsternsphäre verursacht ist. Für die Bewegungen der Planeten nahm Kopernikus zunächst an, dass diese die Sonne mit gleichförmigen Winkelgeschwindigkeiten in exzentrischen Kreisbahnen umlaufen. Da aber, wie er selbst feststellte, unter dieser Voraussetzung keine Übereinstimmung zwischen Theorie und den Beobachtungen zu erreichen ist, musste die Einfachheit des Systems durch die Annahme epizyklischer Bewegungen der Planeten und des Mondes erheblich eingeschränkt werden. Dies dürfte neben philosophischen und religiösen Vorurteilen der wesentliche Grund für die Ablehnung der Ansichten von Kopernikus selbst durch so ausgezeichnete Astronomen wie T. Brahe gewesen sein. Hinzu kamen die gleichen Einwände, die schon gegen die Theorie von Aristarch vorgebracht worden waren, dass nämlich bei einer Bewegung der Erde um die Sonne eine parallaktische Bewegung vorhanden sein müsste, die aber nicht beobachtet wurde. Wenn die Theorie von Kopernikus auch auf z. T. erbitterten Widerstand stieß, stellte sie doch der rund eineinhalb Jahrtausende als gültig angesehenen Theorie von Ptolemäus eine Alternativlösung entgegen. Brahe versuchte, die kopernikanischen und ptolemäischen Vorstellungen in einer eigenen Planetentheorie zu vereinigen, doch trug sie zu sehr die Zeichen eines Kompromisses, als dass sie größere Anerkennung gefunden hätte. Er vertrat aber auch die Ansicht, dass nur verbesserte Beobachtungen eine Entscheidung zwischen den Theorien ermöglichen, und schuf mit seinen Beobachtungen, die zu seiner Zeit die höchste erreichbare Genauigkeit aufwiesen, die Voraussetzungen, dass Kepler, sein Nachfolger als kaiserlicher Mathematiker in Prag, diese Entscheidung fällen konnte.

J. Kepler entschied sich schon sehr früh für das kopernikanische System, das er in seinem Erstlingswerk, dem *Mysterium Cosmographicum* [lat., ‚Weltgeheimnis'] mit Hilfe eines mathematischen Prinzips zu erklären versuchte. Es gelang ihm aber nicht, Übereinstimmung zwischen seiner Idee und der Wirklichkeit herzustellen. Nachdem er von Brahe zur Auswertung von dessen Beobachtungen nach Prag gerufen worden war, versuchte er die Beobachtungen des Planeten Mars zunächst durch eine Kreisbewegung um die Sonne, später durch eine Bewegung auf einem Oval darzustellen, doch beides befriedigte ihn nicht. Erst als er die Bewegung des Planeten auf einer Ellipse, in deren einem Brennpunkt die Sonne steht, zu beschreiben versuchte, fand er die gewünschte Übereinstimmung. Seine Entdeckung, nach heutigem Sprachgebrauch das „erste und zweite Kepler'sche Gesetz", stellte er in seinem Werk *Astronomia Nova* [lat., ‚Neue Astronomie'] dar. Mit der Entdeckung war bewiesen, dass die heliozentrische Planetentheorie wesentlich einfacher ist als die ptolemäische Epizykeltheorie, und, wie die von Kepler auf Grund seiner Bewegungsgesetze berechneten Planetentafeln, die *Rudolfinischen Tafeln* (nach Kaiser Rudolf II., 1552–1612), belegten, auch wesentlich genauere Ergebnisse liefert. Das dritte von Kepler gefundene Gesetz, das die von ihm lange gesuchte Beziehung zwischen den Umlaufzeiten der Planeten und der Größe der von ihnen durchlaufenen Bahnen beschreibt, veröffentlichte er in seinem Werk *Harmonices Mundi* [lat., ‚Weltharmonien']. Die Sterne dachte sich Kepler in einer verhältnismäßig dünnen Kugelschale angeordnet, die die Begrenzung des Weltalls bilden sollte. Er lehnte damit entschieden die Meinung von G. Bruno (1548–1600) ab, der neben seinen z. T. recht unklaren astronomischen Vorstellungen durchaus richtig lehrte, dass die Sterne im gesamten Weltall verstreute andere Sonnen sind.

In die Zeit des Streits um die richtige Planetentheorie fällt die Erfindung des Fernrohrs, das sehr bald das wichtigste Beobachtungsinstrument in der A. wurde. Mit dieser Erfindung sind wichtige Entdeckungen verbunden, die zu ihrer Zeit großes Aufsehen erregten und wesentlich den neuen Ansichten innerhalb der A. zum Durchbruch verhalfen. So entdeckte G. Galilei (1564–1642) mit einem selbstkonstruierten Fernrohr u. a. die vier hellsten Jupitersatelliten, den Phasenwechsel der Venus, die Mondgebirge und die Tatsache, dass die Milchstraße durch das Leuchten vieler mit bloßem Auge nicht als Einzelobjekte erkennbarer Sterne verursacht wird. Seine Entdeckungen galten ihm als Beweis für die Richtigkeit der kopernikanischen Lehre. Er bediente sich seltsamerweise in seinen Auseinandersetzungen um die Lehre nicht der schlagenden Beweise Keplers. In diese Zeit fällt die Entdeckung der Sonnenflecken und des ersten veränderlichen Sterns durch D. Fabricius (1564–1617). Die erste größere brauchbare Sternkarte wurde von J. Bayer (1572–1625) herausgegeben. Die Kalenderreform von 1582 unter Papst Gregor XIII. (1502–1585) fand ebenfalls in dieser Zeit statt.

Das auf Kepler folgende Jahrhundert wurde durch die Erkenntnisse von I. Newton (1643–1727) beherrscht. Schon Kepler vermutete auf Grund seiner Untersuchungen, dass von der Sonne eine Kraft ausgeht, die die Planeten auf ihre Bahnen zwingt. Es gelang ihm aber nicht, einen Beweis für diese Vermutung zu erbringen. Newton wies nach, dass diese Kraft umgekehrt proportional dem Quadrat der Entfernung der Planeten von der Sonne ist. Damit konnte er unter Verwendung des zweiten Kepler'schen Gesetzes die Bewegungen der Planeten in Ellipsen darstellen, in deren einem Brennpunkt die Sonne steht. Er schloss weiterhin, dass diese Kraft mit der identisch ist, die den Fall eines Steins auf der Erde bewirkt. Das durch seine Überlegungen gefundene Gravitationsgesetz veröffentlichte Newton in seinem Hauptwerk *Philosophiae naturalis principia mathematica* [lat., ‚Mathematische Grundlagen der Naturphiloso-

Astronomie

phie']. Mit Hilfe dieses Gesetzes gelang es Newton, auch eine Theorie der Gezeiten und der Präzession aufzustellen. Das Gravitationsgesetz zeigte zum ersten Mal, dass im außerirdischen Bereich die gleichen physikalischen Gesetze gelten wie auf der Erde, was für die Gesetze der Geometrie bereits die Griechen des Altertums erkannt hatten.

Zu den weiteren Erfolgen der beobachtenden A. trugen vor allem die Verbesserungen der Fernrohre und ihrer Aufstellungen sowie die Verbesserungen der Uhren bei. O. Römer (1644–1710) baute 1704 den ersten Meridiankreis, Ch. Huygens (1629–1695) erfand die Penderuhr. Die ersten großen Sternwarten, nach denen von T. Brahe, wurden um diese Zeit gegründet: die Pariser Sternwarte um 1670, die in Greenwich 1675 und die Berliner 1700. Es erschienen neue, verbesserte Sternkataloge. Den letzten ohne Hilfe des Fernrohrs 1661 entstandenen gab J. Hevelius (1611–1687) heraus. Bekannte Kataloge sind die der ersten Direktoren der Greenwicher Sternwarte, J. Flamsteed (1646–1719), E. Halley (1656–1742) und J. Bradley (1693–1762), darunter der erste Katalog des Südhimmels von Halley 1679.

1672 gelang G. D. Cassini (1625–1712) auf der Grundlage der ersten brauchbaren Messung der Entfernung des Mars die Bestimmung der Entfernungen im Sonnensystem und damit auch der für viele Probleme wichtigen Entfernung der Erde von der Sonne. Es war dies die erste genaue Entfernungsbestimmung für Himmelskörper jenseits des Mondes. Verbesserte Bestimmungsmethoden für Entfernungen schlug 1693 und 1712 Halley vor. Er berechnete als Erster die Bahnen von Kometen um die Sonne, wobei er die Periodizität des nach ihm benannten Kometen fand. Die Rechnungen zeigten, dass Kometen selbständige Himmelskörper sind und keine atmosphärischen Erscheinungen, wie im Mittelalter und z. T. lange darüber hinaus geglaubt worden war.

Der Nachweis parallaktischer Bewegungen, die die Sterne infolge der Bahnbewegung der Erde zeigen, gelang auch im 18. Jh. nicht. Auf Grund der immer genauer werdenden Positionsbestimmungen entdeckte 1718 Halley aber die Eigenbewegung von Sternen und 1728 J. Bradley die Aberration.

Im Anschluss an die Entdeckung des Gravitationsgesetzes entwickelte sich die Himmelsmechanik als neuer Zweig der A., sie beherrschte die theoretische A. bis in den Anfang des 19. Jh. Das Zweikörperproblem war auf Grund der Untersuchungen von Kepler und Newton weitgehend gelöst, das Drei- und das Mehrkörperproblem hingegen stellten eine Herausforderung für die größten Mathematiker und Physiker des gesamten 18. Jh. dar, in dessen zweite Hälfte die Untersuchungen von L. Euler (1707–1783), A. C. Clairaut (1713–1765), J. B. d'Alembert (1717–1783), J. L. Lagrange (1736–1813) und P. S. Laplace (1749–1827) fielen. Einen Höhepunkt der Bemühungen stellt das Werk *Traité de mécanique céleste* [franz., ‚Abhandlung zur Himmelsmechanik'] dar, in dem Laplace einen Überblick über seine Arbeiten und die Ergebnisse aller himmelsmechanischen Untersuchungen seiner Zeit gab. In der Bahnbestimmung, einem Teilbereich der Himmelsmechanik,

wurde die Methode zur Berechnung von Kometenbahnen 1797 durch W. Olbers (1748–1840) wesentlich verbessert, das Problem der Bahnbestimmung von Himmelskörpern aus nur drei Beobachtungen löste C. F. Gauß (1777–1855) in einer 1809 veröffentlichten Arbeit im Anschluss an die Entdeckung des ersten Planetoiden.

Zwei Erfolge der beobachtenden A. erregten in dieser Epoche das Interesse der breiten Öffentlichkeit verständlicherweise mehr als die theoretischen Untersuchungen. 1781 fand F. W. Herschel (1738–1822) mit dem Uranus den ersten nicht schon im Altertum bekannten Planeten, und am 01.01.1801 entdeckte G. Piazzi (1746–1826) den ersten Planetoiden, die Ceres. Sie wäre der Beobachtung wieder verloren gegangen, wenn nicht Gauß mit seiner Methode der Bahnbestimmung die Bahn und damit Ephemeriden für die Ceres hätte berechnen können. Bei der einsetzenden Suche nach weiteren Planetoiden wurden 1802 von Olbers die Pallas, 1804 von K. L. Harding (1765–1834) die Juno und 1807 wieder von Olbers die Vesta entdeckt.

Die Entdeckung des Uranus machte Herschel berühmt und eröffnete ihm die Möglichkeit, sich zeitraubenden Untersuchungen über die räumliche Verteilung der Sterne zu widmen. Zu diesem Problem waren in der Mitte des 18. Jh. Arbeiten erschienen, die rein spekulativ viele Ergebnisse späterer Forschungen vorwegnahmen. 1750 erschien eine Arbeit von Th. Wright (1711–1786), davon angeregt 1755 die *Allgemeine Naturgeschichte und Theorie des Himmels* von I. Kant (1724–1804) und 1764 die *Kosmologischen Briefe* von J. H. Lambert (1728–1777). Noch Kepler hatte sich die Sterne in einer verhältnismäßig dünnen Kugelschale angeordnet gedacht, nun taucht die Vorstellung auf, dass die Sterne räumlich in einem abgeflachten System angeordnet sind, das sich von der Erde aus als das Band der Milchstraße zeigt. Kants Schrift enthielt darüber hinaus die Grundlagen einer wissenschaftlichen Kosmogonie des Planetensystems, das Vorbild moderner kosmogonischer Theorien. Herschel versuchte die Struktur des Sternsystems zu bestimmen, indem er alle Sterne im Gesichtsfeld seiner selbstgebauten, für die damalige Zeit riesigen Fernrohre zählte; es war der Beginn der Stellarstatistik. Aus den Untersuchungen schloss er auf eine abgeflachte linsenförmige Anordnung der Sterne, für deren Dimensionen er allerdings viel zu kleine Werte erhielt. Aus dem Aussehen länglich-runder Nebelflecken, die er bei seinen Himmelsbeobachtungen entdeckte, kam er zur Überzeugung, dass es Sternanordnungen mit der gleichen Struktur sind, wie die von ihm gefundene Anordnung der sichtbaren Sterne, es handelte sich um extragalaktische Sternsysteme. Die, wie wir heute wissen, richtige Meinung ließ er später aber wieder fallen.

Im 19. und 20. Jh. entwickelte sich die A. zu einer sich in immer mehr Teilgebiete aufspaltenden Fachwissenschaft. Einige Astronomen, wie F. W. Bessel (1784–1846), einer der größten Astronomen seiner Zeit, versuchten an der Vorherrschaft der Positionsastronomie innerhalb der A. festzuhalten. Er glaubte, die alleinige Aufgabe der A. sei, „Regeln für die Bewegung jedes einzelnen Gestirns zu finden, aus welchen sein Ort für jede beliebige Zeit" bestimmt werden könne, alles andere sei „zwar der Aufmerksamkeit nicht unwert", aber nicht von eigentlichem astronomischem Interesse. Im Sinne dieser Überzeugung verbesserte er die Grundlagen der Positionsastronomie, indem er die Konstanten für Präzession, Nutation, Aberration und Refraktion mit aller Sorgfalt neu bestimmte und die Genauigkeit der Beobachtungen auf das zu seiner Zeit Höchstmögliche steigerte. Diese Genauigkeit ermöglichte zum ersten Mal Fixsternparallaxen zu bestimmen. 1838 konnte Bessel die Entfernung von 61 Cygni, W. Struve (1793–1864) die für Wega und Th. Henderson (1798–1844) die für α Centauri angeben. Der durch Entfernungsmessungen erfassbare Raum war damit über die Grenzen des Sonnensystems hinaus erweitert worden.

Die von F. W. Herschel begründete und besonders von W. Struve (1793–1864) gepflegte Doppelsternforschung erreichte zu dieser Zeit ihren ersten Höhepunkt. Um die Mitte des 19. Jh. erlebte die Himmelsmechanik ihren wohl größten Triumph, die Entdeckung eines neuen Planeten, des Neptun. Zunächst wurde er rechnerisch auf Grund seiner auf die Bahnbewegung des Uranus ausgeübten Störungen entdeckt und danach in der Nähe der berechneten Positionen am Himmel aufgefunden. Die Rechnungen führten unabhängig voneinander U. J. Leverrier (1811–1877) und J. C. Adams (1819–1892) aus, die optische Entdeckung gelang unter Benutzung der Angaben von Leverrier und unter Mithilfe von L. d'Arrest (1822–1875) 1846 J. G. Galle (1812–1910). Dieser Erfolg brachte den Beweis für die innere Geschlossenheit der Himmelsmechanik sowie die erreichbaren hohen Genauigkeiten.

Einen gewissen Abschluss erfuhren die theoretischen himmelsmechanischen Arbeiten durch H. Poincaré (1854–1912) und H. Bruns (1848–1919). Sie zeigten, dass es unter den in der A. im Allg. gemachten Voraussetzungen keine geschlossene Lösung des allgemeinen Dreikörperproblems gibt. Der beobachtenden A. brachte die Einführung der Photographie eine wesentliche Steigerung der Genauigkeit von Positionsbestimmungen gegenüber den bis dahin üblichen visuellen Meridiankreisbeobachtungen. F. Schlesinger (1871–1943) erreichte mit photographisch durchgeführten relativen Positionsbestimmungen eine bis dahin unerreichte Genauigkeit von etwa 0,03″.

In der zweiten Hälfte des 19. Jh. bildete sich durch die immer stärkere Einbeziehung allgemeiner physikalischer Betrachtungsweisen ein vollkommen neues Teilgebiet heraus, die Astrophysik. Sie nahm in der Folgezeit einen zunehmend breiteren Raum ein und ist gegenwärtig das Hauptgebiet innerhalb der A. Die großen Erfolge der Astrophysik beruhten nicht allein auf neuen theoretischen Ansätzen, sondern auch auf neuen Beobachtungsmethoden, besonders der Photographie. Es wurden dadurch sehr lichtschwache Objekte der Forschung zugänglich gemacht, vor allem konnten sie spektral untersucht werden.

Auf die Sonne, den der Erde am nächsten stehenden Stern, konzentrierte sich frühzeitig das Interesse der Astrophysik. Systematische Beobachtungen der Sonnenaktivität begannen bereits in der ersten Hälfte des 19. Jh. Ab 1826 beobachtete H. Schwabe (1789–1875) täglich Sonnenflecken und wies 1843 die Periodizität ihres Auftretens nach, die genaue Länge der Periode wurde 1856 von R. Wolf (1816–1893) angegeben. R. Carrington (1826–1875) entdeckte etwa zur gleichen Zeit auf Grund von Sonnenfleckenbeobachtungen die differentielle Rotation der Sonne wie auch den Zusammenhang zwischen der Fleckentätigkeit und dem Auftreten von Störungen im Erdmagnetfeld.

Spektralbeobachtungen wurden ebenfalls zunächst bei der Sonne durchgeführt. 1814 hatte J. Fraunhofer (1787–1826) schon über 500 Absorptionslinien im Sonnenspektrum registriert. Der Vergleich der „Fraunhoferlinien" mit Linien in den Spektren irdischer Stoffe führte G. R. Kirchhoff (1824–1887) und R. Bunsen (1811–1899) zur Erkenntnis, dass die Linien von bekannten Elementen im gasförmigen Zustand herrühren. Mit dieser Entdeckung wurde die z. B. noch von F. W. Bessel (1784–1846) und F. W. Herschel (1792–1871) vertretene Annahme widerlegt, dass die Sonne einen in den Sonnenflecken sichtbar werdenden dunklen Kern besäße. Die genaue Untersuchung des Sonnenspektrums erfolgte am Ende des 19. Jh. durch H. A. Rowland (1848–1901), der etwa 23 000 Linien vermaß, von denen im Laufe der Zeit immer mehr bekannten Elementen zugeordnet werden konnten. Andererseits wurde im Sonnenspektrum anhand von Linien, die bis dahin von irdischen Untersuchungen her unbekannt waren, ein neues Element, das Helium, entdeckt. Bei Spektraluntersuchungen von Sonnenflecken wies 1908 G. E. Hale (1868–1938) nach, dass diese sehr starke lokale Magnetfelder besitzen. Spätere Beobachtungen ergaben, dass die Sonne auch ein großräumiges, periodisch wechselndes dipolartiges Magnetfeld hat und dass lokale Magnetfelder für viele Phänome der Sonnenatmosphäre, vor allem für die Sonnenaktivität, eine wesentliche Rolle spielen.

Die ersten Sternspektren wurden wohl von A. Secchi (1818–1878) untersucht. Er führte 1868 auch die erste Klassifikation der Spektren ein, die 1874 von H. Vogel (1841–1907) erweitert wurde. Auf diesen Arbeiten fußend, schufen ab etwa 1885 E. C. Pickering (1846–1919) und A. Cannon (1863–1941) die sog. Harvard-Klassifikation, die eine im Wesentlichen nach abnehmender effektiver Temperatur der Sterne geordnete Folge der Sternspektren darstellt. A. Kohlschütter (1883–1969) und W. S. Adams (1876–1956) fanden 1914, dass das Aussehen eines Sternspektrums außer von der effektiven Temperatur auch von der Leuchtkraft des Sterns abhängt. Diese Erkenntnisse waren die Grundlage der 1943 von W. W. Morgan (1905–1994), P. C. Keenan (1908–2000) und E. Kellmann eingeführten, noch heute allgemein benutzten zweidimensionalen Klassifikation der Sternspektren.

Für nahezu alle astrophysikalischen Untersuchungen von Sternen ist die Kenntnis ihrer Strahlungsleistung, ihrer Leuchtkraft (ausgedrückt durch die absolute Helligkeit), erforderlich. Dazu bedarf es der Bestimmung der Sternentfernung sowie der Messung des empfangenen Strahlungsstroms (ausgedrückt durch die scheinbare Helligkeit).

Bis zur Mitte des 19. Jh. wurde die scheinbare Helligkeit allein durch visuelle Schätzungen bestimmt, wobei

Astronomie

die von Ptolemäus überkommene, für alle mit bloßem Auge sichtbaren Sterne geltende Helligkeitsskala so gut wie möglich auf die nur teleskopisch erkennbaren Sterne erweitert wurde. Eine für astrophysikalische Untersuchungen notwendige exakte Festlegung der Helligkeitsskala erfolgte 1854 auf Grund eines Vorschlages von N. R. Pogson (1829–1891). Im Anschluss an diese Festlegung wurden die photometrischen Messmethoden ausgebaut und die Messinstrumente vervollkommnet. Das erste visuelle Sternphotometer geht auf F. Zöllner (1834–1882) zurück. Genauere, für astrophysikalische Untersuchungen brauchbarere Sternhelligkeiten wurden vor allem von E. C. Pickering (1846–1919) sowie G. Müller (1851–1925) und P. Kempf (1856–1936) gemessen, die photographische Beobachtungen nutzten. Die bei derartigen Helligkeitsbestimmungen auftretenden Schwierigkeiten untersuchte besonders K. Schwarzschild (1873–1916), der 1910 auch den ersten umfangreichen Katalog exakter photographisch gemessener Sternhelligkeiten veröffentlichte. Eine bedeutende Steigerung der photometrischen Genauigkeit brachten die durch P. Guthnick (1879–1947) 1913 in die A. eingeführten lichtelektrischen Helligkeitsbestimmungen. Die Entwicklung immer empfindlicherer lichtelektrischer Detektoren in Verbindung mit moderner Elektronik und Rechentechnik, die speziell zu den CCD-Detektoren führte, ermöglichte es, extrem lichtschwache Sterne und flächenhafte Objekte mit außerordentlich hohen photometrischen Genauigkeiten zu untersuchen und Spektren von ihnen zu gewinnen.

Die Bestimmung der Intensitätsverteilung in den Sternspektren ermöglichte die Ermittlung der effektiven Temperatur der Sterne. Für die Sonne wurden die ersten derartigen Temperaturbestimmungen 1880 von S. P. Langley (1834–1906), für Sterne 1913 von J. Wilsing (1856–1943) sowie J. Scheiner (1858–1913) durchgeführt.

In Sternspektren höherer Auflösung gelang es W. Huggins (1824–1910) als Erstem, Linien des Wasserstoffs sowie verschiedener Metalle nachzuweisen. Damit war der Nachweis erbracht, dass von den auf der Erde bekannten Elementen zumindest einige nicht nur in der Sonne, sondern auch in den Sternen vorkommen. Die Annahme der stofflichen Einheit der Himmelskörper fand dadurch eine starke Stütze und konnte als bewiesen angesehen werden.

Genaue Werte für Sternmassen standen erstmals gegen Ende des 19. Jh. zur Verfügung, nachdem bei visuellen Doppelsternen bekannter Entfernung die Bahnen beider Komponenten zuverlässig vermessen werden konnte. Direkte Bestimmungen von Sterndurchmessern gelangen zum ersten Mal 1890 A. A. Michelson (1852–1931) mit einem Phaseninterferometer.

Mit der genauen Vermessung von Spektrallinien wurde die Bestimmung von Doppler-Verschiebungen, damit von Radialgeschwindigkeiten bei Sternen möglich. Erstmalig wurde dies um 1890 von H. C. Vogel (1841–1907) und J. Scheiner (1858–1913) durchgeführt. Die Messungen führten unmittelbar zur Entdeckung des ersten spektroskopischen Doppelsterns durch Pickering. Etwa zur gleichen Zeit konnte Vogel zeigen, dass es sich beim Algol um einen Bedeckungsveränder-lichen handelt, und 1895 A. A. Belopolski (1854–1934), dass der Lichtwechsel des Veränderlichen δ Cephei durch eine Pulsation des Sterns verursacht wird.

Mit der Verfügbarkeit von Sternspektren hoher Auflösung waren die wesentlichen Beobachtungsgrundlagen für eine Theorie der Sternatmosphären gegeben. Wichtig für die Theorie war die Erkenntnis von K. Schwarzschild, dass zumindest in der Sonnenatmosphäre der Energietransport durch Strahlung erfolgt (1906). Damit konnte u. a. die Randverdunklung der Sonnenscheibe erklärt werden. M. N. Saha (1893–1956) entwickelte um 1920 die theoretischen Grundlagen zur Berechnung der Ionisationsverhältnisse in Gasen, die das volle Verständnis der Sternspektren ermöglichte. Mit der Kenntnis des physikalischen Zustandes der Sternatmosphären konnte auch eine quantitative Spektralanalyse in Angriff genommen werden. Ab den dreißiger Jahren des 20. Jh. erschienen dazu grundlegende Arbeiten u. a. von A. Unsöld (1905–1995).

Die ersten Ansätze einer Theorie des inneren Aufbaus der Sterne entwickelte um 1854 H. v. Helmholtz (1821–1894) unter der Annahme, dass die von den Sternen ausgestrahlte Energie durch deren Kontraktion freigesetzt wird. W. Thomson (Lord Kelvin) (1824–1907) verfolgte diese Überlegungen weiter, die Annahme erwies sich jedoch als falsch. Die Zentraltemperatur der Sonne bestimmte zum ersten Mal H. Lane (1819–1880), der annahm, dass im Sonneninnern ein hydrostatisches Gleichgewicht zwischen mechanischem und thermischem Druck herrscht. Entscheidend vorangetrieben wurde die Theorie des inneren Aufbaus durch G. A. Ritter (1826–1908) und R. Emden (1862–1940), vor allem aber durch K. Schwarzschild. A. S. Eddington (1882–1944) ging von der Annahme aus, dass der Energietransport nicht nur in der Sternatmosphäre, sondern auch im Sterninnern durch Strahlung erfolgt. Er und J. Perrin (1870–1924) zogen als Erste die Umwandlung von Wasserstoff in Helium als Energiequelle der Sterne in Betracht. 1929 zeigten R. E. d'Atkinson (1898–1982) und F. G. Houtermans (1903–1966), dass im Sterninnern die Möglichkeit von Kernfusionen besteht, durch die die ausgestrahlte Energie gedeckt wird. Einen Kernprozess für eine derartige Energiefreisetzung gaben erstmals um 1938 H. A. Bethe (1906–2005, Nobelpreis für Physik 1967) und unabhängig von ihm C. F. v. Weizsäcker (1912–2007) an. Damit waren auch die Grundlagen der Sternentwicklung geschaffen, da sich infolge von Kernprozessen die chemische Zusammensetzung der Sternmaterie irreversibel ändert. Die numerische Integration der den Aufbau und die Entwicklung der Sterne beschreibenden Grundgleichungen wurden um 1950 von M. Schwarzschild gelöst, womit die beobachtete Verteilung der Bildpunkte der Sterne im Hertzsprung-Russell-Diagramm (benannt nach E. Hertzsprung, 1873–1967, und H. N. Russell, 1877–1957) theoretisch erklärt werden kann.

Einen stabilen Endzustand der Sternentwicklung stellen Weiße Zwerge dar. 1926 zeigte W. A. Fowler (1911–1995, Nobelpreis für Physik 1983), dass ihr innerer Aufbau durch ein entartetes Elektronengas bestimmt wird, 1931 bewies S. Chandrasekhar (1910–1995, Nobelpreis für Physik 1983), dass es auf Grund dieses Aufbaus für Weiße Zwerge eine nicht überschreitbare obere Grenzmasse gibt. Die Existenz von Neutronensternen, des Endzustands der Entwicklung massereicher Sterne, wurde 1934 von F. Zwicky (1898–1974) und W. Baade (1893–1960) postuliert, ihre innere Struktur 1937 von L. Landau (1908–1968), 1939 von J. R. Oppenheimer (1904–1967) und G. M. Volkoff (1914–2000) theoretisch bestimmt. Die tatsächliche Existenz von Neutronensternen wurde 1967 mit der Entdeckung von Pulsaren durch A. Hewish (Nobelpreis für Physik 1997) und S. J. Bell nachgewiesen.

Die räumliche Verteilung der Sterne im Milchstraßensystem wurde etwa ab Beginn des 20. Jh. mit Hilfe numerisch-statistischer Methoden durch H. v. Seeliger (1849–1924) und J. C. Kapteyn (1851–1822) untersucht. Um 1918 gelang es H. Shapley (1885–1972), die Entfernung der Kugelsternhaufen und damit den Durchmesser des Milchstraßensystems sowie den Abstand der Sonne von dessen Zentrum zu bestimmen. Die Bewegungsverhältnisse in der Galaxis sind seit etwa 1926 durch die Untersuchungen von J. H. Oort (1900–1992) und B. Lindblad (1895–1965) bekannt. Mit dem Nachweis einer allgemeinen interstellaren Extinktion im Milchstraßensystem durch R. J. Trümpler (1886–1956) mussten die mit photometrischen Methoden ermittelten Sternentfernungen revidiert werden, damit auch die abgeleitete Ausdehnung des Milchstraßensystems.

Mit der Klärung des großräumigen Aufbaus des Milchstraßensystems gingen Untersuchungen der Struktur des Raumes jenseits der Galaxis einher. Eine ausschlaggebende Rolle spielte dabei die Erkenntnis, dass viele der oftmals spiralförmig erscheinenden Nebelflecken nicht Mitglieder des Milchstraßensystems sind, sondern selbständige extragalaktische Sternsysteme. Diese Beobachtungen wurden durch den Bau großer Spiegelteleskope möglich. Mit ihnen konnten in nahen Sternsystemen einzelne Sterne beobachtet, z. T. ihr Spektrum untersucht werden. E. Hubble (1889–1953) gelang es 1923 erstmalig, die Entfernung einiger dieser Sternsysteme zu bestimmen. Seine Untersuchungen zeigten, dass viele hinsichtlich Größe und Struktur dem Milchstraßensystem gleichen. W. Baade (1893–1960) erkannte 1944, dass die verschiedenen Sterntypen in einem System unterschiedliche Sternpopulationen bilden, die sich im Wesentlichen durch ihr Alter unterscheiden. Schon 1924 hatten K. W. Wirtz (1876–1939) und 1929 E. Hubble gefunden, dass eine Beziehung zwischen der Entfernung der Sternsysteme und der Rotverschiebung der Spektrallinien in ihrem Spektrum besteht, was als „Fluchtbewegung" der Sternsysteme weg vom Milchstraßensystem interpretiert und als Folge einer allgemeinen Expansion des gesamten Weltalls angesehen wurde, das damit zu einem der Beobachtung zugänglichen Forschungsgegenstand wurde, und nicht nur die in ihm existierenden Objekte. Es zeigte sich weiterhin, dass auch das Weltall einer Entwicklung unterliegt. Die Beobachtungen machten eine Entscheidung möglich, welches der um 1922 von A. Friedmann (1888–1925) auf der Basis der Allgemeinen Relativitätstheorie entwickelten theoretischen Weltmodelle dem existierenden am besten entspricht. 1948 erkannte G. Gamow (1904–1968), dass das expandierende, anfänglich auf kleinsten Raum beschränkte Weltall im gegenwärtigen Zustand von einer Strahlung geringer Temperatur erfüllt sei muss. Diese wurde in Form der kosmischen Hintergrundstrahlung (Drei-Kelvin-Strahlung) 1965 durch A. A. Penzias (Nobelpreis für Physik 1978) und R. W. Wilson (Nobelpreis für Physik 1978) nachgewiesen. Sie ist ein Relikt aus der Frühphase des Kosmos. Die hochgradige Isotropie dieser Strahlung lässt sich aus dem Umstand verstehen, dass das Weltall in seiner Frühphase infolge einer inflatorischen Expansion extrem homogen war, wie 1981 A. Guth zeigte.

Etwa zu Beginn des 20. Jh. entwickelte sich die interstellare Materie innerhalb der Astrophysik zu einem eigenen Forschungsgebiet. Nach dem Nachweis der Existenz interstellarer Dunkelwolken durch M. Wolf (1863–1932) zeigte 1904 J. Hartmann (1865–1936), dass auch gasförmige interstellare Materie existiert, die sich durch zusätzlich den Sternspektren aufgeprägte Absorptionslinien und durch Emissionslinien bemerkbar macht. Mit Untersuchungen des physikalischen Zustandes des absorbierenden Gases beschäftigten sich in den zwanziger Jahren des 20. Jh. vor allem A. S. Eddington, mit dem leuchtenden interstellaren Gases sowie der Planetarischen Nebel besonders H. Zanstra (1894–1972) und I. S. Bowen (1898–1973), der nachwies, dass einige der zunächst rätselhaften „Nebuliumlinien" nach den Regeln der Quantentheorie „verbotene" Linien bekannter Elemente sind. Mit Hilfe einer quantitativen Spektralanalyse wurde um etwa 1968 an die chemische Zusammensetzung des interstellaren Gases bestimmt. Mit der Entwicklung leistungsfähiger Infrarotdetektoren konnten ab etwa der sechziger Jahre des 20. Jh. auch sehr kühle und dichte interstellare Staubwolken untersucht werden.

Die Erschließung neuer Spektralbereiche für die beobachtende A. führte zur Entwicklung weiterer mehr oder minder eigenständiger astrophysikalischer Forschungsbereiche wie der Radio- und Infrarotastronomie, mit extraterrestrischen Beobachtungsmöglichkeiten wurde auch der Ultraviolett-, Röntgen- und Gammabereich des elektromagnetischen Spektrums für die A. zugänglich. Die Sonne wurde 1949 als Röntgen-, um 1941 als Radioquelle identifiziert. Die Entdeckung der ersten nichtsolaren extraterrestrischen Röntgenquellen sowie der diffusen Röntgenhintergrundstrahlung gelang 1962 R. Giacconi (Nobelpreis für Physik 2002). Es zeigte sich, dass von fast allen Arten astrophysikalischer Objekte Röntgenstrahlung emittiert wird. Außer isolierten Strahlungsquellen gibt es auch eine Gammahintergrundstrahlung. 1967 wurde eine blitzartig aufleuchtende Gammaquelle registriert, danach viele weitere „Gammablitze", die an völlig ungleichmäßig über den Himmel verteilten Orten auftauchen. Die Quellen der Blitze sind mit großer Wahrscheinlichkeit Mitglieder extragalaktischer Sternsysteme, sie können aber noch keiner Objektgruppe eindeutig zugeordnet werden.

Den Beginn der Radioastronomie markieren die Beobachtungen von K. G. Jansky (1905–1950), der 1932 im Dekameterbereich eine allgemeine galaktische Radiofrequenzstrahlung registrierte. Die Grundlagenfor-

astronomisch

schung zur Radioastronomie wurden ganz wesentlich von Sir M. Ryle (1918–1984, Nobelpreis für Physik 1974) vorangetrieben. Ein Hauptforschungsgegenstand der Radioastronomie wurde das interstellare Gas. Die vom atomaren Wasserstoff herrührende Linienstrahlung mit einer Wellenlänge von 21 cm wurde 1944 von H. C. van de Hulst (1918–2000) auf Grund theoretischer Überlegungen vorausgesagt und um 1951 u. a. von H. I. Ewen und E. M. Purcell (1912–1997, Nobelpreis für Physik 1952) nachgewiesen. Mit dieser Linienstrahlung konnte die großräumige Verteilung des interstellaren Gases im Milchstraßensystem untersucht werden. Im Radiofrequenzbereich wurde eine Vielzahl weiterer interstellarer Emissionslinien gefunden, die u. a. von z. T. vielatomigen Molekülen herrühren. Bei Himmelsdurchmusterungen wurden neue, bisher unbekannte Objektgruppen als Radioquellen entdeckt: 1962 fanden T. A. Matthews und A. R. Sandage die quasistellaren Radioquellen (Quasare), die optisch sternförmig erscheinen und die ein Jahr später von M. Schmidt als Kerne aktiver extragalaktischer Sternsysteme identifiziert werden konnten. 1967 entdeckten, wie erwähnt, Hewish und Bell die Pulsare.

Die aus dem Weltall kommende energiereiche Kosmische Strahlung wurde 1912 von V. F. Hess (1883–1964, Nobelpreis für Physik 1936) entdeckt und etwa Mitte der sechziger Jahre des 20. Jh. die solare Neutrinostrahlung. 1987 konnten Neutrinos, die von der in der Großen Magellan'schen Wolke explodierten Supernova emittiert wurden, nachgewiesen werden. Es war die erste eindeutige Registrierung von außerhalb des Milchstraßensystems stammender, zur Erde gelangter Materie.

Weiterer Beobachtungserfolg in jüngster Vergangenheit war der Nachweis von Gas-Staubteilchenscheiben um Sterne analog dem „Sonnennebel", aus dem die Körper des Sonnensystems entstanden. 1991 konnte erstmals zweifelsfrei ein Planet außerhalb des Sonnensystems, ein Exoplanet, nachgewiesen werden.

Mit der seit 1957 möglichen Nutzung von Raumsonden für astronomische Beobachtungen können Objekte des Planetensystems aus unmittelbarer Nähe beobachtet, ihre Oberflächenbeschaffenheit z. T. mit geowissenschaftlichen Forschungsmethoden untersucht sowie der physikalische Zustand ihrer Atmosphären ermittelt werden. Mittels Raumsonden ist auch die direkte Untersuchung der interplanetaren Materie und des Sonnenwinds möglich. So entdeckte J. A. Van Allen (1914–2006) 1958 die Strahlungsgürtel der Erde. Eine für die A. einzigartige Beobachtungsmöglichkeit stellt das Hubble-Weltraumteleskop dar, mit dem seit 1990 Beobachtungen im klassischen optischen Spektralbereich oberhalb der Erdatmosphäre möglich sind.

Ein indirekter Nachweis von Gravitationswellen, die von hoch beschleunigten massereichen Objekten emittiert werden, gelang R. A Hulse (Nobelpreis für Physik 1993) und J. H. Taylor (Nobelpreis für Physik 1993) bei einem Doppelstern-Pulsar, bei dem zwei Neutronensterne den gemeinsamen Schwerpunkt umlaufen. Ein direkter Nachweis von Gravitationswellen mit irdischen Detektoren gelang bisher noch nicht.

astronomisch, die Astronomie betreffend, sternkundlich.

astronomische Dämmerung, → Dämmerung.

Astronomische Einheit, Einheitenzeichen AE, astronomische Längeneinheit, hauptsächlich für Entfernungen innerhalb des Sonnensystems. Sie ist der Radius der Kreisbahn, auf der ein masseloser Körper die Sonne in $2\pi/k$ Tagen umläuft, wobei $k = 0{,}01720209895$ die Gauß'sche Konstante bezeichnet. Es gilt 1 AE = 149 597 870 ± 30 m. Die A. E. entspricht in recht guter Näherung der mittleren Entfernung der Erde von der Sonne (→ Sonnenparallaxe).

Astronomische Erdsatelliten → Erdsatellit.

Astronomische Gesellschaft, Vereinigung von Astronomen und Freunden der Astronomie zum Zwecke der Förderung dieser Wissenschaft. Die A. G. vertritt die gemeinsamen Anliegen der Astronomen über Ländergrenzen hinweg. Sie dient der Anregung und dem Austausch wissenschaftlicher Ideen. 1863 wurde sie als internationale Gesellschaft mit dem Ziel gegründet, diejenigen wissenschaftlichen Arbeiten zu unterstützen, die die Zusammenarbeit vieler Astronomen erfordern und die Möglichkeiten einer einzelnen Sternwarte überschreiten. Diese Aufgabe übernahm nach dem Ersten Weltkrieg zunehmend die → Internationale Astronomische Union. Die hauptsächlichen Aktivitäten der A.n G. gelten gegenwärtig der Durchführung wissenschaftlicher Tagungen, der Herausgabe von Publikationen sowie der Förderung junger Astronomen.

astronomische Instrumente, Geräte zur direkten oder indirekten Untersuchung der von extraterrestrischen Quellen kommenden elektromagnetischen und Teilchenstrahlung sowie zur Auswertung der Beobachtungsdaten.

Die bei weitem höchste Informationsmenge gewinnt die Astronomie seit Anbeginn jeglicher Himmelsbeobachtungen aus der einfallenden elektromagnetischen Strahlung, wichtige Daten gegenwärtig aber auch aus Partikelstrahlungen, z. B. aus dem → Sonnenwind, der → Kosmischen Strahlung sowie den solaren und extrasolaren Neutrinos (→ Neutrinoastronomie). Ein direkter Nachweis von → Gravitationswellen mit entsprechenden Detektoren gelang bisher nicht.

Die zur unmittelbaren Beobachtung elektromagnetischer Strahlung benutzten a.n I. besitzen zum Sammeln, Messen und der Analyse der Strahlung dienende Einheiten (→ Fernrohr). Bei → Refraktoren ist die Strahlung sammelnde Einheit ein Linsensystem, bei Reflektoren ein Spiegel (→ Spiegelteleskop). In Abhängigkeit vom Wellenlängenbereich der zu untersuchenden Strahlung sind z. T. Spezialteleskope notwendig (→ Gammaastronomie, → Röntgenteleskop, → Infrarotteleskop, → Radioteleskop), die mit klassischen optischen Teleskopen schon wegen ihrer Größe wenig oder keine Ähnlichkeit haben. Für einfachste Beobachtungen im optischen Spektralbereich dient das menschliche Auge als Strahlungsempfänger (→ Augenempfindlichkeit). Die exakte Bestimmung des einfallenden Strahlungsstroms erfolgt mit lichtelektrischen Detektoren (→ Photometer), speziellen Photodioden sowie Bolometern (→ Infrarotteleskop). Im Radiofrequenzbereich werden Dipol- oder Hornantennen verbunden mit entsprechenden Verstärkern genutzt (→ Radioteleskop).

Zum Nachweis der hochenergetischen Strahlung im Röntgen- und Gammabereich dienen u. a. gasgefüllte Proportionalzähler, Szintillationszähler oder auch Halbleiterdetektoren (→ Röntgenteleskop, → Gammaastronomie).
Mit Hilfe von → Farb- oder → Interferenzfiltern wird aus dem gesamten aufgefangenen Strahlungsstrom ein mehr oder minder breiter Frequenz- bzw. Wellenlängenbereich ausgesondert. Analysatoren sind → Spektralapparate oder → Polarisatoren. Die Teleskope selbst sind Richtungsanalysatoren, die nur die aus einer eng begrenzten Richtung kommende Strahlung aufnehmen. Spezielle Richtungsanalysatoren stellen weiterhin → Winkelmessinstrumente und → Interferometer dar.
Für → Sonnenbeobachtungen werden wegen der hohen Strahlungsintensität Teleskope benötigt, die sich in der Konstruktion z. T. sehr von anderen Teleskopen unterscheiden.
Bei lichtelektrischen Intensitätsmessungen stehen die Messwerte im Allg. schon während der Beobachtungen zur Verfügung. Zur Bearbeitung der z. T. riesigen Mengen an Beobachtungsdaten sind Großrechner unverzichtbar.

Geschichtliches. Die a.n I. vor der Erfindung des Fernrohrs waren Winkelmessinstrumente, die zur genaueren Bestimmung von Gestirnspositionen dienten, als dies mit freiem Auge möglich ist. Zur Zeitbestimmung dienten Sonnenuhren, zu denen der schon den Babyloniern und in anderen Kulturkreisen bekannte *Gnomon* gehörte. Dabei wurde der Schattenwurf eines senkrecht aufgestellten Stabes beobachtet. Andere Sonnenuhren, als *Skaphe* bezeichnet, hatten eine Kugel als Schattenwerfer, die sich z. T. im Mittelpunkt konkav gewölbter Flächen befand. Zur Festlegung des Sonnenstandes zu bestimmten Zeitpunkten im Jahr, z. B. den Sonnenwenden, wurden z. T. große steinerne Visieranlagen gebaut. Die bekannteste ist die von Stonehenge in England. Eine handlichere Visiereinrichtung war das im Altertum viel verwendete *Triquetrum* oder *parallaktische Lineal*, bei dem das Gestirn über einen Stab anvisiert wurde, der drehbar an einem vertikalen Stab angebracht war. Die Gestirnshöhe wurde an einem dritten Stab, der die beiden anderen zu einem Dreieck verband, abgelesen.
Vielseitiger war die bereits im Altertum bekannte *Armillarsphäre* oder *Armille,* mit der u. a. Hipparch (um 190–125 v. Chr.) und Ptolemäus (um 91 – um 160) beobachteten. Sie bestand aus mehreren mit Gradeinteilungen versehenen Kreisen, die z. T. drehbar ineinander geschachtelt waren und nach den Grundkreisen der Himmelskugel, vor allem der Ekliptik, dem astronomischen Horizont und dem Meridian ausgerichtet wurden. Mit einer beweglichen Visiereinrichtung wurde wie über Kimme und Korn ein Gestirn anvisiert und seine Koordinaten an den geteilten Kreisen abgelesen. Von den Arabern wurde das Instrument zum *Astrolabium* weiterentwickelt, mit dem nicht nur Gestirnspositionen bestimmt, sondern auch Aufgaben der sphärischen Astronomie gelöst werden konnten. Ein dagegen recht einfaches Visiergerät war der aus mehreren kreuzförmig angeordneten Stäben bestehende *Kreuzstab, Jakobstab* oder *Gradstock*. *Quadranten* waren schon im Altertum bekannt und bis zur Erfindung des Fernrohres die wichtigsten a.n I. überhaupt. Es wurde die Neigung eines in einer senkrechten Ebene beweglichen, mit einer Visiereinrichtung versehenen Stabs an einem mit einer Teilung versehenen Viertelkreis abgelesen. Große Quadranten wurden an Mauern befestigt, die zum Meridian hin ausgerichtet waren. Diese *Mauerquadranten* sind Vorläufer der Meridiankreise, die zur Beobachtung von Meridiandurchgängen dienen. Die *Azimutalquadranten* waren um eine senkrechte Achse drehbar, so dass auch Azimutwinkel gemessen werden konnten.
Im Prinzip gehen die bis ins Mittelalter benutzten a.n I. auf bereits im Altertum bekannte Konstruktionen zurück. Eine entscheidende Änderung brachte um 1609 die Verwendung von Fernrohren zu astronomischen Beobachtungen u. a. durch G. Galilei (1564–1642). Sie bedeutete eine Revolutionierung der gesamten Beobachtungstechnik, die zu völlig neuen Erkenntnissen führte. Die Fernrohre wurden zunächst für Mond- und Planetenbeobachtungen verwandt, während sie sich bei Winkelmessinstrumenten erst in der zweiten Hälfte des 17. Jh. durchsetzten. Als Erster benutzte wohl O. Römer (1644–1710) einen mit einem Fernrohr versehenen Meridiankreis. Das erste brauchbare Spiegelteleskop für astronomische Beobachtungen konstruierte 1671 I. Newton (1643–1727). Er benutzte geschliffene Metallspiegel wie auch noch etwa 100 Jahre später F. W. Herschel (1738–1822) bei seinen Teleskopen, die Spiegel mit einem Durchmesser bis zu 1,22 m hatten. Die optische Qualität der Metallspiegel ist relativ gering, da auch kleine Temperaturschwankungen große Formänderungen verursachen. Ab etwa Mitte des 19. Jh. wurden mit Silber beschichtete Glasspiegel benutzt, deren optische Qualität weit besser als die der Metallspiegel war. Etwa zur gleichen Zeit setzten sich achromatische Linsensysteme als Fernrohrobjektive durch. Die mit ihnen versehenen Refraktoren wurden von da an die Hauptbeobachtungsinstrumente. Bei der Entwicklung der Refraktoren spielte J. Fraunhofer (1787–1826) eine hervorragende Rolle. Da der Durchmesser der Objektivlinsen nicht beliebig vergrößert werden kann, lösten im 20. Jh. Spiegelteleskope die Refraktoren nahezu vollständig ab.

astronomische Konstanten, empirisch zu bestimmende Größen der → Astrometrie.
astronomische Koordinaten, → Koordinaten.
astronomisches Fenster, Wellenlängenbereich elektromagnetischer Strahlung, für den die Erdatmosphäre durchlässig ist. Das *optische Fenster* umfasst den Bereich des sichtbaren Lichts und des nahen Infrarots von etwa 300 nm bis etwa 1000 nm, das *Radiofenster* den Wellenlängenbereich von etwa 1 mm bis etwa 20 m.
astronomisches Jahrbuch, → Jahrbuch.
astronomisches Observatorium, → Sternwarte.
Astronomische Raumsonden → Raumsonde.
astronomisches Recheninstitut, → Sternwarte.
astronomische Zeichen, → Zeichen.
Astrophysik, Teilgebiet der Astronomie, das sich mit der Untersuchung der physikalischen Beschaffenheit der kosmischen Objekte befasst. Die A. nimmt gegenwärtig den breitesten Raum innerhalb der Astronomie ein. Sie ist wie die gesamte Astronomie ihrer Natur

nach keine experimentierende Wissenschaft, so dass sich ihre Forschungsmethodik z. T. wesentlich von der der übrigen Physik unterscheidet.

Astrophysikalische Beobachtungen beziehen sich vor allem auf die Untersuchung der Intensität und spektralen Zusammensetzung der von den Himmelskörpern kommenden elektromagnetischen Strahlung. Je nach dem untersuchten Spektralbereich haben sich innerhalb der allgemeinen A. spezielle Teilgebiete herausgebildet, u. a. die → Radioastronomie, → Infrarotastronomie, → Röntgenastronomie und → Gammaastronomie. Die Gravitationswellenastronomie versucht, die von stark beschleunigten massereichen Objekten ausgehenden Gravitationswellen nachzuweisen. Andere Teilbereiche der A. untersuchen die aus dem Weltall kommenden Teilchenstrahlungen, wie die → Kosmische Strahlung sowie die in der A. verwendeten → Neutrinoastronomie). Die theoretisch orientierten Zweige der A. leiten aus den Beobachtungsergebnissen unter Verwendung allgemeiner physikalischer Gesetze und Erkenntnisse ihre Aussagen ab. Die physikalischen Bedingungen, unter denen die Materie in den unterschiedlichen kosmischen Objekten existiert, sind z. T. außerordentlich verschieden von denen, die in irdischen Laboratorien erzeugt werden können, so dass die in der A. verwendeten physikalischen Gesetze gegebenenfalls über den experimentell gesicherten Bereich hinaus erweitert werden müssen. Dies gilt vor allem für Objekte, in denen außerordentlich hohe Energiekonzentrationen oder extrem hohe Geschwindigkeiten auftreten. Es reichen dann die Betrachtungsweisen der klassischen Physik nicht aus, vielmehr müssen innerhalb der sog. relativistischen A. die Gesetzmäßigkeiten der → Relativitätstheorie berücksichtigt werden. Dies ist im besonderen Maße bei den Untersuchungen innerhalb der → Kosmologie der Fall.

Für die beobachtende A. ergeben sich bei der Interpretation der Messdaten Schwierigkeiten dadurch, dass die Strahlung von der Quelle auf dem Weg zum Beobachter durch die interstellare Materie und die Erdatmosphäre in ihrer Intensität und spektralen Zusammensetzung verändert wird (→ Spektrum). Eindeutige Aussagen über die die Strahlung aussendenden Objekte lassen sich erst dann ableiten, wenn diese Einflüsse bekannt sind und quantitativ berücksichtigt werden können.

Für die Bereiche der theoretischen A., die sich mit Sternen beschäftigen, sind deren globale Zustandsgrößen, wie Masse, Leuchtkraft, Radius und Effektivtemperatur, sowie ihre Spektren von besonderem Interesse. Aus diesen Beobachtungsdaten kann sowohl auf den physikalischen Zustand und die chemische Zusammensetzung der äußeren, direkt beobachtbaren Gebiete der Sterne, der → Sternatmosphären, als auch indirekt auf den physikalischen Zustand der inneren, unsichtbaren Teile der Sterne geschlossen werden (→ Sternaufbau). Die Entstehung und die Entwicklung der Sterne werden in der Theorie der → Sternentstehung und → Sternentwicklung behandelt. Im Allg. befinden sich die Sterne in einem stabilen mechanischen Gleichgewicht. Von Interesse sind aber auch Sterne, deren innerer Zustand relativ schnellen, mehr oder minder regelmäßigen Schwankungen unterworfen ist, was sich u. a. in Variationen der globalen Zustandsgrößen, vor allem der Leuchtkraft und des Radius, äußert. Zu diesen physischen → Veränderlichen gehören auch Supernovae (→ Supernova), bei deren Ausbrüchen grundsätzliche, irreversible Strukturänderungen erfolgen. Der am besten untersuchte Stern ist die → Sonne; die Sonnenphysik nimmt daher einen besonderen Raum innerhalb der A. ein.

Die Untersuchungen der interstellaren Materie, speziell die des → interstellaren Gases und des → interstellaren Staubes, besitzen innerhalb der A. eine große Bedeutung, da zwischen dieser nichtstellaren Materie und den Sternen eine enge Wechselwirkung besteht. Zur Bereitstellung der für diese Untersuchungen benötigten Beobachtungsgrundlagen sind vor allem die jüngeren Zweige der beobachtenden A., wie die Radioastronomie und Infrarotastronomie, wesentlich.

Im Mittelpunkt der astrophysikalischen Untersuchungen des Milchstraßensystems und der extragalaktischen Sternsysteme stehen ihre innere Struktur sowie Entstehung und Entwicklung. Von besonderem Interesse sind dabei die Kerngebiete der Systeme, da sie der Sitz heftiger Aktivitätserscheinungen sind, bei denen z. T. extrem hoher Energieumsatz erfolgt (→ Schwarzes Loch). Die Untersuchungen der extragalaktischen Sternsysteme, der → intergalaktischen Materie und der allgemeinen, großräumigen Massenverteilung sowie der → kosmischen Hintergrundstrahlung sind die wesentlichen Beobachtungsgrundlagen für die Kosmologie.

Die A. beschäftigt sich weiterhin mit den Körpern des Planetensystems sowie der interplanetaren Materie. Für diesen Bereich der A. haben die durch die Raumfahrt möglich gewordenen Beobachtungsmethoden eine besondere Bedeutung, da u. a. geowissenschaftliche Untersuchungen der Struktur und chemischen Zusammensetzung der Oberfläche sowie Untersuchungen eventuell vorhandener Atmosphären aus großer Nähe durchführbar sind. In diesem eng begrenzten Bereich ist die A. eine experimentelle Wissenschaft.

asymptotischer Riesenast, Bereich im Hertzsprung-Russell-Diagramm, in dem sich die Bildpunkte der Sterne mit einem zentralen entarteten Kohlenstoff-Sauerstoff-Bereich und ihn umgebenden helium- und wasserstoffbrennenden Schalen befinden; → Sternentwicklung.

Aszendent *m*, → Astrologie.

Atair *m*, *Altair*, α *Aquilae,* der hellste Stern im Sternbild Aquila (Adler) mit einer scheinbaren visuellen Helligkeit von $0\overset{m}{.}77$, der Spektralklasse A7 und der Leuchtkraftklasse IV–V. Der A. gehört zu den hellsten Sternen des Himmels. Verglichen mit der Sonne hat er einen nur wenig größeren Durchmesser, aber mit etwa 8000 K eine wesentlich höhere Effektivtemperatur, die Leuchtkraft ist fast 10-mal größer als die Sonnenleuchtkraft. Die Entfernung von der Sonne beträgt nur 5,1 pc oder rund 17 Lichtjahre. A. gehört damit zu den Sternen der näheren Sonnenumgebung.

Zusammen mit den Sternen Deneb und Wega bildet der A. das Sommerdreieck.

Aten *m*, der Planetoid (2062).

Aten-Gruppe, Gruppe von Planetoiden mit nahezu den gleichen Bahneigenschaften wie (2062) Aten; → Planetoid.

Atlas *m*, *1) 27 Tauri*, Stern in den → Plejaden mit einer scheinbaren visuellen Helligkeit von $3^m_{.}62$, der Spektralklasse B8 und der Leuchtkraftklasse III.

2) der zweitinnerste Saturnsatellit, der sich auf einer Bahn mit einer großen Halbachse von 137 700 km und der Exzentrizität 0,000 in 0,602 Tagen rechtläufig um den Saturn bewegt. Die Bahn befindet sich nahe der Außenkante des A-Rings und liegt fast genau in der Äquatorebene des Saturn. Der A. ist ein unregelmäßig geformter Zwergsatellit mit einem mittleren Durchmesser von 20 km. Seine Masse beträgt etwa $6{,}6 \cdot 10^{-15}$ kg, die mittlere Dichte nur 0,44 g/cm^3. Die relativ hohe Albedo von über 0,4 lässt auf Wassereis als Hauptoberflächenmaterial schließen, dem vielleicht Gesteinsteilchen meteoroidischen Ursprungs beigemengt sind.

Hinsichtlich der Einordnung des A. in das System der Saturnsatelliten → Saturn.

Atmosphäre, im ursprünglichen Sinn die Gashülle der Erde, im erweiterten die einen festen Himmelskörper umgebende Gashülle, im übertragenen Sinn die Schicht eines Sterns, aus der das sichtbare Licht stammt (Sternatmosphäre).

atmosphärische Extinktion, → Erdatmosphäre.

Atom, das kleinste mit chemischen Mitteln nicht weiter zerlegbare Teilchen eines chemischen Elements. Der Durchmesser eines A.s liegt in der Größenordnung von 10^{-10} m. Jedes A. besteht aus einem elektrisch positiv geladenen Atomkern, in dem nahezu die gesamte Masse konzentriert ist, und negativ geladenen Elektronen, die in ihrer Gesamtheit die Atomhülle oder Elektronenhülle bilden. Infolge der entgegengesetzten elektrischen Ladungen von Kern und Hülle sind A.e im Normalzustand elektrisch neutral.

Atomaufbau. Der **Atomkern** besteht aus Protonen und Neutronen, die zusammenfassend als Nukleonen bezeichnet werden. Die Ruhmasse eines Protons beträgt $1{,}6726 \cdot 10^{-27}$ kg, die eines Neutrons ist geringfügig größer. Der Durchmesser eines Protons bzw. Neutrons liegt in der Größenordnung von etwa 10^{-15} m, er ist nur wenig kleiner als der Durchmesser eines Atomkerns aus vielen Nukleonen. Atomkerne sind im Vergleich zum ganzen A. außerordentlich klein. Ein Proton trägt eine positive elektrische Ladung, die vom Vorzeichen abgesehen gleich der Ladung eines Elektrons ist, Neutronen sind elektrisch neutral. Ein Atom ist durch die Anzahl der Protonen in den Atomkernen charakterisiert. Die Zahl der Protonen, die *Kernladungszahl*, gibt die Ordnungszahl des Elements, die Platznummer im Periodischen System der Elemente, an. Die *Massezahl* ist gleich der Zahl der im Kern vorhandenen Nukleonen. Bei gleicher Protonenzahl kann ein Atomkern unterschiedlich viele Neutronen, ein Element unterschiedlich schwere Atomkerne haben, es aus mehreren **Isotopen** bestehen. Isotope werden durch das chemische Symbol des Elements gekennzeichnet, vor dem die Massezahl als hochgestellter Index steht.

Den Kern eines normalen Wasserstoffatoms (^{1}H) bildet ein einzelnes Proton, den Kern des schweren Wasserstoffs (^{2}H, Deuterium) ein Proton und ein Neutron und den Kern des überschweren Wasserstoffs (^{3}H, Tritium) ein Proton und zwei Neutronen. Nicht alle Isotope sind stabil; instabile „zerfallen", d. h. gehen spontan in stabile Isotope des gleichen oder über Zwischenstufen in die Isotope eines anderen Elements über. Maß für die Instabilität eines Isotops ist seine *Halbwertszeit*, die Zeitspanne, in der die Hälfte der Atomkerne zerfallen ist. Atomkerne mit einer ausgezeichneten, einer „magischen" Anzahl von Neutronen, z. B. 50 und 82, sind besonders stabil. Bei ihnen ist der Einbau weiterer Neutronen in den Atomkern sehr viel schwieriger als bei Kernen mit einer anderen Zahl von Neutronen.

Zwischen Atomkernen sind Reaktionen möglich, bei denen Kerne eines anderen Elements entstehen. Kerne eines „schwereren" Elements können aus Kernen „leichterer" Elemente aufgebaut, Kerne eines schwereren Elements in leichterer Elemente aufgespalten werden. Die für die Astrophysik wichtigsten Kernreaktionen sind Kernfusionen, bei denen aus leichteren Atomkernen schwerere gebildet werden und die die Hauptquellen der Energiefreisetzung im Sterninnern sind (→ Energiefreisetzung in Sternen). Die Masse eines gebildeten Kerns ist etwas geringer als die Summe der Massen der Ausgangskerne. Bezeichnet Δm diese Differenz, den *„Massendefekt"*, wird bei der Reaktion die Energie $E = \Delta m\, c^2$ freigesetzt, wobei c die Lichtgeschwindigkeit bedeutet (→ Relativitätstheorie). Der Massendefekt entspricht der unterschiedlichen Bindungsenergie der Nukleonen in den beteiligten Kernen. Über die Entstehung und die Häufigkeit der verschiedenen Atomkernarten → Elementenentstehung und → Elementenhäufigkeit.

Der Atomkern ist von einer **Elektronenhülle** umgeben, wobei im Normalzustand die Zahl der Elektronen gleich der Kernladungszahl ist, das A. ist dann als Ganzes elektrisch neutral. Ein Elektron hat nur 1/1836 der Masse eines Protons. Die Elektronenhülle bestimmt die chemischen und optischen Eigenschaften des Elements. Nach einem anschaulichen, dem Bohr'schen Atommodell [benannt nach dem dän. Physiker N. H. Bohr, 1885–1926] besteht ein A. aus einem als punktförmig angenommenen positiv geladenen Kern, in dessen elektrostatischem Feld sich die in verschiedenen Schalen angeordneten Elektronen bewegen. Die Elektronen können nur bestimmte, diskrete Bahnen durchlaufen, die charakteristische Energiezustände darstellen. Der energieärmste und stabile Zustand ist der Grundzustand, das Grundniveau.

Durch Energiezuführung kann ein Elektron von einem energetisch niedrigeren auf ein höheres Niveau „gehoben", das Atom angeregt werden. Die Anregung kann durch Stoß mit einem anderen Teilchen (Atom, freies Elektron u. Ä.) geschehen, wobei das stoßende Teilchen von seiner kinetischen Energie die Anregungsenergie ΔE, die genau gleich der Differenz der beiden Energiezustände ist, an das gestoßene A. abgibt, oder durch Strahlungsabsorption, wobei die Energie des absorbierten Lichtquants genau gleich der Anregungsenergie ist. Es gilt also $\Delta E = h\nu$, wobei ν die Frequenz der Strahlung und h das Planck'sche → Wirkungsquantum bezeichnen. Für die Wellenlänge λ der absorbierten Strahlung gilt entsprechend $\lambda = hc/\Delta E$; c bezeich-

Atomsekunde

net die Lichtgeschwindigkeit. Absorbieren viele A.e eines Elements Strahlung der gleichen Wellenlänge, entsteht im Spektrum der Strahlungsquelle eine *Absorptionslinie*. Die energiereicheren, höheren oder „angeregten" Niveaus sind instabil. Beim spontanen Übergang eines Elektrons von einem angeregten auf ein tieferliegendes Niveau, dem die Anregung rückgängig machenden Prozess, wird die Energiedifferenz als ein Photon emittiert, es entsteht eine Emissionslinie. Aus der Wellenlänge einer Absorptions- bzw. Emissionslinie kann auf das die Linie verursachende Element geschlossen werden. Ein Elektron kann durch ein Lichtquant, dessen Energie genau gleich der Anregungsenergie eines Energieniveaus ist, zur Emission stimuliert werden. Das ausgestrahlte Photon hat den gleichen Strahlungszustand wie das stimulierende, so dass nach der Emission zwei Photonen im gleichen Zustand vorhanden sind. Bei Stoßdeaktivierung wird die Anregungsenergie auf das stoßende Teilchen als zusätzliche kinetische Energie übertragen.
Hinsichtlich der Energieniveaus des Wasserstoffatoms mit einigen möglichen Übergängen → Spektrum.
Nicht alle Strahlungsübergänge zwischen den Energieniveaus eines A.s sind nach den Auswahlregeln der Quantenphysik „erlaubt". Die mittlere Verweilzeit eines Elektrons auf einem Energieniveau, von dem erlaubte Übergänge auf niedrigere Niveaus möglich sind, liegt in der Größenordnung von 10^{-8} s. Sind alle Übergänge verboten, kann die Verweilzeit 1 s und mehr betragen, das Niveau ist „metastabil". Verbotene Übergänge sind nicht vollkommen unmöglich, nur ist die Wahrscheinlichkeit eines spontanen Übergangs viel geringer als die der erlaubten Übergänge. Unter normalen Verhältnissen, z. B. im Labor, wird ein sich auf einem metastabilen Niveau befindendes Elektron während der Verweilzeit durch Stoß oder Strahlungsabsorption auf ein höheres Niveau angeregt, von dem aus spontane Übergänge möglich sind, oder es erfolgt eine strahlungslose Deaktivierung bei einem Stoß. Bei sehr geringen Gas- und Strahlungsdichten sind Stoß- und Absorptionswahrscheinlichkeiten sehr klein. Ein auf einem metastabilen Niveau sich befindendes Elektron kann dann die volle Verweilzeit ohne Störung überstehen und durch Emission eines Photons spontan in einen tieferen Zustand übergehen, wobei eine *„verbotene Linie"* ausgestrahlt wird. Im interstellaren Gas, aber auch in der Sonnenkorona sind die Gas- und Strahlungsdichten in der Allg. so gering, dass verbotene Linien auftreten (→ interstellares Gas).
Bei der Strahlungsdeaktivierung muss ein Elektron nicht notwendigerweise direkt in den Ausgangs- oder den Grundzustand zurückzufallen. Der Übergang kann in Teilschritten kaskadenartig über Zwischenniveaus erfolgen, so dass mehrere Linien emittiert werden, die von der bei der Strahlungsanregung absorbierten Linie verschieden sind, die emittierte Gesamtenergie ist aber gleich der Anregungsenergie.
Bei einer Anregung bleibt das Elektron an dem Atomkern gebunden, der Übergang ist *gebunden-gebunden*. Übersteigt die einem A. zugeführte Energie einen Grenzwert, die Ionisationsenergie, wird das Elektron vom A. losgelöst, das A. wird „ionisiert". Der zurückbleibende Rest, das **Ion**, ist wegen des Fehlens einer negativen Ladung positiv geladen. Die dem A. zugeführte Energie, die über die Ionisationsenergie hinausgeht, erhält das abgetrennte Elektron als kinetische Energie, der Übergang ist *gebunden-frei*. Für eine Ionisation können Lichtquanten beliebiger Energie absorbiert werden, wenn diese nur größer als die Ionisationsenergie ist. Die Strahlungsionisation verursacht im Spektrum der Lichtquelle im Bereich kleinerer Wellenlängen als der Ionisationsenergie entsprechenden eine kontinuierliche Absorption. A.e mit mehr als einem Elektron in der Hülle können mehrfach ionisiert werden. Es können auch alle Elektronen abgetrennt sein, das A. ist dann vollständig ionisiert. Die Ionisationsenergien sind von Element zu Element und von Ionisationsstufe zu Ionisationsstufe unterschiedlich.
Bei einer Rekombination wird die Ionisation rückgängig gemacht, ein freies Elektron wird von einem Ion eingefangen, der Übergang ist *frei-gebunden*. Dabei wird Strahlung emittiert, deren Energie gleich der Ionisationsenergie samt der Bewegungsenergie des Elektrons ist, der Prozess führt zu einem kontinuierlichen Emissionsspektrum.
Bei der Anlagerung eines zusätzlichen Elektrons an ein neutrales A. entsteht ein negativ geladenes Ion, das durch Strahlungsabsorption in ein neutrales A. und ein freies Elektron rückverwandelt werden kann.
Ein freies Elektron kann im Feld eines Ions seine kinetische Energie ändern, ohne dass es zu einer Rekombination kommt. Bei einer Energieerhöhung wird die zugeführte Energie dem umgebenden Strahlungsfeld entnommen, bei einer Energieverminderung wird der Differenzbetrag zwischen Anfangs- und Endenergie ausgestrahlt. Derartige *frei-freie Übergänge* führen zu kontinuierlichen Absorptions- bzw. Emissionsspektren ohne feste Grenzwellenlänge, da es keinen Mindestbetrag für den Energieaustausch gibt.

Atomsekunde, → Zeit.

Atomzeit, → Zeit.

Aufgang, der Augenblick des Erscheinens eines Gestirns über dem Horizont infolge der scheinbaren täglichen Bewegung. Auf Grund der am Horizont etwa 35′ betragenden → Refraktion scheint ein Stern schon im Horizont zu stehen, wenn er sich tatsächlich noch um diesen Betrag unter dem Horizont befindet. Der *wahre A.* ist daher vom *scheinbaren A.* zu unterscheiden. Entsprechendes gilt für den **Untergang**, das Verschwinden eines Gestirns unter dem Horizont. Bei Sternen werden gelegentlich noch besondere Auf- und Untergänge unterschieden. Der *kosmische A.* bzw. *Untergang* erfolgt bei Sonnenaufgang, der *akronychische A.* bzw. *Untergang* bei Sonnenuntergang. Diese Erscheinungen sind mit bloßem Auge nicht beobachtbar. Der *heliakische A.*, der im Verlauf des Jahres erste sichtbare A. eines Sterns in der Morgendämmerung, und der *heliakische Untergang*, der letzte sichtbare Untergang eines Sterns in der Abenddämmerung, sowie der *scheinbare akronychische A.*, der letzte sichtbare A. eines Sterns in der Abenddämmerung, und der *scheinbare kosmische Untergang*, der erste sichtbare Untergang eines Sterns in der Morgendämmerung, sind mit bloßem Auge wahrnehmbar.

Auflösung, in der Physik das Trennen zeitlich oder energetisch dicht beieinander liegender Signale, so dass einzelne, wohlgetrennte Messdaten registriert werden können, bei räumlichen Objekten das Sichtbarmachen feiner Details.

Auflösungsvermögen, Maß für das Trennvermögen eines → Fernrohrs, eines → Radioteleskops oder eines → Spektralapparats.

Augenempfindlichkeit, das Vermögen des menschlichen Auges, elektromagnetische Strahlung im sichtbaren Spektralbereich, von etwa 250–750 nm Wellenlänge, wahrzunehmen. Die *absolute* A. gibt die Zahl der Photonen an, die zur Reizerscheinung auf der Netzhaut eintreffen müssen, die spektrale A. ist von der Wellenlänge und der Intensität der Strahlung abhängig. Das Maximum der A. liegt bei etwa 555 nm, das der Dunkelempfindlichkeit bei etwa 510 nm. Die Sehschwelle des dunkelangepassten Auges liegt bei völlig dunklem Umfeld bei etwa $5 \cdot 10^{-17}$ W, was der scheinbaren Helligkeit eines Sterns von etwa 8^m entspricht. Infolge der Hintergrundhelligkeit des Nachthimmels sind im Allg. nur Sterne mit einer Helligkeit von etwa 6^m mit bloßem Auge sichtbar. Die A. ist von Beobachter zu Beobachter sehr verschieden. Die Grenze zwischen Sichtbarkeit und Unsichtbarkeit von Objekten ist nicht scharf. In einem Übergangsbereich von etwa 0,25 mag wird ein Objekt von ein und demselben Beobachter manchmal gesehen und manchmal nicht.

Das Auflösungsvermögen des Auges gibt den Winkelabstand zweier Punkte an, die unter besonders günstigen Umständen noch getrennt wahrgenommen werden können. Es beträgt etwa 1', was einem linearen Abstand von 1 mm in einer Entfernung von 3,5 m entspricht. Für bequemes Sehen ist ein Winkelabstand von etwa 2' erforderlich. Lichtschwache Objekte müssen einen noch größeren Winkelabstand haben, besonders bei unterschiedlicher Helligkeit, was bei der Beobachtung von Doppelsternen zu beachten ist.

Das Auge kann Helligkeiten absolut, etwa nach einer Gedächtnisskala, nur sehr schwer beurteilen. Beim relativen Helligkeitsvergleich zweier Punktlichtquellen, z. B. zweier Sterne, kann eine Genauigkeit von etwa 0,1 mag erreicht werden, beim Vergleich von Flächenhelligkeiten von etwa 0,01 mag, doch müssen die zu vergleichenden Lichtquellen möglichst dicht benachbart sein.

Augenprüfer, der Stern Alkor im Sternbild → Ursa Maior (Großer Bär).

Aur, Abk. für Auriga.

Auriga, *Gen.* Aurigae, abg. *Aur*, *Fuhrmann*, Sternbild des nördlichen Himmels, das im Winter am Abendhimmel sichtbar ist. Der Hauptstern α Aurigae oder → Capella gehört zu den hellsten Sternen des Himmels. Das Sternbild wird von der Milchstraße durchzogen. In ihr liegen mehrere mit einem Feldstecher leicht auffindbare Sternhaufen, z. B. die Offenen Sternhaufen M 36, M 37 und M 38. M 36 befindet sich etwa in der Mitte zwischen dem Stern θ Aurigae und dem Stern β im Sternbild Taurus (Stier).

Hinsichtlich der Lage am Himmel → Sternkarte Seite 414 und 420.

Aurora australis, *Südlicht*, das südliche → Polarlicht.

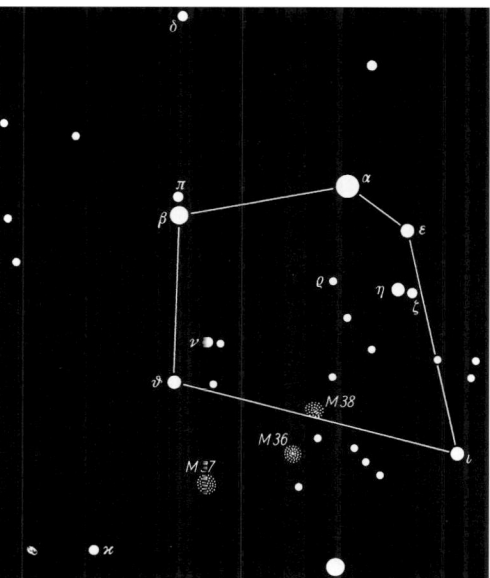

Charakteristische Anordnung der hellsten Sterne des Sternbildes Auriga (Fuhrmann)

Aurora borealis, *Nordlicht*, das nördliche → Polarlicht.

Ausdehnung des Weltalls, → Hubble-Effekt, → Kosmologie.

Ausreißersterne, *Runaway-Sterne*, Sterne der Spektralklasse O oder B mit einer → Pekuliargeschwindigkeit über rund 40 km/s relativ zur Sterngruppierung, zu der sie vermutlich gehören. Die A. gehören im Gegensatz zu den → Schnellläufern zur extremen Population I. Vermutlich entstehen sie in OB-Assoziationen, in denen sie infolge dynamischer Wechselwirkungen mit anderen Sternen auf so hohe Geschwindigkeiten gebracht werden, dass sie die Assoziation verlassen. Möglicherweise handelt es sich aber auch um ehemalige Mitglieder von Doppelsternen mit einer sehr massereichen Komponente, die bei einer Supernovaexplosion so viel Masse verlor, dass die andere Komponente nicht mehr auf ihrer Bahn um den gemeinsamen Schwerpunkt gehalten werden konnte und sich mit hoher, der Bahnumlaufgeschwindigkeit, entfernte.

äußerer Planet, ein außerhalb der Marsbahn sich befindender Planet des Sonnensystems, mithin Jupiter, Saturn, Uranus, Neptun; auch svw. → oberer Planet.

außergalaktisch, svw. extragalaktisch.

Australit *m*, → Tektit.

Austrittspupille, die vom Bild her gesehene Öffnungsblende eines optischen Systems.

Axionen, hypothetische Elementarteilchen, die als mögliche Bestandteile der → Dunklen Materie diskutiert werden. Die Masse wird in der Größenordnung von nur etwa 10^{-11} Elektronenmassen vermutet, die Wechselwirkung der A. mit Strahlung wird als extrem gering angesehen. A. könnten sich in großer Anzahl während der frühesten Entwicklungsphasen im Weltall gebildet haben. Es gibt keinerlei experimentelle Hinweise auf ihre Existenz.

Azimut *n* oder *m*, der vom Südpunkt aus bis zum Schnittpunkt des Vertikalkreises eines Gestirns mit dem Horizont in Richtung Westen, Norden, Osten gemessene Winkel. In der Radioastronomie wird das A. gelegentlich vom Nordpunkt aus gezählt.

azimutal, auf das Azimut bezüglich.

azimutale Montierung, Aufstellungsart für ein astronomisches → Fernrohr.

Azimutalquadrant *m*, historisches → astronomisches Instrument.

Azimutrefraktion, → Refraktion.

Azimutsystem, astronomisches Koordinatensystem; → Koordinaten.

B

Baade, Walter, dtsch. Astronom, geb. 24.03.1893 in Schröttinghausen, gest. 25.06.1960 in Göttingen, 1919–1931 an der Sternwarte in Hamburg-Bergedorf, von 1931–1958 an den Observatorien auf Mount Wilson und Palomar Mountain (USA). Hauptarbeitsgebiet war die Struktur des Milchstraßensystems sowie der extragalaktischen Sternsysteme. Er konnte als Erster im Zentralgebiet des Andromedanebels Einzelsterne nachweisen und fand, dass die Systeme aus unterschiedlichen Sternpopulationen aufgebaut sind. Ein weiteres Arbeitsgebiet waren die veränderlichen Sterne, vor allem die Pulsationsveränderlichen, Novae und Supernovae.

Baade'sches Fenster [benannt nach dem dtsch. Astronomen W. Baade, 1893–1960], kleines Himmelsareal im Sternbild Sagittarius (Schütze) bei 0,9° galaktischer Länge und −3,9° galaktischer Breite, in dem die interstellare Extinktion so gering ist, dass Objekte im Zentralgebiet des Milchstraßensystems wie auch extragalaktische Objekte untersucht werden können.

Bahn, *Bahn eines Himmelskörpers*, der von einem Himmelskörper durchlaufene Weg. Die *wahre B.* ist der im Raum zurückgelegte Weg, die *scheinbare B.* der an der Himmelskugel durchlaufene. Die scheinbare B. ist durch die räumliche Bewegung des Himmelskörpers sowie den Umlauf der Erde um die Sonne bedingt, der Himmelskörper erscheint von unterschiedlichen Erdbahnpositionen aus an die Himmelskugel projiziert. Die *relative B.* eines Himmelskörpers ist auf einen anderen bezogen im Gegensatz zur *absoluten B.* Relativ zur Sonne bewegt sich die Erde auf einer elliptischen B., die absolute, räumliche B. der Erde ist mehr oder minder schraubenähnlich, da die Sonne sich mit dem gesamten Planetensystem um das Zentrum des Milchstraßensystems bewegt. Die Bestimmung der *heliozentrischen* B. von Körpern des Sonnensystems, d. h. der relativen B. in Bezug auf die Sonne, ist eine Aufgabe der → Bahnbestimmung.

Bahnbestimmung, Teilgebiet der Himmelsmechanik, das die Ermittlung der von einem Himmelskörper im Raum durchlaufenen Bahn aus der an der Himmelskugel beobachteten scheinbaren Bahn zum Ziel hat.

Körper des Sonnensystems. Die Schwierigkeit einer B. bei Körpern des Sonnensystems, wie Planeten, Planetoiden und Kometen, besteht darin, dass diese sich um die Sonne bewegen, ihre Positionen aber von der Erde aus, die selbst die Sonne umläuft, an die Himmelskugel projiziert erscheinen. Die beobachtete Bahn ist dadurch nicht allein ein Abbild des räumlichen Bahn um die Sonne, sondern auch der Bahn der Erde um die Sonne (→ Bewegung der Gestirne). Erschwerend kommt hinzu, dass im Allg. nur die sphärischen Koordinaten der Positionen an der Himmelskugel, also nur Richtungen und keine Entfernungen, bestimmt werden können. Bei bekannten Entfernungen wäre die Bahn relativ zur Erde und damit die um die Sonne bekannt. Die Unkenntnis der Entfernungen ergibt sich, weil ein unbekannter Himmelskörper im Allg. nur von einem einzelnen Beobachter entdeckt wird, zur genauen Entfernungsbestimmung aber gleichzeitige Beobachtungen von mindestens zwei möglichst weit voneinander entfernten Erdorten aus benötigt werden (→ Parallaxe).

Die B. wird erleichtert, da sie als die Lösung eines → Zweikörperproblems aufgefasst werden kann. Die durchlaufenen Bahnen sind Kegelschnitte, entweder ein Kreis, eine Ellipse, Parabel oder Hyperbel, in deren einem Brennpunkt die Sonne steht. Zur Festlegung der Form, Größe und Lage einer Bahn sowie des Orts des Himmelskörpers zu einem bestimmten Zeitpunkt sind sechs → Bahnelemente nötig. Zu deren empirischer Bestimmung werden mindestens sechs voneinander unabhängige Beobachtungsgrößen benötigt, wozu drei zu unterschiedlichen Zeiten erlangte vollständige Positionsbestimmungen mit jeweils einer Rektaszensions- und einer Deklinationsbestimmung genügen. Die drei Beobachtungszeiten legen den Ort der Erde im Augenblick der Beobachtungen fest.

Bei der Bestimmung der Bahn eines neuentdeckten Himmelskörpers des Planetensystems wird ausgenutzt, dass die Bahnpunkte zwei Bedingungen, eine geometrische und eine dynamische, erfüllen müssen: Sie müssen erstens in einer Ebene liegen, wobei nach dem 1. Kepler'schen Gesetz die Ebene den Mittelpunkt der Sonne enthält, und zweitens muss nach dem 2. Kepler'schen Gesetz die Verbindungslinie Sonne–Himmelskörper in gleichen Zeiten gleichgroße Flächen überstreichen. Im ersten Schritt eines Näherungsverfahrens werden die Entfernungen Erde–Himmelskörper aus den Beobachtungsgrößen berechnet, wozu ein kompliziertes Gleichungssystem zu lösen ist. Das Näherungsverfahren wird bis zur Erfüllung der beiden Bedingungen mit der gewünschten Genauigkeit fortgesetzt. Aus den für die Beobachtungszeiten nun bekannten Entfernungen von der Erde können die Entfernungen von der Sonne und daraus die Bahnelemente eindeutig bestimmt werden.

Um einen neuentdeckten Himmelskörper beobachterisch verfolgen zu können, müssen zukünftige Positionen an der Himmelskugel bestimmt werden. Für einen Planetoiden genügt dazu im Allg. die Annahme einer Kreisbahn. Da diese durch vier Bahnelemente festgelegt ist, werden zu deren Bestimmung nur zwei vollständige Beobachtungen benötigt. Die Genauigkeit einer derartigen vorläufigen Bahn ist nicht besonders groß, da nur eine kurze Strecke der Gesamtbahn für die Vorausberechnungen benutzt wird, sie reicht aber zur Berechnung von Wiederauffindungsephemeriden aus. Zur genauen Bestimmung der Bahnelemente sind dagegen drei genügend genaue und zeitlich nicht zu eng beieinanderliegende Beobachtungen nötig. Die Annahme eines Zweikörperproblems für die Bewegung um die Sonne ist nicht völlig streng erfüllt, da die großen Planeten Bahnstörungen verursachen. Die aus den Beobachtungen ermittelten Bahnelemente gelten daher nur für einen bestimmten Zeitpunkt. Eine definitive Bahn für einen längeren Zeitraum erfordert die Kenntnis der Störungen und damit der zeitlichen Änderung der Bahnelemente.

Für Kometen mit meist großen Bahnexzentrizitäten genügt im Allg. die Annahme einer Parabelbahn zur Berechnung von Wiederauffindungsephemeriden, die durch fünf Bahnelemente festgelegt ist. Bei der Berechnung einer definitiven Kometenbahn sind außer Planetenstörungen z. T. auch die infolge eines starken Masseausstoßes vom Kometenkernen verursachten nichtgravitativen Rückstoßkräfte zu berücksichtigen (→ Komet).

Erdsatelliten, Raumsonden. Die anfangs durchlaufene Bahn ist durch den Startablauf festgelegt, nur das Erreichen der angestrebten Sollbahn muss kontrolliert und Abweichungen müssen bestimmt werden. Die augenblickliche Entfernung kann aus der Laufzeit elektromagnetischer Signale, die augenblickliche Radialgeschwindigkeit relativ zur Erde mit Hilfe des Doppler-Effektes sehr genau ermittelt werden. Die zum Erreichen der endgültigen Sollbahn notwendigen Bahnänderungen werden aktiv von der Erde aus veranlasst.

Doppelsterne. Die B. für visuelle Doppelsterne unterscheidet sich auf Grund der Unterschiede der verfügbaren Beobachtungsgrößen wesentlich von der für Körper des Planetensystems. Der Erdbahndurchmesser ist im Vergleich zu den Entfernungen der Doppelsterne vernachlässigbar klein, die scheinbaren Bahnen der Doppelsternkomponenten sind praktisch die von einem Punkt aus erfolgten Projektionen der wahren Bahnen an die Himmelskugel. Nachteilig ist, dass die bei der Positionsbestimmung unvermeidlichen Beobachtungsfehler meist von gleicher Größenordnung wie die zu bestimmenden Winkelabstände sind. Zur Ermittlung der relativen Bahn des Begleiters um den Hauptstern des Systems genügt die Kenntnis des Winkelabstands und des Positionswinkels des Begleiters zu möglichst vielen Zeitpunkten, zur Bestimmung der Bahnen beider Komponenten um den gemeinsamen Schwerpunkt müssen für möglichst viele Zeitpunkte die Winkelabstände beider Komponenten von benachbarten Sternen mit vernachlässigbarer Eigenbewegung gemessen werden. Wegen der Ungenauigkeit der Winkelmessungen sind sehr viele Bahnpositionen, die außerdem einen großen Teil der Bahnkurven überdecken, notwendig. Damit sich die zufälligen Beobachtungsfehler wenigstens teilweise herausmitteln, werden mehrere Positionen zu Normalörtern zusammengefasst (→ Doppelstern); erst danach erfolgt die B. Dabei müssen sieben Bahnelemente berechnet werden. Zu den sechs Elementen einer Ellipsenbahn wird noch die Massensumme der beiden Komponenten benötigt. Die Massen der Doppelsternkomponenten sind im Allg. von gleicher Größenordnung. Im Sonnensystem übertrifft hingegen die Masse der Sonne die aller anderen Mitglieder bei weitem und das 3. Kepler'sche Gesetz gibt im Sonnensystem eine eindeutige Beziehung zwischen Umlaufzeit und großer Bahnhalbachse. Bei vergleichbar großen Massen ist dies nicht der Fall, es ist eine getrennte Berechnung von großer Bahnhalbachse und Umlaufzeit notwendig.

J. Kepler (1571–1630) gelang es 1609 als Erstem, aus der beobachteten scheinbaren Bahn des Mars mittels einer graphischen Methode dessen wahre Bahn um die Sonne zu ermitteln.

Bahnelemente, Zahlenwerte, durch die Größe, Form und räumliche Lage der Bahn eines Himmelskörpers um einen anderen sowie sein Ort in der Bahn zu einem bestimmten Zeitpunkt festgelegt sind. Bahngröße und -form sind durch die *große Halbachse* und *numerische Exzentrizität* bestimmt. Die Lage der Bahnebene im Raum gibt für die die Sonne umlaufenden Himmelskörper die *Neigung* der Bahnebene gegen die Ebene der Ekliptik an (Abb. 1). Die Orientierung der Bahn in der Bahnebene ist durch die *Länge des aufsteigenden Knotens*, die *Knotenlänge*, d. h. den in der Ekliptik gemessenen heliozentrischen Winkel zwischen der Richtung zum Frühlingspunkt und der zum aufsteigenden Knoten, und durch den *Abstand des Perihels vom aufsteigenden Knoten*, d. h. den in der Bahnebene gemessenen heliozentrischen Winkel zwischen der Richtung zum aufsteigenden Knoten und der zum Perihel, festgelegt. Die *Perihelzeit* gibt an, zu welchem Zeitpunkt der Himmelskörper durch das Perihel geht. Die Bahnneigung kann einen Wert zwischen 0° und 180° haben, für die Sonne rechtläufig umlaufende Himmelskörper liegt sie zwischen 0° und 90°, für rückläufige Himmelskörper zwischen 90° und 180°. Gelegentlich wird statt des Abstandes des Perihels vom aufsteigenden Knoten die *Perihellänge* verwendet, die Summe von Länge des aufsteigenden Knotens und des Abstands des Perihels vom aufsteigenden Knoten.

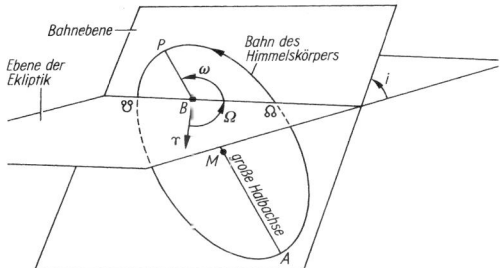

Abb. 1: Bahnelemente bei Körpern des Planetensystems. M: Bahnmittelpunkt; E: Brennpunkt (Sonne); ☊: aufsteigender Knoten; ☋: absteigender Knoten; ♈: Frühlingspunkt; P: Perihel; A: Aphel; i: Neigung der Bahn gegen die Ekliptik; ω: Abstand des Perihels vom aufsteigenden Knoten; Ω: Länge des aufsteigenden Knotens

Bahnebene

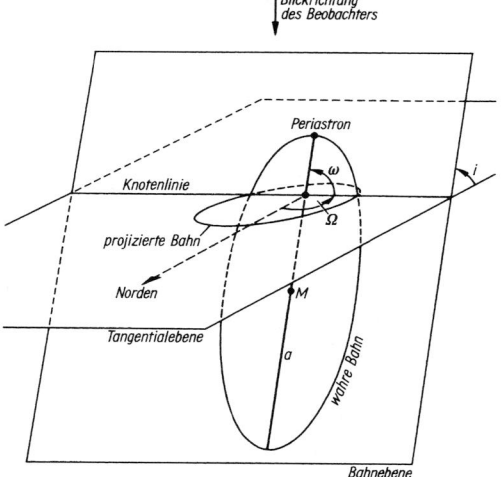

Abb. 2: Bahnelemente bei Doppelsternen. M: Mittelpunkt der wahren Bahn; a: große Bahnhalbachse; i: Neigung der Bahnebene gegen die Tangentialebene an die Himmelskugel; Ω: Positionswinkel des aufsteigenden Knotens; ω: Winkelabstand des Periastrons vom aufsteigenden Konten

Sind die B. bekannt, ist der Bahnort für jeden beliebigen Zeitpunkt berechenbar. Wird die Bahnbewegung durch einen dritten Körper stark gestört, beziehen sich die B. auf diejenige elliptische Bahn, die zur Oskulationsepoche sich der tatsächlichen Bahn am besten anschmiegt (→ Störungsrechnung).
Die Ermittlung der B. ist Aufgabe der → Bahnbestimmung.
Für einen nicht die Sonne umlaufenden Himmelskörper ergeben sich entsprechende B. Bei ihrer Bestimmung ist die Sonne durch den umlaufenen Himmelskörper und der Frühlingspunkt durch eine passende Bezugsrichtung zu ersetzen.
Bei Doppelsternen ist die Tangentialebene im Systemschwerpunkt an die Himmelskugel die Bezugsebene, gegen die die Bahnneigung bestimmt wird (Abb. 2). Die Lage der Schnittlinie von Bahn- und Bezugsebene, die Knotenlinie, wird durch den Positionswinkel, den von der Hauptkomponente aus gemessenen Winkel gegen die Nordrichtung angegeben, die Orientierung der Bahnellipse in der Bahnebene durch den von der Hauptkomponente aus gemessenen Winkelabstand des Periastrons von der Knotenlinie. Zusätzlich zur Durchgangszeit des Begleiters durch das Periastron wird als siebtes Bahnelement die Umlaufzeit des Begleiters benötigt (→ Bahnbestimmung).
Bahnebene, die Ebene, in der die Bahn eines Himmelskörpers liegt, der einen anderen ohne Störung durch einen dritten umläuft.
Bahnexzentrizität, → Bahnelemente.
Bahnneigung, → Bahnelemente.
Bahnstörung, → Störung.
Balkengalaxie, svw. Balkenspirale.

Balkenspirale, *Balkengalaxie*, extragalaktisches Sternsystem, bei dem zwei relativ schmale Sternkonzentrationen vom Zentrum des Systems radial nach außen gehen, dadurch einen „Balken" bilden, von dem Spiralarme z. T. scharf abgewinkelt sind und sich spiralig um das Zentrum winden (→ Sternsystem).
Ballonastronomie, Gebiet der beobachtenden Astronomie, das Höhenballons für Beobachtungen nutzt, die in etwa 30 bis 55 km Höhe über den Erdboden gebracht werden. Sie befinden sich dann über etwa 99 bis 99,9% der Gesamtluftmasse der Erdatmosphäre, so dass sich die atmosphärische Extinktion und Szintillation nicht störend bemerkbar machen. Mittels Höhenballons können bei anderen Mitgliedern des Planetensystems Temperatur, Druck und chemische Zusammensetzung in eventuell vorhandenen Atmosphären über längere Zeiträume gemessen werden.
Balmer-Grenze, → Balmer-Linien.
Balmer-Linien [benannt nach dem schweiz. Physiker J. J. Balmer, 1825–1898], Spektrallinien des Wasserstoffs. Sie entstehen, wenn Wasserstoffatome im ersten angeregten Energiezustand (→ Atom) Strahlung absorbieren und in höhere Energiezustände übergehen oder aus höheren Zuständen in den ersten angeregten zurückkehren und dabei Strahlung emittieren. Die B.-L. bilden eine Folge von Spektrallinien, die *Balmer-Serie*. Die Linie mit der größten Wellenlänge, die Hα-Linie, liegt bei 656,3 nm und entspricht dem Übergang zwischen erstem und zweitem angeregten Zustand. Die B.-L. häufen sich gegen die *Balmer-Grenze* bei 365,0 nm, an die sich das *Balmer-Kontinuum* anschließt. Es entsteht bei der Ionisation aus dem ersten angeregten Zustand bzw. bei Rekombination in diesen (Abb → Spektrum).
Balmer-Kontinuum, → Balmer-Linien.
Balmer-Serie, → Balmer-Linien.
Balmer-Sprung, sprunghafte Änderung des Intensitätsverlaufs in Sternspektren an der Balmer-Grenze (→ Balmer-Linien), weil der Beitrag des Wasserstoffs zur kontinuierlichen Absorption für kleinere Wellenlängen als die der Balmer-Grenze bei 365,0 nm wesentlich größer als der Beitrag für größere Wellenlängen ist. Die Stärke des B.-S.s unterscheidet sich für Sterne unterschiedlicher Spektralklasse, so dass er zur Spektralklassifikation herangezogen werden kann (→ Spektralklasse).
Bandbreite, der Wellenlängen- bzw. Frequenzbereich, für den ein optisches oder elektronisches System empfindlich ist oder der von einem System durchgelassen wird (Filterbandbreite).
Bandenspektrum, von Molekülen stammendes → Spektrum.
Bär, Sternbilder des nördlichen Himmels. *1) Großer Bär*, das Sternbild → Ursa Maior; *2) Kleiner Bär*, das Sternbild → Ursa Minor.
Bärenhüter, das Sternbild → Bootes.
Bärenstrom, svw. Ursa-Maior-Haufen.
Barlow-Linse [benannt nach dem engl. Physiker P. Barlow, 1776–1862], zwischen Objektiv und Okular eines Fernrohrs sich befindende plankonkave Zerstreuungslinse zur Erhöhung der Brennweite und damit der Vergrößerung.

Barnard'scher Stern, *Barnard'scher Pfeilstern* [benannt nach dem amerikan. Astronomen E. E. Barnard, 1857–1923], → Pfeilstern.

Baryonen, Elementarteilchen, die der starken Kernkraft unterliegen. Die leichtesten B. sind Protonen und Neutronen, aus denen die Atomkerne bestehen. Zusammen mit den Mesonen bilden die B. die Elementarteilchenfamilie der Hadronen.

Baryzentrum, *Schwerezentrum*, Schwerpunkt bzw. Massenmittelpunkt eines Systems von Himmelskörpern, z. B. des Sonnensystems.

Basislinie, die Verbindungslinie zweier Teleskope in einem Zwei- oder Mehr-Apertur-Interferometer, → Interferometer.

Battani [latinisiert *Albategnius*], Muhammad Ibn Dschabir al-B., der bedeutendste arab. Astronom, geb. vor 858 in oder bei Harran, gest. 929 in der Nähe von Samarra; bestimmte u. a. die Präzession sowie die Elemente der scheinbaren Sonnenbahn neu, wobei er die Drehung der Apsidenlinie entdeckte, und gab astronomische Tafeln heraus.

B-Band, eine breite, von J. Fraunhofer (1787–1826) so bezeichnete Absorptionsbande im Sonnenspektrum bei etwa 690 nm, die auf eine Gruppe dicht beieinanderliegender, durch Sauerstoffmoleküle in der Erdatmosphäre verursachter Absorptionslinien zurückgeht. Bei geringer spektraler Auflösung erscheinen die Linien unaufgelöst.

BD, Abk. für → Bonner Durchmusterung.

Bebhionn *f*, Satellit des Saturn. Hinsichtlich der Einordnung der B. in das System der Saturnsatelliten → Saturn.

Becher, das Sternbild → Crater.

Becklin-Neugebauer-Objekt [benannt nach den amerikan. Astronomen E. E. Becklin und G. Neugebauer], eine im Orionkomplex liegende kompakte punktförmig erscheinende Infrarotquelle hoher Strahlungsleistung. Im optischen Spektralbereich ist die Strahlungsquelle, ein junger massereicher Stern, nicht sichtbar, da er hinter dichtem interstellarem Staub verborgen ist. Die Infrarotstrahlung ist durch die Staubteilchen thermalisierte Sternstrahlung.

Bedeckung, die Verdeckung eines Gestirns durch ein anderes, das bei seiner Bewegung in die Sichtlinie vom Beobachter zum ersten Gestirn kommt. Die B. der Sonne durch den Mond bewirkt eine Sonnenfinsternis, bei einer → Sternbedeckung wird ein Stern durch den Mond oder einen anderen Körper des Planetensystems verdeckt, bei → Bedeckungsveränderlichen eine Komponente eines Doppelsternsystems durch die andere.

Bedeckungslichtwechsel, charakteristische Helligkeitsvariation eines Doppelsterns, die durch die periodische gegenseitige Verdeckung der Komponenten verursacht wird; → Bedeckungsveränderliche.

Bedeckungsveränderliche, *photometrische Doppelsterne*, Typbezeichnung (E), Doppelsterne, bei denen eine Komponente periodisch die andere ganz oder teilweise verdeckt, so dass es zu einer charakteristischen Änderung der Gesamthelligkeit des Doppelsternsystems kommt. Voraussetzung einer Bedeckung ist, dass der Winkel zwischen der Sichtlinie Beobachter-Gestirn und der Bahnebene der Doppelsternkomponenten sehr klein ist. Im Allg. lassen sich die Komponenten optisch nicht trennen. Auf Grund des besonderen Lichtwechsels kann der Doppelsterncharakter erkannt werden. Er ergibt sich auch aus der periodischen Verschiebung der Spektrallinien, die infolge des Doppler-Effekts auf Grund der Bahnbewegung der Komponenten verursacht wird. B.n sind daher in der Regel spektroskopische → Doppelsterne.

B.n werden traditionsgemäß zu den veränderlichen Sternen gerechnet. Im Gegensatz zu den physischen → Veränderlichen, bei denen die Zustandsgrößen Leuchtkraft, effektive Temperatur und Radius zeitlichen Schwankungen unterliegen, sind diese Größen bei B.n konstant.

Die Lichtkurven der B.n haben z. T. scharf ausgeprägte Helligkeitsminima, das Hauptminimum wird meist bei der Verdeckung der Komponente mit der höheren Flächenhelligkeit durch die dunklere verursacht, ein Nebenminimum bei der Verdeckung der weniger hellen Komponente durch die hellere (Abb. 1). In beiden Minima ist die sichtbare Gesamtfläche der Sterne gleich, die relativen Tiefen hängen allein vom Verhältnis der beiden Flächenhelligkeiten, damit vom Unterschied der Effektivtemperaturen der Komponenten ab.

Wenn die Flächenhelligkeiten auf den Sternscheiben nicht gleichmäßig sind, sondern wie z. B. bei der Sonne eine Randverdunklung existiert, ergeben sich zusätzlich kleinere Variationen der Lichtkurven. Nach der Form der Lichtkurve, die wie die Periode des Lichtwechsels weitgehend konstant ist, werden drei Untergruppen unterschieden, die nach typischen Vertretern benannt sind (Abb. 2).

Bei *Algol-Sternen* (Typbezeichnung EA) ist die Helligkeit außerhalb der Bedeckung im Allg. konstant, zum Hauptminimum fällt die Helligkeit bei Sternen mit großen Unterschieden der Flächenhelligkeit um z. T. mehrere Größenklassen ab. Je nachdem, ob die Bedeckung partiell oder total ist, ergibt sich ein spitzes oder flaches Minimum in der Lichtkurve. Die Lichtwechsel-

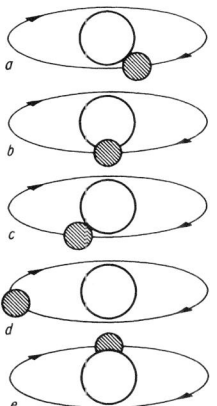

Abb. 1: Bedeckungsveränderliche. Stellung der Komponente mit geringer Flächenhelligkeit relativ zu der mit hoher Flächenhelligkeit zu Beginn (a), in der Mitte (b) und am Ende (c) des Hauptminimums, außerhalb einer Bedeckung (d) sowie in der Mitte des Nebenminimums (e)

Begleiter

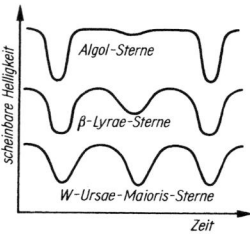

Abb. 2: Schematische Lichtkurven der verschiedenen Typen von Bedeckungsveränderlichen

periode beträgt im Allg. 1 bis 5 Tage. Die Komponenten sind meist so weit voneinander entfernt, dass sie nahezu kugelförmig sind und kein zusätzlicher Lichtwechsel infolge einer Gezeitenverformung der Komponenten auftritt. Falls eine der Komponenten eine sehr viel höhere Effektivtemperatur als die andere hat, kann dies zu einer Aufheizung der Seite der kühleren Komponente führen, die der heißeren zugewandt ist, was sich in der Lichtkurve durch einen leichten Anstieg der Helligkeit vom Haupt- zum Nebenminimum und einen entsprechenden Abfall vom Neben- zum Hauptminimum bemerkbar macht.

Beta-Lyrae-Sterne (β-*Lyrae-Sterne*) (Typbezeichnung EB) haben auch außerhalb der Bedeckung einen geringen Lichtwechsel. Die nur wenig voneinander entfernten Komponenten weichen von der Kugelform infolge der auftretenden Gezeitenkräfte ab. Während ihres Umlaufs um den gemeinsamen Schwerpunkt ändern sich die sichtbaren Flächen und damit die Gesamthelligkeit des Doppelsterns, die Lichtkurve hat keinen Abschnitt konstanter Helligkeit. Die Umlaufperioden der Beta-Lyrae-Sterne sind relativ klein, aber größer als 1 Tag, die Helligkeitsamplituden im Allg. geringer als 2 mag. Beta-Lyrae-Sterne sind z. T. halbgetrennte → Doppelsterne, bei denen Materie von einer Komponente zur anderen überfließt. Es kann sich eine Gasscheibe oder auch Gashülle um diese Komponente oder auch um das gesamte System bilden, was zu Emissionslinien im Spektrum des Gesamtsystems führt.

W-Ursae-Maioris-Sterne (Typbezeichnung EW) haben fast die gleichen Lichtkurven wie Beta-Lyrae-Sterne, da beide Komponenten gravitativ verformt sind, nur sind Haupt- und Nebenminimum nahezu gleich tief. W-Ursae-Maioris-Sterne sind Kontaktsysteme oder beinahe Kontaktsysteme (→ Doppelsterne), bei denen die Komponenten in einem so starken Energieaustausch stehen, dass sich die Effektivtemperaturen weitgehend angleichen. Die Umlaufperioden der W-Ursae-Maioris-Sterne sind kürzer als 1 Tag, die Amplituden des Lichtwechsels meist geringer als 0,75 mag.

Die Umlaufperioden einiger B.n variieren z. T. gering infolge der Anwesenheit einer dritten, unsichtbaren Komponente, die den Bahnumlauf der photometrisch wirksamen Komponenten stört. Bei stark von der Kugelform abweichenden Sternen können sich Periodenänderungen infolge einer Drehung der Apsidenlinie ergeben. Es tritt eine Verschiebung des Nebenminimums relativ zum Hauptminimum ein. Plötzliche ungleichmäßige Änderungen der Periode treten z. T. bei halbgetrennten und Kontaktsystemen auf, die möglicherweise durch einen ungleichmäßigen Massetransfer von einer Komponente zur anderen oder aus dem System hinaus bedingt sind, wodurch sich der Drehimpuls des Systems geringfügig ändert. Die Umlaufperiode von β Lyrae nimmt z. B. infolge eines Massetransfers um etwa 19 s je Jahr zu.

Die Komponenten der B.n haben keine stark bevorzugte Spektralklasse, am häufigsten ist die Spektralklasse A. Unter den Algol-Sternen gibt es Systeme, bei denen beide Komponenten vom gleichen Spektraltyp sind und damit die gleiche Flächenhelligkeit haben, bei anderen Systemen unterscheiden sich die Spektralklassen sehr. Die spektralen Unterschiede zwischen den Komponenten der Beta-Lyrae- und W-Ursae-Maioris-Sterne sind meist gering.

B.n haben große astrophysikalische Bedeutung, da bei ihnen → Sternmasse und → Sterndurchmesser verhältnismäßig zuverlässig bestimmt werden können. Für die Theorie der Sternatmosphären sind Systeme von Bedeutung, die von einem Überriesenstern später Spektralklasse und einem heißen Stern sehr früher Spektralklasse gebildet werden. Die Durchmesser beider Komponenten sind sehr unterschiedlich, die Verfinsterung des Überriesensterns durch den Begleiter ist kaum wahrnehmbar. Bei der Verdeckung des heißen Sterns durch den Überriesen verläuft der Helligkeitsabfall langsam. Während dieser Zeit durchdringt Licht der hellen Komponente die ausgedehnte wenig dichte Atmosphäre des Riesensterns. Dem Spektrum der heißen Komponente werden von der Atmosphäre des Riesensterns zusätzliche Absorptionslinien aufgeprägt, mit deren Hilfe die physikalischen Bedingungen in dessen Atmosphäre Schicht für Schicht untersucht werden können. Die Möglichkeit einer derartigen Untersuchung einer Sternatmosphäre besteht sonst nur bei der Sonne.

Der B. mit der kürzesten bekannten Periode ist AM Canum Venaticorum, dessen Bedeckungslichtwechsel sich alle 18 Minuten wiederholt, beide Komponenten sind Weiße Zwerge. Die längste bekannte Periode mit 9 883 Tagen hat ε Aurigae.

Von den bekannten B.n sind etwa zwei Drittel vom Typ der Algol-Sterne, der Rest verteilt sich ziemlich gleichmäßig auf die beiden anderen Gruppen und auf noch nicht klassifizierbare B. Spezielle Angaben zu einigen B.n → Veränderliche.

Begleiter, die masseärmere Komponente oder, wenn dies nicht zutreffend ist, die Komponente mit der geringeren scheinbaren Helligkeit in einem System von zwei oder mehr Himmelskörpern. Im Allg. ist ein Doppelsternsystem gemeint. Ein *unsichtbarer Begleiter* in einem Doppel- oder Mehrfachsternsystem ist eine Komponente, deren Anwesenheit allein auf Grund von Bahnstörungen der sichtbaren Komponente hergeleitet werden kann.

Belinda *f*, ein Kleinsatellit des Uranus.
Hinsichtlich der Einordnung der B. in das System der Uranussatelliten → Uranus.

Bellatrix *f*, γ *Orionis*, der westliche der beiden Schultersterne im Sternbild Orion. Die scheinbare visuelle Helligkeit beläuft sich auf $1^{m}\!6$, die Spektralklasse ist

B2, die Leuchtkraftklasse III. Der Durchmesser beträgt etwa das Dreifache des Sonnendurchmessers, die Entfernung von der Sonne beläuft sich auf etwa 75 pc oder rund 250 Lichtjahre.

Benennung von Sternen, → Sternnamen.

Benetnasch, *Alkaid*, η *Ursae Maioris*, ein Stern im Sternbild → Ursa Maior (Großer Bär).

Bergelmir *m*, ein Satellit des Saturn. Hinsichtlich der Einordnung des B. in das System der Saturnsatelliten → Saturn.

Beschleunigung, zeitliche Änderung einer Geschwindigkeit nach Betrag oder Richtung. Eine negative B. bedeutet eine Verzögerung.

Bessel, Friedrich Wilhelm, dtsch. Astronom und Mathematiker, geb. 22.07.1784 in Minden, gest. 17.03.1846 in Königsberg (jetzt Kaliningrad); ab 1810 Direktor der Sternwarte Königsberg. Begründer der Astrometrie, bestimmte zur Festlegung der astronomischen Koordinatensysteme Präzession, Nutation, Aberration und die Schiefe der Ekliptik neu. 1838 gab er die erste sichere Bestimmung einer Sternparallaxe bekannt und schloss 1844 aus der veränderlichen Eigenbewegung von Sirius und Procyon auf die Existenz unsichtbarer Begleiter.

Be-Stern, schnell rotierender Stern der Spektralklasse B mit Emissionslinien im Spektrum. Gelegentlich werden auch Sterne der Spektralklasse O oder A mit Emissionslinien im Spektrum zu den Be-S.en gerechnet. Die Emissionslinien entstehen in einer den Stern umgebenden Gashülle, die durch die Ultraviolettstrahlung des Sterns zum Leuchten angeregt wird. Die Emissionslinien werden überlagert von infolge der hohen Rotationsgeschwindigkeit stark verbreiterten stellaren Absorptionslinien sowie schmalen Absorptionslinien, die dem Sternspektrum durch das in der Gesichtslinie Beobachter–Stern liegende viel langsamer rotierende Hüllengas aufgeprägt werden. Insgesamt ergibt sich ein für Be-S.e charakteristisches Linienprofil (Abb.).

Die Gashülle ist wahrscheinlich die Folge eines durch die schnelle Sternrotation stark erhöhten Sternwinds. Die Ausdehnung der Hülle dürfte in der Größenordnung von einigen wenigen bis zu etwa 10 Sternradien liegen. Bei vielen Be-S.en treten zeitliche Änderungen in der Struktur der Emissionslinien sowie in der Sternhelligkeit auf. Diese Sterne bilden die Gruppe der Be-Veränderlichen oder Gamma-Cassiopeiae-Sterne.

Zwischen Be-S.en und Hüllensternen besteht eine enge Verwandtschaft. Die Unterschiede sind im Wesentlichen durch die unterschiedliche Ausdehnung und Dicke der vom Beobachter aus sichtbaren Bereiche einer nicht kugelförmigen Hülle bedingt (→ Hüllenstern). Im Spektrum einiger Be-Überriesensterne treten Emissionslinien von „verbotenen" Übergängen (→ Atom) auf, einige Be-S.e scheinen auch von Staubhüllen umgeben zu sein. Eine eigene Sterngruppe bilden die → Herbig-Ae/Be-Sterne.

Bestla *f*, ein Zwergsatellit des → Saturn.

Bestrahlungsalter, → Altersbestimmung.

Bestrahlungsstärke, die je Sekunde auf die Einheitsfläche auftreffende Energie.

Beta-Canis-Maioris-Sterne, β-*Canis-Maioris-Sterne*, → Beta-Cephei-Sterne.

Beta-Cephei-Sterne, β-*Cephei-Sterne*, *Beta-Canis-Maioris-Sterne*, Typbezeichnung (βC), Riesensterne der Spektralklassen B0 bis B3 mit raschen periodischen Helligkeitsvariationen. Die Perioden betragen 3 bis 7 Stunden, die Amplituden im visuellen Spektralbereich meist weniger als 0,1 mag, im ultravioletten Spektralbereich sind die Amplituden bis zum Faktor 3 größer. Die B.-C.-S. sind Pulsationsveränderliche. Bei etwa 50% treten Modulationen der Lichtkurven auf, die vermutlich durch Interferenz zweier gering unterschiedlicher Schwingungsperioden verursacht werden, wobei die Pulsationen z. T. möglicherweise nicht radial erfolgen. Die Ursachen dieser Schwingungszustände sind weitgehend unbekannt.

Die Bildpunkte der B.-C.-S. konzentrieren sich im Hertzsprung-Russell-Diagramm auf ein eng begrenztes Gebiet (→ Veränderliche). Spezielle Angaben zu einem Beta-Cephei-Stern → Veränderliche.

Beta-Lyrae-Sterne, β-*Lyrae-Sterne*, Typbezeichnung (EB), eine Gruppe von → Bedeckungsveränderlichen.

Betazerfall, β-*Zerfall*, Sammelbezeichnung für verschiedene Prozesse, die unter Beteiligung von Elektronen und Positronen ablaufen. Beim radioaktiven Zerfall eines Atomkerns (β$^-$-Zerfall) geht ein Neutron des Kerns in ein Proton, ein Elektron und ein Antineutrino über, beim *inversen B.* (β$^+$-Zerfall) ein Proton des Atomkerns in ein Neutron, ein Positron und ein Neutrino.

Beteigeuze, *Betelgeuse f*, α *Orionis*, der östliche Schulterstern im Sternbild Orion, der zweithellste Stern im Sternbild. B. ist ein halbregelmäßiger Veränderlicher, dessen visuelle Helligkeit mit einer Periode von rund 420 Tagen zwischen etwa $0^m\!.4$ und $1^m\!.2$ schwankt. B. hat die Spektralklasse M2 und die Leuchtkraftklasse Ia. Die Leuchtkraft beträgt mehr als 60 000 Sonnenleuchtkräfte, der Durchmesser rund das 800fache des Sonnendurchmessers, die Bahn der Erde um die Sonne hätte im Stern Platz. Die effektive Temperatur beläuft sich auf etwa 3 600 K, der Stern erscheint, vor allem im Vergleich mit dem benachbarten Stern → Rigel, rötlich-gelb. Ein mit dem Hubble-Weltraumteleskop gewonnenes Bild zeigt eine ausgedehnte Atmosphäre mit einem zur Beobachtungszeit heißen Fleck auf der Oberfläche, dessen Größe etwa 10 Erddurchmesser entsprach, die Temperatur war um etwa 2 000 K höher als die der Umgebung. Möglicherweise hat die B. zwei nahe Begleiter, die sich in Abständen von etwa 5 AE bzw. rund 45 AE von B. befinden. Die

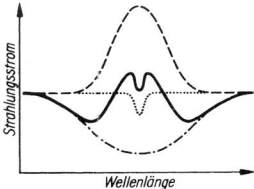

Linienprofil im Spektrum eines Be-Sterns. – – –: in der Gashülle entstehende Emissionslinie; – · – : durch Rotation verbreiterte Absorptionslinie des Sternspektrums; ·······: dem Sternspektrum durch das Hüllengas aufgeprägte Absorptionslinie; ———: resultierendes Linienprofil

Entfernung von der Sonne beträgt etwa 131 pc oder rund 430 Lichtjahre.

Betelgeuse, svw. Beteigeuze.

Bethe-Weizsäcker-Zyklus, svw. Kohlenstoff-Stickstoff-Sauerstoff-Zyklus → Energiefreisetzung in Sternen.

Beugung, *Diffraktion*, eine bei Wellenstrahlungen auftretende Abweichung der Ausbreitungsrichtung von der ursprünglichen Richtung, die nicht durch Brechung, Reflexion oder Streuung, sondern durch ein sich in der Ausbreitungsrichtung befindendes Hindernis bedingt ist.

Eine B. von Licht tritt ein, wenn es bei seiner freien Ausbreitung durch Blenden, Schirme oder andere Gegenstände behindert wird. Infolge der Ablenkung an diesen Hindernissen gelangt etwas Licht auch in Bereiche, die in den bei geradliniger Ausbreitung zu erwartenden geometrischen Schattengebieten liegen. Die B. an den Rändern von Linsen oder Spiegeln begrenzt das Auflösungsvermögen von → *Fernrohren*, da paralleles monochromatisches Licht selbst von einer fehlerfrei gedachten Optik nicht in einem Punkt vereinigt wird. Durch die B. am Objektivrand wird der bei einer rein geometrischen Abbildung zu erwartende Lichtpunkt zu einem → *Beugungsscheibchen* auseinandergezogen.

beugungsbegrenzt, Bezeichnung für das Auflösungsvermögen eines Teleskops, das dem theoretisch möglichen, nur durch Beugung bestimmten entspricht; → Fernrohr.

Beugungsgitter, eine regelmäßige Anordnung beugender Elemente, z. B. eines Systems paralleler enger Spalten, zur Erzeugung eines Spektrums. Bei einem *Transmissionsgitter* sind in eine Glasplatte, bei einem *Reflexionsgitter* in einen Spiegel dicht benachbarte Linien bzw. Spalte geritzt. Die *Gitterkonstante* gibt den Abstand der Mitte zweier Linien bzw. Spalte an. Ein B. nutzt die Interferenz des an den Spalten gebeugten Lichtes zur Erzeugung eines Spektrums aus.

Beugungsmuster, durch Beugung an einer sich im Strahlengang befindenden Strebe oder Blende entstehendes Bild einer punktförmigen Strahlungsquelle. Bei einer kreisförmigen Begrenzung, z. B. einer Linsenfassung, ist das B. ein kreisförmiges → Beugungsscheibchen. Ragen in den Strahlengang Haltevorrichtungen für z. B. Sekundärspiegel oder Strahlungsempfänger wie z. B. bei einem Schmidt-Spiegel, wirken diese wie nicht radialsymmetrische Blenden und verursachen ein strahlenförmiges B. (Abb. → Plejaden).

Beugungsscheibchen, *Airy-Scheibchen* [benannt nach dem engl. Astronomen und Geophysiker G. B. Airy, 1801–1892], das durch Beugung an einer kreisförmigen Blende verursachte Bild einer monochromatischen punktförmigen Lichtquelle. Das B. wird von einem hellen, kreisförmigen zentralen Scheibchen mit umgebenden dunklen und hellen Ringen mit größer werdendem Radius gebildet (→ Fernrohr).

Be-Veränderliche, svw. Gamma-Cassiopeiae-Sterne.

bewegliches Äquatorsystem, → Koordinaten.

bewegliches Sonnenjahr, → Kalender.

Bewegung der Gestirne, Ortsveränderung von Himmelskörpern relativ zu anderen Körpern oder einem vorgegebenen Koordinatensystem. Die *wahren Bewegungen* der Gestirne im Raum können von der Erde aus nicht unmittelbar beobachtet werden, es sind nur *scheinbare Bewegungen* an der Himmelskugel beobachtbar. Diese sind sowohl durch die räumlichen Bewegungen als auch durch die Bewegung der Erde bedingt, von der aus die Gestirne an die Himmelskugel projiziert werden. Die wahren Bewegungen können aus den scheinbaren dann abgeleitet werden, wenn die Bewegung der Erde berücksichtigt wird.

Die Rotation der Erde verursacht die *scheinbare tägliche Bewegung*. Alle Sterne beschreiben, ohne ihre gegenseitige Stellung zu verändern, an der Himmelskugel Kreisbögen von Osten nach Westen, von denen jeweils nur die über dem Horizont liegenden Teilbögen, Tagbögen, sichtbar sind, nicht aber die unter dem Horizont liegenden Nachtbögen (Abb. 1). Die Zirkumpolarsterne eines Beobachtungsorts haben nur Tagbögen. Den Zirkumpolarsternen entsprechend gibt es Sterne, die für einen Beobachtungsort stets unterhalb des Horizonts bleiben und keine Tagbögen haben. Für Zirkumpolarsterne ist der Winkelabstand vom sichtbaren Himmelspol geringer als die Höhe des Pols über dem Horizont des Beobachtungsorts. Der Augenblick des Erscheinens eines Gestirns über dem Horizont ist dessen Aufgang, der Augenblick des Verschwindens der Untergang. Die Kulminationspunkte sind die Punkte, in denen ein Himmelskörper im Laufe der scheinbaren täglichen Bewegung die größte Höhe über dem Horizont, die Mittagshöhe, sowie die größte (negative) Höhe unter dem Horizont erreicht. Bei Zirkumpolarsternen liegen die kleinste und größte Höhe über dem Horizont. Die Kulminationspunkte befinden sich auf dem Meridian des Beobachtungsorts. Im Augenblick der Kulmination ist die scheinbare Bewegung parallel zum Horizont. Da Sonne und Mond teilweise eine relativ schnelle Deklinationsänderung haben, erfolgt die Kulmination z. T. geringfügig außerhalb des Meridians. Bei der scheinbaren täglichen Bewegung bleiben zwei Punkte an der Himmelskugel, die beiden Himmelspole, in Ruhe, es sind die Durchstoßpunkte der verlängert gedachten Erdachse durch die Himmelskugel.

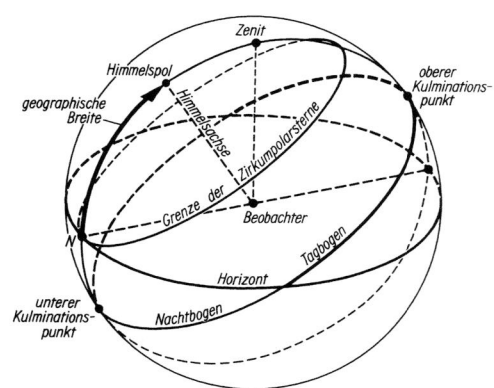

Abb. 1: Zur scheinbaren täglichen Bewegung der Gestirne

Bewegung der Gestirne

Der Umlauf der Erde um die Sonne verursacht die *scheinbare jährliche Sonnenbewegung* relativ zu den Sternen entlang der Ekliptik von Westen nach Osten, da die Sonne im Laufe eines Jahres von sich ändernden Erdbahnorten aus an die Himmelskugel projiziert wird. Die Rotation der Erde und der jährliche Umlauf um die Sonne erfolgen im gleichen Sinn, die Zeit zwischen der Wiederkehr der Kulmination der Sonne, der → *Sonnentag*, ist daher etwas länger als die Zeit zwischen der Wiederkehr der Kulmination eines bestimmten Sterns, der → *Sterntag*: Die Sonne bleibt etwas hinter den Sternen zurück (Abb. 2).

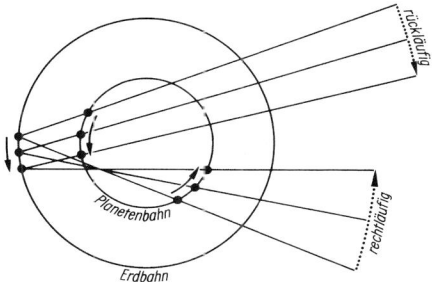

Abb. 3: Scheinbare Bewegung eines unteren Planeten

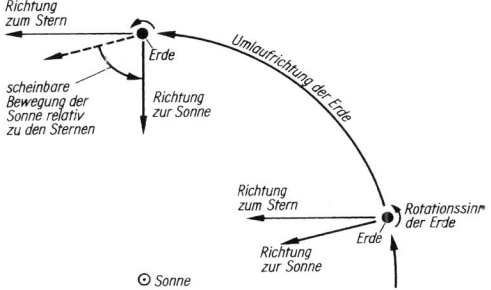

Abb. 2: Zur scheinbaren jährlichen Bewegung der Sonne an der Himmelskugel relativ zu den Sternen

Die jährliche Bewegung der Erde um die Sonne verursacht eine scheinbare Bewegung der näheren Sterne, die *jährliche Parallaxe*. Im Laufe des Jahres wird ein Stern von der Erde aus an sich ändernde Stellen der Himmelskugel projiziert. Sterne in der Ekliptik pendeln im Laufe eines Jahres längs einer begrenzten Geraden hin und her, Sterne am Pol der Ekliptik durchlaufen eine kreisförmige Bahn, Sterne zwischen Ekliptik und Pol der Ekliptik beschreiben Ellipsen. Je geringer die Entfernung des Sterns von der Sonne ist, umso ausgedehnter ist die durchlaufene Bahn, was eine Entfernungsbestimmung ermöglicht (→ Parallaxe).

Planeten umlaufen die Sonne in Ellipsenbahnen. Auf Grund der relativ geringen Entfernungen von der Erde, die sich auch um die Sonne bewegt, sind die sich ergebenden *scheinbaren Bewegungen der Planeten* und der anderen nur die Sonne umlaufenden Mitglieder des Planetensystems relativ kompliziert. Die Körper des Planetensystems umlaufen die Sonne im Allg. in der gleichen Richtung wie die Erde, so dass auch die scheinbare Bewegung an der Himmelskugel normalerweise von West nach Ost, d. h. *rechtläufig*, erfolgt. Befindet sich ein Himmelskörper in Oppositionsstellung (von der Erde aus gesehen der Sonne gegenüber), wird er von der mit größerer Winkelgeschwindigkeit laufenden Erde überholt, die scheinbare Bewegung wird zeitweilig *rückläufig* (Abb. 3 und 4). Ändert sich dabei auch die ekliptikale Breite des Körpers, beschreibt er von der Erde aus gesehen eine Schleife. An den Umkehrpunkten zwischen Recht- und Rückläufigkeit ist der Körper *stationär*. Untere Planeten können sich nur bis zu einem maximalen Winkelabstand, bis zur größten Elongation, von der Sonne entfernen, sie pendeln um die Sonne. Rückläufigkeit tritt ein, wenn sie in der Nähe der unteren Konjunktion nahe an der Erde vorbeieilen (Abb. 4). Die Bahnebenen der die Sonne umlaufenden Körper haben im Allg. eine nur geringe Neigung gegen die Ekliptikebene, so dass sich die scheinbaren Bahnen im Allg. in der Nähe der Ekliptik befinden. Die *scheinbare Bewegung des Mondes* ist außerordentlich kompliziert, da er sich viel schneller um die Erde bewegt als diese sich um die Sonne und seine Bewegung um die Erde großen Störungen unterworfen ist (→ Mondbewegung).

Die bei den räumlichen Bewegungen der Gestirne erlangten Geschwindigkeiten können nicht unmittelbar bestimmt werden, es können nur die *Radialgeschwindigkeit*, die Bewegungskomponente in der Sichtlinie Beobachter–Objekt, und die *Eigenbewegung*, die Bewegungskomponente senkrecht zur Sichtlinie, getrennt gemessen werden (Abb. 5). Diese Komponentenaufteilung ist nicht allein geometrisch, sondern vor allem durch die Messmethoden bestimmt (→ Radialgeschwindigkeit, → Eigenbewegung). Aus der Eigenbe-

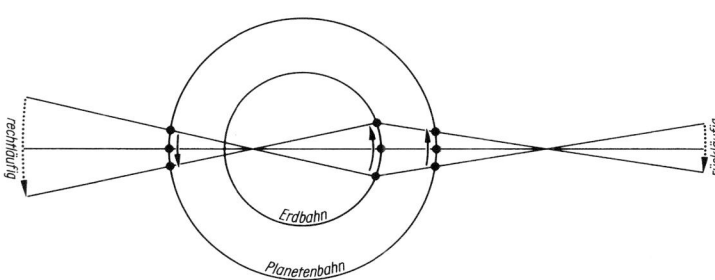

Abb. 4: Scheinbare Bewegung eines oberen Planeten

Bewegungsenergie

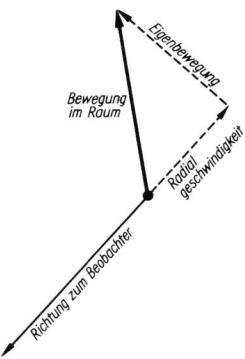

Abb. 5: Zur Komponentenzerlegung der räumlichen Bewegung eines Gestirns in Radialgeschwindigkeit und Eigenbewegung (Tangentialgeschwindigkeit)

wegung ergibt sich bei bekannter Entfernung die *Tangentialgeschwindigkeit* und aus ihr zusammen mit der Radialgeschwindigkeit die räumliche Bewegung des Himmelskörpers nach Richtung und Geschwindigkeit.
Die **Pekuliarbewegung** ist die Bewegung eines Sterns relativ zu einer Gruppe von Bezugssternen. Infolge der Pekuliarbewegung der Sonne relativ zu den Sternen ihrer Umgebung, an der mit dem gesamten Planetensystem auch die Erde teilnimmt (→ Milchstraßensystem),

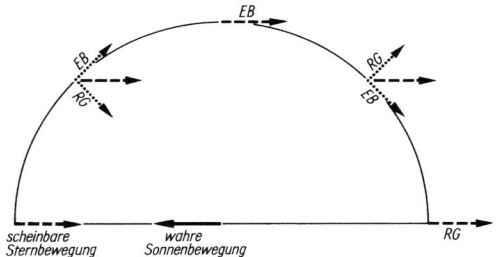

Abb. 6: Zur scheinbaren Bewegung der Sterne in der Umgebung der Sonne infolge ihrer Pekuliarbewegung; EB: Eigenbewegung; RG: Radialgeschwindigkeit

scheinen die Sterne aus dem → Apex kommend an der Sonne in Richtung Antapex vorbeizuströmen (Abb. 6). Aus Strömungsrichtung und -geschwindigkeit ist die Pekuliarbewegung der Sonne und deren Zielpunkt bestimmbar.
Extragalaktische Sternsysteme haben infolge der Expansion des Weltalls eine systematische Bewegung vom Milchstraßensystem weg (→ Hubble-Effekt, → Kosmologie).
Bewegungsenergie, → Energie.
Bewegungsgröße, svw. Impuls.
Bewegungssternhaufen, eine Gruppe von Sternen mit nach Größe und Richtung einheitlicher räumlicher Bewegung. Die Sterngruppe muss nicht als Sternansammlung an der Himmelskugel in Erscheinung treten, die Mitglieder können über den ganzen Himmel verteilt sein wie die des Ursa-Maior-Haufens (oder Bärenstrom), weil die Sonne sich mitten im Haufen befindet, ohne ihm anzugehören. Der Punkt am Himmel, dem die Sterne eines B.s zuzustreben scheinen, wird als *Vertex* bezeichnet. Die Vertizes der bekannten B. liegen in niedrigen galaktischen Breiten, die Haufen befinden sich nahe der Symmetrieebene des Milchstraßensystems und bewegen sich in der Ebene. Die Mitgliederzahl des Ursa-Maior-Haufens liegt bei etwa 100, die der Hyadengruppe (Abb.) bei rund 350. Möglicherweise ist der sog. Scorpius-Centaurus-Haufen ein B. mit 200 bis 300 Mitgliedsternen, doch könnte es sich auch um eine Gruppe von Feldsternen mit zufällig nahezu gleichen Geschwindigkeiten handeln.
Zwischen B. und Offenen Sternhaufen besteht hinsichtlich Entstehung und Alter kein wesentlicher Unterschied, nur ist die Auflösung der B. weiter fortgeschritten (→ Offener Sternhaufen). Bei etwa gleicher Mitgliederzahl sind die Durchmesser der B. größer als die der Offenen Sternhaufen, entsprechend geringer ist die Sterndichte. Die Durchmesser der B. liegen zwischen rund 10 und einigen 100 pc, doch sind sie nur ungenau bekannt, da bei Sternen geringer scheinbarer Helligkeit die Entscheidung, ob es sich um Haufenmitglieder handelt, schwer zu fällen ist. Die Geschwindigkeiten eines B.s relativ zu den umgebenden Sternen betragen zwischen 15 und 45 km/s.
Zu den B. werden gelegentlich auch die Offenen Sternhaufen gezählt, deren Schwerpunkt eine merkliche Pe-

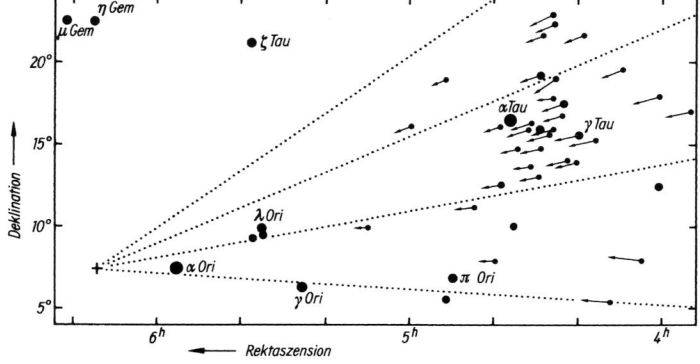

Karte einiger Mitglieder der Hyadengruppe sowie einiger Feldsterne. Die bei den Gruppensternen angebrachten Pfeile markieren den Weg, den die Sterne innerhalb von 50 000 Jahren am Himmel zurücklegen werden. +: Vertex der Gruppe

kuliargeschwindigkeit relativ zu den Umgebungssternen hat, wie dies bei den Plejaden der Fall ist.
Für die Entfernungsbestimmung von Sternen sind B. von großer Bedeutung, da sich die Entfernungen der Mitglieder relativ genau bestimmen lassen (→ Parallaxe).
Bezugssystem, *Beobachtersystem*, System von materiellen Körpern, die drei starre Maßstäbe aufspannen und einer Uhr, so dass zu einem durch die Uhr bestimmten Zeitpunkt die Lage anderer Körper relativ zu den das B. bestimmenden Körpern angegeben werden kann.
B-Helligkeit, eine auf den B-Bereich des UBV-Systems bezogene Helligkeit; → Farbsystem.
Bianca *f*, *1)* ein Satellit des Uranus.
Hinsichtlich der Einordnung der B. in das System der Uranussatelliten → Uranus.
2) der Planetoid (218).
Bielascher Komet, *3P/Biela*, der von dem österreich. Astronomen W. Biela (1782–1856) entdeckte kurzperiodische Komet, dessen Umlaufzeit um die Sonne 6,62 Jahre betrug. Der Kern des Kometen teilte sich 1846 in zwei Teile, deren Abstand 6,6 Jahre später auf 2,5 Mio. km angewachsen war. Der Komet wurde seither nicht wieder gesehen, stattdessen trat 1872 und 1885 ein starker Meteorstrom, die *Bieliden* oder *Andromediden* (→ Meteor) auf, der durch einen Schwarm von Kleinkörpern mit den gleichen Bahnelementen wie der B. K. verursacht wurde und der wahrscheinlich das Auflösungsprodukt des ehemaligen Kometenkerns ist.
Biermann, Ludwig, dtsch. Astrophysiker, geb. 13.03.1907 in Hamm, gest. 12.01.1986 in München; arbeitete an den Universitäten Göttingen, Jena, Berlin, Hamburg, ab 1947 am Max-Planck-Institut für Physik in Göttingen. Ab 1958 war er Direktor des Max-Planck-Instituts für Physik und Astrophysik in München. B. arbeitete auf dem Gebiet des inneren Aufbaus der Sterne, der Sternatmosphären sowie der Plasmaphysik, postulierte 1951 auf Grund von Beobachtungen an Plasmaschweifen der Kometen die Existenz des Sonnenwinds.
Big Bang, svw. Urknall; → Kosmologie.
Bildebene, die senkrecht zur optischen Achse eines abbildenden optischen Systems stehende und den Brennpunkt des Systems enthaltende Ebene.
Bildfehler, svw. Abbildungsfehler, → Fernrohr.
Bildfeld, das von einem optischen System abgebildete Gesichtsfeld.
Bildfelddrehung, bei einem azimutal montierten Teleskop (→ Fernrohr) während der Beobachtung auftretender Effekt, dass sich der abgebildete Himmelsausschnitt um seinen Mittelpunkt dreht. Die Nachführung des Teleskops erfolgt während der Beobachtung um die Azimutachse, so dass sich das Gesichtsfeld parallel zum Horizont bewegt, der Gesichtsfeldmittelpunkt bewegt sich hingegen infolge der scheinbaren täglichen Bewegung mit einem sich stetig ändernden Winkel bezüglich des Horizonts (→ Bewegung der Gestirne). Die B. wird während der Beobachtung durch eine entsprechende Drehung der Aufnahmeapparatur ausgeglichen.
Bildfeldwölbung, → Fernrohr.
Bildhauerwerkstatt, das Sternbild → Sculptor.
Bildpunkt, ein einzelner Punkt einer Abbildung oder auf einem Bildschirm.

Bildverstärker, elektro-optisches Gerät zur Verstärkung des Helligkeitskontrastes; → Photometer.
Bildwandler, elektro-optisches Gerät, das elektromagnetische Strahlung eines bestimmten Wellenlängenbereichs, z. B. des Infrarot- oder Röntgenbereichs, in sichtbares Licht umwandelt; → Photometer.
Billitonit *m*, → Tektit.
Bindungsenergie, Differenz zwischen der Gesamtenergie eines in Teilsysteme zerlegbaren Systems von Objekten und der Energiesumme der einzelnen Teilsysteme. Die B. entspricht der mindestens aufzubringenden Energie, um den gebundenen in den ungebundenen Zustand zu verwandeln, z. B. um einen Atomkern in seine Nukleonen (Protonen und Neutronen) zu zerlegen. Beim Übergang vom ungebundenen in den gebundenen Zustand wird die B. frei; Abb. der B. der Atomkerne in Abhängigkeit von deren Massenzahl → Energiefreisetzung in Sternen.
binokular, beidäugig, für das Sehen mit beiden Augen eingerichtet.
Binokulares Teleskop, → Spiegelteleskop.
bipolar, zwei Pole habend.
bipolare Gruppe, Sonnenfleckengruppe, deren zwei Hauptflecken Magnetfelder entgegengesetzter Polarität haben.
bipolarer Nebel, zweigeteilte symmetrische Gas-Staub-Ansammlung, deren Längsausdehnung wesentlich größer als die Querausdehnung ist. Ein b. N. leuchtet im Licht eines sich im Mittelpunkt der Anordnung befindenden Sterns oder wird durch den Stern zum Leuchten angeregt. Dieser ist von einer mit Staub durchsetzten → Akkretionsscheibe sehr hoher Extinktion umgeben, deren Ebene mit der Blickrichtung einen sehr kleinen Winkel bildet. Der Stern wird durch die Scheibe der Beobachtung im sichtbaren Spektralbereich weitgehend entzogen und ist nur im Infrarot sichtbar (Abb.). Senkrecht zur Scheibenebene ist die Extinktion wesentlich geringer, so dass in dieser Richtung die Sternstrahlung nicht abgeblockt wird. Z. T. ist das beobachtete Leuchten von Staubteilchen gestreutes Sternlicht. Im Radiofrequenzbereich treten bipolare N. im Allg. durch eine von Molekülen, hauptsächlich von Kohlenmonoxid, stammende Linienstrahlung in Erscheinung.
Ursache b. N. ist wahrscheinlich ein von jungen, sich noch im Vor-Hauptreihenzustand befindenden Sternen ausgehender starker Sternwind. Er kann sich im Wesentlichen nur senkrecht zur Symmetrieebene der Akkretionsscheibe ausbreiten, wodurch es zu den in entgegengesetzten Richtungen sich bewegenden Materieströmen kommt. Möglicherweise wird die Nebelmaterie infolge eines magneto-hydrodynamischen Prozesses, dessen Einzelheiten noch nicht voll geklärt sind, aus den innersten Bereichen der Akkretionsscheibe längs deren Symmetrieachse ausgetrieben und stark, z. T. auf einige 100 km/s, beschleunigt. Beim Auftreffen der sich mit Überschallgeschwindigkeit bewegenden Strommaterie auf die umgebende interstellare Materie entstehen Stoßfronten, in denen die Materie abgebremst, die kinetische Energie in thermische Energie übergeht und ausgestrahlt wird. Dichteinhomogenitäten in der interstellaren Materie stellen für die Nebelmate-

Blashko-Effekt

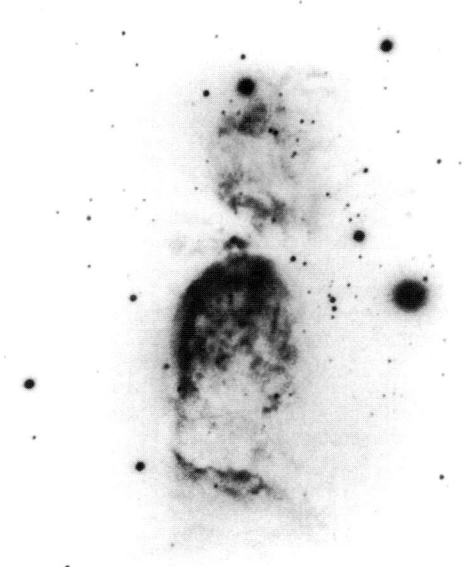

Bipolarer Nebel S 106. Der zentrale Stern zwischen den Emissionsgebieten ist im infraroten Spektralbereich zu erkennen, im sichtbaren wird er durch staubförmige Materie verdeckt. (Aufnahme: Max-Planck-Institut für Astronomie)

rie besondere Hindernisse dar, wodurch z. T. hell leuchtende kompakte Emissionsgebiete, sog. → Herbig-Haro-Objekte, entstehen.

Blashko-Effekt [benannt nach dem russ. Astronomen S. N. Blashko, 1870–1956], die bei RR-Lyrae-Sternen z. T. auftretenden, vielfach regelmäßigen Änderungen der Lichtwechselperiode und Form der Lichtkurve; → RR-Lyrae-Sterne.

Blaue Nachzüglersterne, Sterne in Offenen Sternhaufen oder Kugelsternhaufen, deren Bildpunkte auf der Hauptreihe des Hertzsprung-Russell-Diagramms jenseits des Abknickpunkts in Richtung zu höheren Leuchtkräften liegen; → Sternentwicklung.

blaue Zwerggalaxie, → Sternsystem.

Blauverschiebung, svw. Violettverschiebung.

Blaze-Gitter, → Spektralapparat.

Blende, ein den Querschnitt begrenzendes Bauteil im Strahlengang eines optischen Systems, das von einem Strahlungsbündel durchsetzt wird.

Blinkkomparator, → Komparator.

BL-Lacertae-Objekte, extragalaktische sternähnlich erscheinende Sternsysteme mit durch hohe Kernaktivität verursachten starken schnellen Helligkeitsänderungen; → Sternsystem.

BN-Objekte [benannt nach den amerikan. Astronomen E. E. *Becklin* und G. *Neugebauer*], kompakte, punktförmig erscheinende Infrarotquellen hoher Strahlungsleistung mit einem extrem jungen massereichen Stern hoher Leuchtkraft im Zentrum. Die Sternstrahlung wird in einer umgebenden dichten Staubhülle absorbiert und in Wärmestrahlung mit dem Strahlungsmaximum im infraroten Spektralbereich umgesetzt. Der Stern ist wegen der hohen Extinktion in der Staubhülle im visuellen Spektralbereich nicht wahrnehmbar.

Bode-Titius'sche Reihe, svw. Titius-Bode'sche Reihe.

Bogenmaß, → Winkel.

Bogenminute, Bogensekunde, → Winkel.

Bok, Bart Jan, niederl.-amerikan. Astronom, geb. 28.04.1906 in Hoorn (Niederl.), gest. 05.08.1983 in Tucson (USA); 1929–1957 am Harvard-College-Observatorium (Cambridge, USA), 1957–1965 Direktor des Mount-Stromlo-Observatoriums (Australien), ab 1965 Direktor des Steward-Observatoriums (Tucson, USA). B. arbeitete auf den Gebieten der Struktur des Milchstraßensystems, der Sternentstehung, der Dunkelwolken sowie der Radiofrequenzstrahlung des interstellaren Gases.

Bok-Globule [benannt nach dem niederl.-amerikan. Astronomen B. Bok, 1906–1983], → Globule.

Bolid *m*, → Meteor.

Bolometer *n*, → Photometer.

bolometrisch, das gesamte elektromagnetische Spektrum umfassend.

bolometrische Helligkeit, Maß für die Gesamtstrahlung eines Himmelskörpers; → Helligkeit.

bolometrische Korrektur, Differenz zwischen visueller und bolometrischer Helligkeit; → Helligkeit.

Boltzmann-Konstante [benannt nach dem dtsch. Physiker L. Boltzmann, 1844–1906], Umrechnungsfaktor von absoluter Temperatur in Energie; Formelzeichen k.

Boltzmann-Verteilung [benannt nach dem dtsch. Physiker L. Boltzmann, 1844–1906], Energieverteilung von Gasteilchen eines sich im thermodynamischen Gleichgewicht befindenden idealen Gases, im weiteren Sinn die Besetzungsverteilung der Energiezustände eines physikalischen Systems im thermischen Gleichgewicht.

Bonner Durchmusterung, Abk. BD, ein Sternkatalog. BD in Verbindung mit einer Zahlenangabe bezeichnet einen Stern innerhalb einer Deklinationszone von 1° Breite sowie der Nummer, unter der der Stern angegeben ist. BD −16° 1591 bezeichnet z. B. den Stern, der innerhalb der Deklinationszone von −16° bis −17° als 1591. verzeichnet ist, es ist Sirius.

Boo, Abk. für Bootes.

Bootes, *Gen.* Bootis, abg. *Boo*, *Bärenhüter*, Sternbild des nördlichen Himmels, das im Frühjahr am Abendhimmel sichtbar ist. Der dtsch. Name leitet sich aus der Nachbarschaft zum Sternbild Ursa Maior (Großer Bär) ab. B. „treibt" bei der scheinbaren täglichen Bewegung den Bären vor sich her. Der Hauptstern α Bootis → Arctur gehört zu den hellsten Sternen am Himmel. Das Sternbild ist reich an Doppelsternen, z. B. haben die Sterne ι und μ Bootis schwache Begleiter, die mit einem Feldstecher leicht aufzufinden sind.

Hinsichtlich der Lage am Himmel → Sternkarten Seite 415 und 419.

Bosonen [benannt nach dem ind. Physiker S.N. Bose, 1894–1974], Elementarteilchen mit ganzzahligem → Spin, zu denen neben Photonen und Mesonen auch

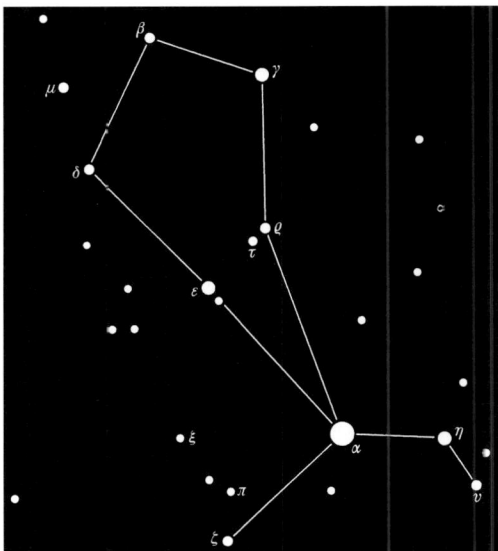

Charakteristische Anordnung der hellsten Sterne des Sternbildes Bootes (Bärenhüter)

Teilchen gehören, die aus einer geraden Anzahl von Fermionen (Teilchen mit halbzahligem Spin) zusammengesetzt sind, z. B. Helium-4-Kerne.

Bradley, James, engl. Astronom, geb. März 1693 in Sherborne, gest. 13.07.1762 in Chalford; ab 1721 in Oxford, ab 1742 als Nachfolger von E. Halley (1656–1742) Direktor der Sternwarte Greenwich. B. bestimmte Sternpositionen mit der höchsten bis dahin erzielten Genauigkeit, entdeckte 1728 die Aberration und 1747 die Nutation.

Brahe, Tycho, dän. Astronom, geb. 14.12.1546 in Knudstrup auf Schonen, gest. 24.10.1601 in Benátky bei Prag. B. studierte Jura in Kopenhagen, Leipzig, Wittenberg, Rostock und Basel. Bereits während der Studienzeit begann er mit astronomischen Beobachtungen. Im November 1572 beobachtete er einen „neuen" Stern im Sternbild Cassiopeia. In einer ihn berühmt machenden Schrift wies er nach, dass es sich um einen Fixstern handelt. Dieser „Tychonische Stern" ist eine der direkt beobachteten Supernovae des Milchstraßensystems. Der dänische König Friedrich II. überließ ihm 1576 die Insel Hven (Ven), auf der er die erste Sternwarten, die „Uraniaburg", 1584 daneben die „Sternenburg" baute. Die von ihm benutzten Instrumente, vor allem die großen Mauerquadranten, gelten in Ausführung und Aufstellung als die besten vor der Erfindung des Fernrohrs. Die damit durchgeführten Positionsbestimmungen machten ihn zum größten beobachtenden Astronomen seiner Zeit. Die Genauigkeit der Planetenbeobachtungen ermöglichte es J. Kepler (1571–1630), die wahren Bewegungen der Planeten abzuleiten. 1599 wurde er von Kaiser Rudolf II. (1552–1612) als kaiserlicher Mathematiker und Astronom nach Prag berufen. Hierhin holte er J. Kepler als Gehilfen, der nach B.s Tod dessen Nachfolger wurde. Trotz der Verehrung für N. Kopernikus (1473–1543) stand B. dessen Lehre ablehnend gegenüber, weil er die bei einer Bewegung der Erde vorhandenen parallaktischen Bewegungen der Sterne nicht fand; außerdem lehnte er die teilweise Beibehaltung von Epizykeln ab. Er entwickelte eine eigene Planetentheorie, nach der sich die Planeten zwar um die Sonne bewegen, diese aber die ruhende Erde umkreist, seine Theorie fand aber keine Beachtung. Er lehnte die bis dahin allgemein vertretene Meinung ab, dass die Himmelskörper an kristallene Sphären geheftet seien, die sich wie ein mechanisches System bewegen.

Braune Ovale, Strukturerscheinungen in der Atmosphäre des →Jupiter.

Brauner Zwerg, ein sich im hydrostatischen Gleichgewicht befindender Stern, dessen Masse kleiner ist als die zum Zünden des Wasserstoffbrennens erforderliche Mindestmasse von etwa 0,08 Sonnenmassen. In Braunen Z.en sind deshalb nur kurzzeitig Deuteriumreaktionen zur Energiefreisetzung möglich (→ Energiefreisetzung in Sternen). Die von Braunen Z.en ausgestrahlte Energie ist im Wesentlichen umgewandelte Gravitationsenergie. Bei Himmelskörpern mit einer Masse kleiner als 0,013 Sonnenmassen, etwa 19 Jupitermassen, finden selbst Deuteriumreaktionen nicht statt. Dieser Massenwert dient daher zur Abgrenzung der Braunen Z.e von Planeten. Im Hertzsprung-Russell-Diagramm liegen die Bildpunkte B. Z.e in der Verlängerung der Hauptreihe im Temperaturbereich zwischen etwa 2 100 K und 800 K. Braune Z.e gehören zu den → Spektralklassen L und T. Das Strahlungsmaximum befindet sich im infraroten Spektralbereich, die Farbe würde einem dunklen Braun entsprechen. Welche Masse ein B. Z. im bestimmten Spektraltyps hat, hängt von seinem Alter ab, da ein B. Z. im Laufe seiner Entwicklung einen immer späteren Spektraltyp erreicht. Die Leuchtkraft B. Z.e liegt in der Größenordnung von rund 10^{-5} Sonnenleuchtkräften. Infolge dieser geringen Leuchtkraft ist die Entdeckungswahrscheinlichkeit B. Z.e außerordentlich gering.

Die untere Grenzmasse von rund 13 Jupitermassen entspricht möglicherweise der Masse, die Objekte infolge eines gravitativen Kollapses aus interstellarer Materie überhaupt erreichen können, masseärmere Körper wie Planeten werden aller Wahrscheinlichkeit nach nur in einer Akkretionsscheibe gebildet (→ Kosmogonie).

Breccie, svw. Brekzie.

Brechung, *Refraktion*, die Änderung der Ausbreitungsrichtung einer Welle beim Übergang von einem Medium in ein zweites mit einer anderen Ausbreitungsgeschwindigkeit der Welle. Die Lichtgeschwindigkeit c_s in einem Medium ist von Stoff zu Stoff unterschiedlich, aber immer kleiner als die Lichtgeschwindigkeit c im Vakuum. Das Verhältnis $n = c/c_s$, die **Brechzahl (Brechungsindex)**, ist für jedes Medium eine charakteristische Konstante. Licht unterschiedlicher Wellenlänge hat in einem optischen Medium unterschiedliche Geschwindigkeiten und wird deshalb beim Übergang von einem Medium in ein anderes unterschiedlich stark gebrochen. Diese **Dispersion** genannte Erscheinung ermöglicht die Trennung von Licht unterschiedlicher Wellenlänge, zur Erzeugung eines Spektrums z. B. mittels eines Prismas. Eine Abbildung durch eine Sam-

Breitbandphotometrie

mellinse nutzt die Richtungsänderung des Lichts beim Übertritt von Luft in Glas. Für Licht unterschiedlicher Wellenlänge ist die B. unterschiedlich, wodurch die Brennweite von Linsen wellenlängenabhängig ist und der Abbildungsfehler der chromatischen Aberration verursacht wird (→ Fernrohr).

Breitbandphotometrie, eine Spektralphotometrie, bei der ein Wellenlängenbereich von etwa 30 bis 100 nm benutzt wird.

Breite, in der Astronomie eine Winkelkoordinate in verschiedenen Koordinatensystemen. Die *ekliptikale B.* ist der senkrechte Winkelabstand eines Gestirns von der Ekliptik, die *galaktische B.* der senkrechte Winkelabstand vom galaktischen Äquator (Abb. → Koordinaten). Gezählt wird die B. jeweils von 0° bis 90°, positiv in Richtung des jeweiligen Nordpols, negativ in Richtung des jeweiligen Südpols. Die *heliographische B.* ist der senkrechte Winkelabstand vom Sonnenäquator. In entsprechender Weise wird die B. an der Oberfläche anderer Himmelskörper (z. B. Mond, Mars) definiert. Die *geographische B.* ist der Winkel zwischen der Richtung der Schwerkraft am Beobachtungsort und der Äquatorebene der Erde (→ geographische Ortsbestimmung).

Breiteneffekt, svw. Poleffekt.

Breitenkreis, *Parallelkreis*, in der Astronomie jeder Kreis an der Himmelskugel parallel zur Ekliptik oder zum galaktischen Äquator; → Koordinaten.

Brekzie, *Breccie*, aus Gesteinstrümmern bestehendes Gestein, dessen Bestandteile durch ein natürliches Bindemittel zusammengehalten werden.

Bremsparameter, *Verzögerungsparameter*; → Kosmologie.

Bremsstrahlung, kurzwellige kontinuierliche elektromagnetische Strahlung, die als *thermische B.* infolge der Abbremsung von Elektronen bei der Wechselwirkung mit Ionen in einem Plasma entsteht, als *magnetische B.* infolge der Abbremsung von Elektronen bei der Wechselwirkung mit Magnetfeldern.

Brennebene, *Brennfläche*, → Fernrohr.

Brennpunkt, *1) Fokus*, → Fernrohr;
2) ein ausgezeichneter Punkt bei → Kegelschnitten.

Brennweite, → Fernrohr.

B-Ring, einer der Ringe des → Saturn.

Brownlee-Teilchen [benannt nach dem amerikan. Astronomen D. E. Brownlee], mit Hilfe hochfliegender Flugzeuge aufgefangene interplanetare Staubteilchen.

B-Stern, Stern der → Spektralklasse B.

Bugstoßfront, Bugstoßwelle, → Welle.

Bulge, andere Bezeichnung für den Zentralkörper, die zentrale Ausbauchung eines spiralförmigen extragalaktischen → Sternsystems.

bürgerliche Dämmerung, → Dämmerung.

Burst, *1)* kurzzeitiger plötzlicher Intensitätsanstieg der Strahlung eines Himmelskörpers. Ein Radioburst ist der plötzliche Anstieg der Radiofrequenzstrahlung der Sonne (→ Sonneneruption), ein Röntgenburst die plötzliche Erhöhung der Intensität der Röntgenstrahlung einer Röntgenquelle.
2) kurzzeitig stark erhöhte Sternentstehungsrate in einem Sternsystem.

BY-Draconis-Sterne, Typenbezeichnung (BY), Hauptreihensterne der Spektralklasse K oder M mit periodischen Helligkeitsschwankungen veränderlicher Amplitude. Die Perioden betragen im Allg. einige Stunden bis einige Tage, in Extremfällen über 100 Tage, die Amplituden bis zu 0,3 mag. Bei vielen BY-D.-S.n treten in unregelmäßigen Abständen Helligkeitsausbrüche auf, hierin besteht eine Verwandtschaft mit → UV-Ceti-Sternen. Charakteristisches Merkmal der BY-D.-S. sind Emissionslinien im Spektrum.

Die regelmäßigen Helligkeitsschwankungen werden wahrscheinlich durch die Rotation der Sterne und eine ungleichmäßige Helligkeitsverteilung auf deren Oberfläche verursacht. Die Amplitudenvariationen könnten Folge von Veränderungen der Größe und Lage unterschiedlich dunkler Sternflecken sein, analog den Erscheinungen der Sonnenaktivität.

Einige BY-D.-S. sind spektroskopische Doppelsterne, doch besteht in der Regel kein Zusammenhang zwischen Bahnumlaufperiode und Periode des Lichtwechsels.

C

C, Einheitenzeichen für Coulomb, der Einheit der elektrischen Ladung.

Cae, Abk. für Caelum.

Caelum, *Gen.* Caeli, abg. *Cae, Grabstichel*, unscheinbares Sternbild des südlichen Himmels. Hinsichtlich der Lage am Himmel → Sternkarten Seite 417 und 420.

Caldera *f*, vulkanischer Einbruchkessel.

Caliban *m*, ein Zwergsatellit des → Uranus.

Callirrhoe *f*, ein Zwergsatellit des → Jupiter.

Callisto, svw. Kallisto.

Calypso *f*, ein Zwergsatellit des Saturn. Die C. bewegt sich auf einer Kreisbahn mit einem Radius von 294 710 km in 1,88 Tagen um den Saturn, die Bahnebene ist etwa 1,5° gegen dessen Äquatorebene geneigt. Der Durchmesser beträgt 19 km. Die C. befindet sich im → Librationspunkt L_5 von Saturn und Tethys und folgt ihr nach. Hinsichtlich der Einordnung der C. in das System der Saturnsatelliten → Saturn.

Cam, Abk. für Camelopardalis.

Camelopardalis, *Gen.* Camelopardalis, abg. *Cam, Giraffe*, auch *Camelopardus*, *Gen.* Camelopardi, ausgedehntes Sternbild des nördlichen Himmels nahe dem nördlichen Himmelspol, das für Mitteleuropa zirkumpolar ist. Es enthält keine Sterne heller als 4. Größe. Hinsichtlich der Lage am Himmel → Sternkarte Seite 414.

Cancer, *Gen.* Cancri, abg. *Cnc, Krebs*, zum Tierkreis gehörendes Sternbild des nördlichen Himmels, das im Winter am Abendhimmel sichtbar ist. Die Sonne durchläuft bei ihrer scheinbaren jährlichen Bewegung das Sternbild Ende Juli und Anfang August. Im C. liegt der mit bloßem Auge sichtbare Offene Sternhaufen Praesepe (Krippe, M44). Etwa 8° südwestlich davon befindet sich der Offene Sternhaufen M 67. Der Stern 55 Cancri besitzt ein Planetensystem von mindestens 5 Mitgliedern Hinsichtlich der Lage am Himmel → Sternkarte Seite 419.

Canes Venatici, *Gen.* C*a*num Venaticorum, abg. *CVn, Jagdhunde*, Sternbild des nördlichen Himmels, dessen nördlicher Teil für unsere Breiten immer über dem Horizont bleibt. In dem Sternbild liegen viele extragalaktische Sternsysteme, von denen das Spiralsystem M 51 als schwacher ausgedehnter Nebelfleck mit einem lichtstarken Feldstecher zu erkennen ist, sowie der Kugelsternhaufen M 3 an der Grenze zu den Sternbildern Bootes und Coma Berenices (Haar der Berenike).
Hinsichtlich der Lage am Himmel → Sternkarten Seite 415 und 419.

Canis Maior, *Gen.* C*a*nis Maioris, abg. *CMa, Großer Hund*, südlich des Himmelsäquators liegendes Sternbild, dessen nördlicher Teil in der Milchstraße liegt und das im Winter am Abendhimmel sichtbar ist. Der Hauptstern des Sternbildes, der → Sirius, ist der hellste Stern des Himmels. Etwa 4° südlich von ihm befindet sich der Offene Sternhaufen M 41.
Hinsichtlich der Lage am Himmel → Sternkarte Seite 420.

Canis Minor, *Gen.* C*a*nis Minoris, abg. *CMi, Kleiner Hund*, Sternbild der Äquatorzone, das im Winter am Abendhimmel sichtbar ist. Der Hauptstern des Sternbildes, der → Procyon, gehört zu den hellsten Sternen des Himmels.

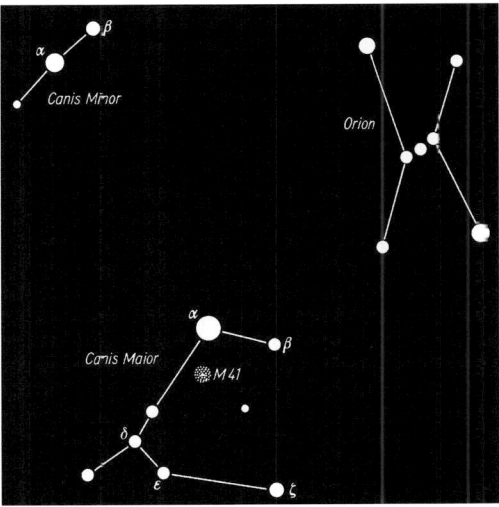

Charakteristische Anordnungen der hellsten Sterne der Sternbilder Canis Maior und Canis Minor sowie Orion

Hinsichtlich der Lage am Himmel → Sternkarte Seite 420.

Canopus, *Kanopus m*, α *Carinae*, der hellste Stern im Sternbild Carina (Kiel des Schiffes) und mit der scheinbaren visuellen Helligkeit von $-0^m\!.72$ nach Sirius der zweithellste Stern am Himmel. Er ist ein Stern der Spektralklasse F0 und der Leuchtkraftklasse II. Sein Durchmesser beträgt etwa das 80fache des Sonnendurchmessers, seine Entfernung von der Sonne 96 pc oder rund 310 Lichtjahre.

Cap, Abk. für Capricornus.

Capella, *Kapella f*, α *Aurigae*, der hellste Stern im Sternbild Auriga (Fuhrmann). Mit einer scheinbaren visuellen Helligkeit von $0^m\!.08$ gehört die C. zu den hellsten Sternen am Himmel. Sie ist ein spektroskopischer Doppelstern, dessen Komponenten zur Spektralklasse G8 bzw. G1 und zur Leuchtkraftklasse III gehören. Die beiden Riesensterne umlaufen in 104 Tagen nahezu auf Kreisbahnen den gemeinsamen Schwerpunkt. Die Entfernung von der Sonne beträgt 12,9 pc oder rund 42 Lichtjahre.

Capricornus, *Gen.* Capricorni, abg. *Cap, Steinbock*, zum Tierkreis gehörendes Sternbild des südlichen Himmels, das im Herbst am Abendhimmel sichtbar ist. Die Sonne durchläuft das Sternbild bei ihrer scheinbaren jährlichen Bewegung von etwa Mitte Januar bis Mitte Februar.
Hinsichtlich der Lage am Himmel → Sternkarte Seite 418.

Car, Abk. für Carina.

Carina, *Gen.* Carinae, abg. *Car, Kiel des Schiffes*, Sternbild des südlichen Himmels, das ein Bestandteil des früheren Sternbilds Argo war. Es wird zum Teil von der Milchstraße durchzogen. Der hellste Stern im Sternbild, der → Canopus, ist der zweithellste Stern am Himmel. Der Stern η Carinae ist veränderlich, seine scheinbare visuelle Helligkeit stieg von 1833 bis 1843 auf etwa -1^m an, so dass er damals der zweithellste Stern am Himmel war, sie sank danach innerhalb von etwa 20 Jahren um rund 8 mag, er ist jetzt mit bloßem Auge unsichtbar. Das Sternbild enthält u. a. den mit bloßem Auge sichtbaren Offenen Sternhaufen NGC 2516.
Hinsichtlich der Lage am Himmel → Sternkarte Seite 417.

Carme *f*, ein Satellit des Jupiter.
Hinsichtlich der Einordnung der C. in das System der Jupitersatelliten → Jupiter.

Carpo *f*, ein Zwergsatellit des → Jupiter.

Cas, Abk. für Cassiopeia.

Cassegrain-Fokus, **Cassegrain-Spiegel**, **Cassegrain-System** [benannt nach dem franz. Astronomen N. Cassegrain, 1625–1725]; → Spiegelteleskop.

Cassini, Giovanni Domenico, franz. Astronom, geb. 08.06.1625 in Perinaldo bei Nizza, gest. 14.09.1712 in Paris; 1650 Prof. in Bologna, ab 1669 Direktor der Sternwarte Paris, deren Direktoren danach sein Sohn Jaques C. (1677–1756), sein Enkel César François C. (1714–1784) und sein Urenkel Jaques Dominique C. (1748–1845) waren. Giovanni C. entdeckte u. a. die Jupiterrotation, die nach ihm benannte Teilung im Saturnringsystem und vier Saturnsatelliten.

Cassini-Huygens-Mission [benannt nach dem franz. Astronomen G. D. Cassini (1625–1712) und dem niederl. Physiker C. Huygens (1629–1695)], eine von der NASA und ESA entsandte Raumsonde zur Erforschung des Saturnsystems. Die Cassini-Sonde befindet sich seit Dezember 2005 in einer Umlaufbahn um den Saturn zu Detailuntersuchungen des Planeten, seiner Satelliten und des Ringsystems. Die Huygens-Sonde landete im Januar 2006 auf der Ober-

Cassinische Teilung

fläche des Satelliten → Titan, untersuchte beim Abstieg dessen Atmosphäre und lieferte Bilder von seiner Oberfläche.

Cassinische Teilung [benannt nach dem franz. Astronomen G. D. Cassini, 1625–1712], eine Lücke zwischen dem A- und B-Ring des → Saturn.

Cassiopeia Gen. Cassiopeiae, abg. *Cas, Kassiopeia*, Sternbild des nördlichen Himmels, das von unseren Breiten aus gesehen zirkumpolar ist und durch das sich die Milchstraße zieht. Die fünf hellsten Sterne bilden ein W, weshalb C. auch als *Himmels-W* bezeichnet wird. Der hellste Stern im Sternbild ist α Cassiopeiae oder → Schedir. Im Sternbild liegen viele Sternhaufen, u. a. der Offene Sternhaufen M 103, der mit Feldstecher nahe beim Stern δ in Richtung auf den Stern ε wahrgenommen werden kann.

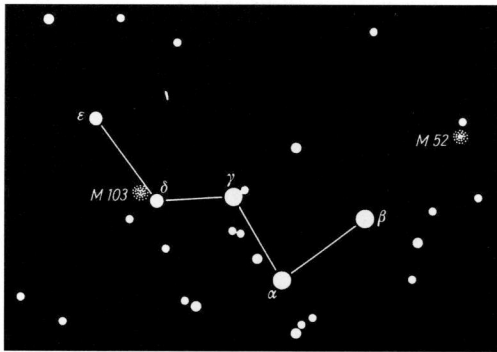

Charakteristische Anordnung der hellsten Sterne des Sternbildes Cassiopeia

Hinsichtlich der Lage am Himmel → Sternkarte Seite 414.

Castor m, α *Geminorum*, der zweithellste Stern im Sternbild Gemini (Zwillinge) mit einer scheinbaren visuellen Helligkeit von $1\overset{m}{.}59$. Der C. ist ein Mehrfachstern, der bei Feldstecherbeobachtungen als visueller Doppelstern mit einem Komponentenabstand von etwa $2,4''$ erscheint. Die Komponenten haben eine scheinbare visuelle Helligkeit von $1\overset{m}{.}9$ bzw. $2\overset{m}{.}9$, die Umlaufzeit um den gemeinsamen Schwerpunkt beträgt 467 Jahre. Im Abstand von $72,5''$ befindet sich eine $8\overset{m}{.}8$ helle dritte Komponente. Alle drei visuellen Komponenten (C. A, C. B und C. C) sind spektroskopische Doppelsterne; ihre Umlaufzeiten betragen 9,21, 2,93 bzw. 0,81 Tage. Der C. C ist zusätzlich ein Bedeckungsveränderlicher und trägt als solcher die Bezeichnung YY Geminorum. Die Entfernung von der Sonne beläuft sich auf 15,8 pc oder rund 50 Lichtjahre.

Catena f, *Plur.* Catenae, Bezeichnung für eine Kraterkette als eine Struktureinheit auf erdartigen Körpern des Planetensystems.

Cavus m, *Plur.* Cavi, Bezeichnung für eine steilwandig begrenzte Depression als eine Struktureinheit auf erdartigen Körpern des Planetensystems.

cD-Galaxie, eine elliptische Riesengalaxie mit einer dominierenden Stellung im Zentrum eines reichen Galaxienhaufens; → Sternsystem.

Celaeno f, Stern in den → Plejaden mit einer scheinbaren visuellen Helligkeit von $5\overset{m}{.}5$, der Spektralklasse B7 und der Leuchtkraftklasse IV.

Cen, Abk. für Centaurus.

Centaur-Objekte, svw. Zentauren.

Centaurus m, Gen. Centauri, abg. *Cen, Zentaur, Kentaur*, Sternbild des südlichen Himmels, von dem von unseren Breiten aus gesehen nur die nördlichsten Teile etwas über dem Horizont erscheinen. Im südlichen Teil des Sternbildes liegt mit einer scheinbaren Helligkeit von $-0\overset{m}{.}27$ α Centauri, der dritthellste Stern am Himmel. $131'$ von ihm entfernt befindet sich der uns nächste Stern, → Proxima Centauri.

Hinsichtlich der Lage am Himmel → Sternkarten Seite 416 und 417.

Cep, Abk. für Cepheus.

Cepheïden, *1)* zusammenfassende Bezeichnung der Veränderlichen vom Typ Delta Cephei und W Virginis; *2)* ein Meteorstrom.

Cepheïden-Streifen, *Instabilitätsstreifen*, relativ schmales, streifenförmiges Gebiet im Hertzsprung-Russell-Diagramm, in dem die Bildpunkte der Delta-Cephei-Sterne und W-Virginis-Sterne liegen; Abb. → Veränderliche.

Cepheus m, Gen. Cephei, abg. *Cep, Kepheus*, Sternbild des nördlichen Himmels, das von unseren Breiten aus zirkumpolar ist. Der hellste Stern des Sternbilds ist der → Alderamin. Der Stern δ Cephei ist der Prototyp einer Gruppe veränderlicher Sterne, der → Delta-Cephei-Sterne. Es ist ein Doppelstern, dessen schwacher Begleiter in einem Abstand von etwa $41''$ mit einem Feldstecher mittlerer Lichtstärke zu sehen ist. Der ebenfalls veränderliche Stern μ Cephei wird wegen seiner rötlich erscheinenden Färbung auch als → Granatstern bezeichnet.

Hinsichtlich der Lage am Himmel → Sternkarte Seite 415.

Ceres f, der Planetoid, ein Zwergplanet, der auf einer elliptischen Bahn mit einer großen Halbachse von 2,766 AE und einer Exzentrizität von 0,076 in 4,60 Jahren rechtläufig um die Sonne bewegt. Die Bahnebene ist um 10,6° gegen die Ekliptikebene geneigt. Die C. ist das größte und massereichste Mitglied der Gürtelplanetoiden. Die Masse beläuft sich auf $9,46 \cdot 10^{20}$ kg, die mittlere Dichte auf etwa 2,08 g/cm^3. Die Form der C. weicht relativ stark von der Kugelsymmetrie ab, die größte Achse beträgt 975 km, die kleinste 909 km, der mittlere Durchmesser 942 km. Die C. ist ein erdartiger Himmelskörper. Das Innere besteht vermutlich aus einem Gesteinskern, der von einem etwa 60 bis 120 km dicken Wassereismantel umgeben ist. Die Rotationsperiode beträgt 9,074 Stunden. Die C. wurde als erster Planetoid am 01.01.1801 durch G. Piazzi (1746–1826) entdeckt.

Cet, Abk. für Cetus.

CETI [engl. Abk. für Communication with extraterrestrial intelligences, svw. ,Kommunikation mit intelligenten extraterrestrischen Lebewesen'], Bezeichnung für den Versuch, mittels radioastronomischer Signale Kontakt mit vermuteten außerterrestrischen intelligenten Lebewesen aufzunehmen und mit ihnen zu kommunizieren. Derartige Versuche gelten gegenwärtig als hoffnungslos.

Cetus, *Gen.* Ceti, abg. *Cet*, **Walfisch**, weit ausgedehntes Sternbild der Äquatorzone, das im Herbst und Winter am Abendhimmel sichtbar ist. Der Stern o Ceti oder → Mira ist veränderlich und Prototyp einer Gruppe von Veränderlichen, der → Mira-Sterne.
Hinsichtlich der Lage am Himmel → Sternkarte Seite 420.
Cha, Abk. für Chamaeleon.
chaldäische Periode, svw. Saroszyklus; → Finsternis.
Chaldene *f*, ein Zwergsatellit des Jupiter.
Hinsichtlich der Einordnung der C. in das System der Jupitersatelliten → Jupiter.
Chamaeleon, *Gen.* Chamaeleontis, abg. *Cha*, *Chamäleon*, kleines Sternbild des südlichen Himmels, das von unseren Breiten aus nicht sichtbar ist.
Hinsichtlich der Lage am Himmel → Sternkarte Seite 417.
Chandler'sche Periode [benannt nach dem amerik. Astronomen S. C. Chandler, 1846–1913], charakteristische Periode der Polhöhenschwankung; → Polhöhe.
Chandra [benannt nach dem indisch-amerikan. Astrophysiker S. Chandrasekhar, 1910–1995], ein Röntgensatellit der NASA.
Chandrasekhar, Subrahmanyan, indisch-amerikan. Astrophysiker, geb. 19.10.1910 in Lahore (Pakistan), gest. 21.08.1995 in Chicago (USA), ab 1930 an der Universität Cambridge (Großbritannien), ab 1937 Prof. an der Universität Chicago (USA); einer der bedeutendsten Astrophysiker des 20. Jh., der auf den Gebieten der theoretischen Astronomie und Astrophysik, speziell der Theorie des Sternaufbaus und des Strahlungstransports, der Theorie der Schwarzen Löcher und Neutronensterne, der Kosmologie sowie der Allgemeinen Relativitätstheorie arbeitete. Er entwickelte mit 19 Jahren die Theorie der Weißen Zwerge, für die er 1983 den Nobelpreis für Physik erhielt.
Chandrasekhar'sche Grenzmasse [nach dem indisch-amerikan. Astrophysiker S. Chandrasekhar, 1910–1995], die obere Grenzmasse für Weiße Zwerge; → Weißer Zwerg.
Chaos *n*, 1) in der Astronomie Bezeichnung für ein zerbrochenes Terrain als eine Struktureinheit auf erdartigen Körpern des Planetensystems.
2) der Planetoid (19521).
chaotische Bewegung, irreguläre Bewegung eines dynamischen Systems, dessen Komponenten einer deterministischen, durch vorgegebene physikalische Gesetze, z. B. der Massenanziehung, beschriebene Bewegungen und keine rein zufällige Bewegung ausführen. Der Bewegungsablauf ist dennoch über längere Zeiträume nicht voraussagbar. Selbst minimal unterschiedliche Anfangsbedingungen führen zu immer stärker werdenden unterschiedlichen Bahnen, ohne dass das Gesamtsystem zerstört wird (→ Himmelsmechanik).
Charon *m*, ein Satellit des Zwergplaneten Pluto. Der C. bewegt sich auf einer Kreisbahn mit einem Radius von 19 599 km in 6,387 Tagen um den Pluto, die Bahnebene ist um 95,0° gegen die Ebene der Plutobahn geneigt. Der C. hat eine gebundene Rotation, die Rotationsperiode ist gleich der Umlaufperiode. Von der Erde aus gesehen beträgt die Winkelentfernung zwischen C. und Pluto maximal 0,9″. Aus Sternbedeckungen ergibt sich ein Durchmesser des C. von 1 210 km. Die Masse beläuft sich auf rund $1,9 \cdot 10^{21}$ kg, auf rund 16% der Plutomasse, die Dichte beträgt rund 1,71 g/cm³.
Über die Oberfläche des C. ist wenig Gesichertes bekannt, sie ist wahrscheinlich größtenteils mit Wassereis bedeckt, worauf die mittlere Albedo von etwa 0,4 und das Spektrum hinweisen. Der C. gehört aller Wahrscheinlichkeit nach zu den eisartigen Himmelskörpern mit vermutlich einem Gesteinskern.
Chasma *n*, Plur. Chasmata, Bezeichnung für ein tief eingeschnittenes, canyonförmiges Tal als ein Strukturelement auf Körpern des Planetensystems.
Chemischer Ofen, das Sternbild → Fornax.
Chiron *m*, als Planetoid erscheinender Himmelskörper, der auf einer elliptischen Bahn mit einer großen Halbachse von 13,69 AE und einer Bahnexzentrizität von 0,38 in 50,45 Jahren die Sonne umläuft. Infolge der Störungen durch Jupiter und Saturn ist die Bahn instabil. Wahrscheinlich ist der C. kein eigentlicher Planetoid, obwohl er die Planetoidennummer 2060 trägt, sondern ein Kometenkern mit einem ungewöhnlich großen Durchmesser von etwa 170 km. Seit 1988 gibt es Anzeichen einer Aktivität. U. a. wurde eine Art Staubkorona entdeckt, deren Helligkeit in Zeiträumen von Stunden bis Jahren variiert. Der C. gilt auch als Komet und trägt die alternative Bezeichnung 95P/C. Er ist ein Centaur-Objekt (→ Planetoid).
Der C. wurde 1977 von C. T. Kowal entdeckt.
Chlordetektor, → Neutrinoastronomie.
Chondrit *m*, ein Steinmeteorit, in dessen Grundmasse kleine Kügelchen, Chondren, eingebettet sind; → Meteorit.
chromatische Aberration, ein Abbildungsfehler; → Fernrohr.
Chromosphäre, bei der → Sonne die zwischen Photosphäre und Korona liegende, bei Sternen die unmittelbar über der Photosphäre liegende Schicht. Die Temperatur einer Sternchromosphäre ist größer als die Effektivtemperatur des Sterns, für einen sehr großen Wellenlängenbereich ist die → optische Dicke des kontinuierlichen Spektrums sehr klein.
chromosphärische Fackel, eine Erscheinung der Sonnenaktivität; → Sonnenfackel.
Cir, Abk. für Circinus.
Circinus, *Gen.* Circini, abg. *Cir*, *Zirkel*, kleines Sternbild des südlichen Himmels, das von unseren Breiten aus nicht sichtbar ist.
Hinsichtlich der Lage am Himmel → Sternkarte Seite 416.
C-Linie, eine von J. Fraunhofer (1787–1826) so bezeichnete Absorptionslinie im Sonnenspektrum bei 656,3 nm. Es handelt sich um die durch atomaren Wasserstoff verursachte Hα-Linie der → Balmer-Serie.
CMa, Abk. für Canis Maior.
CMi, Abk. für Canis Minor.
Cnc, Abk. für Cancer.
CNO-Zyklus, svw. Kohlenstoff-Stickstoff-Sauerstoff-Zyklus; → Energiefreisetzung in Sternen.
COBE, Abk. für *Cosmic Background Explorer* [engl., svw. ‚Erforscher des kosmischen Hintergrunds'],

Coelostat
Raumsonde zur Untersuchung der → kosmischen Hintergrundstrahlung.
Coelostat, *Zölostat*, ein aus einem oder mehreren Planspiegeln bestehendes optisches System, das Licht eines Himmelskörpers unabhängig von dessen scheinbarer täglichen Bewegung immer einem fest aufgestellten Teleskop zuführt. C.e dienen besonders bei → Sonnenbeobachtungen.
Col, Abk. für Columba.
Colles, *Plur.*, Bezeichnung für eine Gruppe kleiner Hügel als ein Strukturelement auf Körpern des Planetensystems.
Columba, *Gen.* Columbae, abg. ***Col***, *Taube*, unscheinbares Sternbild des südlichen Himmels.
Hinsichtlich der Lage am Himmel → Sternkarten Seite 417 und 420.
Com, Abk. für Coma Berenices.
Coma Berenices, *Gen.* Comae Berenices, abg. ***Com***, *Haar (Haupthaar) der Berenike*, Sternbild des nördlichen Himmels, das im Frühjahr am Abendhimmel sichtbar ist. Im Sternbild befindet sich ein großer Haufen extragalaktischer → Sternsysteme sowie der galaktische Nordpol.
Hinsichtlich der Lage am Himmel → Sternkarte Seite 419.
Coma-Haufen, zwei im Sternbild Coma Berenices (Haar der Berenice) liegende kosmische Objekte.
1) der Offene Sternhaufen Melotte 111.
2) ein Galaxienhaufen mit mehr als 1000 → Sternsystemen.
Compton-Effekt [benannt nach dem amerikan. Physiker A. H. Compton, 1892–1962], Vergrößerung der Wellenlänge elektromagnetischer Strahlung bei der Streuung an freien Elektronen. Der Streuprozess lässt sich als Stoß zwischen den Photonen und Elektronen auffassen, bei dem die Photonen einen Teil ihrer Energie an die Elektronen abgeben, wodurch die Wellenlänge der Strahlung vergrößert und die kinetische Energie der Elektronen erhöht wird. Beim *inversen C.-E.* wird kinetische Energie von hochenergetischen Elektronen auf Photonen übertragen, die Strahlung wird kürzerwellig, energiereicher.
Cordelia *f*, *1)* der innerste Uranussatellit, ein Zwergsatellit.
Hinsichtlich der Einordnung der C. in das System der Uranussatelliten sowie der Uranusringe → Uranus.
2) der Planetoid (2758).
Corona *f, Plur.* Coronae, Bezeichnung für eine fleckartig erscheinende konzentrische Struktureinheit auf erdartigen Körpern des Planetensystems.
Corona Australis, *Gen.* Coronae Australis, abg. ***CrA***, *Südliche Krone*, kleines von Mitteleuropa aus kaum sichtbares Sternbild des südlichen Himmels.
Hinsichtlich der Lage am Himmel → Sternkarte Seite 416.
Corona Borealis, *Gen.* Coronae Borealis, abg. ***CrB***, *Nördliche Krone*, Sternbild des nördlichen Himmels, das im Sommer am Abendhimmel sichtbar ist. Der hellste Stern des Sternbildes heißt → Gemma.
Hinsichtlich der Lage am Himmel → Sternkarten Seite 415, 418 und 419.

Corvus, *Gen.* Corvi, abg. ***Crv***, *Rabe*, kleines Sternbild des Südhimmels, das im Frühjahr am Abendhimmel sichtbar ist, sich aber in unseren Breiten nicht weit über den Horizont erhebt.
Hinsichtlich der Lage am Himmel → Sternkarte Seite 419.
Coudé-System, **Coudé-Fokus**, → Spiegelteleskop.
Coulomb-Kraft [benannt nach dem franz. Physiker C.-A. de Coulomb, 1736–1806], die elektrostatische Kraft F, mit der zwei ruhende elektrische Punktladungen q_1 und q_2 aufeinander wirken. Es gilt $F = q_1 \cdot q_2 / r^2$, wenn r den Abstand der Ladung bezeichnet. Gleiche Ladungen stoßen sich ab, entgegengesetzte ziehen sich an.
CP-Sterne, Sterne mit Besonderheiten in der chemischen Zusammensetzung ihrer Atmosphären; → Elementenhäufigkeit.
CrA, Abk. für Corona Australis.
Crater, *Gen.* Crateris, abg. ***Crt***, *Becher*, unauffälliges Sternbild des Südhimmels.
Hinsichtlich der Lage am Himmel → Sternkarte Seite 419.
CrB, Abk. für Corona Borealis.
Cressida *f*, ein Kleinsatellit des → Uranus.
C-Ring, einer der Ringe des → Saturn.
Crt, Abk. für Crater.
Cru, Abk. für Crux.
Crux, *Gen.* Crucis, abg. ***Cru***, *Kreuz*, *Kreuz des Südens*, kleines, von unseren Breiten aus nicht sichtbares Sternbild des südlichen Himmels. Seine vier hellsten Sterne lassen sich zu einem Kreuz verbinden. Durch das Sternbild zieht sich die Milchstraße.
Hinsichtlich der Lage am Himmel → Sternkarte Seite 416.
Crv, Abk. für Corvus.
C-Stern, Stern der → Spektralklasse C.
Cupid *m*, ein Satellit des Uranus.
Hinsichtlich der Einordnung des C. in das System der Uranussatelliten → Uranus.
CVn, Abk. für Canes Venatici.
Cyg, Abk. für Cygnus.
Cygnus, *Gen.* Cygni, abg. ***Cyg***, *Schwan*, Sternbild des nördlichen Himmels (Abb. Seite 51), das im Sommer und Herbst am Abendhimmel sichtbar ist. Der hellste Stern ist α Cygni oder → Deneb. Von den zahlreichen Doppelsternen des C. ist der Stern β Cygni oder → Albireo am bekanntesten. Durch das Sternbild zieht sich die Milchstraße, die sich in ihm gabelt und helle Sternwolken erkennen lässt. Im C. liegen viele Sternhaufen, z. B. der helle Offene Sternhaufen M 39, ferner Dunkelwolken und viele helle Wolken interstellarer Materie, z. B. der → Nordamerikanebel, der unter besonders günstigen Beobachtungsbedingungen mit einem sehr lichtstarken Feldstecher gesehen werden kann, während der **Große Cygnus-Bogen**, ein gasförmiger Überrest einer → Supernova, für visuelle Beobachtungen zu lichtschwach ist (Abb. → Seite 464). Im C. befindet sich etwa 4° westlich des Sterns γ Cygni die Radioquelle **Cygnus A**, eine der stärksten Radioquellen des Himmels.
Hinsichtlich der Lage am Himmel → Sternkarten Seite 415 und 418.

Datumsgrenze

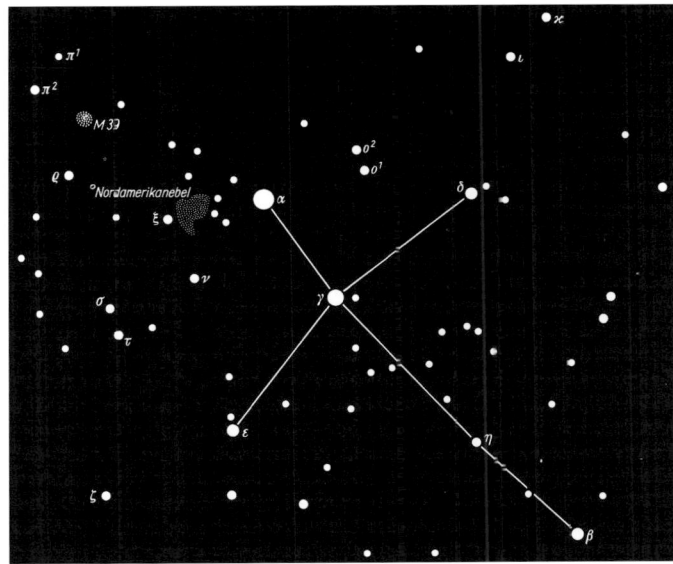

Charakteristische Anordnung der hellsten Sterne des Sternbildes Cygnus (Schwan)

Cyllene *f*, ein Satellit des Jupiter. Hinsichtlich der Einordnung der C. in das System der Jupitersatelliten → Jupiter.

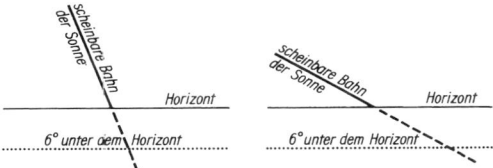

Zur Abhängigkeit der Dämmerungsdauer von der Neigung der scheinbaren Sonnenbahn gegen den Horizont

d, Einheitenzeichen für Tag.

Dactyl *m*, Begleiter des Planetoiden (243) Ida. Der D. hat näherungsweise eine ellipsoidische Gestalt mit einem mittleren Durchmesser von 1,4 km. Die Masse beläuft sich auf etwa $3{,}7 \cdot 10^{12}$ kg, die visuelle Albedo auf 0,20. Die Oberfläche hat Einschlagkrater mit bis rund 300 m Durchmesser. Der Abstand zwischen dem D. und der Ida betrug 1993 bei der Entdeckung durch die Jupiter-Sonde Galilei etwa 90 km. Wahrscheinlich sind der D. und die Ida gemeinsam bei der Zertrümmerung eines Ausgangskörpers entstanden.

Dämmerung, der Übergang zwischen Tag und Nacht, gekennzeichnet durch eine mehr oder minder schnelle Ab- bzw. Zunahme der Himmelshelligkeit. Die D. entsteht infolge einer diffusen Streuung von Sonnenlicht in den hohen noch bzw. schon vom Sonnenlicht getroffenen Schichten der Erdatmosphäre, wodurch Streulicht in Bereiche gelangt, die nicht mehr bzw. noch nicht von direktem Sonnenlicht erhellt werden. Als *bürgerliche D.* gilt der Zeitraum, in dem sich die Sonne vor Aufgang bzw. nach Untergang nicht mehr als etwa 6° unter dem Horizont befindet; während der *nautischen D.* befindet sie sich nicht mehr als etwa 12° und während der *astronomischen D.* nicht mehr als 16° bis 18° unter dem Horizont. Die Länge der D. ist davon abhängig, wie schnell die Sonne den Horizont kreuzt, und damit von der Neigung der scheinbaren Sonnenbahn gegen den Horizont (Abb.). In den Tropen verläuft die Sonnenbahn sehr steil zum Horizont, wodurch die D. kurz ist; in mittleren geographischen Breiten ist die Neigung wesentlich geringer und die D. dauert länger. Die Dämmerungsdauer ist außerdem abhängig von der Deklination der Sonne. Zur Zeit der Sommersonnenwende ist die Deklination am größten, die Sonne steht in unseren Breiten dann selbst zu Mitternacht nur so wenig unter dem Nordhorizont, dass die ganze Nacht über astronomische D. herrscht.

Daphnis *m*, ein Satellit des Saturn. Hinsichtlich der Einordnung des D. in das System der Saturnsatelliten → Saturn.

Datumsgrenze, eine 1843 international vereinbarte Grenzlinie auf der Erdoberfläche im Bereich des Pazifischen Ozeans, die näherungsweise mit dem 180. Längengrad zusammenfällt, mit kleinen Abweichungen aus politischen oder wirtschaftlichen Gründen. Bei Überschreitung der D. von West nach Ost gilt das gleiche Datum zwei Tage, beim Überschreiten von Ost nach West wird ein Tag übersprungen. Die Notwendigkeit er-

Deferent

gibt sich, da bei einer Reise um die Erde parallel zum Äquator von West nach Ost ein Tag jeweils etwas kürzer als 24 Stunden ist, da an jedem um 15° relativ zum Ausgangspunkt weiter östlich gelegenen Ort die obere Kulmination der Sonne um eine Stunde früher eintritt. Beim Wiedererreichen des Ausgangsorts nach einer Erdumrundung hätte man 24 Stunden, genau einen Kalendertag, in der Zählung verloren, wenn an der D. ein Tag nicht doppelt gezählt würde. Bei einer Reise von Ost nach West hätte man genau einen Tag gewonnen, wenn an der D. nicht ein Tag in der Zählung ausgelassen würde.

Deferent *m*, → Epizykeltheorie.

Deimos *m*, der äußere der beiden Marssatelliten, der sich auf einer fast kreisförmigen Bahn mit der großen Halbachse von 23 460 km in 30,298 Stunden rechtläufig um den Mars bewegt. Die Neigung der Bahnebene gegen dessen Äquatorebene beläuft sich auf 1,79°. Wegen der gebundenen Rotation ist die Umlaufperiode des D. gleich der Rotationsperiode. Der D. hat eine unregelmäßige Gestalt, die angenähert durch ein dreiachsiges Ellipsoid mit Achslängen von 10, 11 und 12 km beschrieben werden kann, wobei die größte Achse in Richtung Mars weist. Die Masse beträgt $1{,}80 \cdot 10^{15}$ kg, die mittlere Dichte 1,76 g/cm^3. Infolge der Kleinheit und der extrem geringen Albedo von etwa 0,07 beträgt die scheinbare visuelle Helligkeit des D. nur etwa 12$^{\mathrm{m}}\!,$7. Von der Erde aus sind keine Oberflächeneinzelheiten zu erkennen, Nahaufnahmen von marsumlaufenden Raumsonden aus zeigen zahlreiche Einschlagkrater, von denen viele kleine so stark mit Staub überdeckt sind, dass sie nur noch schemenhaft zu erkennen sind. Nach spektroskopischen Untersuchungen ist die Oberfläche mit einer Regolithdecke überzogen, das Oberflächenmaterial ähnelt dem der kohligen Chondriten (→ Meteorit). Der D. ist aller Wahrscheinlichkeit nach ein Gesteinssatellit. Wahrscheinlich ist der D. wie der → Phobos, der zweite Marssatellit, nicht seit der Entstehung des Planetensystems dynamisch an den Mars gebunden, sondern ein vom Mars eingefangener ehemaliger Planetoid. Die Deimosbahn ist infolge der von Mars ausgeübten Gezeitenkräfte instabil und die große Bahnhalbachse vergrößert sich langsam.

Deklination, senkrechter Winkelabstand eines Gestirns vom Himmelsäquator. Die D. wird längs des Stundenkreises des Gestirns in Grad gemessen, in Richtung auf den Himmelsnordpol positiv, in Richtung auf den Südpol negativ; Abb. → Koordinaten.

Deklinationsachse, → Fernrohr.

Del, Abk. für Delphinus.

Delphinus, *Gen.* Delphini, abg. **Del**, **Delphin**, wenig auffälliges Sternbild der Äquatorzone, das im Sommer am Abendhimmel sichtbar ist. Hinsichtlich der Lage am Himmel → Sternkarte Seite 418.

Delta-Cephei-Sterne, δ-*Cephei-Sterne*, Typebezeichnung (Cδ), Pulsationsveränderliche mit Lichtwechselperioden zwischen 1 Tag und etwa 80 Tagen, meist zwischen 3 und 10 Tagen. In der Regel sind die Perioden konstant, gelegentlich treten kleine plötzliche Änderungen auf. Die Amplituden der Helligkeitsvariationen sind von der Periodenlänge sowie vom Spektralbereich abhängig. Bei Perioden von 2 bis 3 Tagen betragen die Am-

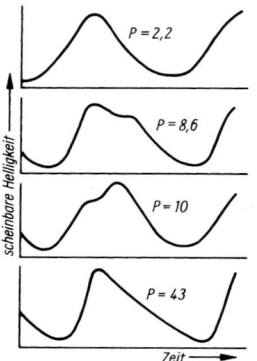

Abb. 1: Typische Lichtkurven von Delta-Cephei-Sternen unterschiedlicher Periodenlänge *P* (in Tagen)

plituden im visuellen Spektralbereich etwa 0,5 mag, im blauen Bereich rund 1,0 mag. Im Periodenintervall zwischen 40 und 50 Tagen belaufen sich die Amplituden in den angegebenen Spektralbereichen auf etwa 1,2 bzw. 1,7 mag, im Ultraviolettbereich sind die Amplituden noch etwas größer. Die Form der Lichtkurven hängt in systematischer Weise von der Periode ab (Abb. 1). Bei Sternen mit den kürzesten Perioden sind die Lichtkurven glatt, bei Perioden zwischen 7 und 9 Tagen tritt in der Lichtkurve vielfach eine Welle in dem vom Helligkeitsmaximum zum Minimum abfallenden Teil der Kurve auf, bei Sternen mit Perioden zwischen 10 und 15 Tagen hingegen im ansteigenden Teil. Für Perioden größer als 17 Tage sind die Lichtkurven wie bei den kürzesten Perioden im Allg. glatt. Bei ein und demselben Stern ist die Form der Lichtkurve in der Regel unveränderlich.

Mit dem Lichtwechsel ändert sich der Sternradius im Durchschnitt um etwa 10% seines mittleren Wertes. Bei δ Cephei, dem Prototyp der Veränderlichen, belaufen sich die Änderungen auf rund 2,7 Mio. km. Die Expansions- und Kontraktionsgeschwindigkeiten betragen bis zu etwa 30 km/s. Die Zeitabhängigkeit der Radialgeschwindigkeiten bei einem Stern ist fast spiegelbildlich zur Lichtkurve (Abb. 2). Im Helligkeitsmaximum hat die Radialgeschwindigkeit den größten negativen Wert,

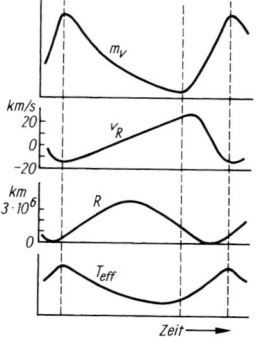

Abb. 2: Schematisierte Zeitabhängigkeit der scheinbaren Helligkeit m_V, der Radialgeschwindigkeit v_R, des Radius R und der Effektivtemperatur T_{eff}

der Stern kontrahiert; im Helligkeitsminimum ist die Radialgeschwindigkeit am größten, der Stern expandiert. Im Helligkeitsmaximum und Minimum hat der Stern nahezu gleiche Größe, der größte Radius wird während des Helligkeitsabfalls, der kleinste während des Helligkeitsanstiegs erreicht. Der Leuchtkraftunterschied zwischen Maximum und Minimum ist im Wesentlichen eine Folge unterschiedlicher Effektivtemperatur, die im Maximum etwa 1 000 K höher als im Minimum ist. Mit der Effektivtemperatur ändert sich die Spektralklasse, die im Helligkeitsmaximum im Bereich von etwa F0 bis G0 liegt, im Minimum zwischen F5 und K5.

Zwischen Periodenlänge und Spektralklasse im Helligkeitsmaximum besteht eine **Perioden-Spektrum-Beziehung**: Je größer die Periode, umso später die Spektralklasse. Von größerer Bedeutung ist die **Perioden-Leuchtkraft-** bzw. **Perioden-Helligkeits-Beziehung**: Je größer die Periode, umso größer ist die Leuchtkraft bzw. die absolute Helligkeit (Abb. 3). Für die mittlere absolute Helligkeit M_V im V-Bereich des UBV-Systems (→ Farbsystem) und die in Tagen gemessene Periode P gilt die Beziehung $M_V = -1,4 - 2,8 \cdot \log P$. Die Beziehung ist für Entfernungsbestimmungen extragalaktischer Sternsysteme und die Schaffung einer einheitlichen Entfernungsskala im Weltall von großer Bedeutung (→ Parallaxe). Aus der leicht beobachtbaren Periode ergibt sich die absolute Helligkeit eines D.-C.-S.s und in Verbindung mit der gemessenen scheinbaren Helligkeit seine Entfernung (→ Helligkeit) und damit die des Sternsystems, in dem sich der Stern befindet.

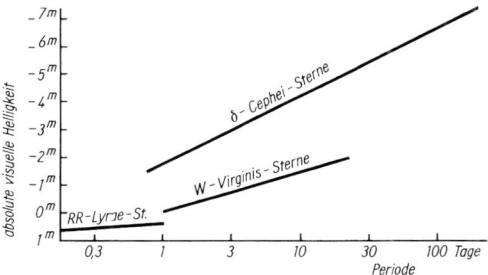

Abb. 3: Perioden-Helligkeits-Beziehung für Delta-Cephei- und W-Virginis-Stern sowie die mittleren absoluten Helligkeiten der RR-Lyrae-Sterne

Die D.-C.-S. sind infolge der in einem Sternbereich mit bestimmtem Mittelpunktsabstand und geometrischer Dicke herrschenden Druck- und Temperaturverhältnisse schwingungsinstabil. Der mittlere Absorptionskoeffizient steigt dort mit steigendem Druck stärker als normal. Bei einer Kontraktion wird dadurch mehr Strahlungsenergie absorbiert als für die Rückkehr in den Gleichgewichtszustand des Sterns notwendig ist. Die Zusatzenergie erzeugt einen Überdruck und damit eine Expansion. In der Endphase der Expansion ist die Dichte und damit die Strahlungsabsorption so gering, dass eine Abkühlung und unter dem Einfluss der Gravitation wieder eine Kontraktion einsetzt. Der Prozess wiederholt sich und ist so effektiv, dass er den gesamten Stern zum Pulsieren bringt (→ Sternaufbau). Bei dem Prozess wird Strahlungsenergie in mechanische, in Schwingungsenergie überführt. Würde keine Energiezufuhr erfolgen und der Stern künstlich in Schwingungen versetzt, käme er nach etwa 5 000 bis 10 000 Schwingungen, d. h. nach rund 100 Jahren, wieder zur Ruhe. Die meisten D.-C.-S. schwingen in der Grundfrequenz, bei der sich der Schwingungsknoten im Sternmittelpunkt befindet, aber rund 30% schwingen in der ersten Harmonischen mit der Knotenfläche etwa in der Mitte zwischen Zentrum und Oberfläche, bei einigen wenigen Sternen überlagern sich Grundschwingung und erste Harmonische. Die D.-C.-S. gehören zur Population I, es sind sehr junge Sterne. Ihre Masse liegt im Bereich von etwa 5 bis 15 Sonnenmassen. Sie befinden sich im Übergang vom Hauptreihenzustand zu dem eines Riesensterns (→ Sternentwicklung), im Zentralgebiet findet das Heliumbrennen statt. Die Bildpunkte der D.-C.-S. liegen im Hertzsprung-Russell-Diagramm in einem relativ schmalen, streifenförmigen Gebiet, dem *Instabilitätsstreifen*, in dem sich die Bildpunkte instabiler Sterne befinden (Abb. → Veränderliche). Die Pulsationsinstabilität ist zeitlich befristet, die Dauer ist im Verhältnis zur gesamten Entwicklungszeit des Sterns sehr kurz. Neben den D.-C.-S.n existiert eine andere Gruppe von Pulsationsveränderlichen mit sehr ähnlichen photometrischen Eigenschaften, die → W-Virginis-Sterne, die aber Mitglieder der Halopopulation sind. Beide Gruppen zusammen werden als **Cepheiden** bezeichnet, die D.-C.-S. als *klassische Cepheiden*. Spezielle Angaben zu einigen D.-C.-S.n → Veränderliche.

Delta-Ring, δ-*Ring*, einer der Ringe um den → Uranus.

Delta-Scuti-Sterne, δ-*Scuti-Sterne*, Typbezeichnung (δSc), Pulsationsveränderliche mit Perioden zwischen etwa 30 Minuten und 6 Stunden. Die Spektralklassen liegen etwa zwischen A0 und F5. Die Lichtkurven sind annähernd sinusförmig, doch variieren vielfach Form, Amplitude und Periode (Abb.). Die Helligkeitsamplituden betragen einige 0,01 bis einige 0,1 mag, bei den meisten D.-S.-S.n sind es weniger als 0,05 mag. Im Hertzsprung-Russell-Diagramm liegen die Bildpunkte der D.-S.-S. in Verlängerung des Instabilitätsstreifens der Delta-Cephei-Sterne im Bereich der Hauptreihe oder wenig darüber, deshalb auch die Bezeichnung *Zwergcepheiden* (Abb. → Veränderliche). Die Pulsationen werden wahrscheinlich durch den gleichen Prozess verursacht wie die der → Delta-Cephei-Sterne.

Die meisten D.-S.-S. führen möglicherweise sowohl radiale als auch nichtradiale Schwingungen mit unterschiedlichen Perioden und Amplituden aus. Die Ursachen dafür sind noch nicht recht verstanden. Eventuell spielt die schnelle Rotation der Sterne eine Rolle. Die Variationen in den Lichtkurven dürften durch Überlagerungen unterschiedlicher Perioden verursacht sein. Die D.-S.-S. gehören zur Population I, es sind Hauptreihensterne oder Sterne mit einem Wasserstoff-Schalenbrennen beim Übergang zum Riesenzustand (→ Sternentwicklung). Die Massen der D.-S.-S. betragen etwa 1,5 bis 3,0 Sonnenmassen. Entsprechende

Deneb

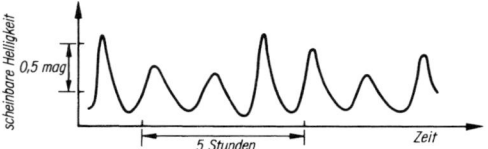

Lichtkurve von SX Phoenicis am 29. und 30. August 1952

Veränderliche der Population II sind die **SX-Phoenicis-Sterne**, ihre Bildpunkte liegen im Hertzsprung-Russell-Diagramm unterhalb der Hauptreihe im Bereich der Unterzwerge.

Im Milchstraßensystem scheinen D.-S.-S. verhältnismäßig häufig zu sein, ihre Entdeckungswahrscheinlichkeit ist aber wegen der geringen Helligkeitsamplituden und der damit verbundenen geringen Auffälligkeit relativ gering. Spezielle Angaben zum Stern δ Scuti → Veränderliche.

Deneb m, α *Cygni*, der hellste Stern im Sternbild Cygnus (Schwan) mit einer scheinbaren visuellen Helligkeit von $1\overset{m}{.}3$, der Spektralklasse A2 und der Leuchtkraftklasse I. Die Leuchtkraft ist etwa 100 000-mal größer als die der Sonne. Die Entfernung von der Sonne liegt in der Größenordnung von etwa 1 000 pc oder rund 3 200 Lichtjahre. Zusammen mit den Sternen Wega und Atair bildet der D. das → Sommerdreieck.

Denebola, β *Leonis*, ein Stern im Sternbild Leo (Löwe) mit einer scheinbaren visuellen Helligkeit von $2\overset{m}{.}1$, der Spektralklasse A3 und der Leuchtkraftklasse V. Die Entfernung von der Sonne beläuft sich auf 11,1 pc oder rund 36 Lichtjahre. D. hat in einem Winkelabstand von 176″ einen lichtschwachen Begleiter mit einer scheinbaren visuellen Helligkeit von $7\overset{m}{.}6$.

Desdemona f, *1)* ein Satellit des Uranus. Hinsichtlich der Einordnung der D. in das System der Uranussatelliten → Uranus.
2) der Planetoid (666).

Despina f, ein Satellit mittlerer Größe des Neptun. Hinsichtlich der Einordnung der D. in das System der Neptunsatelliten → Neptun.

deterministisches Chaos, → chaotische Bewegung.

Deuterium n, *schwerer Wasserstoff*, das Wasserstoffisotop mit der Massezahl 2, Kurzz. ^{2}H oder ^{2}D. Sein Atomkern, das *Deuteron*, besteht aus einem Proton und einem Neutron.

Deuteriumreaktion, thermonuklearer Prozess, bei dem ein Deuteriumkern mit einem Proton reagiert und unter Aussendung eines Gammaquants ein Helium-3-Kern entsteht; → Energiefreisetzung in Sternen.

Deuteron n, der Atomkern des → Deuteriums.

Deutsche Montierung, eine Aufstellungsart eines astronomischen → Fernrohrs.

D-Galaxie, das in einem Galaxienhaufen dominierende extragalaktische Sternsystem; → Sternsystem.

Dichotomie f, die Halbphase eines Gestirns mit Phasenwechsel. Bei der Venus tritt die D. nicht genau zu dem Zeitpunkt ein, zu dem sie nach den geometrischen Verhältnissen zu erwarten wäre, also wenn Sonne, Venus und Erde einen rechten Winkel bilden. Sie tritt bei der Venus als abnehmender Abendstern etwas früher, als zunehmender Morgenstern etwas später ein, weil bei genauer geometrischer D. in der Nähe der Lichtgrenze der Winkel zwischen einfallender Sonnenstrahlung und Venusoberfläche sehr flach ist, wodurch die Gebiete nahe der Grenze so wenig hell erscheinen, dass sie vom Auge nicht wahrgenommen werden.

Dichte, allgemein eine physikalische Größe je Volumeneinheit, insbs. Masse je Volumeneinheit *(Massendichte)* oder Zahl von Teilchen je Volumeneinheit *(Teilchendichte)*. Die Energiemenge je Volumeneinheit ist die *Energiedichte.* Die *Sterndichte* ist die Zahl der Sterne je Raumeinheit.

Dichteparameter, das Verhältnis der mittleren Dichte im Weltall zur kritischen Dichte; → Kosmologie.

Dichtewellentheorie, Theorie zur Erklärung der Spiralstruktur im Milchstraßensystem und in spiralförmigen Sternsystemen; → Milchstraßensystem.

differentielle Rotation, Rotation mit vom Abstand von der Rotationsachse variierender Winkelgeschwindigkeit; → Rotation.

Diffraktion, svw. Beugung.

diffuse Banden, → interstellare diffuse Banden.

diffuser Nebel, unregelmäßig geformte Ansammlung leuchtender interstellarer Materie; → interstellares Gas.

Dione f, *1)* ein Saturnsatellit, der sich auf einer Kreisbahn mit einem Radius von 377 420 km in 2,737 Tagen rechtläufig um den Saturn bewegt. Die Bahnebene ist nur gering gegen dessen Äquatorebene geneigt. Wegen

Saturnsatellit Dione (Aufnahme: NASA/JPL, Raumsonde Voyager 1)

der gebundenen Rotation ist die Rotationsperiode gleich der Umlaufperiode. Der Durchmesser beträgt 1 125 km, die Masse $1{,}05 \cdot 10^{21}$ kg und die Dichte 1,44 g/cm³. Die D. ist wahrscheinlich ein eisartiger Himmelskörper. In Oppositionsstellung erreicht die scheinbare visuelle Helligkeit $10^{\text{m}}\!7$.

Die Oberflächenstruktur ist zweigeteilt. Die in die Bewegungsrichtung weisende Hemisphäre ist mit einer Albedo von 0,6 viel heller als die Gegenseite, deren Albedo etwa 0,3 beträgt. Die Oberfläche enthält viele Krater, die z. T. bis zu 150 km Durchmesser haben (Abb.). Auf der Rückseite existieren breite Rücken, die einem dunkleren Untergrund überlagert sind. Es könnte sich um Eisablagerungen längs Brüchen im Eismantel handeln, die wahrscheinlich Folgen tektonischer Prozesse sind.

An die D. sind dynamisch die Satelliten Helene und Polydeuces gebunden, die sich im Librationspunkt L_4 bzw. L_5 von Saturn und der D. befinden. Hinsichtlich der Einordnung der D. in das System der Saturnsatelliten → Saturn.

2) Der Planetoid (106).

Dispersion, 1) die Wellenlängenabhängigkeit der Ausbreitungsgeschwindigkeit von Wellen; → Brechung.

2) ein Maß für die Trennung von Licht unterschiedlicher Wellenlänge durch einen Spektralapparat.

Dissoziation, die Spaltung von Molekülen in einfachere Moleküle, Atomgruppen, Atome oder Ionen. Die D. ist ein energieverbrauchender Prozess, die benötigte Energie ist die *Dissoziationsenergie*.

Dissoziationsenergie, allgemein die zur Trennung eines gebundenen Systems in Teilsysteme, vor allem die für die Aufspaltung eines Moleküls erforderliche Energie.

D-Linien, zwei von J. Fraunhofer (1787–1826) so bezeichnete, dicht beieinander liegende Absorptionslinien im Sonnenspektrum bei 589,6 nm (D_1) und 589,0 nm (D_2), die durch neutrale Natriumatome verursacht werden.

Doppelgalaxie, zwei extragalaktische Sternsysteme, die auf Grund ihrer gegenseitigen Massenanziehung eine physische Einheit bilden.

Doppelquasar, ein infolge des Gravitationslinseneffekts in zwei getrennten Bildern erscheinender Quasar.

Doppelquelle, zwei am Himmel eng benachbarte Strahlungsquellen.

Doppelstern, im weitesten Sinn zwei Sterne, die an der Himmelskugel dicht benachbart sind. Erscheinen die beiden Sterne von der Erde aus gesehen am Himmel nur rein zufällig eng beieinander, stehen in Wirklichkeit aber in sehr unterschiedlicher Entfernung, bilden sie einen *optischen D.*; sie sind ohne wesentliches astronomisches Interesse. Die D.e im engeren Sinn sind die *physischen D.e*. Bei ihnen haben die beiden Sterne einen so geringen räumlichen Abstand voneinander, dass sie auf Grund ihrer gegenseitigen Massenanziehung sich nach den Kepler'schen Gesetzen um ihren gemeinsamen Schwerpunkt bewegen. Die massereichere Komponente eines physischen D.s, oder wenn dies nicht feststellbar ist, die hellere Komponente, wird als *Hauptstern* (*Hauptkomponente*) bezeichnet, die masseärmere bzw. lichtschwächere als *Begleiter*.

Physische D.e sind von großer Bedeutung für die Astrophysik, nur bei ihnen sind im Gegensatz zu Einzelsternen Massenbestimmungen auf direktem Weg möglich. Die für D.e abgeleiteten Zusammenhänge zwischen Masse und anderen Zustandsgrößen gelten als repräsentativ für alle Sterne.

Benennung. Soweit D.e nicht schon einen geläufigen Namen oder eine Buchstaben- oder Ziffernbezeichnung innerhalb eines Sternbildes tragen, weil sie als Einzelsterne erscheinen, werden sie im Allg. mit dem Namen des Entdeckers und der Nummer bezeichnet, die sie in der vom Entdecker geführten Entdeckungsliste tragen, wobei die Hauptkomponente mit dem Zusatz A, der Begleiter mit B kenntlich gemacht wird. Frühere Entdecker benutzten vielfach Abkürzungen für ihren Namen, so bedeutet z. B. *H* F. W. Herschel, *h* John Herschel, Σ Wilhelm Struve, *A* Aitken und *R* Rabe.

Klassifikation. Physische D.e werden je nach den Beobachtungsmöglichkeiten in visuelle, spektroskopische, photometrische, astrometrische, Röntgen- oder Pulsar-Doppelsterne eingeteilt, doch bestehen vielfach Überschneidungen bei dieser Einteilung, z. B. gehören photometrische D.e im Allg. auch zu den spektroskopischen. Ein anderes Klassifikationskriterium ist der Abstand der Komponenten voneinander. In einem *getrennten System* (Abb. 1) haben die Komponenten einen so großen Abstand, dass deren physikalischer Zustand völlig unbeeinflusst von der jeweiligen anderen Komponente ist. In *halbgetrennten Systemen* ist der Abstand so gering, dass Masse von einer Komponente zur anderen fließt, wodurch sowohl der physikalische Aufbau als auch die Entwicklung jeder der Komponenten durch die Anwesenheit der anderen beeinflusst wird und anders verläuft, als wenn sie Einzelsterne wären (→ Sternentwicklung). In *Kontaktsystemen* sind die beiden Komponenten so wenig voneinander entfernt, dass der Masseaustausch so stark ist, dass sie praktisch eine gemeinsame äußere Hülle haben, deren äußere Begrenzung die kritische Roche-Fläche ist (→ Äquipotentialfläche). Diese Klassifikation geht auf die gegenwärtig beobachtete Wechselbeziehung der Komponenten zurück, die sich aber im Laufe der Entwicklung entscheidend ändern kann. Je nach Anfangsmasse der Komponenten und ihrem ursprünglichen Abstand kann ein bei der Entstehung weit getrenntes System im Lau-

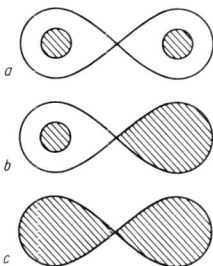

Abb. 1: Schematische Darstellung eines getrennten (a), halbgetrennten (b) sowie eines Kontaktsystems (c). Masseerfüllte Volumina sind schraffiert gezeichnet. Die die beiden Komponenten einhüllende Linie stellt den Schnitt durch die kritische Roche-Fläche dar

Doppelstern

fe der Entwicklung ein- oder auch zweimal zu einem halbgetrennten oder Kontaktsystem werden (→ Sternentwicklung). Bei halbgetrennten Systemen ist das Überfließen von Materie vielfach mit Helligkeitsvariationen des Gesamtsystems verbunden. Veränderliche Sterne, deren Lichtwechsel wesentlich durch diesen Effekt verursacht wird, sind u. a. die → kataklysmischen Veränderlichen.

Bei *visuellen D.en* können die Komponenten optisch getrennt werden. Die Entscheidung, ob zwei am Himmel benachbarte Sterne einen physischen und nicht nur einen optischen D. bilden, kann z. T. erst nach Jahren gefällt werden. Unterschiedliche Eigenbewegungen zufällig benachbarter Sterne können zu gegenseitigen Verschiebungen an der Himmelskugel führen und ein physisches System vortäuschen. Erst die Darstellung der Verschiebungen als Folge einer auf einer geschlossenen Bahn erfolgenden Bewegung (→ Bahnbestimmung) gibt den Nachweis, dass es sich um ein physisches System handelt.

Die Wahrscheinlichkeit, dass zwei am Himmel nahe benachbarte Sterne ein physisches System bilden, ist umso größer, je kleiner ihr Winkelabstand ist, der vom linearen Abstand der Komponenten und von der Sonnenentfernung des Systems abhängt. Mit wachsender Entfernung nimmt nicht nur der Winkelabstand (bei gleichem linearen Abstand) ab, sondern auch die scheinbare Helligkeit der Sterne. Die Wahrscheinlichkeit, dass ein Sternpaar mit einem bestimmten Winkelabstand einen physischen D. bildet, sinkt deshalb mit abnehmender scheinbarer Helligkeit. Der Winkelabstand der Komponenten hängt auch vom Winkel ihrer Verbindungslinie mit der Sichtlinie ab. Fallen Verbindungs- und Sichtlinie nahezu zusammen, ist der Winkelabstand trotz eines großen linearen Komponentenabstands gering.

Die Komponenten eines physischen D.s haben vielfach etwa gleiche Masse, sie durchlaufen dann nach den Kepler'schen Gesetzen etwa gleichgroße ähnliche Ellipsen um den gemeinsamen Schwerpunkt (Abb. 2). Beobachtet werden nicht die *wahren Bahnen*, sondern nur deren Projektion auf die Himmelskugel, die *scheinbaren Bahnen*. Im Allg. wird nur die projizierte scheinbare Bewegung des Begleiters relativ zum Hauptstern verfolgt. Die scheinbaren Bahnen beider Komponenten können nur ermittelt werden, wenn die Bewegung auch des Hauptsterns relativ zu lichtschwachen Sternen mit vernachlässigbaren Eigenbewegungen in der unmittelbaren Umgebung bestimmt wird. Wegen der Ungenauigkeit der Messung sehr kleiner Winkel müssen sehr viele Bahnpositionen bestimmt werden, die über einen möglichst großen Teil der Bahnkurven verteilt sind. Zur Minimierung des Einflusses zufälliger Beobachtungsfehler werden mehrere Positionen zu einem „Normalort" zusammengefasst, so dass sich die Fehler mindestens teilweise kompensieren. Die wahre Bahn des Begleiters bezüglich des Hauptsterns ist eine Ellipse, in deren einem Brennpunkt sich der Hauptstern befindet. Die relative scheinbare Bahn ist zwar ebenfalls eine Ellipse, sie braucht jedoch weder der wahren Bahn ähnlich zu sein, noch muss sich der Hauptstern in einem Brennpunkt der projizierten Bahn befinden, er kann jeden beliebigen Punkt innerhalb der projizierten Ellipse einnehmen (Abb. 3). Der eingenommene Punkt ist abhängig von der Neigung der Bahnebene relativ zur Sichtlinie.

Die Bahnbestimmung hat das Ziel, aus der beobachteten scheinbaren Bahn des Begleiters dessen räumliche, wahre Bahn um den Hauptstern zu ermitteln. Dazu müssen sechs Bahnelemente bestimmt werden (→ Bahnbestimmung). Ist diese Bahn bekannt, kann mit Hilfe des dritten Kepler'schen Gesetzes die Massensumme der Komponenten berechnet werden. Sind die wahren Bahnen beider Sterne um den gemeinsamen Schwerpunkt bekannt, ist es auch das Verhältnis der großen Halbachsen und damit das Massenverhältnis der Komponenten. Aus Massensumme und -verhältnis ergibt sich die Masse für jeden der beiden Sterne. Für eine zuverlässige Bahnbestimmung werden viele, mög-

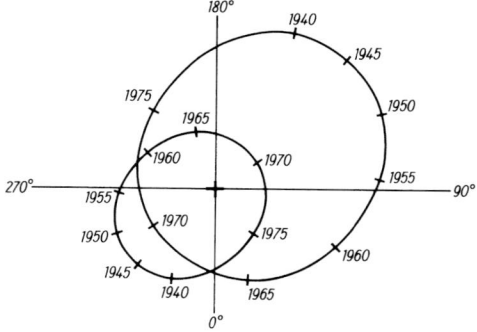

Abb. 2: Die Bahnen der beiden Komponenten des visuellen Doppelsterns Krüger 60 um den gemeinsamen Schwerpunkt (+), wie sie im umkehrenden Fernrohr erscheinen. Norden (Positionswinkel 0°) unten, Osten (Positionswinkel 90°) rechts

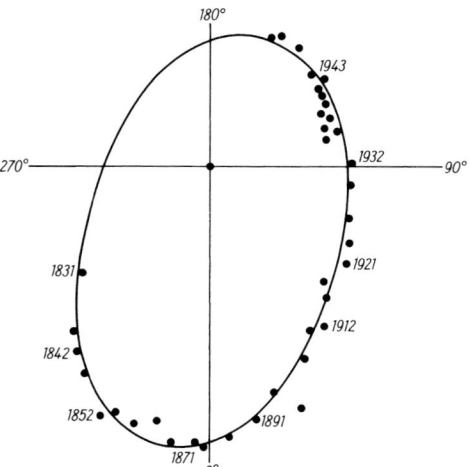

Abb. 3: Scheinbare relative Bahn des Begleiters um den Hauptstern im Doppelsternsystem 36 Andromedae. Der Hauptstern befindet sich im Ursprung des Koordinatensystems; angegeben sind Normalörter

Doppelstern

Visuelle Doppelsterne

	U (in Jahren)	a (in ″)	e	scheinbare Helligkeit A	scheinbare Helligkeit B	absolute Helligkeit A	absolute Helligkeit B	Masse (in Sonnenmassen) A	Masse (in Sonnenmassen) B
χ Draconis	0,768	0,124	0,45	$3^{m}\!\!.78$	$6^{m}\!\!.18$	$4^{m}\!\!.25$	$6^{m}\!\!.65$	0,98	0,71
ε Ceti	2,654	0,107	0,23	$5^{m}\!\!.36$	$6^{m}\!\!.12$	$3^{m}\!\!.40$	$4^{m}\!\!.16$	1,41	1,19
δ Equulei	5,713	0,231	0,44	$5^{m}\!\!.31$	$5^{m}\!\!.38$	$3^{m}\!\!.98$	$4^{m}\!\!.06$	1,21	1,13
46 Tauri	7,20	0,134	0,33	$5^{m}\!\!.76$	$6^{m}\!\!.67$	$2^{m}\!\!.95$	$3^{m}\!\!.86$	1,41	1,19
β Coronae Borealis	10,551	0,203	0,55	$3^{m}\!\!.89$	$5^{m}\!\!.90$	$1^{m}\!\!.23$	$3^{m}\!\!.24$	1,77	1,21
HD 38052	18,7	0,227	0,48	$7^{m}\!\!.72$	$8^{m}\!\!.10$	$4^{m}\!\!.74$	$5^{m}\!\!.12$	1,15	0,88
10 Ursae Maioris	21,80	0,644	0,15	$4^{m}\!\!.18$	$6^{m}\!\!.52$	$3^{m}\!\!.12$	$5^{m}\!\!.46$	1,37	1,04
HD 7580	29	0,312	0,78	$7^{m}\!\!.71$	$7^{m}\!\!.74$	$3^{m}\!\!.76$	$4^{m}\!\!.78$	1,13	1,05

U: Umlaufzeit; a: Große Bahnhalbachse; e: Bahnexzentrizität

lichst über einen großen Teil der Umlaufbahn gleichmäßig verteilte Positionsbestimmungen benötigt. Bei Systemen mit großen Umlaufperioden erfordert dies entsprechend lange Beobachtungszeiträume. Systeme mit sehr kurzen Umlaufperioden haben geringe räumliche Abstände der Komponenten, ihre optische Trennung ist vielfach nur schwer möglich. Die Angaben für einige visuelle D.e in der Tab. beruhen auf Beobachtungen, die mit Hilfe des astrometrischen Satelliten HIPPARCOS gewonnen wurden.

Der visuelle D. σ² Ursae Maioris hat die längste bekannte Umlaufperiode, nämlich etwa 10 800 Jahre, und einen Komponentenabstand von grob 480 AE, diese Werte sind wegen der Kürze des durch Positionsbestimmungen belegten Bahnbogens nicht sehr genau. Viele visuelle D.e durchlaufen nahezu Kreisbahnen, doch existieren auch Bahnen hoher Exzentrizität, z. B. beträgt sie bei Σ2597 0,94. Bei den Komponenten visueller D.e sind keine Spektralklassen bevorzugt, häufig sind frühe und mittlere Klassen, etwa A bis G. Die Komponenten eines D.s können beide sowohl Hauptreihen- als auch Riesensterne sein, es existieren auch D.e mit einem Hauptreihen- und einem Riesenstern. Visuelle D.e eignen sich zur Bestimmung des Auflösungsvermögens kleinerer Fernrohre, indem man D.e mit möglichst gleich hellen Komponenten in der Reihenfolge abnehmenden Winkelabstands beobachtet und feststellt, bei welchem Winkelabstand beide Komponenten noch getrennt gesehen werden können. Die Tab. enthält für das Verfahren geeignete D.e oder zwei Komponenten eines Mehrfachsystems, die bei Verwendung kleinerer Fernrohre als visuelle D.e erscheinen.

Bei *spektroskopischen D.en* ist der Winkelabstand der Komponenten so gering, dass sie optisch nicht getrennt werden können. Die Bahnbewegung um den gemeinsamen Schwerpunkt kann nur aus den periodischen Doppler-Verschiebungen der Linien im gemeinsamen Spektrum erschlossen werden. Sind beide Komponenten nahezu gleich hell, verdoppeln sich die Linien periodisch, es handelt sich um ein *Zweispektrensystem* (Abb. 4). Bei großer Helligkeitsdifferenz der Komponenten kann im Spektrum im Allg. nur das periodische Hinundherpendeln der Linien der helleren Komponente beobachtet werden, es liegt ein *Einspektrumsystem*

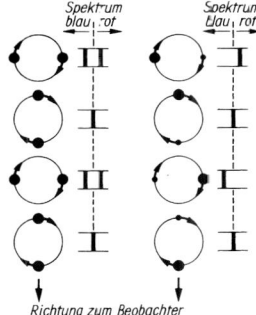

Abb. 4: Linienverschiebungen im Spektrum spektroskopischer Doppelsterne infolge der sich periodisch ändernden Radialgeschwindigkeiten der Komponenten. Links: Zweispektrensystem; rechts: Einspektrumsystem

Doppelsterne zur Bestimmung des Auflösungsvermögens von Fernrohren

	Koordinaten (2000) α h	Koordinaten (2000) α min	Koordinaten (2000) δ °	Koordinaten (2000) δ ′	scheinbare Helligkeit A	scheinbare Helligkeit B	Komponenten-Abstand ″
ε Monocerotis	6	23,8	4	36	$4^{m}\!\!.5$	$6^{m}\!\!.9$	12,4
1 Camelopardalis	4	32,0	53	55	$5^{m}\!\!.8$	$7^{m}\!\!.0$	10,3
γ Arietis	1	53,5	19	17	$4^{m}\!\!.6$	$4^{m}\!\!.6$	7,6
118 Tauri	5	29,3	25	9	$5^{m}\!\!.9$	$6^{m}\!\!.7$	4,8
α Geminorum	7	34,6	31	53	$1^{m}\!\!.6$	$2^{m}\!\!.6$	3,7
ζ Orionis	5	40,7	−1	57	$1^{m}\!\!.7$	$3^{m}\!\!.9$	2,4
α Piscium	2	2,0	2	46	$4^{m}\!\!.2$	$5^{m}\!\!.3$	1,9
ε Arietis	2	59,2	21	20	$5^{m}\!\!.2$	$5^{m}\!\!.6$	1,4

α: Rektaszension; δ: Deklination

Doppelstern

vor. Die Linienverschiebungen entsprechen den Radialgeschwindigkeiten der Komponenten relativ zum Beobachter. Die Amplitude sowie die Form der zeitlichen Änderung der Verschiebungen (Radialgeschwindigkeitskurve) sind durch Bahngröße, Bahnexzentrizität sowie Bahnlage bezogen auf die Sichtlinie bestimmt. Dies ermöglicht, die zur Bahnbestimmung notwendigen Daten zu ermitteln. Da nur Radial- und keine räumlichen Bewegungen der Komponenten beobachtbar sind, bleibt die Neigung der Bahnebene gegen die Sichtlinie unbekannt, was eine Massenbestimmung der Komponenten unmöglich macht. In Zweispektrensystemen ist das Massenverhältnis bestimmbar, da sich aus der Amplitude der Radialgeschwindigkeitsänderungen der beiden Liniensysteme das Verhältnis der großen Bahnhalbachsen, damit das der Massen, ergibt. Die Massensumme hingegen bleibt infolge des unbekannten Neigungswinkels unbestimmt. Wird eine statistische Gleichverteilung der Lage der Bahnebenen im Raum angenommen, kann für Gruppen von Sternen mit gleichen physikalischen Merkmalen, z. B. für Sterne gleichen Spektraltyps, ein statistischer Mittelwert für die Neigung angesetzt und eine mittlere Sternmasse berechnet werden. Bei spektroskopischen D.en, die gleichzeitig → Bedeckungsveränderliche sind, liegt die Sichtlinie in der Bahnebene, somit ist die Neigung bekannt und die Einzelmassen sind bestimmbar. Von der Gesamtheit der Sterne mit periodischen Linienverschiebungen ist die Radialgeschwindigkeitskurve nur von wenigen so gut bekannt, dass eine Bahnbestimmung möglich ist.

Die Umlaufzeiten spektroskopischer D.e sind meist kürzer als 5 Jahre, am häufigsten liegen sie zwischen 2 und 50 Tagen. Beim Stern WZ Sagittae, der gleichzeitig ein Bedeckungsveränderlicher und eine wiederkehrende Nova ist, beträgt die Umlaufzeit 80 Minuten, bei 70 Ophiuchi hingegen etwa 88 Jahre. Die größten gemessenen Radialgeschwindigkeiten liegen in der Größenordnung von etwas mehr als 1 000 km/s. Radialgeschwindigkeiten kleiner als etwa 2 km/s sind schwer nachweisbar, sie treten in Systemen mit sehr großer Umlaufzeit und bei Systemen auf, bei denen Bahnebene und Sichtlinie nahezu senkrecht zueinander sind.

Bei den Komponenten spektroskopischer D.e ist keine Spektralklasse ausgezeichnet, bei sehr engen D.en mit im Mittel sehr kurzen Umlaufzeiten sind die Komponenten vorwiegend O-, B-, A- oder F-Sterne. Riesensterne der Spektralklassen G bis M kommen bevorzugt in Systemen mit langen Umlaufzeiten vor. Spektroskopische D.e hatten für die Entdeckung nichtleuchtender interstellarer gasförmiger Materie große Bedeutung (→ interstellares Gas).

Photometrische D.e werden anhand ihres Lichtwechsels nachgewiesen. Wichtigste Vertreter sind die → Bedeckungsveränderlichen. Bei ihnen liegt die Sichtlinie Beobachter–Gestirn nahezu in der Bahnebene eines Doppelsternsystems, so dass periodisch eine Komponente die andere verdeckt und so einen charakteristischen Lichtwechsel verursacht. Eine andere Gruppe photometrischer D.e bilden → ellipsoidische Veränderliche. Der Komponentenabstand bei ihnen ist so gering, dass die Sterne infolge gegenseitiger Gezeitenkräfte ellipsoidisch verformt sind. Beim Umlauf um den gemeinsamen Schwerpunkt ändert sich die Größe der sichtbaren leuchtenden Fläche der Komponenten, was zu einer charakteristischen, streng periodischen Helligkeitsvariation führt.

Bei ***astrometrischen D.en*** macht sich der unsichtbare Begleiter durch kleine periodische Ortsveränderungen des Hauptsterns an der Himmelskugel bemerkbar, die seinen Umlauf um den gemeinsamen Schwerpunkt widerspiegeln. Die Veränderungen werden bei sich über längere Zeiträume erfolgenden astrometrischen Beobachtungen gefunden (→ Astrometrie). Die Zahl der bekannten astrometrischen D.e hat sich durch die mit dem Astrometriesatelliten HIPPARCOS durchgeführte Himmelsüberwachung sehr erhöht. Das bekannteste Beispiel für das Auffinden eines unsichtbaren Begleiters mittels astrometrischer Beobachtungen ist Sirius B. Bei der Bestimmung der Eigenbewegung von Sirius fand F. W. Bessel (1784–1846), dass der Stern keine exakt geradlinige Bahn am Himmel durchläuft, sondern periodisch um eine Gerade pendelt (Abb. 5). Der diese Bewegung verursachende Begleiter blieb unsichtbar, bis er etwa 16 Jahre nach Bessels Entdeckung als ein im Vergleich zu Sirius A um etwa 10 mag schwächerer Stern (→ Sirius) optisch nachgewiesen werden konnte. Aus der Periode und Größe der Positionsänderungen sowie aus den Linienverschiebungen im Spektrum der sichtbaren Komponente kann, falls die Entfernung von der Sonne bekannt ist, auf die Masse des Begleiters geschlossen werden. Die gefundenen Massenwerte liegen z. T. erheblich unter der Sonnenmasse, was auf einen → Braunen Zwerg als Begleiter hinweisen kann, z. T. liegen die Massenwerte nur in der Größenordnung der Jupitermasse, der Begleiter ist ein → Exoplanet.

Röntgen-Doppelsterne sind halbgetrennte Systeme mit einem Neutronenstern, möglicherweise auch einem Schwarzen Loch als Hauptkomponente und einem Hauptreihen- oder Riesenstern als Begleiter. Von diesem fließt Materie zur Hauptkomponente, wobei sich um diese eine → Akkretionsscheibe ausbildet. Bei der gasdynamischen Reibung in der Scheibe sowie beim Aufprall der nachfließenden Materie auf die Scheibe wird kinetische Energie in thermische umgewandelt und die Scheibenmaterie so stark aufgeheizt, dass das Intensitätsmaximum der emittierten Strahlung im Röntgenbereich liegt. Die Strahlungsintensität ist z. T. variabel, was möglicherweise durch eine variierende Überströmrate oder durch die Lage der Akkretionsscheibe relativ zur Sichtlinie verursacht wird.

Bei einigen Röntgen-Doppelsternen ist die emittierte Strahlung streng periodisch veränderlich, „gepulst". In diesen Fällen ist die Hauptkomponente sehr wahrscheinlich ein Neutronenstern mit einem sehr starken

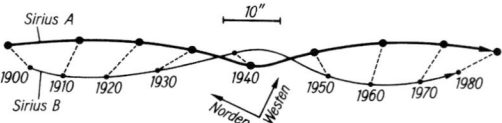

Abb. 5: Scheinbare Bewegung von Sirius (A) und seines Begleiters (Sirius B) am Himmel zwischen 1900 und 1980

Magnetfeld. Die dem Stern zuströmende, durch die starke Aufheizung ionisierte Materie ist an das Magnetfeld gekoppelt. Sie strömt vorzugsweise in Richtung der Magnetfeldpole, wo sie beim Aufprall auf die Oberfläche des Neutronensterns lokal begrenzte, heiße Flecken verursacht, von denen eine starke Röntgenstrahlung ausgeht (Abb. 6). Ist der Neutronenstern ein „schiefer Rotator", d. h. fallen Rotations- und Magnetfeldachse nicht zusammen, sieht ein entfernter Beobachter infolge der Sternrotation periodisch einen der Flecken, was den Eindruck einer gepulsten Strahlung hervorruft. Die Pulsperioden, damit die Rotationsperioden der Neutronensterne, liegen im Bereich von etwa 0,5 bis zu 800 Sekunden. Bei einigen Sternen verkürzt sich die Periode langsam. Die Beschleunigung der Rotation entsteht wahrscheinlich dadurch, dass die auf den Neutronenstern strömende Materie wegen ihres hohen Drehimpulses beim Aufprall ein Drehmoment auf den Stern ausübt.

Bei Neutronensternen mit schwachem Magnetfeld verteilt sich die zufließende Materie mehr oder minder gleichmäßig über die gesamte Sternoberfläche. In der angesammelten Materie, die von den Außenbereichen des Begleiters stammt und einen hohen Wasserstoffanteil hat, kann es zu explosionsartig verlaufenden Kernreaktionen kommen, bei denen die freigesetzte Energie wesentlich als Röntgenstrahlung emittiert wird. Eintritt, Verlauf und Heftigkeit der Reaktionen sind im Wesentlichen abhängig von der Menge der aufgesammelten Materie sowie der Masse des Neutronensterns, da diese die Kompression der zündfähigen Materie bestimmt. Nach gegenwärtiger Ansicht ist das Phänomen der Röntgenblitzer und Röntgennovae (→ Nova) mit großer Wahrscheinlichkeit durch Kernreaktionen in der auf den Neutronensternen angesammelten Materie verursacht, doch sind viele der beobachteten Erscheinungen noch nicht voll verstanden.

Bei Röntgen-Doppelsternen ist z. T. eine Massenbestimmung wie bei Einspektrumsystemen spektroskopischer D.e möglich. Mit ihr kann entschieden werden, ob die Hauptkomponente ein Neutronenstern ist oder ob es sich um ein Schwarzes Loch handeln muss, weil die Masse weit höher als die theoretische Grenzmasse von → Neutronensternen ist. Die Röntgenstrahlung der D.e mit einem Schwarzen Loch als Hauptkomponente stammt im Wesentlichen von der Akkretionsscheibe. Bei einem **Pulsar-Doppelstern** ist mindestens eine Komponente ein → Pulsar, die andere ist im Allg. optisch nicht nachweisbar. Der Doppelsterncharakter ergibt sich aus der zeitlichen Variation der Pulsperiode. Bewegt sich der Pulsar vom Beobachter weg, vergrößert sich die Periode, sie verkürzt sich um den gleichen Betrag bei der Bewegung auf den Beobachter zu. Die Messungen sind von sehr hoher Genauigkeit. Beim Pulsar PSR 1913+16 konnte eine langsame, nicht periodische Abnahme der Umlaufperiode nachgewiesen werden, was auf die Abstrahlung von Gravitationsenergie zurückgeführt wird (→ Gravitationswellen). Die abgestrahlte Energie wird der kinetischen Energie der umlaufenden Körper entzogen.

Entstehung. Abschätzungen ergeben, dass von den mit bloßem Auge sichtbaren Sternen nur etwa 40% Ein-

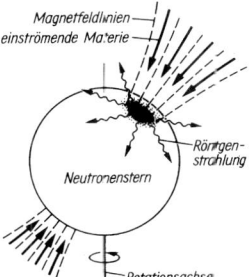

Abb. 6: Schematische Darstellung zur Entstehung eines heißen Flecks an einem der magnetischen Pole eines Neutronensterns

zelsterne sind, im gesamten Milchstraßensystem dürfte etwa jeder zweite Stern einem Doppel- oder Mehrfachsternsystem angehören. Nach den gegenwärtigen Vorstellungen ist dieser hohe Anteil eine Folge der bei der Sternentstehung ablaufenden Prozesse. In einer interstellaren Molekülwolke entsteht durch Kontraktion eines Bereichs erhöhter Dichte im Allg. mehr oder minder gleichzeitig eine ganze Gruppe von Sternen (→ Sternentstehung). Die theoretische Beschreibung und numerische Berechnung des Bildungsprozesses ist außerordentlich kompliziert. Neben hydrodynamischen Vorgängen ist u. a. der Zerfall des kontrahierenden Wolkenbereichs in Einzelfragmente und der Abtransport der bei der Kontraktion lokal freigesetzten potentiellen Energie durch Strahlung zu berücksichtigen. Es ist nicht möglich, die detaillierte Massenverteilung der Fragmente, damit die der zukünftigen Sterne, und deren gravitative Bindungen theoretisch zu bestimmen, es ist aber sehr wahrscheinlich, dass eine Vielzahl physischer D.e entsteht. Die Entstehung von D.en durch die gravitative Bindung zweier sich zufälligerweise sehr nahekommender Sterne ist wesentlich unwahrscheinlicher. Wegen der geringen Anzahldichte der Sterne und damit der äußerst geringen Wahrscheinlichkeit einer engen Begegnung wäre ein derartiger Bildungsprozess außerordentlich ineffektiv. Außerordentlich unwahrscheinlich ist ebenso der Zerfall eines schnell rotierenden massereichen Sterns in unabhängige, gravitativ gebundene Teile. Der Stern hätte wegen der Drehimpulserhaltung vor dem Zerfall den Bahndrehimpuls der späteren Komponenten um den gemeinsamen Schwerpunkt haben müssen. Die Rotationsgeschwindigkeit müsste wesentlich größer sein als die bei Sternen tatsächlich beobachteten. D.e und Mehrfachsterne können in ihrer Vielzahl auch nicht Reste eines aufgelösten ehemaligen Sternhaufens sein. Die Zahl der Haufen und die Effektivität des Prozesses ist viel zu gering und langsam, um die große Zahl der beobachteten D.e zu erklären. D.e sind nicht notwendigerweise für alle Zeiten gravitativ gebunden. Bei großen Abständen der Komponenten ist die Bindung gering, so dass bei nahen Vorübergängen anderer Sterne infolge der gravitativen Wechselwirkungen die Bahnen der Komponenten starken Störungen unterliegen. Die kinetische Energie einer Komponente kann dabei so erhöht werden, dass der Doppel- oder

Doppler-Effekt

Einige helle Doppelsterne

	Koordinaten (2000) α		δ		scheinbare visuelle Helligkeit		Spektralklasse		D "	Bemerkungen
	h	min	°	′	A	B	A	B		
γ Arietis	1	53,5	19	17	$4\overset{m}{,}8$	$4\overset{m}{,}9$	A0p	A0p	7,9	
β Monocerotis	6	28,8	−7	2	$4\overset{m}{,}6$	$4\overset{m}{,}9$	B2e	B2e	7,2	
ι Cancri	8	46,7	28	46	$4\overset{m}{,}2$	$6\overset{m}{,}6$	G5	A5	30,5	
γ Leonis	10	20,0	19	51	$2\overset{m}{,}5$	$3\overset{m}{,}6$	K0	K0	4,4	$U = 618{,}56$ a
54 Leonis	10	55,6	24	45	$4\overset{m}{,}5$	$6\overset{m}{,}4$	A0	A0	6,6	
α Canum Venaticorum A-B	12	56,0	38	19	$2\overset{m}{,}8$	$6\overset{m}{,}2$	A0p	A0p	19,4	A: SpD, $U = 5{,}5$ d
δ Serpentis	15	34,8	10	32	$4\overset{m}{,}2$	$5\overset{m}{,}3$	F0	F0	4,0	
ξ Scorpii A-B	16	4,4	−11	23	$4\overset{m}{,}8$	$5\overset{m}{,}1$	F8		1,1	$U = 45{,}69$ a
ρ Herculis	17	23,7	37	8	$4\overset{m}{,}5$	$5\overset{m}{,}5$	A0	A0	4,0	
95 Herculis	18	1,5	21	36	$4\overset{m}{,}9$	$5\overset{m}{,}3$	A3	G5	6,4	
70 Ophiuchi	18	5,5	2	30	$4\overset{m}{,}3$	$6\overset{m}{,}2$	K0	G	1,6	$U = 87{,}89$ a
ε¹ Lyrae A-B	18	44,3	39	40	$5\overset{m}{,}1$	$6\overset{m}{,}2$	A3	A3	2,5	$U = 1165{,}6$ a
ε² Lyrae C-D	18	44,3	39	36	$5\overset{m}{,}3$	$5\overset{m}{,}5$	A5	A5	2,3	$U = 585{,}0$ a
ε¹ ε² Lyrae AB-CD	18	44,3	39	40	$4\overset{m}{,}8$	$4\overset{m}{,}4$	A3	A5	209,3	
β Lyrae	18	50,1	33	22	$3\overset{m}{,}4$	$6\overset{m}{,}7$	B8	F0	45,8	$U = 12{,}91$ d
θ Serpentis	18	56,2	4	12	$4\overset{m}{,}7$	$5\overset{m}{,}1$	A5	A5	22,4	
β Cygni	19	30,7	27	58	$3\overset{m}{,}1$	$5\overset{m}{,}1$	K0	B9	34,4	VsD 0,6″

Bei Mehrfachsternen ist in der ersten Spalte das Komponentenpaar angegeben, das als visueller Doppelstern erscheint. AB-CD bedeutet: ein visueller Doppelstern, dessen Komponente BC ein mit kleineren Fernrohren nicht zu trennender Doppelstern ist, bei Helligkeit und Winkelabstand zur Komponente werden AB und CD jeweils als ein Stern betrachtet. α: Rektaszension; δ: Deklination; V: visuelle Helligkeit; Sp: Spektralklasse; D: Winkelabstand; SpD: spektroskopischer Doppelstern; VisD: visueller Doppelstern mit Winkelabstand; U: Umlaufzeit.

Mehrfachstern zerstört wird. Die Entwicklung der Komponenten eines D.s unterscheidet sich z. T. grundlegend von der, die sie als Einzelsterne hätten. Die Entwicklungsunterschiede werden im Wesentlichen durch die Masse und den Abstand der Komponenten bei der Entstehung bestimmt. Einen entscheidenden Einfluss auf die Entwicklung hat ein eventueller vorhandener Massenaustausch zwischen den Sternen (→ Sternentwicklung).

Doppler-Effekt [benannt nach dem österreich. Physiker Ch. Doppler, 1803–1853], die Änderung der Frequenz bzw. Wellenlänge einer Wellenstrahlung in Abhängigkeit von der Relativbewegung von Beobachter und Strahlungsquelle. Gegenüber der von der Quelle emittierten Strahlung treffen bei der Annäherung der Quelle je Zeiteinheit mehr Wellenzüge beim Empfänger ein, die Frequenz ist höher und die Wellenlänge kürzer, beim Entfernen ist die Frequenz niedriger und die Wellenlänge größer.

In der Astronomie ist der bei elektromagnetischen Wellen auftretende *optische D.-E.* wesentlich. Im Vergleich zur ausgesandten Strahlung ist bei der Annäherung die Wellenlänge geringer, im optischen Spektralbereich ergibt sich eine Verschiebung der im Spektrum vorhandenen Spektrallinien in Richtung des violetten Endes des Spektrums, eine **Violettverschiebung**. Entfernen sich Quelle und Beobachter voneinander, ergibt sich eine **Rotverschiebung**. Bezeichnen λ_0 die Wellenlänge der von der Quelle emittierten und λ die Wellenlänge der empfangenen Strahlung, ν_0 und ν die entsprechenden Frequenzen, $\Delta\lambda = (\lambda - \lambda_0)$ und $\Delta\nu = (\nu_0 - \nu)$ die betreffenden Differenzen sowie v die Relativgeschwindigkeit zwischen Quelle und Beobachter, ergibt sich für den D.-E. $\Delta\nu/\nu_0 = \Delta\lambda/\lambda_0 = v/c$, solange v sehr viel kleiner als die Lichtgeschwindigkeit c ist. Kommt die Relativgeschwindigkeit der Lichtgeschwindigkeit nahe, gilt die allgemeinere Gleichung des *relativistischen D.-E.s* $\Delta\nu/\nu_0 = \Delta\lambda/\lambda_0 = \sqrt{(1+v/c)/(1-v/c)} - 1$. Bei einer Annäherung von Quelle und Beobachter ist v negativ, beim Entfernen positiv. Relativ zu einer Strahlungsquelle sich bewegendes Gas kann bei Strahlungsabsorption einem Empfänger gleichgesetzt werden, entsprechend der Relativgeschwindigkeit wird kürzer- bzw. längerwellige Strahlung absorbiert als im Ruhezustand. Bei der Rotation eines flächenhaft erscheinenden Himmelskörpers haben die von der Achse aus gesehen gegenüberliegenden Bereiche für einen Beobachter entgegengesetzte Relativgeschwindigkeiten, die empfangene Strahlung entgegengesetzte Linienverschiebungen. Bei punktförmig erscheinenden rotierenden Himmelskörpern überlagern sich die Linienverschiebungen, es ergibt sich insgesamt eine Linienverbreiterung (*Rotationsverbreiterung*). Je höher die Rotationsgeschwindigkeit ist, umso größer ist die Verbreiterung.

Die *thermische Doppler-Verbreiterung* der Spektrallinien beruht auf den ungeordneten thermischen Bewegungen der Partikeln eines Gases. Von der Strahlung emittierende oder absorbierende Partikel haben gleich viele eine positive bzw. negative Radialgeschwindigkeit. Die Überlagerung der individuellen Linienverschiebungen ergibt eine Linienverbreiterung proportional der Temperatur des Gases, da die mittlere Partikelgeschwindigkeit der Temperatur proportional ist. Bei turbulenten Bewegungen in einem strahlenden oder absorbierenden Gas bewirken statt einzelner Gaspartikeln die unterschiedlichen Radialgeschwindigkeiten ganzer Gasbällen (Turbulenzelemente) eine *Turbulenzverbreiterung* der Spektrallinien.

Doppler-Verbreiterung, eine sich infolge des Doppler-Effekts ergebende Verbreiterung von Spektrallinien → Doppler-Effekt.

Doppler-Verschiebung, eine Verschiebung von Spektrallinien, die durch die Relativbewegung zwischen einer Strahlungsquelle und einem Strahlungsempfänger bzw. einem Strahlung emittierenden oder absorbierenden Medium erzeugt wird; → Doppler-Effekt.

Dor, Abk. für Dorado.

Dorado, *Gen.* Doradus, abg. *Dor*, *Goldfisch*, *Schwertfisch*, kleines Sternbild am südlichen Himmel, das von unseren Breiten aus nicht sichtbar ist. In ihm liegen der Südpol der Ekliptik und Teile der Großen Magellan'schen Wolke. Hinsichtlich der Lage am Himmel → Sternkarte Seite 417.

Dorsum *n*, *Plur.* Dorsa, Bezeichnung für eine höhenrückenähnliche Oberflächenstruktur auf erdartigen Körpern des Planetensystems.

Dra, Abk. für Draco.

Drache, das Sternbild → Draco.

Drachenpunkte, die Knoten der Mondbahn; → Finsternis.

Draco, *Gen.* Draconis, abg. *Dra*, *Drache*, weit ausgedehntes Sternbild des nördlichen Himmels, das in unseren Breiten stets über dem Horizont bleibt, also zirkumpolar ist. Es umschließt fast vollständig das Sternbild Ursa Minor (Kleiner Bär). Im Sternbild D. liegt der Nordpol der Ekliptik. Hinsichtlich der Lage am Himmel → Sternkarten Seite 414 und 415.

Draconiden, *Giacobiniden*, ein periodischer Meteorstrom, dessen Radiant im Sternbild Draco (Drache) liegt; → Meteor.

drakonitisch, sich auf die Knotenpunkte der Mondbahn, die Drachenpunkte, beziehend.

drakonitischer Monat, → Monat.

Drehimpuls, → Impuls.

Drei-Alpha-Prozess, *Drei-α-Prozess Tripel-Alpha-Prozess*, *Salpeter-Prozess*, *Heliumbrennen*, Kernprozess, bei dem aus drei Heliumkernen oder α-Teilchen ein Kohlenstoffkern gebildet wird; → Energiefreisetzung in Sternen.

Dreieck, das Sternbild → Triangulum.

Dreifarbenphotometrie, eine Mehrfarbenphotometrie, bei der die Helligkeit von Himmelskörpern in drei verschiedenen Spektralbereichen gemessen wird; → Photometrie, → Farbsystem.

Drei-Kelvin-Strahlung, svw. *kosmische Hintergrundstrahlung*.

Drei-Kiloparsec-Arm, *3-kpc-Arm*, ein Spiralarm im → Milchstraßensystem.

Dreikörperproblem, die Aufgabe, die Bewegungen dreier Körper zu bestimmen, die unter dem alleinigen Einfluss ihrer gegenseitigen Massenanziehung stehen. Das D. war lange Zeit eines der Hauptprobleme der Himmelsmechanik. Im D. wird vorausgesetzt, dass die Körper gravitativ als „Punktmassen" aufeinander wirken, d. h. als wäre ihre Masse im jeweiligen Körpermittelpunkt konzentriert. Die Annahme ist gerechtfertigt, wenn der Abstand der Körper voneinander wesentlich größer als ihr Durchmesser ist. Infolge der Massenanziehung wirken zwischen den Körpern Kräfte, unter deren Einfluss sie sich um den gemeinsamen Schwerpunkt bewegen. Ist zu einem bestimmten Zeitpunkt der Ort der drei Körper bekannt, können die auf jeden von ihnen von den beiden anderen ausgeübten Kräfte mittels des Newton'schen Gravitationsgesetzes bestimmt und die dadurch bewirkten Beschleunigungen nach Größe und Richtung berechnet werden. Mathematisch ist dies mit der Lösung eines Systems von neun Gleichungen (drei Vektordifferentialgleichungen) verbunden. Beim → Zweikörperproblem können die entsprechenden Gleichungen (zwei Vektordifferentialgleichungen) geschlossen gelöst und damit die von den zwei Körpern durchlaufenen Bahnen eindeutig angegeben werden. Beim D. ist dies nicht möglich. Es lässt sich sogar zeigen, dass es eine Lösung in geschlossener algebraischer Form nicht gibt, wenn, wie in der Himmelsmechanik allgemein üblich, in den Gleichungen als unabhängige veränderliche Größen rechtwinklige Koordinaten oder die Bahnelemente gewählt werden. Ob bei Wahl anderer Variabler eventuell eine geschlossene Lösung existiert, ist nicht bekannt.

Für die Bewegung der drei Körper gelten wie für alle abgeschlossenen gravitativen Systeme von Körpern drei Erhaltungssätze. Der *Schwerpunktsatz* besagt, dass der gemeinsame Schwerpunkt in Ruhe verharrt oder sich mit konstanter Geschwindigkeit geradlinig bewegt. Nach dem *Flächensatz* ist die Summe der Produkte aus Masse und Flächengeschwindigkeit der Körper konstant. Die Flächengeschwindigkeit ist die Fläche, die in der Zeiteinheit von der vom Systemschwerpunkt zum Körper gezogenen Verbindungsgeraden überstrichen wird. In anderer Fassung besagt der Flächensatz, dass der Gesamtdrehimpuls bei der Bewegung der Körper konstant bleibt. Der *Energiesatz* besagt, dass die Summe von kinetischer und potentieller Energie der Körper konstant ist.

Das D. hat im Allg. auch bei sehr einengenden Annahmen bezüglich der Bewegungen, z. B. beim *eingeschränkten D. (Problème restreint)*, keine geschlossene Lösung. In diesem Fall wird angenommen, dass sich zwei der Körper nach den Gesetzen des Zweikörperproblems auf Kreisbahnen um den gemeinsamen Schwerpunkt bewegen, der dritte Körper sich in der Bahnebene der beiden anderen bewegt und seine Masse gegenüber den Massen der beiden anderen Körper vernachlässigbar klein ist, so dass deren Bewegungen nicht gestört werden. Wird zusätzlich angenommen, dass der dritte Körper in der gleichen Zeit den Systemschwerpunkt umläuft wie die beiden Hauptkörper, ergeben sich dann strenge Lösungen, wenn der dritte Körper sich in einem der fünf *Librationspunkte, Gleichgewichtspunkte, Lagrange-Punkte* $L_1, L_2 \ldots L_5$ befindet (Abb.). In diesen Punkten herrscht Gleichgewicht zwischen der von den Hauptkörpern auf den dritten Körper ausgeübten Massenanziehung und dessen Zentrifugalkraft, die sich auf Grund seines Umlaufs um den Systemschwerpunkt ergibt. Die Punkte L_1, L_2 und L_3 liegen auf der Verbindungsgeraden der beiden Hauptkörper, deren Massenverhältnis die Abstände der Punkte bestimmt. Die Librationspunkte L_4 und L_5 bilden mit den Hauptkörpern gleichseitige Dreiecke. Bei diesen fünf Anordnungen ändern sich während der Bewegungen

D-Ring

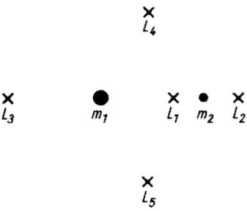

Lage der Librationspunkte L_1, L_2, ... L_5 relativ zu den Massen m_1 und m_2

um den gemeinsamen Schwerpunkt zwar die Entfernungen der Körper voneinander, die Verhältnisse der Entfernungen bleiben aber, da sich die Körper auf ähnlichen Kegelschnitten bewegen, konstant. Die vom dritten Körper durchlaufene Bahn ist eine **Librationsbahn**. Befindet sich der Körper nicht genau in einem der Librationspunkte, kann er periodische Bewegungen um die Punkte L_1, L_2 und L_3 nur dann ausführen, falls spezielle einschränkende Bedingungen erfüllt sind. Für Bewegungen um die Punkte L_4 und L_5 genügt, dass die Masse des dritten Körpers klein gegenüber der Masse jedes der Hauptkörper ist und die Masse eines der Körper höchstens 4% der Masse des anderen beträgt. Kommen zu den zwei Körpern noch weitere hinzu, die die Bewegung des dritten Körpers stören, geht dies über das eigentliche D. hinaus. Die Bahnen um L_1, L_2 und L_3 sind dann instabil, der Körper entfernt sich mit der Zeit immer mehr von diesen Punkten. Um L_4 und L_5 existieren hingegen stabile Bahnen, die z. B. im Sonnensystem in mehreren Fällen durchlaufen werden. So befinden sich in der Nähe der Librationspunkte L_4 und L_5 von Sonne und Jupiter Gruppen von Planetoiden, die Trojaner, oder in den Punkten L_4 und L_5 vom Saturn und seinem Satelliten Tethys jeweils ein weiterer kleiner Saturnsatellit.

Die Bewegungen dreier Körper, die unter dem alleinigen Einfluss ihrer Massenanziehung stehen, können immer mit Hilfe numerischer Integrationen bestimmt werden. Eine geschlossene analytische Lösung hat den Vorteil, dass bei bekannten Anfangspositionen und -geschwindigkeiten der drei Körper die Örter und Geschwindigkeiten für jeden beliebigen anderen Zeitpunkt auch ohne Kenntnis des dazwischenliegenden Bewegungsablaufs berechnet werden können. Bei einer numerischen Integration gilt dies nicht, es muss der gesamte vorangehende Bewegungsverlauf ermittelt werden. Sind Ort und Geschwindigkeit der drei Körper nach Größe und Richtung zu einem Zeitpunkt bekannt, können die wirkenden Beschleunigungen nach Größe und Richtung mittels des Newton'schen Gravitationsgesetzes berechnet und damit der Ort jedes Körpers und seine Geschwindigkeit für einen geringfügig späteren Zeitpunkt ermittelt werden. Für diesen werden die Berechnungen wiederholt, wodurch sich der gesamte Bewegungsablauf schrittweise verfolgen lässt (→ Himmelsmechanik). Bei besonderen Anfangskonstellationen kann es vorkommen, dass der dritte Körper relativ zu den beiden anderen nach einer gewissen Zeit wieder zu seinem Ausgangspunkt zurückkehrt und dabei nach Größe und Richtung die gleiche Geschwindigkeit wie zu Beginn hat. Die Bewegung ist dann periodisch. Es existieren ganze Familien derartiger, z. T. recht komplizierter geschlossener Bahnen. Im Normalfall lassen sich jedoch keinerlei langfristige Angaben über den Bahnverlauf machen, da selbst minimal unterschiedliche Anfangswerte zu unvorhersagbaren großen Abweichungen der durchlaufenen Bahnen führen. Die drei Körper haben ein im mathematischen Sinn chaotisches Bewegungsverhalten. Die → Mondbewegung, die durch die Anziehung der relativ nahen und daher nicht als Punktmasse wirkenden Erde sowie auch wesentlich durch die der Sonne bestimmt wird, zeigt, wie kompliziert die Bewegungen dreier Körper sein können.

D-Ring, der innerste Ring des → Saturn.
dritter Kontakt, → Finsternis.
Druck, die senkrecht auf die Flächeneinheit wirkende Kraft. Maßeinheit ist das Pascal, Einheitenzeichen Pa.
Druckverbreiterung, die Verbreiterung einer von einem Gas emittierten oder absorbierten Spektrallinie infolge des im Gas herrschenden Drucks; → Spektrum.
D-Schicht, eine Schicht innerhalb der Ionosphäre der Erde; → Erdatmosphäre.
Dubhe, α *Ursae Maioris*, ein Stern im Sternbild → Ursa Maior (Großer Bär).
Dunkel-Ära, → Kosmologie.
Dunkelwolke, *Dunkelnebel*, räumlich begrenzte Ansammlung interstellaren Staubs, in der das Licht der von der Erde aus gesehen „hinter" der Ansammlung stehenden Sterne so stark absorbiert wird, dass im Vergleich zur unbeeinflussten Umgebung an der Himmelskugel ein sternleeres oder sternarmes, ein relativ dunkles Gebiet vorgetäuscht wird.
Dunkle Energie, hypothetische, dem leeren Raum zugeschriebene, die allgemeine Expansion des Weltalls beschleunigende Energie; → Kosmologie.
Dunkle Materie, allein gravitativ in Erscheinung tretende Materie, die weder leuchtend, z. B. in Form von Sternen, noch Strahlung absorbierend, z. B. in Form interstellarer Dunkelwolken, nachgewiesen werden kann. D. M. stellt die Hauptmenge der im Weltall existierenden Materie (→ Kosmologie). Kleinräumig ist D. M. u. a. auf Grund des Beitrags zum Gravitationsfeld im Halo des → Milchstraßensystems und anderer Sternsysteme sowie in Galaxienhaufen nachweisbar (→ Sternsystem). D. M. besteht nicht aus Protonen und Neutronen, aus denen sämtliche Atomkerne zusammengesetzt sind, sondern ist nicht-baryonischer Natur. Woraus sie besteht, ist völlig unbekannt. Im Allg. werden hypothetische Partikeln angenommen, sog. WIMPs [WIMP engl. Abk. für Weakly Interacting Massive Particle, ‚schwach wechselwirkendes massereiches Teilchen']. Es könnte sich um postulierte Teilchen wie Axionen, Gluonen, Photinos oder kosmische Strings handeln, von denen keines experimental nachgewiesen ist und deren Struktur sowie Wirkungsweise auch von keiner bestehenden Theorie beschrieben werden kann.
Durchgang, 1) der Vorübergang von Merkur (*Merkurdurchgang*) oder Venus (*Venusdurchgang*) vor der Sonnenscheibe, bei dem die Planeten auf ihr als dunkle Scheibchen sichtbar sind. Dazu muss bei der unteren Konjunktion (→ Konstellation) die Differenz der eklip-

tikalen Breite zwischen Planet und Sonne sehr klein sein. Im Allg. ist dies nicht der Fall und die Planeten stehen bei der unteren Konjunktion etwas oberhalb oder unterhalb der Sonnenscheibe. Merkurdurchgänge finden durchschnittlich alle acht Jahre statt (→ Merkur), Venusdurchgänge erfolgen durchschnittlich alle 120 Jahre paarweise im Abstand von 8 Jahren (→ Venus).
2) das Überschreiten des Meridians durch ein Gestirn (*Meridiandurchgang*) infolge dessen scheinbarer täglichen Bewegung.
Durchlässigkeit der Atmosphäre, → Erdatmosphäre.
Durchmesser eines Himmelskörpers, die Länge des Teils einer durch den Mittelpunkt des Himmelskörpers gehenden Geraden, der sich ganz im Himmelskörper befindet. Von diesem wahren linearen Durchmesser ist der scheinbare oder Winkeldurchmesser zu unterscheiden. Er ist der Winkel, unter dem der wahre Durchmesser von der Erde aus erscheint. Der wahre Durchmesser ist bei bekannter Entfernung des Himmelskörpers aus dem Winkeldurchmesser berechenbar.
Durchmesser der Sterne, → Sterndurchmesser.
Durchmesser-Dichte-Diagramm, graphische Darstellung für Körper des Planetensystems, bei der die mittlere Dichte in Abhängigkeit vom Durchmesser aufgetragen ist; Abb. → Planet.
Durchmusterung, *1)* systematische Erfassung des gesamten oder von Teilen des Himmels u. a. zur Suche oder Überwachung bestimmter ausgewählter Himmelskörper, z. B. Sterne mit besonderen Eigenschaften, Sternsysteme oder interstellare Wolken.
2) Kataloge bestimmter Himmelsobjekte; → Sternkatalog.
dynamische Parallaxe, → Parallaxe.
dynamische Reibung, *1)* die infolge der gravitativen Wechselwirkung bei der Begegnung zweier Himmelskörper verursachte Änderung der Geschwindigkeit eines der Himmelskörper.
2) hydrodynamische Reibung, die in Gasen oder Flüssigkeiten infolge der Wechselwirkung von sich mit unterschiedlichen Geschwindigkeiten bewegenden Teilchen verursachten Geschwindigkeitsänderungen.
Dynamoeffekt, *Dynamomechanismus*, die Erzeugung eines Magnetfelds in einem Himmelskörper durch elektromagnetische Induktion auf Grund der Wechselwirkung zwischen Konvektion in elektrisch leitender Materie und rascher Rotation. Rotationsenergie wird dabei in Magnetfeldenergie umgewandelt. Der D. wirkt u. a. in der → Erde, in Planeten, in der → Sonne und in → magnetischen Sternen.
Dynamomechanismus, svw. Dynamoeffekt.
Dynamotheorie, eine auf magnetohydrodynamische Prozesse beruhende Theorie zur Erzeugung von Magnetfeldern; → Dynamoeffekt.
Dysnomia *f*, der Satellit des Zwergplaneten → Eris.

Ebbe und Flut, → Gezeiten.
Ebnungslinse, → Spiegelteleskop.
Échelle-Gitter, → Spektralapparat.
Échelle-Spektrograph, → Spektrograph.
Eddington, Sir (seit 1930) Arthur Stanley, engl. Astronom, geb. 28.12.1882 in Kendal, gest. 22.11.1944 in Cambridge; ab 1914 Direktor der Sternwarte Cambridge. Hauptarbeitsgebiet war die theoretische Astrophysik, u. a. der innere Aufbau der Sterne, die interstellare Materie sowie die Relativitätstheorie; er entdeckte die Masse-Leuchtkraft-Beziehung der Hauptreihensterne.
Eddington-Leuchtkraft [benannt nach dem engl. Astronomen Sir A. S. Eddington, 1882–1944], Leuchtkraft eines Sterns, bei der zwischen dem auf ein Teilchen wirkenden, vom Stern weg gerichteten Strahlungsdruck und der auf das Teilchen ausgeübten, zum Stern hin gerichteten Anziehungskraft Kräftegleichgewicht herrscht. Bei höherer Leuchtkraft als die E.-L. wird infolge des Strahlungsdrucks Materie vom Stern weggetrieben.
Edgeworth-Kuiper-Gürtel [benannt nach dem engl. Astronomen K. E. Edgeworth (1880–1972) und dem niederländ.-amerikan. Astronomen G. P. Kuiper (1905–1973)], svw. Kuiper-Gürtel.
effektive Temperatur, → Temperatur.
Effektivtemperatur, svw. effektive Temperatur; → Temperatur.
E-Galaxie, elliptisches extragalaktisches → Sternsystem.
Eidechse, das Sternbild → Lacerta.
Eigenbewegung, scheinbare Bewegung eines Sterns an der Himmelskugel relativ zur Menge der Umgebungssterne. E.en werden durch die räumliche Bewegung des Sterns sowie die Bewegung der Sonne mit dem Planetensystem verursacht.
Die *wahre E.* eines Sterns geht auf dessen → Pekuliarbewegung zurück, die *scheinbare E.* auf die räumliche Bewegung der Sonne. Bei deren Bewegung wird der Stern zu unterschiedlichen Zeitpunkten von unterschiedlichen Raumpunkten aus an die Himmelskugel

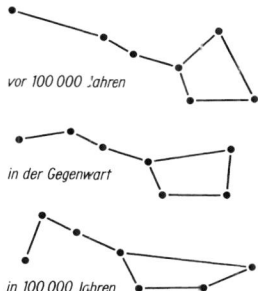

Formänderung des Großen Wagens infolge der unterschiedlichen Eigenbewegungen der ihn bildenden Sterne

Eigenfarbe

Sterne mit einer jährlichen Eigenbewegung größer als 4" nach Messungen mit dem Satelliten HIPPARCOS

Stern	α h	α min	δ °	δ '	m_V	μ ("/Jahr)	r (pc)	v_{tan} (km/s)
Pfeilstern	17	57,8	4	40	$9^m\!\!.5$	10,358	1,82	89
Kapteyn'scher Stern	5	11,6	−45	00	$8^m\!\!.9$	8,670	3,92	161
Groombridge 1830	11	52,9	37	44	$6^m\!\!.4$	7,058	9,16	306
HD 217 987	23	05,8	−35	51	$7^m\!\!.3$	6,896	3,29	108
HD 225 213	0	05,2	−37	21	$8^m\!\!.6$	6,100	4,36	126
HIP 67 593	13	51,0	23	46	$13^m\!\!.3$	5,834	13,12	363
61 Cygni	21	06,8	38	44	$5^m\!\!.2$	5,281	3,48	87
HD 95 735	11	03,3	35	59	$7^m\!\!.5$	4,802	2,55	58
ε Indi	22	03,3	−56	47	$4^m\!\!.7$	4,704	3,63	81
HIP 54 211	11	05,5	43	31	$8^m\!\!.8$	4,511	4,83	103
$σ^2$ Eridiani	4	15,3	−7	39	$4^m\!\!.4$	4,088	5,04	98

α: Rektaszension; δ: Deklination; m_V: scheinbare Helligkeit im V-Bereich des UBV-Systems; μ: Eigenbewegung; r: Entfernung; v_{tan}: Tangentialgeschwindigkeit

projiziert, die unterschiedlichen projizierten Positionen verursachen den Eindruck einer E. Die Größe der scheinbaren E. ist abhängig von der Entfernung des Sterns von der Sonne. Zur Bestimmung der wahren E. sind die Positionsänderungen von den durch die Sonnen- und Erdbewegung verursachten Einflüssen zu befreien (→ Bewegung der Gestirne).
E.en werden in Bogensekunden je Jahr oder Jahrhundert angegeben. Im Allg. werden sie in zwei Komponenten aufgespalten, z. B. die E. in Rektaszensions- und in Deklinationsrichtung oder in Richtung galaktischer Länge und Breite. Z. T. wird die aus den Komponenten in Betrag und Richtung resultierende E. angegeben. Die Umrechnung der E. in eine lineare Geschwindigkeit senkrecht zur Sichtlinie (*Tangentialgeschwindigkeit*) ist bei bekannter Entfernung des Sterns möglich. Aus Tangential- und → Radialgeschwindigkeit ergibt sich die räumliche Geschwindigkeit nach Größe und Richtung.
Zur Bestimmung der E. eines Sterns werden möglichst viele zu weit auseinanderliegenden Zeitpunkten gemessene, hochgenaue Positionen benötigt, da die meisten E.en wesentlich kleiner als 0,01" je Jahr sind. Die Sternpositionen werden relativ zu Referenzsternen bestimmt, deren Positionen in einem durch Fundamentalsterne definierten Koordinatensystem festgelegt sind (→ Astrometrie). Die genauesten zurzeit bekannten E.en sind die mit Hilfe des astrometrischen Satelliten HIPPARCOS gewonnenen. Die erreichte Genauigkeit ist vielfach besser als ± 0,002" je Jahr.
Eigenfarbe, der Farbenindex eines Sterns bei nichtvorhandener interstellarer Extinktion; → Farbenindex.
Eigenleuchten der Erdatmosphäre, → Nachthimmelslicht, → Polarlicht.
eingefrorenes Magnetfeld, Magnetfeld, dessen Feldlinien von einem strömenden Plasma in unveränderter Konfiguration mitbewegt werden.
eingeschränktes Dreikörperproblem, → Dreikörperproblem.
Einhorn, das Sternbild → Monoceros.
Einschlagbecken, sehr große, etwa kreisförmig begrenzte Oberflächenstruktur auf erdartigen Körpern des Planetensystems, verursacht durch den Einschlag eines sehr massereichen Himmelskörpers.

Einschlagkrater, *Impaktkrater,* etwa kreisförmig begrenzte Oberflächenstruktur auf erdartigen Körpern des Planetensystems, verursacht durch den Einschlag eines mehr oder minder großen Himmelskörpers.
Einspektrumsystem, spektroskopischer Doppelstern, in dessen Spektrum nur die Linien einer Komponente messbar sind; → Doppelstern.
Einstein, Albert, dtsch. Physiker, geb. 14.03.1879 in Ulm, gest. 18.04.1955 in Princeton (USA); 1895 bis 1914 Prof. in Zürich und Prag, ab 1914 in Berlin, ab 1917 Leiter des Kaiser-Wilhelm-Instituts für Physik, verzichtete 1933 auf seine Ämter in Deutschland auf Grund nationalsoz. Angriffe auf seine Person und emigrierte in die USA, wo er bis zu seinem Tod Prof. am Institute for Advanced Studies [engl. svw. ‚Institut für moderne Physik'] in Princeton war. E. war einer der bedeutendsten Wissenschaftler des 20. Jh. Er arbeitete u. a. auf dem Gebiet der Quantenphysik, erkannte die Quantenstruktur der elektromagnetischen Strahlung, klärte ihre Statistik auf und deutete den äußeren Photoeffekt, wofür er 1921 den Nobelpreis für Physik erhielt. Er revolutionierte mit der von ihm geschaffenen Speziellen Relativitätstheorie (1905) und der Allgemeinen Relativitätstheorie (1915) das Verständnis von Raum und Zeit und die Theorie der Gravitation, was wesentliche Konsequenzen für die gesamte Physik, vor allem auch für die Kosmologie, hat.
Einstein-Kreuz [benannt nach dem dtsch. Physiker A. Einstein, 1879–1955], vier kreuzförmig angeordnete Bilder des Quasars QSO 2237+0305 mit der Rotverschiebung z = 1,7 im Sternbild Pegasus, verursacht durch den von einer Balkenspirale mit der Rotverschiebung z = 0,038 hervorgerufenen Gravitationslinseneffekt.
Einstein-Ring [benannt nach dem dtsch. Physiker A. Einstein, 1879–1955], optische Erscheinung, bei der ein weit entferntes Objekt infolge des von einer zwischen Objekt und Beobachter liegenden großen Masse verursachten Gravitationslinseneffekts als Ring abgebildet wird; → Gravitationslinse.
Einstein-Turm [benannt nach dem dtsch. Physiker A. Einstein, 1879–1955], Name des 1925 errichteten Sonnenturms des Astrophysikalischen Instituts Potsdam; Abb. → Sonnenbeobachtung.

Eintrittspupille, die das einfallende Lichtbündel begrenzende Öffnungsblende eines optischen Systems.

Einundzwanzig-Zentimeter-Linie, *21-cm-Linie*, eine von neutralen Wasserstoffatomen des interstellaren Gases stammende Emissions- oder Absorptionslinie mit einer Wellenlänge von 21,11 cm. Bei Wasserstoffatomen im Grundzustand kann die Ausrichtung des Elektronenspins relativ zum Protonenspin parallel oder antiparallel sein. Beim spontanen Übergang vom energetisch höheren, parallelen zum antiparallelen Zustand wird die Energiedifferenz als Photon ausgestrahlt, was zu einer Emissionslinie führt. Der Übergang ist nach den Regeln der Quantenphysik „verboten" (→ Atom). Die Wahrscheinlichkeit eines spontanen Übergangs ist außerordentlich gering: Die mittlere Aufenthaltsdauer eines Wasserstoffatoms im energetisch höheren Zustand beträgt etwa 11 Mio. Jahre. Die für den Übergang vom antiparallelen zum parallelen Zustand erforderliche Energiezufuhr kann durch Absorption von Strahlungsenergie erfolgen. Dadurch wird dem kontinuierlichen Spektrum einer Radioquelle eine Absorptionslinie aufgeprägt, wenn sich neutrales Wasserstoffgas zwischen Quelle und Beobachter befindet und die Gastemperatur niedriger als die Temperatur der Radioquelle ist.

eisartiger Himmelskörper, ein wesentlich aus Eis bestehender Körper des Planetensystems; → Planet.

Eisenmeteorit *m*, aus einer Eisen-Nickel-Legierung bestehender → Meteorit.

Eisenspitze, das relative Maximum bei Eisen in der Häufigkeitsverteilung der Elemente; → Elementenhäufigkeit.

Eklipse, svw. Sonnenfinsternis oder Mondfinsternis.

Ekliptik, der Großkreis an der Himmelskugel, in dem die Erdbahnebene die Himmelskugel schneidet. Die Erdbahnebene, die *Ebene der Ekliptik,* ist definiert durch die Verbindungslinie des Sonnenmittelpunkts mit dem Schwerpunkt des Systems Erde–Mond und die Bewegung dieses Schwerpunkts um die Sonne (Abb.). Der Systemschwerpunkt liegt etwa 4 700 km vom Erdmittelpunkt entfernt auf der Verbindungslinie Erdmittelpunkt–Mondmittelpunkt. Infolge der Neigung der Mondbahnebene gegen die Ebene der Ekliptik pendelt der Mond beim Umlaufen der Erde und spiegelbildlich der Erdmittelpunkt periodisch um die Ebene. Je nachdem, ob sich der Erdmittelpunkt südlich oder nördlich der Ebene befindet, liegt der vom Erdmittelpunkt aus an die Himmelskugel projizierte Sonnenmittelpunkt etwas nördlich oder südlich der E., hat damit eine geringe positive oder negative ekliptikale Breite, die jedoch nie mehr als 0,8″ beträgt. Die E. kann daher im Allg. mit der scheinbaren jährlichen Bahn der Sonne an der Himmelskugel gleichgesetzt werden.
Die E. schneidet den Himmelsäquator unter einem Winkel von etwa 23° 26′, der *Schiefe der E.* Der Winkel ist infolge von Präzession und Nutation, die eine Verlagerung sowohl der Erdbahnebene als auch der Ebene des Erdäquators verursachen, in geringem Maße veränderlich (→ Präzession).
Die *Pole der E.* sind zwei Punkte an der Himmelskugel, die von allen Punkten der E. einen Winkelabstand von 90° haben. Der Nordpol der E. befindet sich in der

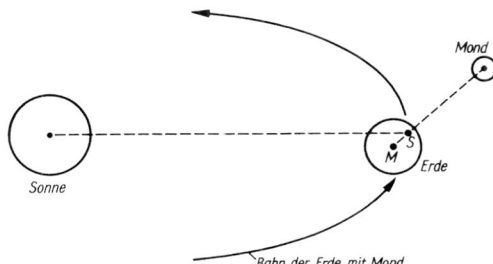

Zur Definition der Ebene der Ekliptik. M: Erdmittelpunkt; S: Schwerpunkt des Erde-Mond-Systems

durch den Himmelsäquator begrenzten Himmelshalbkugel, in der sich der Himmelsnordpol befindet, er liegt im Sternbild Draco (Drache).
Sonnen- bzw. Mondfinsternisse treten nur ein, wenn sich der Mond in unmittelbarer Nähe der E. befindet (→ Finsternis).

ekliptikale Breite, ekliptikale Länge, → Koordinaten.

Ekliptikalkarte, Sternkarte, die nur die Himmelszone in der Nähe der Ekliptik darstellt.

Ekliptikalstrom, Meteorstrom, der von einem Meteoroidenschwarm verursacht wird, dessen Bahn nur wenig gegen die Ekliptik geneigt ist; → Meteor.

Ekliptikebene, → Ekliptik.

Ekliptiksystem, astronomisches Koordinatensystem; → Koordinaten.

Elara *f*, ein Satellit des Jupiter. Spektralbeobachtungen lassen Ähnlichkeiten des Oberflächenmaterials mit dem kohligen Chondrite (→ Meteorit) vermuten. Hinsichtlich der Einordnung der E. in das System der Jupitersatelliten → Jupiter.

Electra *f*, 1) *Elektra, 17 Tauri*, Stern in den → Plejaden mit einer scheinbaren visuellen Helligkeit von $3^m 71$, der Spektralklasse B6 und der Leuchtkraftklasse III. Die Entfernung von der Sonne beträgt 114 pc.
2) der Planetoid (130).

Elefantenrüssel, bildliche Bezeichnung für kühle Gas-Staub-Dunkelwolken, die schlauch- oder rüsselförmig in leuchtende HII-Gebiete hineinragen (Abb. → interstellare Materie).

Elektra, svw. Electra 1).

elektromagnetische Strahlung, die Energieübertragung durch elektromagnetische Wellen bzw. Photonen. Bei niedrigen Energien, z. B. im Radiofrequenzbereich, tritt der Wellencharakter, bei hohen Energien, z. B. im Gammabereich, der Teilchencharakter (Photonen) der e.n S. wesentlich in Erscheinung; → Strahlung.

elektromagnetische Wellen, sich räumlich ausbreitende Wellen, die mit einem elektrischen und magnetischen Wechselfeld verbunden sind und Energie übertragen; → Strahlung.

Elektron *n*, Elementarteilchen mit einer negativen elektrischen Ladung, der Elementarladung, von $1{,}602 \cdot 10^{-19}$ C und einer Masse von $9{,}109 \cdot 10^{-31}$ kg, die einer Energie von 511 keV entspricht und gleich 1/1836 der Masse eines Protons ist. E.en kommen als Bestandteile von Atomen in deren Hülle (Elektronenhülle) vor.

Elektronenentartung

Bei Energieänderungen in der Atomhülle entstehen Emissions- oder Absorptionsspektrallinien (→ Atom). Infolge der Ionisation von Atomen oder Molekülen treten E.en als freie Teilchen auf. Das Antiteilchen des E.s ist das Positron, das sich vom E. allein durch eine entgegengesetzte Ladung unterscheidet. E.en gehören zu den Leptonen. Sie besitzen einen Spin von 1/2 und sind deshalb Elementarteilchen vom Typ der → Fermionen.
Elektronenentartung, → Zustandsgleichung.
Elektronenhülle, die Gesamtheit der einen Atomkern umgebenden Elektronen; → Atom.
Elektronenneutrino, → Neutrino.
Elektronenspin, der Eigendrehimpuls des Elektrons. In einem äußeren Magnetfeld hat der E. zwei diskrete Einstellmöglichkeiten, parallel oder antiparallel zum Feld.
Elektronentemperatur, → Temperatur.
Elektronenvolt, Energieeinheit der Atomphysik, Einheitenzeichen eV; 1 eV = $1{,}602 \cdot 10^{-19}$ J entspricht der Energie, die ein Elektron beim Beschleunigen durch eine elektrische Spannung von 1 Volt gewinnt.
Elementarladung, die kleinste in der Natur frei vorkommende positive oder negative elektrische Ladungsmenge; eine der physikalischen Fundamentalkonstanten mit dem Betrag von $1{,}602 \cdot 10^{-19}$ C.
Elementarteilchen, ein im phänomenologischen Sinn unteilbares und fundamentales Teilchen, ein Grundbaustein der Materie.
Elemententstehung, *Nukleogenese*, die Bildung der natürlich im Weltall vorkommenden chemischen Elemente, genauer der ihnen entsprechenden Atomkerne. Die Bildung geschieht bei Kernreaktionen, wenn genügend hohe Dichten und Temperaturen herrschen. Solche Bedingungen existierten global nur während einer sehr kurzen Zeitspanne in der Frühphase des Kosmos (→ Kosmologie), später herrschten geeignete Bedingungen, wie auch gegenwärtig, nur lokal im Innern von Sternen (→ Energiefreisetzung in Sternen).
Elemententstehung während der Frühphase des Weltalls. Die Frühphase des Weltalls ist durch eine außerordentlich rasche Expansion charakterisiert, in deren Verlauf die Massen- und Energiedichte, damit auch die Temperatur, von zunächst extrem hohen Werten sehr schnell absanken (→ Kosmologie). Rund 10^{-3} s nach der kosmischen Singularität war die Energiedichte so weit abgesunken, dass das bis dahin bestehende Gleichgewicht zwischen Paarentstehung und Paarvernichtung massereicher Elementarteilchen, speziell von Protonen und Neutronen samt deren Antiteilchen, endete. Diese Teilchen konnten nicht mehr entstehen, sondern sich nur noch beim Stoß mit ihren Antiteilchen in Strahlung rückverwandeln. Es ergab sich jedoch kein exaktes Gleichgewicht zwischen Materie und Antimaterie. Materie war um einen winzigen Bruchteil in der Größenordnung von etwa 10^{-9} häufiger als Antimaterie (→ Kosmologie). Diesem Umstand ist die jetzige Existenz von Protonen und Neutronen, damit sämtlicher materiellen Körper im Weltall, zu verdanken. Zwischen Protonen und Neutronen fanden Reaktionen statt, bei denen massereichere Atomkerne gebildet und infolge der herrschenden Energiedichte sofort wieder zerstört wurden. Etwa 1 s nach der Singularität begann die eigentliche Kernreaktions-Ära, in der zunächst aus jeweils einem Proton und einem Neutron Deuteronen entstanden, die Kerne des schweren Wasserstoffs (Massenzahl 2). Etwa 2 bis 3 Minuten nach der Singularität bildeten sich Kerne des überschweren Wasserstoffs (Massenzahl 3) aus jeweils einem Proton und zwei Neutronen sowie Kerne von Helium mit der Massenzahl 3 und 4 aus jeweils zwei Protonen und einem Neutron bzw. zwei Neutronen. Auf Grund ihrer relativ hohen Bindungsenergie waren die Helium-4-Kerne in der Überzahl.
In geringen Mengen entstanden auch Lithium-7-Kerne mit jeweils 3 Protonen und 4 Neutronen, noch schwerere Kerne konnten nicht gebildet werden. Infolge des anhaltenden raschen Temperaturabfalls hatten immer weniger Kerne genügend Energie, um die elektrostatischen Abstoßungskräfte ihrer Stoßpartner zu überwinden. Neutronen, die als elektrisch neutrale Teilchen diesen Kräften nicht unterliegen, standen nicht zur Verfügung, sie waren infolge der Bildung von Deuteronen praktisch vollständig verbraucht. Mit der Expansion des Weltalls sank darüber hinaus die Teilchendichte und mit ihr die Wahrscheinlichkeit, dass zwei Kerne sich so nahe kamen, um reagieren zu können. Aus kernphysikalischen Gründen war die Bildung schwererer Kerne als Lithium-7 nicht möglich. Kerne der Massenzahl 5 und 8 sind instabil und zerfallen innerhalb von 10^{-21} bzw. 10^{-16} s, sie fehlten dadurch als Zwischenkerne, an die sich Protonen, Deuteronen oder Heliumkerne anlagern konnten. Rund 15 Minuten nach der kosmischen Singularität waren Temperatur und Teilchendichte so niedrig, dass global keine Kernreaktionen mehr möglich waren. Die Materie setzte sich zu diesem Zeitpunkt aus etwa 76% (Masseprozent) Protonen, dem massereichsten Wasserstoffisotop, samt einem geringen Anteil von Deuteronen sowie etwa 24% Heliumkernen zusammen, von denen das Isotop Helium-4 den Hauptanteil stellte, Lithium-7-Kerne waren nur in verschwindend kleinen Mengen vorhanden.
Während der gesamten weiteren Entwicklung des Weltalls haben sich diese relativen Häufigkeiten nicht wesentlich geändert. Deuteronen wie auch Lithiumkerne werden in Sternen nur zerstört (→ Energiefreisetzung in Sternen). Beim Wasserstoffbrennen werden im Innern von Sternen u. a. während der langdauernden Hauptreihenphase der Sternentwicklung zwar Helium-4-Kerne in großen Mengen gebildet, sie verbleiben aber im Wesentlichen dort oder werden bei weiterführenden Kernprozessen verbraucht (→ Sternentwicklung). In den interstellaren Raum gelangen sie praktisch nicht, bei Supernovaexplosionen werden sie bei den ablaufenden Kernreaktionen weitgehend zerstört (→ Supernova). Insgesamt dürfte sich der Masseanteil von freiem Helium im Weltall seit dem Ende der Kernreaktions-Ära maximal um etwa 2 bis 4% erhöht haben. Fast alles gegenwärtig außerhalb der Sterne existierende Helium wie auch fast das gesamte Deuterium haben einen „kosmologischen" Ursprung.
Entstehung von Lithium, Beryllium, Bor. Lithium, Beryllium und Bor sind sehr seltene Elemente (→ Elementenhäufigkeit), was wesentlich an der Instabilität der Atomkerne mit der Massenzahl 5 und 8 liegt.

Elementenentstehung

Im Sterninnern ist die Bildung von Lithium-, Beryllium- und Borkernen sehr unwahrscheinlich, sie werden bei relativ niedrigen Temperaturen von wenigen Millionen K in Helium-Kerne umgewandelt. Mit Ausnahme des kosmologischen Lithium-7 sind die in der Natur vorkommenden Kerne von Lithium, Beryllium und Bor aller Wahrscheinlichkeit nach das Ergebnis von Kernspaltungsprozessen im interstellaren Raum. Massereiche Atomkerne der interstellaren Materie, vor allem Kohlenstoff-, Stickstoff- und Sauerstoffkerne, werden durch hochenergetische Teilchen der primären → Kosmischen Strahlung in masseärmere Kerne, im Wesentlichen die von Lithium, Beryllium, Bor und Deuterium, zerlegt. Als neue Bestandteile des interstellaren Gases unterliegen sie danach allen für die interstellare Materie wesentlichen Prozessen. Sie werden bei der Entstehung von Sternen in stellare Materie überführt und zerlegt, bei der Bildung von Planetensystemen in interplanetare und planetare Materie eingebaut.

Heliumreaktionen. Atomkerne mit den Massenzahlen 12, 16 und 20 (Kohlenstoff-12, Sauerstoff-16 und Neon-20) entstehen aus Helium-4-Kernen. Die Bildung eines Kohlenstoff-12-Kerns erfordert wegen der hohen Instabilität der aus zwei Heliumkernen entstehenden Kerne mit der Massenzahl 8 praktisch das gleichzeitige Zusammentreffen von drei Helium-4-Kernen. Nur wenn innerhalb von etwa 10^{-16} s eine derartige Dreierreaktion erfolgt, kann es zur Bildung eines Kohlenstoff-12-Kerns kommen (→ Energiefreisetzung in Sternen). Die Anlagerung eines Heliumkerns an den Kohlenstoffkern führt zu Sauerstoff-16, eine erneute Anlagerung zu Neon-20. Je nach den herrschenden Bedingungen ergeben sich unterschiedliche relative Häufigkeiten dieser Kerne. In einem Stern unter hydrostatischen Gleichgewichtsbedingungen entsteht eine andere Häufigkeitsverteilung als bei explosionsartig ablaufenden Prozessen in entarteter Materie (→ Zustandsgleichung). In diesem Fall steigt innerhalb kurzer Zeit die Temperatur so stark an, dass auch Kernreaktionen, die eine sehr hohe Temperatur voraussetzen, stattfinden können, was die Entstehung massereicher Atomkerne begünstigt (→ Supernova). Bei derartigen Temperaturen sind neben Heliumreaktionen andere gleichzeitig ablaufende Reaktionen möglich, was ebenfalls die Elementenhäufigkeit beeinflusst.

Kohlenstoff-, Sauerstoff- und Siliziumreaktionen. Bei Temperaturen um etwa $5 \cdot 10^8$ K reagieren die bei Heliumreaktionen gebildeten Atomkerne miteinander, aus zwei Kohlenstoff-12-Kernen entsteht ein Magnesium-24-Kern, aus zwei Sauerstoff-16-Kernen ein Schwefel-32-Kern. Die neugebildeten Kerne unterliegen z. T. Zerfallsprozessen, so hat ein Magnesium-24-Kern eine Reihe von Zerfallsmöglichkeiten, bei denen Protonen, Neutronen und Heliumkerne frei werden. Sie stehen für parallel ablaufende Kernreaktionen zur Verfügung, wodurch auch Kerne entstehen können, deren Massenzahl kein ganzzahliges Vielfaches der Massenzahl der Ausgangskerne ist. Erreicht die Temperatur $2 \cdot 10^9$ bis $4 \cdot 10^9$ K, finden viele auf- und abbauende Prozesse gleichzeitig statt, was die Bildung aller Kerne bis hin zur Massenzahl 56 ermöglicht. Es sind dies die Kerne mit der höchsten Bindungsenergie je Kernbaustein (→ Energiefreisetzung in Sternen).

Atomkerne mit Massenzahl höher als 56. Massereichere Atomkerne als Eisen-56 oder Nickel-56 entstehen durch den Einbau von Neutronen in vorhandene Kerne. Wegen ihrer elektrischen Neutralität erfordert der Einbau keine allzu hohen Temperaturen. Beim Neutroneneinfang erhöht sich die Massenzahl der Kerne ohne Zunahme der Kernladungszahl; es werden schwerere Isotope des gleichen Elements aufgebaut. Kerne mit einem hohen Überschuss an Neutronen sind jedoch instabil, sie unterliegen einem β-Zerfall (→ Betazerfall). Dabei geht ein Neutron des Kerns unter Ausstoßung eines Elektrons und Antineutrinos in ein Proton über, wodurch der Kern eines schwereren Elements entsteht. Durch weitere β-Zerfälle kann sich bei gleichbleibender Massenzahl die Kernladungszahl so weit erhöhen, bis die Zahl der Neutronen und Protonen im Kern ein Verhältnis erreicht, bei dem ein stabiler Kern eines massereicheren Elements entstanden ist.

Welche Elemente bevorzugt gebildet werden, ist von der Schnelligkeit des Neutroneneinfangs relativ zur Geschwindigkeit des β-Zerfalls abhängig. Im Sterninnern stehen normalerweise nur wenige freie Neutronen zur Verfügung, so dass die Zeit zwischen zwei Neutroneneinfängen lang ist und ein neutronenreicher Kern durch β-Zerfall vor dem nächsten Einfang in einen stabilen Kern übergehen kann. Dieser *langsame Prozess* (*s-Prozess* [von slow, engl. ,langsam']) findet beim zentralen Heliumbrennen oder beim Helium-Schalen-Brennen während später Entwicklungsphasen statt (→ Sternentwicklung). Neben den eigentlichen Heliumreaktionen laufen weitere Kernprozesse ab. Durch sie entstehen auch instabile Kerne, bei deren Zerfall Neutronen freigesetzt werden. Die Freisetzungsrate ist relativ gering, so dass der s-Prozess stattfindet. Innerhalb von etwa 10^5 Jahren können alle Kerne bis hin zum Wismut-209-Kern, dem massereichsten stabilen Kern, aufgebaut werden. Noch schwerere Kerne sind instabil und zerfallen nach ihrer Bildung sofort.

Die schrittweise Umwandlung leichter Atomkerne in schwerere kann in einem Z-N-Diagramm verfolgt werden, in dem die Protonenzahl Z über der Neutronenzahl N aufgetragen ist. Der sich ergebende „Bildungsweg" (Abb. 1) durchläuft beim langsamen Prozess das Gebiet im Z-N-Diagramm, in dem sich die Bildpunkte der stabilen Atomkerne befinden. Nicht alle Teilschritte verlaufen gleich schnell. In bestimmte Kerne können verhältnismäßig schwer Neutronen eingebaut werden, was vor allem bei den „magischen" Neutronenzahlen 50, 82 und 126 der Fall ist. Der Zeitraum zwischen zwei Neutroneneinfängen ist groß. Es entstehen relativ viele Kerne mit Massenzahlen um 90, 139 und 208. Kerne mit hoher Neutroneneinfangwahrscheinlichkeit wandeln sich schnell in den nächst massereicheren Kern um. Sind aus kernphysikalischen Untersuchungen die Neutroneneinfangwahrscheinlichkeiten bekannt, ist die beim s-Prozess sich einstellende Elementenverteilung berechenbar.

Stehen sehr viele Neutronen für den Einbau zur Verfügung, kann die Zeit zwischen zwei aufeinanderfolgenden Neutroneneinfängen kürzer sein als die Halbwerts-

Elementenhäufigkeit

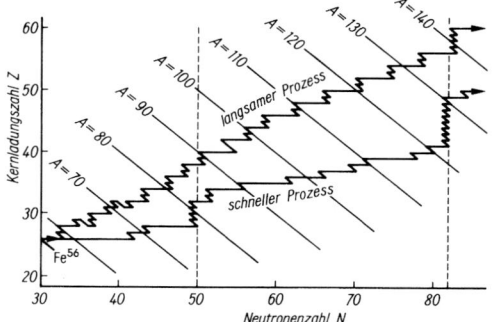

Abb. 1: Bildungsweg im Z-N-Diagramm infolge von Neutroneneinfang und β-Zerfall. Z: Protonenzahl; N: Neutronenzahl; A (= $Z + N$): Massenzahl. Neutroneneinfang: parallel zur N-Achse; β-Zerfall: Bewegung längs Geraden konstanter Massenzahl. $N = 50$ und $N = 82$: magische Neutronenzahlen

zeit für den β-Zerfall des gebildeten Kerns. Die Neutronenzahl im Kern steigt dann sehr schnell an. Dieser *schnelle Prozess* (*r-Prozess* [von rapid, engl. ‚schnell']) führt im Z-N-Diagramm zu einem Bildungsweg außerhalb des Gebiets stabiler Atomkerne; er verläuft im Bereich der Kerne mit hohem Neutronenüberschuss (Abb. 1). Der r-Prozess findet wahrscheinlich hauptsächlich bei Supernovaexplosionen des Typs II statt (→ Supernova). In wenigen Sekunden können Kerne bis hin zum instabilen Californium-254 entstehen. Nach Versiegen der Neutronenquelle verwandeln sich instabile Kerne durch β-Zerfall bei gleichbleibender Massenzahl in stabile. Es ergeben sich etwas andere Elemente als beim s-Prozess. Kerne mit magischen Neutronenzahlen sind besonders zahlreich, sie haben aber weniger Protonen und daher eine niedrigere Massenzahl als Kerne, die durch den s-Prozess entstehen (Abb. 1), vor allem werden Kerne mit einer Massenzahl um 80, 130 und 195 gebildet. Ihre relative Häufigkeit hängt etwas von der Zusammensetzung der Ausgangsmaterie ab. Am Ende der durch den r-Prozess entstehenden Atomkernreihe liegen radioaktive Kerne wie z. B. Thorium-232, Uran-235 und Uran-238 sowie Plutonium-244. Atomkerne, die nur im r-Prozess entstehen können, sind u. a. Cadmium-116, Zinn-122, Zinn-124 sowie Antimon-123, deren Bildpunkte im Z-N-Diagramm rechts unterhalb des Bildungswegs für den s-Prozess liegen. Für die meisten stabilen schweren Atomkerne, z. B. die Zinnisotope 118, 119 und 120, sind beide Entstehungsprozesse möglich: Sie liegen auf dem s-Weg, können aber auch durch β-Zerfall aus r-Kernen entstehen. Wieder andere sind reine s-Kerne, z. B. Zinn-116 oder die Tellurisotope 122, 123 und 124. Sie können nicht aus r-Kernen durch β-Zerfall hervorgehen, da der Zerfall vorher bei anderen stabilen Kernen, wie Cadmium-116, Zinn-122, Zinn-124 und Antimon-123, endet (Abb. 2).
Elementenentstehung durch Protonenreaktionen. Einige stabile massereiche Atomkerne, deren Bildpunkte im Z-N-Diagramm links oberhalb des s-Bildungswegs liegen, z. B. Tellur-120, Xenon-124 und -126, haben relativ viele Protonen. Wahrscheinlich entstehen sie infolge des Einbaus von Protonen in beim r- oder s-Prozess gebildete Kerne. Die Protonen können aus Kernreaktionen stammen, die z. B. im Zusammenhang mit Kohlenstoff-, Sauerstoff- und Siliziumreaktionen auftreten. Der Protoneneinfang *(p-Prozess)* ist nur in späten Phasen der Sternentwicklung bei hohen Temperaturen wirksam; die durch ihn entstehenden Isotope sind relativ selten.

Elementenhäufigkeit, die relative Menge der chemischen Elemente in einer Materieansammlung. Die Häufigkeiten werden relativ zu einem Bezugselement, im Allg. relativ zu Wasserstoff, bei Untersuchungen von Erdgesteinen oder Meteoriten auf Silizium bezogen, angegeben. Die E. charakterisiert die chemische Zusammensetzung eines Körpers mit der Einschränkung, dass im Allg. außer Acht bleibt, ob ein Element atomar oder an andere Elemente gebunden vorkommt.

Bestimmungsmethoden. Die E. von Himmelskörpern mit Ausnahme einiger des Planetensystems kann im Allg. nicht im Labor oder labormäßig an Ort und Stelle bestimmt werden, sondern nur über eine quantitative Spektralanalyse des von den Himmelskörpern emittierten oder absorbierten Lichts. Dabei besteht die Schwierigkeit, dass sich die E. erst dann quantitativ ermitteln lässt, wenn die physikalischen Bedingungen in der das Licht emittierenden oder absorbierenden Materie bekannt sind. Diese Kenntnis kann ebenfalls nur über das Spektrum erlangt werden, zuverlässig nur, wenn die chemische Zusammensetzung der Materie be-

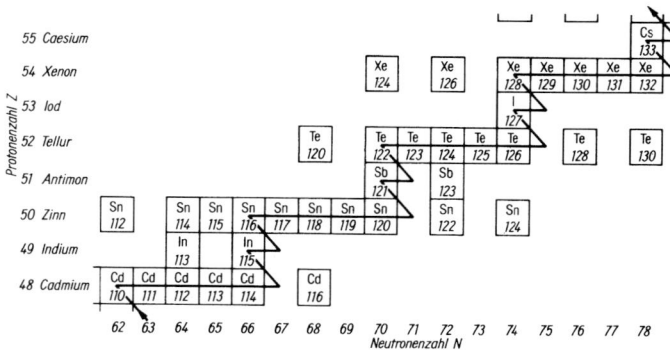

Abb. 2: Ausschnitt aus einem Z-N-Diagramm. Für stabile Isotope eines Elements ist die Massenzahl $A = Z + N$ angegeben. Der Linienzug gibt den Entwicklungsweg beim langsamen Neutroneneinfang mit β-Zerfall. Neutroneneinfang: Bewegung parallel zur N-Achse; β-Zerfall: Bewegung schräg nach links oben

Elementenhäufigkeit

reits bekannt ist. Die abgeleiteten E.en sind daher z. T. mit größeren Unsicherheiten behaftet.

Bei Sternen beziehen sich die aus dem Spektrum ermittelte E.en nur auf die lichtaussendenden Schichten, auf die Sternatmosphäre. Die chemische Zusammensetzung des Sterninnern kann davon außerordentlich stark abweichen. Die → Energiefreisetzung der Sterne ist mit der Umwandlung leichter Elemente in schwerere verbunden, so dass sich die Materiezusammensetzung im Zentralbereich mit fortschreitender Entwicklung systematisch ändert. Da keine globale, das gesamte Sterninnere einschließlich der Sternatmosphäre erfassende Konvektion während der gesamten Sternentwicklung existiert, gelangt keine in der Zusammensetzung geänderte Materie in die Sternatmosphäre. Deren Zusammensetzung entspricht im Wesentlichen der, die ein Stern beim Entstehen aus interstellarer Materie hat (→ Sternentstehung).

Im Sonnenspektrum konnten bisher mit Sicherheit Spektrallinien von 63 Elementen identifiziert werden, doch ist nicht von allen die relative Häufigkeit mit der gewünschten Zuverlässigkeit bekannt. Einige Elemente sind in den im Sonnenspektrum nachgewiesenen 18 Molekülarten gebunden. Ursachen für das Fehlen von Linien bestimmter Elemente im Sonnenspektrum sowie in Spektren anderer Sterne sind eine zu geringe Häufigkeit des Elements oder die in den Atmosphären herrschenden physikalischen Bedingungen, die das Auftreten möglicher Linien eines Elements wesentlich bestimmen (→ Sternatmosphäre). In den Spektren vorhandene Linien können z. T. keinem Element eindeutig zugeordnet werden, im Sonnenspektrum sind es ungefähr 27%.

Die Sonne ist der einzige Stern, von dem Materie auch direkt untersucht werden kann. Aus den äußersten Atmosphärenschichten gelangt ein ständiger Teilchenstrom in Form des Sonnenwinds in den interplanetaren Raum. Mit Hilfe von Raumsonden kann die relative Häufigkeit der den unterschiedlichen Elementen zuzuordnenden Atomkerne bestimmt werden, die Häufigkeitsverteilung stimmt im Wesentlichen mit der aus dem Sonnenspektrum abgeleiteten E. überein (→ Sonnenwind). Ebenfalls kann die relative Häufigkeit der Elemente in der Primärstrahlung der Kosmischen Strahlung ohne Spektralanalyse bestimmt werden (→ Kosmische Strahlung), nur sind die Himmelskörper unbekannt, von denen die Teilchen stammen.

Für die Erde als Ganzes ist die E. nicht genau zu bestimmen, da nur von der Erdkruste durch Bohrungen bis in eine Tiefe von etwa 13 km Materialproben entnommen werden können. Diese sind im Labor analysierbar, so dass die Häufigkeiten auch sehr seltener Elemente mit höchster Genauigkeit ermittelt werden können. Die globale Zusammensetzung des Erdmantels und des Erdkerns ist nur auf Grund von Modellrechnungen bezüglich des inneren Aufbaus der Erde möglich, die Angaben sind aber sehr summarisch und ungenau.

Meteorite und Mondgestein, das auf die Erde gebracht wurde, können in gleicher Weise wie Erdgestein analysiert werden; entsprechend genau sind die Ergebnisse. Untersuchungen von Oberflächenmaterial von Venus und Mars sind mit Hilfe weich gelandeter und entsprechend ausgerüsteter Raumsonden möglich. Im Allg. werden dabei nur von einigen wenigen Elementen die Häufigkeiten zuverlässig bestimmt. Sie beziehen sich auch nur auf sehr kleine, lokal begrenzte Bereiche und können nur mit großer Einschränkung als repräsentativ für die globale Zusammensetzung des Oberflächenmaterials angesehen werden.

Mittlere kosmische Elementenhäufigkeit. Von allen Himmelskörpern ist die Zusammensetzung der Sonnenatmosphäre am besten bekannt. Bei der großen Mehrzahl der Sterne sowie der interstellaren Materie, somit bei der Hauptmenge der beobachtbaren kosmischen Materie, ergibt sich keine grundlegende Abweichung der jeweiligen E. von der solaren. Die für die

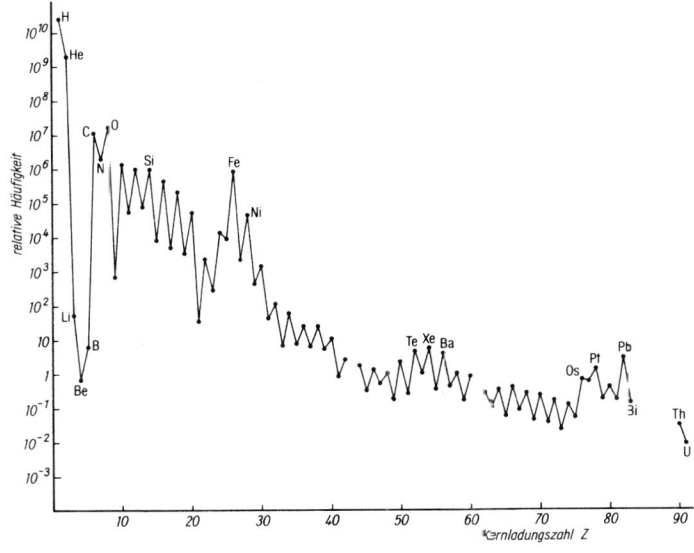

Abb. 1: Mittlere kosmische Elementenhäufigkeit bezogen auf eine Siliziumhäufigkeit von 10^6 Atomen. Für die Elemente ist die Kernladungszahl Z angegeben

Elementenhäufigkeit

Sonnenatmosphäre gefundene E. wird deshalb im Allg. als mittlere kosmische Häufigkeit angesehen und zum Vergleich mit den bei anderen Himmelskörpern bestimmten Häufigkeiten herangezogen. Für Elemente, deren solare Häufigkeit nicht mit genügender Genauigkeit bestimmbar ist, wird angenommen, dass die bei der Analyse der kohligen Chondrite (→ Meteorit) bestimmte E. der kosmischen entspricht. Diese Meteoriten gehören zu den Körpern des Planetensystems, die ihre ursprüngliche Struktur weitestgehend beibehalten haben und keine tiefgreifenden Veränderungen wie Aufschmelzungen verbunden mit chemischen Fraktionierungsprozessen erlitten. Darüber hinaus gleicht die Häufigkeitsverteilung der gesteinsbildenden schwerflüchtigen Elemente bei kohligen Chondriten der in der Sonnenatmosphäre. Bei der Bildung der gesteinsartigen Körper im Planetensystem haben sich offensichtlich keine wesentlichen Häufigkeitsverschiebungen ergeben. Die Elemente Lithium, Beryllium und wahrscheinlich auch Bor bilden eine Ausnahme. In Meteoriten sind sie häufiger als in der Sonnenatmosphäre. Sie werden bei Temperaturen von etwa $2,5 \cdot 10^6$ bis $5 \cdot 10^6$ K zerstört, sind daher in der Sonne praktisch nicht mehr vorhanden. Andererseits fehlen in kohligen Chondriten Edelgase fast vollständig. Auch Kohlenstoff, Sauerstoff und Stickstoff sind seltener als in der Sonnenatmosphäre. Dies ist wahrscheinlich dadurch verursacht, dass die Elemente gasförmige Verbindungen mit Wasserstoff eingingen und Methan, Wasser und Ammoniak bildeten, die infolge ihrer niedrigen Kondensationstemperaturen bei der Meteoritenbildung in wärmeren Bereichen des Sonnennebels nur schwer in die Teilchen integriert wurden. Insgesamt entspricht die bei kohligen Chondriten abgeleitete E. mit großer Wahrscheinlichkeit der Häufigkeitsverteilung der Elemente im solaren Urnebel, aus dem die Sonne samt dem gesamten Planetensystem hervorging (→ Kosmogonie). Sie entspricht damit auch der chemischen Zusammensetzung der interstellaren Materie des Milchstraßensystems in rund 8 kpc Entfernung vom galaktischen Zentrum vor etwa 4,6 Mrd. Jahren.

Die chemische Zusammensetzung anderer Körper des Planetensystems, z. B. der erdartigen Planeten und Satelliten, hat mit der E. im solaren Urnebel wesentlich weniger Gemeinsamkeiten. Viele der Körper unterlagen im Laufe ihrer Existenz mehr oder minder wirkungsvollen Fraktionierungsprozessen, bei denen sich die relativen Häufigkeiten einzelner Elemente z. T. stark und theoretisch nicht mit genügender Sicherheit beschreibbar geändert haben. Eisen und Nickel sind z. B. in der Erdkruste viel seltener als in der Sonnenatmosphäre oder in kohligen Chondriten. Beide Elemente konzentrierten sich infolge ihrer hohen spezifischen Dichte im Erdkern, als die Erde in einem frühen Entwicklungszustand mindestens teilweise aufgeschmolzen war.

Die Tab. gibt die relative mittlere kosmische E. bezogen auf Silizium, dessen Häufigkeit gleich 10^6 gesetzt ist. Die Häufigkeiten der Isotope eines Elements sind jeweils zu einem Wert zusammengefasst. In Abb. 1 ist die Verteilung graphisch dargestellt.

Wasserstoff und Helium sind bei weitem die häufigsten Elemente im Weltall, das Häufigkeitsverhältnis beträgt etwa 10:1. Die überragende Häufigkeit von Wasserstoff und Helium ist Folge des extrem schnellen Absinkens

Mittlere kosmische Elementenhäufigkeit

(Atomzahlen bezogen auf eine Siliziumhäufigkeit von 10^6)

Z	Element	Symbol	A	Häufigkeit
1	Wasserstoff	H	1	$2,5 \cdot 10^{10}$
2	Helium	He	4	$2,0 \cdot 10^9$
3	Lithium	Li	7	$6,0 \cdot 10^1$
4	Beryllium	Be	9	0,79
5	Bor	B	11	$2,4 \cdot 10^1$
6	Kohlenstoff	C	12	$1,4 \cdot 10^7$
7	Stickstoff	N	14	$2,8 \cdot 10^6$
8	Sauerstoff	O	16	$2,2 \cdot 10^7$
9	Fluor	F	19	$7,2 \cdot 10^2$
10	Neon	Ne	20	$1,4 \cdot 10^6$
11	Natrium	Na	23	$5,7 \cdot 10^4$
12	Magnesium	Mg	24	$1,0 \cdot 10^6$
13	Aluminium	Al	27	$8,0 \cdot 10^4$
14	Silizium	Si	28	$1,0 \cdot 10^6$
15	Phosphor	P	31	$8,6 \cdot 10^3$
16	Schwefel	S	32	$4,8 \cdot 10^5$
17	Chlor	Cl	35	$5,0 \cdot 10^3$
18	Argon	Ar	36	$2,2 \cdot 10^5$
19	Kalium	K	39	$3,5 \cdot 10^3$
20	Kalzium	Ca	40	$6,3 \cdot 10^4$
21	Scandium	Sc	45	$3,5 \cdot 10^1$
22	Titan	Ti	48	$2,4 \cdot 10^3$
23	Vanadium	V	51	$2,9 \cdot 10^2$
24	Chrom	Cr	52	$1,4 \cdot 10^4$
25	Mangan	Ma	55	$8,7 \cdot 10^3$
26	Eisen	Fe	56	$1,1 \cdot 10^6$
27	Kobalt	Co	59	$2,2 \cdot 10^3$
28	Nickel	Ni	58	$4,8 \cdot 10^4$
29	Kupfer	Cu	63	$4,5 \cdot 10^2$
30	Zink	Zn	64	$1,4 \cdot 10^3$
35	Brom	Br	79	8,0
36	Krypton	Kr	84	$2,5 \cdot 10^1$
37	Rubidium	Rb	85	6,4
38	Strontium	Sr	88	$2,6 \cdot 10^1$
39	Yttrium	Y	89	5,4
40	Zirkon	Zr	90	$1,1 \cdot 10^1$
50	Zinn	Sn	120	2,4
51	Antimon	Sb	121	0,27
52	Tellur	Te	130	4,8
53	Jod	J	127	1,2
54	Xenon	Xe	132	6,1
55	Caesium	Cs	133	0,37
56	Barium	Ba	138	4,2
76	Osmium	Os	192	0,72
77	Iridium	Tr	193	0,65
78	Platin	Pt	195	1,4
79	Gold	Au	197	0,19
80	Quecksilber	Hg	202	0,40
81	Thallium	Tl	205	0,17
82	Blei	Pb	208	3,1
83	Wismut	Bi	209	0,14
90	Thorium	Th	232	0,032
92	Uran	U	238	0,0091

Z = Kernladungszahl; A = Massenzahl des häufigsten Isotops

Elementenhäufigkeit

der Energiedichte im Weltall nach der kosmischen Singularität (→ Kosmologie). Die nächst schwereren Elemente Lithium, Beryllium und Bor konnten nicht gebildet werden, ihre Häufigkeit ist daher sehr gering. Mit zunehmender Kernladungszahl Z nimmt die Häufigkeit zunächst schnell, dann langsamer ab. Einige Elementgruppen fallen aus diesem Verlauf heraus, sie sind verglichen mit benachbarten Elementen relativ häufig, z. B. die Elemente um Eisen ($Z = 26$) in der sog. Eisenspitze, weiterhin Krypton bis Strontium ($Z = 36$ bis 38), Tellur bis Barium ($Z = 52$ bis 56), Osmium bis Platin ($Z = 76$ bis 78) und Blei ($Z = 82$). Allgemein sind nach der Harkins'schen Regel [benannt nach dem amerikan. Chemiker W. D. Harkins, 1873–1951] Elemente mit gerader Kernladungszahl häufiger als die mit ungerader, was eine Folge grundsätzlicher Eigenschaften der Atomkerne ist. Die Häufigkeit der Elemente um die Eisenspitze ist durch die hohe Bindungsenergie der Kerne mit der Kernladungszahl 26 bedingt (→ Energiefreisetzung in Sternen). Jede Reaktionskette, bei der unter Energiefreisetzung schwerere Atomkerne aus leichteren aufgebaut werden, endet bei Kernen dieser Kernladungszahl. Die Häufigkeitsspitzen bei anderen schweren Elementen außer Blei sind darauf zurückzuführen, dass die Zahl der Neutronen in den Kernen nahe „magischer" Neutronenzahlen liegt (→ Elemententstehung). Blei ist bevorzugt, da es ein Zerfallsprodukt instabiler massereicher Atomkerne ist. Für Elemente mit einer Massenzahl größer als 50 ist die Harkins'sche Regel am deutlichsten erkennbar (Abb. 2). Die relativen Häufigkeitsspitzen entsprechen denen in Abb. 1. Für einige Elemente ist deren Isotopenbereich angegeben.

Elementenhäufigkeit bei Sternen. Bei der Mehrzahl der Sterne ergibt sich eine bemerkenswerte Übereinstimmung der E.en, besonders innerhalb der Gruppe der Elemente schwerer als Helium. Im Rahmen der Beobachtungsgenauigkeit sind die relativen Häufigkeiten der Elemente im Wesentlichen gleich. In der Astronomie werden üblicherweise alle schweren Elemente ab Kohlenstoff zusammenfassend als „Metalle" bezeichnet und deren Häufigkeit mit der Wasserstoffhäufigkeit verglichen. Von Stern zu Stern ergeben sich z. T. starke Unterschiede in der „*Metallhäufigkeit*". Sie kann das Zwei- bis Dreifache der solaren erreichen, aber auch nur 1/500 derselben betragen. Im Halo des Milchstraßensystems existieren Sterne mit einer Metallhäufigkeit von nur etwa 1/200 000 der solaren.

Das weitgehend gleiche Häufigkeitsverhältnis innerhalb der Metalle kann zur Bestimmung der E. bei Sternen geringer scheinbarer Helligkeit genutzt werden, bei denen keine quantitative Spektralanalyse möglich ist. Es genügt die Analyse einiger im Spektrum gut beobachtbarer Elemente. Aus deren Häufigkeit kann die der anderen schweren Elemente abgeleitet werden. Genügt eine grobe Bestimmung des Metallgehalts, ist keine relative Häufigkeitsbestimmung einzelner Elemente nötig. Es reicht eine Schmalbandphotometrie im ultravioletten Spektralbereich. In diesem Bereich ist die spektrale Intensitätsverteilung wesentlich durch viele und starke Metalllinien festgelegt. Sterne mit geringem Metallgehalt haben gegenüber Sternen mit normaler E. im Ultraviolettbereich einen Strahlungsüberschuss, einen *Ultraviolettexzess*. Nach der Eichung des Zusammenhangs von Metallgehalt und Ultraviolettexzess an Sternen mit sicher bekanntem Metallgehalt genügt zur Bestimmung der Metallhäufigkeit die Messung des Exzesses.

Das im Großen einheitliche Mischungsverhältnis der schweren Elemente ist nicht von vornherein zu erwarten, da die Atomkerne der verschiedenen Elemente zu unterschiedlichen Zeiten an unterschiedlichen Orten gebildet wurden (→ Elemententstehung). Bei der Entstehung der ersten Sterne im Weltall setzte sich die Materie im Wesentlichen aus den in der Frühphase des Weltalls gebildeten Elementen Wasserstoff und Helium zusammen (→ Kosmologie). Die Sterne der ersten Generation waren außerordentlich massereich; sie entwickelten sich sehr rasch und explodierten als Supernovae (→ Sternentwicklung). Bei der Explosion gelangte Sternmaterie in die umgebende, bei der Bildung des

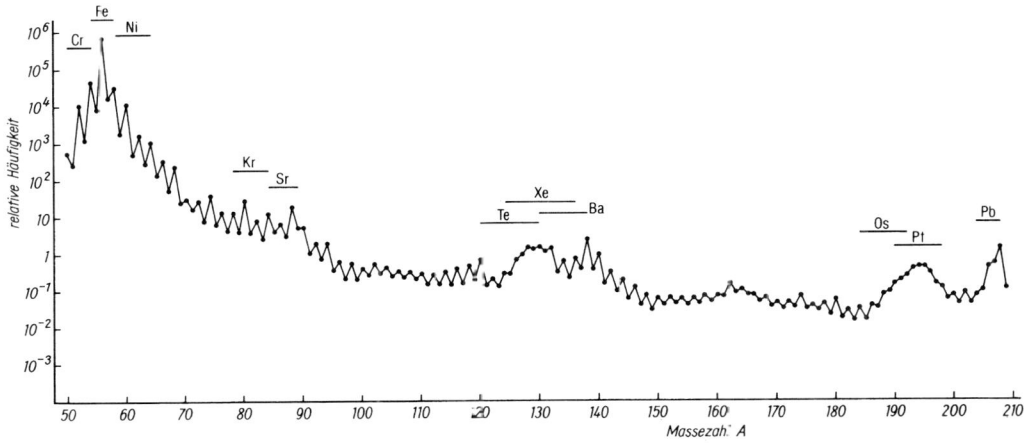

Abb. 2: Mittlere kosmische Elementenhäufigkeit der Atomkerne mit einer Massenzahl größer als 50 bezogen auf eine Siliziumhäufigkeit von 10^6. Für einige Elemente ist der Isotopenbereich markiert

Elementenhäufigkeit

Sterns nicht verbrauchte Restmaterie. Die Sternmaterie war mit während der Sternentwicklung gebildeten sowie bei der Explosion entstandenen schweren Atomkernen angereichert, so dass nach der Durchmischung die Restmaterie geringe Mengen schwerer Elemente enthielt. Die daraus entstandenen Sterne der zweiten Generation besaßen daher bereits bei der Entstehung einige schwere Elemente. Die massereichen Sterne unter ihnen explodierten ebenfalls als Supernovae und reicherten die interstellare Materie weiter an, was sich bei allen weiteren Generationen wiederholte. Der Metallgehalt erhöhte sich von Generation zu Generation. Dieser Vorgang dauert auch gegenwärtig in den Sternsystemen an. Die bei Supernovaexplosionen ablaufenden Prozessketten sind im Wesentlichen gleich (→ Supernova). Die Häufigkeit der schweren Elemente in der interstellaren Materie nahm dadurch absolut zu, die relativen Häufigkeitsverhältnisse änderten sich nicht grundlegend. Trotz der seit vielen Milliarden Jahren stattfindenden Umwandlung von Wasserstoff in massereichere Elemente ist Wasserstoff noch das weitaus häufigste Element. Vom ursprünglich im Milchstraßensystem vorhandenen Wasserstoff wurden bisher maximal etwa 4 bis 5% verbraucht, ebenso geringfügig hat sich die relative Häufigkeit von Helium geändert. Gegenwärtig kommt im Mittel auf rund 300 Wasserstoffatome ein „Metallatom".

Die fortschreitende Anreicherung der interstellaren Materie mit schweren Elementen führt zu einer Korrelation zwischen Metallhäufigkeit und Alter der Sterne. Mitglieder der extremen Population I, sehr junge Objekte, haben etwa die gleiche oder eine geringfügig höhere Metallhäufigkeit als die Sonne. Bei den sehr früh entstandenen Sternen der Halopopulation ist die Häufigkeit deutlich geringer und kann wesentlich unter dem solaren Wert liegen. Sterne der ersten Generation mit praktisch keinen schweren Elementen sind nicht bekannt. Dies kann dadurch bedingt sein, dass die Sterne sehr massereich waren, sich infolgedessen sehr schnell entwickelten und schon seit langem den Endzustand der Sternentwicklung erreicht haben, den eines Weißen Zwergs, eines Neutronensterns oder eines Schwarzen Lochs (→ Sternentwicklung). Wegen deren geringen Leuchtkraft ist die Entdeckungswahrscheinlichkeit gering. Sie könnten nur in unmittelbarer Sonnenumgebung gefunden werden. Der Stern HE 0107-5240 im galaktischen Halo dürfte ein Stern der zweiten Generation sein: In seinem Spektrum sind die Eisenlinien sehr schwach und sein Metallgehalt beträgt nur etwa 1/200 000 des solaren.

In unterschiedlichen Regionen des Milchstraßensystems ist im Langzeitmittel die mittlere Dichte der interstellaren Materie unterschiedlich, was sich auf die Sternentstehungsrate auswirkt (→ Kosmogonie) und zu lokal unterschiedlichen Metallhäufigkeiten führte. Diese sind demzufolge sowohl mit dem Alter als auch mit dem Entstehungsort im Milchstraßensystem korreliert. In den äußeren galaktischen Regionen, im galaktischen Halo, war während der gesamten Existenzzeit des Milchstraßensystems die mittlere interstellare Dichte gering, die Sterne im Halo haben daher einen relativ geringen Metallgehalt. Im galaktischen Zentralbereich war hingegen die mittlere interstellare Dichte über lange Zeiten hoch, der relative Metallgehalt der Sterne ist entsprechend hoch. In anderen Sternsystemen besteht ein ähnlicher radialer Gradient der Metallhäufigkeit vom Zentralbereich bis in den Halo. Für die Ermittlung des Gradienten werden im Allg. HII-Gebiete (→ interstellares Gas) analysiert, da sie einerseits so leuchtkraftstark sind, dass sie auch in entfernten Sternsystemen beobachtet werden können, und andererseits, im Gegensatz zu den Sternen, ein Emissionslinienspektrum haben, was die Analyse wesentlich erleichtert.

Anomale Elementenhäufigkeit. Nicht bei allen Sternen gleicht die Häufigkeitsverteilung der schweren Elemente der solaren. Grund für die Abweichungen kann eine tatsächliche Anomalie in der Atmosphärenzusammensetzung sein oder vom Normalfall abweichende physikalische Bedingungen in der Atmosphäre, z. B. starke Magnetfelder oder eine schnelle Sternrotation; beides kann die Stärke von Linien eines Elements erheblich beeinflussen. Bei der Spektralanalyse kann dies fälschlicherweise als chemische Anomalie gedeutet werden. Die Ursachen einer anomalen Häufigkeitsverteilung sind dadurch schwer zu erkennen.

Zu den Sternen mit anomaler E. gehören → Wolf-Rayet-Sterne, bei denen die Häufigkeiten von Kohlenstoff, Stickstoff und Sauerstoff merklich von der Norm abweichen. Beim Stickstofftyp der Sterne, den Sternen des Spektraltyps WN, ist Stickstoff um rund einen Faktor 10 häufiger als in der Sonnenatmosphäre, Kohlenstoff hingegen ist unterhäufig. Bei den Sternen des Spektraltyps WC sind Kohlenstoff und Sauerstoff überhäufig, während Stickstoff etwa solare Häufigkeit aufweist. Häufigstes Element ist in beiden Gruppen Helium, nicht Wasserstoff. Wolf-Rayet-Sterne sind massereiche Sterne in einem sehr späten Entwicklungszustand, in dem große Teile der äußeren Sternschichten in Form eines → Sternwinds abgestoßen wurden. Dadurch sind Regionen sichtbar geworden, die vorher mehr oder minder tief im Sterninnern waren und in denen beim Wasserstoffbrennen Wasserstoff zu Helium synthetisiert wurde. Das Wasserstoffbrennen erfolgte nach der Art des Kohlenstoff-Stickstoff-Sauerstoff-Zyklus, bei dem das ursprüngliche Kohlenstoff-Stickstoff-Verhältnis zugunsten von Stickstoff verschoben wird (→ Energiefreisetzung in Sternen). Die Atmosphäre der WN-Sterne wird von Schichten gebildet, in denen dieser Prozess stattfand. Bei den WC-Sternen hatte vor dem Abstoß der Sternaußenschichten in zentrumsnahen Regionen - und jetzt sichtbaren Sternschichten - das Heliumbrennen begonnen, bei dem Kohlenstoff und Sauerstoff synthetisiert werden. Die E. in Planetarischen Nebeln spiegelt die Zusammensetzung des Sternwinds wider, und die bei gasförmigen Supernovaüberresten beobachtete wesentlich die bei der Explosion gebildeten Elemente.

Helium-Sterne haben ein Wasserstoff-Helium-Verhältnis, das z. T. zwischen 1:1 und 1:1 000 liegt. Wolf-Rayet-Sterne und → Weiße Zwerge vom Spektraltyp DB gehören zu dieser Sterngruppe. Erklärbar ist dies durch das Abstoßen der wasserstoffreichen Außenschichten und das Sichtbarwerden von ehemals tief im Sterninnern liegenden Regionen, in denen das Wasserstoffbrennen stattfand.

Die Häufigkeit von Lithium variiert stark von Stern zu Stern. Einige, vor allem junge Sterne haben eine z. T. um einen Faktor 100 höhere Lithiumhäufigkeit als die Sonne. Der Lithiumgehalt in einer Sternatmosphäre nimmt mit der Zeit ab, vor allem wenn ein Stern eine tiefgreifende äußere Konvektionszone hat, die bis in Schichten mit Temperaturen von etwa $2,5 \cdot 10^6$ K reicht. Bei diesen Temperaturen werden Atomkerne des Lithiums in die von Helium verwandelt. Bei jungen Sternen, bei denen der konvektive Massenaustausch zwischen den äußeren, kühlen und den inneren, heißen Regionen noch nicht lange wirken konnte, ist der Lithiumanteil weniger reduziert als in alten Sternen mit dicken äußeren Konvektionszonen. Die Sonne gehört zu diesen älteren Sternen. Eine geringe Lithiumhäufigkeit kann im Prinzip auch durch einen starken Sternwind verursacht sein, durch den an Lithium reiche äußere Sternregionen abgeblasen wurden.

Anomale E.en haben auch einige Hauptreihensterne der Spektralklassen A und F, die als CP-Sterne bezeichnet werden [von ‚chemical peculiarities', engl. ‚chemische Besonderheiten']. Bei diesen Sternen treten Silizium, Chrom, Europium und Strontium verstärkt in Erscheinung, bei anderen Sternen sind es Silizium, Quecksilber und Mangan. Es bestehen auch Unterhäufigkeiten z. B. von Bor, Phosphor, Gallium, Yttrium oder Xenon. Viele CP-Sterne besitzen starke Magnetfelder mit Feldstärken von einigen 0,01 bis 1 Tesla, worauf diese Besonderheiten wahrscheinlich zurückgehen. Unter der gemeinsamen Wirkung des Strahlungs- und Magnetfelddrucks können bestimmte Ionen aus tieferen Schichten in die Sternatmosphäre gelangen und dort eine Überhäufigkeit verursachen. Die Anreicherung kann sich auf bestimmte Photosphärengebiete beschränken, z. B. auf die um die magnetischen Pole. Bei einer Sternrotation können dann abwechselnd diese und chemisch normale Bereiche sichtbar werden, was in den Sternspektren eine periodische Variation der Stärke einzelner Spektrallinien hervorruft. Die Sterne gehören zu den Spektrumveränderlichen (→ Alpha-Canum-Venaticorum-Sterne), von denen einige sogar geringe Helligkeitsschwankungen aufweisen.

Möglicherweise sorgt der Strahlungsdruck z. T. auch allein für eine Elemententmischung in der Photosphäre. Unterschiedliche Atome und Ionen besitzen unterschiedliche Absorptionseigenschaften, unterliegen demzufolge einem unterschiedlich starker Strahlungsdruck. Eine derartige chemische Sortierung ist, wenn überhaupt, nur bei sehr schwacher Konvektion möglich.

Eine großräumige, tiefgreifende Konvektion kann das Auftreten bestimmter, normalerweise nicht beobachteter Elemente in den Sternatmosphären bewirken. So finden sich in einigen Sternspektren z. B. Linien vom Technetium, dessen langlebigstes Isotop eine Halbwertszeit von etwa 200 000 Jahren hat, in anderen Promethium, von dem kein Isotop mit einer Halbwertszeit größer als 18 Jahre existiert. Diese Elemente müssen aus sehr tiefen Sternschichten, in denen sie synthetisiert werden, durch starke Konvektion sehr schnell nach außen transportiert werden; die Einzelheiten des Vorgangs sind noch nicht voll verstanden.

Eine gewisse von der Norm abweichende E. haben die Sterne der → Spektralklassen C (bzw. R und N) und S, die durch das Auftreten von Spektralbanden der Moleküle Cyan, Titan- und Zirkonoxid gekennzeichnet sind. Ursache dafür ist wieder das Abstoßen von Materie aus den äußersten Sternregionen und das Hervortreten ehemals tief im Sterninnern liegender Schichten. Befindet sich in diesen mehr Kohlenstoff als Sauerstoff, wie bei C-Sternen, wird praktisch der gesamte Sauerstoff durch die Bildung von Kohlenmonoxid verbraucht und tritt spektral nicht in Erscheinung; der verbliebene Kohlenstoff geht eine Verbindung mit Stickstoff zu Cyan ein. Ist Sauerstoff dagegen häufiger als Kohlenstoff, wird praktisch aller Kohlenstoff in Form von Kohlenmonoxid gebunden und der übrig bleibende Sauerstoff verbindet sich u. a. zu Titanoxid. Das Kohlenstoff-Sauerstoff-Verhältnis bedingt auch, ob Titan- oder Zirkonoxid in der Atmosphäre dominiert. Das seltenere Zirkon hat eine höhere Affinität für Sauerstoff als Titan. Bei reichlich vorhandenem Sauerstoff ist das häufigere Titan im Vorteil, die Linien von Titanoxid sind im Spektrum relativ stark, bei geringem Sauerstoffangebot bewirkt die höhere Affinität von Zirkon ein Hervortreten von Zirkonoxid.

Bei einigen Sternen ändert sich die beobachtete E. Beim Stern FG Sagittae nahm seit 1992 die relative Häufigkeit von Barium, Zirkon, Yttrium und einiger seltener Erden allmählich zu, so dass Barium und Yttrium mehr als 30-mal häufiger als normal sind, die Häufigkeit der Elemente der Eisenspitze einschließlich Nickel ist hingegen gesunken. Die Ursachen für diese Änderungen sind ungeklärt.

Interstellares Gas. Die chemische Zusammensetzung des interstellaren Gases entspricht im Allg. der mittleren kosmischen E. (Tab.). In einzelnen interstellaren Wolken ist die Häufigkeit einiger Elemente, z. B. Aluminium, Kalzium, Eisen, Titan oder Magnesium, unterschiedlich stark reduziert (→ interstellarer Staub). Dies liegt an der bevorzugten, aber unterschiedlich fortgeschrittenen Anlagerung dieser Elemente an interstellare Staubteilchen, wodurch sie dem Gas entzogen werden.

Isotopenhäufigkeit. Zusätzlich zur relativen Häufigkeit der Elemente ist die der Isotope von Bedeutung. Isotopenhäufigkeiten lassen z. T. Rückschlüsse auf die Entstehung der Elemente zu (→ Elementenentstehung). Die genauesten empirischen Daten ergeben sich bei Laboruntersuchungen von Erd- und Mondgestein, bei Meteoriten sowie bei der Untersuchung des → Sonnenwinds. Isotopenhäufigkeiten im interstellaren Gas lassen sich mit hoher Genauigkeit bei Untersuchungen interstellarer Moleküle im Radiofrequenzbereich bestimmen, da in diesem Spektralbereich die Linien isotoper Verbindungen relativ weit voneinander getrennt sind. Das Verhältnis in Atomzahlen von Deuterium (schwerem Wasserstoff) zu normalem Wasserstoff beträgt im Mittel etwa 1:50 000, das Verhältnis von Helium-3 zu Helium-4 etwa 1:10 000, doch sind die Angaben mit größeren Unsicherheiten behaftet.

Das Häufigkeitsverhältnis von Lithium-7 zu Lithium-6 beträgt in Meteoriten etwa 12:1, im Sonnenwind hingegen rund 30:1. Ursache dürfte sein, dass Lithium-6 bei

E-Linien

Mittlere Häufigkeit einiger Elemente in verschiedenen Objektgruppen

(bezogen auf 10^{12} Wasserstoffatome)

Z	Element	Symbol	Meteorite (kohlige Chondrite)	Sonne	heiße Sterne (τ Scorpii)	interstellares Gas (Orionnebel)
1	Wasserstoff	H		$1 \cdot 10^{12}$	$1 \cdot 10^{12}$	$1 \cdot 10^{12}$
2	Helium	He		$1 \cdot 10^{11}$	$1 \cdot 10^{11}$	$1 \cdot 10^{11}$
3	Lithium	Li	$2,2 \cdot 10^3$	$1 \cdot 10^1$		
4	Beryllium	Be	$2,9 \cdot 10^1$	$1,4 \cdot 10^1$		
5	Bor	B	$8,3 \cdot 10^2$	$2 \cdot 10^2$		
6	Kohlenstoff	C	$3,1 \cdot 10^7$	$4,7 \cdot 10^8$	$1 \cdot 10^8$	$5 \cdot 10^7$
7	Stickstoff	N		$9,8 \cdot 10^7$	$2 \cdot 10^8$	$4 \cdot 10^7$
8	Sauerstoff	O	$2,9 \cdot 10^8$	$8,3 \cdot 10^8$	$5 \cdot 10^8$	$5 \cdot 10^8$
9	Fluor	F	$2,8 \cdot 10^4$	$4 \cdot 10^4$		
10	Neon	Ne		$6 \cdot 10^7$	$4 \cdot 10^8$	$6 \cdot 10^7$
11	Natrium	Na	$2,3 \cdot 10^6$	$2,2 \cdot 10^6$		
12	Magnesium	Mg	$4,0 \cdot 10^7$	$4,0 \cdot 10^7$	$3 \cdot 10^7$	
13	Aluminium	Al	$3,2 \cdot 10^6$	$3,2 \cdot 10^6$	$2 \cdot 10^6$	
14	Silizium	Si	$4,0 \cdot 10^7$	$3,7 \cdot 10^7$	$4 \cdot 10^7$	
15	Phosphor	P	$3,4 \cdot 10^5$	$2,5 \cdot 10^5$		
16	Schwefel	S	$1,9 \cdot 10^7$	$1,8 \cdot 10^7$	$2 \cdot 10^7$	$3 \cdot 10^7$
17	Chlor	Cl	$2,0 \cdot 10^5$	$1,8 \cdot 10^5$		$6 \cdot 10^5$
18	Argon	Ar		$6 \cdot 10^6$		
19	Kalium	K	$1,4 \cdot 10^5$	$1,3 \cdot 10^5$		
20	Kalzium	Ca	$2,3 \cdot 10^6$	$2,3 \cdot 10^6$		

Z = Kernladungszahl

niedrigeren Temperaturen zerstört wird als Lithium-7. In der von der → Supernova 1987 A abgestoßenen Materie konnte das Verhältnis von Kobalt-56 zu Kobalt-57 gemessen und daraus das bei der Explosion entstandene Verhältnis von Nickel-56 zu Nickel-57 bestimmt werden, aus denen durch radioaktiven Zerfall die Kobaltisotope hervorgehen. Das Verhältnis liegt nahe dem für die Sonne bestimmten Wert, was zeigt, dass mindestens die Elemente nahe der Eisenspitze ihren Ursprung in Supernovaexplosionen haben.

Im freien Weltall existieren nur Elemente, die auch von der Erde her bekannt sind. In der Vergangenheit wurden Spektrallinien gefunden, die zunächst keinem bekannten Element zugeordnet werden konnten und deshalb einem nicht auf der Erde vorkommenden zugeschrieben wurden. Helium wurde z. B. zuerst im Spektrum der Sonne [griech. ‚helios'] gefunden, später dann die terrestrische Existenz nachgewiesen. Einige Emissionslinien des leuchtenden interstellaren Gases wurden zunächst einem unbekannten Element „Nebulium" zugeordnet, bis erkannt wurde, dass die Linien bei „verbotenen" Übergängen (→ Atom) von Stickstoff- und Sauerstoffionen emittiert werden (→ interstellares Gas). Ebenso wurden Linien im Spektrum der Sonnenkorona einem Element „Koronium" zugeschrieben, tatsächlich stammen die Linien von hochionisierten Metallatomen.

E-Linien, zwei von J. Fraunhofer (1787–1826) so bezeichnete, dicht beieinander liegende Absorptionslinien im Sonnenspektrum. Die bei 527,03 nm liegende E_1-Linie wird durch Eisen- und Kalzium, die E_2-Linie bei 526,95 nm durch Eisen verursacht.

Ellipse, der Kegelschnitt, bei dem für alle Punkte die Summe der Abstände von zwei festen Punkten, den beiden *Brennpunkten*, konstant ist. Die Summe der Abstände ist gleich dem größten Durchmesser der E., der großen Achse, auf der die beiden Brennpunkte liegen. Senkrecht zur großen steht die kleine Achse, der kleinste Durchmesser der E. Der Schnittpunkt beider Achsen ist der Ellipsenmittelpunkt, von dem jeder Brennpunkt den Abstand e hat, die sog. lineare Exzentrizität. Die numerische Exzentrizität ε ergibt sich zu ε = e/a, wobei a die halbe große Achse bezeichnet.

ellipsoidische Veränderliche, enge, optisch nicht aufgelöste Doppelsterne, bei denen mindestens eine der Komponenten durch die Gezeitenwirkung der anderen ellipsoidisch verformt ist. Beim Umlauf um den gemeinsamen Schwerpunkt variiert periodisch die Größe der sichtbaren leuchtenden Flächen und damit die scheinbare Gesamthelligkeit des Systems (Abb.). Die Helligkeitsamplitude ist im Allg. kleiner als 0,2 mag. Sie ist durch die Lage der Sichtlinie bezüglich der Bahnebene und die geometrische Gestalt der Komponenten bestimmt, deren Leuchtkraft und Effektivtempe-

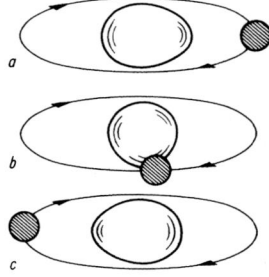

Schema der projizierten sichtbaren Sternoberflächen in einem Doppelsternsystem mit einer ellipsoidisch verformten Komponente. Helligkeitsmaxima bei den Stellungen (a) und (c)

ratur aber konstant sind. Die e.n V.n gehören zu den optischen, nicht zu den physischen → Veränderlichen.

elliptischer Nebel, *elliptisches Sternsystem*, extragalaktisches Sternsystem mit einer ellipsoidischen Helligkeitsverteilung; → Sternsystem.

Elliptizität, svw. Abplattung.

Elongation, Differenz zwischen der ekliptikalen Länge der Sonne und der eines Himmelskörpers des Planetensystems. Für ein auf der Ekliptik stehendes Gestirn ist die E. gleich dem Winkel zwischen den Verbindungslinien Beobachter–Gestirn und Beobachter–Sonne. Die E. der oberen Planeten kann jeden Wert zwischen 0° und 180° annehmen, die der unteren Planeten ist begrenzt, beim Merkur beträgt sie maximal etwa 27°, bei der Venus etwa 47°. Die Stellungen der Himmelskörper bei bestimmten E.en werden besonders bezeichnet (→ Konstellation).

Emission, Aussendung einer Wellen- oder Teilchenstrahlung durch Atome, Moleküle, Festkörper oder Flüssigkeiten. Die *kontinuierliche E.* einer elektromagnetischen Strahlung kann in einem breiten Wellenlängenbereich erfolgen, wie bei frei-gebundenen Elektronenübergängen, aber auch das gesamte Spektrum erfassen, wie bei frei-freien Elektronenübergängen (→ Spektrum). Eine *Linienemission* erfolgt in einem schmalen, diskreten Wellenlängenbereich u. a. bei gebunden-gebundenen Elektronenübergängen in Atomen oder Molekülen (→ Atom) oder bei Schwingungs- oder Rotationsübergängen von Molekülen. Die E. fester Körper ist weitgehend kontinuierlich. Die E. von Gasen kann sowohl kontinuierlich als auch Linienemission sein. Die Absorption ist der der E. entgegengesetzte Prozess. E. und Absorption elektromagnetischer Strahlung erfolgen bei den gleichen Wellenlängen.

Emissionsgebiet, schwach leuchtende interstellare Gaswolke; → interstellares Gas.

Emissionslinie, auf einen eng begrenzten diskreten Wellenlängenbereich beschränkte Ausstrahlung elektromagnetischer Wellen; → Spektrum.

Emissionsmaß, eine Größe, die die Intensität der längs der Sichtlinie von einem optisch dünnen Emissionsgebiet emittierten Strahlung angibt; → interstellares Gas.

Emissionsnebel, größere leuchtende interstellare Gaswolke; → interstellares Gas.

Emissionsspektrum, aus Emissionslinien oder einem Strahlungskontinuum bestehendes Spektrum.

Enceladus *m*, Saturnsatellit, der sich auf einer elliptischen Bahn mit einer großen Halbachse von 238 040 km und einer Exzentrizität von 0,005 in 1,37 Tagen rechtläufig um den Saturn bewegt. Die Bahnebene liegt mit einer Neigung von 0,01° fast genau in dessen Äquatorebene. Die Rotationsperiode ist infolge der gebundenen Rotation gleich der Umlaufperiode. Der Durchmesser beträt 505 km, die Masse $1{,}1 \cdot 10^{20}$ kg und die mittlere

Oberflächendetail des Enceladus. Kraterreiche Gebiete nahe dem Terminator (im Bild links und oben), nahezu kraterfreie Ebenen (rechter Bildrand) (Aufnahme: NASA/JPL, Mosaik von mit Hilfe der Raumsonde Voyager 2 gewonnenen Aufnahmen)

Encke

Dichte 1,61 g/cm³. Der E. gehört zu den Satelliten mittlerer Größe. In Oppositionsstellung beträgt die scheinbare visuelle Helligkeit 11^{m}6.

Die Oberfläche ist in einigen Regionen dicht von Einschlagkratern bedeckt, was auf ein hohes geologisches Alter schließen lässt, andere Gebiete sind fast kraterfrei (Abb.), offenbar jung und durch geologische Aktivitäten geformt, deren Ursachen unklar sind. Der E. gehört zu den eisartigen planetaren Himmelskörpern, was die mittlere Dichte erkennen lässt. Das Oberflächenmaterial hat mit mehr als 0,9 die höchste Albedo aller Körper des Planetensystems, höher als frisch gefallener Schnee. In kraterfreien Gebieten ist die Oberfläche von Rillen und Vertiefungen mit Höhenunterschieden bis zu etwa 1 km durchzogen. Mit großer Wahrscheinlichkeit sind diese Formationen durch geologische Prozesse verursacht, bei denen alte kraterreiche Kruste von Wasser überflutet wurde. Die für das Schmelzen des Eises notwendige Energie liefern wahrscheinlich ständig wechselnde, durch die Nachbarsatelliten Tethys und Dione verursachte Gezeitenkräfte.

Hinsichtlich der Einordnung des E. in das System der Saturnsatelliten → Saturn.

Der E. wurde 1789 von W. Herschel (1738–1822) entdeckt.

Encke, Johann Franz, dtsch. Astronom. geb. 23.09.1791 in Hamburg, gest. 26.08.1865 in Spandau; ab 1816 an der Sternwarte Seeberg bei Gotha und ab 1822 deren Direktor, ab 1825 Direktor der Sternwarte Berlin. E. bestimmte die Sonnenparallaxe aus Venusdurchgängen und berechnete die Bahnen von Planetoiden und Kometen.

Encke'scher Komet [benannt nach dem dtsch. Astronomen J. F. Encke, 1791–1865], *2P/Encke*, der 1818 von J. L. Pons (1761–1831) entdeckte kurzperiodische Komet, dessen Bahn von J. F. Encke berechnet wurde. Der Komet hat eine unregelmäßig abnehmende Umlaufzeit, was auf die Wirkung nicht gravitativer Kräfte zurückgeht (→ Komet). Vom Enckeschen K. wurden bisher die meisten, mindestens 54 Perihelduchgänge beobachtet. Hinsichtlich der Bahndaten → Komet.

Encke'sche Teilung [benannt nach dem dtsch. Astronomen J. F. Encke, 1791–1865], eine auffallende Lücke im A-Ring des → Saturn.

Energie, das Arbeitsvermögen eines physikalischen Systems. Maßeinheiten sind u. a. Joule oder Wattsekunde (→ Arbeit), für Ionisations- und Anregungsenergie meist Elektronenvolt.

In einem abgeschlossenen physikalischen System ist die E. eine grundlegende Erhaltungsgröße. E. tritt in verschiedenen Formen auf. *Kinetische E.* oder *Bewegungsenergie* E_{kin}, ist die Arbeit, die ein bewegter Körper bei seiner Abbremsung leisten kann. Sie wächst mit der Masse m des Körpers und dem Quadrat seiner Geschwindigkeit v, es gilt: $E_{\mathrm{kin}} = m \cdot v^2/2$.

Die *potentielle E.*, die E. der Lage, ist die bei der Veränderung der Lage eines Körpers in einem äußeren Kraftfeld, z. B. einem Gravitationsfeld oder elektrischen Feld, zu leistende oder zu gewinnende Arbeit, in einem Gravitationsfeld die *Gravitationsenergie*.

Wärmeenergie ist kinetische Energie der ungeordneten Bewegungen von Atomen oder Molekülen eines Körpers oder Gases, sie ist proportional der Temperatur des Körpers.

Anregungsenergie ist die E., die benötigt wird, um in einem quantenmechanischen System, z. B. einem Atom, ein Elektron von einem energetisch niedrigeren Energiezustand in einen höheren zu bringen, es „anzuregen". Bei der Rückkehr des Systems in den Ausgangszustand kann die E. u. a. in Form eines Lichtquants abgegeben werden (→ Anregung).

Ionisationsenergie wird zur Ionisation eines Atoms oder Moleküls benötigt. Bei der Rekombination steht die E. zur Ausstrahlung zur Verfügung (→ Ionisation).

Energieträger der *Strahlungsenergie* sind elektromagnetische Wellen bzw. Lichtquanten oder Photonen. Für die Energie E eines Photons gilt $E = h\nu = h \cdot c/\lambda$, wobei ν die Frequenz, λ die Wellenlänge, c die Lichtgeschwindigkeit und h das Planck'sche → Wirkungsquantum bedeuten. Bei kurzwelliger Strahlung ist die Photonenenergie größer als bei langwelliger.

Bei Atomkernreaktionen wird infolge einer Veränderung der Kernbindungskräfte in den beteiligten Atomkernen **Kernenergie, Nuklearenergie** frei, u. a. bei der → Energiefreisetzung in Sternen.

Als *Ruhmasseenergie* wird die E. E_0 bezeichnet, die nach der Speziellen → Relativitätstheorie jeder ruhenden Masse m äquivalent ist: $E_0 = m \cdot c^2$, wobei c die Lichtgeschwindigkeit bedeutet.

In einem abgeschlossenen physikalischen System ist die Gesamtenergie konstant, die verschiedenen Energieformen können aber in andere umgewandelt werden. Beim Abbremsen eines bewegten Körpers, z. B. eines Meteoroiden in der Erdatmosphäre, kann dessen kinetische E. in Wärme-, Ionisations- und Anregungsenergie der Luftmoleküle umgewandelt und danach in Form von Strahlungsenergie ausgestrahlt werden. Bei der Kontraktion eines Sterns wird potentielle E. in Wärmeenergie der Sternmaterie und diese z. T. in Strahlungsenergie umgesetzt. Bei der Energiefreisetzung im Sterninnern geht Ruhmasseenergie von Atomkernen in Strahlungs- und kinetische E. über. Bei der Bildung eines Teilchen-Antiteilchen-Paares wird Strahlungsenergie in Ruhmasseenergie der entstehenden Teilchen sowie in deren kinetische E. umgewandelt.

Energiedichte, die je Volumeneinheit vorhandene Energiemenge.

Energiefreisetzung in Sternen, die Umwandlung der in einem Stern gespeicherten Energie zur Deckung der ausgesandten Strahlungsenergie. Der Energievorrat eines Sterns setzt sich aus der Summe von Wärmeenergie, potentieller Energie sowie verfügbarer Kernenergie zusammen.

W ä r m e e n e r g i e. Die Wärmeenergie umfasst die gesamte, in Form von kinetischer Energie der Gaspartikeln sowie als Strahlungs-, Anregungs- und Ionisationsenergie in der Sternmaterie vorhandene Energie. Ihre Menge ist um viele Größenordnungen zu klein, als dass sie den durch Ausstrahlung verursachten Energieverlust eines Sterns während seiner Existenzzeit decken könnte. Bei der Sonne z. B. wäre der Wärmevorrat bei vorausgesetzter konstanter Leuchtkraft bereits nach einigen Millionen Jahren erschöpft. Die Sonne existiert aber schon seit 4,6 Mrd. Jahren mit einer sich von der

Energiefreisetzung in Sternen

heutigen nicht grundlegend unterscheidenden Leuchtkraft (→ Sonne). Bei der Hauptmenge aller anderen Sterne kann die ausgestrahlte Energie gleichfalls nicht durch den Wärmevorrat gedeckt werden, nur bei Weißen Zwergen ist die in der letzten Phase ihrer Entwicklung abgestrahlte Energie z. T. umgesetzte Wärmeenergie des Atomkerngases (→ Weißer Zwerg).

Potentielle Energie. Potentielle Energie bzw. Gravitationsenergie wird bei der Kontraktion eines Sterns als Ganzes oder eines Teils von ihm frei. Bei langsamer Kontraktion wird eine Folge hydrodynamischer Quasi-Gleichgewichtszustände durchlaufen. Besteht die Materie aus einem idealen, vollständig ionisierten Gas, wird die Hälfte der freigesetzten potentiellen Energie ausgestrahlt, während die andere Hälfte als Wärmeenergie im Stern verbleibt und zur Gewährleistung des Gleichgewichtszustandes dient. Bei der Kontraktion nähert sich die Materie dem Massenmittelpunkt, damit erhöht sich die zum Zentrum hin gerichtete Gravitationskraft. Zur Gleichgewichtserhaltung muss der gegenwirkende Gasdruck steigen, was durch Temperaturerhöhung erreicht wird. Eine Kontraktion ist unter den genannten physikalischen Bedingungen stets mit einer Temperaturerhöhung verbunden. Die für einen Stern insgesamt verfügbare Gravitationsenergie, damit die durch Kontraktion erreichbare Temperaturerhöhung, ist umso größer, je höher seine Masse ist. In der Größenordnung ist die verfügbare Gravitationsenergie gleich der Wärmeenergie und reicht bei vorausgesetzter konstanter Leuchtkraft nicht zur Deckung der von einem Stern im Laufe seiner Existenz ausgestrahlten Energie aus.

Kernprozesse. Allein thermonukleare Prozesse, bei denen Kernenergie freigesetzt wird, sind ergiebig genug, um den von einem Stern zur Ausstrahlung benötigten Energiebedarf zu decken. Bei Fusionsreaktionen werden aus leichten Atomkernen schwerere gebildet. Der Bindungsenergie, die bei der Bildung des neuen Kerns frei wird, entspricht nach der Äquivalenzrelation von Masse und Energie (→ Relativitätstheorie) ein „Massendefekt", um den die Masse des gebildeten Kerns geringer ist als die Summe der Einzelmassen der Ausgangskerne. Von Wasserstoffkernen, Protonen mit der Massenzahl 1, zu schweren Kernen hin nimmt die Bindungsenergie je Nukleon zu, erreicht bei Eisen-55- bzw. Nickel-56-Kernen ein Maximum und nimmt danach wieder ab (Abb. 1). Energie wird bei der Verschmelzung leichter Kerne zu einem schwereren Kern oder bei der Spaltung schwerer Kerne in leichtere dann frei, wenn das Ergebnis Atomkerne sind, die dem Maximum der Bindungsenergie näher liegen. Beim schrittweisen Aufbau eines Kerns der Massenzahl 56 aus Wasserstoffkernen beträgt das Verhältnis des Massendefekts zur Masse der insgesamt benötigten 56 Protonen 0,0089. Bei Kernprozessen können mithin maximal 0,89% der eingesetzten Masse in Energie umgewandelt werden. Der erste Schritt dieses Aufbauprozesses, die Bildung eines Helium-4-Kerns aus 4 Protonen, ist der energetisch günstigste. Das Verhältnis des Massendefekts eines Heliumkerns zur Masse der vier Protonen beläuft sich auf 0,0071. Bereits beim ersten Schritt werden rund 80% des bei Kernfusionen maximal mög-

lichen Energiegewinns freigesetzt. Die Umwandlung von Wasserstoff in Helium ist die weitaus ergiebigste Kernenergiequelle für einen Stern, sie deckt während der längsten Zeit seiner Existenz den Energiebedarf (→ Sternentwicklung).

Um eine Kernverschmelzung zu ermöglichen, müssen zwei Kerne einander so nahe kommen, dass die die Bindung bewirkenden Kernkräfte wirksam werden. Dem Nahekommen steht infolge der positiven Ladung der Atomkerne eine elektrostatische Abstoßung (→ Coulomb-Kraft) entgegen, deren Stärke von der Höhe der Kernladungen abhängt. Zur Überwindung der Coulomb-Kraft zweier Protonen ist eine Energie von etwa 10^6 eV (etwa $1,6 \cdot 10^{-13}$ J) nötig. Bei einer Temperatur von 10 Mio. K beträgt die mittlere kinetische Energie der Gaspartikeln jedoch nur etwa 10^3 eV, ist damit um rund einen Faktor 1 000 kleiner. Aus zwei Gründen können dennoch Kernreaktionen stattfinden: Einerseits sind Kerne mit weit höherer Energie als der mittleren Energie vorhanden, andererseits gestattet der quantenmechanische → Tunneleffekt, dass auch Kerne mit einer geringeren kinetischen Energie, als zur Überwindung der Coulomb-Kraft notwendig ist, miteinander reagieren können. Trotzdem ist die Wahrscheinlichkeit für die Verschmelzung zweier Atomkerne zur Bildung eines neuen Kerns außerordentlich gering. Dies ist Gewähr dafür, dass die Kernprozesse im Normalfall über einen langen Zeitraum verteilt erfolgen und nicht in einer kurzen Explosion. Bei einer bestimmten Temperatur finden nur Reaktionen statt, die bis zu einer charakteristischen Kernart führen, die Bildung massereicherer Kerne ist infolge der begrenzten Energien nicht möglich.

Bei einer Kernfusion entsteht zunächst ein hoch angeregter Zwischenkern. Die Anregungsenergie setzt sich aus der Differenz der Bindungsenergien der beteiligten Kerne sowie der nach der Überwindung der Coulomb-Kraft übrigen kinetischen Energie des eingedrungenen Teilchens zusammen. Die Anregungsenergie kann abgegeben werden, indem das eingedrungene Teilchen wieder ausgestoßen wird, so dass letztlich keine Kernumwandlung stattfindet, es kann ein anderer Kernbaustein, der auch massereicher als das eingedrungene Teilchen sein kann, den Kern verlassen, was zur Bildung eines verglichen mit dem Ausgangskern masseärmeren Kerns führt, schließlich kann ein Gammaquant emittiert werden oder im Rahmen eines → Betazerfalls

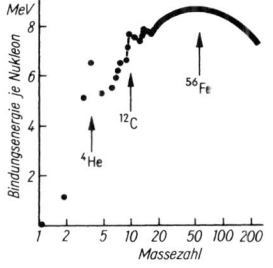

Abb. 1: Bindungsenergie je Nukleon in Abhängigkeit von der Massenzahl der Atomkerne, ab Massenzahl 17 schematisiert. Einige Atomkerne mit relativ hoher Bindungsenergie sind besonders markiert

Energiefreisetzung in Sternen

bzw. inversen Betazerfalls ein Neutron im Kern in ein Proton bzw. ein Proton in ein Neutron übergehen, wobei ein Elektron und ein Antineutrino bzw. ein Positron und ein Neutrino ausgesandt werden. Bei gleichbleibender Masse ändert sich dadurch die Kernladung, damit die Umwandlung des Kerns in einen Atomkern eines anderen Elements.

Unter den im Innern von Sternen herrschenden Bedingungen spielen die folgenden Kernprozesse eine wesentliche Rolle.

Proton-Proton-Reaktion, P-P-Reaktion, H-H-Reaktion. Bei der Proton-Proton-Reaktion, einer Form des „Wasserstoffbrennens", bestehen drei Möglichkeiten, aus vier Wasserstoffkernen einen Heliumkern zu bilden. Der Hauptprozess (PPI) verläuft in drei Schritten, die durch folgende Formeln beschrieben werden können:

$^1H + {^1H} \rightarrow {^2D} + e^+ + \nu$
$^2D + {^1H} \rightarrow {^3He} + \gamma$
$^3He + {^3He} \rightarrow {^4He} + {^1H} + {^1H}$.

Die Buchstaben bedeuten jeweils ein Teilchen, ^1H einen Wasserstoffkern oder Proton, ^2D (oder ^2H) einen schweren Wasserstoffkern oder Deuteron. ^3He bzw. ^4He bezeichnen einen Heliumkern der Massezahl 3 bzw. 4, e^- ein Elektron, e^+ ein Positron, ν ein Neutrino. γ steht für ein unmittelbar freiwerdendes Gammaquant, ein Photon.

Im ersten Schritt reagieren zwei Protonen miteinander und bilden unter Aussendung eines Positrons und eines Neutrinos ein Deuteron. Der Prozess findet mit einer sehr geringen Wahrscheinlichkeit statt, da im Augenblick der größten Annäherung bei einem der beiden beteiligten Protonen ein spontaner inverser Betazerfall erfolgen muss, was äußerst unwahrscheinlich ist. Ein Deuteron könnte auch bei einem Dreierstoß von zwei Protonen und einem freien Elektron entstehen, was noch wesentlich unwahrscheinlicher ist. Das freigesetzte Positron reagiert unmittelbar nach seinem Entstehen mit einem Elektron, seinem Antiteilchen, die bei der Paarvernichtung (→ Paarentstehung) freiwerdende Strahlungsenergie verbleibt im Stern. Das → Neutrino verlässt infolge der verschwindend kleinen Wechselwirkung mit Sternmaterie praktisch ungehindert den Stern. Im zweiten Schritt, der ***Deuteriumreaktion***, dem „Deuteriumbrennen", entsteht durch Verschmelzung eines Deuteriumkerns mit einem Proton unter Ausstrahlung eines Gammaquants ein Helium-3-Kern. Dieser kann unter den im Stern herrschenden Bedingungen unterschiedlich reagieren. Im weitaus häufigsten Prozess (dritte Formel) verschmelzen zwei Helium-3-Kerne, wobei ein Helium-4-Kern und zwei Protonen entstehen. Insgesamt werden zur Bildung eines Helium-4-Kerns 4 Protonen verbraucht, 6 bei der Bildung der beiden Helium-3-Kerne, im letzten Schritt werden aber zwei frei (Abb. 2).

Die anderen beiden Reaktionsketten (PPII bzw. PPIII) gehen von dem Helium-3-Kern aus. Der Prozess PPII wird durch die folgende Formelgruppe beschrieben:

$^3He + {^4He} \rightarrow {^7Be} + \gamma$
$^7Be + e^- \rightarrow {^7Li} + \nu$
$^7Li + {^1H} \rightarrow 2\,{^4He}$

Aus einem Helium-3- und einem Helium-4-Kern entsteht unter Aussendung eines Gammaquants ein Beryl-

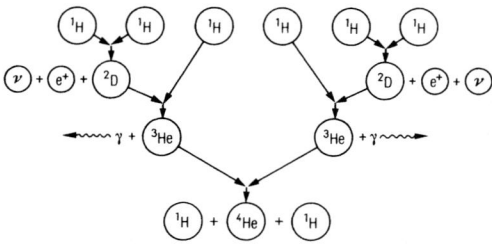

Abb. 2: Hauptkette der Proton-Proton-Reaktion

lium-7-Kern. Durch Einfang eines Elektrons geht dieser unter Aussendung eines Neutrinos in einen Lithium-7-Kern über, der mit einem Proton reagiert, was zur Entstehung zweier Helium-4-Kerne führt.

Die Möglichkeit PPIII schließt an den ersten Schritt der PPII-Kette an. Der Beryllium-7-Kern reagiert mit einem Proton, wodurch ein Bor-8-Kern entsteht und ein Gammaquant frei wird. Der Bor-8-Kern ist instabil und geht unter Aussendung eines Positrons und eines Neutrinos in einen Beryllium-8-Kern über, der in zwei Helium-4-Kerne zerfällt.

$^7Be + {^1H} \rightarrow {^8B} + \gamma$
$^8B \quad\quad \rightarrow {^8Be} + e^+ + \nu$
$^8Be \quad\quad \rightarrow 2\,{^4He}$.

Die Häufigkeit, mit der Proton-Proton-Reaktionen ablaufen, ist proportional der Dichte und etwa der 4. bis 6. Potenz der Temperatur. Damit der erste Teilschritt stattfinden kann, muss eine Temperatur von mehreren Mio. K herrschen. Nur bei Protosternen mit einer Masse von mindestens etwa 0,08 Sonnenmassen wird bei der Kontraktion so viel Gravitationsenergie frei, dass diese Temperatur erreicht wird. Die Deuteriumreaktion, der zweite Teilschritt, benötigt eine Temperatur von nur etwa 1 Mio. K. Die Reaktion kann daher unabhängig vom ersten Schritt ablaufen, falls freie Deuteriumkerne vorhanden sind. Das ist bei der Bildung von Sternen aus interstellarer Materie der Fall, die neben normalem Wasserstoff auch geringe Mengen Deuterium enthält (→ Elementenhäufigkeit). Zum Erreichen einer Temperatur von 1 Mio. K braucht die kontrahierende Masse nur rund 0,015 Sonnenmassen zu betragen, so dass auch in sehr massearmen Protosternen Deuteriumreaktionen ablaufen können. Wegen der geringen Deuteriumhäufigkeit in der interstellaren Materie ist die Menge der freiwerdenden Energie sehr gering. Für kontrahierende Massen zwischen 0,015 und 0,08 Sonnenmassen, d. h. für → Braune Zwerge, ist dies die einzig verfügbare Kernenergie. Für Massen geringer als etwa 0,015 Sonnenmassen, z. B. für Gasplaneten, steht nicht einmal diese Energie zur Verfügung.

Bei der Bildung eines Heliumkerns beträgt die freiwerdende Energie insgesamt $4{,}25 \cdot 10^{-12}$ J oder 26,5 MeV. Die dem Stern tatsächlich verbleibende Energie ist etwas geringer, da die zwei Neutrinos, die je gebildeten Heliumkern entstehen, Energie abführen. Bei der Kette PPI stehen dem Stern je gebildeten Heliumkern 26,20 MeV, bei PPII 25,67 MeV und bei PPIII 19,20 MeV zur Verfügung.

Energiefreisetzung in Sternen

Eine andere Form des „Wasserstoffbrennens", der *Kohlenstoff-Stickstoff-Sauerstoff-Zyklus, CNO-Zyklus*, besteht in den folgenden Reaktionen:

$^{12}C + {}^1H \rightarrow {}^{13}N + \gamma$
$^{13}N \rightarrow {}^{13}C + e^+ + \nu$
$^{13}C + {}^1H \rightarrow {}^{14}N + \gamma$
$^{14}N + {}^1H \rightarrow {}^{15}O + \gamma$
$^{15}O \rightarrow {}^{15}N + e^+ + \nu$
$^{15}N + {}^1H \rightarrow {}^{12}C + {}^4He$.

Ein in der Sternmaterie vorhandener Kohlenstoff-12-Kern reagiert mit einem Proton, wobei ein Stickstoff-13-Kern entsteht und ein Gammaquant ausgestrahlt wird. Der Stickstoff-13-Kern ist instabil und geht unter Freisetzung eines Positrons und eines Neutrinos in einen Kohlenstoff-13-Kern über. Bei der Reaktion dieses Kerns mit einem Proton entsteht unter Energieausstrahlung ein Stickstoff-14-Kern, der gleichfalls mit einem Proton reagiert, wodurch ein Sauerstoff-15-Kern entsteht und Energie ausgestrahlt wird. Dieser ist instabil, unter Aussendung eines Positrons und eines Neutrinos geht er in einen Stickstoff-15-Kern über. Beim Verschmelzen dieses Kerns mit einem Proton werden ein Helium-4-Kern und ein Kohlenstoff-12-Kern gebildet. Aus insgesamt vier Protonen ist ein Helium-4-Kern entstanden, während der in der ersten Reaktion des Zyklus involvierte Kohlenstoff-12-Kern reproduziert wird (Abb. 3). Die Kohlenstoff-, Stickstoff- und Sauerstoffkerne haben eine Art Katalysatorfunktion. Herrschte in der Sternmaterie vor dem Einsetzen des CNO-Zyklus ein Häufigkeitsverhältnis von Kohlenstoff zu Stickstoff etwa entsprechend der mittleren kosmischen → Elementenhäufigkeit, verschiebt sich infolge des Prozesses das Verhältnis zugunsten von Stickstoff, wobei die Gesamtzahl der Stickstoff- und Kohlenstoffkerne konstant bleibt. Bei der Bildung eines Heliumkerns im Rahmen des CNO-Zyklus verbleibt dem Stern eine Energie von 24,97 MeV, die zwei entstehenden Neutrinos führen 1,53 MeV ab.

Neben dem beschriebenen Hauptzyklus kann ein sekundärer CNO-Zyklus ablaufen:

$^{15}N + {}^1H \rightarrow {}^{16}O + \gamma$
$^{16}O + {}^1H \rightarrow {}^{17}F + \gamma$
$^{17}F \rightarrow {}^{17}O + e^+ + \nu$
$^{17}O + {}^1H \rightarrow {}^{14}N + {}^4He$.

Beim Stoß eines Stickstoff-15-Kerns mit einem Proton wie im letzten Schritt des Hauptzyklus kann unter Strahlungsaussendung auch ein Sauerstoff-16-Kern entstehen, der durch Verschmelzung mit einem Proton unter Aussendung eines Gammaquants in einen Fluor-17-Kern übergeht. Dieser ist instabil und geht unter Aussendung eines Positrons und Neutrinos in einen Sauerstoff-17-Kern über. Bei der Reaktion mit einem Proton entstehen ein Stickstoff-14-Kern und ein Heliumkern. Der Stickstoff-14-Kern steht dem Hauptzyklus für Reaktionen zur Verfügung.

Der CNO-Zyklus benötigt zum Ablauf Temperaturen von mindestens 10 bis 12 Mio. K. Sie sind höher als bei der Proton-Proton-Reaktion, da Atomkerne höherer Ladungen beteiligt sind und folglich stärkere Coulomb-Kräfte überwunden werden müssen. Aber erst bei mehr als 16 Mio. K ist unter sonst gleichen Bedingungen der CNO-Zyklus ergiebiger als die Proton-Proton-Reaktion. Die Reaktionshäufigkeit steigt mit etwa der 12. bis 18. Potenz der Temperatur (Abb. 4). Infolge dieser starken Abhängigkeit und wegen des hohen Temperaturstiegs in Richtung Sternzentrum sind die Gebiete, in denen der CNO-Zyklus für die Energiefreisetzung wesentlich ist, viel stärker um das Zentrum konzentriert als bei der Proton-Proton-Reaktion.

Der CNO-Zyklus wird nach den beiden Physikern H. Bethe (1906–2005) und C. F. von Weizsäcker (1912–2007), die ihn als Erste als einen möglichen Energiefreisetzungsprozess in Sternen vermuteten, auch als *Bethe-Weizsäcker-Zyklus* bezeichnet. H. Bethe erhielt dafür 1967 den Nobelpreis für Physik.

Heliumreaktionen. Unter den in Sternen herrschenden Bedingungen können folgende Heliumkernreaktionen stattfinden und zur Energiefreisetzung führen:

$^4He + {}^4He \leftrightarrow {}^8Be$
$^8Be + {}^4He \rightarrow {}^{12}C + \gamma$
$^{12}C + {}^4He \rightarrow {}^{16}O + \gamma$
$^{16}O + {}^4He \rightarrow {}^{20}Ne + \gamma$.

Beim Stoß zweier Helium-4-Kerne entsteht ein Beryllium-8-Kern, der instabil ist und nach rund 10^{-16} s wieder zerfällt. Nur wenn er während dieser Zeit mit einem weiteren Helium-4-Kern reagiert, wenn praktisch also drei Helium-4-Kerne zusammenstoßen, kommt es zum Aufbau eines Kohlenstoff-12-Kerns, wobei ein Gammaquant ausgesandt wird. Die Wahrscheinlichkeit eines derartigen Dreierstoßes ist gering, sie steigt proportional dem Quadrat der Dichte. Weil Helium-4-Kerne auch als α-Teilchen bezeichnet werden, heißt der erste Schritt der Heliumreaktionen wegen der Beteiligung von drei Heliumkernen *Drei-α-Prozess* oder *Tripel-α-Prozess*. Einige der Kohlenstoff-12-Kerne reagieren mit Helium-4-

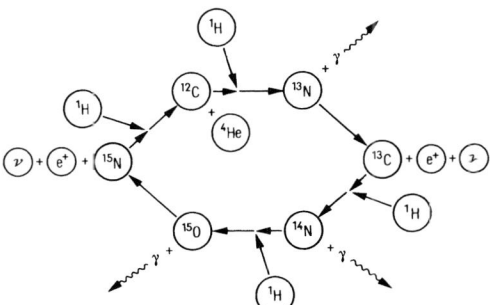

Abb. 3: Hauptfolge des Kohlenstoff-Stickstoff-Sauerstoff-Zyklus

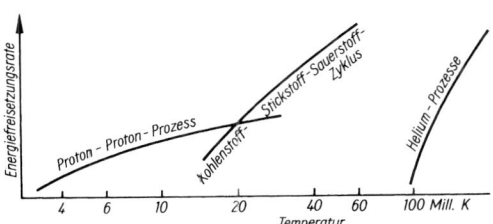

Abb. 4: Temperaturabhängigkeit der Energiefreisetzungsrate bei Wasserstoff- und Heliumreaktionen

Energieniveau

Kernen, was unter Strahlungsabgabe zu Sauerstoff-16-Kernen führt (Abb. 5). Nach dem gleichen Schema reagieren einige wenige dieser Kerne weiter, so dass auch noch Neon-20-Kerne entstehen können. Bei den in Sternen normalerweise herrschenden Bedingungen wird bei den Heliumreaktionen Kohlenstoff-12 und Sauerstoff-16 zu etwa gleichen Teilen gebildet.

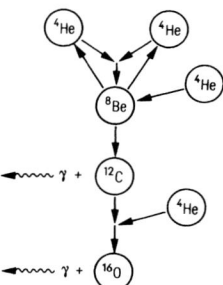

Abb. 5: Hauptprozesse der Heliumreaktionen

Die Heliumreaktionen benötigen zum Ablauf Temperaturen von etwa 100 Mio. K. Sie sind so viel höher als die, bei denen die Wasserstoffreaktionen stattfinden, so dass Wasserstoff- und Heliumreaktionen nicht gleichzeitig im gleichen Gebiet eines Sterns ablaufen. Bei der Bildung eines Kohlenstoff-12-Kerns aus drei Heliumkernen wird eine Energie von 7,28 MeV frei, bei der Bildung eines Sauerstoff-16-Kerns 7,16 MeV. Die Häufigkeit, mit der die Heliumprozesse ablaufen, steigt je nach dem Temperaturbereich mit der 20. bis 30. Potenz der Temperatur.

Auf die Möglichkeit, schwere Atomkerne aus Heliumkernen aufzubauen, hat als Erster E. E. Salpeter hingewiesen, weshalb der gesamte Prozess auch als *Salpeter-Prozess* bezeichnet wird.

Kohlenstoffreaktionen, Sauerstoffreaktionen, Siliziumreaktionen. Bei Temperaturen von etwa 500 Mio. bis 1 Mrd. K sind Reaktionen schwerer Kerne möglich, u. a. Kohlenstoffreaktionen:

$^{12}C + ^{12}C \rightarrow ^{24}Mg + \gamma$
$^{24}Mg \rightarrow ^{23}Mg + n$
$^{24}Mg \rightarrow ^{23}Na + ^{1}H$
$^{24}Mg \rightarrow ^{20}Ne + ^{4}He$
$^{24}Mg \rightarrow ^{16}O + 2\,^{4}He$.

Beim Verschmelzen zweier Kohlenstoff-12-Kerne kann es zur Bildung eines angeregten Magnesium-24-Kerns kommen, der die Anregungsenergie in Form eines Gammaquants abgibt. Der Magnesium-24-Kern hat darüber eine Vielzahl von Zerfallsmöglichkeiten, u. a. zu einem Magnesium-23-Kern und einem Neutron (n), zu einem Natrium-23-Kern und einem Proton, zu einem Neon-20-Kern und einem α-Teilchen sowie zu einem Sauerstoff-16-Kern und zwei α-Teilchen. Die entstehenden Neutronen, Wasserstoff- und Heliumkerne werden praktisch sofort wieder bei Aufbaureaktionen in andere Atomkerne eingebaut. Welcher Zerfallsprozess vorherrscht und welche weiteren Kernreaktionen stattfinden, hängt von der Temperatur ab. Bei Temperaturen unterhalb etwa 3 Mrd. K entsteht zu etwa gleichen Teilen Natrium-23 und Neon-20. Die bei einer Kohlenstoff-Kohlenstoff-Reaktion freigesetzte Energie beläuft sich auf rund 13 MeV.

Bei Temperaturen über etwa 1 Mrd. K sind Sauerstoffprozesse möglich, die zu vielen unterschiedlichen Endpartikeln führen, z. B.:

$^{16}O + ^{16}O \rightarrow ^{32}S + \gamma$
$\rightarrow ^{31}S + n$
$\rightarrow ^{31}P + ^{1}H$
$\rightarrow ^{28}Si + ^{4}He$
$\rightarrow ^{24}Mg + 2\,^{4}He$.

Bei der Reaktion zweier Sauerstoff-16-Kerne kann ein angeregter Schwefel-32-Kern entstehen, der die Anregungsenergie abstrahlt, oder ein Schwefel-31-Kern und ein Neutron, ein Phosphor-31-Kern und ein Proton, ein Silizium-28-Kern und ein α-Teilchen oder ein Magnesium-24-Kern und zwei α-Teilchen. Das Hauptergebnis der verschiedenen Möglichkeiten ist Phosphor-31, gefolgt von Silizium-28. Die Energiefreisetzung bei der Sauerstoff-Sauerstoff-Reaktion beträgt rund 16 MeV.

Ab einer Temperatur von etwa 2 Mrd. K sind Siliziumreaktionen möglich. Unter den vielen Teilprozessen ist einer der wichtigsten:

$^{28}Si + ^{28}Si \rightarrow ^{56}Fe$.

Aus zwei Silizium-28-Kernen entsteht ein Eisen-56-Kern, der Kern mit der höchsten Bindungsenergie.

Im Temperaturbereich um etwa 3 Mrd. K stellt sich nahezu ein Gleichgewicht von gegenläufigen Prozessen ein. Einerseits werden durch Strahlungsabsorption Atomkerne zerlegt, andererseits die Spaltprodukte, vor allem Protonen, Neutronen sowie Helium-4-Kerne, in Kerne eingebaut. Bei der sich insgesamt ergebenden Häufigkeitsverteilung der Atomkerne sind die mit den höchsten Bindungsenergien bevorzugt. Wegen des Gleichgewichts zwischen Energie verbrauchenden und Energie liefernden Prozessen ist der Nettoenergiegewinn praktisch Null.

Bei Temperaturen über etwa 5 Mrd. K finden nur noch Kernzerlegungen infolge von Strahlungsabsorption statt. Dabei wird Energie verbraucht und nicht freigesetzt.

Energieniveau, einer der möglichen Energiezustände eines quantenmechanischen Systems, z. B. eines Atomkerns, Atoms oder Moleküls. Die Gesamtheit der E.s bildet das Energiespektrum des Systems.

Energiesatz, *Energieerhaltungssatz*, ein uneingeschränkt gültiges Prinzip, wonach bei keinem physikalischen Prozess Energie vernichtet oder erzeugt wird, Energie wird nur von einer Form in eine andere umgewandelt; → Energie.

Energiespektrum, die Gesamtheit der Energiezustände in einem quantenmechanischen System.

Energietransport, durch Strahlung, Konvektion oder Leitung erfolgende Übertragung von Energie.

Englische Montierung, Aufstellungsart astronomischer Fernrohre; → Fernrohr.

Entartung, *Gasentartung*, → Zustandsgleichung.

Entfernungsbestimmung von Himmelskörpern, → Parallaxe.

Entfernungsmodul m, die Differenz zwischen scheinbarer Helligkeit m und absoluter Helligkeit M eines Gestirns, ein Maß für die Entfernung. Befindet sich zwischen Beobachter und Gestirn kein lichtschwächendes Medium, z. B. kein interstellarer Staub, besteht zwischen dem E. $m - M$ und der Entfernung r in Parsec die Beziehung $m - M = 5 \cdot \lg r - 5$ (→ Helligkeit, → Parallaxe).

Entfernungsskala, → Parallaxe.
Entstehung der Himmelskörper, → Kosmogonie
Entweichgeschwindigkeit, *Fluchtgeschwindigkeit*, *parabolische Geschwindigkeit*, die Mindestgeschwindigkeit, die ein Körper benötigt, um den Anziehungsbereich eines anderen Körpers verlassen zu können. Die E. v ist abhängig von der Masse $\mathfrak{M}$ des zu verlassenden Körpers und dem Abstand r von dessen Massemittelpunkt. Es gilt $v = \sqrt{(2\,G\,\mathfrak{M}/r)}$, wobei G die Gravitationskonstante bedeutet. Hat der verlassende Körper die E., durchläuft er eine Parabelbahn. Hinsichtlich der E.en von den Planeten → Planet.
Entwicklungsweg, der Kurvenzug im Hertzsprung-Russell-Diagramm, den der Bildpunkt eines Sterns infolge dessen Entwicklung beschreibt; → Sternentwicklung.
Ephemeride *f*, vorausberechnete scheinbare Position eines Himmelskörpers an der Himmelskugel oder eine tabellarische Zusammenstellung derartiger Gestirnpositionen.
Ephemeridenrechnung, Berechnung scheinbarer Örter von Himmelskörpern an der Himmelskugel, von Ephemeriden, für vorgegebene Zeitpunkte. Bei der Berechnung von Ephemeriden für Körper des Planetensystems werden mittels der Bahnelemente für die gewünschten Zeitpunkte die mittlere und exzentrische Anomalie ermittelt, woraus sich die wahre Anomalie ergibt (→ Anomalie) und sowohl heliozentrische als auch geozentrische Koordinaten berechnet werden können. Zur Bestimmung der Ephemeriden von Sternen ist deren scheinbarer Ort für die gewünschten Zeitpunkte aus den für eine Normalepoche gegebenen mittleren Örtern zu ermitteln (→ Ort eines Gestirns).
Ephemeridenzeit, → Zeit.
Epimetheus *m*, 1) ein Saturnsatellit, der sich auf einer elliptischen Bahn mit einer großen Halbachse von 151 400 km und einer Exzentrizität von 0,020 in 16,7 Stunden rechtläufig um den Saturn bewegt. Die Bahnebene ist um 0,33° gegen dessen Äquatorebene geneigt. Infolge der gebundenen Rotation ist die Rotationsperiode gleich der Umlaufperiode. Der E. ist ein unregelmäßig geformter Himmelskörper, der angenähert durch ein dreiachsiges Ellipsoid mit einem mittleren Durchmesser von 117 km beschrieben werden kann. Die Masse beträgt $5{,}3 \cdot 10^{17}$ kg, die mittlere Dichte 0,63 g/cm³. Der E. gehört zu den eisartigen Himmelskörpern. Die hohe Albedo von über 0,4 sowie die Färbung des Oberflächenmaterials deuten darauf hin, dass es aus Eis besteht, dem vielleicht Gesteinsteilchen meteoroidischen Ursprungs beigemengt sind. Auf der Oberfläche befinden sich zahlreiche Einschlagkrater, was auf ein relativ hohes Alter schließen lässt.
Der mittlere Abstand des E. vom Saturnmittelpunkt ist nahezu gleich dem Abstand des Janus, dem benachbarten Satelliten. Die Abstandsdifferenz beträgt weniger als ein Monddurchmesser, was zu außerordentlich starken dynamischen Wechselwirkungen führt, wodurch alle vier Jahre die Satelliten ihren Abstand bezüglich des Saturn tauschen (→ Saturn).
Hinsichtlich der Einordnung des E. in das System der Saturnsatelliten → Saturn
2) der Planetoid (1810).
Epizykel *m*, → Epizykeltheorie.
Epizykeltheorie, Theorie, die im Rahmen eines geozentrischen Systems die beobachteten ungleichförmigen, durch regelmäßigen Wechsel von Recht- und Rückläufigkeit gekennzeichneten Bewegungen der Planeten (→ Bewegung der Gestirne) mit Hilfe zusammengesetzter Kreisbewegungen zu beschreiben versuchte. Danach bewegt sich der mittlere Ort M eines Planeten mit konstanter Winkelgeschwindigkeit auf einem Kreis mit dem Mittelpunkt Z, dem *Deferenten* (Abb.), der Planet selbst umläuft mit konstanter Winkelgeschwindigkeit auf einem Kreis, dem *Epizykel*, den mittleren Ort. Der sich ergebende schleifenförmige Bahnverlauf stellt eine Epizykloide dar. Um eine möglichst gute Übereinstimmung mit den Beobachtungen zu erreichen, wird der Ort der Erde sowie der Punkt B, auf den die Winkelgeschwindigkeit des mittleren Orts bezogen ist, etwas exzentrisch innerhalb des Deferenten gelegen angenommen. Für einen oberen Planeten muss die Umlaufzeit des mittleren Orts auf dem Deferenten gleich der siderischen Umlaufzeit des Planeten und die Umlaufzeit des Planeten auf dem Epizykel, bezogen auf die Verbindungslinie der beiden Kreismittelpunkte M und Z, gleich der synodischen Umlaufzeit sein. Für die unteren Planeten hingegen ist die Umlaufzeit von M gleich der siderischen Umlaufzeit der Erde und die Umlaufzeit des Planeten gleich seiner synodischen Umlaufzeit.

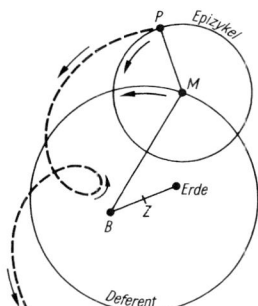

Zur Epizykeltheorie. P: Planet; Z: Mittelpunkt des Deferenten; M: Mittelpunkt des Epizykels; B: Punkt, auf den die Winkelgeschwindigkeit von M bezogen ist; gestrichelt: die sich ergebende schleifenförmige Bahn des Planeten. Erläuterungen im Text

Die E. wurde u. a. in der Planetentheorie von Ptolemäus (um 100 bis um 160) benutzt.
Epoche, Zeitpunkt, auf den bestimmte astronomische Daten bezogen sind oder zu dem sie beobachtet wurden, z. B. die Bahnelemente eines Himmelskörpers, die Koordinaten eines Gestirns oder bestimmte Phasen im Lichtwechsel veränderlicher Sterne.
Epsilon-Ring, *ε-Ring*, einer der Ringe des → Uranus.

Equ

Equ, Abk. für Equuleus.
Equuleus, *Gen.* Equulei, abg. ***Equ***, ***Füllen***, ***Kleines Pferd***, kleines Sternbild der Äquatorzone, das im Herbst am Abendhimmel sichtbar ist.
Hinsichtlich der Lage am Himmel → Sternkarte Seite 418.
Erdachse, die Rotationsachse der Erde.
erdartiger Himmelskörper, ein im Wesentlichen aus Gesteinsmaterial bestehender Körper des Planetensystems; → Planet.
Erdatmosphäre, die durch das Erdschwerefeld an die Erde gebundene Lufthülle. Die Masse der E. beträgt $5,1 \cdot 10^{18}$ kg, d. h. weniger als ein Millionstel der Erdmasse. Die Dichte nimmt mit wachsender Höhe stark ab. Bis zu einer Höhe von rund 20 km über der Erdoberfläche befinden sich etwa 90% der Masse, bis rund 32 km etwa 99%. Bei 0 °C unter Normaldruck, d. h. bei einem Luftdruck von 1013 hPa, beträgt die Luftdichte am Erdboden 0,00129 g/cm³, 1 cm³ enthält dann etwa $2,69 \cdot 10^{19}$ Moleküle. Die unteren Luftschichten nehmen an der Erdrotation teil, ab einigen 100 km Höhe sinkt die Winkelgeschwindigkeit langsam und die weit außen liegenden Luftschichten bleiben gegenüber den tiefer liegenden bei der Rotation geringfügig zurück.
Die E. ist für die irdischen Lebensvorgänge von größter Bedeutung. Abgesehen von der Beteiligung am Stoffkreislauf der Organismen stellt sie einen Schutz z. B. gegen die kurzwellige Sonnenstrahlung, die solare Teilchenstrahlung sowie gegen interplanetare Staubpartikeln dar.
Die von extraterrestrischen Objekten einfallende elektromagnetische Strahlung wird durch die E. in Richtung, Intensität und spektraler Zusammensetzung infolge von → Refraktion, → Streuung und → Absorption verändert, außerdem leistet das Eigenleuchten der Hochatmosphäre einen wesentlichen Beitrag zum → Nachthimmelslicht. Deshalb ist die Kenntnis der physikalischen Struktur der E. von hohem astronomischen Interesse, obwohl sie zum Forschungsbereich der Geophysik und Meteorologie, nicht der Astronomie gehört.
Gliederung. Die physikalischen Verhältnisse in der E. ändern sich in charakteristischer Weise mit der Höhe, was eine Einteilung in unterschiedliche Höhenschichten nahelegt.
Auf Grund des Temperaturverlaufes wird die E. in Troposphäre, Stratosphäre, Mesosphäre, Thermosphäre und Exosphäre unterteilt (Abb. 2). In der *Troposphäre* spielen sich die Wettervorgänge ab, sie erstreckt sich bis in etwa 12 km Höhe; in den Tropen liegt die Obergrenze bei etwa 18 km, in den Polregionen unterhalb von etwa 10 km. Mit zunehmender Höhe sinkt die Temperatur in der Troposphäre um etwa 6,5 Grad je Kilometer und erreicht an der Obergrenze rund −70 °C. Die Troposphäre untergliedert sich in die Bodenschicht bis etwa 2 m Höhe, die Grundschicht bis rund 2 km sowie die von etwa 10 km bis 12 km reichende Übergangsschicht, die *Tropopause*. Sie ist die Obergrenze der Wasserdampfsphäre. Bei den dort herrschenden Temperaturen kondensiert praktisch der gesamte Wasserdampf, in höheren Atmosphärenschichten sind nur noch sehr geringe Mengen vorhanden. Der Wasservorrat der Erde hat sich über Milliarden von Jahren nicht wesentlich verringert.
Die über der Troposphäre liegende *Stratosphäre* erstreckt sich bis in etwa 50 km Höhe. Bis etwa 25 km ist die Temperatur weitgehend konstant, darüber steigt sie. Der Temperaturanstieg wird hauptsächlich durch die mit der Höhe zunehmenden Häufigkeit von Ozon bewirkt. Ozon absorbiert Strahlung mit einer Wellenlänge geringer als etwa 350 mm und gibt die aufgenommene

Abb. 1: Aufnahme des südlichen Teils der Erde von einem Satelliten aus (NASA/JSC)

Erdatmosphäre

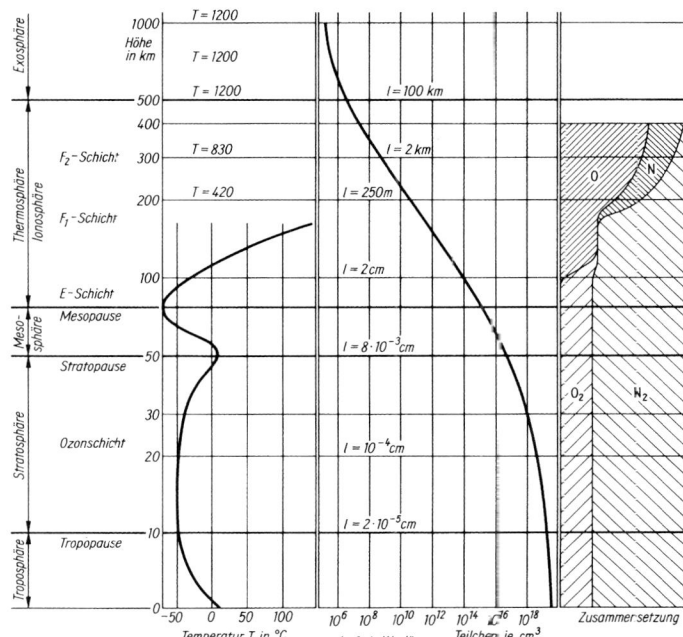

Abb. 2: Höhenabhängige Schichtung der Erdatmosphäre: Temperatur- und Dichteverlauf, freie Weglänge der Gaspartikeln und relative Häufigkeit der Hauptbestandteile der Atmosphäre. Ab der Ionosphäre sind Dichte und Temperatur größeren Schwankungen unterworfen. Ab 10 km sind die Höhenangaben im logarithmischen Maßstab

Energie an die Umgebung ab. An der Obergrenze der Stratosphäre, der **Stratopause**, befindet sich ein relatives Temperaturmaximum mit etwa −10 bis −20 °C. In der darüber liegenden **Mesosphäre** nimmt mit zunehmender Höhe die Ozonhäufigkeit und damit die Energieübertragung ab. Im Jahresmittel beträgt die Mesosphärentemperatur rund −70 °C, im Winterhalbjahr etwa −40 °C, im Sommerhalbjahr etwa −100 °C. Die Obergrenze der Mesosphäre, die **Mesopause**, befindet sich in einer Höhe von 80 bis 85 km, sie ist die kälteste Region der E. Über der Mesopause erstreckt sich von rund 100 bis etwa 200 km Höhe die **Thermosphäre**. Der Temperaturanstieg in ihr geht auf die Ionisation eines großen Teils der Gaspartikeln durch die solare Ultraviolettstrahlung zurück, die kinetische Energie der freiwerdenden Elektronen geht an die Umgebung über. Die Intensität der Ultraviolettstrahlung variiert zwischen Tag und Nacht, von Tag zu Tag sowie mit dem Wechsel der Sonnenaktivität, was zeitliche Temperatur- und Dichtevariationen verursacht, die unterhalb von etwa 100 km verhältnismäßig gering sind, in den höheren Regionen hingegen groß. In 200 km Höhe kann die Temperatur zwischen etwa 350 °C nachts und geringer Sonnenaktivität und 1 250 °C tags und hoher Sonnenaktivität schwanken. Ab etwa 300 km bis 400 km ist die Temperatur kaum noch höhenabhängig, unterliegt aber großen zeitlichen Schwankungen. Oberhalb von rund 2 000 km Höhe befindet sich die **Exosphäre**, die ohne scharfe Obergrenze in den freien interplanetaren Raum übergeht. In den höchsten Atmosphärenschichten ist die Schwerkraft deutlich reduziert, in 1 000 km Höhe beträgt sie nur rund 75% des Wertes an der Erdoberfläche. Die mittlere freie Weglänge beläuft sich für neutrale Teilchen wegen der geringen Gasdichte auf viele Kilometer. Bei genügend hohen Geschwindigkeiten können sie die E. verlassen und in den interplanetaren Raum entweichen. Elektrisch geladene Teilchen sind dagegen bei ihren Bewegungen an das Erdmagnetfeld gebunden (→ Erdmagnetosphäre).

In Abhängigkeit von der Höhe ändert sich der mittlere Ionisationsgrad in der E. In der **Neutrosphäre** sind die Gaspartikeln weitgehend neutral, sie reicht von den unteren Atmosphärenschichten bis etwa zur Mesopause, in der darüber liegenden **Ionosphäre** ist die Ionisation hingegen stark. Die Anzahldichte der freien Elektronen hat in der Ionosphäre mehrere relative Maxima. In der in etwa 70 bis 90 km Höhe liegenden D-Schicht beträgt die Dichte etwa $2 \cdot 10^3$ Elektronen pro cm^3. Sie stammen vor allem von Stickstoffmonoxidmolekülen, die durch die solare Ultraviolett- und kurzwellige Röntgenstrahlung ionisiert werden. In der im Mittel in etwa 100 bis 120 km Höhe sich befindenden E-Schicht beläuft sich die mittlere Anzahldichte der Elektronen auf rund $2 \cdot 10^5$ je cm^3, die im Wesentlichen auf die Ionisation molekularen Sauerstoffs zurückgehen. In der F_1- und der F_2-Schicht in Höhen zwischen rund 150 und 300 km bzw. 300 und 500 km liegt infolge der Ionisation von atomarem Sauerstoff die mittlere Elektronendichte in der Größenordnung von $5 \cdot 10^6$ pro cm^3.

Die Schichthöhen werden sowohl durch die Eindringtiefe der ionisierenden Strahlung als auch die Häufigkeit der ionisationsfähigen Atome und Moleküle bestimmt. Schichthöhe wie Elektronendichte sind u. a. von der Sonnenaktivität abhängig. Starke Störungen treten bei großen → Sonneneruptionen auf, die mit einem hohen Anstieg der solaren Ultraviolett- und Rönt-

Erdatmosphäre

genstrahlung verbunden sind. Die Ionosphäre ist auf Grund dieser Abhängigkeit ein Indikator hoher Sonnenaktivität (→ solar-terrestrische Erscheinungen). Für Beobachtungen im Radiofrequenzbereich bei Wellenlängen größer als etwa 10 m ist die Ionosphäre von großer Bedeutung. Schichten hoher Elektronendichte sind elektrisch leitfähig und reflektieren elektromagnetische Strahlung. Da mit steigender Elektronendichte die Wellenlänge der reflektierten Strahlung sinkt, verursacht die variierende Elektronendichte eine Verschiebung des beobachtbaren Wellenlängenbereichs der einfallenden Strahlung (→ Radiofrequenzstrahlung).

Chemische Zusammensetzung der unteren Erdatmosphäre bei trockener Luft

Bestandteil	Volumenprozent
Stickstoff (N_2)	78,09
Sauerstoff (O_2)	20,95
Argon (Ar)	0,93
Kohlendioxid (CO_2)	0,035
Neon (Ne)	0,0018
Helium (He)	0,00052
Wasserdampf (H_2O)	0,0003–0,0004
Methan (CH_4)	0,00017
Krypton (Kr)	0,00011

Chemische Zusammensetzung. Die Zusammensetzung der E. ist in den unteren Schichten infolge der durch Konvektion bedingten starken Durchmischung sehr gleichmäßig bis auf den zeitlich und örtlich außerordentlich stark variierenden Anteil der Aerosole, der festen und flüssigen Schwebeteilchen wie Staub und Wassertröpfchen. Hauptbestandteil in der Troposphäre ist molekularer Stickstoff, gefolgt vom molekularen Sauerstoff, den Rest stellen vor allem Edelgase, wie Argon und Neon, sowie das Kohlendioxid. Der Wasserdampfanteil in der unteren Troposphäre ist großen zeitlichen und örtlichen Schwankungen unterworfen. Mit zunehmender Höhe nimmt er stark ab, die Stratosphäre ist fast vollständig trocken. Geringe Wasserdampfreste sind aber auch noch in Höhen von etwa 80 km vorhanden, was sich in den gelegentlich auftretenden → leuchtenden Nachtwolken widerspiegelt. Als Spurengase in großen Höhen sind Kalzium, Natrium und Aluminium nachweisbar. In der unteren Atmosphäre tritt Sauerstoff im Wesentlichen als zweiatomiges Molekül (O_2), in geringen Mengen auch als Ozon (O_3) auf. In der *Ozonosphäre*, in ungefähr 15 bis 35 km Höhe, hat Ozon seine größte relative, in etwa 25 km Höhe seine größte absolute Konzentration. Oberhalb von rund 100 km Höhe ist der Sauerstoff, oberhalb von etwa 150 bis 200 km auch der Stickstoff im Wesentlichen atomar.

Die jetzige chemische Zusammensetzung der E. entspricht nicht der Zusammensetzung der Uratmosphäre unmittelbar nach der Entstehung der Erde, sondern ist das Ergebnis einer Reihe von Prozessen (→ Kosmogonie).

Spektrale Durchlässigkeit. Die Durchlässigkeit der E. für elektromagnetische Strahlung ist stark wellenlängenabhängig (Abb. 3). Strahlung mit einer Wellenlänge kleiner als etwa 100 nm wird durch atomaren Sauerstoff und molekularen Stickstoff absorbiert, Strahlung mit Wellenlängen kleiner als etwa 300 nm durch molekularen Sauerstoff einschließlich Ozon. Die Eindringtiefe der Strahlung, die → optische Dicke der E., ist umso größer, je kleiner die Wellenlänge ist. Im Wellenlängenbereich von etwa 300 nm bis 1,2 μm, dem Bereich des nahen Ultravioletts, sichtbaren Lichts sowie nahen Infrarots, ist die E. strahlungsdurchlässig *(optisches Fenster)*. Strahlung größerer Wellenlängen wird vor allem von Wasser- und Kohlendioxidmolekülen absorbiert. Ab etwa 2,4 μm bis 300 μm ist die E., abgesehen von einigen schmalen Wellenlängenbereichen u. a. zwischen etwa 8 und 13 μm sowie zwischen 16,5 und 30 μm, undurchlässig. Im Grenzbereich zum Submillimetergebiet existieren Durchlässigkeitsbereiche bei etwa 350, 450, 600 und 800 μm. Volle Durchlässigkeit besteht für Wellenlängen von einigen Millimetern bis etwa 10 m *(Radiofenster)*. Strahlung mit noch größeren Wellenlängen wird von der Ionosphäre reflektiert.

Die Intensität der einfallenden Strahlung wird in der E. infolge Streuung an Luftmolekülen und kleinen kolloidalen Dunstpartikeln reduziert. Die Aerosolteilchen mit einem Durchmesser von etwa 0,1 bis 0,5 μm sind in der untersten Atmosphäre in einer nach oben relativ scharf begrenzten Dunstschicht angereichert, deren Höhe je nach Wetterlage und Temperatur zwischen einigen 100 m und einigen Kilometern variiert. Hohe Berge ragen vielfach über die Dunstgrenze hinaus, was für astronomische Observatorien ausgenutzt wird. Die Dunstextinktion ist von der Wellenlänge λ abhängig und proportional $\lambda^{-\alpha}$, wobei der Exponent α durch die Größe der Dunstteilchen bestimmt wird, im Mittel liegt er bei 1,3. Sehr große Teilchen (Staub- und Rußpartikeln sowie große Wassertropfen) bewirken eine von der Wellenlänge unabhängige Extinktion (→ Streuung). Infolge der zeitlich und örtlich stark variierenden Anzahl-

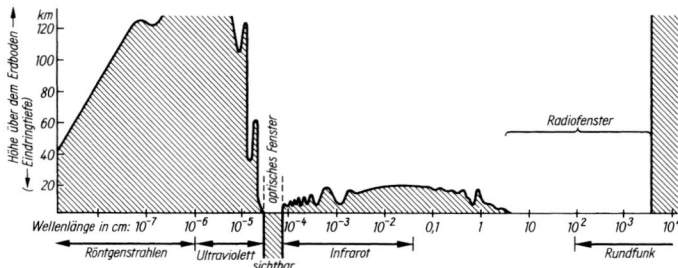

Abb. 3: Spektrale Durchlässigkeit der Erdatmosphäre in Abhängigkeit von der Höhe über der Erdoberfläche, bei der die Intensität der einfallenden Strahlung auf etwa 37% der ursprünglichen Intensität abgenommen hat

Extinktionsunterschied Δm in Größenklassen im visuellen Spektralbereich zwischen Beobachtungen im Zenit und bei der Zenitdistanz z

z	Δm (in mag)	z	Δm (in mag)
0°	0,00	50°	0,12
10°	0,00	55°	0,17
20°	0,01	60°	0,23
25°	0,02	65°	0,32
30°	0,03	70°	0,45
35°	0,04	75°	0,65
40°	0,06	80°	0,99
45°	0,09	85°	1,77

dichte und Größe der Dunstpartikeln ist die Dunstextinktion großen Schwankungen unterworfen. Die Streuung an Luftmolekülen ist zeitlich konstant, die Wellenlängenabhängigkeit ist mit λ^{-4} sehr groß. Kurzwelliges, blaues Licht wird viel stärker als langwelliges, rotes gestreut. Der wolkenlose Taghimmel erscheint blau, da im Wesentlichen nur gestreutes kurzwelliges Sonnenlicht gesehen wird. Je dunstiger die Atmosphäre ist, umso weißlicher erscheint der Himmel, denn umso größer ist der Anteil langwelligen Lichts in der gestreuten Strahlung. Zu der durch Streuprozesse verursachten Breitbandextinktion kommt eine auf schmale Wellenlängenbereiche beschränkte, durch Atome und Moleküle verursachte Linienabsorption hinzu.

Durch Streuung an Luftmolekülen verursachte Zenitextinktion Δm in Größenklassen in Abhängigkeit von der Wellenlänge λ

λ (in nm)	Δm (in mag)
300	1,24
350	0,64
400	0,37
450	0,23
500	0,15
550	0,10
600	0,07
700	0,04
800	0,02

Der Betrag der Extinktion steigt mit der von der Strahlung durchquerten Luftmasse. Mit der Annäherung eines Sterns an den Horizont steigt die wirksame Luftmasse, die scheinbare Helligkeit sinkt. Die untergehende Sonne scheint immer röter zu werden, da die Streuung kurzwelligen Sonnenlichts stärker, der Blauanteil dadurch geringer wird. In Zenitrichtung ist die durchsetzte Luftmasse am kleinsten, die Zenitextinktion dient daher als Bezugsgröße, im visuellen Spektralbereich beträgt sie grob 0,25 mag. Die Werte in der Tab., die die Zunahme der Extinktion mit der Zenitdistanz beschreiben, beziehen sich auf die Streuung an Luftmolekülen. Bei starker Dunstextinktion können sich wesentlich größere Differenzen ergeben. Bei lokal ungleichmäßiger Durchmischung der Atmosphäre kann die Extinktion auch vom Azimut abhängen.

Die in unterschiedlichen Wellenlängenbereichen unterschiedliche Durchlässigkeit der E. ist für den Wärmehaushalt der unteren Atmosphäre von wesentlicher Bedeutung. Im sichtbaren Spektralbereich erreicht die Sonnenstrahlung die Erdoberfläche und erwärmt sie. Die Wärmestrahlung des Erdbodens hat ihr Maximum im Infrarotbereich, wird daher in der E. absorbiert und zum großen Teil zum Erdboden zurückgestrahlt. Infolge dieses natürlichen Glashauseffekts beträgt die mittlere globale Jahrestemperatur etwa +15 °C, ohne ihn würde sie nahe −15 °C liegen. Von der Temperaturerhöhung um rund 30 K gehen etwa 21 K auf den atmosphärischen Wasserdampf und etwa 7 K auf Kohlendioxid zurück, den Rest bewirken Ozon, Methan und Stickoxide. Der Effekt ist außerordentlich stark von der Bewölkung abhängig, daher lokal sehr variabel. Zum natürlichen Glashauseffekt kommt der durch anthropogene Einflüsse verursachte hinzu, der vor allem auf dem im Infrarotbereich stark absorbierenden Kohlendioxid beruht.

Erde, der der Sonne drittnächste Planet, Zeichen ♁.
Die E. ist der Prototyp der erdartigen Planeten. Die Entfernung der E. von der Sonne ermöglicht die Existenz von Wasser, in Verbindung mit der → Erdatmosphäre ergibt sich die Möglichkeit der Existenz von Leben. Die E. ist der einzige bekannte Himmelskörper, der Leben trägt (→ Leben auf anderen Himmelskörpern).
B e w e g u n g. Die E., genauer der Schwerpunkt des Erde-Mond-Systems, umläuft die Sonne auf einer elliptischen Bahn. Der mittlere Abstand des Schwerpunkts vom Sonnenmittelpunkt beträgt 149 597 870 ± 5 km, rund 149,6 Mio. km, was recht genau einer → Astronomischen Einheit entspricht. Die numerische Exzentrizität der Bahn beläuft sich auf 0,0167. Anfang Januar durchläuft die E. das Perihel in einem Abstand von 147,1 Mio. km, Anfang Juli erreicht sie den sonnenfernsten Punkt, das Aphel, mit einem Abstand von 152,1 Mio. km (Abb. → Jahreszeit). Der Bahnumlauf erfolgt vom Nordpol der Ekliptik aus gesehen entgegen dem Uhrzeigersinn. Die Umlaufzeit beträgt ein Jahr, rund 365 Tage. Der Zahlenwert hängt vom Bezugspunkt ab, von dem aus ein voller Umlauf gezählt wird (→ Jahr). Die Bahngeschwindigkeit ist nach dem zweiten → Kepler'schen Gesetz im Perihel am größten, im Aphel am geringsten, im Mittel beträgt sie 29,8 km/s.

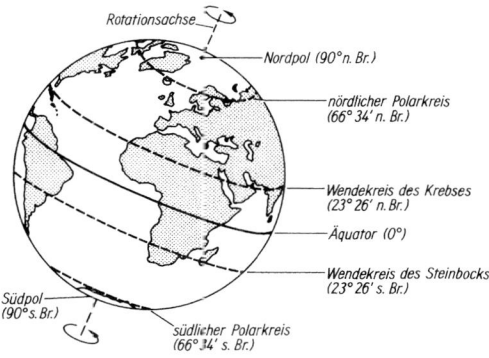

Abb. 1: Besondere Breitenkreise der Erde

Erde

Der Großkreis, in dem die Bahnebene des Schwerpunkts des Erde-Mond-Systems die Himmelskugel schneidet, ist die Ekliptik. Infolge der Bewegung der E. um diesen Schwerpunkt und der Neigung der Mondbahn gegen die Ekliptikebene befindet sich der Erdmittelpunkt zeitweise geringfügig nördlich, zeitweise geringfügig südlich der Ekliptikebene (→ Ekliptik).

Für viele Zwecke kann die Ekliptikebene mit der Erdbahnebene gleichgesetzt werden. Die räumliche Bewegung der E. in einem → Inertialsystem setzt sich aus der Bewegung der Erde um die Sonne sowie der Bewegung der Sonne um das Zentrum des Milchstraßensystems zusammen, bei der die E. samt dem übrigen Planetensystem mitgeführt wird.

Die E. rotiert um eine Achse, die gegen die Senkrechte auf der Ekliptikebene um 23° 26′, die Schiefe der Ekliptik, geneigt ist. Die Rotation erfolgt von Westen nach Osten im gleichen Drehsinn wie die Bahnbewegung der E. um die Sonne. Die Rotationsperiode beträgt einen Tag. Gemessen an der Wiederkehr der → Kulmination eines Sterns beträgt sie 23 h 56 min 4 s, gemessen an der Wiederkehr der Kulmination der mittleren Sonne hingegen 24 h. Die Rotation der E. ist nicht absolut gleichförmig (→ Zeit).

Die Lage der Rotationsachse im Erdkörper bestimmt das System der geographischen Koordinaten, durch das ein Punkt auf der Erdoberfläche festgelegt ist. Die Rotationsachse durchstößt die Erdoberfläche an den geographischen Polen, mit der geographischen Breite +90° bzw. –90°. Die zur Rotationsachse senkrechte und durch den Erdmittelpunkt gehende Ebene, die Äquatorebene, schneidet die Erdoberfläche im Erdäquator mit der geographischen Breite 0°. Der Schnitt der Äquatorebene mit der Himmelskugel ist der Himmelsäquator.

Die rotierende Erde wie auch die die Sonne umlaufende E. können jeweils als symmetrischer Kreisel angesehen werden. Infolge der Massenanziehung der Sonne, des Mondes und der großen Planeten wirken auf diese Kreisel Kräfte, die eine Verlagerung der Kreiselachsen im Raum, damit eine Verlagerung der Äquatorebene und der Ekliptikebene zur Folge haben (→ Präzession). Die Lage der Rotationsachse im Erdkörper ist nicht absolut fest, sondern leichten Verlagerungen unterworfen (→ Polhöhe).

Die Rotation der E. ist Ursache für die scheinbare tägliche Bewegung der Himmelskörper an der Himmelskugel (→ Bewegung der Gestirne), wobei die der Sonne den Wechsel von Tag und Nacht bewirkt. Die Bahnbewegung der E. um die Sonne spiegelt sich in der scheinbaren jährlichen Bewegung der Sonne an der Himmelskugel längs der Ekliptik wider. Die variierende Umlaufgeschwindigkeit sowie die Neigung der Ekliptik gegen den Himmelsäquator verursachen sowohl den Wechsel und die ungleiche Länge der → Jahreszeiten als auch die unterschiedliche Dauer von Tag und Nacht (→ Tag). Für alle Orte mit der geographischen Breite +23° 26′, dem Wendekreis des Krebses, steht zur Sommersonnenwende (→ Solstitium) die Sonne im Zenit, entsprechend zur Wintersonnenwende für alle Orte mit der geographischen Breite –23° 26′, dem Wendekreis des Steinbocks (Abb. 1). Für Orte mit der geographischen Breite größer als +66° 34′, dem nördlichen Polarkreis, geht ab der Sommersonnenwende die Sonne nicht unter, für Orte mit der geographischen Breite geringer als –66° 34′, dem südlichen Polarkreis, ab der Wintersonnenwende.

Erdkörper. Der Erdkörper weicht beträchtlich von der Kugelgestalt ab, selbst wenn von lokalen Höhenunterschieden abgesehen wird. An den geographischen Polen ist die E. abgeflacht, am Äquator hingegen infolge der Fliehkräfte wulstartig ausgebaucht. Die Differenz zwischen Äquatorradius und Polradius bezogen auf den Äquatorradius beträgt 1:298,257.

Die Erdfigur ohne die Berücksichtigung des Reliefs der Kontinente wird durch das sog. *Geoid* beschrieben. Es bezieht sich auf die Höhe des mittleren Meeresspiegels, im Bereich der Kontinente setzt es sich als gedachter Meeresspiegel unter der realen Oberfläche fort. Die Richtung der Schwerkraft steht überall senkrecht auf dem Geoid. Es kann recht gut durch ein Rotationsellipsoid angenähert werden, das für die Erdvermessungen als Bezugsfläche dient (Abb. 2). Die Tab. enthält die charakteristischen Werte für die Bezugsellipsoide, die dem internationalen geodätischen Referenzsystem sowie dem System der astronomischen Konstanten der → Astrometrie zu Grunde liegen. Die mittels Erdsatelliten sehr genau bestimmten tatsächlichen Werte für den Äquator- und den Polradius weichen davon weniger als etwa 100 m ab. Abweichungen der realen Lotrichtung von der auf das Geoid bezogenen ergeben sich infolge lokaler Dichte- und Massekonzentrationen. Der Erdkörper ist nicht absolut starr, er wird geringfügig periodisch infolge der → Gezeiten verformt.

Die Masse der E. kann mit Hilfe des dritten → Kepler'schen Gesetzes aus der Bewegung des Mondes, wesentlich genauer aus den Bewegungen der Erdsatelliten bestimmt werden. Das Massenzentrum und das Figurenzentrum der E. sind nicht identisch, der Abstand zwischen beiden beträgt etwa 1,1 km.

Innerer Aufbau der Erde. Der physikalische Zustand und die chemische Zusammensetzung des Erdinnern können nicht direkt untersucht werden, die tiefsten Bohrungen reichen nur bis etwa 13 km, sind also etwa 1/500 des Erdradius. Zur Ermittlung des inneren Aufbaus der E. bedarf es theoretischer Modelle, die sich wesentlich auf seismische Untersuchungen stützen. Sie ergeben die wichtigsten empirischen Daten für Modelle des Erdinnern, u. a. erbringen sie den Nachweis einer Schalenstruktur. Die Ausbreitungsgeschwindigkeiten der Erdbebenwellen, Kompressions- und Scherungswellen ändern sich in bestimmten Tiefen sprunghaft, was durch Dichtesprünge und Diskontinuitäten im Stoffverhalten bedingt ist (Abb. 3). Die Existenz einer Dichtevariation ergibt sich bereits aus der Differenz von mittlerer Dichte der E. und der gemittelten der obersten Schichten.

Das Erdinnere wird grob in die seismologisch definierten Schalen Erdkruste, Erdmantel und Erdkern unterteilt, wobei einige der Hauptschalen noch in Unterschalen gegliedert werden (Tab.). Der Aufbau der *Erdkruste* ist am besten bekannt. Sie wird nach unten durch die sog. Mohorovičić-Diskontinuität begrenzt [benannt nach dem kroat. Seismographen A. Mohorovičić, 1857–1936], die unter dem Ozean in etwa 8 bis 15 km

Erde

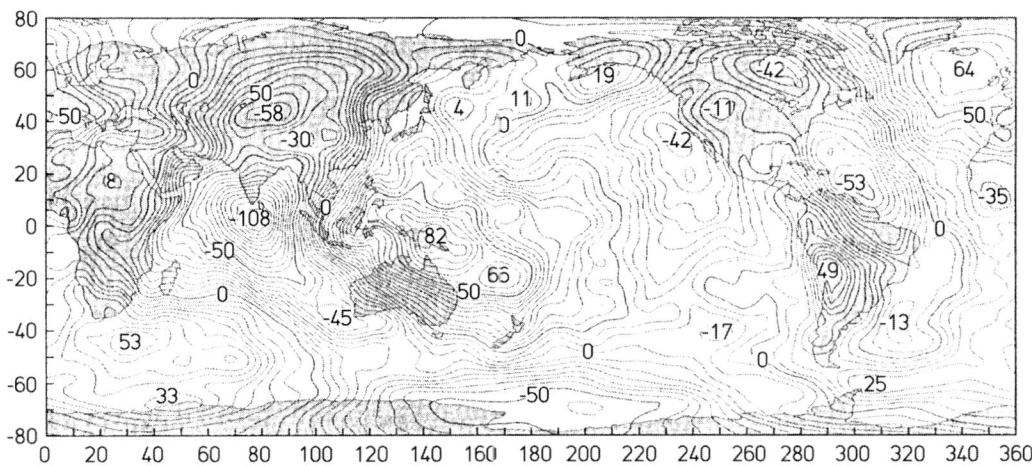

Abb. 2: Abweichung der Erdoberfläche vom Referenzellipsoid; der Höhenlinienabstand entspricht einer Höhendifferenz von 5 m

Daten der Erde

	Internationales geodätisches Referenzsystem	IAU-System der astronomischen Konstanten	Satellitenbeobachtungen
Äquatorradius (in km)	6378,388	6378,140	6378,163
Polradius (in km)	6356,912	6356,755	6356,777

mittlerer Radius	6371,0 km
Oberfläche	$5,101 \cdot 10^8$ km^2
Volumen	$1,083 \cdot 10^{12}$ km^3
Masse	$5,974 \cdot 10^{24}$ kg
mittlere Dichte	5,515 g/cm^3
Schwerebeschleunigung am Äquator	9,780 m/s^2
an den Polen	9,832 m/s^2
Rotationsgeschwindigkeit am Äquator	465,12 m/s

Tiefe verläuft, unter den Kontinenten im Mittel in 35 km Tiefe, unter Faltengebirgen auch in 70 km Tiefe liegen kann. Die obere Kruste besteht mit Ausnahme der durch Verwitterung, Materialtransport und Ablagerungen im Laufe der Erdgeschichte entstandenen Sedimentschichten größtenteils aus kieselsäurereichen magmatischen Gesteinen, z. B. Granit. In der unteren Kruste dominieren kieselsäureärmere, basische Gesteine, z. B. Basalt. Die chemische Zusammensetzung der obersten Erdkruste ist zwar eingehend untersucht, doch ist es schwierig, eine mittlere Zusammensetzung zu bestimmen, weil die Zusammensetzung außerordentlich inhomogen ist. Einzelne Elemente sind an verschiedenen Orten unterschiedlich stark an- oder abgereichert, u. a. infolge von Differenzierungsprozessen in der Frühphase der Erdgeschichte, bei denen die an radioaktiven Elementen reichen und leichten Minerale näher an die Oberfläche transportiert wurden, während die schwereren Bestandteile absanken.

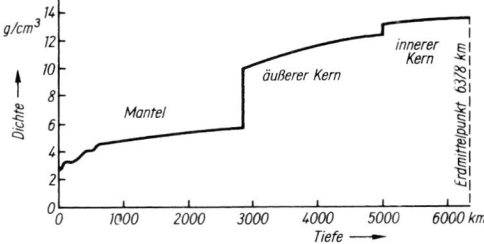

Abb. 3: Dichteverlauf im Erdinnern

Schalenaufbau der Erde

Schalenbezeichnung		Tiefenbereich (in km)	Dichte (in g/cm^3)
A_1	obere Kruste	0…15	2,84
A_2	untere Kruste	15…33	3,32
B	oberer Mantel	33…410	3,64
C		410…660	4,55
D	unterer Mantel	660…2900	5,56
E	äußerer Kern	2900…4900	12,17
F	Übergangsschicht	4900…5120	12,25
G	innerer Kern	5120…6371	12,51

Erde

Unter der Kruste befindet sich der im Wesentlichen aus magnesiumhaltigen Silikaten bestehende **Erdmantel**. Der obere Mantel reicht bis etwa 400 km Tiefe, die Obergrenze des unteren Mantels liegt etwa bei 660 km. Die zwischen diesen Tiefenstufen liegende Übergangsschicht ist durch Phasenumwandlungen der sich dort befindenden Hauptminerale, z. B. Olivin, charakterisiert. Im unteren Erdmantel sind die Silikate in Hochdruckmodifikationen umgewandelt. Der Mantel ist fest, z. T. auch plastisch deformierbar. Bei kurzzeitigen Spannungen wie bei Erdbeben verhalten sich die Minerale wie feste Körper, bei langzeitigen Beanspruchungen dagegen wie eine viskose Flüssigkeit, die zu einem konvektiven Massentransport von einigen Zentimetern pro Jahr fähig ist. Die sog. Gutenberg-Wiechert-Diskontinuität [benannt nach den Geophysikern B. Gutenberg, 1889–1960, und E. Wiechert, 1861–1928] grenzt den Mantel in einer Tiefe von etwa 2 900 km vom Erdkern ab.

Die **Lithosphäre**, eine rund 70 bis 150 km mächtige, in sich relativ starre Schicht, umfasst die Kruste und den obersten, festen Teil des oberen Mantels. Sie ist keine geschlossene Kugelschale, sondern in zahlreiche größere und kleinere Platten zerbrochen, die sich sehr langsam horizontal über der **Asthenosphäre** bewegen. Diese reicht von etwa 100 bis 200 km Tiefe, sie ist plastischer als die Lithosphäre und der obere Mantel. In den vulkanisch aktiven Gebieten der mittelozeanischen Rücken steigt basaltisches Magma aus ihr auf und schiebt die ozeanischen Platten mit einer Geschwindigkeit von wenigen Zentimetern pro Jahr auseinander. In den Tiefseegräben und an bestimmten Kontinentalrändern tauchen ozeanische Platten in tiefere Schichten ab und lösen sich auf. Einige Platten enthalten Blöcke dicker, relativ leichter kontinentaler Kruste, die nicht in den Mantel absinken. Beim Zusammenstoß zweier kontinentaler Platten wird der Plattenrand zu einem Gebirgsgürtel deformiert. Die Plattenränder sind die vulkanisch aktivsten Gebiete der E.

Der äußere **Erdkern** muss in einem sehr zähflüssigen Zustand sein, denn es können sich keine quer zur Fortpflanzungsrichtung schwingenden seismischen Wellen ausbreiten. Er besteht wahrscheinlich aus einer Legierung von vorwiegend Eisen, Silizium, Schwefel und Sauerstoff. Die nur gering mächtige Schicht zwischen unterem Mantel und äußerem Kern ist eine komplexe thermochemische Grenzschicht, die durch das Nebeneinander von relativ kalter silikatischer Materie mit einer langsamen Konvektion und von relativ heißer zähflüssiger eisenhaltiger mit einer etwas rascheren Konvektion (in der Größenordnung weniger Kilometer pro Jahr) geprägt ist. Der innere Kern besteht wahrscheinlich aus einer festen Eisen-Nickel-Legierung. Die Unterschiede in der Zusammensetzung von äußerem und innerem Kern sind wahrscheinlich dadurch bedingt, dass Eisen kosmisch fast gleich häufig wie Silizium ist (→ Elementhäufigkeit) und dass während der Bildung der E. in der Frühphase der E. mindestens teilweise aufgeschmolzen war und eine Differenzierung nach der Dichte der Elemente erfolgte.

Die Temperaturschichtung im Erdinnern ist kaum bekannt, da man wenig über mögliche Wärmequellen und das Wärmeleitvermögen der vorkommenden Stoffe weiß. Unterschiedliche Modellrechnungen ergeben für die Mittelpunktstemperatur sehr unterschiedliche Werte, die zwischen 6 000 und 7 000 °C liegen. Bei der im Erdinnern vorhandenen Wärmeenergie dürfte es sich um Restenergie aus der Zeit der Erdentstehung, um Energie, die bei der gravitativen Trennung des schweren Erdkerns vom leichteren Erdmantel freigesetzt wurde, sowie bei radioaktiven Prozessen freigewordene Energie handeln. Bei der Kristallisation flüssiger Materie an der Obergrenze des inneren, festen Kerns wird auch noch gegenwärtig Reaktionswärme frei. Der Radius des festen Kerns wächst infolge dieses Prozesses um etwa 1 cm pro 100 Jahre. Die freigesetzte Energie treibt wesentlich die Konvektion im viskosen äußeren Kern an. Die Energie des Erdinnern wird durch Leitung und Konvektion zur Oberfläche transportiert. Der von der E. nach außen abgegebene Wärmestrom beträgt etwa 0,07 W/m^2, das ist rund ein Zehntausendstel des von der Sonne stammenden Energiestroms. Insgesamt kühlt das Erdinnere außerordentlich langsam ab.

Erdmagnetismus. Die E. hat genähert ein magnetisches Dipolfeld, geringe Abweichungen deuten auf überlagerte Multipolanteile hin. Die Feldstärke an der Erdoberfläche beträgt etwa $5 \cdot 10^{-5}$ Tesla. Die Magnetfeldachse fällt nicht mit der Rotationsachse der E. zusammen. Eine frei bewegliche Magnetnadel weist daher nicht zum geographischen, sondern zum geomagnetischen Pol, dem Durchstoßpunkt der Dipolachse durch die Erdoberfläche. Der geomagnetische Nordpol ist im physikalischen Sinn ein magnetischer Südpol. Er liegt rund 1 600 km vom geographischen Nordpol entfernt im nördlichen Kanada, der geomagnetische Südpol südlich von Australien. Die Differenz zwischen der Richtung zum magnetischen und der zum geographischen Pol ist die sog. Missweisung (Deklination). Die Inklination gibt die Neigung der lokalen Feldlinien gegen die Waagrechte an, an den Magnetpolen beträgt die Inklination 90°. Der größte Teil des irdischen Magnetfeldes, das Hauptfeld, hat seinen Ursprung im Erdinnern. Es ist sehr langsam veränderlich, wobei es auch zu Umpolungen kommt. Die Zeiten zwischen Umpolungen betragen typischerweise einige 100 000 Jahre, die Umpolungen selbst nur einige 1 000 Jahre. Magnetfeldvariationen können mit Hilfe des Paläomagnetismus bis zu einigen 100 Mio. Jahren zurückverfolgt werden. Das Erdmagnetfeld entsteht höchstwahrscheinlich auf Grund eines → Dynamomechanismus, bei dem mechanische Energie in magnetische umgewandelt wird: Innerhalb des zähflüssigen äußeren Kerns herrscht eine differentielle Rotation, wodurch in der elektrisch leitfähigen Materie elektrische Ströme und entsprechende Magnetfelder entstehen. Dem Hauptfeld sind schwache, z. T. stark variable Felder überlagert, die durch elektrische Ströme in der Ionosphäre der → Erdatmosphäre induziert werden und die wie die Ionosphäre selbst starken kurzzeitigen Schwankungen unterworfen sind (→ solar-terrestrische Erscheinungen). Das Erdmagnetfeld ist bestimmend für die → Erdmagnetosphäre, die sich über einen mehr oder minder weiten Raumbereich um die E. erstreckt.

Zur Entstehung der E. → Kosmogonie.

Erdferne, svw. Apogäum; → Apsiden.

Erdkern, der zentrale Bereich des Erdkörpers; → Erde.

Erdkruste, die äußere Schale des Erdkörpers; → Erde.

Erdlicht, global von der Erde reflektiertes Sonnenlicht, das die nicht vom Sonnenlicht beleuchteten Teile der Mondoberfläche aufhellt und das → aschgraue Mondlicht verursacht.

Erdmagnetosphäre, das mit einem heißen dünnen Plasma erfüllte Gebiet um die Erde, in dem die Bewegungen elektrisch geladener Teilchen maßgeblich durch das Erdmagnetfeld bestimmt werden. Das Feld ist genähert ein Dipolfeld vergleichbar dem eines Stabmagneten. Die Feldlinien an den geomagnetischen Polen, von denen der Nordpol physikalisch ein magnetischer Südpol ist, verlaufen senkrecht zur Oberfläche. Für den ständig von der Sonne in den interplanetaren Raum abströmenden, aus elektrisch geladenen Teilchen bestehenden → Sonnenwind stellt das Erdfeld ein Hindernis dar, da elektrisch geladene Teilchen sich nur längs magnetischer Feldlinien bewegen können, nicht quer zu ihnen. Die Teilchen prallen mit Überschallgeschwindigkeit auf das Magnetfeld, es baut sich eine Stoßfront auf, in der die Abbremsung auf Unterschallgeschwindigkeit erfolgt, kinetische Energie in Wärmeenergie überführt und das Gas aufgeheizt wird. Durch den Aufprall wird das Erdmagnetfeld deformiert, wodurch ein geschlossener Raum, die E. entsteht (Abb.). Das Magnetfeld wird so weit zusammengepresst, bis der Magnetfelddruck gleich dem kinetischen Druck des Sonnenwindes ist. Die Fläche, auf der Druckgleichgewicht herrscht, ist die knapp 100 km dicke **Magnetopause**. Auf der Sonne zugewandten Seite, der Tagseite, hat die Stoßfront, die Bugstoßfront, etwa 14 bis 16 Erdradien Abstand von der Erdoberfläche, die Magnetopause etwa 10 bis 12. Die Abstände schwanken infolge der stark variierenden Geschwindigkeit und Dichte des Sonnenwinds beträchtlich. Der Abstand der Bugstoßfront kann z. T. bis auf 6 Erdradien schrumpfen. Im Bereich zwischen Stoßfront und Magnetopause haben die vom Sonnenwind mitgeschleppten Magnetfelder eine turbulente Struktur.

Auf der sonnenabgewandten Seite, der Nachtseite, werden die Feldlinien des Erdmagnetfelds vom Sonnenwind so verzerrt, dass sich ein zylinderförmiger Schweif ausbildet, der sich grob 250 Erdradien weit in den interplanetaren Raum erstreckt. In der Symmetrieebene des Magnetfeldschweifs verlaufen entgegengesetzt gerichtete Feldlinien in enger Nachbarschaft parallel zueinander. Zwischen ihnen existiert eine Neutralschicht, in der starke elektrische Ströme fließen. Das extreme Auseinanderziehen der E. auf der Nachtseite lässt Gebiete mit sehr unterschiedlichen Magnetfeldstrukturen entstehen. Dabei kann es zu Neuverknüpfungen der Feldlinien kommen, bei denen sich energetisch günstigere Magnetfeldkonfigurationen ergeben. Die freiwerdende magnetische Energie geht teilweise in thermische Energie über, teilweise dient sie zur Teilchenbeschleunigung. Die elektrisch geladenen Teilchen sind an die neue Magnetfeldstruktur gebunden, die sich ergebenden Strömungsprozesse sind sehr verwickelt und in ihrer Gesamtheit noch nicht in allen Einzelheiten modellierbar. Beim Eindringen energiereicher Teilchen in die Ionosphäre der Erde kann es u. a. zu einer Verstärkung der Polarlichtaktivität kommen (→ Polarlicht). Innerhalb der E. existieren gürtelförmige Zonen (→ Strahlungsgürtel), in denen die Anzahldichte von Teilchen hoher kinetischer Energie relativ zur Umgebung stark erhöht ist. Die Innengrenze der E. bildet die Ionosphäre in der → Erdatmosphäre.

Erdmantel, die zwischen Erdkruste und Erdkern liegende Schicht im Erdkörper; → Erde.

Erdnähe, svw. Perigäum; → Apsiden.

erdnahes Objekt, Himmelskörper, der der Erde bis auf wenige Mondentfernungen nahe kommen kann. Es kann ein Planetoid oder Kometenkern sein. Der Planetoid 1994 XM_1 z. B. näherte sich der Erde bis auf weniger als ein Drittel der Mondentfernung (→ Planetoid). Die Hauptmenge erdnaher O.e bilden Meteoroiden mit einem Durchmesser in der Größenordnung von einigen Metern bis Kilometern.

Erdrotation, → Erde.

Erdsatellit, ein unter der Wirkung der Erdanziehung ohne dauernden Antrieb die Erde auf einer geschlossenen Bahn umlaufender Körper. Der einzige *natürliche Satellit der Erde* ist der Mond. *Künstliche E.en* sind Raumflugkörper, die sich ohne dauernden Antrieb eine mehr oder minder lange Zeit um die Erde bewegen. Künstliche E.en bewegen sich im Wesentlichen nach den → Kepler'schen Gesetzen um die Erde. Die durchlaufenen Bahnen entsprechen nicht exakt denen des → Zweikörperproblems, da die Erde nicht wie ein massebehafteter Punkt wirkt und weder eine exakte Kugelgestalt noch eine kugelsymmetrische Massenverteilung hat (→ Erde). E.en unterliegen auch in Erdnähe den periodisch variierenden Gravitationskräften von Mond und Sonne (→ Gezeiten). Die Bewegungen entsprechen strenggenommen einem → Mehrkörperproblem. Auf E.en, deren Bahn ganz oder teilweise in der oberen Erdatmosphäre verläuft, wirken auch nicht-gravitative Kräfte in Form eines geringen Luftwiderstands. Die durch den Erdmittelpunkt gehende Bahnebene liegt in erster Näherung im Raum relativ zu den Fixsternen fest, beim jährlichen Umlauf der Erde um die Sonne ändert sich die Lage der Bahnebene aber relativ zur Sonne (Abb.).

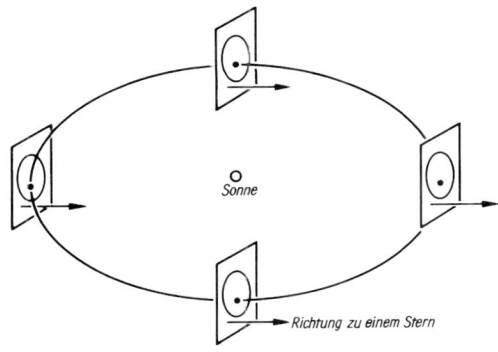

Lage der raumfesten Bahnebene eines künstlichen Erdsatelliten relativ zur Sonne während der jährlichen Bewegung der Erde um die Sonne

Ereignishorizont

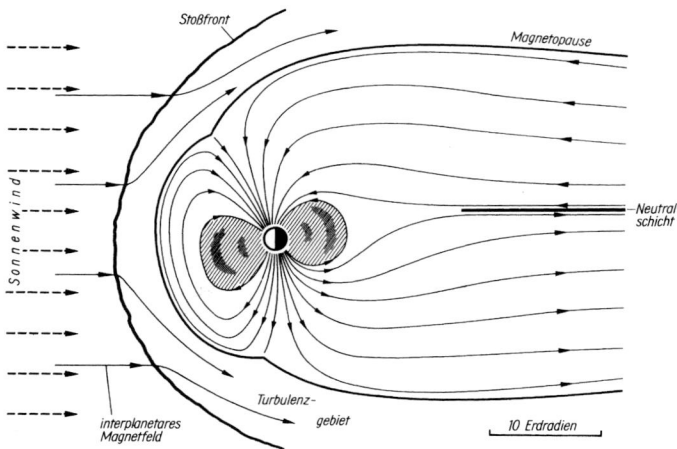

Schnitt durch die schematisierte Erdmagnetosphäre in der Mittag-Mitternacht-Meridianebene. Die schraffierten Gebiete entsprechen dem Strahlungsgürtel

Astronomische Erdsatelliten

CHANDRA	benannt nach S. Chandrasekhar; Röntgen-Beobachtungen
COBE	engl. Abk. für Cosmic Background Explorer; Kosmische Hintergrundstrahlung
EXOSAT	engl. Abk. für European X-Ray Observatory Satellite; Röntgen-Beobachtungen
HIPPARCOS	engl. Abk. für High Precision Parallax Collecting Satellite; Astrometrische Beobachtungen
HUBBLE	benannt nach E. P. Hubble; Weltraum-Teleskop; Beobachtungen im sichtbaren Spektralbereich
INTEGRAL	engl. Abk. für International Gamma-Ray Astrophysics Laboratory; Gammastrahlen-Beobachtungen
IRAS	engl. Abk. für Infrared Astronomical Satellite; Infrarot-Beobachtungen
ISO	engl. Abk. für Infrared Space Observatory; Infrarot-Beobachtungen
ROSAT	Kunstwort aus Roentgen-Satellit; Röntgen-Beobachtungen
SOHO	engl. Abk. für Solar Heliospheric Observatory; Sonnenbeobachtungen
SPITZER	benannt nach L. Spitzer; Infrarot-Beobachtungen
SWIFT	engl. Abk. für Swift Gamma Ray Burst Explorer; Gammastrahlen-Beobachtungen

Bei satellitengestützten astronomischen Beobachtungen fallen die durch die Erdatmosphäre verursachten Störungen, vor allem die Einschränkungen des nutzbaren Spektralbereichs (→ Erdatmosphäre), weitgehend weg. E.en ermöglichen darüber hinaus die direkte Untersuchung der den erdnahen interplanetaren Raum erfüllenden Materie, u. a. die des → Sonnenwinds, die in den → Strahlungsgürteln der Erde vorhandene sowie die der primären → Kosmischen Strahlung.

Ereignishorizont, *1)* eine ein Schwarzes Loch einhüllende Grenzfläche, die von Strahlung aus dem umhüllten Bereich nicht überschritten werden kann; → Schwarzes Loch.
2) die einen Beobachter umgebende Grenzfläche, von der ihn in vorgegebener Zeit kein Lichtsignal erreichen kann; → Kosmologie.

Ergosphäre, der ein rotierendes Schwarzes Loch umgebende Raumbereich, in dem ein Objekt relativ zu einem weit entfernten Beobachter in Ruhe sein kann; → Schwarzes Loch.

Eri, Abk. für Eridanus.

Eridanus, *Gen.* Eridani, abg. *Eri, Fluss Eridanus,* sehr ausgedehntes Sternbild, das sich vom Himmelsäquator bis weit nach Süden hin erstreckt. Die nördlichen Teile sind von unseren Breiten aus im Winter am Abendhimmel sichtbar, die südlichen Teile mit → Achernar, dem hellsten Stern des Sternbilds, hingegen bleiben unsichtbar.
Hinsichtlich der Lage am Himmel → Sternkarte Seite 420.

E-Ring, einer der Ringe des → Saturn.

Erinome *f,* ein Satellit des Jupiter.
Hinsichtlich der Einordnung der E. in das System der Jupitersatelliten → Jupiter.

Eris *f,* der größte bekannte Zwergplanet. Die E. bewegt sich auf einer elliptischen Bahn mit der großen Halbachse von 67,668 AE und der numerischen Exzentrizität von 0,442 in 556,7 Jahren um die Sonne. Die Bahnebene ist 44,19° gegen die Ebene der Ekliptik geneigt. Die E. hat einen Durchmesser von 2 400 km. Die Oberfläche weist die ungewöhnlich hohe Albedo von 0,86 auf und ist wahrscheinlich weitgehend mit Methaneis bedeckt. Die E. wird im Abstand von rund 36 000 km von dem 300 bis 400 km großen Satelliten **Dysnomia** in etwa 14 Tagen umlaufen. Wahrscheinlich sind beide Himmelskörper Zertrümmerungsreste eines größeren Ausgangskörpers.
Die E. wurde 2003, die Dysnomia 2005 von E. E. Brown und Mitarb. entdeckt.

Eros *m,* der Planetoid (433). Er gehört zur Amor-Gruppe (→ Planetoid) und bewegt sich auf einer Ellipsenbahn mit der großen Halbachse von 1,458 AE und einer

Exzentrizität von 0,223 in 1,761 Jahren um die Sonne. Die Bahnebene ist 10,8° gegen die Ebene der Ekliptik geneigt. Die Form des E. weicht stark von der Kugelsymmetrie ab, der mittlere Durchmesser beträgt 18 km. Die Masse beläuft sich auf $6{,}7 \cdot 10^{15}$ kg, die mittlere Dichte auf 2,67 g/cm³. Die Oberfläche ist sehr flach und mit Einschlagkratern sowie Auswurfmaterial überzogen. Der E. ist wahrscheinlich ein monolithischer Körper aus Silikatgestein, das an der Oberfläche infolge von Meteoroideneinschlägen teilweise zertrümmert ist. Der Eros wurde 1898 von G. Witt (1866–1946) entdeckt. 2001 landete die Raumsonde NEAR-Shoemaker auf ihm.

Erriapus *m*, ein Satellit des Saturn.
Hinsichtlich der Einordnung des E. in das System der Saturnsatelliten das an → Saturn.

Eruptionsveränderliche, heterogene Gruppe veränderlicher Sterne, deren Lichtwechsel durch einen oder mehrere, oft explosionsartige Helligkeitsausbrüche, vielfach verbunden mit Materieauswürfen, verursacht wird; → Veränderliche.

ESA, → Europäische Weltraumbehörde.

E-Schicht, eine der Schichten erhöhter Elektronendichte in der Ionosphäre der Erde; → Erdatmosphäre.

ESO, → Europäische Südsternwarte.

ET, Abk. für Ephemeridenzeit; → Zeit.

Eta-Ring, η-*Ring*, einer der Ringe des → Uranus.

Euanthe *f*, ein Zwergsatellit des → Jupiter

Eukelade *f*, ein Satellit des Jupiter.
Hinsichtlich der Einordnung der E. in das System der Jupitersatelliten → Jupiter.

euklidischer Raum [nach dem griech. Mathematiker Euklid, um 365 – um 300 v. Chr.], dreidimensionaler Raum, in dem Geraden die kürzesten Verbindungsstrecken zwischen zwei Punkten sind und zwei Parallelen sich erst im Unendlichen schneiden; der Raum der alltäglichen Erfahrung.

Euler, Leonhard, schweiz. Mathematiker, geb. 15.04.1707 in Basel, gest. 18.09.1783 in St. Petersburg, ab 1722 in St. Petersburg, ab 1741 in Berlin, ab 1766 wiederum in St. Petersburg. Neben seinen außerordentlich umfangreichen, vielseitigen und tiefgründigen mathematischen Untersuchungen arbeitete er auf dem Gebiet der Himmelsmechanik, speziell der Störungstheorie.

Euporie *f*, ein Satellit des Jupiter.
Hinsichtlich der Einordnung der E. in das System der Jupitersatelliten → Jupiter.

Europa *f*, *1)* der zweitinnerste und kleinste der vier großen, „Galilei'schen" Jupitersatelliten. Die E. bewegt sich auf einer elliptischen Bahn mit einer großen Halbachse von 671 100 km und einer Exzentrizität von 0,009 in 3,55 Tagen rechtläufig um den Jupiter. Die Bahnebene ist 0,48° gegen dessen Äquatorebene geneigt. Infolge der gebundenen Rotation ist die Rotationsperiode gleich der Umlaufperiode. Der Durchmesser von 3 122 km ist etwas kleiner als der des Mondes, die Masse von $4{,}80 \cdot 10^{22}$ kg sowie die mittlere Dichte von 2,99 g/cm³ sind etwas geringer als die Mondmasse und Monddichte. Die scheinbare visuelle Helligkeit beträgt in Oppositionsstellung $5^m{,}3$, mit bloßem Auge ist die E. dennoch nicht sichtbar, da sie vom Jupiter überstrahlt wird.

Die E. hat wahrscheinlich einen Schalenaufbau ähnlich dem anderer erdartiger planetarer Himmelskörper (→ Durchmesser-Dichte-Diagramm; → Planet). Einen wahrscheinlich eisenreichen Kern umgibt möglicherweise ein dicker Mantel aus Silikaten, über dem sich eine aus kaltem, sprödem Eis bestehende Kruste von vielleicht 30 bis 100 km Mächtigkeit befindet. Etwa 20% der Masse der E. dürften Wasser oder Eis sein. Die Oberfläche ist praktisch frei von Einschlagkratern, was auf ein geringes Alter hindeutet. Auffälligste Oberflächenstrukturen sind relativ große, scharf begrenzte helle Regionen, die mit Rillen und Vertiefungen durchzogen sind, lange schmale Strukturen durchschneiden z. T. mehrere Regionen. Es sind möglicherweise Eisschollen, die gegeneinander verschoben, verdreht und z. T. gekippt sind und die auf einem unterhalb der Kruste sich befindenden Wasserozean oder einem wärmeren zähflüssigen konvektiven Eis lagern. Das Oberflächeneis war mindestens einmal großräumig aufgeschmolzen, so dass alle vorher vorhandenen Einschlagkrater ausgelöscht wurden. Die Sprünge und Rillen sind wahrscheinlich beim erneuten Gefrieren der Kruste entstanden.

Möglicherweise ist die Existenz von Wasser unter der Eiskruste auf die Energiezufuhr durch die wechselnden Gezeitendeformationen zurückzuführen, die vom Jupiter und dem Nachbarsatelliten Ganymed hervorgerufen werden.

Die E. besitzt ein vom Jupiter induziertes Magnetfeld. Das salzhaltige Wasser ist elektrisch leitfähig, in dem durch das Magnetfeld des Jupiter elektrische Ströme induziert werden, die wiederum das Magnetfeld der E. hervorrufen.

Die E. ist von einer extrem dünnen Sauerstoffatmosphäre umgeben, die wahrscheinlich auf eine Sublimation von Eis und die Dissoziation der Wassermoleküle zurückgeht. Die freiwerdenden massearmen Wasserstoffatome entweichen in den interplanetaren Raum, die massereicheren Sauerstoffatome bleiben zurück.

Hinsichtlich der Einordnung der E. in das System der Jupitersatelliten → Jupiter.

Die E. wurde 1610 unabhängig voneinander durch G. Galilei (1564–1642) und S. Marius (1570–1624) entdeckt.

2) der Planetoid (52).

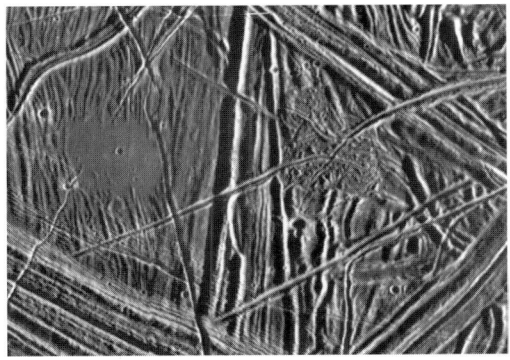

Oberflächenausschnitt von etwa 11 km × 16 km der Europa (Aufnahme: NASA/JPL/Arizona State Univ.)

Europäische Südsternwarte

Europäische Südsternwarte, engl. *European Southern Observatory*, Abk. *ESO*, 1962 gegründete internationale Organisation für astronomische Beobachtungen auf der südlichen Hemisphäre. Ein Beobachtungsort befindet sich auf dem Cerro Paranal (Chile) (2600 m Höhe) mit dem aus den vier 8,2-m-Teleskopen → Antu, → Kueyen, → Melipal und → Yepun bestehenden Very Large Telescope [engl. ‚sehr großes Teleskop'] und drei 1,8-m-Teleskopen, ein zweiter Beobachtungsort befindet sich auf dem La Silla (Chile) (2400 m Höhe) mit optischen Teleskopen bis zu 3,6 m Durchmesser. Im Aufbau befindet sich auf dem Llano de Chajnantor (5000 m Höhe) bei San Pedro de Atacama (Chile) ein Interferometer für Submillimeterwellen. Das wissenschaftliche, technische und administrative Zentrum ist in Garching bei München. Mitgliedsländer sind Belgien, Dänemark, Deutschland, Finnland, Frankreich, Großbritannien, Italien, die Niederlande, Portugal, Schweden, die Schweiz, Spanien und Tschechien.

Europäische Weltraumbehörde, engl. *European Space Agency*, Abk. *ESA*, 1975 gebildete europäische Organisation zur Koordinierung und Förderung der technischen und wissenschaftlichen Zusammenarbeit für die friedliche Erforschung und Erschließung des Weltraums mit Sitz in Paris. Mitgliedsländer sind Belgien, Dänemark, Deutschland, Finnland, Frankreich, Griechenland, Großbritannien, Irland, Italien, Luxemburg, die Niederlande, Norwegen, Österreich, Schweden, die Schweiz, Spanien und als kooperierendes Mitglied Kanada.

Eurydome *f*, ein Zwergsatellit des → Jupiter.

eV, Einheitenzeichen für → Elektronenvolt.

Evektion, eine der Störungen der → Mondbewegung.

Exnova, svw. Postnova.

Exoplanet, *Planet außerhalb des Sonnensystem*, *extrasolarer Planet*, ein einen Stern umlaufender, nicht selbstleuchtender Himmelskörper mit einer Masse kleiner als etwa 13 Jupitermassen. Die Masse ist so gering, dass das Deuteriumbrennen nicht stattfinden kann (→ Energiefreisetzung in Sternen).

Benennung. Ein E. trägt den Namen des umlaufenen Sterns gefolgt von einem kleinen Buchstaben, der, mit b beginnend, die Reihenfolge der Entdeckung von E.en um den Stern widerspiegelt, um den Stern Gliese 581 sind es z. B. die Planeten Gliese 581b, Gliese 581c, Gliese 581d.

Nachweismethoden. Der *photometrische Nachweis* eines im reflektierten Licht des umlaufenden Sterns leuchtenden E.en ist schwierig, da die scheinbare Helligkeit des Sterns im sichtbaren Spektralbereich um viele Größenordnungen höher als der des E.en ist und dieser dadurch völlig überstrahlt wird. Im Infrarotbereich ist das Verhältnis von Sternstrahlung zur thermischen Strahlung des E.en wesentlich kleiner, ein Nachweis daher eher möglich. Beim Stern GQ Lupi konnte ein E. photometrisch im nahen Infrarotbereich nachgewiesen werden. Er umläuft den Stern in einem Abstand von etwa 100 AE, seine scheinbare Helligkeit ist etwa 6 mag geringer als die Sternhelligkeit.

Ein *spektroskopischer Nachweis* ist möglich, da der umlaufende Stern sich mit gleicher Periode wie der E. um den gemeinsamen Schwerpunkt bewegt. Infolge der sehr viel größeren Masse des Sterns liegt der Schwerpunkt nahe beim Stern, z. T. in ihm. Die Bahngeschwindigkeit des Sterns ist außerordentlich gering, die sich periodisch ändernde Radialgeschwindigkeit bezüglich der Sonne liegt in der Größenordnung von wenigen m/s. Mit Hilfe moderner Spektrographen sind diese Geschwindigkeiten trotz ihrer Kleinheit bestimmbar, damit auch die Umlaufperiode des E.en. Die Sternmasse ergibt sich aus dem Spektraltyp des Sterns (→ Masse-Leuchtkraft-Beziehung), aus ihr auf Grund des dritten → Kepler'schen Gesetzes die Masse des E.en. Infolge der unbekannten Neigung der Bahnebene gegen die Sichtlinie ist die berechnete Masse mit einem unbekannten Faktor behaftet und immer kleiner als die tatsächliche. Wegen des begrenzten Auflösungsvermögens der Spektrographen werden bevorzugt E.en mit großer Masse und kurzer Umlaufzeit gefunden. Die Methode ist unabhängig von der Sternentfernung.

Mit Hilfe *astrometrischer Beobachtungen* (→ Astrometrie) kann die Bewegung des Sterns senkrecht zur Sichtlinie auf Grund periodischer Ortsveränderungen

Die vier Teleskope des Very Large Telescope (ESO)

des Sterns an der Himmelskugel bestimmt werden. Die Größe der Auslenkungen ist abhängig von der Masse des Planeten sowie der Entfernung des Sterns von der Sonne, was außerordentlich geringe Ortsveränderungen bedingt. Aus Sternmasse und Maximalauslenkung ergibt sich auf Grund des Schwerpunktsatzes die Masse des E.en. Infolge der unvermeidbaren Ungenauigkeiten bei den Positionsbestimmungen sind verlässliche Massenbestimmungen nur bei sonnennahen Sternen möglich. Ein astrometrischer Nachweis von E.en gelang zweifelsfrei bisher nur bei wenigen Sternen. Kann sowohl astrometrisch die tangentiale Geschwindigkeitskomponente als auch spektroskopisch die radiale gemessen werden, ergibt sich die Umlaufgeschwindigkeit des Sterns, was eine sehr genaue Massenbestimmung des E.en ermöglicht.

E.en sind weiterhin auf Grund einer Bedeckung des umlaufenden Sterns durch den Planeten nachweisbar. Eine *Sternbedeckung* erfolgt nur, wenn die Sichtlinie Sonne–Stern praktisch in die Bahnebene des Planeten fällt. Die Helligkeitsänderung bei einer Bedeckung liegt in der Größenordnung von Bruchteilen einer Größenklasse und ist abhängig vom Verhältnis der Planetengröße zur Sterngröße sowie dem der Flächenhelligkeiten. Aus der Dauer des Helligkeitsabfalls bei der Bedeckung ist der Radius des E.en bestimmbar. Im Einzelfall kann sowohl die Bedeckung des Sterns durch den Planeten als auch die Bedeckung des Planeten durch den Stern beobachtet werden. Die Entdeckungswahrscheinlichkeit eines E.en auf Grund einer Sternbedeckung ist wegen der einschneidenden Bedingung für die Lage der Bahnebene sehr gering.

Der Umlauf eines E.en um einen *Pulsar* ist mit Hilfe periodischer Änderungen der Pulsankunftszeiten bestimmbar, die sich infolge des Umlaufs des Pulsars um den gemeinsamen Schwerpunkt ergeben (→ Pulsar). Wegen der Kürze der Pulse können die Änderungen sehr genau bestimmt werden, sie sind umso größer, je geringer die Bahnneigung des E.en gegen die Sichtlinie und je größer die Bahnexzentrizität ist. Die Wahrscheinlichkeit der Entdeckung eines E.en um einen Pulsar ist außerordentlich gering. Unklar ist, wie ein Planet eine Supernovaexplosion, die zu einem Pulsar führt, überstehen kann.

Ergebnisse. Bisher sind mehr als 300 E.en bekannt. Die Bahnhalbachsen liegen zwischen etwa 0,02 und 100 AE, die Mindestmassen zwischen rund 0,02 und 10 Jupitermassen. Die Bahnen sind z. T. Kreisbahnen, z. T. stark elliptisch mit Exzentrizitäten bis zu 0,7. Diese Daten sind noch mit großen Unsicherheiten behaftet. Außer Sternen mit einem E. sind Planetensysteme mit bis zu vier E.en bekannt. Wegen der sehr geringen Anzahl von Sternen mit mehreren E.en ist noch völlig ungeklärt, ob das Sonnensystem mit den relativ vielen Planeten die Regel oder eine Ausnahme ist.

Planeten entstehen in einer einen sehr jungen Stern umgebenden Gas-Staub-Scheibe. Die bei der Planetenbildung ablaufenden Prozesse, die sich ergebenden Planetenmassen wie auch das Zeitintervall, in dem die Bildung erfolgt, sind theoretisch noch nicht beschreibbar. Ebenso ist unbekannt, welche Bedingungen für die Entstehung eines einzigen oder mehrerer Planeten um einen Stern maßgebend sind (→ Kosmogonie).

Exosphäre, äußerste Schicht der Erdatmosphäre, in der diese in den freien Weltraum übergeht; → Erdatmosphäre.

Expansion des Weltalls, → Hubble-Effekt, → Kosmologie.

Extinktion, Abschwächung der Intensität elektromagnetischer Strahlung beim Durchgang durch Materie infolge von → Absorption und → Streuung; speziell die Lichtschwächung innerhalb der → Erdatmosphäre.

extragalaktisch, *außergalaktisch*, nicht zum Milchstraßensystem, der Galaxis, gehörend.

extragalaktischer Nebel, ein extragalaktisches → Sternsystem.

extrasolarer Planet, svw. Exoplanet.

extraterrestrisch, außerirdisch, außerhalb der Erde, nicht zur Erde gehörend.

extremes Ultraviolett, der von etwa 10 bis 100 nm reichende Wellenlängenbereich des elektromagnetischen Spektrums; → Ultraviolettbereich.

exzentrische Anomalie, → Anomalie.

Exzentrizität, 1) *lineare* E., bei Ellipsen und Hyperbeln die Entfernung Brennpunkt–Mittelpunkt.
2) *numerische* E., die lineare E. geteilt durch die halbe große Achse des Kegelschnitts. Die numerische E. eines Kreises ist gleich 0, für Ellipsen ist sie kleiner als 1, für eine Parabel gleich 1 und für Hyperbeln größer als 1.

Fabry-Pérot-Interferometer [benannt nach den franz. Physikern C. Fabry, 1867–1945, und J.-B. A. Pérot, 1863–1925] *n*, → Spektralapparat.

Fackel, svw. Sonnenfackel.

Facula *f*, Plur. Faculae, Bezeichnung für helle Flecke auf erdähnlichen Himmelskörpern.

Faraday-Effekt [benannt nach dem engl. Physiker M. Faraday, 1791–1867], die Drehung der Polarisationsrichtung einer linear polarisierten elektromagnetischen Strahlung unter der Wirkung eines starken Magnetfelds beim Durchgang durch ein isotropes Medium.
Infolge des F.-E.s erfährt eine von einer weit entfernten Quelle emittierte linear polarisierte Strahlung beim Durchgang durch von einem Magnetfeld durchsetzte interstellare Materie eine Drehung der Polarisationsrichtung. Der Drehwinkel ist proportional der Wegstrecke in der interstellaren Materie, der mittleren Dichte der Elektronen längs des Weges, dem Quadrat der Wellenlänge der Strahlung sowie der magnetischen Feldstärke. Bei bekannter Entfernung der Quelle und bekannter mittlerer Elektronendichte ist die Magnetfeldstärke bestimmbar, wenn der Drehwinkel, das sog. Rotationsmaß, bei unterschiedlichen Wellenlängen relativ zu einer Bezugsrichtung gemessen wird. Wegen der geringen Stärke interstellarer Magnetfelder und der geringen interstellaren Elektronendichte ergibt sich nur für

sehr langwellige Strahlung, d. h. im Radiofrequenzbereich, ein messbarer Effekt.

Farbauti m, ein Satellit des Saturn. Hinsichtlich der Einordnung des F. in das System der Saturnsatelliten → Saturn.

Farbbereich, ein Wellenlängenbereich im optischen oder infraroten Spektralbereich.

Farben-Helligkeits-Diagramm, Abk. *FHD*, ein Diagramm mit der scheinbaren Sternhelligkeit als Ordinate und dem Farbenindex als Abszisse. Traditionell sind die Koordinaten so angeordnet, dass die Bildpunkte der absolut hellsten Sterne im Diagramm oben, die der frühen Spektralklassen links liegen. Ein F.-H.-D. eines Sternhaufens ist einem → Hertzsprung-Russell-Diagramm gleichwertig.

Farbenindex, die in Größenklassen angegebene Differenz zwischen zwei in unterschiedlichen Spektralbereichen (Farbbereichen) gemessenen scheinbaren Helligkeiten eines Sterns oder eines anderen Himmelskörpers. Von der scheinbaren Helligkeit im kürzerwelligen Bereich wird die im längerwelligen subtrahiert. Üblicherweise werden Spektralbereiche eines standardisierten astronomischen → Farbsystems, z. B. des UBV-Systems, benutzt.

Farbenindizes sind abhängig von der spektralen Energieverteilung der empfangenen Strahlung. Bei Sternen besteht dementsprechend eine enge, empirisch zu bestimmende Beziehung zwischen dem F. und der Spektralklasse, damit der effektiven Temperatur. Für unterschiedliche Leuchtkraftklassen ergeben sich etwas unterschiedliche Beziehungen (Tab.). Der der Spektralklasse eines Sterns entsprechende F. wird als dessen *Eigenfarbe* bezeichnet. Der F. eines Sterns ist im geringen Maß von der chemischen Zusammensetzung der Sternatmosphäre abhängig. Bei hoher Metallhäufigkeit (→ Elementenhäufigkeit) ist die Strahlungsintensität im sehr kurzwelligen Spektralbereich gegenüber der bei normaler Zusammensetzung reduziert. Metallreiche Sterne haben daher im Vergleich mit Sternen normaler Atmosphärenzusammensetzung einen etwas anderen F., falls ein sehr kurzwelliger Spektralbereich bei der Bestimmung des F. einbezogen wird. Bei Schwarzer Strahlung sind Farbenindizes ein Maß für die Temperatur des Strahlers (→ Strahlungsgesetze).

Zur Bestimmung von Farbenindizes wird eine Mehrfarbenphotometrie (→ Photometrie) durchgeführt. Üblicherweise bezeichnet man die im Ultraviolettbereich des UBV-Systems gemessene scheinbare Helligkeit m_U mit U, die im Blaubereich m_B mit B und die im visuellen Spektralbereich m_V mit V und erhält die Farbenindizes $U - B$ und $B - V$. Infolge ihrer hohen Effektivtemperatur haben O- und B-Sterne im kurzwelligen Spektralbereich größere scheinbare Helligkeiten, in Größenklassen einen kleineren Zahlenwert als im langwelligen Bereich, der F. ist demzufolge negativ, bei A0-Hauptreihensternen ist er definitionsgemäß gleich Null, für Sterne späterer Spektralklassen, niedrigerer Effektivtemperatur, positiv.

Beim Durchgang von Sternlicht durch interstellare Materie wird kurzwelliges Licht stärker geschwächt als langwelliges. Die empfangene spektrale Helligkeitsverteilung ist gegenüber der bei der Emission verschoben:

Es tritt eine *interstellare Verfärbung* ein (→ interstellarer Staub). Der beobachtete F. ist bezüglich der Eigenfarbe um den sog. *Farbexzess* erhöht. Bezeichnet $(B - V)_{beob}$ den beobachteten F. und $(B - V)_0$ die Eigenfarbe eines Sterns, so gilt für den Farbexzess $E(B - V) = (B - V)_{beob} - (B - V)_0$. Wegen der stärkeren Schwächung des kurzwelligen Sternlichts hat der Farbexzess einen positiven Wert, der mit wachsender interstellarer Extinktion ansteigt.

In einem Zwei-Farbenindex-Diagramm, in dem zwei Farbenindizes senkrecht zueinander aufgetragen werden (Abb.), sind die Bildpunkte der Sterne bei interstellarer Verfärbung gegenüber denen der Eigenfarbe entsprechenden mehr oder minder weit in Richtung größerer Zahlenwerte verschoben. Die Verschiebungsstrecke ist der sog. *Verfärbungsweg*.

Eigenfarben im UBV-System von Sternen verschiedener Spektral- und Leuchtkraftklassen

Spektral-klasse	$(B - V)_0$ (in mag)			$(U - B)_0$ (in mag)		
	V	III	I	V	III	I
O5	−0,33	−0,32	−0,31	−1,19	−1,18	−1,17
B0	−0,30	−0,29	−0,23	−1,08	−1,08	−1,06
A0	0,00	0,00	−0,01	0,00	−0,07	−0,38
F0	0,30	0,30	0,17	0,03	0,08	0,15
G0	0,58	0,65	0,76	0,06	0,21	0,52
K0	0,81	1,00	1,25	0,45	0,84	1,17
M0	1,40	1,56	1,67	1,22	1,87	1,90
M5	1,64	1,63		1,24	1,58	1,60

V: Hauptreihensterne; III: Riesensterne; I: Überriesensterne

Farbexzess, → Farbenindex.

Farbfilter, optisches Bauelement, das ausschließlich für eine bestimmte Wellenlänge im optischen oder in-

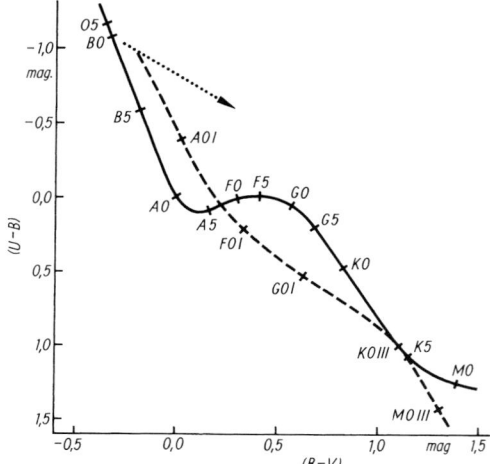

Zwei-Farbenindex-Diagramm mit den Farbenindizes $(U − B)$ und $(B − V)$ des UBV-Systems. Durchgezogene Linie: Bildpunkte der Hauptreihensterne nach Spektralklassen geordnet; gestrichelt: Überriesensterne; punktiert: Richtung des Verfärbungswegs

fraroten Spektralbereich durchlässig ist. Die einfachsten F. sind Farbgläser, ihre Filterwirkung beruht auf einer wellenlängenabhängigen Absorption, die durch die Zusammensetzung des Glases bestimmt wird. Sehr schmale Durchlassbereiche sind mittels Interferenzfilter, z. B. einem Fabry-Pérot-Interferometer (→ Spektralapparat), erreichbar, bei denen die Filterwirkung durch Reflexion erzielt wird. Wesentliche Bestandteile eines derartigen Filters sind zwei dünne teilreflektierende optische Schichten. Wird die Anordnung von Licht durchsetzt, ergeben sich infolge der mehrfachen Reflexion zwischen den Schichten wellenlängenabhängige Phasendifferenzen, die bei der Überlagerung eine Intensitätsverstärkung oder -schwächung je nach der Wellenlänge bewirken. Durch Änderung des Abstands der beiden Schichten kann der ausgefilterte Wellenlängenbereich in gewissen Grenzen verändert werden.

Farbsystem, mehrere zum Zweck der spektralen Untersuchung eines Sterns oder eines anderen Himmelskörpers im optischen Spektralbereich ausgewählte und zu einer Einheit zusammengefasste Wellenlängenbereiche (Farbbereiche). Die Farbbereiche werden durch spezielle Filter-Strahlungsempfänger-Kombinationen (→ Photometrie) festgelegt. Sie sind so gewählt, dass durch Helligkeitsmessungen in den Bereichen eine möglichst sichere Information über die spektrale Energieverteilung der Strahlung gewonnen wird. Ein Farbbereich wird durch die *isophote Wellenlänge* charakterisiert, die Wellenlänge, bei der die Empfindlichkeitsfunktion einer Filter-Empfänger-Kombination ihren Schwerpunkt hat, sowie die *Halbwertsbreite*, die Breite des Wellenlängenbereichs, in dem die Empfindlichkeitsfunktion größer als die halbe Maximalempfindlichkeit ist.

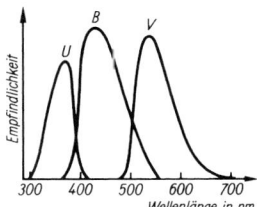

Relative Empfindlichkeitsverteilung in den Farbbereichen des UBV-Systems

Eines der am weitesten verbreiteten F.e ist das UBV-System, ein Dreifarbensystem mit einem ultravioletten Farbbereich U, einem blauen B und einem violetten V (Abb.). Die isophoten Wellenlängen und in Klammern die Halbwertsbreiten sind U: 365 nm (70 nm), B: 440 nm (100 nm), V: 550 nm (90 nm). Durch Einbeziehung des infraroten Spektralbereichs ist das System zu einem Vielfarbensystem erweitert, u. a. durch das Hinzufügen der Farbbereiche R: 0,71 µm, I: 0,97 µm, J: 1,25 µm, H: 1,62 µm, K: 2,2 µm, L: 3,5 µm, M: 5,0 µm, N: 10,4 µm und Q: 19,3 µm. Die in einem der Farbbereiche gemessene scheinbare Helligkeit wird mit dem Buchstaben des Farbbereichs gekennzeichnet (→ Farbenindex).

Farbtemperatur, → Temperatur.

Feldgalaxie, ein keinem Galaxienhaufen angehörendes extragalaktisches Sternsystem.

Feldstärke, die in einem Kraftfeld auf einen geeigneten Probekörper ausgeübte Kraft. In einem elektrischen Feld trägt der Probekörper die Einheitsladung, in einem Gravitationsfeld die Einheitsmasse, in einem magnetischen Feld ist der Probekörper magnetisiert.

Feldstern, ein keinem Sternhaufen angehörender Stern.

Fenrir *m*, ein Satellit des Saturn.
Hinsichtlich der Einordnung des F. in das System der Saturnsatelliten → Saturn.

Fenster, in der Astronomie Bezeichnung für einen Spektralbereich, für den die Erdatmosphäre durchlässig ist (→ Erdatmosphäre). Das *optische F.* umfasst den Wellenlängenbereich von etwa 300 nm bis rund 1 µm, es enthält den Bereich des sichtbaren Lichts, das *Radiofenster* überdeckt den Wellenlängenbereich von etwa 1 mm bis 20 m.

Ferdinand *m*, ein Satellit des Uranus, ein Zwergsatellit.
Hinsichtlich der Einordnung des F. in das System der Uranussatelliten → Uranus.

Fermi-Energie [benannt nach dem ital. Physiker E. Fermi, 1901–1954], → Zustandsgleichung.

Fermionen [benannt nach dem ital. Physiker E. Fermi, 1901–1954], Elementarteilchen mit halbzahligem → Spin, zu denen u. a. Elektronen, Protonen, Neutronen und Neutrinos gehören.

fernes Infrarot, der Wellenlängenbereich ab etwa 30 µm bis zu einigen 100 µm.

Fernrohr, das Sternbild → Telescopium.

Fernrohr, *Teleskop*, optisches Instrument, mit dem ein entfernter Gegenstand so abgebildet wird, dass er unter einem größeren Sehwinkel, d. h. vergrößert, erscheint und ein Strahlungsbündel so komprimiert wird, dass die Intensität der Strahlung erhöht ist.

F.e gehören zu den wichtigsten Beobachtungsinstrumenten der Astronomie.

Das wesentlichste Bauelement eines F.s ist das Objektiv, das von dem von einem entfernten Gegenstand kommenden Strahlungsstrom möglichst viel sammelt und die Abbildung des Gegenstands bewirkt. Für den optischen Spektralbereich ist es entweder eine als Sammellinse wirkende Linsenkombination, bei Großteleskopen und für andere Spektralbereiche, z. B. Röntgen- oder Radiofrequenzstrahlung, ein Hohlspiegel. Linsenfernrohre werden als → *Refraktoren* bezeichnet, Spiegelteleskope als *Reflektoren*. Bei Refraktoren befinden sich Objektiv und Strahlungsdetektor in einem möglichst biegungsfreien röhrenförmigen Tubus, bei großen Reflektoren ersetzt eine rotationssymmetrische Gitterkonstruktion den Tubus.

Die Ebene bzw. Fläche, in der das vom Objektiv erzeugte Bild liegt, ist die *Brennebene* oder *Fokalebene* bzw. *Brennfläche* oder *Fokalfläche*. Die Strahlen eines engen, parallelen, nahe der optischen Achse des Objektivs einfallenden Strahlenbündels schneiden sich im *Brennpunkt* oder *Fokus*, dessen Abstand von der Objektivmitte die *Brennweite* f ist. Der nutzbare Durchmesser des Objektivs ist die Eintrittspupille bzw. *Öffnung* D, das Verhältnis der Öffnung zur Brennweite D/f

Fernrohr

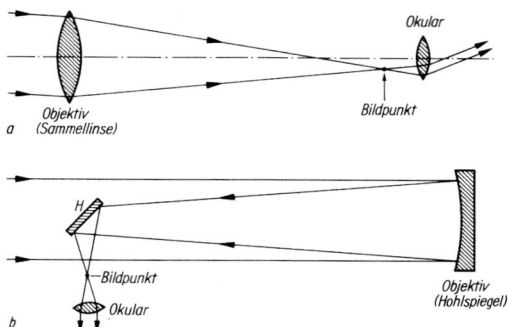

Abb. 1: Schematischer Strahlengang bei einem visuellen Refraktor (a) und Reflektor (b). H: Hilfsspiegel, der das Strahlenbündel aus dem Fernrohr lenkt

das *Öffnungsverhältnis*, der Kehrwert die *Öffnungszahl*.

Abbildungsfehler. Objektive erzeugen im Allg. kein völlig fehlerfreies Bild. Ein Fehler bei Sammellinsen ist die *chromatische Aberration* oder *Farbabweichung*. Licht unterschiedlicher Wellenlänge wird unterschiedlich stark gebrochen (→ Refraktion). Die Brennweite für langwelliges, rotes Licht ist größer als für kurzwelliges, blaues. Von einem farbigen Gegenstand entsteht dadurch kein ideal scharfes Bild, bei visueller Betrachtung scheint das Bild einen farbigen Rand zu haben. Die chromatische Aberration kann für einen ausgewählten Wellenlängenbereich behoben werden, indem das Objektiv aus zwei oder mehr Linsen unterschiedlicher Glassorten zusammengesetzt wird. Ein derartiges Linsensystem wird als *Achromat* bezeichnet. Wird eine Linse von einem gegen die optische Achse geneigten Strahlenbündel durchsetzt, kommt es zum *Astigmatismus*. Statt in einem Brennpunkt vereinigen sich die Strahlen in zwei, in verschiedenen Abständen vom Linsenmittelpunkt liegenden, zueinander senkrechten Brennlinien. Ist es ein breites Strahlenbündel, ergibt sich eine *Koma*: Statt eines Bildpunkts entsteht eine einseitig stark verzerrte Figur. Die Bildfehler steigen im Allg. mit größer werdendem Abstand des einfallenden Lichts von der optischen Achse stark an, ein Refraktor ist daher nur in einem mehr oder minder begrenzten Winkelbereich um die Achse optimal.

Ein Hohlspiegel hat keine chromatische Aberration, die Reflexion des Lichtes ist unabhängig von der Wellenlänge, doch treten andere Fehler auf, die eine ideale Abbildung verhindern. Haben unterschiedliche Zonen eines Spiegels unterschiedliche Brennweiten, ergibt sich eine *sphärische Aberration*. Bei einer *Bildfeldwölbung* ist die Bildebene zu einer gekrümmten Bildfläche verzerrt, eine *Verzeichnung* ist der Abbildungsmaßstab für unterschiedliche Bereiche der Brennebene unterschiedlich. Die Abweichungen eines Reflektors von der Idealform können durch eine aktive Optik, bei der rechnergesteuert kleine Deformationen des Hauptspiegels erfolgen, weitgehend korrigiert werden (→ Spiegelteleskop). Eine speziell geschliffene Korrektionsplatte ermöglicht die Korrektur der Bildfehler eines Kugelspiegels, was bei Schmidt-Spiegeln der Fall ist (→ Spiegelteleskop).

Auflösungsvermögen. Selbst ein von allen Abbildungsfehlern freies Objektiv erzeugt kein ideal scharfes Bild, das die Trennung beliebig eng benachbarter Bildpunkte ermöglicht, das *Auflösungsvermögen* ist begrenzt. Ursache ist die → Beugung des Lichts am Objektivrand. Eine punktförmige Lichtquelle, z. B. ein Stern, wird vom Objektiv nicht als Punkt, sondern als ein *Beugungsscheibchen* abgebildet, ein aus konzentrischen hellen und dunklen Ringen bestehenden Lichtfleck. Das Beugungsscheibchen hat nichts mit der wirklichen Figur der Lichtquelle zu tun. Der Durchmesser des innersten dunklen Rings im Beugungsscheibchen erscheint vom Objektiv aus gesehen unter einem Winkeldurchmesser α, der mit wachsender Wellenlänge λ des Lichts zu- und mit wachsendem Durchmesser D des Objektivs abnimmt. Wird α in Bogensekunden gemessen, D in Millimetern und λ in Nanometern, gilt $\alpha = 0{,}505\,\lambda/D$. Für sichtbares Licht mit einer mittleren Wellenlänge von 555 nm ergibt sich $\alpha = 280/D$. Der lineare Durchmesser l des Beugungsscheibchens in Millimetern ist umso größer, je größer die Objektivbrennweite f ist. Für sichtbares Licht ist $l = 0{,}00135\,f/D$.

Zwei benachbarte punktförmige Lichtquellen, z. B. die Komponenten eines Doppelsterns, können getrennt wahrgenommen, „aufgelöst" werden, wenn sich ihre Beugungsscheibchen nicht zu sehr überlappen. Ihr Winkelabstand α_0 in Bogensekunden muss mindestens $\alpha_0 = 0{,}206\,\lambda/D$, für sichtbares Licht $\alpha_0 = 115/D$ betragen. Je größer der Objektivdurchmesser ist, desto kleiner kann der Winkelabstand zweier noch getrennt wahrzunehmender Punktquellen sein, und desto höher ist das Auflösungsvermögen.

Das theoretische Auflösungsvermögen wird bei Beobachtungen mit erdgebundenen F.en auch großer Öffnung nicht unmittelbar erreicht. Infolge der Luftunruhe bewegt sich das Beugungsscheibchen unregelmäßig um eine mittlere Lage (→ Szintillation), wodurch ein größerer Lichtfleck, ein *Szintillationsscheibchen* entsteht. Das Bild einer punktförmigen Lichtquelle, z. B. eines Sterns, kann dadurch den Durchmesser von etwa 1″ und mehr erreichen. Mit Hilfe einer adaptiven Optik lassen sich die Einflüsse der Luftunruhe stark reduzieren (→ Spiegelteleskop), so dass auch mit einem sehr großen Spiegeldurchmesser das theoretische Auflösungsvermögen mindestens für den infraroten Spektralbereich nahezu erreicht wird.

Lichtstärke. Das Erkennen von Objekten mit geringen scheinbaren Helligkeiten ist umso besser, je höher der auf den Strahlungsempfänger gelangende Strahlungsstrom ist. Dabei ist zwischen dem Beobachten von flächenhaften Objekten (Nebel, Planeten, Mond) und von Punktlichtquellen (Sterne) zu unterscheiden. Der auf den Empfänger fallende Strahlungsstrom wächst mit dem durch das Objektiv gesammelten, daher mit dem Quadrat des Objektivdurchmessers. Die Fläche, auf den die Energie verteilt wird, nimmt bei flächenhaften Objekten mit dem Quadrat der Brennweite zu, die Bestrahlungsstärke ist daher proportional $(D/f)^2$, dem Quadrat des Öffnungsverhältnisses. Die Bildhelligkeit flächen-

Fernrohr

hafter Objekte wird mithin durch das Öffnungsverhältnis, nicht durch die Größe des Objektivs bestimmt. Die Bestrahlungsstärke kann mit einem *Fokalreduktor* erhöht werden; es ist ein in den Strahlengang gebrachtes optisches Zusatzsystem, das eine Verkleinerung der effektiven Brennweite des Objektivs bewirkt. Bei Punktlichtquellen konzentrieren sich etwa 80% des gesamten vom Objektiv gesammelten Strahlungsstroms auf die Fläche des Beugungsscheibchens, dessen lineare Größe durch das reziproke Öffnungsverhältnis bestimmt wird. Bei vorgegebenem Öffnungsverhältnis nimmt die Bestrahlungsstärke des Beugungsscheibchens mit dem Quadrat der Objektivöffnung zu. Die Beobachtung von Sternen geringer scheinbarer Helligkeit erfordert daher F.e mit einer möglichst großen Öffnung.

Grenzhelligkeit. Die scheinbare Helligkeit der Sterne, die bei gegebenem Objektivdurchmesser und Strahlungsempfänger gerade noch nachweisbar ist wird als Grenzhelligkeit bezeichnet. Bei einer Grenzhelligkeit von etwa 23^m ist die Flächenhelligkeit eines Szintillationsscheibchens etwa gleich der Flächenhelligkeit des Himmelshintergrunds. Bei Verwendung einer adaptiven Optik wird das Sternlicht fast vollständig auf die Fläche des Beugungsscheibchens konzentriert, was eine Kontraststeigerung ergibt. Mit lichtelektrischen Flächendetektoren, z. B. einem CCD-Detektor (→ Photometer), wird der auf ein Bildelement des Detektors fallende Strahlungsstrom gemessen und digital registriert. Der Strahlungsstrom setzt sich aus dem des Sterns und dem des Himmelshintergrunds zusammen. Durch die Subtraktion des gemittelten Hintergrundstroms vom gemessenen ergibt sich für jedes Bildelement der vom Stern stammende Strahlungsstrom, selbst wenn er kleiner ist als der des Hintergrunds. Mit erdgebundenen F.en sind so Grenzgrößen von etwa 29^m bis 30^m erreichbar.

Fernrohraufstellung. Um ein F. auf alle Punkte des Himmels richten zu können, muss eine Drehung um zwei zueinander senkrechte Achsen möglich sein. Bei einer **äquatorialen** oder **parallaktischen Montierung** ist eine Drehachse, die *Stundenachse*, parallel zur Erdachse und weist zum Himmelspol. Durch Drehung um diese Achse können Objekte entsprechend ihrem → Stundenwinkel eingestellt werden. Um der scheinbaren täglichen Bewegung zu folgen, ist nur die Drehung um diese Achse notwendig. Senkrecht zur Stundenachse liegt die *Deklinationsachse*, die eine Einstellung entsprechend der Deklination eines Objekts ermöglicht. Parallaktische Montierungen existieren in verschiedenen Ausführungen (Abb. 2), für kleine Instrumente wird meist die sog. *Deutsche Montierung* benutzt. Für mittelgroße Instrumente ist eine *Kniemontierung* mit einer geknickten Säule, auf der die beiden Achsen befestigt sind, vorteilhaft. Große parallaktisch montierte Instrumente haben meist eine *Gabelmontierung* oder eine sog. *Englische Montierung*, doch werden auch noch andere Aufstellungsarten genutzt.

Bei einer **azimutalen, horizontalen Montierung** ist eine der Drehachsen, die *Azimutachse*, senkrecht gelagert, die andere, die *Höhenachse*, waagerecht. Gegenüber einer parallaktischen Montierung ist dies die technisch einfachere Lösung, da die Drehachsen immer senkrecht bzw. parallel zur Richtung der Schwerkraft liegen, so dass die bei Bewegungen um die Achsen auftretenden Kräfte konstant bleiben. Bei einer parallaktischen Montierung variieren die Kräfte hingegen stark, da Achsrichtung und Schwerkraftrichtung im Allg. schräg zueinander sind. Bei azimutaler Montierung ist

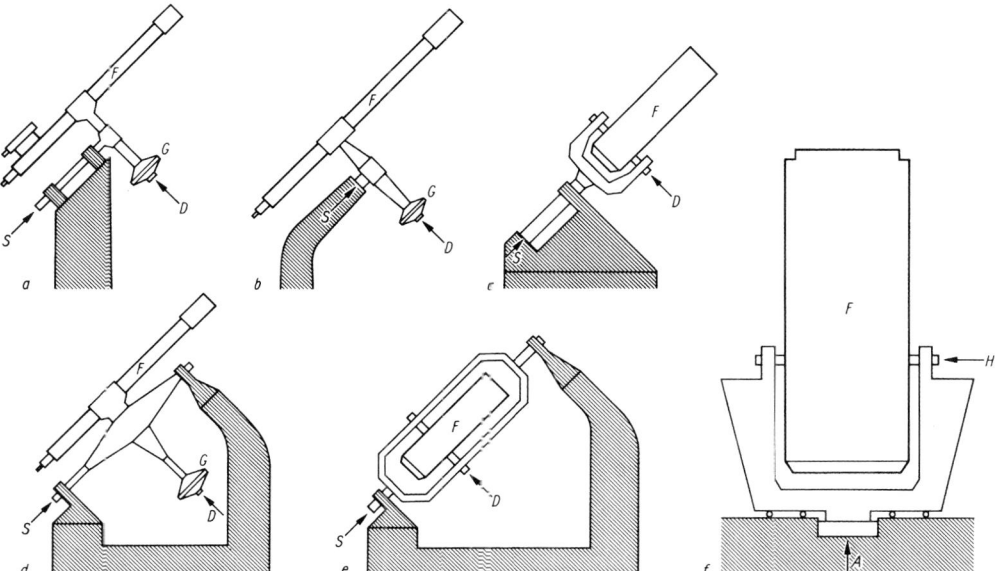

Abb. 2: Montierungsarten eines Fernrohrs. Parallaktische Montierungen: a: Deutsche Montierung; b: Kniemontierung; c: Gabelmontierung; d: Englische Achsmontierung; e: Englische Gabelmontierung. S: Stundenachse; D: Deklinationsachse; F: Fernrohr; G: Gegengewicht. f: azimutale Montierung; A: Azimutachse; H: Höhenachse

Fernrohr

zudem die Stabilität von Tubus und abbildendem optischem System besser zu gewährleisten. Nachteilig ist, dass während der Beobachtung das Instrument um beide Achsen bewegt werden muss und sich das Gesichtsfeld um die optische Achse dreht. Bei der Bewegung des F.s um die beiden Achsen bleibt die Gesichtsfeldbegrenzung parallel zur Azimut- und Höhenachse. Bei der scheinbaren täglichen Bewegung werden hingegen Höhen- und Stundenkreise (→ Koordinaten) unter einem sich ständig ändernden Winkel geschnitten. Die Drehung des Gesichtsfelds muss durch eine entsprechende Gegendrehung des den Strahlungsdetektor tragenden Bauteils kompensiert werden. Nachteilig ist weiter, dass bei einer azimutalen Montierung Beobachtungen nahe dem Zenit unmöglich sind, weil das Azimut eines sich dort befindenden Himmelsobjekts sich infolge der scheinbaren täglichen Bewegung zu schnell ändert. Die Vorteile einer azimutalen Aufstellung sind jedoch so groß, dass Großteleskope nur noch azimutal montiert werden.

Visuelle Fernrohre. Bei visuellen Beobachtungen wird das vom Objektiv erzeugte Bild mittels eines Okulars aus geringer Entfernung wie mit einer Lupe betrachtet. Linsenfernrohre sind entweder vom Typ eines *astronomischen* oder *Kepler'schen F.s* oder eines *holländischen* oder *Galilei'schen F.s.* Beim Kepler'schen F. erzeugt eine Sammellinse oder eine Linsenkombination in der Brennebene ein umgekehrtes Bild. Beim *terrestrischen F.* wird mittels optischer Bauelemente das Bild aufgerichtet und seitenrichtig wiedergegeben. Beim Galilei'schen F. dient eine Zerstreuungslinse als Okular, wodurch die Strahlen eines Lichtbündels parallelisiert werden. Dieser Fernrohrtyp wird in der Astronomie nicht verwendet.

Die für visuelle Beobachtungen benötigten *Okulare* bestehen aus einer Anordnung von zwei oder mehreren Linsen. Dem Auge am nächsten liegt die Augenlinse, dem Objektiv am nächsten die Feld- oder Kollektivlinse, die der Anpassung von Objektiv und Okular sowie zur Vergrößerung des Gesichtsfelds dient. Beim Typ der Huygens'schen Okulare liegt die Bildebene zwischen Feld- und Augenlinse innerhalb des Okulars und ist nicht frei zugänglich, in ihr kann aber z. B. ein Fadenkreuz fest mit dem Okular verbunden sein. Beim Ramsden'schen Okular befindet sich vom Objektiv aus gesehen die Feldlinse hinter der Bildebene. Diese ist frei zugänglich, so dass mit dem F. festverbundene Hilfseinrichtungen installiert werden können, die beim Okularwechsel am F. verbleiben.

Bei visuellen Beobachtungen spielt die *Vergrößerung* eine wesentliche Rolle. Sie gibt an, um wievielmal der Winkel, unter dem ein Gegenstand mit F. gesehen wird, größer ist als der Winkel, unter dem der Gegenstand ohne F. erscheint (Abb. 3). Obwohl das vom Objektiv erzeugte Bild sehr klein ist, ergibt sich eine Vergrößerung, da es mit Okular kurzer Brennweite aus großer Nähe betrachtet wird. Die Vergrößerung ist abhängig von der Objektivbrennweite f, die die Bildgröße in der Brennebene bestimmt, und der Okularbrennweite f_{ok}, die den Augenabstand vom Bild festlegt. Die Vergrößerung V ergibt sich zu $V = f/f_{ok}$. Die Objektivbrennweite ist nicht veränderbar, eine bestimmte Vergrößerung kann nur durch die Wahl eines entsprechenden Okulars erreicht werden. Die Vergrößerung ist gleich dem Verhältnis der Größe des das Objektiv durchsetzenden Strahlungsbündels und der Größe des das Okular verlassenden Bündels, damit dem Verhältnis von Objektiv- und Okulardurchmesser. Bei der sog. *Normalvergrößerung* ist das austretende Bündel so groß wie die Pupille des ans Dunkle angepassten Auges, bei der *förderlichen Vergrößerung* entspricht das Auflösungsvermögen des F.s dem des Auges.

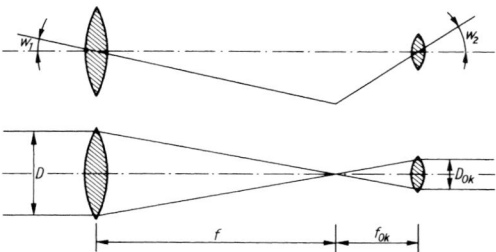

Abb. 3: Zur Vergrößerung eines Fernrohrs. W_1: Winkel, unter dem ein Gegenstand vom Objektiv aus gesehen erscheint; W_2: Winkel, unter dem der Gegenstand vom Beobachter gesehen wird; D: Durchmesser des in das Objektiv eintretenden Lichtbündels; D_{ok}: Durchmesser des das Okular verlassenden Lichtbündels. f: Brennweite des Objektivs; f_{ok} Brennweite des Okulars

Um benachbarte Beugungsscheibchen getrennt erkennen zu können, muss ihr Winkelabstand etwa $2' = 120''$ betragen, was mit der förderlichen Vergrößerung erreicht wird. Eine stärkere Vergrößerung ist „leer" oder „tot", sie führt nicht zum besseren Erkennen von Einzelheiten, nur zur Vergrößerung der Beugungsscheibchen. Das Auflösungsvermögen eines visuellen F.s kann empirisch dadurch ermittelt werden, dass Doppelsterne mit bekannten, aber unterschiedlichen Winkelabständen bei günstigen Beobachtungsbedingungen beobachtet werden und geprüft wird, bis zu welchem Winkelabstand die Komponenten noch getrennt gesehen werden. Für eine derartige Prüfung geeignete Doppelsterne → Doppelstern.

Bei visueller Beobachtung von Punktlichtquellen, z. B. Sternen, steigt mit wachsender Vergrößerung bis hin zur Normalvergrößerung die Bestrahlungsstärke eines Netzhautelements, es gelangt mehr Energie in die Pupille. Bei höherer Vergrößerung bleibt die Bestrahlungsstärke der Netzhautelemente, auf die ein Beugungsscheibchen abgebildet wird, konstant, der flächenhafte Himmelshintergrund erscheint hingegen dunkler. Die Kontrasterhöhung bewirkt, dass Sterne als heller wahrgenommen werden. Bei sehr hoher Vergrößerung ergibt sich kein weiterer Helligkeitsgewinn, die Beugungsscheibchen überdecken viele Netzhautelemente.

Bei Normalvergrößerung wird für flächenhafte Objekte auf der Netzhaut die größtmögliche Bestrahlungsstärke erreicht, die ebenso groß ist wie bei Beobachtungen mit bloßem Auge. Flächenhafte Objekte werden mit einem F. nicht heller, nur größer als mit bloßem Auge wahrgenommen. Dass mit lichtstarken F.en geringe Flächenhelligkeiten oft besser erkannt werden, ist physiologisch bedingt.

Die Nachführung eines F.s mit parallaktischer Montierung erfordert eine möglichst genaue Ausrichtung der Stundenachse auf den Himmelspol, was bei nicht zu hohen Genauigkeitsanforderungen mittels der sog. *Scheiner'schen Methode* erreicht werden kann. Die Stundenachse wird zunächst grob auf den Himmelspol ausgerichtet. Der scheinbaren täglichen Bewegung eines nahe am Meridian stehenden Sterns wird allein durch Drehung um die Stundenachse gefolgt. Weist sie seitlich am Himmelspol vorbei, wandert der Stern von der Gesichtsfeldmitte nach unten oder oben aus. Durch eine Drehung der Achse in Ost- oder Westrichtung wird dies korrigiert. Ist die Stundenachse zu steil oder zu flach ausgerichtet, weicht ein im Osten oder Westen stehender Stern nach oben oder unten aus, was wiederum korrigiert wird. Das Verfahren wird wiederholt, bis keine Positionsverschiebung eines Sterns im Gesichtsfeld mehr wahrnehmbar ist.

Fernrohraufstellung, → Fernrohr.
festes Äquatorsystem, → Koordinaten.
festes Sonnenjahr, → Kalender.
Feuerballstadium, → Kosmologie.
Feuerkugel, *Bolid*, ein → Meteor heller als etwa -4^m.
F-Fleck, der bei der Sonnenrotation nachfolgende Hauptfleck in einer Gruppe von → Sonnenflecken.
FHD, Abk. für Farben-Helligkeits-Diagramm.
Fibrille, streifenartige dunkle Erscheinung zwischen einzelnen → Sonnenfackeln.
Filament, 1) eine fadenähnlich erscheinende Verdichtung in Emissionsnebeln.
2) eine → Protuberanz, die auf Chromosphärenbildern als dunkler Faden gegen die helle Sonnenscheibe sichtbar ist.
Filter, Vorrichtung zum Aussondern eines Wellenlängen- bzw. Frequenzbereichs aus einem Strahlungsgemisch. Im optischen Spektralbereich werden Farbgläser oder Interferenzanordnungen verwendet (→ Farbfilter). In der Elektronik werden mittels Schaltungen passiver elektronischer Bauelemente, wie Widerstände, Kapazitäten oder Induktivitäten, die Frequenzbereiche festgelegt, in denen Signale übertragen und von anderen Signalen getrennt werden können. Ist die spektrale Intensitätsverteilung einer Strahlung in digitalisierter Form gegeben, können einzelne Wellenlängenbereiche mit Hilfe digitaler Verfahren ausgesondert werden.

Finsternis, der auf Grund einer Verdeckung eines Himmelskörpers durch einen anderen oder der durch den Eintritt eines Himmelskörpers in den Schatten eines anderen verursachte Helligkeitsabfall.

Sonnenfinsternis. Bei einer Sonnenfinsternis schiebt sich die Mondscheibe vor die Sonne und verdeckt sie für eine Zeit total oder partiell. Dies ist nur möglich, wenn Sonne und Mond gleiche ekliptikale Länge haben, was nur bei Neumond der Fall ist, und der Mond eine sehr geringe ekliptikale Breite hat, mithin sich in der Nähe eines Knotens seiner Bahn befindet (→ Mondbewegung). Diese Bedingungen sind im Allg. nicht gleichzeitig erfüllt. Die ekliptikale Breite des Mondes kann bis zu 5° betragen, so dass er sich bei Neumond meist ober- oder unterhalb der Sonnenscheibe befindet. Sonnenfinsternisse sind demzufolge selten. Der *Kernschatten* des Mondes ist der kegelförmige Bereich, in den von keiner Stelle der Sonnenscheibe Licht gelangt (Abb. 1) und von dem aus kein Teil der Sonnenscheibe sichtbar ist. Der Kernschatten ist vom Bereich des *Halbschattens* umgeben, von dem aus Teile der Sonnenscheibe sichtbar, andere unsichtbar sind. Die Sonne ist etwa 400-mal größer und im Mittel rund 390-mal weiter von der Erde entfernt als der Mond, beide Himmelskörper erscheinen daher von der Erde aus ungefähr gleich groß. Der Winkeldurchmesser der Sonne variiert zwischen 31,5′ und 32,5′, der des Mondes zwischen 29,4′ und 33,5′. Der Kernschattenkegel des Mondes reicht gerade bis etwa zur Erde. In den Gebieten, die von ihm überstrichen werden, der *Totalitätszone*, wird die Sonne vollständig vom Mond verdeckt. Die Breite der Totalitätszone beträgt maximal etwa 260 km. Auf Grund der Mondbewegung und der Erdrotation überstreicht der Kernschattenkegel die Erde mit einer Geschwindigkeit von im Mittel rund 2 000 km/h. Die Totalität dauert in der Mitte der Totalitätszone im günstigsten Fall 7,6 Minuten. An die Totalitätszone schließt sich beiderseits das mehrere 1 000 km breite Gebiet an, das vom Halbschatten ge-

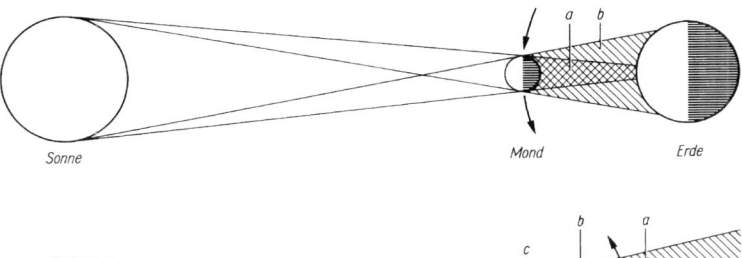

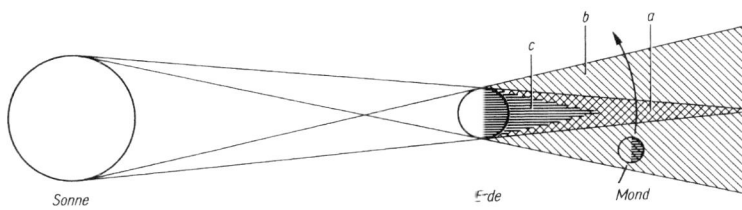

Abb. 1: Schematische Darstellung oben: Sonnenfinsternis, unten: Mondfinsternis, die Zeichenebene entspricht der Ekliptik. a: geometrischer Kernschatten; b: Gebiet des Halbschattens; c: Gebiet des lichtlosen Erdkernschattens

Finsternis

Totale Sonnenfinsternisse von 2005 bis 2020

Datum					Verlauf der Totalitätszone
2005	April	08	r/t	–	Neuseeland, Pazifik, Panama
2006	März	29	t	+	Atlantik, Senegal, Niger, Ägypten, Iran, Kasachstan, Russland
2009	Sept.	22	t	–	Indischer Ozean, Indien, Thailand, Vietnam, Pazifik
2010	Sept.	11	t	–	Pazifik
2012	Nov.	13	t	–	Australien, Pazifik
2013	Nov.	03	t	–	Golf von Mexiko, Atlantik, Gambia, Kongo, Äthiopien, Somalia
2015	März	20	t	+	Europäisches Nordmeer
2016	März	09	t	–	Indischer Ozean, Indonesien, Pazifik
2017	Aug.	21	t	–	Pazifik, USA, Atlantik
2019	Sept.	02	t	–	Pazifik, Chile, Argentinien, Brasilien, Atlantik

Das Datum gilt für die Konjunktion von Sonne und Mond; t: totale und r/t: ringförmig/totale Finsternis; +: als partielle Verfinsterung in ganz oder Teilen von Mitteleuropa sichtbar; –: hier nicht sichtbar

troffen wird und in dem nur eine partielle F. stattfindet. Je weiter ein Beobachtungsort von der Totalitätszone entfernt ist, umso weniger ist von der Sonnenscheibe verdeckt. Falls Mond- und Sonnenscheibe genau gleichen scheinbaren Durchmesser haben, reicht der Kernschattenkegel gerade bis zur Erde, die Totalitätszone reduziert sich auf eine Linie, die Totalitätsdauer auf einen Moment. Streicht der Kernschattenkegel nicht zu weit an der Erde seitlich vorbei, können Teile von ihr im Halbschattenbereich liegen, für diese erfolgt eine partielle F., nirgendwo ist sie total. Ist der Winkeldurchmesser des Mondes kleiner als der der Sonne, erreicht der Kernschattenkegel nicht die Erde, es ergibt sich eine ringförmige Sonnenfinsternis.

Die Verfinsterung beginnt mit dem ersten Kontakt, wenn der Rand der Mondscheibe den der Sonnenscheibe von außen berührt. Beim *zweiten* bzw. *dritten Kontakt* beginnt bzw. endet die Totalität, Mond- und Sonnenscheibe berühren sich von innen. Das Ende jeglicher Bedeckung erfolgt beim *vierten Kontakt*, Mond- und Sonnenscheibe berühren sich wieder von außen. Die Helligkeit der Sonne nimmt vom ersten Kontakt bis wenige Minuten vor dem zweiten nur allmählich ab, danach beeindruckend schnell. Von hohen Bergen oder einem Flugzeug aus ist zu sehen, wie der Mondschatten mit großer Geschwindigkeit über die Erdoberfläche streicht. Kurz vor dem zweiten Kontakt treten rasch huschende Licht- und Schatteneffekte, sog. *fliegende Schatten*, auf. Sie werden durch Turbulenzelemente in der Erdatmosphäre verursacht, in denen der Brechungsindex vom Mittel abweicht und die die sehr schmalen, von der noch nicht voll verdeckten Sonne kommenden Strahlenbündel ablenken. Sekunden vor der vollständigen Verdeckung tritt das sog. *Perlschnurphänomen* auf. Infolge der nicht ideal runden Mondscheibe bleiben für einige Augenblicke kleine Randbereiche der Sonnenscheibe noch unverdeckt. Die dunkle Mondscheibe scheint wie von hell glänzenden Perlen umgeben zu sein. Nach dem Verschwinden der letzten „Perlen" ist für einige Sekunden die Sonnenchromosphäre mit eventuell vorhandenen → Protuberanzen sowie die Sonnenkorona mit bloßem Auge sichtbar. Normalerweise werden Chromosphäre und Korona von dem in der Erdatmosphäre gestreuten Licht der Sonnenphotosphäre völlig überstrahlt. Am Ende der Totalität vollzieht sich das Naturschauspiel, wenn auch weniger eindrucksvoll, in umgekehrter Reihenfolge. Eine totale Sonnenfinsternis wird so zu einer der eindrucksvollsten aller Himmelserscheinungen.

Bei einer totalen Sonnenfinsternis ergibt sich eine Prüfmöglichkeit der Allgemeinen → Relativitätstheorie mit optischen Mitteln, die Ablenkung von Sternlicht im Schwerefeld der Sonne.

Mondfinsternis. Eine Verfinsterung des Mondes erfolgt, wenn er sich im Erdschatten befindet (Abb. 1). Dies ist nur bei Vollmond möglich, wenn Sonne und Mond in Opposition zueinander stehen (→ Konstellation) und der Mond sich in der Nähe eines Knotens seiner Bahn befindet. Infolge der variierenden ekliptikalen Breite des Mondes wird er im Allg. nicht vom Erdschatten getroffen.

Der geometrische Kernschattenkegel der Erde hat in Mondentfernung im Mittel etwa den dreifachen Durchmesser des Mondes. Vom Beginn bis zum Ende einer totalen Finsternis muss er sich um das Zweifache seines Durchmessers verschieben, wenn er genau durch die Kegelmitte geht. Die Totalität kann bis zu 100 Minuten

Mondfinsternisse von 2005 bis 2015

Datum			Dauer (Minuten)		Bemerkungen	
			gesamt	Totalphase		
2005	Okt.	17	56		p	6
2006	Sept.	07	90		p	18
2007	März	03	220	74	t	
2007	Aug.	28	212	90	t	
2008	Feb.	21	202	50	t	
2008	Aug.	16	188		p	81
2009	Dez.	31	60		p	8
2010	Juni	26	162		p	54
2010	Dez.	21	208	72	t	
2011	Juni	15	218	100	t	
2011	Dez.	10	212	50	t	
2012	Juni	04	126		p	37
2013	April	25	28		p	2
2014	April	15	214	78	t	
2014	Okt.	08	198	58	t	
2015	April	08	208		p	99
2015	Sept.	28	200	72	t	

Das Datum gilt für die Totalphase; t: total; p: partiell mit Angabe, wie viel Prozent des Monddurchmessers vom Kernschatten der Erde überstrichen wird

dauern, vom ersten bis zum letzten Kontakt des Monds mit dem Erdschatten können bis zu 3,5 Stunden vergehen. Bei größeren Abständen von einem seiner Bahnknoten taucht er nicht ganz in den Kernschattenkegel ein, so dass es zu einer partiellen F. kommt. Durchquert der Mond nur den Halbschatten, sinkt die Helligkeit so gering, dass dies nicht als F. betrachtet wird. Jede Verfinsterung des Mondes ist für alle Punkte der Erde sichtbar, für die er über dem Horizont steht.

Unter idealen Bedingungen hat der geometrische Kernschattenkegel der Erde eine Länge von 217 Erdradien. Durch die Erdatmosphäre wird jedoch Sonnenlicht in den Schattenkegel gestreut, so dass er nicht scharf begrenzt ist. Der von Streulicht freie Schattenkegel ist nur etwa 40 Erdradien lang und reicht nicht bis zur Mondbahn in rund 60 Erdradien Entfernung. Der Mond ist dadurch nie vollständig dunkel. Da kurzwelliges, blaues Sonnenlicht stärker gestreut wird als langwelliges, rotes (→ Erdatmosphäre), erscheint der verfinsterte Mond wegen des Fehlens der Blauanteile des Lichts mehr oder minder stark braun-rot gefärbt. Die Färbung lässt Rückschlüsse auf die physikalischen Verhältnisse in den hohen Atmosphärenschichten zur Zeit der Mondfinsternis zu, ein anderes wissenschaftliches Interesse hat eine Mondfinsternis jedoch kaum.

Häufigkeiten. Für einen bestimmten Beobachtungsort sind Mondfinsternisse zahlreicher als die jeweils nur in einem kleinen Gebiet beobachtbaren Sonnenfinsternisse. Eine totale Sonnenfinsternis tritt für einen bestimmten Ort auf der Erdoberfläche im Mittel nur alle 360 Jahre ein. Auf die gesamte Erde bezogen sind Sonnenfinsternisse aber etwa 1,5-mal häufiger als Mondfinsternisse. Damit der Erdschattenkegel den Mond gerade noch berührt, darf seine ekliptikale Breite nicht mehr als etwa 1° betragen. Bei einer totalen Sonnenfinsternis hingegen kann die Breite etwa 1,5° erreichen (Abb. 2). In einem Jahr finden maximal 7 F.se statt, davon entweder 2 Mond- und 5 Sonnenfinsternisse oder 3 Mond- und 4 Sonnenfinsternisse, minimal 2 F.se, stets Sonnenfinsternisse.

Für eine F. ist das nahe Zusammenfallen der Neu- bzw. Vollmondphase mit einem Knotendurchgang des Mondes notwendig. Die gleiche Mondphase wiederholt sich nach einem synodischen → Monat von 29,531 Tagen, der Monddurchgang durch den gleichen Knoten dagegen nach einem drakonitischen Monat von 27,212 Tagen. 223 synodische Monate dauern etwa so lang wie 242 drakonitische. Nach 6585 Tagen wiederholen sich demzufolge die F.e unter fast gleichen Bedingungen, allerdings nicht für den gleichen Ort. Dieser Zeitraum von 18 Jahren und 11 Tagen bei 4 Schaltjahren im Zyklus bzw. 18 Jahren und 10 Tagen bei 5 Schaltjahren wird als *Saroszyklus* bezeichnet.

Geschichtliches. F.se wurden früher meist mit großer Furcht, stets aber mit hohem Interesse beobachtet und registriert. In alten Mythologien bestand vielfach die Vorstellung, dass bei einer Verfinsterung das Gestirn von einem Fabelwesen, z. B. einem Drachen, verschlungen wird. Dies ist der Grund, weshalb die Mondknoten von alters her als *Drachenpunkte* bezeichnet wurden. Die älteste, durch chinesische Aufzeichnungen schriftlich belegte Sonnenfinsternis ist die von 1825 v. Chr. Derartige Registrierungen ermöglichen, die Chronologie alter Kulturen zu bestimmen, da der Eintritt einer F. an einem bestimmten Ort zu einem bestimmten Zeitpunkt berechenbar ist. Der Saroszyklus war bereits den Chaldäern bekannt und diente in der gesamten Antike zur Vorhersage von F.sen. Die physikalisch richtige Erklärung für Sonnen- und Mondfinsternisse wurde schon sehr früh gefunden, als man feststellte, dass sie immer bei Neu- und Vollmond stattfinden.

Firmament *n*, der Himmel, das Himmelsgewölbe.

Fisch, 1) *Fliegender Fisch*, das Sternbild → Volans. 2) *Südlicher Fisch*, das Sternbild → Piscis Austrinus. 3) *Fische*, das Sternbild → Pisces.

Fixstern, auf die Antike zurückgehende Bezeichnung der am Himmel ihre Position nicht verändernden Sterne im Unterschied zu den „Wandelsternen", den Planeten.

F-Komponente, *F-Korona*, der Anteil der Lichterscheinung der Sonnenkorona, deren Spektrum aus einem Kontinuum mit überlagerten *Fraunhofer*-Linien besteht; → Sonne.

Flächenhelligkeit, scheinbare Helligkeit je Flächeneinheit einer flächenhaft ausgedehnten Lichtquelle, angegeben meist in Größenklassen pro Quadratbogensekunde; → Helligkeit.

Flächenphotometer, → Photometer.

Flächensatz von der Erhaltung des Drehimpulses eines Körpers, der sich unter dem alleinigen Einfluss der Massenanziehung um einen Zentralkörper bewegt; das zweite → Kepler'sche Gesetz.

Flackersterne, *Flare-Sterne*, svw. UV-Ceti-Sterne.

Flare, die plötzliche Erhöhung der scheinbaren Helligkeit eines Sterns, bei der Sonne bei einer → Sonneneruption.

Flare-Sterne, svw. Flackersterne.

Flash, Bezeichnung für thermisch instabile Kernprozesse in einem entarteten Elektronengas; → Sternaufbau, → Sternentwicklung.

Flash-Spektrum, bei totalen Sonnenfinsternissen von der nur kurz sichtbaren Chromosphäre gewonnenes Spektrum; → Sonne.

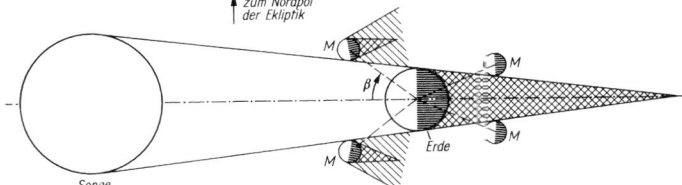

Abb. 2: Zur Häufigkeit von Finsternissen. Die Zeichenebene ist senkrecht zur Ebene der Ekliptik und enthält den Sonnen- und Erdmittelpunkt. M: Mond; β: größte ekliptikale Breite des Mondes, bei der gerade noch eine Verfinsterung eintritt

Fleck, Fleckengruppe, Fleckenrelativzahl, Fleckenzone, Fleckenzyklus, → Sonnenfleck.
Fleckenprotuberanz, → Protuberanz.
Flexus *m, Plur.* Flexus, Bezeichnung für einen bogenförmigen Höhenrücken auf erdartigen Körpern des Planetensystems.
Fliege, das Sternbild → Musca.
Fliehkraft, svw. Zentrifugalkraft.
Fliegender Fisch, das Sternbild → Volans.
fliegende Schatten, → Finsternis.
F-Linie, eine von J. Fraunhofer (1787–1826) so bezeichnete Absorptionslinie im Sonnenspektrum bei 486,1 nm. Es ist die vom atomaren Wasserstoff in der Sonnenphotosphäre verursachte Hβ-Linie der Balmer-Serie; → Spektrum.
Florring, andere Bezeichnung für den C-Ring des → Saturn.
Fluchtbewegung der Galaxien, → Hubble-Effekt.
Fluchtgeschwindigkeit, svw. Entweichgeschwindigkeit.
Fluchtpunkt, svw. Vertex oder Apex.
Fluctus *m, Plur.* Fluctus, Bezeichnung für ein von einem Lavastrom bedecktes Gebiet auf einem erdartigen Himmelskörper.
Flumen *n, Plur.* Flumina, Bezeichnung für eine flussähnliche Struktur auf dem Titan, in der möglicherweise eine Flüssigkeit fließt.
Flussdichte, *1)* die je Zeiteinheit durch die Flächeneinheit fließende Strahlungsenergie, gemessen in $W\,m^{-2}$. *2)* in der Radioastronomie der pro Flächeneinheit empfangene Strahlungsstrom, gemessen in → Jansky.
Fluss Eridanus, das Sternbild → Eridanus.
Flut, → Gezeiten.
Fokalebene, *Fokalfläche,* die Brennebene eines optischen Systems; → Fernrohr.
Fokalreduktor, optisches System zur Verkürzung der effektiven Brennweite eines Fernrohrobjektivs; → Fernrohr.
Fokus *m,* der Brennpunkt eines optischen Systems; → Fernrohr.
Fomalhaut, α *Piscis Austrini,* der hellste Stern im Sternbild Piscis Austrinus (Südlicher Fisch) mit der scheinbaren visuellen Helligkeit von $1\overset{m}{.}18$, der Spektralklasse A3 und der Leuchtkraftklasse V. Die Entfernung von der Sonne beträgt 7,7 pc bzw. 25 Lichtjahre.
For, Abk. für Fornax.
förderliche Vergrößerung, → Fernrohr.
Fornax, *Gen.* Fornacis, *abg.* **For,** *Chemischer Ofen, Ofen,* Sternbild des südlichen Himmels, das sich in unseren Breiten am winterlichen Abendhimmel nur wenig über den Horizont erhebt.
Hinsichtlich der Lage am Himmel → Sternkarte Seite 420.
Fornjot *m,* ein Satellit des Saturn.
Hinsichtlich der Einordnung des F. in das System der Saturnsatelliten → Saturn.
Fossa *f, Plur.* Fossae, Bezeichnung für ein grabenbruchartiges Tal auf erdartigen Körpern des Planetensystems.
Fowler, William Alfred, amerikan. Astrophysiker, geb. 09.08.1911 in Pittsburgh (Pennsylvanien), gest. 14.03.1995 in Pasadena (Kalifornien); ab 1939 in Pasadena. Hauptarbeitsgebiete Theorie des Sternaufbaus, der Sternentwicklung, Energiefreisetzung in Sternen, Sonnenneutrinos, Elementenentstehung in der Frühphase des Weltalls sowie der relativistischen Astrophysik; erhielt 1983 zusammen mit S. Chandrasekhar den Nobelpreis für Physik.
Fragmentation, Zerfallsprozess interstellarer Wolken in kleinere Einheiten; → Sternentstehung.
Francisco *m,* ein Satellit des Uranus.
Hinsichtlich der Einordnung des F. in das System der Uranussatelliten → Uranus.
Fraunhofer, Joseph von (seit 1824), dtsch. Physiker und Glastechniker, geb. 06.03.1787 in Straubing, gest. 07.06.1826 in München; ab 1819 Prof. in München. F. bearbeitete vor allem Probleme der allgemeinen Optik, bestimmte mit den von ihm erfundenen Beugungsgittern u. a. die Wellenlängen von Spektrallinien im Sonnenspektrum, leistete Vorarbeiten und trug außerordentlich zur Verbesserung astronomischer Fernrohre bei.
Fraunhofer-Linien [benannt nach dem dtsch. Physiker und Glastechniker J. v. Fraunhofer, 1787–1826], im engeren Sinn die durch Fraunhofer benannten Absorptionslinien und -banden im sichtbaren Teil des Sonnenspektrums, im weiteren Sinn alle Absorptionslinien in Sternspektren. Fraunhofer bezeichnete die von ihm im Sonnenspektrum gefundenen Linien und Banden nach abnehmender Wellenlänge geordnet mit den Buchstaben A, B, C … K. Einige der Linien werden dem Sonnenspektrum erst beim Durchgang durch die Erdatmosphäre aufgeprägt. Angaben der Wellenlängen der einzelnen F.-L. → A-Band, B-Band, C-Linie usw.
freie Weglänge, → mittlere freie Weglänge.
Frei-Fall-Zeit, Zeit, in der ein Körper bei vernachlässigbar kleinem Innendruck unter der Wirkung der eigenen Schwerkraft zusammenstürzt. Für einen homogenen Körper der Dichte ρ beträgt die F.-F.-Z. unabhängig von der Ausdehnung des Körpers $1/\sqrt{(2G\rho)}$, wobei G die Gravitationskonstante bedeutet.
Frei-Fall-Zeitskala, → Sternentstehung.
frei-freier Übergang, Änderung der kinetischen Energie eines freien Elektrons bei der Bewegung im elektrischen Feld eines Ions unter Absorption oder Emission von Strahlung; → Spektrum.
frei-gebundener Übergang, die Rekombination eines freien Elektrons mit einem Ion; → Atom, → Spektrum.
Frequenz, *Schwingungszahl,* Anzahl der vollen Schwingungen je Zeiteinheit, Maßeinheit ist das Hertz, Einheitenzeichen Hz. 1 Hz = 1 Schwingung/Sekunde. Der Kehrwert der F. ist die Periodendauer.
Friedmann, Aleksandr Aleksandrowitsch, russ. Mathematiker und Physiker, geb. 17.06.1888 in St. Petersburg, gest. 16.09.1925 in Leningrad (St. Petersburg); ab 1918 in Perm, ab 1920 in Leningrad. F. schuf im Rahmen der Allgemeinen Relativitätstheorie die mathematischen Grundlagen kosmologischer Weltmodelle mit homogener und isotroper Materieverteilung und arbeitete auf dem Gebiet der Strömungen und Turbulenzen in der Erdatmosphäre.
Friedmann-Kosmos [benannt nach dem russ. Mathematiker und Physiker A. A. Friedmann, 1888–1925],

ein Weltall mit homogener und isotroper Materieverteilung; → Kosmologie.

Friedmann-Modelle [benannt nach dem russ. Mathematiker und Physiker A. A. Friedmann, 1888–1925], die Klasse kosmologischer Weltmodelle mit homogener und isotroper Materieverteilung im Weltall; → Kosmologie.

Friedmann-Zeit [benannt nach dem russ. Mathematiker und Physiker A. A. Friedmann, 1888–1925], die seit der kosmischen Singularität verstrichene Zeit, wobei die infolge der gegenseitigen Massenanziehung der Himmelskörper verzögerte Expansion einbezogen ist; → Kosmologie.

F-Ring, einer der Ringe des → Saturn.

frühe Spektralklassen, die → Spektralklassen O, B und A.

Frühling, → Jahreszeit.

Frühlingsäquinoktium, → Äquinoktium.

Frühlingspunkt, *Widderpunkt*, Zeichen ♈, der Schnittpunkt der Ekliptik mit dem Himmelsäquator, in dem sich die Sonne zum Frühlingsäquinoktium, um den 21. März herum, befindet und bei ihrer scheinbaren jährlichen Bewegung den Himmelsäquator in Richtung Norden überschreitet. Im anderen Schnittpunkt, dem Herbst- oder Waagepunkt, quert sie den Himmelsäquator in Richtung Süden. F. und Herbstpunkt zusammen sind die Äquinoktialpunkte. Der F. ist der Nullpunkt für die Zählung von Rektaszension und ekliptikaler Länge. Infolge von → Präzession und Nutation verlagern sich die Ekliptik und der Himmelsäquator, der F. bewegt sich dadurch längs der Ekliptik entgegengesetzt der scheinbaren jährlichen Bewegung der Sonne. Zu Zeiten Hipparchs (um 190–125 v. Chr.) stand der F. im Sternbild Aries (Widder, daher Widderpunkt), gegenwärtig befindet er sich im Sternbild Pisces (Fische) am Rande zum Sternbild Aquarius (Wassermann), → Sternkarte Seite 418.

F-Schicht, Schicht in der Ionosphäre der Erde; → Erdatmosphäre.

F-Stern, Stern der → Spektralklasse F.

Fuchs, *Füchschen*, das Sternbild → Vulpecula.

Fuhrmann, das Sternbild → Auriga.

Füllen, das Sternbild → Equuleus.

Fundamentalkatalog, Sternkatalog, in dem die ein Fundamentalsystem aufspannenden Objekte verzeichnet sind; → Astrometrie.

Fundamentalstern, Stern, dessen Koordinaten und deren zeitliche Änderungen mit höchstmöglicher Genauigkeit bekannt sind und der zusammen mit anderen F.en zur Festlegung eines Fundamentalsystems dient; → Astrometrie.

Fundamentalsystem, *Referenzsystem*, ein zur Positionsbestimmung am Himmel dienendes Koordinatensystem, das durch gleichmäßig über den gesamten Himmel verteilte Objekte realisiert wird, deren Positionen absolut, d.h. unabhängig von den Positionen anderer Objekte, mit höchstmöglicher Genauigkeit bestimmt sind; → Astrometrie.

FU-Orionis-Sterne, Typbezeichnung (FU), junge massearme, als veränderlich erscheinende Sterne, wobei die Helligkeitsvariationen aber im Wesentlichen auf Änderungen der Strahlungsintensität in der die Sterne umgebenden → Akkretionsscheibe zurückgehen. Innerhalb von rund 10 Jahren kann die scheinbare Helligkeit um mehrere Größenklassen ansteigen, der nachfolgende Helligkeitsabfall liegt in der Größenordnung von 10 bis 100 Jahren. In der Akkretionsscheibe treten wahrscheinlich infolge eines variierenden Massezuflusses thermische Instabilitäten auf, die mit erhöhter Ausstrahlung im optischen Spektralbereich verbunden sind. Die Strahlung des Sterns kann dabei um ein Vielfaches übertroffen werden. Die Einzelheiten des Prozesses sind noch weitgehend ungeklärt, er ist wahrscheinlich auf die frühesten Phasen der Entwicklung massearmer Sterne beschränkt.

Fusion, svw. Kernfusion.

Fusionsreaktion, Kernrektion, bei der aus massearmen Atomkernen massereichere entstehen; → Energiefreisetzung in Sternen.

Fußpunkt, svw. Nadir.

G

Gabelmontierung, Aufstellungsart astronomischer Fernrohre; → Fernrohr

galaktisch, zum Milchstraßensystem, der Galaxis, gehörend.

galaktische Breite, **galaktische Länge**, → Koordinaten.

galaktische Ebene, Symmetrieebene des → Milchstraßensystems.

galaktische Koordinaten, → Koordinaten.

galaktische Pole, → Pol.

galaktischer Äquator, → Koordinaten.

Galaktischer Halo, → Milchstraßensystem.

galaktischer Haufen, zum Milchstraßensystem gehörender → Sternhaufen.

galaktischer Kern, das Zentralgebiet des → Milchstraßensystems.

galaktischer Nebel, zum Milchstraßensystem gehörende dichte Ansammlung interstellarer Materie; → interstellare Materie.

galaktischer Zirrus, filamentartig erscheinende, schwache Infrarotstrahlung emittierende interstellare Wolken in hohen galaktischen Breiten; → interstellarer Staub.

galaktisches Magnetfeld, das großräumige Magnetfeld im → Milchstraßensystem.

galaktisches Zentrum, Zentrum des → Milchstraßensystems.

Galatea *f*, 1) ein Satellit des Neptun. Hinsichtlich der Einordnung der G. in das System der Neptunsatelliten → Neptun.
2) der Planetoid (74).

Galaxie *f*, *Plur.* Galaxien, ein extragalaktisches Sternsystem.

Galaxien-Ära, späte Entwicklungsepoche des Weltalls; → Kosmologie.

Galaxienhaufen

Galaxienhaufen, Ansammlung von einigen wenigen bis zu mehreren tausend extragalaktischen Sternsystemen; → Sternsystem.

Galaxienkern, zentrale Struktureinheit eines extragalaktischen Sternsystems; → Sternsystem.

Galaxis *f*, svw. Milchstraßensystem.

Galilei, Galileo, ital. Mathematiker, Physiker und Astronom, geb. 15.02.1564 in Pisa, gest. 08.01.1642 in Arcetri; 1589 Prof. der Mathematik in Pisa, 1592 in Padua, 1610 Hofmathematiker in Florenz, ab 1633 verbannt in Arcetri. G. gilt als Wegbereiter der neuzeitlichen Naturwissenschaft. Auf Grund seiner astronomischen Entdeckungen wurde er zu einem der frühesten Vertreter der Kopernikanischen Lehre. Er baute ein Fernrohr und wandte es als Erster zu Himmelsbeobachtungen an, entdeckte die Mondgebirge, die vier hellsten Jupitersatelliten („Galilei'sche Monde"), fand die Zusammensetzung der Milchstraße aus Sternen und den Phasenwechsel der Venus, der ihm als Beweis für die Richtigkeit der Kopernikanischen Theorie galt. Er sah als Erster die Saturnringe und entdeckte etwa gleichzeitig mit anderen Astronomen die Sonnenflecken. In der Physik fand er u. a. das Schwingungsgesetz der Pendel, erfand die hydrostatische Waage und untersuchte die Gesetze des freien Falls. In Rede und Schrift setzte er sich für die Kopernikanische Lehre ein, was zum Konflikt mit der katholischen Kirche und zu zwei Prozessen und zweimaliger Verurteilung durch die Inquisition führte. Nach dem zweiten Urteil musste er der neuen Lehre abschwören, wurde nach Siena verbannt, durfte aber später in sein Landhaus in Arcetri ziehen.

Galilei'sche Monde, svw. Galilei'sche Satelliten.

Galilei'sche Satelliten, *Galilei'sche Monde* [benannt nach dem ital. Astronomen G. Galilei, 1564–1642], die vier von G. Galilei und unabhängig von ihm von S. Marius (1570–1624) entdeckten Jupitersatelliten Io, Europa, Ganymed und Kallisto; → Jupiter.

Galilei'sches Fernrohr, → Fernrohr.

GALILEO [benannt nach dem ital. Astronomen G. Galilei, 1564–1642], Raumsonde zum Jupiter. Die Hauptsonde umlief den Jupiter zu photographischen, photometrischen sowie magnetischen Untersuchungen des Jupiter sowie der Satelliten Io, Europa, Ganymed und Kallisto. Eine abgetrennte Atmosphärensonde ermittelte die physikalischen Bedingungen in der Jupiteratmosphäre. Auf dem Weg zum Jupiter fanden nahe Begegnungen mit den Planetoiden (951) Gaspra und (243) Ida statt.

Galle, Johann Gottfried, dtsch. Astronom, geb. 09.06.1812 in Pabsthaus bei Gräfenhainichen, gest. 19.07.1910 in Potsdam; 1851–1897 Direktor der Sternwarte Breslau, entdeckte 1846 unter Mithilfe von L. d'Arrest (1822–1875) anhand der von U. J. J. Leverrier (1811–1877) vorausberechneten Positionen den Planeten Neptun.

Galle-Ring [benannt nach dem dtsch. Astronomen J. G. Galle, 1812–1910], der innerste Rings des → Neptun.

Galliumdetektor, Einrichtung zum Nachweis von Sonnenneutrinos; → Neutrinoastronomie.

Gammaastronomie, Teilgebiet der Astronomie, das sich mit der Untersuchung der aus dem Weltall kommenden elektromagnetischen Strahlung im Gammawellenbereich befasst.

Die Photonenenergie der von kosmischen Quellen stammenden → Gammastrahlung ist größer als etwa 100 keV. Die Strahlung entsteht bei Prozessen, in denen sehr hohe Energien umgesetzt werden. Eine kontinuierliche Gammastrahlung wird von hochenergetischen Elektronen bei der Bewegung in starken Magnetfeldern als → Synchrotronstrahlung emittiert sowie bei der Wechselwirkung der Elektronen mit den elektrischen Feldern um Atomkerne und Ionen als thermische → Bremsstrahlung. Niederenergetische Photonen können auf Grund des inversen → Compton-Effekts in Gammaphotonen umgewandelt werden. Die Prozesse sind nicht-thermisch, der Anteil thermischer Strahlung im Gammabereich ist sehr gering, da die Strahlungsquellen Temperaturen von vielen 100 Mio. K haben müssten. Emissionslinien im Gammabereich entstehen u. a. bei Strahlungsübergängen angeregter Atomkerne sowie beim radioaktiven Zerfall instabiler Kerne und Elementarteilchen. Eine Linie bei einer Energie von 1,8 MeV entsteht beim Zerfall von Aluminiumkernen der Massezahl 26, der Zerfall von π°-Mesonen (→ Meson) ist mit der Emission einer Linie bei etwa 68 MeV verbunden, die Elektron-Positron-Paarvernichtung (→ Paarentstehung) mit einer bei 511 keV und die Bildung eines Deuterons aus einem Proton und einem Neutron mit einer Linie bei 2,23 MeV.

Gammastrahlendetektoren. Die Erdatmosphäre ist für Gammastrahlung undurchlässig. Der unmittelbare Nachweis kosmischer Gammastrahlung ist nur mit Hilfe von Erdsatelliten, Raumsonden oder Höhenballons möglich. Die Detektoren für niederenergetische Gammastrahlung gleichen im Wesentlichen denen für Röntgenstrahlung (→ Röntgenteleskop). Für hochenergetische Strahlung werden vor allem Kristall- und Plastikszintillationszähler sowie Tscherenkow-Zähler verwendet. Bei der Wechselwirkung mit dem Detektormaterial setzen Gammaquanten Elektronen frei (→ Compton-Effekt), die über Sekundärprozesse, u. a. durch Stoßionisation, vervielfacht und dann registriert werden. Die Zahl der Sekundärelektronen ist der Energie des auslösenden Gammaquants proportional, so dass das Energiespektrum der Strahlung bestimmt werden kann. Bei Tscherenkow-Zählern kann sowohl die Energieverteilung als auch die Einfallsrichtung der Gammaquanten ermittelt werden, da deren Richtung mit der der → Tscherenkow-Strahlung übereinstimmt, was die Lokalisierung der Strahlungsquellen am Himmel ermöglicht. Die von der → Kosmischen Strahlung in den Detektoren ausgelösten Signale übertreffen die von den Gammaquanten ausgelösten im Allg. um ein Vielfaches; mit Hilfe spezieller Zähleinrichtungen können die Störsignale ausgesondert werden.

Eine höhere Winkelauflösung als mit dem Prinzip der Compton-Streuung ist mittels einer „kodierten Maske" zu erreichen. In einer Gammastrahlen absorbierenden Platte sind Löcher geschnitten, wobei jedes Loch für die einfallende Strahlung wie eine Lochkamera wirkt. Auf einem Flächendetektor wird durch die Maske ein Helligkeitsmuster erzeugt, aus dem auf Grund der bekannten Lochverteilung der Ort und die Helligkeit der Quelle rekonstruiert werden kann.

Für Gammaquanten mit Energien über etwa 100 GeV wirkt die Erdatmosphäre wie das Detektormaterial eines Tscherenkow-Zählers. Jedes Gammaquant verursacht einen Schauer hochenergetischer Elektronen, die einen Strahlungspuls von weniger als einer Millisekunde Dauer auslösen, der mit optischen Teleskopen registriert wird. Der von einem Quant verursachte Strahlungskegel leuchtet auf der Erdoberfläche bei senkrechtem Einfall ein Gebiet mit einem Radius von typischerweise etwa 120 m nahezu gleichmäßig aus. Mit mehreren über ein größeres Gebiet verteilten Teleskopen kann auf Grund der extrem geringen unterschiedlichen Ankunftszeiten des Strahlungspulses bei den einzelnen Teleskopen die Einfallsrichtung des auslösenden Gammaquants bestimmt werden, was auch eine Positionsbestimmung der Quelle ermöglicht. Von den durch Gammaquanten mit einer Energie zwischen etwa 100 GeV und 10 TeV erzeugten Sekundärteilchen gelangen auch einige bis zur Erdoberfläche.

Gammastrahlungsquellen. Die Quellen niederenergetischer Gammastrahlung sind im Wesentlichen mit den Quellen identisch, die eine energiereiche nichtthermische Röntgenstrahlung emittieren. Dazu gehört u. a. die Sonne während einer starken → Sonneneruption. Außer kontinuierlicher Gammastrahlung werden dabei z. T. auch die bei der Elektron-Positron-Paarvernichtung sowie die bei der Bildung von Deuteronen entstehende Spektrallinie und von angeregten Atomkernen stammende Emissionslinien registriert.

Da das Winkelauflösungsvermögen der Detektoren klein ist und der Photonenstrom außerordentlich gering, sind Gammastrahlungsquellen nur schwer identifizierbar. In der interstellaren Materie wird Gammastrahlung nur schwach absorbiert, wodurch auch sehr weit entfernte Quellen nachweisbar sind. Zu den stellaren Gammaquellen gehören u. a. der Krebsnebel-Pulsar und der Vela-Pulsar (→ Pulsar). Die von ihnen stammende Gammastrahlung ist bis zu einer Energie von etwa 100 MeV Synchrotronstrahlung, während die höherenergetische Strahlung durch den inversen Compton-Effekt entsteht. Der Strahlungsfluss oberhalb von 1 TeV ist extrem gering, vom Krebsnebel-Pulsar wird z. B. nur etwa ein solches Photon pro Tag und Quadratmeter registriert. Die Identifikation einer Quelle gelingt dadurch vielfach erst nach extrem langen Beobachtungszeiten. Einige Pulsare strahlen nur im Gammabereich, nicht aber in weniger energiereichen Spektralbereichen, die Ursache dafür ist weitgehend unbekannt.

Auch Röntgen-Doppelsterne (→ Doppelstern) sind z. T. Gammaquellen, z. B. Hercules X-1 und Cygnus X-1. In der Nähe des galaktischen Zentrums liegt eine Quelle, die die bei der Elektron-Positron-Paarvernichtung entstehende Linie emittiert; dabei ist ungeklärt, wo genau und bei welchem Prozess die beteiligten Positronen entstehen. In etwa gleicher Richtung liegt eine Quelle, von der die Emissionslinie instabiler Aluminium-26-Atomkerne ausgestrahlt wird. Möglicherweise befindet sich die Quelle im galaktischen Zentrum, die Aluminiumkerne könnten bei einer Supernovaexplosion gebildet worden sein.

Extragalaktische Gammastrahlenquellen sind aktive Galaxien (→ Sternsystem), wie die Seyfert-Galaxie NGC 4151, die elliptische Riesengalaxie Markarian 421 sowie der Quasar 3C 279. Von ihnen geht Strahlung mit Energien von z. T. über 1 TeV aus, deren Strahlungsfluss teilweise von Tag zu Tag variiert. Einen extragalaktischen Ursprung haben auch die → Gammastrahlenausbrüche.

Gammahintergrundstrahlung. Zusätzlich zu isolierten Gammapunktquellen existiert eine diffuse Hintergrundstrahlung, die im Wesentlichen in einem nur wenige Grad breiten Band längs des galaktischen Äquators konzentriert ist. Zur Hintergrundstrahlung mit einer Energie geringer als etwa 100 MeV tragen vermutlich Elektronen der Kosmischen Strahlung bei, durch die bei der Wechselwirkung mit Atomkernen der interstellaren Materie thermische Bremsstrahlung emittiert wird oder Photonen geringer Energie über den inversen Compton-Effekt in hochenergetische umgewandelt werden. Die Hintergrundstrahlung im Energiebereich jenseits von etwa 100 MeV geht wahrscheinlich hauptsächlich auf den Zerfall von π^0-Mesonen zurück, die beim Stoß von Teilchen der Kosmischen Strahlung mit interstellaren Atomkernen entstehen. Die Konzentration der Hintergrundstrahlung spiegelt aller Wahrscheinlichkeit nach die großräumige Verteilung der interstellaren Materie im Milchstraßensystem wider. Möglicherweise tragen auch unaufgelöste galaktische Gammaquellen, wie Supernovaüberreste, zur Hintergrundstrahlung bei. Die schwache Strahlung in hohen galaktischen Breiten ist vermutlich extragalaktischen Ursprungs.

Gammablitz, *Gammaburst*, svw. Gammastrahlenausbruch.

Gamma-Cassiopeiae-Sterne, *γ-Cassiopeiae-Sterne*, *Be-Veränderliche*, Typbezeichnung (γ Cas), Pulsationsveränderliche der Spektralklasse B, z. T. auch der Klassen O oder A, mit Emissionslinien im Spektrum (→ Veränderliche).

Gamma-Doradus-Sterne, *γ-Doradus-Sterne,* Pulsationsveränderliche mit Helligkeitsamplituden von etwa 0,1 mag. Die Pulsationen beruhen z. T. auf Überlagerungen von bis zu fünf Perioden im Bereich von etwa 0,4 bis 3 Tagen. Die Ursachen sind vermutlich schwerkraftgetriebene nichtradiale Schwingungen.

Gammahintergrundstrahlung, → Gammaastronomie.

Gammapulsar, → Pulsar.

Gamma-Ring, *γ-Ring*, einer der Ringe des → Uranus.

Gammastrahlenausbruch, *Gammaburst*, *Gammablitz*, ein an einer nicht voraussagbaren Stelle am Himmel plötzlich auftretender Strahlungsausbruch im Gammastrahlenbereich. Im Energiebereich von einigen 100 keV bis einige GeV ist ein G. während des Aufleuchtens die hellste Erscheinung am Himmel.

Da die Erdatmosphäre für Gammastrahlung undurchlässig ist, erfolgen die Beobachtungen mit Hilfe von Erdsatelliten oder Raumsonden. Gammastrahlenausbrüche werden mit GRB [engl. Abk. für *Gamma-Ray Burst*, ‚Gammastrahlenausbruch'], gefolgt von den letzten zwei Ziffern des Entdeckungsjahrs, des Entdeckungsmonats und -tags bezeichnet. Werden mehrere

Gammastrahlendetektoren

Ausbrüche am gleichen Tag registriert, gibt ein Buchstabe in der Reihenfolge des Alphabets die Reihenfolge der Entdeckungen an. Der erste G. überhaupt wurde am 02.07.1967 beobachtet, er trägt die Bezeichnung GRB 670702.

Der bei einem G. registrierte Strahlungsstrom ist z. T. relativ konstant, kann aber auch zeitlich stark strukturiert sein mit relativ langen Pausen zwischen den Sekundärmaxima (Abb. 1). Die Variabilitätszeitskalen liegen i. Allg. in der Größenordnung von 0,03 s, können aber auch nur 0,001 s betragen. Die spektrale Energieverteilung der Strahlung ist nicht-thermisch. Die höchsten gemessenen Strahlungsströme liegen im Bereich von einigen 10^{-11} Watt je cm^2, sie sind teilweise so hoch, dass sie Störungen in den oberen Ionosphärenschichten der Erdatmosphäre verursachen.

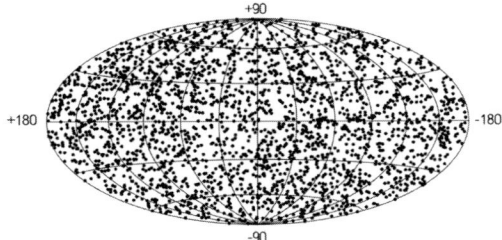

Abb. 2: Positionen der bis Juni 2000 mit dem Compton-Gammastrahlen-Weltraum-Observatorium beobachteten Gammastrahlenausbrüche, aufgetragen in galaktischen Koordinaten

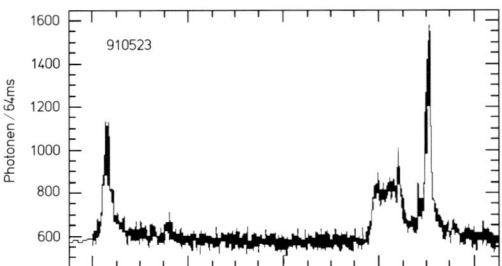

Abb. 1: Lichtkurve des Nachleuchtens im optischen Spektralbereich beim Strahlenausbruch GRB 910523 in Abhängigkeit von der Zeit; die Gammaquanten wurden jeweils während 0,064 s registriert

Hinsichtlich der Dauer eines Ausbruchs besteht eine Zweiteilung. Kurze Ausbrüche haben eine Dauer zwischen 0,01 und 2 s, im Mittel liegt sie bei etwa 0,5 s. Lange Ausbrüche dauern zwischen etwa 2 und 1 000 s mit dem Mittelwert von rund 30 s. Langdauernde Ausbrüche sind etwa doppelt so häufig wie kurze. Von langen Ausbrüchen werden etwa 2 je Woche registriert. Bei ihnen treten gelegentlich Nachleuchterscheinungen im Röntgen-, optischen, Millimeter- und Radiofrequenzbereich auf, die einige Tage und z. T. Wochen, im Radiofrequenzbereich z. T. Monate nachweisbar sind. Bei GRB 050904 erreichte das Nachleuchten eine scheinbare Helligkeit von etwa 10^m. Bei den kurzen Ausbrüchen fehlt ein Nachleuchten.

Das Nachleuchten lässt eine genaue Positionsbestimmung am Himmel zu. Die Stellen, an denen ein G. registriert wird, sind völlig isotrop über den Himmel verteilt (Abb. 2), was auf einen extragalaktischen Ursprung hindeutet. An den meisten der Positionen finden sich Galaxien mit hohen Rotverschiebungen, die bis zu $z = 6,29$ reichen, entsprechend einer Quellenentfernung von fast 13 Mrd. Lichtjahren (→ Kosmologie). Bei relativ nahen Gammastrahlenausbrüchen wurde das Aufleuchten einer Supernova vom Typ Ic beobachtet, jedoch ist nicht jede Supernova dieses Typs mit einem G. verbunden. Gammastrahlenausbrüche scheinen bevorzugt aus irregulären Galaxien mit einer intensiven Sternbildung zu kommen und umso stärker zu sein, je geringer der Metallgehalt der Galaxien ist.

Möglicherweise entsteht ein langdauernder G., wenn der rasch rotierende Kern eines massereichen Sterns, vermutlich eines → Wolf-Rayet-Sterns, zu einem Schwarzen Loch kollabiert und einen Supernovaausbruch verursacht (→ Supernova). Nachstürzende Materie bildet um das Schwarze Loch eine extrem heiße, superdichte → Akkretionsscheibe, längs deren Rotationsachse sich zwei Strahlen bilden, in denen Materie mit nahezu Lichtgeschwindigkeit nach außen strömt. Trifft das abströmende Gas auf zirkumstellare oder interstellare Materie, wird die kinetische Energie in thermische umgewandelt und die Materie so stark aufgeheizt, dass es zur Ausstrahlung von Röntgen-, sichtbarer und Radiofrequenzstrahlung kommt, was als Nachleuchten beobachtet wird. Die kurzen Ausbrüche könnten hingegen die Folge der Verschmelzung zweier Neutronensterne zu einem Schwarzen Loch oder der Verschmelzung eines Neutronensterns mit einem Schwarzen Loch sein; bei beiden Prozessen würde kein Aufleuchten auftreten.

An einigen wenigen Stellen am Himmel wurden wiederholt Ausbrüche registriert, die relativ niedrige Energien und ein Spektrum entsprechend einer thermischen → Bremsstrahlung haben. Die Quellen befinden sich möglicherweise im Milchstraßensystem oder in der Großen Magellan'schen Wolke und unterscheiden sich wahrscheinlich grundlegend von denen der anderen Ausbrüche.

Gammastrahlendetektoren, → Gammaastronomie.

Gammastrahlenquellen, → Gammaastronomie.

Gammastrahlung, *γ-Strahlung*, hochenergetische elektromagnetische Strahlung mit Wellenlängen kleiner als etwa 0,01 nm, die einzelnen Gammaquanten haben eine Energie größer als etwa 100 keV.

Gamow, George, russ.-amerikan. Astrophysiker, geb. 04.03.1904 in Odessa, gest. 19.08.1968 in Boulder (USA); 1928–1934 in Göttingen, ab 1965 in Boulder, beschäftigte sich mit quantentheoretischen Problemen bei Atomkernen, speziell dem Tunneleffekt, sowie mit Problemen der Energiefreisetzung in Sternen, der Elementenentstehung und Kosmologie, sagte die Existenz einer kosmischen Hintergrundstrahlung voraus.

Ganymed *m*, **1)** der größte Jupitersatellit und größte Satellit des Sonnensystems, einer der vier Galilei'schen

Satelliten. Der G. bewegt sich auf einer elliptischen Bahn mit einer großen Halbachse von 1,0704 Mio. km und einer Exzentrizität von 0,001 in 7,155 Tagen rechtläufig um den Jupiter, gegen dessen Äquatorebene die Bahnebene um 0,159° geneigt ist. Der Durchmesser des G. übertrifft mit 5 262 km den des Planeten Merkur, die Masse von $1,49 \cdot 10^{23}$ kg ist hingegen kleiner als die Merkurmasse, die mittlere Dichte beträgt 1,93 g/cm^3. Infolge der gebundenen Rotation ist die Rotationsperiode gleich der Umlaufperiode. Die scheinbare visuelle Helligkeit beträgt in Oppositionsstellung $4^{\text{m}}6$, doch ist der G. mit bloßem Auge nicht sichtbar, da er vom Jupiter stark überstrahlt wird.

Die Beschaffenheit der Oberfläche, deren mittlere Temperatur etwa −160°C beträgt, ist erst seit Beobachtungen von Raumsonden aus genauer bekannt. Neben dunklen, mit zahlreichen Einschlagkratern bedeckten, geologisch relativ alten Regionen existieren z. T. eng benachbart hellere, wesentlich jüngere Gebiete, die etwas mehr als die Hälfte der Oberfläche ausmachen. Diese Gebiete haben eine geringere Kraterdichte, sie sind von einem komplexen System von Höhenzügen und Gräben durchzogen. Das Oberflächenmaterial der dunklen Regionen ist vermutlich eine Mischung von Eis und felsigem Material, das zumindest teilweise von den Einschlägen stammt. In den hellen Gebieten dominiert Eis, was die hohe mittlere Albedo von etwa 0,43 verursacht. In diesen Gebieten wurde die alte Kruste vermutlich infolge tektonischer Aktivitäten zumindest teilweise zerstört, bei denen möglicherweise frisches Eis freigelegt und Einschlagkrater zum Teil ausgelöscht wurden. Möglicherweise wurde bei vulkanischen Prozessen wasserartige Lava zutage gefördert oder drang durch Spalten an die Oberfläche. Die dunklen und hellen Gebiete sind wahrscheinlich durch Dehnungsprozesse der Kruste getrennt worden, die vermutlich durch eine globale Expansion des Satelliten verursacht wurden.

Der G. gehört zu den im Wesentlichen eisartigen Himmelskörpern (→ Planet), was die geringe mittlere Dichte bedingt, er hat einen Schalenaufbau. Über einem Stein-Eisenkern von etwa 3 600 km Durchmesser befinden sich ein Gestein-Eismantel mit einer Mächtigkeit von einigen 100 km und eine Region flüssigen Wassers. Die zum Schmelzen benötigte Energie könnte aus der natürlichen Radioaktivität langlebiger, im Gestein eingelagerter Isotope stammen. Möglicherweise reicht auch der Druck der Deckschichten aus, das Eis in bestimmten Tiefenregionen zum Schmelzen zu bringen.

Das dipolartige Magnetfeld des G. hat möglicherweise in dem zähflüssigen Außenbereich des Kerns infolge eines hydrodynamischen → Dynamoeffekts seinen Ursprung. Möglicherweise existiert zusätzlich ein vom Jupiter induziertes Feld.

Hinsichtlich der Einordnung des G.s in das System der Jupitersatelliten → Jupiter.

Der G. wurde 1610 unabhängig voneinander durch G. Galilei (1564–1642) und S. Marius (1570–1624) entdeckt.

2) der Planetoid (1036).

Gasdruck, der durch die ungeordnete thermische Bewegung von Gaspartikeln verursachte Druck. Die Abhängigkeit von Dichte und Temperatur wird durch eine → Zustandsgleichung beschrieben.

Gasentartung, → Zustandsgleichung.

Gasnebel, Ansammlung leuchtenden → interstellaren Gases.

Gasschweif, → Komet.

Gauß, Carl Friedrich, dtsch. Mathematiker, Physiker und Astronom, geb. 30.04.1777 in Braunschweig, gest. 23.02.1855 in Göttingen; ab 1807 Prof. in Göttingen und Direktor der Sternwarte. Er ist einer der bedeutendsten Mathematiker, arbeitete u. a. auf dem Gebiet der Differentialgeometrie, begründete die moderne Zahlentheorie, behandelte Probleme der Himmelsmechanik, speziell das der Bahnbestimmung, wobei er bewies, dass drei vollständige Positionsbestimmungen zur Berechnung der Bahn eines Himmelskörpers genügen, und wandte das von ihm entwickelte Verfahren auf den Planetoiden (1) Ceres an, was zu dessen Wiederauffinden führte. Von großer Bedeutung sind weiterhin seine Arbeiten zur Physik und Geodäsie.

Gauß [benannt nach dem dtsch. Mathematiker, Physiker und Astronomen C. F. Gauß, 1777–1855], abgeleitete Einheit der magnetischen Flussdichte; Einheitenzeichen G, $1\,\text{G} = 10^{-4}$ Tesla.

Gauß'sche Konstante [benannt nach dem dtsch. Mathematiker, Physiker und Astronomen C. F. Gauß, 1777–1855], eine innerhalb des Systems der astronomischen Konstanten festgelegte Größe, deren Quadrat in der Himmelsmechanik die Gravitationskonstante vertritt; → Astrometrie.

G-Band, eine von J. Fraunhofer (1787–1826) so bezeichnete breite Absorptionsbande im Sonnenspektrum

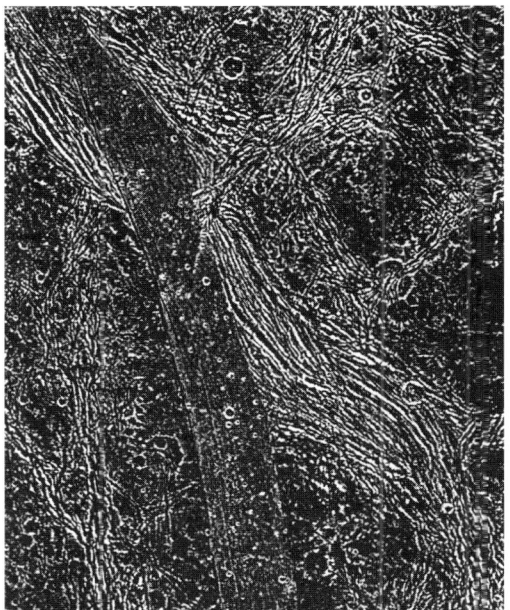

Oberflächenregion von Ganymed, Übergangsbereich zwischen einem dunklen und einem hellen Gebiet (NASA/JPL)

gebundene Rotation

bei etwa 431 nm, die durch eine Gruppe dicht beieinander liegender Absorptionslinien von Kalzium, Eisen und Titan verursacht ist.

gebundene Rotation, → Rotation.
gebundenes Mondjahr, → Kalender.
gebunden-freier Übergang, die Ionisation eines Atoms; → Spektrum.
gebunden-gebundener Übergang, Änderung des Anregungszustandes eines Atoms; → Spektrum.
Geburtsgebieter, → Astrologie.
Gegenschein, *1)* schwache Erhellung im Zodiakallichtband; → Zodiakallicht.
2) svw. Opposition; → Konstellation.
Gegenschweif, spezielle Erscheinung bei → Kometen.
Gem, Abk. für Gemini.
Gemeinjahr, ein Kalenderjahr, das keinen Schalttag oder Schaltmonat enthält; → Kalender.
Gemini, *Gen.* Geminorum, abg. *Gem*, *Zwillinge*, Zeichen ♊, zum Tierkreis gehörendes Sternbild des nördlichen Himmels, das in unseren Breiten im Winter am Abendhimmel sichtbar ist. Die Sonne durchläuft bei ihrer scheinbaren jährlichen Bewegung das Sternbild von der zweiten Hälfte des Juni bis in die zweite Julihälfte. Die beiden nahezu gleichhellen Sterne α Geminorum (→ Castor) und β Geminorum (→ Pollux) sind nur etwa 4,5° voneinander entfernt. Im Sternbild G. liegen einige Sternhaufen, darunter der mit bloßem Auge sichtbare Offene Sternhaufen M 35.

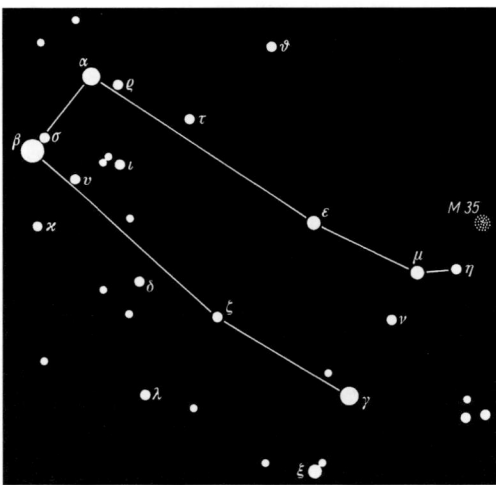

Die hellsten Sterne des Sternbilds Gemini

Hinsichtlich der Lage am Himmel → Sternkarte Seite 420.

Geminiden, ein im Dezember auftretender Meteorstrom; → Meteor.
Gemma *f*, *Alphecca*, α *Coronae Borealis*, der hellste Stern im Sternbild Corona Borealis (Nördliche Krone). Die G. ist ein Bedeckungsveränderlicher, dessen scheinbare visuelle Helligkeit zwischen 2^m23 und 2^m34 mit einer Periode von 17,36 Tagen schwankt. Die Spektralklasse der beiden Komponenten ist A0 bzw. G0, die Leuchtkraftklasse V. Die Entfernung von der Sonne beträgt 23 pc oder rund 75 Lichtjahre.

Geodäte, kürzeste Verbindungslinie zweier Punkte in einem gekrümmten Raum, entspricht einer Geraden in einem euklidischen Raum.
geodätische Astronomie, Teilgebiet der Astronomie, das sich mit der Schaffung eines geographischen Koordinatensystems befasst; → geographische Ortsbestimmung.
geodätische Präzession, → Präzession.
geographische Breite, **geographische Länge**, → geographische Ortsbestimmung.
geographische Koordinaten, → geographische Ortsbestimmung.
geographische Ortsbestimmung, die Bestimmung der geographischen Koordinaten eines Orts auf der Erdoberfläche.

Die geographische Breite φ ist der Winkel zwischen der auf ein Bezugsellipsoid (→ Erde) bezogenen Lotrichtung am Beobachtungsort und der Äquatorebene und entspricht der Polhöhe. Diese ist das arithmetische Mittel der Höhe eines Zirkumpolarsterns zur Zeit seiner oberen und seiner unteren → Kulmination (Abb. 1), wobei die Koordinaten des Sterns nicht bekannt sein müssen. Die geozentrische Breite φ' ist gleich dem auf den Erdmittelpunkt bezogenen Winkel zwischen Beobachtungsort und der Äquatorebene (Abb. 2).

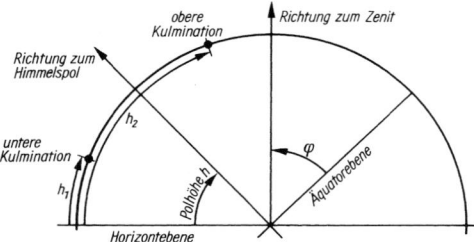

Abb. 1: Zur Bestimmung der Polhöhe h. h_1: Höhe eines Zirkumpolarsterns bei der unteren Kulmination, h_2: Höhe bei der oberen Kulmination; $h = (h_1 + h_2)/2$; φ: geographische Breite des Beobachtungsorts

Die geographische Länge eines Beobachtungsorts ist gleich dem Winkelabstand zwischen dem Ortsmeridian und einem Bezugsmeridian. Die Lage der geographischen Pole ist nicht absolut fest, da sich die Rotations-

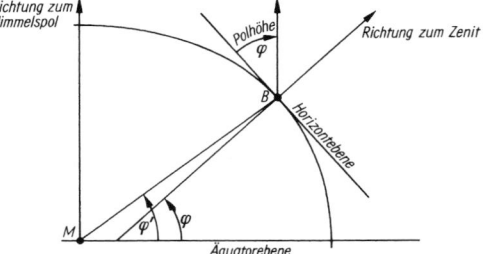

Abb. 2: Geographische Breite φ und geozentrische Breite φ'. B: Beobachtungsort; M: Erdmittelpunkt

achse der Erde im Erdkörper geringfügig verlagert (→ Polhöhe), was sich auf die geographischen Koordinaten eines Beobachtungsorts überträgt. Weiterhin kann die Lotrichtung auch infolge lokaler Dichteanomalien im Erdkörper von derjenigen abweichen, die für das Bezugsellipsoid gilt, was gegebenenfalls bei der g. O. berücksichtigt werden muss.

Mittels moderner astronomischer Beobachtungsinstrumente und -methoden kann die geographische Breite eines Orts auf etwa 0,03″ genau angegeben werden, was etwa 90 cm entspricht, die geographische Länge auf etwa 0,003 s, was am Äquator etwa 1,4 m, in unseren Breiten etwa 0,9 m gleichkommt.

Geoid, idealisierte Figur der → Erde.
geomagnetischer Schweif, svw. Magnetschweif der Erde, → Erdmagnetosphäre.
geozentrisch, auf den Mittelpunkt der Erde oder auf die Erde als Mittelpunkt bezogen.
geozentrische Breite, → geographische Ortsbestimmung.
geozentrisches System, *geozentrisches Weltbild*, → Weltbild.
gerade Aufsteigung, svw. Rektaszension.
Geschichte der Astronomie, → Astronomie.
geschlossenes Weltall, Weltmodell mit positiver Raumkrümmung, → Kosmologie.
Gesichtsfeld, der in einem Fernrohr jeweils überblickbare Teilausschnitt der Himmelskugel.
Gesichtsfelddrehung, → Fernrohr.
Gesichtslinie, *Sichtlinie*, *Visionsradius*, die Verbindungslinie Beobachter–Gestirn.
getrenntes System, Doppelsternsystem, in dem keine Komponente ihre kritische Roche-Fläche voll ausfüllt; → Doppelstern.
Geviertschein, → Konstellation.
Gezeiten, speziell das Phänomen von Ebbe und Flut, allgemein die bei eng benachbarten Himmelskörpern durch das Zusammenwirken der Massenanziehung und der infolge des Umlaufs um den gemeinsamen Schwerpunkt verursachten Zentrifugalkraft bewirkten Erscheinungen.

Ebbe und Flut sind periodische Schwankungen des Meeresspiegels, der Erdatmosphäre und der Erdkruste, die durch die Anziehungskraft von Mond und Sonne in Verbindung mit der Zentrifugalkraft infolge des Umlaufs von Erde und Mond um den gemeinsamen Schwerpunkt erfolgen. Sieht man von der Erdrotation zunächst ab, beschreiben im Laufe eines Mondumlaufs alle Punkte der Erde einen Kreis mit gleichem Radius um den innerhalb des Erdkörpers liegenden raumfest gedachten Schwerpunkt von Erde und Mond (Abb. 1). Die dadurch verursachte Zentrifugalkraft ist für alle Punkte der Erde gleich, die Anziehungskraft des Mondes ist hingegen für die ihm näheren Punkte größer als für die entfernteren. Im Mittelpunkt der Erde herrscht Gleichgewicht zwischen Anziehungs- und der Zentrifugalkraft, auf der dem Mond zugewandten Erdseite überwiegt dessen Anziehungskraft, auf der ihm abgewandten die Zentrifugalkraft. Die unterschiedlichen resultierenden Kräfte an der Erdoberfläche verursachen eine Verschiebung des Wassers der Ozeane zu zwei Flutbergen, die sich auf der Verbindungslinie Erde–Mond an

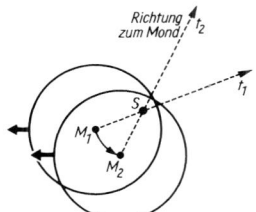

Abb. 1: Lage der nicht als rotierend angenommenen Erde beim Umlauf um den raumfesten Schwerpunkt S des Erde-Mond-Systems zu zwei unterschiedlichen Zeiten t_1 und t_2. M_1, M_2: Erdmittelpunkt zu den Zeitpunkten. Der dicke Pfeil markiert eine feste Markierung auf der Erdoberfläche

gegenüberliegenden Erdseiten befinden (Abb. 2). Infolge der Rotation dreht sich die Erde relativ zu dieser Linie und damit relativ zu den Flutbergen; „sie dreht sich unter diesen weg". Für den mitrotierenden Beobachter scheinen die beiden Flutberge mit der Periode des scheinbaren Mondumlaufs (etwa 1 Tag und 51 Minuten) die Erde zu umlaufen. In der Regel tritt an einem Tag ein zweimaliger Wechsel von Wasserhöchststand (Flut) und Wassertiefststand (Ebbe) ein, wobei der Wasserhöchststand nahe der oberen und unteren → Kulmination des Mondes erfolgt.

Die Sonne bewirkt einen analogen, um etwas mehr als die Hälfte schwächeren Effekt als der Mond. Beide Effekte überlagern sich. Bei Vollmond wie Neumond, wenn Mond und Sonne in Opposition bzw. in Konjunktion (→ Konstellation) zueinander stehen, verstärken sie sich, es kommt zu hohem Hochwasser (Springflut) und zu niedrigem Niedrigwasser. Bei Halbmond sind die vom Mond und der Sonne verursachten Flutberge um 90° versetzt und gleichen sich teilweise zu niedrigem Hochwasser (Nippflut) aus. Die periodisch sich ändernde Stellung von Mond und Sonne zueinander bewirkt einen entsprechenden Wechsel der Fluthöhe. Diese wird außerdem durch Wind sowie die lokale Küstengestaltung stark beeinflusst. Ebbe und Flut sind dadurch sowohl örtlich als auch zeitlich komplizierte Erscheinungen.

Die Bewegung der Flutberge bewirkt eine Reibung innerhalb der Ozeane sowie zwischen dem Wasser und

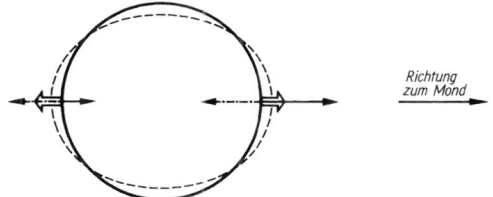

Abb. 2: Schematische Darstellung zur Entstehung der zwei Flutberge auf der Erde. ⟶: Anziehungskraft des Mondes, unterschiedlich stark auf der ihm zugewandten und ihm abgewandten Erdseite; –·–: Zentrifugalkraft infolge des Erdumlaufs um den Schwerpunkt des Erde-Mond-Systems; ⇨: resultierende Gezeitenkräfte

Gezeitendeformation

den Landmassen. Dadurch wird der Erdrotation, auf die der Umlauf der Flutberge zurückgeht, Energie und Drehimpuls entzogen. Die Rotationsperiode, damit die Tageslänge, nimmt infolge der *Gezeitenreibung* um etwa 0,0021 s je Jahrhundert zu (→ Zeit). Der der Erde entzogene Drehimpuls kommt der Bewegung des Mondes zugute. Er wird gering beschleunigt und entfernt sich dadurch langsam von der Erde (→ Mondbewegung).

Die durch die Atmosphärengezeiten verursachten Luftdruckschwankungen sind sehr gering und werden durch witterungsbedingte Luftdruckänderungen so stark überlagert, dass sie äußerst schwierig zu erfassen sind.

In Folge der *Gezeitendeformation* des Erdkörpers hebt und senkt sich die Oberfläche gegenüber der Mittellage um bis zu 40 cm, in mittleren geographischen Breiten um etwa 9 bis 25 cm, was normalerweise nicht wahrgenommen wird, weil die gesamte Umgebung eines Beobachtungsorts an dieser langsamen Bewegung teilnimmt. Die Deformationen verursachen aber geringe, mit Hilfe hochgenauer Gravimeter nachweisbare Änderungen der lokalen Schwerebeschleunigung. Mittels Erdvermessungssatelliten lassen sich die Gezeitendeformationen der Erde sehr genau ermitteln.

Auf dem Mond verursachen die von der Erde bewirkten G. eine Deformation der Oberflächenschichten, die infolge der gebundenen Rotation des Monds aber ortsfest ist. Bei der Entstehung hatte der Mond mit großer Wahrscheinlichkeit eine freie Rotation, so dass Flutberge den Mond umliefen. Die Gezeitenreibungen bewirken eine allmähliche Verlängerung der Rotationsperiode bis zur Anpassung an die Umlaufperiode.

Eng benachbarte Himmelskörper. Die Gezeitenreibung kann sehr langfristig eine gebundene Rotation der Komponenten eines Doppelsternsystems bewirken. Rotiert ein Himmelskörper gebunden um einen anderen, aber durchläuft keine exakte Kreisbahn um den gemeinsamen Schwerpunkt, so besteht nur im Mittel eine Synchronisation von Rotation und Umlaufzeit. Die Rotationswinkelgeschwindigkeit ist konstant, die Winkelgeschwindigkeit des Bahnumlaufs hingegen variiert. Bei nicht streng kugelsymmetrischer Dichteverteilung führt dies zu kleinen Schwingungen um die Verbindungslinie der beiden Körper. Die wirkenden Kräfte sind in der Periapsis der Bahn am größten, in der Apapsis am geringsten. Bei engen Doppelsternen können Gezeitendeformationen bei einer oder bei beiden der Komponenten ellipsoidische Verformungen verursachen, was zu einem charakteristischen Lichtwechsel führen kann (→ elliptische Doppelsterne). Durch Gezeitendeformationen und -reibungen wird im Innern der Himmelskörper Bewegungsenergie in Wärmeenergie überführt und die Temperatur mehr oder minder stark erhöht. Der Effekt ist z. B. signifikant bei der → Io, dem innersten der großen Satelliten des Jupiter, deren Inneres dadurch teilweise aufgeschmolzen ist.

Gezeitendeformation, eine infolge von Gezeitenkräften verursachte Deformation eines Himmelskörpers; → Gezeiten.

Gezeitenreibung, → Gezeiten.

Giacobiniden, svw. Draconiden; → Meteor.

Giraffe, das Sternbild → Camelopardalis.

Gitterkonstante, Abstand der Mitten zweier benachbarter Spalte eines Beugungsgitters; → Spektralapparat.

Gitterspektrograph, → Spektralapparat.

Glasfilter, → Farbfilter.

Glasmeteorit, → Meteorit.

Gleichgewicht, im statischen Sinn der Zustand eines Körpers oder eines Systems von Körpern, bei denen sich die Wirkungen aller angreifenden Kräfte gegenseitig aufheben; im dynamischen Sinn der Zustand eines physikalischen Systems, bei dem zwei entgegengesetzt verlaufende Prozesse sich in ihrer Wirkung aufheben.

Gleichgewichtspunkte, svw. Librationspunkte.

Gleichschein, → Konstellation.

globale Astrometrie, → Astrometrie.

Globule, *Bok-Globule* [benannt nach dem niederl.-amerikan. Astronomen B. J. Bok, 1906–1983] *f*, relativ isolierte, näherungsweise kugelförmige dichte interstellare Dunkelwolke; → interstellarer Staub.

Als G.n werden einerseits kleine Dunkelwolken mit einem scheinbaren Winkeldurchmesser im Bogensekundenbereich bezeichnet, die auf helle Emissionsnebel projiziert erscheinen und offenbar mit diesen in einer kosmogonischen Verbindung stehen. Wahrscheinlich entstehen diese G.n infolge von Materieströmungen, die von sehr jungen Sternen ausgehen und kleinere Ansammlungen interstellarer Materie so stark komprimieren, dass diese auf Grund der von den in ihnen vorhandenen Staubteilchen verursachten starken Extinktion sichtbar in Erscheinung treten.

Eine andere Art von G.n sind dichte Dunkelwolken mit Winkelausdehnungen im Bereich von Bogenminuten, die auf das vom Beobachter aus gesehen dahinterliegende Sternfeld projiziert erscheinen. Die Extinktion ist so hoch, dass im visuellen Spektralbereich das Licht der Hintergrundsterne fast völlig absorbiert wird. Die linearen Ausdehnungen dieser G.n liegen zwischen einigen 0,1 und wenigen pc, die Partikeldichte in ihnen beträgt etwa 10^4, z. T. auch 10^5 Teilchen/cm^3, die Massen liegen in der Größenordnung von einigen 10 bis etwa 100 Sonnenmassen.

Wahrscheinlich werden diese G.n von interstellaren Molekülwolken gebildet, in denen Sterne entstehen. In einigen der Wolken existieren Infrarotstrahlung emittierende Verdichtungen, die möglicherweise in Verbindung mit Protosternen oder sehr jungen Sternen stehen.

Gnomon *m*, historisches astronomisches Instrument.

Goldfisch, das Sternbild → Dorado.

Gould'scher Gürtel [benannt nach dem amerikan. Astronomen B. A. Gould, 1824–1896], schmaler, längs eines Großkreises liegender Bereich am Himmel, in dem nahe junge Objekte, wie O- und B-Sterne, T-Tauri-Sterne sowie junge Offene Sternhaufen häufiger als in der Umgebung sind. Der Gould'sche G. ist gegen den durch eine sehr starke Sternkonzentration markierten galaktischen Äquator um etwa 20° geneigt. Seine nördliche Abweichung vom galaktischen Äquator ist am stärksten im Bereich der Sternbilder Scorpius (Skorpion) und Ophiuchus (Schlangenträger), die südliche Abweichung im Sternbild Orion. Die Sonne befindet sich innerhalb, aber nicht im Mittelpunkt des Gürtels und gehört nicht dazu. Wahrscheinlich ist der Gould'-

sche G. die Projektion einer etwa 1 bis 1,5 kpc großen Struktureinheit des Milchstraßensystems, die das Ergebnis einer vor etwa 50 Mio. Jahren einsetzenden und sich seither radial ausbreitenden Sternentstehung ist. Alle bekannten Sternentstehungsgebiete näher als 1 kpc gehören zum Gould'schen G. Möglicherweise ist er die Projektion des lokalen Spiralarms des → Milchstraßensystems.

Grabstichel, das Sternbild → Caelum.

Gradationstemperatur, → Temperatur.

Gradstock, historisches astronomisches Instrument.

Granatstern, μ *Cephei*, halbregelmäßig veränderlicher Stern, dessen scheinbare visuelle Helligkeit zwischen 3^m6 und 4^m1 variiert. Sein Spektraltyp ist M2e. Sein Licht erscheint rötlich, was in dem Namen zum Ausdruck kommt. Die Entfernung von der Sonne beträgt etwa 1 600 pc oder rund 5 200 Lichtjahre.

Granulation, die im optischen Spektralbereich körnig erscheinende Struktur der Photosphäre der Sonne; → Sonne.

Granulum *n, Plur.* Granula, Strukturelement der Sonnengranulation; → Sonne.

Gravisphäre, der Bereich um einen Himmelskörper, in dem die Gravitation des Himmelskörpers stärker als die eines anderen ist.

Gravitation, *Massenanziehung*, die durch das Gravitationsgesetz beschriebene Erscheinung der Massenanziehung von Körpern. Die G. ist die einzige der vier Grundkräfte, der sämtliche Elementarteilchen ohne Ausnahme unterworfen sind. Die G. wirkt ausschließlich anziehend, sie kann auf keine Weise neutralisiert werden, ihre Reichweite ist unbegrenzt.
Die zwischen zwei Massen m_1 und m_2 wirkende ***Gravitationskraft*** F ist nach dem ***Newton'schen Gravitationsgesetz*** proportional der beiden Massen und umgekehrt proportional dem Quadrat ihrer Entfernung r, es gilt $F = G\, m_1 m_2 / r^2$, wobei G die universelle ***Gravitationskonstante*** bedeutet. Die Richtung der Kraft liegt in der Verbindungslinie der beiden Massen.
Die Beziehung gilt für Körper mit verschwindender Ausdehnung (sog. Punktmassen). Für ausgedehnte Körper ist sie nur dann anwendbar, wenn diese einen ideal kugelsymmetrischen Aufbau haben, wobei r dann den Abstand der Massenmittelpunkte bezeichnet. Bei nicht kugelsymmetrischen Körpern muss der Abstand im Vergleich zu deren Ausdehnung sehr groß sein, was für Himmelskörper im Allg. in sehr guter Näherung zutrifft. Falls diese Voraussetzungen nicht erfüllt sind, werden die Körper aus vielen kleinen Teilmassen bestehend gedacht, und die durch die Teilmassen hervorgerufenen Kräfte zur resultierenden Gesamtkraft aufsummiert. Das Newton'sche Gravitationsgesetz gilt für schwache Gravitationsfelder. In der Allgemeinen → Relativitätstheorie wird die G. auf die Geometrie der Raumzeit zurückgeführt, das verallgemeinerte Gravitationsgesetz enthält das Newton'sche als Näherung.
Jede Masse m umgibt ein radialsymmetrisches ***Gravitationsfeld***, dessen Stärke φ mit dem Quadrat des Abstands r von der Masse abnimmt: $\varphi = m/r^2$. Das ***Gravitationspotential*** U ist gleich der gegen die Anziehungskraft zu leistenden Arbeit, um eine Einheitsmasse bis in unendlich große Entfernung zu verschieben, es gilt $U = -G\, m/r$. Das negative Vorzeichen gibt an, dass Arbeit geleistet werden muss.
Die ***Schwerkraft*** ist die Gravitationskraft F, die die Erde mit der Masse $\mathfrak{M}$ und dem Radius R auf eine Masse m in der Höhe h über der Erdoberfläche ausübt: $F = G\, \mathfrak{M} m / (R + h)^2$, für die ***Schwerebeschleunigung*** gilt $g_0 = G\, \mathfrak{M} / R^2$.

Gravitationsbeschleunigung, Geschwindigkeitserhöhung, die ein Körper beim freien Fall in einem Gravitationsfeld erfährt.

Gravitationsenergie, kinetische Energie, die ein Körper beim freien Fall im Gravitationsfeld eines anderen Körpers gewinnt; → Energie.

Gravitationsfeld, *Schwerefeld*, das um eine Masse auf Grund deren Anziehung existierende Kraftfeld; → Gravitation.

Gravitationsgesetz, mathematische Beziehung für die Kraft, mit der sich zwei Massen anziehen; → Gravitation.

Gravitationsinstabilität, Zustand einer ausgedehnten Gasmasse, z. B. einer interstellaren Wolke oder eines Sterns, bei dem die Eigengravitation die nach außen gerichteten, stabilisierenden Kräfte übersteigt, was zur Kontraktion der Gasmasse führt.

Gravitationskollaps, der unter der Wirkung der Eigengravitation praktisch im freien Fall erfolgende Zusammensturz eines Sterns oder einer interstellaren Wolke.

Gravitationskonstante, der Proportionalitätsfaktor im Newton'schen Gravitationsgesetz, $G = 6{,}673 \cdot 10^{-11}$ N m^2 kg^{-2}; → Gravitation.

Gravitationslinse, die durch das Gravitationsfeld einer großen Masse hervorgerufene Erscheinung, bei der Licht einer weit entfernten Quelle derart abgelenkt wird, dass ein Beobachter zwei oder mehrere Bilder der Quelle wahrnimmt.
Infolge der Äquivalenz von Masse und Energie (→ Relativitätstheorie) unterliegt Licht der Massenanziehung. Beim Durchqueren des Gravitationsfelds eines massereichen Körpers erfolgt eine Ablenkung des Lichts von der geradlinigen Ausbreitung. Der Ablenkwinkel ist proportional der wirkenden Masse und umgekehrt proportional dem geringsten Abstand des Strahlungsbündels vom Massenmittelpunkt. Im Gegensatz zu optischen Linsen haben G.n keine fokussierende Wirkung. Bei bestimmter geometrischer Anordnung von Lichtquelle, ablenkender Masse und Beobachter ergeben sich zwei oder mehr getrennte Bilder der Quelle (Abb. 1), von denen mindestens ein Bild eine größere scheinbare Helligkeit hat, als die Lichtquelle bei Abwesenheit der ablenkenden Masse hätte. Die vom Winkelabstand zwischen Linse und Quelle abhängige Helligkeitsverstärkung erfolgt, weil bei gleicher Flächenhelligkeit aller Punkte der Quelle der Querschnitt des wahrgenommenen Lichtbündels durch die ablenkende Masse vergrößert wird. Die Zahl der Bilder und ihre Anordnung ist davon abhängig, ob die Lichtquelle flächenhaft oder punktförmig ist und ob die ablenkende Masse kugelsymmetrisch, nahezu punktförmig oder räumlich ausgedehnt ist. Bei einer exakt linearen Anordnung von Beobachter, abbildender Masse und abgebildetem Objekt kann das Bild die Form eines Rings (***Einstein-Ring***)

Gravitationspotential

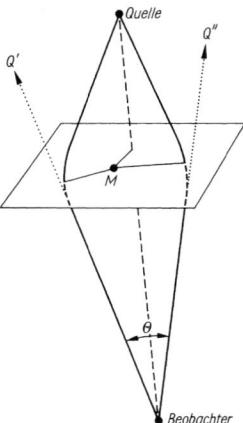

Abb. 1: Gravitationslinse. M: ablenkende Masse; - - -: geometrische Verbindungslinie Beobachter–Lichtquelle; ———: Weg zweier, durch die Masse M abgelenkter Lichtbündel; · · · : Richtungen zu den scheinbaren Örtern Q' und Q" der Quelle; θ: Winkelabstand der Örter. Die dargestellte Ebene durch M ist senkrecht zur Verbindungslinie Beobachter–Lichtquelle

[benannt nach dem dtsch. Physiker A. Einstein, 1879–1955] haben, dessen Radius umso größer ist, je größer die ablenkende Masse ist. Geschieht die Abbildung durch viele nahe beieinanderliegende, aber getrennte Massen, z. B. durch die einzelnen Sternsysteme eines Galaxienhaufens, ergeben sich einzelne oder paarweise auftretende Kreisbogenstücke (→ Abb. 2).
Eng benachbarte, nur wenige Bogensekunden voneinander entfernt erscheinende Doppel- und Mehrfachquasare (→ Quasar) mit praktisch identischem Spektrum und identischer Rotverschiebungen werden im Allg. als Bilder eines einzigen Quasars angesehen. Die abbildende Masse, meist ein Sternsystem, kann z. T. optisch nachgewiesen werden. Auch für einige beobachtete Einstein-Ringe gelang der optische Nachweis der abbildenden Galaxie bzw. des abbildenden Galaxienhaufens. Bei einem derartigen Doppelquasar durchläuft das Licht unterschiedliche Wege mit unterschiedlichen Lichtlaufzeiten bis zum Beobachter. Bei Helligkeitsvariationen des abgebildeten Quasars kann aus der zeitlichen Verschiebung des Variationsmusters der beiden Bilder die Laufzeitdifferenz bestimmt werden. Aus ihr, dem Winkelabstand der Bilder sowie der Rotverschiebung im Quasarspektrum sind die geometrische Anordnung von abbildender Masse und abgebildetem Quasar und damit deren Entfernungen sehr genau bestimmbar.
Eine abbildende Masse in der Größenordnung einer Sternmasse verursacht eine *Mikrogravitationslinse*. Quert ein Vordergrundstern oder massereiches kompaktes Objekt des galaktischen Halos infolge seiner Eigenbewegung die Gesichtslinie zu einem Hintergrundstern, ergibt sich für diesen eine in allen Spektralbereichen gleiche charakteristische Helligkeitsvariation, die einige Tage dauert und symmetrisch bezüglich der Mitte des Variationsmusters ist. Da es sich um ein einmaliges Ereignis für einen Hintergrundstern mit einer im Allg. sehr geringen scheinbaren Helligkeit handelt, ist die Interpretation der Beobachtungen sehr unsicher, da die Lichtkurve von der unbekannten Entfernung, Masse und Tangentialgeschwindigkeit des abbildenden Objekts abhängt. Bei einigen Sternen der Magellan'schen Wolken wurden Helligkeitsvariationen beobachtet, die als möglicherweise durch ein galaktisches Haloobjekt verursacht gedeutet werden.

Gravitationspotential, → Gravitation.

Abb. 2: Einstein-Ringe von Sternsystemen, verursacht durch den Galaxienhaufen Abell 2218. (Aufnahme: NASA/GSFC, Hubble-Weltraumteleskop)

Gravitationsrotverschiebung, die Wellenlängenvergrößerung elektromagnetischer Wellen beim Überwinden eines Gravitationspotentials, verursacht im optischen Spektralbereich eine Verschiebung von Spektrallinien in Richtung zum roten Ende des Spektrums.

Gravitationswelle, eine von beschleunigten Massen verursachte und sich mit Lichtgeschwindigkeit ausbreitende Störung der Krümmung der Raumzeit.

Im Gegensatz zu elektromagnetischen Wellen, von Oszillationen eines elektromagnetischen Feldes senkrecht zur Ausbreitungsrichtung, die sich im Vakuum eines dreidimensionalen Raums mit Lichtgeschwindigkeit ausbreiten, sind G.n Oszillationen der von der Allgemeinen → Relativitätstheorie postulierten vierdimensionalen Raumzeit. Eine G. bewirkt eine Änderung der lokalen Geometrie des Raumes, die mit einer Änderung des Abstands von Objekten senkrecht zur Ausbreitungsrichtung der Welle verbunden ist. Die Gravitationswellenstrahlung ist eine Quadrupolstrahlung. Bei einer Abstandsvergrößerung in einer Richtung senkrecht zur Ausbreitungsrichtung erfolgt gleichzeitig eine Abstandsverringerung in der um 90° versetzten Richtung (Abb. 1). Frei bewegliche Massen folgen den Abstandsänderungen und werden entsprechend periodisch beschleunigt. Die von einer G. übertragene Energie ist proportional der beschleunigten Masse sowie dem Beschleunigungsbetrag. Die empfangene Energie nimmt mit dem Quadrat der Entfernung von der Strahlungsquelle ab. G.n können praktisch absorptionsfrei und nahezu unbeeinflusst alle Arten von Masseanhäufungen durchqueren.

Jede Kreisbewegung ist eine beschleunigte Bewegung und führt zur Emission von G.n (Abb. 2). Beim Umlauf des Jupiter um die Sonne werden G.n mit einer Frequenz von etwa $2{,}7 \cdot 10^{-9}$ Hz entsprechend der Umlaufzeit von nahezu 12 Jahren und einer Wellenlänge von rund 12 Lichtjahren emittiert. Die abgestrahlte Leistung ist extrem gering, sie beträgt 5,3 kW. Die Erde strahlt beim Umlauf um die Sonne nur etwa 200 W in Form von G.n ab. Bei engen Doppelsternen mit kompakten Komponenten, z. B. Neutronensternen, und geringen Umlaufzeiten ergeben sich wesentlich höhere abgestrahlte Leistungen. Die Energie wird der Bahnumlaufenergie entzogen, wodurch sich Umlaufperiode und Komponentenabstand allmählich verringern, die Energie der G. sich hingegen erhöht. Beim Doppelstern-Pulsar PSR 1913+16 (→ Pulsar), bei dem sich zwei Neutronensterne in 7,75 Stunden um den Systemschwerpunkt bewegen, ist die Periodenverkürzung direkt nachweisbar. Da einer der Neutronensterne ein Pulsar ist, kann die Umlaufperiode mit sehr hoher Genauigkeit bestimmt werden. Die Verringerung beträgt etwa 76 Mikrosekunden pro Jahr, beide Komponenten nähern sich jedes Jahr um etwa 3,5 m. Diese Beobachtungen sind ein überzeugender Beweis für die Abstrahlung von G.n.

Die Annäherung der Komponenten eines Doppelsternsystems führt letztlich zu deren Verschmelzung, was bei PSR 1913+16 in etwa 240 Millionen Jahren geschehen dürfte. Bei der Verschmelzung zweier Sterne oder zweier Schwarzer Löcher erfolgt eine Umordnung der anfangs unsymmetrischen Masseverteilung in eine radialsymmetrische, es werden große Massen beschleunigt, damit G.n hoher Energie ausgestrahlt. Die Ausstrahlungsdauer entspricht der Verschmelzungszeit und liegt in der Größenordnung von 0,01 s, was einem Gravitationswellenpuls mit einer Wellenlänge von rund 3 000 km gleichkommt.

Bei einem Sternkollaps oder einer Supernovaexplosion werden gleichfalls plötzlich große Massen beschleunigt, doch nur bei einer nicht kugelsymmetrischen Beschleunigung erfolgt eine Abstrahlung von G.n.

Gravitationswellendetektoren. G.n können auf Grund der von ihnen verursachten Abstandsänderungen von Objekten nachgewiesen werden. Bei den zu erwartenden Strahlungsleistungen möglicher Quellen, wie Sternverschmelzungen oder Supernovaexplosionen, und den vermuteten Entfernungen liegen die zu erwartenden relativen Abstandsänderungen von Testmassen in der Größenordnung von 10^{-20} und darunter. Dies entspricht der Verschiebung zweier 10 m weit entfernten Testmassen um etwa einen Atomdurchmesser. Die vierdimensionale Raumzeit ist zwar schwingungsfähig, aber extrem „steif". Um messbare Effekte zu erreichen, müssen die Testmassen möglichst weit voneinander entfernt und die Gravitationswellendetektoren dementsprechend außerordentlich groß sein.

Als Detektoren werden Interferenzanordnungen (→ Interferometer) benutzt, bei denen ein Laserstrahl mit Hilfe eines Strahlteilers in zwei senkrecht zueinander verlaufende Teilstrahlen gleicher Intensität aufgespalten wird (Abb. 3). Die Teilstrahlen durchlaufen zwei 90° zueinander liegende Messstrecken („Arme"), an deren Ende sie an frei hängenden Spiegeln reflektiert und im Schnittpunkt der reflektierten Strahlen zur Inter-

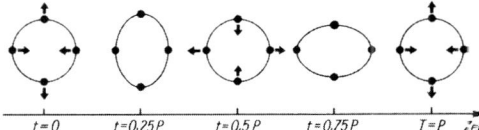

Abb. 1: Lageänderungen von vier symmetrisch angeordneten Massen infolge einer Gravitationswelle und deren Bewegungsrichtungen zu den Zeitpunkten t während einer Periode P

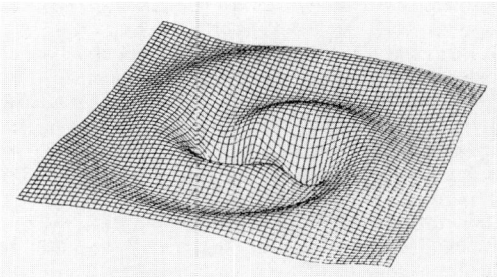

Abb. 2: Infolge des Umlaufs der Komponenten eines Doppelsternsystems verursachte Änderung der lokalen Raumgeometrie. Die Sterne befinden sich im Mittelpunkt der Vertiefungen, der Systemschwerpunkt in der Mitte der Darstellung

Gravitationswellenastronomie

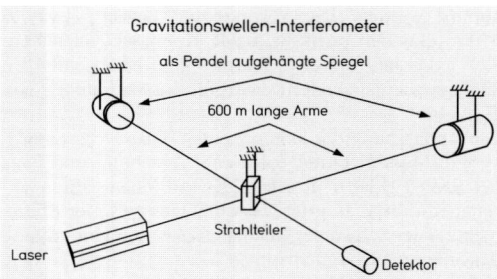

Abb. 3: Schematischer Aufbau des Gravitationswellen-Interferometers Geo 600

ferenz gebracht werden. Die Lichtlaufstrecken werden so gemessen, dass bei der Interferenz eine Intensitätsauslöschung erfolgt. Beschleunigt eine G. die Spiegel und verändert die Armlänge, löschen sich die Teilstrahlen nicht mehr ganz aus, es ergibt sich ein positives Signal, dessen Stärke von der Energie der G. abhängt. Die Empfindlichkeit eines Detektors wächst mit der Länge der Messstrecken. Zu deren effektiven Vergrößerung durchlaufen die Teilstrahlen die Arme der Anordnung mehrfach. Um die Störeinflüsse zu minimieren, befinden sich die vor allen eventuellen Erschütterungen geschützten Spiegel und Strahlteiler in Vakuumröhren.

Angestrebt wird die Messung relativer Abstandsänderungen in der Größenordnung von etwa 10^{-21}, was zum Nachweis von G., die durch Supernovaexplosionen und die Verschmelzung von Neutronensternen ausgelöst werden, ausreichen dürfte.

Um die Beobachtungen interpretieren zu können, sind umfangreiche theoretische Untersuchungen notwendig. Sie sollen klären, welcher Prozess das empfangene Signal ausgelöst haben könnte, dies erfordert die Berechnung des zu erwartenden Frequenzverlaufs, der Amplitude und der abgestrahlten Energie der G. Dabei ergeben sich große Schwierigkeiten, da die physikalischen Prozesse in einer sich ändernden lokalen Raumzeit-Struktur ablaufen.

Um ein Signal als eindeutig durch eine G. verursacht zu identifizieren, sind Beobachtungen an verschiedenen, möglichst weit voneinander entfernten Stationen nötig. Anhand der Differenzen der an den einzelnen Stationen bestimmten Ankunftszeiten ein und derselben G. kann die auslösende Quelle lokalisiert werden.

In Bau ist gegenwärtig u. a. der Gravitationswellendetektor Geo 600 in Ruthe bei Hannover mit einer Armlänge von 600 m. Bei Hanford (Washington, USA) und Livingston (Lousiana, USA) sind Detektoren mit jeweils 4 km Armlänge in Bau.

Bisher gelang es noch nicht, G.n eindeutig nachzuweisen.

Gravitationswellenastronomie, Teilgebiet der Astronomie, das die Untersuchung der von kosmischen Objekten abgestrahlten Gravitationswellen zum Ziel hat; → Gravitationswelle.

Gravitationswellendetektor, Einrichtung zum Nachweis von → Gravitationswellen.

gravitative Lichtablenkung, die Ablenkung elektromagnetischer Strahlung von der geradlinigen Aus-

breitung in einem Gravitationsfeld; → Gravitationslinse.

Gregorianischer Kalender, → Kalender.
Gregory-System, → Spiegelteleskop.
Greip *f*, ein Zwergsatellit des → Saturn.
Grenzgröße, *Grenzhelligkeit*, die scheinbare Helligkeit der Sterne, die mit einem bestimmten Fernrohr und Strahlungsdetektor gerade noch nachweisbar sind; → Fernrohr.
Grenzhelligkeit, svw. Grenzgröße.
Grenzmasse, maximal mögliche Masse eines → Weißen Zwergs bzw. eines → Neutronensterns.
griechischer Kalender, → Kalender.
G-Ring, einer der Ringe des → Saturn.
Größe, svw. Größenklasse; → Helligkeit.
große Halbachse, halbe große Achse einer elliptischen Bahn eines Himmelskörpers um einen anderen; → Bahnelemente.
Große Magellan'sche Wolke, → Magellan'sche Wolken.
Größenklasse, Maßeinheit für die → Helligkeit eines Gestirns.
Großer Bär, das Sternbild → Ursa Maior.
Großer Cygnusbogen, gasförmiger Supernovaüberrest im Sternbild Cygnus (Schwan); Abb. → Supernova.
Großer Hund, das Sternbild → Canis Maior.
Großer Roter Fleck, langexistierende Wolkenstruktur in der Atmosphäre des → Jupiter.
Großer Wagen, → Ursa Maior.
Große Ungleichung, → Mondbewegung.
Große Vereinheitlichende Theorien, physikalische Theorien, die die starke, die schwache und die elektromagnetische Wechselwirkung der Elementarteilchen auf die Wirkung eines einzigen Grundprinzips zurückführen.
Gru, Abk. für Grus.
Grundzustand, *Grundniveau*, der niedrigste Energiezustand eines quantenmechanischen Systems, z. B. eines Atoms oder eines Atomkerns.
Grus, *Gen.* Gruis, abg. **Gru**, *Kranich*, unscheinbares Sternbild des südlichen Himmels.
Hinsichtlich der Lage am Himmel → Sternkarte Seite 416.
G-Stern, Stern der → Spektralklasse G.
Gürtelplanetoid, → Planetoid.
Gürtelsterne, die drei Sterne δ, ε und ζ im Sternbild Orion.

h, Einheitenzeichen für Stunde.
Haar der Berenike, das Sternbild → Coma Berenices.
Hadronen, Elementarteilchen, die der starken Wechselwirkung (Kernkraft) unterliegen. Zu den H. gehören

u. a. Protonen, Neutronen sowie die instabilen Mesonen.

Hadronen-Ära, Entwicklungsabschnitt in der Frühphase des Weltalls; → Kosmologie.

Halbachse, der Halbmesser einer Ellipse. Die große H. ist der halbe größte Ellipsendurchmesser, die kleine H. der halbe kleinste.

halbgetrenntes System, Doppelsternsystem, in dem eine Komponente ihre kritische Roche-Fläche voll ausfüllt; → Doppelstern.

Halbleiterphotodetektor, → Photometer.

Halbmond, Beleuchtungsform des Mondes, wenn dieser nahezu in Quadratur zur Sonne steht; → Mondphase.

halbperiodische Veränderliche, svw. halbregelmäßige Veränderliche.

halbregelmäßige Veränderliche, *halbperiodische Veränderliche*, Typbezeichnung (SR), Untergruppe der Pulsationsveränderlichen mit nur während relativ kurzer Zeitabschnitte periodisch veränderlicher Helligkeit. Die Perioden liegen zwischen etwa 10 und 1 000 Tagen, die Amplituden des Lichtwechsels sind im Allg. geringer als 2 mag. Die h.n V.n sind Riesen- und Überriesensterne mittlerer oder später Spektralklasse. Nach dem Grad der Periodizität, der Art des Lichtwechsels und dem Spektrum der Sterne werden die Untergruppen SRa, SRb, SRc und SRd unterschieden.
Sterne vom Typ SRa sind Riesensterne der Spektralklasse M, C oder S. Die Lichtkurven zeigen eine gewisse Regelmäßigkeit, trotz merklicher Verschiebung der einzelnen Maxima und Minima bleibt die mittlere Periode konstant. Die SRa-Sterne unterscheiden sich von den → Mira-Sternen vielfach nur durch ihre geringeren Helligkeitsamplituden. In den Spektren treten weniger häufig Emissionslinien auf als bei Mira-Sternen.
SRb-Sterne sind Riesensterne der Spektralklassen K, M, C oder S mit Lichtkurven ähnlich denen der SRa-Sterne, doch lösen sich verhältnismäßig regelmäßige Abschnitte mit Zeiten völliger Unregelmäßigkeit sowie Abschnitte mit wechselnden Perioden ab.
Die Gruppe der SRc-Sterne bilden Überriesen der Spektralklasse K oder M. Ihr fast regelloser Lichtwechsel ist durch Folgen sehr langer Wellen ähnlicher Periode und kleiner Amplitude bestimmt, zuweilen treten auch Stillstände oder Überlagerungen mit kürzeren Wellen auf.
SRd-Sterne sind Riesen und Überriesen der Spektralklassen F, G und K, die Helligkeitsvariationen verlaufen im Allg. in glatten Wellen, für längere Zeiten wird ein fast periodischer Lichtwechsel vorgetäuscht, doch treten auch Störungen von kurzer Dauer auf, die danach wieder von einem regelmäßigeren Helligkeitswechsel mit z. T. geänderter Periode gefolgt werden.
Die Ursache des Lichtwechsels der h.n V.n sind unregelmäßige Sternpulsationen, in deren Verlauf sich Sternradius und effektive Temperatur ändern.
Unter den h.n V.n befinden sich sowohl Vertreter der Halopopulation, der Zwischenpopulation II als auch der Scheibenpopulation (→ Population).
Zwischen den h.n V.n und den Mira-Sternen wie auch den langsam unregelmäßigen Veränderlichen bestehen fließende Übergänge, so dass eine eindeutige Klassifi-

zierung vielfach schwierig ist. Von den bekannten h.n V.n konnte nur etwa die Hälfte der Sterne einer der Untergruppen eindeutig zugeordnet werden.

Halbschatten, der den Kernschatten eines von einer flächenhaften Strahlungsquelle beleuchteten undurchsichtigen Körpers umgebende Bereich, in den noch Licht gelangt; → Finsternis.

Halbwertsbreite, Bereich um das Maximum einer kontinuierlich verteilten Größe, in dem der Wert dieser Größe höher als der halbe Maximalwert ist; → Spektrum.

Halbwertszeit, Zeit, in der die Hälfte von instabilen Atomkernen oder Elementarteilchen einer bestimmten Sorte zerfällt.

Hale, George Ellery, amerikan. Astronom, geb. 29.06.1868 in Chicago (Illinois), gest. 21.02.1938 in Pasadena (Kalifornien); ab 1892 Prof. in Chicago, 1897–1905 Direktor des Yerkes-Observatoriums, 1904–1923 des Mount-Wilson-Observatoriums, arbeitete auf dem Gebiet der Sonnenphysik, fand den Zeeman-Effekt bei Sonnenflecken, erfand den Spektroheliographen sowie das Spektrohelioskop.

Hale-Teleskop [benannt nach dem amerikan. Astronomen G. E. Hale, 1868–1938], das 5-m-Spiegelteleskop auf dem Palomar Mountain (USA), dessen Bau G. E. Hale wesentlich begründete.

Halimede *f*, ein Satellit des Neptun.
Hinsichtlich der Einordnung in das System der Neptunsatelliten → Neptun.

Halley, Edmond, engl. Mathematiker und Astronom, geb. 08.11.1656 in Haggerston bei London, gest. 25.01.1742 in Greenwich; ab 1720 Königlicher Astronom und Direktor der Sternwarte Greenwich, berechnete als Erster Bahnen von Kometen, u. a. die Bahn des nach ihm benannten, dessen Periodizität er nachwies, fand die Eigenbewegung der Fixsterne und schlug die Bestimmung der Sonnenparallaxe mittels Venusvorübergängen vor.

Halley'scher Komet [benannt nach dem engl. Mathematiker und Astronomen E. Halley, 1656–1742], *1P/Halley* einer der mit bloßem Auge sichtbaren kurzperiodischen Kometen. Die Umlaufzeit von etwa 76 Jahren variiert infolge von Planetenstörungen in sehr langen Zeiträumen zwischen etwa 74 und 79 Jahren. Er bewegt sich rückläufig um die Sonne, wobei die Entfernung zwischen 0,586 AE im Perihel und 35,1 AE im Aphel schwankt. Die Bahnebene ist 162,3° gegen die Ebene der Ekliptik geneigt. Bisher sind 29 Periheldurchgänge durch Beobachtungen belegt, die erste davon fand 240 v. Chr. statt. Beim Durchgang 1986 wurde mit Hilfe von Raumsonden der Kern des Kometen aus der Nähe untersucht (→ Komet).

Halo *m*, 1) weiße oder farbige Lichterscheinung um Sonne oder Mond, die durch Brechung oder Spiegelung, seltener durch Beugung des Sonnen- bzw. Mondlichts an Eiskristallen in der Erdatmosphäre entsteht. Am häufigsten sind ringförmige Brechungshalos mit einem Halbmesser von 22° bei einem kleinen, 46° bei einem großen H.
2) eine etwa sphärische Anordnung von vor allem Kugelsternhaufen und RR-Lyrae-Sternen um ein spiralförmiges Sternsystem, speziell um das Milchstraßensys-

Halopopulation

tem. Die Gesamtheit der Halomitglieder bildet die Halopopulation (→ Population).
Halopopulation, → Population.
Harkins'sche Regel [benannt nach dem amerikan. Chemiker W. D. Harkins, 1873–1951], → Elementenhäufigkeit.
Harpalyke *f*, ein Zwergsatellit des → Jupiter.
harte Röntgenstrahlung, Röntgenstrahlung im Wellenlängenbereich zwischen 0,01 und 0,1 nm.
Harvard-Klassifikation, das am Harvard-Observatorium (USA) ausgearbeitete Ordnungsschema für Sternspektren; → Spektralklasse.
Hase, das Sternbild → Lepus.
Hati *m*, ein Satellit des Saturn.
Hinsichtlich der Einordnung des H. in das System der Saturnsatelliten → Saturn.
Haufenstern, Mitgliedstern eines Sternhaufens.
Haufenveränderliche, svw. RR-Lyrae-Sterne.
Hauptfolge der Spektralklassen, die Spektralklassen O, B, A, F, G, K, M; → Spektralklasse.
Haupthaar der Berenike, das Sternbild → Coma Berenices.
Hauptkeule, → Radioteleskop.
Hauptkomponente, svw. Hauptstern.
Hauptlicht, die hellsten Bereiche des → Zodiakallichts.
Hauptminimum, → Bedeckungsveränderliche.
Hauptreihe, schmaler Bereich im → Hertzsprung-Russell-Diagramm, in dem die Bildpunkte der Sterne liegen, in deren Zentralregion das Wasserstoffbrennen stattfindet.
Hauptreihenanpassung, → Parallaxe.
Hauptreihenstern, ein Stern, dessen Bildpunkt im → Hertzsprung-Russell-Diagramm auf oder in der Nähe der Hauptreihe liegt.
Hauptstern, *Hauptkomponente*, die massereichste oder, wenn dies nicht zu entscheiden ist, die leuchtkraftstärkste Komponente in einem Doppel- oder Mehrfachsternsystem.
Haus, Begriff der → Astrologie.
Hawking-Strahlung [benannt nach dem brit. Physiker und Kosmologen S. W. Hawking], der von einem Schwarzen Loch ausgehende, Energie tragende Teilchenstrom; → Schwarzes Loch.
Hayashi-Linie [benannt nach dem japan. Astronomen C. Hayashi], Grenzlinie im Hertzsprung-Russell-Diagramm, die das Gebiet der Bildpunkte der sich nicht im hydrostatischen Gleichgewicht befindenden Sterne, wie z. B. der instabilen Protosterne, von dem der vollständig konvektiven Sterne im hydrostatischen Gleichgewicht trennt; → Sternaufbau, → Sternentwicklung.
HD, Abk. für Henry-Draper-Katalog, einen Sternkatalog. HD in Verbindung mit einer Zahlenangabe bezeichnet einen Stern, z.B. HD 48915 denjenigen, der im Henry-Draper-Katalog als 48915. Stern angeführt ist; es handelt sich um Sirius (→ Sternkatalog).
Heckmann, Otto Hermann Leopold, dtsch. Astronom, geb. 23.06.1901 in Opladen, gest. 13.05.1983 in Regensburg; ab 1935 Prof. in Göttingen, 1941 in Hamburg, bis 1962 Direktor der Sternwarte Hamburg-Bergedorf; 1962–1973 Generaldirektor der Europäischen Süd-Sternwarte, 1967–1970 Präsident der Internationalen Astronomischen Union, arbeitete auf dem Gebiet der photographischen Photometrie, der Stellarstatistik und Kosmologie.
Hecuba *f*, der Planetoid (108).
Hecuba-Lücke, Lücke in der Häufigkeitsverteilung der Planetoiden in der Sonnenentfernung wie (108) Hecuba; → Planetoid.
Hegemone *f*, ein Zwergsatellit des → Jupiter.
HEGRA, engl. Abk. für *High Energy Gamma Ray Astronomy* [Hochenergie-Gammastrahlen-Astronomie], ein auf La Palma in 2 200 m Höhe sich befindendes Observatorium mit sechs optischen Teleskopen zur Untersuchung der von kosmischen Gammaquanten in der Erdatmosphäre ausgelösten Tscherenkow-Strahlung sowie mit Szintillationszählern zur Registrierung der ausgelösten Schauer von Sekundärteilchen (→ Gammaastronomie).
Heinrich-Hertz-Teleskop [benannt nach dem dtsch. Physiker H. Hertz, 1857–1894], Radioteleskop mit einem 10-m-Reflektor auf dem Mount Graham (Arizona, USA) für Untersuchungen im Millimeter- und Submillimeterbereich.
H-eins-Gebiet, *HI-Gebiet*, Bereich des interstellaren Raumes, in dem der sich dort befindende Wasserstoff im Wesentlichen neutral und atomar ist; → interstellares Gas.
heißer Fleck, ein lokal begrenztes Gebiet mit stark erhöhter Temperatur gegenüber der in der weiträumigen Umgebung; → Doppelstern.
Helene *f*, ein Saturnsatellit, der sich nahezu auf einer Kreisbahn mit einem Radius von 377 420 km in 2,737 Tagen rechtläufig um den Saturn bewegt. Die Bahnebene ist nur 0,21° gegen dessen Äquatorebene geneigt. Die H. ist ein Zwergsatellit mit einem mittleren Durchmesser von 32 km.
Die H. befindet sich nahe dem Librationspunkt L_4 des Saturn und seines Satelliten Dione, sie ist dynamisch an die Dione gebunden.
Hinsichtlich der Einordnung der H. in das System der Saturnsatelliten → Saturn.
heliakisch, auf die Sonne bezüglich.
heliakischer Aufgang, → Aufgang.
Helike *f*, ein Satellit des Jupiter.
Hinsichtlich der Einordnung der H. in das System der Jupitersatelliten → Jupiter.
Helio, Sonnen…, zur Sonne gehörig.
heliographische Breite, heliographische Länge, Koordinaten zur Festlegung eines Ortes auf der Sonnenoberfläche; → Sonne.
heliographische Koordinaten, → Sonne.
Heliopause, → Heliosphäre.
Helioseismologie, Teilgebiet der Sonnenphysik, das das Schwingungsverhalten der Sonne untersucht; → Sonne.
Helioskop *n*, Instrument zur → Sonnenbeobachtung.
Heliosphäre, der vom → Sonnenwind und den mitgeführten Magnetfeldern erfüllte und durch die *Heliopause* gegenüber dem umgebenden interstellaren Raum getrennte Bereich um die Sonne. Die Außengrenze ist wahrscheinlich eine Stoßfront, die sich bei der Wechselwirkung des Sonnenwinds mit dem interstellaren

Gas und dem galaktischen Magnetfeld ausbildet. Die Innengrenze wird durch eine weitere Stoßfront gebildet, die bei der Abbremsung des Sonnenwinds von Überschall- auf Unterschallgeschwindigkeit entsteht. Die Grenze der stark asymmetrischen, birnenförmigen Heliopause liegt in der Bewegungsrichtung der Sonne bezüglich der umgebenden interstellaren Materie in einer Sonnenentfernung von weniger als 100 AE. Die Raumsonde Voyager 1 scheint nach einem Flug von 26 Jahren Ende 2003 den Bereich der Stoßfront in einem Sonnenabstand von rund 96 AE erreicht zu haben.

Heliostat *m*, Instrument zur → Sonnenbeobachtung.

heliozentrisch, auf den Mittelpunkt der Sonne oder auf die Sonne als Mittelpunkt bezogen.

heliozentrisches System, *heliozentrisches Weltbild*, → Weltbild.

Heliumblitz, *Heliumflash*, thermische Instabilität im Zentralbereich masseärmer Sterne in späten Phasen ihrer Entwicklung; → Sternentwicklung.

Heliumbrennen, Kernprozesse in Sternen; → Energiefreisetzung in Sternen.

Heliumflash, svw. Heliumblitz.

Heliumstern, Stern vorzugsweise vom Spektraltyp O und B mit unnormal hohem Heliumgehalt in seiner Atmosphäre; → Elementenhäufigkeit.

Helligkeit, in der Astronomie ein Maß für den von einem Himmelskörper empfangenen Strahlungsstrom, der Energie je Zeit- und Flächeneinheit mit der Maßeinheit *Größenklasse*, Einheitenzeichen m [von lat. magnitudo, ‚Größe']. Bei Helligkeitsangaben innerhalb einer Helligkeitsskala wird das Zeichen m hinter die Zahlenangabe hochgestellt, bei Dezimalzahlen über das Komma. Bei der Angabe von Helligkeitsdifferenzen wird mag verwendet.

Scheinbare Helligkeit. Die scheinbare H. eines Gestirns dient als Maß für den am Beobachtungsort empfangenen Strahlungsstrom. Sie ist umso größer, je höher die Leuchtkraft des Gestirns und je geringer dessen Entfernung von der Erde ist. Die scheinbare H. ist verringert, falls durch interstellare Materie oder die Erdatmosphäre die Strahlungsintensität reduziert ist. Helligkeitsangaben beziehen sich im Allg. auf den oberhalb der Erdatmosphäre einfallenden Strahlungsstrom.

Zwischen den scheinbaren H.en m_1 und m_2 und den gemessenen Strahlungsströmen S_1 und S_2 besteht die als *Pogson'sche Helligkeitsskala* [benannt nach dem engl. Astronomen N. R. Pogson, 1829–1891] bezeichnete Beziehung $(m_1 - m_2) = -2{,}5 \cdot \lg(S_1/S_2)$. Gleichen Helligkeitsdifferenzen $(m_1 - m_2)$ entsprechen gleiche Strahlungsstromverhältnisse S_1/S_2. Die Beziehung ist der visuellen Helligkeitsbestimmung angepasst und beruht auf dem für das Auge geltenden psychophysischen Gesetz von Weber und Fechner, wonach die wahrgenommenen Empfindungen, hier: Helligkeiten, den Logarithmen der die Empfindungen hervorrufenden Reize, hier: Strahlungsströme, entsprechen. Der Proportionalitätsfaktor $-2{,}5$ mag ist willkürlich und so gewählt, dass sich eine möglichst gute Übereinstimmung mit älteren Helligkeitsangaben ergibt. Aufgelöst nach dem Strahlungsstromverhältnis ergibt sich $S_1/S_2 = 10^{0{,}4(m_2-m_1)}$. Einer Helligkeitsdifferenz $(m_2 - m_1) = 1$ mag entspricht ein Strahlungsstromverhältnis $10^{0{,}4} = 2{,}512$, einer Differenz von 2,5 mag ein Verhältnis 10:1 (Abb. 1).

Um die H. eines Gestirns innerhalb einer Größenklassenskala zu bestimmen, bedarf es der Festlegung eines Nullpunkts bzw. Bezugspunkts. Für den visuellen Spektralbereich wurde ursprünglich der Polarstern als Bezugspunkt bestimmt und seine scheinbare H. mit 2,12 Größenklassen ($2^{\text{m}}12$) festgelegt. Da er leicht veränderlich ist, werden gegenwärtig Sterngruppen zur Definition der Helligkeitsskala verwendet. Derartige primäre Standardsequenzen bilden u. a. ausgewählte Sterne in der Umgebung des Himmelsnordpols, die Nordpolarsequenz, wie auch Sterne in vielen Sternhaufen. Die Sequenzen überdecken jeweils ein weites Helligkeitsintervall. Die H.en der Standardsterne haben eine Genauigkeit von mindestens 0,01 mag.

Nach der Größenklassendefinition entsprechen kleinen Zahlenwerten große H.en und umgekehrt. Der sehr helle Stern Wega hat die scheinbare visuelle H. $0^{\text{m}}03$, noch hellere Objekte erhalten negative Zahlenwerte für die Größenklasse, z. B. hat Sirius die scheinbare visuelle H. $-1^{\text{m}}44$. Die größte scheinbare visuelle H. hat die Sonne mit $-26^{\text{m}}70$. Die mit den modernsten erdgebundenen Beobachtungsinstrumenten und Detektoren noch erfassbaren Objekte haben scheinbare H.en von etwa 29^{m}. Der Differenz in der Größenordnung von 55 mag zwischen diesen Werten entspricht ein Strahlungsstromverhältnis von $10^{22}{:}1$. Die Einteilung der Sternhelligkeiten in Größenklassen geht auf das Altertum zurück. Die hellsten Sterne wurden als „Sterne 1. Größe", die schwächsten, mit dem Auge gerade noch erkennbaren Sterne als „Sterne 6. Größe" bezeichnet.

Da die Größenklassenskala auf Strahlungsstromverhältnissen und einem willkürlich gewählten Nullpunkt beruht, ist sie losgelöst vom Internationalen Einheitensystem. Durch die Messung des einfallenden Strahlungsstroms z. B. in Watt/Quadratmeter von mindestens einem Stern können die astronomischen Größenklassen in die üblichen physikalischen Einheiten umgerechnet werden, u. a. auch in den ankommenden Photonenstrom. Für einen Stern der scheinbaren H. 0^{m} beläuft er sich im Spektralbereich von 400 bis 500 nm auf etwa $4 \cdot 10^9$ Photonen je Quadratmeter und Sekunde, von einem Stern der scheinbaren H. 28^{m} auf nur etwa 0,025 $\text{m}^{-2}\,\text{s}^{-1}$.

Da die Stärke der Sternstrahlung und die Empfindlichkeit der Messapparatur (bestehend aus Strahlungsempfänger, eventuell vorhandenen Farbfiltern und Teleskopoptik) wellenlängenabhängig sind, führen die Messungen bei ein und demselben Stern mit unterschied-

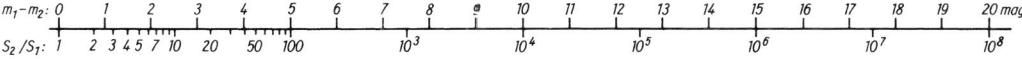

Abb. 1: Helligkeitsdifferenz und Strahlungsstromverhältnis

Helligkeit

lichen Messapparaturen im Allg. zu unterschiedlichen Helligkeitswerten.

Um astrophysikalisch möglichst aussagekräftige Helligkeitsangaben zu erhalten, werden mit Hilfe geeigneter Filter-Empfänger-Kombinationen bestimmte Wellenlängenbereiche (Farbbereiche) ausgewählt und zu einem → Farbsystem zusammengefasst. Zur Kennzeichnung des bei der Messung benutzten Spektralbereichs wird die scheinbare H. m mit einem den Spektralbereich bezeichnenden Index versehen, z. B. m_{vis} für visuelle H., oder sie wird durch das Symbol des Spektralbereichs ersetzt, beim UBV-System (→ Farbsystem) wird z. B. $m_U = U$, $m_B = B$ oder $m_V = V$ geschrieben. Für jeden Farbbereich ist der Nullpunkt der Größenklassenskala gesondert zu definieren, was durch die Festlegung geschieht, dass für einen Hauptreihenstern des Spektraltyps A0 die scheinbaren H.en in allen Farbbereichen den gleichen Zahlenwert haben sollen. Für einen A0-Hauptreihenstern gilt $U = B = V$. Ausgenommen ist die **bolometrische H.** m_{bol}, das Maß für den über alle Spektralbereiche summierten Strahlungsstrom. Als Nullpunkt der Skala ist festgelegt, dass für Sterne vom Spektraltyp der Sonne (G2V) $m_{bol} = m_{vis}$ gilt. G2V-Sterne haben ihr Strahlungsmaximum im visuellen Spektralbereich, Sterne fast aller anderen Spektralklassen hingegen bei größeren oder kleineren Wellenlängen. Bei Verwendung eines im visuellen Spektralbereich empfindlichen Detektors wird zur Bestimmung der bolometrischen H. bei anderen als G2V-Sternen in anderen Farbbereichen im Allg. ein kleinerer Bruchteil der Gesamtstrahlung genutzt. Wegen der Zählweise der Größenklassen ist die Differenz $\Delta m = m_{bol} - m_{vis}$, die sog. **bolometrische Korrektur**, für fast alle Spektralklassen negativ (Tab.). Mit erdgebundenen Teleskopen sind bolometrische H.en schwer zu bestimmen, da die Erdatmosphäre für Strahlung unterschiedlicher Wellenlänge unterschiedlich oder gar nicht durchlässig ist und die verwendeten Detektoren nicht über den gesamten Spektralbereich gleich empfindlich sind.

Die scheinbare bolometrische H. der Sonne beträgt $-26^m\!.83$. Oberhalb der Erdatmosphäre beläuft sich der über alle Wellenlängen summierte Strahlungsstrom der Sonne, die sog. Solarkonstante, auf 1,366 kW/m², der Strahlungsstrom eines Sterns mit $m_{bol} = 0^m$ auf $2,54 \cdot 10^{-8}$ W/m².

Bolometrische Korrektur Δm

Spektral- und Leuchtkraftklasse	Δm
B0 V	−2,69
A0 V	−0,10
F0 V	−0,11
G0 V	−0,02
K0 V	−0,11
M0 V	−1,18
K0 III	−0,30
M0 III	−1,17
A0 I	−0,38
F0 I	−0,14
G0 I	−0,04
K0 I	−0,22
M0 I	−1,17

Die Differenz zweier in verschiedenen Farbbereichen ermittelten H.en ist der → Farbenindex. Farbenindizes lassen auf die spektrale Energieverteilung eines Sterns schließen.

Absolute Helligkeit, Entfernungsmodul. Definitionsgemäß ist die absolute H. eines Sterns gleich der scheinbaren H., die er bei einer Entfernung von 10 pc von der Sonne hätte. Die absolute H. ist ein Maß für die Strahlungsleistung eines Himmelskörpers. Dieser kann absolut sehr hell sein, obwohl die scheinbare H. infolge einer großen Entfernung sehr gering ist. Bei bekannter Entfernung ist die absolute H. aus der scheinbaren bestimmbar. Bezeichnet S den am Ort der Erde gemessenen Strahlungsstrom, S_{10} den, der bei einer Entfernung von 10 pc gemessen würde, und r in pc die Entfernung des Himmelskörpers, ergibt sich für die Strahlungsströme infolge der Abhängigkeit umgekehrt proportional dem Quadrat der Entfernung $S/S_{10} = 10^2/r^2$. Für die Differenz von scheinbarer H. m und absoluter H. M gilt daher $(m - M) = -2,5 \cdot \lg (S/S_{10}) = 5 \cdot \lg r - 5$. Die Differenz $(m - M)$ ist bei fehlender interstellarer Extinktion mithin allein von der Entfernung abhängig und wird als **Entfernungsmodul** bezeichnet (Abb. 2). Falls die scheinbare H. durch interstellare Extinktion um A mag verringert ist, gilt $m - M = 5 \cdot \lg r - 5 + A$.

Entsprechend den scheinbaren H.en werden u. a. absolute visuelle H.en (M_V), photographische (M_{ph}) und bolometrische H.en (M_{bol}) unterschieden.

Die Sonne hat einen Entfernungsmodul von $-31,57$ mag und eine absolute bolometrische H. von $+4^m\!.74$. Zwischen der absoluten bolometrischen H. eines Sterns mit der Leuchtkraft L gemessen in Einheiten der Sonnenleuchtkraft $3,847 \cdot 10^{26}$ W besteht die Beziehung $M_{bol} = 4,74 - 2,5 \cdot \lg L$. Ein Stern der absoluten bolometrischen H. $M_{bol} = 0^m$ hat eine Leuchtkraft von $3,03 \cdot 10^{28}$ W.

Bei den im reflektierten Sonnenlicht strahlenden Himmelskörpern des Planetensystems, wie Planeten, Satelliten und Planetoiden, hängen die scheinbaren H.en sowohl von deren Entfernung von der Sonne als auch der von der Erde ab sowie von der Größe der reflektierenden Oberfläche und deren Reflexionsfähigkeit, der Albedo. Weiterhin spielt die gegenseitige Stellung von Sonne, Himmelskörper und Erde eine Rolle, da durch sie der von der Erde aus sichtbare Bruchteil der beleuchteten Oberfläche des Himmelskörpers bestimmt wird. Die absolute H. eines Körpers des Planetensystems wird als diejenige scheinbare H. definiert, die der Körper in Oppositionsstellung (→ Konstellation) in einer Entfernung von 1 AE von der Sonne und 1 AE vom Beobachter hätte.

Flächenhelligkeit. Die scheinbare Flächenhelligkeit ist ein Maß für die empfangene Strahlungsmenge, die aus einem bestimmten Raumwinkel von einem aus-

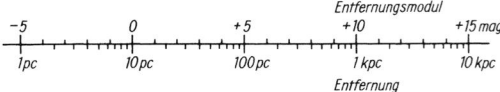

Abb. 2: Entfernungsmodul und Entfernung gemessen in Parsec

gedehnten, nicht als Punktlichtquelle erscheinenden Objekt empfangen wird, z. B. einem interstellaren Emissionsnebel oder einem extragalaktischen Sternsystem. Als Raumwinkeleinheit wird im Allg. eine Quadratbogensekunde an der Himmelskugel gewählt. Denkt man sich das Licht eines Sterns n-ter Größe auf diese Fläche gleichmäßig ausgebreitet, ergibt dies die Flächenhelligkeit n-ter Größe. Die Flächenhelligkeit ist unabhängig von der Entfernung, da bei einer Abstandsvergrößerung der empfangene Strahlungsstrom zwar mit dem Quadrat der Entfernung abnimmt, er aber von einer um den gleichen Faktor scheinbar verkleinerten Fläche abgestrahlt wird, so dass sich beide Effekte aufheben.

Helligkeitskatalog, Sternkatalog speziell mit Angabe von Sternhelligkeiten.

Helligkeitstemperatur, → Temperatur.

Helmholtz-Kelvin-Zeitskala, svw. Kelvin-Helmholtz-Zeitskala; → Sternentwicklung.

Henry-Draper-Katalog [benannt nach dem amerikan. Chemiker und Amateurastronomen Henry Draper, 1837–1882], → Sternkatalog.

Her, Abk. für Hercules.

Herbig-Ae/Be-Sterne, **Herbig-Ae-Sterne**, **Herbig-Be-Sterne** [benannt nach dem amerikan. Astronomen G. Herbig], Vor-Hauptreihensterne der Spektralklassen A bzw. B mit starken Emissionslinien im Spektrum, die Sterne sind weiterhin mit Dunkelwolken oder Reflexionsnebeln assoziiert. Vermutlich sind dies die Reste der interstellaren Wolken, aus denen die Sterne hervorgegangen sind. Bei einigen H.-Ae/Be-S.n scheint jedoch keine unmittelbare Verbindung mit interstellaren Wolken zu bestehen. Die Masse der H.-Ae/Be-S. beträgt etwa 2 bis 8 Sonnenmassen. Die Emissionslinien gehen auf einen starken Sternwind zurück, der z. T. optisch nachweisbar ist. Es finden sich auch Hinweise auf bipolare Ausflüsse und Staubscheiben um die Sterne. Das optische Kontinuum ist z. T. mit unterschiedlichen Zeitskalen veränderlich, so existieren im visuellen Spektralbereich z. T. plötzliche Helligkeitsabfälle von bis zu 3 mag. Ursache dafür sind vermutlich Dichtevariationen in zirkumstellaren Staubscheiben. Die H.-Ae/Be-S. entsprechen in der Entwicklungsphase etwa der der masseärmeren → T-Tauri-Sterne.

Herbig-Haro-Objekte, *HH-Objekte* [benannt nach dem amerikan. Astronomen G. Herbig und dem mexikan. Astronomen G. Haro, 1913–1988], kleine kompakte interstellare Materieverdichtungen, die als Emissionsnebelchen erscheinen. Die Strahlung beruht auf der Wechselwirkung eines scharf gebündelten, von einem sehr jungen, meist einem → T-Tauri-Stern ausgehenden Materiestrahls mit der umgebenden interstellaren Materie. Der Strahl prallt mit Überschallgeschwindigkeit auf die Materie, so dass sich eine Stoßfront ausbildet, in der Bewegungsenergie in thermische Energie überführt wird. H.-H.-O. sind stark aufgeheizte Materieverdichtungen in Stoßfronten. Die Temperaturen können bis zu 1 Mio. K erreichen, wie beim Objekt HH2 im Orionnebel, das auch als Röntgenquelle in Erscheinung tritt. Bei → bipolaren Nebeln befindet sich vielfach je ein H.-H.-Objekt an gegenüberliegenden Seiten des Sterns, von dem ein Doppelstrahl ausgeht.

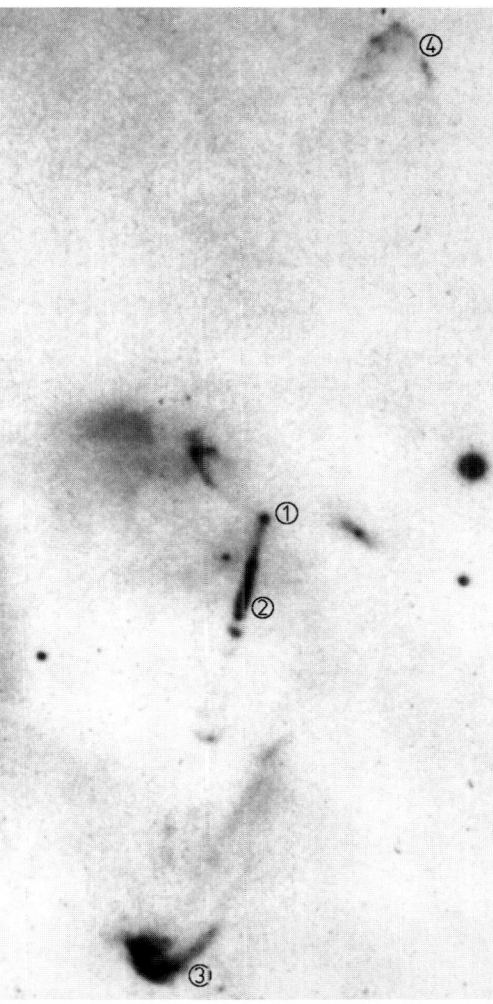

Negativaufnahme des Herbig-Haro-Objekts 34 in der Orion-Molekularwolke. Quelle (1) des Materiestrahls (2), ein Herbig-Haro-Objekt (3). Das Objekt (4) ist wahrscheinlich durch einen in entgegengesetzter Richtung sich bewegenden Strahl verursacht. (Aufnahme: Max-Planck-Institut für Astronomie)

Bei einigen H.-H.-O.n kann aus der Eigenbewegung und der Radialgeschwindigkeit die räumliche Geschwindigkeit der Objekte ermittelt werden, sie liegt in der Größenordnung von einigen 100 km/s. Die Entfernungen vom zugehörigen Stern betragen etwa 0,1 bis zu 1 pc, ihre linearen Ausdehnungen einige 1 000 AE.

Herbst, → Jahreszeit.

Herbstäquinoktium, → Äquinoktium.

Herbstpunkt, *Waagepunkt*, der Schnittpunkt der Ekliptik mit dem Himmelsäquator, in dem sich die Sonne zum Herbstäquinoktium befindet und den Himmelsäquator in Richtung Süden überschreitet (→ Äquinoktium). Der andere Schnittpunkt ist der Frühlingspunkt. H. und Frühlingspunkt sind die beiden Äquinoktial-

Hercules

punkte. Infolge von → Präzession und Nutation verlagert sich dadurch längs der Ekliptik entgegengesetzt der scheinbaren jährlichen Bewegung der Sonne. Zu Zeiten Hipparchs (um 190–125 v. Chr.) lag der H. im Sternbild Libra (Waage, daher Waagepunkt), gegenwärtig befindet er sich im Sternbild Virgo (Jungfrau), → Sternkarte Seite 419.

Hercules, *Gen.* Herculis, abg. ***Her***, ***Herkules***, Sternbild des nördlichen Himmels, das in unseren Breiten im Sommer am Abendhimmel sichtbar ist. Der Stern α Herculis ist → Ras Algethi. Im Sternbild H. liegen mehrere Sternhaufen, wovon der Kugelsternhaufen M 13 als schwacher verwaschener Nebelfleck auf der Verbindungslinie der Sterne η und ζ Herculis sichtbar ist. Der weniger hell erscheinende Kugelsternhaufen M 92 liegt zwischen η und ι Herculis.
Hinsichtlich der Lage am Himmel → Sternkarte Seite 415.

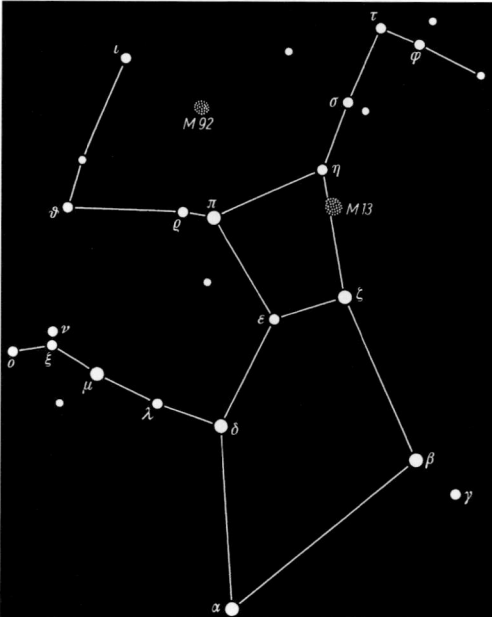

Charakteristische Anordnung der hellsten Sterne des Sternbildes Hercules

Hermes *m*, der Planetoid (69230), der 1937 der Erde bis auf etwa 740 000 km, etwa doppelte Mondentfernung, nahe kam; → Planetoid.

Hermippe *f*, ein Satellit des Jupiter.
Hinsichtlich der Einordnung der H. in das System der Jupitersatelliten → Jupiter.

Herschel, 1) Sir (seit 1816) Friedrich Wilhelm, brit. Astronom dtsch. Herkunft, geb. 15.11.1738 in Hannover, gest. 25.08.1822 in Slough bei Windsor (England); ursprünglich Musiker, ging 1757 nach England, ab 1771 Mitglied der Royal Society. Für die von ihm gebauten Teleskope schliff er über 400 Fernrohrspiegel (Metallspiegel); der größte hatte einen Durchmesser von 1,22 m und eine Brennweite von 11,9 m. Am 13.03.1781 entdeckte er den Planeten Uranus. Danach konnte er sich dank der Unterstützung durch den engl. König ganz der Astronomie widmen. Er entdeckte weiterhin u. a. die Pekuliarbewegung der Sonne, die Uranussatelliten Titan und Oberon sowie die Saturnsatelliten Mimas und Enceladus. Auf Grund von Sternzählungen gewann er als Erster eine Vorstellung vom Bau des Milchstraßensystems.
2) Sir John Frederick William, brit. Astronom, Sohn von *1*), geb. 07.03.1792 in Slough bei Windsor, gest. 11.05.1871 in Collingwood (Kent), ab 1813 Mitglied der Royal Society; anfänglich Jurist, führte zusammen mit seinem Vater astronomische Beobachtungen durch, beobachtete erstmalig systematisch den Südhimmel, erkannte die Magellan'schen Wolken als Sternansammlungen, gab Doppelsternkataloge und einen Katalog von 5 079 Nebeln und Sternhaufen heraus.
3) Lucretia Karoline, Schwester von *1*), geb. 16.03.1750 in Hannover, gest. 09.01.1848 in Hannover, ging 1772 zu ihrem Bruder nach England, dem sie bei seinen Beobachtungen half, entdeckte mehrere interstellare Gasnebel und 8 Kometen.

Herschel-System, → Spiegelteleskop.

Hertz [benannt nach dem dtsch. Physiker H. Hertz, 1857–1894], Einheitenzeichen Hz, Maßeinheit der Frequenz.

Hertzsprung, Ejnar, dän. Astronom, geb. 08.10.1873 in Frederiksberg, gest. 21.10.1967 in Roskilde; ursprünglich Chemieingenieur, ab 1902 an der Sternwarte Kopenhagen, 1909–1919 am Astrophysikalischen Observatorium in Potsdam, 1919–1945 an der Sternwarte Leiden, ab 1935 deren Direktor. H. arbeitete über Offene Sternhaufen, Veränderliche und Doppelsterne, führte spektralphotometrische Untersuchungen durch und entdeckte die Existenz von Riesen- und Zwergsternen. Nach ihm und H. N. Russell (1877–1957) ist das → Hertzsprung-Russell-Diagramm benannt.

Hertzsprung-Lücke [benannt nach dem dän. Astronomen E. Hertzsprung, 1873–1967], Gebiet im → Hertzsprung-Russell-Diagramm mit auffallend wenigen Bildpunkten von Sternen.

Hertzsprung-Russell-Diagramm [benannt nach dem dän. Astronomen E. Hertzsprung, 1873–1967, und dem amerikan. Astronomen H. N. Russell, 1877–1957], Abk. ***HRD***, Diagramm mit der absoluten Helligkeit der Sterne als Ordinate und der Spektralklasse als Abszisse. Die Koordinaten sind traditionell so angeordnet, dass die Bildpunkte der absolut hellsten Sterne im Diagramm oben, früherer Spektralklassen links liegen.
Bei Sternen geringer scheinbarer Helligkeit ist die Bestimmung der Spektralklasse eines Sterns wesentlich aufwendiger als die Ermittlung des entsprechenden Farbenindex. Deshalb werden im HRD häufig statt Spektralklassen Farbenindizes, meist in Form des Farbenindex ($B–V$) des UBV-Systems (→ Farbenindex) verwendet. Werden außerdem statt absoluter Helligkeiten scheinbare benutzt, ergibt sich ein ***Farben-Helligkeits-Diagramm*** (Abk. ***FHD***). FHD und HRD sind weitestgehend gleichwertig und haben gleiche Struktur.

Hertzsprung-Russell-Diagramm

Bei Untersuchungen von Sterngruppen, z. B. Sternhaufen, ist ein FHD vorteilhaft, da die Gruppenmitglieder nahezu gleiche Entfernungen von der Sonne haben, die scheinbaren Helligkeiten sich von den absoluten daher nur um einen festen Betrag, den Entfernungsmodul (→ Helligkeit), unterscheiden. Bei interstellarer Verfärbung (→ interstellarer Staub) entsprechen die gemessenen Farbenindizes nicht den Eigenfarben der Sterne (→ Farbenindex), was systematische Fehler verursacht. Mittels einer Mehrfarbenphotometrie (→ Photometrie) kann der Einfluss der interstellaren Verfärbung aber bestimmt und eliminiert werden.

Ein HRD ist nicht gleichmäßig mit Bildpunkten, vereinfacht gesprochen „mit Sternen" besetzt, sie häufen sich z. T. in mehr oder minder breiten langgestreckten Bereichen („Ästen"), in anderen Gebieten ist ihre Dichte gering (Abb. 1). Die Hauptstruktur ist die *Hauptreihe*. Sie erstreckt sich als schmales, wohl begrenztes Band von den B0-Sternen mit einer absoluten Helligkeit von etwa -5^m bis zu den M-Sternen mit absoluten Helligkeiten zwischen etwa 9^m und 16^m. Die Hauptreihensterne bilden die Leuchtkraftklasse V (→ Leuchtkraft). Die Sonne ist ein Hauptreihenstern. In einem zweiten, weniger scharf begrenzten Bereich liegen die Bildpunkte von Sternen der Spektralklassen G bis M mit einer absoluten Helligkeit von ungefähr 0^m. Im Vergleich zu Hauptreihensternen gleicher Spektralklasse haben die Sterne dieses Gebiets eine größere absolute Helligkeit, damit eine größere leuchtende Oberfläche und einen entsprechend größeren Radius. Sie sind die „normalen" Riesensterne der Leuchtkraftklasse III, ihr Gebiet ist der *Riesenast*. Im Unterschied zu ihnen werden die Hauptreihensterne auch als Zwergsterne bezeichnet. Zwischen Riesenast und der Hauptreihe befindet sich das Gebiet der Unterriesen (Leuchtkraftklasse IV), deren Radius zwischen dem der Riesen- und dem der Hauptreihensterne liegt. Unterhalb dieses Bereichs existiert eine auffällige Leere, die *Hertzsprung-Lücke*. Oberhalb des Riesenastes erstrecken sich die Gebiete der hellen Riesen (Leuchtkraftklasse II) und der Überriesen (Leuchtkraftklasse I), die dünn, aber verhältnismäßig gleichmäßig mit Bildpunkten besetzt sind. Etwa 1 bis 3 mag unterhalb der Hauptreihe liegen im Bereich der mittleren und späten Spektralklassen die Bildpunkte der Unterzwerge (Leuchtkraftklasse VI). Die → Weißen Zwerge nehmen ein isoliertes Gebiet etwa 8 bis 12 mag unterhalb der Hauptreihe im Bereich der Spektralklassen B bis G ein. Zusätzlich zu diesen Hauptstrukturen ergeben sich auf Grund theoretischer Untersuchungen noch spezielle Unterstrukturen, die von Sternen in einer bestimmten Phase ihrer Entwicklung eingenommen werden (→ Sternentwicklung).

Zwischen einem HRD, das die Bildpunkte aller bekannten Sterne bis zu einem bestimmten Grenzabstand von der Sonne enthält (Abb. 2), und einem HRD für alle Sterne bis zu einer bestimmten scheinbaren Grenzhelligkeit besteht ein auffälliger Unterschied. In beiden Diagrammen ist die Hauptreihe die am dichtesten besetzte Region. Unter den sonnennahen Sternen finden sich aber kaum Riesensterne. Der Riesenast in einem HRD mit allen Sternen bis zu einer bestimmten Grenzhelligkeit ist dagegen dicht bevölkert, weil auf Grund ihrer hohen absoluten Helligkeit Riesensterne auch großer Entfernung noch nachweisbar sind; in ihrer Gesamtheit stammen sie aus einem viel größeren Volumen als Hauptreihensterne gleicher scheinbarer Helligkeit.

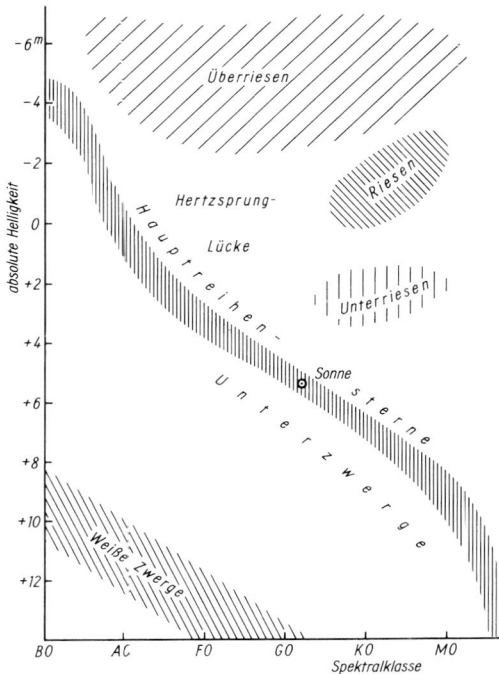

Abb. 1: Schematisches Hertzsprung-Russell-Diagramm

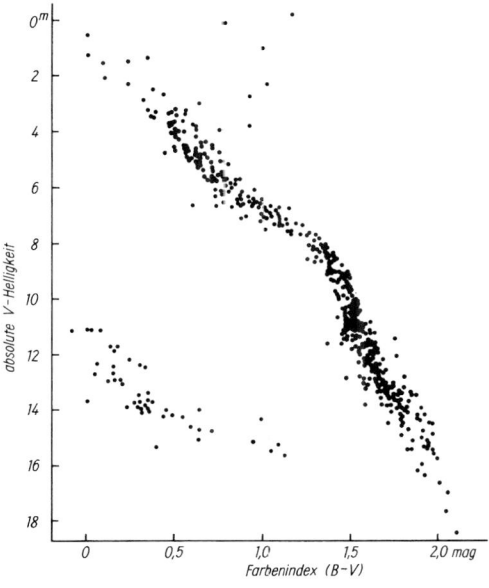

Abb. 2: Farben-Helligkeits-Diagramm von 539 Sternen mit einem geringeren Abstand von der Sonne als 22 pc

Hertzsprung-Russell-Diagramm

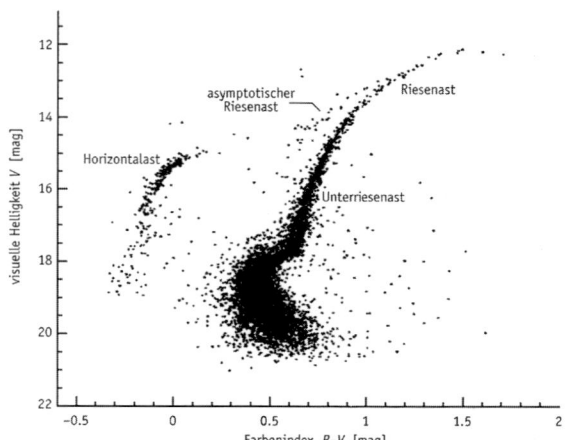

Abb. 3: Farben-Helligkeitsdiagramm von 7 056 Sternen des Kugelsternhaufens M13

Zur Bestimmung der wahren relativen Häufigkeit von Sternen unterschiedlicher Leuchtkraftklasse und Spektralklasse bzw. Farbenindex müssen alle Sterne aus einem geschlossenen Volumen um die Sonne erfasst werden. Der Radius des Volumens darf nicht zu groß sein, um auch absolut schwache Sterne möglichst vollständig einzubeziehen, aber auch nicht zu klein, da sonst keine der selteneren Sterntypen nachgewiesen werden können. Innerhalb des Bereichs von 20 pc Radius um die Sonne sind schätzungsweise nahezu alle Sterne absolut heller als 8^m erfasst, von den schwächeren hingegen nur etwa 33%. In diesem Bereich sind 90 bis 95% der Sterne Hauptreihensterne, von denen rund 80% zur Spektralklasse M gehören, weniger als 1% sind Riesen und Überriesen, nahezu der gesamte Rest sind Weiße Zwerge. Wegen ihrer geringen absoluten Helligkeit sind sie selbst in unmittelbarer Sonnennähe schwer auffindbar. Die Häufigkeitsverteilung der Sterne in Abhängigkeit von der absoluten Helligkeit, ohne Rücksicht auf die Spektralklasse, gibt die → Leuchtkraftfunktion.

Zwischen den HRDs der verschiedenen Sternpopulationen bestehen charakteristische Unterschiede. Im HRD der extremen Population I ist die Hauptreihe bis zu den B- und O-Sternen besetzt, im HRD der Halopopulation fehlen die Hauptreihensterne mit einer Spektralklasse früher als F0, auch sind die Riesenäste der Populationen gering gegeneinander verschoben. Die Unterschiede sind besonders deutlich beim Vergleich des HRD eines Offenen Sternhaufens als typischen Vertreter der extremen Population I (Abb. → Offene Sternhaufen) mit dem HRD eines Kugelsternhaufens als Vertreter der Halopopulation. Das HRD für die Sterne der Sonnenumgebung entspricht etwa dem der Population I.

Ein HRD spiegelt die Beziehung zweier wesentlicher Strahlungscharakteristika der Sterne wider: Die absolute Helligkeit ist ein Maß für die Gesamtstrahlungsleistung bzw. die Leuchtkraft, die Spektralklasse korreliert mit der Strahlungsleistung je Oberflächeneinheit bzw. mit der Effektivtemperatur. Werden die ursprünglichen Koordinaten durch die Koordinaten Leuchtkraft und Effektivtemperatur ersetzt, so werden, um größere Verzerrung der Hauptstrukturen im HRD zu vermeiden, üblicherweise die Logarithmen von Leuchtkraft und Effektivtemperatur mit dem Logarithmus der Effektivtemperatur nach links wachsend verwendet.

Zwischen Leuchtkraft, Effektivtemperatur und Radius eines Sterns besteht eine strenge Beziehung (→ Leuchtkraft), die sich im HRD widerspiegelt. Die Sternradien wachsen von links unten, von den Weißen Zwergen, nach rechts oben, zu den M-Überriesen, stetig an. Für Hauptreihensterne besteht weiterhin eine → Masse-Leuchtkraft-Beziehung. Die Sternmassen nehmen längs der Hauptreihe von den M- bis hin zu den O-Sternen kontinuierlich zu.

Die unterschiedliche Bildpunktdichte in unterschiedlichen Bereichen eines HRD ist durch die Sternentwicklung bedingt. Bei einem Stern ändern sich infolge seiner Entwicklung der innere Zustand sowie die globalen Zustandsgrößen Effektivtemperatur und Leuchtkraft. Ein Stern durchläuft im HRD einen „Entwicklungsweg" (Abb. → Sternentwicklung) mit sehr unterschiedlichen Geschwindigkeiten auf den einzelnen Wegabschnitten. Während Phasen einer langsamen Entwicklung, z. B. während des zentralen Wasserstoffbrennens bzw. des zentralen Heliumbrennens, ändern sich die globalen Zustandsgrößen nur wenig, dementsprechend auch die Lage der Bildpunkte im HRD. Sie stauen sich an bestimmten Stellen des Entwicklungsweges, so auf der Hauptreihe infolge des zentralen Wasserstoffbrennens und im Bereich des Riesenastes infolge des zentralen Heliumbrennens. Bei einer sehr raschen Änderung von Effektivtemperatur oder Leuchtkraft oder beider Größen ist die Wahrscheinlichkeit gering, Sterne in diesem Entwicklungszustand zu finden, was sich in der relativen Sternarmut einiger Bereiche im HRD widerspiegelt, z. B. in der Hertzsprung-Lücke. Rechts von einer Grenzlinie, der **Hayashi-Linie** [benannt nach dem japan. Astronomen C. Hayashi], die bei Effektivtemperaturen von etwa 5 000 bis 3 000 K nahezu senkrecht verläuft (→ Sternaufbau; → Sternentwicklung), ist die Bildpunktdichte sehr gering. In diesem Gebiet liegen die Bildpunkte der instabilen Protosterne, die noch kein hydrostatisches Gleichgewicht erreicht haben und deren globale Zustandsgrößen sich rasch ändern. Protosterne entziehen sich außerdem weitgehend der Beobachtung, da sie vielfach von interstellarer Materie umhüllt und ihre scheinbaren Helligkeiten durch deren Extinktion reduziert sind.

Die Zunahme der Besetzungsdichte längs der Hauptreihe von den O-Sternen bis hin zu den M-Sternen ist erstens durch die wesentlich geringere Entwicklungsgeschwindigkeit massearmer Hauptreihensterne im Vergleich zu massereichen bedingt, außerdem entstehen wesentlich mehr massearme als massereiche Sterne (→ Sternentstehung).

Die Bildpunkte verschiedener Typen veränderlicher Sterne konzentrieren sich an diskreten Stellen im HRD (Abb. → Veränderliche), weil nur Sterne in bestimmten Entwicklungsphasen und folglich mit einer charakteristischen inneren Struktur zu Instabilitäten neigen, die mit Helligkeitsvariationen verbunden sind (→ Sternaufbau). Aus der Lage des Bildpunkts eines Sterns im HRD kann auf dessen globale Zustandsgrößen Effektivtemperatur und Leuchtkraft geschlossen werden, ein HRD stellt in diesem Sinn eine Art *Zustandsdiagramm* dar.

Hesperos, svw. Abendstern.

Hestia *f*, der Planetoid (46).

Hestia-Lücke, Lücke in der Häufigkeitsverteilung der Planetoiden in nahezu gleicher Sonnenentfernung wie (46) Hestia; → Planetoid.

Hevelius, eigentlich *Hewelcke*, Johannes, Astronom. geb. 28.01.1611 in Danzig, gest. 28.01.1687 in Danzig; begründete die Selenographie durch die Herausgabe der ersten Mondkarten, gab einigen Sternbildern die noch heute gebräuchlichen Namen, z. B. Lynx (Luchs), Lacerta (Eidechse), Scutum (Schild) und Vulpecula (Fuchs). Zur Beobachtung von Mond, Kometen, Planeten und Sonnenflecken benutzte er bereits Fernrohre, zur Positionsbestimmung aber nur Quadranten.

HH-Objekte, svw. Herbig-Haro-Objekte.

H-H-Reaktion, Kernprozess, bei dem Wasserstoff in Helium verwandelt wird; → Energiefreisetzung in Sternen.

Hilda *f*, der Planetoid (153).

Hilda-Gruppe, eine Gruppe von Planetoiden in nahezu gleicher Entfernung von der Sonne wie (153) Hilda; (→ Planetoid).

Himalia *f*, ein Jupitersatellit. Die H. bewegt sich auf einer Ellipsenbahn mit der großen Halbachse von 11.461 Mio. km und der Exzentrizität von 0,162 in 250,56 Tagen rechtläufig um den Jupiter. Die Bahnebene ist mit 25,42° stark gegen dessen Äquatorebene geneigt. Der Durchmesser der H. beträgt etwa 170 km. Über die Oberflächenbeschaffenheit ist nichts Sicheres bekannt, Spektralbeobachtungen lassen Ähnlichkeiten des Oberflächenmaterials mit der Zusammensetzung kohliger Chondrite vermuten (→ Meteorit).

Hinsichtlich der Einordnung der H. in das System der Jupitersatelliten → Jupiter.

Himmel, astronomisch das scheinbare Gewölbe, das sich über die Horizontebene erhebt und die Vorstellung eines geschlossenen Raums um die Erde erweckt.

Vom Auge werden Abstände in Horizontrichtung infolge optischer Prozesse in der Erdatmosphäre größer empfunden als vertikale, das *Himmelsgewölbe* scheint daher in Richtung zum Horizont weiter entfernt zu sein als in Richtung zum Zenit, es erscheint näherungsweise als ein Rotationsellipsoid mit der kleinen Achse in Zenitrichtung. Die *Himmelskugel* ist eine gedachte ideale Kugel zur Festlegung astronomischer → Koordinaten.

Die Helligkeit des Taghimmels wird durch → Streuung des Sonnenlichts an Molekülen und Dunstteilchen der Atmosphäre hervorgerufen. Die Streuung durch Luftmoleküle ist stark wellenlängenabhängig, kurzwelliges, blaues Licht wird stärker gestreut als langwelliges, rotes. Das Streulicht enthält daher einen sehr großen Anteil blaues Licht und der Taghimmel erscheint blau. Die Streuung an Dunstteilchen ist weniger wellenlängenabhängig. Bei sehr dunstiger Atmosphäre erscheint das Himmelslicht dadurch milchig weiß statt blau. Die scheinbare Entfernung des Himmelsgewölbes wird durch die Entfernung bestimmt, in der im Mittel das Licht am stärksten gestreut wird, bevor es ins Auge gelangt. In Richtung zum Horizont ist die Streuung an Dunstteilchen höher als die in Richtung zum Zenit, die Entfernung erscheint größer als in Zenitrichtung, was den nicht kugelförmigen Eindruck des Himmelsgewölbes bewirkt.

Der H. ist nachts nicht absolut dunkel, er wird durch das → Nachthimmelslicht aufgehellt.

Himmelsachse, die verlängert gedachte Erdachse, um die scheinbar die tägliche Bewegung der Himmelskörper erfolgt; → Bewegung der Gestirne.

Himmelsäquator, die Schnittlinie der verlängert gedachten Ebene des Erdäquators mit der → Himmelskugel; → Koordinaten.

Himmelsatlas, eine Zusammenfassung von Sternkarten.

Himmelsdurchmusterung, → Sternkatalog.

Himmelsgewölbe, → Himmel.

Himmelsglobus, *Sternglobus*, Darstellung des Sternhimmels auf einer Kugel. Die gegenseitige Lage der Sterne ist unverzerrt, aber spiegelbildlich dargestellt. Ein Beobachter schaut auf die „Innenseite" der Himmelskugel, bei einem H. aber auf die Außenseite.

Himmelskörper, Bezeichnung für alle außerirdischen Körper, wie Planeten, Planetoiden, Satelliten, Kometen, Sterne, Sternsysteme, z. T. auch für alle kosmischen Objekte unter Einschluss der Erde.

Himmelskugel, *Himmelssphäre*, *Sphäre*, ideale Kugel mit beliebig großem Radius, an die vom Beobachtungsort aus die Gestirne projiziert gedacht werden. Die verlängerte Erdachse, die *Himmelsachse,* durchstößt die H. in den *Himmelspolen*, von denen der Himmelsnordpol in der Verlängerung Erdmittelpunkt–Erdnordpol liegt, der Himmelssüdpol in der Gegenrichtung. Die Schnittlinie der H. mit einer Ebene, die durch den Erdmittelpunkt geht und senkrecht zur Himmelsachse ist, bildet den *Himmelsäquator*.

Himmelskunde, svw. Astronomie.

Himmelslicht, diffuses, keinem einzelnen Himmelskörper zuzuordnendes und aus allen Himmelsrichtungen kommendes Licht. Die Helligkeit des Taghimmels ist durch Streuung des Sonnenlichts in der Erdatmosphäre verursacht (→ Himmel), die des Nachthimmels ist sowohl atmosphärischen als auch extraterrestrischen Ursprungs (→ Nachthimmelslicht).

Himmelsmechanik

Himmelsmechanik, Teilgebiet der Astronomie, das die Untersuchung der Bewegungen der Himmelskörper unter dem alleinigen Einfluss ihrer gegenseitigen Massenanziehung zum Ziel hat.

Infolge der gegenseitigen Massenanziehung wirken auf Himmelskörper Kräfte, unter deren Einfluss sich die Körper um den gemeinsamen Schwerpunkt bewegen. Sind die Massen der Körper sowie deren Ort und Geschwindigkeit für einen bestimmten Zeitpunkt, den Anfangszeitpunkt, bekannt, dann sind mit Hilfe des Newton'schen Gravitationsgesetzes die Kräfte, die auf jeden einzelnen Körper wirken, sowie die aus den Kräften resultierende Beschleunigung nach Größe und Richtung berechenbar. Die Beschleunigungen werden durch ein System mathematischer Gleichungen beschrieben, deren Anzahl proportional der der betrachteten Himmelskörper ist. In der H. wird im Allg. vorausgesetzt, dass die Körper gravitativ so aufeinander wirken, als wäre ihre Masse im jeweiligen Körpermittelpunkt konzentriert, als wären es „Punktmassen". Die Annahme ist gerechtfertigt, wenn der Abstand der Körper voneinander wesentlich größer als ihr Durchmesser ist, was für Himmelskörper im Allg. zutrifft. Werden die Bewegungen von nur zwei Körpern betrachtet, sind die Bewegungsgleichungen in einer geschlossenen algebraischen Form lösbar und die durchlaufenen Bahnen berechenbar (→ Zweikörperproblem). Bei drei und mehr Körpern ist dies nicht möglich. Für ein derartiges dynamisches System lassen sich nur drei Erhaltungssätze formulieren, denen das System als Ganzes unterworfen ist, es sind dies der Schwerpunkts-, der Flächen- und der Energiesatz (→ Dreikörperproblem).

Der Bewegungsablauf von vielen Himmelskörpern eines dynamischen Systems ist aber mittels numerischer Methoden berechenbar. Aus den für den Anfangszeitpunkt ermittelten Beschleunigungen ergeben sich für alle Körper deren Ort und Geschwindigkeit für einen etwas späteren Zeitpunkt. Für diesen lassen sich wieder die jeweils wirkenden Beschleunigungen berechnen, womit sich der Systemzustand zu einem abermals etwas späteren Zeitpunkt ergibt, usw. Es kann so für ein gewünschtes Zeitintervall der Bewegungsablauf ermittelt werden. Nachteilig bei diesem schrittweisen Verfahren ist, dass anders als bei geschlossenen Lösungen keine grundsätzlichen allgemeingültigen Aussagen über das Bewegungsverhalten gewonnen werden können. Es können nur Aussagen über die Bewegungen innerhalb des durch die Rechnungen überdeckten Zeitabschnitts gemacht werden. Für dynamische Systeme aus wenigen Körpern, z. B. einem Hauptkörper und einigen Begleitern, werden die Bewegungsabläufe im Allg. mit Hilfe der Störungsrechnung untersucht. Dabei wird angenommen, dass sich jeder Begleiter um den Hauptkörper in erster Näherung nach den Kepler'schen Gesetzen bewegt und diese Bewegung durch die anderen Körper beeinflusst, „gestört" wird. Die Einwirkungen sind relativ gering, wenn die störenden Körper eine kleine Masse haben oder weit vom betrachteten Körper entfernt sind (→ Störungsrechnung). Mit steigender Mitgliederzahl des dynamischen Systems wächst der Rechenaufwand außerordentlich. Mit Großrechnern können aber auch für eine sehr große Anzahl von Himmelskörpern die Bewegungsabläufe für relativ lange Zeitintervalle bestimmt werden. Die Rechengenauigkeit nimmt jedoch mit zunehmendem Abstand vom Anfangszeitpunkt rasch ab (→ Mehrkörperproblem).

Ein wesentliches Ziel der H. sind Aussagen hinsichtlich der Stabilität eines Systems sich gegenseitig anziehender Himmelskörper. Ein ideales, nur aus zwei Körpern bestehendes System ist langfristig stabil, was aus den Kepler'schen Gesetzen folgt. Bei Mehrkörpersystemen beziehen sich Stabilitätsaussagen immer nur auf das durch Rechnungen überdeckte Zeitintervall. Aussagen über sehr lange Zeitintervalle sind grundsätzlich nicht möglich, ein derartiges System hat ein im mathematischen Sinn chaotisches Bewegungsverhalten. Für jeden Körper des Systems sind bei gegebenen Anfangswerten die Örter und Geschwindigkeiten zu einem späteren Zeitpunkt zwar berechenbar, die bei den Rechnungen benutzten numerischen Werte sind aber infolge unvermeidlicher Beobachtungsfehler nicht zwangsläufig identisch mit den realen. Bei numerischen Rechnungen treten stets auch kleine Rundungsfehler auf. Insgesamt ergeben sich mit wachsender Zahl von Rechenschritten immer größere Unsicherheiten bei den berechneten Bahnverläufen. Infinitesimal kleine Anfangsabweichungen wachsen mit der Zeit exponentiell an. Nach einer großen Zahl von Rechenschritten sind die Abweichungen der berechneten Bahnen von den tatsächlich durchlaufenen unvorhersagbar groß. Aussagen bezüglich der langfristigen Stabilität des Systems sind dadurch unmöglich.

Bewegungen im Sonnensystem. Das Sonnensystem ist ein Mehrkörpersystem. Die Bewegung eines Planeten, Planetoiden oder Kometen um die Sonne kann aber in sehr guter Näherung als ein Zweikörperproblem angesehen werden, die Bewegung erfolgt nach den Kepler'schen Gesetzen. Die räumlichen wie auch die scheinbaren an der Himmelskugel durchlaufenen Bahnen sind aus den Bahnelementen berechenbar (→ Ephemeridenrechnung). Bei neu entdeckten Körpern des Sonnensystems sind die Bahnelemente zunächst unbekannt, mit Hilfe einer → Bahnbestimmung lassen sie sich aber aus den Beobachtungsdaten ermitteln. Die Bedingungen des Zweikörperproblems sind nicht in aller Strenge erfüllt. Die Abweichungen sind umso größer, je geringer die Masse des umlaufenden Himmelskörpers ist und je näher er einem massereicheren, z. B. einem Planeten, kommt. Der Umlauf des Jupiter um die Sonne ist wegen dessen großer Masse eine außerordentlich stabile Zweikörperbewegung. In befriedigender Näherung gilt dies auch für die anderen großen Planeten. Die Apsidenlinien der inneren Planeten unterliegen infolge der störenden Einflüsse der anderen Planeten und infolge relativistischer Effekte einer langsamen Drehung, so dass diese Planeten keine geschlossenen Ellipsenbahnen, sondern sehr eng gewundene Rosettenbahnen durchlaufen (→ Relativitätstheorie; → Merkur). Die vom Pluto durchlaufene Bahn ist für mittelfristige Zeitintervalle nicht exakt voraussagbar, sie hat einen chaotischen Verlauf. Dies gilt in gleicher Weise für die Bahnen der massearmen Körper des Planetensystems, also für Kometen und Planetoiden, besonders wenn die Bahnen relativ große Exzentrizitäten oder Neigungen gegen die Hauptebene des Sonnensystems haben. Für Zeiträume von vielen 100 Mio. Jahren weicht das Bewegungsverhalten aller Planeten immer stärker vom jetzigen ab und ist langfristig unvoraussagbar. Aussagen hinsichtlich der dynamischen Struktur und der Stabilität des Sonnensystems als Ganzes für einen extrem langen Zeitraum sind nicht möglich (→ Sonnensystem).

Aufgabe der H. ist auch die Untersuchung des Bewegungsablaufs in Doppelsternsystemen. Das Zweikörperproblem ist in den Systemen dann gut realisiert, falls beide Komponenten in Näherung als Punktmassen angesehen werden können. Ist dies nicht der Fall und ist das System sehr eng, muss die Massenanziehung in einem aufwendigen Verfahren bestimmt werden (→ Gravitation).

Die klassische H. wird verlassen, wenn die Bewegungsabläufe nicht allein von gravitativen, sondern auch von anderen Kräften, z. B. einer dynamischen Reibung, einem Strahlungsdruck oder einem magnetischen Druck, beeinflusst werden, was u. a. bei → Kometen der Fall sein kann.

Himmelspol, jeder der beiden Durchstoßpunkte der verlängert gedachten Erdachse durch die → Himmelskugel.

Himmelsrichtungen, *Himmelsgegenden*, die Richtungen nach den Schnittpunkten der Horizontebene mit dem Himmelsmeridian bzw. mit dem Himmelsäquator. *Norden* (N) ist die Richtung zu dem Schnittpunkt der Horizontebene mit dem Himmelsmeridian, der dem Himmelsnordpol am nächsten ist, *Süden* (S) die Gegenrichtung. *Osten* (O) ist die Richtung zum Schnittpunkt der Horizontebene mit dem Himmelsäquator, in dem die Sonne zur Zeit der Tagundnachtgleichen aufgeht, *Westen* (W) die Gegenrichtung. Zwischenhimmelsrichtungen werden durch Zusammensetzungen wie z. B. Südwest (SW) oder Nordnordost (NNO) charakterisiert. An der Himmelskugel wird ein Punkt als umso „nördlicher" bezeichnet, je geringer der Abstand vom Himmelsnordpol ist.

Über Methoden zum schnellen Auffinden der geographischen H. → Orientierung nach Gestirnen.

Himmelssphäre, svw. Himmelskugel.

Himmelsüberwachung, eine über einen längeren Zeitraum erfolgende systematische Beobachtung des gesamten oder eines Teils des Himmels, um Objekte eines bestimmten Typs, z. B. veränderliche Sterne oder Quasare, aufzufinden oder um die Positionsänderung von Objekten, z. B. Planetoiden oder Kometen, messend zu verfolgen. H.en werden im Allg. voll automatisch mit Fernrohren mit großem Gesichtsfeld und lichtelektrischem Flächenphotometer durchgeführt.

Himmels-W, das Sternbild Cassiopeia, dessen fünf hellste Sterne in Form des Buchstabens W angeordnet sind; Abb. → Cassiopeia.

Himmelswagen, → Ursa Maior.

Hintergrundstrahlung, diffuse, über größere Bereiche des Himmels verteilte und keinen diskreten Quellen zuzuordnende elektromagnetische oder Teilchenstrahlung; → kosmische Hintergrundstrahlung, → Gammastrahlung, → Röntgenhintergrundstrahlung, Infrarothintergrundstrahlung, Radiofrequenzhintergrundstrahlung, → Kosmische Strahlung.

Hinterteil des Schiffes, das Sternbild → Puppis.

HIP, Abk. für HIPPARCOS-Katalog, der mit Hilfe des astrometrischen Erdsatelliten HIPPARCOS gewonnene Sternkatalog. HIP in Verbindung mit einer Zahlenangabe bezeichnet einen Stern, z. B. HIP 32349 denjenigen, der im HIPPARCOS-Katalog als 32349. Stern angeführt ist, es handelt sich um Sirius, der Polarstern trägt die Bezeichnung HIP 11767.

Hipparch, *Hipparchos*, griech. Astronom und Geograph, geb. um 190 v. Chr. in Nikäa (Kleinasien), gest. um 125 v. Chr.; lebte vermutlich auf Rhodos, gilt als der größte Astronom des Altertums, Begründer der wissenschaftlichen Astronomie, indem er sich allein auf Beobachtungen stützte. H. fand die unterschiedliche Länge der Jahreszeiten, die er auf eine exzentrische Bewegung der Sonne um die Erde zurückführte, entdeckte die Mittelpunktsgleichung, eine Ungleichmäßigkeit der → Mondbewegung, baute die → Epizykeltheorie aus, führte die Trigonometrie in die Astronomie ein und berechnete mit großer Genauigkeit die Größe des Mondes und seine Entfernung von der Erde; die Werte für die Sonne waren hingegen sehr ungenau. Er stellte einen Sternkatalog mit 1 028 Sternen auf, der von Ptolemäus in den Almagest aufgenommen wurde, und definierte als Erster eine Helligkeitsskala. Beim Vergleich der von ihm bestimmten Sternpositionen mit älteren Angaben entdeckte er die → Präzession.

HIPPARCOS, Abk. für engl. *Hi*gh Precision *Par*allax *Co*llecting *S*atellite [engl., ‚Satellit zur Sammlung hochgenauer Parallaxen'], astrometrischer Satellit zur hochgenauen Bestimmung der Koordinaten, trigonometrischen Parallaxen, Eigenbewegungen und Helligkeiten von Sternen. Der Himmel wurde mehrmals abgetastet und von 118 218 Sternen außerordentlich genaue Parallaxen bestimmt (→ Astrometrie). Von nahezu allen Sternen, die scheinbar heller als 10^m sind, wurde die Helligkeit mit einer Genauigkeit von etwa 0,002 mag ermittelt.

HIPPARCOS-Katalog, ein Sternkatalog, der auf Beobachtungen mit Hilfe des astrometrischen Satelliten HIPPARCOS beruht.

Hirayama-Familie [benannt nach dem japan. Astronomen K. Hirayama, 1876–1945], *Planetoidenfamilie*, eine Gruppen von Planetoiden, die fast gleiche Bahnelemente haben; → Planetoid.

Hirtensatellit, svw. Schäferhundsatellit.

H-Linie, eine von J. Fraunhofer (1787–1826) so bezeichnete Absorptionslinie im Sonnenspektrum bei 396,8 nm, die von einmal ionisierten Kalziumatomen verursacht wird.

Hochenergieastronomie, Sammelbezeichnung für die Gamma- und Röntgenastronomie sowie die Astronomie der Kosmischen Strahlung.

Hochgeschwindigkeitswolken, interstellare Wolken neutralen Wasserstoffs mit Radialgeschwindigkeiten relativ zur Sonnenumgebung größer als etwa +90 km/s bzw. kleiner als −90 km/s. Die Wolkenentfernung und Wolkengröße sind ebenso schwer abschätzbar wie Masse und Dichte. Die größeren H. gehören wahrscheinlich zum galaktischen Halo. Der Ursprung der

Hof

Wolken ist weitgehend unklar. Da sie außer Wasserstoff auch schwere Elemente enthalten, sind die Wolken möglicherweise infolge von Supernovaexplosionen aus dem Bereich der galaktischen Ebene in den galaktischen Halo geschleudert worden und fallen nun zurück.

Hof, weißliche, kreisförmige Lichterscheinung um Sonne, Mond und z. T. helle Sterne, die durch die Beugung des von diesen Himmelskörpern kommenden Lichts an festen oder flüssigen Dunstteilchen der Erdatmosphäre entsteht. Ein → Halo entsteht im Gegensatz dazu im Wesentlichen durch Brechung des Lichtes an Eiskristallen in der Erdatmosphäre.

Hoffmeister, Cuno, dtsch. Astronom, geb. 02.02.1892 in Sonneberg (Thüringen), gest. 02.01.1968 in Sonneberg; arbeitete im Wesentlichen auf dem Gebiet der veränderlichen Sterne, identifizierte fast 10 000 Veränderliche und ist einer der erfolgreichsten Entdecker von Veränderlichen, arbeitete auch auf dem Gebiet der Meteore und Kometen und schloss als einer der Ersten auf die Existenz einer solaren Korpuskularstrahlung.

Höhe, der senkrechte Winkelabstand eines Gestirns vom astronomischen Horizont; → Koordinaten.

Höhenkreis, *Vertikalkreis*, jeder durch Zenit und Nadir gehender, damit auf dem Horizont senkrecht stehender Großkreis. Der durch den Ost- und Westpunkt gehende H. wird als *Erster Vertikal* bezeichnet.

Höhenstrahlung, svw. Kosmische Strahlung.

Hohlraumstrahler, svw. Schwarzer Körper.

Hohlraumstrahlung, svw. Schwarze Strahlung; → Strahlungsgesetze.

holländisches Fernrohr, Typ eines visuellen → Fernrohrs.

Holmberg-Radius [benannt nach dem schwed. Astronomen E. Holmberg (1908–2000)], der größte Abstand vom Zentrum eines extragalaktischen Sternsystems, bei dem die photographische Flächenhelligkeit auf $26^m\!.0$ je Quadratbogensekunde abgesunken ist.

Homogenitätspostulat, *Weltpostulat*, *kosmologisches Prinzip*, eine Grundhypothese der Kosmologie, wonach es im Weltall keinen ausgezeichneten Punkt gibt; → Kosmologie.

Hor, Abk. für Horologium.

Horizont, *Gesichtskreis*, in der Astronomie die Schnittlinie der Himmelskugel mit einer senkrecht auf der Lotrichtung am Beobachtungsort stehenden Ebene. Enthält die Ebene den Erdmittelpunkt, ergibt sich der *wahre* oder *mathematische H.*, enthält sie den Beobachtungsort, ergibt sich der *scheinbare H.* Die Höhenangaben im Horizontsystem (→ Koordinaten) beziehen sich auf den scheinbaren H.

Der *natürliche H.* ist die Grenzlinie zwischen Himmel und Erde, wobei der Verlauf von den örtlichen Bedingungen abhängt.

Ein *künstlicher H.* ist eine genau horizontal liegende spiegelnde Fläche, die etwa durch die Oberfläche von Quecksilber in einer weiten Schale realisiert wird.

Horizontalast, Gebiet im Hertzsprung-Russell-Diagramm, in dem die Bildpunkte der Sterne liegen, in deren Zentralregionen das Heliumbrennen stattfindet; → Kugelsternhaufen.

horizontale Montierung, eine Aufstellungsart astronomischer → Fernrohre.

Horizontalparallaxe, → Parallaxe.

Horizontrefraktion, → Refraktion.

Horizontsystem, astronomisches Koordinatensystem; → Koordinaten.

Hornantenne, → Radioteleskop.

Hörnerspitzen, sichtbare sichelförmige Helligkeitsverteilung des beleuchteten Teils der Venus kurz vor oder nach der unteren Konjunktion; → Venus.

Horologium, *Gen.* Horologii, abg. **Hor**, *Pendeluhr*, Sternbild des südlichen Himmels, das von unseren Breiten aus nicht sichtbar ist.

Hinsichtlich der Lage am Himmel → Sternkarte Seite 417.

Horoskop, *Kosmogramm*, → Astrologie.

Hoyle, Sir (seit 1977) Fred, brit. Astrophysiker, geb. 24.06.1915 in Bingley (Yorkshire), gest. 20.08.2001 in Bournemouth; 1943–1972 Prof. in Cambridge, arbeitete richtungsweisend auf vielen Gebieten der Astrophysik, vor allem dem der Sternentstehung, des Sternaufbaus sowie der Sternentwicklung, trug wesentlich zum Verständnis der Elementenentstehung im Kosmos bei, befasste sich darüber hinaus mit Problemen der Kosmologie und war einer der Vertreter der sog. „Steady-State-Theorie".

HRD, Abk. für → Hertzsprung-Russell-Diagramm.

Hubble, Edwin Powell, amerikan. Astronom, geb. 20.11.1889 in Marshfield (Montana), gest. 28.09.1953 in San Marino (Kalifornien); ab 1914 am Yerkes-Observatorium, ab 1919 am Mount-Wilson-Observatorium. Er entdeckte bei galaktischen Nebeln den Zusammenhang zwischen Nebelgröße und der Helligkeit der sie zum Leuchten anregenden Sterne. Beobachtungen extragalaktischer Sternsysteme führten zur erstmaligen optischen Auflösung der Randgebiete des Andromedanebels in Einzelsterne, er entwarf ein Schema zur Klassifikation der Galaxien. Grundlegende Bedeutung hat die Entdeckung der Beziehung zwischen der Entfernung der Sternsysteme vom Milchstraßensystem und der Linienverschiebung im Spektrum der Systeme.

Hubble-Beziehung, → Hubble-Effekt.

Hubble-Effekt [benannt nach dem amerikan. Astronomen E. P. Hubble, 1889–1953], die Abhängigkeit der in den Spektren der extragalaktischen Sternsysteme gemessenen Linienverschiebung nach größeren Wellenlängen hin (Rotverschiebung) von der Entfernung der Systeme vom Milchstraßensystem. Bezeichnet λ die beobachtete Wellenlänge einer Linie und λ_0 die im Labor gemessene, ergibt sich für die Linienverschiebung $z = (\lambda - \lambda_0)/\lambda_0$, die mit der Radialgeschwindigkeit v der Strahlungsquelle durch $z = \sqrt{(1+v/c)/(1-v/c)} - 1$ verbunden ist, wobei c die Lichtgeschwindigkeit bezeichnet. Für kleine Radialgeschwindigkeiten im Vergleich zur Lichtgeschwindigkeit vereinfacht sich die Formel zu $z = v/c$. Mathematisch lässt sich der H.-E. durch die Hubble-Beziehung $v = H_0 \cdot r$ beschreiben, wenn r die Entfernung des Sternsystems bedeutet (Abb.). Der Proportionalitätsfaktor H_0 wird als **Hubble-Parameter** oder **Hubble-Konstante** bezeichnet. Üblicherweise wird v in km/s und r in Mpc gemessen, so dass die Hubble-Konstante die Dimension km s^{-1} Mpc^{-1} hat. Die Radialgeschwindigkeiten extragalaktischer Sternsysteme sind wesentlich die Folge der allgemeinen Expansion des Weltalls (→ Kosmologie). Die durch die Bewegung der Erde um die Sonne und die der Sonne um das Zentrum des Milchstraßensystems verursachten zusätzlichen Radialgeschwindigkeiten sind dagegen verschwindend klein.

Die Radialgeschwindigkeiten der Sternsysteme werden auf ein Ruhkoordinatensystem bezogen, das durch die das Weltall homogen und isotrop erfüllende → kosmische Hintergrundstrahlung definiert ist. Die Radialgeschwindigkeiten können als eine Art „Strömungsgeschwindigkeit" der Galaxien, als ein globaler ***Hubble-Fluss*** relativ zum Ruhkoordinatensystem interpretiert werden. Die Sternsysteme bewegen sich dabei nicht in einem starr vorgegebenen dreidimensionalen Raum, vielmehr expandiert der dreidimensionale Raum als Ganzes, der durch die Sternsysteme markiert, durch sie „aufgespannt" wird (→ Kosmologie). Der Fluss ist nicht völlig isotrop, da lokale Massenkonzentrationen wie Galaxienhaufen und Galaxiensuperhaufen auf Grund ihrer Massenanziehung überlagerte individuelle Bewegungen (Pekuliarbewegungen) verursachen. Im Bereich des Lokalen Superhaufens mit dem Virgo-Haufen als bestimmende Struktureinheit (→ Sternsystem) sind lokale Abweichungen vom globalen Hubble-Fluss bis zu etwa 650 km/s nachweisbar. Für Radialgeschwindigkeiten größer als etwa 10 000 km/s lassen sich keine signifikanten Abweichungen feststellen.

Der Hubble-Parameter ist mittels Beobachtungen empirisch zu bestimmen und ist dadurch mit Beobachtungsunsicherheiten behaftet, die vor allem auf Unsicherheiten in der Entfernungsbestimmung zurückgehen. Die Galaxien müssen möglichst weit entfernt sein, um den Einfluss individueller Pekuliargeschwindigkeiten zu minimieren, mit wachsender Entfernung nehmen aber die Unsicherheiten in der kosmischen Entfernungsskala zu (→ Parallaxe). Gegenwärtig dürfte $H_0 = (71 \pm 7)$ km s^{-1} Mpc^{-1} am besten gesichert sein.

Bei bekanntem Hubble-Parameter kann die Hubble-Beziehung $v = H_0 \cdot r$ im Bereich kleiner Rotverschiebungen zur Entfernungsbestimmung genutzt werden. Bei Rotverschiebungen größer als etwa $z = 1$ ist dies nicht mehr möglich, da die Entfernungen dann in komplizierter Weise vom zugrundegelegten Weltmodell abhängt. Durch eine zeitliche Entwicklung der Expansion des Weltalls wird auch der Hubble-Parameter zeitabhängig (→ Kosmologie). H_0 gibt den gegenwärtigen Wert der Hubble-Konstante an.

Die größte bisher bei einem regulären Sternsystem gemessene Rotverschiebung beträgt $z = 4,25$, die größte bei Quasaren gemessene $z = 6,28$.

Hubble-Fluss, → Hubble-Effekt.
Hubble-Konstante, → Hubble-Effekt.
Hubble-Parameter, → Hubble-Effekt.
Hubble-Sandage-Veränderliche, svw. S-Doradus-Sterne.
Hubble-Sequenz, Klassifikationsschema extragalaktischer Sternsysteme; → Sternsystem.
Hubble Space Telescope, svw. Hubble-Weltraumteleskop.
Hubble-Typ, Grundform im Klassifikationsschema extragalaktischer Sternsysteme; → Sternsystem.
Hubble-Weltraumteleskop, *Hubble Space Telescope* [engl. ‚Hubble-Raumteleskop'], das nach dem amerikan. Astronom E. P. Hubble (1889–1953) benannte Weltraumteleskop mit einem 2,2-m-Spiegel. Die Auflösung (→ Fernrohr) im sichtbaren Spektralbereich beträgt etwa 0,05″. Beobachtungen sind vom nahen Ultraviolett bis zum nahen Infrarot möglich. Drei Weitwinkelkameras ermöglichen die gleichzeitige Beobachtung dreier aneinandergrenzender Himmelsareale, mit einer weiteren Kamera kann ein zusätzliches kleineres Areal erfasst werden, das Gesamtareal hat einen Gesichtsfelddurchmesser von 2,6′. Weitere Beobachtungsinstrumente sind u. a. eine Kamera sehr hoher Auflösungsvermögens, ein Langspalt-Spektrograph sowie ein schnelles Photometer. Das H.-R. befindet sich in einer 590 km hohen Umlaufbahn um die Erde.
Hufeisenmontierung, äquatoriale Montierung eines → Spiegelteleskops.
Hüllenstern, ein Stern der Spektralklasse O oder B mit einer ausgedehnten Gashülle. Durch die Ultraviolettstrahlung des Sterns wird das Hüllengas zum Leuchten angeregt, was zu Emissionslinien im Spektrum führt. Die breiten stellaren Absorptionslinien haben vielfach eine überlagerte scharfe zentrale Absorptionslinie, die durch das vom Beobachter aus gesehen vorge-

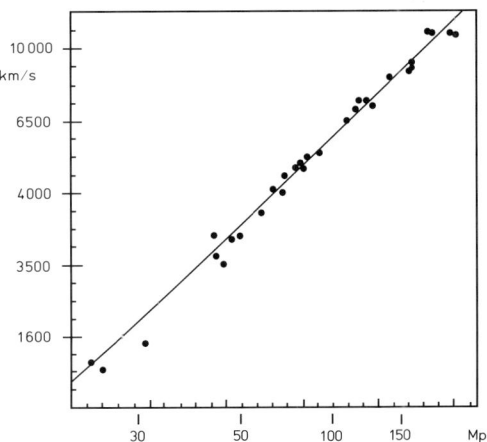

Radialgeschwindigkeit von Galaxienhaufen in Abhängigkeit von der Entfernung vom Milchstraßensystem. Die durchgezogene Linie entspricht einem Hubble-Parameter von 64 km s^{-1} Mpc^{-1}

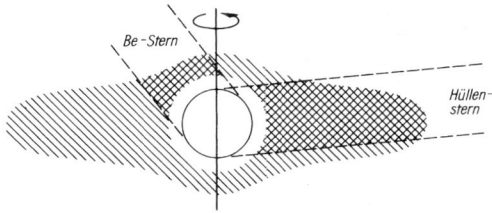

Schematisierte Sicht auf einen B-Stern mit einer scheibenförmigen Gashülle, die ihn als Be-Stern oder Hüllenstern erscheinen lässt. Einfach schraffiert: das die Emissionslinien verursachende Hüllengas; doppelt schraffiert: das die Absorptionslinien hervorrufende Hüllengas

Hund

lagerte, relativ kühle Hüllengas verursacht wird (→ Be-Stern). Die H.e sind mit den Be-Sternen verwandt; infolge einer etwas unterschiedlichen geometrischen Anordnung von Beobachter, Stern und nicht kugelsymmetrischer Gashülle tritt bei H.en die durch das Hüllengas verursachte Strahlungsabsorption stärker in Erscheinung als bei Be-Sternen (Abb.).

In den Gashüllen treten relativ rasche Strukturänderungen auf, die Stärke der Emissionslinien sowie der Hüllenabsorptionslinien sind vielfach veränderlich, innerhalb weniger Wochen oder Monate können die Linien verschwinden und wieder auftauchen. Ursache für das Entstehen einer Gashülle ist möglicherweise eine schnelle Sternrotation verbunden mit einem starken → Sternwind. Im Bereich des Sternäquators wird Materie abgelöst, die einen langsam rotierenden Ring oder eine Scheibe bildet. Die Hüllenmasse liegt typischerweise im Bereich von 10^{-10} bis 10^{-11} Sonnenmassen, die Gasdichte in der Größenordnung von 10^{10} Wasserstoffatomen je cm^3. H.e, bei denen ein zeitlich variabler Massenausstoß Helligkeitsschwankungen verursacht, bilden die → Gamma-Cassiopeiae-Sterne.

In dem vom Stern abströmenden und sich abkühlenden Gas können schwerflüchtige Substanzen kondensieren und Staubteilchen bilden, die Sternstrahlung absorbieren und die aufgenommene Energie als infrarote Wärmestrahlung emittieren. H.e treten dadurch vielfach als Infrarotquellen in Erscheinung.

Hund, Sternbilder der Äquatorzone. *1) Großer H.*, → Canis Maior; *2) Kleiner H.*, → Canis Minor.

Hundsstern, svw. Sirius.

Hundssternperiode, svw. Sothisperiode; → Kalender.

Huygens, Christian, niederl. Physiker, Mathematiker und Astronom, geb. 14.04.1629 in Den Haag, gest. 08.07.1695 in Den Haag; 1666–1681 in Paris, danach in Den Haag; begründete u. a. die Wellentheorie des Lichts, fand die Gesetze des elastischen Stoßes, erfand die Penduluhr, konstruierte Fernrohre und Fernrohrokulare, entdeckte u. a. den Saturnsatelliten Titan, eine Reihe von Doppelsternen, die Rotation und Abplattung des Mars sowie die wahre Natur des Saturnrings.

Huygens'sche Lücke [benannt nach dem niederl. Physiker, Mathematiker und Astronomen C. Huygens, 1629–1695], eine Lücke zwischen dem B- und A-Ring des → Saturn, innerhalb der Cassini'schen Teilung.

Huygens'sches Okular [benannt nach dem niederl. Physiker, Mathematiker und Astronomen C. Huygens, 1629–1695], → Fernrohr.

Hya, Abk. für Hydra.

Hyaden [*Plur.*], *Regengestirn*, ein mit bloßem Auge sichtbarer Offener Sternhaufen in der Nähe des Sterns α Tauri (Aldebaran). Die Entfernung von der Sonne beträgt 46,34 ± 0,27 pc. Auf der Entfernung der H. beruht wesentlich die kosmische Entfernungsskala (→ Parallaxe). Das Alter des Haufens beträgt etwa 625 Mio. Jahre. Die H. bilden mit weiteren Sternen einen Bewegungssternhaufen mit etwa 350 Mitgliedern (Abb. → Bewegungssternhaufen), der als **Hyaden-Gruppe** oder **Taurus-Strom** bezeichnet wird. Die Geschwindigkeit relativ zur Sonnenumgebung beträgt rund 40 km/s.

Hinsichtlich der Lage am Himmel → Sternkarte Seite 420.

Hydra, *Gen.* Hydrae, abg. *Hya*, *Weibliche* oder *Nördliche Wasserschlange*, über einen Bereich von mehr als 90° ausgedehntes Sternbild der Äquatorzone, dessen nördlichste Teile von unseren Breiten aus im Winter und Frühjahr am Abendhimmel sichtbar sind. Der hellste Stern des Sternbildes ist → Alphard.

Hinsichtlich der Lage am Himmel → Sternkarte Seite 419.

Hydra *f*, der mittlere der 3 Plutosatelliten, der sich auf einer kreisförmigen Bahn im Abstand von 49 700 km in 25,3 Tagen um den Schwerpunkt des Pluto-Charon-Systems bewegt.

Hinsichtlich der Einordnung der H. in das System der Plutosatelliten → Pluto.

hydrostatisches Gleichgewicht, Zustand einer Flüssigkeit oder eines Gases, bei dem die zum Gravitationszentrum gerichtete Schwerkraft durch die Summe der nach außen gerichteten Druckkräfte exakt kompensiert wird.

Hydrus, *Gen.* Hydri, abg. *Hyi*, *Männliche* oder *Kleine Wasserschlange*, Sternbild in der Nähe des südlichen Himmelspols, das von unseren Breiten aus nicht sichtbar ist.

Hinsichtlich der Lage am Himmel → Sternkarte Seite 417.

Hygiea *f*, der Planetoid (10); → Planetoid.

Hyi, Abk. für Hydrus.

hyperbolischer Raum, ein Raum mit negativer Krümmung; → Kosmologie.

Hyperion *m*, ein Saturnsatellit, der sich auf einer elliptischen Bahn mit der großen Halbachse von 1,501 Mio. km und einer Exzentrizität von 0,027 in 21,277 Tagen rechtläufig um den Saturn bewegt. Die Bahnebene ist 0,57° gegen dessen Äquatorebene geneigt. Der H. führt eine Taumelbewegung ohne jegliche Periodizität aus, wodurch unregelmäßige Helligkeitsschwankungen verursacht werden. Der H. ist der größte unregelmäßig geformte Körper im Sonnensystem, der einen mittleren Durchmesser von etwa 266 km hat. Die Form sowie die Taumelbewegung lassen vermuten, dass er der Überrest eines ehemals größeren Himmelskörpers ist, der beim Zusammenstoß mit einem anderen Himmelskörper zertrümmert wurde.

Der H. hat eine Masse von etwa $5,62 \cdot 10^{18}$ kg und eine mittlere Dichte von etwa 0,544 g/cm^3. Die Oberfläche ist dicht mit Einschlagkratern bedeckt, deren größter einen Durchmesser von etwa 120 km und eine Tiefe von 10 km hat. Das Oberflächenmaterial besteht wahrscheinlich vorwiegend aus Eis, aus eingebetteten gefrorenen Kohlenwasserstoffen und Gesteinsbestandteilen meteoroidischen Ursprungs, die Albedo beträgt etwa 0,3. Die sehr geringe Dichte lässt auf eine große Porosität schließen.

Hinsichtlich der Einordnung des H.s in das System der Saturnsatelliten → Saturn.

Der H. wurde 1848 von W. C. und G. P. Bond (1789–1859 bzw. 1825–1865) und W. Lassell (1799–1880) unabhängig voneinander entdeckt.

Hyrokkin *f*, ein Satellit des Saturn.

Hinsichtlich der Einordnung der H. in das System der Saturnsatelliten → Saturn.

Hz, Einheitenzeichen für Hertz, die Maßeinheit der Frequenz.

H-zwei-Galaxie, *HII-Galaxie*, Zwerggalaxie, deren Spektrum durch die in ihr existierenden HII-Gebiete dominiert wird; → Sternsystem.

H-zwei-Gebiet, *HII-Gebiet*, Bereich des interstellaren Raumes, in dem der sich dort befindende Wasserstoff vollkommen ionisiert ist; → interstellares Gas.

I

Iapetus *m*, ein Saturnsatellit, der sich auf einer elliptischen Bahn mit einer großen Halbachse von 3,5608 Mio. km und einer Exzentrizität von 0,028 in 79,33 Tagen rechtläufig um den Saturn bewegt. Die Bahnebene ist 7,57° gegen dessen Äquatorebene geneigt. Die Rotationsperiode des I. ist infolge der gebundenen Rotation gleich der Umlaufperiode. Der Durchmesser beträgt 1 469 km, die Masse $1,59 \cdot 10^{21}$ kg und die mittlere Dichte 1,02 g/cm³. Die geringe Dichte lässt darauf schließen, dass der I. ein eisartiger planetarer Himmelskörper ist.

Die scheinbare visuelle Helligkeit in Oppositionsstellung variiert zwischen $10^m\!\!.5$ und $11^m\!\!.9$, was durch krasse Albedounterschiede zwischen der in der Bewegungsrichtung liegenden, der „vorderen" Hemisphäre und der Gegenseite bedingt ist. Im Zentrum der Vorderseite beträgt die Albedo weniger als 0,05, etwa Kohlenstaub vergleichbar, auf der Rückseite beträgt sie dagegen rund 0,6, etwa wie frisch gefallener Schnee. Der Übergang zwischen den Hemisphären ist stetig. Der I. nimmt hinsichtlich der stark unterschiedlichen Albedo eine Sonderstellung unter allen Satelliten des Sonnensystems ein. Über die Oberflächenstruktur der Vorderseite ist wegen der geringen Helligkeit wenig bekannt, sie ist möglicherweise mit ungewöhnlich viel dunklem Trümmermaterial anderer Satelliten bedeckt, die Rückseite dürfte ziemlich frei davon sein. Die Oberfläche ist mit Einschlagkratern übersät. Einzigartig ist ein mindestens 1 300 km langer, ein Drittel des Umfangs umspannender, teilweise 20 km hoher, mit dem Äquator gleichlaufender Gebirgszug, dessen Entstehung völlig unklar ist. Hinsichtlich der Einordnung des I. in das System der Saturnsatelliten → Saturn.

Der I. wurde 1671 von G. D. Cassini (1625–1712) entdeckt.

IAU, Abk. für → Internationale Astronomische Union.

Icarus *m*, der Planetoid (1566), ein Mitglied der Apollo-Planetoiden; → Planetoid.

Ida *f*, der Planetoid (243), der auf einer elliptischen Bahn mit einer großen Halbachse von 2,860 AE und einer Exzentrizität von 0,046 in 4,837 Jahren die Sonne umläuft. Die I. ist ein sehr langgestreckter Körper mit dem größten Durchmesser von 59 km und dem kleinsten von 19 km, der mittlere Durchmesser beträgt etwa 24 km. Die I. hat in einem Abstand von 95 km einen kleinen, fast kugelförmigen Begleiter, den *Dactyl*, der einen Durchmesser von etwa 1,4 km hat (Abb. → Planetoid). Wahrscheinlich sind beide Himmelskörper Zertrümmerungsreste eines größeren Ausgangskörpers, worauf die fast gleiche mittlere Dichte sowie die nahezu gleiche Albedo hinweisen.

Ijiraq *m*, ein Satellit des Saturn.
Hinsichtlich der Einordnung des I. in das System der Saturnsatelliten → Saturn.

Immersion, der Eintritt eines Himmelskörpers in den Schatten eines anderen bzw. der Beginn der Bedeckung eines Himmelskörpers durch einen anderen.

Impaktkrater, svw. Einschlagkrater.

Impuls, *Bewegungsgröße*, das Produkt *p* aus Masse *m* und Geschwindigkeit *v* eines Körpers, $p = m \cdot v$. Im Falle relativistischer Geschwindigkeiten gilt für die Masse $m = m_0 / \sqrt{(1 - (v/c)^2)}$, wobei m_0 die Ruhmasse und *c* die Lichtgeschwindigkeit bezeichnet (→ Relativitätstheorie).

Der **Drehimpuls** *J* einer sich im Abstand *r* um eine Achse bewegende Masse *m* ist das Produkt aus Trägheitsmoment $m \cdot r^2$ und Winkelgeschwindigkeit ω, es gilt $J = m r^2 \omega$.

Für den I. und den Drehimpuls gelten *Erhaltungssätze*. Der I. eines Körpers ist konstant, solange an ihm keine Kräfte angreifen, der Drehimpuls ist konstant, solange kein Drehmoment wirkt. Infolge der Drehimpulserhaltung ändert sich die Winkelgeschwindigkeit eines Körpers, wenn sich der Abstand der Masse von der Drehachse ändert.

Impulserhaltungssatz, → Impuls.

Ind, Abk. für Indus.

Inder, das Sternbild → Indus.

Index Catalogue, → Sternkatalog.

Indus, *Gen.* Indi, abg. *Ind*, *Inder*, unscheinbares Sternbild des südlichen Himmels, das von unseren Breiten aus nicht sichtbar ist.
Hinsichtlich der Lage am Himmel → Sternkarte Seite 416.

Inertialsystem, ein Koordinatensystem, in dem das Galilei'sche Trägheitsgesetz gilt, wonach jeder Körper, der keinen äußeren Kräften unterworfen ist, in Bezug auf das System in Ruhe verharrt oder eine geradlinige und gleichförmige Bewegung ausführt. Jedes Koordinatensystem, das sich gegen ein I. geradlinig und gleichförmig bewegt, ist ebenfalls ein I. In einem bezüglich eines I.s rotierenden Koordinatensystem treten Fliehkräfte als Scheinkräfte auf, das System ist kein I. Ein durch Sterne festgelegtes astronomisches Koordinatensystem ist nur genähert ein I., da die Sterne an der Rotation des Milchstraßensystems teilnehmen und damit auch das von ihnen aufgespannte Koordinatensystem rotiert. Die Gesamtheit der extragalaktischen Sternsysteme kann als im Raum ruhend angesehen werden, sie definieren ein I. im strengen Sinn (→ Astrometrie).

inflatorische Ära, *inflatorische Epoche*, → Kosmologie.

inflatorisches Weltmodell, → Kosmologie.

Infrarot

Infrarot, der sich an den langwelligen, roten Teil des sichtbaren Spektrums nach größeren Wellenlängen hin anschließende Bereich des elektromagnetischen Spektrums, der zwischen etwa 0,8 µm und einigen 100 µm Wellenlänge liegt. Der kürzerwellige Bereich von etwa 0,8 bis 5 µm wird als *nahes Infrarot*, der anschließende bis etwa 30 µm als *mittleres Infrarot* und der noch längerwellige Bereich als *fernes Infrarot* bezeichnet. Dieser geht in den Submillimeterbereich über, wobei die Grenze nicht scharf ist und zwischen etwa 300 und 600 µm angesetzt wird. Infrarote Strahlung ist nicht sichtbar.

Infrarotastronomie, Teilgebiet der Astronomie, das sich mit der Untersuchung der von Himmelsobjekten emittierten Strahlung im infraroten Spektralbereich, zwischen etwa 0,8 µm und einigen 100 µm befasst. An die I. schließt sich zu kürzeren Wellenlängen hin die klassische optische Astronomie, zu längeren Wellenlängen hin die Submillimeterastronomie an.

Infrarotbeobachtungen sind von der Erdoberfläche aus im nahen Infrarotspektralbereich ohne spektrale Einschränkungen bis etwa 1,2 µm möglich. Bei größeren Wellenlängen bestehen infolge der teilweisen Undurchlässigkeit der Erdatmosphäre Beobachtungsmöglichkeiten nur in schmalen Wellenlängenbereichen, so um 1,4 und 1,9 µm, zwischen rund 3,4 bis 5,0 µm, von etwa 8 bis 14,5 µm sowie von etwa 16,5 bis 30 µm. Bei noch größeren Wellenlängen bis etwa 700 µm ist die Erdatmosphäre vor allem infolge der in ihr vorhandenen Wassermoleküle bis auf einige wenige, sehr schmale spektrale Bereiche, z. B. bei 34, 350, 450, 699 und 800 µm, fast vollständig undurchlässig. Die Behinderungen der erdgebundenen I. können im beschränkten Umfang dadurch umgangen werden, dass die Beobachtungen auf hochgelegenen Beobachtungsstandorten mit einem sehr trockenen Klima erfolgen, oder die Beobachtungsinstrumente mit Höhenballons oder hochfliegenden Flugzeugen über die dichteren unteren Bereiche der Erdatmosphäre gebracht werden. Bei Beobachtungen von Satelliten aus fallen die atmosphärischen Beschränkungen vollkommen weg.

Bei den von der I. untersuchten Strahlungsquellen (→ Infrarotquelle) handelt es sich im Allg. um sehr kühle Objekte.

Für Beobachtungen im Infrarotbereich sind → Infrarotteleskope mit speziellen Strahlungsdetektoren erforderlich.

Infrarotexzess, Strahlungsüberschuss einer Strahlungsquelle im infraroten Spektralbereich gegenüber einer als normal angesehenen Vergleichslichtquelle.

Infrarotgalaxie, → Sternsystem.

Infrarot-Hintergrundstrahlung, *kosmische Infrarot-Hintergrundstrahlung*, diffuse, über größere Bereiche des Himmels verteilte und keinen diskreten Quellen zuzuordnende Infrarotstrahlung. Kleine Strukturen der I.-H. liegen im Bogensekunden- bis Bogenminutenbereich, die Flächenhelligkeit entspricht etwa 1/500 der des Nachthimmelslichts. Die kosmische Hintergrundstrahlung stammt aus der Entwicklungsepoche des Weltalls, in der die allgemeine Sternentstehungsrate wesentlich höher als gegenwärtig war (→ Kosmologie).

Infrarotquelle, Strahlungsquelle mit dem Strahlungsmaximum zwischen etwa 0,8 µm und einigen 100 µm, dem infraroten Spektralbereich. Die als I.n in Erscheinung tretenden Objekte sind im Allg. sehr kühl. Ein Körper mit dem Strahlungsmaximum bei 1 µm bzw. 100 µm hat eine Temperatur von etwa 3 000 K bzw. 30 K (→ Strahlungsgesetze).

Punktquellen. Die meisten Infrarot-Punktquellen sind kühle Hauptreihensterne. Riesensterne sind es im Wesentlichen nur bei einem erheblichen Massverlust. In der abströmenden, sich abkühlenden Materie können Staubteilchen entstehen und in einer zirkumstellaren Hülle eingebettet sein. Die Teilchen absorbieren kurzwellige Sternstrahlung und geben die aufgenommene Energie als thermische Infrarotstrahlung wieder ab. Zu dieser Gruppe von I.n gehören u. a. → Mira-, → RV-Tauri- und → P-Cygni-Sterne sowie → Novae. Extreme Vertreter sind → OH/IR-Sterne, bei denen die Staubdichte in der zirkumstellaren Hülle so hoch ist, dass sie für sichtbare Strahlung optisch dick und der eingehüllte Stern für Beobachtungen im sichtbaren Spektralbereich unzugänglich ist, OH/IR-Sterne treten dadurch nur als I.n in Erscheinung. Wahrscheinlich sind es Riesensterne in einer sehr späten Entwicklungsphase, in der ein so starker Massenverlust erfolgt, dass ein → Planetarischer Nebel entsteht. Bei punktförmigen I.n in Sternentstehungsgebieten handelt es sich wahrscheinlich um kollabierende Protosterne, Sterne im Vor-Hauptreihenzustand oder um bereits ausgebildete Sterne, die noch mit dichter interstellarer Restmaterie umgeben sind, die bei der Sternentstehung nicht verbraucht wurde. Die Infrarotstrahlung geht auf eingebettete Staubteilchen zurück.

Als extragalaktische, in Näherung punktförmige I.n treten u. a. unregelmäßige und spiralförmige Sternsysteme in Erscheinung. Infrarot-Galaxien sind z. T. so starke Quellen, dass ihre Strahlungsintensität im fernen Infrarot die im sichtbaren Spektralbereich erheblich übertrifft (→ Sternsystem). Diese Sternsysteme befinden sich in einer Phase stark erhöhter Sternentstehung. Stellare Strahlung im optischen Spektralbereich wird durch die die neugebildeten Sterne umgebenden Staubteilchen absorbiert und im Infrarotbereich wieder emittiert.

Im Planetensystem sind alle Planeten, die größten Satelliten, u. a. der Mond, sowie einige Kometen als I.n nachweisbar.

Flächenquellen. Eine interplanetare, flächenhaft verteilte Infrarotstrahlung stammt aus dem Bereich des Zodiakallichtbands. Interplanetare Staubteilchen sind um die Sonne in einem abgeflachten Ellipsoid konzentriert (→ Zodiakallicht), sie absorbieren Sonnenstrahlung und emittieren die aufgenommene Energie als Wärmestrahlung. Die Flächenhelligkeit ist gering, das Intensitätsmaximum liegt bei etwa 25 µm. Interplanetare Flächenquellen sind weiterhin einige schmale den Himmel z. T. bandförmig umspannende Bereiche. Das hellste derartige Band befindet sich nahe der Ekliptik, andere Bänder liegen bis zu 20° beiderseits von ihr. Die Flächenhelligkeit in den Bändern ist nur um 1 bis 2% gegenüber dem großräumigen Mittel erhöht. Die Strahlung stammt wahrscheinlich von Festkörperteilchen, die beim Zusammenstoß von Planetoiden entstanden.

Zusammenstöße zwischen den mehr oder minder statistisch verteilten Planetoiden sind sehr selten, zwischen den Mitgliedern einer Planetoidenfamilie (→ Planetoid) ist die Stoßwahrscheinlichkeit hingegen wesentlich höher. Die Trümmerpartikeln verteilen sich im Bahnbereich einer Familie, was eine Bandstruktur verursacht. Einige der Infrarotstrahlungsbänder gehen möglicherweise auch auf Staubteilchen zurück, die von Kometen stammen und längs deren Bahn verteilt sind.
Infrarot-Flächenquellen des Milchstraßensystems können z. T. dichten interstellaren Staubkomplexen zugeordnet werden, die im sichtbaren Spektralbereich als Dunkelwolken erscheinen und im Radiofrequenzbereich durch Linienemission nachweisbar sind. In hohen galaktischen Breiten existieren weit ausgedehnte und stark gegliederte schwache Flächenquellen, die wegen ihrer oft filamentartigen Strukturen als galaktischer Zirrus bezeichnet werden und die einem allgemeinen diffusen Hintergrund überlagert sind. Die ausgestrahlte Energie ist wahrscheinlich von interstellaren, sich weitab von der galaktischen Ebene befindenden Staubteilchen aus dem → interstellaren Strahlungsfeld absorbierte Energie. Die Temperatur der Teilchen liegt im Allg. zwischen etwa 15 und 35 K. Ein Teil der Partikeln hat eine deutlich höhere Temperatur. Wahrscheinlich sind es außerordentlich kleine Teilchen, die durch die Absorption von wenigen Ultraviolettquanten kurzzeitig eine Temperatur bis zu etwa 1 000 K erreichen (→ interstellarer Staub).
Eine großräumig verteilte, aus den Tiefen des Weltalls stammende Infrarot-Flächenstrahlung stellt die → Infrarot-Hintergrundstrahlung dar.

Infrarotstrahlung, elektromagnetische Strahlung mit Wellenlängen zwischen etwa 0,8 µm und einigen 100 µm.

Infrarotteleskop, Spiegelteleskop zur Untersuchung der aus dem Weltall kommenden Infrarotstrahlung. Im prinzipiellen Aufbau unterscheiden sich I.e nicht von optischen Spiegelteleskopen, doch sind konstruktive Besonderheiten notwendig, da sowohl vom Teleskop als auch von seiner Umgebung sowie von der Erdatmosphäre störende infrarote Wärmestrahlung emittiert wird. Zur Reduzierung der vom Teleskop stammenden Störstrahlung werden alle in den Strahlengang hineinragenden oder ihn begrenzenden Bauteile wie Filter, Blenden, Halterungen oder Sekundärspiegel möglichst klein gehalten und gekühlt. Die Spiegel erhalten außerdem wegen der geringeren Strahlungseffektivität im Infrarotbereich statt eines Aluminiumbelags meist einen Silber- oder Goldbelag. I.e werden grundsätzlich als Cassegrain-Systeme (→ Spiegelteleskop) gebaut, da bei dieser Bauweise der Strahlengang außer vom Hauptspiegel nur noch von einem Sekundärspiegel bestimmt wird. Die Strahlung der untersuchten Objekte ist im Allg. um viele Größenordnungen schwächer als die Störhintergrundstrahlung. Um dennoch die Strahlung des Objekts bestimmen zu können, ist der Sekundärspiegel um einen kleinen Winkel kippbar, so dass einmal Strahlung vom Objekt und Hintergrund zusammen, in der gekippten Stellung aber nur Hintergrundstrahlung empfangen wird. Durch Subtraktion der Hintergrundstrahlung von der im Feld mit dem untersuchten Objekt empfangenen lässt sich die Intensität der Objektstrahlung ermitteln. Die Spiegelkippung erfolgt während der Beobachtungen in rascher Folge, um kurzfristige Änderungen der atmosphärischen Infrarotstrahlung zu eliminieren.
Als Strahlungsempfänger im nahen Infrarotbereich werden spezielle Photomultiplier (→ Photometer), Silizium- oder Germanium-Photodioden verwandt, im mittleren und fernen Infrarotbereich Halbleiter, bei denen der innere → lichtelektrische Effekt ausgenutzt wird. Bei mit Gallium dotierten Germaniumdetektoren, die einem hohen mechanischen Druck ausgesetzt werden, kann die langwellige Empfindlichkeitsgrenze bis in den ferneren Infrarotbereich verschoben werden. Im fernsten Infrarotbereich dienen Bolometer (→ Photometer) als Detektoren, bei denen die einfallende Strahlung eine Temperaturerhöhung einer sehr kleinen, dünnen Metallfolie bewirkt. Die dadurch ausgelöste Änderung des elektrischen Widerstands der Folie ist die Messgröße. Zur Erhöhung der Nachweisempfindlichkeiten wird die Vergleichsfolie mit flüssigem Stickstoff oder Helium gekühlt.
Um die Behinderungen der Infrarotbeobachtungen durch die atmosphärische Störstrahlung (→ Infrarotastronomie) zu reduzieren oder zu umgehen, werden erdgebundene I.e in möglichst großen Höhen über dem Meeresspiegel aufgestellt oder die Teleskope mit Flugzeugen oder Ballons über die dichten unteren Atmosphärenschichten oder mit Hilfe von Satelliten ganz über die Atmosphäre gebracht.

Infrarotzirrus, *galaktischer Zirrus*, → interstellarer Staub.

innerer Aufbau der Sonne, → Sonne.

innerer Aufbau der Sterne, → Sternaufbau.

innerer Planet, einer der Planeten Merkur, Venus, Erde und Mars, manchmal auch als Synonym für → unterer Planet gebraucht.

instabiler Meteorstrom, → Meteor.

Instabilität, die Eigenschaft eines physikalischen Systems, einen verlorengegangenen Gleichgewichtszustand (→ Gleichgewicht) nicht wieder erlangen zu können.

Instabilitätskriterium, eine im Allg. durch eine mathematische Formel ausgedrückte Beziehung zwischen physikalischen Größen, die angibt, unter welchen Bedingungen eine Materiekonfiguration kein stabiles mechanisches → Gleichgewicht haben kann und z. B. infolge der eigenen Massenanziehung kollabiert; → Kosmogonie.

Instabilitätsstreifen, schmales streifenförmiges Gebiet im Hertzsprung-Russell-Diagramm, das von Bildpunkten der Pulsationsveränderlichen besetzt ist; → Sternentwicklung.

Integralphotometrie, eine einen großen Spektralbereich erfassende → Photometrie.

Intensitätsinterferometer, → Interferometer.

Intensitätsszintillation, → Szintillation.

Interferenz, eine bei der ungestörten Überlagerung zweier oder mehrerer Wellensysteme zu einem resultierenden Wellenfeld auftretende Erscheinung. I.en hängen von den Phasendifferenzen der Wellenzüge ab, können zeitlich konstant sein oder sich gesetzmäßig u. a. proportional der Zeit ändern. Eine konstruktive I., eine

Interferenzfilter

maximale Intensitätsverstärkung, ergibt sich, wenn die Phasendifferenz der Wellen ein geradzahliges Vielfaches der halben Wellenlänge ist, eine destruktive I., eine Intensitätsauslöschung, bei einem ungeraden Vielfachen.

Interferenzfilter, optisches Bauelement, bei dem zur Aussonderung eines bestimmten Wellenlängenbereichs aus einem Strahlungsgemisch die → Interferenz der Strahlung genutzt wird. Ein I. besteht im Allg. aus zwei halbdurchlässig verspiegelten parallelen Glasplatten. Durch die vielfachen Reflexionen des Lichts an den Grenzflächen entstehen Wellenzüge, die miteinander interferieren können. Für unterschiedliche Wellenlängen ergeben sich unterschiedliche Phasendifferenzen und damit bei der Interferenz unterschiedliche Intensitätsmaxima und -minima, was die Ausfilterung von Strahlung bestimmter Wellenlängenbereiche ermöglicht. Beim Fabry-Pérot-Interferometer [benannt nach den franz. Physikern C. Fabry (1867–1945) und J.-B. Pérot (1863–1925)] kann der Abstand der halbdurchlässigen Glasplatten im begrenzten Rahmen verändert werden, wodurch gezielt unterschiedliche Wellenlängenbereiche ausgefiltert werden können.

Interferometer n, in der Astronomie eine Einrichtung zur Messung kleinster Winkel unter Ausnutzung der Strahlungsinterferenz.

Astronomische I. sind im Wesentlichen ***Phaseninterferometer***, wie das ***Michelson-Interferometer*** [benannt nach dem poln.-amerikan. Physiker A. Michelson, 1852–1931]. Bei diesem gelangt Licht eines Sterns über zwei vor der Fernrohreintrittsöffnung angebrachte Spiegel veränderbaren Abstands zur Brennebene des Teleskops und überlagert sich dort (Abb. (a)). In der optischen Achse des Fernrohrs sind die Wegstrecken beider reflektierten Strahlenbündel gleich, es kommt zu einer konstruktiven → Interferenz mit maximaler Strahlungsintensität. Mit wachsendem Abstand von der optischen Achse verändert sich die Wegdifferenz und damit der Phasenunterschied der Wellenzüge. Bei einem Unterschied gleich der halben Wellenlänge ergibt sich eine destruktive Interferenz mit einem Intensitätsminimum. Mit zunehmendem Abstand von der optischen Achse wechseln Intensitätsmaxima und -minima ab. Das Interferenzmuster in der Brennebene ist ein Streifenmuster, bei dem der Abstand zwischen den Maxima und Minima von der Wellenlänge des Lichts sowie vom Abstand der beiden Spiegel abhängt. Licht eines dicht benachbarten zweiten Sterns ergibt ein gleiches Streifenmuster, das jedoch entsprechend dem Winkelabstand der Sterne gegen das erste Muster verschoben ist. Bei Veränderung des Spiegelabstands verändert sich der Abstand der Maxima und Minima, die Mustermittelpunkte bleiben aber fest. Bei einem bestimmten Spiegelabstand ergeben die überlagerten Muster ein gleichmäßig helles Lichtband in der Brennebene. Aus der Wellenlänge des Lichts und dem Spiegelabstand ist der Winkelabstand der Sterne berechenbar. Nach dem gleichen Prinzip kann der Winkeldurchmesser eines Sterns bestimmt werden, da die Hälften eines Sternscheibchens wie zwei Sterne wirken. Der geringste mit einem derartigen I. messbare Winkel hängt vom maximal möglichen Spiegelabstand ab, der wegen der auftretenden Stabilitätsprobleme nicht wesentlich größer als die freie Öffnung des Teleskops sein kann.

Wesentlich kleinere Winkel können mit einem Zwei-Apertur-Interferometer gemessen werden, bei dem die beiden Spiegel durch Teleskope ersetzt sind, die in einem festen Abstand voneinander oder gegeneinander verschiebbar aufgestellt werden (Abb. (b)). Mit Hilfe von Zusatzspiegeln wird das von den Teleskopen kommende Licht in einer gemeinsamen Brennebene zusammengeführt und überlagert. Das Messprinzip entspricht dem eines Phaseninterferometers. Während der Beobachtung ändert sich infolge der Erdrotation der Winkel zwischen der Verbindungslinie der beiden Teleskope und der Richtung zum Stern, wodurch die vom Licht bis zu den Teleskopen zurückzulegenden Wegstrecken sich ändern und damit auch die Phasendifferenz. Mit Hilfe einer optischen Verzögerungseinheit wird der Unterschied in den Lichtlaufzeiten fortlaufend ausgeglichen, wodurch die phasengerechte Überlagerung der Wellenzüge in der gemeinsamen Brennebene erreicht wird. Das sich ergebende Interferenzmuster wird mittels hochauflösender lichtelektrischer Detektoren überwacht, um die durch die → Szintillation verursachten geringen Störphasenverschiebungen zu erkennen.

Bei einem Viel-Apertur-Interferometer wird das Licht von mehreren, sich in festen oder veränderbaren Abständen befindenden Teleskopen phasengerecht in einer gemeinsamen Fokalebene zusammengeführt. Das sich für einen Stern ergebende Helligkeitsmuster ist abhängig von den relativen Abständen der Einzelteleskope senkrecht zur Beobachtungsrichtung. Aus der Überlagerung der Helligkeitsmuster zweier benachbarter Sterne ist deren Winkelabstand berechenbar. Zu einem großen Viel-Apertur-Interferometer können z. B. die vier 8,2-m-Teleskope der → Europäischen Südsternwarte verbunden werden. Bei einem maximalen Teleskopab-

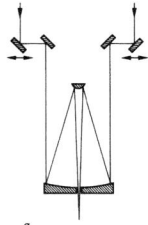 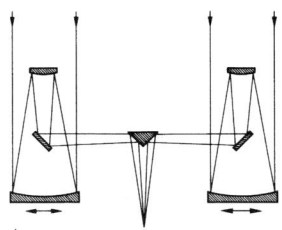 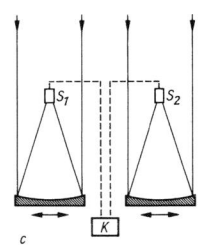

Phaseninterferometer (a) zwei Spiegel vor der Teleskopöffnung, (b) zwei getrennte Teleskope, (c) Korrelationsinterferometer; S_1, S_2: Photodetektoren; K: Korrelator

stand von etwa 200 m wird im optischen und nahen Infrarotbereich ein Winkelauflösungsvermögen von etwa 0,001″ ermöglicht.

Das Messprinzip eines *Intensitäts-* oder *Korrelationsinterferometers* beruht darauf, dass die von einem Stern emittierte Strahlung eine Überlagerung vieler Einzelwellenzüge mit zufällig verteilten Amplituden und Phasen ist. Die Strahlungsintensität in einem bestimmten Wellenlängenbereich unterliegt dadurch minimalen zeitlichen Schwankungen. Bei der Beobachtung ein und desselben Sterns mit zwei Teleskopen ist die Übereinstimmung, die Korrelation der Schwankungen, umso besser, je geringer der Abstand der Teleskope und der Winkeldurchmesser des Sterns ist. Mit Hilfe der Wellentheorie lässt sich berechnen, wie der Korrelationsgrad von den beiden Größen abhängt. Zur Bestimmung des Winkeldurchmessers eines Sterns werden die bei den Teleskopen ankommenden Strahlungsströme mittels lichtelektrischer Detektoren hoher Zeitauflösung in elektrische Ströme umgesetzt und diese miteinander korreliert. Eine Abstandsänderung der Teleskope (Abb. (c)) ergibt eine Korrelationsänderung, die mit den für unterschiedliche Sterndurchmesser theoretisch berechneten verglichen wird. Eine hohe optische Güte der Teleskope ist nicht notwendig, da nur ihre Lichtsammelwirkung genutzt wird. Die Strahlungsdetektoren und elektronischen Hilfsgeräte müssen hingegen außerordentlich hohen Anforderungen genügen. Wegen der Beschränkung der zu korrelierenden Strahlungsströme auf schmale Spektralbereiche erfordern die Durchmesserbestimmungen selbst heller Sterne sehr lange Beobachtungszeiten.

Die in der Radioastronomie benutzten Interferometeranordnungen mit kleinen und mittleren Basislängen sind durchweg Phaseninterferometer (→ Radioteleskop), Radiointerferometer sehr großer Basislänge hingegen z. T. Intensitätsinterferometer.

Die sog. Speckle-Interferometrie arbeitet mit einem völlig anderen Messprinzip; → Speckle-Interferometrie.

intergalaktisch, sich zwischen den Sternsystemen, den Galaxien, befindend.

intergalaktische Absorption, die im intergalaktischen Raum erfolgende Strahlungsabsorption; → intergalaktische Materie.

intergalaktische Materie, die sich im Raum zwischen den Sternsystemen (Galaxien) befindende Materie.

Wolken neutralen Wasserstoffs. Neutraler Wasserstoff macht sich durch den Spektren weit entfernter Quasare aufgeprägte Lyman-α-Absorptionslinien (→ Lyman-Linien) bemerkbar. Infolge der unterschiedlichen Entfernung der Wasserstoffwolken vom Milchstraßensystem sind diese Linien unterschiedlich stark rotverschoben (→ Hubble-Effekt). Die Verschiebungen sind immer geringer als die der quasareigenen Spektrallinien. Die vorgelagerten Wolken sind z. T. so zahlreich, dass sich im Quasarspektrum ein ganzer „Lyman-α-Wald" ergibt (→ Quasar). Die Wolkengrößen liegen in der Größenordnung einiger 10 kpc, die Wolkenmassen im Bereich einiger 10^7 Sonnenmassen, doch sind diese Werte sehr unsicher. Die Gesamtmenge der in den Wolken enthaltenen Materie ist wesentlich kleiner als die Masse aller sichtbaren Sternsysteme.

Einige Wolken verursachen zusätzlich zu den Lyman-α-Linien Absorptionslinien schwerer Elemente mit identischen Rotverschiebungen. Das Wolkengas ist mit Elementen angereichert, deren relative Häufigkeit mit wachsender Entfernung, mithin wachsender Rotverschiebung, d. h. wachsendem z-Wert (→ Hubble-Effekt), abnimmt. Bei $z = 1$ ist die relative Häufigkeit schwerer Elemente um etwa eine Größenordnung geringer als die solare. Die schweren Elemente in den Wolken werden bei der → Energiefreisetzung in Sternen synthetisiert und gelangen in das Wolkengas. Je größer die Entfernung, damit je geringer das Alter der Wolken als selbständige Einheit ist, umso geringer war die Sternentstehungsrate, damit die Menge der produzierten schweren Elemente.

In der Nähe kleiner Galaxienhaufen existieren intergalaktische Wolken neutralen Wasserstoffs, die auf Grund der von ihnen emittierten 21-cm-Strahlung (→ Einundzwanzig-cm-Linie) nachweisbar sind. Die Größe dieser Wolken beträgt bis zu etwa 100 kpc, die Wolkenmassen liegen bei einigen 10^8 Sonnenmassen. Mit großer Wahrscheinlichkeit sind die Wolken Bestandteile der Galaxienhaufen und Relikte des Zusammenstoßes von Haufengalaxien. Während die Sterne im Wesentlichen unbeeinflusst vom Stoß in den Systemen bleiben, wird die interstellare Materie aus den Systemen „gefegt", verbleibt im gemeinsamen Schwerpunkt der stoßenden Systeme und bildet eine neue selbständige dynamische Einheit (→ Sternsystem). Eine mittels der 21-cm-Linie nachweisbare intergalaktische Wolke nahe dem Milchstraßensystem, der sog. → Magellan-Strom, geht wahrscheinlich auf die gravitative Wechselwirkung des Milchstraßensystems mit den Magellan'schen Wolken zurück.

Heißes intergalaktisches Gas. Die intergalaktischen Lyman-α-Wolken haben im Mittel eine so geringe Eigengravitation, dass sie sich aufgelöst haben müssten, würde dies nicht durch einen äußeren Druck verhindert. Möglicherweise bewirkt diesen Druck eine allgemeine, wahrscheinlich diffus zwischen den Wolken verteilte i. M. aus ionisiertem Wasserstoff mit einer Temperatur höher als etwa 10^5 K. Es kann nicht neutraler Wasserstoff sein, da keine diffuse Lyman-α-Absorption existiert. Die die Ionisation und Aufheizung verursachende energiereiche Strahlung stammt wahrscheinlich von Quasaren oder massereichen Sternen der ersten Sterngeneration in den am frühesten entstandenen Galaxien. Die Lyman-α-Wolken könnten aber auch gravitativ an Ansammlungen Dunkler Materie gebunden sein, die die Zerstreuung verhindert (→ Kosmologie). Mittels Beobachtungen können keine zuverlässigen Aussagen über das diffus verteilte intergalaktische Zwischenwolkengas gewonnen werden.

Innerhalb großer Galaxienhaufen existiert heißes, Röntgenstrahlung emittierendes Gas mit Dichten in der Größenordnung von etwa 10^{-2} bis 10^{-4} Protonen/cm^3 und Temperaturen von etwa 10^7 bis 10^8 K (→ Sternsystem). Die Aufheizung erfolgt mit großer Wahrscheinlichkeit durch die Galaxien des Haufens, die sich mit Geschwindigkeiten von bis zu 1 000 km/s um den Haufenschwerpunkt bewegen und einen Teil ihrer Bewegungsenergie als thermische Energie auf das diffuse Gas übertragen. Es ist mit schweren Elementen angereichert, wie Röntgenemissionslinien hochionisierter Elemente zeigen. Wahrscheinlich ist es ehemals interstellares Gas, das bei Zusammenstößen von Haufengalaxien aus diesen „hinausgefegt" wurde. Galaxienhaufen hoher Konzentration scheinen mehr heißes Gas zu enthalten als lose gebundene Haufen, was vermutlich durch die höhere Stoßwahrscheinlichkeit der Galaxien in dichten Haufen bedingt ist. In Galaxiengruppen mit nur wenigen Mitgliedern, z. B. in der aus nur drei Galaxien bestehenden Gruppe um NGC 2300, existiert z. T. auch heißes Gas. Der Heizmechanismus dafür ist noch unklar.

Der Staudruck des intergalaktischen Mediums verursacht offenbar auch die charakteristische Struktur der sog. Kopf-Schwanz-Galaxien (→ Sternsystem).

Interlunium *n*, svw. Neumond.

Internationale Astronomische Union, Abk. *IAU*, 1919 gegründete internationale Vereinigung von Astronomen mit dem Ziel, durch internationale Zusammenarbeit die Astronomie in allen ihren Aspekten zu fördern. Die wesentliche wissenschaftliche Arbeit wird in 12 Fachgruppen und 37 Kommissionen geleistet, die das gesamte Spektrum der Astronomie überdecken. Unter der Schirmherrschaft der IAU erfolgen zahlreiche internationale Tagungen. Gegenwärtig gehören der IAU mehr als 8 700 Astronomen aus 67 Mitgliedsländern als individuelle Mitglieder an. Die IAU hält alle drei Jahre eine Generalversammlung ab, so 2006 in Prag (Tschechien). Sie ist das einzige international autorisierte Gremium zur Namensgebung von Himmelskörpern und deren Oberflächenstrukturen.

Internationale Atomzeit, → Zeit.

Internationaler Dienst für Erdrotation und Bezugssysteme [engl. ‚International Earth Rotation and Reference Systems Service'], seit 2003 der Name der internationalen Vereinigung zur Untersuchung der Erdrotation, insbesondere der Schwankung der → Polhöhe und der Bereitstellung eines Bezugssystems für astronomische und geographische Örter, Nachfolgerin des *Internationalen Polschwankungsdienstes*.

Internationaler Polschwankungsdienst, Vorgängerorganisation des → Internationalen Dienstes für Erdrotation und Bezugssysteme.

interplanetar, sich im Raum zwischen den Planeten des Sonnensystems befindend.

interplanetare Materie, die sich im Raum zwischen den Planeten befindende feste und gasförmige Materie. Die feste i. M. umfasst außer Staubteilchen auch größere Festkörper wie Meteoroide und Mikrometeoroide (→ Meteorit), im weitesten Sinne Kometen und Planetoiden.

Interplanetarer Staub. Staubteilchen mit Radien zwischen etwa 5 und 100 µm bilden die Zodiakallichtmaterie, die sich großräumig in einem abgeflachten Ellipsoid um die Sonne anordnet, dessen Symmetrieebene nur wenig von der Ekliptikebene abweicht. Die Teilchendichte nimmt mit wachsendem Abstand von der Sonne ab. Indem die Teilchen das Sonnenlicht streuen, verursachen sie die optischen Phänomene des → Zodiakallichts und der F-Komponente der Sonnenkorona (→ Sonne). Die Staubpartikeln absorbieren außerdem energiereiche Sonnenstrahlung und geben die aufgenommene Energie als Wärmestrahlung im infraroten Spektralbereich wieder ab, wodurch das Zodiakallichtband Quelle einer flächenhaft verteilten Infrarotstrahlung ist. Längs der Bahnen einiger Kometen und Planetoidenfamilien, z. B. der Koronis- und Themis-Familie, existieren Staubkonzentrationen, die als flächenhafte, bandförmige → Infrarotquellen in Erscheinung treten und zeigen, dass die Auflösung von Kometen und Zusammenstöße zwischen Planetoiden Quellen interplanetarer Staubteilchen sind. Größere Teilchen (Meteoroide) verursachen beim Eindringen in die Erdatmosphäre die Meteorerscheinungen (→ Meteor).

Die physikalische Struktur und chemische Zusammensetzung der diffus verteilten interplanetaren Staubpartikeln sind genauer bekannt, seitdem mittels hoch fliegender Flugzeuge und Raketen Partikeln aufgesammelt und im Labor untersucht werden konnten. Sie bestehen vorwiegend aus silikatischen Mineralen wie Olivin und Pyroxen; daneben sind Nickel- und Eisenverbindungen vorhanden. Die Zusammensetzung einiger Teilchen ist ähnlich der kohliger Chondrite (→ Meteorit). Die Partikeln haben im Allg. eine lose, flockige Struktur (Abb.). Das Bewegungsverhalten der Staubpartikeln ist von ihrer Größe abhängig. Meteoroide größer als etwa 1 cm bewegen sich wie Planetoiden oder Kometen nach den Gesetzen der Himmelsmechanik um die Sonne, wobei Störungen durch die großen Planeten zu erheblichen Bahnänderungen führen können. Teilchen mit einem Durchmesser kleiner als etwa 1 µm werden von der Sonne weggetrieben, für sie ist der von der Sonne weggerichtete Strahlungsdruck größer als deren Massenanziehung. Elektrisch geladene Teilchen werden auch vom → Sonnenwind mitgeschleppt. Teilchen im Durchmesserbereich zwischen etwa 1 µm und 1 cm durchlaufen infolge des → Poynting-Robertson-Effekts Spiralbahnen und nähern sich stetig der Sonne, in deren Nähe sie verdampfen. Die Existenzzeit dieser Teilchen beträgt 10^4 bis 10^6 Jahre.

Von Planeten werden beim Umlauf um die Sonne beträchtliche Mengen an Staub und größeren Teilchen aufgesammelt. Der Massengewinn der Erde durch größere Meteoroide beträgt schätzungsweise rund 1 t je

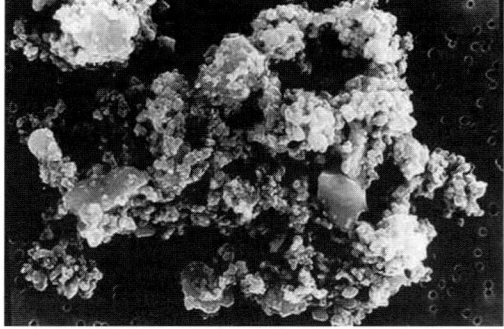

In der Stratosphäre aufgefangenes, vermutlich interplanetares Teilchen

Tag, der durch Mikrometeoroide etwa 100 bis 1 000 t je Tag. Sehr kleine Teilchen, wie sie in Ablagerungen des Tiefseeschlamms oder im Eis der Antarktis gefunden werden, dürften für einen noch wesentlich größeren täglichen Massenzuwachs sorgen.

Der Reduzierung der interplanetaren Staubpartikeln steht eine ständige Nachlieferung gegenüber, die vor allem auf den Materieausstoß insbesondere der langperiodischen → Kometen mit einer hohen Kernaktivität sowie auf die Erosion und teilweise Zertrümmerung von Meteoroiden und Planetoiden infolge von gegenseitigen Stößen zurückgeht. Vermutlich werden gleich viele staubförmige und größere Teilchen nachgeliefert wie verschwinden, so dass langfristig ein Gleichgewichtszustand besteht.

Mittels Raumsonden jenseits der Jupiterbahn aufgefangene Staubteilchen sind wahrscheinlich aus dem interstellaren Raum kommend bis in diese Regionen vorgedrungen, was aus deren Bewegungsverhalten zu schließen ist. Diese ehemals interstellaren Teilchen haben eine im Mittel rund 30-mal größere Masse als ein mittleres interplaneres Staubteilchen. Das beruht vermutlich auf einem Auswahleffekt: Kleine Partikeln werden durch den solaren Strahlungsdruck und den → Sonnenwind am Eindringen in die inneren Bereiche des Sonnensystems stärker gehindert als große.

Interplanetares Gas. Das interplanetare Gas ist im Wesentlichen mit den Teilchen des Sonnenwinds identisch, der physikalisch ein Plasma aus Atomkernen, hauptsächlich Protonen, und freien Elektronen ist und mit Geschwindigkeiten zwischen 300 und mehr als 800 km/s von der Sonne wegströmt. Die Gasdichte beträgt in Erdbahnnähe im Mittel etwa 5 bis 10, maximal 100 Teilchen je cm^3 (→ Sonnenwind).

Eine sehr geringe Anzahl der interplanetaren Gaspartikeln sind aus den Planetenatmosphären entwichene oder aus Kometenkernen ausgetriebene Atome und Moleküle. Einige wenige, elektrisch neutrale Gaspartikeln, vor allem Heliumatome, stammen wahrscheinlich aus dem interstellaren Raum. Im Gegensatz zu den weitaus häufigeren Wasserstoffatomen dringen sie infolge der Relativbewegung des Sonnensystems zur umgebenden interstellaren Materie tief in die → Heliosphäre ein. Die interstellaren Wasserstoffatome werden wegen ihrer geringeren Masse dagegen an der Grenze der Heliosphäre effektiver abgebremst. Sie werden außerdem durch die solare Ultraviolettstrahlung ionisiert und unterliegen dann als elektrisch geladene Teilchen den Einflüssen des Sonnenwindes, wodurch ihr interstellarer Ursprung nicht mehr zu erkennen ist.

interplanetarer Staub, der Anteil kleiner fester Teilchen an der → interplanetaren Materie.

interplanetares Gas, der gasförmige Anteil der → interplanetaren Materie.

interplanetares Magnetfeld, das im interplanetaren Raum existierende Magnetfeld. Sowohl Feldstärke als auch Feldrichtung werden durch den von der Sonne abfließenden Sonnenwind bestimmt, da das Feld in ihm „eingefroren" ist. In Erdbahnnähe beträgt die Feldstärke im Mittel etwa 10^{-9} bis 10^{-8} Tesla. Die Feldlinien sind in der rotierenden Sonne verankert, liegen im Wesentlichen in der Ebene des Sonnenäquators und haben etwa die Form archimedischer Spiralen. Auf Grund des Dipolcharakters des globalen Sonnenfeldes bildet sich zwischen den von der Sonne weg gerichteten und den zur Sonne hin gerichteten Feldlinien eine Trennfläche, deren Form von der Verteilung der Magnetfelder auf der Sonnenoberfläche bestimmt ist. Wegen der Abweichungen der Trennfläche von der Ebene des Sonnenäquators und deren Neigung gegen die Ekliptikebene hat das interplanetare Magnetfeld in der Ebene der Ekliptik eine Sektorstruktur mit wechselnder Feldrichtung (→ Sonnenwind).

interplanetare Szintillation, → Radioszintillation.

interstellar, sich im Raum zwischen den Sternen befindend.

interstellare Absorption, die Intensitätsminderung von Strahlung im optischen Spektralbereich durch interstellare Materie. Interstellarer Staub bewirkt eine *kontinuierliche i. A.* infolge einer Strahlungsabsorption in einem weiten Wellenlängenbereich. Interstellares Gas verursacht darüber hinaus eine *interstellare Linienabsorption*, bei der die Strahlungsintensität infolge von Absorption durch Atome oder Moleküle nur in einem sehr schmalen Wellenlängenbereich vermindert ist (→ interstellares Gas).

interstellare diffuse Banden, breite Absorptionslinien und -banden, die vom interstellaren Medium den Sternspektren aufgeprägt werden. Die rund 220 bekannten i.n d.n B. konzentrieren sich auf den Wellenlängenbereich zwischen etwa 350 nm und 1,3 µm, die stärkste Bande liegt bei 443 nm. Die Effektivität der Absorption ist sehr hoch. Die in den Banden absorbierte Energie ist im sichtbaren Spektralbereich etwa fünf- bis sechsmal höher als die in allen vom interstellaren Gas verursachten Absorptionslinien zusammen. Die Breite der Banden ist sehr unterschiedlich und unterscheidet sich wesentlich von der normaler interstellarer Absorptionslinien. Möglicherweise handelt es sich um nicht aufgelöste molekulare Rotationsbanden (→ Spektrum) von neutralen oder ionisierten vielatomigen interstellaren Molekülen wie polyzyklischen aromatischen Kohlenwasserstoffen.

interstellare Extinktion, die von interstellarem Staub durch Absorption und Streuung verursachte Schwächung des Sternlichts; → interstellarer Staub.

interstellare Maserquellen, → interstellares Gas.

interstellare Materie, im engeren Sinn die Gesamtheit der im Raum zwischen den Sternen eines Sternsystems, speziell des Milchstraßensystems, existierenden gas- und staubförmigen Bestandteile, im weiteren Sinn auch die vorhandenen Felder. Das → interstellare Gas besteht aus einzelnen Atomen, Molekülen, Ionen sowie freien Elektronen. Mit dem Begriff → interstellarer Staub sind alle festen Teilchen der i.n M. gemeint. Normalerweise kommen Gas und Staub gemeinsam vor. Zu den Feldern im interstellaren Raum gehören das → interstellare Strahlungsfeld sowie → interstellare Magnetfelder.

Beobachtungsmöglichkeiten. Gas- und staubförmige i. M. kann im sichtbaren Spektralbereich sowohl leuchtend als auch nichtleuchtend in Erscheinung treten. Leuchtende Materie ist in Form heller, diffus er-

interstellare Materie

scheinender Nebelflecke beobachtbar, die wegen ihrer Zugehörigkeit zum Milchstraßensystem, der Galaxis, als galaktische Nebel bezeichnet werden. Die meisten Nebel sind von unregelmäßiger Gestalt und haben eine ungleichmäßige Helligkeitsverteilung. Gas, das nahe Sterne hoher Effektivtemperatur zum Leuchten anregen, wird als **Emissionsnebel** oder, bei niedrigen Dichten, als schwachleuchtendes Emissionsgebiet beobachtbar. Das Spektrum wird von Emissionslinien bestimmt, die einem schwachen Kontinuum überlagert sind (→ interstellares Gas). Sterne geringer Effektivtemperatur können benachbarte Wolken i.r M. als sog. **Reflexionsnebel** erscheinen lassen, deren Licht von Staubteilchen gestreutes Sternlicht ist (→ interstellarer Staub). Relativ regelmäßig strukturiert sind die → Planetarischen Nebel und die gasförmigen Supernovaüberreste, bei denen es sich um vormals stellare Materie handelt, die erst vor kurzer Zeit von Sternen mehr oder minder radial abgestoßen wurde und sich im interstellaren Raum zerstreut. Das Gas wird vom Ursprungsstern zum Leuchten angeregt. Bei den Supernovaüberresten trägt auch → Synchrotronstrahlung hochenergetischer Elektronen zum Leuchten bei (→ Supernova).

Die gasförmige Komponente größerer interstellarer Wolken prägt dem Spektrum der Sterne, die sich vom Beobachter aus gesehen „hinter" den Wolken befinden, zusätzliche Absorptionslinien auf, die Staubteilchen verursachen eine kontinuierliche Extinktion. Diese ist wellenlängenabhängig, wodurch das Sternlicht beim Durchgang durch eine Wolke in der spektralen Helligkeitsverteilung verändert wird. Nicht kugelförmige Staubteilchen, die durch interstellare Magnetfelder mindestens teilweise großräumig ausgerichtet sind, bewirken eine Polarisation des Sternlichts. Die Extinktion kann so stark sein, daß sternarme oder sternleere Gebiete vorgetäuscht werden (Abb.). Derartige Ansammlungen der i.n M. erscheinen als **Dunkelwolken**, sehr kleine als → **Globulen** (→ interstellarer Staub).

Sowohl das im optischen Spektralbereich leuchtende als auch das nichtleuchtende interstellare Gas emittiert im Radiofrequenzbereich eine Linienstrahlung, u. a. das neutrale Wasserstoffgas die → Einundzwanzig-cm-Linie. Bei Emissionsnebeln kann die Rekombinationslinienstrahlung im Radiofrequenzbereich einem Kontinuum überlagert sein (→ Radiofrequenzstrahlung; → Radioquelle). Der im visuellen Spektralbereich nichtleuchtende interstellare Staub kann im Infrarotbereich beobachtet werden, in dem die Staubteilchen entsprechend ihrer Temperatur thermische Strahlung emittieren (→ Infrarotquelle).

Zusammensetzung, Dichte, Temperatur, Masse. Die chemische Zusammensetzung des interstellaren Gases entspricht im Wesentlichen der mittleren kosmischen → Elementenhäufigkeit. In einigen kühlen Gaswolken ist die Häufigkeit bestimmter Elemente gegenüber der mittleren Häufigkeit z. T. drastisch reduziert (→ interstellares Gas). Diese Elemente haben sich vermutlich an interstellare Staubteilchen angelagert, wodurch sie im Gas fehlen. Die chemische Zusammensetzung interstellarer Staubpartikeln ist schwierig zu ermitteln. Silikate spielen aller Wahrscheinlichkeit nach die Hauptrolle, andere Bestandteile sind u. a. Siliziumkarbid, Graphit und Metalloxide sowie im von Sternen abströmenden Gas auskondensierte Verbindungen (→ interstellarer Staub).

Die Anzahldichte der interstellaren Gaspartikeln beträgt in der weiteren Sonnenumgebung im großräumigen Mittel etwa 1 bis 2 Wasserstoffatome/cm^3, die mittlere Massendichte beläuft sich damit auf rund 10^{-24} g/cm^3. Die Anzahldichte in Wolken neutralen atomaren Wasserstoffs, den HI-Gebieten, streut im Bereich von etwa 0,1 bis 100 Wasserstoffatome/cm^3, in den dichtesten Regionen der Molekülwolken werden Anzahldichten von 10^6 Molekülen/cm^3 und mehr erreicht. Die Masse des interstellaren Staubs je Volumeneinheit beträgt rund ein hunderstel der des interstellaren Gases (→ interstellares Gas).

Die kinetische Temperatur des interstellaren Gases variiert außerordentlich stark. In Molekülwolken herrschen Temperaturen zwischen etwa 10 und 20 K, in den HI-Gebieten typischerweise 80 bis 100 K, im „warmen" atomaren Zwischenwolkengas liegen die kinetischen Temperaturen in der Größenordnung von 1 000 K, im „heißen" Zwischenwolkengas bei 10^5 bis 10^6 K (→ interstellares Gas). In Wasserstoffemissionsgebieten, den HII-Gebieten, in denen Wasserstoff durch nahe Sterne hoher Effektivtemperatur praktisch vollständig ionisiert ist, herrschen kinetische Temperaturen von typischerweise 8 000 bis 10 000 K. Dem im interstellaren Raum existierenden hochenergetischen Gas der → Kosmischen Strahlung, deren Teilchen relativistische Geschwindigkeiten und keine thermische Geschwindigkeitsverteilung haben, kann keine Temperatur zugeordnet werden.

Der Beitrag der i.n M. zur Gesamtmasse eines Sternsystems ist stark vom Galaxientyp abhängig (→ Sternsystem). Im Milchstraßensystem beträgt der Anteil der i.n M. an der Gesamtmasse etwa 3 bis 5%, was einigen 10^9 Sonnenmassen entspricht. Im Bereich der Spiralarme beläuft sich der Massenanteil auf etwa 10%. Der Hauptanteil entfällt auf das kalte atomare und molekulare Gas.

Verteilung. Die Hauptmenge der i.n M. im Milchstraßensystem ist in wolkenartigen Verdichtungen konzentriert, deren Größe in einem weiten Bereich variiert. Neben kleinen Wölkchen mit einer Ausdehnung von weniger als 1 pc existieren große Wolkenkomplexe mit mehr als 100 pc Durchmesser. Entsprechend unterschiedlich ist die in den Wolken vereinigte Masse, die z. T. nur wenige Sonnenmassen beträgt, bei den Riesenmolekülwolken auch 10^5 bis 10^6 Sonnenmassen erreichen kann. Die Riesenmolekülwolken stellen die massereichsten Objekte im Milchstraßensystem dar. Sie wie die anderen Wolken sind in einem dünnen Zwischenwolkenmedium eingebettet, das sowohl atomar, „warm", als auch ionisiert, „heiß", sein kann. Wahrscheinlich erfüllt die heiße Komponente einen weitaus größeren Raumbereich als die warme, und die wiederum einen größeren als die kalten Wolken sowie die HII-Gebiete.

Die i. M. ist im Milchstraßensystem stark gegen die galaktische Ebene konzentriert, wobei die verschiedenen Gaskomponenten einen unterschiedlichen Konzentrationsgrad haben. Ein Maß dafür ist die Dicke des zur galaktischen Ebene symmetrischen Raumbereichs, in

interstellare Materie

Pferdekopfnebel (NGC 2023) im Sternbild Orion. (Aufnahme: Thüringer Landessternwarte Tautenburg)

interstellare Moleküle

dem sich die Hälfte der Gesamtmasse der jeweiligen Komponente befindet. Für den molekularen Wasserstoff beträgt diese Dicke in der Entfernung der Sonne vom galaktischen Zentrum etwa 130 pc, für den neutralen atomaren Wasserstoff rund 200 pc, und für das heiße Zwischenwolkengas liegt sie in der Größenordnung von 8 000 pc. Die meisten Molekülwolken befinden sich, abgesehen von einer Konzentration im Zentralgebiet des Milchstraßensystems, vorwiegend in galaktozentrischen Entfernungen zwischen etwa 3 bis 10 kpc. Neutraler atomarer Wasserstoff kommt auch in sehr viel größeren Entfernungen vor. Beide Formen des kalten interstellaren Gases sind wesentliche Bestandteile der Spiralarme des → Milchstraßensystems.

In unmittelbarer Sonnenumgebung befindet sich ein unregelmäßig begrenztes Gebiet heißen Gases, eine „heiße Blase" mit grob 100 pc Durchmesser und einer mittleren Dichte von rund 0,005 Gaspartikeln/cm^3, in die kleine Bereiche mit wenigen pc Ausdehnung und Dichten von rund 0,1 Wasserstoffatomen/cm^3 eingebettet sind; in einer dieser dichteren Regionen befindet sich die Sonne.

Bewegungsverhältnisse. Die i. M. des Milchstraßensystems nimmt an der allgemeinen Rotation um das galaktische Zentrum teil. Dieser systematischen Bewegung sind Pekuliargeschwindigkeiten der einzelnen Wolken überlagert, die im Mittel in der Größenordnung von 10 km/s liegen, sie können auch bis zu 10-mal größer sein. In den großen Wolken und Wolkenkomplexen existiert darüber hinaus eine mehr oder minder starke kleinskalige Turbulenz.

Die Relativgeschwindigkeiten der Wolken zueinander sind im Allg. größer als die in ihnen herrschende Schallgeschwindigkeit. Beim Zusammenstoß zweier Wolken kommt es daher zur Ausbildung von Stoßfronten, in der kinetische Energie der Wolkenbewegung in Anregungs-, Ionisations- und thermische Energie überführt wird. Durch Abstrahlung geht diese Energie der i.n M. verloren. Andererseits wird ständig neue kinetische Energie in sie hineingepumpt. Neuentstandene Sterne hoher Effektivtemperatur ionisieren das sie umgebende Gas und heizen es auf. Bei der Expansion der aufgeheizten Gebiete gewinnt das Gas Bewegungsenergie, die an die i. M. der Umgebung abgegeben wird, insgesamt wird so stellare Strahlungsenergie in kinetische Energie umgewandelt. Bei der Massenabgabe von Sternen, die stetig in Form eines → Sternwinds oder explosionsartig beim Ausbruch einer → Nova oder → Supernova erfolgt, gelangt Materie hoher kinetischer Energie in den interstellaren Raum. In der i.n M. besteht wahrscheinlich ein Gleichgewicht zwischen der Zu- und der Abführung von Bewegungsenergie.

Wechselbeziehungen mit Sternen. Von Sternen emittierte Strahlungsenergie wird von der i.n M. z. T. absorbiert und in thermische Energie übergeführt, Kühlprozesse sorgen für eine Reemission der aufgenommenen Energie. Für das interstellare Medium ergibt sich dadurch ein lokales, von der Effektivtemperatur der umgebenden Sterne und deren Entfernung abhängiges Temperaturgleichgewicht. Sterne hoher Effektivtemperatur ionisieren das interstellare Gas, Rekombinationen wirken dem entgegen, insgesamt stellt sich ein Gleichgewicht der gegenläufigen Prozesse ein. Die Gleichgewichtszustände sind im Sinne der theoretischen Physik keine thermodynamischen Gleichgewichte mit einer für alle Systemkomponenten gleichen Temperatur. Der physikalische Zustand ist im Gegenteil extrem weit von einem derartigen Gleichgewicht entfernt. So weicht das lokale interstellare Strahlungsfeld, das sich aus den Beiträgen vieler Sterne unterschiedlicher Effektivtemperatur und unterschiedlicher Entfernungen vom betrachteten Ort zusammensetzt, stark von einer Hohlraumstrahlung ab (→ interstellares Strahlungsfeld). Die verschiedenen Komponenten der i.n M., thermisches Gas, relativistisches Gas sowie interstellare Magnetfelder, haben aber nahezu gleiche Energiedichten, die in der Größenordnung von rund 10^{-19} J/cm^3 liegen.

Zwischen Sternen und der i.n M. besteht ein Massenaustausch. Bei der → Sternentstehung, die ganz überwiegend in den kühlen, dichten Molekülwolken stattfindet, wird i. M. in stellare überführt, umgekehrt geht stellare Materie in interstellare über, da Sterne einen Teil ihrer Masse in den interstellaren Raum abgeben. Bezüglich der beiden gegenläufigen Prozesse herrscht im Milchstraßensystem über sehr lange Zeiträume kein Gleichgewicht. Die Menge der in Sterne umgewandelten i.n M. ist größer als die rückgeführte Menge, denn die weitaus meisten Sterne erreichen am Ende ihrer Entwicklung einen kompakten Endzustand (→ Sternentwicklung). Die i. M. des Milchstraßensystems dürfte um etwa 3 Sonnenmassen endgültig in Sterne überführter Materie abnehmen.

Der Massenaustausch zwischen Sternen und i.r M. bewirkt eine Änderung der chemischen Zusammensetzung der i. M. und des Milchstraßensystems insgesamt. Im Frühzustand des Systems bestand die galaktische Materie fast nur aus Wasserstoff und Helium (→ Kosmogonie). Nach der Entstehung von Sternen begann in deren Innern die Synthese von Elementen schwerer als Helium (→ Elementenentstehung). Vor allem bei der Explosion massereicher Sterne als Supernovae gelangten größere Mengen synthetisierter Elemente in den interstellaren Raum. Sie vermischten sich mit der vorhandenen Materie, wodurch die nächste Generation von Sternen bereits bei der Entstehung einen größeren relativen Massenanteil schwerer Elemente als die frühere hatte. Sie trug ihrerseits zur weiteren Anreicherung der i.n M. mit schweren Elementen bei; ihr Anteil wuchs so von Generation zu Generation und liegt gegenwärtig in der Größenordnung von 3 bis 4% der Masse der i.n M. (→ Elementenhäufigkeit).

Andere Sternsysteme enthalten ebenfalls i. M., deren physikalischer Zustand weitgehend dem der galaktischen gleicht. In Spiralsystemen ist der Anteil i.r M. an der Gesamtmasse vergleichbar dem im Milchstraßensystem, in elliptischen Sternsystemen sind im Allg. merklich geringere Mengen i.r M. vorhanden, während irreguläre Sternsysteme wesentlich reicher an i.r M. als Spiralsysteme sind (→ Sternsystem).

interstellare Moleküle, → interstellares Gas.
interstellare Polarisation, → interstellarer Staub.
interstellarer Staub, die Gesamtheit der im Raum zwischen den Sternen sich befindenden Festkörperteil-

chen. Der Durchmesser der Staubteilchen liegt im Bereich von etwa 10 nm bis rund 1 µm. Ihre Anzahldichte ist extrem gering. In einem Würfel von 100 m Kantenlänge befinden sich im Durchschnitt nur einige wenige Staubpartikeln. Der interstellare Staub macht sich dennoch bemerkbar, weil enorm große Räume von ihm erfüllt sind. Er ist sowohl räumlich und dynamisch als auch energetisch und kosmogonisch stark an das interstellare Gas gekoppelt und wie die gesamte interstellare Materie im Milchstraßensystem stark gegen die galaktische Ebene konzentriert. Flächenhafte Infrarotquellen lassen erkennen, dass auch in größeren Abständen von der galaktische Ebene i. S. existiert (→ interstellare Materie; → interstellares Gas).

Interstellare Extinktion. Die Staubteilchen können Licht streuen und absorbieren. Das eine Ansammlung interstellaren S.s durchquerende Sternlicht wird geschwächt. Der Betrag dieser Extinktion ist wesentlich von der Zahl der Staubteilchen längs des Weges abhängig, gleichgültig ob die Teilchen gleichmäßig verteilt oder in Wolken konzentriert sind. Infolge der Lichtschwächung ist die beobachtete scheinbare Helligkeit m' eines Sterns, der sich vom Beobachter aus gesehen „hinter" einer Staubwolke befindet, gegenüber der Helligkeit m ohne Extinktion um den Betrag A verändert: $m' = m + A$. Der Extinktionsbetrag kann aus der absoluten Helligkeit M des Sterns und der mit Hilfe geometrischer Methoden bestimmten Entfernung r ermittelt werden. Die absolute Helligkeit wird dabei im Allg. aus dem Spektraltyp des Sterns bestimmt, der aus dem stellaren Linienspektrum ableitbar ist. Der wahre Entfernungsmodul $m - M = 5 \lg r - 5$ (→ Helligkeit) des Sterns unterscheidet sich von dem durch Extinktion verfälschten Modul $m' - M = m - M + A$ um den Extinktionsbetrag A. Ein durch interstellare Extinktion beeinflusster Stern scheint weiter entfernt zu sein als er in Wirklichkeit ist.

Die Extinktion großer und relativ dichter Staubansammlungen ist z. T. so groß, dass sternarme oder sternleere Gebiete vorgetäuscht werden (Abb. 1). Dies gilt auch für die auffällige Zweiteilung der Milchstraße in den Sternbildern Cygnus, Serpens, Ophiuchus, Sagittarius und Scorpius (→ Sternkarten Seite 415 und 418). Die diese Teilung verursachenden Dunkelwolken sind längs des galaktischen Äquators konzentriert, sie verhindern, dass die gerade in diesen Richtungen zahlreichen weitentfernten Sterne sichtbar sind. Die Seltenheit oder das gänzliche Fehlen extragalaktischer Sternsysteme in der sog. → nebelfreien Zone ist gleichfalls auf die um den galaktischen Äquator konzentrierten interstellaren Staubwolken zurückzuführen, die die Sicht aus dem Milchstraßensystem hinaus verhindern. In Richtung zum galaktischen Zentrum beträgt die interstellare Extinktion im optischen Spektralbereich mehr als 25 mag, so dass diese visuell nicht wahrnehmbar ist. In einigen Dunkelwolken erreicht die Extinktion bis zu 40 mag.

Die Ausdehnung von Dunkelwolken ist stellarstatistisch bestimmbar. In einem zu untersuchenden Sternfeld und einem benachbarten gleich großen von Extinktion freien Vergleichsfeld wird die Zahl $N(m)$ der Sterne bestimmt, deren scheinbare Helligkeit in das Intervall $m \pm 0{,}5$ fällt. Im Vergleichsfeld nimmt je

Abb. 1: Dunkelwolke Barnard 68 im Sternbild Ophiuchus mit einem Durchmesser von etwa 0,2 pc und einer Entfernung von rund 125 pc von der Sonne (ESO)

Flächeneinheit und je Helligkeitsintervall bei homogener räumlicher Sternverteilung $N(m)$ mit abnehmender scheinbarer Helligkeit stetig zu, da immer größere Volumina erfasst werden (→ Stellarstatistik). Befindet sich im zu untersuchenden Feld im Entfernungsintervall r_1 bis r_2 eine Dunkelwolke mit dem Extinktionsbetrag $A = \Delta m$, sind die scheinbaren Helligkeiten aller hinter der Wolke liegenden Sterne um den Betrag A zu größeren Werten von m verschoben. Wird in einem Diagramm, einem sog. *Wolf-Diagramm* [benannt nach dem dtsch. Astronomen M. Wolf, 1863–1932], der Logarithmus von $N(m)$ über m aufgetragen (Abb. 2), steigen bis r_1 (entsprechend der scheinbaren Helligkeit m_1) im zu untersuchenden Feld wie im Vergleichsfeld die Sternzahlen linear an, danach im Dunkelwolkenfeld langsamer als im Vergleichsfeld. Ab der Entfernung r_2 (entsprechend der scheinbaren Helligkeit $m_2 + A$) verlaufen die Kurven wieder parallel, aber um A versetzt. Die Auswertung realer Diagramme birgt erhebliche Fehlerquellen, da Sterne statistisch im Raum verteilt sind und die absoluten Helligkeiten selbst bei einer Beschränkung auf eine Spektralklasse eine natürliche Streuung aufweisen, auch die Annahme gleicher Sterndichte in beiden Feldern sowie die Annahme eines unverdunkel-

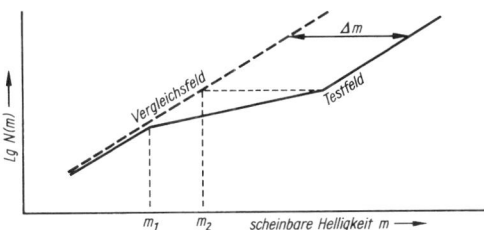

Abb. 2: Abhängigkeit der Sternzahlen $N(m)$ von der scheinbaren Helligkeit m, Erläuterungen im Text

interstellarer Staub

ten Vergleichsfelds sind nur näherungsweise erfüllt. Die Anwendbarkeit der Methode ist dadurch im Wesentlichen auf ausgedehnte Dunkelwolken mit mehr als etwa 0,3 bis 0,4 mag Extinktion beschränkt. In der weiteren Sonnenumgebung existieren Wolken mit Ausdehnungen von 100 bis einige 100 pc und einer Extinktion von einigen Größenklassen.

Neben großen Dunkelwolken existieren kleinere mit einem Durchmesser in der Größenordnung von 0,1 bis 1 pc und einer Extinktion von vielen Größenklassen. Diese sog. →Globulen sind vor allem bei der Projektion auf leuchtende diffuse Gasnebel oder dichte Sternfelder zu erkennen.

Außer in Dunkelwolken konzentriert ist i. S. auch mehr oder minder homogen im Raum verteilt. Dieser Staub verursacht eine allgemeine interstellare Extinktion, die durch den Vergleich von geometrisch und photometrisch bestimmten Entfernungen von räumlich gleichmäßig verteilten Objekten ermittelt werden kann. In der Nähe der galaktischen Ebene beträgt die allgemeine Extinktion im visuellen Spektralbereich zwischen 0,7 und 1,6 mag je 1 000 pc Wegstrecke.

Interstellare Verfärbung. Die interstellare Extinktion ist wellenlängenabhängig. Kurzwelliges, blaues Licht wird stärker geschwächt als langwelliges, rotes. Die Intensitätsverteilung im Spektrum eines Sterns wird infolge der Extinktion zugunsten des roten Anteils verändert, das Sternlicht ist verfärbt (genauer „verrötet")

Für zwei Wellenlängen λ_1 und λ_2 mit $\lambda_1 < \lambda_2$ ergibt sich dadurch eine als Farbexzess bezeichnete Extinktionsdifferenz $E(\lambda_1 - \lambda_2) = A(\lambda_1) - A(\lambda_2)$ (Abb. 3). Im Unterschied zu den Extinktionsbeträgen $A(\lambda_1)$ und $A(\lambda_2)$ kann der Farbexzess ohne Kenntnis der Sternentfernung allein aus der scheinbaren Helligkeit gewonnen werden. Bezeichnen $m(\lambda_1) = m_1$ und $m(\lambda_2) = m_2$ die gemessenen scheinbaren Helligkeiten bei den beiden Wellenlängen, ergibt sich der gemessene →Farbenindex zu $(m_1 - m_2)$. Der Farbenindex ohne Extinktion, die Eigenfarbe des Sterns, ist aus Beobachtungen unverfärbter Sterne gleicher Spektralklasse als $(m_1 - m_2)_0$ bekannt. Ein Vergleich ergibt $(m_1 - m_2) - (m_1 - m_2)_0 = A(\lambda_1) - A(\lambda_2) = E(\lambda_1 - \lambda_2)$.

Die Wellenlängenabhängigkeit der interstellaren Extinktion wird durch die sog. *Verfärbungskurve* beschrieben. Da die Größe des Extinktionsbetrags auch von der durchsetzten Staubmenge abhängt, ist die Normierung auf gleiche Staubmenge notwendig. Üblicherweise werden λ_1 und λ_2 gleich der Wellenlänge des B- bzw. V-Bereichs im UBV-System (→ Farbenindex) und der Farbexzess $E(B - V) = 1$ mag gesetzt. Der Nullpunkt der Verfärbungskurve ergibt sich durch Extrapolation auf sehr (unendlich) große Wellenlängen, bei denen die interstellare Extinktion verschwindet. Im Wellenlängenbereich zwischen 1 μm und etwa 350 nm ist die Verfärbung nahezu umgekehrt proportional der Wellenlänge. Üblicherweise wird deshalb $A(\lambda)$ über $1/\lambda$ aufgetragen (Abb. 4). Die Verfärbungskurve ist vom fernen Infrarot bis etwa 100 nm empirisch bestimmt. Mit abnehmender Wellenlänge steigt sie stetig an und erreicht bei etwa 220 nm ein relatives Maximum, nach einem Minimum nahe 160 nm folgt ein weiterer steiler Anstieg, doch ergeben sich im Ultraviolett- und Infrarotbereich für einzelne Regionen z. T. größere Abweichungen vom mittleren Verlauf. Das Verhältnis der Extinktion A_V im V-Bereich zum Farbexzess $E(B - V)$ beträgt im Mittel 3,0 bis 3,2, in einigen Dunkelwolkenkomplexen und Molekülwolken kann das Verhältnis bis zu etwa 6 betragen. Kennt man den Wert für das Verhältnis, kann aus dem leicht bestimmbaren Farbexzess $E(B - V)$ der schwer zu ermittelnde Extinktionsbetrag A_V berechnet, der durch interstellare Extinktion verfälschte Entfernungsmodul korrigiert und somit eine genauere photometrische → Parallaxe bestimmt werden.

Streuung durch Staubteilchen. Die interstellare Extinktion beruht teils auf Absorption der Strahlung, teils auf Streuung, diese trägt zur Gesamtextinktion im Allg. am stärksten bei. Die Streueigenschaften der Teilchen sind sehr stark vom Verhältnis der Teilchendurchmessers zur Wellenlänge der Strahlung abhängig. Bei Teilchen wesentlich größer als die Wellenlänge ist die Streuung nahezu unabhängig von ihr, sind Größe und Wellenlänge von gleicher Größenordnung, ist die Streuung proportional $1/\lambda$, und für sehr kleine Partikeln ist sie proportional $1/\lambda^4$. Die spektrale Intensitätsverteilung in einem von einer Strahlungsquelle kommenden Strahlungsbündel, das eine Staubwolke durchsetzt, ist

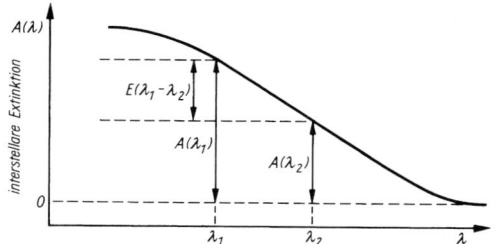

Abb. 3: Zusammenhang zwischen dem Farbexzess $E(\lambda_1 - \lambda_2)$ und der interstellaren Extinktion $A(\lambda)$ bei den Wellenlängen λ_1 und λ_2

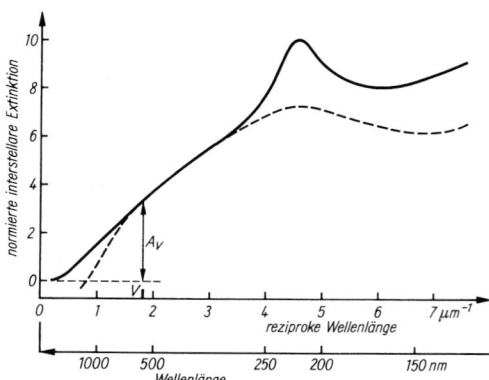

Abb. 4: Interstellare Verfärbungskurve. —: gemittelter Verlauf; - - -: Verfärbungskurve in Richtung auf die Sterne θ^1 und θ^2 Orionis; V: Lage des V-Bereichs im UBV-System; A_V: interstellare Extinktion im V-Bereich

interstellarer Staub

infolge der Wellenlängenabhängigkeit der Streuung je nach der Größenverteilung der Teilchen unterschiedlich stark verändert (verfärbt). Im visuellen Spektralbereich ist die interstellare Extinktion proportional $1/\lambda$, die Größe der streuenden Staubteilchen ist demnach im Mittel etwa gleich der Wellenlänge des sichtbaren Lichts und beträgt mithin einige 100 nm. Der Extinktionsanstieg für Wellenlängen kleiner als 160 nm weist auf die Existenz von Teilchen in der Größenordnung von etwa 30 nm und kleiner hin.

Das gestreute Licht ist bei Staubwolken beobachtbar, die durch einen nahen Stern beleuchtet werden, sie erscheinen als „Reflexionsnebel". Die Bezeichnung ist historisch bedingt, zunächst wurde angenommen, dass das Leuchten auf einer Reflexion des Sternlichts beruht. Das Spektrum eines Reflexionsnebels unterscheidet sich von dem des beleuchtenden Sterns nur darin, dass das gestreute Licht etwas „verbläut" ist, da kurzwelliges blaues Licht stärker gestreut wird als langwelliges. Die Ausdehnung der Reflexionsnebel beträgt typischerweise einige wenige Parsec. Die beleuchtenden Sterne müssen so geringe Effektivtemperaturen haben, dass das in den Nebeln vorhandene Gas nicht ionisiert wird, die Gebiete damit nicht als Emissionsnebel erscheinen (→ interstellares Gas). Das Staubstreulicht ist gegenüber der Gasemission unbedeutend. Beispiele für Reflexionsnebel sind die schwach leuchtenden Nebelstreifen um die helleren Plejadensterne (Abb. 5).

I. S. ist nicht allein in Dunkelwolken konzentriert, sondern auch mehr oder minder gleichmäßig im Raum verteilt. Diese Staubteilchen verursachen im sichtbaren und ultravioletten Spektralbereich ein allgemeines galaktisches Streulicht, das nahe dem galaktischen Äquator am stärksten in Erscheinung tritt, da sowohl der Staub als auch die ihn beleuchtenden Sterne stark zur galaktischen Ebene konzentriert sind. Der Anteil des Streulichts an der Flächenhelligkeit der Milchstraße beträgt abhängig von der Wellenlänge etwa 20 bis 50%.

Interstellare Polarisation. Interstellare Staubteilchen sind nicht notwendigerweise kugelförmig. Das für den Streueffekt wesentliche Verhältnis von Teilchengröße zu Wellenlänge ist bei länglichen Teilchen davon abhängig, ob das elektrische Feld parallel zu deren großer oder kleiner Achse schwingt. Für unterschiedliche Schwingungsrichtungen ergeben sich geringfügig unterschiedliche Extinktionsbeträge. Bei gleicher Achsausrichtung vieler Teilchen summieren sich die Extinktionsunterschiede zu einem messbaren Effekt, der als Polarisation erscheint. Eine Differenz zwischen minimaler und maximaler Extinktion gibt den Polarisationsgrad, ausgedrückt in Größen-

Abb. 5: Reflexionsnebel um die hellen Plejadensterne. Die kreisförmigen Lichterscheinungen um die helleren Sterne sind Beugungsscheibchen (Aufnahme: Thüringer Landessternwarte Tautenburg)

interstellarer Staub

klassen, und die Richtung maximaler Extinktion die Polarisationsrichtung wieder. Der Polarisationsgrad wird durch Teilchengröße und Form sowie den Ausrichtungsgrad und durch die Wellenlänge bestimmt. Sein Maximum liegt im Mittel bei 550 nm. Die großräumige Ausrichtung von Staubteilchen wird durch interstellare Magnetfelder verursacht. Zusammenstöße mit Gasatomen versetzen die Staubteilchen in schnelle Rotation, wobei die Rotationsachse zunächst unabhängig von der Körperachse eines Teilchens ist. Innere Effekte der Teilchen bewirken, dass deren Hauptträgheitsachse relativ schnell zur Rotationsachse wird. Ist diese gegen die Richtung der magnetischen Feldlinien geneigt, wird sie bei Teilchen mit paramagnetischen Eigenschaften in die Richtung der Feldlinien gebracht. Aus Polarisationsgrad und Polarisationsrichtung kann dadurch auf Stärke und Richtung des wirkenden Magnetfeldes geschlossen werden. Werden aber mehrere Staubwolken durchsetzt, können unterschiedliche Polarisationsrichtungen den Gesamtpolarisationsgrad reduzieren.

Thermische Staubstrahlung. Staubteilchen werden durch die von ihnen absorbierte Strahlungsenergie so weit erwärmt, bis die Energie als Wärmestrahlung im Infrarotbereich wieder abgegeben werden kann. Die sich einstellenden Teilchentemperaturen sind vom umgebenden Strahlungsfeld sowie dem Absorptions- und dem Emissionsvermögen der Teilchen abhängig. Deren Verhältnis hängt u. a. von der Teilchengröße ab. Unterschiedlich große Teilchen können dadurch etwas unterschiedliche Temperaturen haben. Allein dem mittleren → interstellaren Strahlungsfeld ausgesetzte Teilchen haben eine Temperatur von etwa 15 bis 20 K, in der Nähe heißer Sterne können die Temperaturen zwischen etwa 30 und 50 K liegen. Bei extrem kleinen Teilchen können sie weitaus höher sein. Die innere Energie der Teilchen ist sehr gering und vergleichbar der Energie eines Photons im ultravioletten Spektralbereich. Bei der Absorption eines solchen Photons erhöht sich die innere Energie erheblich, wodurch kurzzeitig Temperaturen bis zu 1 000 K erreicht werden.

In Gebieten geringer Gasdichte unterscheidet sich die kinetische Temperatur des interstellaren Gases von der Staubtemperatur. Beim Stoß zwischen Gas- und Staubpartikeln erfolgt ein geringer Energieaustausch. Die Staubpartikeln geben im Allg. mehr Energie ab als sie gewinnen, das Gas wirkt dadurch kühlend auf den Staub.

Die Infrarotstrahlung des Staubs ist in fast allen Himmelsregionen nachweisbar. Die Intensität nimmt mit wachsendem Abstand vom galaktischen Äquator infolge der sinkenden Staubdichte sowie der Anzahldichte der Sterne ab. In hohen galaktischen Breiten sind dem Infrarothintergrund weit ausgedehnte stark strukturierte schwache Infrarotflächenquellen überlagert (→ Infrarotquelle).

Teilchenzusammensetzung. Hinweise auf die chemische Zusammensetzung der Staubteilchen können aus diskreten, den Sternspektren aufgeprägten Absorptionsbanden gewonnen werden, die vor allem im Infrarotbereich, z. B. bei 3,1 µm, 4,7 µm, 9,7 µm, 15,2 µm und 18 µm, der Verfärbungskurve aufgeprägt werden. Verursacht werden sie durch thermische Schwingungen von Atomen in Festkörpern. Die Staub-

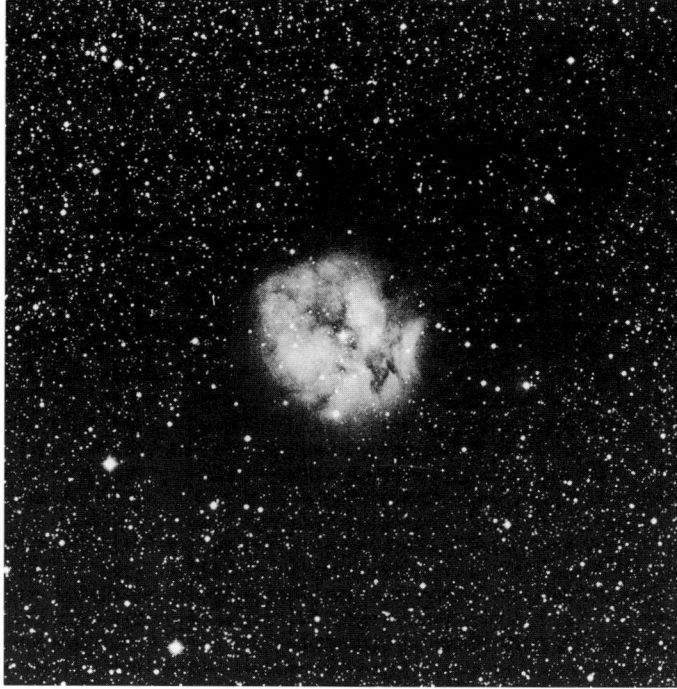

Abb. 6: Kokonnebel im Sternbild Cygnus (Schwan), ein Gas-Staubkomplex. (Aufnahme: Thüringer Landessternwarte Tautenburg)

teilchen bestehen großteils aus Silikaten, die die Absorptionsbanden bei 9,7 und 18 mm verursachen. „Silikat" bedeutet nur, dass Silizium-Sauerstoffbindungen vorhanden sind.

Auf Grund der Unstrukturiertheit der Absorptionsbanden sind detaillierte Aussagen über die Teilchenstruktur nur schwer möglich. Beim Teilchenmaterial handelt es sich mindestens z. T. um amorphe Silikate und Kleinstkristalle. Andere Absorptionsbanden gehen auf Graphit (bei 220 µm), Wassereis (bei 3,2 µm) und weitere kondensierte mehratomige Moleküle zurück.

Auch Laboruntersuchungen von kohligen Chondriten (→ Meteorit) geben Hinweise auf die Zusammensetzung von interstellaren Staubteilchen. Die Meteoriten enthalten Einschlüsse, die sog. „Fremdlinge", die bei der Bildung größerer Festkörperpartikeln im Frühstadium des Sonnensystems erhalten gebliebene interstellare Staubteilchen sind und die u. a. aus Siliziumkarbid, Titanoxid, Graphit sowie Nanodiamanten bestehen.

Einige Emissionsbanden im Bereich von 3 bis 15 µm sind vermutlich von polyzyklischen aromatischen Kohlenwasserstoffen (→ interstellares Gas) verursacht, von Kleinstteilchen, die vielleicht den Übergang zu den vielatomigen Molekülen des interstellaren Gases darstellen.

Generell dürften kleine Staubteilchen weitaus häufiger als große sein, zur Gesamtstaubmasse aber Teilchen größer als 100 nm am stärksten beitragen. Die Größenverteilung der Staubpartikeln ist nicht überall gleich, in Molekülwolken sind größere Teilchen wahrscheinlich häufiger als kleine, wobei große Unterschiede von Wolke zu Wolke bestehen.

Bei Voraussetzung der chemischen Zusammensetzung und Größenverteilung der Staubteilchen kann der mittlere Extinktionskoeffizient berechnet und mit ihm aus der beobachteten Extinktion in Richtung eines Sterns bekannter Entfernung die Gesamtteilchenzahl in der Sichtlinie sowie die mittlere Massendichte des interstellaren Staubes bestimmt werden. Das Massenverhältnis von Gas zu Staub beträgt rund 100:1. Dies entspricht etwa dem Anteil der schweren Elemente, aus denen die Staubteilchen im Wesentlichen bestehen, an der Gesamtmasse der Elemente (→ Elementenhäufigkeit). Auf rund 10^{10} bis 10^{12} interstellare Wasserstoffatome kommt etwa ein interstellares Staubteilchen, einzelne Regionen dürften von diesen Mittelwerten beträchtlich abweichen.

Teilchenentstehung, Teilchenwachstum. Die Entstehung von Festkörperpartikeln als Kondensationsprodukte aus dem allgemeinen interstellaren Gas ist wegen der geringen Gasdichte außerordentlich unwahrscheinlich. Die Zeit, bis die Größe eines mittleren Staubteilchens erreicht sein würde, ist um vieles größer als die Zeit, die eine interstellare Wolke ungestört existiert, bevor sie ihre Identität durch Stoß mit anderen Wolken verliert (→ interstellare Materie). Die Bildung von Festkörperteilchen erfordert eine genügend hohe Gasdichte und eine Temperatur, die niedrig genug ist, um eine Kondensation zu ermöglichen, aber auch hoch genug, damit die Aktivierungsenergien, die für die Bildung eines Festkörperteilchens nötig sind, zur Verfügung stehen. Außerdem müssen hinreichend viele staubbildende Moleküle vorhanden sein. Diese Bedingungen sind in den äußeren Atmosphärenschichten kühler Riesensterne gegeben, wie die Beobachtungen von zirkumstellaren Staubscheiben z. B. bei den → R-Coronae-Borealis- und → Mira-Sternen sowie von → Planetarischen Nebeln zeigen, aber auch in den von Novae und Supernovae abgestoßenen Gashüllen. Die Kondensationsprodukte gelangen entweder durch abströmende → Sternwinde oder durch die Expansion der Nebel in den interstellaren Raum. Im Gas, in dem Sauerstoff häufiger als Kohlenstoff ist, entstehen vor allem Silikate, im Gas mit Kohlenstoff als Sauerstoff vor allem Siliziumkarbid-, Graphit- und amorphe Kohlenstoffteilchen. In zirkumstellaren Scheiben um Proto- oder junge Sterne könnten wie im Sonnennebel (→ Kosmogonie) aus Silikaten bestehende Festkörperteilchen entstehen.

Im interstellaren Gas wirken Staubteilchen wie Kondensationskeime. An ihren Oberflächen lagern sich in kühlen, dichten Wolken Atome und Moleküle an, wegen der großen relativen Häufigkeit hauptsächlich Sauerstoff, Kohlenstoff und Stickstoff, die mit Wasserstoff gesättigte Verbindungen eingehen und „Eismäntel" bilden. Die Wachstumsgeschwindigkeit der Eismäntel hängt wesentlich von der Gasdichte ab und die erreichten Teilchengrößen von der Zeit, in der der Anlagerungsprozess wirken kann. Ein wesentlicher Prozess des Teilchenwachstums dürfte auch die Koagulation von Staubteilchen sein. Die dabei entstehenden Großteilchen haben wahrscheinlich eine flockige, weniger eine kompakte Struktur und unterscheiden sich in den optischen Eigenschaften von den ursprünglichen Einzelteilchen.

Treffen Eisteilchen mit großer Relativgeschwindigkeit aufeinander, z. B. in Stoßfronten beim Zusammenstoß zweier interstellarer Wolken, kann es zur Zerstörung oder Verdampfung der Teilchen kommen. Eine teilweise Zerstörung mindestens der Eismäntel erfolgt in der Nähe von Sternen hoher Effektivtemperatur durch deren Strahlung. Auf Grund der vielen komplizierten, gleichzeitig oder nacheinander ablaufenden Wachstums- und Zerstörungsprozesse ist schwer abzuschätzen, ob eine monolithische, eine amorphe oder eine geschichtete Struktur der Partikeln vorherrscht, oder ob es sich um rein chaotisch strukturierte Festkörper handelt. Aussagen über die Größenverteilung der Partikeln sind auch theoretisch kaum möglich.

Wie im Milchstraßensystem existiert i. S. auch in extragalaktischen Sternsystemen, speziell in Spiralsystemen (→ Sternsystem).

interstellares Gas, die Gesamtheit der sich im Raum zwischen den Sternen befindenden Atome, Moleküle, Ionen und freien Elektronen. Die Dichte des interstellaren Gases ist extrem gering, dabei örtlich sehr unterschiedlich: In einen diffusen Hintergrund sind unterschiedlich große und dichte „Wolken" eingebettet. Im großräumigen Mittel befindet sich nur etwa 1 Gaspartikel in einem Kubikzentimeter. Wenn es dennoch beobachtbar ist, liegt das an den enorm großen, von ihm erfüllten Räumen.

Der physikalische Zustand des interstellaren Gases ist wesentlich durch Temperatur, Dichte und Ionisationszustand des Wasserstoffs, des weitaus häufigsten Elements im interstellaren Raum, gekennzeichnet.

interstellares Gas

Danach ergeben sich unterschiedliche Bereiche des interstellaren Raumes. In den *Molekülwolken* existiert der Wasserstoff in molekularer Form, in ihnen sind die Temperaturen am niedrigsten, die Dichten am höchsten. Wasserstoff im neutralen, atomaren Zustand bildet ein relativ kaltes und dichtes Gas, das in einzelnen lokal begrenzten Gebieten, den *HI-Gebieten*, konzentriert ist; darüber hinaus hüllt es als relativ „warmes" und dünnes Zwischenwolkengas die HI- und die Molekülwolken ein.

In *HII-Gebieten* ist der Wasserstoff vollständig ionisiert, die Temperaturen sind wesentlich höher als im HI-Gas. Die geringsten Dichten existieren in einem diffus verteilten ionisierten Wasserstoffgas und der „heißen" Komponente des Zwischenwolkengases. Die relativistische Komponente des interstellaren Gases ist mit der → Kosmischen Strahlung identisch. Die Bezeichnungen HI und HII („H-eins" bzw. „H-zwei") stammen von der in der Spektroskopie üblichen Unterscheidung der Ionisationsstufen eines Elements durch römische Ziffern, hier Wasserstoff (H): HI = neutraler Wasserstoff, HII = ionisierter Wasserstoff.

Von der Gesamtmasse des interstellaren Gases entfallen auf die HI-Wolken etwa 35%, die aber nur rund 1% des interstellaren Raums erfüllen. Das HI-Zwischenwolkengas mit einem relativen Massenanteil von rund 30% nimmt etwa 30% des Raums ein. Die Molekülwolken, in denen grob 20% der Gesamtmasse konzentriert sind, erfüllen dagegen nur etwa 0,3% des Raums. Die restlichen rund 15% der Gesamtmasse stellt das diffus verteilte ionisierte Gas, das grob 20% des Raums einnimmt, während das diffuse heiße Zwischenwolkengas mit einem Massenanteil von nur etwa 1% auf etwa 50% des Raums verteilt ist. Der Massenbeitrag der relativistischen Komponente ist vernachlässigbar klein, sie erfüllt aber den gesamten interstellaren Raum. Alle diese Zahlenangaben sind grobe Näherungswerte mit erheblichen Unsicherheiten.

HI–Gas

Beobachtungen. Das HI-Gas tritt im visuellen Spektralbereich nicht leuchtend in Erscheinung, es prägt aber den Spektren der vom Beobachter aus gesehen „hinter" HI-Wolken befindenden Sternen zusätzliche Absorptionslinien auf. Die interstellare Linienabsorption wurde 1904 von J. Hartmann (1865–1936) in Gestalt „ruhender Kalziumlinien" im Spektrum des Doppelsterns δ Orionis entdeckt. Während infolge des Umlaufs der Sterne um den gemeinsamen Schwerpunkt der stellaren Absorptionslinien periodische Verschiebungen auf Grund des → Doppler-Effekts aufweisen, zeigten die Linien des einmal ionisierten Kalziums diese Verschiebungen nicht, konnten mithin nicht stellaren Ursprungs sein.

Interstellare Absorptionslinien im sichtbaren Spektralbereich stammen u. a. vom neutralen Natrium, Kalium, Eisen und Lithium, vom neutralen und einmal ionisierten Kalzium und Titan, von den Radikalen Cyan und Methylidin sowie vom Kohlenstoffmolekül. Die Zahl der vom interstellaren HI-Gas im ultravioletten Spektralbereich verursachten Absorptionslinien ist wesentlich höher. Vom Wasserstoff sind es die ersten Glieder der → Lyman-Serie, die Lyman-α-Linie ist die stärkste interstellare Absorptionslinie überhaupt. Weitere Linien werden u. a. von Kohlenstoff, Stickstoff, Sauerstoff, Silizium, Magnesium, Kalzium und Nickel verursacht. Interstellare Absorptionslinien können praktisch nur in Sternspektren mit wenigen eigenen Absorptionslinien nachgewiesen werden, d. h. nur im Spektrum der Sterne der → Spektralklasse B1 und früher. Im Vergleich mit stellaren sind interstellare Absorptionslinien außerordentlich schmal (Abb. 1). Die Breite einer Linie wird durch den thermischen Doppler-Effekt bestimmt. Je höher die kinetische Temperatur, umso größer ist die thermische Linienverbreiterung (→ Spektrum). Die Temperatur des HI-Gases ist mithin viel geringer als die in den Sternphotosphären. Die Stärke interstellarer Linien nimmt im Mittel mit der Sternentfernung zu, da in der Regel die Zahl der absorbierenden Atome zwischen Beobachter und Stern mit der Entfernung wächst. Außer den schmalen interstellaren Absorptionslinien existieren breite Absorptionsbanden, die vermutlich von vielatomigen Molekülen verursacht werden (→ interstellare diffuse Banden).

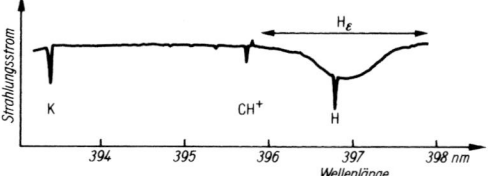

Abb. 1: Ausschnitt aus dem Spektrum des Sterns ζ Ophiuchi mit den interstellaren Absorptionslinien H und K des einmal ionisierten Kalziums und einer Linie vom ionisierten Methylidin (CH⁺). Die breite Absorptionslinie ist die stellare Hε-Linie des Wasserstoffs

Im Radiofrequenzbereich emittiert neutraler Wasserstoff eine Linienstrahlung mit der Wellenlänge 21,11 cm, die → Einundzwanzig-cm-Linie. Sie ermöglicht die Beobachtung des interstellaren Gases unabhängig vom Vorhandensein geeigneter Sterne und unbehindert durch die interstellare Extinktion. Befindet sich vom Beobachter aus gesehen eine Radioquelle mit kontinuierlichem Spektrum „hinter" einem HI-Gebiet, kann die 21-cm-Linie auch in Absorption beobachtet werden.

Temperatur, Dichte. Die Temperatur des HI-Gases ergibt sich aus der Halbwertsbreite der 21-cm-Linie. Die natürliche Linienbreite ist entsprechend der hohen Lebensdauer des angeregten Zustands außerordentlich gering, die Stoßverbreiterung spielt wegen der geringen Gasdichte keine Rolle (→ Spektrum). Befinden sich mehrere HI-Wolken mit unterschiedlichen Radialgeschwindigkeiten bezüglich der Sonne und unterschiedlichen Temperaturen in der Sichtlinie, setzt sich das beobachtete Linienprofil aus einer entsprechenden Anzahl von Einzelprofilen mit unterschiedlichen Linienmaxima und Halbwertsbreiten zusammen (Abb. 2). Durch die Zerlegung des Gesamtprofils in Teilprofile lassen sich Aussagen über die einzelnen Wolken gewinnen. Das Verfahren ist auch für 21-cm-Linien in Absorption anwendbar, aus beobachtungstechnischen Gründen sind jedoch nur Linien geringer Halbwertsbreite, damit kühle HI-Wolken, nachweisbar.

interstellares Gas

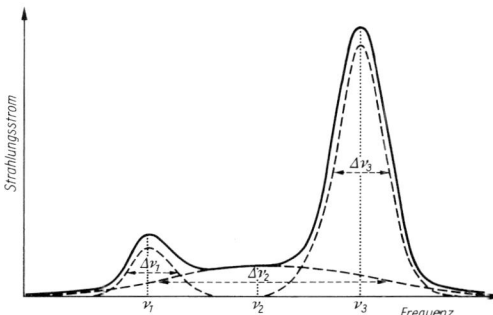

Abb. 2: Zerlegung eines Linienprofils der 21-cm-Linie (durchgezogene Linie) in einzelne Gauß-Profile (gestrichelt). ν_1, ν_2, ν_3: Frequenzen des jeweiligen Linienmaximums der Einzelkomponenten. $\Delta\nu_1$, $\Delta\nu_2$, $\Delta\nu_3$: zugehörige Halbwertsbreiten

Die Temperatur des neutralen atomaren Wasserstoffgases variiert stark von Gebiet zu Gebiet. In den kühlen HI-Wolken beträgt die kinetische Temperatur etwa 50 bis 200 K mit dem Mittelwert bei etwa 80 bis 100 K. Im dünnen, diffus verteilten „warmen" HI-Gas liegen die Temperaturen in der Größenordnung von 1000 K. Die für den Wasserstoff ermittelten kinetischen Temperaturen entsprechen denen der übrigen Gaspartikeln, da sich infolge elastischer Stöße zwischen den Partikeln eine Gleichverteilung der kinetischen Energie einstellt.

Die Anzahldichte der Wasserstoffatome ergibt sich aus der Intensität der 21-cm-Linie, da die → optische Dicke des interstellaren Gases sehr klein ist. Die Wahrscheinlichkeit der Absorption der 21-cm-Strahlung innerhalb einer Wolke ist so gering, dass praktisch die gesamte in Richtung zum Beobachter emittierte Strahlung auch empfangen wird. Die gemessene Strahlungsintensität ist damit proportional der Gesamtzahl der Wasserstoffatome längs der Sichtlinie. Ist die Ausdehnung der Wolke in der Sichtlinie abschätzbar, kann die Anzahldichte der Wasserstoffatome berechnet werden. Sie liegt im Bereich von etwa 0,1 bis 100 Atome/cm^3, wobei im Allg. hohe Dichten mit niedrigen kinetischen Temperaturen korreliert sind. Das weniger dichte HI-Zwischenwolkengas weist entsprechend höhere Temperaturen auf.

Das interstellare Gas ist in den HI-Gebieten weit vom thermodynamischen Gleichgewicht entfernt, da das umgebende Strahlungsfeld nicht dem einer Hohlraumstrahlung entspricht (→ interstellares Strahlungsfeld), außerdem ist wegen der geringen Gasdichte die Wahrscheinlichkeit von Stößen zwischen den Atomen sehr gering. Bei einer Anzahldichte von 1 Wasserstoffatom/cm^3 und einer kinetischen Temperatur von 100 K wird z. B. ein Atom im Mittel nur etwa alle 3000 Jahre einmal gestoßen. Das Atom kann dabei auf ein höheres Energieniveau angeregt werden. Es verbleibt auf diesem Niveau, bis ein spontaner Strahlungsübergang auf ein niedrigeres Energieniveau erfolgt.

Interstellare Atome sind mithin im Allg. nur sehr kurze Zeit angeregt, sie befinden sich fast immer im niedrigsten Energie-, dem Grundzustand. Die Absorptionslinien haben infolgedessen den Grundzustand als Ausgangsenergieniveau. Das Verhältnis der Zahl der Atome im angeregten Zustand zur Zahl derer im Grundzustand ist wesentlich geringer, als formal auf Grund der beobachteten kinetischen Temperatur zu erwarten ist. Für die 21-cm-Linie als verbotene Linie (→ Atom) trifft dies nicht zu. Die stoßbedingten Übergänge vom und zum angeregten Zustand sind in extremer Überzahl gegenüber Strahlungsübergängen. Das Verhältnis der Zahl der Wasserstoffatome im Grundzustand zur Zahl der Atome im zur 21-cm-Linie gehörenden angeregten Zustand entspricht dadurch dem bei den herrschenden kinetischen Temperaturen erwarteten Wert von 3:1.

Die kinetischen Temperaturen sind das Ergebnis des Gleichgewichts der energiezuführenden Heizprozesse und der energieabführenden Kühlprozesse. Kinetische Energie wird dem Gas bei der Ionisation von Atomen durch das umgebende Strahlungsfeld zugeführt. Das bei einer Ionisation freiwerdende Elektron hat im Durchschnitt eine wesentlich höhere kinetische Energie als sie die Gaspartikeln entsprechend der kinetischen Temperatur im Mittel haben. Die Überschussenergie wird durch elastische Stöße auf alle Gaspartikeln verteilt, bevor das Elektron mit einem der im HI-Gas seltenen Ionen rekombiniert. Bei der Rekombination wird die kinetische Energie des Elektrons ausgestrahlt und geht dem HI-Gas verloren. Da die Elektronen im Durchschnitt bei der Rekombination eine geringere kinetische Energie besitzen als bei der Ionisation, bleibt dem Gas ein Energiegewinn. Der Ionisationsheizprozess erfolgt vor allem über Kohlenstoff-, Natrium-, Kalzium- und Eisenatome die relativ zahlreich sind und eine niedrige Ionisationsenergie haben. Im umgebenden Strahlungsfeld sind genügend für deren Ionisation geeignete Photonen vorhanden, so dass diese Elemente in den HI-Gebieten im Gegensatz zum Wasserstoff im Allg. einmal ionisiert sind.

Die Ionisation von an der Oberfläche interstellarer Staubteilchen sich befindender Atome durch das umgebende Strahlungsfeld ist ein weiterer, möglicherweise wirkungsvoller Heizprozess. Die kinetische Energie der abgelösten Elektronen ist auch in diesem Falle größer als die mittlere kinetische Energie der Gaspartikeln. Der Beitrag zur Gesamtheizung ist schwer abzuschätzen, da der Wirkungsgrad des Effekts wesentlich von der nicht genau bekannten chemischen Zusammensetzung der Staubteilchen abhängig ist.

Die Ionisation von Gasatomen durch niederenergetische Teilchen der → Kosmischen Strahlung sowie durch die diffuse → Röntgenhintergrundstrahlung bewirkt ebenfalls eine, wenn auch geringe Heizung des HI-Gases. Da die Kosmische Strahlung selbst dichte Wasserstoffwolken durchdringt, sind in HI-Gebieten auch einzelne Wasserstoffatome ionisiert. Der Ionisationsgrad ist jedoch sehr gering und liegt in kühlen HI-Gebieten unter 1%, im „warmen" HI-Gas nur wenig darüber.

Bei den Kühlprozessen wird kinetische Energie der Gaspartikeln in Strahlungsenergie umgewandelt, die in den freien Raum entweicht und so dem Gas entzogen wird. Die Energieübertragung geschieht u. a. durch Stoßanregung von Atomen und Ionen. Wegen der geringen Gastemperatur, damit der geringen mittleren Ener-

interstellares Gas

gie der stoßenden Partikeln, werden nur niedrige Energieniveaus angeregt. Die beim nachfolgenden spontanen Strahlungsübergang in den Grundzustand emittierte Strahlung liegt daher im Wesentlichen im Infrarotbereich. Sie kann in den freien Raum entweichen, da das HI-Gas in diesem Wellenlängenbereich weitgehend strahlungsdurchlässig ist. Gleichfalls wirken interstellare Staubteilchen kühlend. Beim Stoß durch Gaspartikeln übertragen diese einen Teil ihrer kinetischen Energie auf die Staubteilchen, die die aufgenommene Energie im infraroten Spektralbereich als Wärmestrahlung emittieren.

Welche Temperatur sich einstellt, ist im Wesentlichen von der Gasdichte abhängig. Ist diese groß, sind Stoß- und damit Kühlprozesse sehr wirksam und die Gastemperatur entsprechend niedrig. Bei geringer Dichte sind die Heizprozesse effektiver, da sie allein vom Strahlungsfeld abhängen und weitgehend unabhängig von der Gasdichte sind. Für Dichten über etwa 1 Wasserstoffatom/cm^3 ergeben sich kinetische Temperaturen unter rund 100 K, bei Dichten niedriger als 0,1 Wasserstoffatome/cm^3 Temperaturen über etwa 1 000 K. Im dazwischenliegenden Dichte- und Temperaturbereich befindet sich interstellares HI-Gas selten, da in diesem Bereich der physikalische Zustand längerfristig instabil ist. Im interstellaren Raum herrscht weiträumig näherungsweise überall der gleiche Gasdruck. Eine kleine Dichtezu- oder -abnahme bewirkt eine Verstärkung der Kühl- bzw. Heizprozesse, wodurch der Druck lokal erniedrigt bzw. erhöht wird und das Gas unter der Wirkung des Außendrucks weiter kontrahiert bzw. gegen den Außendruck expandiert. Anfängliche geringe Dichteänderungen verstärken sich jeweils in gleicher Richtung, bis bei hinreichender Zeit ein Zustand hoher Dichte und niedriger Temperatur bzw. niedriger Dichte und hoher Temperatur erreicht ist, bei dem Gleichgewicht zwischen den Heiz- und Kühlprozessen herrscht. Der Tieftemperaturzustand entspricht den HI-Wolken, die von Gas im Hochtemperaturzustand, dem „warmen" Zwischenwolkengas geringer Dichte, umgeben sind. Bei genauerer Beschreibung des thermischen Zustandes des interstellaren HI-Gases sind außer lokalen Heiz- und Kühlprozessen auch großräumige dynamische Effekte zu berücksichtigen.

Chemische Zusammensetzung. Die Bestimmung der chemischen Zusammensetzung des interstellaren Gases erfordert eine gleiche quantitative Spektralanalyse wie bei der Zusammensetzungsbestimmung von → Sternatmosphären. Da die optische Dicke des Gases gering ist und sich praktisch alle Atome und Ionen im Grundzustand sowie alle Atome eines Elements im gleichen Ionisationszustand befinden, ist die quantitative Spektralanalyse relativ einfach. Treten bei einem Element mehrere Ionisationsstufen auf, ergibt sich dessen Gesamthäufigkeit als Summe der Häufigkeiten der unterschiedlichen Ionisationsstufen. Die Häufigkeit des Wasserstoffs ergibt sich aus der Intensität der 21-cm-Linie unter Berücksichtigung der Häufigkeitsverteilung auf das Grund- und angeregte Energieniveau.

Die Zusammensetzung entspricht im Wesentlichen der allgemeinen kosmischen → Elementenhäufigkeit. Ausnahmen existieren in einigen Regionen mit großer Staubdichte. In ihnen ist die relative Häufigkeit einzelner Elemente z. T. drastisch reduziert, bei Titan und Kalzium erreicht sie z. T. nur etwa 1/1 000 des Sonnenwertes und weniger (Abb. 3). Atome dieser Elemente haben sich offenbar an interstellare Staubteilchen angelagert und fehlen im Gas, wobei die Anlagerungswahrscheinlichkeit von Element zu Element unterschiedlich ist. Der Prozess ist umso wirkungsvoller, je höher die Gasdichte und damit die Stoßwahrscheinlichkeit mit den Staubteilchen ist und je länger der Prozess wirken kann (→ interstellarer Staub).

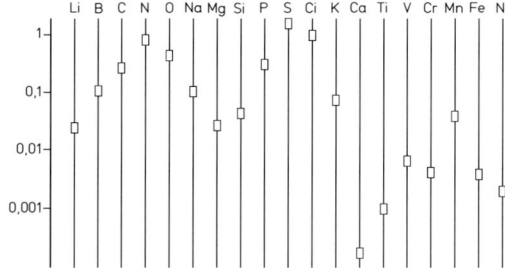

Abb. 3: Relative Elementenhäufigkeit im interstellaren Gas bezogen auf die jeweilige Häufigkeit in der Sonnenatmosphäre

Masse, räumliche Verteilung. Die in einer Wolke vereinigte Masse ist von der Gasdichte und der Wolkenausdehnung abhängig. Abschätzungen ergeben Wolkenmassen in der Größenordnung von einigen wenigen bis kaum mehr als 50 Sonnenmassen. Himmelsdurchmusterungen zum Auffinden von 21-cm-Emissionsgebieten lassen auch sehr kleine HI-Gasansammlungen erkennen, deren Ausdehnungen und Massen infolge der im Allg. unbekannten Wolkenentfernungen nur schwer abzuschätzen sind.

Befinden sich in der Sichtlinie mehrere HI-Wolken mit unterschiedlichen Radialgeschwindigkeiten, sind die interstellaren Absorptionslinien in mehrere Komponenten aufgespalten. Aus der Zahl der Linienkomponenten im Spektrum der Sterne und deren Entfernung von der Sonne kann die mittlere Anzahl von Wolken je Entfernungseinheit bestimmt werden. Nahe der galaktischen Ebene durchstößt der Sehstrahl auf einer Strecke von 1 000 pc etwa 5 bis 10 HI-Wolken. Ihre Ausdehnung liegt im Mittel bei einigen wenigen Parsec. Im Prinzip ähnliche Ergebnisse liefern Beobachtungen der 21-cm-Absorptionslinie. Die Interpretation der 21-cm-Emissionslinien ist wegen der durch das HI-Zwischenwolkengas verursachten Überlagerungen schwierig.

Die HI-Wolken nehmen an der allgemeinen galaktischen Rotation teil (→ Milchstraßensystem). Aus der gemessenen Radialgeschwindigkeit einer Wolke kann näherungsweise auf ihre Entfernung geschlossen werden (→ Parallaxe). Zusätzlich zur Umlaufbewegung um das galaktische Zentrum besitzen die Wolken individuelle Pekuliarbewegungen in der Größenordnung von 5 bis 10 km/s.

Das HI-Gas befindet sich vor allem in der Nähe der galaktischen Ebene in einer Schicht mit einer Dicke von rund 200 pc, doch ist die Verteilung sehr inhomogen, was im Wesentlichen auf Turbulenzen in der interstellaren Materie zurückzuführen ist. Großräumig ist das HI-Gas in den Spiralarmen des Milchstraßensystems konzentriert, speziell sind es die massereichen Wolken. Einzelne HI-Gasansammlungen befinden sich auch in größeren Abständen von der galaktischen Ebene (→ Milchstraßensystem).

Molekülwolken

Beobachtungen. Die innere Energie eines Moleküls besteht nicht nur wie bei einem Atom aus der Energie der Elektronenhülle, es kommen die in den Schwingungen der Atome gegeneinander und in der Rotation des Moleküls steckenden Anteile hinzu. Außer der Möglichkeit von Elektronenübergängen wie bei Atomen ergeben sich charakteristische Rotations- und Schwingungsübergänge zwischen den zugehörigen Energieniveaus. Beim Übergang von einem Zustand höherer zu einem mit niedrigerer Energie wird die Energiedifferenz als Linienstrahlung emittiert, bei der Zuführung der entsprechenden Energie findet eine Anregung des höheren Energieniveaus statt. Die Energiedifferenzen sind bei Elektronenübergängen von der gleichen Größenordnung wie bei Atomen oder Ionen, die entsprechenden Linien liegen im Wesentlichen im optischen Spektralbereich. Bei Schwingungsübergängen sind die Energiedifferenzen im Allg. geringer, die zugehörigen Linien liegen vor allem im Infrarotbereich. Die Energiedifferenzen zwischen Rotationsniveaus sind noch geringer, Rotationslinien befinden sich im fernen Infrarot-, Submillimeter-, hauptsächlich im Radiofrequenzbereich bis hin zum Zentimeter- und Dezimeterbereich. Die Übergänge können als reine Rotationsübergänge erfolgen, Schwingungs- und Rotationsenergie können sich auch gemeinsam ändern. In manchen Molekülen sind die Rotationsenergieniveaus in Unterniveaus aufgespalten. Beim Hydroxylradikal (OH) ergibt sich z. B. eine Aufspaltung infolge der Wechselwirkung von Elektronenspin und Molekülrotation sowie der Wechselwirkung von Elektronenspin und Kernspin (→ Spin). Beim Ammoniak (NH_3) tritt eine Inversionsverdopplung auf. Das Stickstoffatom kann in Bezug auf die durch die drei Wasserstoffatome aufgespannte Dreiecksfläche zwei Stellungen einnehmen, „darüber" oder „darunter", denen etwas unterschiedliche Energien entsprechen.

Symmetrische Moleküle wie molekularer Wasserstoff (H_2), Kohlenstoff (C_2) oder Stickstoff (N_2) sowie Kohlendioxid (CO_2) oder Methan (CH_4) haben kein permanentes Dipolmoment, besitzen daher kein reines Rotationslinienspektrum und sind deshalb im Radiofrequenzbereich nicht nachweisbar. Molekularer Wasserstoff ist im fernen Ultraviolettbereich durch aufgeprägte Absorptionslinien in den Spektren von Hintergrundsternen nachzuweisen, im infraroten Spektralbereich durch schwache Linien, die von verbotenen Rotations-Schwingungs-Übergängen herrühren.

Bisher wurden mehr als 120 verschiedene interstellare Moleküle nachgewiesen (Tab.), die überwiegende Mehrheit auf Grund der im Radiofrequenzbereich ausgestrahlten Emissionslinien. Die Moleküle bestehen hauptsächlich aus den kosmisch sehr häufigen Elementen Wasserstoff, Kohlenstoff, Sauerstoff, Stickstoff und Silizium, doch sind auch seltenere Elemente, wie Schwefel, Phosphor und Chlor, in einigen Molekülen vorhanden. Helium und Neon sind zwar häufig, als Edelgase gehen sie aber keine Verbindungen ein. Die meisten Moleküle bestehen aus zwei Atomen. Unter den mehratomigen Molekülen dominieren Kohlenstoffverbindungen. Ihre Häufigkeit beruht auf der Fähigkeit des Kohlenstoffs, in vielfältiger Form reagieren zu können. Bei Verbindungen mit mehreren Kohlenstoffatomen herrscht die Anordnung in Kettenform vor. Cyandecapentain ($HC_{11}N$) besitzt unter den bekannten interstellaren Molekülen die längste derartige Kette und ist das Molekül mit dem höchsten Molekulargewicht. In den Radikalen C_3H und C_3H_2 können die Kohlenstoffatome sowohl linear als auch ringförmig angeordnet sein. Wahrscheinlich existieren auch verschieden lange Ketten oder Ringe aus jeweils sechs Kohlenstoffatomen, bei denen die freien Bindungsmöglichkeiten durch Wasserstoffatome abgesättigt sind. Diese Moleküle bleiben aber auf Grund ihrer Symmetrie radioastronomisch unbeobachtbar.

Auswahl nachgewiesener interstellarer Moleküle

H_2	OH	C_2	CH	CN	CO	CP	CS
SiC	SiO	SiS	SiN	SH	SO	NH	NO
NS	PN	HCl	NaCl	KCl	HF		
C_3	C_2H	CH_2	C_2O	CO_2	C_2S	HCN	HNC
HCO	HNO	H_2O	H_2S	NH_2	OCS	c-SiC_2	
C_3H	C_3N	C_3O	C_3S	C_2H_2	H_2CO	H_2CN	H_2CS
HNCO	HNCS	NH_3					
C_5	C_4H	CH_4	C_3H_2	c-C_3H_2	CH_2CN	CH_2NH	HC_2NC
HC_3N	H_2C_2O	H_2CHN	H_2NCN	HNC_3			
C_5H	C_5N	H_2C_4	C_2H_4		CH_3CN	CH_3NC	CH_3OH	CH_3SH
HCC_2HO	NH_2CHO						
C_6H	HC_5N	CH_3C_2H	CH_3HCO	CH_3NH_2	c-C_2H_4O		
C_7H	H_2C_6	CH_3C_3N	CH_3COOH				
C_8H	HC_7N	CH_3CH_2CN	CH_3CH_2OH	CH_3C_4H			
$(CH_3)_2CO$	$(CH_2OH)_2$	NH_2CH_2COOH					
HC_9N							
$HC_{11}N$							

interstellares Gas

Moleküle mit einer Ringstruktur sind in der Tabelle durch c- gekennzeichnet, ionisierte sind nicht aufgeführt.

In einigen Molekülen sind Atome z. T. durch ihre selteneren Isotope ersetzt, Wasserstoff z. B. durch Deuterium, Kohlenstoffatome der Massenzahl 12 durch Atome der Massenzahl 13. Isotope Verbindungen sind im Radiofrequenzbereich nachweisbar, da die den normalen Verbindungen entsprechenden Linien in diesem Frequenzbereich etwas unterschiedliche Wellenlängen haben.

Temperatur, Dichte. Die kinetische Temperatur der Moleküle ergibt sich aus der Halbwertsbreite der Spektrallinien. Meist genügt die Temperaturbestimmung einer Molekülart, da infolge elastischer Stöße eine Gleichverteilung der kinetischen Energie existiert. Die Temperatur ist auch aus dem Verhältnis der verschiedenen angeregten Energieniveaus zueinander bestimmbar. Höherenergetische Niveaus sind umso stärker besetzt, je höher die mittlere kinetische Energie der Moleküle ist. Anregungs- und kinetische Temperaturen sind im Allg. gleich, da die Anregung der Energieniveaus durch Stöße erfolgt. In lokal begrenzten Regionen können die Anregungstemperaturen bestimmter Moleküle von der kinetischen Temperatur stark abweichen. Sie können extrem hoch, formal auch negativ sein. Die abweichende Besetzung dieser Niveaus ist durch einen Masermechanismus verursacht.

Ein Heizprozess ist die Ionisation von Atomen und insbesondere von Molekülen durch niederenergetische Teilchen der → Kosmischen Strahlung. Ein weiterer Heizprozess erfolgt über interstellare Staubteilchen. Sie absorbieren Energie aus dem umgebenden Strahlungsfeld, wodurch sich ihre innere Energie erhöht. Ein Teil davon wird bei elastischen Stößen auf die Gaspartikeln übertragen. Je höher die Gasdichte ist, umso stärker ist der Effekt. Der größte Teil der aufgenommenen Energie wird von den Staubteilchen als Wärmestrahlung im Infrarotbereich emittiert und verlässt die Wolke im Wesentlichen ungehindert. Einige Moleküle absorbieren aber auch die Infrarotstrahlung, wodurch Rotationsniveaus angeregt werden. Die Anregungsenergie kann bei Stößen mit anderen Gaspartikeln an die Stoßpartner als kinetische Energie übergehen und eine geringe Aufheizung des Gases bewirken. Eine Kühlung erfolgt über Moleküle z. B. Sauerstoff, Kohlenmonoxid und Wasser, die durch Stöße angeregt werden und die aufgenommene Energie abstrahlen. Der Heizeffekt ist bei hohen Dichten größer als bei niedrigen.

Die Gasdichte kann nur indirekt ermittelt werden. Da die Hauptmenge der Gaspartikeln, die Wasserstoffmoleküle, keine Emissionslinien im Radiofrequenzbereich haben und infolge der hohen Staubdichte die Ultraviolettlinien in Molekülwolken nicht beobachtbar sind, wird zunächst aus entsprechenden Linienintensitäten die Anzahldichte von geeigneten Molekülen ermittelt und unter Annahme eines konstanten Häufigkeitsverhältnisses von Wasserstoff zu diesen Molekülen auf die Anzahldichte des Wasserstoffs und damit die Gesamtdichte geschlossen. Für eine derartige Dichtebestimmung eignen sich vor allem Kohlenmonoxid, Kohlenmonosulfid und Blausäure. Das Häufigkeitsverhältnis von Wasserstoff zu Kohlenmonoxid liegt in der Größenordnung von etwa 10^4 bis 10^5, es ist schwach von der Moleküldichte in den Wolken abhängig.

Die Teilchendichten belaufen sich im Mittel auf rund 10^3 bis 10^4 Wasserstoffmoleküle/cm^3, die Temperaturen auf etwa 15 bis 40 K. In den dichtesten Wolkenregionen, den „Kernen", erreichen die Dichten 10^4 bis 10^6 Teilchen/cm^3, die Temperaturen rund 30 bis 100 K. Sehr kleine Regionen haben Dichten von über einigen 10^6 bis zu 10^8 Teilchen/cm^3 und Temperaturen von bis zu etwa 200 K. Diese Gebiete heben sich von dem übrigen molekularen Gas ab, da infolge der höheren Temperaturen höhere Rotationsniveaus angeregt sind. In den großen Molekülwolkenkomplexen belaufen sich die Dichten großräumig auf nur etwa 100 bis 300 Gaspartikeln/cm^3, die Temperaturen im Mittel auf etwa 7 bis 15 K. Es existieren auch einzelne diffuse Molekülregionen geringer Dichte, die oftmals mit dem sog. galaktischen Zirrus korreliert sind (→ interstellarer Staub).

Molekülhäufigkeiten, Molekülbildung. Die Häufigkeit der verschiedenen Moleküle kann aus der Intensität der von ihnen herrührenden Spektrallinien bestimmt werden. Dabei bestehen relativ große Unterschiede von Wolke zu Wolke. Abgesehen von der Molekülwolke im Orionnebelkomplex und dem Komplex in der Nähe des galaktischen Zentrums, sind in kaum einer Wolke alle bekannten interstellaren Moleküle nachweisbar. Kohlenmonoxid ist immer das häufigste Molekül, es hat von allen zweiatomigen Molekülen die höchste Bindungsenergie, ist daher gegenüber Zerstörungsprozessen sehr stabil. Die Häufigkeiten anderer Moleküle werden deshalb im Allg. auf die von Kohlenmonoxid bezogen.

Die chemischen und physikalischen Prozesse zur Molekülbildung laufen im interstellaren Raum unter extremen Bedingungen ab. Die Temperaturen und Gasdichten sind sehr gering, außerdem herrscht kein thermodynamisches Gleichgewicht. Die Bildungsprozesse können im Labor aus diesem Grund kaum experimentell nachvollzogen werden, sie sind im Allg. nur mittels theoretischer Untersuchungen erschließbar. Die Molekülbildung wird dabei als langsam ablaufender Prozess aufgefasst, bei dem ein anfängliches Atomgas in ein Gas mit immer komplizierter gebauten Molekülen übergeht. Bei der theoretischen Modellierung wirkt sich erschwerend aus, dass weder die genauen Anfangsbedingungen, wie Dichte und Temperatur und das herrschende Strahlungsfeld, noch die Änderung der äußeren Bedingungen im Laufe der Zeit bekannt sind. Auch die maßgebenden chemischen Konstanten sind für viele der möglichen Reaktionen nicht bekannt. Insgesamt handelt es sich um ein sehr komplexes Netzwerk gekoppelter Reaktionsketten. Die z. T. großen Häufigkeitsunterschiede von Wolke zu Wolke sind Folge der unterschiedlichen Anfangs- und äußeren Bedingungen sowie der unterschiedlichen Dauer der abgelaufenen Bildungsprozesse.

Die einfachste Art der Molekülbildung besteht in der Vereinigung beim Zusammenstoß zweier Atome oder Radikale zu einem Molekül unter Abstrahlung der freiwerdenden Bindungsenergie. Die Effektivität einer derartigen Reaktion wird u. a. durch die Wahrscheinlich-

Relative Häufigkeit ausgewählter Moleküle in der Orion-Molekülwolke, die Häufigkeit von CO ist willkürlich gleich 1 gesetzt

Molekül	relative Häufigkeit
CO	1
NH_3	$8 \cdot 10^{-3}$
HCN	$4 \cdot 10^{-3}$
HNC	$4 \cdot 10^{-3}$
CH_3OH	$2 \cdot 10^{-3}$
C_2H	$3 \cdot 10^{-4}$
$(CH_3)_2O$	$3 \cdot 10^{-4}$
CH_3COOH	$1 \cdot 10^{-4}$
SO	$6 \cdot 10^{-5}$
SO_2	$5 \cdot 10^{-5}$
HCO^+	$4 \cdot 10^{-5}$
H_2CS	$3 \cdot 10^{-5}$
OCS	$1 \cdot 10^{-5}$
CH_2CO	$1 \cdot 10^{-5}$
CH_3CN	$1 \cdot 10^{-5}$
C_4H	$4 \cdot 10^{-6}$
HC_5N	$7 \cdot 10^{-7}$

keit des Strahlungsübergangs bestimmt. Für ein Wasserstoffmolekül ist sie außerordentlich gering, so dass Wasserstoffmoleküle nicht in der Gasphase entstehen. Befindet sich ein Wasserstoffatom jedoch auf der Oberfläche eines Staubteilchens, ist es nicht an seinen Ort fest gebunden, es kann auf Grund des quantenmechanischen Tunneleffekts auf der Oberfläche wandern und sich u. a. mit einem zweiten Wasserstoffatom verbinden. Die Bindungsenergie geht dabei entweder strahlungslos auf das Staubteilchen über, wobei das Molekül auf der Oberfläche bleibt, oder die Bindungsenergie dient zur Ablösung des Moleküls vom Staubteilchen. Möglicherweise reagieren auch andere Atome und Moleküle auf Staubteilchen und gehen Verbindungen ein, die in der Gasphase unwahrscheinlich wären. Die neugebildeten Moleküle können entweder an der Teilchenoberfläche verbleiben, wodurch die Teilchen wachsen, oder abgelöst in den interstellaren Raum entweichen. Die Details derartiger Prozesse sowie die Bedeutung für die Bildung spezieller Moleküle sind noch weitgehend unbekannt, die Existenz von Teilchenmänteln aus kondensierten Molekülen ist spektroskopisch nachgewiesen (→ interstellarer Staub).

Die wichtigsten Reaktionen in der Gasphase sind Austauschreaktionen der Form A + BC → AB + C. Dabei können A und BC neutrale oder ionisierte Atome oder auch Radikale sein. Unter interstellaren Bedingungen sind im Allg. nur exotherme Reaktionen möglich, die keine Aktivierungsenergie benötigen. Bei neutralen Reaktionspartnern sind derartige Reaktionen selten, häufiger aber, wenn einer der Partner ionisiert ist. In nicht zu dichten Wolken reicht das umgebende Strahlungsfeld aus, um z. B. Kohlenstoffatome zu ionisieren. Bei Stößen übertragen sie die Ladung auf andere Atome oder Moleküle, die nun ihrerseits eine erhöhte Reaktionschance haben. Die Kohlenstoffatome bleiben neutral zurück und können abermals ionisiert werden. In dichten Molekülwolken ist das interstellare Strahlungsfeld stark abgeschirmt, doch ionisiert die die Wolken durchdringende niederenergetische Kosmische Strahlung eine gewisse Anzahl von Atomen und Molekülen, darunter auch Wasserstoffmoleküle, die über Austauschreaktionen ihre Ladung weiterreichen oder als ionisierte Stoßpartner eine Reaktion ermöglichen. Andere Möglichkeiten der Molekülbildung sind Dreiteilchenreaktionen nach dem Muster A + B + C → AB + C sowie Ionenreaktionen A + B$^+$ → AB + e$^-$, wobei e$^-$ ein bei der Reaktion freiwerdendes Elektron bezeichnet.

Moleküle können in Raumgebieten ohne ausreichend abgeschirmtes Strahlungsfeld durch Strahlungsdissoziation zerstört werden, die Häufigkeit leicht zu bildender und stabiler Moleküle wie Kohlenmonoxid ist in diesen Gebieten daher hoch. In dichten Molekülwolken übernehmen Wasserstoffmoleküle selbst den Schutz vor ihrer Zerstörung. Die zur Dissoziation geeignete Strahlung wird bereits im Randbereich einer Wolke bei der Dissoziation der sich dort befindenden Wasserstoffmoleküle so stark reduziert, dass praktisch keine Strahlung ins Wolkeninnere gelangt. Auch die Dichte des interstellaren Staubs bestimmt auf Grund der Strahlungsabschirmung, ob in einer Wolke nicht nur stabile Moleküle existieren, sondern auch komplizierte vielatomige, die bei hoher Strahlungsdichte dissoziiert würden. Eine Zerstörung ionisierter Moleküle ist bei der Rekombination mit freien Elektronen möglich, wenn die freiwerdende Ionisationsenergie größer als die Dissoziationsenergie ist.

Die Existenz bestimmter interstellarer Moleküle ermöglicht mindestens theoretisch die Bildung komplexer Moleküle wie die einfachsten Aminosäuren, die für lebende Organismen entscheidende Bedeutung haben. Es ist aber im höchsten Maß unwahrscheinlich, dass derartige Moleküle etwa an interstellaren Staubteilchen angelagert die thermischen Prozesse bei der Bildung von Planeten im Sonnensystem unzerstört überstanden und die Entstehung irdischen Lebens ausgelöst haben (→ Leben auf anderen Himmelskörpern).

Wolkengröße, räumliche Verteilung. Die Größe interstellarer Molekülwolken variiert in sehr weiten Bereichen. Große Wolkenkomplexe erreichen Ausdehnungen bis zu etwa 100 pc und enthalten einige 10^4 bis einige 10^6 Sonnenmassen. Riesenmolekülwolken haben Durchmesser in der Größenordnung von etwa 5 bis 40 pc und Massen von rund 10^3 bis 10^5 Sonnenmassen. Sie zählen zu den massereichsten Objekten des Milchstraßensystems. Die Größe der dichten Wolkenkerne liegt im Bereich von rund 0,5 pc bis einige wenige Parsec, ihre Massen im Bereich von etwa 10 bis 1 000 Sonnenmassen.

Die meisten Molekülwolken befinden sich in einem ringförmigen Bereich in galaktozentrischen Entfernungen zwischen etwa 3 bis 8 kpc, die höchste Konzentration, abgesehen von der galaktischen Zentralregion, liegt bei etwa 5 kpc. Riesenmolekülwolken scheinen sich vorrangig in den Spiralarmen des Milchstraßensystems zu befinden. Gegen die galaktische Ebene sind sie etwas stärker konzentriert als das HI-Gas.

Die Kerne der Molekülwolken sind die Hauptregionen, in denen die → Sternentstehung stattfindet. In einigen Molekülwolken existieren auf sehr kleine Gebiete konzentrierte Infrarotquellen hoher Strahlungsleistung, bei

interstellares Gas

denen es sich offenbar um junge Sterne handelt. Die Staubteilchen in der bei der Sternbildung nicht verbrauchten Restwolke absorbieren die Strahlung der neuentstandenen Sterne und emittieren die aufgenommene Energie als Wärmestrahlung im Infrarotbereich. Sehr massereiche junge Sterne ionisieren das sie umgebende Gas, wobei bei jeder Ionisation eines Wasserstoffatoms ein Elektron als neues freies Teilchen hinzukommt. Die Teilchendichte verdoppelt sich, gleichzeitig steigt die Temperatur, so dass sich der Druck in dem Sternentstehungsgebiet stark erhöht, das Gas expandiert und die Molekülwolke eventuell zerstört wird.

Maserquellen. Bei einigen Molekülen, u. a. bei Wasser (H_2O), Siliziummonoxid, Methylalkohol sowie dem Hydroxylradikal (OH), existieren in lokal begrenzten Regionen z. T. drastische Unterschiede zwischen Anregungstemperatur und kinetischer Temperatur, was durch einen Masereffekt verursacht ist. Möglicherweise wird infolge der Absorption von Infrarotstrahlung oder infolge von Teilchenstößen ein relativ hochliegendes Energieniveau der Moleküle angeregt, von dem aus ein spontaner Übergang auf ein niedrigeres, aber metastabiles Niveau erfolgt. Auf diesem ist die Verweilzeit lang, da alle Übergänge zu tieferen Niveaus verboten sind. Relativ zu den tieferliegenden sind die metastabilen Niveaus dadurch stark überbesetzt. Nach der mittleren Verweilzeit kann zwar spontan ein Strahlungsübergang erfolgen, er kann aber auch durch ein Photon des umgebenden Strahlungsfeldes mit exakt der gleichen Energie wie der beim Strahlungsübergang emittierten induziert werden. Die durch diese induzierte Emission erzeugten Photonen können ihrerseits weitere Moleküle zur Strahlungsemission bringen, wodurch eine ganze Photonenlawine ausgelöst wird, in der alle Photonen gleiche Wellenlänge und gleiche Richtung haben. Die außerordentlich hohe Strahlungsintensität ist dabei in einer einzigen Maserlinie konzentriert.

OH- und H_2O-Maserquellen treten vielfach gemeinsam auf, H_2O-Maserquellen haben aber im Allg. eine geringere Ausdehnung als OH-Quellen. Maserquellen befinden sich in Molekülwolken vor allem nahe bei Entstehungsgebieten massereicher Sterne sowie nahe kompakter Gebiete ionisierten Wasserstoffs. Die Ausdehnungen der Einzelquellen betragen etwa 1 bis 10 AE, sie sind vergleichbar der Größe des inneren Planetensystems. Die Strahlungsleistungen der Quellen liegen im Bereich von etwa 10^{20} bis 10^{26} W vergleichbar der Strahlungsleistung der Sonne, aber konzentriert in einer einzigen Spektrallinie.

HII–Gas

Beobachtungen. Im HII-Gas ist praktisch der gesamte interstellare Wasserstoff durch energiereiche Strahlung benachbarter Sterne hoher Effektivtemperatur vollständig ionisiert. Die Gebiete treten im sichtbaren Spektralbereich als leuchtende Gasnebel (Emissionsnebel) oder schwach leuchtende Emissionsgebiete in Erscheinung. Sie sind z. T. diffus oder wolkenartig, z. T. chaotisch geformt und mit Dunkelwolken durchsetzt oder wie feine Schleier verteilt (Abb. 4). Der →Orionnebel und der →Nordamerikanebel sind die bekanntesten Beispiele.

Das Spektrum des HII-Gases wird durch Emissionslinien auf einem mehr oder minder schwachen Kontinuum bestimmt. Dieses geht im sichtbaren Spektralbereich im Wesentlichen auf die Rekombination freier Elektronen mit Wasserstoffionen, zum geringeren Teil auf die Rekombination von Heliumionen zurück. Hinzu kommt ein Kontinuum, das bei frei-freien Übergängen von Elektronen emittiert wird (→ Spektrum). Seine Intensität steigt mit zunehmender Wellenlänge stark an und dominiert im Radiofrequenzbereich. Bei hellen Emissionsnebeln ist ein Teil des beobachteten Kontinuums an Staubteilchen gestreutes Sternlicht. Sein Anteil nimmt zum ultravioletten Spektralbereich hin zu, da mit sinkender Wellenlänge die Effektivität der Streuung wächst (→ interstellarer Staub). Im Infrarotbereich existiert gelegentlich noch ein Kontinuumsanteil, der von der thermischen Strahlung der im Gas eingebetteten Staubteilchen stammt.

Ein Teil der Emissionslinien geht auf die Rekombination freier Elektronen mit Ionen zurück. Die Rekombination erfolgt im Allg. auf ein hochliegendes Energieniveau, von dem aus spontane Übergänge kaskadenartig zu tiefer liegenden Niveaus bis hin zum Grundniveau nachfolgen. Bei jedem Übergang wird eine charakteristische Spektrallinie ausgestrahlt, beim Übergang eines Wasserstoffatoms von einem hochliegenden Niveau auf das erste angeregte z. B. eine Linie der → Balmer-Serie (→ Spektrum). Die Balmer-Linien sind infolge der großen Häufigkeit und der Ionisation des Wasserstoffs, was eine große Zahl von Rekombinationen bewirkt, sehr stark und vor allem für das Leuchten der Emissionsnebel im sichtbaren Spektralbereich verantwortlich. Rekombinationen können auf extrem hohe Niveaus erfolgen, bei denen die Energiedifferenzen zu etwas tiefer liegenden Niveaus so gering sind, dass die ausgestrahlten Linien im Radiofrequenzbereich liegen. Beim Übergang des Wasserstoffatoms z. B. vom 110. auf das 109. Niveau wird eine Linie bei 6,0 cm, beim Übergang vom 159. auf das 158. Niveau bei 17,9 cm emittiert. Außer vom Wasserstoff sind im Radiofrequenzbereich Rekombinationslinien u. a. vom Helium, Kohlenstoff und Schwefel nachweisbar.

Einige starke Emissionslinien, sog. „Nebuliumlinien", gehen von tiefliegenden metastabilen Energieniveaus aus. Die mittleren Verweilzeiten auf diesen Niveaus betragen z. T. Sekunden bis Tage. Die Wahrscheinlichkeit, dass ein Atom während dieser Zeit durch ein Gaspartikel gestoßen wird und die Anregungsenergie strahlungslos an das stoßende Teilchen übergeht, ist wegen der geringen Gasdichte sehr gering. Dadurch kann der Strahlungsübergang zum Grundzustand doch erfolgen, wobei eine „verbotene Linie" emittiert wird. Die stärksten Nebuliumlinien stammen vom einmal und vom zweimal ionisierten Sauerstoff sowie vom einmal ionisierten Stickstoff. Die Anregung auf die metastabilen Niveaus erfolgt durch Stöße mit freien Elektronen, die dabei einen Teil ihrer kinetischen Energie abgeben. (Die Linien konnten zunächst nicht identifiziert werden und wurden einem noch nicht entdeckten Element „Nebulium" zugeordnet.)

Andere relativ starke Emissionslinien verdanken ihr Auftreten der rein zufälligen Übereinstimmung der

interstellares Gas

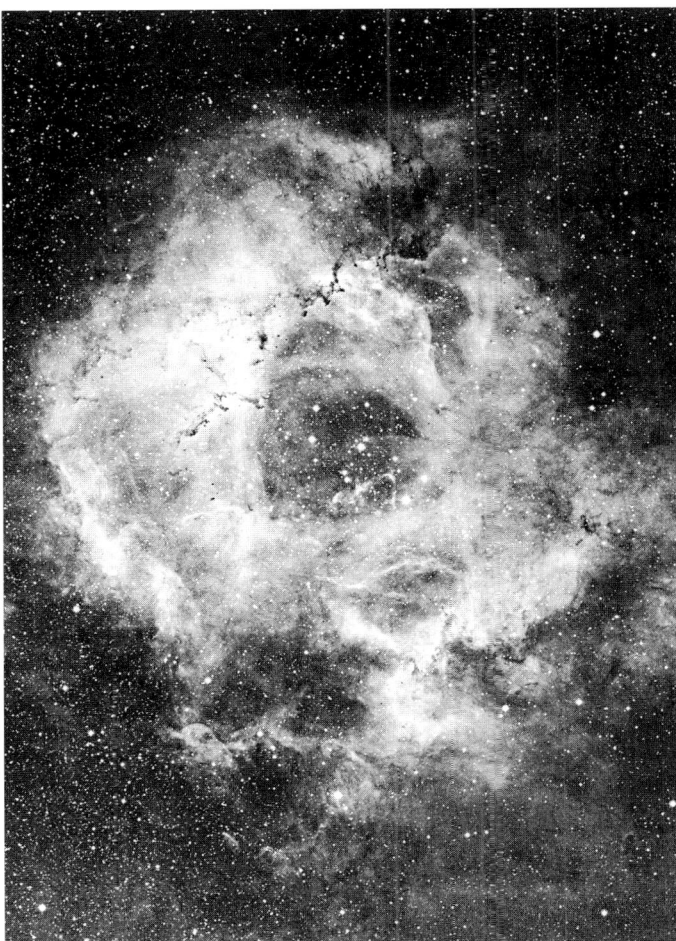

Abb. 4: Rosettennebel im Sternbild Monoceros (Einhorn). Das Gas ist durch Sterne hoher Effektivtemperatur, die zu dem sich im Nebel befindenden Offenen Sternhaufen gehören, zum Leuchten angeregt. Der Sternwind der Haufensterne hat das Nebelzentrum nahezu von Gas befreit. Auf den Nebel sind Regionen dunkler interstellarer Materie sowie einzelne Globulen projiziert. Die Sonnenentfernung des Nebels beträgt etwa 1 400 pc, der Durchmesser rund 16 pc (Aufnahme: Thüringer Landessternwarte Tautenburg)

Wellenlänge einer von einem Atom oder Ion emittierten Spektrallinie mit der Wellenlänge einer Linie, die von einem anderen Atom oder Ion vom Grundzustand aus absorbiert werden kann. Beispielsweise kann eine vom zweimal ionisierten Helium emittierte Rekombinationslinie vom zweimal ionisierten Sauerstoff absorbiert werden. Beim Übergang des Sauerstoffions in der Grundzustand entsteht u. a. eine Linie, die vom einmal ionisierten Stickstoff absorbiert wird. Nur wenn genügend viele Heliumatome zweimal ionisiert sind, sind bestimmte Sauerstoff- und Stickstofflinien zu beobachten.

Temperatur, Dichte, Elementenhäufigkeit. Die Elektronentemperatur (die kinetische Temperatur der Elektronen) kann aus der im Radiofrequenzbereich gemessenen Kontinuumstrahlung erschlossen werden. Sie entsteht bei frei-freien Übergängen der Elektronen und hängt von ihrer Geschwindigkeitsverteilung ab. Die Elektronentemperatur kann auch aus dem Verhältnis der Stärke von Spektrallinien bestimmt werden, die vom gleichen Element, aber von unterschiedlich hohen Energieniveaus ausgehen. Da die Anregung durch Stöße mit Elektronen erfolgt, ist die Besetzung der Niveaus durch deren mittlere kinetische Energie bestimmt. Die auf unterschiedliche Weise und bei unterschiedlichen Elementen ermittelten Temperaturen sind im Rahmen der Beobachtungsgenauigkeit gleich, sie liegen zwischen etwa 7 000 und 12 000 K. Die kinetische Temperatur aller Gaspartikeln ist infolge der gegenseitigen Stöße gleich.

Die Temperatur wird durch die Wirkung von Heiz- und Kühlprozessen bestimmt. Eine Aufheizung erfolgt bei der Photoionisation des Wasserstoffs durch die Strahlung eines nahen Sterns hoher Effektivtemperatur. Für die Wasserstoffionisation muss die Photonenenergie größer als 13,6 eV sein, die Wellenlänge der Strahlung damit kleiner als 91,2 nm, der Grenzwellenlänge der Lyman-Serie des Wasserstoffs (→ Spektrum). Photonen dieser Energie werden in nennenswerter Zahl nur von Sternen mit Effektivtemperaturen höher als etwa 25 000 K, entsprechend einer Spektralklasse B1 und früher, emittiert. Die bei der Ionisation freigesetzten Elektronen haben eine hohe kinetische Energie, die durch Stoß auf die anderen Gaspartikeln übertragen

interstellares Gas

Hellere Emissionsnebel

Katalognummer		α		δ		D	Bemerkungen
NGC	M	h	min	°	'	'	
1976	42	5	35,4	−5	23	60	Orionnebel
2237/39		6	32,1	4	52	80	Monoceros, Rosettennebel
2264		6	41,1	9	53	40	Monoceros, Konusnebel
6514	20	18	2,3	−23	2	20	Sagittarius, Trifidnebel
6523	8	18	3,9	−24	20	60	Sagittarius, Lagunennebel
6611	16	18	18,8	−13	53	30	Serpens, Adlernebel
6618	17	18	20,8	−16	10	40	Sagittarius, Omeganebel
7000		20	58,8	44	19	120	Cygnus, Nordamerikanebel
7635		23	20,7	61	11	20	Cassiopeia

α: Rektaszension; δ: Deklination; D: genäherter scheinbarer Durchmesser. Es ist das Sternbild angegeben, in dem sich der Nebel befindet, sowie der Name des Nebels

wird. Ein wesentlicher Kühlprozess ist die Stoßanregung metastabiler Energieniveaus. Dabei geht kinetische Energie in Anregungsenergie über, die ausgestrahlt wird. Die Reduzierung der mittleren kinetischen Energie der freien Elektronen bei frei-freien Übergängen spielt als Kühlprozess nur eine geringe Rolle.

Die Anzahldichte der freien Elektronen (Elektronendichte) ist wegen der großen Häufigkeit des Wasserstoffs und dessen nahezu vollständiger Ionisation praktisch gleich der Anzahldichte der Protonen. Die Intensität der Radiokontinuumstrahlung bei kurzen Wellenlängen ist proportional der sich in der Sichtlinie befindenden Zahl freier Elektronen sowie proportional der Elektronentemperatur. Bei bekannter Ausdehnung eines HII-Gebiets kann daher über die Radiokontinuumstrahlung die Elektronendichte ermittelt werden. In diffusen Emissionsgebieten liegt sie bei weniger als einem Elektron je 100 cm^3, in kompakten HII-Regionen hingegen bei 10^4 bis 10^5 Elektronen/cm^3. Die chemische Zusammensetzung kann auf Grund einer quantitativen Spektralanalyse ermittelt werden. Im Rahmen der Beobachtungsgenauigkeit bestehen keine wesentlichen Unterschiede zur allgemeinen kosmischen → Elementenhäufigkeit.

Größe der HII-Gebiete. In einem HII-Gebiet besteht ein Gleichgewicht zwischen der Anzahl der Ionisationen sowie der Zahl der sie rückgängig machenden Rekombinationen, die von der Elektronendichte abhängt. Die Ausdehnung ist demzufolge umso größer, je höher die Zahl der ionisierenden Photonen, d. h. je höher die Sterntemperatur und je geringer die Gasdichte ist. Am Rand eines HII-Gebiets sind die zur Ionisation geeigneten Photonen aufgebraucht. Das Gebiet, in dem der Wasserstoff vollkommen ionisiert ist, wird von einem Gebiet, in dem er überwiegend neutral ist, getrennt. Die Dicke des Gebiets ist im Vergleich mit der Gesamtausdehnung des HII-Gebiets sehr klein, es bildet eine sog. Ionisationsfront. Ihr Abstand vom leuchtanregenden Stern, der sog. Strömgren-Radius [benannt nach dem dän. Astronomen B. Strömgren, 1908–1987], beträgt bei homogener Dichte von 1 Wasserstoffatom/cm^3 um einen Hauptreihenstern der Spektralklasse O5 etwa 110 pc, um einen B0-Stern 25 pc und um einen B1-Stern 5 pc. Die Größe einer HII-Region reduziert sich auf 1/1 000, wenn bei sonst gleichen Bedingungen die Dichte um etwa das 100fache zunimmt, der Strömgren-Radius beträgt dann z. T. nur noch Bruchteile eines Parsec. Neben dichten kompakten HII-Gebieten existieren dünne, weit ausgedehnte HII-Regionen, die mehr als 100 pc messen können. Der Strömgren-Radius reduziert sich, falls im HII-Gas viele Staubteilchen eingebettet sind, da die von ihnen absorbierten Photonen nicht mehr zur Wasserstoffionisation zur Verfügung stehen. HII-Gebiete sind nicht kugelförmig wie der Ausdruck Strömgren-Radius vermuten lässt, sondern, da die Gasdichte räumlich stark variiert, im Allg. sehr unregelmäßig begrenzt.

Die Ausdehnung der Gebiete, in denen andere Elemente nahezu vollständig ionisiert sind, hängt von deren Ionisationsenergie ab. Ist diese größer als 13,6 eV, ist der entsprechende Strömgren-Radius kleiner als der für Wasserstoff, da die Zahl der vom Stern emittierten, für die Ionisation des Elements geeigneten Photonen geringer als die Zahl der Lyman-Kontinuumquanten ist (→ Strahlungsgesetze). Ist die Ionisationsenergie eines Elements hingegen geringer als 13,6 eV, stehen auch noch jenseits der Wasserstoffionisationsfront Photonen zur Ionisation des Elements zur Verfügung. Ihre Zahl nimmt mit wachsender Entfernung vom Strömgren-Radius des HII-Gebiets wegen der allgemein geringen Häufigkeit des Elements sowie der für die Rekombination geringen Elektronendichte nur langsam ab. Der Strömgren-Radius für ein derartiges Element ist gegenüber den Wasserstoff-Strömgren-Radien sehr groß. Die meisten Elemente mit Ionisationsenergien geringer als 13,6 eV, u. a. Kohlenstoff, sind daher nahezu überall im HI-Gas ionisiert.

Falls im „Kern" einer Molekülwolke massereiche Sterne entstehen, bildet sich infolge deren hoher Effektivtemperatur sehr rasch ein expandierendes HII-Gebiet mit hoher Dichte und Temperatur, das auf das umgebende HI-Gas einen starken Druck ausübt. Die Ionisationsfront ist instabil. Geringe Inhomogenitäten der Dichte im Bereich der Front führen zu starken Deformationen der Grenzfläche. Die bei einigen Emissionsnebeln beobachteten langgestreckten, kegelförmig erscheinenden Dunkelwolken mit hellleuchtender Umrandung (→ interstellare Materie) markieren offenbar derartige Deformationen.

Sonderformen von HII-Gebieten stellen die →Planetarischen Nebel sowie die Hüllen um einige →Wolf-Rayet-Sterne und um →Novae dar. Bei diesen HII-Regionen handelt es sich um von Sternen abgestoßene Materie, die sich noch nicht im interstellaren Raum zerstreut hat und vom Ursprungsstern zum Leuchten angeregt wird.

Heiße Gaskomponente

Beobachtungen. Das heiße interstellare Gas verursacht Absorptionslinien im ultravioletten Spektralbereich, die den Spektren weit entfernter Sterne aufgeprägt werden. Die Linien stammen von hochionisierten Elementen, u. a. vom fünffach ionisierten Sauerstoff, vom vierfach ionisierten Stickstoff sowie vom zwei- und dreifach ionisierten Silizium. Die aus den Halbwertsbreiten der Spektrallinien ermittelten Temperaturen betragen einige 10^5 bis zu etwa 10^6 K, die Anzahldichte liegt in der Größenordnung von einem Teilchen in rund 1 000 cm^3. Die außerordentlich hohen Temperaturen des Gases entsprechen denen in der Sonnenkorona, was die sehr hohe Ionisation der Elemente erklärt. Die extrem hohen kinetischen Temperaturen sind nicht durch Strahlungsprozesse verursacht, da selbst von Sternen sehr hoher Effektivtemperatur die für eine derartige Aufheizung erforderlichen hochenergetischen Photonen nicht emittiert werden. Nur dynamische Prozesse, etwa im Gefolge eines Supernovaausbruchs, können die Aufheizung bewirken.

Die bei der Explosion einer →Supernova abgestoßenen Gasmassen haben bezüglich der umgebenden interstellaren Materie Überschallgeschwindigkeit. Beim Aufprall des Gases auf die umgebende Materie bilden sich Stoßfronten aus, in denen die hohe kinetische Energie in thermische umgewandelt wird, was zu einer extremen Aufheizung führt. Die Stoßfronten umhüllen eine expandierende „heiße Blase". Bei deren Expansion sinkt die Gasdichte, die von der Dichte abhängigen Kühlprozesse werden ineffektiver, die Temperatur nimmt nur langsam ab. Die Lebensdauer einer Blase liegt in der Größenordnung von etwa 10^7 Jahren. Im Milchstraßensystem explodiert schätzungsweise alle 30 Jahre eine Supernova. Das genügt, um einen größeren Teil des interstellaren Raumes mit der heißen Gaskomponente zu erfüllen, da sich die expandierenden Blasen überlappen können. Mit wachsendem Abstand von der galaktischen Ebene nimmt die Dichte der interstellaren Materie ab, die bremsende Wirkung für das expandierende Gas sinkt. Das heiße Zwischenwolkengas erstreckt sich bis in Abstände von einigen 1 000 pc von der galaktischen Ebene.

Die unterschiedlichen Phasen des interstellaren Gases. Nahe der galaktischen Ebene kann ein Massenelement des Gases im Laufe von nur wenigen Millionen Jahren allen möglichen Komponenten angehören, dem molekularen, dem HI-Gas und HII-Gas sowie dem kühlen und heißen Zwischenwolkengas. Das Massenelement hat jeweils unterschiedliche Temperaturen und Dichten. Der Wechsel erfolgt relativ rasch. Die massereichen Sterne, die für eine wesentliche Energiezufuhr sorgen und die Änderungen des physikalischen Zustandes auslösen, haben nur eine relativ kurze Lebensdauer, die Kühlprozesse sind z. T. sehr effektiv. Der rasche Wandel der unterschiedlichen Gasphasen bewirkt einen relativ schnellen Wechsel des Gasdrucks, was zu einer hohen großräumigen Turbulenz im interstellaren Gas führt, wobei die Größe der Turbulenzelemente in der Größenordnung von unter rund 100 pc liegt.

Relativistisches interstellares Gas. Das relativistische interstellare Gas ist identisch mit der Primärkomponente der Kosmischen Strahlung, die den interstellaren Raum relativ homogen erfüllt. Hauptbestandteil sind Atomkerne mit Energien in dem weiten Bereich von etwa 10^6 bis 10^{20} eV. Die hochenergetischen Teilchen verhalten sich gänzlich anders als das übrige interstellare Gas. Die relativistische Komponente wird daher im Allg. getrennt von den anderen Gaskomponenten betrachtet (→Kosmische Strahlung).

interstellares Magnetfeld, das im interstellaren Raum existierende Magnetfeld.

Magnetfelder können auf Grund der durch den →Zeeman-Effekt bewirkten Aufspaltung von Spektrallinien nachgewiesen werden. Die Linienaufspaltung ist infolge der relativ geringen Magnetfeldstärke sehr viel kleiner als die Breite der Linien. Da bei Sicht in Richtung der Feldlinien infolge des longitudinalen Zeeman-Effekts eine Linie in zwei symmetrische Komponenten entgegengesetzter zirkularer Polarisation aufgespalten ist, kann die Aufspaltung dennoch gemessen werden. Mit Hilfe von Polarisatoren sind die Komponenten trennbar.

Die Stärke interstellarer Magnetfelder kann auch mit Hilfe des →Faraday-Effekts bestimmt werden. Die Polarisationsrichtung linear polarisierter elektromagnetischer Wellen wird beim Durchgang durch von einem Magnetfeld durchsetzte Materie gedreht. Weisen die Magnetfeldlinien zum Beobachter zu, erfolgt eine positive Drehung, d. h. entgegen dem Uhrzeigersinn, weisen sie vom Beobachter weg, eine Drehung in entgegengesetzter Richtung. Die Größe der Drehung ist proportional der Magnetfeldstärke, der Zahl der freien Elektronen zwischen Strahlungsquelle und Beobachter sowie dem Quadrat der Wellenlänge. Im Radiofrequenzbereich ist der Faraday-Effekt daher am größten. Polarisierte Strahlung entsteht u. a. bei der Bewegung hochenergetischer Elektronen in einem Magnetfeld (→Synchrotronstrahlung). Die Zahl der Elektronen kann auf Grund der Dispersion elektromagnetischer Wellen beim Durchqueren eines Plasmas ermittelt werden. Wellen unterschiedlicher Wellenlänge haben abhängig von der Zahl freier Elektronen zwischen Strahlungsquelle und Beobachter unterschiedliche Ausbreitungsgeschwindigkeiten. Ein Strahlungspuls, etwa eines Pulsars, kommt daher für unterschiedliche Wellenlängen zu unterschiedlichen Zeiten bei einem Beobachter an. Aus der Differenz der Ankunftszeiten ergibt sich die Elektronenzahl.

Interstellare Magnetfelder bewirken eine Ausrichtung nicht-kugelförmiger interstellarer Staubteilchen. Das Licht von Sternen, die sich vom Beobachter aus gesehen „hinter" einer Staubwolke befinden, wird dadurch polarisiert. Der Ausrichteffekt ist abhängig von der Magnetfeldstärke, der Größenverteilung, der geometrischen Form sowie der chemischen Zusammensetzung der Staubteilchen (→interstellarer Staub). Da die Staubeigenschaften nur ungenau bekannt sind, geben Polarisa-

interstellares Strahlungsfeld

tionsmessungen nur begrenzt Auskunft bezüglich der Magnetfeldstärke, lassen aber Schlüsse bezüglich der großräumigen Richtung interstellarer Magnetfelder zu. Die Stärke lokaler interstellarer Magnetfelder liegt zwischen etwa $0,5 \cdot 10^{-10}$ und $50 \cdot 10^{-10}$ Tesla, bei großräumigen Feldern, die sich über etwa 1 000 pc erstrecken, beträgt die Feldstärke etwa $2 \cdot 10^{-10}$ bis $4 \cdot 10^{-10}$ Tesla. Die Feldrichtung liegt bevorzugt parallel zur galaktischen Ebene und folgt anscheinend den Spiralarmen, es bestehen jedoch beträchtliche lokale Abweichungen und Inhomogenitäten. Im Zentralbereich des Milchstraßensystems beträgt die Magnetfeldstärke bis zu etwa 10^{-7} Tesla. Die Feldlinien verlaufen dort weitgehend senkrecht zur galaktischen Ebene. Unbekannt ist, ob das großräumige galaktische Magnetfeld eine in sich geschlossene Struktur hat, oder ob die Feldlinien sich in den intergalaktischen Raum erstrecken. Infolge turbulenter Bewegungen im interstellaren Gas werden die Felder deformiert. Sie verhalten sich, als wären sie im interstellaren Gas „eingefroren". Geladene Teilchen können sich nur längs, nicht quer zu den Feldlinien bewegen. Infolge von Stößen sind auch ungeladene Teilchen passiv an das Magnetfeld gebunden. Der magnetische Druck ist im Allg. wesentlich geringer als der Turbulenzdruck des Gases. Die Felder werden daher vom Gas bei den Bewegungen mitgeschleppt. Bei Feldeformationen kann die Feldstärke so erhöht werden, dass magnetischer und Turbulenzdruck vergleichbar sind, so dass lokale Magnetfelder das Bewegungsverhalten der interstellaren Materie wesentlich beeinflussen können. Bei dem großräumigen Feld kann es sich um ein schon bei der Bildung des Milchstraßensystems vorhandenes Feld handeln, das durch einen → Dynamoeffekt verstärkt und z. T. in der Struktur verändert wurde. Großräumige Felder könnten aber auch erst nach der Bildung des Milchstraßensystems auf Grund eines durch turbulente Bewegungen des interstellaren Gases und der differentiellen Rotation des Milchstraßensystems verursachten Dynamoeffekts entstanden sein.

interstellares Strahlungsfeld, die Gesamtheit der im interstellaren Raum vorhandenen elektromagnetischen Strahlung.
Die Energiedichte und spektrale Energieverteilung des Strahlungsfeldes wird durch die Zahl der je Volumeneinheit vorhandenen Photonen und deren Energie bestimmt. Die Photonenzahl ist abhängig von den Entfernungen und Effektivtemperaturen der umgebenden Sterne, sie sinkt mit dem Quadrat der Entfernungen. Die Effektivtemperaturen bestimmen die Energieverteilung der Photonen. Bei vernachlässigbar kleiner interstellarer Extinktion ist die Energieverteilung unabhängig von der Entfernung. Bei hoher Staubdichte kann eine geringe Änderung der spektralen Energieverteilung eintreten, da Staubpartikeln kurzwellige Strahlung absorbieren und die aufgenommene Energie als thermische Strahlung im nahen bis fernen Infrarotbereich emittieren (→ interstellarer Staub).
Infolge der unterschiedlichen spektralen Beiträge der umgebenden Sterne zum Strahlungsfeld entspricht die Energieverteilung nicht der einer Hohlraumstrahlung (→ Strahlungsgesetze), so dass ihm keine Temperatur zugeordnet werden kann. Im kurzwelligen Spektralbereich von etwa 100 bis 500 nm ist die Energieverteilung wesentlich durch Sterne hoher Effektivtemperatur (O- und B-Sterne) bestimmt, im langwelligen Bereich bis hin zum nahen Infrarotbereich durch die Menge der F- und G-Sterne sowie der Roten Riesen. Im fernen Infrarotbereich jenseits von etwa 20 μm überwiegt die thermische Strahlung interstellarer Staubpartikeln. Die Gesamtenergiedichte des Strahlungsfeldes ist außerordentlich gering und entspricht der Energiedichte einer Hohlraumstrahlung von rund 3 K.

interstellare Verfärbung, → interstellarer Staub.
intracumular, sich innerhalb eines Sternhaufens oder Galaxienhaufens befindend.
invariable Ebene, Hauptebene des Sonnensystems, die dessen Massenmittelpunkt enthält und durch den Gesamtdrehimpuls des Systems bestimmt ist. Die i. E. ist gegen die Ekliptik um etwa 1° 35′ geneigt.
inverser Betazerfall, → Betazerfall.
inverser Compton-Effekt, → Compton-Effekt.
Io *f*, **1)** der innerste der vier großen (Galilei'schen) Jupitersatelliten, der sich auf einer elliptischen Bahn mit der großen Halbachse von 421 800 km und der Exzentrizität von 0,004 in 1,769 Tagen rechtläufig um den Jupiter bewegt. Die Bahnebene ist um 0,036° gegen dessen Äquatorebene geneigt. Infolge der gebundenen Rotation ist die Rotationsperiode der Io gleich der Umlaufperiode. Diese ist an die der benachbarten Satelliten Europa und Ganymed dynamisch gebunden. Es besteht für Io, Europa und Ganymed eine Umlaufresonanz von 1:2:4.
Die Form der Io entspricht etwa einem dreiachsigen Ellipsoid, dessen große Achse in Richtung zum Jupiterzentrum weist und um etwa 18 km größer ist als der mittlere Durchmesser von 3 643 km. Mit einer Masse von $8,932 \cdot 10^{22}$ kg und einer mittleren Dichte von $3,53$ g/cm^3 übertrifft die Io den Mond. In Oppositionsstellung beträgt die scheinbare visuelle Helligkeit $5^m\!\!.0$. Die Io müsste in dieser Stellung mit bloßem Auge sichtbar sein, wird aber durch den Jupiter so überstrahlt, dass sie nur mit Fernrohr beobachtbar ist.
Die Oberflächenstruktur der Io ist erst seit Beobachtungen mit Raumsonden genauer bekannt (Abb.). Sie ist durch einen heftigen Vulkanismus geprägt, die Io ist der vulkanisch aktivste Himmelskörper des gesamten Planetensystems. Verursacht wird der Vulkanismus durch eine permanente Energiezuführung infolge der von der Europa und dem Ganymed sowie dem Jupiter verursachten Gezeitenkräfte. Sie bewirken eine periodische Pressung und Entspannung, wodurch die Temperatur so erhöht wird, dass ein großer Teil des Innern zähflüssig ist. Die Oberflächentemperatur beträgt im Mittel etwa 120 K, doch existieren „heiße Flecken" mit Temperaturen bis zu 2 000 K, bei denen es sich wahrscheinlich um Lavaausflüsse handelt, deren Abkühlung nur sehr langsam erfolgt.
Bisher wurden mehr als ein Dutzend aktiver Vulkane entdeckt, deren Auswurffontänen Höhen von z. T. 400 km erreichen, einzelne Rauchfahnen sogar über 500 km. Das Auswurfmaterial bildet Niederschlagringe mit bis zu 1 000 km Durchmesser, wodurch frühere Oberflächenstrukturen ausgelöscht werden. Neben aktiven Vulkanen existieren weite, meist kesselartige Einbrüche auf relativ flachen Schildstrukturen, von denen

Ionisationsgrad

Der Jupitersatellit Io, aufgenommen aus einer Entfernung von etwa 800 000 km mit Hilfe der Raumsonde Voyager 1. Die großen Ringformationen werden durch vulkanisches Auswurfmaterial geformt (NASA/ARC)

radiale Materieströme ausgehen. Wahrscheinlich sind es erloschene Vulkane mit Calderen. Das vulkanische Auswurfmaterial besteht aus geschmolzenen, schwefelhaltigen Stoffen sowie gasförmigem Schwefeldioxid, z. T. auch diatomischem Schwefelgas. Die gelben, roten und braunen Farbtöne der Oberfläche gehen wahrscheinlich auf Schwefelniederschläge und -verbindungen zurück, die sich bei unterschiedlichen Temperaturen in der Farbe unterscheiden.
Die Vulkanausbrüche sind z. T. so heftig, dass gasförmiges, möglicherweise auch festes Auswurfmaterial die Io verlassen kann. Es bildet einen Torus längs der Bahn, in dem außer ionisiertem Schwefel und Sauerstoff auch ionisiertes und neutrales Natrium existiert. Der Torus ist etwas gegen den Jupiteräquator geneigt. Das Torusmaterial wird vom Jupitermagnetfeld mitgeschleppt und bewegt sich nahe dem Jupiter mit der gleichen Rotationsperiode wie der Jupiter.
Der Lage im Durchmesser-Dichte-Diagramm nach gehört die Io zu den erdartigen planetaren Himmelskörpern (→ Planet). Sie hat vermutlich einen Schalenaufbau. Im Zentrum befindet sich wahrscheinlich ein eisenreicher Kern hoher Dichte mit einem Radius in der Größenordnung von etwa 600 bis 800 km. Darüber liegt ein vielleicht 1 000 km dicker, partiell geschmolzener Silikatmantel, der von einer dünnen, festen, durch den Vulkanismus geprägten silikatreichen Kruste umgeben ist, aus der wahrscheinlich alle leichtflüchtigen Materialien wie Wasser, Stickstoff und Kohlendioxid entschwunden sind.
Die Io besitzt wahrscheinlich ein permanentes Magnetfeld mit Sitz im Kern, die Feldstärke dürfte etwa der des Merkur entsprechen.
Hinsichtlich der Einordnung der Io in das System der Jupitersatelliten → Jupiter.
Die Io wurde 1610 durch G. Galilei (1564–1642) sowie unabhängig von ihm durch S. Marius (1570–1624) entdeckt.
2) der Planetoid (85); → Planetoid.

Iocaste f, ein Zwergsatellit des → Jupiter.
Ion, elektrisch positiv oder negativ geladenes Atom oder Molekül, das aus einem neutralen Atom oder Molekül durch Hinzufügung oder Entfernen von einem oder mehreren Elektronen entsteht.
Ionenschweif, → Komet.
Ionisation, die Abtrennung eines Elektrons oder mehrerer Elektronen von einem neutralen Atom oder Molekül oder die Anlagerung eines Elektrons an ein Atom oder Molekül, was jeweils zu einem positiv bzw. negativ geladenen Teilchen, einem *Ion*, führt.
Die Bildung eines positiv geladenen Ions erfolgt durch die Entfernung eines oder mehrerer Elektronen aus der Elektronenhülle eines → Atoms. Dies erfordert eine Mindestenergie, die *Ionisationsenergie*, die für unterschiedliche Atome einen jeweils charakteristischen Wert hat. Für Wasserstoff z. B. beträgt er 13,6 eV entsprechend einer Wellenlänge von 91,2 nm, für neutrales Helium 24,6 eV. Bei der *Photoionisation* erfolgt die I. durch Absorption eines Photons mit einer Energie höher als die Ionisationsenergie. Der die Ionisationsenergie überschreitende Energiebetrag ist gleich der kinetischen Energie des abgelösten Elektrons. Bei der *Stoßionisation* erfolgt die Elektronenablösung durch einen Stoß mit einem anderen Teilchen (Atom oder freies Elektron), wobei das stoßende Teilchen einen der Ionisationsenergie entsprechenden Teil seiner kinetischen Energie verliert.
Der der I. entgegengesetzte Prozess ist die → Rekombination, die Vereinigung eines Elektrons mit einem positiv geladenen Ion unter Emission eines Lichtquants, dessen Energie der Ionisationsenergie plus der Bewegungsenergie des Elektrons vor der Rekombination entspricht.
Der *Ionisationsgrad* ist das Verhältnis der Zahl ionisierter zur Gesamtzahl der Atome eines Elements in einem Plasma. Er steigt mit der Temperatur des Plasmas und mit sinkender Anzahl der freien Elektronen je Volumenelement, er ist mit Hilfe der die thermische Ionisation und Anregung in Gasen beschreibenden *Saha-Gleichung* berechenbar [benannt nach dem indischen Astrophysiker M. N. Saha, 1893–1956].
In der Spektroskopie wird zur Bezeichnung positiv geladener Ionen eines Elements hinter dessen Symbol eine römische Zahl gesetzt, für ein neutrales Atom eine I, für ein einmal ionisiertes eine II, für ein zweimal ionisiertes eine III usw. So bezeichnet z. B. HI neutralen Wasserstoff, HII ionisierten Wasserstoff, NaIII zweifach ionisiertes Natrium.
Negativ geladene Ionen haben ein an ein Atom angelagertes Elektron. Von astronomischer Bedeutung sind negativ geladene Wasserstoffionen. Die bei der Anlagerung eines Elektrons an ein Wasserstoffatom emittierte Strahlung trägt in Spektren von Sternen geringer Effektivtemperatur zum Kontinuum bei (→ Sonne).
Ionisationsenergie, → Ionisation.
Ionisationsfront, die Grenze zwischen ionisiertem und neutralem Gas in einer Gasansammlung (→ interstellares Gas).
Ionisationsgleichgewicht, der Zustand eines Gases, bei dem die Zahl der Ionisationen gleich der Zahl der Rekombinationen je Volumen- und Zeiteinheit ist.
Ionisationsgrad, → Ionisation.

Ionisationspotential

Ionisationspotential, svw. Ionisationsenergie.
Ionisationstemperatur, → Temperatur.
Ionosphäre, Schicht in der Erdatmosphäre, in der wesentliche Gasbestandteile ionisiert sind (→ Erdatmosphäre).
IRAS, Abk. für *I*nfrared *A*stronomical *S*atellite [engl., ‚Infrarotastronomie-Satellit'].
Irisblendenphotometer, → Photometer.
irreguläres Sternsystem, *irregulärer Nebel*, extragalaktisches Sternsystem ohne erkennbare innere Struktur (→ Sternsystem).
irreguläre Veränderliche, svw. unregelmäßige → Veränderliche.
Irr-Galaxie, irreguläres extragalaktisches → Sternsystem.
ISO, Abk. für *I*nfrared *S*pace *O*bservatory [engl., ‚Infrarot-Raum-Observatorium'], Satellit der Europäischen Weltraumbehörde für Infrarotbeobachtungen.
Isonoe *f*, ein Zwergsatellit des → Jupiter.
Isophote *f*, Verbindungslinie von Punkten gleicher Flächenhelligkeit auf Abbildungen flächenhafter Strahlungsquellen.
isophote Wellenlänge, → Farbsystem.
isotherm, svw. bei gleicher Temperatur.
Isotope *n* (*Plur.*), Atomkerne eines chemischen Elements mit gleicher Zahl von Protonen, aber unterschiedlich vielen Neutronen, folglich unterschiedlicher Masse. Wasserstoff besteht z. B. aus einem Proton, schwerer Wasserstoff (Deuterium) aus einem Proton und einem Neutron, überschwerer (Tritium) aus einem Proton und zwei Neutronen. I. haben die gleiche Zahl von Elektronen in der Elektronenhülle, daher nahezu gleiches chemisches Verhalten. Elemente können sowohl stabile als auch instabile, d. h. radioaktive I. besitzen.
Isotopenhäufigkeit, relative Häufigkeit unterschiedlich schwerer Atome eines Elements (→ Elementenhäufigkeit).
isotrop, unabhängig von der Richtung gleiche physikalische Eigenschaften aufweisend.
Isotropie, Richtungsunabhängigkeit von Stoffeigenschaften, physikalischen Eigenschaften oder Prozessen.
Itokawa *m*, der Planetoid (25143) mit einer großen Bahnhalbachse von 1,324 AE und einer Exzentrizität von 0,24. Der Durchmesser beträgt 0,3 km. Es ist kein kompakter Körper, sondern wahrscheinlich ein poröses Konglomerat aus Silikatgestein (→ Planetoid).

J

J, Einheitenzeichen für → Joule, Maßeinheit der Arbeit und der Energie.
Jagdhunde, das Sternbild → Canes Venatici.
Jahr, 1) Die Zeitdauer des Umlaufs der Erde um die Sonne. Je nach der Wahl des Bezugspunktes oder der

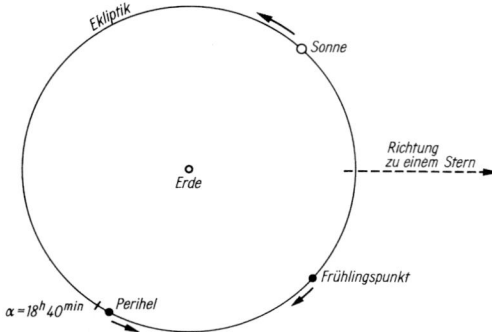

Zur Definition des Jahres. Auf der scheinbaren jährlichen Bahn der Sonne längs der Ekliptik markieren die Pfeile die Bewegungsrichtung der Sonne, des Frühlingspunkts und des Perihels relativ zur Richtung zu einem Stern bzw. der Richtung zum Punkt mit der Rektaszension $18^h\ 40^{min}$

Bezugslinie, gegenüber denen ein voller Umlauf gezählt wird, ergeben sich unterschiedliche Jahreslängen. Das *tropische J*. mit einer mittleren Länge von 365 d 5 h 48 min 46 s (365,2422 Tage) ist gleich der Zeit zwischen zwei aufeinanderfolgenden Durchgängen der Sonne bei ihrer scheinbaren jährlichen Bewegung durch den mittleren Frühlingspunkt. Das *Bessel'sche J*. ist das tropische J., das in dem Augenblick beginnt, zu dem der Mittelpunkt der mittleren Sonne die Rektaszension $18^h\ 40^{min} = 280°$ hat. Er fällt mit dem bürgerlichen Jahresbeginn nahe zusammen, ist aber unabhängig vom Beobachtungsort. Das *siderische J*. mit einer Dauer von 365 d 6 h 9 min 9 s (365,2564 Tage) ist die Zeit zwischen zwei aufeinanderfolgenden gleichen Stellungen der Sonne in ihrer scheinbaren Bahn an der Himmelskugel in Bezug auf einen Fixstern. Es ist länger als das tropische J., weil sich der Frühlingspunkt infolge der → Präzession längs der Ekliptik entgegengesetzt der Sonnenbewegung verschiebt (Abb.). Das *anomalistische J*., ist gleich der Zeit zwischen zwei Durchgängen der Erde durch ihr Perihel, die Dauer beträgt 365 d 6 h 13 min 53 s (365,2596 Tage). Es ist länger als das siderische J., da sich das Perihel infolge der durch die anderen Planeten auf die Bewegung der Erde ausgeübten Störungen in Richtung der jährlichen Erdbewegung, in Richtung der scheinbaren Sonnenbewegung, verschiebt (→ Periheldrehung) (Abb.).
2) Im Kalenderwesen der Zeitabschnitt, der angenähert gleich der Dauer des tropischen J.es ist (→ Kalender).
3) Julianisches J. Einheitenzeichen a. Zeitmaß, das genau 365,25 Tage umfasst, den Tag zu 86 400 SI-Sekunden gerechnet; es wird bei der Ephemeridenrechnung, bei der Angabe von Umlaufzeiten u. Ä. benutzt.
Jahrbuch, in der Astronomie Tabellenwerk mit Angaben u. a. der Örter von Sonne, Mond und der Planeten sowie einzelner Fixsterne, vielfach auch mit Angaben zu Finsternissen und Sternbedeckungen für die Zeit innerhalb eines Kalenderjahrs.
Jahreszeit, astronomisch der Zeitraum zwischen einem → Äquinoktium (Tagundnachtgleiche) und einem → Solstitium (Sonnenwende) bzw. zwischen einem Solstitium und einem Äquinoktium. Gegenwärtig dau-

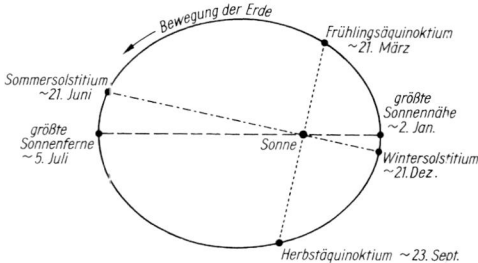

Abb. 1: Bahn der Erde um die Sonne in extremer Verzerrung. - - - -: Große Bahnachse; –·–·–: Verbindungslinie der Solstitialpunkte; · · · ·: Verbindungslinie der Äquinoktialpunkte. Die Daten geben angenähert den Zeitpunkt, zu dem die Erde im markierten Punkt steht

ert der astronomische *Frühling* vom Frühlingsäquinoktium (21.03.) bis zum Sommersolstitium (21.06) 92,79 Tage, der astronomische *Sommer* vom Sommersolstitium bis zum Herbstäquinoktium (23.09.) 93,62 Tage, der astronomische *Herbst* vom Herbstäquinoktium bis zum Wintersolstitium (21.12.) 89,83 Tage und der astronomische *Winter* vom Wintersolstitium bis zum Frühlingsäquinoktium 89,0 Tage. Die unterschiedliche Dauer ist Folge der ungleichmäßigen Geschwindigkeit der Erde beim Umlauf um die Sonne und dass die → Apsidenlinie weder mit der Verbindungslinie der Solstitialpunkte noch mit der der Äquinoktialpunkte zusammenfällt (Abb. 1). Die angegebenen Daten können sich um einen Tag verschieben, da das Kalenderjahr nicht gleich dem tropischen Jahr ist und der Beginn der Tageszählung von der geographischen Länge des für den Beobachtungsort gültigen Bezugsmeridians abhängt. Die Dauer der einzelnen J.en ändert sich langsam. Infolge der Präzession verschieben sich die Äquinoktial- und Solstitialpunkte längs der Ekliptik; außerdem bewegt sich das Perihel, auf das die Erdumlaufgeschwindigkeit bezogen ist, infolge der durch die anderen Planeten auf die Bewegung der Erde ausgeübten Störungen längs der Erdbahn (→ Periheldrehung).

Die meteorologischen J.en sind durch charakteristische klimatische Unterschiede gekennzeichnet, die u. a. durch die Neigung der Äquatorebene der Erde gegen die Erdbahnebene sowie der → Schiefe der Ekliptik bedingt sind. Die Lage der Äquatorebene der Erde bleibt im Raum während des Erdumlaufs um die Sonne konstant (Abb. 2), wodurch während des astronomischen Frühlings und Sommers die Nordhalbkugel der Erde der Sonne zugewandt ist, während des Herbstes und Winters die Südhalbkugel. Die klimatischen Unterschiede werden wesentlich durch die Bestrahlungsstärke sowie die Dauer der täglichen Sonneneinstrahlung bedingt.

jährliche Aberration, → Aberration.
jährliche Gleichung, *jährliche Ungleichheit*, eine der Ungleichmäßigkeiten der → Mondbewegung.
jährliche Parallaxe, → Parallaxe.
Jakobstab, *1)* die drei Gürtelsterne im Sternbild → Orion.
2) historisches → astronomisches Instrument.
Jansky, [benannt nach dem amerikan. Rundfunkingenieur K. G. Jansky, 1902–1950], Einheitenzeichen Jy, eine in der Radioastronomie benutzte Maßeinheit für den pro Frequenzeinheit empfangenen Strahlungsstrom oder Energieflussdichte; $1 \text{ Jy} = 10^{-26} \text{ W m}^{-2} \text{ Hz}^{-1}$.
Janus *m*, ein Saturnsatellit. Der J. bewegt sich auf einer elliptischen Bahn mit einer großen Halbachse von 151 500 km und einer Exzentrizität von 0,007 in 16,68 Stunden rechtläufig um den Saturn. Die Bahnebene ist 0,160° gegen dessen Äquatorebene geneigt. Wegen der gebundenen Rotation ist die Rotationsperiode gleich der Umlaufzeit. Der J. ist ein unregelmäßig geformter Himmelskörper mit einem mittleren Durchmesser von 181 km. Die Masse beträgt $1,91 \cdot 10^{18}$ kg, die mittlere Dichte 0,61 g/cm^3, was darauf schließen lässt, dass der J. ein eisartiger planetarer Himmelskörper ist. Die relativ hohe Albedo von über 0,4 sowie die Oberflächenfärbung deuten auf Wassereis als wesentliches Oberflächenmaterial hin, dem vielleicht Gesteinsteilchen meteoroidischen Ursprungs beigemengt sind. Die Oberfläche weist zahlreiche Einschlagkrater auf.

Der J. und der Epimetheus bilden ein eng benachbartes Satellitenpaar mit einer starken dynamischen Wechselwirkung, → Epimetheus.
Hinsichtlich der Einordnung des J. in das System der Saturnsatelliten → Saturn.
Japetus, → Iapetus.
Jarnsaxa *f*, ein Zwergsatellit des → Saturn.
JD, Abk. für → Julianisches Datum.
Jeans, Sir James Hopwood, engl. Physiker und Astronom, geb. 11.09.1877 in Ormskirk, gest. 16.09.1946 in Dorking; zunächst in Cambridge (GB), ab 1905 Prof. in Princeton (USA), ab 1910 in London. Astronomische Hauptarbeitsgebiete waren der innere Aufbau der Sterne, kosmogonische und kosmologische Probleme sowie die Dynamik der Sternsysteme.
Jeans'sches Kriterium [benannt nach dem engl. Physiker und Astronomen J. Jeans, 1877–1946], die Bedingung, unter der eine Materiekonfiguration infolge ihrer Eigengravitation zu kontrahieren beginnt; → Kosmogonie.
Jet *m*, in der Astronomie svw. enggebündelter → Materiestrahl.
Joule [benannt nach dem engl. Physiker J. P. Joule, 1818–1889], Einheitenzeichen J, Maßeinheit für die Energie bzw. die Arbeit, die beim Verschieben des Angriffspunktes einer Kraft von 1 Newton (N) um 1 Meter in Richtung der Kraft geleistet werden muss, $1 \text{ J} = 1 \text{ m}^2 \text{ kg s}^{-2} = 1 \text{ N m} = 1 \text{ W s}$.

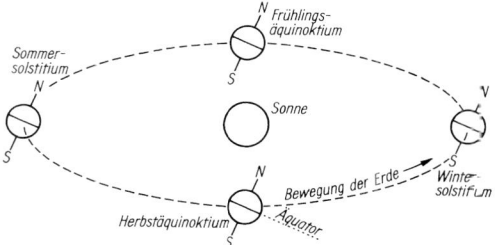

Abb. 2: Stellung der Rotationsachse der Erde bezüglich der Sonne jeweils zu Beginn der astronomischen Jahreszeiten

Julianisches Datum

Julianisches Datum

Jahr	Januar	März	Mai	Juli	September	November
2000	245 1545	1605	1666	1727	1789	1850
2001	1911	1970	2031	2092	2154	2215
2002	2276	2335	2396	2457	2519	2580
2003	2641	2700	2761	2822	2884	2945
2004	3006	3066	3127	3188	3250	3311
2005	245 3372	3431	3492	3553	3615	3676
2006	3737	3796	3857	3918	3980	4041
2007	4101	4161	4222	4283	4345	4406
2008	4467	4527	4588	4649	4711	4772
2009	4833	4892	4953	5014	5076	5137
2010	245 5198	5257	5318	5379	5441	5502

Es ist jeweils die am 1. des entsprechenden Monats um 12^h Weltzeit seit Beginn der Julianischen Zählung verflossene Zahl von Tagen angegeben

Julianisches Datum, Abk. JD, Datumsangabe, bei der vom 1. Januar 4713 v. Chr. 12^h Weltzeit gemäß dem Julianischen Kalender an die Tage mit dem Tagesanfang jeweils 12^h WZ fortlaufend gezählt werden. Das Julianische D. erlaubt mehrere Jahre umfassende Zeitdifferenzen leichter zu bestimmen. Der 01.01.2000 12^h WZ hat das J. D. 2 451 545,00. Das *modifizierte Julianische Datum* (MJD) zählt ab 17.11.1858 0^h Weltzeit (= JD 2 4000 0000,5)

Juliet f, ein Satellit des Uranus.
Hinsichtlich der Einordnung der J. in das System der Uranussatelliten → Uranus.

Jungfrau, das Sternbild → Virgo.

Juno f, der Planetoid (3). Die J. bewegt sich auf einer elliptischen Bahn mit der großen Bahnhalbachse von 2,66 AE und einer Exzentrizität von 0,257 in 4,36 Jahren rechtläufig um die Sonne. Die Bahnebene ist 13,3° gegen die Ebene der Ekliptik geneigt. Der Durchmesser der J. beträgt 288 km, die scheinbare mittlere visuelle Helligkeit erreicht in Opposition (→ Konstellation) $8^m_{\cdot}2$.

Jupiter, der größte Planet des Sonnensystems, Zeichen ♃.
Der J. bewegt sich auf einer elliptischen Bahn mit einer großen Halbachse von 5,21 AE, d. h. 779,4 Mio. km, und einer Exzentrizität von 0,0497 mit einer mittleren Geschwindigkeit von 13,07 km/s in 11,86 Jahren rechtläufig um die Sonne. Die Bahnebene ist 1,3° gegen die Erdbahnebene geneigt.
Die Entfernung von der Sonne variiert zwischen 4,95 AE im Perihel und 5,45 AE im Aphel. Je nach der Stellung von J. und Erde in ihren Bahnen ändert sich der Abstand Erde–Jupiter zwischen 588 und 967 Mio. km, der scheinbare Durchmesser dabei zwischen 50″ und 30″. Die günstigsten Beobachtungsbedingungen ergeben sich bei der Oppositionsstellung zur Sonne (→ Konstellation), die sich im Mittel alle 398,9 Tage oder rund 13 Monate, der synodischen Umlaufzeit, wiederholt. Der J. kann dann eine scheinbare Helligkeit von $-2^m_{\cdot}7$ erreichen, im Mittel beträgt sie etwa $-2^m_{\cdot}2$. Er erscheint damit heller als Sirius, der hellste Fixstern.
Der Äquatordurchmesser beträgt 142 984 km, d. h. 11,21 Erddurchmesser, der Poldurchmesser ist fast 9 000 km kleiner, die Abplattung beläuft sich auf 0,065, die auch mit kleineren Fernrohren zu erkennen ist. Von den Planeten ist nur der Saturn stärker abgeplattet. Die Abplattung ist Folge der schnellen Rotation. Der J. hat eine differentielle Rotation. In Äquatornähe, in zenographischer Breite kleiner als 10°, beträgt die Rotationsperiode 9 h 50 min 30,00 s (System I), in höheren Breiten, im Bereich der dunklen detailreichen Bänder 9 h 55 min 40,63 s (System II). Die Rotationsachse steht fast senkrecht auf der Bahnebene, die Neigung des Jupiteräquators gegen die Bahnebene beläuft sich auf 3,12°. Die Masse beträgt $1,899 \cdot 10^{27}$ kg, fast 318 Erdmassen, und ist mehr als doppelt so groß wie die aller anderen Planeten zusammen. Die mittlere Dichte entspricht mit 1,33 g/cm³ rund 1/4 der Erddichte und etwa der Dichte verflüssigter Gase im Labor.

Atmosphärenstruktur. Alle auf dem J. erkennbaren Einzelheiten sind Wolkenstrukturen, die geschlossene Wolkendecke bewirkt die hohe mittlere Albedo von 0,52. Die auffälligsten Erscheinungen sind abwechselnde dunkle und helle Streifen parallel zum Äquator, die zarte Rot-, Orange-, Braun-, Gelb- oder Blautöne haben. Obwohl Form, Farbe und Begrenzungen innerhalb von Stunden und Tagen wechseln können, bleibt die Grundstruktur erhalten. Die dunklen, rötlichen Streifen werden als Bänder oder Gürtel, die hellen Streifen als Zonen bezeichnet; insgesamt hat sich die in Abb. 1 dargestellte Benennung eingebürgert. Zusätzlich zu der Streifenstruktur lassen sich auch einzelne mehr oder minder langlebige Wolkenstrukturen erkennen.
Der Strukturierung der Wolkenschichten liegt ein kompliziertes Wind- und Strömungssystem zugrunde, dessen Ursache die schnelle Rotation sowie der von innen nach außen fließende, im Wesentlichen durch Konvektion aufrechterhaltene Energiestrom sein dürfte. Konvektionszellen werden offenbar zu bandartigen Strukturen verformt und bewirken großräumige wellenartige vertikale Strömungen mit Amplituden in der Größenordnung von 100 km. Die inneren Wärmequellen sind so stark, dass der J. etwa 1,9-mal mehr Energie nach außen abgibt als er durch die Sonneneinstrahlung empfängt. Die Bänder-Zonen-Strukturierung geht wahrscheinlich auf vertikale Strömungen zurück. In den Bändern liegt die Wolkenobergrenze im Allg. um einige Kilometer höher, die Temperaturen sind um einige Grad niedriger als in den Zonen, was durch eine aufwärtsgerichtete Strömung in den Bändern, eine abwärtsgerichtete in den Zonen verursacht sein könnte.

Jupiter

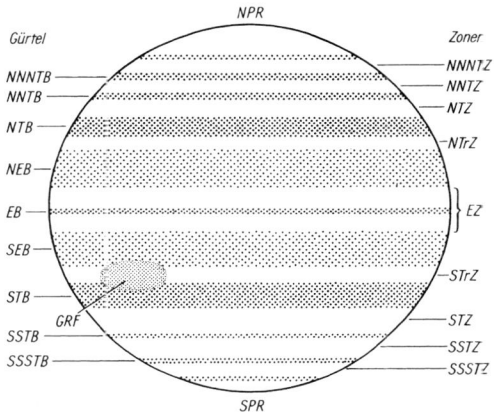

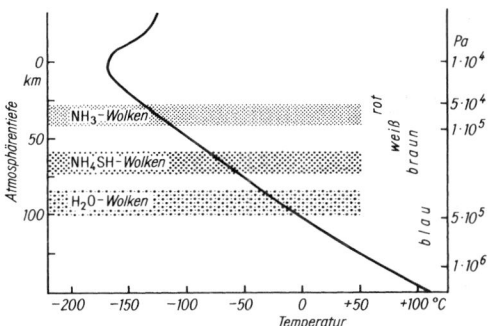

Abb. 1: Lage und Bezeichnung der Gürtel und Zonen der Jupiteratmosphäre. EB: äquatoriales Band in der äquatorialen Zone (EZ); NEB (SEB): nördliches (südliches) Äquatorband; NTrZ (STrZ): nördliche (südliche) tropische Zone; NTB (STB) nördliches (südliches) gemäßigtes Band; NTZ (STZ) nördliche (südliche) gemäßigte Zone. Alle weiteren Bänder und Zonen werden durch ein vorgesetztes weiteres N bzw. S gekennzeichnet. NPR (SPR): nördliche (südliche) Polarregion; GRF: Großer Roter Fleck

Abb. 2: Temperaturverlauf und Wolkenschichtung in der Jupiteratmosphäre. Die linke Skala gibt die Tiefe bezüglich des Bezugsniveaus, des Temperaturminimums in der Tropopause. Die rechte Skala bezeichnet den mit zunehmender Tiefe steigenden Atmosphärendruck. NH_3: Ammoniak; NH_4SH: Ammoniumhydrogensulfid; H_2O: Wasser. Die Farbangaben beziehen sich auf die charakteristische Färbung der Wolken

Innerhalb der Atmosphäre besteht eine Temperaturschichtung (Abb. 2), die während eines Jupitertags kaum variiert. Zwischen Temperatur und Wolkenfärbung existiert ein enger Zusammenhang. Bläulich erscheinende Wolken haben eine höhere Temperatur als bräunlich erscheinende, rötliche Wolken sind am kühlsten. Da keine feste oder flüssige Planetenoberfläche erkennbar ist, werden alle Höhen- und Tiefenangaben auf ein willkürlich gewähltes Nullniveau bezogen, meist auf das Temperaturminimum in der Tropopause. Über der Tropopause steigt die Temperatur an, was möglicherweise auf die Absorption von Sonnenstrahlung durch fein verteilte feste atmosphärische Partikeln zurückzuführen ist, die vielleicht bei der Photolyse von Methan entstehen.

In der Atmosphäre existiert ein System aus zum Äquator parallelen abwechselnden Ost- und Westwinden. Das Geschwindigkeitsmaximum von etwa 150 m/s haben in Rotationsrichtung weisende äquatoriale Westwinde. Mit zunehmender zenographischer Breite sinkt die mittlere Windgeschwindigkeit. An den Grenzen zwischen Bändern und Zonen herrschen hohe Relativgeschwindigkeiten, die zu vielfach nur kurze Zeit existierenden Wirbeln führen (Abb. 3). Andererseits gibt es außerordentlich lang bestehende Wirbel wie den *Großen Roten Fleck* in der südlichen tropischen Zone, der seit 1665 beobachtet wird. Er ist ein Hochdruckgebiet mit einer Strömung gegen den Uhrzeigersinn; ein Gas-

Abb. 3: Blick auf den Jupiter vom Äquator bis zum Südpol, aufgenommen von der Sonde „Cassini", mit der komplexen Wirbelstruktur an den Bänder-Zonen-Grenzen. Der Große Rote Fleck ist das helle Gebiet am rechten Bildrand (NASA/JPL)

Jupiter

teilchen benötigt etwa 6 Tage für einen Umlauf um das Wirbelzentrum. Der Fleck hat eine ovale Form mit Achsen, deren Länge gegenwärtig etwa 25 000 und 12 000 km beträgt. Seit Beginn des 20. Jh. hat sich die Ausdehnung in Längsrichtung ein wenig verringert. Die Lage des Flecks relativ zu seiner großräumigen Umgebung verschob sich in unregelmäßiger Weise gering, auch die Farbe änderte sich etwas. Bei den Wolken des Großen Roten Flecks dürfte es sich um eine Mischung u. a. aus Ammoniak, Ammoniumhydrosulfid sowie Wasser handeln. Die Wirbelstrukturen der sog. *Weißen Ovale* treten vorwiegend in der Südhemisphäre auf; es sind gleichfalls Hochdruckgebiete mit einem Durchmesser in der Größenordnung von etwa 10 000 km und einer Existenzdauer von einigen Jahrzehnten. Weiße Ovale sind nur gering raumfest, sie bewegen sich z. T. relativ zueinander und verschmelzen. Bei einem derartigen Verschmelzen von drei Weißen Ovalen entstand z. B. ein einziger Sturmwirbel, dessen Farbe sich rasch in Rot verwandelte und etwa gleiche Farbe wie der Große Rote Fleck erreichte. Bei den hauptsächlich auf der Nordhalbkugel zu beobachtenden sog. *Braunen Ovalen* handelt es sich wahrscheinlich um Tiefdruckwirbel mit einer Existenzzeit von nur wenigen Jahren. Die sog. *heißen Flecken* mit Längsausdehnungen bis zu etwa 10 000 km erscheinen im optischen Spektralbereich dunkel, haben aber eine erhöhte Infrarotstrahlung. Es sind Einwärtsströmungen, die in großen Höhen fast wolkenfrei sind, so dass tieferliegende, wärmere Atmosphärenschichten sichtbar werden. Vereinzelt auftretende, hell aufscheinende Wolken mit Ausdehnungen bis zu 20 000 km sind Aufwärtsströmungen. Insgesamt sind die außerordentlich komplizierten vielfältigen atmosphärischen Strömungen sowie die durch sie induzierten chemischen Prozesse, die u. a. zu den unterschiedlichen Wolkenfarben führen, noch nicht in allen ihren Details bekannt.

Über der obersten Wolkenschicht befinden sich zwei wenig strukturierte Dunstschichten geringer Dichte. Die untere liegt beim Druckniveau von etwa $2,5 \cdot 10^4$ Pa und besteht möglicherweise aus tröpfchenförmigen Teilchen, die aus Produkten der Dissoziation von Ammoniak infolge der solaren Ultraviolettstrahlung hervorgegangen sein könnten. Die bei etwa $5 \cdot 10^3$ Pa liegende höhere Schicht könnte von Tröpfchen aus Methan und seinen Dissoziationsprodukten gebildet sein. Beobachtungen der Raumsonde „Cassini" ergaben, dass der J. von einem sehr großen, bis zu etwa 22 Mio. km Höhe reichenden Halo extrem geringer Dichte umgeben ist, in dem u. a. Sauerstoff, Natrium, Kalium, Schwefel und Schwefeldioxid nachweisbar sind.

Die obere Atmosphäre besteht zu etwa 85% aus Wasserstoff, etwa 15% entfallen auf Helium. In sehr geringen Mengen sind u. a. Methan, Ammoniak, Wasserdampf, Schwefelwasserstoff, Ethan und Acetylen vorhanden. Auf Grund von Spektralbeobachtungen und theoretischen Untersuchungen ist anzunehmen, dass die oberste rötlich und weiß erscheinende Wolkenschicht vor allem aus Ammoniakkristallen besteht, während die mittlere, bräunliche im Wesentlichen von Kristallen aus Ammoniumhydrosulfid gebildet wird, und die unterste, blaue hauptsächlich von Wassereiskristallen und -tröpfchen. Die die Färbungen im Einzelnen bewirkenden Substanzen sind unbekannt, möglicherweise spielen Schwefel und Schwefelverbindungen eine Rolle.

Magnetfeld. Der Jupiter besitzt ein starkes Magnetfeld mit einer Feldstärke an der Wolkenobergrenze von etwa $1,2 \cdot 10^{-3}$ Tesla. In Planetennähe kann es in erster Näherung als Dipolfeld, vergleichbar dem eines Stabmagneten, beschrieben werden, dem aber zusätzlich auch Quadrupol- und Oktupolanteile überlagert sind. Die Dipolachse ist 9,6° gegen die Rotationsachse geneigt, das Feldzentrum um etwa 0,1 Jupiterradien (R_J) gegen das Planetenzentrum verschoben.

Die Grenze der → Magnetosphäre des J. befindet sich auf der der Sonne zugewandten Seite in einem Abstand von 50 bis 100 R_J vom Planeten, auf der abgewandten Seite ist der Magnetfeldschweif selbst noch jenseits der Saturnbahn nachweisbar. Die von einem Plasma erfüllte Magnetosphäre ist dreigeteilt. Das innere, bis etwa 20 R_J reichende Gebiet ist ringförmig, es besteht aus mehreren Strahlungsgürteln unterschiedlicher Teilchendichte von Protonen und Elektronen. Gespeist werden die Gürtel vom Jupiterring und den vier Großsatelliten Io, Europa, Ganymed und Kallisto, wobei die Io mit ihrer vulkanischen Aktivität die Hauptquelle sein dürfte. Die Satelliten wie auch größere Ringpartikeln fangen Teilchen aus den Strahlungsgürteln ein, doch dürfte ein Gleichgewicht von Zufuhr und Abnahme der Teilchen bestehen. In der mittleren Magnetosphäre, zwischen etwa 20 bis 50 R_J Abstand, ist das Plasma durch die Einwirkung des Jupitermagnetfeldes zu einer dünnen Scheibe auseinandergezogen. Das Jupiterinnere rotiert mit einer Periode von 9 h 55 min 29,7 s (System III) und schleppt das in ihm verankerte Magnetfeld mit, das wiederum das Plasma in der Magnetosphäre zur Mitrotation zwingt, da sich elektrisch geladene Teilchen nur längs der Magnetfeldlinien bewegen können, nicht quer zu ihnen. Infolge der hohen Zentrifugalkraft in großen Jupiterentfernungen wird das Plasma zu einer Scheibe deformiert und das Plasma durchsetzend, in ihm quasi „eingefrorenen" Magnetfeldlinien verlaufen parallel zur Symmetrieebene der Scheibe. In sehr großen Zentrumsentfernungen wird die Koppelung zwischen Magnetfeld und Plasma lockerer; das äußere Magnetosphärengebiet wird im Wesentlichen durch die Wechselwirkung des Jupitermagnetfeldes mit dem → Sonnenwind bestimmt. Der großräumige Feldlinienverlauf weit außen ist unbekannt.

Hochenergetische Elektronen folgen in den Strahlungsgürteln den gekrümmten Feldlinien, wobei → Synchrotronstrahlung emittiert wird, die im Dezimeterwellenbereich am intensivsten ist. Im Meterwellenbereich erfolgen Strahlungsausbrüche, die bis zu zwei Stunden dauern können und aus einzelnen Strahlungsstößen mit einer Dauer von Sekundenbruchteilen bestehen. Die Strahlungsstöße werden wahrscheinlich durch plötzliche Störungen in der Jupitermagnetosphäre ausgelöst, deren Ursachen im Wesentlichen unbekannt sind; sie könnten durch Einwirkungen der Io auf das Magnetosphärenplasma verursacht sein.

Innerer Aufbau. Der innere Aufbau des J. ist weitgehend unbekannt, es existieren nur einige auf Beobachtungen basierende Modellvorstellungen. Die geringe mittlere Dichte, die beobachtete relative Elementenhäufigkeit in den oberen Atmosphärenschichten sowie kosmogonische Überlegungen führen auf Wasserstoff als Hauptbestandteil (→ Kosmogonie). Die beobachtete Abplattung lässt auf eine hohe zentrale Massenkonzentration schließen; bei einer homogenen Dichteverteilung und gleicher Rotationsgeschwindigkeit müsste die Abplattung merklich größer sein. Der Wärmestrom aus dem Inneren setzt eine hohe Temperatur in der Zentralregion voraus, die im Mittelpunkt etwas mehr als 20 000 K betragen dürfte. Das starke Magnetfeld ist wahrscheinlich Folge eines sehr wirkungsvollen → Dynamoeffekts, der einen flüssigen, elektrisch gut leitfähigen Materiezustand erfordert. Insgesamt dürfte der J einen Schalenaufbau haben (Abb. 4). Um einen Gesteinskern von rund 15 bis 20 Erdmassen befindet sich eine Hülle aus Wasserstoff und Helium mit einem Häufigkeitsverhältnis, das der mittleren kosmischen → Elementenhäufigkeit entspricht. In einer inneren Schale um den Kern, bis zum Druckniveau von etwa $2 \cdot 10^{11}$ Pa befindet sich der Wasserstoff in einer als metallisch bezeichneten Phase. Er ist flüssig und ionisiert, wobei die freien Elektronen eine hohe elektrische Leitfähigkeit bewirken. In einer äußeren Schale ist der Wasserstoff molekular und flüssig. Die nach außen fließende Wärmeenergie ist wahrscheinlich umgewandelte und gespeicherte potentielle Energie, die bei der Kontraktion des Teils des Sonnennebels, aus dem der J. hervorging freigesetzt wurde.

Jupitersatelliten. Der J. ist von einem ausgedehnten Satellitensystem umgeben. Hinsichtlich des Abstands vom Planetenzentrum sowie der Umlaufrichtung und Größe bilden die Satelliten unterschiedliche Gruppen.

Eine *innere Gruppe* wird von den Kleinsatelliten → Metis, → Adrastea, → Amalthea und Thebe gebildet, die weit voneinander getrennt im Abstand zwischen 1,79 und 3,10 Jupiterradien (R_J) als reguläre Satelliten mit Umlaufzeiten zwischen 7,08 und 16,2 Stunden auf fast Kreisbahnen rechtläufig den J. umlaufen. Die Neigungen der Bahnebenen gegen dessen Äquatorebene ste-

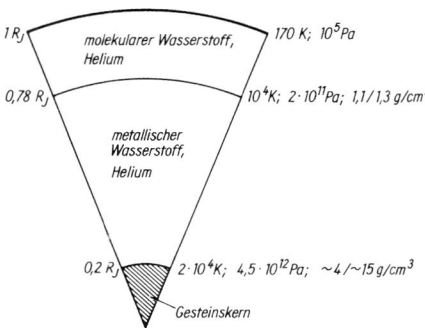

Abb. 4: Mögliches Modell für das Jupiterinnere. Die Zentrumsentfernungen sind in Einheiten des Jupiterradius R_J angegeben. Rechts: Temperatur und Druck sowie die jeweils oberhalb und unterhalb der angegebenen Grenzflächen herrschende Dichte. (Nach D. J. Stevenson)

gen mit dem Abstand von J. systematisch an. In ihren spektralen Eigenschaften sind sie den kohligen Chondriten (→ Meteorit) ähnlich. Möglicherweise ist ihre Oberfläche teilweise mit Material überzogen, das von der vulkanisch aktiven Io herrührt.

Die *Galilei'schen Satelliten* (oder Galilei'schen Monde) sind Satelliten, die in dem sehr großen Abstandsbereich von 5,90 bis 25,52 R_J mit Umlaufzeiten zwischen 1,769 und 16,69 Tagen auf nahezu Kreisbahnen den J. rechtläufig umlaufen. Die Umlaufzeiten der → Io, der → Europa und des → Ganymed stehen im Verhältnis von 1:2:4. Infolge dieser Resonanz wiederholt sich ihre gegenseitige Anordnung alle 436,7 Tage. In Größe und Masse sind die Satelliten dem Mond und dem Merkur vergleichbar. Ihre mittlere Dichte nimmt mit zunehmendem Abstand vom J. systematisch ab, von 3,55 g/cm³ bei der Io bis auf 1,81 g/cm³ bei der → Kallisto. Der Struktur nach gehören die beiden inneren Satelliten zu den erdartigen, die beiden äußeren zu den eisartigen planetaren Himmelskörpern (→ Planet).

Mit der Themisto in 102 R_J Abstand beginnt der Bereich der irregulären Satelliten.

Die rechtläufigen Satelliten der *Himalia-Gruppe* befinden sich in einem im Mittel etwa 6,28fach größeren Abstand als die Kallisto in einem Entfernungsbereich mit einer Ausdehnung von rund 8 R_J. Die Umlaufzeiten der Gruppenmitglieder liegen zwischen 240,92 und 259,64 Tagen.

Die großen rechtläufigen Satelliten, wahrscheinlich auch einige der Kleinsatelliten, sind durch Akkretion aus einer Gas-Staub-Scheibe zur gleichen Zeit wie der J. selbst entstanden (→ Kosmogonie).

In der Lücke zwischen Himalia- und Ananke-Gruppe befindet sich mit der Carpo der letzte rechtläufige Satellit.

Die im Wesentlichen Zwergsatelliten der *Ananke-Gruppe* sind rückläufig und befinden sich im Bereich zwischen 270 und 297 R_J mit Umlaufzeiten von 550,74 bis 629,77 Tagen.

Die *Carme-Gruppe* umfasst ausschließlich rückläufige Zwergsatelliten in einem Entfernungsbereich von nur etwa 5 R_J Ausdehnung. Infolge der nahezu gleichen Bahnexzentrizitäten haben die Gruppenmitglieder fast identische Bahnformen.

Die Mitglieder der *Pasiphae-Gruppe* sind im Wesentlichen rückläufige Zwergsatelliten in dem etwas weiteren Entfernungsbereich von rund 13 R_J Ausdehnung. Die Bahnexzentrizitäten unterscheiden sich stärker als in der Carme-Gruppe, wie auch die Neigungen der Bahnebenen gegen die Äquatorebene des J.

Bei den rückläufigen Satelliten mit langgestreckten sowie stark gegen die Äquatorebene des J. geneigten Bahnen handelt es sich wahrscheinlich um ehemalige große Meteoroiden oder kleine Planetoiden, die vom J. eingefangen wurden, wobei der detaillierte Einfangprozess nicht eindeutig geklärt ist. Möglicherweise geschah der Einfang, als der J. noch eine ausgedehntere Atmosphäre als gegenwärtig besaß, in der die Großkörper abgebremst und durch die Massenanziehung in Bahnen um den J. gezwungen wurden. Nahe benachbarte Gruppenmitglieder mit fast gleicher Entfernung vom J. und mit nahezu gleicher Bahnneigung und Bahnexzentrizität

jupiterartiger Himmelskörper

Benannte Jupitersatelliten

	a (1000 km)	(R_J)	e	i (°)	D (km)
Kleine innere reguläre Satelliten:					
Metis	128,0	1,79	0,001	0,019	43
Adrastea	129,0	1,18	0,002	0,054	16
Amalthea	181,4	2,54	0,003	0,380	167
Thebe	221,9	3,11	0,018	1,080	99
Galilei'sche Satelliten:					
Io	421,8	5,90	0,004	0,036	3643
Europa	671,1	9,40	0,009	0,479	3122
Ganymed	1070,4	14,98	0,001	0,159	5262
Kallisto	1822,7	25,52	0,007	0,312	4821
Themisto	7284	101,98	0,243	46,143	8
Himalia-Gruppe:					
Leda	11165	156,31	0,164	29,724	20
Himalia	11461	160,45	0,162	25,421	170
Lysithea	11717	164,04	0,112	25,364	36
Elara	11741	164,39	0,217	28,316	86
Carpo	17058	238,83	0,432	49,080	3
Ananke-Gruppe:					
Euporie	19304	270,26	0,143	144,271	2
Orthosie	20720	290,08	0,281	148,061	2
Euanthe	20797	291,16	0,232	149,387	3
Harpalyke	20858	292,01	0,227	145,930	4
Praxidike	20908	292,71	0,231	148,060	7
Thyone	20939	293,15	0,229	150,149	4
Mneme	21035	294,49	0,230	145,883	2
Iocaste	21060	294,84	0,216	149,047	5
Hermippe	21131	295,83	0,210	147,794	4
Thelxinoe	21164	296,30	0,219	154,486	2
Ananke	21276	297,86	0,244	144,036	28
Carme-Gruppe:					
Pasithee	23004	322,06	0,268	162,318	2
Chaldene	23100	323,40	0,252	167,502	4
Isonoe	23155	324,74	0,247	167,320	4
Erinome	23196	325,04	0,266	162,343	3
Kale	23217	325,04	0,260	163,407	2
Aitne	23229	326,19	0,264	162,064	3
Taygete	23280	325,92	0,252	163,115	5
Kallichore	23288	326,03	0,252	163,115	2
Eukelade	23328	326,59	0,263	167,970	4
Arche	23355	326,97	0,250	161,908	3
Carme	23404	327,65	0,253	165,829	46
Kalyke	23483	328,76	0,247	163,121	5
Pasiphae-Gruppe:					
Helike	21069	294,97	0,151	154,964	4
Eurydome	22865	320,11	0,276	148,205	3
Sponde	23487	328,82	0,312	152,604	2
Megaclite	23493	328,90	0,420	151,878	5
Pasiphae	23624	330,74	0,409	148,701	60
Hegemone	23577	330,08	0,340	151,313	3
Cyllene	23809	333,32	0,412	150,193	2
Sinope	23939	335,84	0,250	156,211	38
Aoede	23980	335,72	0,431	161,378	4
Autonoe	24046	336,64	0,317	151,867	4
Callirrhoe	24103	337,44	0,283	146,131	9
Kore	24543	343,60	0,324	142,126	2

a: große Bahnhalbachse; R_J: Jupiterradius; *e*: numerische Bahnexzentrizität; *i*: Bahnneigung gegen die Äquatorebene; *D*: mittlerer Durchmesser

sind vermutlich aus jeweils einem größeren Körper hervorgegangen, wie auch alle Zwergsatelliten. Die Kore, der am weitesten entfernte bekannte Jupitersatellit, umläuft J. in 779,17 Tagen.
Jupiterringe. Der J. besitzt ein dünnes, diffuses Ringsystem mit geringer Feinstruktur. Ein Hauptband, dessen Dicke senkrecht zur Ringebene geringer als etwa 30 km ist, erstreckt sich in der Äquatorebene zwischen etwa 1,72 und 1,81 R_J. Die Adrastea befindet sich nahe der relativ scharfen Außengrenze des Ringes, die Metis nahe seinem hellsten und wahrscheinlich dichtesten Teil. Nach innen hin ist der Hauptring nicht scharf begrenzt. Er geht in einen linsenförmigen Halo sehr geringer Dichte über, der bis zur Jupiteratmosphäre reicht und dort eine Dicke von etwa 20 000 km hat. Vom Hauptring nach außen erstreckt sich im sog. Schleierring dünn verteiltes Material in zwei Bändern bis zur Bahn der Amalthea bei 2,54 R_J und der der Thebe bei 3,11 R_J. Die Ringpartikeln sind wahrscheinlich meist Staubteilchen von einigen Mikrometer Größe, im Hauptband sind vermutlich auch größere Brocken bis hin zu einigen Zentimetern und mehr vorhanden. Diese Teilchen sind wahrscheinlich von den Oberfläche der Metis und der Adrastea beim Einschlag von Meteoroiden abgesplittert worden. Das Material des Schleierrings dürfte hauptsächlich von der Almathea stammen. Die Ringpartikeln unterliegen infolge des Einschlags von Mikrometeoroiden und Plasmateilchen der Strahlungsgürtel einer dauernden Erosion, auch dürften die kleinsten innerhalb von 1 000 bis 10 000 Jahren in die Jupiteratmosphäre driften. Die Erosion der benachbarten Satelliten sorgt wahrscheinlich für eine ständige Nachlieferung, möglicherweise trägt auch die Io dazu bei. Die Haloringteilchen gelangen wahrscheinlich auf Grund elektromagnetischer Kräfte in die großen Abstände von der Ringebene. Der Jupiterring wurde 1979 mit Hilfe der Raumsonde Voyager 1 entdeckt, mittels Infrarotbeobachtungen kann er auch von der Erde aus nachgewiesen werden. Die Ringpartikeln umlaufen J. wie Mikrosatelliten.
jupiterartiger Himmelskörper, ein Körper des Planetensystems, dessen Aufbau ähnlich dem des Jupiter ist; → Planet.
Jupiter-Familie, eine Gruppe von etwa 70 Kometen, deren Aphele in der Nähe der Jupiterbahn liegen; → Komet.
Jy, Einheitenzeichen für → Jansky, eine in der Radioastronomie benutzte Einheit für den pro Frequenzeinheit empfangenen Strahlungsstrom.

K, Einheitenzeichen für das → Kelvin.
Kale *f*, ein Zwergsatellit des → Jupiter.

Kalender, die Einteilung der Zeit in größere Abschnitte.
Es existieren verschiedene Möglichkeiten der Zeiteinteilung, doch benutzen alle K. bestimmte natürliche Zeitabschnitte als Grundlage. Der kleinste natürliche Abschnitt ist der Tag, der nächstgrößere augenfällige Abschnitt die Zeit zwischen zwei aufeinanderfolgenden gleichen Mondphasen, der synodische Monat, und als noch größerer Zeitabschnitt die Zeit zwischen der Wiederkehr der Jahreszeiten, das tropische Jahr. Weder der synodische Monat noch das tropische Jahr enthalten eine ganze Zahl von Tagen, so dass durch das gelegentliche Einfügen von Schalttagen oder Schaltmonaten der K. in Übereinstimmung mit dem Mond- und Sonnenlauf gebracht wird.

Ein *Mondjahr*, bestehend aus 12 synodischen Monaten, lässt sich durch ein Kalenderjahr mit 12 Monaten zu abwechselnd 29 und 30 Tagen annähern. Da ein solches Kalenderjahr 354 Tage umfasst, ein Mondjahr aber einen Zeitraum von 354,367 Tagen, müssen, um Übereinstimmung zwischen K. und Mondlauf zu erhalten, Jahre mit einem zusätzlichen Schalttag eingeführt werden. Das Mondjahr ist um etwa 11 Tage kürzer als das tropische Jahr, demzufolge wandert der Jahresbeginn durch alle Jahreszeiten.

Da das tropische Jahr mit 365,2422 Tagen ebenfalls keine ganze Zahl von Tagen umfasst, wird zwischen Gemeinjahre mit 365 Tagen ein um einen Tag längeres Schaltjahr regelmäßig eingefügt, wenn der Jahresbeginn festbleiben soll, man also ein *festes Sonnenjahr* erhalten will. Bei einer unveränderlichen Länge des Kalenderjahres von 365 Tagen bewegt sich der Jahresbeginn durch alle Jahreszeiten (*bewegliches Sonnenjahr*).

Im *Lunisolar-* oder *gebundenen Mondjahr* wird sowohl der Wechsel der Mondphasen als auch der Ablauf der Jahreszeiten berücksichtigt. Man erreicht dies z. B. durch einen 19-jährigen Schaltzyklus, in dem 12 Gemeinjahre zu je 12 Monaten und 7 Schaltjahre mit je 13 Monaten zusammengefasst werden. 19 tropische Jahre ergeben fast genau 235 synodische Monate; die Differenz beträgt nur 0,0866 Tage.

Unser heute gebräuchlicher Gregorianischer K. ist eine Weiterentwicklung des *Julianischen K.s.* Dieser wurde von G. Julius Cäsar (100–44 v. Chr.) im Rahmen einer Kalenderreform, an der der alexandrinische Gelehrte Sosigenes mitwirkte, im römischen Reich eingeführt und unter Augustus (63–14 v. Chr.) in seine endgültige Form gebracht. Der Julianische K. beruhte auf einem festen Sonnenjahr; auf drei Gemeinjahre zu je 365 Tagen folgt ein Schaltjahr mit 366 Tagen. Die mittlere Jahreslänge (das *Julianische Jahr*) beträgt damit 365,25 Tage. Die Monate umfassen 30 oder 31 Tage, der Februar hat in Gemeinjahren 28, in Schaltjahren 29 Tage. Das Julianische Jahr ist etwas länger als das tropische Jahr. Der Jahresanfang verschob sich daher allmählich gegenüber den Jahreszeiten. Durch die von Papst Gregor XIII (1502–1585) angeordnete Kalenderreform wurde die auf 10 Tage angewachsene Verschiebung rückgängig gemacht, indem auf den 4. Oktober 1582 unmittelbar der 15. Oktober 1582 folgte. Für den neuen, den *Gregorianischen K.* wurde die alte Schaltregel, wonach alle 4 Jahre (wenn die Jahreszahl durch 4 teilbar ist) ein Schaltjahr mit 29 Februartagen eintritt, dahingehend ergänzt, dass nur die Jahre mit einer vollen Jahrhundertzahl, bei der die Division der Jahreszahl durch 400 aufgeht, Schaltjahre sind; daher war z. B. 1900 ein Gemeinjahr, 2000 aber ein Schaltjahr. Die mittlere Länge des *Gregorianischen Jahres* beträgt 365,2425 Tage. Die Jahre werden z. T. „vor Christi" bzw. „nach Christi" Geburt gezählt oder auch „vor unserer Zeitrechnung" bzw. „nach unserer Zeitrechnung".

Der *islamische K.* beruht auf einem reinen Mondjahr mit einem 30-jährigen Schaltzyklus. Die Zählung der Jahre beginnt mit der Hedschra, der Auswanderung Mohammeds aus Mekka am 16. Juli 622.

Der *jüdische K.* basiert auf dem Lunisolarjahr. Im 19-jährigen Schaltzyklus gibt es 7 Schaltjahre. Es werden Gemeinjahre mit 353, 354 und 355 Tagen und entsprechende Schaltjahre mit 383, 384 und 385 Tagen unterschieden, deren Verschiedenheit durch die eigentümliche Neujahrsberechnung bedingt ist. Die Jahre werden „nach Erschaffung der Welt", die für den 7. Oktober 3761 v. Chr. angenommen wird, gezählt.

Der einfachste K. ist das ununterbrochene Zählen jedes einzelnen Tages. In der Astronomie wird ein solcher K. in Form des → Julianischen Datums benutzt.

Kallichore *f*, ein Zwergsatellit des → Jupiter.

Kallisto *f*, **1)** *Callisto*, der äußerste der vier großen (Galilei'schen) Jupitersatelliten. Die K. bewegt sich auf einer elliptischen Bahn mit der großen Halbachse von 1,8227 Mio. km und der Exzentrizität von 0,007 in 16,69 Tagen rechtläufig um den Jupiter. Die Neigung der Bahnebene gegen dessen Äquatorebene beträgt 0,312°. Wegen der gebundenen Rotation ist die Rotationsperiode gleich der Umlaufzeit. Mit einem Durchmesser von 4 821 km erreicht die K. fast die Größe des Merkurs, während die Masse mit $1,076 \cdot 10^{23}$ kg und die mittlere Dichte mit 1,85 g/cm^3 wesentlich kleiner sind. Bei einer scheinbaren visuellen Helligkeit in Oppositionsstellung (→ Konstellation) von 5^m6 müsste die K. noch mit bloßem Auge sichtbar sein, doch überstrahlt der Jupiter sie so stark, dass sie nur mit Fernrohr beobachtbar ist.

Genauere Kenntnisse der Oberflächenbeschaffenheit erbrachten erst Beobachtungen mittels Raumsonden. Die gesamte Oberfläche ist dicht mit Einschlagkratern bedeckt. Auffällig sind zwei riesige Vielfachringstrukturen, Walhalla (Abb.) und Asgard, die dem Mare Orientale des Mondes ähneln, aber ein viel flacheres Relief haben. Wahrscheinlich sind sie beim Einschlag von Körpern von etwa 20 bis 30 km Größe entstanden. Viele Krater haben einen Durchmesser von mehr als 100 km, die z. T. durch Überlappungen mit später entstandenen Kratern nur noch unvollständig erhalten sind. Jüngere Einschlagkrater sind teilweise von einem weißlichen, radial verstreuten Auswurfmaterial umgeben, das eine dunklere Oberfläche mit der geringen Albedo von etwa 0,17 bedeckt. Die Krater sind umso flacher, je größer sie sind.

Die K. gehört zu den eisartigen planetaren Himmelskörpern (→ Planet), wodurch die geringe mittlere Dichte bedingt ist. Ihr Inneres hat wahrscheinlich einen Schalenaufbau. Ein hauptsächlich aus Gestein beste-

Kalyke

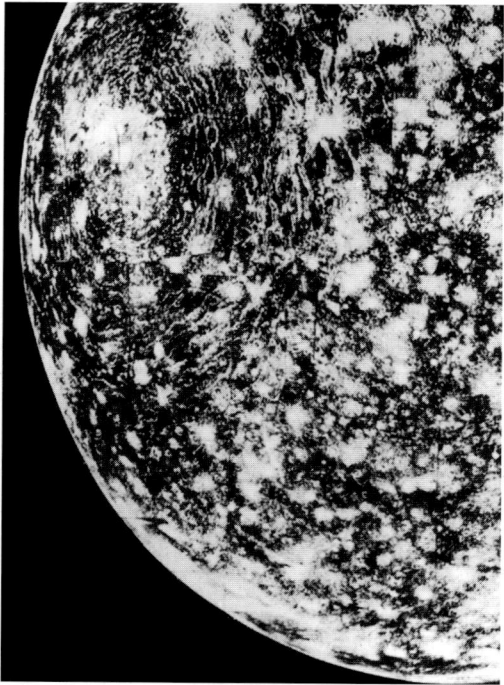

Jupitersatellit Kallisto mit der Vielfachringstruktur Walhalla (Aufnahme: NASA, Raumsonde Voyager 1)

hender Kern mit einem Durchmesser in der Größenordnung von 2500 bis 3000 km ist wahrscheinlich von einem einige 100 km dicken Mantel umgeben, der aus einem Gestein-Eis-Gemisch besteht, wobei der Gesteinanteil mit zunehmender Tiefe größer werden dürfte. Die über dem Mantel sich befindende, relativ dünne Kruste besteht wahrscheinlich im Wesentlichen aus gefrorenem Kohlendioxid, das eine hohe Albedo hat. Die Oberflächentemperatur liegt in der Größenordnung von etwa −160 °C. Die Gefügemerkmale einiger Großkrater lassen einen Eisvulkanismus sowie Kriechvorgänge in dem nicht sehr steifen Krustenmaterial vermuten. Bei den mit zunehmender Tiefe herrschenden Druck- und Temperaturbedingungen verflüssigt sich Eis, so dass unter der Kruste möglicherweise eine mindestens 10 km dicke Schicht flüssigen Wassers existiert, worauf der Eisvulkanismus zurückgehen dürfte. Das Wasser ist offenbar salzhaltig. Darauf weisen Magnetfelder hin, die mit großer Wahrscheinlichkeit in der elektrisch leitfähigen Wasserschicht durch das Jupitermagnetfeld, dessen Stärke sich am Ort der K. infolge der Jupiterrotation periodisch ändert, induziert werden. Die K. hat eine extrem dünne Atmosphäre, die im Wesentlichen aus Kohlendioxid besteht. Möglicherweise ist sie Folge der Sublimation gefrorenen Kohlendioxids und des Eisvulkanismus. Das atmosphärische Kohlendioxid kann durch die solare Ultraviolettstrahlung relativ leicht ionisiert werden. Die elektrisch geladenen Ionen sind an das Jupitermagnetfeld gebunden und können bei ihrer Bewegung längs der Magnetfeldlinien den Anziehungsbereich der K. verlassen.
Hinsichtlich der Einordnung der K. in das System der Jupitersatelliten → Jupiter.
Die K. wurde 1610 unabhängig voneinander durch G. Galilei (1564–1642) und S. Marius (1570–1624) entdeckt.

2) der Planetoid (204); → Planetoid.

Kalyke *f*, ein Satellit des Jupiter.
Hinsichtlich der Einordnung der K. in das System der Jupitersatelliten → Jupiter.

Kamiokande, ein Neutrinodetektor → Neutrinoastronomie.

Kanopus, svw. Canopus.

Kant, Immanuel, dtsch. Philosoph, geb. 22.04.1724 in Königsberg, gest. 12.02.1804 in Königsberg. Astronomisch bedeutsam ist das Frühwerk „Allgemeine Naturgeschichte und Theorie des Himmels", in dem er die Annahme vertritt, dass die Sterne in räumlich getrennten, einander ähnlichen Sternsystemen angeordnet sind und das eine Theorie der Entstehung des Sonnensystems enthält, die als Beginn der wissenschaftlichen Kosmogonie angesehen werden kann.

Kapella, svw. Capella

Kappa-Mechanismus, κ-*Mechanismus*, ein Sternschwingungen anregender bzw. erhaltender Prozess; → Sternaufbau.

Kari *m*, ein Satellit des Saturn.
Hinsichtlich der Einordnung von K. in das System der Saturnsatelliten → Saturn.

Karl-Schwarzschild-Observatorium [benannt nach dem dtsch. Astronomen K. Schwarzschild, 1873–1916], die Thüringer Landessternwarte Tautenburg mit einem 2-m-Kombinationsinstrument, das in der Schmidt-Version der weltweit größte Schmidtspiegel ist.

Kaskadenübergang, der stufenweise Übergang eines hochangeregten Atoms auf immer tiefer liegende Energieniveaus bis hin zum Grundniveau.

Kassiopeia, das Sternbild → Cassiopeia.

Kastor, svw. Castor.

kataklysmische Veränderliche, veränderliche Sterne, deren Lichtwechsel ursächlich mit dem Überfließen von Materie in einem halbgetrennten → Doppelstern in Verbindung steht. Von einer Komponente des Doppelsternsystems, einem massearmen Hauptreihenstern, fließt Materie auf die andere Komponente, einen Weißen Zwerg. Der Massenstrom liegt in der Größenordnung von 10^{-11} bis 10^{-9} Sonnenmassen pro Jahr. Infolge des Bahnumlaufs um den Schwerpunkt des Systems besitzt die überströmende Materie Drehimpuls, der bei der Bewegung zum Weißen Zwerg hin erhalten bleibt, wodurch die überfließende Materie in einen gebündelten Materiestrom konzentriert wird und sich um den Weißen Zwerg eine schnell rotierende → Akkretionsscheibe ausbildet. Die vom Hauptreihenstern nachfließende Materie wird im Gravitationsfeld des Weißen Zwergs stark beschleunigt und trifft mit hoher Geschwindigkeit auf die Scheibe. Beim Auftreffen wird Bewegungsenergie in Wärmeenergie umgewandelt und die Materie erhitzt, was zu einem hell leuchtenden „heißen Fleck" von etwa 10 000 bis 15 000 K führt (Abb.).

In der Akkretionsscheibe nimmt die Rotationsgeschwindigkeit zum Zentrum hin zu, diese differentielle Rotation in der Scheibe verursacht Reibungskräfte, die die Scheibenmaterie aufheizen und abbremsen, so dass sie zum Weißen Zwerg gelangen kann. Die Scheibentemperatur nimmt nach innen hin zu, der innerste Bereich der Scheibe ist am heißesten und in der Regel die hellste Komponente eines k.n V.n. Bei vielen der Veränderlichen treten Variationen der Helligkeit im Sekunden- bis Minutenbereich mit Amplituden bis zu einigen 0,1 mag auf, die wahrscheinlich auf Instabilitäten im innersten Scheibenbereich zurückgehen.

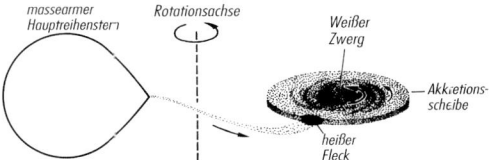

Schema eines kataklysmischen Veränderlichen

Bei Weißen Zwergen mit einem starken Magnetfeld wird die überfließende Materie so stark gebündelt, dass sie direkt auf den Weißen Zwerg gelangt und in einem eng begrenzten Gebiet nahe der Magnetfeldpole aufprallt. Die dabei freiwerdende kinetische Energie bewirkt eine derart starke Aufheizung, dass niederenergetische Röntgenstrahlung emittiert wird. Im Allg. fallen Rotations- und Magnetfeldachse bei einem Weißen Zwerg nicht zusammen, der heiße Fleck ist daher für einen entfernten Beobachter wechselweise mehr oder minder lang sichtbar bzw. unsichtbar, wodurch Helligkeitsschwankungen hervorgerufen werden. Unregelmäßige Schwankungen können zusätzlich durch Instabilitäten auf der Oberfläche des Weißen Zwergs sowie im Materiezufluss verursacht sein. Nach der Art der Instabilität ergeben sich Unterarten der k.n V.n. Bei einer → Nova kommt es auf der Oberfläche des Weißen Zwergs zu explosionsartig verlaufenden Kernreaktionen in der abgelagerten Materie. Die Helligkeitsausbrüche einer → Zwergnova oder eines → novaähnlichen Veränderlichen sind durch Instabilitäten in der Akkretionsscheibe verursacht. Bei → AM-Herculis-Sternen treten Schwankungen in der Polarisation der empfangenen Strahlung auf, die durch eine variierende Projektion des Magnetfeldes, z. T. auch infolge einer Variation im Massenzustrom hervorgerufen werden.
Wegen der z. T. plötzlichen Helligkeitsänderungen werden die k.n V.n den Eruptionsveränderlichen zugeordnet (→ Veränderliche).

Keeler'sche Lücke [benannt nach dem amerik. Astronomen J. E. Keeler, 1857–1900], eine Lücke im A-Ring des → Saturn.
Kelvin [benannt nach dem engl. Physiker W. Thomson, Lord Kelvin, 1824–1907], Einheitenzeichen K, Maßeinheit der absoluten → Temperatur.
Kelvin-Helmholtz-Zeitskala [benannt nach dem engl. Physiker W. Thomson, Lord Kelvin, 1824–1907, und dem dtsch. Physiker H. v. Helmholtz, 1821–1894]; → Sternentwicklung.
Kelvin-Skala, → Temperatur.
Kentaur, das Sternbild → Centaurus.
Kepheus, das Sternbild → Cepheus.
Kepler, Johannes, Astronom, geb. 27.12.1571 in Weil der Stadt, gest. 15.11.1630 in Regensburg, besuchte das protestantisch-theologische Stift in Tübingen, um Theologie zu studieren. Bei mathematischen und astronomischen Studien führte ihn M. Maestlin (1550–1631) in die kopernikanische Lehre ein. 1594 ging er als Lehrer für Mathematik und Moral nach Graz. In seinem ersten Werk *Mysterium Cosmographicum* [lat., ‚Weltgeheimnis'] versuchte er die im kopernikanischen System angenommenen Kreisbahnen der Planeten mit den fünf platonischen Körpern in Verbindung zu bringen, um die Naturgegebenheit des Systems zu beweisen. Die Marsbahn sollte z.B. gleich dem einen Dodekaeder umschließenden Kreis sein, wobei das Dodekaeder die kreisförmig gedachte Erdbahn umschließt, er erkannte aber, dass seine Annahme nicht den Beobachtungen entsprach. Das Buch brachte ihm aber die Anerkennung u. a. von G. Galilei (1564–1642), vor allem von T. Brahe (1546–1601) ein. Er folgte dessen Angebot, nach Prag zu kommen. Nach dem Tod von Brahe wurde er 1601 sein Nachfolger als kaiserlicher Mathematiker und kam in den Besitz der Brahe'schen Beobachtungen. Er versuchte zunächst die beobachteten Planetenörter mit exzentrischen, kreisförmigen Planetenbahnen in Einklang zu bringen, was nicht gelang. Unter der Annahme von Ellipsenbahnen ergab sich die gesuchte Übereinstimmung der Beobachtungen mit den berechneten Planetenörtern. Außerdem fand er, dass die Verbindungslinie Sonne–Planet in gleichen Zeiten gleiche Flächen überstreicht. Die ersten beiden nach ihm benannten Gesetze der Planetenbewegung veröffentlichte er 1609 in der *Astronomia nova* [lat., ‚Neue Astronomie'], wodurch er dem heliozentrischen System zur Anerkennung verhalf. K. beschäftigte sich außerdem mit Fragen der Optik. 1610 erschien das Buch *Dioptrice* [lat., ‚Dioptrik'], in dem er die Theorie des Fernrohrs, dessen Erfindung ihm bekannt geworden war, entwickelte und das Konstruktionsprinzip der sog. astronomischen (Kepler'schen) Fernrohrs angab. 1604 konnte er im Sternbild Ophiuchus eine der wenigen mit bloßem Auge sichtbaren Supernovae des Milchstraßensystems beobachten.
Obwohl sein Ruhm stieg, wurde ihm das zugesicherte Gehalt nur teilweise ausgezahlt. Er bestritt den Lebensunterhalt durch Anfertigung von Kalendern und Horoskopen, obwohl er von deren Unsinnigkeit überzeugt war. Nach dem Tod von Kaiser Rudolf II. (1552–1612) ging er nach Linz und berechnete auf der Grundlage seiner Theorie die 1627 als *Rudolfinische Tafeln* erschienenen Planetentafeln. Der erreichten Genauigkeit wegen wurden die Tafeln bis zum 18. Jh. den Planetenbeobachtungen zugrunde gelegt. K. versuchte wieder den Bau des Sonnensystems auf einfache, harmonische Zahlenverhältnisse zurückzuführen, was zu seinem 1619 erschienenen Buch *Harmonices mundi* [lat., ‚Weltharmonien'] führte. An den Folgen seiner Reise 1630 zum Reichstag nach Regensburg, um Gehaltsrückstände einzuklagen, starb er.
Kepler-Bahn [benannt nach dem dtsch. Astronomen J. Kepler, 1571–1630], eine nach den → Kepler'schen

Kepler-Problem

Gesetzen durchlaufene Bahn eines Himmelskörpers um einen anderen; → Zweikörperproblem.

Kepler-Problem, svw. Zweikörperproblem.

Kepler'sche Gesetze [benannt nach dem dtsch. Astronomen J. Kepler, 1571–1630], drei die Bewegungen der Planeten im Sonnensystem beschreibende Gesetze. Das *1. Kepler'sche Gesetz* beschreibt die Form der Planetenbahnen: Die Planeten durchlaufen Ellipsen, in deren einem Brennpunkt sich die Sonne befindet. Das *2. Kepler'sche Gesetz*, der Flächensatz, gibt die Geschwindigkeit während der Bahnbewegung an: Die Verbindungslinie Sonne–Planet überstreicht in gleichen Zeiträumen gleiche Flächen. In Sonnennähe ist entsprechend die Geschwindigkeit größer als in Sonnenferne (Abb.). Das *3. Kepler'sche Gesetz* verbindet die Bahngröße mit der Umlaufzeit der Planeten: Die dritten Potenzen der großen Bahnhalbachsen (a_1, a_2) zweier Planeten verhalten sich wie die Quadrate der Umlaufzeiten (U_1, U_2), es gilt $a_1^3 : a_2^3 = U_1^2 : U_2^2$.

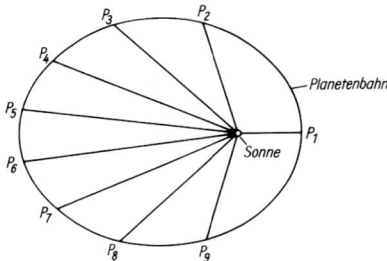

Zum Flächensatz. Die Abschnitte zwischen zwei benachbarten Bahnpunkten werden in gleichen Zeiträumen durchlaufen, die Verbindungslinie Planet–Sonne überstreicht gleich große Flächen

Das 3. Kepler'sche Gesetz gilt in der angegebenen Form nicht streng, da als anziehende Massen allein die Masse der Sonne, nicht auch die Masse des Planeten berücksichtigt ist. Für die Bewegung zweier Massen $\mathfrak{M}_1$ und $\mathfrak{M}_2$ umeinander ergibt sich, wenn die große Halbachse a in Astronomischen Einheiten, U in Jahren und $\mathfrak{M}_1$ und $\mathfrak{M}_2$ in Sonnenmassen angegeben wird, die Beziehung $a^3 = U^2 (\mathfrak{M}_1 + \mathfrak{M}_2)$.

Für Bewegungen im Sonnensystem kann $\mathfrak{M}_1$ mit der Sonnenmasse $\mathfrak{M}_\odot$ identifiziert werden. Bezeichnen $\mathfrak{M}_{P1}$ und $\mathfrak{M}_{P2}$ die Massen zweier Planeten, ergibt sich die exakte Form des 3. Kepler'schen Gesetzes zu $a_1^3 : a_2^3 = U_1^2 (\mathfrak{M}_\odot + \mathfrak{M}_{P1}) : U_2^2 (\mathfrak{M}_\odot + \mathfrak{M}_{P2})$. Da die Planetenmassen vernachlässigbar kleiner gegenüber der Sonnenmasse sind, können die Massensummen gleich der Sonnenmasse gesetzt werden, die von Kepler gefundene Beziehung stellt für die Körper des Planetensystems daher eine sehr gute Näherung dar.

Die K.n G. beschreiben die Bewegungen zweier Körper im Rahmen der Newton'schen Gravitationstheorie, in der das Gravitationspotential einer kugelförmigen homogenen Masse wie $1/r$ abfällt, wobei r den Abstand vom Massemittelpunkt bezeichnet. Nach der Allgemeinen → Relativitätstheorie ist das Gravitationspotential nicht streng proportional $1/r$. Dadurch erfolgt eine Verschiebung des Perihels längs der Bahn, eine „Periheldrehung", wodurch ein Planet keine geschlossene Ellipsenbahn um die Sonne, sondern eine schleifenförmige Bahn durchläuft. Die Schleifen liegen außerordentlich dicht beieinander, umso dichter, je weiter entfernt der Planet sich um die Sonne bewegt. Zwei kompakte massereiche Komponenten in einem sehr engen Doppelsternsystem durchlaufen infolge der Abstrahlung von → Gravitationswellen ebenfalls keine exakten Ellipsen.

Kepler'sche Gleichung [benannt nach dem dtsch. Astronomen J. Kepler, 1571–1630], mathematische Beziehung zwischen exzentrischer und mittlerer Anomalie; → Anomalie.

Kepler'sches Fernrohr, → Fernrohr.

Kern, *1)* Atomkern, → Atom.

2) in der Astronomie oftmals Bezeichnung für den innersten, dichtesten Bereich eines Himmelskörpers, z. B. eines Kometen, Sternsystems oder einer Wolke interstellarer Materie.

Kernenergie, *Nuklearenergie,* die durch Änderungen der Bindungsenergie in Atomkernen u. a. infolge von Kernreaktionen verfügbare Energie; → Energiefreisetzung in Sternen.

Kernfusion, die Verschmelzung zweier Atomkerne; → Energiefreisetzung in Sternen.

Kernkontraktion, die Schrumpfung des innersten, dichtesten Bereichs, des „Kerns", eines Himmelskörpers infolge der Eigengravitation, z. B. der einer Molekülwolke (→ Sternentstehung), eines Sterns (→ Sternentwicklung) oder eines → Sternhaufens.

Kernladungszahl, *Ordnungszahl,* die Zahl der Protonen in einem Atomkern; → Atom.

Kernprozess, *Kernreaktion,* Reaktion zwischen Atomkernen, bei der Energie z. T. frei, z. T. verbraucht wird; → Energiefreisetzung in Sternen.

Kernreaktions-Ära, Entwicklungsabschnitt in der Frühphase des Weltalls; → Kosmologie.

Kernschatten, der Bereich hinter einem beleuchteten undurchsichtigen Körper, von dem aus die beleuchtende Lichtquelle völlig abgeschattet erscheint; → Finsternis.

Kernspin, Eigendrehimpuls eines Atomkerns.

Kettengebirge, Oberflächenstruktur auf dem Mond.

Kiel des Schiffes, das Sternbild → Carina.

kinetische Energie, → Energie.

kinetische Temperatur, → Temperatur.

Kirkwood-Lücken [benannt nach dem amerikan. Astronomen D. Kirkwood, 1814–1895], *Kommensurabilitätslücken,* Lücken in der Häufigkeitsverteilung von Planetoiden; → Planetoid.

Kiviuq *m,* ein Satellit des Saturn. Hinsichtlich der Einordnung des K. in das System der Saturnsatelliten → Saturn.

K-Komponente, der Anteil der kontinuierlichen Strahlung am Licht der Sonnenkorona; → Sonne.

klassische Astronomie, zusammenfassende Bezeichnung für Astrometrie und Himmelsmechanik im Gegensatz zur Astrophysik; → Astronomie.

klassische Cepheiden, → Delta-Cephei-Sterne.

kleine Halbachse, die halbe kleine Achse einer Ellipse.

Kleine Magellan'sche Wolke, → Magellan'sche Wolken.

Kleiner Bär, das Sternbild → Ursa Minor.
Kleiner Hund, das Sternbild → Canis Minor.
Kleiner Löwe, das Sternbild → Leo Minor.
kleiner Planet, svw. Planetoid.
Kleiner Wagen, das Sternbild → Ursa Minor.
Kleines Pferd, das Sternbild → Equuleus.
Kleine Wasserschlange, das Sternbild → Hydrus.
Kleinplanet, svw. Planetoid.
K-Linie, eine von J. Fraunhofer (1787–1826) so bezeichnete Absorptionslinie im Sonnenspektrum bei 393,4 nm, verursacht durch einmal ionisiertes Kalzium in der Sonnenatmosphäre.
Kniemontierung, *Kniesäulenmontierung*, Aufstellungsart für ein → Fernrohr.
Knoten, die Schnittpunkte der Bahn eines Himmelskörpers mit einer Bezugsebene, im Sonnensystem meist mit der Ebene der Ekliptik. Derjenige K., in dem ein Himmelskörper des Sonnensystems die Ekliptikebene von Süden nach Norden durchstößt, ist der *aufsteigende K.* (☊), der Gegenpunkt der *absteigende K.* (☋). Bei Doppelsternen ist die Bezugsebene die den Schwerpunkt des Systems enthaltende Tangentialebene an die Himmelskugel; im aufsteigenden K. nähert sich die jeweilige Systemkomponente der Sonne, im Gegenpunkt entfernt sie sich. Die *Knotenlinie* ist die Verbindungslinie der beiden K. einer Bahn, die *Knotenlänge* bei Körpern des Planetensystems der Winkelabstand des aufsteigenden K.s vom Frühlingspunkt, bei Doppelsternen der Winkelabstand von der Nordrichtung.
Die gegenseitigen Störungen der Planeten bewirken eine langsame Drehung der Knotenlinien entgegengesetzt zur Bahnbewegung, beim Mond erfolgt ebenfalls eine Rückwärtsdrehung der Knotenlinie (→ Mondbewegung).
Die K. der Mondbahn werden auch als Drachenpunkte bezeichnet (→ Finsternis).
Knotenlänge, → Knoten.
Knotenlinie, → Knoten.
Kochab, β *Ursae Minoris*, zweithellster Stern im Sternbild Ursa Minor (Kleiner Bär). Die scheinbare Helligkeit beträgt 2^m08, der Spektraltyp ist K4, die Leuchtkraftklasse III. Die Sonnenentfernung beträgt 39 pc oder 126 Lichtjahre.
kodierte Maske, eine bei Beobachtungen im Gammabereich verwendete, in spezieller Weise strukturierte Blende (→ Gammaastronomie).
Kohlenstoffbrennen, svw. Kohlenstoffreaktionen.
Kohlenstoffreaktionen, *Kohlenstoffbrennen*, → Energiefreisetzung in Sternen.
Kohlenstoffstern, Stern der → Spektralklasse C, bzw. der früheren Spektralklassen R und N, in dessen Spektrum breite Banden von Kohlenstoffverbindungen auftreten, u. a. vom molekularen Kohlenstoff, von Cyan und Methylidin. In den Atmosphären der K.e ist Kohlenstoff häufiger als Sauerstoff. K.e sind im Allg. Riesensterne, in deren Innern bei Kernprozessen Helium in Kohlenstoff und Sauerstoff umgewandelt wird und die einen Teil ihrer äußeren Schichten abgestoßen haben (→ Sternentwicklung), so dass Sternschichten sichtbar sind, die mit Umwandlungsprodukten der Kernprozesse angereichert sind. Im Hertzsprung-Russell-Diagramm liegen die Bildpunkte der K.e im Allg. im Bereich des asymptotischen Riesenasts (→ Sternentwicklung). Einige K.e sind → Mira-Veränderliche, halbregelmäßige oder unregelmäßige → Veränderliche. Die → Wolf-Rayet-Sterne der Unterklasse WC enthalten ebenfalls relativ viel Kohlenstoff, werden aber nicht zu den K.en im eigentlichen Sinn gerechnet.
Kohlenstoff-Stickstoff-Sauerstoff-Zyklus, *CNO-Zyklus, Bethe-Weizsäcker-Zyklus*, → Energiefreisetzung in Sternen.
kohlige Chondrite, → Meteorit.
Kokon-Stern, extrem junger Stern, der noch von einer außerordentlich dichten Staubhülle umgeben ist, die die optische Strahlung völlig abschirmt. K.-S.e sind nur im Infrarot- und Radiofrequenzbereich beobachtbar.
Kollaps, extrem schnell verlaufende Kontraktion eines Himmelskörpers, bei der keine Folge von Gleichgewichtszuständen durchlaufen wird.
Kollimator *m*, optische Einrichtung zur Parallelisierung eines Strahlenbündels.
Koluren, *Sing.* Kolur *m*, die beiden ekliptikalen Längenkreise, die durch die Pole der Ekliptik gehen sowie durch die → Solstitialpunkte (*Solstitialkolur*) bzw. die → Äquinoktialpunkte (*Äquinoktialkolur*).
Koma *f*, 1) Teil eines → Kometen.
2) Abbildungsfehler bei einem → Fernrohr.
Komet, *Haarstern, Schweifstern*, kleiner Himmelskörper des Planetensystems, der in Sonnennähe größere Mengen leichtflüchtiger Gase und Festkörperteilchen freisetzt, wodurch er im Allg. neblig-verwaschen, zuweilen mit einem leuchtenden Schweif in Erscheinung tritt. Die meisten K.en sind nur mit Fernrohr, ganz wenige mit dem bloßen Auge sichtbar. Die hellsten von ihnen gehören zu den eindrucksvollsten Naturerscheinungen (Abb. 1).
B e n e n n u n g . Die Benennung schließt sich seit 1995 der für → Planetoiden an. Ein neu entdeckter K. erhält die Jahreszahl der Entdeckung, einen Großbuchstaben entsprechend dem Halbmonat sowie eine laufende Nummer in der Reihenfolge der Entdeckungen in dieser Zeit. Beispielsweise würde der 3. in der zweiten Februarhälfte 2005 entdeckte K. die Bezeichnung 2005 D3 tragen. Zur genaueren Charakterisierung werden noch Präfixe beigefügt, „P" bei einem periodischen K.en mit einer Umlaufzeit geringer als 200 Jahre oder mit mehr als einem beobachteten Periheldurchgang, eine vorgestellte Zahl gibt bei ihnen noch an, wievielter periodischer K. er entdeckt wurde. „C" [von engl. comet, ‚Komet'] steht bei einem in diesem Sinn nicht periodischen K.en. „X" bezeichnet einen K.en, für den noch keine sinnvolle Bahn berechnet werden konnte, und „D" [von engl. disappeared, ‚verschwunden'] einen K.en, der nicht länger existiert oder von dem vermutet wird, dass er verschwunden ist. Bei einem K.en, der sich im Nachhinein als ein Asteroid (Planetoid) erweist, steht „A". Ein periodischer K., von dem mindestens zwei Periheldurchgänge beobachtet wurden, bekommt eine laufende Nummer vorgestellt, die die Reihenfolge der Entdeckung widerspiegelt. Jeder K. erhält weiterhin den Namen seines Entdeckers oder der Entdeckergruppe, im Falle einer Mehrfachentdeckung die Namen von höchstens drei unabhängigen Entdeckern. Frühere K.en tragen z. T.

Komet

auch den Namen desjenigen, der die Bahn berechnete, z. B. „K. Encke" oder „Halley'scher K.". Der Halley'sche K. trägt so die Bezeichnung 1P/Halley, der Encke'sche 2P/Encke. Bei einigen K.en haben sich Sonderbenennungen erhalten, z. B. „Großer Septemberkomet" für C/1882 R1. Er war bei seiner Entdeckung so hell, dass er von jedermann gesehen werden konnte und keinen eigentlichen Entdecker hat. Werden von einem Beobachter mehr als ein K. entdeckt, werden die Ziffern 1, 2, ... dem Namen beigefügt.

Häufigkeit. Visuell werden jährlich etwa 20 bis 30 K.en entdeckt, mit automatisch arbeitenden Teleskopen sind es wesentlich mehr. Die meisten K.en haben eine geringe scheinbare Helligkeit, so dass sie nur mit lichtstarken Teleskopen erfasst werden können. Mit bloßem Auge wahrnehmbare K.en sind selten, im Durchschnitt kann in einem Jahrzehnt mit ein bis zwei solch besonders hellen K.en gerechnet werden. Die meisten in einem Jahr entdeckten K.en kommen unerwartet, bei einem geringen Prozentsatz handelt es sich um wiederkehrende K.en mit relativ kurzer und bekannter Umlaufzeit.

Helligkeit. Bei der Entdeckung erscheint ein K. meist als schwaches verschwommenes Nebelfleckchen, das sich relativ rasch gegenüber dem umgebenden Sternfeld bewegt. Die scheinbare Helligkeit ändert sich mit dem Abstand Δ des K.en von der Erde und dem Abstand r von der Sonne. Der von einem K.en empfangene Strahlungsstrom ist wegen des quadratischen Strahlungsausbreitungsgesetzes proportional Δ^{-2}. Die Abhängigkeit vom Sonnenabstand ist weniger exakt angebbar, näherungsweise ist sie proportional r^{-n}, wobei der Exponent n nur bei $r > 4$ AE nahezu 2 beträgt. Bei geringeren Entfernungen ist n im Allg. erheblich größer als 2 und beträgt bei den meisten K.en, besonders bei denen mit sehr hoher Bahnexzentrizität und großer Umlaufzeit (die demzufolge bisher nur wenige Periheldurchgänge hatten), etwa 3,5, doch kommen auch Werte bis zu 5 vor. Die scheinbare Helligkeit wächst mit sinkendem Sonnenabstand nicht allein deshalb, weil

Abb. 1: Komet 1P/Halley, aufgenommen am 09.01.1986 bei einer Erdentfernung von etwa 200 Mio. km. Die Schweiflänge betrug über etwa 15 Mio. km, abgebildet sind nur die inneren 6 Mio. km. Die Sternspuren entsprechen der Relativbewegung des Kometen während der Belichtung. (Aufnahmen: Max-Planck-Institut für Astronomie)

Komet

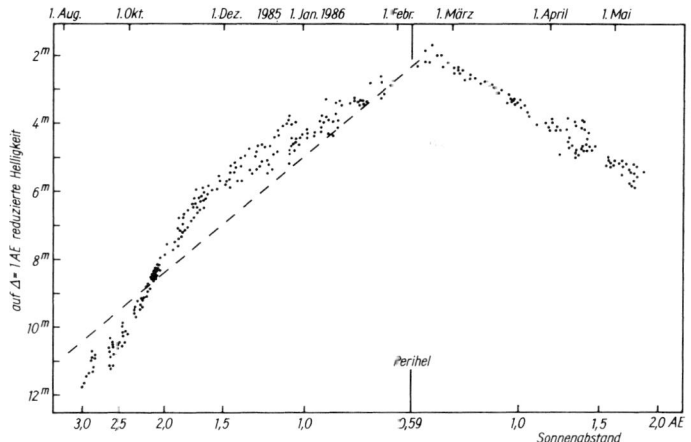

Abb. 2: Auf die Erdentfernung 1 AE reduzierte Helligkeit des Kometen 1P/Halley bei der Wiederkehr 1986; obere Skala Abhängigkeit von der Zeit, untere Skala von der heliozentrischen Entfernung. Infolge der logarithmischen Entfernungsskala ergeben sich bei einer Helligkeitsvariation proportional r^{-n} und konstantem n Geraden; gestrichelt $n = 4{,}5$. (Nach R. Reinhard)

der Kometenkörper mehr Licht empfängt und damit mehr reflektiert, zur scheinbaren Helligkeit trägt auch das Eigenleuchten der Kometenmaterie bei. Kurzperiodische K.en mit schon vielen Periheldurchgängen haben $n \approx 2$ oder darunter, z. T. sogar negative Werte, bei diesen K.en sinkt die Helligkeit bei der Annäherung an die Sonne. Die Größe von n ist von K. zu K. verschieden, bei einzelnen K.en auch zeitlich variierend (Abb. 2). Gelegentlich erfolgen auch plötzliche Helligkeitsanstiege. Beim K.en 29P/Schwassmann-Wachmann 1, der längs der gesamten Bahn beobachtbar ist (mittlerer Sonnenabstand 5,986 AE, Bahnexzentrizität 0,044), erfolgen z. B. etwa zwei- bis dreimal pro Jahr Helligkeitsausbrüche mit Amplituden bis etwa 5 mag. Helligkeitsvoraussagen sind daher im Allg. sehr unsicher.

Genaue Helligkeitsbestimmungen sind schwierig, da ein nebelhaft erscheinender, nicht scharf begrenzter Lichtfleck mit punktförmig erscheinenden, die Helligkeitsskala definierenden Sternen verglichen werden muss. Um die von verschiedenen K.en empfangenen Strahlungsströme vergleichen zu können, werden die beobachteten scheinbaren Helligkeiten auf absolute umgerechnet, wobei $\Delta = r = 1$ AE gesetzt wird. Bei einer Beschränkung allein auf $\Delta = 1$ AE ergibt sich die sog. „auf $\Delta = 1$ AE reduzierte" Helligkeit.

Kometenaufbau. Bei einem K.en ist zwischen dem Kern, der Koma und dem Schweif zu unterscheiden. Der Kern ist der eigentliche, permanent vorhandene Hauptkörper, Koma und Schweif sind zeitlich begrenzt existierende Erscheinungen. Kern und Koma zusammen bilden den Kopf des K.en (Abb. 3).

Kern. Der Kometenkern ist der am wenigsten auffällige Teil eines K.en. Er leuchtet im reflektierten Sonnenlicht, das Spektrum ist rein kontinuierlich. Nach allgemeiner Auffassung besteht der Kern aus einem locker zusammengebackenen Konglomerat verschiedener Eissorten sowie festen Bestandteilen, er ist wahrscheinlich nicht monolithisch. Die Oberflächenstruktur kann nur auf mittels Raumsonden gewonnenen Nahaufnahmen erkannt werden. Die Oberfläche des Kerns vom K.en 9P/Tempel 1 scheint einer zerklüfteten Landschaft mit Einschlagkratern zu gleichen (Abb. 4), die auf anderen

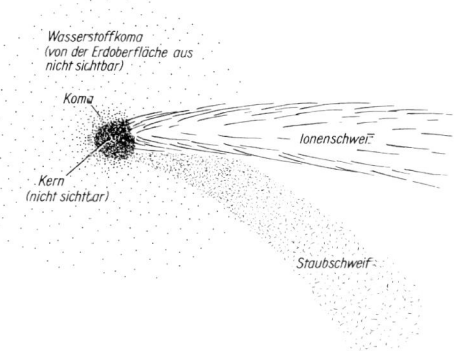

Abb. 3: Schematisierter Aufbau eines Kometen. Die Struktureinheiten sind nicht maßstabsgerecht

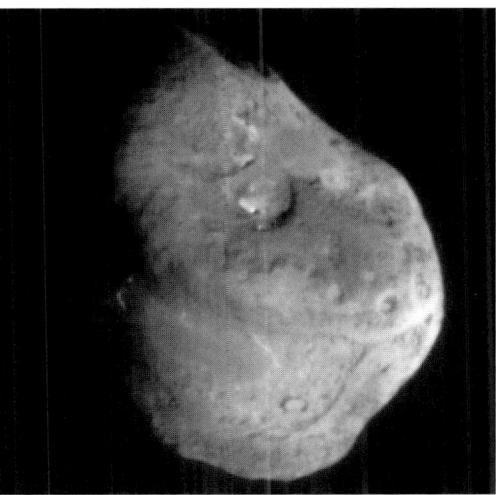

Abb. 4: Kern des Kometen 9P/Tempel 1 vor dem Aufschlag des Projektils von DEEP IMPACT (Bild: NASA/JPL)

Komet

Kometenkernen fehlen. Auf der Oberfläche existiert ein größerer sehr glatter Bereich, dessen Entstehungsursache unbekannt ist. Welche Strukturen für Kometenkerne typisch sind, ist nicht klar. Die Kometenkerne haben z. T. eine sehr unregelmäßige Gestalt.

Bei den Eisarten in einem Kometenkern dürfte es sich vor allem um Verbindungen der kosmisch häufigen Elemente Wasserstoff, Sauerstoff, Stickstoff und Kohlenstoff handeln, um Wasser, Kohlenmonoxid, Ammoniak und Methan. Bis auf Wasser sind sie unter irdischen Bedingungen gasförmig, bei einem Kometenkern werden sie daher im Allg. als „gefrorene Gase" bzw. „flüchtige Bestandteile" bezeichnet. Wassereis dürfte unter ihnen der bei weitem häufigste Bestandteil sein. Beim K.en 1P/Halley beträgt sein Anteil vermutlich ungewöhnliche 80 bis 90% der Gesamtmasse, während im Mittel 40 bis 50% angenommen werden. Das Eis hat vermutlich ein Kristallgefüge mit relativ großen Aussparungen, in denen andere Moleküle eingelagert sind. Ihre Bindung an die Gerüstkristalle ist wahrscheinlich nur schwach, so dass sie bei der Sublimation des Eises frei und mitgerissen werden. Unter diesen Molekülen ist Kohlenmonoxid mit bis zu 20% der Gesamtmasse relativ häufig, während u. a. Kohlendioxid, Methanol, Formaldehyd, Blausäure, Schwefelwasserstoff und Schwefelkohlenstoff in geringeren Mengen vorhanden sind. Die Masse dieser Spurenstoffe liegt wesentlich unter 1% der Gesamtmasse. Diese Werte sind außerordentlich unsicher und wohl von K. zu K. unterschiedlich.

Bei den festen Bestandteilen handelt es sich hauptsächlich um Staubteilchen von etwa 0,1 bis 5 µm Größe, doch sind möglicherweise auch größere Festkörper bis zu einigen Metern Durchmesser vorhanden. Ein Teil der Staubteilchen hat eine Zusammensetzung ähnlich der kohliger Chondrite (→ Meteorit) und besteht aus silikatbildenden Elementen wie Magnesium, Silizium und Aluminium in Verbindung mit Sauerstoff, es wird als „meteoritisches" Material bezeichnet. Im Kern des Halley'schen K.en scheinen auch Partikeln aus Verbindungen der Elemente Kohlenstoff (C), Wasserstoff (H), Sauerstoff (O) und Stickstoff (N), sog. „CHON-Teilchen", zu existieren. Mischteilchen aus meteoritischem Material und Kohlenstoffverbindungen dürften die Hauptmasse der Staubpartikeln stellen. Der relative Massenanteil fester Bestandteile im Kometenkern streut wahrscheinlich in sehr weiten Grenzen, im Allg. wird angenommen, dass er rund die Hälfte der Gesamtmasse ausmacht. Das Kernmaterial hat insgesamt eine geringe mechanische Festigkeit, wie das Zerbrechen von Kometenkernen zeigt.

Der Durchmesser der Kerne kann wegen der in Sonnennähe vorhandenen Koma und der in großer Sonnenentfernung nur geringen Winkelausdehnung nicht direkt gemessen werden. Nur mittels Kometensonden sind bei geringer Entfernung verlässliche Durchmesserbestimmungen möglich. Die Kometenkerne haben z. T. eine sehr unregelmäßige Gestalt. Der Kern des K.en 1P/Halley ist etwa 15 km lang und 7 km dick, der Kern von 19P/Borrelly hat eine Länge von etwa 8 km und eine Dicke von etwa 4 km. „Durchmesser" bezeichnet daher eher die mittlere Ausdehnung. In großen Sonnenentfernungen kann der Durchmesser im Allg. nur bei bekannter Albedo des Kerns aus der scheinbaren Helligkeit abgeleitet werden. Da die Albedo nur bei sehr wenigen K.en ermittelt werden kann, sind photometrisch bestimmte Kerndurchmesser sehr unsicher. Beim Kern des Halley'schen K.en beträgt die mittlere Albedo etwa 0,02 bis 0,04, an einigen Stellen des Kerns von 19P/Borrelly sogar nur 0,007. Kometenkerne gehören offenbar zu den dunkelsten Körpern des Planetensystems, es sind kaum natürliche Materialien mit derartig geringer Albedo bekannt. Photometrisch abgeleitete Kerndurchmesser liegen im Bereich zwischen 0,6 und 8 km, mit einem Mittelwert von etwa 2 bis 4 km, doch wurden auch Kerndurchmesser bis zu etwa 100 km gefunden. Eine Durchmesserbestimmung ermöglicht die → Radar-Echo-Methode. Die mit ihr ermittelten Kerndurchmesser liegen in der gleichen Größenordnung wie die photometrisch bestimmten.

Die Masse eines K.en ist nahezu vollkommen im Kern vereinigt. Sie ist sehr gering. Bisher wurde noch nie beobachtet, dass von einem K. merkliche gravitative Störungen auf einen anderen Himmelskörper ausgeübt wurden, z. B. auch nicht vom K.en 16P/Brooks 2, der das innere System der Jupitersatelliten durchquerte. Die Masse des Halley'schen K.en konnte auf Grund nichtgravitativer Bahnänderungen zu rund 10^{14} kg abgeschätzt werden, woraus sich eine mittlere Dichte des Kerns von einigen 0,1 g/cm^3 ergibt, weniger als die Dichte von kompaktem Eis.

Bei der Annäherung eines K.en an die Sonne steigt die Temperatur an der Kernoberfläche, so dass die leichtflüchtigen Substanzen sublimieren. Größere Staubteilchen und Gesteinsbrocken werden bei mehr oder minder heftigen Gasausbrüchen mitgeführt, infolge ihrer Trägheit verbleiben sie meist an der Kernoberfläche. Möglicherweise besteht diese auch aus einer dunklen kohlenstoffreichen und wasserstoffarmen polymerartigen Substanz, die unter dem Einfluss der solaren Ultraviolettstrahlung durch chemische Reaktionen aus dem Molekülgemisch an der Oberfläche entsteht. Insgesamt dürfte die Kruste infolge der Ungleichförmigkeiten bei der Sublimation mehr oder minder zerklüftet und sehr porös sein. Dies erleichtert das Abströmen der sublimierten Gase, stellt aber gleichzeitig eine gute Wärmeisolation dar, so dass der Eisvorrat nicht nach wenigen Sonnenannäherungen aufgebraucht ist. Wahrscheinlich ist die Krustendicke von Ort zu Ort unterschiedlich und verändert sich mit der Zeit, da die Sublimation vor allem auf der Sonne zugewandten Seite erfolgt und das Gas z. T. aus einzelnen, begrenzten Gebieten ausströmt. Beim K.en 1P/Halley waren bei Nahaufnahmen des Kerns derartige Aktivitätsgebiete sichtbar. Sie bedeckten rund 10% der Gesamtoberfläche.

K o m a. Mit abnehmender Sonnenentfernung steigt die Sublimation. Die freigesetzten Gase strömen in den interplanetaren Raum und bilden um den Kern eine sich ständig erneuernde Gasatmosphäre, die Koma. Die Abströmgeschwindigkeiten betragen einige 0,1 bis etwa 1 km/s. Bei Sonnenentfernungen größer als etwa 5 bis 6 AE ist die Koma klein und unauffällig, mit abnehmender Entfernung wird sie größer und sichtbar. Wegen der geringen Sublimationstemperatur von Kohlenmonoxid ist dieses zunächst das wesentliche Komagas, mit sinkendem Sonnenabstand sind es Wassermoleküle. Die in die Koma gelangenden vielatomigen „Muttermoleküle" werden durch die solare Ultraviolettstrahlung in einfachere Verbindungen („Tochtermoleküle") oder einzelne Atome dissoziiert und zum Leuchten angeregt. Das Komaspektrum im ultravioletten, optischen und Radiofrequenzbereich ist ein intensives Emissionslinienspektrum der Dissoziationsprodukte, u. a. von Wasserstoff-, Kohlenstoff-, Stickstoff-, Sauerstoff- sowie Schwefelverbindungen. Auch Linien von Kalium, Nickel, Chrom sowie Eisen sind vorhanden. Die Linien schwerer Elemente wie Nickel, Chrom und Eisen treten nur bei geringen Sonnenabständen in Erscheinung, wahrscheinlich werden sie durch die dann hohe Sonneneinstrahlung von Staubteilchen abgelöst. Die Zusammensetzung der Koma ist von K. zu K. sehr unterschiedlich, was wesentlich durch unterschiedliche Kernzusammensetzung bedingt ist.

Innerhalb der Koma besteht eine von der Kernentfernung abhängige, etwa radiale Schichtung der Gasbestandteile. Bei einer heliozentrischen Entfernung von rund 1 AE befinden sich im innersten Komabereich mit einem Radius in der Größenordnung von etwa 10^4 km hauptsächlich stabile Muttermoleküle, im Bereich bis zu einer Kernentfernung von einigen 10^5 km im Wesentlichen neutrale Tochtermoleküle. Die Teilchendichten betragen etwa 10^4 bis 10^5 Moleküle/cm^3 oder weniger. Nur bei diesen Dichten haben Moleküle und Radikale wie Ammoniak und Zyan, die unter normalen Laborbedingungen chemisch sehr instabil sind, Bestand Ein Teil des Komagases wird durch die ultraviolette Sonnenstrahlung sowie die Stöße und Ladungsaustausch mit Sonnenwindteilchen ionisiert. Diese elektrisch geladenen Partikeln unterliegen der Wechselwirkung mit den Teilchen des → Sonnenwinds und den mitgeführten Magnetfeldern und werden aus der Koma ausgetrieben. Den äußersten Komabereich bilden neutrale Atome, vor allem Wasserstoffatome, als Dissoziationsprodukte von Wassermolekülen. Die Wasserstoffkoma ist auf Grund der Streuung solarer Lyman-α-Strahlung (→ Lyman-Linien) durch Wasserstoffatome bei extraterrestrischen Beobachtungen nachweisbar. Ihre Ausdehnung kann mehr als 10^7 km betragen. Bei der Streuung der Lyman-α-Strahlung wird auf die Wasserstoffatome ein → Strahlungsdruck ausgeübt, die Wasserstoffkoma ist daher vielfach merklich abgeplattet.

Die Größe der Koma ist zeitlich variabel. Bei sinkendem Sonnenabstand nimmt sie im Allg. zu. Noch vor dem Periheldurchgang des K.en erreicht die Größe ein Maximum und nimmt dann wieder ab, was durch zwei gegenläufige Prozesse bedingt ist. Mit sinkendem Sonnenabstand wächst die Abströmgeschwindigkeit der Gase und damit die Komaausdehnung, andererseits nimmt die Existenzzeit neutraler Atome und Moleküle ab, da die Intensität der solaren Ultraviolettstrahlung und damit die Ionisation steigt. Da aber ionisierte Teilchen aus der Koma ausgetrieben werden, schrumpft die Komaausdehnung. Insgesamt bestimmt der jeweils wirksamere der beiden Effekte die Komagröße, wobei es große Unterschiede zwischen den K.en gibt

Beim Halley'schen K.en bestand die Koma zu etwa 80% aus Wassermolekülen, jeweils rund 4% stellten Kohlendioxid, Formaldehyd sowie Ameisensäure, knapp 2% entfielen auf Stickstoff und reichlich 1% auf Kohlenmonoxid. Andere Bestandteile wie Ammoniak, Acetylen, Methanol, Äthan und Blausäure spielten eine geringere Rolle. Die komplexen Moleküle, wie Formaldehyd, gingen möglicherweise auf den Zerfall von CHON-Teilchen zurück. Das Massenverhältnis von Gas zu Staub variierte zwischen etwa 10:1 und 4:1. Bei einigen K.en bilden mitgerissene feste Teilchen zusätzlich zur Gaskoma eine Staubkoma, die sich auf Grund des an den Teilchen gestreuten Sonnenlichts durch ihr kontinuierliches Spektrum nachweisen lässt.

Der Massenverlust eines Kometenkerns ist nur schwer abschätzbar. Er ist u. a. davon abhängig, wie stark die Krustendicke des Kerns ist, wie viele Periheldurchgänge ein K. bereits durchlaufen hat und in welcher Sonnenentfernung das Perihel jeweils lag. Bei K.en mit kurzer Umlaufzeit, daher vielen Periheldurchgängen, dürfte die Massenverlustrate in Perihelnähe typischerweise in der Größenordnung von etwa 0,1 t/s liegen, bei K.en mit langer Umlaufzeit bei einigen 10 t/s. Beim Halley'schen K.en betrug der Massenverlust vor dem Periheldurchgang in einer Sonnenentfernung von 0,9 AE etwa 15 bis 25 t/s, nach dem Periheldurchgang war der Verlust bei vergleichbarer Sonnenentfernung um etwa einen Faktor 2 größer. Die Massenverlustrate ist sicher von K. zu K. sehr unterschiedlich.

Die Koma heller K.en hat z. T. eine Fülle von Strukturen, wie konzentrische Schalen, Fächer oder einzelne radiale oder spiralige Strahlen. Diese Erscheinungen sind wahrscheinlich auf einzelne, isolierte Aktivitätsgebiete auf der Kernoberfläche sowie eine Rotation des Kerns zurückzuführen. Die Rotationsperioden der Kerne liegen im Bereich von Stunden bis Tagen, beim Halley'schen K. beträgt die Periode rund 52 Stunden. Zwischen dem Rotationssinn und dem Bahnumlaufsinn besteht anscheinend kein Zusammenhang.

Schweif. Ein Schweif bildet sich bei K.en, die der Sonne näher als etwa 1,5 bis 2 AE kommen, somit bei einer Minderheit der K.en. Die Schweifmaterie ist aus der Koma ausgetriebenes Gas und ausgetriebener Staub, wobei das Gas durch ein Eigenleuchten, der Staub durch Streuung des Sonnenlichts in Erscheinung tritt. Die auf das Schweifmaterial wirkenden Kräfte sind von der Sonne weg gerichtet, was sich auf die Schweife überträgt, die Schweife weisen vom Kern aus gesehen von der Sonne weg. Bei den Schweifen werden nach Form und Zusammensetzung Ionen- oder Gasschweife und Staubschweife unterschieden.

Ionenschweife sind lang und schmal mit einer Vielzahl deutlich ausgeprägter, rasch veränderlicher Strukturen. Die Schweifmaterie besteht ausschließlich aus ionisierten Atomen und Molekülen und bildet zusammen mit freien Elektronen ein → Plasma, das mit den geladenen Teilchen des → Sonnenwinds und mit den in ihm eingebetteten Magnetfeldern in eine starke Wechselwirkung tritt. Das Schweifplasma wird von dem mit hoher Geschwindigkeit strömenden Sonnenwind mitgerissen und auf Geschwindigkeiten von mehr als 100 km/s beschleunigt, es bleibt daher nur wenig hinter der Verbindungslinie Sonne–Kometenkern zurück. Da sich der Sonnenwind relativ zur Koma mit Überschallgeschwindigkeit bewegt, kommt es in ihr zur Ausbildung einer Stoßfront, in der der Sonnenwind schroff abgebremst wird. Die von ihm mitgeschleppten Magnetfelder werden in der Stoßfront zusammengepresst, seitlich der Koma aber vom Sonnenwind ungehindert mitgeführt. Im Sonnenwind entsteht dadurch eine Art Tunnel, in dem sich ionisiertes, im Wesentlichen magnetfeldfreies kometarisches Gas befindet. Die „Tunnelwände" werden durch ein eng zusammengedrängtes Magnetfeld gebildet und können von elektrisch geladenen Teilchen nicht überquert werden. Da der Sonnenwind samt der mitgeführten Magnetfelder örtlich und zeitlich stark variiert, kommt es zu Verwirbelungen und Knicken sowie anderen Deformationen, was sich auf den sichtbaren Schweif überträgt (Abb. 5). Gelegentlich erfolgt ein Abreißen des Ionenschweifs und eine Umstrukturierung, die wahrscheinlich auf eine Polungsumkehr im interplanetaren Magnetfeld zurückzuführen ist. Entgegengesetzt gerichtete Magnetfeldlinien kommen in so enge Nachbarschaft, dass eine Neuverknüpfung der Feldlinien möglich ist, was zu einer wesentlichen Änderung der Magnetfeldkonfigurationen führt. Viele der magnetohydrodynamischen Prozesse in den Ionenschweifen sind im Detail außerordentlich schwer theoretisch zu modellieren, da weder die Anfangsbedingungen noch die sich rasch ändernden Randbedingungen bekannt sind.

Das Spektrum der Ionenschweife ist ein Emissionslinienspektrum. Die Linien stammen u. a. vom ionisierten Kohlenstoff, Stickstoff, Kalzium und Natrium sowie von den Molekülen Kohlenmonoxid, Kohlendioxid, Cyan, Wasser, Schwefelwasserstoff und Hydroxyl. Die Länge der sichtbaren Schweife hängt davon ab, wie weit sich die zum Leuchten angeregten Moleküle bis zu ihrer Zersetzung bewegen können und wie hoch die Dichte der Schweifmaterie ist. Manche Moleküle haben eine so geringe Existenzdauer, dass sie gar nicht aus der Koma in den Schweif gelangen, das Schweifspektrum enthält daher weniger Moleküllinien als das Komaspektrum. Infolge der unterschiedlichen Existenz der Moleküle und der unterschiedlichen Wirkung des Strahlungsdrucks auf die verschiedenen Arten von Gaspartikeln tritt im Schweif eine Entmischung der Atome und Moleküle ein. Bei einigen K.en kann z. B. eine im Wesentlichen von Natriumatomen gebildete Schweifstruktur beobachtet werden. Natriumatome werden vom Strahlungsdruck sehr effektiv beschleunigt, Natriumschweife treten aber anscheinend nur bei K.en mit sehr hoher Kernaktivität auf.

Die Länge der Ionenschweife kann zur Zeit ihrer größten Entwicklung 1 bis 10 Mio. km und mehr erreichen. Beim Großen Märzkometen (1843 D1) erstreckte sich der von der Erde aus sichtbare Schweif über 250 Mio. km, entsprechend etwa der Entfernung des Mars von der Sonne, beim Halley'schen K.en ergaben extraterrestrische Beobachtungen eine Schweiflänge von mehr als 550 Mio. km. Die Schweifbreite kann bis zu 1 Mio. km betragen. Die Gasdichte im Schweif ist wesentlich geringer als in der Koma und sinkt mit wachsendem Kernabstand.

Staubschweife werden von den aus der Koma ausgetriebenen Staubteilchen gebildet. Diese absorbieren Sonnenlicht und unterliegen demzufolge einem von der Sonne weggerichteten Strahlungsdruck, der eine Beschleunigungskomponente von der Sonne weg verursacht. Die Masse der beschleunigten Teilchen ist proportional der 3. Potenz des Teilchenradius, der für die Strahlungsabsorption wirksame Querschnitt aber nur proportional der 2. Potenz. Kleine massearme Teilchen werden daher stärker beschleunigt als große massereiche, die daher nahe beim Kometenkern verbleiben. Die erreichten Teilchengeschwindigkeiten sind wesentlich geringer als die der Atome und Moleküle in den Ionenschweifen. Staubschweife sind zwar auch von der Sonne weggerichtet, aber stärker gekrümmt als Ionenschweife. Infolge der Sortierung der Staubteilchen nach der Größe sind Staubschweife breiter aufgefächert und meist kürzer als Ionenschweife und weisen weniger innere Strukturen auf. Das Licht der Staubschweife ist an den Staubteilchen gestreutes Sonnenlicht, das Spektrum entspricht im sichtbaren Spektralbereich daher weitgehend dem Sonnenspektrum. Die im infraroten Spektralbereich emittierte Strahlung der Staubschweife ist von den Staubteilchen im ultravioletten und sichtba-

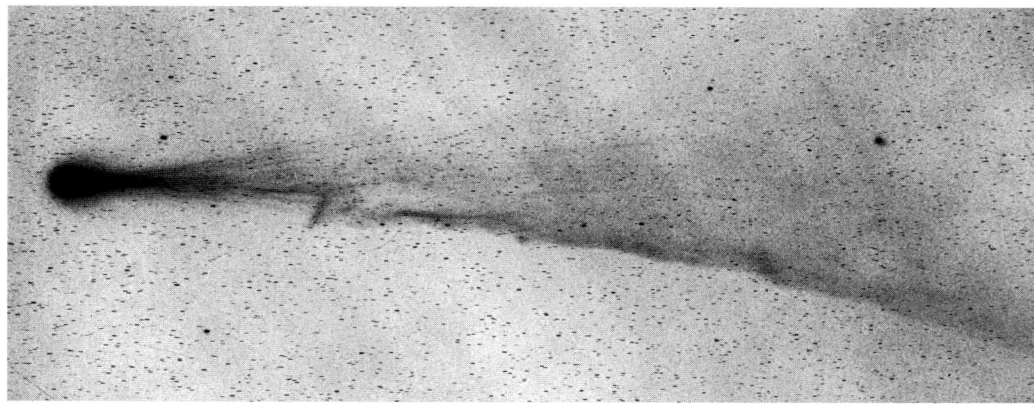

Abb. 5: Negativaufnahme des Kometen 1P/Halley vom 10.01.1986 mit zu dieser Zeit geknicktem und seitlich versetzten Schweifstrahl (Aufnahme: Max-Planck-Institut für Astronomie)

Komet

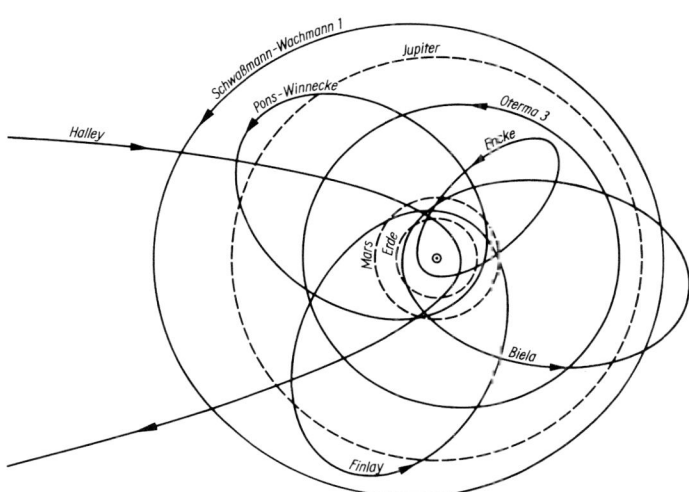

Abb. 6: Einige auf die Ebene der Ekliptik projizierte Kometenbahnen

ren Spektralbereich absorbierte und in Wärmestrahlung umgewandelte Sonnenstrahlung. Staubschweife sind seltener als Ionenschweife, beide Schweiftypen können gemeinsam, aber auch unabhängig voneinander auftreten.

Unter speziellen Sichtbedingungen kann ein scheinbar in Richtung zur Sonne weisender Schweif („Gegenschweif") beobachtet werden. Er entsteht durch die Streuung von Sonnenlicht an den in der Bahnebene des K.en verteilten Staubteilchen. Wird diese Ebene durch die Erde bei ihrer Bahnbewegung durchstoßen, summieren sich die vielen Einzelstreuungen zu einem deutlich sichtbaren Leuchten in der Bahnebene, das sich von der Erde aus gesehen beiderseits des Kometenkopfes, somit auch in Richtung zur Sonne, erstrecken kann.

Bahnen. K.en bewegen sich auf Kepler-Bahnen um die Sonne (→ Kepler'sche Gesetze), wobei im Gegensatz zu Planetoiden langgestreckte Ellipsenbahnen überwiegen, deren Exzentrizität sich meist wenig von 1 unterscheidet. Im Einzelfall ist die Bahnform kein Kriterium zur Unterscheidung zwischen K.en und Planetoiden. Es gibt Planetoiden auf typischen Kometenbahnen mit Umlaufzeiten von einigen 1 000 Jahren und mit Bahnexzentrizitäten größer als 0,5. Andererseits existieren K.en, die sich auf typischen Planetoidenbahnen im Planetoidengürtel bewegen. Beim K.en 29P/Schwassmann-Wachmann 1 beträgt die Exzentrizität z. B. nur 0,105 (Abb. 6). Ein zunächst als Planetoid eingeordneter Himmelskörper kann tatsächlich auch ein Kometenkern sein, was sich erst auf Grund einer späteren Schweifbildung ergibt.

Von der riesigen Anzahl der im Sonnensystem existierenden K.en werden von der Erde aus nur diejenigen entdeckt, deren Periheldistanz im Allg. kleiner als etwa 5 AE ist; nur sie bilden eine genügend helle Koma aus. Es wurden jedoch auch K.en in Perihelentfernungen bis nahe 7 AE gefunden. Einige K.en kommen der Sonne so nahe, dass sie tief in die Sonnenkorona eintauchen. Der Große Südkomet (1885 B1) hatte z. B. beim Periheldurchgang eine Entfernung vom Sonnenmittelpunkt von nur 0,00483 AE oder 725 000 km.

Kometenbahnen unterliegen Störungen, von denen die stärksten und auffälligsten durch Planeten bewirkt werden. Die Störungen können so groß sein, dass K.en von einem Planeten eingefangen werden, wie z. B. der K. D/Shoemaker-Levy 9 vom Jupiter. Die K.en werden z. T. auch wieder freigegeben: 82P/Gehrels 3 wurde mehrmals in eine Bahn um den Jupiter gezwungen. Bahnänderungen können auch durch nichtgravitative Kräfte verursacht werden. Diese wirken sich besonders bei rotierenden Kernen aus. Infolge der thermischen Isolationswirkung der Kernkruste erfolgt der maximale Materieabfluss eines rotierenden Kerns mit einer gewissen Verzögerung, so dass der von der abströmenden Materie ausgeübte Rückstoß nicht exakt in der Verbindungslinie Komet–Sonne liegt, sondern eine Komponente in Bewegungsrichtung oder entgegengesetzt zu ihr hat (Abb. 7).

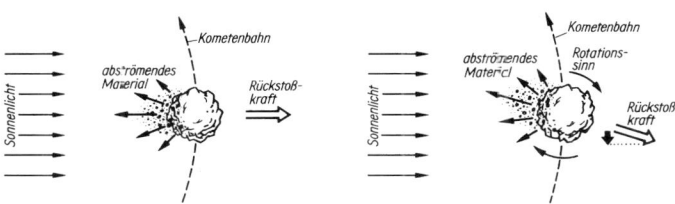

Abb. 7: Rückstoßrichtung. Links: bei einem nicht rotierenden; rechts: bei einem rotierenden Kometenkern. Dicker Pfeil: tangential zur Bahnbewegung liegende Rückstoßkomponente

Komet

Bei einer Rotation des Kerns im gleichen Sinn wie die Bahnbewegung wird die Bahngeschwindigkeit und mit ihr die Zentrifugalkraft sowie die große Bahnhalbachse vergrößert und die Umlaufzeit verlängert. Bei entgegengesetzter Rotation verkürzt sich die Umlaufzeit. Schon ein relativ geringer Massenverlust kann eine merkliche Änderung der Umlaufzeit bewirken. Beim K.en 2P/Encke erfolgen die Periheldurchgänge gegenwärtig regelmäßig etwa 2,5 Stunden früher, als bei einer Bewegung auf einer ungestörten Kepler-Bahn zu erwarten wäre. Beim Halley'schen K.en verlängert sich die Umlaufperiode infolge nichtgravitativer Effekte gegenwärtig um rund 4,1 Tage je Umlauf.

Periodische K.en durchlaufen Ellipsenbahnen, unperiodische Parabel- oder Hyperbelbahnen. Von den bis 1979 bestimmten rund 650 Kometenbahnen waren 42% elliptisch, 43% parabolisch und 15% hyperbolisch. Bei den weitaus meisten K.en ist die Bahnexzentrizität größer als 0,96, bei keinem größer als 1,006. Bei K.en mit sehr langgestreckten Bahnen ist die Entscheidung zwischen Ellipse oder Parabel oft sehr schwierig, da für die → Bahnbestimmung meist nur ein kurzes beobachtetes Bahnstück zur Verfügung steht. Parabel- und Hyperbelbahnen sind wahrscheinlich durch Planeten gestörte ehemalige Ellipsenbahnen, was für einige der Bahnen durch rechnerische Rückverfolgung nachgewiesen werden kann. Es reicht schon eine relativ schwache Zusatzbeschleunigung, um eine Ellipsenbahn in eine parabolische zu verwandeln. Diese K.en verlassen das Sonnensystem und gehen ihm damit verloren. Langgestreckte Bahnen können andererseits durch Störungen in kreisähnlichere umgeformt werden. Bahnstörungen haben gelegentlich auch große Änderungen der Umlaufzeiten zur Folge. Bei 16P/Brooks 2 verkürzte sich die Umlaufzeit 1886 nach einem Vorübergang am Jupiter von 29,2 auf 6,88 Jahre.

Die als kurzperiodisch bezeichneten K.en haben Umlaufzeiten kleiner als 200 Jahre, die langperiodischen größere Umlaufzeiten. Diese historisch bedingte Einteilung dient im Wesentlichen zur Charakterisierung der wiederkehrenden K.en. Kurzperiodische K.en bewegen sich mindestens während der Hälfte ihres Umlaufs im Bereich der Planetenbahnen. Planetenstörungen haben z. T. enge Beziehungen zwischen Kometen- und Planetenbahnen bewirkt. Die Neigung der Bahnebenen kurzperiodischer K.en gegen die Hauptebene der Planeten, die wenig von der Ekliptikebene abweicht, ist umso geringer, je kürzer die Umlaufzeiten sind. Im Allg. ist die Neigung kleiner als 35°, im Mittel beträgt sie 18°, für K.en mit Umlaufzeiten kürzer als 10 Jahre nur etwa 12°. Mehr als 90% der kurzperiodischen K.en bewegen sich wie die Planeten rechtläufig um die Sonne; zu den wenigen rückläufigen gehört der Halley'sche K. Die sonnenfernsten Punkte vieler kurzperiodischer K.en liegen in der Nähe bestimmter Planetenbahnen. Alle K.en mit einer Bahn, deren Aphel sehr nahe einer bestimmten Planetenbahn liegt, werden als eine Kometenfamilie bezeichnet. Von ihnen hat die Jupiter-Familie die meisten Mitglieder und ist am deutlichsten ausgeprägt. Zu ihr gehören u. a. die K.en 3D/Biela und 7P/Pons-Winnecke. Einige K.en haben sehr ähnliche, jenseits der Plutobahn liegende Apheldistanzen. Daraus wurde auf einen noch unbekannten Planeten geschlossen, der aber nicht aufgefunden wurde.

Bei kurzperiodischen K.en werden Periheldurchgänge wiederholt beobachtet, am häufigsten, mindestens 54-mal, wurde der Durchgang des Encke'schen K.en, der eine Umlaufzeit von 3,3 Jahren hat, beobachtet. Mit 29 beobachteten Periheldurchgängen folgt der Halley'sche K. mit der gegenwärtigen Umlaufperiode von 76 Jahren.

Langperiodische K.en bewegen sich die längste Zeit weit außerhalb des Bereichs der Planetenbahnen. Gefunden wurden K.en mit parabelnahen Ellipsenbahnen, die bis zu einer heliozentrischen Entfernung von etwa 40 000 AE reichen, und mit Umlaufzeiten von bis zu 10 Mio. Jahren, doch sind diese Angaben infolge der Schwierigkeit der Bahnbestimmung außerordentlich unsicher. Die Bahnebenen langperiodischer K.en sind anscheinend ohne erkennbare Konzentration gegen die Hauptebene der Planeten isotrop im Raum verteilt. Einige langperiodische K.en haben fast genau übereinstimmende → Bahnelemente, sie bilden jeweils eine **Kometengruppe**. Die Mitglieder derartiger Gruppen sind wahrscheinlich aus jeweils einem Mutterkometen durch Teilung des Kerns hervorgegangen.

Auflösung. Ein in die inneren Bereiche des Sonnensystems gelangender K. verliert bei einem Umlauf schätzungsweise 0,01 bis 0,1% seiner Masse. Die Zeit seiner Existenz, die von seiner Ursprungsmasse, dem mittleren Massenverlust bei einem Periheldurchgang sowie von der Umlaufzeit abhängt, entspricht wahrscheinlich nur etwa 1 000 bis 10 000 Umlaufzeiten. Danach dürfte der Gasvorrat des Kerns erschöpft sein. Langperiodische K.en haben eine wesentlich höhere Existenzerwartung als kurzperiodische. Mit sinkendem Gasvorrat sinkt die mittlere Helligkeit eines K.en. Bei einigen kurzperiodischen K.en scheint eine derartige systematische Helligkeitsabnahme durch Beobachtungen bestätigt zu sein. Nach Erschöpfung des Gasvorrates bleibt der Kern als ein mehr oder minder poröses Gebilde zurück, das allein im reflektierten Sonnenlicht strahlt und sich in keiner Weise von einem Planetoiden unterscheidet. Bei einigen der bei der Entdeckung als Planetoiden eingestuften Objekten, z. B. bei (3200) Phaeton, handelt es sich vermutlich um einen derartigen ausgegasten Kometenkern. Die Bahnelemente des Phaeton sind fast identisch mit denen des Meteorstroms der Geminiden. Meteorströme stehen mit K.en, nicht aber mit normalen Planetoiden in Verbindung (→ Meteor). Ebenso wurde (2060) Chiron bei seiner Entdeckung als Planetoid eingestuft, besaß aber 11 Jahre nach der Entdeckung, z. T. auch noch später, eine Koma und wird jetzt auch als K. angesehen (95P/Chiron).

Die Auflösung eines K.en kann durch das Zerbrechen des Kometenkerns geschehen. Ursache dafür sind sowohl innere als auch äußere Kräfte. K. 3D/Biela (1772) war bei seiner Wiederkehr nach der Entdeckung anscheinend infolge innerer Kräfte in zwei Teile zerfallen, die sich rasch voneinander entfernten und beim nächsten Periheldurchgang bereits mehrere Millionen km Abstand voneinander hatten. Später wurde der K. nicht mehr beobachtet, stattdessen trat der Meteorstrom der

Andromediden in Erscheinung, dessen Bahnelemente mit denen des ehemaligen K.en übereinstimmen. Die Trümmer des Kometenkerns haben sich offenbar längs der Bahn verteilt und laufen nun als ein Meteorenschwarm (→ Meteor) um die Sonne. Trümmerwolken anderer K.en treten als Flächenquellen im infraroten Spektralbereich in Erscheinung (→ Infrarotquellen). Die Trümmerteilchen emittieren die absorbierte Sonnenenergie als thermische Strahlung im Infrarotbereich. Der Kern des K.en C/LINEAR (1999 S4) zerfiel in der Nähe seines Perihels in nahezu ein Dutzend einzelne große Körper, K. C/LINEAR (2001 A2) hatte einen Helligkeitsausbruch von etwa 5 mag, bevor der Kern zerbrach. Langperiodische K.en scheinen für einen Kernzerfall anfälliger zu sein als kurzperiodische. Eine vollständige Zerstörung findet beim Zusammenstoß eines K.en mit einem Planeten statt. Auf Grund der vom Jupiter ausgeübten Gezeitenkräfte zerfiel K. D/Shoemaker-Levy 9, als er dem Jupiter bis auf 0,007 AE nahe kam, in mindestens 21 Teilstücke, von denen jedes Fragment sich zu einem Minikometen mit einem kurzen Schweif entwickelte, die dann auf den Jupiter stürzten. Der K. 73P/Schwassmann-Wachmann 3 zerfiel innerhalb weniger Tage in mindestens 58 Bruchstücke mit einem Schweif; zwischen den größeren Bruchstücken befand sich eine große Menge staubförmiger Materie. Andere K.en dringen tief in die Sonnenatmosphäre ein und verdampfen. Mit dem Weltraum-Sonnenobservatorium SOHO werden im Durchschnitt jeden Monat ein bis zwei derartige K.en entdeckt. Die meisten von ihnen dürften einen Durchmesser von nur einigen 10 m haben, sind wahrscheinlich fast völlig entgaste Kerne und haben eine sehr geringe scheinbare Helligkeit. Einige K.en bilden Kometengruppen und sind wahrscheinlich Bruchstücke ehemals großer K.en. Von der Kreutz-Gruppe [benannt nach H. Kreutz, 1854–1907] sind rund 100 Mitglieder bekannt.

Räumliche Verteilung. K.en sind Mitglieder des Sonnensystems. Bei einer interplanetaren Herkunft müsste der Anteil hyperbolischer Bahnen wesentlich höher als beobachtet sein. Viele langperiodische K.en haben außerordentlich große Apheldistanzen und Bahnexzentrizitäten nahe 1. Aller Wahrscheinlichkeit nach gibt es auch K.en mit gleich großen Apheldistanzen, aber geringerer Bahnexzentrizität. Diese K.en bleiben ständig in so großen Sonnenentfernungen, dass sie unbeobachtbar bleiben. Unter der Annahme, dass bei den Kometenbahnen alle Exzentrizitäten mit gleicher Wahrscheinlichkeit vertreten sind, kann aus der Zahl der beobachteten langperiodischen K.en auf die statistisch zu erwartende Gesamtzahl von K.en, genauer auf Objekte mit physikalischen Eigenschaften gleich denen von Kometenkernen, geschlossen werden. Sie beläuft sich auf schätzungsweise 10^{11} bis 10^{12}. Die Sonne ist danach von einer riesigen Ansammlung von K.en, der sog **Ooort'schen Kometenwolke** [benannt nach dem niederl. Astronomen J. H. Oort, 1900–1992], umgeben. Die innere Wolkengrenze liegt bei vielleicht 1 000 AE. die äußere bei vielleicht 150 000 AE, d. h. bei etwa 0,7 pc. Diese Entfernung ist vergleichbar mit den Entfernungen der sonnennächsten Sterne. Bei einem zufälligen nahen Vorübergang eines Sterns kann es zu gravitativen Wechselwirkungen mit Mitgliedern der Kometenwolke kommen. Deren kinetische Energie kann sowohl erhöht als auch erniedrigt werden. Bei einer Energieerhöhung kann ein Kometenkern eine hyperbolische Bahn erreichen und das Sonnensystem für immer verlassen, bei einer Energieerniedrigung kann er in eine elliptische Bahn gelenkt werden, auf der er möglicherweise in die inneren Bereiche des Sonnensystems eintaucht und gegebenenfalls beobachtet wird. Haben Kometenkerne die inneren Regionen erreicht, kann auf Grund gravitativer Störungen durch einen Planeten ein langperiodischer K. in einen kurzperiodischen umgewandelt werden, der höchst selten in die äußere Kometenwolke zurückkehrt. Planetenstörungen sind bezüglich der Änderung der Bahnneigungen wenig effektiv. Da wesentlich mehr kurzperiodische K.en mit geringer Neigung gegen die Ebene der Ekliptik beobachtet werden als auf Grund von Planetenstörungen zu erwarten ist, dürften die überwiegend nicht aus der Oort'schen Wolke, sondern aus einer gürtelförmigen Region jenseits der Neptunbahn, dem **Kuiper-Gürtel** [benannt nach dem niederl.-amerikan. Astronomen G. P. Kuiper, 1905–1973], stammen (→ Planetoid).

Die Objekte der Oort'schen Kometenwolke sind wahrscheinlich nicht in diesem Gebiet entstanden, da bei der Bildung der Körper des Sonnensystems aus dem Sonnennebel (→ Kosmogonie) die Gasdichte dort so gering war, dass keine größeren Körper kondensieren konnten. Wahrscheinlich stammen die Objekte aus weiter innen liegenden Regionen des Sonnennebels, in denen die Gasdichten hoch genug und die Temperaturen niedrig genug waren, um die Bildung größerer Himmelskörper aus leicht flüchtigen Stoffen zu ermöglichen. Dies dürfte im Bereich der jetzigen Neptun- und Uranusbahn der Fall gewesen sein, in diesem Bereich sind auch gegenwärtig große eisartige Körper, z. B. einige Satelliten von Saturn und Uranus, vorhanden. Während der Bildungsphase des Sonnensystems existierte in diesem Gebiet vermutlich eine Vielzahl gesteinsartiger wie eisartiger kleiner Körper, sog. Planetesimale, aus denen durch Anlagerungen Großkörper wie Planeten und Satelliten entstanden. Bei der Bildung der großen Körper wurden nicht alle Planetesimale verbraucht. Es blieben sehr viele, lose zusammengebackene Kleinkörper zurück, die durch gravitative Wechselwirkung mit den Großkörpern so viel zusätzliche Bewegungsenergie erlangten, dass sie in neue, größere Bahnen umgelenkt wurden und in die Außenregionen des Sonnensystems gelangten, z. T. das System auch verließen. In den Außenbereichen sorgten über Milliarden von Jahren Gezeitenkräfte von Sternen für weitere Bahnänderungen, in deren Folge die Exzentrizitäten und Bahnneigungen statistisch gleichverteilt wurden und aus langgestreckten Ellipsenbahnen u. a. Bahnen geringerer Exzentrizität wurden, so dass die meisten Objekte nicht mehr zurück in das innere Sonnensystem gelangten. Die Bildung eisartiger Himmelskörper war im Sonnennebel offenbar auch in heliozentrischen Entfernungen kleiner als etwa 100 AE im Gebiet des Kuiper-Gürtels jenseits des Bereichs der großen Planeten möglich. Auf diese Objekte dürften keine effektiven Gezeitenkräfte naher Sterne gewirkt

kometarischer Nebel

Bahnelemente einiger Kometen

	P	a	e	q	Q	i
2P/Encke (1786 I)	3,30	2,218	0,847	0,340	4,09	11,8
7P/Pons-Winnecke (1819 III)	6,36	3,432	0,635	1,254	5,61	22,3
3D/Biela (1772)	6,62	3,473	0,756	0,861	6,19	12,6
16P/Brooks 2 (1889 V)	6,88	3,619	0,491	1,843	5,39	5,4
29P/Schwassmann-Wachmann 1 (1925 II)	15,03	6,089	0,105	5,448	6,73	9,7
1P/Halley (1986 III)	76,08	17,95	0,967	0,587	35,32	162,2
35P/Herschel-Rigollet (1788 II)	154,90	28,84	0,974	0,748	56,94	64,2
Großer Märzkomet (1843 D1)	517	64	0,99991	0,00552	128	144,3
Großer Südkomet (1865 B1)			1,0	0,00483		144,3

P = Umlaufzeit in Jahren; a: große Bahnhalbachse in AE; e: Bahnexzentrizität; q: Perihelentfernung in AE; Q: Aphelentfernung in AE; i: Bahnneigung gegen die Ebene der Ekliptik in Grad, $i > 90°$ bedeutet rückläufige Umlaufbewegung

haben, so dass sie im Wesentlichen in ihrem Entstehungsgebiet verblieben. Die Gesamtmasse der im Kuiper-Gürtel sowie der Oort'schen Kometenwolke existierenden Himmelskörper dürfte trotz der außerordentlich großen Anzahl gering sein und nur etwa in der Größenordnung von vielleicht 1 bis 100 Erdmassen liegen.

Auf Grund der außerordentlich langen Existenzzeit haben sich die Objekte des Kuiper-Gürtels, besonders aber die der Oort'schen Kometenwolke, seit der Bildung des Planetensystems in ihrer Zusammensetzung und inneren Struktur nicht verändert.

Geschichtliches. Das völlig unerwartete Auftauchen heller K.en und ihre vom gewohnten Bild der Himmelskörper gänzlich abweichende Erscheinung erklärt das allgemeine Interesse an ihnen. Kometenbeobachtungen sind schon frühzeitig registriert und überliefert worden, was für statistische Untersuchungen von Bedeutung ist. Astrologische Spekulationen sahen im Erscheinen eines K.en die Ankündigung eines meist unheilvollen Ereignisses, wie Krieg oder Seuchen. Dass die K.en keine Leuchterscheinungen in der Erdatmosphäre, sondern selbständige Himmelskörper sind, zeigte wohl als Erster T. Brahe (1546–1601) an dem K.en von 1577. G. Galilei (1564–1642) hielt dennoch an der alten Anschauung fest. Die erste Bestimmung einer Kometenbahn gelang 1681 G. S. Doerfel (1643–1688), indem er für den K.en 1681 X1 eine Parabelbahn mit der Sonne im Brennpunkt ableitete. Bis ins 19. Jh. galt das wissenschaftliche Interesse allein der Bestimmung der Kometenbahnen, wozu E. Halley (1656–1742) und W. Olbers (1758–1840) auf der Grundlage der Newton'schen Gravitationstheorie die Methoden entwickelten. Später standen physikalische Fragestellungen im Vordergrund, vor allem als der Halley'sche K. 1910 spektroskopisch untersucht werden konnte. Beim gleichen K.en konnte 1986 erstmals ein Kometenkern durch Raumsonden aus der Nähe beobachtet werden.

kometarischer Nebel, leuchtende interstellare Gaswolke mit einer speziellen Morphologie, die an Kometen erinnert, aber nichts mit diesen zu tun hat.

Kometenfamilie, **Kometengruppe**, → Komet.

Kometengürtel, Kuiper-Gürtel, → Komet.

Kometensucher, lichtstarkes visuelles Fernrohr mit großem Gesichtsfeld.

Kometenwolke, *Oort'sche Kometenwolke*, → Komet.

kommensurabel, mit gleichem Maß messbar.

Kommensurabilität, das durch kleine ganze Zahlen darstellbare Verhältnis der Umlaufzeiten zweier Himmelskörper, die einen dritten umlaufen. K.en bewirken Resonanzen bei den Umlaufzeiten, die Stärke der gravitativen Wechselwirkungen verändert sie periodisch, was sowohl stabilisierend als auch destabilisierend auf die Umlaufbahnen wirken kann. Im Planetensystem existieren K.en u. a. zwischen Jupiter und Saturn (5:2), Saturn und Uranus (3:1), Uranus und Neptun (2:1) sowie Neptun und Pluto (3:2). Zwischen der Umlaufzeit des Jupiter und der von Planetoiden bestehende Resonanzen führen in der Häufigkeitsverteilung der Planetoiden zu Lücken, zu sog. Kommensurabilitätslücken, z. T. auch zu Planetoidenanhäufungen (→ Planetoid).

Kommensurabilitätslücken, *Kirkwood-Lücken*, → Planetoid.

kompakte Radioquelle, Radioquelle hoher Strahlungsleistung, aber geringer Winkelausdehnung (→ Radioquelle).

kompaktes HII-Gebiet, → interstellares Gas.

Komparator, in der Astronomie ein Instrument zum Vergleich u. a. von Position oder Helligkeit eines Objekts auf zwei zeitlich nacheinander oder in unterschiedlichen Wellenlängenbereichen gewonnenen photographischen Aufnahmen des gleichen Sternfelds. Bei einem Blinkkomparator werden abwechselnd in schneller Folge die Aufnahmen durch ein Okular betrachtet. Gleich abgebildete Objekte erscheinen dem Auge ruhend, Objekte mit Ortsveränderungen hin und her springend, unterschiedlich helle Objekte zu pulsieren. In einem Stereokomparator scheinen Objekte unterschiedlicher Positionen wie bei einer Stereoaufnahme aus der Bildebene herauszutreten.

Kompass, das Sternbild → Pyxis.

Kondensation, in der Astronomie die Verdichtung von gas- oder staubförmiger Materie zu größeren eigenständigen Konfigurationen oder zu größeren Teilchen, auch diese Konfiguration selbst.

Konjunktion, → Konstellation.

Konstellation, *Aspekt*, von der Erde aus gesehene Stellung des Mondes oder eines Planeten relativ zur Sonne. Je nach der ekliptikalen Längendifferenz zwischen Sonne und Gestirn, seiner Elongation, ergeben sich unterschiedliche K.en (Abb.). Bei der *Opposition* oder *Gegenschein* beträgt die Elongation 180°, beim *Trigonalschein* 120°, bei der *Quadratur* oder *Geviertschein* 90°, beim *Sextilschein* 60° und bei der *Kon-*

junktion oder *Gleichschein* 0°. Untere Planeten können nicht in Opposition zur Sonne gelangen, sie erreichen nur eine größte westliche oder östliche Elongation. Bei ihnen ist außerdem zwischen *oberer Konjunktion*, der Planet ist weiter entfernt als die Sonne, und *unterer Konjunktion*, der Planet befindet sich zwischen Sonne und Erde, zu unterscheiden. In der Astrologie spielten diese K.en und K.en zwischen den Planeten eine große Rolle, von daher haben sie bestimmte Symbole; → Zeichen.

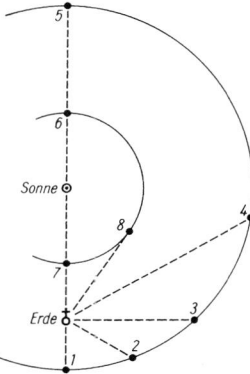

Konstellationen. 1: Opposition; 2: Trigonalschein; 3: Quadratur; 4: Sextilschein; 5: Konjunktion eines oberen Planeten; 6: obere Konjunktion; 7: untere Konjunktion; 8: größte Elongation eines unteren Planeten

Kontakt, Zeitpunkt im Verlauf eines Durchgangs, zu dem sich die Ränder der beiden Himmelskörper in bestimmter Weise scheinbar berühren. Bei einer Finsternis z. B. berühren sich die Ränder von Sonne und Mond beim *ersten K.*, dem Beginn der partiellen Phase einer Finsternis, von außen, beim *zweiten K.*, dem Beginn der Totalität bzw. dem Beginn einer ringförmigen Sonnenfinsternis, von innen, beim *dritten K.*, dem Ende der Totalität, bzw. einer ringförmigen Sonnenfinsternis, wieder von innen und beim *vierten K.*, dem Ende einer Finsternis, wieder von außen.

Kontaktsystem, Doppelsternsystem, in dem beide Komponenten ihre kritische Roche-Fläche voll ausfüllen; → Doppelstern.

kontinuierliche Absorption, → Absorption.
kontinuierliche Emission, → Emission.
kontinuierliches Spektrum, → Spektrum.
Kontinuum *n*, in der Spektroskopie Kurzbezeichnung für kontinuierliches → Spektrum.
Kontraktionszeitskala, → Sternentwicklung.
Konvektion, Transport eines Stoffes, einer elektrischen Ladung, Energie oder Wärme in einer durch Temperatur- oder Dichteunterschiede verursachten strömenden Flüssigkeit oder eines strömenden Gases. Bei einem Schwerkraftgefälle tritt K. ein, wenn starke Temperaturunterschiede herrschen. Einzelne gegenüber der Umgebung wärmere Gas- oder Masseeinheiten (Konvektionselemente) steigen auf, bis der Wärmeüberschuss durch Vermischung an die Umgebung abgegeben ist, kältere sinken ab, bis durch Vermischung ein Temperaturausgleich erreicht ist. Die im Mittel bis zum Erreichen des Temperaturausgleichs von Konvektionselementen zu durchlaufende Wegstrecke wird als *Mischungsweg* bezeichnet. Außer einen Energietransport bewirkt K. eine Durchmischung des Gases oder der Flüssigkeit.

Konvektionselement, → Konvektion.
Konvektionszone, Region im Innern eines Sterns, in der der Energietransport durch Konvektion erfolgt; → Sternaufbau.
konvektiver Energietransport, die Übertragung von Energie auf Grund von → Konvektion.
konvektives Gleichgewicht, der Zustand in einem Gas oder einer Flüssigkeit, bei dem durch Konvektion gleichviel Energie abgeführt wie dem Medium zugeführt wird, so dass großräumig keine zeitlichen Temperaturunterschiede existieren.
Konvergenzpunkt, svw. Fluchtpunkt oder Vertex.
Koordinaten, Größen, die die Lage von Punkten im Raum, auf Flächen oder auf Linien anhand eines Koordinatensystems beschreiben.

Zur Bestimmung von Gestirnspositionen an der Himmelskugel werden die Gestirne vom Beobachtungsort aus an die Himmelskugel projiziert gedacht. Ihr Radius ist beliebig groß. Im Vergleich zu ihr kann die Erde als verschwindend klein, als punktförmig, angesehen werden, so dass die Definitionen für Punkte und Kreise an der Himmelskugel für jeden irdischen Beobachter in gleicher Weise gelten, so als stünde er im Erdmittelpunkt. Bei einer unendlich groß angenommenen Himmelskugel durchstoßen parallele Geraden diese im gleichen Punkt, parallele Ebenen schneiden sie im gleichen Großkreis. Der Ort eines Gestirns an der Himmelskugel ist durch *sphärische K.*, zwei voneinander unabhängige Winkelangaben, bestimmt. Ein rechtwinkliges sphärisches Koordinatensystem ist durch eine Grundebene definiert, die die Himmelskugel in einem Großkreis, dem Grundkreis, schneidet. Eine Koordinate wird von einem auf dem Grundkreis festgelegten Anfangs- oder Leitpunkt aus gemessen, die zweite längs rechtwinklig zum Grundkreis verlaufenden Großkreisen.

Im *Horizontsystem (Azimutsystem)* ist die Grundebene die Ebene senkrecht zur Richtung der Schwerkraft im Beobachtungsort, die Ebene schneidet die Himmelskugel im mathematischen Horizont (Abb. 1). Großkreise senkrecht zum Horizont, die *Vertikalkreise*, gehen durch den Zenit des Beobachtungsorts. Das *Azimut a* ist der vom Südpunkt als Leitpunkt aus längs des Horizonts in Richtung Westen, Norden, Osten bis zum Schnittpunkt mit dem Vertikalkreis durch den Gestirnsort in Grad gemessene Winkel. In der Radioastronomie wird als Leitpunkt z. T. der Nordpunkt gewählt. Die andere Koordinate, die Höhe *h*, ist der auf dem Vertikalkreis des Gestirns vom Horizont aus in Grad gemessene Winkel, positiv in Richtung zum Zenit, negativ in Richtung zum Nadir. Statt der Höhe wird auch die Zenitdistanz $z = 90° - h$ verwendet. Alle Kreise parallel zum Horizont werden als *Almukantarate* bezeichnet.

Bei der scheinbaren täglichen Bewegung beschreiben die Gestirne an der Himmelskugel Kreise, die die Schar der Höhen- und Vertikalkreise im Allg. schräg durchsetzen, wodurch sich Höhe und Azimut eines Gestirns

Koordinaten

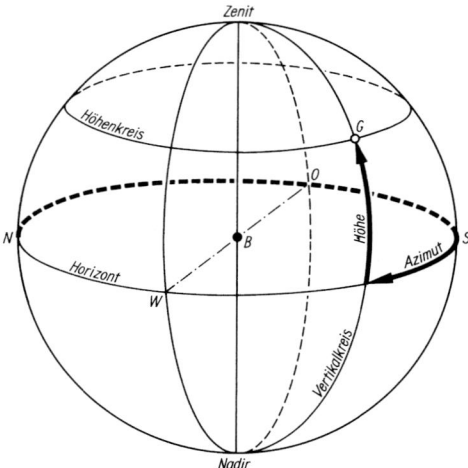

Abb. 1: Horizontsystem. N: Nordpunkt; O: Ostpunkt; S: Südpunkt; W: Westpunkt; B: Beobachtungsort; G: Gestirn; dick ausgezogener Pfeil: Azimut mit Südpunkt als Leitpunkt; dick gestrichelter plus dick ausgezogener Pfeil: Azimut mit Nordpunkt als Leitpunkt

ständig ändern. Die zu einem bestimmten Zeitpunkt gemessenen K. Azimut und Höhe beziehen sich auf den jeweiligen Beobachtungsort, da die Richtung der Schwerkraft und damit die Lage des Horizonts für jeden Ort anders ist. Zur eindeutigen Positionsbestimmung im Horizontsystem ist zu den K. zusätzlich die Angabe der Beobachtungszeit und des Beobachtungsorts notwendig.

Im *Äquatorsystem* (Abb. 2) ist die Ebene des Erdäquators die Grundebene, die die Himmelskugel im Himmelsäquator schneidet. Als *Stundenkreise* werden alle Großkreise senkrecht zum Himmelsäquator bezeichnet,

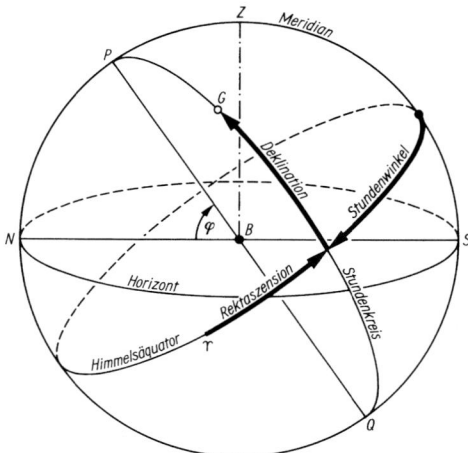

Abb. 2: Äquatorsystem. N: Nordpunkt; S: Südpunkt; B: Beobachtungsort; G: Gestirn; Z: Zenit; P: nördlicher Himmelspol; Q: südlicher Himmelspol; ♈: Frühlingspunkt; φ: geographische Breite des Beobachtungsorts

sie gehen durch den Nordpol und den Südpol des Himmels. Im *Stundenwinkelsystem* oder *festen Äquatorsystem* ist der Schnittpunkt des Himmelsäquators mit dem Himmelsmeridian der Leitpunkt. Der Stundenwinkel τ ist der Winkel zwischen diesem Punkt und dem Schnittpunkt des Himmelsäquators mit dem Stundenkreis durch den Gestirnsort, die Zählung erfolgt in Stunden, Minuten und Sekunden von 0^h bis 24^h in Richtung der scheinbaren täglichen Bewegung der Gestirne. Die zweite Koordinate, die Deklination δ, wird vom Himmelsäquator aus längs des Stundenkreises des Gestirns von 0° bis 90° in Richtung auf den Nordpol des Himmels positiv, in Richtung auf den Südpol negativ gemessen. Statt der Deklination dient gelegentlich die Poldistanz $d = 90° - δ$ als Koordinate. Die Deklination eines Sterns bleibt während der scheinbaren täglichen Bewegung fest, da sich die Gestirne auf Kreisen parallel zum Himmelsäquator bewegen. Der Stundenwinkel ändert sich hingegen stetig, er gibt die Zeitspanne gemessen in Sternzeit an, die im Augenblick der Beobachtung seit dem letzten Meridiandurchgang des Gestirns verstrichen ist. Die Lage des Meridians an der Himmelskugel ist für Orte unterschiedlicher geographischer Länge unterschiedlich. Zur eindeutigen Positionsbestimmung eines Gestirns im Stundenwinkelsystem ist daher zusätzlich zum Stundenwinkel die Angabe der Beobachtungszeit und des Beobachtungsorts erforderlich.

Im *Rektaszensionssystem* oder *beweglichen Äquatorsystem* ist der an der scheinbaren täglichen Bewegung der Gestirne teilnehmende, auf dem Himmelsäquator liegende → Frühlingspunkt der Leitpunkt. Der Winkel zwischen ihm und dem Schnittpunkt des Himmelsäquators mit dem Stundenkreis des Gestirns ist die Rektaszension α, die entgegengesetzt der scheinbaren täglichen Bewegung der Gestirne in Stunden, Minuten und Sekunden von 0^h bis 24^h gemessen wird. Die zweite Koordinate ist wie im Stundenwinkelsystem die Deklination. Der Stundenwinkel des Frühlingspunktes ist gleich der Sternzeit im Augenblick der Beobachtung. Der Stundenwinkel eines Gestirns ergibt sich als Differenz der Sternzeit und der Rektaszension des Gestirns. Im Rektaszensionssystem sind beide K. unabhängig von der scheinbaren täglichen Bewegung und vom Beobachtungsort, es ist daher das für Ortsangaben an der Himmelskugel, in Sternkatalogen sowie Sternkarten im Allg. benutzte Koordinatensystem.

Zur Realisierung des Rektaszensionssystems an der Himmelskugel dienen viele über die gesamte Himmelskugel möglichst gleichmäßig verteilte Referenzpunkte, Sterne oder Radioquellen, deren K. durch absolute Messungen so exakt wie möglich bestimmt werden. Die Ermittlung der Positionen anderer Himmelskörper erfolgt dann auf Grund von Winkelmessungen relativ zu den Referenzpunkten (→ Astrometrie).

Absolute Deklinationsbestimmung. Die Deklination δ ergibt sich bei Zirkumpolarsternen unabhängig von anderen Messungen aus den bei der oberen und unteren Kulmination bestimmten Zenitdistanzen z_o und z_u zu $δ = 90° - (z_u - z_o)/2$. Falls der Stern bei der oberen Kulmination südlich des Zenits steht, ist z_o mit dem negativen Vorzeichen zu versehen. Mit diesen Messwer-

Koordinaten

ten folgt für die geographische Breite φ des Beobachtungsorts: $\varphi = 90° - (z_u + z_o)/2$. Für nicht zirkumpolare Sterne ergibt sich die Deklination aus der bei der oberen Kulmination gemessenen Zenitdistanz sowie der geographischen Breite des Beobachtungsorts zu $\delta = \varphi + z_o$. Derart ermittelte Deklinationen gelten auch als absolut bestimmt. Zenitdistanzmessungen erfordern die genaue Bestimmung des Zenits des Beobachtungsorts. Die Lage des Zenits bzw. die des Nadirs ist mit Hilfe eines Zenitteleskops (→ Winkelmessinstrument) sehr genau bestimmbar. Werden Sterne als Referenzpunkte eines Koordinatensystems benutzt, können die gemessenen Winkel nicht unmittelbar zur Bestimmung von Deklination und geographischer Breite verwandt werden, da der zum Zeitpunkt der Messung vom Stern eingenommene Ort durch Refraktion, Aberration und parallaktische Effekte beeinflusst ist (→ Ort eines Gestirns). Deren Größe muss für jede einzelne Beobachtung ermittelt werden, um den Messwert entsprechend korrigieren zu können. Erst viele unabhängige Beobachtungen ergeben die gewünschte höchste Genauigkeit der Deklination eines Sterns. Ein durch Sterne festgelegtes Koordinatensystem stellt kein Inertialsystem dar, da Sterne als Mitglieder des Milchstraßensystems an dessen Rotation teilnehmen. Werden hingegen als Referenzpunkte punktförmig erscheinende extragalaktische Radioquellen, z. B. Quasare, benutzt, fallen diese Schwierigkeiten weg (→ Astrometrie).

Absolute Rektaszensionsbestimmung. Zur absoluten Bestimmung von Rektaszensionen muss der Ort des Frühlingspunkts bekannt sein, der Ort der Sonne zur Zeit des Frühlingsäquinoktiums (→ Äquinoktium), was Sonnenbeobachtungen notwendig macht. Die Beobachtungen müssen nicht zu genau diesem Augenblick durchgeführt werden, da aus der zu einem anderen Zeitpunkt absolut bestimmten Deklination der Sonne mit Hilfe einer einfachen trigonometrischen Beziehung die Rektaszension der Sonne errechnet und damit die Lage des Frühlingspunktes bestimmt werden kann. Die Rektaszension eines Sterns ergibt sich aus der Rektaszension der Sonne sowie der in Sternzeit gemessenen Differenz zwischen dem Meridiandurchgang der Sonne und dem des Sterns. Zur Bestimmung des Meridiandurchgangs der Sonne wie auch des Sterns sind Tagbeobachtungen notwendig, um die Differenzen der Durchgangszeiten möglichst gering zu halten. Tagbeobachtung von Sternen bedeutet die Beschränkung auf helle Sterne. Radioastronomisch können absolute Rektaszensionen nicht ermittelt werden, da es keine Körper im Sonnensystem gibt, die als punktförmige Radioquellen erscheinen und zur absoluten Festlegung des Frühlingspunktes geeignet sind. Ein durch Radioquellen aufgespanntes Referenzsystem muss mit Hilfe von Sternen, die gleichzeitig Radioquellen sind, an ein durch Sterne definiertes Koordinatensystem angeschlossen werden (→ Astrometrie).

Äquator- und Ekliptikebene unterliegen infolge von Präzession und Nutation säkularen und periodischen Verlagerungen, was eine Verschiebung des Himmelsäquators sowie des Frühlingspunktes zur Folge hat (→ Präzession). Für ein und denselben Punkt an der Himmelskugel ändern sich daher Rektaszension und Deklination im Laufe der Zeit (→ Ort eines Gestirns). Eine exakte Koordinatenangabe erfordert demzufolge die Angabe der Lage der Grundebene und der Leitpunkte, auf die die K. bezogen sind. In Sternkatalogen und auf Sternkarten wird gegenwärtig für Koordinatenangaben im Allg. die Lage der Äquatorebene und des Frühlingspunktes zum astronomischen Beginn (→ Jahr) des Jahres 2000 benutzt und die K. durch den Index 2000 gekennzeichnet, z. B. α_{2000} und δ_{2000}.

Zur Positionsbestimmung von Körpern des Sonnensystems wird vielfach das **Ekliptiksystem** (Abb. 3) benutzt. Als Grundebene dient die Bahnebene der Erde, die die Himmelskugel in der Ekliptik schneidet. Alle Großkreise senkrecht zu ihr werden als ekliptikale Längenkreise bezeichnet, sie gehen durch die Pole der Ekliptik. Die ekliptikale Länge λ wird vom Frühlingspunkt als Leitpunkt in Richtung der scheinbaren jährlichen Sonnenbewegung bis zum Schnittpunkt der Ekliptik mit dem Längenkreis durch den Gestirnsort in Grad gemessen. Die ekliptikale Breite β ist der längs des Längenkreises in Grad gemessene Winkelabstand des Himmelskörpers von der Ekliptik, in Richtung auf den ekliptikalen Nordpol positiv, in Richtung auf den Südpol negativ.

Zur speziellen Positionsbestimmung von Objekten des Milchstraßensystems dient das **galaktische Koordinatensystem** mit der Symmetrieebene der räumlichen Verteilung der Sterne im Milchstraßensystem als Grundebene. Sie schneidet die Himmelskugel im galaktischen Äquator, der nahezu mit der Mittellinie der Milchstraßenerscheinung zusammenfällt. Als galaktische Längenkreise werden alle Großkreise senkrecht zum galaktischen Äquator bezeichnet, sie gehen durch die galaktischen Pole. Die galaktische Länge l wird längs des galaktischen Äquators von der Richtung zum galaktischen Zentrum aus bis zum Schnittpunkt des galaktischen Äquators mit dem galaktischen Längenkreis durch den Gestirnsort in Grad gemessen, in gleicher

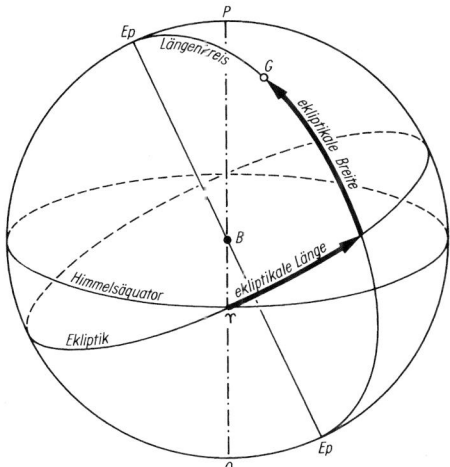

Abb. 3: Ekliptiksystem. B: Beobachtungsort; G: Gestirn; P: nördlicher Himmelspol; Q: südlicher Himmelspol; E_p: nördlicher bzw. südlicher Pol der Ekliptik; ♈: Frühlingspunkt

koordinierte Weltzeit

Richtung wie die Rektaszension. Die galaktische Breite b ist der Winkelabstand von der galaktischen Ebene aus längs des galaktischen Längenkreises bis zum Gestirnsort, gemessen in Grad in Richtung auf den galaktischen Nordpol positiv, in Richtung auf den Südpol negativ. Die Festlegung des galaktischen Äquators, damit die der galaktischen Pole, erfolgt auf Grund stellarstatistischer und radioastronomischer Untersuchungen. Als galaktischer Nordpol gilt der Punkt mit den K. $\alpha_{2000} = 12^h\,51{,}4^{min}$, $\delta_{2000} = 27°\,8'$. Die Richtung des galaktischen Zentrums ist definiert durch die Richtung zur Radioquelle Sagittarius A* (→ Milchstraßensystem) mit den K. $\alpha_{2000} = 17^h\,45{,}6^{min}$, $\delta_{2000} = -28°\,56'$.

Ein und derselbe Ort an der Himmelskugel kann durch K. unterschiedlicher Systeme eindeutig bestimmt werden. Die K. des einen Systems können in die eines anderen umgerechnet werden. Die angegebenen Formeln ermöglichen bei bekannter geographischer Breite φ des Beobachtungsorts die Umrechnung der Höhe h und des Azimuts a (vom Südpunkt als Leitpunkt aus gemessen) in die Deklination δ und den Stundenwinkel τ und umgekehrt.

$$\sin a \cos h = \cos \delta \sin \tau$$
$$\sin h = \sin \delta \sin \varphi + \cos \delta \cos \tau \cos \varphi$$
$$-\cos a \cos h = \sin \delta \cos \varphi - \cos \delta \cos \tau \sin \varphi.$$

koordinierte Weltzeit, → Zeit.

kopernikanisches Prinzip [benannt nach dem poln. Astronomen N. Kopernikus, 1473–1543], die Überzeugung, dass sich der Mensch an keinem in irgendeiner Weise ausgezeichneten Ort im Weltall befindet, wie er auch im Sonnensystem keinen ausgezeichneten Ort einnimmt. In kleinen Raumbereichen, in denen z. B. die Eigengravitation eine wesentliche Rolle spielt, gilt das Prinzip nicht.

Kopernikus, *Copernicus* [latinisiert aus **Koppernigk**], Nikolaus, Domherr, Arzt, Astronom und Jurist, geb. 19.02.1473 in Thorn (Toruń), gest. 24.05.1543 in Frauenburg (Frombork). Nach dem Tod seines Vaters wuchs er in Frauenburg bei seinem Onkel, dem Bischof von Ermland, auf und wurde nach dem Studium in Krakau in das ermländische Domkapitel aufgenommen. Ab 1496 studierte er in Bologna Kirchenrecht, daneben u. a. Astronomie und Mathematik. 1500 wurde er von Papst Alexander VI. zu astronomischen Vorlesungen nach Rom berufen. Ab 1501 studierte er in Padua neben Kirchenrecht Medizin und promovierte 1503 in Ferrara zum Doktor des Kirchenrechts. 1505 kehrte er nach Frauenburg zurück, war zunächst Sekretär seines Onkels und übernahm 1510 die Aufgaben als Domherr in Frauenburg. Hier entwickelte er seine Theorie über den Bau des Sonnensystems. Er ging von der Sonne als Mittelpunkt der damals bekannten Welt aus, was im krassen Gegensatz zu den im gesamten Mittelalter als unantastbar geltenden geozentrischen Vorstellungen von Ptolemäus mit der ruhenden Erde als Mittelpunkt stand.

Nach K.' Theorie bewegen sich alle Körper, vor allem auch die Erde, die außerdem um ihre eigene Achse rotiert, um die ruhende Sonne. Damit ließen sich die scheinbaren täglichen Bewegungen der Gestirne und die scheinbaren Bewegungen der Planeten an der Himmelskugel geschlossener beschreiben als mit einer geozentrischen Theorie. Seine Theorie basierte auf älteren Beobachtungen, eigene konnte er nur mit sehr einfachen selbstgebauten Instrumenten durchführen. Die Theorie veröffentlichte er in seinem Hauptwerk *De revolutionibus orbium coelestium libri VI* [lat., ‚Sechs Bücher über die Bahnbewegung der Himmelskörper'], das 1543, seinem Todesjahr, erschien. Wie Ptolemäus setzte er voraus, dass sich Himmelskörper prinzipiell nur gleichmäßig in Kreisbahnen bewegen. Um Unstimmigkeiten mit den Beobachtungen zu vermeiden, nahm er aus Kreisbahnen zusammengesetzte epizyklische Bewegungen der Planeten an. Weil er mit seiner heliozentrischen Theorie kaum bessere Übereinstimmung mit den Beobachtungen erreichte als es mit einer geozentrischen Theorie möglich ist, wurde die kopernikanische Theorie noch im folgenden Jahrhundert nicht nur von der Kirche aus weltanschaulichen Gründen bekämpft, sondern auch von Astronomen aus wissenschaftlichen Gründen z. T. entschieden abgelehnt, u. a. von Tycho Brahe (1546–1601).

K. war einer der bedeutendsten Astronomen und hat die Denkweise und Methodologie der neuzeitlichen Naturwissenschaften außerordentlich stark und entscheidend geprägt.

Kopf-Schwanz-Radiogalaxie, → Sternsystem.

koplanare Bahnen, in der gleichen Ebene liegende Bahnen von Himmelskörpern.

Kore *f*, ein Satellit des Jupiter. Hinsichtlich der Einordnung der K. in das System der Jupitersatelliten → Jupiter.

Korona *f*, 1) der äußerste Bereich der Sonnenatmosphäre; → Sonnenkorona.
2) der äußerste Bereich einer → Sternatmosphäre.
3) der von der heißen interstellaren Materie im → Milchstraßensystem eingenommene Bereich.
4) eine große kreisförmige oder länglich ausgedehnte, von konzentrischen Bergrücken gebildete Oberflächenstruktur auf erdartigen Körpern des Planetensystems.

koronale Kondensation, überhitztes, verdichtetes Gebiet im äußersten Bereich der Sonnenatmosphäre; → Sonnenkorona.

koronaler Massenauswurf, → Sonne.

koronales interstellares Gas, die heiße Komponente des → interstellaren Gases.

koronales Loch, *Koronaloch*, relativ kühles Gebiet im äußersten Bereich der Sonnenatmosphäre mit vergleichsweise geringer Röntgenstrahlung; → Sonnenkorona.

Koronalinie, Emissionslinie im Spektrum der Sonnenkorona; → Sonne.

Koronaloch, svw. koronales Loch.

Koronastrahl, Strukturelement der → Sonnenkorona.

Koronograph *m*, Spezialinstrument zur → Sonnenbeobachtung.

Korpuskularstrahlung, svw. Teilchenstrahlung.

Korrektionsplatte, optisches Bauelement eines Schmidt-Spiegels; → Spiegelteleskop.

Korrelation, der Zusammenhang zwischen statistisch veränderlichen Erscheinungen oder Messgrößen. Maß für die Güte einer K. ist der *Korrelationskoeffizient*.

Korrelationsinterferometer, → Interferometer.

Korrelator, elektronische Baueinheit eines Radiointerferometers, in der die von den Teleskopen empfangenen Signale zusammengeführt werden.

kosmisch, zur Welt als Ganzes gehörend, die Welt als Ganzes betreffend; auch im Gegensatz zu irdisch.

kosmische Entfernungsskala, → Parallaxe.

kosmische Hintergrundstrahlung, *kosmische Mikrowellenstrahlung, Drei-Kelvin-Strahlung*, eine das gesamte Weltall weitgehend gleichmäßig erfüllende elektromagnetische Strahlung, deren Intensität und Energieverteilung der eines Schwarzen Körpers der Temperatur von 2,725 K, rund 3 K, entspricht. Das Energiemaximum liegt bei 1,1 mm Wellenlänge im Mikrowellenbereich. Jeder Kubikzentimeter im freien Weltraum enthält im Mittel 412 Photonen der k.n H. Die Strahlung ist hochgradig isotrop und wird als ein Überbleibsel aus der heißen Frühphase des Weltalls angesehen; → Kosmologie.

Als Folge der Bewegung der Erde relativ zur Gesamtheit der Photonen ergeben sich systematische Abweichungen von der Isotropie. Infolge des → Doppler-Effekts ist das Energiemaximum in der Bewegungsrichtung zu geringfügig höheren, in der Gegenrichtung zu entsprechend niedrigeren Wellenlängen verschoben.

Eine andere Anisotropie besteht in Richtung auf Galaxienhaufen mit heißem intracumularen Gas (→ Sternsystem) infolge des Sunyaev-Zeldowich-Effekts. Die Photonen der k.n H. gewinnen bei der Wechselwirkung mit hochenergetischen Elektronen des Haufengases im Mittel Energie infolge des inversen → Compton-Effekts, was zu einer geringen Änderung der spektralen Energieverteilung der Photonen führt. Für Wellenlängen etwas größer als die dem mittleren Energiemaximum entsprechende Wellenlänge ergibt sich eine Temperaturerniedrigung in der Größenordnung von 0,01 bis 0,001 K. Bei bekannten Gaseigenschaften wie Elektronentemperatur und -dichte kann aus der Differenz der spektralen Energieverteilung der Hintergrundstrahlung im Vergleich mit der Strahlung in benachbarten Gebieten die Tiefenausdehnung des heißen intracumularen Gases ermittelt werden. Infolge der unsicheren Haufenmodelle ist das Verfahren sehr ungenau. Bei Beobachtungen mit hoher Winkelauflösung treten sehr geringe Abweichungen von der Isotropie auf. Beim Vergleich der Intensität der aus Himmelsbereichen mit einer Winkelausdehnung kleiner als etwa 1° stammenden Strahlung mit der mittleren Strahlungsintensität ergeben sich Temperaturunterschiede von nur einigen 10^{-6} K (Abb.). Sie sind die Folge von großräumigen Dichtevariationen der baryonischen Materie im Weltall etwa 380 000 Jahre nach der kosmischen Singularität, als die Photonen der k.n H. ihre letzte Wechselwirkung mit Materie hatten (→ Kosmologie). Die sich daraus für die Strahlung ergebenden Intensitätsvariationen blieben während der gesamten weiteren Entwicklung des Weltalls erhalten, obwohl die Temperatur von 3 000 K bis auf die gegenwärtigen rund 3 K absank. Die letzte Wechselwirkung der Photonen mit Materie bestand in der Streuung an freien Elektronen, was eine Polarisation der Strahlung bewirkte (→ Streuung). Das Muster der Schwankungen der Polarisationsrichtungen entspricht dem der Temperaturschwankungen.

Die Existenz einer k.n H. wurde 1948 von G. Gamow (1904–1968) auf Grund theoretischer Überlegungen vorausgesagt und 1964 von A. Penzias und R. Wilson entdeckt, die dafür 1978 den Nobelpreis für Physik erhielten.

kosmische Infrarot-Hintergrundstrahlung, → Infrarot-Hintergrundstrahlung.

kosmische Mikrowellenstrahlung, svw. kosmische Hintergrundstrahlung.

kosmische Physik, svw. Astrophysik.

kosmischer Skalenfaktor, mathematische Größe zur Beschreibung der Abstandsänderung kosmischer Objekte infolge der Expansion des Weltalls; → Kosmologie.

kosmische Singularität, der Zeitpunkt, zu dem bei der Rückrechnung der Expansion des Weltalls die Energiedichte alle Grenzen überstieg; → Kosmologie.

Kosmische Strahlung, *Höhenstrahlung, Ultrastrahlung*, hochenergetische Korpuskularstrahlung mit Teilchenenergien zwischen etwa 10^6 und $3 \cdot 10^{20}$ eV.

Die den Weltraum erfüllende *Primärstrahlung* besteht aus Atomkernen, bei denen Protonen den weitaus größten Anteil stellen, sowie aus freien Elektronen und Positronen. Beim Eindringen eines Atomkerns in die Erdatmosphäre wird infolge der Wechselwirkung mit Luftmolekülen eine Kaskade von Sekundärteilchen, u. a. von Pionen, Kaonen, Hyperonen, Myonen, Elektronen und Protonen, ausgelöst, die insgesamt die *Sekundärstrahlung* bilden. Die Sekundärteilchen können zerfallen, aber auch weitere Kernwechselwirkungen eingehen, so dass ein ganzer „Schauer" von Teilchen entsteht, deren Zahl proportional der Energie des Primärteilchens ist und mit der Eindringtiefe des Schauers in die Erdatmosphäre bis zum Erreichen eines Maximums zunimmt. Die ursprüngliche Energie des Primärteilchens wird dabei auf immer mehr Sekundärteilchen verteilt und in andere Energieformen überführt. Die Höhe, in der das Teilchenmaximum über der Erdoberfläche liegt, ist umso niedriger, je größer die Energie des Primärteilchens war. Im Maximum kann die Zahl der Teilchen der Sekundärstrahlung bis zu 10^{11} betragen.

Nachweismethoden. Die Untersuchungen der Primärstrahlung mit Teilchenenergien geringer als etwa 10^{12} eV erfolgen vorwiegend mit Höhenballons, da in Höhen über etwa 40 km die Atmosphärendichte so gering ist, dass die Wahrscheinlichkeit für Wechselwirkungen zwischen Atomkernen und Luftmolekülen vernachlässigbar klein ist. In dieser Höhe sind die physikalischen Bedingungen nahe denen im freien Weltraum.

Zum Nachweis der K.n S. werden im Prinzip die gleichen Detektoren wie in der Hochenergiephysik genutzt, d. h. Proportionalzählrohre, Szintillationszähler sowie Halbleiterdetektoren. Ein energiereiches Teilchen löst bei der Wechselwirkung mit dem Detektormaterial direkt oder indirekt über Sekundärprozesse entweder einen elektrischen Spannungsstoß oder einen Lichtblitz aus. Das gemessene Signal ist jeweils der Energie des auslösenden Teilchens proportional. In Kernspuremulsionen hinterlassen die elektrisch geladenen Teilchen der K.n S. sowie deren Sekundärprodukte auf Filmen

Kosmische Strahlung

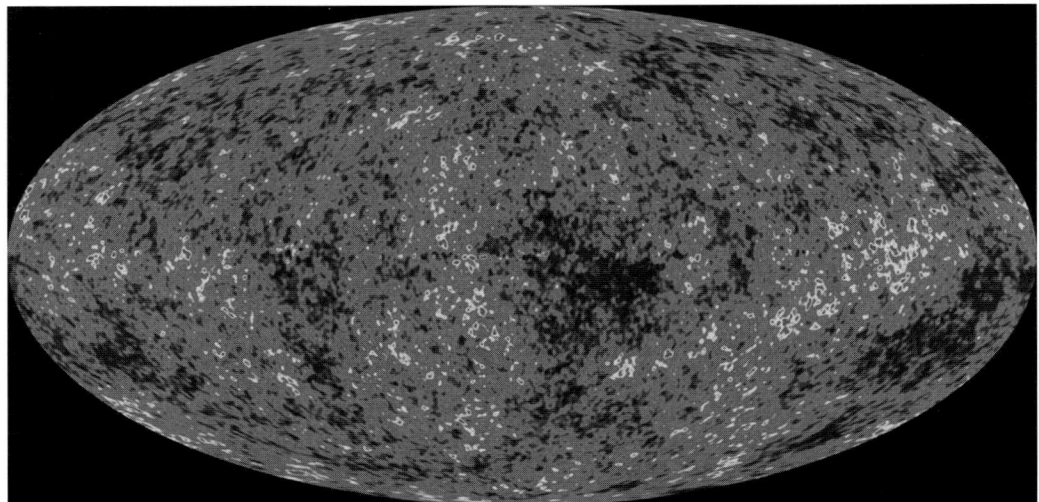

Kosmische Hintergrundstrahlung. Hellgrau: Bereiche erhöhter Temperatur; mittel- und dunkelgrau: Bereiche erniedrigter Temperatur. Die Temperaturunterschiede sind geringer als 0,0001 % (NASA/WMAP Science Team)

gekrümmte sichtbare Spuren, falls ein äußeres Magnetfeld auf sie wirkt. Aus den Bahnspuren kann auf die Masse bzw. die Energie sowie die Ladung der Teilchen geschlossen werden.

Von der Erdoberfläche aus ist die von Teilchen sehr hoher Energie ausgelöste Sekundärstrahlung nachweisbar. Alle Teilchen eines Schauers bewegen sich mit annähernd Lichtgeschwindigkeit durch die Atmosphäre innerhalb eines engen Kegels in gleicher Richtung wie das auslösende Primärteilchen. Die vertikale Dicke eines Schauers beträgt nur wenige Meter, während die von ihm getroffene Fläche am Erdboden Quadratkilometer groß sein kann. Werden mit Hilfe eines Detektorfeldes die Flächenausdehnung eines Schauers und die Ankunftszeiten an einzelnen Feldpunkten bestimmt, kann auf die Energie des auslösenden Primärteilchens sowie angenähert auf dessen Einfallsrichtung geschlossen werden. Für derartige Messungen werden als Detektoren im Allg. Wassertanks genutzt, in denen Teilchen mit Energien größer als etwa 10^{19} eV eine → Tscherenkow-Strahlung auslösen, die mit Hilfe von Photomultipliern registriert wird.

Durch die von Sekundärteilchen ausgelöste elektromagnetische Strahlung werden in der Erdatmosphäre Stickstoffmoleküle angeregt, die die aufgenommene Energie als Fluoreszenzstrahlung im ultravioletten Spektralbereich emittieren. Die Intensität dieser Strahlung ist proportional der Energie des Primärteilchens. In klaren mondlosen Nächten kann die Strahlung registriert und mit Hilfe mehrerer über ein großes Gebiet verteilter optischer Teleskope die Spur des auslösenden Schauers in der Atmosphäre stereoskopisch nachgewiesen werden.

Ein Observatorium zur Untersuchung der Sekundärstrahlung der K.n S. ist u. a. das Pierre-Auger-Observatorium [benannt nach dem franz. Physiker P. V. Auger, 1899–1993] in der argentinischen Provinz Mendoza mit rund 1 600 über ein Gebiet von etwa 3 200 km² verteilten Wassertanks.

Energieverteilung. Die Zahl der Primärteilchen mit einer Energie E höher als etwa 10^9 eV ist in guter Näherung proportional $E^{-2,6}$, für Energien höher als etwa 10^{15} eV proportional etwa E^{-3}. Die Häufigkeit fällt mit steigender Energie stark ab, Teilchen höchster Energie sind extrem selten. Der Teilchenfluss der K.n S. mit Energien höher als 10^{19} eV beträgt schätzungsweise nur etwa 1 Teilchen je km² und Jahrhundert (Abb.).

Die Häufigkeit der beobachteten Teilchen mit Energien unter etwa 10^9 eV nimmt weniger stark ab, als man bei der Extrapolation von den hochenergetischen Teilchen

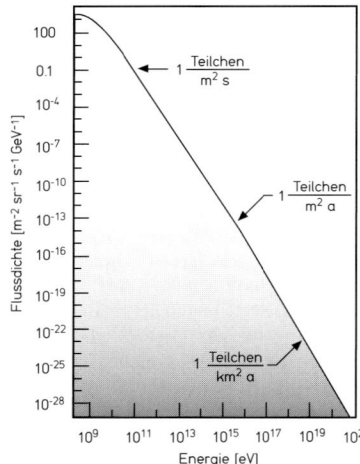

Am Erdboden gemessene Intensität der Kosmischen Strahlung in Abhängigkeit von der Teilchenenergie; die Angaben beziehen sich auf eine Auffangfläche von 1 m² bzw. 1 km² und eine Registrierzeit von 1 s bzw. 1 a

Kosmische Strahlung

auf niederenergetische erwartet. Wahrscheinlich wird dies durch die vom → Sonnenwind mitgeschleppten Magnetfelder verursacht, die den inneren Bereich des Sonnensystems für Teilchen sehr geringer Energie mindestens teilweise abschirmen.

Aus dem Teilchenfluss und der Energieverteilung der Teilchen kann die Energiedichte der K.n S. im interstellaren Raum abgeschätzt werden. Sie beträgt rund $2 \cdot 10^{-19}$ J/cm^3, wozu hauptsächlich Protonen im Energiebereich von 10^8 bis 10^9 eV beitragen. Die Energiedichte ist von gleicher Größenordnung wie die des allgemeinen → interstellaren Strahlungsfelds.

Zusammensetzung. Unter den Atomkernen der Primärstrahlung mit einer Energie von etwa 10^9 eV sind Wasserstoffkerne mit etwa 86% der Gesamtzahl und Heliumkerne mit etwa 12% vertreten, der Rest entfällt auf Atomkerne schwerer Elemente. Verglichen mit der mittleren kosmischen → Elementenhäufigkeit haben Kerne von Elementen schwerer als Eisen und Nickel anscheinend eine geringfügig größere Häufigkeit. Die Ursachen dafür sind nicht bekannt. In der Primärstrahlung scheinen selbst Wismutkerne vorhanden zu sein. Die Kerne der leichten Elemente Lithium, Beryllium und Bor sind etwa 10^5- bis 10^6-mal häufiger als es der mittleren kosmischen Häufigkeit dieser Elemente entspricht. Es ist dies eine Folge der Stoßwechselwirkung der K.n S. mit Atomkernen der interstellaren Materie. Vor allem Kerne der kosmisch häufigen Elemente Kohlenstoff, Stickstoff und Sauerstoff werden bei den Stößen zertrümmert, wobei bevorzugt Lithium-, Beryllium- und Borkerne entstehen.

Die in der Primärstrahlung vorhandenen Elektronen und Positronen tragen zur Partikelzahl nur etwa 1 bzw. 0,3% bei. Sie machen sich u. a. dadurch bemerkbar, dass sie bei der Wechselwirkung mit großräumigen interstellaren Magnetfeldern → Synchrotronstrahlung aussenden. Möglicherweise sind die Elektronen der primären K.n S. auch Ursache für einen Teil der galaktischen → Röntgenhintergrundstrahlung. Bei der Wechselwirkung mit der → kosmischen Hintergrundstrahlung übertragen sie infolge des inversen → Compton-Effekts einen Teil ihrer Energie auf die niederenergetischen Photonen, die dadurch zu Photonen des Röntgenbereichs werden.

Quellen der Kosmischen Strahlung. Die Teilchen der primären K.n S. mit Energien geringer als rund 10^9 eV stammen vorwiegend von der Sonne. Der empfangene Partikelstrom mit einer Energie bis etwa 10^{10} eV wird durch die Sonnenaktivität moduliert, bei sehr starken Sonneneruptionen ist der solare Anteil merklich erhöht.

Der Hauptteil der K.n S. fällt von außen ins Sonnensystem ein und stellt stoffliche Materie dar, deren Ursprungsort außerhalb des Sonnensystems liegt. Die Richtungsverteilung der nichtsolaren K.n S. ist isotrop. In Erdnähe werden die Teilchen aber durch das Erdmagnetfeld beeinflusst, was zu einer Anisotropie führt. Die elektrisch geladenen Teilchen werden auf Kreis- bzw. Schraubenbahnen um die Magnetfeldlinien gezwungen, wobei die niederenergetischen Teilchen stärker an das Feld gebunden sind als die hochenergetischen. Es gelangen dadurch relativ mehr Partikeln geringer Energie zu den geomagnetischen Polen als hochenergetische, was den anisotropen Pol- oder Breiteneffekt verursacht. Das Erdmagnetfeld auch Ursache für die in den → Strahlungsgürteln der Erdmagnetosphäre gespeicherten niederenergetischen Teilchen der K.n S.

Die weitaus meisten Teilchen haben ihren Ursprung im Milchstraßensystem. Die andernfalls erforderliche Energiedichte der K.n S. im intergalaktischen Raum steht mit anderen Beobachtungsbefunden nicht im Einklang. Die galaktischen Quellen der nichtsolaren Komponente der K.n S. sind jedoch noch nicht eindeutig identifiziert, was u. a. an der weitgehend isotropen Richtungsverteilung liegt. Teilchen mit einer Energie kleiner als etwa 10^{17} eV werden durch interstellare Magnetfelder an der geradlinigen Ausbreitung gehindert, sie durchlaufen sehr verschlungene Wege, so dass aus der Einfallsrichtung nicht auf den Ursprungsort geschlossen werden kann. Die interstellaren Magnetfelder, an die Teilchen gekoppelt sind, verhindern im Allg. auch ihr Entweichen aus dem Milchstraßensystem. Für Partikeln mit einer Energie höher als etwa 10^{17} eV sind die Felder für eine wirkungsvolle Koppelung zu schwach, diese Teilchen bewegen sich nahezu geradlinig durch das Milchstraßensystem.

Ein Teil der Teilchen galaktischen Ursprungs mit einer Energie bis zur Größenordnung von etwa 10^{16} eV stammt möglicherweise von Sternen wie z. B. → UV-Ceti-Sternen, bei denen gleiche oder ähnliche Prozesse wie bei Sonneneruptionen ablaufen. Hauptquellen dürften jedoch → Supernovae sowie Pulsare sein. Die von ihnen ausgehende Synchrotronstrahlung zeigt, dass sie Quellen hochenergetischer Elektronen sind. Möglicherweise erlangen die Teilchen der K.n S. auch infolge einer Nachbeschleunigung bei der Wechselwirkung mit Magnetfeldern oder in Stoßfronten in der unmittelbaren Umgebung des Entstehungsorts oder im interstellaren Raum die beobachteten hohen Energien. Aus der beobachteten Überhäufigkeit der Lithium-, Beryllium- und Borkerne kann die mittlere Existenzzeit der Teilchen der K.n S. im Milchstraßensystem abgeschätzt werden. Um durch Stoß mit Atomkernen der interstellaren Materie die Überhäufigkeit zu erreichen, muss im Mittel eine etwa 2 bis 7 g Materie enthaltende Säule von 1 cm^2 Querschnitt durchquert werden. Da dies mit nahezu Lichtgeschwindigkeit geschieht und die Dichte der interstellaren Materie im großräumigen Mittel rund $1,6 \cdot 10^{-24}$ g/cm^3, d. h. rund 1 Wasserstoffatom/cm^3, beträgt, ergibt sich eine Existenzzeit von rund 3 Mio. Jahren.

Teilchen mit Energien größer als etwa 10^{17} eV dürften extragalaktischen Ursprungs sein, worauf ihre isotrope Richtungsverteilung hinweist. Bei einem galaktischen Ursprung würden diese Teilchen aus bestimmten, ihren Quellen zuzuordnenden Richtungen kommen, da für sie die galaktischen Magnetfelder zu schwach sind, um eine Richtungsisotropie zu verursachen. Die extragalaktischen Ursprungsorte dürften aktive Kerne von → Sternsystemen sein. Mit dieser Komponente der K.n S. ist auch extragalaktische Materie der direkten Untersuchung zugänglich. Die Quellen von Teilchen mit Energien größer als etwa $5 \cdot 10^{19}$ eV können nicht weiter als rund 30 Mpc entfernt sein, da die Teilchen sonst den

Kosmobiologie

größten Teil ihrer Energie infolge des Compton-Effekts an die Photonen der kosmischen Hintergrundstrahlung abgegeben hätten. Die Quellen der Teilchen mit Energien höher als 10^{20} eV sind weitestgehend unbekannt. Diskutiert werden u. a. Neutronensterne mit extrem hohen Magnetfeldern oder Plasmaströme von supermassereichen → Schwarzen Löchern in nahen Sternsystemen, gelegentlich auch der hypothetische Zerfall von Partikeln der → Dunklen Materie.

Die sog. *anomale K. S.* besteht aus energiereichen, einmal ionisierten Atomen der Elemente Wasserstoff, Helium, Stickstoff, Sauerstoff, Neon sowie Argon. Wahrscheinlich handelt es sich um ehemals neutrale Atome des die → Heliosphäre umgebenden interstellaren Gases, die bei ihrer Annäherung an die Sonne durch deren Ultraviolettstrahlung und durch Teilchen des Sonnenwinds ionisiert wurden, so dass sie dann als geladene Teilchen der Wirkung des interplanetaren Magnetfelds unterliegen. Möglicherweise werden sie in einer Stoßfront mit hohen Magnetfeldern am Rande der Heliosphäre auf die beobachteten hohen Energien beschleunigt und in die inneren Bereiche des Sonnensystems gestreut.

Geschichtliches. Die Sekundärkomponente der K. n S. wurde 1912 durch V. F. Hess (1883–1964) bei Ballonaufstiegen entdeckt, der dafür 1936 den Nobelpreis für Physik erhielt.

Kosmobiologie, svw. Astrobiologie.

Kosmogonie, ursprünglich die Lehre von der Entstehung des Kosmos, heute ganz allgemein die Lehre von der Entstehung kosmischer Objekte wie des Sonnensystems und seiner Mitglieder, der Sterne und der Sternsysteme einschließlich des Milchstraßensystems, z. T. wird auch die Entwicklung dieser Objekte als zur K. gehörend angesehen. Die Entwicklung der Welt als Ganzes wird im Rahmen der → Kosmologie behandelt. Jede kosmogonische Theorie versucht, die Existenz eines Objekts als aus einem einfachen und plausibel erscheinenden Materiezustand hervorgegangen zu erklären. Dabei wird grundsätzlich angenommen, dass die Objekte nach bekannten physikalischen Gesetzen und Prinzipien entstanden sind, dass also die auf der Erde gefundenen physikalischen Gesetze überall im Weltall und zu allen Zeiten gültig waren und sind.

Eine kosmogonische Theorie ist umso schwieriger, je größer die Anzahl strukturell unterschiedlicher Einzelobjekte ist, von denen angenommen wird, dass sie sich nahezu gleichzeitig aus einer anfänglich einheitlichen Massenansammlung gebildet haben. So ist z. B. die K. des Sonnensystems wesentlich schwieriger als die K. eines einzelnen Sterns oder Sternhaufens. Dabei wird versucht, Grundgesetzmäßigkeiten zu finden, in die spezielle Gesetzmäßigkeiten zwanglos eingepasst werden können, die für das Entstehen der unterschiedlich strukturierten Himmelskörper maßgebend sind. Vielfach beschränkt man sich auch darauf, das Entstehen einzelner Objekte oder Objektgruppen, wie Sterne, Sternhaufen oder Planetensysteme, theoretisch zu beschreiben.

Kosmogonische Theorien sind im Allg. noch recht unsicher, sie besitzen oftmals noch den Charakter von Hypothesen. Die Beschreibung der Bildung von Himmelskörpern gehört zu den schwierigsten Aufgaben der Astrophysik. Es müssen nicht nur die wesentlichen Prozesse in ihrem Zusammenwirken und Rückwirken ausreichend bekannt und mathematisch beschreibbar sein, sondern auch die physikalischen Anfangsbedingungen und die anfängliche chemische Zusammensetzung der Materie, aus der die Himmelskörper hervorgegangen sind. Die Kenntnis dieser Ausgangsbedingungen ist, wenn überhaupt, nur schwierig zu erlangen. Das gilt besonders für Objekte, die wie die Sternsysteme in einem frühen Entwicklungszustand des Weltalls entstanden sind, oder von denen, wie bei den Planetensystemen, nur von einem Objekt, dem Sonnensystem, Detailkenntnisse über den gegenwärtigen Zustand vorhanden sind. Es können dann zwar der jetzige Zustand untersucht und Entstehungstheorien aufgestellt werden, die Überprüfung der Theorien an Objekten in unterschiedlichen Entstehungsphasen ist jedoch nicht möglich. Selbst bei Sternen sind detaillierte Kenntnisse hinsichtlich der Ausgangszustände schwierig zu erlangen, obwohl auch gegenwärtig noch Sterne entstehen. Ihre Bildung vollzieht sich für irdische Begriffe extrem langsam, dazu noch in Gebieten, die der direkten Beobachtung weitgehend entzogen sind.

Alle kosmogonischen Theorien gehen davon aus, dass die Himmelskörper durch Kontraktion aus diffus verteilter Materie entstanden sind. Zur Kontraktion kommt es, wenn die innerhalb der Materie wirksame, zum Zentrum hin gerichtete Gravitationskraft größer ist als die in der Materie herrschenden Druckkräfte. Der Gasdruck leistet im Allg. den Hauptbeitrag zu den der Kontraktion entgegenwirkenden Kräften, hinzukommen kann ein Turbulenzdruck, der durch eine großräumige Bewegung einzelner Materieballen entsteht. Stabilisierend wirken auch die bei einer rotierenden Ausgangsmaterie auftretenden Zentrifugalkräfte sowie die bei der Anwesenheit genügend starker Magnetfelder wirkenden magnetischen Druckkräfte. Für den Einzelfall kann schwer abgeschätzt werden, ob diese Kräfte in ihrer Summe größer als die Gravitationskraft sind, da z. B. über eine Rotation und deren Größe sowie über eventuell vorhandene Magnetfelder kaum Kenntnisse vorliegen. Man beschränkt sich bei Stabilitätsuntersuchungen daher meist auf den einfachsten Fall, eine mehr oder minder kugelförmige, nicht rotierende Materiewolke ohne innere Turbulenz und Magnetfelder, in der die Dichte ρ und die Temperatur T angenähert konstant sind. Der herrschende Gasdruck ist dann weitgehend unabhängig von der Wolkengröße, während die Gravitationskraft mit der Größe und der in der Wolke enthaltenen Masse zunimmt. Unter diesen Bedingungen gilt das sog. Jeans'sche Kriterium [benannt nach dem engl. Mathematiker, Physiker und Astronomen Sir J. H. Jeans, 1877–1946], wonach eine Materiewolke unter dem Einfluss ihrer eigenen Massenanziehung dann kontrahiert, wenn ihr Radius größer als ein bestimmter Grenzradius bzw. ihre Masse größer als eine bestimmte Grenzmasse ist. Der Grenzradius ist proportional $\sqrt{(T/\rho)}$, die Grenzmasse proportional $\sqrt{(T^3/\rho)}$. Kühlere und dichtere Wolken sind eher gravitationsinstabil als wärmere und weniger dichte. Äußere Kräfte können die Instabilität fördern. Benachbarte Wolken oder Wolkenteile können z. B. expandieren und dabei auf die fragliche Materieansammlung einen zusätzlichen Druck ausüben, auch Stoßfronten können von außen kommend die Wolke komprimieren. Das Jeans'sche Kriterium gibt deshalb nur einen groben Richtwert für den Eintritt einer Gravitationsinstabilität.

Das Einsetzen der Kontraktion einer Materieansammlung ist zwar von den jeweiligen Anfangsbedingungen abhängig, im Grundsätzlichen ist der Kontraktionsprozess jedoch immer gleich. Bei der Kontraktion wird potentielle Energie frei, die der Wolkenmaterie als Wärmeenergie zugeführt wird, so dass der Gasdruck infolge des Temperatur- sowie des Dichteanstiegs wächst. Falls die Wärmeenergie nicht schnell genug nach außen abgeführt werden kann, wird die Kontraktion gebremst und kommt möglicherweise ganz zum Erliegen. Der Energieabtransport, die Kühlung der Materie, geschieht im Zusammenwirken von Stoß- und Strahlungsprozessen. Beim Stoß eines Atoms oder Moleküls durch eine Gaspartikel erfolgt eine Anregung auf ein höheres Energieniveau, beim Stoß eines Staubteilchens werden Gitterschwingungen im Teilchen angeregt. Die übertragene Energie wird vom gestoßenen Teilchen in Form von Strahlung abgegeben. Eine Kühlung erfolgt, wenn die Strahlung die Wolke ungehindert verlassen kann, d. h. wenn deren → optische Dicke genügend klein ist. Dies hängt von der Wolkenausdehnung und der Wechselwirkung zwischen Strahlung und Materie ab, wobei die Wechselwirkung abhängig ist von der Wellenlänge der emittierten Strahlung, der Dichte und der chemischen Zusammensetzung des Gases, seinem physikalischen Zustand sowie der Häufigkeit der interstellaren Staubteilchen. Wegen der geringen Anfangstemperatur einer gravitationsinstabilen Wolke ist die bei einem Teilchenstoß übertragene Energie gering, damit auch die von den gestoßenen Teilchen emittierte Strahlungsenergie, das Energiemaximum liegt im Infrarot- und Radiofrequenzbereich. Für diesen Spektralbereich ist die optische Dicke kühler interstellarer Wolken im Allg. klein, der Kühlprozess bei Kontraktionsbeginn daher sehr effektiv. Mit fortschreitender Kontraktion nimmt die Gasdichte und die Häufigkeit von Stößen zu, aber auch die optische Dicke, so dass ab einem bestimmten Zeitpunkt die freigesetzte Energie nicht mehr effektiv genug aus der Wolke abgeführt werden kann: Temperatur und Gasdruck steigen, die Kontraktion wird gebremst, bis ein Zustand erreicht wird, in dem angenähert ein Kräftegleichgewicht zwischen Gas- und Gravitationsdruck herrscht. Rotiert die Ausgangswolke, kann die Kontraktion schon früher zum Stillstand kommen, da bei der Kontraktion der Drehimpuls erhalten bleibt und mit sinkendem Wolkenradius die Rotationsgeschwindigkeit, mit ihr die Zentrifugalkraft, ansteigt. Für eine weitere Kontraktion muss der Drehimpuls abgeführt werden.

In einer großen instabilen Massenansammlung tritt im Allg. während der Kontraktion eine Fragmentation ein, der Zerfall in kleinere Teile. In der Ausgangswolke vorhandene lokale Dichtevariationen werden verstärkt, da kleine Gebiete besser Energie abstrahlen können als große. Außerdem geht die Rotation der Gesamtwolke bei einer Fragmentation in eine Bewegung einzelner Wolkenteile um den gemeinsamen Schwerpunkt über, was einer Reduzierung der globalen Zentrifugalkraft der Gesamtwolke gleichkommt. Wie stark die Fragmentation ist und welche Massenverteilung sich für die weiter kontrahierenden Teilwolken ergibt, hängt entscheidend von den Ausgangsbedingungen in der Wolke ab, so dass keine allgemeinen Aussagen gemacht werden können.

K. der Sternsysteme. Im Feuerkugelzustand des Weltalls entstanden aus kleinen zufälligen Dichteschwankungen in der Verteilung nicht-baryonischer → Dunkler Materie, die bei weitem den größten Massenanteil im Weltall stellt, auf Grund ihrer Massenanziehung und infolge der Expansion des Weltalls filamentartige Massenkonzentrationen mit großen, mehr oder minder massefreien Leeren dazwischen (→ Kosmologie). Die gewöhnliche (baryonische) Materie war infolge der hohen Temperaturen vollkommen ionisiert. Sie bildete ein Plasma, in dem die extrem starke Wechselwirkung mit der vorhandenen Strahlung die Bildung größerer, selbständiger Ansammlungen baryonischer Materie weitgehend unterband. An den Kreuzungsstellen der Filamente herrschte eine außerordentlich hohe Massenanziehung, so dass sich dort auch größere Mengen baryonischer Materie in der Größenordnung von Galaxienhaufen ansammeln konnten, ohne sofort von der Strahlung wieder zerstreut zu werden. In diesen Ansammlungen bildeten sich die ersten Sternsysteme, Sternhaufen und Sterne, nachdem die Materie neutral und kühl genug geworden war. In welcher zeitlichen Abfolge diese Strukturen entstanden, ob größere Masseneinheiten infolge von Fragmentation in Sternsysteme, Sternhaufen und schließlich Sterne zerfielen oder ob die Strukturbildung umgekehrt verlief, so dass zunächst Objekte geringer Masse in der Größenordnung von Sternhaufen oder Zwerggalaxien in Überzahl waren und sich zu größeren Einheiten zusammenfanden, wird im Rahmen der → Kosmologie untersucht.

Bei der Beschränkung auf die Bildung eines einzelnen Sternsystems aus einer Ansammlung von einigen 10^{10} bis 10^{11} Sonnenmassen baryonischer Materie lassen sich einige qualitative Aussagen machen. Die ablaufenden Prozesse hängen wesentlich vom physikalischen Zustand der Ausgangsmaterie und deren chemischer Zusammensetzung ab. Diese ist durch die Kernprozesse bestimmt, die während der Kernreaktions-Ära ablaufen konnten (→ Kosmologie). Das bei weitem häufigste Element war Wasserstoff, gefolgt vom Helium; schwerere Elemente fehlten praktisch vollkommen (→ Elementenentstehung). In der riesigen Materieansammlung dürften Dichtevariationen über viele Größenskalen existiert haben. Einzelne größere Gebiete erhöhter Dichte hatten eine genügend große Masse, um gravitationsinstabil zu sein und sich von der restlichen Materie abzusondern. Ihr Kontraktionsverlauf wurde wesentlich durch die Effektivität der Kühlung bestimmt. Sie war zunächst gering, da schwere Elemente fehlten und der Wasserstoff neutral war. In diesem Zustand kann er relativ wenig zur Kühlung des Gases beitragen, da bei niedrigen Temperaturen die Energie der Stoßpartner zu seiner Anregung nicht ausreicht. Die Temperatur stieg daher rasch auf etwa 10 000 K an, bis der Wasserstoff in

Kosmogonie

den ionisierten Zustand überging. In diesem Zustand ist er ein sehr effektives Kühlagens, so dass die weitere Kontraktion im Wesentlichen isotherm erfolgte. Bei dieser hohen Temperatur und der in weiten Bereichen noch relativ niedrigen Dichte waren nur Ansammlungen, deren Masse in der Größenordnung der von Kugelsternhaufen liegt, gravitationsinstabil. Entsprechende Teilbereiche der ursprünglichen Ansammlung kontrahierten als individuelle Einheiten weiter, um nach einer genügenden Dichteerhöhung in weitere, immer masseärmere Gebilde zu zerfallen, bis schließlich auch Sterne entstanden. Die Einzelsterne der ersten Generation waren wegen der hohen Temperaturen und geringen Dichten sehr massereich. Sie durchliefen ihre Entwicklung schnell und wurden bei Supernovaexplosionen (→ Sternentwicklung) wahrscheinlich überwiegend zu Schwarzen Löchern. Bei der Explosion gelangten die während der Sternentwicklung und der Explosion gebildeten schweren Elemente in die nicht bei der Sternbildung verbrauchte Restmaterie. Damit erhöhte sich deren Kühlfähigkeit, so dass Sterne späterer Generationen auch eine geringere Masse haben konnten. Ein Hinweis auf die schon sehr frühe Anreicherung mit schweren Elementen ergibt sich daraus, dass bereits von Galaxien, die zu einer Zeit entstanden, als das Alter des Universums nur etwa 8% des gegenwärtigen betrug (→ Kosmologie), eine Infrarotstrahlung beobachtet wird. Sie stammt von Staubpartikeln, die aus schweren Elementen entstanden, die Sternstrahlung absorbieren und die aufgenommene Energie als Infrarotstrahlung reemittieren.

Die Gasmasse, aus der ein Sternsystem entstand, besaß sehr wahrscheinlich einen mehr oder minder großen Drehimpuls. Dieser blieb bei der Kontraktion erhalten, so dass die Rotationsgeschwindigkeit und die senkrecht zur Rotationsachse wirkende Zentrifugalkraft anstiegen. Eine anfangs etwa kugelförmige, rotierende Gasmasse wurde zu einer mehr oder minder abgeplatteten Scheibe. Die Kontraktion erfolgte dann nicht mehr bevorzugt radial in Richtung zum Massenmittelpunkt, sondern im Wesentlichen parallel zur Rotationsachse. Die schon existierenden Sternhaufen und Einzelsterne waren dynamisch nicht an das Gas gekoppelt. Sie nahmen nicht an der globalen Kontraktion teil, sondern bewegten sich auf individuellen Bahnen um das Massenzentrum. Die ersten Sterne und Sternhaufen entstanden zu einer Zeit, als die Gasmasse noch weit ausgedehnt war. Sie hatten eine im Allg. große Geschwindigkeitskomponente senkrecht zur Symmetrieebene des abgeplatteten Systems, da sie aus größerer Entfernung von der Ebene stammen und dadurch auch zurück in die Nähe ihres Entstehungsorts gelangen können. Sie stellen die Mitglieder der Halopopulation eines Sternsystems dar, auch des → Milchstraßensystems. Die Größe des ursprünglichen Drehimpulses je Masseneinheit bestimmte mit großer Wahrscheinlichkeit den Typ des entstehenden Sternsystems. Je größer der Drehimpuls, desto schneller ging die Kugelsymmetrie verloren. In den ausgedehnten, wenig dichten äußeren Scheibenregionen verlief der Sternbildungsprozess relativ langsam, in den zentrumsnahen Gebieten stand infolge der Kontraktion in Richtung zum Massenmittelpunkt und senkrecht zur Scheibenebene insgesamt viel Materie für die Sternentstehung zur Verfügung. Die Sternentstehungsrate in diesen Regionen war entsprechend hoch, was zu einer hohen Konzentration von Sternen und „stellaren" Schwarzen Löchern als Überresten sehr massereicher Sterne in Zentrumsnähe führte. Durch Verschmelzung von Schwarzen Löchern und Aufsaugen von Sternen sowie interstellarer Materie aus der Umgebung konnte sich im Zentrum eines Sternsystem ein einzelnes supermassereiches Schwarzes Loch von vielen Millionen Sonnenmassen bilden. Spiralsysteme sind offenbar in dieser Weise entstanden, während elliptische Sternsysteme wahrscheinlich aus einer Ausgangswolke mit geringerem Drehimpuls hervorgegangen sind (→ Sternsystem). Bei ihnen erfolgte die Kontraktion vorrangig in radialer Richtung, die Dichte in der jeweils verbleibenden, mehr oder minder kugelsymmetrischen Restmaterie, besonders aber in Zentrumsnähe, war ständig hoch, damit auch die Sternstehungsrate, so dass das Restgas schnell verbraucht und die globale Sternentstehung schnell beendet war. Elliptische Sternsysteme haben infolgedessen im Allg. sehr alte Sterne. Der ursprüngliche, bei der Bildung sich einstellende morphologische Typ eines Sternsystems bleibt nicht notwendigerweise während der gesamten weiteren Existenz konstant, er kann sich z. B. infolge von Verschmelzungen oder Wechselwirkungen mit anderen Systemen ändern (→ Sternsystem).

K. der Sterne, → Sternentstehung.

K. des Sonnensystems. Die K. des Sonnensystems stößt auf große Schwierigkeiten, da in ihm eine Vielzahl strukturell sehr unterschiedlicher Körper vorhanden ist: ein Stern (die Sonne), massereiche, größtenteils gasförmige Körper (die jupiterartigen Planeten), große Festkörper (die erdartigen Planeten, viele Satelliten und Planetoiden) sowie eisartige Körper (die Transneptunobjekte, Kometenkerne und einige Satelliten). Zudem bilden einige Planeten mit ihren Satellitensystemen kleine Untersysteme. Die Darstellung der Entstehung aller dieser Körper in einer geschlossenen und alle Einzelheiten umfassenden Theorie ist noch nicht möglich. Nach gegenwärtigen Vorstellungen ist die Bildung von Planetensystemen im Zusammenhang mit der Entstehung masseärmerer Sterne kein ungewöhnliches Ereignis. Dies wird sowohl durch theoretische Überlegungen als auch durch Beobachtungen nahegelegt. Rechnungen zur Sternentstehung zeigen, dass von einer gravitativ instabilen Wolke im Allg. nicht die gesamte Masse bei der Sternbildung verbraucht wird. Es bleibt Restmaterie übrig, die im Prinzip für die Bildung eines weiteren Sterns, etwa eines stellaren Begleiters, oder eines Planetensystems ausreicht. Die um viele extrem junge Sterne, z. B. um → T-Tauri-Sterne, sowie einige Hauptreihensterne, z. B. um → Wega, beobachteten zirkumstellaren Staubscheiben werden als derartiges Restmaterial gedeutet. Die Ausdehnungen dieser Scheiben betragen einige 100 bis 1 000 AE, die in ihnen vereinigte Masse dürfte in der Größenordnung des Planetensystems liegen. Einen indirekten Hinweis auf die Existenz zirkumstellarer scheibenförmiger Materieansammlungen geben Beobachtungen der Rotationsgeschwindigkeit von Sternen. Der auf die Masseneinheit

Kosmogonie

bezogene Drehimpuls massearmer Hauptreihensterne nimmt stärker ab als der der massereichen Sterne. Die die massearmen Sterne umgebende zirkumstellare Materie sowie möglicherweise vorhandene Planeten enthalten offenbar einen großen Teil des Drehimpulses des Gesamtsystems, was den Verhältnissen im Sonnensystem entspricht. Wird zum Drehimpuls der Sonne der Bahndrehimpuls der Planeten hinzugerechnet, kommt der für den spezifischen Drehimpuls sich ergebende Wert dem nahe, der bei der Extrapolation der Verhältnisse bei massereichen Sternen auf die Masse der Sonne zu erwarten ist.

Die Existenz von Planeten außerhalb des Sonnensystems wird durch Beobachtungen unmittelbar bewiesen (→ Exoplanet). Die Planeten um die Sonne sind damit kein Einzelfall, doch wird bei einem Stern meist nur ein Planet gefunden. Dass keine größeren Planetensysteme gefunden wurden, könnte sich durch die Beobachtungsverfahren bedingter Auswahleffekt sein. Bei den angewandten Methoden sind massereiche Planeten mit kleinen Bahnhalbachsen sowie massearme mit großen Halbachsen bevorzugt. Im Gegensatz zu den Planeten des Sonnensystems durchlaufen viele Exoplaneten stark elliptische Bahnen. Insgesamt lassen die bisher gefundenen Exoplaneten keine Schlüsse auf allgemeingültige grundsätzliche Eigenschaften von Planetensystemen zu, etwa auf die Häufigkeit und Anordnung von Planeten unterschiedlicher Masse und Bahnhalbachsen. Sie geben auch keinen Hinweis auf die bei der Planetenbildung maßgebenden Prozesse. Das Sonnensystem nimmt hinsichtlich der Vielzahl der in ihm vorhandenen Himmelskörper noch immer eine Sonderstellung ein, so dass sich die Untersuchungen zur K. von Planetensystemen weitgehend auf dieses eine beschränken.

Von einer K. des Sonnensystems sind speziell folgende Beobachtungstatsachen zu deuten: (a) Die Planeten beschreiben nahezu kreisförmige Bahnen um die Sonne, die annähernd alle in der gleichen Ebene liegen. Der Umlauf der Planeten um die Sonne, die Rotation der Sonne und die der Planeten sowie der Umlauf der Satelliten erfolgen mit wenigen Ausnahmen rechtläufig. (b) Der größte Teil der Masse des Gesamtsystems ist in der Sonne vereinigt, auf die Planeten und die anderen Körper entfällt nur etwa 1/750 der Gesamtmasse. (c) Die Sonne hat nur etwa 1/200 des Gesamtdrehimpulses des Systems, der Hauptteil ist in den Umlaufbewegungen der Planeten um die Sonne enthalten. (d) Die erdartigen Planeten Merkur, Venus, Erde und Mars stehen der Sonne am nächsten, es sind feste Körper kleinerer Masse, aber höherer Dichte als die weiter außen sich befindenden, im Wesentlichen gasförmigen jupiterartigen Planeten. (e) In der Frühzeit des Sonnensystems gab es eine große Zahl kleiner Körper, deren Durchmesser von etwa 1 km bis mindestens hinab zu etwa 100 m reichte, wie aus den durch Einschlagkrater gekennzeichneten Oberflächenstrukturen des Mondes, des Merkurs, des Mars sowie zahlreicher Satelliten hervorgeht. Andererseits gab es eine extrem hohe Zahl eisförmiger Kleinkörper, von denen auch noch gegenwärtig eine sehr große Zahl existiert. (f) Feste Körper haben sich aus vielen, mehr oder minder großen Kleinteilchen, aus Staubpartikeln, gebildet, wie die Struktur derjenigen Meteoriten zeigt, die im Laufe ihrer Existenz nahezu unverändert geblieben sind (→ Meteorit).

Nach allgemeiner Ansicht hat sich das Planetensystem mit der Sonne als Zentralkörper aus einer gravitativ instabilen interstellaren Wolke, dem „Sonnennebel", gebildet, der einen Drehimpuls und ein schwaches Magnetfeld besaß. Die chemische Zusammensetzung glich der heute in der Sonnenatmosphäre beobachteten (→ Elementhäufigkeit). Das Magnetfeld war unter den herrschenden Bedingungen in der Materie „eingefroren", es wurde von ihr bei allen Bewegungen mitgeschleppt und so bei der Kontraktion des Nebels verstärkt. Wegen der Drehimpulserhaltung während der Kontraktion nahm die Rotationsgeschwindigkeit der Nebelmaterie zu. Der Sonnennebel nahm, unabhängig von seiner ursprünglichen Gestalt, die Form eines flachen Rotationsellipsoids an. Seine Masse ist unbekannt, sie bestimmte aber wesentlich den weiteren Verlauf der Entwicklung.

Einige Vorstellungen gehen von einem Sonnennebel mit etwa doppelter Sonnenmasse aus, in dem ein turbulenter Bewegungszustand zu größeren Dichteinhomogenitäten führte. Während der allgemeinen Kontraktion fand sehr früh eine Fragmentation des Sonnennebels in gasförmige Protoplaneten statt, die jeweils rund 0,1 Sonnenmassen enthielten. In dem Gas kondensierten schwerflüchtige Elemente und verbanden sich zu festen Teilchen, die zum Zentrum der einzelnen Protoplaneten sanken und dort einen festen Planetenkern bildeten. Die Protoplaneten waren dynamisch nicht an die Restmaterie gebunden, sondern umliefen als individuelle Einheiten das Nebelzentrum, während die Restmaterie im Wesentlichen weiter radial kontrahierte und im Zentrum die Protosonne bildete. Von ihr ging noch vor dem Erreichen des Hauptreihenzustands ein so starker → Sonnenwind aus, dass er sowohl das im Sonnennebel verbliebene Restgas als auch das meiste des in den Außenschichten der Protoplaneten gravitativ nur schwach gebundenen Gases wegblies. Der Massenverlust der Protoplaneten hing von der Sonnenentfernung ab. Die inneren behielten nur etwa 0,1% ihrer ursprünglichen Masse, im Wesentlichen den festen Planetenkern. Die äußeren Protoplaneten verloren zwar auch etwa 99% ihrer Masse, doch blieb ein größerer Teil des ursprünglichen Gases gravitativ an den Planetenkern gebunden. Die Massenreduzierung muss innerhalb weniger 100 000 Jahre erfolgt sein, sonst wäre es beim Umlauf der relativ dicht benachbarten massereichen Protoplaneten um das Systemzentrum zu dynamischen Instabilitäten gekommen. Die Einzelheiten der skizzierten Entwicklung lassen sich schwer quantitativ abschätzen. Eine wesentliche Schwierigkeit besteht darin, zu erklären, wie sich in einem von einem starken Sonnenwind durchströmten Gasnebel die große Zahl von Kleinkörpern (Planetoiden und Kometenkernen) bilden konnte.

Andere Überlegungen gehen aus diesem Grund von einem relativ massearmen Sonnennebel aus, der nur wenige Prozent mehr Masse als die jetzige Sonne hatte. Im abgeflachten Sonnennebel herrschte eine differentielle Rotation. Infolge dynamischer Reibungseffekte wurde das sich weiter außen befindende Gas beschleunigt, das weiter innen liegende hingegen abgebremst, also Dreh-

Kosmogonie

impuls von innen nach außen transportiert. Die sich außen befindende Materie trug schließlich den Hauptanteil des Gesamtdrehimpulses, die im inneren Nebelbereich konzentrierte Hauptmateriemenge, die sich zur Protosonne vereinigte, behielt nur einen relativ kleinen Anteil. Möglicherweise spielten beim Drehimpulstransport auch magnetohydrodynamische Prozesse eine Rolle, doch ist ihr Beitrag schwer abschätzbar, da er wesentlich von der unbekannten Stärke des im ursprünglichen Sonnennebel vorhandenen Magnetfelds abhing. Die fortschreitende Kontraktion erfolgte bis auf den Zentralbereich weitgehend parallel zur Rotationsachse, wodurch die Materiedichte nahe der Symmetrieebene der Scheibe anwuchs und sich in ihr ein radiales Dichtegefälle von innen nach außen einstellte. Die Verhältnisse sind nur sehr schwer quantitativ berechenbar. Wegen des Dichtegefälles wurde die bei der Kontraktion freiwerdende gravitative Energie mit unterschiedlicher Effektivität abgestrahlt, so dass die inneren Bereiche eine höhere Temperatur hatten als die äußeren.

Aus Modellrechnungen sowie Laborexperimenten ergibt sich, dass die Bildung größerer Körper im Sonnennebel entscheidend von der Wechselwirkung der vorhandenen Staubteilchen abhing. Die Entwicklung vollzog sich vermutlich nach etwa folgendem Schema: Wegen ihrer im Vergleich zu den Gaspartikeln höheren spezifischen Dichte sanken die Staubteilchen in Richtung der Symmetrieebene des Sonnennebels, wobei diese Sedimentation durch Turbulenzen sowie die lokale Gasdichte beeinflusst wurde. Die etwa 0,01 bis 1 µm großen Teilchen führten infolge der ständigen Stöße der Gasatome eine Zickzackbewegung (Brown'sche Bewegung) aus, ihre Relativgeschwindigkeiten betrugen einige mm/s als maximal einige cm/s. Bei Zusammenstößen blieben sie aneinander haften, es entstanden mehr oder minder poröse Agglomerate (→ interplanetare Materie). Bis zum Erreichen einer Größe von etwa 100 µm verlief die Entwicklung relativ schnell, in Erdentfernung von der Sonne dauerte sie schätzungsweise wenige Jahre. Die Teilchen wirkten auch als Kondensationskeime. In den inneren, wärmeren Bereichen des Sonnennebels lagerten sich im Wesentlichen schwerflüchtige Elemente und Verbindungen an, es bildeten sich grob gesprochen „Gesteinspartikeln", in den äußeren kühlen Bereichen ab etwa 3 bis 4 AE Sonnenentfernung konnten auch leichtflüchtige Substanzen kondensieren. Verbindungen wie Wasser, Ammoniak und Methan gefroren und schlugen sich als Eis nieder (Abb.).

Das weitere Wachstum zu millimeter- bis metergroßen Aggregaten erfolgte im Wesentlichen durch Koagulation. Je größer die Teilchen wurden, desto geringer wurde die Kopplung an das Gas und umso stärker wurde die Rolle gravitativer Kräfte. Massereiche Körper wuchsen dabei schneller als massearme, da ihr effektiver Einfangquerschnitt durch die erhöhte Massenanziehung größer war, das Massenverhältnis veränderte sich immer mehr zu ihren Gunsten. Infolge wiederholter Zusammenstöße mit nicht zu großen Relativgeschwindigkeiten entstanden schließlich Körper mit einem Durchmesser von rund 100 m bis etwa 1 km, sog. „Planetesimalen", was in den dichteren Nebelbereichen schätzungsweise 10000 bis 100000 Jahre dauerte. Manche Zusammenstöße führten auch zur Zertrümmerung eines der beiden Stoßpartner oder beider, wobei der jeweils größere die höhere Überlebenschance hatte. Mit größer werdender Masse banden die Planetesimale immer mehr Material aus der Umgebung an sich, bis einige Körper nahezu Planetenmasse erreichten. Nahe der Protosonne hatten die Protoplaneten einen Gesteinskern im Innern, die weiter von ihr entfernten einen Kern aus Gestein und Eis. Dieser Prozess vollzog sich relativ langsam und stark abhängig von der Zentrumsentfernung. In den inneren Regionen dürfte er einige Millionen Jahre gedauert haben. Zu dieser Zeit befand sich die Sonne noch im Vor-Hauptreihenzustand, doch ging von ihr bereits eine starke Teilchenstrahlung aus, die ein Aufklaren des Nebels bewirkte und ein weiteres Wachstum der Protoplaneten mindestens in den sonnennahen Bereichen behinderte. Wegen ihres stärkeren Gravitationsfeldes war die Bildung der großen festen Kerne von Jupiter und Saturn beendet, bevor die intensive Teilchenstrahlung der Vor-Hauptreihen-Sonne einsetzte. Diese Kerne konnten viel Materie an sich binden, was innerhalb von etwa 50 bis 100 Mio. Jahren zu den gasreichen Planeten führte. Die Bildung von Uranus und Neptun in ihrer gegenwärtigen Sonnenentfernung hätte durch Akkretion der dort verfügbaren Materie Milliarden von Jahren erfordert. Vermutlich entstanden sie etwas weiter innen im Sonnennebel und gelangten nach gravitativen Bahnstörungen bei relativ nahen Vorübergängen am Jupiter in ihre jetzigen Bahnen. Die Endmasse der Planeten ist schwer aus allgemeinen Prinzipien zu berechnen, sie hängt in komplizierter Weise u. a. von der Dichte- und Temperaturverteilung im Sonnennebel, der Wachstumsgeschwindigkeit der Protoplaneten und der Protosonne, der jeweils verfügbaren Restmateriemenge sowie von anderen, schwer überblickbaren Faktoren, wie z. B. Turbulenzen und Driftbewegungen, ab.

Das Fehlen eines großen Planeten zwischen Mars und Jupiter ist vermutlich darauf zurückzuführen, dass sich im Bereich des jetzigen Planetoidengürtels die Übergangszone von reinen Gestein- zu Gestein-Eis-Mischplanetesimalen befand (Abb.), was mit einem relativen Häufigkeitsminimum verbunden war. Störungen durch den entstehenden Jupiter beförderten viele Planetesimale auf Bahnen mit wesentlich geänderten Halbachsen, und ihre Häufigkeit in dieser Zone sank weiter. Zusammenstöße zwischen den Planetesimalen erfolgten mit hohen Relativgeschwindigkeiten und führten weniger zu Anlagerungen, eher zur Zerstörung der Stoßpartner, was die Chance zur Bildung eines großen Planeten zusätzlich minderte.

Ein großer Teil der im Wesentlichen gesteinsartigen Planetesimale entstand wahrscheinlich im Bereich der jetzigen Jupiter- bis Saturnbahn und wurde infolge gravitativer Wechselwirkungen durch die entstehenden Planeten auf sonnenferne Bahnen befördert. Jenseits etwa der jetzigen Saturn- und Uranusbahn bildeten sich vor allem eisartige Planetesimale, aus denen einige der Satelliten von Saturn, Uranus und Neptun hervorgingen. Die meisten eisartigen Körper wurden gleichfalls infolge von Bahnstörungen durch die Planeten in weit

Kosmogonie

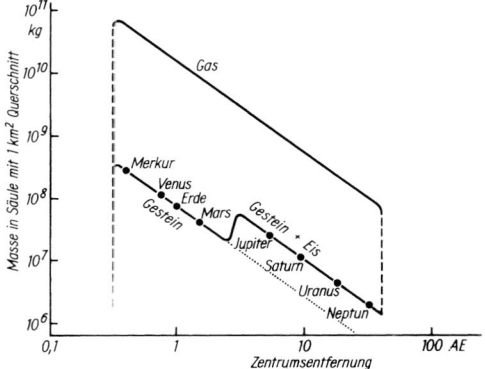

Stark schematisiertes Modell der Massenverteilung im Sonnennebel in Abhängigkeit von der Sonnenentfernung. Aufgetragen ist die Masse an Gas, an schwer schmelzbaren Stoffen („Gestein") sowie an Gestein plus leicht schmelzbaren Stoffen („Gestein + Eis") in einer gedachten Säule mit einem Querschnitt von 1 km² senkrecht zur Symmetrieebene. Die Punkte markieren die jetzige Lage der Planeten

entfernte Bereiche umgelenkt. Die Gesamtzahl der im Kuiper-Gürtel und der Oort'schen Kometenwolke gegenwärtig vorhandenen Objekte wird auf einige 10 bis 100 Mrd. geschätzt (→ Komet).

Die Annahme, dass im Sonnensystem größere Körper durch Zusammenballung fester Teilchen entstanden, wird wesentlich durch Untersuchungen an kohligen Chondriten (→ Meteorit) gestützt. Diese enthalten u. a. Einschlüsse, sog. „Fremdlinge", die sich in der Häufigkeit bestimmter Isotope vom übrigen Meteoritenmaterial unterscheiden. Dessen Isotopenhäufigkeit entspricht weitgehend dem im Sonnensystem üblichen. Die Hauptmasse dieser Meteoriten ist demnach Sonnennebelmaterie, während es sich bei den Fremdlingen sehr wahrscheinlich um ehemalige interstellare Staubteilchen handelt. Sie haben offenbar den gesamten Entwicklungsprozess des Sonnennebels unbeschadet überstanden.

Die Existenz von größeren Körpern im Sonnensystem mit sehr unregelmäßigen Formen, wie z. B. → Planetoiden oder die Kerne von → Kometen, weist ebenfalls auf ein Zusammenwachsen von Planetesimalen hin. Es ist schwer vorstellbar, wie sie bei einer Zusammenballung aus einer Gas-Staub-Masse ihre jetzige Form hätten erhalten können. Ebenso spricht das Nichtzusammenfallen der Bahnebenen der Planeten sowie das Nichtsenkrechtstehen ihrer Rotationsachsen auf den Bahnebenen für eine wesentlich durch Stoßprozesse bestimmte Entstehung. Der Aufprall der Planetesimale auf einen Protoplaneten ist ein stochastischer Vorgang. Bei jedem Stoß wird auch ein Impuls übertragen, was in der Gesamtheit aller Stöße zu einer merklichen Änderung der Lage der Bahnebene, der Ausrichtung der Rotationsachse sowie der Rotationsgeschwindigkeit führen kann. Unverständlich bleibt aber, weshalb die Rotationsachse der Sonne um etwa 6° gegen die mittlere Bahnebene der Planeten geneigt ist. Bei einer Bildung der Sonne durch Kontraktion aus dem rotierenden Sonnennebel ist dies nicht zu erwarten.

Bei der Erde und den anderen erdartigen Himmelskörpern gibt es keine direkten Hinweise auf ihre Bildung aus Planetesimalen. Mit zunehmender Masse des Protoplaneten stieg die Geschwindigkeit der aufschlagenden Körper, damit die kinetische Energie, die in Wärme umgesetzt wurde. Die Temperaturerhöhung verursachte ein Zusammenschmelzen der zunächst lose zusammengefügten Materie zu einem festen Großkörper, der den Kern der späteren Planeten bildete. Das Aufschmelzen ermöglichte eine chemische Differenzierung. Schwere Elemente sanken im Schwerefeld zum Zentrum ab, während spezifisch leichtere Bestandteile, im Wesentlichen silikatische Substanzen, sich in den Außenbereichen ansammelten.

Das von den festen Kernen gravitativ gebundene Gas bildete die Uratmosphäre der späteren Planeten. Ihre Mächtigkeit hing von der Masse des jeweiligen Kerns und der Temperatur des umgebenden Gases ab. Sonnennahe Planeten hatten nur eine massearme Gashülle, die der Erde lag in der Größenordnung von etwa 0,1 Erdmassen; bei den sonnenfernen Planeten dürften die gebundenen Gasmassen bei weitem die Masse des Kerns übertroffen haben, beim Jupiter um rund das 20fache, beim Saturn um etwa das 10fache. Die Unterschiede zwischen Jupiter und Saturn sowie Uranus und Neptun sind wahrscheinlich dadurch bedingt, dass die im System weiter innen gelegenen Kerne schneller an Masse zunahmen als die sonnenferneren. Letztere konnten deshalb größere Gasmassen erst an sich binden, als schon ein Teil des Sonnennebelgases vom Sonnenwind aus dem System ausgetrieben war.

Die Uratmosphären der Planeten bestanden im Wesentlichen aus Wasserstoff und Helium, den Hauptbestandteilen des Sonnennebels. Die jetzigen Atmosphären der Riesenplaneten unterscheiden sich in der Zusammensetzung kaum davon. Die Atmosphären der erdartigen Planeten unterlagen dagegen im Verlauf der Entwicklung grundlegenden Änderungen. Die jetzige Erdatmosphäre enthält z. B. nur noch außerordentlich wenig Wasserstoff und Helium (→ Erdatmosphäre). Innerhalb der ersten vielleicht 500 000 Jahre nach der Erdentstehung ging infolge des Sonnenwinds und der Sonneneinstrahlung die Uratmosphäre weitgehend verloren. Die heutige Atmosphäre ist das Ergebnis geophysikalischer, geochemischer sowie photochemischer Prozesse. Durch Entgasung magmatischer Schmelzen und vulkanische Gasausbrüche entstand eine vor allem Wasserdampf, Kohlendioxid sowie Stickstoff enthaltende Atmosphäre. Als sich die Atmosphäre abkühlte, kondensierte der Wasserdampf, Gewässer entstanden, in denen sich Kohlendioxid löste und u. a. zu wasserunlöslichen Kalium- und Magnesiumkarbonaten verband. Die Entgasungsatmosphäre enthielt sehr wenig Sauerstoff. Bei der Photodissoziation von Wassermolekülen durch die solare Ultraviolettstrahlung wurde zwar Sauerstoff frei, so dass dessen relative Häufigkeit anstieg, sein hohes Absorptionsvermögen im kurzwelligen Spektralbereich verminderte jedoch die für eine weitere starke Dissoziation notwendige energiereiche Strahlung.

Kosmogramm

Eine entscheidende Änderung des Sauerstoffgehalts brachte erst die Entstehung und Entwicklung von Lebensprozessen mit sich. Bei der Photosynthese in Pflanzen wurde Kohlendioxid gebunden und Sauerstoff freigesetzt. Die Menge des in der Atmosphäre vorhandenen Stickstoffs änderte sich dagegen nicht; er wurde zum häufigsten Bestandteil der → Erdatmosphäre. Die gegenwärtigen Dichten und Zusammensetzungen der Atmosphären der anderen erdartigen Planeten sind wesentlich durch die unterschiedlichen Sonnenentfernungen bedingt. Der Merkur verlor infolge der hohen Sonneneinstrahlung und seiner geringen Schwerkraft seine Ur- und Entgasungsatmosphäre praktisch vollständig und hat jetzt nur eine extrem geringe Gashülle (→ Merkur). Bei der Venus verhinderte die relativ hohe Sonneneinstrahlung, dass der bei der Entgasung freiwerdende Wasserdampf kondensierte und Gewässer entstanden. Das freigesetzte Kohlendioxid verblieb in der Atmosphäre und erzeugt einen extrem großen Glashauseffekt (→ Venus). Beim Mars verursachte die merklich geringere Sonneneinstrahlung und die im Vergleich zur Erde geringere Schwerebeschleunigung, dass sich seine Atmosphäre in Bezug auf Dichte, Ausdehnung und Zusammensetzung von der Atmosphäre der Erde unterscheidet (→ Mars).

Die Satellitensysteme von Jupiter, Saturn, Uranus und Neptun stellen in ihrem prinzipiellen Aufbau ähnliche Systeme wie das gesamte Planetensystem dar. Bei der Entstehung der regulären Satelliten, bei denen der Umlaufsinn gleich dem Rotationssinn des jeweiligen Planeten ist und die Bahnebene nahezu mit der Äquatorebene des Planeten übereinstimmt, liefen wahrscheinlich weitestgehend ähnlich Prozesse ab wie bei der Bildung des Gesamtsystems. Bei den regulären großen Satelliten des Jupiter ist relativ deutlich, dass sie aus einer den Jupiter umgebenden scheibenförmigen Gas- und Staubwolke entstanden sein dürften, in der Dichte und Temperatur und entsprechend auch das Verhältnis schwer- zu leichtflüchtigen Kondensaten vom Zentrum nach außen hin abnahmen. Entsprechend sank in den sich bildenden Satelliten das Verhältnis der schwer kondensierbaren, Gestein bildenden Komponenten zu den lichtflüchtigen Komponenten, wie Wasser. Die mittlere Dichte der vier großen Satelliten Io, Europa, Ganymed und Kallisto nimmt mit zunehmendem Abstand vom Jupiter systematisch ab. Die Details der abgelaufenen Prozesse sind noch weitestgehend ungeklärt. Andere reguläre Satellitensysteme haben keine derartige Gesetzmäßigkeit.

Die meist kleinen irregulären Satelliten, die im Allg. größere Bahnhalbachsen, -exzentrizitäten und -neigungen gegen die Äquatorebene der jeweiligen Planeten haben und sich oftmals entgegen dem Rotationssinn der Planeten bewegen, sind wahrscheinlich ehemalige Planetesimale oder aus diesen hervorgegangene Himmelskörper, die von den Planeten eingefangen wurden. Die Ringsysteme, die eine Anhäufung extrem kleiner Satelliten darstellen, sind eventuell die Reste größerer Satelliten, die beim Zusammenstoß mit anderen Körpern zerstört wurden.

Der Mond nimmt unter den Satelliten eine Sonderstellung ein: Seine Masse ist im Vergleich zur Erdmasse sehr groß, er hat einen großen Bahndrehimpuls, und die Zusammensetzung sowie die mittlere Dichte unterscheiden sich von den entsprechenden Größen der Erde, so dass eine Bildung in Erdnähe gleichzeitig mit der Erde, als eine Art Doppelplanet, wenig wahrscheinlich ist, denn dann sollten beide Körper praktisch gleiche mittlere Dichte und Zusammensetzung haben und auch die Mondbahnebene nur gering gegen die Äquatorebene der Erde geneigt sein. Das Einfangen des Mondes als ein an anderer Stelle im Sonnensystem entstandener Körper durch die Erde ist extrem unwahrscheinlich, da die auf Grund der großen Mondmasse hohe kinetische Energie nicht schnell genug hätte abgeführt werden können. Wahrscheinlich ist der Mond das Ergebnis eines fast streifenden Zusammenstoßes der jungen Erde mit einem Körper von etwa Marsgröße. In der Erde hatte sich bereits ein größtenteils aus Eisen bestehender Kern gebildet, während der Erdmantel spezifisch leichtes Material enthielt. Infolge der beim Aufprall des Körpers freigesetzten kinetischen Energie verdampfte der einschlagende Körper weitestgehend wie auch ein großer Teil des Erdmantels. Es bildete sich eine prälunare Gesteinsdampf- und Großteilchenwolke um die Erde, aus der der Mond hervorging; ein beträchtlicher Teil der herausgeschleuderten Masse verlor sich auch im interplanetaren Raum. Die mittlere Dichte des Monds entspricht daher nahezu der des Erdmantels, ebenso die chemische Zusammensetzung. Der geringere Anteil von Elementen mit niedriger Schmelztemperatur ist wahrscheinlich durch die starke Erhitzung des Auswurfmaterials verursacht. Im Rahmen eines Stoßvorganges ist auch die Neigung der Mondbahnebene gegen die Äquatorebene der Erde verständlich.

Geschichtliches. Die erste auf wissenschaftlicher Grundlage beruhende K. des Sonnensystems unter Berücksichtigung der Gravitationstheorie von I. Newton geht auf den Philosophen I. Kant (1724–1804) zurück. Danach haben sich die Sonne und die Planeten aus einer rotierenden Wolke kleiner fester Teilchen durch Verdichtung gebildet. Beim Zusammenstoß der Teilchen ging ein Teil ihrer kinetischen Energie verloren, die dadurch abgebremsten Teilchen sanken zum Gravitationszentrum der Wolke und bildeten die Sonne, innerhalb der Restwolke entstanden aus Verdichtungen die Planeten. P.-S. Laplace (1749–1827) nahm an, dass die Planeten nacheinander aus einer anfangs langsam rotierenden, unter der eigenen Gravitationswirkung kontrahierenden Gasmasse entstanden. Infolge der Kontraktion wurde die Rotation immer schneller, am Rande der Ursonne lösten sich infolge der steigenden Zentrifugalkräfte immer wieder Gasringe ab. Aus lokalen Verdichtungen in den Ringen bildeten sich die Planeten. Nach der Auffassung von J. Jeans (1877–1946) entstand das Planetensystem bei einem nahen, fast streifenden Vorübergang eines Sterns an der bereits existierenden Sonne. Infolge von Gezeitenwirkungen lösten sich aus ihr und dem Stern „Materieschweife" ab, die zu einer „Materiebrücke" zwischen den beiden Himmelskörpern wurde. Sie zerfiel in einzelne Verdichtungen, aus denen die Planeten und ihre Satelliten hervorgingen.

Kosmogramm, svw. Horoskop.

Kosmologie, die Lehre vom Kosmos, speziell seiner Struktur sowie deren zeitlicher Änderung.
Das Weltall, definiert als Gesamtheit aller Materie und allen Raums, ist einmalig. Es ist auch unwiederholbar, und es gibt keinerlei Möglichkeit, es mit anderen zu vergleichen. Diese Eigenschaften des Untersuchungsobjekts unterscheiden die K. von jeder anderen wissenschaftlichen Disziplin.
Vom Weltganzen ist der Beobachtung prinzipiell nur ein Teilbereich zugänglich, von dem unbekannt ist, welchen Bruchteil er ausmacht. Zeitliche Strukturänderungen sind durch Beobachtungen, wenn überhaupt, auch nur in diesem Teilbereich und nur für eine endliche Zeitspanne in die Vergangenheit zurück zu erschließen. Im Allg. wird von der als **Weltpostulat**, **Homogenitätspostulat** oder **kosmologisches Prinzip** bezeichneten Annahme ausgegangen, dass der beobachtbare Teilbereich typisch für das gesamte Weltall und dieses großräumig homogen und isotrop ist. Jedem relativ zu seiner Umgebung ruhenden Beobachter bietet das Weltall in allen seinen großräumigen Eigenschaften den gleichen Anblick.
Nur auf Grund dieser Annahme können auf Beobachtungen beruhende und das Gesamtweltall betreffende Aussagen gemacht werden. Das kosmologische Prinzip schließt die Existenz einer einheitlichen kosmischen Zeit ein. Das Weltall kann sich zwar verändern, nur muss dies überall in gleicher Weise geschehen, denn nur so hat es zu jedem Zeitpunkt für jeden Beobachter die gleiche Struktur in allen seinen Eigenschaften. Dem Weltpostulat liegt das *kopernikanische Prinzip* zugrunde, wonach der Mensch keinen in irgendeiner Weise ausgezeichneten Ort im Weltall einnimmt. In Teilbereichen, in denen die Eigengravitation wesentlich ist, gilt das Prinzip allerdings nicht.
Von einigen Autoren wird ein großräumig homogenes Weltall in Frage gestellt, sie halten die Existenz vieler „Universen" für möglich, die aus weit getrennten Bereichen innerhalb eines großräumig inhomogenen Weltalls bestehen oder als voneinander völlig getrennte Universen ohne jeglichen physikalischen Zusammenhang existieren. Aussagen über ein Ensemble physikalischer Objekte, die in keinerlei Weise miteinander in Verbindung stehen, daher prinzipiell nicht beobachtbar sind und deren Existenz weder bestätigt noch widerlegt werden kann, haben im strengen wissenschaftlichen Sinn keine Beweiskraft.
Neben astronomischen Beobachtungen bilden die bekannten, aus Beobachtungen abgeleiteten und an ihnen überprüften physikalischen Gesetze die wissenschaftliche Grundlage der K. Die Gültigkeit der Gesetze wird für das gesamte Weltall und für alle Zeiten vorausgesetzt. Die in der Frühphase des Weltalls herrschenden Zustände der Materie sind z. T. so extrem, dass sie in irdischen Laboratorien auch nicht annähernd realisiert werden können. Zur theoretischen Beschreibung dieser Zustände sind Extrapolationen der Gesetze über den empirisch gesicherten Bereich hinaus erforderlich. Allein ein Vergleich der auf der Basis dieser Extrapolationen gemachten Voraussagen bestimmter Erscheinungen mit den tatsächlich beobachteten zeigt, ob die Erweiterungen geeignet sind, die Wirklichkeit zu beschreiben, oder ob sie zu verwerfen sind.

Beobachtungsgrundlagen der K. Die Beobachtungen, auf die sich die K. unmittelbar stützt, betreffen vor allem die großräumige Struktur des Weltalls, die durch die Verteilung geeigneter Objekte definiert ist, sowie die allgemeinen Bewegungsverhältnisse dieser Objekte; weitere Beobachtungsgrundlagen sind die mittlere Materiedichte im Weltall sowie die Energiedichte der das Weltall erfüllenden Strahlung. Bei der Bestimmung der räumlichen Struktur und der Bewegungsverhältnisse sowie der mittleren Dichte der sichtbaren Materie im Weltall ist die Beschränkung der Beobachtungen auf die größten existierenden kosmischen Objekte, auf Galaxien und Galaxienhaufen, gerechtfertigt. Ihr Aufbau aus kleineren Objekten (Sterne, Sternhaufen, interstellare Materie usw.) spielt kosmologisch gesehen keine Rolle.
Die großräumigen Bewegungsverhältnisse sind durch Radialgeschwindigkeitsmessungen an Galaxien bzw. Galaxienhaufen erkennbar, Eigenbewegungen von Sternsystemen sind wegen ihrer großen Entfernungen nicht nachweisbar. Bezeichnet λ die beobachtete Wellenlänge einer Emissionslinie im Spektrum der von einem Objekt empfangenen Strahlung und λ_0 die Wellenlänge der von ihm emittierten Strahlung, gilt auf Grund des → Doppler-Effekts für die Radialgeschwindigkeit v des Objekts, falls v wesentlich kleiner als die Lichtgeschwindigkeit c ist, $(\lambda - \lambda_0)/\lambda_0 = v/c$. Ist λ größer als λ_0, die beobachtete gegenüber der emittierten Wellenlänge zum roten Ende des sichtbaren Spektrums hin verschoben, bezeichnet $(\lambda - \lambda_0)/\lambda_0$ die „Rotverschiebung" des Objekts. Mit Ausnahme sehr naher Sternsysteme ergeben die Beobachtungen von Galaxien und Galaxienhaufen eine systematische Rotverschiebung. Diese „*kosmologische Rotverschiebung*" ist umso größer, je weiter die Systeme vom Milchstraßensystem entfernt sind. Dies gilt auch für die abgeleiteten Radialgeschwindigkeiten (→ Hubble-Effekt): Alle Galaxien streben vom Milchstraßensystem weg, sie zeigen eine systematische „Fluchtbewegung" unabhängig von der Beobachtungsrichtung. In der K. wird üblicherweise $(\lambda - \lambda_0)/\lambda_0 = z$ gesetzt, $(1 + z)$ gibt das Verhältnis der beobachteten zur ausgestrahlten Wellenlänge einer Spektrallinie.
Für nicht zu weit entfernte Galaxien ist die Radialgeschwindigkeit proportional der Entfernung r, es gilt $v = H_0 \cdot r$. Der Faktor H_0 wird als **Hubble-Parameter** bezeichnet [benannt nach dem amerikan. Astronomen E. P. Hubble, 1889–1953]. Der systematischen Bewegung sind z. T. individuelle Bewegungen (Pekuliarbewegungen) überlagert, z. B. bei Mitgliedern eines Galaxienhaufens (→ Sternsystem). Im Vergleich zur Fluchtgeschwindigkeit des Haufenschwerpunkts sind die Pekuliargeschwindigkeiten immer klein. Der Schwerpunkt definiert bezüglich der Haufengalaxien den Mittelpunkt eines lokalen Koordinatensystems. Die Haufenschwerpunkte zusammen definieren die Struktur des Weltalls, sie „spannen den Weltraum auf". Die systematische Fluchtbewegung bedeutet, dass sich die lokalen Koordinatensysteme voneinander entfernen. Ein einzelner, weit entfernter Haufen bewegt sich aber nicht in einem irgendwie vorgegebenen dreidimensionalen Raum, vielmehr dehnt sich der Raum mitsamt den eingelager-

Kosmologie

ten Galaxien und Galaxienhaufen aus. Der Raum expandiert, es entsteht neuer Raum.

Die beobachtete großräumige Fluchtbewegung vom Milchstraßensystem weg besagt nicht, dass sich dieses im Zentrum der Expansion befindet und damit eine ausgezeichnete Stellung einnimmt. In einem homogenen, isotrop expandierenden Raum hat jeder Beobachter den Eindruck, er stünde im Mittelpunkt der Expansion. Die vom Milchstraßensystem aus beobachtete Beziehung zwischen den Radialgeschwindigkeiten und den Entfernungen der Galaxien gilt in genau der gleichen Weise für jeden Beobachter (Abb. 1).

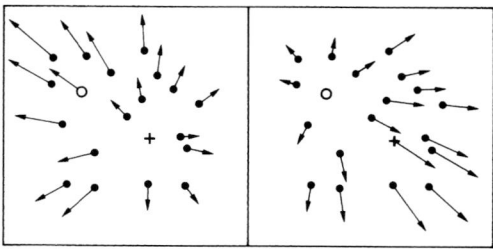

Abb. 1: Zur Expansion des Raumes. Links: Radialgeschwindigkeiten extragalaktischer Sternsysteme bezogen auf das Milchstraßensystem (+); rechts: bezogen auf ein anderes Sternsystem (O) bei unveränderter räumlicher Verteilung der Systeme. Die Pfeilgrößen entsprechen den jeweiligen Radialgeschwindigkeiten

Die Bestimmung des Hubble-Parameters ist schwierig, was vor allem durch die Schwierigkeit der Entfernungsbestimmung im Weltraum bedingt ist (→ Hubble-Effekt). Gegenwärtig dürfte $H_O = 71$ km s^{-1} Mpc^{-1} (± 7 km s^{-1} Mpc^{-1}) wohl am besten gesichert sein. Um die Auswirkung der Wahl eines bestimmten Werts von H_O auf andere Größen zu überblicken, wird häufig der Skalierungsfaktor $h = H_O/100$ explizit angegeben.

Die im Weltall herrschende mittlere Dichte der sichtbaren Materie ergibt sich aus der Zahl der in einem genügend großen Volumen vorhandenen Sternsysteme und deren bekannter oder geschätzter Masse dividiert durch das Gesamtvolumen. Galaxien neigen zur Bildung lokaler Gruppierungen wie Doppel- und Mehrfachgalaxien sowie Galaxienhaufen und Galaxiensuperhaufen (→ Sternsystem). Zwischen diesen Großstrukturen befinden sich Galaxienleeren, deren Ausdehnungen in der Größenordnung von 20 bis 50 Mpc liegen. Werden nur Volumina mit Kantenlängen größer als etwa 500 Mpc betrachtet, scheint im überblickbaren Teil des Weltalls eine relativ homogene Verteilung der Galaxien zu herrschen, wie Durchmusterungen zeigen. Die K. geht daher davon aus, dass zwar die lokale Dichte der sichtbaren Materie stark variiert, dass die großräumig gemittelte Dichte aber überall gleich ist. Sie beträgt etwa $5 \cdot 10^{-31}$ g/cm^3, was rund $3 \cdot 10^{-7}$ Wasserstoffatomen/cm^3 entspricht. Diese Angaben sind sehr unsicher und untere Grenzwerte, da in großen Entfernungen nur die absolut hellsten Sternsysteme beobachtet werden, Zwerggalaxien entziehen sich der Beobachtung. Weiterhin existiert beobachtbare Materie z. B. in Form intergalaktischer Wolken neutralen Wasserstoffs und wahrscheinlich auch in Form eines heißen intergalaktischen Gases (→ intergalaktische Materie). Die Dichte der nicht beobachteten, im Prinzip aber beobachtbaren Materie ist schwer abzuschätzen, sie dürfte etwa das 4- bis 5fache der leuchtend in Erscheinung tretenden betragen. Alle diese Materie besteht aus Baryonen, d. h. aus Protonen und Neutronen, aus denen Atomkerne, Sterne, Sternsysteme, die Erde und alle Lebewesen bestehen.

Zur Erklärung der in Sternsystemen und Galaxienhaufen beobachteten Bewegungsverhältnisse reichen die sich aus der Masse der sichtbaren Sterne bzw. Sternsysteme ergebenden Gravitationsfelder nicht aus (→ Sternsystem). Die Zusatzfelder werden offenbar durch gravitativ wirksame, jedoch absolut unsichtbare, mithin „dunkle" Materie verursacht. Deren mittlere Dichte, die auf Grund der beobachteten Bewegungsverhältnisse bestimmt werden kann, übertrifft die der sichtbaren, „baryonischen" Materie um etwa das Sechs- bis Siebenfache. Woraus diese nicht-baryonische Dunkle Materie besteht, ist völlig unbekannt (→ Dunkle Materie).

Außer von stofflicher Materie ist das Weltall von elektromagnetischer Strahlung erfüllt, von der nur die → kosmische Hintergrundstrahlung von kosmologischer Bedeutung ist. Die spektrale Energieverteilung gleicht der einer Schwarzen Strahlung der Temperatur von 2,725 K. Ihre Energiedichte lässt sich auf Grund der Äquivalenz von Masse und Energie (→ Relativitätstheorie) in Massendichte umrechnen. Sie entspricht $5 \cdot 10^{-34}$ g/cm^3 und ist gegenüber der mittleren Dichte der sichtbaren Materie im Weltall vernachlässigbar klein. Aus der Energiedichte der Strahlung und der mittleren Energie eines Photons ergibt sich, dass die Photonendichte im Weltall rund 400 Photonen/cm^3 beträgt, womit die Zahl der Photonen die der Protonen um etwa das 10^9fache übertrifft. Im Gegensatz zu den starken lokalen Dichtevariationen der sichtbaren Materie zeichnet sich die Strahlung durch nahezu vollständige Isotropie aus.

Raumstruktur. Von den zwischen den kosmischen Objekten bestehenden Wechselwirkungen spielt für die großräumige Struktur des Weltalls nur die Gravitation eine Rolle. Allen kosmologischen Überlegungen liegt die Allgemeine → Relativitätstheorie als die gegenwärtig am besten gesicherte Gravitationstheorie zugrunde. Nach ihr besteht zwischen der Massenverteilung im Raum und dessen geometrischer Struktur (seiner Metrik) ein untrennbarer Zusammenhang. Die Anwesenheit von Materie verändert die Metrik, die Krümmung des Raums, und verursacht damit eine Abweichung von der gewohnten euklidischen Raumstruktur. In einem euklidischen Raum beschreiben Lichtstrahlen exakte Geraden. In einem gekrümmten Raum sind die kürzesten Verbindungslinien zwischen zwei Punkten nicht Geraden, sondern geodätische Linien, und Lichtstrahlen bewegen sich längs derartiger Linien. Je homogener die großräumige Materieverteilung ist, umso homogener ist die Raumstruktur. Das Weltpostulat ist infolgedessen gleichbedeutend mit der Annahme einer für das gesamte Weltall gleichen Raumkrümmung.

Kosmologie

Dreidimensionale Räume können positiv gekrümmt (sphärisch), negativ gekrümmt (hyperbolisch) oder eben (euklidisch) sein. Gekrümmte dreidimensionale Räume sind kaum vorstellbar. Man kann sich aber anhand analoger zweidimensionaler Räume, die im gewohnten dreidimensionalen Raum eingebettet sind, eine gewisse Vorstellung verschaffen (Abb. 2). Ein zweidimensionaler sphärischer Raum konstanter Krümmung ist eine Kugelfläche. Ihre Größe ist messbar und endlich, es ist ein „geschlossener" Raum: Bei einer dauernd „geradlinig", d. h. längs eines Großkreises erfolgenden gleichförmigen Wanderung wird nach endlicher Zeit wieder der Ausgangspunkt erreicht, ohne dass die Fläche verlassen werden muss. Durch Messungen auf der Kugeloberfläche ist der Krümmungsradius bestimmbar. Die Expansion oder Kontraktion des Raumes bedeutet eine zeitliche, durch Beobachtungen feststellbare Änderung des Krümmungsradius. Ein Beobachter auf einer Kugeloberfläche bemerkt bei der Expansion seines Raums, dass sich alle Punkte radial von ihm wegbewegen, wobei die „Fluchtgeschwindigkeit" proportional der auf der Kugeloberfläche gemessenen Entfernung ist. In einem dreidimensionalen sphärischen Raum gilt dies in gleicher Weise. In einem sphärischen Raum nimmt mit wachsender Entfernung vom Beobachtungsort die Größe des überblickten Raumbereichs (auf der Kugeloberfläche die Größe der überblickten Kugelkalotte) langsamer zu als in einem euklidischen Raum. In hyperbolischen Räumen wachsen die entsprechenden Größen schneller als in euklidischen. Euklidische und hyperbolische Räume sind offen, ihre Volumina unendlich groß. Bei einer Wanderung ständig „geradeaus" wird der Ausgangspunkt nie wieder erreicht. Welche geometrische Raumstruktur vorliegt, lässt sich bei zweidimensionalen Räumen u. a. aus der Winkelsumme im Dreieck erkennen. Bei hyperbolischer Krümmung ist sie kleiner als 180°, im ebenen Raum gleich 180° und bei sphärischer Krümmung größer als 180°.

In unmittelbarer Umgebung des Beobachtungsorts ist der Raum lokal nahezu eben, bei einer Kugelfläche ist es eine Tangentialebene (Abb. 2). Aus der Beobachtung eines sehr kleinen Raumbereichs ist deshalb die Krümmung, auch die des Weltraums, nicht bestimmbar.

Weltmodelle. Bei der isotropen Expansion eines sphärischen Raums wachsen die Abstände R zwischen zwei Punkten mit der Zeit t, für das gesamte Weltall besteht eine einheitliche Funktion, der *kosmische Skalenfaktor* $R(t)$. Die Zeit ist für jeden gegenüber seinem lokalen Koordinatensystem ruhenden Beobachter gleich, es ist die universelle kosmische Zeit.

Infolge der Gravitationskräfte zwischen den im Weltall existierenden Massen, der sichtbaren und Dunklen Materie, muss sich die Expansionsgeschwindigkeit verringern, falls keine der Gravitation entgegenwirkende Kraft existiert. Die zeitliche Änderung der Expansionsgeschwindigkeit, damit die des Skalenfaktors, ist durch die jeweils herrschende mittlere Materiedichte bestimmt, die infolge der Expansion des Weltalls abnimmt. Der Expansionsverlauf kann mit Hilfe der sog. Einstein'schen Feldgleichungen berechnet werden, die durch das Weltpostulat stark vereinfacht sind. Materiedichte sowie Expansionsgeschwindigkeit zu einem bestimmten Zeitpunkt legen den Expansionsverlauf, ein bestimmtes „Weltmodell", fest. Der Wert beider Größen ist nicht durch irgendwelche physikalische Grundprinzipien festgelegt. Um das tatsächlich realisierte Modell aus der Vielzahl der theoretisch möglichen zu erkennen, müssen die gegenwärtige Massendichte im Weltall sowie die gegenwärtige Expansionsgeschwindigkeit bzw. der gegenwärtige Hubble-Parameter bekannt sein. Ein Weltmodell, in dem die Massenverteilung homogen ist, wird als **Friedmann-Modell** oder **Friedmann-Kosmos** bezeichnet [benannt nach dem russ. Mathematiker A. Friedmann, 1888–1925]. Alle Friedmann-Modelle sind nicht statisch.

Die möglichen Friedmann-Modelle bilden zwei Gruppen. Die erste Gruppe umfasst die Modelle, bei denen die Massendichte so gering ist, dass der Kosmos zeitlich unbegrenzt expandiert, wobei die Expansionsgeschwindigkeit zwar ständig kleiner, aber selbst nach unendlich langer Zeit nicht verschwindend klein wird. In den Modellen der zweiten Gruppe ist die Massendichte so hoch, dass die Expansion nach einer endlichen Zeit zum Stillstand kommt und in eine Kontraktion umschlägt; alle Abstände im Weltall wachsen zunächst, erreichen nach einer endlichen Zeit einen Maximalwert und werden danach wieder kleiner. Den Grenzfall zwischen beiden Gruppen bildet ein Modell, bei dem die Massendichte einen *kritischen Wert* hat, so dass sich mit fortschreitender Zeit die Expansionsgeschwindigkeit immer mehr dem Wert null nähert, ihn aber erst nach unendlich langer Zeit erreicht. Die beiden Gruppen von Weltmodellen lassen sich durch das Verhältnis der tatsächlich herrschenden Massendichte zur *kritischen Dichte* charakterisieren: Dieses Verhältnis, das üblicherweise mit Ω bezeichnet wird, ist bei der ersten Modellgruppe kleiner als 1, für die Modelle der zweiten Gruppe gilt $\Omega > 1$ und für den Grenzfall $\Omega = 1$ (Abb. 3). Die beiden Gruppen unterscheiden sich in der Raumstruktur: Bei den Modellen der ersten Gruppe ist der Raum hyperbolisch und offen, die Raumkrümmung ist

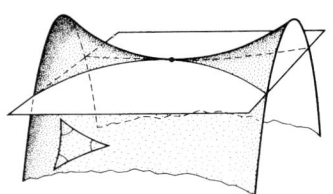 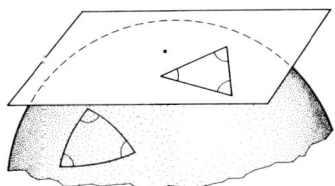

Abb. 2: Unterschiedlich gekrümmte zweidimensionale Räume. Links: hyperbolisch gekrümmter Raum (Sattelfläche) mit einem euklidischen Raum (Ebene) als Tangentialfläche in einem Punkt der Sattelfläche. Rechts: sphärisch gekrümmter Raum (Kugelfläche) mit einer Ebene als Tangentialfläche

Kosmologie

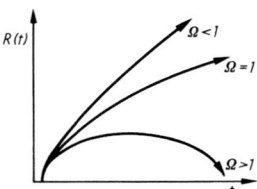

Abb. 3: Schematische zeitliche Änderung des kosmischen Skalenfaktors $R(t)$ für Friedmann-Modelle in Abhängigkeit vom Parameter Ω

negativ. Die Modelle der zweiten Gruppe haben einen geschlossenen sphärischen Raum, die Raumkrümmung ist positiv. Der Raum des Grenzmodells ist eben, mithin euklidisch, die Raumkrümmung ist null.

Der Wert der kritischen Dichte lässt sich für ein euklidisches Weltall mittels des Hubble-Parameters berechnen. Mit ihm und der beobachteten mittleren Dichte ergibt sich auch der Parameter Ω, der nicht von der Skalierungsgröße h, damit vom tatsächlichen Zahlenwert des Hubble-Parameters, abhängt, weil er in beide Dichten in gleicher Weise eingeht. Die mittlere Dichte der beobachteten leuchtenden Materie führt auf Ω_{beob} = 0,006, für die gesamte baryonische Materie ergibt sich $\Omega_{bar} \approx 0,04$. Die mittlere Dichte der nicht-baryonischen Dunklen Materie beläuft sich schätzungsweise auf etwa 30% der kritischen Dichte, so dass für die gesamte baryonische und nicht-baryonische Materie $\Omega_{materie} \approx 0,34$ beträgt.

Die in der Gegenwart (zur Zeit t_0) empfangene Strahlung eines Objekts wurde zur Zeit t_E emittiert. Bezeichnen $R(t_0)$ bzw. $R(t_E)$ die Skalenfaktoren zu den zwei Zeitpunkten, besteht zwischen ihnen und der Rotverschiebung die Beziehung $R(t_0)/R(t_E) = (1 + z)$. Die Zahl $(1 + z)$ gibt an, um wie viel sich das Weltall während der Lichtlaufzeit ausgedehnt hat, z. B. bei $z = 1$ verdoppelt, bei $z = 2$ verdreifacht usw. Damit ist z ein Maß für das Zeitintervall zwischen dem Ereignis und der Gegenwart. Je größer z ist, umso weiter reicht der Blick in die Vergangenheit zurück.

Im Laufe der Zeit vergrößern sich alle Entfernungen entsprechend $R(t)$, Volumina entsprechend $R^3(t)$, die Materiedichte sinkt proportional $1/R^3(t)$, ebenso die Anzahldichte der Photonen der kosmischen Hintergrundstrahlung. Die Photonenenergie verringert sich infolge der Rotverschiebung zusätzlich proportional $1/R(t)$, so dass die Energiedichte der Strahlung (bzw. die ihr äquivalente Massendichte) proportional $1/R^4(t)$, mithin stärker als die Materiedichte, sinkt. Der Charakter der Hintergrundstrahlung als Schwarze Strahlung bleibt aber erhalten, ihr kann immer eine Temperatur $T(t)$ zugeordnet werden, die sich proportional $1/R(t)$ ändert. Allgemein gilt $T(t)/T(t_0) = (1 + z)$, wenn $T(t_0)$ die gegenwärtige Temperatur der Hintergrundstrahlung bezeichnet.

Weltalter. In einem expandierenden Weltall wachsen alle Entfernungen mit der Zeit. Wird die Zeit rückwärts verfolgt, werden immer frühere Zustände betrachtet, schrumpfen die Entfernungen, die Materie- und stärker noch die Energiedichte steigen an. Zu einem endlichen Zeitpunkt vor heute waren alle Entfernungen unendlich klein, Dichten und Temperatur unendlich groß, auch die Expansionsgeschwindigkeit überstieg jeden beliebigen vorgegebenen Wert, auch den Zahlenwert der Lichtgeschwindigkeit. Letzteres steht nicht im Widerspruch zur Aussage der Speziellen Relativitätstheorie, wonach die Lichtgeschwindigkeit eine obere Grenzgeschwindigkeit ist, denn sie gilt nur für Bewegungen und Energieübertragungen bezüglich eines lokalen Ruhkoordinatensystems, nicht aber für die Expansion des Raums. Dass die Expansionsgeschwindigkeit des Raumes groß gegenüber der Lichtgeschwindigkeit war, hat u. a. zur Folge, dass nur ein Teilbereich des Weltalls überblickbar ist; der Restbereich liegt unbeobachtbar hinter einem „Wahrnehmungshorizont" (Abb. 4). Der Grenzfall verschwindend kleiner Entfernungen ist mit einem physikalisch singulären, nicht beschreibbaren Zustand verknüpft, denn physikalische Gesetze beziehen sich immer auf endliche Messgrößen. Der Grenzzustand stellt die *„kosmische Singularität"* dar, die auch als *„Urknall"* bezeichnet wird. Mit der Singularität begann explosionsartig, mit unbeschreibbar hoher Geschwindigkeit, die Expansion des Weltalls.

Die seit der kosmischen Singularität bis zur Gegenwart vergangene Zeit wird als **Friedmann-Zeit** oder „Weltalter" bezeichnet. Im hypothetischen Fall einer konstanten, mit der gegenwärtig beobachteten Geschwindigkeit erfolgenden Expansion wäre das Weltalter $1/H_0$ (Hubble-Zeit). Weltmodelle, die sich durch den Wert von Ω unterscheiden, haben unterschiedliche Expansionsverläufe und damit eine andere Friedmann-Zeit (Abb. 5). Mit $H_0 = 71$ km s^{-1} Mpc^{-1} und $\Omega_{materie} = 0,34$ beläuft sich das Weltalter auf 13,7 Mrd. Jahre.

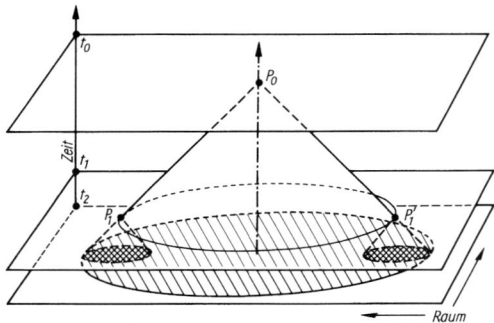

Abb. 4: Zeitliche Änderung des Wahrnehmungshorizonts. Einfach schraffiert: der größtmögliche Raumbereich, aus dem ein zum Zeitpunkt t_0 im Punkt P_0 sich befindender Beobachter während des Zeitraumes $(t_0 - t_2)$ Signale empfangen konnte, alle anderen Bereiche liegen jenseits des Wahrnehmungshorizonts. Doppelt schraffiert: die jeweiligen Raumgebiete, aus denen von zwei sich an gegenüberliegenden Stellen P_1 und P_1' des Wahrnehmungshorizonts befindenden Beobachtern während des Zeitraumes $(t_2 - t_1)$ Signale empfangen werden konnten. Ein bezüglich seines lokalen Koordinatensystems ruhender Beobachter bewegt sich längs einer Geraden (-·-·-) parallel zur Zeitachse. Lichtsignale laufen entlang von Geraden, die 45° gegen die Zeitachse geneigt sind

Kosmologie

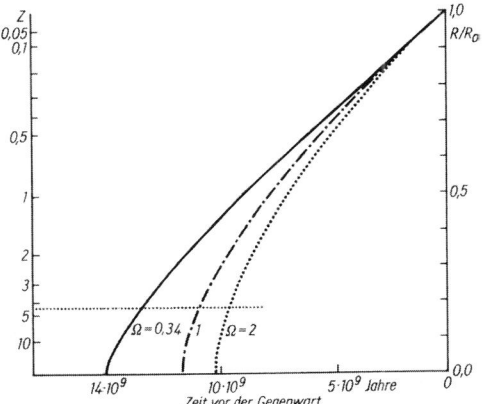

Abb. 5: Schematisierte Beziehung zwischen der Rotverschiebung z und dem Verhältnis des kosmischen Skalenfaktors R/R_c in Abhängigkeit von der Rückblickzeit für unterschiedliche Werte des Parameters Ω. Punktiert: eine für Quasare typische Rotverschiebung

Entwicklungsphasen des Weltalls. Unmittelbar nach der kosmischen Singularität war die Energiedichte extrem hoch und nahezu ausschließlich durch die elektromagnetische Strahlung bestimmt, das Weltall war ein *Strahlungskosmos*. Infolge von Paarbildung entstanden aus Photonen ständig Elementarteilchen und ihre Antiteilchen, infolge der gleichzeitig stattfindenden Paarvernichtung entstanden entsprechend gleich viele Photonen. Die Geschwindigkeit, mit der diese Prozesse abliefen, war so groß, dass immer ein thermodynamisches Gleichgewicht entsprechend der mit fortschreitender Expansion sinkenden Temperatur bestand. Es können daher sinnvolle Aussagen über die vom Weltall im Laufe seiner Entwicklung durchlaufenen Zustände gemacht werden, auch wenn über die vorhergehenden Zustände nichts Sicheres gesagt werden kann. Die Ruhmasse der erzeugten Teilchen (in Energieeinheiten) muss kleiner sein als die Energie der Photonen, aus denen sie entstehen. Sank die Temperatur und damit verbunden die mittlere Energie der Photonen unter einen bestimmten Wert, konnten Elementarteilchen, deren Ruhmasse die mittlere Photonenenergie überstieg, nicht länger gebildet werden. Da die Paarvernichtung aber weiter möglich war, verschwanden diese Teilchen. Soweit physikalische Theorien vorliegen, die bestimmenden Elementarteilchen und ihre Wechselwirkungen zwischen ihnen beschreiben, können auch die im Weltall herrschenden physikalischen Zustände sowie die sich abspielenden Prozesse beschrieben werden; die Entwicklung des Kosmos, seine „Geschichte", ist nachvollziehbar. In Abhängigkeit von den physikalischen Zuständen wird sie in verschiedene Ären eingeteilt (Abb. 6).
Ein kennzeichnendes Merkmal der physikalischen Theorien zur Beschreibung der Elementarteilchen und ihrer Wechselwirkungen ist, dass mit zunehmender Energie die vier grundlegenden Kräfte (Gravitation, Kern- oder starke Kraft, elektromagnetische Kraft, schwache Kraft) schrittweise ununterscheidbar werden. Die Prozesse während der sog. *Planck-Ära*, die bis etwa 10^{-43} s nach der kosmischen Singularität dauerte und an deren Ende die Temperatur im Weltall etwa 10^{32} K betrug, sind bisher mit keiner Theorie auch nur ansatzweise zu beschreiben. Während dieses Zeitintervalls spielten wahrscheinlich Quanteneigenschaften der Gravitation eine entscheidende Rolle, die außerhalb der Allgemeinen Relativitätstheorie liegen. Möglicherweise ist eine Theorie erforderlich, in der die vier Kräfte zu einer einheitlichen „Urkraft" vereinigt sind.
Das nächste Stadium der Expansion wird im Rahmen einer sog. „Großen Vereinheitlichten Theorie" (GUT von engl. Grand Unified Theories) versucht zu beschreiben, in der starke, schwache und elektromagnetische Kraft als eine einzige einheitliche Kraft angesehen werden. Die Gravitation bleibt unberücksichtigt. Die Mittlerrolle dieser einheitlichen Kraft übernahmen sog. X-Bosonen. Sie spielen die gleiche Rolle wie die Photonen bei der elektromagnetischen Wechselwirkung. Im Unterschied zu den masselosen Photonen haben die X-Bosonen eine Ruhmasse, die einem Energieäquivalent von etwa 10^{24} eV gleichkommt. Eine Konsequenz des Vorhandenseins der X-Bosonen ist, dass Quarks in Leptonen umgewandelt werden und umgekehrt; unter den verschiedenen Fermionen herrschte dadurch ein der Temperatur entsprechendes Gleichgewicht. Bei Temperaturen unter 10^{28} K (etwa 10^{-35} s nach der Singularität) reichte die Energie der Photonen nicht mehr zur Bildung von X-Bosonen und ihren Antiteilchen aus, die vorhandenen zerfielen in masseärmere Elementarteilchen. Mit dem Verschwinden der freien X-Bosonen tritt die starke Wechselwirkung als eigenständige Kraft in Erscheinung, elektromagnetische und schwache Kraft bleiben (zur elektroschwachen Kraft vereinigt) ununterscheidbar. Für die weitere Entwicklung war entscheidend, dass beim Zerfall der X-Bosonen und Anti-X-Bosonen eine winzige Asymmetrie zu-

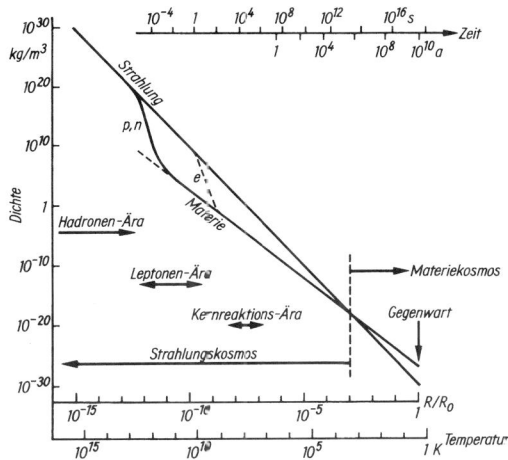

Abb. 6: Folge der verschiedenen Entwicklungsphasen und zeitliche Änderung der Materiedichte sowie der der Strahlung äquivalenten Dichte in Abhängigkeit vom relativen kosmischen Skalenfaktor R/R_0. Oben: Zeitskala; unten: Skala der Strahlungstemperatur

Kosmologie

gunsten der Materie bestand. Dass heute praktisch allein Materieteilchen im Weltall existieren, ist nach diesen Vorstellungen eine zwingende Folge der Zerfallseigenschaften der X-Bosonen: Ohne diese Asymmetrie gäbe es weder Sterne, noch die Erde, noch Lebewesen. Die Größe des Überschusses der Materieteilchen gegenüber den Antiteilchen kann aus der gegenwärtigen Anzahldichte der Protonen und der der Photonen der kosmischen Hintergrundstrahlung abgeschätzt werden. Die Protonendichte gleicht der bei der Paarvernichtung übrig gebliebenen Materieteilchen, die Photonendichte der Gesamtzahl der stattgefundenen Paarvernichtungen. Das Verhältnis Photonen zu Protonen beträgt etwa 10^9.

Die Aussagen der „Großen Vereinheitlichten Theorie" sind noch keineswegs gesichert, sie stellen aber eine sehr gute Arbeitshypothese dar. Das beobachtete Weltall stimmt mit den Voraussagen nur überein, wenn freie Parameter innerhalb eines sehr engen Wertebereichs liegen, eine innere Notwendigkeit für gerade diesen Parameterbereich konnte bisher nicht gefunden werden. Eine experimentelle Überprüfung der Theorie ist nicht möglich, da die erforderlichen Energien mit Teilchenbeschleunigern im Laboratorium auch nicht annähernd aufgebracht werden können.

Inflatorische Epoche. Der Symmetriebruch, der mit der Abspaltung der starken Kraft verbunden ist, kann als ein Phasenübergang aufgefasst werden, bei dem eine hochgradig symmetrische Phase in eine weniger symmetrische überging. Während sich die Temperaturerniedrigung infolge der Expansion des Weltalls relativ rasch vollzog, erfolgte der Phasenübergang im Vergleich dazu wesentlich verzögert, die symmetrische Phase wurde stark unterkühlt, sie enthielt eine extrem hohe Menge latenter Wärmeenergie. Beim Phasenumschlag wurde diese plötzlich frei, wodurch die Expansionsgeschwindigkeit des Weltalls exponentiell anwuchs. Der Zeitabschnitt der beschleunigten Expansion dauerte von etwa 10^{-37} s bis etwa 10^{-32} s nach der Singularität, es ist die sog. *inflatorische Ära*. Die Temperatur sank in ihr von etwa 10^{30} K auf rund 10^{24} K, alle Abstände vergrößerten sich um etwa einen Faktor 10^{30} bis 10^{50}, der Krümmungsradius des Raums nahm außerordentlich stark ab und sank praktisch auf Null, der Raum wurde unabhängig von seiner früheren Struktur eben. Ein ebener Raum ist durch $\Omega = 1$ gekennzeichnet. Da die gesamte beobachtete baryonische und nicht-baryonische Materie nur $\Omega_{materie} \approx 0{,}34$ ergibt, muss ein nicht aus Materie bestehendes wirksames Agens mit $\Omega_\Lambda \approx 0{,}66$ vorhanden sein, um $\Omega = 1$ zu erreichen. Das unbekannte Medium kann nicht massebehaftet sein, es kann nur den Charakter einer Energie haben, deren Ursprung unbekannt ist, es ist eine „Dunkle Energie".

Die Inflation des Weltalls erklärt zwanglos seine gegenwärtig beobachtete vollständige Isotropie. Vor der Inflation war der Kosmos so klein, dass alle Teile in enger Wechselwirkung standen und einheitliche physikalische Eigenschaften hatten. Die Einheitlichkeit der Eigenschaften blieb bei der Inflation erhalten. Die Expansionsgeschwindigkeit war um Größenordnungen höher als die Geschwindigkeit des Lichts, so dass eine große Menge Materie hinter dem Wahrnehmungshorizont verschwand. Aus diesem Grund ist nur ein sehr kleiner Teil des unvergleichlich größeren Weltalls beobachtbar. Dieser Teil muss notwendigerweise sehr homogen sein, wie die Beobachtungen auch zeigen. Die Eigenschaften des sichtbaren Weltalls sind durch die Inflation bestimmt, sie erlauben keinerlei Rückschlüsse auf die Eigenschaften vorher.

Nach dem Ende der Inflation setzte sich die Expansion und verbunden damit der Temperaturabfall wesentlich langsamer fort. Bis etwa 10^{-10} s nach der Singularität war die Temperatur auf etwa 10^{15} K gesunken, die Energie der Photonen reichte bis hierher zur Bildung von W- und Z-Bosonen, den Mittlerteilchen der elektroschwachen Kraft, aus, d. h. elektromagnetische und schwache Kraft waren noch ununterscheidbar, von da an aber treten alle vier Naturkräfte getrennt in Erscheinung.

Etwa 10^{-4} s nach der Singularität sank die Temperatur unter 10^{14} K, die Photonenenergie wurde vergleichbar mit der Bindungsenergie der Quarks in Mesonen und Baryonen. Alle Quarks wurden zu diesen Elementarteilchen vereinigt, damit war die Zeit der freien Quarks zu Ende. Die thermische Energie reichte noch zur Paarbildung von Hadronen aus, nach dem Absinken der Temperatur unter 10^{12} K etwa 10^{-2} s nach der Singularität war dies nicht mehr möglich, die **Hadronen-Ära** war beendet.

Bei Temperaturen höher als rund $6 \cdot 10^9$ K, d. h. bis etwa 10 s nach der Singularität, war die Paarbildung von Leptonen, zu denen Elektronen und Myonen einschließlich ihrer Antiteilchen gehören, noch möglich. In der **Leptonen-Ära** reagierten Protonen, Neutronen, Elektronen sowie Positronen miteinander. Ein Proton und ein Elektron vereinigten sich zu einem Neutron unter Freisetzung eines Neutrinos, ein Neutron und ein Positron zu einem Proton unter Freisetzung eines Antineutrinos. Die Wechselwirkung von Neutrinos und Antineutrinos miteinander und mit anderen Teilchen ist extrem gering (→ Neutrino). Bereits rund 1 s nach der Singularität konnten Neutrinos und Antineutrinos als freie Teilchen ungehindert das Weltall durchfluten. Seit dieser Zeit sind sie von der übrigen Materie abgekoppelt. Sie tragen Informationen über den Zustand des Weltalls zur Zeit ihrer Entkopplung. Der mittleren kinetischen Energie der Neutrinos entspricht gegenwärtig nur eine Temperatur von etwa 1,95 K, ihre Anzahldichte übertrifft die der Baryonen um rund das 10^9fache. Ein Nachweis derart energiearmer Neutrinos ist gegenwärtig unmöglich.

Kernprozesse. Mit dem Verschwinden der Positronen am Ende der Leptonen-Ära war die Umwandlung von Neutronen in Protonen nicht mehr möglich. Etwa 1 s nach der Singularität zerfielen Deuteronen, die aus Protonen und Neutronen gebildet werden, nicht sofort wieder. Etwa 200 s danach wurde der Aufbau von Heliumkernen der Massenzahlen 3 (^{3}He) und 4 (^{4}He) sowie von Lithiumkernen der Massenzahl 7 (^{7}Li) möglich. Rund 1 000 s nach der Singularität war eine Entstehung dieser Atomkerne nicht mehr möglich, auch die **Kernreaktionen-Ära** war beendet.

Die nicht bei den Kernreaktionen verbrauchten Neutronen, die eine mittlere Existenzdauer von nur rund 10

Minuten haben, zerfallen in Protonen, Elektronen und Neutrinos. Die Häufigkeit der entstehenden Atomkerne hängt u. a. von der Protonendichte ab. Ist sie hoch, werden mehr ^{4}He-Kerne und ^{7}Li-Kerne gebildet, die Häufigkeit von Deuteronen und ^{3}He-Kernen ist gering, bei niedriger Protonendichte sind Deuteronen häufiger. Die relative Häufigkeit der verschiedenen Kerne ist demzufolge zeitabhängig (Abb. 7). Sofern angenommen wird, dass die Baryonendichte im Weltall etwa 4% der kritischen Dichte beträgt, bestand die Materie am Ende der Kernreaktionen-Ära zu etwa 76% aus Protonen, geringen Mengen Deuteronen und Wasserstoff-3-Kernen, rund 24% entfielen auf Heliumkerne, wobei es weit mehr Helium-4- als Helium-3-Kerne gab, Lithiumkerne waren überaus selten, was mit den Beobachtungen gut übereinstimmt (→ Elementenentstehung, → Elementenhäufigkeit). Das gegenwärtig vorhandene Deuterium und Helium-3 ist fast ausschließlich kosmologischen Ursprungs: Die bei Kernreaktionen während der Sternentwicklung gebildeten Deuteronen und He-3-Kerne sind Zwischenkerne in den Reaktionsketten bei der → Energiefreisetzung in Sternen, sie verbleiben praktisch im Sterninnern (→ Sternentwicklung).

Entkoppelung von Strahlung und Materie. Bis etwa 300 000 Jahre nach der Singularität bestand eine enge Wechselwirkung zwischen Materie und Photonen. Diese wurden an den freien Elektronen gestreut, dabei fand ein Energieaustausch statt und Strahlung und Materie waren im thermischen Gleichgewicht. Das gesamte Weltall war ein „Feuerball". Als rund 300 000 Jahre nach der Singularität die Temperatur etwa 3 000 K unterschritt, konnten Elektronen mit Wasserstoff- sowie Heliumkernen dauerhaft zu neutralen Wasserstoff- und Heliumatomen rekombinieren. Die zunehmende Häufigkeit der Wasserstoffatome und die abnehmende Häufigkeit freier Elektronen hatte eine Entkoppelung von Strahlung und Materie zur Folge, da die Strahlungswechselwirkung mit neutralen Atomen weitaus geringer ist als die mit Elektronen. Nur die zur Ionisation der Wasserstoffatome fähigen Photonen traten noch mit Materie in Wechselwirkung. Das Ende der **Rekombinations-Ära** markiert den Übergang vom undurchsichtigen zum durchsichtigen Weltall. Die Photonen der kosmischen Hintergrundstrahlung stammen aus dieser Zeit, sie hatten rund 380 000 Jahre nach der Singularität ihre letzte Wechselwirkung mit Materie, sie sind ein schwacher Widerschein des kosmischen Feuerballs. In den folgenden rund 13 Mrd. Jahren sank die Temperatur der Strahlung von etwa 3 000 K auf die jetzigen 3 K (→ kosmische Hintergrundstrahlung).

Bildung von Großstrukturen. Die beobachtete Existenz von Strukturen wie Galaxienhaufen, Galaxien und Sterne zeigt, dass im Weltall keine strenge Isotropie herrscht. Am Anfang standen vermutlich Quantenfluktuationen, die in der inflatorischen Ära zu makrokosmischen Dichtevariationen verstärkt wurden. Die mit den Dichteschwankungen verbundenen Schwankungen des Gravitationsfelds verursachen infolge der Gravitationsrotverschiebung Temperaturvariationen der kosmischen Hintergrundstrahlung. Die Dunkle Materie war infolge des Wechselspiels zwischen gravitationsinduzierter Konzentration und fortdauernder Expansion des Weltalls großräumig stark strukturiert. Gebiete lokal erhöhter Dichte Dunkler Materie banden immer mehr Masse an sich, was zur weiteren Dichteerhöhung und einem verstärkten lokalen Gravitationsfeld führte, Gebiete geringer Dichte wurden dagegen immer dichteärmer. Die baryonische Materie unterlag zwar auch diesen Gravitationsfeldern, größere Konzentrationen wurden aber bis zur Strahlungsentkoppelung durch den wirksamen Strahlungsdruck verhindert, lokale Dichteerhöhungen wurden zerstreut. Als das Weltall durchsichtig wurde, fiel der Strahlungsdruck weg. Damit war die baryonische Materie den lokalen Gravitationsfeldern der Dunklen Materie voll unterworfen. Es entstanden mehr oder minder große Massenansammlungen baryonischer Materie und daraus leuchtkraftstarke Objekte, deren Rotverschiebung z und damit die Zeit zwischen der Bildung der beobachtbaren Großstrukturen und der Gegenwart recht genau bestimmbar ist. Je größer z, umso früher sind die Strukturen entstanden.

Bis $z \approx 1 000$ übertraf die der Strahlung äquivalente Massendichte die mittlere Dichte der sichtbaren Materie, danach überwog die Materiedichte. Der Strahlungskosmos wurde vom *Materiekosmos* abgelöst (Abb. 7). Das Weltall war mit einem kalten, aus neutralem Wasserstoff und Helium bestehenden Gas erfüllt, Sterne fehlten noch, die Ära wird als **Dunkel-Ära** bezeichnet. Bei $z = 30$ bis etwa 10 (etwa 200 Mio. Jahre nach der Singularität) kam es zu gravitativer Instabilität lokaler baryonischer Massenkonzentrationen, die zu mehr oder minder massereichen, gravitativ gebundenen Einheiten führten, aus denen massereiche Sterne, Galaxien, Galaxienhaufen und Galaxiensuperhaufen hervorgingen. Diese **Galaxien-Ära** dauert noch gegenwärtig an. Die Massenverteilung der entstehenden Einheiten ist schwer abschätzbar, es ist weitgehend ungeklärt, ob zunächst sehr massereiche Konzentrationen entsprechend etwa denen jetziger Galaxiensuperhaufen entstanden, die dann in immer masseärmere zerfielen, oder ob zunächst relativ massearme Gebilde entsprechend etwa den Sternsystemen entstanden, aus denen sich später Galaxienhaufen und Galaxiensuperhaufen bildeten. Die Existenz großräumig langgestreckter Galaxienanord-

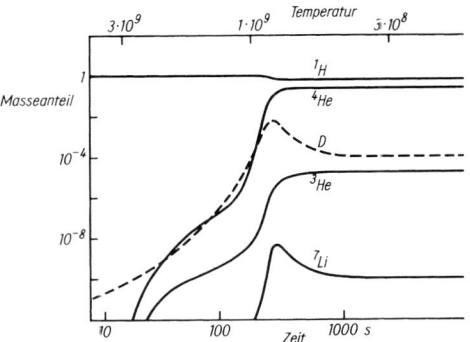

Abb. 7: Zeitliche Änderung des relativen Masseanteils von Wasserstoff- (^{1}H), Deuterium- (D), Helium- (^{3}He und ^{4}He) sowie Lithiumkernen (^{7}Li) während der Kernreaktionen-Ära

kosmologische Konstante

nungen (→ Sternsystem) würde dem ersten Fall entsprechen. Bei einer Nichtkugelsymmetrie der ersten gravitativ selbständigen Teilmassen bewirkte die Eigengravitation eine Kontraktion bevorzugt senkrecht zur größten Ausdehnung des Gebildes, die Abplattung wurde verstärkt, es entstanden langgestreckte filamentartige Gebilde mit einer immer weiter zunehmenden Dichte. Gebiete mit geringerer als der mittleren Dichte vergrößerten sich und bildeten „Leeren" zwischen den Filamenten.

Der gravitative Kollaps kleinerer extrem massereicher Konzentrationen führte bei $z \approx 15$ zur Bildung Schwarzer Löcher mit Millionen von Sonnenmassen (→ Schwarzes Loch). Sie saugten weitere Materie aus der Umgebung an und wurden als → Quasare sichtbar (→ Sternsystem). Die ältesten beobachteten Quasare haben eine Rotverschiebung von $z = 6,4$. Die ersten außerordentlich massereichen Sterne von etwa 100 bis vielleicht 1 000 Sonnenmassen haben eine Rotverschiebung größer als etwa $z = 5$. Sie beendeten ihre Entwicklung sehr wahrscheinlich als „stellare" Schwarze Löcher. Quasare wie auch sehr massereiche Sterne der ersten Generation emittierten eine starke Ultraviolettstrahlung, die das umgebende neutrale Wasserstoffgas ionisierte. Die entstehenden HII-Regionen (→ interstellares Gas) dehnten sich infolge der Temperatur- und Druckerhöhung aus und überlappten, so dass nur einzelne isolierte stark verdichtete „Wolken" neutralen Wasserstoffs verblieben. Bei wahrscheinlich $z \approx 5$ war praktisch alles Gas zwischen den Wolken ionisiert. Die verbliebenen Wolken neutralen Wasserstoffs prägen seitdem den Spektren weit entfernter Quasare Lyman-α-Absorptionslinien des Wasserstoffs auf, die z. T. so zahlreich sind, dass sie einen „Lyman-α-Wald" bilden (→ Quasar). Die massereichsten Sterne durchliefen eine sehr rasche Entwicklung und explodierten vielleicht 300 Mio. Jahre nach ihrem Entstehen als Supernovae, wodurch das umgebende intergalaktische Gas zunehmend mit schweren Elementen angereichert wurde, u. a. mit Stickstoff und Kohlenstoff, wie Quasarspektren zeigen.

Expansionsbeschleunigung. Die inflatorische Phase führte zu einer euklidischen, ebenen Raumstruktur, zwangläufig zu $\Omega = 1$. Die gesamte baryonische und nicht-baryonische Materie ergibt aber nur $\Omega_{materie} \approx 0,34$. Da die fehlenden rund 66% der kritischen Dichte nicht von einem materiebehafteten Medium herrühren können, werden sie einer „Dunklen Energie" zugeordnet. Ihre Natur ist vollkommen unklar. Sie entspricht in ihrer physikalischen Auswirkung der von A. Einstein (1879–1955) zum Erreichen eines statischen Kosmos in seine Feldgleichungen eingeführten „kosmologischen Konstanten" Λ. Die Dunkle Energie übt einen Druck aus (deshalb Energie), der wie eine der Gravitation entgegengesetzte „Antigravitation" wirkt und eine Beschleunigung der Expansion zur Folge hat. In der Anfangsperiode des Universums stellte die Ruhmasse aller Materie entsprechend der Masse-Energie-Äquivalenz (→ Relativitätstheorie) den entscheidenden Beitrag zur Energiedichte. Mit der Expansion des Weltalls sank der Beitrag, hingegen wuchs der Beitrag der Dunklen Energie. Der ausgeübte Druck war aber so gering, dass die Expansion des Weltalls während der Frühphase absolut nicht beeinflusst wurde. Mit der Expansion entsteht neuer Raum, neue Dunkle Energie, so dass sich der von ihr ausgeübte Druck erhöhte. In der nun erreichten Entwicklungsphase wird die Expansion gering beschleunigt. Dies scheint bei sehr weit entfernten, als Entfernungsindikatoren dienenden Supernovae vom Typ Ia nachgewiesen zu sein. Völlig ungeklärt ist, weshalb die Expansionsbeschleunigung anscheinend erst vor einer kosmologisch kurzen Zeit, kosmologisch gesehen „gegenwärtig", eintrat.

Geschichtliches. Bis zum Mittelalter beschränkten sich kosmologische Überlegungen auf philosophische Spekulationen, ohne naturwissenschaftliche Begründungen. Die ältesten Vorstellungen eines unendlich ausgedehnten und mit Sternen erfüllten Weltalls gehen wohl auf den griech. Philosophen Demokrit (460–371 v. Chr.) zurück. E. Halley (1656–1742) glaubte dafür eine wissenschaftliche Begründung gefunden zu haben, nur ein derartiges Weltall könne im Gleichgewicht sein. I. Newton (1643–1727) zeigte jedoch, dass bei universeller Gültigkeit des Gravitationsgesetzes in einem unendlichen, homogen mit Sternen erfüllten Weltall die auf einen beliebigen Körper wirkende Gravitationskraft völlig unbestimmt ist. Um dieses „Gravitationsparadoxon" zu umgehen, schrieben K. H. v. Seeliger (1849–1924) und C. Neumann (1832–1925) dem unendlich ausgedehnten euklidischen Raum die Eigenschaft zu, den Gravitationsfluss zu absorbieren, was einer Abänderung des Newton'schen Gravitationsgesetzes gleichkam. W. Olbers (1748–1840) zeigte, dass bei einem unendlich ausgedehnten Weltall mit homogener Sterndichte der Himmel sonnenhell sein müsse, da in jeder beliebigen Richtung des Sehstrahl auf einen Stern trifft. C. F. Gauß (1777–1855) und B. Riemann (1826–1866) vermuteten, dass die großräumige geometrische Struktur des Weltalls möglicherweise nicht euklidisch ist. A. Einstein (1879–1955) ging anfänglich von einem räumlich endlichen, unbegrenzten und gleichmäßig mit Materie erfüllten statischen Weltall aus, was er später verwarf, da die Beobachtungen, insbesondere die von E. P. Hubble (1889–1953), zeigten, dass das Weltall expandiert, was 1924 A. Friedmann (1888–1925) theoretisch gefolgert hatte.

kosmologische Konstante, eine von A. Einstein (1879–1955) eingeführte Größe zur Beschreibung eines stationären Weltalls; → Kosmologie.

kosmologische Rotverschiebung, → Kosmologie.

kosmologisches Prinzip, → Kosmologie.

Kosmos, svw. Weltall.

Kraft, Ursache für die Änderung des Bewegungszustandes eines frei beweglichen Körpers bzw. für die Deformation eines nicht frei beweglichen Körpers. Eine in der Bewegungsrichtung oder entgegengesetzt zu ihr weisende Kraft K verursacht bei einem Körper der Masse m eine Beschleunigung bzw. Abremsung $b = K/m$. Maßeinheit der K. ist das Newton, Einheitenzeichen N; 1 Newton ist die K., die der Masse 1 kg die Beschleunigung 1 m/s^2 erteilt.

Kranich, das Sternbild → Grus.

Krater, *Kratergrube*, Oberflächenstruktur erdartiger Körper des Planetensystems, entstanden infolge eines

Vulkanausbruchs oder Einschlags eines Meteoroiden. Einschlagkrater haben Durchmesser von einigen 0,1 µm (Minikrater) bis zu einigen 1 000 km. Minikrater entstehen beim Aufschlag von Staubteilchen auf Oberflächengestein atmosphäreloser Körper. Kleinere Einschlagkrater, Kratergruben, sind schalenförmige Vertiefungen mit etwa parabolischem Querschnitt. Das Verhältnis Tiefe zu Durchmesser beträgt maximal 1:5 und nimmt für größere K. in Abhängigkeit von der Struktur des Oberflächenmaterials stark ab. Der Durchmesser mittlerer und größerer K. ist grob vierzigmal größer als der des eingeschlagenen Körpers. Sehr große und komplexe Einschlagkrater haben im Allg. terrassenähnliche Wände, einen ebenen Boden aus zertrümmertem Gestein und z. T. einen Zentralberg.

Krebs, das Sternbild → Cancer.

Krebsnebel, *M 1*, *NGC 1952*, heller, in einer älteren Darstellung krebsähnlich gezeichneter Nebelfleck im Sternbild Taurus (Stier). Die scheinbare visuelle Helligkeit beträgt etwa 8^m, die Entfernung von der Sonne ungefähr 1 500 pc. Der K. ist der gasförmige Überrest einer 1054 erfolgten Supernovaexplosion. Der lineare Durchmesser des visuell sichtbaren Nebels beträgt etwa 2,5 pc, der Winkeldurchmesser etwa 6′, der sich jährlich um etwa 0,11″ vergrößert. Die Masse beläuft sich auf etwa 4 Sonnenmassen. Umgeben ist der sichtbare Nebel von einem Halo, der im Licht der Hα-Linie des Wasserstoffs strahlt (→ Balmer-Linien) und einen rund doppelt so großen Durchmesser wie der sichtbare Nebel hat, und enthält etwa 4 bis 6 Sonnenmassen.

Rund 80% der im sichtbaren Spektralbereich ausgesandten Strahlung wird von einem verwaschen erscheinenden, amorphen Nebel emittiert, rund 20% stammt von überlagerten hellen Filamenten (Abb.). Im Emissionslinienspektrum der Filamente dominieren Wasserstoff-, Helium-, Kohlenstoff- und Neonlinien sowie „verbotene" Linien (→ Spektrum) des Stickstoffs und Sauerstoffs. Die Expansionsgeschwindigkeiten der Filamente liegen im Bereich von etwa 1 500 bis maximal 2 500 km/s. Das Spektrum des amorph erscheinenden Nebels ist rein kontinuierlich, die Strahlung ist stark linear polarisiert. Es ist eine von hochenergetischen Elektronen auch im Gamma-, Röntgen- und Radiofrequenzbereich nachweisbare → Synchrotronstrahlung. Die Elektronen bewegen sich in einem Magnetfeld der Stärke von etwa $5 \cdot 10^{-10}$ Tesla. Der Feldlinienverlauf folgt im Wesentlichen den im optischen Spektralbereich leuchtenden Filamenten. Als Röntgenquelle trägt der K. die Bezeichnung *Taurus X-1*, als Radioquelle die Bezeichnung *Taurus A*.

Im Zentrum des K.s befindet sich der stellare Überrest der Supernova in Gestalt eines Neutronensterns, der vom Röntgen- bis in den Radiofrequenzbereich als → Pulsar mit der Pulsationsperiode von 0,03320 s in Erscheinung tritt. Von ihm stammen die hochenergetischen, die Synchrotronstrahlung aussendenden Elektronen.

Für das theoretische Verständnis der bei einer Supernovaexplosion ablaufenden Prozesse ist der Krebsnebelpulsar als stellarer Überrest von hoher Bedeutung, da sein Alter bekannt ist (→ Supernova).

Der K. wurde 1731 von dem engl. Arzt und Amateurastronomen John Bevis (1695–1771) entdeckt.

Krebsnebelpulsar, → Pulsar.

KREEP, Abk. für ein Oberflächengestein des Mondes mit einem merklichen Anteil von Kalium, seltenen Erden (engl. ‚rare earth elements') und Phosphor; → Mond.

Kreisbahngeschwindigkeit, die zum Durchlaufen einer Kreisbahn mit dem Radius r um einen Körper der Masse M notwendige Geschwindigkeit v. Es gilt $v = \sqrt{GM/r}$, wobei G die Gravitationskonstante bezeichnet.

Kreppring, andere Bezeichnung für den C-Ring des → Saturn.

Kreuz, *Kreuz des Südens*, das Sternbild → Crux.

Kreuz des Nordens, gelegentliche Bezeichnung des Sternbildes → Cygnus auf Grund der Anordnung der hellsten Sterne.

Kreuzstab, historisches astronomisches Instrument.

Krippe, svw. Praesepe.

kritische Dichte, *1)* mittlere Materiedichte im Weltall, bei der die Raumstruktur euklidisch ist; → Kosmologie.

2) Dichte einer interstellaren Materiekonzentration, bei der gerade noch ein mechanisches Gleichgewicht besteht; → Kosmogonie, → Sternentstehung.

kritische Roche-Fläche, → Äquipotentialfläche.

Krone, *1) Nördliche K.*, das Sternbild → Corona Borealis.

2) Südliche K., das Sternbild → Corona Australis.

K-Stern, Stern der → Spektralklasse K.

Kueyen, Name einer der vier 8,2-m-Teleskope der → Europäischen Südsternwarte.

Kugelsternhaufen, *Kugelhaufen*, *kugelförmiger Sternhaufen*, weitgehend kugelsymmetrische, z. T. gering ellipsoidische Ansammlung von einigen 10^4 bis 10^7 Sternen mit einer hohen zentralen Konzentration. Diese ist im Allg. so stark, dass die Zentralregion mit erdgebundenen Teleskopen optisch nicht in Einzelsterne aufgelöst werden kann (Abb.).

Krebsnebel mit Pulsar, strahlendem Torus und hellen Filamenten (Thüringer Landessternwarte Tautenburg)

Kugelsternhaufen

Kugelsternhaufen ω Centauri
(Aufnahme: Boyden-Observatorium)

Die Benennung der K. erfolgt in gleicher Weise wie die der → Offenen Sternhaufen. In Abhängigkeit von der zentralen Konzentration werden K. in 12 verschiedene Klassen eingeteilt. Klasse I weist die höchste, Klasse XII die geringste Konzentration auf. Die Mehrzahl der K. entfällt auf die mittleren Klassen IV bis IX.

Entfernung, Helligkeit, Durchmesser, Masse. Die Entfernung eines nahen K.s ergibt sich aus der gemessenen scheinbaren und der bekannten absoluten Helligkeit der sich im Haufen befindenden RR-Lyrae-Sterne (→ Parallaxe). Bei K. mit Entfernungen größer als etwa 1 Mpc, bei denen keine Einzelsterne erkennbar sind, kann die Entfernung aus der im integralen Licht gemessenen scheinbaren Gesamthelligkeit des Haufens oder aus dem Winkeldurchmesser unter der Annahme ermittelt werden, dass alle K. im Mittel die gleiche absolute Gesamthelligkeit bzw. den gleichen linearen Durchmesser haben. Die Bestimmung der Mittelwerte erfolgt an K., deren Entfernungen mit Hilfe von RR-Lyrae-Sternen gemessen wurden.

Die Ermittlung der scheinbaren Gesamthelligkeit von K. ist schwierig, da sie flächenhaft erscheinen und einen Helligkeitsabfall zum Rande hin haben. Je nach benutztem Teleskop und Photometer ergeben sich unterschiedliche Gesamthelligkeiten, was zu erheblichen systematischen Fehlern führen kann. Für galaktische K. beläuft sich die mittlere absolute Gesamthelligkeit M_V im V-Bereich des UBV-Systems (→ Farbsystem) auf etwa -8^m mit starken Abweichungen bei einigen K. Der absolut hellste bekannte K., ω Centauri, hat $M_V = -10\overset{m}{.}3$, für die absolut schwächsten gilt etwa $M_V = -2\overset{m}{.}6$.

Der lineare Durchmesser eines K.s ergibt sich aus dem scheinbaren Durchmesser und der Entfernung von der Sonne. Wegen der nicht scharf begrenzten Randpartien treten die gleichen Schwierigkeiten wie bei den absoluten Helligkeiten auf. Um diese zu umgehen, wird als effektiver Radius der Radius des Bereichs definiert, von dem die Hälfte der Gesamthelligkeit emittiert wird. Die effektiven Durchmesser liegen normalerweise im Bereich von etwa 4 bis 6 pc mit einem Mittelwert von etwa 5 pc. ω Centauri mit einem Durchmesser von rund 200 pc ist erheblich größer, offenbar ein Superhaufen.

Die Gesamtmasse eines K.s ist aus der Geschwindigkeitsverteilung der Haufensterne unter der Annahme abschätzbar, dass sich die Mitgliedssterne in dem durch die Gesamtheit der Haufensterne verursachten Gravitationsfeld bewegen. Von der Geschwindigkeitsstreuung

Kugelsternhaufen

der Haufenmitglieder ist nur die der Radialgeschwindigkeiten bestimmbar. Die damit abgeleiteten Massen liegen bei galaktischen K. zwischen etwa $2 \cdot 10^5$ und $1 \cdot 10^6$ Sonnenmassen, ω Centauri ist mit rund $1 \cdot 10^7$ Sonnenmassen der weitaus massereichste. Aus Gesamtmasse und Gesamtleuchtkraft ergibt sich das Masse-Leuchtkraft-Verhältnis, das etwa 1 bis 3 beträgt, wenn Masse und Leuchtkraft in Sonneneinheiten gemessen werden. Unter der Annahme, dass das mittlere Masse-Leuchtkraft-Verhältnis für alle K. gleich ist, kann die Masse auch derjenigen Haufen bestimmt werden, bei denen die Streuung der Radialgeschwindigkeiten unbekannt, die Gesamtleuchtkraft aber bekannt ist. Die so ermittelten Gesamtmassen liegen zwischen einigen 10^4 und 10^6 Sonnenmassen.

Die Zahl der Sterne je Volumeneinheit, d. h. die Anzahldichte, ergibt sich bei Haufen mit bekanntem Durchmesser auf Grund von Sternzählungen. Mittels erdgebundener Teleskope können im Allg. nur die äußeren Haufenregionen optisch in Einzelsterne aufgelöst werden, von denen auch nur die hellsten Sterne erfasst werden, so dass sich nur Minimalwerte für die Anzahldichte ergeben. In den Außenbereichen der K. ist die Anzahldichte etwa zehnmal größer als die in der näheren Sonnenumgebung, in den Zentralregionen der sternreichsten K. rund 10^3- bis 10^4-mal größer. Der typische Abstand der Sterne beläuft sich in diesen Regionen z. T. auf nur wenige Lichttage, in der Sonnenumgebung sind es einige Lichtjahre.

Farben-Helligkeits-Diagramm. In dem einem → Hertzsprung-Russell-Diagramm gleichwertigen Farben-Helligkeits-Diagramm (FHD) der K. ist die Hauptreihe von Bildpunkten derjenigen Sterne besetzt, deren → Farbenindex $(B-V)_0$ zwischen etwa 1,0 und 0,4 liegt, d. h. etwa von K0-Sternen bis F0-Sternen (Abb. → Hertzsprung-Russell-Diagramm). Im Bereich der F-Sterne bilden die Bildpunkte von der Hauptreihe abknickend den steil aufsteigenden Riesenast. Bei $(B-V)_0 \approx 0,7$ im Bereich der G-Riesensterne zweigt vom Riesenast der sog. „rote Horizontalast" ab, auf dem bei $(B-V)_0 \approx 0,3$ die Bildpunkte der RR-Lyrae-Sterne liegen. Bei $(B-V)_0 \approx 0,1$ geht dieser Ast in den „blauen Horizontalast" über, der nach einem kurzen horizontalen Stück sich mehr oder minder weit in Richtung auf die Hauptreihe erstreckt. Im FHD einiger K. ist auch der asymptotische Riesenast erkennbar, der vom roten Horizontalast abzweigend parallel zum oberen Teil des normalen Riesenasts verläuft, aber um etwa 1 mag nach oben verschoben ist. Die Struktur der FHD von K. ist durch die Entwicklung der Mitgliedssterne bedingt (→ Sternentwicklung). Die Struktur unterscheidet sich wesentlich von den FHD Offener Sternhaufen und ist charakteristisch für die extreme Population II (→ Population). In einigen K. existieren sog. „blaue Nachzüglersterne", deren Bildpunkte auf der Hauptreihe, aber links vom Abknickpunkt liegen (→ Sternentwicklung).

Alter, Entwicklungseffekte. Aus dem Vergleich eines beobachteten FHD mit einem theoretisch berechneten kann auf das Alter des K.s geschlossen werden (→ Altersbestimmung). Bei den theoretischen Untersuchungen wird angenommen, dass alle Sterne eines Haufens zur gleichen Zeit mit gleicher chemischer Zusammensetzung entstanden sind. In Abhängigkeit von der Sternmasse durchlaufen die Bildpunkte im FHD unterschiedliche Entwicklungswege (→ Sternentwicklung) mit unterschiedlicher Geschwindigkeit für einzelne Wegstücke, so dass die Bildpunkte zu einem bestimmten Zeitpunkt nach dem Entstehen des Haufens unterschiedliche Punkte erreicht haben. Dem in einem beobachteten HRD sehr markanten Abknickpunkt von der Hauptreihe kommt dabei eine Schlüsselrolle zu: Mit zunehmendem Alter verschiebt er sich. Das Alter der Sterne, deren Bildpunkte gerade diese Stelle im FHD erreicht haben, kann recht genau bestimmt werden, damit auch das Alter des Haufens.

Die wesentliche Annahme, dass alle Sterne eines K.s zur gleichen Zeit entstanden sind, ist möglicherweise nicht streng erfüllt. Beim K. ω Centauri wie auch bei K. extragalaktischer Sternsysteme gibt es Anzeichen, dass die Entstehung der Haufensterne schubweise erfolgte. Auf Grund dieser und anderer Unsicherheiten ist das individuelle Alter eines K.s mit gewissen Unsicherheiten behaftet. Bei galaktischen K. liegt es zwischen rund 10 Mrd. und 11 Mrd. Jahren. ω Centauri hat ein Alter von etwa 12 Mrd. Jahren, bei den jüngsten bekannten K. des Milchstraßensystems beträgt es 6 bis 8 Mrd. Jahre. Wahrscheinlich sind Haufen, bei denen die globale Häufigkeit von Elementen schwerer als Helium gering ist, die ältesten. Die K. sind insgesamt die ältesten Objekte in Sternsystemen, speziell auch im Milchstraßensystem. Die Existenz von blauen Nachzüglersternen lässt vermuten, dass es in K. auch Sterne gibt, die viel jünger sind als die große Menge der anderen Sterne (→ Sternentwicklung).

Infolge des hohen Alters der K. haben Haufensterne mit Anfangsmassen größer als etwa 1,5 Sonnenmassen bereits ihre gesamte Entwicklung durchlaufen und existieren jetzt höchstens als Neutronensterne oder Weiße Zwerge (→ Sternentwicklung), die wegen ihrer geringen Leuchtkraft nicht leuchtend in Erscheinung treten. Sie tragen jedoch zur Gesamtmasse eines Haufens bei und beeinflussen so die Geschwindigkeitsverteilung der sichtbaren Haufensterne.

Die K. befinden sich in einem kinetischen Gleichgewicht, solange Zeitintervalle von einigen Millionen Jahren betrachtet werden. Sie entsprechen etwa der Zeit, die ein Stern zum Durchqueren des Haufens benötigt. Innerhalb von einigen 100 Mio. Jahren kann es jedoch zu Instabilitäten infolge des signifikanten Austauschs kinetischer Energie bei engen Sternbegegnungen kommen. Die kinetische Energie gewinnenden Sterne werden beschleunigt und entfernen sich vom Haufenzentrum, die Energie abgebenden werden abgebremst und nähern sich dem Zentrum. Bei hohen zentralen Sterndichten kann eine lokale Instabilität zu einer noch stärkeren Sternkonzentration führen, die zentrale Region scheint zu schrumpfen. Beendet wird die Instabilität möglicherweise durch die Bildung von Doppelsternen. Sie können bei der Wechselwirkung mit Einzelsternen Energie abgeben, wodurch diese aus dem Zentralbereich geworfen werden, während der Abstand der Doppelsterne vom Zentrum verringert wird. Die zentralen Anzahldichten der K. werden offenbar nie so hoch, dass direkte Sternzusammenstöße stattfinden und

Kuiper

Einige helle Kugelsternhaufen

Katalognummer		Koordinaten (2000)				m_{ges}	D	Sternbild
NGC	M	α h	min	δ °	′		′	
5024	53	13	12,9	18	10	8^m	5	Coma Berenices
5272	3	13	42,3	28	22	6^m	16	Canes Venatici
5904	5	15	18,6	2	6	6^m	17	Serpens
6205	13	16	41,7	36	27	6^m	17	Hercules
6218	12	16	47,2	−1	58	7^m	14	Ophiuchus
6254	10	16	57,1	−4	6	7^m	15	Ophiuchus
6341	92	17	17,2	43	8	7^m	11	Hercules
7078	15	21	30,0	12	11	6^m	12	Pegasus
7089	2	21	33,5	−0	50	6^m	13	Aquarius

α: Rektaszension; δ: Deklination; m_{ges}: genäherte visuelle Gesamthelligkeit; D: genäherter scheinbarer Durchmesser

die Bildung eines zentralen → Schwarzen Lochs erfolgt, in keinem K. wurden bisher Anzeichen eines zentralen Schwarzen Lochs gefunden.

Die gravitativen Wechselwirkungen der Haufenmitglieder wie auch die gravitativen Wechselwirkungen einer nahen interstellaren Wolke mit schwach an den Haufen gebundenen massearmen Sternen in den Randregionen bewirken eine sehr langsame Haufenauflösung. Die Sterne können dabei Energie gewinnen und den Haufen verlassen. Bei K. nahe dem galaktischen Zentrum sind die Wechselwirkungen häufig, so dass der Effekt relativ stark ist.

K. enthalten normalerweise sehr wenig oder kein interstellares Gas, obwohl die in den Haufen existierenden Riesensterne, wie alle Riesensterne, sicher einen beträchtlichen Massenverlust erleiden (→ Sternentwicklung). Möglicherweise wird das abgestoßene Gas durch Sternwinde aus den Haufen getrieben oder aus ihnen entfernt, wenn sie bei ihren Bewegungen um das galaktische Zentrum die Milchstraßenebene durchqueren. Bei der Wechselwirkung des nahe der Ebene konzentrierten interstellaren Gases mit dem Haufengas kann dieses aus den Haufen „gefegt" werden, während die Haufensterne in ihrer Gesamtheit kaum beeinflusst werden. In einigen K. existieren geringe Mengen an interstellarem Staub, der sich durch kleine auf den Haufen projizierte Dunkelgebiete bemerkbar macht.

Vom Zentralgebiet einiger K. wird Röntgenstrahlung empfangen, die von isolierten Einzelquellen, wahrscheinlich Röntgen-Doppelsternen, emittiert wird (→ Doppelstern). Im K. NGC 104 existiert ein Doppelsternsystem, dessen eine Komponente ein Pulsar mit einer Periode im Millisekundenbereich ist.

Räumliche Verteilung. Im Milchstraßensystem sind rund 150 K. bekannt, von denen die hellsten mit bloßem Auge als neblig-helle Flecken erkennbar sind, z. B. der K. M 13 im Sternbild Hercules. Die K. bilden in ihrer Gesamtheit ein nahezu sphärisches System mit einer Konzentration zum galaktischen Zentrum. Der Durchmesser des Systems in der galaktischen Ebene beträgt mindestens 50 kpc, möglicherweise 100 kpc (→ Milchstraßensystem). Die K. nehmen als Gesamtheit nicht an der allgemeinen galaktischen Rotation teil, die einzelnen Haufen bewegen sich auf sehr langgestreckten Ellipsenbahnen um das Zentrum, wobei die Bahnebenen offenbar keine Vorzugslage im Raum haben, sondern statistisch verteilt zu sein scheinen.

Die meisten galaktischen K. sind in einer sehr frühen Entwicklungsphase des Milchstraßensystems nur etwa 1,4 Mrd. Jahre nach der kosmischen Singularität innerhalb von rund 2 Mrd. Jahren entstanden (→ Kosmologie). Die chemische Zusammensetzung der Materie, aus der die K. hervorgegangen sind, hat sich während dieses Zeitintervalls relativ rasch geändert. Die meisten der sehr alten K. haben eine Metallhäufigkeit (→ Elementenhäufigkeit), die nur etwa 2% des Sonnenwertes oder weniger beträgt, bei den jüngeren beläuft sie sich auf rund 20%. Die metallarmen Haufen haben im Mittel einen wesentlich größeren Abstand vom galaktischen Zentrum als die metallreichen.

Die rund 1 000 bekannten K. in den Magellan'schen Wolken bilden bezüglich der Lage des Abknickpunkts im FHD zwei Gruppen. Bei den „roten" K. liegt der Abknickpunkt im Bereich hoher Farbenindizes, d. h. bei späten Spektraltypen. Diese K. gleichen denen des Milchstraßensystems und sind maximal 11 Mrd. Jahre alt. Bei den „blauen" K. liegt der Abknickpunkt bei niedrigeren Farbenindizes, also früheren Spektralklassen, sie sind demnach jünger. Das Alter der jüngsten K. in den Magellan'schen Wolken liegt in der Größenordnung von etwa einigen 100 Mio. Jahren.

Die Zahl der K. in extragalaktischen Sternsystemen ist von deren Typ abhängig. In elliptischen Systemen sind K. im Mittel häufiger als in Spiralsystemen. In der elliptischen Riesengalaxie M 87 wird die Zahl der K. auf etwa 15 000 geschätzt. Die Sternsysteme im Zentralbereich eines Galaxienhaufens scheinen besonders viele K. zu haben, Zwerggalaxien haben im Gegensatz dazu nur sehr wenige.

Innerhalb der → Lokalen Gruppe existieren intergalaktische K., die anscheinend keinem bestimmten extragalaktischen Sternsystem angehören.

Kuiper, Gerard Peter, niederl.-amerikan. Astronom, geb. 07.12.1905 in Harenkarspel (Niederlande), gest. 24.12.1973 in Mexiko City; ab 1960 Direktor des Mond- und Planetenlaboratoriums in Arizona (USA). Hauptarbeitsgebiete waren Doppelsterne, der Aufbau der Sonne, vor allem aber die Untersuchung der Körper des Planetensystems sowie dessen Entwicklung.

Kuiper-Gürtel [benannt nach dem niederl.-amerikan. Astronomen G. Kuiper, 1905–1973], Ansammlung von vielleicht 10^{10} bis 10^{11} Objekten in einem sich zwischen etwa 30 und vielleicht 50 AE erstreckenden gürtelförmigen Gebiet um die Sonne; → Komet.

Kuiper-Gürtel-Objekte, *Transneptun-Objekte*, Mitglieder des Sonnensystems, die sich im sog. Kuiper-Gürtel befinden (→ Komet).

Kulmination, der Zeitpunkt, zu dem ein Gestirn bei seiner scheinbaren täglichen Bewegung am Himmel seine größte Höhe über oder unter dem Horizont erreicht, es befindet sich dann im oberen bzw. unteren *Kulminationspunkt*. Bei Zirkumpolarsternen liegen beide Kulminationspunkte über dem Horizont (→ Bewegung der Gestirne). Sterne befinden sich zur Zeit der K. im Meridian des Beobachtungsorts, bei Sonne und Mond sowie Körpern des Planetensystems mit relativ schnellen Deklinationsänderungen kann die K. gering außerhalb des Meridians stattfinden.

Kulminationspunkt, → Kulmination.

künstlicher Erdsatellit, → Erdsatellit.

Kuppel, → Sternwarte.

L

Labes *f, Plur.* Labes, erdrutschartige Oberflächenstruktur auf erdartigen Körpern des Planetensystems.

Laborwellenlänge, *Ruhwellenlänge*, die in einem Bezugssystem, in dem sich Strahlungsquelle und Beobachter in Ruhe befinden, gemessene Wellenlänge einer Spektrallinie.

Labyrinthus *m, Plur.* Labyrinthi, Oberflächenstruktur mit einander schneidenden Tälern auf erdartigen Körpern des Planetensystems.

Lac, Abk. für Lacerta.

Lacerta, *Gen.* Lacertae, abg. *Lac, Eidechse*, kleines Sternbild des nördlichen Himmels, von dem der größte Teil, von unseren Breiten aus gesehen, nie unter den Horizont sinkt.
Hinsichtlich der Lage am Himmel → Sternkarte Seite 415.

Lacus *m, Plur.* Lacus, kleine mareähnliche Oberflächenstruktur auf dem Mond.

Ladungsaustausch, Phänomen, bei dem ein Ion mit einem Atom oder Molekül zusammenstößt und infolge des Einfangs eines Elektrons vom Stoßpartner elektrisch neutral, dieser aber ionisiert wird.

Lagrange, Joseph Louis de, ital.-franz. Mathematiker, Physiker und Astronom, geb. 25.01.1736 in Turin, gest. 10.04.1813 in Paris, 1766 Nachfolger von L. Euler (1707–1783) an der Berliner Akademie der Wissenschaften, 1787–1790 Prof. an der Pariser Akademie, ab 1795 an der École Normale in Paris, ab 1797 an der École Polytechnique. Seine Arbeiten auf nahezu allen Gebieten der Mathematik, in der Astronomie auf dem Gebiet der Himmelsmechanik, speziell des Dreikörperproblems, waren bahnbrechend.

Lagrange-Punkte [benannt nach dem ital.-franz. Mathematiker J. L. de Lagrange, 1736–1813], svw. Librationspunkte.

Lambda-Bootis-Sterne, *λ-Bootis-Sterne*, langsam rotierende Sterne der Spektralklasse A mit ungewöhnlich schwachen Metalllinien im Spektrum. Die Ursachen der Metallunterhäufigkeit sind weitgehend unbekannt. Die L.-B.-S. gehören zur Population I, die Bildpunkte liegen im Hertzsprung-Russell-Diagramm etwas oberhalb der Hauptreihe.

Langbasisinterferometrie, Radiointerferometrie mit großen Basislängen; → Radioteleskop.

Länge, in der Astronomie: *a) ekliptikale L.*, der längs der Ekliptik gemessene Winkel zwischen dem Frühlingspunkt und dem ekliptikalen Längenkreis eines Gestirns; *b) galaktische L.*, der längs des galaktischen Äquators gemessene Winkel zwischen der Richtung zum galaktischen Zentrum und dem galaktischen Längenkreis eines Gestirns; → Koordinaten.

Länge des aufsteigenden Knotens, ein → Bahnelement.

Länge des Perihels, ein → Bahnelement.

Längenkontraktion, ein Effekt der Speziellen → Relativitätstheorie.

Längenkreis, in der Astronomie jeder die Ekliptik oder den galaktischen Äquator senkrecht schneidende Großkreis.

langperiodische Veränderliche, → Mira-Sterne.

langsamer Prozess, → Elementenentstehung.

langsam unregelmäßige Veränderliche, Typebezeichnung (L), Sterne mit langsam verlaufenden Helligkeitsvariationen, deren Amplituden meist kleiner als 0,5 mag sind, aber auch bis zu 2 mag betragen können. Die Variationen treten im Allg. in Form flacher Wellen mit stark wechselnder Gestalt und Wellenlänge auf, so dass auch innerhalb kurzer Zeitintervalle kein periodischer Lichtwechsel erkennbar ist. Die l. u.n V.n bilden eine sehr inhomogene Sterngruppe mit zwei Untergruppen. Die Gruppe Lb wird überwiegend von Riesensternen der Spektralklassen F bis M sowie C und S gebildet, die Gruppe Lc von Überriesensternen der Spektralklassen M, C und S. (Die Buchstaben b und c gehen auf eine frühere Klassifikation zurück, die Untergruppe a ist weitgehend in der jetzigen Gruppe b enthalten.)
Die Abgrenzung der L u.n V.n von den → halbregelmäßigen Veränderlichen und den → RV-Tauri-Sternen ist unscharf, ein Teil der Sterne ist wahrscheinlich nur auf Grund ungenügender Kenntnisse der Helligkeitsvariation den l. u.n V.n zugeordnet. Etwa die Hälfte der bekannten l. u.n V.n gehört zu den Untergruppen Lb und Lc, der Rest ist nicht eindeutig einer der Gruppen zuzuordnen.

Laomedeia *f*, ein Satellit des Neptun.
Hinsichtlich der Einordnung der L. in das System der Neptunsatelliten → Neptun.

Laplace, Pierre Simon Marquis de, franz. Mathematiker, Physiker und Astronom, geb. 28.03.1749 in Beaumont-en-Auge, gest. 05.03.1827 in Paris, zunächst Mathematiklehrer an einer Artillerieschule, ab 1785 Mitglied der Pariser Akademie, 1794 Prof. an der École

Laplace-Ebene

Normale in Paris, 1799 kurzzeitig Innenminister sowie Senatsmitglied. Die Arbeiten u. a. über die Gezeiten, Himmelsmechanik, die Störungen der Planeten, die Stabilität der Saturnringe sowie die Stabilität und Entstehung des Sonnensystems waren grundlegend.

Laplace-Ebene [benannt nach P. S. de Laplace, 1749–1827], die mittlere Ebene, um die die Bahnebene eines Satelliten infolge von Bahnstörungen periodisch schwankt. In der Nähe eines Planeten, wo dessen nichtsphärische Gestalt die maßgebende Störung verursacht, ist die L.-E. gleich dessen Äquatorebene, im großen Abstand vom Planeten, wo die Anziehungskraft der Sonne die wichtigste Störkraft ist, ist die L.-E. gleich der Bahnebene des Planeten.

Larissa *f*, *1)* ein Neptunsatellit, der auf nahezu einer Kreisbahn mit einem Radius von 73 548 km in 13,3 Stunden rechtläufig den Neptun umläuft, die Bahnebene ist nur 0,201° gegen dessen Äquatorebene geneigt. Die L. hat eine längliche Form mit einem mittleren Durchmesser von etwa 204 km. Die Oberfläche weist zahlreiche Einschlagkrater auf und ist weitgehend mit gefrorenem Methan überzogen, das wahrscheinlich durch hochenergetische Teilchen der Neptunmagnetosphäre modifiziert ist.
Hinsichtlich der Einordnung der L. in das System der Neptunsatelliten → Neptun.
2) der Planetoid (1162).

Laserleitstern, svw. Laserreferenzlichtquelle.

Laserlicht-Echo-Methode, → Radio-Echo-Methode.

Laserreferenzlichtquelle, *Laserleitstern*, eine bei der Anwendung einer adaptiven Optik mit einem Laserstrahl erzeugte, nahezu punktförmige künstliche Lichtquelle am Himmel; → Spiegelteleskop.

Lassell-Ring [benannt nach dem engl. Amateurastronomen W. Lassell, 1799–1880], Name eines Rings um den → Neptun.

Laufzeitverzögerung, → Relativitätstheorie.

Leavitt, Henrietta Swan, amerikan. Astronomin, geb. 04.07.1868 Lancaster (Mass.), gest. 12.12.1921 Cambridge (Mass.); ab 1902 am Harvard-College-Observatorium in Cambridge. L. erkannte an den von ihr in den Magellan'schen Wolken entdeckten → Delta-Cephei-Sternen deren Perioden-Helligkeits-Beziehung.

Leben auf anderen Himmelskörpern, ein sich auf einem außerirdischen Himmelskörper befindendes biologisches System. Biologische Systeme, lebende Organismen, sind von der Struktur her extrem komplex, im thermodynamischen Sinn räumlich und zeitlich unperiodisch verlaufend und offen, d. h. sie stehen mit ihrer Umgebung im ständigen Austausch von Stoffen und Energie. Im Prinzip können auf Körpern des Planetensystems existierende Systeme oder ihre fossilen Spuren bei Raumflugunternehmungen entdeckt werden. Leben auf Himmelskörpern außerhalb des Sonnensystems ist im Prinzip auch nachweisbar, wenn aus dem Weltall kommende elektromagnetische Strahlung entdeckt werden würde, deren Modulation nicht durch statistisch ablaufende natürliche Prozesse erfolgt, sondern es sich eindeutig um eine von Lebewesen mit einer hochentwickelten Technologie hervorgebrachte Modulation handelt. Bisher hat noch keine Nachweismöglichkeit zu einem Ergebnis geführt. Über die Erfolgsaussichten einer derartigen Suche gehen die Meinungen sehr auseinander.

Alle irdischen Organismen enthalten als lebensnotwendige Substanzen hochmolekulare organische Verbindungen, u. a. Nukleinsäuren und Proteine. Diese sind im Allg. nur in einem Temperaturintervall von etwa −25 bis +60 °C beständig. Einige Mikrobenarten können aber noch bis −50 °C, andere bis +115 °C sowie auf dem Meeresgrund unter hohem Druck, im gesättigten Salzwasser oder unter Ausschluss von Sauerstoff existieren. „Leben" ist demnach unter sehr extremen Bedingungen möglich, was zu berücksichtigen ist, wenn Lebensmöglichkeiten auf anderen Himmelskörpern diskutiert werden. Für höher organisierte Lebewesen sind derart extreme Umgebungsbedingungen aller Wahrscheinlichkeit nach auszuschließen. Hoch entwickelte Lebewesen, wie sie von der Erde her bekannt sind, benötigen für ihrer Existenz Wasser, eine über geologisch signifikante Zeitintervalle hinweg konstante Wärmequelle und eine Atmosphäre, die nicht zu große Mengen lebensschädigende Gase enthält. Das Vorhandensein von Wasser und einer geeigneten Atmosphäre wird als Kriterium dafür angesehen, ob auf den bekannten Himmelskörpern Lebensvorgänge auf der Basis von Kohlenstoffverbindungen grundsätzlich möglich sind oder früher waren. Ob es auch völlig andersgeartete, z. B. nicht an organische Verbindungen gebundene Lebensformen gibt, ist nicht bekannt.

Laborexperimente zeigen, dass in einem wässrigen Milieu die Bildung biologisch wichtiger Moleküle, wie z. B. Aminosäuren, aus einem Gasgemisch von Ammoniak, Wasserstoff, Methan und Wasserdampf entsprechend der vermuteten Zusammensetzung der frühen Erdatmosphäre unter Energiezuführung, z. B. durch Ultraviolettstrahlung analog der Sonneneinstrahlung oder durch elektrische Entladungen wie bei Blitzen, möglich ist. Da in der frühen Erdatmosphäre der Sauerstoff fehlte, konnte die energiereiche Sonnenstrahlung bis zur Erdoberfläche gelangen und komplexe Verbindungen zum größten Teil wieder zerstören. Nur in Gewässern mit einigen Meter Tiefe, bis zu der Ultraviolettstrahlung nicht dringen kann, oder in Poren von Mineralien bestand eine genügend hohe Existenzwahrscheinlichkeit für derartige Verbindungen. Wie sie sich in der für eine Lebensentstehung genügenden Konzentration ansammeln konnten, ist weitgehend unbekannt. Denkbar wäre, dass organische präbiologische Moleküle, die wesentliche Ausgangssubstanzen für die Entstehung von Leben sind, von außen auf die Erde gelangten. Unter der großen Anzahl unterschiedlicher Moleküle im interstellaren Gas befinden sich auch solche, aus denen Aminosäuren entstehen können (→ interstellares Gas). In einigen → Meteoriten, die sich im Sonnennebel bildeten, speziell in kohligen Chondriten, existieren sog. „Fremdlinge", die interstellaren Ursprungs sind (→ Kosmogonie) und z. T. auch Aminosäuren als Bestandteile haben. Die mehr als 70 in Meteoriten gefundenen biologisch relevanten Substanzen haben jedoch links- und rechtshändige Strukturen im gleichen Verhältnis, während sämtliche in terrestrischen Substanzen vorkommenden Aminosäuren ausschließlich linkshän-

Leben auf anderen Himmelskörpern

dig sind. Es hätten zwar mit Meteoriten viele für Leben wichtige Substanzen auf die Erde gelangen können, als Ursprung heutiger irdischer Lebensformen können diese auf Grund der vorhandenen Unsymmetrie in der Chiralität (Händigkeit) wohl ausgeschlossen werden.

Welche physiko-chemischen Prozesse den Übergang von abiogen gebildeten Molekülansammlungen zu lebensfähigen Strukturen, etwa zu Zellen, mit Replikation, Vermehrung und Entwicklung ermöglichten, ist ungeklärt. Wahrscheinlich spielte die Selbstorganisation genügend komplexer Moleküle in Reaktionssystemen, die sich genügend weit weg von einem thermodynamischen Gleichgewichtszustand befanden, die ausschlaggebende Rolle. Welche anderen Bedingungen noch erfüllt sein mussten, ist eine offene Frage. Allgemein wird angenommen, dass die Selbstorganisation auf Grund allgemeiner physikalischer Gesetzmäßigkeiten ein mit Notwendigkeit ablaufender Prozess ist, so dass Leben in irgendwelcher Form auf sehr vielen Himmelskörpern erwartet werden kann. Gelegentlich wird der Übergang vom unbelebten zum belebten Zustand von komplexen Molekülansammlungen aber auch als rein zufälliger, im Grunde extrem unwahrscheinlicher Prozess angesehen. Dann wäre auf kaum einem anderen Himmelskörper als auf der Erde mit Leben zu rechnen. Der Übergang von abiologischen zu biologischen Strukturen muss sich auf der Erde schon vor mindestens 3,5 Mrd. Jahren vollzogen haben. In Sedimentgesteinen dieses Alters finden sich Spuren von Mikrofossilien, die den heutigen Blaualgen und Bakterien sehr ähnlich sind. Zwar war zu dieser Zeit die Sonnenleuchtkraft um 25 bis 30% geringer als gegenwärtig, doch bewirkte ein höherer Kohlendioxidgehalt der Erdatmosphäre wahrscheinlich einen genügend hohen Glashauseffekt, der das Vorhandensein von Wasser und das Entstehen von Leben ermöglichte. Die mit der Entwicklung der Sonne sich erhöhende Leuchtkraft und die sich dadurch erhöhende Sonneneinstrahlung wurde wahrscheinlich durch die Bindung von Kohlendioxid in Sedimentgesteinen und der sich daraus ergebenden Reduzierung des Glashauseffekts kompensiert, wobei eine besondere Rückkopplung eine thermische Instabilität verhinderte. Die ersten, sehr primitiven Lebewesen müssen unter einer das Sonnenlicht genügend abschirmenden Wasserdecke entstanden sein. Mit dem Aufkommen der Photosynthese, bei der Energie der Sonnenstrahlung zur Umwandlung von Kohlendioxid in Zucker und Stärke verwendet wird, bahnte sich eine entscheidende Veränderung in der Zusammensetzung der → Erdatmosphäre an. Bei der Photosynthese wird Sauerstoff frei, der zunächst in Gewässern verblieb und dort chemisch, z. B. bei der Bildung von Ferrioxiden, gebunden wurde. Vor rund 2 Mrd. Jahren wurde die Sauerstoffproduktion so effektiv, dass eine Anreicherung in der Atmosphäre einsetzte. Vor etwa 0,7 bis 0,6 Mrd. Jahren war die Sauerstoffkonzentration, vor allem die des Ozons, so hoch geworden, dass die solare Ultraviolettstrahlung wirkungsvoll absorbiert wurde, was Leben an der Wasseroberfläche und auf dem Festland und die Weiterentwicklung bis zu den heutigen Formen ermöglichte.

Leben auf anderen Körpern des Planetensystems. Im Sonnensystem scheiden alle die Planeten als Träger von Leben mit größter Wahrscheinlichkeit aus, die sich weitab von der Sonne befinden und damit eine zu geringe Oberflächentemperatur haben. Das trifft auf den Jupiter und alle noch weiter entfernten Planeten zu. Es dürften darüber hinaus nur erdartige Himmelskörper Leben tragen. Der Merkur kommt wegen der großen Sonnennähe und der dadurch sehr hohen Oberflächentemperatur sowie wegen der zur Abschirmung der solaren Ultraviolettstrahlung viel zu dünnen Atmosphäre ebenfalls nicht in Frage. Im günstigen Temperaturbereich um die Sonne befinden sich außer der Erde nur noch Venus und Mars. Zwar gleicht die Venus nach Größe und Masse am stärksten der Erde, auch dürfte die Zusammensetzung der Frühatmosphäre beider Planeten weitgehend gleich gewesen sein, doch bewirkte der etwas geringere Sonnenabstand der Venus und die sich daraus ergebende etwas höhere mittlere Oberflächentemperatur eine wesentlich andere Entwicklung ihrer Atmosphäre. Wasserdampf konnte schwerer kondensieren, so dass kaum offene Gewässer entstanden und damit die Möglichkeit wegfiel, dass Kohlendioxid in großem Umfang in Form von Kalkgesteinen gebunden wurde. Durch Entgasung infolge Vulkanismus stieg der Kohlendioxidgehalt zusätzlich, was zu einem außerordentlich starken Glashauseffekt führte, der die Oberflächentemperatur auf die gegenwärtigen etwa 470 °C brachte. Die Bedingungen für die Existenz von Leben waren damit extrem ungünstig: Wenn überhaupt, kann die Venus nur sehr früh primitives Leben getragen haben.

Auf dem Mars lagen und liegen die Temperaturen im Mittel in dem Bereich, in dem hochmolekulare organische Verbindungen über längere Zeiträume bestehen können. Der Kohlendioxidgehalt der anfänglichen Atmosphäre bewirkte offenbar einen Glashauseffekt, der trotz der zunächst geringeren Sonnenleuchtkraft und Sonneneinstrahlung die Existenz von Wasser ermöglichte. Das im Wasser zunehmend gebundene atmosphärische Kohlendioxid wurde offenbar durch Vulkanismus nicht voll ersetzt, wodurch eine Reduktion des Glashauseffekts eintrat. Seit etwa 3 Mrd. Jahren dürfte auf dem Mars Wasser höchstens noch als Permafrost existieren. Nachteilig für die Entwicklung von Lebensformen ist die dünne Atmosphäre, wodurch solare Ultraviolettstrahlung bis zur Planetenoberfläche gelangen kann. Die im Gegensatz zur Erde zwischen 0° und etwa 60° mögliche Schwankung der Neigung der Rotationsachse des Mars gegen seine Bahnebene führte zu starken Klima- und Temperaturschwankungen. Es ist dennoch nicht auszuschließen, dass sich Leben hat bilden können und auch jetzt noch in sehr niederer Form in einzelnen Marsregionen existiert oder in Form von Fossilien nachgewiesen werden könnte. Die Suche mit Raumsonden erbrachte aber keinerlei Hinweise auf organische Substanzen oder Mikroorganismen, bei denen Stoffwechselprozesse analog denen irdischer Organismen auftreten, was vermuten lässt, dass es mindestens gegenwärtig kein Leben auf dem Mars gibt. Endgültige Beweise fehlen jedoch.

Leda

Der Mond trägt kein Leben, obwohl er den gleichen Sonnenabstand wie die Erde hat. Seine Masse ist zu klein, um eine genügend dichte Atmosphäre an sich zu binden, was die Existenz von Wasser ausschließt. Außerdem variieren die Oberflächentemperaturen während eines Mondtages lokal um etwa 250 °C. Andere Satelliten des Planetensystems, möglicherweise einige eisartige Satelliten des Jupiter, z. B. die Europa, könnten Lebensträger sein. Innere, z. B. radioaktive Prozesse oder Gezeitenwirkungen könnten für eine Aufheizung sorgen, was die Existenz von Wasser und Oberflächentemperaturen im lebensnotwendigen Bereich gestattete, so dass es Leben möglicherweise gab und vielleicht noch gibt, ein Nachweis dürfte extrem schwierig sein.

Gelegentlich wird diskutiert, ob Mikroorganismen durch größere Gesteinsbrocken von einem Himmelskörper zu einem anderen transportiert worden sind. Die Wahrscheinlichkeit eines derartigen Transports ist außerordentlich gering, da beim Losschlagen und beim Auftreffen eines Gesteinsbrockens sehr hohe Temperaturen auftreten. Außerdem würde während der langen Aufenthaltszeit im interplanetaren Raum die hochenergetische Kosmische Strahlung alle Organismen zerstören.

Extraterrestrische Intelligenzen. Wie die große Anzahl entdeckter → Exoplaneten zeigt und theoretische Vorstellungen über die Entstehung von Sternen und Planeten nahe legen, ist eine relativ große Zahl der Sterne von Planeten umgeben. Um Leben tragen zu können, müssen sie sich innerhalb der Ökosphäre des umlaufenden Sterns befinden, d. h. innerhalb des Entfernungsbereichs, in dem die für Lebensprozesse notwendigen und zulässigen Temperaturen herrschen. Ein großer Teil der bisher gefundenen Exoplaneten hat eine so große Masse, dass sie eher den Gasplaneten des Sonnensystems gleichen als den masseärmeren erdartigen Planeten. Die Exoplaneten mit geringer Masse befinden sich so nahe am umlaufenen Stern, dass die Oberflächentemperaturen wahrscheinlich zu hoch sind, um Lebensprozesse zu ermöglichen. Für die eventuelle Entwicklung von Lebewesen mit einer hoch entwickelten Technologie müssen die erforderlichen Bedingungen über Zeiträume in der Größenordnung von Milliarden Jahren unverändert bestehen. Nur Hauptreihensterne mit Massen kleiner als etwa 1,5 Sonnenmassen entwickeln sich entsprechend langsam (→ Sternentwicklung). Sterne mit Massen kleiner als etwa 0,5 Sonnenmassen haben eine sehr geringe Oberflächentemperatur, wodurch die Ökosphäre wenig ausgedehnt und sehr nahe am Stern liegt. Die Wahrscheinlichkeit, dass sich in ihr ein genügend massereicher und eine Atmosphäre tragender erdartiger Planet befindet, ist entsprechend gering. Hochentwickeltes Leben dürfte daher nur in der Umgebung von Hauptreihensternen mit Massen zwischen etwa 1,5 bis 0,5 Sonnenmassen, d. h. mit der Spektralklasse F, G oder K, zu erwarten sein. Da diese Sterne einen großen Teil der Mitgliedsterne eines Sternsystems stellen, lassen die gegenwärtigen wissenschaftlichen Vorstellungen es als nicht unwahrscheinlich erscheinen, dass es im Milchstraßensystem und anderen Sternsystemen eine große Zahl von Planeten mit höherentwickelten, etwa dem Menschen vergleichbaren Lebewesen gibt. Die Abschätzungen, wie groß die Zahl derartiger Planeten ist, beruhen auf reinen Vermutungen und gehen sehr weit auseinander. Demzufolge werden die Erfolgsaussichten für die Suche nach hochentwickelten, eine von unseren heutigen Gesichtspunkten aus gesehen moderne Technologie beherrschenden Lebewesen, von „extraterrestrischen Intelligenzen", außerordentlich unterschiedlich beurteilt.

Die mit SETI bezeichnete Suche nach „extraterrestrischen Intelligenzen" [SETI Abk. für engl. *Search for Extra-Terrestrial Intelligences*] basiert auf der Annahme, dass Lebewesen existieren, die die physikalischen Gesetze kennen und anwenden und die eine so hohe Technologie entwickelt haben, um in ihrem jeweiligen Zivilisationsraum elektromagnetische Wellen, vor allem Radiowellen, zur Informationsübertragung nutzen zu können und dies auch tun. Es wird z. T. auch vermutet, dass Zivilisationen mit genügend hoch entwickelter Technik Versuche unternehmen, mit anderen Zivilisationen zu kommunizieren. Dabei wäre die Benutzung von Radiowellen sinnvoll, weil diese durch interstellare Materie kaum beeinflusst werden und außerdem beim Aussenden von Nachrichten im Radiofrequenzbereich pro Bit weniger Energie benötigt wird als z. B. im sichtbaren Spektralbereich. Weil bei der Suche nach eindeutig künstlich erzeugter Radiostrahlung die emittierte Sendefrequenz völlig unbekannt ist, werden gleichzeitig z. T. mehr als 1 Mio. extrem schmalbandige Frequenzbereiche überwacht. Ehe die registrierten Strahlungsintensitäten auf Anzeichen eines nicht natürlichen Ursprungs untersucht werden können, müssen mögliche Störeinflüsse, wie eine → Radioszintillation infolge von Inhomogenitäten im durchquerten Medium sowie eventuelle Doppler-Verbreiterungen (→ Spektrum), korrigiert werden. Um Interferenzen mit irdischen Strahlungsquellen auszuschließen, erfolgen die Beobachtungen simultan an weit voneinander entfernten Orten. Es werden entweder ausgewählte nahe Sterne mit hoher Detektorempfindlichkeit überwacht oder große Himmelsareale mit geringeren Empfindlichkeiten durchmustert. Bisher wurden keinerlei Radiosignale registriert, die auf „extraterrestrische Intelligenzen" schließen lassen. Das könnte daran liegen, dass in der Umgebung der überwachten Sterne keine Exoplaneten mit derartigen Zivilisationen existieren, oder dass diese, wie die Menschen, gegenwärtig nur einen Funkverkehr für ihre eigenen Zwecke aufrechterhalten und höchstens nach Signalen suchen, aber nicht bewusst Signale an vermutete andere „Intelligenzen" senden. Es ist nach wie vor absolut unbekannt, ob extraterrestrische Zivilisationen existieren.

Leda *f*, **1)** ein Jupitersatellit, der sich auf einer elliptischen Bahn mit einer großen Bahnhalbachse von 11,165 Mio. km und einer Exzentrizität von 0,164 in 240,9 Tagen rechtläufig um den Jupiter bewegt. Die Bahn ist mit 29,724° stark gegen dessen Äquatorebene geneigt. Der Durchmesser der L. beträgt nur etwa 20 km.

Hinsichtlich der Einordnung der L. in das System der Jupitersatelliten → Jupiter.

2) der Planetoid (38).

Leier, das Sternbild → Lyra.

Leistung, die je Zeiteinheit geleistete Arbeit. Die Maßeinheit ist das Watt, Einheitenzeichen W, 1 W = 1 J/s.

Leitstrahl, svw. Radiusvektor.

Leo, *Gen.* Leonis, abg. **Leo**, **Löwe**, zum Tierkreis gehörendes Sternbild des nördlichen Himmels, das im Frühjahr am Abendhimmel sichtbar ist. Der hellste Stern des Sternbildes ist → Regulus, der Stern β → Denebola. Die Sonne durchläuft das Sternbild bei ihrer scheinbaren jährlichen Bewegung von Mitte August bis Mitte September.

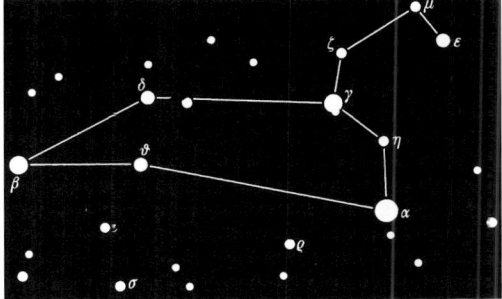

Charakteristische Anordnung der hellsten Sterne des Sternbildes Leo (Löwe)

Hinsichtlich der Lage am Himmel → Sternkarte Seite 419.

Leo Minor, *Gen.* Leonis Minoris, abg. **LMi**, **Kleiner Löwe**, kleines Sternbild des nördlichen Himmels, das nördlich an das Sternbild Leo (Löwe) angrenzt und im Frühjahr am Abendhimmel sichtbar ist.

Hinsichtlich der Lage am Himmel → Sternkarten Seite 414, 419.

Leoniden, periodischer, zwischen dem 10. und 20. November und mit dem Maximum um den 16. November auftretender Meteorstrom, dessen Radiant im Sternbild Leo (Löwe) liegt. Der die L. hervorrufende Meteoroidenschwarm hat sich aus dem Kometen 55P/Tempel-Tuttle entwickelt (→ Meteor).

Lep, Abk. für Lepus.

Leptonen, Elementarteilchen mit halbzahligem → Spin, die nicht der starken Wechselwirkung unterliegen. Zu den L. gehören Elektronen, Myonen und Tauonen sowie die zugehörigen Neutrinos.

Leptonen-Ära, Entwicklungsabschnitt in der Frühphase des Weltalls; → Kosmologie.

Lepus, *Gen.* Leporis, abg. **Lep**, **Hase**, Sternbild des südlichen Himmels, das von unseren Breiten aus im Winter am Abendhimmel sichtbar ist.

Hinsichtlich der Lage am Himmel → Sternkarte Seite 420.

leuchtende Nachtwolken, silbrig-weiß bis bläulich-weiß am Nachthimmel erscheinende Wolken, wenn die Sonne sich etwa 6° bis 15° unter dem Horizont befindet und die gewöhnlichen Wolken im Erdschatten liegen. Die Höhe der l.n N. beträgt etwa 80 km. Ihre laterale Ausdehnung kann mehrere 1 000 km betragen, die vertikale in Abhängigkeit von der Wolkenform zwischen etwa 0,5 und 3,5 km. Die l.n N. treten jeweils im Sommer auf der entsprechenden Halbkugel der Erde in der Zone zwischen etwa 50° und 70° nördlicher bzw. südlicher geographischer Breite auf. Von den Polarzonen aus sind sie wegen des dann hellen Himmelshintergrunds unsichtbar. Das Leuchten entsteht durch die Reflexion des Sonnenlichts an Eisteilchen in der Mesosphäre (→ Erdatmosphäre). Im Sommer bewirkt die erhöhte Sonneneinstrahlung starke Aufwinde. Die aufsteigende Luft wird abgekühlt und erreicht in einer Höhe von etwa 80 km rund –100 °C. Die dann starke Wasserdampfsättigung hat eine rasche Kondensation zur Folge. Die wenige 0,1 μm großen Eisteilchen beginnen zu fallen, lösen sich aber schon nach geringer Fallhöhe durch Sublimation wieder auf. Die Erscheinungsdauer der Wolken beträgt normalerweise einige Stunden, durch leichte Aufwinde oder geringe Turbulenzen kann sie aber bis zu einem Tag verlängert werden. Die Anzahldichte der Teilchen ist so gering, dass die scheinbare Helligkeit von Sternen, die sich vom Beobachter aus gesehen „hinter" den Wolken befinden, kaum beeinflusst wird.

Frühere Vermutungen, dass l. N. nach Vulkanausbrüchen, großen Meteoritenfällen und während Meteorströmen verstärkt auftreten, haben sich statistisch nicht bestätigt.

Leuchtkraft, die gesamte von einem Himmelskörper je Sekunde ausgestrahlte Energie, seine Strahlungsleistung. Die L. wird in Watt oder in der Astronomie meist in Einheiten der Sonnenleuchtkraft (Symbol $L_\odot$) mit $L_\odot = 3{,}847 \cdot 10^{26}$ W gemessen.

Die Strahlungsleistung in einem begrenzten Spektralbereich, z. B. dem Infrarot- oder Röntgenbereich, wird gelegentlich auch als L., dann als Infrarot- oder Röntgenleuchtkraft, bezeichnet.

Leuchtkraft eines Sterns, die gesamte von einem Stern pro Sekunde abgestrahlte Energie, seine Strahlungsleistung L. Ein Stern mit dem Radius R und der effektiven Temperatur T_{eff} hat eine Leuchtkraft $L = 4\pi R^2 \cdot \sigma T^4_{\text{eff}}$, wenn σ die Stefan-Boltzmann-Konstante bezeichnet (→ Temperatur). Die L. e. S. wird in Watt oder in Einheiten der Sonnenleuchtkraft $L_\odot = 3{,}847 \cdot 10^{26}$ W gemessen. Die Effektivtemperatur kann aus dem Sternspektrum, der Sternradius aber nur bei wenigen Sternen genau ermittelt werden (→ Sterndurchmesser), so dass die unmittelbare Leuchtkraftbestimmung auf relativ wenige Sterne beschränkt ist.

Die in Watt gemessene Strahlungsleistung L ist der in Größenklassen gemessenen absoluten bolometrischen Helligkeit M_{bol} äquivalent, wobei die Beziehung $L = 3{,}03 \cdot 10^{28 - 0{,}4 M_{\text{bol}}}$ gilt. Bei bekannter Entfernung eines Sterns von der Sonne kann aus der scheinbaren die absolute Helligkeit berechnet werden (→ Helligkeit). Scheinbare Helligkeiten werden im Allg. nur in einem begrenzten, z. B. dem visuellen Spektralbereich gemessen. Durch Berücksichtigung einer bolometrischen Korrektur können sie in bolometrische Helligkeiten umgerechnet werden (→ Helligkeit).

Bei unbekannten Entfernungen kann anhand von **Leuchtkraftkriterien** die L. e. S. aus dem Sternspektrum erschlossen werden. Bei vorgegebener Effektivtemperatur wächst die Leuchtkraft mit dem Sternradius,

Leuchtkraftfunktion

während die Schwerebeschleunigung in der Sternatmosphäre, damit der Druck, sinkt. Vom Atmosphärendruck ist der Ionisationsgrad der Elemente, damit die Stärke der entsprechenden Spektrallinien, abhängig. Bei einigen Linien nimmt die Stärke zu, bei anderen hingegen ab (→ Spektralklasse). Das Stärkeverhältnis ausgewählter Spektrallinien kann daher bei vorgegebener Effektivtemperatur, damit Spektralklasse, als Kriterium für die L. e. S. dienen. Die Leuchtkraftkriterien müssen an Sternen bekannter Leuchtkraft geeicht werden.

Die Breite der Spektrallinien wird, außer von der Sternrotation, durch den Druck in der Sternatmosphäre bestimmt (→ Spektrum), so dass aus der Linienbreite mindestens näherungsweise auf den Radius und zusammen mit der Effektivtemperatur auf die Leuchtkraft geschlossen werden kann. Breite, verwaschen erscheinende Linien weisen auf einen relativ hohen Atmosphärendruck, also auf einen kleinen Sternradius und eine niedrige Leuchtkraft, schmale, scharfe Linien auf einen relativ niedrigen Druck, damit einen großen Radius sowie eine hohe Leuchtkraft hin.

Die Leuchtkräfte der Sterne sind sehr unterschiedlich. Überriesen haben wegen ihrer großen leuchtenden Oberfläche die höchsten Leuchtkräfte, sie können mehr als das 10^5-fache der Sonnenleuchtkraft erreichen. Die größte bei einem Stern bestimmte Leuchtkraft beträgt etwa $3 \cdot 10^6$ Sonnenleuchtkräfte, die kleinste bei einem Braunen Zwerg gemessene dagegen etwa 10^{-8} Sonnenleuchtkräfte.

Die Abhängigkeit der Leuchtkraft von der Effektivtemperatur und dem Sternradius wird zur Einteilung der Sterne in **Leuchtkraftklassen** genutzt, die zusätzlich zu den Spektralklassen angegeben werden. Das meistverwendete Klassifikationssystem wurde von W. W. Morgan und F. C. Keenan am Yerkes-Observatorium (USA) entwickelt, entsprechend wird es nach den abgekürzten Autorennamen als **MK-System** oder **Yerkes-System** bezeichnet. Die einzelnen Leuchtkraftklassen werden durch römische Zahlen gekennzeichnet, deren Folge die Sterngröße bezeichnet: Leuchtkraftklasse I = Überriesen, II = helle Riesen, III = normale Riesen, IV = Unterriesen, V = Hauptreihensterne und VI = Unterzwerge. Die Leuchtkraftklasse I wird zusätzlich im Sinne abnehmender Leuchtkraft noch in die Unterklassen a, ab und b unterteilt. Helle Überriesen, „Über-Überriesen", werden durch Ia-0 gekennzeichnet. Zum Teil werden Übergangsklassen, z. B. Ib-II, benutzt. Eine Sonderbezeichnung haben die Weißen Zwerge, sie haben ein D vor dem Spektralklassensymbol (→ Spektralklasse). Die Sonne trägt im MK-System z. B. die Bezeichnung G2 V (G2: Spektralklasse, V: Leuchtkraftklasse). Die Klassifikation eines Sterns erfolgt durch den Vergleich des Sternspektrums mit Spektren von Standardsternen, deren Leuchtkraftklassen definitiv festgelegt sind. Infolge der Zuordnung der Leuchtkraftklassen zu bestimmten Sterntypen haben die Bildpunkte von Sternen unterschiedlicher Leuchtkraftklassen in Abhängigkeit von der Spektralklasse eine charakteristische Lage im Hertzsprung-Russell-Diagramm (Abb.).

Leuchtkraftfunktion, die Häufigkeitsverteilung der Sterne in Abhängigkeit von der Leuchtkraft bzw. der absoluten Helligkeit M (→ Helligkeit).

Zur Ermittlung der Verteilung wird in einem räumlich begrenzten Gebiet des Milchstraßensystems für möglichst alle Sterne aus der beobachteten scheinbaren Helligkeit in Verbindung mit der Entfernung die absolute Helligkeit bestimmt und danach die Zahl der Sterne in jeweils gleichen Helligkeitsintervallen ermittelt. Das zu untersuchende Gebiet muss einerseits möglichst groß sein, um auch seltene Sterne hoher Leuchtkraft zu erfassen, andererseits gehen bei einem zu großen Gebiet in dessen Randzonen die absolut schwachen Sterne zum großen Teil verloren, da sie unter der Nachweisgrenze der Aufnahmeapparatur liegen. Die Bestimmung der L. ist daher im Wesentlichen auf die nähere Sonnenumgebung beschränkt, da nur für diese genügend genaue Entfernungen auch für Sterne geringer scheinbarer Helligkeit bestimmt werden können.

Im Volumen mit dem Radius 20 pc um die Sonne befinden sich rund 3 600 Sterne, von denen die absolut hellsten die Riesensterne α Tauri A (→ Aldebaran) mit $M_V = -0^m\!\!.6$, α Bootis (→ Arctur) mit $M_V = -0^m\!\!.24$ sowie α Aurigae (→ Capella) mit $M_V = 0^m\!\!.09$ sind. Unter den nur unvollständig erfassten leuchtkraftarmen Sternen ist BD $+4°$ 4084 B mit $M_V = 18^m\!\!.57$ der schwächste.

Bei Sternhaufen bekannter Entfernung ist für deren hellere Mitgliedssterne die L. recht genau bestimmbar. Alle Sterne haben die gleiche Entfernung, damit entspricht die Verteilung der gemessenen scheinbaren Helligkeiten unmittelbar der der absoluten. Da die Leuchtkraft sowohl vom Radius als auch von der effektiven Temperatur abhängt, können Hauptreihensterne hoher effektiver Temperatur die gleiche Leuchtkraft wie Riesensterne geringer effektiver Temperatur haben (→ Hertzsprung-Russell-Diagramm). Die L. ist für unterschiedliche Gebiete im Milchstraßensystem unterschiedlich, z. B. existieren in Gebieten nahe der galaktischen Ebene relativ viele sehr junge, massereiche Sterne hoher Leuchtkraft, die in größeren Entfer-

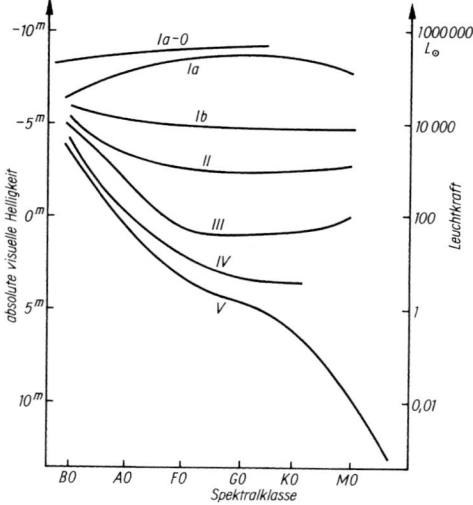

Lage der Bildpunkte von Sternen unterschiedlicher Leuchtkraftklasse im Hertzsprung-Russell-Diagramm; $L_\odot$: Sonnenleuchtkraft

nungen von der Milchstraßenebene fehlen (→ Milchstraßensystem).
Infolge der Entwicklung der Sterne ändert sich deren Leuchtkraft in Abhängigkeit von der Masse unterschiedlich schnell (→ Sternentwicklung). Bei sehr massearmen Sternen sind die Änderungen so langsam, dass die Leuchtkraft selbst während einiger Milliarden Jahre näherungsweise konstant bleibt. Sehr massereiche Sterne erreichen hingegen schon nach einigen Millionen Jahren eine hohe Leuchtkraft und gehen am Ende ihrer Entwicklung in den Zustand eines Weißen Zwergs mit außerordentlich geringer Leuchtkraft über. Die L. für ein bestimmtes Raumgebiet, z. B. für die Sonnenumgebung, enthält daher Sterne sehr unterschiedlichen Alters. Im Bereich hoher Leuchtkräfte sind es im Wesentlichen junge massereiche Sterne, im Bereich geringer Leuchtkraft im Wesentlichen Sterne sehr unterschiedlichen Alters aus einem großen Massenbereich. Die sog. *ursprüngliche L.* bezieht sich auf gerade erst entstandene Sterne einheitlichen Alters. In der ursprünglichen L. spiegelt sich die Massenverteilung der Sterne bei ihrer Entstehung wider, da für Hauptreihensterne die Leuchtkraft eindeutig mit der Sternmasse korreliert ist. Die ursprüngliche L. ist in sehr jungen Sternhaufen bestimmbar.

leuchtkräftige Blaue Veränderliche, svw. S-Doradus-Sterne.

Leuchtkraftklasse, → Leuchtkraft eines Sterns.

Leuchtkraftkriterium, → Leuchtkraft eines Sterns.

Leuchtstreifen, selten zu beobachtende, meist streifenförmig erscheinende Erhellung des nächtlichen Himmels. Die Leuchterscheinungen haben ihren Ursprung in einer Höhe von rund 120 km und stehen oft im Zusammenhang mit Meteorströmen. Vermutlich ist die Ursache der L. das Eindringen großer Mengen interplanetarer Staubteilchen in die Erdatmosphäre, wobei es sich um sehr kleine Teilchen handelt, die bei ihrer Abbremsung in der Erdatmosphäre keine Meteorerscheinungen hervorrufen. L. stellen eine Verstärkung des Eigenleuchtens der Erdatmosphäre dar und sind wahrscheinlich kein Reflexionsleuchten an den Staubteilchen. Das Zustandekommen des Effekts ist noch weitgehend unklar.

Leverrier, Urbain Jean Joseph, franz. Astronom, geb. 11.03.1811 in Saint-Lô, gest. 23.09.1877 in Paris; ab 1854 Direktor der Pariser Sternwarte. Hauptarbeitsgebiet war die Himmelsmechanik, speziell die Bahnbestimmung von Planeten und Kometen. L. berechnete 1846 auf Grund von Störungen der Uranusbahn die Ephemeriden des störenden Planeten. Anhand dieser Ephemeriden entdeckte J. G. Galle (1812–1910) den Planeten, der den Namen Neptun erhielt.

Leverrier-Ring [benannt nach den franz. Astronomen U. J. J. Leverrier, 1811–1877], Name für den zweitinnersten Ring des → Neptun.

L-Galaxie, Typbezeichnung für ein extragalaktisches Sternsystem sehr geringer Flächenhelligkeit.

Lib, Abk. für Libra.

Libra, *Gen.* Librae, abg. *Lib*, *Waage*, zum Tierkreis gehörendes Sternbild der Äquatorzone, das im Frühjahr am Abendhimmel sichtbar ist. Der Stern α Librae ist mit kleinen Feldstechern als optischer Doppelstern zu erkennen, dessen Komponenten fast 4′ Abstand voneinander haben, die Differenz der scheinbaren Helligkeiten beträgt etwa 2 mag, die Entfernungen der Komponenten von der Sonne sind aber sehr unterschiedlich. Die Sonne durchläuft das Sternbild bei ihrer scheinbaren jährlichen Bewegung vom Anfang bis in die zweite Hälfte des November.
Hinsichtlich der Lage am Himmel → Sternkarte Seite 419.

Libration, kleine scheinbare und wirkliche Verdrehung des Mondkörpers gegen seine mittlere Stellung relativ zur Erde, wodurch trotz der gebundenen Rotation etwas mehr als die Hälfte seiner Oberfläche von der Erde aus sichtbar ist. Die L. setzt sich aus vier Anteilen unterschiedlicher Ursachen zusammen.
Die *L. in Länge* entsteht infolge der nicht konstanten Geschwindigkeit des Mondes beim Umlauf um die Erde. Nach dem 2. → Kepler'schen Gesetz ist die Bahngeschwindigkeit nahe dem Perigäum höher als nahe dem Apogäum, was einer scheinbar ungleichmäßigen Winkelgeschwindigkeit gleichkommt, die Winkelgeschwindigkeit der Rotation des Mondes ist hingegen konstant. Beide Drehbewegungen haben wegen der gebundenen Rotation die gleiche Periode, wodurch es zu periodischen Differenzen kommt. Im Perigäum überwiegt die Winkelgeschwindigkeit der Bahnbewegung, im Apogäum die der Rotation. Der Mondkörper scheint dadurch in selenographischer Länge (→ Mond) um einen kleinen Winkel von maximal 7,9° nach der einen oder anderen Richtung gedreht, so dass zusätzlich zur Hälfte der Mondoberfläche am West- bzw. Ostrand geringfügig mehr sichtbar wird.
Infolge der Neigung der Rotationsachse des Mondes um angenähert 6,7° bezüglich der Senkrechten auf der Bahnebene entsteht die *L. in Breite*. Die Rotationspole fallen dadurch nicht immer mit dem Rand der sichtbaren Mondscheibe zusammen, wodurch im Laufe eines Monats von der Mondoberfläche abwechselnd ein schmales Gebiet von 6,7° über den Nordpol bzw. den Südpol hinaus von der Mondoberfläche sichtbar ist.
Die *tägliche* oder *parallaktische L.* ist durch die merklich unterschiedlichen Blickwinkel verursacht, unter dem der Mond zu einem bestimmten Zeitpunkt von unterschiedlichen Stellen der Erdoberfläche aus infolge der großen Nähe des Monds gesehen wird. Der Blickwinkel ändert sich im Laufe des Tages für einen Beobachter an ein und demselben Beobachtungsort, da er durch die Erdrotation in verschiedene Stellungen relativ zum Mond gebracht wird.
Die *physische L.* ist durch die Abweichung des Mondes von einer idealen Kugel bedingt. Sein Durchmesser ist in Richtung zur Erde etwas größer als in der dazu senkrechten Richtung. Der Mond führt dadurch im Schwerefeld der Erde kleine Schwingungen aus, deren Amplitude für einen Punkt am Mondäquator etwa 1 km beträgt, was von der Erde aus gesehen etwa 0,54″ entspricht.
Alle L.en zusammen bewirken, dass insgesamt 59% der Mondoberfläche von der Erde aus zu sehen sind.

Librationsbahn, → Dreikörperproblem.

Librationspunkte, *Gleichgewichtspunkte*, *Lagrange-Punkte*, fünf bezüglich zweier, sich um den gemein-

Licht

samen Schwerpunkt bewegender Körper ausgezeichnete Punkte, an denen die auf einen kleinen dritten Körper wirkenden Kräfte im Gleichgewicht sind; → Dreikörperproblem.

Licht, im engeren Sinn elektromagnetische Strahlung im sichtbaren Bereich des elektromagnetischen Spektrums, im Wellenlängenbereich von etwa 380 bis 760 nm. Im weiteren Sinn wird längerwellige, infrarote sowie kürzerwellige, ultraviolette und Röntgen-Strahlung auch als L. bezeichnet. Die Ausbreitungsgeschwindigkeit des L.s beträgt im Vakuum definitionsgemäß 299 792 458 m/s, in einem lichtdurchlässigen Medium ist sie stets geringer (→ Lichtgeschwindigkeit). Die Vakuumlichtgeschwindigkeit ist die Maximalgeschwindigkeit, mit der Energie oder Signale übertragen werden können.

Die *spezifische Intensität* der von einer Quelle emittierten Strahlung ist die Energiemenge, die von der Flächeneinheit der Empfängeroberfläche aus der Raumwinkeleinheit pro Zeiteinheit empfangen wird, sie wird in $J\ m^{-2}\ s^{-1}\ sr^{-1}$ gemessen. Der *Strahlungsstrom* ist die Energiemenge, die eine sich in beliebiger Entfernung von der Quelle befindende Einheitsfläche je Sekunde durchsetzt, er wird in $J\ m^{-2}\ s^{-1}$ gemessen. Der von einem Himmelskörper kommende Strahlungsstrom entspricht dessen scheinbarer Helligkeit in Größenklassen; der spezifischen Intensität entspricht die Flächenhelligkeit, die z. B. in Größenklassen pro Quadratgrad angegeben wird (→ Helligkeit).

Eine Lichtquelle sendet im Allg. L. unterschiedlicher Wellenlänge aus. Die Zerlegung der Strahlung geordnet nach Wellenlängen ergibt das → Spektrum. Die Schwingungen elektromagnetischer Wellen erfolgen normalerweise mit gleicher Intensität in allen die Ausbreitungsrichtung enthaltenden Ebenen, bei polarisiertem L. erfolgen die Schwingungen bevorzugt in einer der Ebenen (→ Polarisation). Bei der Überlagerung zweier oder mehrerer Lichtwellen können die Wellen miteinander interferieren, was in Abhängigkeit vom Gangunterschied der Wellen eine teilweise oder totale Auslöschung oder auch eine Verstärkung zur Folge haben kann (→ Interferenz).

Bei der Wechselwirkung von L. und Materie kann L. reflektiert (→ Reflexion), absorbiert (→ Absorption) oder gestreut werden (→ Streuung). An der Grenzfläche zweier optischer Medien tritt wegen der unterschiedlichen Lichtgeschwindigkeiten in den Medien eine von der Wellenlänge des L.s abhängige → Brechung auf. Normalerweise breiten sich Lichtwellen geradlinig aus, Abweichungen davon ergeben sich am Rand eines für L. undurchlässigen Hindernisses (→ Beugung) oder im Schwerefeld großer Massen (→ Relativitätstheorie).

L. besitzt sowohl Wellen- als auch Teilchencharakter. Es tritt nur in endlichen Energieeinheiten als → Lichtquanten oder Photonen auf. Die Photonen haben jeweils eine charakteristische Energie, damit eine charakteristische Wellenlänge und einen entsprechenden Impuls. Beim Auftreffen von L. auf Materie wird außer Energie auch Impuls übertragen, wodurch ein → Strahlungsdruck ausgeübt wird.

Die Lichtempfindung des menschlichen Auges beruht auf der Reizung der Sehzellen in der Netzhaut des Auges. L. unterschiedlicher Wellenlänge wird dabei als verschiedenfarbig empfunden, kurzwelliges L. als Violett, langwelliges als Rot und eine bestimmte Mischung von L. aller Wellenlängen als Weiß (→ Augenempfindlichkeit).

Lichtablenkung, von der Allgemeinen Relativitätstheorie vorausgesagte Abweichung eines Lichtstrahls von einer Geraden im Schwerefeld eines massereichen Körpers (→ Relativitätstheorie). Auf der L. beruht das Phänomen der → Gravitationslinsen.

Lichtbrechung, → Refraktion.

Lichtdruck, svw. Strahlungsdruck.

Lichtecho, bildhafte Beschreibung des von einer kurzzeitig aufleuchtenden Strahlungsquelle infolge von Streuung an interstellaren Staubteilchen indirekt zum Beobachter kommenden Lichtsignals. Die Punkte, von denen „Echolicht" zu einem bestimmten Zeitpunkt beim Beobachter eintrifft oder eintreffen könnte, liegen auf einem Ellipsoid mit der Quelle und dem Beobachter in jeweils einem der beiden Brennpunkte. Durchsetzt das Ellipsoid eine isolierte interstellare Staubwolke, scheint für den Beobachter das Echolicht je nach der Lage und der Gestalt der Wolke sowie der Dauer des Aufleuchtens der Quelle von einem mehr oder minder langen und breiten ellipsen- oder kreisförmigen Gebiet um die Quelle zu kommen. Mit zunehmendem zeitlichem Abstand zwischen dem Aufleuchten der Quelle und der Beobachtung wächst der Winkeldurchmesser dieses Gebiets, es scheint zu expandieren. Das gestreute Licht hat praktisch die gleiche spektrale Zusammensetzung wie das von der Strahlungsquelle direkt empfangene, wodurch das Echolicht als solches identifiziert werden kann.

L.s wurden u. a. bei der Nova Persei 1901 sowie der Supernova 1987A beobachtet.

lichtelektrische Parallaxe, → Parallaxe.

lichtelektrischer Effekt, *Photoeffekt*, die Freisetzung von Elektronen, von „Photoelektronen", aus oder in Festkörpern infolge der Bestrahlung mit Licht des ultravioletten, sichtbaren oder infraroten Spektralbereichs.

Beim *äußeren lichtelektrischen E.* treten Elektronen aus der Oberfläche von Metallen aus, die mit Licht genügend hoher Energie bestrahlt werden. Jedes Photon mit einer Energie, die größer oder mindestens gleich der Austrittsarbeit der Elektronen für das bestrahlte Metall ist, löst ein Elektron ab, so dass die Zahl der je Sekunde die Oberfläche verlassenden Elektronen proportional dem auftreffenden Photonenstrom ist. Die Grenzwellenlänge, bis zu der eine Elektronenemission stattfindet, liegt bei Alkalimetallen im sichtbaren Spektralbereich, bei den meisten übrigen Metallen im Ultraviolettbereich, kann aber bei geeigneter Sensibilisierung zu größeren Wellenlängen, zu geringerer Austrittsarbeit hin verschoben werden.

Beim *inneren lichtelektrischen E.* werden in bestimmten Halbleitern beim Bestrahlen mit Licht von sich im Material vorhandenen Atomen Elektronen abgelöst, die dann frei beweglich sind und das Material zu einem Leiter machen. Die Zahl der abgelösten Elektronen ist proportional dem auffallenden Photonenstrom, wodurch er sich aus der Stärke des fließenden elektrischen Stroms

bestimmen lässt. Die beim inneren lichtelektrischen E benötigte Photonenenergie ist geringer als die beim äußeren, so dass mit ihm auch Strahlungsströme von längerwelligem Licht messbar sind. Beide lichtelektrischen Effekte werden in → Photometern ausgenutzt.
lichtelektrisches Flächenphotometer, → Photometer.
Lichtgeschwindigkeit, die Phasengeschwindigkeit einer elektromagnetischen Welle, speziell einer Lichtwelle in einem Medium, im Allg. die Geschwindigkeit im Vakuum. Die Vakuumlichtgeschwindigkeit c ist eine Naturkonstante und zu $c = 299\,792\,458$ m/s definiert. Sie ist die größtmögliche Geschwindigkeit für einen Energietransport oder eine Signalübertragung. In einem Medium ist die L. immer kleiner als im Vakuum. Die Vakuumlichtgeschwindigkeit ist in allen Bezugssystemen gleich groß, bei einer Relativgeschwindigkeit zwischen der im System sich befindenden Lichtquelle und dem Beobachter ändert sich lediglich die beobachtete Frequenz des Lichtes (→ Doppler-Effekt). Massebehaftete Körper können die L. nur angenähert erreichen, da die Masse von der Geschwindigkeit abhängt und bei der Annäherung an die L. über alle Grenzen wächst (→ Relativitätstheorie).
Die erste Bestimmung der L. erfolgte 1676 durch den dänischen Astronomen O. Römer (1644–1710) anhand der Verfinsterungen der Jupitersatelliten Io beim Eintauchen in den Schattenkegel des Jupiter bzw. beim Verschwinden hinter der Jupiterscheibe. Die Verfinsterungen müssten theoretisch im Abstand von etwa 1,77 Tagen, der Umlaufzeit der Io um den Jupiter, erfolgen. Die tatsächlich beobachteten Zeitabstände sind etwas größer, wenn sich die Erde infolge ihrer Bahnbewegung vom Jupiter entfernt, etwas kleiner, wenn sie sich ihm nähert. Beim Entfernen muss das folgende Lichtsignal eine etwas größere Wegstrecke bis zum Beobachter zurücklegen als das vorhergehende, beim Annähern ist es umgekehrt. Im Laufe eines halben Jahres summieren sich die Abweichungen von den erwarteten Zeitabständen der Verfinsterungen bis zu der vom Licht zum Durchqueren des Erdbahndurchmessers benötigten Zeit. Da die Größe des Erdbahndurchmessers bekannt ist, kann die L. berechnet werden.
Lichtjahr, Einheitenzeichen Lj, astronomische Längeneinheit für Entfernungen außerhalb des Sonnensystems. 1 L. ist die Strecke, die das Licht im Vakuum während eines tropischen Jahrs zurücklegt: 1 Lj = $9{,}4605 \cdot 10^{12}$ km = $0{,}3066$ pc = $63\,240$ AE.
Lichtkurve, graphische Darstellung der scheinbaren Helligkeit eines Himmelskörpers in Abhängigkeit von der Zeit.
Lichtquant, *Strahlungsquant, Photon,* kleinste Energieeinheit einer elektromagnetischen Strahlung, Träger von Energie und Impuls. Nach der Quantentheorie kommt jeder elektromagnetischen Strahlung, z.B. Licht, sowohl Wellen- als auch Teilchencharakter zu. Eine elektromagnetische Strahlung kann daher anschaulich als Wellenzügen, aus Wellenpaketen zusammengesetzt gedacht werden oder aus Teilchen, deren Energie E von der Frequenz ν bzw. der Wellenlänge λ der Strahlung abhängt: $E = h\nu = hc/\lambda$, wobei h das Planck'sche Wirkungsquantum und c die Lichtge-

schwindigkeit bezeichnet. L.en kurzwelligen, z.B. violetten Lichts sind demnach energiereicher als die langwelligen, z.B. roten Lichts. Nach der Speziellen → Relativitätstheorie ist die Ruhmasse eines L.s Null, es trägt aber einen Impuls $p = h\nu/c$.
Lichtstärke, die Leistungsfähigkeit eines Fernrohrs charakterisierende Größe; → Fernrohr.
Lichtwechsel, die zeitliche Änderung der scheinbaren Helligkeit eines Himmelskörpers.
Lichtzeit, die Zeit, die Licht benötigt, um von einem Körper des Sonnensystems zur Erde zu gelangen. Für den Mond beträgt die L. 1,282 s, für die Sonne 498,7 s.
Linea *f, Plur.* Lineae, Bezeichnung für eine gerade, linienähnliche Struktur auf erdartigen Körpern des Planetensystems.
Lineal, das Sternbild → Norma.
Lingula *f, Plur.* Lingulae, Bezeichnung für zungenförmige Ausstülpungen von Hochebenen auf erdartigen Himmelskörpern des Planetensystems.
Linienabsorption, → Absorption.
Linienaufspaltung, → Stark-Effekt, → Zeeman-Effekt.
Linienbreite, → Spektrum.
Linienemission, → Emission.
Linienflügel, → Spektrum.
Linienintensität, *Linienstärke,* Intensität, mit der eine bestimmte Spektrallinie in einem Spektrum erscheint (→ Spektrum).
Linienkontur, *Linienprofil,* → Spektrum.
Linienspektrum, ein aus diskreten Spektrallinien bestehendes → Spektrum.
Linienstärke, svw. Linienintensität.
Linienverbreiterung, → Spektrum.
Linienverschiebung, die Veränderung der Lage einer Spektrallinie; → Doppler-Effekt.
Linsenfernrohr, svw. Refraktor.
Lithium-Stern, Stern im Vor-Hauptreihenzustand mit relativ starken Lithiumlinien im Spektrum. Die seit der Entstehung des Sterns im Sterninnern herrschenden Temperaturen sind zu gering, um die Umwandlung von Lithium in Helium zu ermöglichen, so dass das bei der Sternentstehung vorhandene Lithium nicht zerstört wurde; → Elementenhäufigkeit.
Lithosphäre, die die Erdkruste und den oberen Bereich des Erdmantels umfassende Schicht; → Erde.
Lj, Einheitenzeichen für Lichtjahr.
L-Komponente, der Strahlungsanteil der Sonnenkorona als Lichterscheinung mit einem Emissionslinienspektrum; → Sonne.
LMi, Abk. für Leo Minor.
Loge *m,* ein Satellit des Saturn.
Hinsichtlich der Einordnung des L. in das System der Saturnsatelliten → Saturn.
lokale Astrometrie, → Astrometrie.
Lokale Galaxien-Gruppe, svw. Lokale Gruppe.
Lokale Gruppe, *Lokale Galaxien-Gruppe,* kleine gravitativ selbständige Gruppe von mehr als 30 Sternsystemen in der Umgebung des Milchstraßensystems. Innerhalb der L.n G. bestehen Untergruppen um das Milchstraßensystem und um den Andromedanebel sowie möglicherweise eine weitere, relativ isolierte um die Galaxie NGC 3109. Zur L.n G. gehören weiterhin

lokaler Arm

Ausgewählte Mitglieder der Lokalen Gruppe

	Galaxien-Typ	Visuelle Helligkeit		Entfernung (in kpc)	Masse (in Sonnenmassen)
		scheinbar	absolut		
Milchstraßensystem	Sbc		$-20\overset{m}{.}6$		$6 \cdot 10^{11}$
Große Magellan'sche Wolke	Ir	$0\overset{m}{.}4$	$-18\overset{m}{.}1$	49	$1 \cdot 10^{10}$
Kleine Magellan'sche Wolke	Ir	$2\overset{m}{.}6$	$-16\overset{m}{.}2$	58	$2 \cdot 10^{9}$
Sagittarius-System	dSph	$3\overset{m}{.}5$	$-13\overset{m}{.}4$	24	
NGC 6822	Ir	$7\overset{m}{.}3$	$-16\overset{m}{.}4$	490	$3 \cdot 10^{8}$
Fornax-System	dSph	$7\overset{m}{.}5$	$-13\overset{m}{.}2$	138	$7 \cdot 10^{7}$
Sculptor-System	dSph	$8\overset{m}{.}4$	$-11\overset{m}{.}1$	79	$6 \cdot 10^{6}$
Andromedanebel (M31)	Sb	$3\overset{m}{.}3$	$-21\overset{m}{.}1$	890	$5 \cdot 10^{12}$
Triangulumnebel (M33)	Sc	$5\overset{m}{.}7$	$-18\overset{m}{.}9$	840	$1 \cdot 10^{10}$
M 32 (NGC 221)	E2	$7\overset{m}{.}8$	$-16\overset{m}{.}7$	805	$2 \cdot 10^{9}$
M 110 (NGC 205)	E5	$8\overset{m}{.}0$	$-16\overset{m}{.}6$	815	$7 \cdot 10^{8}$
NGC 3109	Ir	$9\overset{m}{.}8$	$-15\overset{m}{.}7$	1250	$7 \cdot 10^{9}$

M: Messier-Katalog; NGC: New General Catalogue of Nebulae and Clusters of Stars; Galaxien-Typ → Sternsystem

Zwerggalaxien, die keiner dieser Gruppen eindeutig zuzuordnen sind, und eine Anzahl intergalaktischer Kugelsternhaufen.

Die Zuordnung eines Sternsystems zur L.n G. erfolgt auf Grund seiner Entfernung und Radialgeschwindigkeit, die nicht immer mit genügender Genauigkeit bestimmt werden können, so dass die Zugehörigkeit einiger kleinerer Galaxien zur L.n G. nicht völlig gesichert ist. Die scheinbaren und absoluten Helligkeiten sind mit mehr oder minder großen Ungenauigkeiten behaftet, da Galaxien flächenhafte Objekte mit einem Helligkeitsabfall zum Rande hin sind, so dass mit unterschiedlichen Teleskop-Photometer-Kombinationen z. T. unterschiedliche Helligkeiten gemessen werden.

Zur L.n G. gehören drei Spiralsysteme, das Milchstraßensystem, der Andromedanebel und der Triangulumnebel. Die Mehrzahl ihrer Mitglieder sind Zwerggalaxien geringer absoluter Helligkeit, von denen rund 10 Begleiter des Milchstraßensystems sind. Die Gesamtmasse der L.n G. beträgt etwa $2{,}3 \cdot 10^{12}$ Sonnenmassen, wozu das Milchstraßensystem und der Andromedanebel rund 95% beitragen. Die Mitglieder der L.n G. verteilen sich auf einen annähernd ellipsoidischen Raum, dessen größter Durchmesser rund 1,5 Mpc beträgt. Etwa 1,2 Mpc vom Schwerpunkt der Gruppe entfernt ist die durch die Massenanziehung der Mitgliedsysteme bewirkte, in Richtung Schwerpunkt weisende Geschwindigkeit näherungsweise gleich der durch die Expansion des Weltalls verursachten entgegengesetzt gerichteten Geschwindigkeit.

Die L. G. bewegt sich relativ zur Gesamtheit der Photonen der → kosmischen Hintergrundstrahlung in Richtung der galaktischen Länge 276° und der galaktischen Breite 30° mit einer Geschwindigkeit von etwa 625 km/s.

lokaler Arm, Spiralarm des → Milchstraßensystems, an dessen Innenseite sich die Sonne befindet.

lokaler Superhaufen, von der Lokalen Gruppe und dem Virgo-Galaxienhaufen gebildete große Gruppierung extragalaktischer → Sternsysteme.

lokales Ruhsystem, Koordinatensystem am Ort der Sonne; → Milchstraßensystem.

lokales thermodynamisches Gleichgewicht, Zustand eines thermodynamischen Systems mit konstanter innerer Energie in einem begrenzten Volumen, bei dem die absorbierte Strahlung entsprechend der lokalen Temperatur wieder emittiert wird; → Sternatmosphäre.

Lotabweichung, die Differenz zwischen der am Beobachtungsort bestimmten Richtung der Erdbeschleunigung (Lotrichtung) und der für diesen Ort ermittelten Senkrechten auf dem Geoid (→ Erde).

Löwe, das Sternbild → Leo.

Luchs, das Sternbild → Lynx.

Luftpumpe, das Sternbild → Antlia.

Luftunruhe, → Szintillation.

lunar, den Mond betreffend, zum Mond gehörig.

Lunisolarpräzession, → Präzession.

Lup, Abk. für Lupus.

Lupus, *Gen.* Lupi, abg. **Lup**, **Wolf**, kleineres Sternbild des südlichen Himmels, dessen nördliche Teile von unseren Breiten aus im Frühjahr am Abendhimmel sichtbar sind.

Hinsichtlich der Lage am Himmel → Sternkarte Seite 416.

Luzifer, andere Bezeichnung für den → Morgenstern.

Lyman-alpha-Wald, *Lyman-α-Wald* [benannt nach dem amerikan. Physiker T. Lyman, 1874–1954], die Menge der einem Quasarspektrum von intergalaktischen Wasserstoffwolken aufgeprägten Lyman-α-Linien; → Quasar.

Lyman-Grenze, Lyman-Kontinuum, → Lyman-Linien.

Lyman-Linien [benannt nach dem amerikan. Physiker T. Lyman, 1874–1954], Spektrallinien des Wasserstoffs. Sie entstehen, wenn Wasserstoff im Grundzustand (→ Atom) Strahlung absorbiert und in höhere Energiezustände übergeht oder aus höheren Zuständen in den Grundzustand zurückkehrt und dabei Strahlung emittiert. Die L.-L. bilden eine Folge von Spektrallinien, die *Lyman-Serie*. Die Linie mit der größten Wellenlänge, die Lyman-α-Linie (Lyα), hat eine Wellenlänge von 121,6 nm. Die L.-L. häufen sich gegen die *Lyman-Grenze* bei 91,2 nm, an die sich ein kontinuier-

liches Spektrum, das **Lyman-Kontinuum**, anschließt. Es entsteht bei der Ionisation aus dem Grundzustand bzw. bei der Rekombination in diesen (→ Spektrum).
Lyn, Abk. für Lynx.
Lynx, *Gen.* Lyncis, abg. *Lyn*, **Luchs**, Sternbild des nördlichen Himmels, das von unseren Breiten aus gesehen zum größten Teil immer über dem Horizont bleibt. Hinsichtlich der Lage am Himmel → Sternkarte Seite 414.
Lyr, Abk. für Lyra.
Lyra, *Gen.* Lyrae, abg. *Lyr*, **Leier**, Sternbild des nördlichen Himmels, das im Sommer am Abendhimmel sichtbar ist. Der Hauptstern, α Lyrae, → Wega, ist der hellste Stern des Nordhimmels. Im Sternbild L. befinden sich viele Doppelsterne und veränderliche Sterne, z. B. die Prototypen der Veränderlichen vom Typ → RR Lyrae und β Lyrae (→ Beta-Lyrae-Sterne). Die Sterne β und γ Lyrae sind Doppelsterne, bei denen die Komponenten jeweils einen Abstand von etwa 45″ haben. Der Stern ε Lyrae kann auch mit bloßem Auge als Doppelstern erkannt werde. Die Komponenten haben einen Abstand von 209″ und stellen ihrerseits jeweils sehr enge Doppelsternsysteme dar (→ Doppelstern). Zwischen den Sternen β und γ Lyrae liegt der → Ringnebel (M 57), ein Planetarischer Nebel.

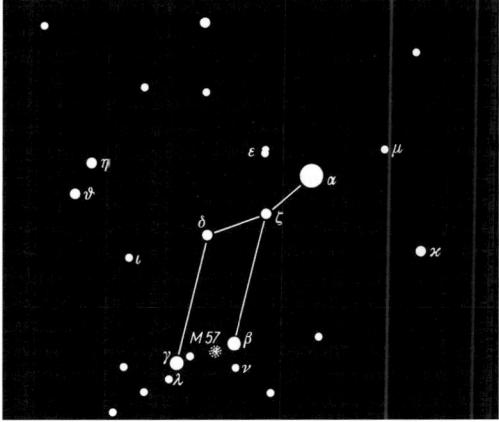

Charakteristische Anordnung der hellsten Sterne des Sternbildes Lyra (Leier)

Hinsichtlich der Lage am Himmel → Sternkarten Seite 415 und 418.
Lyriden, ein Meteorstrom, dessen ihn erzeugender Meteoroidenschwarm vom Kometen C/Thatcher (1861 G1) stammt (→ Meteor).
Lysithea *f*, ein Satellit des Jupiter.
Hinsichtlich der Einordnung der L. in das System der Jupitersatelliten → Jupiter.

M

m, hochgestellt: ᵐ Einheitenzeichen für Größenklassen; → Helligkeit.
M, *1)* hochgestellt: ᴹ Einheitenzeichen für Größenklasse als Maßeinheit der absoluten Helligkeit; → Helligkeit.
2) Abk. für Messier-Katalog. M in Verbindung mit einer nachgestellten Zahl, z. B. M 31, bezeichnet entweder ein extragalaktisches Sternsystem (im Beispiel den Andromedanebel), einen Sternhaufen oder einen galaktischen Nebel, wobei die Zahl die Nummer angibt, unter der das Objekt im Katalog aufgeführt ist (→ Messier-Katalog).
Mab *f*, ein Satellit des Uranus.
Hinsichtlich der Einordnung der M. in das System der Uranussatelliten → Uranus.
Macula *f*, *Plur.* Maculae, Bezeichnung für eine kleine dunkle Oberflächenstruktur auf erdartigen Körpern des Planetensystems.
mag, Einheitenzeichen für Größenklasse bei Angaben von Größenklassendifferenzen; → Helligkeit.
Magellan'sche Wolken [benannt nach dem portug. Seefahrer F. de Magalhães, 1480–1521], zwei extragalaktische Sternsysteme, die mit bloßem Auge als helle Nebelflecken in den Sternbildern Dorado und Mensa (Große M. W.) bzw. Tucana (Kleine M. W.) am Südhimmel sichtbar sind. Hinsichtlich ihrer Lage am Himmel → Sternkarte Seite 417.
Die *Große Magellan'sche Wolke* (Abb. 1) hat einen visuellen Winkeldurchmesser von etwa 11,8°, was etwa 23 Vollmondbreiten entspricht. Es ist eine Zwerggalaxie mit unregelmäßiger Morphologie, im Allg. wird sie als unregelmäßiges Sternsystem klassifiziert, doch lassen die Objekte der Scheiben- und Halopopulation (→ Population), wie → RR-Lyrae-Sterne, → Novae sowie Kugelsternhaufen, eine gewisse Balkenstruktur erkennen. Die Große M. Wolke hat eine optisch nicht auffallende, aber gravitativ wirksame zentrale Massenkonzentration ohne erkennbaren Galaxienkern. Es existiert eine Scheibenstruktur, deren innerer Teil im Wesentlichen von Mitgliedern der extremen Population I, u. a. von O- und B-Sternen, Überriesen, ausgedehnten HI- und HII-Gebieten sowie Dunkelwolken und Sternentstehungsgebieten, bestimmt wird, der äußere Teil hingegen von älteren Sternen. Im optischen Erscheinungsbild der Wolke treten hauptsächlich die Objekte der Population I hervor. Die interstellare Materie ist relativ staubarm, das Massenverhältnis von Staub zu Gas beträgt nur etwa ein Viertel von dem im Milchstraßensystem. In der Scheibe herrscht eine differentielle Rotation. Das dynamische Zentrum der Wolke ist anscheinend nicht mit dem optischen Zentrum des Balkens identisch. Die Neigung der Scheibe gegen die Tangentialebene an die Himmelskugel beträgt rund 40°. Infolge der Gezeiteneinflüsse des Milchstraßensystems, die sich auf die gesamte innere Struktur der Großen M.n Wolke auswirken, ist die Scheibe stark verwölbt. Im

Magellan'sche Wolken

Abb. 1: Große Magellan'sche Wolke

Radiofrequenz- und im fernen Infrarotbereich erscheint die Wolke im Unterschied zum optischen Spektralbereich im Wesentlichen rotationssymmetrisch.

Die *Kleine Magellan'sche Wolke* (Abb. 2) hat einen visuellen Winkeldurchmesser von etwa 4,2° oder rund 9 Vollmondbreiten, sie gehört zu den unregelmäßigen Sternsystemen. In ihr befinden sich Mitglieder aller Populationen, auch relativ viele junge Sterne hoher Effektivtemperatur sowie Supernovaüberreste. Im Verhältnis zur Großen M.n Wolke ist der relative Anteil der Sterne der Population II größer, doch überwiegen insgesamt die Objekte der Population I. Die interstellare Materie ist wenig auffällig, die Randgebiete scheinen sogar frei von interstellarem Staub zu sein. In der interstellaren Materie ist der Staub relativ selten, das Staub-Gas-Verhältnis beträgt nur etwa ein Zehntel von dem im Milchstraßensystem. Das Massenverhältnis von interstellarer zu stellarer Materie ist mit rund 20% ungewöhnlich groß. Die Bewegungsverhältnisse in der Kleinen M.n Wolke sind kompliziert und noch nicht voll deutbar.

Beide Wolken sind in je einer Hülle aus neutralem Wasserstoffgas eingebettet, deren Durchmesser sehr viel größer als die M. W. im optischen Spektralbereich sind. Die Hüllen sind nicht scharf begrenzt und offenbar miteinander verbunden. Es besteht eine „Wasserstoffbrücke" zwischen den Wolken und dem Milchstraßensystem (→ Magellan-Strom).

Die M.n W. bewegen sich mit einer Relativgeschwindigkeit von etwa 55 km/s aufeinander zu, sind aber wahrscheinlich kein gravitativ gebundenes Paar von Sternsystemen. Sie gehören zusammen mit dem Milch-

Abb. 2: Kleine Magellan'sche Wolke

Daten der Magellan'schen Wolken

	Große M. W.		Kleine M. W
Zentrumskoordinaten			
Rektaszension (α)	$5^h\ 20^{min}$		$0^h\ 55^{min}$
Deklination (δ)	$-69°$		$-73°$
Entfernung vom Milchstraßensystem	49 000 pc		58 000 pc
Entfernung voneinander		22 000 pc	
Durchmesser	11 000 pc		4 500 pc
Masse (in Sonnenmassen)	$\approx 10\cdot 10^9$		$\approx 2\cdot 10^9$
davon interstellarer Wasserstoff	etwa 10%		etwa 20%
Absolute visuelle Helligkeit	$-18\overset{m}{.}1$		$-16\overset{m}{.}2$

straßensystem, dessen Satelliten sie sind, zur → Lokalen Gruppe.

Angaben bezüglich der scheinbaren und absoluten Helligkeit der Wolken weichen z. T. erheblich voneinander ab, da die Wolken flächenhafte Objekte mit einem Helligkeitsabfall zum Rand hin sind. Von unterschiedlichen Teleskop-Photometer-Kombinationen werden die Randzonen dadurch unterschiedlich stark bei den Messungen berücksichtigt. Unterschiedliche Entfernungsangaben beruhen meist darauf, dass unterschiedliche Sterntypen oder Sterngruppen mit unterschiedlichen Abständen von den Wolkenzentren zur Entfernungsbestimmung herangezogen werden.

Magellan-Strom [benannt nach dem portug. Seefahrer F. de Magalhães, 1480–1521], eine intergalaktische Wolke neutralen Wasserstoffs, die auf Grund der von ihr emittierten 21-cm-Strahlung (→ Einundzwanzig-cm-Linie) nachweisbar ist und als ein schmales, unregelmäßig begrenztes Band erscheint, das sich längs etwa eines galaktischen Großkreises von den Magellan'schen Wolken über den galaktischen Südpol rund 180° weit hinzieht. Das Wasserstoffgas ist wahrscheinlich aus den Magellan'schen Wolken infolge von Gezeitenwirkungen des Milchstraßensystems herausgelöst worden.

magische Nukleonenzahl, ausgezeichnete Neutronen- bzw. Protonenzahl, bei denen Atomkerne besonders stabil sind. Magische N.en sind 2, 8, 20, 28, 50, 82 und 126

Magnetfeld, ein die magnetische Kraftwirkung beschreibendes Feld. Die in Himmelskörpern existierenden M.er werden vielfach durch einen → Dynamoeffekt verursacht, bei dem Bewegungsenergie in magnetische umgewandelt wird. Bei Körpern des Planetensystems gehen die Felder z. T. auf einen permanent magnetischen Kern des Himmelskörpers zurück. In einem Plasma aus freien Elektronen, Ionen und neutralen Atomen sind M.er unter astronomischen Bedingungen mit der Materie fest verankert „eingefroren". Bei der Bewegung des Plasmas werden relativ schwache M.er mitgeführt, wobei die Feldlinien verbogen, verdrillt und verstärkt werden können. Infolge einer Neuverknüpfung der Feldlinien kann es zum Übergang einer Magnetfeldkonfiguration in eine neue, energetisch günstigere Konfiguration kommen und magnetische Energie in andere Energieformen umgewandelt werden. Bei hohen Feldstärken bestimmen hingegen die M.er das Bewegungsverhalten des Plasmas.

Magnetfeldneuverknüpfung, → Magnetfeld.

magnetische Bremsstrahlung, → Bremsstrahlung.

magnetische Flußröhre, langgestreckter zylinderförmiger Bereich geringen Durchmessers, in dessen Innern ein einheitliches, gegenüber der Umgebung erhöhtes und längs der Zylinderachse ausgerichtetes Magnetfeld herrscht.

magnetische Neuverknüpfung, der Übergang einer Anordnung magnetischer Feldlinien in eine neue, energetisch günstigere Konfiguration, wobei magnetische Energie in thermische Energie oder kinetische Energie beschleunigter Materie umgewandelt wird; → Magnetfeld.

magnetischer Druck, die von einem Magnetfeld pro Flächeneinheit ausgeübte Kraft.

magnetischer Sturm, heftige Störung des Erdmagnetfeldes, die durch drastische Dichte- und Geschwindigkeitsänderungen des Sonnenwindes ausgelöst wird; → solar-terrestrische Erscheinungen.

magnetische Sterne, Sterne mit einem immanenten Magnetfeld, speziell Hauptreihensterne der Spektralklasse F0 bis B5 mit spektralen Besonderheiten; → Ap-Stern. Stellare Magnetfelder können im Prinzip mit Hilfe der durch den → Zeeman-Effekt verursachten Aufspaltung von Spektrallinien nachgewiesen werden. Bei sehr geringen Feldstärken ist die Linienaufspaltung gegenüber der thermischen und der durch Rotation verursachten Linienverbreiterung (→ Spektrum) nicht wahrnehmbar, da der Zeeman-Effekt nur eine geringfügige zusätzliche Verbreiterung verursacht. Magnetfeldbestimmungen sind unter Ausnutzung des longitudinalen Zeeman-Effekts dennoch möglich. Er bewirkt eine Aufspaltung der Spektrallinien in zwei Komponenten unterschiedlicher zirkularer Polarisation. Mittels optischer Polarisatoren kann das Sternspektrum in zwei Teilspektren unterschiedlicher Polarisation zerlegt werden, bei denen die Linien um den doppelten Aufspaltungsbetrag gegeneinander verschoben sind. Die Kleinheit des Effekts beschränkt die Beobachtungen auf Sterne mit verhältnismäßig wenigen und schmalen Spektrallinien. Die bei Sternen noch nachweisbaren Magnetfeldstärken liegen in der Größenordnung von etwa 0,01 Tesla.

Die Magnetfeldstärke der Ap-Sterne beträgt im Allg. nur einige 0,1 Tesla, die bisher bei diesen Sternen gemessenen Maximalwerte liegen bei etwas mehr als 3 Tesla. Bei → Neutronensternen kann die Stärke des globalen Magnetfeldes hingegen 10^7 Tesla erreichen. Ap-Sterne hoher Effektivtemperatur haben im Allg. geringere Feldstärken als Sterne niedriger Effektivtempe-

Magnetogramm

ratur. In der Regel variieren die Feldstärken mit Perioden von Tagen bis Wochen, z. T. sind die Schwankungen unregelmäßig oder auch mit einem Polarisationswechsel verbunden. Umpolungen sowie die Feldstärkeschwankungen sind wahrscheinlich durch das Nichtzusammenfallen von Rotationsachse und magnetischer Achse des Sterns bedingt. Bei der Rotation eines derartigen „schiefen Rotators" mit einem konstanten Dipolfeld werden für einen entfernten Beobachter zu unterschiedlichen Zeiten unterschiedliche Teile des Feldes sichtbar (Abb.), was zu Änderungen der in der Sichtlinie liegenden Magnetfeldkomponente führt. Die Annahme eines gegen die Rotationsachse geneigten Dipolfelds reicht vielfach zur Erklärung der beobachteten Magnetfeldschwankungen nicht aus, so dass ein dezentrierter, längs der Magnetfeldachse verschobener Dipol oder ein zusätzliches Quadrupol- oder Multipolfeld angenommen werden muss.

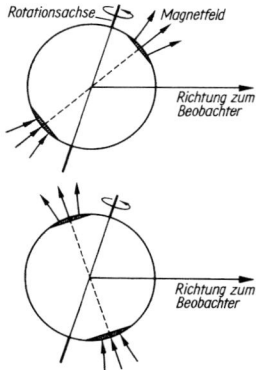

Schiefer Rotator zu zwei um eine halbe Rotationsperiode auseinanderliegenden Stellungen relativ zum Beobachter

Ap-Sterne sind meist auch Spektrumsveränderliche, bei denen sich mit der Magnetfeldstärke die Stärke einzelner, von bestimmten Ionen wie Silizium, Magnesium oder Chrom herrührender Spektrallinien ändert. Wahrscheinlich konzentrieren sich die Ionen in der Sternatmosphäre bevorzugt im Bereich sehr hoher oder niedriger Magnetfeldstärke, z. B. an den magnetischen Polen oder am magnetischen Äquator. Infolge der Rotation werden für einen entfernten Beobachter die Sichtbedingungen auf die Anreicherungsgebiete verändert, wodurch Änderungen der beobachteten Linienstärken verursacht werden. Für unterschiedliche Ionen können die Variationen der Feldstärken auch gegenläufig sein. Was die differentiellen Anreicherungen einzelner Ionen in unterschiedlichen Gebieten der Sternatmosphäre verursacht, ist theoretisch noch nicht geklärt.

Falls Helligkeitsschwankungen nachweisbar sind, werden die Sterne als → Alpha-Canum-Venaticorum-Sterne bezeichnet. Die globalen stellaren Magnetfelder werden ähnlich wie bei der Sonne wahrscheinlich durch einen → Dynamoeffekt verursacht. Der differentiellen Rotation im Sterninnern sowie der in stellaren Konvektionsgebieten herrschenden Turbulenz wird dabei kinetische Energie entzogen, die über eine elektromagnetische Induktion in magnetische Energie umgewandelt wird.

Magnetogramm, Abbildung der Magnetfeldverteilung auf der Sonnenscheibe.

Magnetograph *m*, Instrument zur Registrierung solarer Magnetfelder; → Sonnenbeobachtung.

Magnetohydrodynamik, Teilgebiet der Physik, in der das Strömungsverhalten elektrisch leitender Flüssigkeiten oder Gase infolge vorhandener Magnetfelder untersucht wird.

Magnetopause *f*, → Erdmagnetosphäre.

Magnetosphäre, Bereich um einen Planeten, in dem die Bewegungen geladener Teilchen maßgeblich durch dessen Magnetfeld bestimmt werden. Die grob tropfenförmige langgestreckte Form einer M. um einen Planeten (Abb. → Erdmagnetosphäre) entsteht durch die Wechselwirkung des planetaren Magnetfelds mit dem → Sonnenwind, der mit Überschallgeschwindigkeit auf ein im Wesentlichen dipolartiges Magnetfeld trifft. Auf der der Sonne zugewandten Seite, der Tagseite, entsteht eine Stoßfront, in der der Sonnenwind plötzlich abgebremst und abgelenkt wird, da die elektrisch geladenen Teilchen des Sonnenwinds die Magnetfeldlinien nicht überqueren können. Das Feld wird so weit zusammengepresst, bis Gleichgewicht zwischen Magnetfelddruck und kinetischem Druck des anströmenden Sonnenwinds herrscht. Auf der Nachtseite wird das Feld hingegen vom Sonnenwind zu einem langen Magnetschweif auseinandergezogen. Infolge der starken Dichte- und Geschwindigkeitsvariationen des Sonnenwinds ergeben sich besonders auf der Tagseite erhebliche zeitliche Änderungen des Abstands der Stoßfront vom Planeten. Die in der Tab. angegebenen Werte stellen daher nur Mittelwerte dar.

Innerhalb einer M. existieren z. T. gürtelförmige Gebiete mit einer stark erhöhten Dichte hochenergetischer Teilchen (→ Strahlungsgürtel).

Daten planetarer Magnetosphären

Planet	Feldstärke am Äquator (in Tesla)	Abstand von der Planetenoberfläche (in Planetenradien)	
		Tagseite	Nachtseite
Merkur	$(5 \cdot 10^{-7})$	1,2	~20
Venus	$(3 \cdot 10^{-8})$	1,3	~7
Erde	$5,1 \cdot 10^{-5}$	14	~1 000
Mars	$(6 \cdot 10^{-8})$	(0,4)	(20)
Jupiter	$1,2 \cdot 10^{-3}$	50…100	~10 000
Saturn	$2,1 \cdot 10^{-5}$	25	>50
Uranus	$2,1 \cdot 10^{-5}$	>10	?

(unsichere Werte in Klammern)

Magnetschweif, → Magnetosphäre.

Maja *f*, heißer Riesenstern in den → Plejaden mit einer scheinbaren visuellen Helligkeit von $3^{\text{m}}\!9$, dem Spektraltyp B8 und der Leuchtkraftklasse III.

Maksutow-System [benannt nach dem russ. Optiker D. D. Maksutow, 1896–1964], → Spiegelteleskop.

Malerstaffelei, das Sternbild → Pictor.

Männliche Wasserschlange, das Sternbild → Hydrus.

Mare *n, Plur.* Maria, Tiefebene, eine spezielle Struktureinheit der Mondoberfläche.

Margaret *f*, ein Zwergsatellit des Uranus.

Markab *m*, α *Pegasi*, Stern im Sternbild Pegasus mit der scheinbaren visuellen Helligkeit $2^m_{\cdot}49$, dem Spektraltyp B9 und der Leuchtkraftklasse III. Die Entfernung von der Sonne beträgt etwa 43 pc oder 140 Lichtjahre.

Mars, der erdnächste der oberen Planeten, Zeichen ♂. Der M. bewegt sich mit einer mittleren Geschwindigkeit von 24,13 km/s auf einer Ellipsenbahn, deren große Halbachse 227,9 Mio. km, d. h. 1,52 AE, und deren Exzentrizität 0,0934 beträgt, in 1,881 Jahren, der siderischen Umlaufzeit, rechtläufig um die Sonne. Die Bahnebene ist um 1,85° gegen die Erdbahnebene geneigt. Die Entfernung des M. von der Sonne schwankt zwischen 1,38 AE im Perihel und 1,67 AE im Aphel. Die Entfernung von der Erde ist von der jeweiligen Stellung der beiden Planeten in ihren Bahnen abhängig und variiert zwischen 55,8 und 399,9 Mio. km, entsprechend ändert sich der scheinbare Durchmesser des M. zwischen 25,1″ und 3,5″. Die Entfernung von der Erde ist am kleinsten, wenn der M. bei der Opposition (→ Konstellation) im Perihel steht. Solche besonders günstigen Beobachtungsbedingungen wiederholen sich alle 15 bis 17 Jahre, die nächste findet am 29.01.2010 statt. Die Zeit zwischen zwei aufeinanderfolgenden Oppositionen, die synodische Umlaufzeit, beträgt im Mittel 780 Tage. Infolge der großen Bahnexzentrizität und der demzufolge sehr ungleichmäßigen Bahngeschwindigkeit des M. schwankt sie zwischen 764 und 811 Tagen.

Die Entfernungsänderungen von Erde und M. bewirken Änderungen der scheinbaren visuellen Helligkeit zwischen etwa $+2^m$ und -3^m. Zur Zeit seiner größten scheinbaren Helligkeit ist der M. heller als Sirius, der hellste Fixstern des Himmels. Von der Erde aus betrachtet hat der M. einen Phasenwechsel. Da der Phasenwinkel aber immer klein ist, sind die verursachten Helligkeitsvariationen wesentlich geringer als bei den unteren Planeten. Die mittlere → Albedo des M. beträgt etwa 0,16; da nicht alle Oberflächenregionen gleiche Albedo haben, ergibt sich infolge der Rotation des M. ein sehr geringer periodischer Helligkeitswechsel.

Die siderische Rotationsperiode ist mit 24 h 37 min 22,7 s rund 41 min länger als die der Erde. Die Neigung des Marsäquators gegen die Marsbahnebene variiert infolge gravitativer Einflüsse des Jupiter in Zeiträumen von einigen 100 000 bis Millionen Jahren unperiodisch zwischen 0° und 60°, sie beträgt gegenwärtig 25° 12′ und ist damit nur wenig größer als die Neigung des Erdäquators gegen die Erdbahnebene. Es ergeben sich demzufolge auf dem M. ähnliche Jahreszeiten wie auf der Erde, doch sind sie wegen der größeren Umlaufzeit um die Sonne fast doppelt so lang. Infolge der großen Bahnexzentrizität haben gleiche Jahreszeiten auf den beiden Marshemisphären unterschiedliche Länge. Auf der Nordhalbkugel dauert der Frühling 199, der Sommer 183 Tage, der Herbst 147 und der Winter 158 Tage. Die stark exzentrische Bahn bewirkt außerdem eine starke Variation des den M. treffenden solaren Strahlungsstroms. Im Perihel ist er 1,44-mal größer als im Aphel. Die Sommer sind auf der Nordhalbkugel des M. dadurch merklich kühler als auf der Südhalbkugel, die Winter hingegen wärmer.

Der mittlere Äquatordurchmesser des M. beträgt mit 6 792,4 km etwa 53% des Erdäquatordurchmessers, der Poldurchmesser beläuft sich auf 6 758,8 km, die Abplattung damit auf 0,0053 gegenüber 0,0034 bei der Erde. Der stärker ausgeprägte Äquatorwulst des M. entstand zu einer Zeit, als dieser noch mehr oder minder glutflüssig und leicht verformbar war. Der Figurenmittelpunkt des M. ist gegenüber dem Massenmittelpunkt um etwa 3 km in Richtung Südpol verschoben, so dass die südliche Hemisphäre im Mittel um 6 km weiter vom Schwerpunkt entfernt ist als die nördliche. Die Masse des M. beläuft sich auf $6,417 \cdot 10^{23}$ kg, d. h. etwa 0,1074 Erdmassen, die mittlere Dichte beträgt 3,94 g/cm³ oder rund 72% der mittleren Dichte der Erde. Die Schwerkraft an der Marsoberfläche erreicht nur etwa 38% der an der Erdoberfläche, die Entweichgeschwindigkeit mit 5,03 km/s nur rund 45% der von der Erde.

Atmosphäre. Der M. besitzt eine wenig dichte Atmosphäre, deren Masse nur rund 1% der Masse der Erdatmosphäre beträgt. An der Marsoberfläche beläuft sich die Atmosphärendichte auf $1,8 \cdot 10^{-5}$ g/cm³, der Druck auf rund 1% des mittleren Erdatmosphärendrucks in Seehöhe. In ihrer Mächtigkeit ist die Marsatmosphäre infolge der geringeren Schwerkraft und der dadurch verursachten geringeren Dichteabnahme aber mit der der Erdatmosphäre vergleichbar. Hauptbestandteil der unteren Marsatmosphäre ist mit rund 95 Volumenprozent Kohlendioxid, gefolgt vom molekularen Stickstoff mit etwa 2,5%, Argon mit etwa 2% und molekularen Sauerstoff mit etwa 0,1%. Der geringe Rest wird u. a. von Krypton und Xenon sowie Kohlenmonoxid bestritten. Der Anteil von Ozon und Wasserdampf ist sehr variabel und schwankt zwischen etwa 0,01 und 0,1%. Die Atmosphäre ist extrem trocken. Der kondensierbare Wasserdampf ergäbe als Niederschlag im Mittel eine Höhe von weniger als 0,01 mm. Die jetzige Atmosphärenzusammensetzung ist die Folge der Entgasung heißer magmatischer Schmelzen während der frühen Entwicklungsphasen. Sie hat sich im Gegensatz zur Erdatmosphäre nicht wesentlich verändert, nur die Dichte hat abgenommen, da infolge der geringen Entweichgeschwindigkeit Gaspartikeln der oberen Atmosphäre leicht in den Weltraum entweichen konnten.

In der Marsatmosphäre besteht eine Temperaturschichtung (Abb. 1). Nahe der Marsoberfläche herrscht im Mittel eine Temperatur von etwa −40 °C. In der Troposphäre, die bis in eine Höhe von etwa 25 km reicht, sinkt die Temperatur mit zunehmender Höhe gleichmäßig ab, während sie in der darüber liegenden Mesosphäre erst nahezu konstant bleibt, danach, vor allem in der Thermosphäre, wieder ansteigt. Die Erwärmung der höheren Atmosphärenschichten beruht auf der teilweisen Ionisation durch die solare Ultraviolettstrahlung. Die bei der Ionisation freiwerdenden Elektronen verteilen ihre hohe kinetische Energie durch Stöße auf alle Gaspartikeln. In der Exosphäre, die in den freien Welt-

Mars

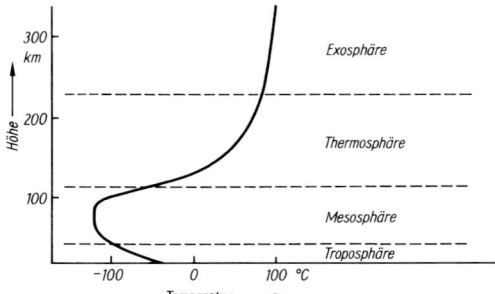

Abb. 1: Temperaturverlauf in der Marsatmosphäre

raum übergeht, ist der Temperaturanstieg mit zunehmender Höhe nur noch gering.

Die Temperaturen am Marsboden sind starken tages- und jahreszeitlichen Schwankungen unterworfen, da die dünne Atmosphäre weder die Ein- noch die Ausstrahlung wesentlich beeinflusst. Ein Glashauseffekt wie in der Erdatmosphäre ist beim M. nur sehr schwach ausgeprägt und verursacht nur eine Temperaturerhöhung von rund 8 °C. Die tiefsten Temperaturen mit etwa −140 °C herrschen an den Polkappen, am Südpol können sie im Sommer aber auch bis etwa −15 °C ansteigen. Die Temperaturen in Äquatornähe betragen mittags etwa +15 °C, nachts infolge der Ausstrahlung −40 bis −70 °C.

Die großen Temperaturunterschiede bewirken z. T. heftige Winde, durch die Staub vom Marsboden aufgewirbelt wird, der die von der Erde aus sichtbaren „gelben Wolken" verursacht. Staubstürme sind meist lokal begrenzt, können sich aber auch über die gesamte Oberfläche ausdehnen. Langanhaltende globale Stürme sind selten, sie treten vor allem während des späten Frühlings und des Sommers der Südhalbkugel auf. Sie beruhen auf einem selbstverstärkenden Effekt. Aufgewirbelter Staub absorbiert Sonnenstrahlung und transportiert Wärmeenergie in die oberen Atmosphärenschichten, bodennahe Schichten bleiben wegen der verringerten Einstrahlung hingegen relativ kalt. Mit steigenden Temperaturunterschieden wachsen die Druckunterschiede und mit ihnen die Heftigkeit der Winde sowie die Menge des aufgewirbelten Staubes. Die Stürme flauen ab, wenn die bodennahen Schichten wärmer und die Temperaturunterschiede geringer werden. Wind bewirkt auf dem M. derzeit den stärksten Erosionsprozess. Nahezu überall, vor allem in topographischen Senken, finden sich Dünen. Winderosion und Staubsedimentation haben viele Bereiche der Oberfläche modifiziert.

In der Marsatmosphäre werden gelegentlich Wolkenerscheinungen beobachtet, die z. T. als helle Flecken, z. T. aber nur auf Grund ihrer Schattenwirkung zu erkennen sind. Im Wesentlichen sind es aus Wassereiskristallen bestehende Dunstschleier oder Nebelschwaden. Kohlendioxideis dürfte höchstens in höheren areographischen Breiten beteiligt sein, da nur dort die Atmosphärentemperatur unter die Kondensationstemperatur des Kohlendioxids sinkt. Aufnahmen der Marsoberfläche von Raumsonden aus zeigen oftmals Gebiete mit morgendlichen Aufhellungen, die möglicherweise auf eine Nebelbildung oder eine Reifbedeckung zurückgehen. Morgenwolken finden sich nahe der Gipfel hoher Berge, z. B. um den Olympus Mons.

Oberflächenstruktur. Die dünne Atmosphäre gewährt einen freien Einblick auf die Marsoberfläche, deren großräumige Struktur daher seit langem bekannt ist. Höhenunterschiede sind von der Erde aus nicht erkennbar, wohl aber Abstufungen und Ineinanderschachtelungen von hellen und dunklen Regionen. Die hellen Gebiete haben eine Albedo von 0,15 bis 0,20 und sind orangefarben bis rötlich. Sie nehmen ungefähr 75% der Marsoberfläche ein und geben dem M. die rötliche Gesamtfärbung. Die unterschiedlich hellen Gebiete erhielten im 19. Jh. Namen hauptsächlich aus der antiken Geographie und Mythologie, die im Wesentlichen, wenn auch in etwas modifizierter Form, heute noch benutzt werden (Abb. 2). Im Mittel handelt es sich bei den hellen Gebieten um Tiefebenen, während die dunklen

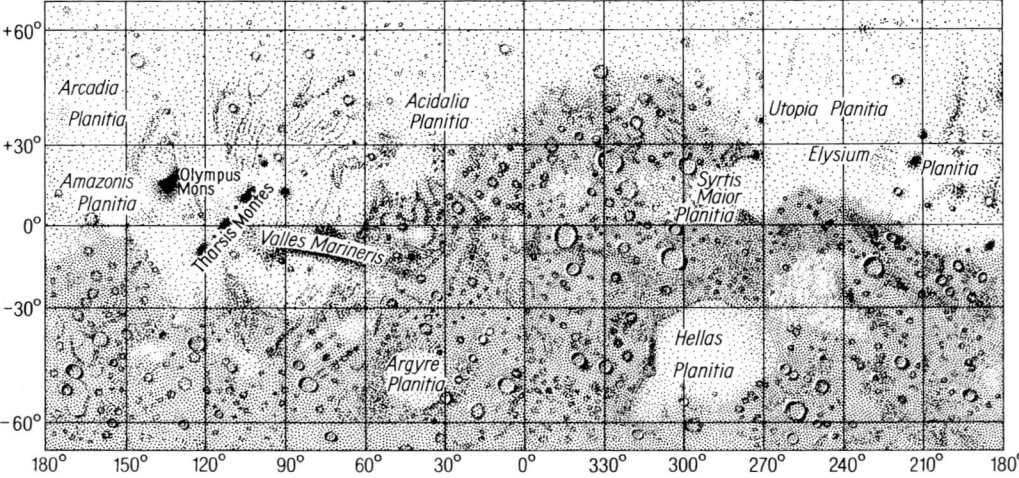

Abb. 2: Übersichtskarte des Mars

Regionen Hochländer darstellen. Auf der Mondoberfläche sind im Gegensatz dazu dunkle Regionen tieferliegende Maria.

Zu den auffälligsten von der Erde aus sichtbaren Erscheinungen gehören die permanenten Polkappen, die vorwiegend aus einem Schnee- und Eisgemisch bestehen. Die nördliche Kappe hat einen Durchmesser von rund 650 km und eine Dicke von im Mittel etwa 1 km, bei der südlichen betragen die entsprechenden Werte etwa 450 km und rund 3 km. Während des Winters in der jeweiligen Hemisphäre sinken in den Polregionen die Temperaturen so weit, daß Kohlendioxid kondensiert und sich als Trockeneis niederschlägt, was die beobachteten saisonalen Vergrößerungen der Polkappen bewirkt. Der Atmosphäre wird dabei bis zu 25% ihres Kohlendioxids entzogen, wodurch der Atmosphärendruck merklich abfällt, was im kalten Südwinter am deutlichsten ist. Die südliche Polkappe enthält permanent einen erheblichen Teil an Trockeneis. Sie kann sich im Winter bis zu etwa 50° südlicher Breite erstrecken, während die nördliche Polkappe im Winter etwa 60° nördlicher Breite erreicht. Während das Kohlendioxid im jahreszeitlichen Wechsel kondensiert und sublimiert, ist Wasser hingegen ständig als Eis festgelegt, z. T. in den permanenten Polkappen, z. T. eingeschlossen im Oberflächenmaterial, möglicherweise in einem Dauerfrostboden, der von einer relativ dünnen eisfreien Bodenschicht überdeckt ist. Die gesamte Eismenge auf dem M. kommt schätzungsweise einer Wassermenge gleich, die über die Oberfläche gleichmäßig verteilt eine Höhe von etwa 20 m hätte, doch sind die Schätzungen außerordentlich unsicher.

Mit Hilfe von den M. umkreisenden Raumsonden wurden die Kenntnisse über die Oberflächenstruktur entscheidend erweitert. Die gesamte Oberfläche wurde kartographiert und Einzelheiten bis zu etwa 100 m Ausdehnung sowie Höhenunterschiede von rund 10 m erfaßt. Die Oberfläche ist topographisch durch eine großräumige Asymmetrie gekennzeichnet. Die Südhemisphäre ist ein relativ dunkles, mit Einschlagkratern bedecktes Hochland, das zum hellen, kraterärmeren nördlichen Tiefland etwa 3 bis 5 km tief abfällt. Auf der Nordhalbkugel befinden sich den Mondmaria morphologisch verwandte Ebenen, die bei großräumigen Lavaergüssen gebildet wurden. Dort existieren riesige Vulkanbauten, in der Tharsis Regio u. a. drei, bis zu 400 km breite und bis zu 17 km hohe Schildvulkane. Sie sind näherungsweise längs einer Geraden aufgereiht und haben sich wahrscheinlich über einer jetzt nicht mehr erkennbaren Bruchzone gebildet. In der Nähe der Tharsis Montes befindet sich auch der größte Vulkan des gesamten Planetensystems, Olympus Mons, mit einem Schilddurchmesser von rund 600 km und einer Höhe von etwa 21 km, sein Calderenkomplex mißt rund 80 km (Abb. 3). Die großen Vulkane sind offenbar zu unterschiedlichen Zeiten entstanden, was aus der unterschiedlichen Dichte von Einschlagkratern hervorgeht. Absolute Altersangaben sind aber kaum möglich. Der Olympus Mons gehört mit zu den jungen Gebilden. Die Vulkanaktivität auf dem M. begann wahrscheinlich vor etwa 3,5 Mrd. Jahren und dauerte einige 100 Mio. bis möglicherweise 1,5 Mrd. Jahre. Auf Grund der Dichte

Abb. 3: Mars. Vulkankegel Olympus Mons (Aufnahme: Mariner-9-Marssonde)

der Einschlagkrater kann auf relative Altersunterschiede zwischen der Nord- und der Südhemisphäre geschlossen werden. Die Oberfläche im Norden ist jünger als die im Süden, die grob ein geologisches Alter von mehr als 4 Mrd. Jahren haben dürfte. Die Einschlagkrater sind unterschiedlich groß. Es gibt Riesenstrukturen, die den kreisförmigen Maria des Mondes gleichen, z. B. die Hellas Planitia, deren Durchmesser nahezu 4 000 km beträgt und deren tiefste Stellen fast 9 km unter dem mittleren Höhenbezugsniveau liegen, sowie die Argyre Planitia mit einem Durchmesser von etwa 1 000 km. Eine andere Oberflächenstruktur sind große Grabenbrüche, die sich z. T. über 1 000 km erstrecken und fast geradlinig verlaufen, wie die Memnonia Fossae. Noch gewaltiger ist das nach der Raumsonde Mariner 9 benannte Grabensystem Valles Marineris. Es erstreckt sich südlich des Marsäquators von den Tharsis Montes ausgehend über etwa 2 500 km in ost-westlicher Richtung, es ist teilweise bis zu 200 km breit und bis zu 9 km tief (Abb. 4). An den Wänden des Cañons sind helle und dunkle horizontale Schichtstrukturen erkennbar, deren Einzeldicke bis einige 100 m beträgt, die Schichten gehen möglicherweise auf Ablagerungen von Vulkanmaterial zurück. Die Grabenbrüche wie auch die beobachteten Verwerfungen könnten Hinweise auf eine vormalige größere Krustenaktivität sein, die möglicher-

Mars

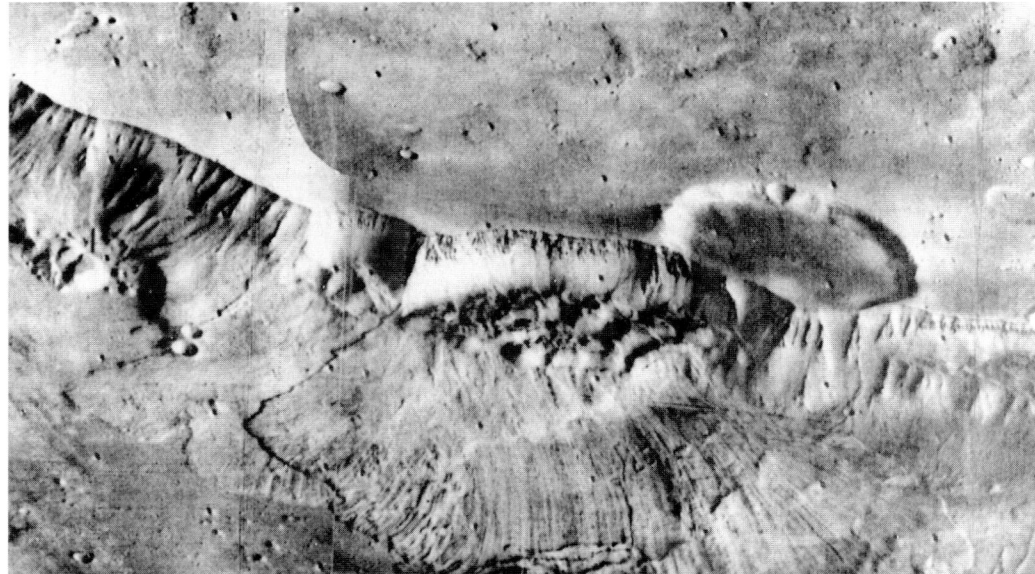

Abb. 4: Mars. Perspektivische Ansicht der Valles Marineris (NASA/Viking News Center, Pasadena, USA)

weise auch Ansätze einer Plattentektonik barg. Das Fehlen von Strukturen, die den irdischen Gebirgsgürteln und Tiefseegräben entsprechen, zeigt aber, dass es eine länger anhaltende Plattentektonik wie auf der Erde nicht gab. Infolge der geringeren Masse des M. waren sowohl der während seiner Entstehung angesammelte Wärmevorrat, als auch die bei radioaktiven Prozessen freigesetzte Energie geringer als bei der Erde, dagegen war der Energieverlust durch Abstrahlung wegen des größeren Oberfläche-Masse-Verhältnisses relativ hoch. Es konnte sich schnell eine dicke Lithosphäre bilden, die ein Zerbrechen in einzelne Platten weitgehend verhinderte.

Die Oberfläche des M. weist Spuren auf, die sehr wahrscheinlich durch fließendes Wasser verursacht wurden. Es sind breite, irdischen Flussbetten vergleichbare Täler (Abb. 5), die vielfach über 1 km tief und 8 bis 40 km breit sind. Das Wasser könnte beim Aufschmelzen von im Marsboden vorhandenem Eis freigesetzt worden sein, möglicherweise infolge lokaler Erwärmungen im Zusammenhang mit vulkanischen Aktivitäten. Möglich ist auch eine globale Erwärmung der Marsoberfläche infolge tiefgreifender Klimaschwankungen, etwa als Folge der Neigungsänderung der Rotationsachse gegenüber der Bahnebene. Dass das Wasser z. T. auf vorher im Marsboden gebundenes Eis zurückzuführen ist, zeigen u. a. viele Ursprungsgebiete der Stromtäler. Es sind oftmals Depressionen, die anscheinend durch den Einbruch der oberen Gesteinsschichten entstanden sind, nachdem das tieferliegende Eis durch Aufschmelzen verloren ging. Durch strömendes Wasser wurden wahrscheinlich auch Strukturen gebildet, die als umströmte Inseln in ehemaligen Überschwemmungsgebieten zu deuten sind. Einige Täler sind möglicherweise auf unterirdisch fließendes Wasser zurückzuführen, andere könnten durch

austretendes Grundwasser am Fuße von Steilhängen entstanden sein. Die Schwemmkegel an Talabhängen (Abb. 4) könnten durch eine Kombination von Grundwasseraustritt, Oberflächenabfluss sowie Geröll- und Schlammlawinen geformt worden sein. Am Rande der Polkappen gibt es Strukturen, die irdischen Gletscherschleifspuren und moräneartigen Ablagerungen ähnlich sind. Große Mengen freien Oberflächenwassers waren in jüngerer Vergangenheit kaum vorhanden. In ihm hätte sich infolge des sehr effektiven Prozesses atmosphärisches Kohlendioxid gelöst und wasserunlösliche Karbonate wie in irdischen Sedimentgesteinen gebildet, so dass in der gegenwärtigen Marsatmosphäre kaum noch Kohlendioxid vorhanden wäre. Bei einer lange warm und feucht gewesenen Atmosphäre wäre auch das gegenwärtig weit verbreitete Oberflächenmineral Olivin infolge chemischer Verwitterung weitgehend zerstört worden. Gegenwärtig dürfte Wasser nur in den Polkappen und möglicherweise als Permafrost in tieferen Schichten gespeichert sein. Außer wahrscheinlich durch Wasser geformten Täler gibt es allem Anschein nach auch durch fließende Lava gebildete.

Die früher viel diskutierten „Marskanäle", ein 1877 erstmalig von G. Schiaparelli (1835–1910) auf dem M. beschriebenes System von sich überschneidenden dunklen Linien, sind keine real existierenden Oberflächenerscheinungen, sondern Täuschungen des menschlichen Auges, das dazu neigt, nicht vollständig auflösbare Feinstrukturen zu geometrischen Figuren zusammenzufassen.

Die Beschaffenheit des Marsbodens konnte an den Landestellen von Raumsonden direkt untersucht werden. Der Boden besteht aus einem als Regolith bezeichneten feinkörnigen, schwach kohäsiven Material. Das Gelände an den Landestellen ist mit zahlreichen, viel-

Mars

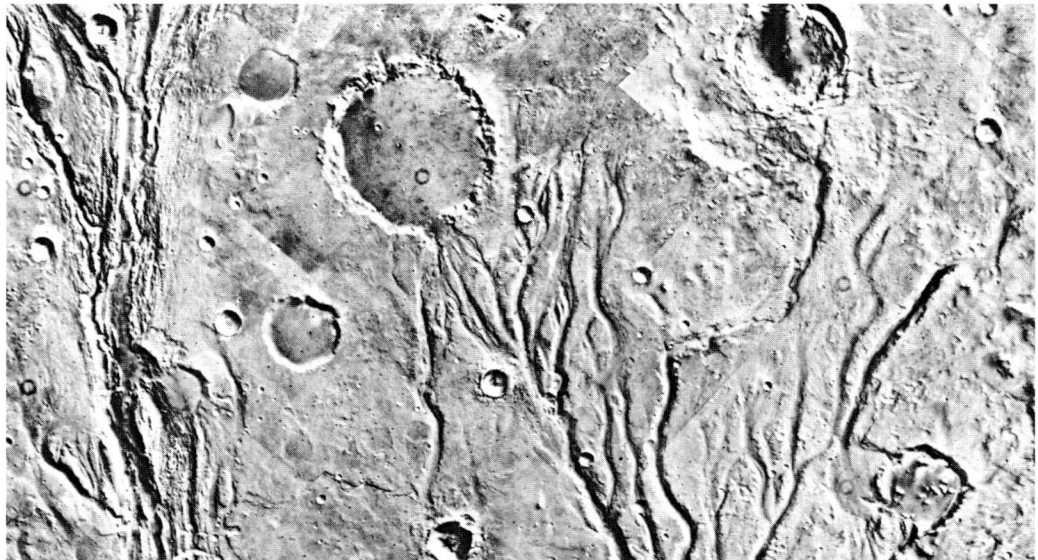

Abb. 5: Mars. Gebiet in der Chryse Planitia mit ehemaligen Flussläufen, deren Nebenflussläufe zum Teil ältere Krater queren (NASA/Viking News Center, Pasadena, USA)

fach scharfkantigen Gesteinsbrocken unterschiedlicher Größe bedeckt (Abb. 6), an einigen Stellen tritt auch das Untergrundgestein zutage, das ursprünglich dunkelgrau gewesen zu sein scheint. Die jetzige rotbraune Färbung geht offenbar auf einen dünnen Staub- und Sandbelag zurück, der reich an Eisenmineralen, vor allem Eisenoxiden, ist. An den über 1 000 km voneinander entfernten Landestellen ergaben Analysen eine nahezu gleiche Bodenzusammensetzung. In Silikatmineralen gebundenes Silizium ist mit rund 20 Massenprozent das häufigste Element, gefolgt von in Eisenmineralen gebundenem Eisen mit etwa 13%. Geringere Anteile haben Magnesium, Kalzium, Aluminium und Kalium. Schwefel ist im Marsboden rund 100-mal häufiger als in der Erdkruste, Kalium hingegen etwa fünfmal seltener. Der Marsboden ist anscheinend das Verwitterungsprodukt von basaltischen Eruptivgesteinen. Dass an den verschiedenen Stellen das feinkörnige Material sich so gleicht, ist wahrscheinlich auf einen großräumigen Materialtransport durch Wind zurückzuführen. Die vorhandenen Steine sind vermutlich vulkanischen Ursprungs, bei anderen Steinen handelt es sich möglicherweise um durch Wasser erfolgte Ablagerungen, wie die Sortierung, der Rundungsgrad und die Einbettung in feinen Sand vermuten lassen. Im Windschatten größerer Brocken finden sich Staubablagerungen in Form kleiner Dünen.

Die Suche nach biologischen Organismen im Marsboden, die wie irdische Organismen Stoffwechselprozessen unterliegen, war bisher völlig ergebnislos, was vermuten lässt, dass es auf dem M. gegenwärtig kein Leben gibt und wohl auch früher keines gab; endgültige Beweise fehlen jedoch.

Der M. besitzt gegenwärtig kein einheitliches großräumiges Magnetfeld, eine Besonderheit unter den Planeten. Es existieren nur über jeweils wenige 100 km ausgedehnte Oberflächenbereiche mit Magnetfeldern einheitlicher Feldrichtung, die Feldstärken liegen in der Größenordnung einiger 10^{-5} Tesla. Diese magnetischen Anomalien befinden sich alle auf der Südhalbkugel, der älteren Hemisphäre. Die Felder wurden dem Oberflächenmaterial wahrscheinlich sehr früh aufgeprägt, als im M. noch ein → Dynamoeffekt möglich und wirksam war, der ein allgemeines Magnetfeld hervorrief. Dieses Feld erfuhr offenbar mehrmalige Umpolungen, worauf die unterschiedlichen Feldrichtungen der Anomalien zurückzuführen sind.

Infolge des Fehlens eines globalen Magnetfelds hat der M. nur eine gering ausgeprägte → Magnetosphäre, deren Grenze auf der der Sonne zugewandten Seite im Mittel etwa 0,4 Marsradien von der Oberfläche entfernt ist. Der Magnetosphärenschweif erstreckt sich hingegen auf der sonnenabgewandten Seite vermutlich etwa 20 Marsradien weit in den interplanetaren Raum.

Innerer Aufbau. Der innere Aufbau des M. ist weitgehend unbekannt. Aus der geringeren mittleren Dichte ist zu schließen, dass der M. im Vergleich zur Erde ei-

Bahndaten der Marssatelliten

	Große Halbachse (in 1000 km)	Umlaufzeit (in Tagen)	Exzentrizität	Neigung gegen Äquatorebene (in °)
Phobos	9,380	0,319	0,0151	1,075
Deimos	23,460	1,262	0,001	1,793

Marskanäle

Abb. 6: Landestelle der Marssonde Viking 2 in der Utopia Planitia. Der größte Gesteinsbrocken nahe der Bildmitte ist etwa 60 cm breit und 30 cm hoch. Quer durch das Bild zieht sich von rechts unten nach links oben ein schmaler, an Bodenmusterung in den Polarregionen der Erde erinnernder Graben. Der Horizont ist etwa 3 km entfernt. Wegen der Neigung der Sonde um rund 8° gegen die Senkrechte erscheint der Horizont schräg (NASA/Viking News Center, Pasadena, USA)

nen geringeren Anteil an schweren Elementen hat. Wie die Erde besitzt er vermutlich einen Schalenaufbau aus Kern, Mantel und Kruste. Die Größe des dichten, wahrscheinlich eisenreichen Kerns kann nur grob geschätzt werden, sie hängt wesentlich vom Schwefelgehalt des Kernmaterials ab. Bei einem reinen Eisenkern ist ein Radius von etwa 1 400 km zu erwarten, bei einem dreißigprozentigen Schwefelanteil würde er rund 1 800 km betragen. Möglicherweise ist ein fester Innenkern von einem zähflüssigen Außenkern umgeben, den wiederum ein wahrscheinlich starrer Silikatmantel und eine Basaltkruste mit einer Lithosphäre umgibt. Die Krustendicke beträgt unter den südlichen Hochländern vielleicht 80 km, unter dem nördlichen Tiefland vielleicht 35 km; diese Zahlenwerte sind aber sehr unsicher. Der M. gehört wie der Merkur, die Venus und der Mond zu den „Ein-Platten-Planeten", bei denen die Lithosphäre nicht in Teilplatten zerbrochen ist.

Der M. wird von den Satelliten → Phobos und → Deimos umlaufen.

Marskanäle, → Mars.

Marsmeteorite, → Meteorit.

Mascon, Abk. für *mas*s *con*centration [engl., ‚Massenkonzentration'], Bereich erhöhter Dichte innerhalb der Mondkruste, der zu einer Schwereanomalie Anlass gibt; → Mond.

Maser *m*, Abk. für *m*icrowave *a*mplification by *s*timulated *e*mission of *r*adiation [engl., ‚Mikrowellenverstär-

kung durch induzierte Strahlungsemission']. Ein Ensemble von Teilchen, ein „aktives Medium", das elektromagnetische Strahlung im Mikrowellenspektralbereich emittieren kann, wenn die Häufigkeitsverteilung der Partikeln auf die möglichen Energieniveaus von der im thermodynamischen Gleichgewicht abweicht. Ein sog. Pumpprozess kann eine starke Überbesetzung eines hochliegenden Energieniveaus erzeugen (Abb.), wenn für dieses „Maser-Niveau" die Wahrscheinlichkeit spontaner Strahlungsübergänge zu niedrigeren Niveaus sowie für strahlungs- oder stoßinduzierte Übergänge zu höheren Niveaus sehr klein ist. Durch von außen einfallende Strahlung kann aber der Übergang vom Maser- zu einem tieferen Niveau unter Strahlungsemission ausgelöst werden, wenn die Wel-

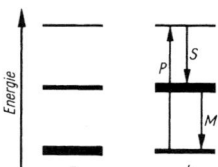

Zum Maser-Effekt. Die Balkendicke repräsentiert die Stärke der Niveaubesetzung. (a) im thermodynamischen Gleichgewicht; (b) beim Maser-Effekt. P: Energieübertragung (Pumpen); S: spontaner Übergang; M: Maser-Übergang

lenlänge der Strahlung genau der Energiedifferenz zwischen dem Maser- und dem tieferliegenden Niveau entspricht. Die induzierte Strahlung hat die gleiche Wellenlänge wie die einfallende, so dass sie ihrerseits Strahlungsübergänge vom Maserniveau induzieren kann, wodurch insgesamt eine z. T. extreme Intensitätsverstärkung der einfallenden Strahlung erreicht wird. Die Maser-Strahlung ist eine auf einen schmalen Spektralbereich begrenzte Linienstrahlung.
Bei interstellaren (→ interstellares Gas) und zirkumstellaren Maser-Quellen wird das aktive Medium meist vom Hydroxylradikal und von Wassermolekülen gebildet, bei anderen Quellen bildet u. a. Siliziummonoxid, Zyan, Schwefelwasserstoff, Methanol und Formaldehyd das aktive Medium. Die jeweils wirksamen Pumpmechanismen sind noch weitgehend unbekannt. Möglicherweise führt die Absorption von Infrarotstrahlung zur Anregung höherenergetischer Niveaus, von denen aus spontane Übergänge auf das Maserniveau erfolgen. Möglicherweise wird die Überbesetzung aber auch durch Stoßanregungen verursacht.
Interstellare Maser-Quellen finden sich vor allem in Sternentstehungsgebieten und in der Nähe sehr kompakter HII-Gebiete (→ interstellares Gas), zirkumstellare Maser-Quellen in Verbindung mit → Mira-Sternen.
Ein *Antimaser-Effekt* tritt bei Überbesetzung eines energetisch tiefliegenden Niveaus auf. Es erfolgt dann eine im Vergleich zum thermodynamischen Gleichgewichtszustand verstärkte Strahlungsabsorption von diesem Niveau aus. Beim beobachteten interstellaren Antimaser-Effekt ist Formaldehyd das aktive Medium, von dem Photonen der kosmischen Hintergrundstrahlung verstärkt absorbiert werden.

Maser-Quelle, → interstellares Gas.
Masse eines Sterns, → Sternmasse.
Masse-Energie-Äquivalenz, die nach der Speziellen → Relativitätstheorie bestehende Äquivalenz von Masse und Energie, wonach zwischen der Energie E und der ihr äquivalenten Masse m die Relation $E = m \cdot c^2$ besteht, wobei c die Lichtgeschwindigkeit bezeichnet.
Masse-Leuchtkraft-Beziehung, die bei Hauptreihensternen bestehende Relation zwischen Masse und Leuchtkraft (Abb.). Im Mittel gilt die Proportionalität $L \sim \mathfrak{M}^{3,5}$, wenn L die Leuchtkraft und $\mathfrak{M}$ die Masse bezeichnen. Bei Hauptreihensternen hoher Leuchtkraft ist der Exponent etwas kleiner, die Abhängigkeit der Leuchtkraft von der Masse daher etwas geringer. Da bei Hauptreihensternen eine lineare Beziehung zwischen dem Radius und der Leuchtkraft besteht, ergibt sich für diese auch eine *Masse-Radius-Beziehung* (→ Sternaufbau).
Masse-Leuchtkraft-Verhältnis, das in Sonneneinheiten ausgedrückte Verhältnis der Masse eines kosmischen Objekts (Stern, Sternsystem oder Galaxienhaufen) zu seiner Leuchtkraft; → Energiefreisetzung in Sternen.
Massendefekt, Massenäquivalent der Bindungsenergie eines Atomkerns.
Massenspektrometer, Gerät zur Analyse eines Ionenstrahls nach der Masse der einzelnen Ionen. M. dienen u. a. zur Bestimmung der Element- und Isotopenzusammensetzung einer Materieprobe. Die Atome der Probe werden ionisiert, in einem elektrischen Feld beschleunigt und mittels eines Magnetfelds oder stationären elektrischen Felds nach dem Masse-Ladung-Verhältnis getrennt registriert.
Massentransfer, in halbgetrennten → Doppelsternen oder Kontaktsystemen zwischen den Komponenten stattfindender Materiefluss.
Massenzahl, die Summe der in einem Atomkern vorhandenen Protonen plus Neutronen; → Atom.
Masse-Radius-Beziehung, → Masse-Leuchtkraft-Beziehung.
massereiches kompaktes Haloobjekt, *MACHO* [Abk. für *M*assive *C*ompact *H*alo *O*bject, engl., ‚massereiches kompaktes Halo-Objekt'], hypothetisches massereiches Objekt im Halo von Sternsystemen einschließlich des Milchstraßensystems als Bestandteil der → Dunklen Materie. Die Objekte könnten Braune Zwerge, Sterne geringer Leuchtkraft oder Schwarze Löcher sein, die zwar einen Beitrag zur Masse des Halos eines Sternsystems leisten, aber optisch wegen ihrer geringen scheinbaren Helligkeit nicht in Erscheinung treten.
Materie-Antimaterie-Asymmetrie, in der Frühphase des Weltalls sich beim unsymmetrischen Zerfall von X-Bosonen ergebender Überschuss von Materieteilchen gegenüber Antimaterieteilchen; → Kosmologie.
Materiekosmos, → Kosmologie.
Materiestrahl, *Plasmastrahl*, *Jet*, scharf gebündelter, von einem hochionisierten Gas, einem Plasma, gebildeter Materiestrom. Alle M.en scheinen weitgehend dem gleichen physikalischen Bildungsprinzip zu unterliegen. Sie gehen wahrscheinlich von einer → Akkretionsscheibe aus, die sich um ein zentrales Objekt bildet, dem Masse zufließt. Die Längenausdehnung der Strahlen und die Geschwindigkeit der die M.en formenden Teilchen werden anscheinend von der Masse des Materie aufnehmenden Objekts bestimmt. Die von Kernen aktiver Galaxien ausgehenden M.en haben Längsausdehnungen von Kiloparsec bis Megaparsec, die Teilchengeschwindigkeiten können fast Lichtgeschwindigkeit erreichen (→ Sternsystem). Die von einem jungen Stern ausgehenden M.en erstrecken sich über etwa 0,01 bis 1 pc, die Geschwindigkeiten betragen nur einige 100 km/s. Von einer Akkretionsscheibe gehen im Allg. zwei Strahlen in entgegengesetzter Richtung aus, wie

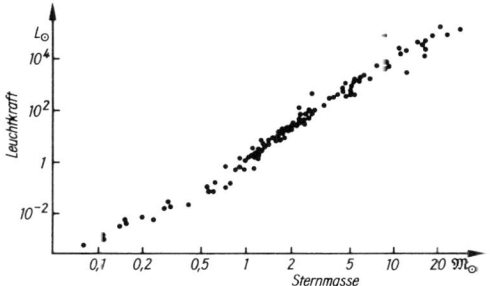

Masse-Leuchtkraft-Beziehung der Hauptreihensterne; $L_\odot$: Sonnenleuchtkraft; $\mathfrak{M}_\odot$: Sonnenmasse

Mauerquadrant

z. B. bei → bipolaren Nebeln. Beim Auftreffen eines Strahls auf umgebende interstellare oder intergalaktische Materie bilden sich Stoßfronten aus, in denen die Materie komprimiert, aufgeheizt und zum Leuchten angeregt wird, wie es u. a. bei → Herbig-Haro-Objekten geschieht.

Mauerquadrant *m*, historisches astronomisches Instrument.

Maunder-Minimum [benannt nach dem engl. Astronomen E. W. Maunder, 1851–1928], das zwischen 1645 und 1715 aufgetretene langdauernde Minimum in der Häufigkeit der → Sonnenflecken.

Maximumkorona *f*, die während des Maximums eines Sonnenfleckenzyklus sich als Lichterscheinung ergebende Sonnenkorona; → Sonne.

Maxwell'sche Geschwindigkeitsverteilung [benannt nach dem engl. Physiker J. C. Maxwell, 1831–1879], statistische Verteilung der Geschwindigkeiten der Partikeln eines Gases. Bei der Temperatur T und der Masse m eines Teilchens beträgt die mittlere Geschwindigkeit $v_m = \sqrt{3kT/m}$, wobei k die Boltzmann-Konstante bezeichnet.

Maxwell'sche Lücke [benannt nach dem engl. Physiker J. C. Maxwell, 1831–1879], Lücke zwischen dem C- und dem B-Ring des → Saturn.

mechanisches Gleichgewicht, Zustand einer Flüssigkeit oder eines Gases, bei dem sich alle auftretenden Kräfte exakt kompensieren, so dass keine großräumige Beschleunigung entsteht.

Megaclite *f*, ein Zwergsatellit des → Jupiter.

Megrez, δ *Ursae Maioris*, ein Stern im Sternbild → Ursa Maior (Großer Bär).

Mehrfachgalaxien, mehr als zwei räumlich dicht benachbarte Sternsysteme, die infolge ihrer gegenseitigen Massenanziehung eine physische Einheit bilden (→ Sternsystem).

Mehrfachstern, mehr als zwei räumlich dicht benachbarte Sterne, die infolge ihrer gegenseitigen Massenanziehung eine physische Einheit bilden und sich um den gemeinsamen Schwerpunkt bewegen. M.e haben im Allg. eine hierarchische Struktur. Sie können z. B. aus einem Einzelstern plus einem Doppelstern oder einem Paar von Doppelsternen oder einem Doppelstern plus einem Paar von Doppelsternen bestehen. Dabei unterscheiden sich die Umlaufzeiten der kleineren Einheit um etwa eine Größenordnung von der Umlaufzeit der jeweils übergeordneten Einheit, was auch für die Abstände gilt. Wahrscheinlich sind nur derartige Konfigurationen über lange Zeiträume stabil. Sind die Komponentenabstände der größeren und kleineren Einheit von gleicher Größenordnung, bewirken offenbar die gegenseitigen gravitativen Kräfte so starke Bahnstörungen, dass einzelne Mitglieder das System verlassen und das Restsystem einer hierarchischen Struktur zustrebt. Dynamisch instabile M.e werden nach den vier Hauptsternen im Orionnebel, die trapezförmig angeordnet sind, als Trapez-Systeme bezeichnet.

Ein hierarchischer **Dreifachstern** ist η Orionis, bei dem sich ein Einzelstern und ein spektroskopischer Doppelstern mit einer Periode von 3 470 Tagen um den gemeinsamen Schwerpunkt bewegen, während die Umlaufzeit der Komponenten des Doppelsterns 8 Tage beträgt. Ein hierarchischer **Vierfachstern** ist ε Ursae Maioris, der als visueller Doppelstern mit einer Umlaufzeit von 59,7 Jahren erscheint, die Komponenten aber jeweils spektroskopische Doppelsterne mit Umlaufzeiten von 4 bzw. 699 Tagen sind. Ein hierarchisches **Sechsfachsystem** bildet α Geminorum (Castor). Zwei Doppelsterne mit Perioden von 9,21 bzw. 2,93 Tagen bewegen sich in einem Abstand von 85 AE mit einer Periode von 467 Jahren um den gemeinsamen Schwerpunkt und werden von einem weiteren Doppelstern, dessen Periode 0,8 Tage beträgt, in einem Abstand von etwa 1 000 AE umlaufen.

Die Komponenten eines M.s werden im Allg. nicht alle gleichzeitig gefunden; meist wird zunächst ein Doppelstern entdeckt und die weiteren Systemmitglieder werden später z. B. auf Grund der Störungen, die sie auf die Bewegung der sichtbaren Komponenten ausüben, bemerkt.

Mehrfarbenphotometrie, → Photometrie, → Farbsystem.

Mehrkörperproblem, *n-Körperproblem*, die Aufgabe, die Bewegungen von n Körpern ($n > 3$) zu bestimmen, die unter dem alleinigen Einfluss ihrer gegenseitigen Massenanziehung stehen. Vorausgesetzt wird dabei, dass die Körper gravitativ so aufeinander wirken, als wären sie „Punktmassen", d. h. ihre Masse jeweils im Körpermittelpunkt konzentriert. Diese Annahme ist gerechtfertigt, wenn der Abstand der Körper voneinander um viele Größenordnungen größer als ihr Durchmesser ist.

Das M. ist wie das Dreikörperproblem nicht in geschlossener algebraischer Form lösbar, es lassen sich keine mathematischen Formeln angeben, mit deren Hilfe aus den für einen Anfangszeitpunkt bekannten Örtern und Geschwindigkeiten der Körper deren Örter und Geschwindigkeiten für einen beliebigen anderen Zeitpunkt berechnet werden können. Es gelten nur drei Erhaltungssätze, der Schwerpunkt-, der Flächen- und der Energieerhaltungssatz (→ Dreikörperproblem).

Der Bewegungsablauf der Körper lässt sich jedoch mit Hilfe numerischer Methoden für ein begrenztes Zeitintervall berechnen. Die zum Anfangszeitpunkt auf jeden der Körper von den übrigen Körpern infolge der Massenanziehung wirkenden Kräfte können mit Hilfe des Newton'schen Gravitationsgesetzes ermittelt werden, da die Massen bekannt und die Entfernungen aus den Ortsdifferenzen der Körper bestimmbar sind. Aus den Einzelkräften ergibt sich für jeden Körper die resultierende Kraft und daraus die Beschleunigung nach Größe und Richtung, so dass die Örter und Geschwindigkeiten der Körper zu einem um einen kleinen Zeitschritt späteren Zeitpunkt berechenbar sind. Für diesen Zeitpunkt lassen sich wieder die jeweils wirkenden Beschleunigungen berechnen, womit sich der Systemzustand zu einem abermals späteren Zeitpunkt ergibt, usw. Insgesamt können so schrittweise die Bahnen aller Körper für das gewünschte Zeitintervall bestimmt werden. Zur Berechnung eines realen dynamischen Systems müssen für alle Körper die Anfangswerte der Örter und Geschwindigkeiten durch Zahlenwerte festgelegt werden. Diese stimmen nicht völlig exakt mit den tatsächlich eingenommenen Örtern und Geschwindigkeiten überein. Auch noch so kleine Abweichungen sowie die bei den Rechnungen unvermeidlichen Rundungsfehler führen mit wachsender Zahl der Rechenschritte zu immer größeren Ungenauigkeiten. Parallelrechnungen zeigen, dass selbst bei minimal unterschiedlichen Anfangswerten sich die berechneten Bahnen immer weiter voneinander entfernen. Für zu große Zeitintervalle sind daher keine zuverlässigen Aussagen bezüglich des tatsächlichen Bewegungsverlaufs möglich, im mathematischen Sinn ergibt sich ein chaotischer Bewegungsablauf.

Numerische Rechenverfahren werden u. a. zur Bestimmung der Bewegungsverhältnisse im Sonnensystem sowie in Sternhaufen oder Sternsystemen angewandt, wobei die Zahl der betrachteten Körper z. T. einige Hunderttausend beträgt. Die Modellierung wird wesentlich komplizierter, wenn das zu betrachtende physikalische System nicht nur aus Punktmassen bestehend angesehen werden kann, sondern wenn z. B. auch diffus verteilte Materie berücksichtigt werden muss, wenn also kein ideales M. vorliegt.

Melipal, Name eines der vier 8,2-m-Teleskope der → Europäischen Südsternwarte.

Men, Abk. für → Mensa.

Meniskusteleskop, → Spiegelteleskop.

Menoetius *m*, ein Begleiter des Planetoiden (617) → Patroclus.

Mensa *f*, *1) Gen.* Mensae, abg. **Men**, *Tafelberg*, in der Nähe des südlichen Himmelspols gelegenes Sternbild, in dem ein Teil der Großen Magellan'schen Wolke liegt. Das Sternbild ist von unseren Breiten aus nicht sichtbar. Hinsichtlich der Lage am Himmel → Sternkarte Seite 417.

2) Plur. Mensae, Bezeichnung für einen Tafelberg als eine spezielle Struktureinheit auf erdartigen Körpern des Planetensystems.

Merak, β *Ursae Maioris*, ein Stern im Sternbild → Ursa Maior (Großer Bär).

Meridian, *Himmelsmeridian m*, der Großkreis an der Himmelskugel, der durch das Zenit und den Nadir eines Beobachtungsorts sowie durch die Himmelspole geht. Der Himmelsmeridian schneidet den Horizont im Süd- und im Nordpunkt. Bei der täglichen scheinbaren Bewegung kulminieren die Sterne im M., d. h. sie erreichen dort ihre größte und kleinste Höhe über oder unter dem Horizont (Abb. → Bewegung der Gestirne).

Meridiandurchgang, das Überschreiten des Himmelsmeridians durch ein Gestirn infolge dessen scheinbarer täglicher Bewegung (der Gestirne).

Meridiankreis, astronomisches → Winkelmessinstrument.

Merkur, der sonnennächste Planet, Zeichen ☿.
Der M. bewegt sich mit einer mittleren Geschwindigkeit von 47,87 km/s in 87,97 Tagen auf einer Ellipsenbahn, deren große Halbachse 57,91 Mio. km, mithin 0,3871 AE, und deren Exzentrizität 0,2056 beträgt, rechtläufig um die Sonne. Die Exzentrizität ist die größte der Planetenbahnen des Sonnensystems. Die Merkurbahnebene ist gegen die Erdbahnebene um 7° geneigt. Der Abstand des M. von der Sonne schwankt zwischen 0,3075 AE im Perihel und 0,4667 AE im Aphel. Die Apsidenlinie der Merkurbahn führt eine langsame rechtläufige Drehung in der Bahnebene aus. Der Hauptanteil dieser Vorwärtsdrehung von 531″ je Jahrhundert wird durch den gravitativen Einfluss der benachbarten Planeten verursacht. Eine zusätzliche Drehung von 43″ je Jahrhundert geht auf einen relativistischen Effekt zurück (→ Relativitätstheorie). Der M. durchläuft somit streng genommen keine Ellipsen-, sondern eine Rosettenbahn. Seine Entfernung von der Erde hängt von der jeweiligen Stellung der beiden Planeten in ihren Bahnen ab und variiert zwischen 82 und 217 Mio. km, entsprechend variiert der scheinbare Durchmesser des M. zwischen etwa 15 und 5 Bogensekunden. Der M. zeigt wie die Venus einen Phasenwechsel, der aber auf Grund der geringen Größe der Merkurscheibe schwierig zu erkennen ist.

Von der Erde aus gesehen beträgt der maximale östliche oder westliche Winkelabstand des M. von der Sonne, seine Elongation, 27° 50′. Innerhalb dieser Grenzen pendelt er mit einer Periode von etwa 116 Tagen, seiner synodischen Umlaufzeit, hin und her. Er geht selten mehr als eine Stunde vor Sonnenaufgang auf bzw. nach Sonnenuntergang unter. Trotz seiner Helligkeit, die visuell $-0{,}^{\!m}2$ erreichen kann, ist er nur schwer mit bloßem Auge zu beobachten, da er von der Sonne überstrahlt wird. Die günstigsten Beobachtungsbedingungen ergeben sich für einen Beobachter auf der Nordhalbkugel der Erde im Frühjahr in den Abendstunden und im Herbst in den Morgenstunden. Der Winkel zwischen dem Horizont des Beobachtungsortes und der Ekliptik, in deren Nähe der M. immer steht, ist dann am größten. Eine seltene Beobachtungsmöglichkeit des M. besteht, wenn er sich genau in der Sichtlinie Erde–Sonne befindet. Er bewegt sich dann innerhalb weniger Stunden als dunkler Fleck über die Sonnenscheibe. Derartige „Merkurdurchgänge" finden durchschnittlich alle 7 Jahre statt, wenn der M. die gleiche ekliptikale Länge wie die Sonne hat und sich in oder nahe eines seiner Bahnknoten befindet. Derartige Durchgänge können nur um den 8. Mai und um den 10. November auftreten, mit einer Streuung von einigen Tagen. Der nächste Merkurdurchgang erfolgt am 09.05.2016.

Größe, Rotation, Oberflächentemperatur. Der M. ist nicht abgeplattet, sein linearer Durchmesser beträgt mit 4876 km etwa 38% des Äquatordurchmessers der Erde. Seine Masse von $3{,}3 \cdot 10^{23}$ kg beläuft sich auf 0,0553 Erdmassen, hingegen ist seine mittlere Dichte mit 5,43 g/cm^3 fast genauso groß wie die der Erde, die Schwerkraft an der Merkuroberfläche erreicht aber nur 38% der an der Erdoberfläche. Die Rotationsperiode des M. beträgt mit 58,646 Tagen 2/3 seiner siderischen Umlaufzeit, während dreier „Merkurtage" vollendet er genau zwei Umläufe um die Sonne, zwei „Merkurjahre" (Abb. 1). Diese Resonanz zwischen der Rotation und dem Umlauf um die Sonne ist aller Wahrscheinlichkeit nach das Ergebnis der Gezeitenwechselwirkung zwischen der Sonne und dem bei seiner Entstehung schneller rotierenden M. Dass es nicht wie im Erde-Mond-System zu einer gebundenen Rotation kam, liegt vermutlich an der großen Exzentrizität der Merkurbahn. Die Gezeitenkräfte kamen im Wesentlichen in Perihelnähe zur Wirkung und waren sonst relativ schwach. Möglicherweise hatte oder hat der M. eine

Merkur

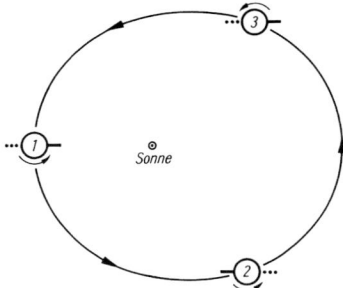

Abb. 1: Rotation und Umlauf des Merkur. Eine Markierung auf der Merkuroberfläche weist im Perihel (1) zunächst genau auf die Sonne. Bei (2) ist eine halbe Umdrehung, bei (3) eine ganze, bei der Rückkehr zum Perihel sind anderthalb Umdrehungen vollendet; die Markierung, jetzt punktiert, weist von der Sonne weg. Nach zwei Sonnenumläufen und drei Rotationsperioden weist die Markierung im Perihel wieder zur Sonne

sehr geringe asymmetrische innere Massenverteilung, was zu einer sehr effektiven gravitativen Kopplung zwischen Sonne und M. und zum schnellen Erreichen der 2:3-Resonanz führte.

Infolge der langsamen Rotation und des vergleichsweise schnellen Umlaufs um die Sonne ist ein Punkt auf seiner Oberfläche etwa 88 Merkurtage lang ununterbrochen der Sonnenstrahlung ausgesetzt, ehe die gleichlange Nacht folgt. Die Tagseite des M. wird dadurch sehr stark aufgeheizt, die mittägliche Oberflächentemperatur beträgt in Abhängigkeit von der planetographischen Länge und Breite zwischen 300 °C und 430 °C. Temperaturmaxima am Äquator haben Orte mit einer Länge von 0° oder 180°. „Mittag" und Periheldurchgang fallen dann zusammen (Abb. 1). Auf der Nachtseite führt die Ausstrahlung zu einer Abkühlung auf etwa −180 °C.

Den Koordinaten liegt ein Koordinatensystem zugrunde, dessen Grundebene durch den Mittelpunkt des M. geht und senkrecht zur Rotationsachse ist, sie schneidet den Merkurkörper im Merkuräquator. Die auf den Merkurmittelpunkt bezogene Breite ist der senkrechte Winkelabstand eines Ortes vom Äquator, sie wird in Grad, nach Norden positiv, nach Süden negativ, gezählt. Der Nullmeridian für die planetographische Länge ist der auf dem Äquator senkrecht stehende Halbkreis durch den Punkt, für den zur Zeit des ersten Merkurperihels nach dem 01.01.1950 die Sonne im Zenit stand. Die Länge wird in Grad von Ost nach West gemessen.

Atmosphäre. Die Atmosphäre des M. ist infolge der geringen Schwerkraft und der hohen Oberflächentemperatur sehr dünn. Nachgewiesene Atmosphärenbestandteile sind Wasserstoff, Helium, Sauerstoff sowie Natrium und Kalium. Die Anzahldichte der Elemente steigt mit zunehmender Atommasse, da Atome hoher Masse geringe mittlere thermische Geschwindigkeiten haben und demzufolge gravitativ stärker an den M. gebunden sind. Die Anzahldichte nahe der Merkuroberfläche des Wasserstoffs beträgt etwa 8 Atome/cm^3, des Heliums etwa 4 500 und des Natriums rund 150 000 Atome/cm^3. Der Atmosphärendruck erreicht an der Merkuroberfläche nur etwa das $2 \cdot 10^{-13}$-fache des Atmosphärendrucks an der Erdoberfläche. Die Wasserstoff- und Heliumatome sind wahrscheinlich eingefangene Teilchen des Sonnenwinds. Einige Heliumatome rühren möglicherweise vom Zerfall radioaktiver Atome im Oberflächengestein des M. her. Die Natrium- und Kaliumatome werden vermutlich durch Sonnenwindteilchen aus dem Oberflächengestein herausgeschlagen.

Oberflächenstrukturen. Die dünne Atmosphäre gewährt die direkte Sicht auf die Planetenoberfläche. Von der Erde aus sind aber selbst unter günstigsten Beobachtungsbedingungen visuell nur solche Einzelheiten erkennbar, die mehr als 150 bis 250 km Ausdehnung haben und sich in Helligkeit oder Färbung von der Umgebung abheben. Bei Radarbeobachtungen können Oberflächenstrukturen mit linearen Ausdehnungen in der Größenordnung von etwa 1 km nachgewiesen werden, die unterschiedliche Reflexionseigenschaften für Radiofrequenzstrahlung haben. Auf Grund der mittels der Raumsonde Mariner 10 gewonnenen Nahaufnahmen sind rund 45% von der Merkuroberfläche sehr gut bekannt. Sie gleicht weitgehend der Mondoberfläche und ist mit Einschlagkratern übersät. Die größten haben Durchmesser von mehr als 1 000 km, die kleinsten noch erkennbaren von etwa 100 m. Diese sind im Allg. schüsselförmig, Krater mit einem Durchmesser von mehr als einigen Kilometern besitzen vielfach einen Zentralberg, sehr große Krater sind von Sekundärkratern umgeben, die vermutlich durch ausgeworfene Gesteinsbrocken entstanden sind. Sehr junge Krater sind wie beim Mond z. T. mit einem hellen Strahlensystem umgeben (Abb. 2). Das Oberflächengestein unterlag und unterliegt einer allmählichen Erosion infolge des Einschlags zahlreicher interplanetarer Staubpartikeln und Kleinkörper, die durch die extrem dünne Atmosphäre nicht abgebremst werden. Das Oberflächenmaterial dürfte ein feinkörniger Regolith sein, worauf auch das beobachtete thermische Verhalten der Merkuroberfläche beim Wechsel von Tag und Nacht schließen lässt. Das größte Einschlagbecken, die Caloris Planitia mit einem Durchmesser von rund 1 300 km, entspricht etwa dem Mare Imbrium auf dem Mond. Die stark gebrochenen und zerfurchten Ebenen im Innern des Beckens bestehen wahrscheinlich aus Schmelzprodukten, die bei der Bildung des Beckens entstanden sind. Große Maria-Flächen, die auf Lavaüberflutungen zurückgehen, fehlen auf dem M. Die Oberfläche weist vier unterschiedliche Strukturtypen auf. Die „glatten Ebenen" haben nur wenige Einschlagkrater und sind vermutlich durch Lavaergüsse entstanden, sie dürften zu den jüngsten Oberflächenregionen gehören. Am weitesten verbreitet sind „Zwischenkraterebenen", die etwa 1/3 der Oberfläche einnehmen und sich zwischen den großen Kratern erstrecken. Sie haben keine Krater größer als etwa 15 km Durchmesser. Vermutlich sind diese Ebenen älter als die glatten und stammen wahrscheinlich aus einer Entwicklungsphase des M., in der vorher entstandene Einschlagkrater durch starken Vulkanismus ausgelöscht wurden. Die wahrscheinlich ältesten Oberflächenstrukturen sind die mit Kratern dicht besetzten Ebenen (Abb. 3), die den Terrae des Mondes gleichen.

Merkur

Abb. 2: Etwas oberhalb der Bildmitte der Krater Kuiper mit etwa 40 km Durchmesser und einem Strahlensystem (Mosaik von mittels der Raumsonde Mariner 10 aus einer Entfernung von 75 000 km gewonnenen Aufnahmen [NASA])

Ein merkurspezifischer Strukturtyp der Oberfläche findet sich in der Antipodenregion des Caloris-Beckens. Es ist eine stark zerschnittene Region mit unregelmäßig geformten, etwa 1 km hohen und einigen Kilometer langen gestreckten Hügeln. Vermutlich steht die Entstehung der Region mit der des Caloris-Beckens in Verbindung. Die beim Einschlag des das Becken formenden Himmelskörpers ausgelösten seismischen Wellen wurden möglicherweise derart fokussiert, dass sie im Antipodengebiet große Zerstörungen hervorriefen. Ein weiteres besonderes Strukturelement der Oberfläche sind großräumige Böschungen mit Längsausdehnungen bis zu mehreren 100 km und Höhen bis zu 3 km. Sie könnten infolge starker Kompressionsdrücke beim Einschlag von Himmelskörpern entstanden sein, als der durch das Bombardement zunächst aufgeheizte M. als Ganzes abkühlte und dabei schrumpfte. Die Schrumpfung führte zu einer Verkleinerung des Merkurradius um schätzungsweise 2 km.

Magnetfeld. Der M. hat anscheinend ein Magnetfeld mit Dipolcharakter. Die Feldstärke an der Oberfläche beträgt nur etwa 1% des Erdmagnetfeldes an der Erdoberfläche. Die Magnetfeldachse ist etwa 7° gegen die Rotationsachse des M. geneigt. Die Grenze der den Planeten umgebenden → Magnetosphäre liegt infolge der Schwäche des Magnetfeldes auf der Tagseite nur wenig mehr als 1 000 km über der Merkuroberfläche, so dass energiereiche Teilchen des → Sonnenwinds wahrscheinlich bis zur Oberfläche gelangen. Der Magnetosphärenschweif erstreckt sich auf der Nachtseite bis etwa 20 Merkurradien weit in den Raum. Strahlungsgürtel entsprechend denen der Erde scheinen beim M. nicht zu existieren. Das Magnetfeld ist vermutlich ein permanentes Feld. Ein → Dynamomechanismus als Ursache würde einen mindestens teilweise flüssigen elektrisch leitfähigen Kernbereich voraussetzen. Ein damit notwendig verbundener Wärmestrom von innen nach außen scheint aber nicht zu existieren.

Innerer Aufbau. Über den inneren Aufbau ist wenig Sicheres bekannt. Wahrscheinlich besitzt der M. eine Schalenstruktur. Wegen der Ähnlichkeit der Merkuroberfläche mit der des Monds wird im Allg. angenommen, dass Kruste und Mantel wie beim Mond aus Silikatgestein mit einer Dichte von rund 3 g/cm³ be-

Merkurdurchgang

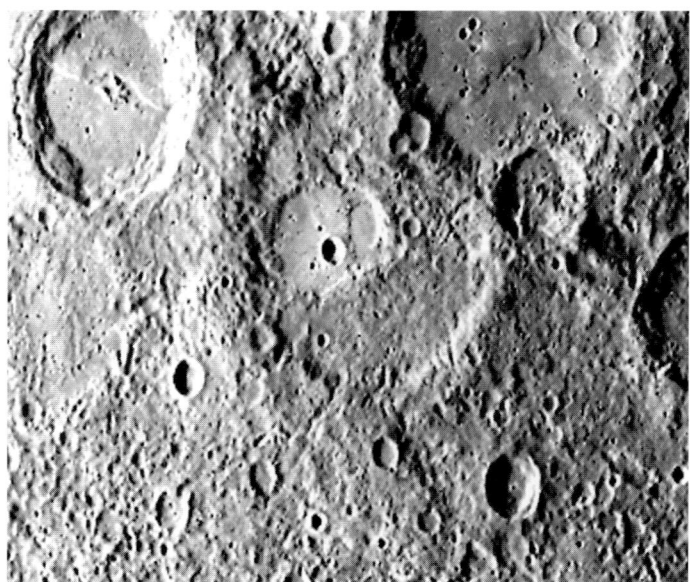

Abb. 3: Krater mit einem Durchmesser von etwa 80 km, an dessen oberen Rand eine Rille mündet (Aufnahme: NASA/JPL/Northwestern University; Raumsonde Mariner 10)

stehen. Da die mittlere Dichte des M. wesentlich größer ist, muss ein großer schwerer Kern existieren, der in Analogie zur Erde weitgehend aus Eisen bestehen dürfte. Der Kernradius könnte sich auf etwa 75% des Gesamtradius belaufen. Mantel- und Krustendicke zusammen dürften nicht mehr als rund 600 km betragen. An die Existenz eines Eisenkerns ist wahrscheinlich die Existenz des permanenten Magnetfelds geknüpft. Während der M. dem Äußeren nach mehr dem Mond gleicht, gleicht sein innerer Aufbau mehr dem der Erde.

Merkurdurchgang, → Merkur.

Merope *f*, Stern in den → Plejaden mit einer scheinbaren visuellen Helligkeit von $4^m\!.14$, der Spektralklasse K3 und der Leuchtkraftklasse I.

Mesosphäre, Schicht der Erdatmosphäre; → Erdatmosphäre.

Messier, Charles, franz. Astronom, geb. 26.06.1730 in Badonviller, gest. 11.04.1817 in Paris. M. ist bekannt durch den von ihm herausgegebenen Katalog nebelhaft erscheinender Himmelsobjekte, den → Messier-Katalog.

Messier-Katalog, ein auf den franz. Astronomen C. Messier (1730–1817) zurückgehendes Verzeichnis von visuell nebelhaft erscheinenden Himmelsobjekten, u. a. extragalaktischen Sternsystemen, Sternhaufen und galaktischen Nebeln. Die 1781 erschienene Ausgabe führt 103 Objekte auf, darunter drei irrtümlich aufgenommene. Der heutige M.-K. enthält sieben zusätzliche Objekte, die auf Grund historischer Unterlagen nachträglich hinzugefügt wurden. M in Verbindung mit einer nachgestellten Zahl gibt die Nummer an, unter der das Objekt im Katalog aufgeführt ist. M 31 bezeichnet z. B. den Andromedanebel, bei M 40 handelt es sich um einen Doppelstern, bei M 73 um eine Sterngruppe. Viele Objekte werden auch gegenwärtig mit ihrer Messier-Nummer bezeichnet.

Einige Objekte des Messier-Katalogs

M 1	Krebsnebel
M 3	Kugelsternhaufen im Sternbild Canes Venatici
M 13	Kugelsternhaufen im Sternbild Hercules
M 31	Andromedanebel
M 33	Triangulumnebel
M 42	Orionnebel
M 44	Praesepe
M 51	Sternsystem im Sternbild Canes Venatici
M 57	Ringnebel im Sternbild Lyra
M 67	Offener Sternhaufen im Sternbild Cancer
M 81	Sternsystem im Sternbild Ursa Maior

MESZ, Abk. für Mitteleuropäische Sommerzeit; → Zeit.

Metalle, in der Astronomie zusammenfassende Bezeichnung für alle Elemente schwerer als Kohlenstoff.

Metallhäufigkeit, in der Astronomie die Gesamthäufigkeit aller schwereren Elemente als Kohlenstoff bezogen auf die Wasserstoffhäufigkeit; → Elementenhäufigkeit.

Metallindex, der die Metallhäufigkeit angebende → Farbenindex.

Metalllinien-Stern, svw. → Am-Stern.

metastabil, Bezeichnung eines angeregten Energiezustands bei Atomen, von dem aus alle Strahlungsübergänge zu niedrigeren Energiezuständen durch Auswahlregeln der Quantenphysik „verboten" sind; → Atom.

Meteor *n*, selten *m*, beim Eindringen eines extraterrestrischen Kleinkörpers, eines → Meteoroiden, in die Erdatmosphäre verursachte Leuchterscheinung. M.e, deren scheinbare Helligkeit -4^m, d. h. etwa die mittlere Venushelligkeit, nicht übersteigt, werden als ***Sternschnuppen*** bezeichnet, hellere, von entsprechend größeren Meteoroiden erzeugte als ***Feuerkugeln (Bolide)***; sie sind viel seltener als Sternschnuppen. Ein M. taucht an einer Stelle des Himmels plötzlich als ein einem Fixstern ähnlicher Lichtpunkt auf, der sich auf einer mehr oder minder langen Bahn sehr schnell bewegt und dann plötzlich wieder verlischt. Bei einigen helleren Sternschnuppen kann die Bahn einige Zeit nachleuchten. Das Aufleuchten eines M.s geschieht meist in Höhen zwischen etwa 140 und 100 km über dem Erdboden, das Verlöschen in etwa 90 bis 20 km Höhe, hellere M.e haben geringere Endhöhen als schwächere. Sternschnuppen werden durch Kleinkörper verursacht, deren Durchmesser zwischen einigen Zentimetern und etwa 1 mm liegen. Noch kleinere Meteoroide bewirken *teleskopische M.e*, die gelegentlich bei Fernrohrbeobachtungen wahrgenommen werden.

Eine von einem Meteoroiden von etwa 10 cm Durchmesser verursachte Feuerkugel erreicht etwa Vollmondhelligkeit. Längs der Bahn treten vielfach Lichtausbrüche, Funkenschauer oder Teilungen der Leuchterscheinung auf. Die gelegentlich nachleuchtenden Schweife können z. T. minutenlang sichtbar sein. Hellere Feuerkugeln hinterlassen gelegentlich auch Rauch- oder Dampfschweife, die allmählich infolge der Luftbewegungen verwischt werden. Feuerkugeln sind manchmal auch von langanhaltendem Donner begleitet.

Bahnen, Geschwindigkeiten. Aus den Beobachtungen können die Meteoroidenbahnen abgeleitet werden, die jeweils auf den Erdmittelpunkt bezogen werden. Werden die Rotation und die Bewegung der Erde zum Zeitpunkt der Beobachtung berücksichtigt, sind auch die relativ zur Sonne durchlaufenen Bahnen bestimmbar, sie lassen auf die Herkunft der Meteoroide schließen. Meteoroide aus dem Sonnensystem bewegen sich auf heliozentrischen Ellipsenbahnen, Meteoroide aus dem interstellaren Raum auf Parabel- oder Hyperbelbahnen. Ein Körper auf einer Ellipsenbahn um die Sonne hat in Erdbahnnähe eine Geschwindigkeit kleiner als 42 km/s, auf einer Parabelbahn genau diese Geschwindigkeit, größere Geschwindigkeiten sind nur bei Hyperbelbahnen möglich. Die geozentrischen Grenzgeschwindigkeiten sind für Meteoroide, die sich entgegengesetzt zur Erde bewegen, um die Erdbahngeschwindigkeit, knapp 30 km/s, größer, für in gleicher Richtung wie die Erde sich bewegende um den gleichen Betrag kleiner als die heliozentrischen Geschwindigkeiten. Meteoroide aus dem Sonnensystem können daher keine geozentrischen Geschwindigkeiten größer als 72 km/s haben. Da dieser Wert von nur wenigen Prozent der Meteoroide überschritten wird, stammt der größte Teil der Meteoroide aus dem Sonnensystem.

Physikalische Vorgänge. Beim Eindringen eines Meteoroiden in die hohen, wenig dichten Luftschichten der Erdatmosphäre prallen auf ihn in einer raschen Folge Luftmoleküle auf, wodurch die Geschwindigkeit reduziert wird und an jeder Aufprallstelle eines Luftmoleküls einige Atome, z. T. kleine Staubpartikeln, aus ihm herausgeschlagen werden. Die kinetische Energie des Meteoroiden wird dabei an die Luftmoleküle übertragen, wobei der größte Teil der Energie in thermische, etwa 1% in Anregungs-, noch viel weniger in Ionisationsenergie der Atome umgewandelt wird. In dem hinter dem Meteoroiden in der Atmosphäre entstehenden Gas-Staub-Kanal erzeugt der Übergang der angeregten Atome in den Grundzustand sowie die Rekombination der Ionen mit freien Elektronen das Meteorleuchten. Eine verzögerte Rekombination bewirkt wahrscheinlich das Nachleuchten längs der Bahn, abgesprengte Staubteilchen sind vermutlich für die Rauch- oder Dampfschweife verantwortlich.

Das Spektrum der M.e ist ein Emissionslinienspektrum, das von neutralen Atomen, u. a. vom Wasserstoff, Stickstoff, Sauerstoff, Magnesium, Silizium und Eisen, herrührt. Sehr selten ist auch ein schwaches Kontinuum vorhanden. Meteoroide mit sehr hohen Geschwindigkeiten verursachen Spektren mit Emissionslinien ionisierter Elemente, u. a. von Magnesium, Silizium, Kalzium und Eisen. Diese Meteoroide haben eine so hohe kinetische Energie, dass Atome nicht nur angeregt, sondern auch ionisiert werden. Bei sehr hellen M.en verändert sich das Spektrum längs der Bahn, da entsprechend der Abbremsung des Meteoroiden die kinetische Energie, damit die Energieübertragung, abnimmt.

Ein eine Sternschnuppe verursachender Meteoroid verliert infolge der einzelnen Zusammenstöße mit Luftmolekülen Masse, aber wenig kinetische Energie, und wird daher nur wenig abgebremst. Die Meteorerscheinung verlischt, wenn der Meteoroid vollständig aufgelöst ist. Die Höhe, bis zu der ein größerer Meteoroid in der Erdatmosphäre vordringt, ist abhängig von der Masse und der Eindringgeschwindigkeit. Schnelle Meteoroide verdampfen in höheren Schichten als langsame.

Mikrometeoroide mit Radien kleiner als etwa 0,1 mm und entsprechend geringer Masse unterliegen einer so starken Abbremsung, dass sie ohne großen Massenverlust sehr schnell an Geschwindigkeit verlieren und langsam unversehrt zu Boden schweben, ohne eine Leuchterscheinung hervorzurufen.

Große zu Feuerkugeln führende Meteoroide gelangen bis in Höhen von 50 bis 10 km über der Erdoberfläche. Sie sind dann nicht mehr dem Hagel einzelner Luftmoleküle, sondern einem kontinuierlichen Luftwiderstand ausgesetzt. Vor den Meteoroiden bildet sich, da deren Geschwindigkeit größer als die Schallgeschwindigkeit in der Atmosphäre ist, eine Stoßfront (→ Welle) mit einer dahinterliegenden aufgeheizten Verdichtungszone, in der sich die meisten Leuchtprozesse abspielen. Die Donnererscheinungen werden von der Stoßfront verursacht. Die Oberfläche der Meteoroide wird infolge der Lufttreibung stark erhitzt und kann Temperaturen von etwa 3 000 K erreichen, so dass Oberflächenmaterial abschmilzt, während das Innere infolge der geringen Wärmeleitfähigkeit kühl bleibt. Thermische Spannungen können dazu führen, dass der Meteoroid explodiert oder in Teile zerbricht. Haben der nicht verdampfte Teil des Meteoroiden oder die bei der Zerstörung eventuell übrigbleibenden Reststücke die Anfangsgeschwindigkeit fast ganz eingebüßt, kommen sie im freien Fall zur Erde, wo sie möglicherweise als → Meteorite geborgen werden. Die physikalischen Einzelprozesse, die sich bei der Wechselwirkung mit der Luft abspielen, sind im Detail noch wenig bekannt, da die Wechselwirkungen stark von der Form des Meteoroiden beeinflusst werden.

Beobachtungsmethoden. Exakte Meteorbeobachtungen sind durch das unvoraussagbare Auftreten von

Meteor

M.en sehr erschwert. Bei systematischen visuellen Beobachtungen von Sternschnuppen wird die Zeit des Auftauchens registriert und die ungefähre Bahn jedes beobachteten M.s in eine Sternkarte eingetragen. Statistische Auswertungen vieler Beobachtungen geben Hinweise u. a. auf die zeitliche Variation der Meteorhäufigkeit sowie auf die Verteilung der scheinbaren Bahnen am Himmel. Bei photographischen Beobachtungen wird mit mindestens zwei, einige Kilometer voneinander entfernten und mit lichtstarken Weitwinkelobjektiven ausgerüsteten Kameras ein und dasselbe Gebiet in der mittleren Aufleuchtschicht der M.e überwacht. Die Kameras ermöglichen Stereoaufnahmen der Bahn, aus denen die genaue räumliche Bahnlage bestimmt werden kann. Zur Bestimmung der Geschwindigkeit wird vor dem Objektiv eine schnell rotierende durchbrochene Scheibe angebracht, die den Lichtweg in periodischer Folge freigibt und versperrt, wodurch die Meteorspur zerhackt erscheint. Die Länge der Teilspur zwischen zwei Unterbrechungen ist ein Maß für die Geschwindigkeit.

Bei der → Radio-Echo-Methode werden von zwei Radargeräten, die ein bestimmtes Himmelsgebiet gleichzeitig anvisieren, kurze Radiopulse ausgesandt und ihre Echos registriert. Sie entstehen, weil freie Elektronen, die in dem schlauchartigen Kanal hinter einem Meteoroiden bei der Ionisation von Luftmolekülen erzeugt werden, kurzwellige elektromagnetische Strahlung reflektieren. Aus der Laufzeit der reflektierten Einzelpulse kann die räumliche Lage der Bahn und aus der Form der Echos die Geschwindigkeit des Meteoroiden bestimmt werden. Die Radio-Echo-Methode ermöglicht auch Tagbeobachtungen.

Meteorströme. Bei sporadischen M.en sind die scheinbaren Bahnen völlig regellos am Himmel verteilt, bei Strommeteoren gehen die rückwärts verlängerten scheinbaren Bahnen von einem kleinen, für den jeweiligen Meteorstrom charakteristischen Bereich am Himmel, dem Ausstrahlungspunkt oder Radianten, aus. Strommeteore stammen von einem Schwarm von Meteoroiden, die eine einheitliche Relativbewegung bezüglich der Erde haben, so dass die verursachten M.e für einen Beobachter alle von einem Punkt oder kleinen Bereich des Himmels herzukommen scheinen. Die Lage ist durch die Bewegungsrichtung des Meteoroidenschwarms und der augenblicklichen Bewegungsrichtung der Erde bedingt. Da sich die Bewegungsrichtung der Erde stetig ändert, verschiebt sich der Radiant eines Meteorstroms täglich um etwa 1° parallel zur Ekliptik nach Osten.

Ein Meteorstrom wird nach der Lage des scheinbaren Radianten benannt. Z. B. liegt der Radiant der Perseiden im Sternbild Perseus, der der η-Aquariden beim Stern η im Sternbild Aquarius. Der Ausstrahlungspunkt der Quadrantiden befindet sich in dem alten, heute nicht mehr gebräuchlichen Sternbild Quadrant. Befindet sich der Radiant in Sonnenrichtung, dringen die Meteoroide auf der Tagseite in die Erdatmosphäre ein. Diese Tageslichtströme können nicht visuell, sondern nur mit dem Radio-Echo-Verfahren beobachtet werden.

Die Bahnen der Mitglieder eines Meteoroidenschwarms liegen so dicht beieinander, dass die Gesamtheit der Schwarmmitglieder eine Art „Schlauch" füllen (Abb. 1). Alle Meteoroidenschwärme laufen auf Ellipsenbahnen um die Sonne. Sind wie bei den Ekliptikalströmen Erdbahnebene und Schwarmbahnebene nur wenig gegeneinander geneigt, können zwei Schnittpunkte von Erd- und Schwarmbahn existieren, ein Schwarm kann so zweimal im Jahr einen Meteorstrom verursachen. Kreuzen die Meteoroiden von außen kommend die Erdbahn, liegt der Radiant auf der Nachtseite der Erde, von innen kommend ergibt sich ein Tageslichtstrom. Die δ-Aquariden und ein Ende Juli auftretender Tageslichtstrom, die Arietiden, werden so von einem Schwarm verursacht. Die gleichfalls zusammengehörenden Orioniden und η-Aquariden können beide visuell beobachtet werden, weil der zum zweiten Schnittpunkt gehörende Radiant zur Beobachtungszeit einen verhältnismäßig großen Abstand von der Sonne hat.

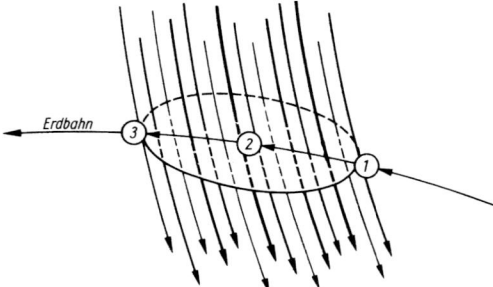

Abb. 1: Bahnen eines Meteoroidenschwarms. Ort der Erde zu Beginn (1), im Maximum (2) und am Ende (3) der Sichtbarkeit des Meteorstroms, die Ellipse deutet die Schnittfläche der Erdbahnebene mit dem Schwarm an

Bei einigen Meteoroidenschwärmen stimmt die mittlere Bahn sehr gut mit der Bahn eines Kometen überein, z. B. die Bahn der Perseiden mit der Bahn des Kometen 109P/Swift-Tuttle oder die der Andromediden mit der des Biela'schen Kometen. Die Meteoroidenschwärme sind offenbar die Auflösungsprodukte von Kometenkernen (→ Komet). Die festen Teilchen bilden eine Teilchenwolke, die sich infolge der unterschiedlichen Abströmgeschwindigkeiten der Teilchen, deren gegenseitiger Zusammenstöße, der Einwirkung des → Sonnenwinds sowie infolge der Störungen der Teilchenbahnen durch die Planeten allmählich vergrößert. Insgesamt kommt es zu einer mehr oder minder raschen Verteilung der Teilchenwolke längs der Kometenbahn (Abb. 2). Die mittlere Bahn einiger Meteoroidenschwärme stimmt mit der Bahn eines Planetoiden überein, z. B. die Bahn der Geminiden mit der Bahn von (3200) Phaeton. Vermutlich sind solche Planetoiden nichts anderes als ausgegaste Kometenkerne.

Noch nicht sehr zerstreute Teilchenwolken verursachen immer dann einen Meteorstrom, wenn sich die Wolke und die Erde gleichzeitig im Schnittpunkt von Erd- und Strombahn befinden, was nicht jedes Jahr der Fall ist, da sich die Umlaufzeiten von Erde und Meteoroidenwolke im Allg. unterscheiden. Auf Grund des in Abständen von einigen Jahren regelmäßigen Erreichens

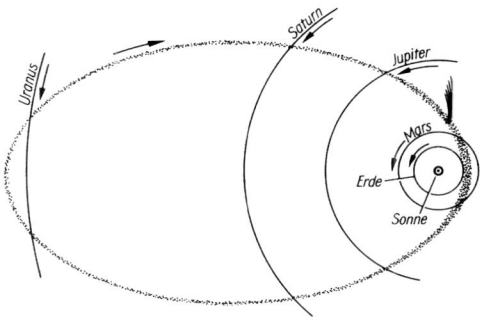
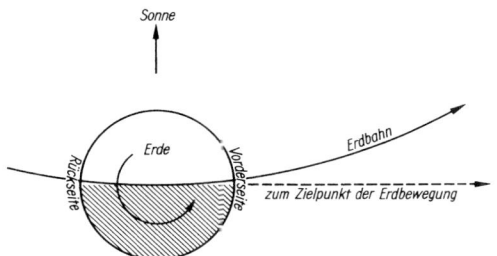

Abb. 2: Auf die Ebene der Ekliptik projizierte Bahn des Kometen 55P/Tempel-Tuttle, von dem die den Meteorstrom der Leoniden verursachenden Meteoroiden stammen

Abb. 3: Zur täglichen Variation der Meteorhäufigkeit

des Schnittpunkts ergeben sich periodische Meteorströme. Bei den jedes Jahr auftretenden permanenten Meteorströmen haben sich die Teilchen längs der gesamten Bahn verteilt, wodurch bei jedem Kreuzen der Kometen- und der Erdbahn ein Meteorschauer mit dem gleichen Radianten verursacht wird. Im Laufe der Zeit werden die Einzelbahnen in den Meteoroidenschwärmen immer ungeordneter, wodurch sich das Ausstrahlungsgebiet an der Himmelskugel vergrößert, bis schließlich die M.e nicht mehr als zu einem Meteorstrom gehörig erkennbar sind, sondern als sporadische M.e erscheinen. Ein permanenter Meteorstrom mit in jedem Jahr etwa gleichbleibender Zahl von M.en sind u. a. die Perseiden. Die auf den Kometen 55P/Tempel-Tuttle mit einer Umlaufzeit von 33,25 Jahren zurückgehenden Leoniden bilden einen periodischen Strom, sie lassen alle 33 bis 34 Jahre einen Meteorschauer erwarten. Am 18.11.1966 traten innerhalb einiger Minuten rund 5 000 M.e auf, am 17.11.1998 hingegen nur wenig M.e. Instabile Meteorströme, z. B. die Andromediden, ergeben nur wenige Male reiche Meteorströme und werden dann schnell bedeutungslos.

Häufigkeit. Die Zahl der je Tag auf der gesamten Erde sichtbaren M.e beträgt etwa 100 Mio. Mit der Zunahme der scheinbaren Helligkeit um eine Größenklasse nimmt die Meteorhäufigkeit im Mittel um rund einen Faktor 3 ab, bei teleskopischen M.en um einen Faktor von etwa 2,5, bei den hellen Sternschnuppen von etwa 4. Die durchschnittliche Meteorhäufigkeit ist periodischen Schwankungen unterworfen. Es existiert eine tägliche Variation. Die Zahl der je Zeiteinheit beobachteten M.e nimmt im Laufe der Nacht zu und erreicht vor Beginn der Morgendämmerung ihren Höchstwert. Außerdem existiert eine jährliche Variation. Im Mittel ist die Zahl der in einer Nacht zu beobachtenden M.e im Herbst am größten, im Frühjahr am kleinsten. Die Erde wird auf der in die augenblickliche Bewegungsrichtung weisenden Hemisphäre von mehr Meteoroiden getroffen als auf der „Rückseite" (Abb. 3). Entsprechend unterscheidet sich die Zahl der M.e je Zeiteinheit. Die größte Häufigkeit wird erreicht, wenn der Zielpunkt der augenblicklichen Erdbewegung kulminiert, also am höchsten über dem Horizont steht. Der Zielpunkt der Erdbewegung hat immer einen Winkelabstand von 90° von der Sonne und kulminiert daher grundsätzlich am Morgen. Seine Kulminationshöhe ist dadurch im Herbst am größten, im Frühjahr am kleinsten.

Aus dem periodischen Häufigkeitsverlauf heben sich die Sternschnuppenschwärme heraus, die zu extrem unterschiedlichen Meteorhäufigkeiten je Stunde führen. Bei den ergiebigsten können es in manchen Jahren bis zu 1 000 M.e sein, andere sind so schwach, dass sie die mittlere Meteorhäufigkeit kaum merklich erhöhen.

Meteorit *m*, ein interplanetarer Kleinkörper, ein Meteoroid oder ein Teil davon, der beim Eindringen in die

Daten ausgewählter Meteorströme

Name	Scheinbarer Radiant		Sichtbarkeit		Mittlere Meteorzahl je Stunde	Erzeugender Komet	Relativgeschwindigkeit (km/s)
	α	δ	Dauer	Maximum			
Quadrantiden	$15,3^h$	49°	01./05.01.	04.01.	30	2003 EH$_1$*	41
Lyriden	$18,2^h$	35°	20./24.04.	22.04.	5	C/Thatcher (1861 GI)	49
η-Aquariden	$22,5^h$	−1°	19.04./28.05.	05.05.	15	1P/Halley	60
δ-Aquariden	$22,6^h$	−5°	15.07./25.08.	08.08.	10	96P/Macholz (?)	42
Perseiden	$2,9^h$	58°	17.07./24.08.	12.08.	40	109/Swift-Tuttle	59
Draconiden	$17,5^h$	54°	06.10./10.10.	08.10.	period.	21P/Giacobini-Zinner	20
Orioniden	$6,3^h$	16°	19.10./23.10.	21.10.	10	1P/Halley	66
Leoniden	$10,2^h$	22°	14.11./21.11.	18.11.	5	55P/Tempel-Tuttle	71
Geminiden	$7,5^h$	33°	07.12./15.12.	13.12.	25	(3200) Phaeton*	35

α: Rektaszension; δ: Deklination; die Koordinaten sind mittlere Werte, die Sichtbarkeitsdauer wie die mittlere Meteorzahl je Stunde sind nur grobe Werte. *: Planetoid

Meteorit

Erdatmosphäre nicht vollständig zerstört wird, sondern bis zur Erdoberfläche gelangt und geborgen wird.

M.e ermöglichen die Untersuchung extraterrestrischer Materialien im Laboratorium. Mit Hilfe von Raumsonden kann andererseits extraterrestrisches Material auf erdartigen Körpern des Planetensystems auch direkt, jedoch mit geringerer Genauigkeit analysiert werden. Die Analysen geben wesentliche Hinweise bezüglich der → Kosmogonie des Sonnensystems und der kosmischen → Elementenhäufigkeit.

Sehr kleine → Meteoroide mit Radien geringer als etwa 0,1 mm werden beim Eindringen in die Erdatmosphäre in sehr großen Höhen abgebremst und sinken langsam zu Boden (→ Meteor). Vermutlich sind viele kleine, im Tiefseeschlamm gefundene Kügelchen derartige Mikrometeorite, doch ist es schwierig, sie eindeutig von terrestrischen Partikeln zu unterscheiden. Größere, beim Eindringen in die Erdatmosphäre Sternschnuppen verursachende Körper verglühen bei der Wechselwirkung mit der Luft meist vollständig, ohne dass ein Rest zur Erde gelangt. Sehr große, mit der Erscheinung von Feuerkugeln verbundene Meteoroide verlieren bei der Wechselwirkung mit der Erdatmosphäre einen großen Teil ihrer Masse, das verbleibende Reststück gelangt im freien Fall zur Erde und kann möglicherweise als M. geborgen werden. Manche Meteoroide zerbrechen infolge der Wechselwirkung mit der Luft in z. T. viele Teile und erzeugen einen ganzen Meteoritenschauer, von denen der größte bisher entdeckte Schauer aus 77 Einzelstücken bestand.

Die Größe der geborgenen M.e liegt im Bereich von Zentimetern bis Metern. Ein bei Grootfontein in Namibia entdeckter Eisenblock von etwa 60 000 kg Gewicht ist der größte bekannte M. Je größer M.e sind, umso seltener sind sie.

Klassifikation. Auf Grund der Zusammensetzung und der Vorgeschichte der M.e ist zwischen undifferenzierten und differenzierten zu unterscheiden. Im Gegensatz zu den differenzierten M.en weisen undifferenzierte, verglichen mit der Elementenhäufigkeit in der Sonnenatmosphäre, keine Anzeichen für eine Anreicherung oder eine Verarmung von Elementen auf. Den Hauptanteil der undifferenzierten M.e stellen **Chondrite**, die durch eine sehr feinkörnige Gesteinsstruktur mit eingelagerten *Chondren*, kleinen runden oder ellipsoidischen Gesteinströpfchen von etwa 1 mm Durchmesser, gekennzeichnet sind. Wahrscheinlich besaßen sie einstmals Glasstruktur, sind aber auskristallisiert und bestehen aus Mineralen mit hohem Schmelzpunkt, vorwiegend Olivin. Die Chondren sind in einer vorherrschend silikatischen Grundmasse (Matrix) mit einem niedrigeren Schmelzpunkt eingelagert. In der Grundmasse sind meist fein verteilt Nickeleisenpartikeln in z. T. erheblichen Mengen sowie weitere Minerale vorhanden. Die Chondren können bis zu 70% der gesamten Masse des M.en ausmachen. Je nach dem Mineralbestand werden die Chondrite in Untergruppen unterteilt, wobei den sog. **kohligen Chondriten** eine besondere Bedeutung zukommt. Sie zeichnen sich durch einen hohen Anteil an Kohlenstoff aus, der bis zu 5% der Masse ausmachen kann und u. a. in Form von Graphit oder Diamantkörnchen wie auch in zahlreichen Kohlenstoffverbindungen, z. B. in Aminosäuren oder polyzyklischen aromatischen Kohlenwasserstoffen, existiert. Chondren enthalten z. T. auch von der irdischen Materie her unbekannte Verbindungen. Die im einzelnen recht unterschiedlich beschaffenen kohligen Chondrite enthalten auch leicht flüchtige Elemente sowie Minerale, in denen chemisch an Silikate gebundenes Wasser vorhanden ist. Den Chondriten steht kein vergleichbares irdisches Gestein gegenüber (Abb. 1).

Zu den differenzierten M.en gehören die aus Silikatgestein bestehenden **Achondrite**, die keine Chondren enthalten und deren Struktur erkennen lässt, dass sie aus einer Schmelze auskristallisierten und einem Differenzierungsprozess unterworfen waren. Die Mineralpartikeln können eine Größe von Zentimetern bis im Extremfall Metern haben. Manche Achondrite ähneln in

Abb. 1: Der am 16.09.1843 bei Klein-Wenden gefallene Chondrit. Die große graugesprenkelte Fläche ist eine polierte Schlifffläche, die dünne Schmelzkruste ist schwarz. Die ursprüngliche Gesamtmasse betrug 3,25 kg. (Museum für Naturkunde der Humboldt-Universität zu Berlin)

ihrem Gefüge und Mineralbestand irdischem Basalt. Chondrite und Achondrite werden als *Steinmeteorite* zusammengefasst.

Zu den differenzierten M.en gehören auch *Eisenmeteorite*, die aus einer Eisen-Nickel-Legierung bestehen. Sie kommt in zwei verschiedenen Mineralformen vor, dem nickelarmen Kamazit (Balkeneisen) und dem nickelreichen Taenit (Bandeisen). Der Nickelgehalt der Eisenmeteorite schwankt zwischen etwa 5% und 60%, mit einem Mittelwert von rund 8%. Bei den bekannten irdischen Mineralen existiert ein derartiges Nickeleisen nicht. Bei den Eisenmeteoriten bilden die Oktaedrite die häufigste Untergruppe, bei denen die Kamazit- und Taenitbänder sich überkreuzend parallel zu den Flächen eines Oktaeders miteinander verwachsen sind. Durch Anschliff und Ätzen lassen sich die Bänder sichtbar machen. Sie ergeben die charakteristischen *Widmannstätten'schen Figuren* [benannt nach A. von Widmannstätten, 1754–1849] (Abb. 2). Eine Zwischenstellung zwischen Achondriten und Eisenmeteoriten nehmen die *Steineisenmeteorite* ein, die ebenfalls aus einer Schmelze hervorgegangen sind, in der aber keine vollständige Stofftrennung in spezifisch leichtes Gestein und schweres Metall erfolgte. In den Steineisenmeteoriten sind rundliche Gesteinskörner in Nickeleisen eingebettet.

Häufigkeiten. Bisher wurden weit mehr als 30 000 M.e gefunden, davon etwa 75% auf dem antarktischen Inlandeis. Die hohe Zahl dieser antarktischen M.e ist dadurch bedingt, dass im Eis keinerlei Verwitterung erfolgt und die M.e bei Eisbewegungen mitgeführt werden. Beim Stau an Gebirgen wird das Eis samt der Einschlüsse nach oben gepresst, sublimiert an der Oberfläche oder wird durch Wind abgetragen, so dass an den Staustellen M.e gehäuft sichtbar zutage treten. Die in der Antarktis gefundenen M.e sind vergleichsweise klein, da selbst die kleinsten von ihnen auf dem Eis nicht übersehen werden. Weitere ergiebige Fundstellen sind die Wüstengebiete der Erde.

Bei der Bestimmung der Häufigkeitsverteilung der verschiedenen Meteoritenarten ist die Unterscheidung zwischen „Fällen" und „Funden" wichtig. Bei den Fällen werden die M.e sogleich am anhand der Meteorbahn vermuteten Aufschlagpunkt auf der Erdoberfläche geborgen, so dass das Falldatum bekannt ist. Bei Funden ist das Falldatum unbekannt, damit auch die Dauer der nach dem Fall erfolgten Verwitterung. Steinmeteorite sind infolge ihrer schnelleren Verwitterung schwerer zu erkennen, da vor allem ihre charakteristische Schmelzrinde (Abb. 1) schnell zerstört wird. Eisenmeteorite (Abb. 3) verwittern nicht so rasch, wodurch ihr relativer Anteil bei den Funden entsprechend höher ist. Von rund 900 bis 1 986 registrierten Fällen waren etwa 86% der M.e Chondrite, etwa 8% Achondrite und rund 5% Eisenmeteorite, den Rest bildeten Steineisenmeteorite. Von den nicht-antarktischen Funden entfallen in der Größenordnung 50% auf Chondrite, 5% auf Achondrite, rund 40% auf Eisenmeteorite, der Rest sind Steineisenmeteorite. Alle Antarktismeteorite gehören zu den Funden, ihre Häufigkeitsverteilung ähnelt der der Fälle, was auf die fehlende Verwitterung und die gleiche Entdeckungswahrscheinlichkeit für alle M.e zurückzuführen ist. Zu den ältesten beim Fall beobachteten und erhaltengebliebenen M.en zählt der Chondrit von Ensisheim im Elsass aus dem Jahr 1492.

Die M.e werden nach dem Fall- oder Fundort benannt. Bei antarktischen M.en wird eine Zahlenkombination hinzugefügt, die aus den beiden letzten Ziffern des Fundjahres und einer laufenden Nummer besteht.

Die Gesamtmasse der jährlich auf die Erde fallenden M.e einschließlich der Mikrometeorite liegt schätzungsweise in der Größenordnung von einigen 10 000 t, doch ist diese Angabe sehr unsicher. Rund 1 000 größere M.e dürften jährlich die Erde erreichen, von denen wegen des Land-Meer-Verhältnisses, der oft ungünstigen Bodenverhältnisse sowie der ungleichmäßigen Bevölkerungsverteilung auf der Erdoberfläche nur etwa 1% geborgen werden.

Einschlagkrater. Meteoroide mit mehr als 10 t Masse werden in der Erdatmosphäre praktisch nicht abgebremst und schlagen mit nahezu der Geschwindigkeit, die sie relativ zur Erde vor dem Zusammentreffen hat-

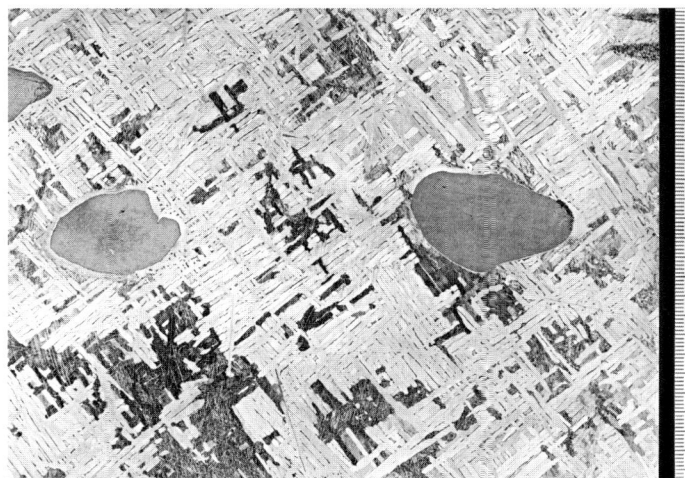

Abb. 2: Widmannstätten'sche Figuren beim Eisenmeteorit von Cape York; am rechten Bildrand eine Zentimeterskala. Die grauen Flächen sind Anschliffe von Eisensulfid-Einschlüssen. (Bild: K. Heide, Friedrich-Schiller-Universität Jena)

Meteorit

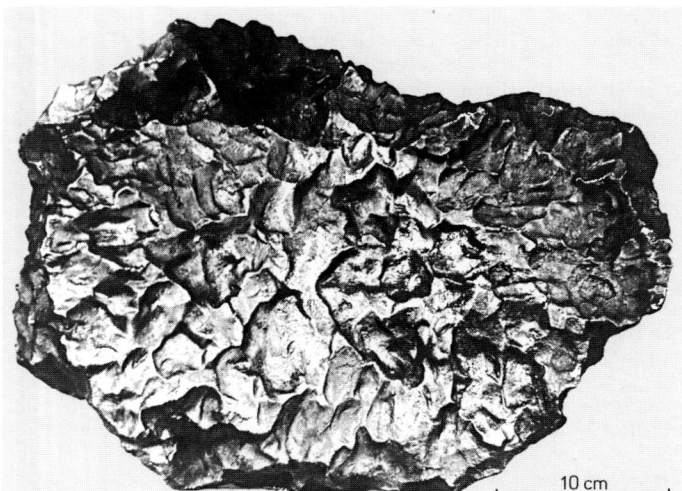

Abb. 3: Eisenmeteorit vom Meteoritenfall vom 12.02.1947 im Sikhote Alin mit für viele Meteorite typischen muldenförmigen Vertiefungen. Die Masse des abgebildeten Meteorite beträgt 119 kg

ten, auf der Erdoberfläche auf. Abhängig von der Meteoritenmasse kann dabei ein Krater, geologisch als „Astroblem" bezeichnet, entstehen. Bis jetzt konnten ungefähr 170 identifiziert werden. Ein Beispiel ist das Nördlinger Ries mit einem Durchmesser von 24 km und einer Tiefe von etwa 240 m, das beim Einschlag eines M.s mit einer Masse von rund 10^9 t vor etwa 14,8 Mio. Jahren entstand. Die freigesetzte Energie war so groß, dass noch in einer Tiefe von 4 bis 5 km eine Zerstörung des Untergrundgesteins erfolgte. Der vor etwa 50 000 Jahren entstandene „Meteor Crater" von Canyon Diablo in Arizona (USA) hat einen Durchmesser von 1 260 m und ist gegenwärtig 175 m tief. Die Masse des eingeschlagenen, aus Nickeleisen bestehenden M.s wird auf einige 1 000 t geschätzt. Am 30.06.1908 ging an der Steinigen Tunguska (Sibirien) ein Körper nieder, der wahrscheinlich aus einem Material sehr geringer Dichte ähnlich dem der Kometenkerne bestand und schätzungsweise 60 m Durchmesser hatte. Er wurde offenbar vor dem Aufschlag auf die Erdoberfläche in den dichten Atmosphärenschichten weitgehend zerstört, so dass im Wesentlichen nur die bei der Bewegung des M.s in der Erdatmosphäre verursachte Druckwelle Verwüstungen und Zerstörungen hervorrief. Bodenerschütterungen und eine Luftdruckwelle wurden selbst in Mitteleuropa wahrgenommen, Waldverwüstungen bis zu 40 km im Umkreis waren noch Jahrzehnte später sichtbar. Meteoritenstücke größer als etwa 10 cm wurden nicht gefunden, wohl aber kleinere Krater mit bis zu 50 m Durchmesser. Der älteste und zugleich größte bekannte Einschlagkrater bei Vredefort (Südafrika) mit einem ursprünglichen Durchmesser von 250 bis 300 km entstand vor etwa 2 Mrd. Jahren. Trotz der starken Erosion im Laufe der Zeit ist noch gegenwärtig eine 70 km große runde geologische Struktur zu erkennen. Der ihn verursachende Körper wird auf etwa 10 bis 12 km Durchmesser geschätzt.

Dem Einschlag eines vermutlich kilometergroßen Körpers vor etwa 66 Mio. Jahren in der geologischen Übergangsperiode von der Kreidezeit zum Tertiär wird eine besondere Bedeutung zugeschrieben. Durch ihn entstand eine Einschlagstruktur von etwa 100 bis 180 km Durchmesser mit dem Zentrum bei Puerto Chicxulub (Küste von Yucatan). Es wird angenommen, dass er wahrscheinlich das weltweite Aussterben vieler Tierarten, u. a. der Saurier, verursachte. In einer dünnen Schicht von Sedimenten ist die relative Häufigkeit von Iridium weltweit etwa 20- bis 160-mal größer als im terrestrischen Krustengestein. Dies wird als Hinweis für das Entstehen der Struktur durch die Einwirkung eines extraterrestrischen Körpers angesehen, da Chondrite eine sehr große Iridiumhäufigkeit haben. Als Hinweis auf das Aussterben vieler Tiere infolge des Einschlags gilt auch, dass wenige Zentimeter unterhalb der kritischen Schicht fossile Ammoniten und Saurierfußabdrücke gefunden werden, nicht aber darüber.

Beim Einschlag eines großen M.s wird in Sekundenbruchteilen so viel Energie umgesetzt, dass ein Teil des ausgeworfenen irdischen Gesteins sowie ein Teil des M.s schmilzt und verdampft, wobei die dunkelgrün bis schwarz gefärbten sog. *Glasmeteorite* oder Tektite entstehen, die nicht außerirdischen Ursprungs sind (→ Tektit).

Alter. Auf Grund der in den M.en enthaltenen radioaktiven Elemente kann die Zeit, die seit der Fixierung der Elemente in den Mineralen der M.e verstrichen ist, d. h. das *Erstarrungsalter*, bestimmt werden. Es wird dabei die Restmenge eines radioaktiven Elements mit der Menge der vorhandenen, aus dem Element entstandenen Zerfallsprodukte verglichen (→ Altersbestimmung). Das Erstarrungsalter der M.e liegt bei rund 1 Mrd. Jahren, es ist etwa gleich groß oder geringfügig größer als das der ältesten Mondgesteine. Differenzierte und undifferenzierte M.e haben nahezu gleiches Erstarrungsalter.

Im interplanetaren Raum ist ein Meteoroid der → Kosmischen Strahlung ausgesetzt, deren energiereiche Teilchen in den Körper eindringen und durch Spaltung schwerer Atomkerne eine große Anzahl stabiler und instabiler Isotope erzeugen, die im Material eingeschlossen bleiben. Aus der Menge der Sekundärprodukte kann das *Bestrahlungsalter* unter der Voraussetzung bestimmt werden, dass Dichte und Energieverteilung der Kosmischen Strahlung zeitlich konstant waren. Bei Eisenmeteoriten ergibt sich das Bestrahlungsalter zu 10^5 bis $2 \cdot 10^9$, bei Steinmeteoriten zu 10^6 bis $2 \cdot 10^8$ Jahren. In der Kosmischen Strahlung längere Zeit ausgesetzten Material stellt sich ein bestimmtes Verhältnis der Zahl der stabilen Kohlenstoff-12- und der radioaktiven Kohlenstoff-14-Atomkerne ein. Dieses Gleichgewicht ändert sich ab dem Zeitpunkt des Falls, da von da an die Kosmische Strahlung durch das Erdmagnetfeld z. T. abgeschirmt wird und die Zahl der Kohlenstoff-14-Kerne infolge ihres radioaktiven Zerfalls immer geringer wird. Aus dem gegenwärtigen Verhältnis der beiden Kohlenstoffisotope kann auf die seit dem Fall verstrichene Zeit geschlossen werden.

Ursprung. Das im Vergleich zum Erstarrungsalter geringere Bestrahlungsalter bedeutet, dass die M.e aus größeren Mutterkörpern hervorgegangen sind, die bei der Kollision mit anderen großen interplanetaren Körpern zerstört wurden. Auf starke Stoßeinwirkungen weisen auch innerkristalline Umwandlungen in den M.en und die Neubildungen von Mineralen höherer Dichte hin. Derartige Umwandlungen sind nur bei Stößen mit sehr hohen Energien möglich, die beim Zusammenprall kleinerer Körper nicht aufgebracht werden.

Die Größe der Mutterkörper kann aus den in den Eisenmeteoriten vorhandenen Nickeleisenmineralen abgeschätzt werden. Der Nickelgehalt ist stark von der Temperatur während des Kristallisationsprozesses abhängig, so dass die Schnelligkeit der Temperaturänderung während des Kristallisationsvorganges abgeschätzt werden kann. Die ermittelten Abkühlgeschwindigkeiten liegen bei rund 0,4 bis 500 K je 1 Mio. Jahre, was Körper von 10 bis 800 km Durchmesser voraussetzt. Die Mutterkörper müssen auch deshalb so groß gewesen sein, da sonst die infolge des radioaktiven Zerfalls instabiler Atomkerne entstehende Wärme nicht zum vollständigen Aufschmelzen des Mutterkörpers ausgereicht hätte. Je kleiner ein Körper, umso größer ist das Verhältnis von Oberfläche zum Volumen und umso schneller wird die im Innern freigesetzte Wärmeenergie nach außen abgegeben. Im geschmolzenen Zustand vollzog sich unter der Wirkung der Schwerkraft eine Differenzierung in spezifisch leichtere und schwerere Stoffe. Es bildete sich ein Nickel-Eisen-Kern und ein den Kern umgebender Gesteinsmantel. Eisenmeteorite sind offenbar Zertrümmerungsprodukte des Mutterkörperkerns, die Steineisenmeteorite entstammen Gebieten mit unvollständiger Stofftrennung und die Achondrite dem unteren Mantel des Mutterkörpers. Der Differenzierungsvorgang muss sehr bald nach der Entstehung der Körper im Sonnensystem erfolgt sein, da das Erstarrungsalter der differenzierten und undifferenzierten M.e nahezu gleich ist. Die gewöhnlichen Chondrite kommen aus Schichten, in denen Temperaturen zwischen etwa 300 und 800 °C geherrscht haben, dieser Temperaturbereich ermöglicht eine teilweise Rekristallisation, die zu der für Chondrite typischen Kristallstruktur führt. Die kohligen Chondrite stammen aus den obersten Schichten eines großen Mutterkörpers oder – wahrscheinlicher – eines relativ sehr kleinen Mutterkörpers, in dem keine Differenzierung erfolgte, da sich die Struktur dieser M.e seit der Bildung als Festkörper offenbar nicht geändert hat. Die Bestandteile dieser M.e lassen nahezu keine Rekristallisation erkennen. Es gibt etwa 70 unterschiedliche Meteoritenklassen mit jeweils einheitlichen, aber untereinander deutlich verschiedenen relativen Häufigkeiten bestimmter seltener Elemente. Jede dieser Klassen stammt aller Wahrscheinlichkeit nach von einem eigenen Mutterkörper.

Die kohligen Chondrite sind nach allgemeiner Ansicht Körper, die noch Merkmale aus der Entstehungsepoche des Sonnensystems tragen. Die Chondren, die ursprünglich Schmelztröpfchen waren, konnten nicht lange geschmolzen und stark erhitzt gewesen sein. Sie müssen sich innerhalb sehr kurzer Zeit abgekühlt haben, worauf ihre Kristallstruktur, der Gehalt an leicht flüchtigen Stoffen sowie die Wasser enthaltenden Minerale und einige Kohlenstoffverbindungen hindeuten, die sonst zerstört worden wären. Die Chondren der kohligen Chondrite müssen mindestens gleichzeitig mit der Matrix, in der sie eingebettet sind, als Kondensate des Sonnennebels entstanden sein ($\rightarrow$ Kosmogonie). Einige der kohligen Chondrite enthalten Einschlüsse, sog. „Fremdlinge", mit Korngrößen von einigen Mikrometern, die eine deutlich andere Häufigkeit bestimmter Isotope als die Chondren sowie die Matrix der jeweiligen M.s haben. Die Häufigkeiten weichen teilweise auch vom Mittelwert für das Sonnensystem ab. Allgemein wird angenommen, dass die Fremdlinge in Sternatmosphären gebildet wurden, aus ihnen in die interstellare Materie gelangten und noch unverändert existierten, als der Sonnennebel, aus dem das Sonnensystem hervorging, sich von der übrigen interstellaren Materie abtrennte ($\rightarrow$ Kosmogonie). Die Fremdlinge bestehen danach aus präsolarer, ehemals stellarer bzw. interstellarer Materie. Bei ihnen wurden u. a. Korund, Siliziumkarbid und Siliziumnitrit sowie Kleinstdiamanten in der Größenordnung von 1 nm identifiziert. Wegen ihrer seit der Entstehung des Sonnensystems unveränderten Struktur und Zusammensetzung werden die kohligen Chondrite zur Bestimmung der mittleren kosmischen Elementenhäufigkeit herangezogen ($\rightarrow$ Elementenhäufigkeit).

Unter den in der Antarktis gefundenen M.en befinden sich einige, die zweifelsfrei vom Mond stammen. Ihre Struktur lässt darauf schließen, dass die Ursprungsgebiete lunare Hochländer sind ($\rightarrow$ Mond). Offenbar wurden diese M.e beim Einschlag eines großen Körpers auf dem Mond so stark beschleunigt, dass sie den Mond verlassen und auf die Erde gelangen konnten. Von anderen Achondriten wird vermutet, dass sie vom Mars auf die Erde kamen, da sich ihr Mineralbestand, besonders aber die Isotopenzusammensetzung der in den Glasbestandteilen dieser M.e eingeschlossenen Gase, nicht mit einem irdischen oder lunaren Ursprung erklären lassen. Ihre Zusammensetzung gleicht der, die bei Analysen der Marsatmosphäre durch Raumsonden gefunden wurde. Diese M.e besitzen außerdem ein Erstarrungsalter von meist weniger als 1,3 Mrd. Jahren, was

Meteoritenkrater

deutlich kleiner ist als das der zur Erde gebrachten Mondgesteinsproben. Diese M.e wurden anscheinend bei einem Einschlag eines massereichen Körpers auf dem Mars vom anstehenden Gestein losgeschlagen. Eine endgültige Klärung des Marsursprungs ist erst dann möglich, wenn Proben von Marsgestein zum Vergleich vorliegen.

Bisher wurde noch kein M. geborgen, der eindeutig von einem Kometenkern stammt, obwohl viele Meteorströme verursachende Meteoroidenschwärme eindeutig Kometen zugeordnet werden können (→ Meteor).

Meteoritenkrater, → Meteorit.

Meteoroid *m*, ein sich im interplanetaren Raum bewegender Kleinkörper mit einem Durchmesser deutlich kleiner als ein Planetoid. Die Grenze zwischen M.en und Planetoiden ist unscharf. Das Eindringen eines M.en in die Erdatmosphäre kann die Erscheinung eines → Meteors auslösen, gelangt ein M. bis zur Erdoberfläche, wird er als → Meteorit bezeichnet.

Meteorstrom, *Meteorschauer*, *Sternschnuppenschwarm*, eine Gruppe zeitlich gehäuft auftretender Meteore mit einem gemeinsamen Radianten, die von einem Schwarm auf parallelen Bahnen laufender interplanetarer Kleinkörper hervorgerufen wird; → Meteor.

Methone *f*, ein Zwergsatellit des → Saturn.

Metis *f*, 1) der innerste der Jupitersatelliten, der sich auf einer nahezu kreisförmigen Bahn mit einem Radius von 128 000 km in 7,08 Stunden rechtläufig um den Jupiter bewegt. Die Bahnebene ist um 0,019° gegen dessen Äquatorebene geneigt, die Bahn selbst verläuft innerhalb des Jupiterrings. Die Umlaufzeit ist wegen der gebundenen Rotation gleich der Rotationsperiode. Die M. ist ein länglicher Satellit mit einem mittleren Durchmesser von etwa 43 km und gehört zu den Gesteinsatelliten.

Hinsichtlich der Einordnung der M. in das System der Jupitersatelliten → Jupiter.

2) der Planetoid (9).

Metrik, Struktureigenschaft eines Raumes, durch die der Abstand zweier Punkte definiert wird.

MEZ, Abk. für Mitteleuropäische Zeit; → Zeit.

MHz, Einheitenzeichen für Megahertz.

Mic, Abk. für Microscopium.

Michelson-Interferometer, → Interferometer.

Microscopium, *Gen.* Microscopii, abg. *Mic*, *Mikroskop*, unscheinbares Sternbild des südlichen Himmels, das von unseren Breiten aus nicht sichtbar ist.

Hinsichtlich der Lage am Himmel → Sternkarten Seite 416 sowie 418.

Mikrogravitationslinse, → Gravitationslinse.

Mikrokanalplatte, → Photometer.

Mikrometeorit, → Meteorit.

Mikroskop, das Sternbild → Microscopium.

Mikrowellenstrahlung, elektromagnetische Strahlung im Wellenlängenbereich von einigen Millimetern bis zu einigen Zentimetern.

Milchstraße, 1) schwache, unregelmäßig begrenzte bandförmige Aufhellung des Nachthimmels, die die Himmelskugel annähernd in einem Großkreis umspannt. Das Phänomen der M. wird durch eine Vielzahl von Einzelsternen, Sternhaufen und Ansammlungen leuchtender interstellarer Materie hervorgerufen, deren scheinbare Helligkeit zu gering ist, um als Einzelobjekte mit bloßem Auge erkennbar zu sein, nur das Gesamtlicht macht sich für das Auge bemerkbar. Die M. erstreckt sich am Nordhimmel vom Sternbild Aquila (Schnittpunkt mit dem Himmelsäquator) über die Sternbilder Cygnus, Cepheus, Cassiopeia, Perseus bis zum Sternbild Auriga und weiter am Südhimmel vom Monoceros über Puppis, Vela, Centaurus, Circinus, Norma, Scorpius bis zum Sternbild Sagittarius. Auffällig sind Unregelmäßigkeiten in der Struktur der M., die vor allem auf Weitwinkelaufnahmen hervortreten. Große Sternanhäufungen, z. B. die Schildwolke im Sternbild Scutum (Schild), befinden sich in unmittelbarer Nachbarschaft von Sternleeren, die durch große Ansammlungen von → interstellarem Staub vorgetäuscht werden. Durch sie wird das Licht der Hintergrundsterne so stark geschwächt, dass diese nicht wahrgenommen werden können. Die Teilung der M. in den Sternbildern Cygnus, Aquila, Ophiuchus und Sagittarius in zwei etwa parallel laufende Zweige geht gleichfalls auf interstellare Dunkelwolken zurück.

Hinsichtlich der Lage der M. am Himmel → Sternkarten Seite 414 bis 420.

Die günstigsten Bedingungen zur Beobachtung der M. bestehen in unseren Breiten im August und September, in denen ein besonders heller Milchstraßenteil am südlichen Nachthimmel sichtbar ist.

Alle Objekte der M. gehören dem → Milchstraßensystem an, einer etwa linsenförmigen Anhäufung von einigen 100 Mrd. Sternen. Die Sonne, und mit ihr das gesamte Planetensystem einschließlich der Erde, befindet sich in unmittelbarer Nähe der Symmetrieebene des Systems. Da alle Sterne von der Erde aus an die Himmelskugel projiziert erscheinen, häufen sie sich in der Nähe der Schnittlinie der Symmetrieebene mit der Himmelskugel und rufen so die Erscheinung der M. hervor.

2) gelegentlich gebrauchte abkürzende Bezeichnung für Milchstraßensystem.

Milchstraßensystem, *Galaxis*, ein Sternsystem, dem die Sonne mit dem Planetensystem einschließlich der Erde, etwa 6 000 mit bloßem Auge sichtbare und einige 100 Mrd. weitere Sterne sowie große Mengen interstellarer Materie angehören. Die Sterne existieren als Einzelsterne, vielfach als Doppel- und Mehrfachsterne sowie in Sternhaufen. Die große Mehrheit der Objekte ordnet sich in einer linsenähnlichen Ansammlung mit einer zentralen Ausbauchung sowie einem Kerngebiet an, eingehüllt werden diese Strukturelemente von einem mit Sternen und Kugelsternhaufen sehr dünnbesiedelten Halo. Von außen gesehen dürfte das Aussehen des M.s beim Blick auf die Scheibenkante der Abb. 1 ähneln, beim Blick auf die Scheibenebene einem Spiralsystem vom Hubble-Typ Sb gleichen (→ Sternsystem). Insgesamt ist es mit dem → Andromedanebel vergleichbar. Die Sonne befindet sich etwa 15 pc nördlich der Symmetrieebene des Systems (galaktische Ebene, Milchstraßenebene), aber 8,5 kpc außerhalb des Zentrums. Von der Erde aus gesehen erscheinen alle Sterne des M.s an die Himmelskugel projiziert. Die Gesamtheit der lichtschwachen, vom Auge

Milchstraßensystem

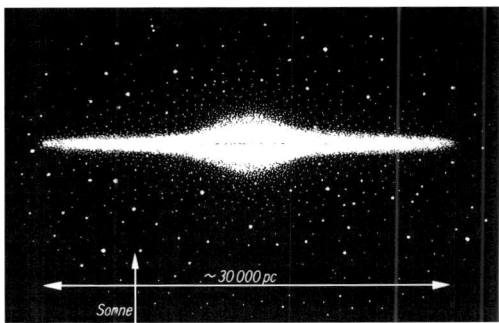

Abb. 1: Stark schematisierter, wahrscheinlicher Anblick des Milchstraßensystems beim Blick in Richtung der galaktischen Ebene. Große Punkte: Kugelsternhaufen; kleine Punkte: RR-Lyrae-Sterne und weitere Mitglieder der Halopopulation

nicht als Einzelobjekte wahrnehmbaren Sterne ruft am Nachthimmel die Lichterscheinung der Milchstraße hervor, von der das M. seinen Namen hat.

Sternverteilung in der Sonnenumgebung. Die Anzahldichte der Sterne ist nur für die nähere Sonnenumgebung einigermaßen zuverlässig bestimmbar, da die Entdeckungswahrscheinlichkeit der Sterne umso kleiner ist, je geringer ihre absolute Helligkeit und je größer ihre Entfernung von der Sonne ist, die scheinbare Helligkeit sinkt dann leicht unter die Grenzhelligkeit der Aufnahmeapparatur (→ Leuchtkraftfunktion). Innerhalb einer Kugel mit einem Radius von 20 pc befinden sich rund 3 600 Sterne, was etwa 0,1 Sterne/pc^3 entspricht. Von diesen sind mindestens 77% Hauptreihensterne der → Spektralklasse K und vor allem M, etwa 8% sind Hauptreihensterne der Typen A, F und G. Unterzwerge machen etwa 1%, Weiße Zwerge rund 10%, Riesensterne hingegen weniger als 1% aus; kein einziger O- oder B-Stern ist darunter. Diese Zahlen geben nur eine grobe Orientierung. Bei genauerer Berücksichtigung von Auswahleffekten könnte sich der Anteil absolut schwacher Weißer Zwerge und Hauptreihensterne erhöhen. Innerhalb des kleineren Volumens von 5 pc Radius sind rund 60% aller Sterne Mitglieder von Doppel- und Mehrfachsternen.

Aus der Häufigkeit der Sterne der verschiedenen Spektralklassen und ihrer mittleren Masse kann die in Form sichtbarer Sterne in der Sonnenumgebung vorhandene Massendichte bestimmt werden. Sie beträgt etwa 0,046 Sonnenmassen/pc$^3 \approx 3 \cdot 10^{-24}$ g/cm^3, was der Masse von rund 2 Wasserstoffatomen je cm^3 entspricht. Diese Angaben sind untere Grenzwerte, da nur bekannte Sterne berücksichtigt sind.

Für Sonnenentfernungen größer als rund 50 pc kann die räumliche Sternverteilung nur mit stellarstatistischen Methoden ermittelt werden, da mit zunehmender Entfernung die Zahl der zu erfassenden Sterne sehr stark zunimmt und die Genauigkeit der individuellen Entfernungen immer geringer wird. Erschwerend kommt hinzu, dass mit zunehmender Entfernung die interstellare Extinktion (→ interstellarer Staub) nahe der Milchstraßenebene anwächst, so dass weite Regionen des M.s für Beobachtungen im sichtbaren Spektralbereich unzu-

gänglich sind. Selbst die absolut hellsten Sterne sind mit optischen Mitteln nur innerhalb eines engen Gebietes um die Sonne beobachtbar, das kaum 15% des gesamten M.s umfasst.

Für die statistische Ermittlung der räumlichen Sternverteilung ist die scheinbare Verteilung der Sterne an der Himmelskugel die wesentliche Beobachtungsgrundlage. Sie ist außerordentlich ungleichförmig; in Richtung der Sternbilder Scutum, Sagittarius und Scorpius, d. h. etwa zwischen der galaktischen Länge (→ Koordinaten) 300° und 20° mit dem Maximum bei 0°, ist die Zahl der Sterne je Flächeneinheit (Flächendichte) wesentlich höher als in der Gegenrichtung, ebenso ist die Flächendichte in der Nähe des galaktischen Äquators wesentlich höher als nahe der galaktischen Pole. Wird in einer bestimmten Beobachtungsrichtung die Zahl der Sterne bestimmt, die sich innerhalb von Helligkeitsintervallen mit einer Weite von jeweils 1 mag befinden, kann unter Berücksichtigung der interstellaren Extinktion der Verlauf der Anzahldichte der Sterne in dieser Richtung bestimmt werden. Durch Wiederholung des Verfahrens in vielen unterschiedlichen Richtungen ergibt sich mehr oder minder gut die Sternverteilung in der weiteren Sonnenumgebung. Die Verbindung aller Punkte gleicher Sterndichte miteinander ergibt Flächen, deren Verlauf einen ganz groben Einblick in die großräumige Sternverteilung vermittelt. In entsprechenden Darstellungen zeigt sich eine Symmetrie in Bezug auf die Milchstraßenebene. In Richtung zum Zentrum steigt die Sterndichte stark an, mit dem Abstand von der Ebene nimmt sie ab (Abb. 2). Feinere Details gehen auf Grund der Einordnung der Sterne in verhältnismäßig weite Helligkeitsintervalle und entsprechend in weite Entfernungsintervalle verloren.

Außer der allgemeinen Sternverteilung interessiert die Verteilung von Sternen mit bestimmten Eigenschaften, z. B. von Sternen mit einer besonderen Spektralklasse oder von Veränderlichen. Da die Sterne einer derartigen Gruppe nahezu gleiche absolute Helligkeit haben, lassen sich individuelle Entfernungen über den Entfer-

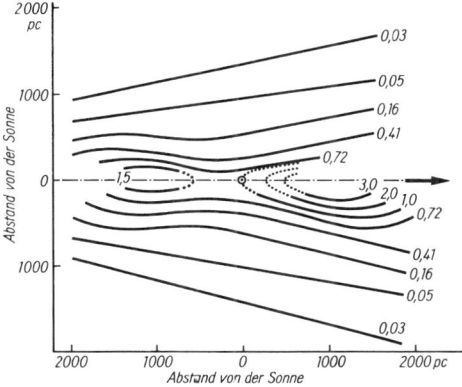

Abb. 2: Schematisierter Schnitt senkrecht zur galaktischen Ebene durch die Flächen gleicher Sterndichte, bezogen auf die in der Sonnenumgebung; ⊙: Sonne; →: Richtung zum Zentrum des Milchstraßensystems

Milchstraßensystem

nungsmodul (→ Helligkeit) relativ gut ableiten, speziell in Richtung senkrecht zur galaktischen Ebene, da die interstellare Extinktion in dieser Richtung stark abnimmt. Die Sterne einer derartigen Gruppe bilden ein spezielles Untersystem innerhalb des M.s. Bei allen diesen Untersystemen nimmt die Sterndichte senkrecht zur galaktischen Ebene etwa exponentiell mit dem Abstand von der Ebene ab, nur die Skalenhöhe, der Abstand, in dem die jeweilige Sterndichte auf etwa 37% des Wertes in der galaktischen Ebene abgesunken ist, ist unterschiedlich. Je kleiner die Skalenhöhe, umso stärker ist die Konzentration zur Milchstraßenebene, an der Himmelskugel die Konzentration gegen den galaktischen Äquator. O- und B-Sterne sowie →Delta-Cephei-Sterne sind weitaus am stärksten konzentriert, die Skalenhöhe beträgt etwa 50 bis 60 pc bzw. etwa 45 pc. Hauptreihensterne der Spektralklassen G, K und M bilden mit einer Skalenhöhe von rund 350 pc ein wesentlich ausgedehnteres Untersystem. Das Untersystem mit der geringsten Konzentration zur galaktischen Ebene wird von → Kugelsternhaufen sowie langperiodischen → RR-Lyrae-Sternen gebildet, die Skalenhöhe in der Entfernung der Sonne vom galaktischen Zentrum beträgt etwa 4000 pc. Die Skalenhöhe der interstellaren Materie liegt bei etwa 110 pc oder etwas darüber. Ihre mittlere Dichte beträgt in der Milchstraßenebene in der Nähe der Sonne etwa 1 bis 2 Wasserstoffatome/cm^3, was rund 0,02 bis 0,04 Sonnenmassen/pc^3 entspricht.

Die Säulenmassendichte (die Masse in einer Säule senkrecht zur galaktischen Ebene mit einem Querschnitt von 1 pc^2) ergibt sich aus der Anzahldichte der verschiedenen Objektgruppen, deren Skalenhöhe sowie der mittleren Masse der jeweiligen Gruppenmitglieder. In der Sonnenumgebung beträgt die Säulenmassendichte rund 45 Sonnenmassen/pc^2, wozu die sichtbaren Sterne etwa 35 Sonnenmassen/pc^2 beitragen, auf die interstellare Materie entfallen rund 10 Sonnenmassen/pc^2, doch sind diese Werte mit erheblichen Unsicherheiten behaftet.

Populationen. Alle Objekte im M., die bezüglich ihrer räumlichen Anordnung, ihrer Bewegungsverhältnisse sowie ihres Alters einander ähnlich sind, werden als eine Sternpopulation bezeichnet (→Population). Jede Population bildet ein Untersystem im M. Die O- und B-Sterne, Delta-Cephei-Sterne, jungen → Offenen Sternhaufen sowie → Sternassoziationen gehören zur extremen Population I, deren Mitglieder eine sehr geringe Skalenhöhe haben. Die Sterne des Spektraltyps A, die mit anderen Sternen zur älteren Population I gehören, haben im Mittel einen größeren Abstand von der Milchstraßenebene und bilden entsprechend ein größeres Untersystem. Zu einem noch ausgedehnteren System ordnen sich die Mitglieder der sog. Scheibenpopulation an, zu der die Zentralsterne der → Planetarischen Nebel, die → Novae und RR-Lyrae-Sterne mit Perioden kürzer als 0,4 Tage sowie die meisten Sterne vom Spektraltyp F bis M, damit der weitaus größte Teil aller Sterne, gehören. Auch die Hauptmenge der Sterne im Zentralgebiet des M.s gehört zur Scheibenpopulation. Dieses Untersystem ist die sternreichste Struktureinheit des M.s. Die Scheibenpopulation wird umgeben von der Zwischenpopulation II, der u. a. die →Schnelläufer mit Geschwindigkeiten senkrecht zur galaktischen Ebene größer als 30 km/s sowie die langperiodischen Veränderlichen mit Perioden kleiner als 250 Tagen und einer Spektralklasse früher als M5 zugeordnet werden. Das räumlich ausgedehnteste, nahezu kugelförmig begrenzte und alle anderen Populationen in Art eines Halos umschließende Untersystem bilden Kugelsternhaufen und RR-Lyrae-Sterne mit Perioden größer als 0,4 Tage, sie bilden die Halopopulation oder extreme Population II. Die Untersysteme durchdringen sich, so dass es in der Nähe der galaktischen Ebene Mitglieder aller Populationen gibt.

Die interstellare Materie hat eine sehr geringe Skalenhöhe, sie gehört zur extremen Population I. Ihre räumliche Verteilung kann im infraroten Spektralbereich und vor allem im Radiofrequenzbereich gut ermittelt werden, da sie in diesen Spektralbereichen relativ stark strahlt und die interstellare Extinktion sehr gering bzw. praktisch nicht vorhanden ist. Dies gilt für HII-Gebiete (→ interstellares Gas), in denen der interstellare Wasserstoff durch die Strahlung benachbarter O- und früher B-Sterne ionisiert ist und u. a. zur Emission kontinuierlicher Radiofrequenzstrahlung angeregt wird. Gebiete neutralen atomaren Wasserstoffs (HI-Gebiete) sind im optischen Spektralbereich nicht nachweisbar, wohl aber auf Grund der Strahlungsemission bei der Wellenlänge von 21 cm (→ Einundzwanzig-cm-Linie). Interstellare Molekülwolken können wegen ihres reichen Emissionslinienspektrums im Radiofrequenzbereich nachgewiesen werden (→ interstellares Gas).

Zusätzlich zum stark gegen die Milchstraßenebene konzentrierten relativ kalten interstellaren Gas existiert im Bereich der Halopopulation hochionisiertes heißes interstellares Gas mit Temperaturen bis zu einigen 100 000 K (→ interstellare Materie). Die Skalenhöhe dieses Gases beträgt rund 3 000 pc, die Dichte ist sehr inhomogen und sehr niedrig; in 5 000 pc Abstand von der Milchstraßenebene liegt sie im großräumigen Mittel bei nur etwa 10^{-4} Wasserstoffionen je cm^3. Bei diesem heißen Gas handelt es sich möglicherweise um Materie, die bei Supernovaausbrüchen durch Stoßprozesse aufgeheizt wird und von nahe der galaktischen Ebene in einer Art Fontäne in den Halo gelangt. Dort kühlt das Gas ab, die Ionen und freien Elektronen rekombinieren, das Gas wird dichter und sinkt zurück in Richtung der galaktischen Ebene. Diese Wolken neutralen Wasserstoffs haben hohe Radialgeschwindigkeiten bezüglich der Sonne und bilden wahrscheinlich die sog. →Hochgeschwindigkeitswolken. Die Sonne ist von einem Bereich hochverdünnten heißen interstellaren Gas umgeben, das eine „heiße Blase" von unregelmäßiger Gestalt und mit vielleicht 80 pc Ausdehnung bildet. Die Temperatur liegt in der Größenordnung von rund 1 Mio. K, die Dichte bei etwa 1/100 bis 1/1 000 der mittleren galaktischen Gasdichte. Möglicherweise geht dieser Bereich auf eine Serie von in Sonnennähe innerhalb von vielleicht 10 Mio. Jahren erfolgten Supernovaexplosionen zurück. Innerhalb der Blase befinden sich auch Gebiete mit kühlem HI-Gas.

Ausdehnung des M.s. Die Mindestausdehnung des M.s ergibt sich aus Entfernungsbestimmungen an Kugelsternhaufen. Danach hat es in der galaktischen Ebene einen Durchmesser von mindestens etwa 50 kpc, doch existieren auch einige wenige Kugelsternhaufen in Entfernungen bis zu 100 kpc vom galaktischen Zentrum. Die Kugelsternhaufen sind in dem von ihnen eingenommenen Raum stark radial konzentriert, der Mittelpunkt des von ihnen gebildeten Untersystems ist mit dem Mittelpunkt des gesamten M.s identisch. Die Mitglieder der Scheibenpopulation und der Population I nehmen einen Raum ein, dessen Durchmesser in der galaktischen Ebene rund 30 kpc und dessen Ausdehnung senkrecht zur galaktischen Ebene in der Nähe des galaktischen Zentrums etwa 5 kpc beträgt, in der Entfernung der Sonne vom Zentrum etwa 1 bis 2 kpc.

Da sich die Sonne nördlich der galaktischen Ebene befindet, ist die Zahl der Sterne der extremen Population I in der südlichen Hemisphäre des Himmels größer als in der nördlichen.

Bewegungsverhältnisse. Alle Objekte im M. bewegen sich um das galaktische Zentrum, was die Stabilität des Systems sichert, anderenfalls würde es infolge der gegenseitigen Massenanziehung binnen einiger 10 Mio. Jahre in sich zusammenstürzen. Die Abweichungen der Bahnen von der Kreisform sind für die Mitglieder der verschiedenen Populationen unterschiedlich, im Mittel umso geringer, je stärker die Konzentration der jeweiligen Population gegen die galaktische Ebene ist. Wie alle Sterne besitzt die Sonne eine Pekuliarbewegung, eine individuelle Abweichung von der exakten Kreisbewegung. Bei der Bestimmung der solaren Pekuliarbewegung wird von der Annahme ausgegangen, dass die sonnennahen Sterne als Gesamtheit ein Koordinatensystem aufspannen (das lokale Ruhsystem), das eine Kreisbahnbewegung um das galaktische Zentrum ausführt, während die einzelnen Sterne sich relativ zum Ruhsystem bewegen und damit von einer exakten Kreisbahnbewegung abweichen. Die Sonnenbewegung relativ zum Ruhsystem verursacht eine allen Sternen gemeinsame mittlere scheinbare Bewegung, die der Pekuliarbewegung der Sonne entgegengerichtet ist, die Sterne scheinen an der Sonne vorbeizuströmen. Die Relativgeschwindigkeit ist von der Auswahl der Sterne abhängig. Bezüglich aller Sterne mit einer scheinbaren Helligkeit bis zu 12^m scheint die Sonne sich mit einer Geschwindigkeit von 19,5 km/s in Richtung auf den Stern ξ Herculis zu bewegen, wobei die Bahnebene gegen die Milchstraßenebene um etwa 22° geneigt ist. Bezüglich von rund 800 A-Sternen und K-Riesensternen innerhalb 100 pc Sonnenentfernung bewegt sie sich mit einer Geschwindigkeit von 15,5 km/s scheinbar in Richtung auf δ Herculis zu. Da die Sonnenbewegung im Raum unabhängig von der Wahl der Bezugsterne ist, sind die Unterschiede durch das unterschiedliche Bewegungsverhalten der jeweiligen Sterngruppe verursacht. Die größte mittlere Relativgeschwindigkeit von rund 250 km/s bezüglich der Sonne haben die Kugelsternhaufen, bei Unterzwergen beträgt die Relativgeschwindigkeit etwa 150 km/s, bei langperiodischen RR-Lyrae-Sternen etwa 140 km/s. Diese Sterngruppen umlaufen als jeweilige Gesamtheit das Zentrum des M.s langsamer als die Sonne, die Mitglieder der Halopopulation, z. B. die Kugelsternhaufen, bleiben hinter der Sonne zurück.

Die Sterne der Sonnenumgebung haben relativ zur Sonne bestimmte Vorzugsbewegungsrichtungen, die erkennbar sind, wenn vom Mittelpunkt des Ruhsystems ausgehend Strahlen gezogen werden, deren Länge der Zahl der sich in dieser Richtung bewegenden Sterne proportional ist. Bei einem Bewegungszustand, bei dem sich in jeder Richtung gleich viele Sterne bewegen, erfüllen die Strahlen in ihrer Gesamtheit eine Kugel, tatsächlich ergibt sich aber ein „Geschwindigkeitsellipsoid". In der galaktischen Ebene bewegen sich von den sonnennahen Sternen etwa doppelt so viele auf das galaktische Zentrum zu bzw. von ihm weg als senkrecht zu dieser Richtung, die wenigsten Sterne streben von der Milchstraßenebene weg. Die Sterne werden offensichtlich durch das von den in der galaktischen Ebene konzentrierten Massen verursachte Gravitationsfeld an einer Bewegung senkrecht zur Ebene behindert. Die bevorzugte Bewegung auf das galaktische Zentrum zu und von ihm weg entsteht dadurch, dass das galaktische Zentrum nicht auf exakten Kreisbahnen, sondern auf mehr oder weniger elliptischen Bahnen umlaufen wird. Die Abweichungen von der Kreisbahn wie auch die Geschwindigkeit senkrecht zur galaktischen Ebene sind bei Mitgliedern der Halopopulation am größten. Die Mitglieder der Halopopulation nehmen als Gesamtheit praktisch nicht an der allgemeinen galaktischen Rotationsbewegung teil, jedes einzelne Objekt bewegt sich getrennt von den anderen auf einer individuellen Ellipsenbahn um das galaktische Zentrum.

Die Ermittlung des großräumigen Rotationsverhaltens des M.s erfordert für möglichst viele unterschiedliche Zentrumsentfernungen die Bestimmung der Kreisbahngeschwindigkeit. Sie ist für die Sonnenumgebung aus den beobachteten Eigenbewegungen und Radialgeschwindigkeiten der Sterne bestimmbar. Werden die Beobachtungswerte in Abhängigkeit von der galaktischen Länge in einem Diagramm aufgetragen, ergeben sich sowohl für die Eigenbewegungen als auch die Radialgeschwindigkeiten sinusförmige Kurven mit jeweils zwei Maxima und Minima („Doppelwellen"; Abb. 3). In Zentrumsrichtung, in der Gegenrichtung sowie in den beiden Richtungen senkrecht dazu sind die Radialgeschwindigkeiten gleich Null. Die Amplitude der Maxima bzw. Minima wächst mit der Sonnenentfernung der Sterne. Die Extremwerte der Eigenbewegungen sind gegenüber denen der Radialgeschwindigkeiten um 45° verschoben, außerdem überwiegen negative Werte, vorwiegend weisen die Eigenbewegungen in Richtung kleiner werdender galaktischer Länge. Dies ist die Folge des Umlaufs der Sonne um das galaktische Zentrum, wodurch sich eine Drehung des Koordinatensystems ergibt, auf das die Eigenbewegungen bezogen sind. Es tritt eine zusätzliche Eigenbewegungskomponente auf, die der Winkelgeschwindigkeit $\omega_\odot$ am Ort der Sonne entspricht. Die Pekuliarbewegung der Sterne verursacht eine Streuung um gemittelte, geglättete Kurven.

Das beobachtete Bewegungsverhalten ist durch die differentielle Rotation im M. bedingt. Die der jeweiligen Kreisbahngeschwindigkeit entsprechende Winkelgeschwindigkeit nimmt mit zunehmender galaktozentrischer Entfernung ab. (Bei einer starren Rotation wäre

Milchstraßensystem

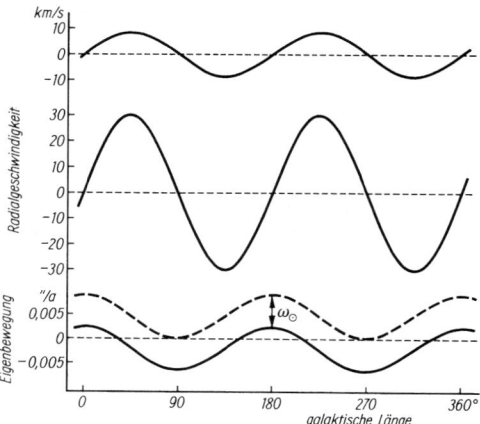

Abb. 3: Geglättete „Doppelwellen" in Abhängigkeit von der galaktischen Länge. Oben: beobachtete Radialgeschwindigkeiten von F-Riesensternen mit einer mittleren heliozentrischen Entfernung von etwa 300 pc. Mitte: Radialgeschwindigkeiten von O- und B-Sternen mit der mittleren heliozentrischen Entfernung von etwa 1 500 pc. Unten durchgezogen: beobachtete Eigenbewegungen, gestrichelt: Eigenbewegungen ohne Berücksichtigung der Winkelgeschwindigkeit der Sonne $\omega_\odot$

dacht wird. Von den Sternbewegungen muss daher die Sonnenbewegung (dünne Wellenlinie) subtrahiert werden. Die erhaltenen Relativbewegungen (dick punktierte Pfeile) werden in zwei Komponenten zerlegt, in Radialgeschwindigkeit (dicke offene Pfeile auf die Sonne zu) und Eigenbewegung (dünn punktierte Pfeile senkrecht dazu). Bei den Radialgeschwindigkeiten ist die Doppelwelle mit den angegebenen Nullstellen und dazwischenliegenden Extremwerten ersichtlich. Wegen des Umlaufs der Sonne um das galaktische Zentrum tritt eine Drehung des Koordinatensystems ein, auf das die Eigenbewegungen bezogen werden (eine Achse des Systems weist in Richtung auf das galaktische Zentrum), was eine zusätzliche Eigenbewegung aller Sterne in negativer Drehrichtung (gestrichelter Pfeil) bedeutet und der Verschiebung der Doppelwelle entsprechend der Winkelgeschwindigkeit $\omega_\odot$ am Ort der Sonne gleichkommt. Die resultierenden Eigenbewegungen geben die dick ausgezogenen Pfeile.

Für Sterne nahe der galaktischen Ebene mit einem Sonnenabstand bis etwa 1 000 pc kann die Abhängigkeit der Radialgeschwindigkeit v_r und der Tangentialgeschwindigkeit v_t, die das Produkt aus heliozentrischer Entfernung und Eigenbewegung ist, von der galaktischen Länge l und dem Sonnenabstand r mittels der sog. *Oort'schen Rotationsformeln* [benannt nach dem niederl. Astronomen J. H. Oort, 1900–1992] dargestellt werden:

$v_r = A \cdot r \sin 2l$
$v_t = A \cdot r \cos 2l + B \cdot r$

Die Konstanten A und B müssen aus Beobachtungen ermittelt werden, sie ergeben sich zu $A = 14{,}8$ km s^{-1} kpc^{-1} und $B = -12{,}4$ km s^{-1} kpc^{-1}. Ihre Differenz ist gleich der Winkelgeschwindigkeit am Ort der Sonne: $A - B = \omega_\odot$. Bei der galaktozentrischen Entfernung der Sonne von 8,5 kpc ergibt sich die Kreisbahngeschwindigkeit zu 220 km/s und die Umlaufzeit um das galakti-

die Winkelgeschwindigkeit unabhängig von der Entfernung.) Der Zusammenhang zwischen den Radialgeschwindigkeiten und Eigenbewegungen sowie der differentiellen Rotation ist in Abb. 4 dargestellt. Für acht in der Milchstraßenebene liegende und gleich weit von der Sonne entfernte Sterne sind die durch die differentielle Rotation verursachten Geschwindigkeiten (dünn ausgezogene Pfeile) markiert. Die beobachteten Bewegungen werden auf die Sonne bezogen, die ruhend ge-

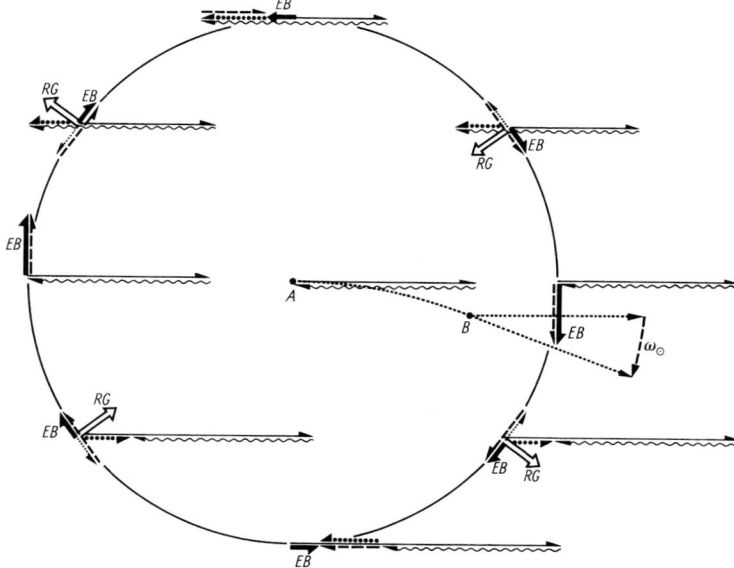

Abb. 4: Zur differentiellen Rotation. RG: Radialgeschwindigkeit, EB: Eigenbewegung, A und B: Ort der Sonne zu zwei unterschiedlichen Zeitpunkten, $\omega_\odot$: Winkelgeschwindigkeit der Sonne. Erläuterungen s. Text

sche Zentrum zu rund 200 Mio. Jahren. Die Geschwindigkeit der Sonne senkrecht zur galaktischen Ebene in Richtung zum galaktischen Nordpol beträgt 7,6 km s^{-1}. Die Oort'schen Rotationsformeln können zur Entfernungsbestimmung benutzt werden. Aus der galaktischen Länge l und der Radialgeschwindigkeit v_r ergibt sich die heliozentrische Entfernung r (→ Parallaxe). Das Verfahren ist nicht sehr genau und im galaktischen Längenbereich zwischen 0° und 90° sowie 270° und 360° nicht eindeutig, da in diesen Längenbereichen in jeder Sichtlinie jeweils zwei Orte die gleiche Radialgeschwindigkeit bezüglich der Sonne haben.

Zur Bestimmung des großräumigen galaktischen Rotationsverhaltens ist für jede galaktozentrische Entfernung die Rotationsgeschwindigkeit zu ermitteln. Bis zu einer Sonnenentfernung in der Größenordnung von etwa 1 000 pc ist dies mittels der Doppelwellen bestimmbar. Für Entfernungen größer als etwa 2 000 pc sind Beobachtungen im optischen Spektralbereich wegen der interstellaren Extinktion schlecht geeignet. Bei Beobachtungen im Radiofrequenzbereich besteht diese Schwierigkeit nicht, nur können die Entfernungen der für die Untersuchungen am besten geeigneten HI-Gebiete nicht unmittelbar ermittelt werden.

Bei Beobachtungen in niedrigen galaktischen Breiten in Richtung einer galaktischen Länge zwischen 0° und 90° bzw. zwischen 270° und 360° ist jeder Sehstrahl die Tangente an einer Kreisbahn, deren Radius R_t kleiner als der Radius der Kreisbahn der Sonne ist. Die beobachtete Radialgeschwindigkeit am Tangentialpunkt ist durch die in der Sichtlinie liegende Geschwindigkeitskomponente der jeweiligen Kreisbahnbewegung und dem radialen Anteil der Sonnenbewegung um das galaktische Zentrum bedingt. Die Kreisbahngeschwindigkeiten für die galaktozentrischen Entfernungen bis hin zur Sonnenbahn können so bestimmt werden. Da die HI-Gebiete nicht gleichmäßig verteilt sind und Pekuliargeschwindigkeiten haben, streuen die abgeleiteten Bahngeschwindigkeiten um den jeweiligen exakten Wert. Das Rotationsverhalten für Entfernungsbereiche außerhalb der Sonnenbahn muss aus den Bewegungen von Sternen oder Sternhaufen mit bekannten Entfernungen von der Sonne abgeleitet werden. Infolge der Ungenauigkeiten der abgeleiteten Geschwindigkeiten und infolge systematischer Abweichungen von Kreisbahnbewegungen, z. B. in Spiralarmen, weichen die ermittelten Rotationsgeschwindigkeiten um etwa 10 bis 20 km/s von der geglätteten Rotationskurve ab.

Die geglättete Rotationskurve (Abb. 5) steigt bis zu etwa 100 pc Abstand vom galaktischen Zentrum steil linear an. Dieser Bereich des M.s rotiert wie ein starrer Körper. Bei etwa 300 pc wird ein relatives Geschwindigkeitsmaximum von rund 250 km/s erreicht. Dieser Verlauf der Kurve lässt auf eine starke zentrale Massenkonzentration schließen. Jenseits des Maximums sinkt die Rotationsgeschwindigkeit bis zu einem relativen Minimum von etwa 200 km/s im Zentrumsabstand von rund 3 kpc, danach folgt ein erneuter Anstieg. Bei 6 bis 7 kpc wird mit etwa 250 km/s ein nächstes, relativ flaches Maximum erreicht. Jenseits der Sonnenbahn ist der Verlauf der Rotationskurve sehr flach und weniger gesichert.

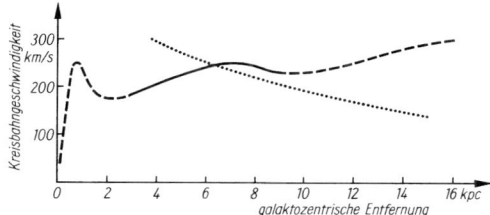

Abb. 5: Geglättete galaktische Rotationskurve. Gestrichelt: unsicher bekannter Verlauf; punktiert: Verlauf bei einer Kepler-Bewegung mit einer Konzentration der Hauptmasse im galaktischen Zentrum

Möglicherweise steigt ab etwa 12 kpc bis etwa 20 kpc die Rotationsgeschwindigkeit erneut, wobei Werte von rund 300 km/s erreicht werden. Dieser Verlauf weicht von dem ab, der auf Grund der durch die beobachtete Sternverteilung nahegelegten Massenverteilung im M. zu erwarten wäre. Die Rotationsgeschwindigkeit sollte wie bei einer Bewegung entsprechend den Kepler'schen Gesetzen etwa umgekehrt proportional der Wurzel aus der galaktozentrischen Entfernung sinken. Der tatsächliche Verlauf wird offenbar durch eine große Menge gravitativ wirksamer, aber nicht leuchtender Materie im Halo des M.s hervorgerufen.

Diese Materie dürfte → Dunkle Materie sein und etwa 90% der gesamten Halomasse ausmachen. Jenseits von rund 17 kpc scheint die Rotationskurve bis rund 100 kpc Abstand vom galaktischen Zentrum entsprechend einer Kepler-Kurve abzufallen.

Massenverteilung. Die Kenntnis der Rotationskurve ermöglicht die Bestimmung der Massenverteilung im M. und der Gesamtmasse, da bei einer Bewegung auf einer Kreisbahn Gleichgewicht zwischen der Zentrifugalkraft und der durch die von der Bahn umschlossenen Masse ausgeübten Gravitationskraft besteht. Die Ermittlung der Massenverteilung erfolgt im Wesentlichen indirekt. Es wird versucht, eine Folge ineinandergeschachtelter Massenschalen zu finden, so dass die sich auf deren Grundlage ergebende theoretische Rotationskurve der beobachteten möglichst nahe kommt. Das Verfahren ist nicht eindeutig, da mit unterschiedlichen Massenverteilungen nahezu gleiche Rotationskurven dargestellt werden können. Die Modellvielfalt kann einschränkt werden, wenn die Verteilung der Populationen berücksichtigt wird. Die sich ergebende Serie von Massenschalen führt zu einer Folge unterschiedlicher Struktureinheiten im M. Eine zentrale Masse bildet den „Kern" des M.s, der von einer „Ausbauchung" (engl. ‚bulge') umgeben ist. Sie wird wesentlich von Sternen der Scheibenpopulation gebildet und hat die Gestalt eines Rotationsellipsoids, dessen Grenze in der Milchstraßenebene in einer Zentrumsentfernung von rund 5 kpc liegt. Die nächsten Struktureinheiten sind eine „dünne" Scheibe, die sich in der galaktischen Ebene von rund 5 bis etwa 15 kpc Zentrumsentfernung erstreckt und junge Sterne der Population I sowie den größten Teil der interstellaren Materie enthält, sowie eine „dicke" Scheibe, die im Vergleich mit der dünnen eine vier- bis fünffache Ausdehnung

Milchstraßensystem

senkrecht zur galaktischen Ebene hat. Die dicke Scheibe wird von älteren F-, G- und K-Sternen, der Mehrheit der Sterne, gebildet. Die Sonne, obwohl ein G-Stern, gehört zur dünnen Scheibe. Eine weitere Struktureinheit ist ein ausgedehnter, etwas abgeplatteter innerer Halo mit einem Radius in der galaktischen Ebene von rund 25 kpc, der vor allem Sterne der Population II enthält. Der sehr ausgedehnte, massereiche, angenähert kugelförmige äußere Halo hat einen Radius von mindestens 60 kpc. Er beherbergt aller Wahrscheinlichkeit nach einen wesentlichen Anteil der Gesamtmasse des M.s. Innerhalb der Sonnenbahn befindet sich eine Masse von näherungsweise 10^{11} Sonnenmassen. Die Massenverteilung jenseits von etwa 20 kpc ist nicht genau bekannt. Innerhalb von rund 200 kpc befindet sich die Gesamtmasse des M.s von rund $6 \cdot 10^{12}$ Sonnenmassen, was ein Mehrfaches dessen ist, was auf Grund der beobachteten Sterne und interstellaren Materie zu erwarten wäre. Offenbar handelt es sich bei der den Wert von 10^{11} Sonnenmassen wesentlich überschreitenden Masse um die im galaktischen Halo sich befindende Dunkle Materie.

Spiralstruktur. Beobachtungen an extragalaktischen Sternsystemen zeigen, dass Spiralarme im optischen Spektralbereich im Wesentlichen durch auffällige helle Objekte in Erscheinung treten, u. a. durch O- und B-Sterne, junge Offene Sternhaufen, Sternassoziationen, kurzperiodische Delta-Cephei-Sterne sowie HII-Gebiete, im Radiofrequenzbereich sind es HI-Gebiete und Molekülwolken. Aus der Verteilung einiger dieser Objekte in der weiteren Sonnenumgebung (bis rund 3 kpc Sonnenabstand) innerhalb der dünnen Scheibe kann auf Strukturen geschlossen werden, die sich als Teile von Spiralarmen deuten lassen (Abb. 6). Die großräumige Verteilung (Abb. 7) ergibt näherungsweise ein Bild des gesamten Spiralmusters im M. Der Arm, an dessen Innenseite sich die Sonne befindet, ist der sog. lokale Arm oder Orion-Arm, da die ihn charakterisierenden OB-Assoziationen am Himmel im Sternbild Orion liegen, er wird auch als Arm 0 bezeichnet. Der nächstäußere, rund 1 500 pc entfernte Spiralarm wird entsprechend als Perseus-Arm oder Arm +1, der nächstinnere als Sagittarius-Arm oder Arm −1 bezeichnet.

Der Nachweis einer großräumigen Spiralstruktur beruht wesentlich auf Beobachtungen von großen Wolken und Wolkenkomplexen interstellaren Gases im Radiofrequenzbereich. Die eindeutige Festlegung von Spiralarmen ist nur schwer möglich, da genaue Entfernungsbestimmungen interstellarer Materie mittels Radialgeschwindigkeitsmessungen unsicher sind. Es ist daher noch unklar, ob das M. zwei eng gewundene oder vier Spiralarme besitzt, die sowohl eng gewunden als auch weit geöffnet sein könnten. Die Spiralarme liegen im Wesentlichen in der galaktischen Ebene, mit ihren weit vom Zentrum entfernten Enden können sie z. T. auch beträchtlich über die Ebene hinausreichen.

Im Abstand von etwa 3 kpc vom galaktischen Zentrum befindet sich der sog. 3-kpc-Arm, eine angenähert ringförmige Anhäufung interstellaren Gases, vor allem massereicher Riesenmolekülwolken, mit einer galaktischen Rotationsgeschwindigkeit von etwa 200 km/s. Der Rotation ist eine Expansion überlagert, deren Geschwindigkeit im Bereich zwischen dem galaktischen Zentrum und der Sonne bei etwa 50 km/s liegt, jenseits davon weniger genau bekannt ist und sich wahrscheinlich auf rund 135 km/s beläuft.

Eine theoretische Beschreibung der globalen Spiralstruktur bereitet Schwierigkeiten, da sie offenbar über lange Zeiträume, d. h. viele Umläufe um das galaktische Zentrum, im Wesentlichen erhalten bleibt, jede zufällig entstandene größere räumliche Anhäufung von Sternen, Sternhaufen oder interstellaren Wolken aber würde infolge der differentiellen Rotation binnen kurzer Zeit zu einer spiralähnlichen Struktur auseinandergezogen und schließlich bis zur Unkenntlichkeit gestreckt.

In der sog. Dichtewellentheorie werden die Spiralarme als Bereiche interpretiert, in denen die Stärke des Gra-

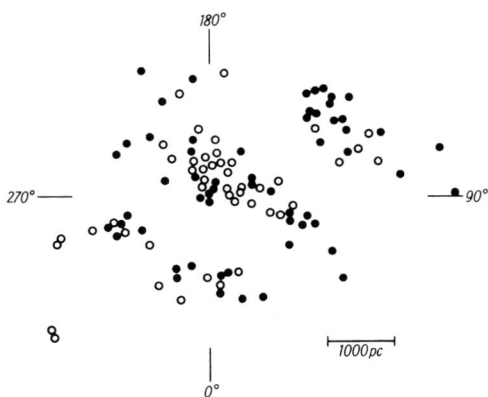

Abb. 6: Verteilung von jungen Offenen Sternhaufen (●) und HII-Gebieten (○) in der Sonnenumgebung. Der Ort der Sonne befindet sich in der Mitte des Koordinatensystems. Die galaktische Länge 0° gibt die Richtung zum galaktischen Zentrum

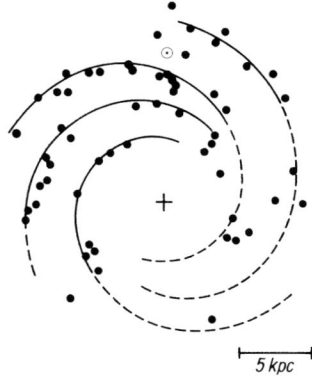

Abb. 7: Verteilung von optisch und radioastronomisch beobachteten großen HII-Gebieten im Milchstraßensystem. Durchgezogene und gestrichelte Kurven: ein der Verteilung versuchsweise angepasstes vierarmiges Spiralmuster; ⊙: Ort der Sonne; +: galaktisches Zentrum.
(Nach Y. M. Georgelin, Y. P. Georgelin und J.-P. Sivan)

vitationsfeldes gegenüber dem großräumigen Mittel erhöht ist. Die Gesamtheit der Störungen bildet in der galaktischen Ebene ein Spiralmuster, das mit konstanter Winkelgeschwindigkeit rotiert. Diese ist bis zu einer Zentrumsentfernung von etwa 12 bis 15 kpc kleiner als die Winkelgeschwindigkeit der Sterne und interstellaren Wolken auf Grund deren Umlaufbewegung um das galaktische Zentrum. Sterne und interstellare Wolken überholen dadurch die Gravitationsfeldstörungen, wodurch sie einer in ihrer Stärke variierenden zusätzlichen Gravitationskraft unterliegen. Beim Annähern an Gebiete erhöhter Gravitation werden sie beschleunigt, nach dem Durchlaufen abgebremst, was zu lokalen Stauregionen führt, die dem großräumigen Spiralmuster der Gravitationsfeldstörungen entsprechen. Für Sterne bedeutet der Stau eine Erhöhung der lokalen Anzahldichte um nur wenige Prozent, sie beeinflussen sich infolge ihrer relativ großen Abstände nur schwach, ihre „dynamische Reibung" ist gering. Für die interstellare Materie ist die dynamische Reibung auf Grund der hohen Stoßwahrscheinlichkeit zwischen den Gaspartikeln jedoch sehr hoch, im Stau wird die Materie stark komprimiert. Die erhöhte interstellare Materiedichte erleichtert die → Sternentstehung, so dass längs der spiralförmigen Staubereiche besonders viele junge Sterne existieren (Abb. 8). Die massereichsten unter ihnen, die O- und B-Sterne, haben eine so kurze Existenzdauer, dass sie sich praktisch noch an ihrem Entstehungsort befinden und zusammen mit der aufgestauten interstellaren Materie die Spiralarme markieren. Infolge von Reibungseffekten wird den umlaufenden Gravitationsfeldstörungen ständig Energie entzogen, sie klingen allmählich ab, falls nicht ein Prozess die Störungen dauernd erneuert bzw. ihnen Energie zuführt. Dies könnte eine zentrale Balkenstruktur ähnlich der in Balkenspiralen bewirken (→ Sternsystem). Die Existenz eines „Balkens" im M., der sich bis zu einem galaktozentrischen Abstand von etwa 2,4 kpc erstreckt und ein Achsverhältnis von ungefähr 3:1 hat, ist auf Grund unterschiedlicher Beobachtungen sehr wahrscheinlich. Der 3-kpc-Arm könnte durch diesen Balken verursacht sein. Das Hinausragen der äußeren Spiralarmteile über die galaktische Ebene ist wahrscheinlich durch Gezeitenkräfte verursacht, die die → Magellan'schen Wolken ausüben.

Nach einer anderen Hypothese gehen die Spiralarme auf das Zusammenwirken der differentiellen Rotation und einer sich über längere Zeiträume in weit ausgedehnten dichten interstellaren Wolkenkomplexen selbstanregenden Sternentstehung zurück. Sind an einer Stelle zufällig sehr massereiche Sterne entstanden, entwickeln sie sich innerhalb weniger Mio. Jahre zu Supernovae (→ Sternentwicklung), die bei ihrer Explosion Stoßwellen auslösen, die das in der Nähe sich befindende interstellare Gas stark komprimieren und dadurch an diesen Stellen die Sternbildung verstärken bzw. anregen. Die neu entstehenden massereichen Sterne initiieren ihrerseits in benachbarten Bereichen die Sternbildung usw. Die differentielle Rotation bewirkt eine spiralförmige Verformung der Gebiete verstärkter Sternentstehung, die durch die vorhandenen O- und B-Sterne sowie die durch sie zum Leuchten angeregten HII-Gebiete als Spiralarmstücke erscheinen. Infolge der Durchsetzung großer Teile des M.s mit interstellarer Materie kann die stimulierte Sternbildung an mehreren Stellen gleichzeitig erfolgen, so dass insgesamt der Eindruck eines großräumigen Spiralarmmusters entsteht. Möglicherweise sind die beobachteten Spiralarme aber auch das Ergebnis sowohl einer stochastischen Sternentstehung als auch globaler Gravitationsfeldstörungen.

Galaktisches Magnetfeld. Im M. existieren großräumige Magnetfelder, deren Feldlinien, abgesehen von lokalen Störungen, im Wesentlichen längs der Spiralarme ausgerichtet sind. Die Feldstärken betragen einige 10^{-9} Tesla. Verursacht werden die Felder wahrscheinlich durch einen → Dynamoeffekt, der durch das Zusammenwirken von differentieller Rotation und einer von → Sternwinden und Supernovaausbrüchen verursachten Turbulenz gesteuert wird (→ interstellares Magnetfeld). Dabei wird kinetische Energie in magnetische umgewandelt. Die lokalen Magnetfelder sind mit der interstellaren Materie verbunden, als wären sie „eingefroren", da geladene Teilchen sich nur längs, nicht quer zu den Feldlinien bewegen können und ungeladene Teilchen infolge von Stößen passiv an die Feldlinien gebunden sind. Diese werden bei den Bewegungen des Gases mitgeführt, lokal verdrillt und die Magnetfeldstärke verändert. Es entstehen so, wie in der Zentralregion des M.s, auch kleinskalige Felder. Dort scheinen die Feldlinien z. T. mehr oder minder senkrecht zur Symmetrieebene des Systems zu stehen. Welche Rolle die Felder bei der großräumigen Dynamik des interstellaren Gases spielen, speziell bei der Bildung der Spiralarme, ist ungeklärt. Unbekannt ist, ob das großräumige galaktische Magnetfeld eine in sich geschlossene Struktur hat, oder ob die Feldlinien bis in den intergalaktischen Raum erstrecken. Das großräumige Magnetfeld behindert die geladenen niederenergetischen Teilchen der → Kosmischen Strahlung am Entweichen aus dem M.

Zentralgebiet. Die galaktische Zentralregion ist ein außerordentlich vielgestaltiger Bereich, der wegen der in Richtung zum galaktischen Zentrum sowie der im Kerngebiet selbst vorhandenen, im visuellen Spektralbereich insgesamt mehr als 30 mag betragenden interstellaren Extinktion visuell nicht beobachtbar ist, nur im Gamma-, Röntgen-, fernen Infrarot-, Submillimeter- und Radiofrequenzbereich ist die Zentralregion der Beobachtung zugänglich.

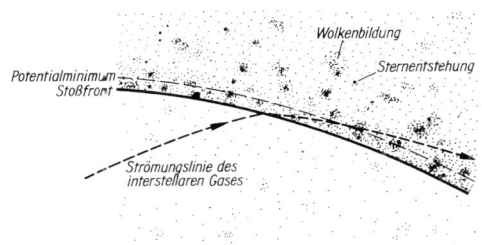

Abb. 8: Schematische Darstellung der Struktur eines Spiralarms nach den Vorstellungen der Dichtewellentheorie

Milchstraßensystem

Das dynamische Zentrum des M.s wird durch die im Sternbild Sagittarius (Schütze) gelegene kompakte Radioquelle Sagittarius (Sgr) A* markiert, von der eine außerordentlich starke nichtthermische → Synchrotronstrahlung sowie Röntgenstrahlung ausgeht. Das Objekt, das die von Sgr A* emittierte Strahlung letztlich verursacht, ist ein massereiches → Schwarzes Loch, wie es in den Zentren vieler, möglicherweise aller Sternsysteme existiert (→ Sternsystem). Das Schwarze Loch ist von dem „zentralen Sternhaufen" umgeben, in dem die Sterndichte zum Schwarzen Loch hin außerordentlich stark ansteigt. Die Gesamtmasse der bis zu einem Abstand von etwa 0,4 pc vom Zentrum vorhandenen Sterne beträgt rund 5 Mio. Sonnenmassen. Erschlossen wird dies aus der im nahen Infrarot emittierten Strahlung, die als normale Strahlung hauptsächlich von Roten Riesensternen der Spektralklassen M und K gedeutet wird, darüber hinaus existieren zentrumsnahe leuchtkraftstarke junge Sterne.

Im Zentralgebiet existiert weiterhin eine hohe Konzentration interstellarer Materie. Innerhalb von etwa 1,5 kpc Zentrumsentfernung befindet sich eine rotierende und expandierende scheibenförmige Ansammlung atomaren Wasserstoffs mit einer mittleren Dichte von rund 0,3 Wasserstoffatomen je cm^3 und einer Masse von schätzungsweise einigen 10 Mio. Sonnenmassen. Im Mittelpunktsabstand von etwa 1 kpc beträgt die Rotationsgeschwindigkeit etwa 170 km/s, die Expansionsgeschwindigkeit rund 175 km/s und die Scheibendicke etwa 500 pc. Im innersten Bereich von etwa 7 bis 200 pc existiert das Gas hauptsächlich in molekularer Form, von dem etwa die Hälfte in Riesenmolekülwolken konzentriert ist. Das molekulare Gas folgt der gleichen großräumigen Kinematik wie das atomare. Die Dicke der Gasscheibe beträgt in diesem Entfernungsbereich rund 30 bis 50 pc. In Regionen näher als etwa 10 pc vom Zentrum haben die interstellaren Molekülwolken z. T. so hohe Gasdichten, dass sie gravitationsinstabil sind, was eine hohe Sternentstehungsrate zur Folge hat. Die massereichsten neugebildeten Sterne ionisieren infolge ihrer hohen Effektivtemperatur das umgebende interstellare Gas, das in Form sehr kompakter HII-Gebiete in Erscheinung tritt. Die im Gas eingebetteten Staubpartikeln absorbieren Sternstrahlung, werden dabei auf einige 100 K aufgeheizt und geben die aufgenommene Energie als thermische Strahlung im infraroten Spektralbereich wieder ab. Die Masse des zentralen Schwarzen Lochs kann aus der Kinematik der sich in unmittelbarer Nähe befindenden Sterne und interstellaren Materie bestimmt werden, sie ergibt sich zu etwa 3,6 Mio. Sonnenmassen.

Die von Sgr A* ausgehende Strahlungsenergie ist im Schwerefeld des Schwarzen Lochs in einer → Akkretionsscheibe freigesetzte potentielle Energie. Die innersten Regionen der Scheibe werden infolge von Reibungseffekten im Gas auf einige 10 000 K aufgeheizt und emittieren die aufgenommene Energie als Wärmestrahlung. Aus der Akkretionsscheibe fließt dem Schwarzen Loch Materie zu, wobei vom Gas mitgeführte Magnetfelder stark komprimiert werden. Ihre Energie wird dabei so erhöht, dass über komplizierte hydromagnetische Beschleunigungsprozesse Elektronen auf nahezu Lichtgeschwindigkeit gebracht werden, die bei ihrer Bewegung in den Magnetfeldern ihre Energie in Form von → Synchrotronstrahlung abgeben. Das im Bereich von etwa 100 Schwarzschild-Radien (→ Schwarzes Loch) um das Schwarze Loch existierende Gas ist extrem heiß und emittiert im Röntgen- und Radiofrequenzbereich. Die Strahlungsleistung der innersten Regionen um das Schwarze Loch beträgt schätzungsweise fast 1 Mio. Sonnenleuchtkräfte. Zu deren Aufrechterhaltung genügt es, dass dem Schwarzen Loch aus der Akkretionsscheibe pro Jahr etwa 10^{-4} bis 10^{-8} Sonnenmassen zufließen. Aus dem von den innersten Bereichen der Quelle Sgr A* kommenden Strahlungsstrom kann die charakteristische Ausdehnung der Strahlungsquelle abgeschätzt werden. Sie liegt in der Größenordnung von etwa 10 AE, was rund dem 12-fachen des Schwarzschild-Radius um das Schwarze Loch entspricht.

Nahe der Quelle Sgr A* befindet sich die Radioquelle Sgr A mit einem Durchmesser von mehr als 15 pc, die von zwei Einzelquellen Sgr A Ost und Sgr A West gebildet wird. Bei der sehr hellen Quelle Sgr A Ost könnte es sich um einen relativ jungen Supernovaüberrest mit etwa 6 pc Durchmesser, möglicherweise auch um einen explodierten supermassereichen Stern handeln. Die etwa 2 pc messende Quelle Sgr A West, in deren Zentrum sich Sgr A* befindet, wird wahrscheinlich von ionisiertem Wasserstoff gebildet, der thermische → Bremsstrahlung emittiert. Von dieser Quelle gehen von HII-Gas gebildete spiralförmige Strukturen aus (Abb. 9), bei denen es sich möglicherweise um in die Quelle einströmende oder von ihr ausgestoßene Materie handelt. Weitere auffällige HII-Strukturen um Sag A West sind Mini-Spiralbänder.

Ein anscheinend von Sgr A* ausgehender, etwa 0,3 pc langer, im Röntgenlicht strahlender, filamentartiger Bo-

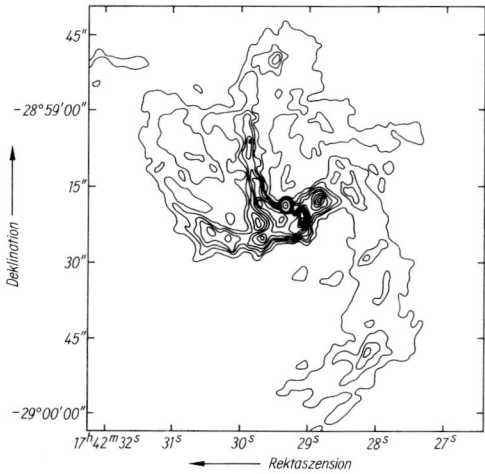

Abb. 9: Umgebungskarte der Radioquellen Sagittarius A West und Sagittarius A* mit Linien gleicher Intensität der Kontinuumstrahlung bei 6 cm. Sagittarius A* befindet sich im Zentrum der Abbildung. (Nach K.-Y. Lo und M. J. Claussen)

gen ist wahrscheinlich ein aus der innersten Region der Akkretionsscheibe kommender, durch Magnetfelder gebündelter Materiestrahl. Er wird im Wesentlichen von sich mit nahezu Lichtgeschwindigkeit bewegenden Elektronen gebildet, die Synchrotronstrahlung emittieren.

Entstehung und Entwicklung des M.s. Über die Entstehung des M.s gibt es keine abgeschlossene, allgemein anerkannte Theorie, wohl aber Vorstellungen, die die verschiedenen Beobachtungsergebnisse in einen einheitlichen kosmogonischen Zusammenhang zu bringen versuchen. Danach entstand das M., wie andere Sternsysteme, vor rund 13 Mrd. Jahren an einer Stelle des Weltalls, an der ein relatives Gravitationsmaximum herrschte, das durch eine hohe Konzentration Dunkler Materie verursacht wurde (→ Kosmologie). Unter deren Gravitationswirkung begann die in der Nähe sich befindende, zunächst homogen verteilte baryonische (d. h. aus Protonen und Neutronen bestehende) Materie zu kontrahieren. Mit der Dunklen Materie bestand neben der gravitativen keinerlei andere Wechselwirkung. Die entstehende Konzentration baryonischer Materie dürfte einige 100 Mrd. Sonnenmassen umfasst haben. Diese Massenanhäufung war gravitativ instabil und begann langsam und im Wesentlichen radial zu kontrahieren. Die Dichte im Zentrum erhöhte sich stetig und wurde innerhalb von wahrscheinlich wenigen Milliarden Jahren so hoch, dass sich ein Schwarzes Loch bildete, das im Laufe der Zeit immer mehr Masse an sich zog. Die Massenanhäufung rotierte anfangs nur sehr langsam. Infolge der Drehimpulserhaltung in der dem Schwarzen Loch zuströmenden Materie beschleunigte sich die Rotation und die Zentrifugalkraft wuchs, so dass die ursprünglich etwa kugelsymmetrische Gasmasse die Form einer mehr oder minder abgeplatteten Scheibe annahm. Es bildete sich die „Protogalaxis". Die anfänglich radiale Kontraktion erfolgte zunehmend in der zur Rotationsachse parallelen Richtung, so dass auch in den Bereichen nahe der Symmetrieebene der Protogalaxis die Dichte anstieg. Die im kontrahierenden Gas zufällig eingebetteten Regionen erhöhter Dichte wurden auf Grund ihrer Gravitationswirkung immer massereicher und schließlich gravitativ instabil. Es entstanden von der übrigen Materie unabhängig kontrahierende Einheiten, von denen die größten eine Masse in der Größenordnung der jetzigen Kugelsternhaufen gehabt haben dürften. Die Massenkonzentrationen zerfielen in immer masseärmere Einheiten, die ihrerseits gravitativ instabil wurden. In der Protogalaxis entstanden auf diese Weise lokale Verdichtungen, aus denen sich Kugelsternhaufen, masseärmere Sternhaufen und Einzelsterne bildeten.

Die Sterne hatten praktisch keine dynamische Wechselwirkung mehr mit dem bei der Sternbildung nicht verbrauchten Restgas. Die ältesten Objekte des M.s bewegen sich auch gegenwärtig noch in dem Raum in dem sie entstanden sind, und umlaufen das galaktische Zentrum auf mehr oder minder exzentrischen, teilweise stark gegen die Symmetrieeben der Protogalaxis geneigten und auch retrograden Bahnen. Sie sind typische Vertreter der Halopopulation. Das Restgas kontrahierte weiter zu einer immer stärker abgeflachten Scheibe

Die Mitglieder späterer Sterngenerationen entstammen daher Räumen, die senkrecht zur galaktischen Ebene weniger ausgedehnt waren als die vorhergehender Generationen. In den äußersten Bereichen der Galaxis mit geringer Gasdichte verlief der Sternbildungsprozess wesentlich langsamer als in den dichteren zentrumsnahen Bereichen sowie in den der Symmetrieebene nahen Regionen. Die ältesten Kugelsternhaufen im Halo haben ein Alter von zwischen rund 10 Mrd. und 11 Mrd. Jahren, während das Alter der ältesten Mitglieder der dicken und dünnen Scheibe im Mittel 6 Mrd. bis 8 Mrd. Jahre beträgt. Die Sterne der zentralen Ausbauchung sind wahrscheinlich früher als die in der dicken Scheibe entstanden. Wegen der hohen und wachsenden Materiedichte nahe dem galaktischen Zentrum konnte das sich dort befindende Schwarze Loch immer mehr Materie anziehen und die jetzige Masse erreichen. Dieses skizzierte Entwicklungsmodell gibt nur eine außerordentlich grobe Erklärung für den Zusammenhang zwischen räumlicher Verteilung, kinematischem Verhalten sowie dem Alter der verschiedenen Sternpopulationen. Es ist rein qualitativ und bei weitem nicht gesichert.

Die Entwicklung des M.s ist mit einer Änderung der allgemeinen chemischen Zusammensetzung verbunden. Bei der Loslösung der zur Protogalaxis werdenden Gasmasse von der übrigen baryonischen Materie im Weltall bestand diese im Wesentlichen aus Wasserstoff mit einer geringen Beimengung von Helium, schwere Elemente fehlten gänzlich (→ Kosmologie). Diese Zusammensetzung hatten demzufolge auch die Sterne der ersten Generation. Die massereichen unter ihnen entwickelten sich außerordentlich rasch zu Supernovae (→ Sternentwicklung). Bei den Supernovaausbrüchen gelangte ein Teil der während der Entwicklung im Sterninnern gebildeten, vor allem aber die bei der Explosion entstandenen schweren Elemente (→ Supernova) in die bei der Sternentstehung nicht verbrauchte interstellare Materie. Sterne der nächsten Generation entstanden schon aus einer in der chemischen Zusammensetzung veränderten Materie. Bei jeder nachfolgenden Sterngeneration wiederholte sich der Prozess, was eine immer stärkere Anreicherung der jeweils verbliebenen interstellaren Materie mit schweren Elementen zur Folge hatte. Der Eintrag schwerer Elemente war maßgeblich von der lokalen Sternstehungsrate abhängig. Im Zentralbereich verlief er relativ rasch, in den weit ausgedehnten Regionen der Galaxis nur sehr langsam. Im groben Mittel enthalten zentrumsnahe Sterne bei ihrer Entstehung das Vielfache an schweren Elementen im Vergleich mit Kugelsternhaufen im galaktischen Halo. Deren Anteil an schweren Elementen beträgt z. T. nur etwa 1/10 000 des Anteils dieser Elemente in der Sonne (→ Elementenhäufigkeit).

In einzelnen interstellaren Wolken übersteigt gegenwärtig die relative Häufigkeit schwerer Elemente dagegen deutlich die der Sonne. Außer bei Supernovaexplosionen können schwere Elemente auch mit → Sternwinden in die interstellare Materie gelangen. Der weitaus größte Teil der in den Sternen enthaltenen Masse bleibt in den Endzuständen der Sternentwicklung, in Weißen Zwergen, Neutronensternen oder Schwarzen Löchern,

Millisekundenpulsar

gebunden (→ Sternentwicklung) und scheidet damit aus dem Kreislauf interstellare Materie – Stern – interstellare Materie aus. Gegenwärtig verliert im M. die interstellare Materie dadurch schätzungsweise 5 Sonnenmassen je Jahr.

Großräumige Einordnung des M.s. Mehr als ein Dutzend Zwerggalaxien umlaufen das M. als Satelliten. Von ihnen sind die beiden → Magellan'schen Wolken die bekanntesten. Das M. bildet zusammen mit dem Andromeda- und dem Triangulumnebel, ihren Satellitensystemen sowie weiteren kleinen Sternsystemen die → Lokale Gruppe. Sie bewegt sich mit einer Geschwindigkeit von 400 bis 500 km/s in Richtung auf den Galaxienhaufen im Sternbild Virgo, der als Zentrum eines Supergalaxienhaufens angesehen wird (→ Sternsystem).

Millisekundenpulsar, → Pulsar.

Mimas *m*, ein Saturnsatellit, der sich auf einer elliptischen Bahn mit einer großen Halbachse von 185 540 km und einer Exzentrizität von 0,02 in 22,608 Stunden rechtläufig um den Saturn bewegt, die Bahnebene ist 1,57° gegen dessen Äquatorebene geneigt. Die Rotationsperiode des M. ist infolge der gebundenen Rotation gleich der Umlaufzeit. Mit dem Durchmesser von 398 km gehört er zu den Satelliten mittlerer Größe, die Masse beträgt $3,75 \cdot 10^{19}$ kg, die mittlere Dichte 1,14 g/cm³. Die scheinbare visuelle Helligkeit beläuft sich in Oppositionsstellung auf nur $12^{m}_{.}1$.

Genauere Kenntnisse über die Oberflächenstruktur ergaben erst Beobachtungen mit Hilfe der Raumsonde Voyager 1. Danach ist die Oberfläche von Einschlagkratern übersät (Abb.), der größte, der Krater Herschel, hat einen Durchmesser von etwa 130 km, relativ zur Umgebung hat der Kraterwall eine Höhe von etwa 5 km. Die Höhe des Zentralbergs beträgt relativ zum Kraterboden schätzungsweise etwa 11 km, er ist der höchste im Planetensystem. Auf der dem Krater gegenüberliegenden Hemisphäre existieren einige lange schmale Furchen, deren Bildung vielleicht mit der des Kraters Herschel in Verbindung steht. Die beim Einschlag ausgelösten seismischen Wellen wurden möglicherweise so fokussiert, dass sie sich auf der Rückseite verstärkten und dort große tektonische Störungen verursachten. Die Oberfläche hat ein geologisches Alter von mehreren Milliarden Jahren.

Der M. gehört, was aus der mittleren Dichte folgt, zu den eisartigen planetaren Himmelskörpern. Die relativ hohe Albedo von etwa 0,7 lässt auf Wassereis als wesentliches Oberflächenmaterial schließen, dem vielleicht Gesteinsteilchen meteoroidischen Ursprungs beigemengt sind.

Hinsichtlich der Einordnung des M. in das System der Saturnsatelliten → Saturn.

Der M. wurde 1789 von W. Herschel (1738–1822) entdeckt.

min, Einheitenzeichen für Minute.

Minimumkorona *f*, die Sonnenkorona während eines Sonnenfleckenminimums; → Sonnenkorona.

Mira *f*, *Mira Ceti*, *o Ceti*, ein veränderlicher Stern im Sternbild Cetus (Walfisch), dessen scheinbare visuelle Helligkeit zwischen etwa 2^m und 10^m mit einer Periode zwischen 304 und 355, im Mittel 335 Tagen variiert. M.

Saturnsatellit Mimas, links unten der Krater Herschel (NASA/JPL; Raumsonde Voyager 1)

gehört zur Spektralklasse M5e und zur Leuchtkraftklasse II. M. ist ein Doppelstern; der rote Riesenstern mit einem Durchmesser von im Mittel 390 Sonnendurchmessern hat im Abstand von etwa 100 AE einen Weißen Zwerg als Begleiter, dessen Umlaufperiode sich auf etwa 400 Jahre beläuft. Der Sonnenabstand von M. beträgt 128 pc oder 417 Lichtjahre.

M. ist der Prototyp einer Gruppe von Veränderlichen, → der Mira-Sterne. Den Namen erhielt der Stern von D. Fabricius (1564–1677), der ihn 1596 als ersten Veränderlichen überhaupt entdeckte.

Mirach, *β Andromedae*, ein Stern im Sternbild Andromeda mit einer scheinbaren visuellen Helligkeit von $2^{m}_{.}07$, der Spektralklasse M0 und der Leuchtkraftklasse III. Seine Sonnenentfernung beträgt 61 pc oder 199 Lichtjahre.

Miranda *f*, der innerste der größeren Uranussatelliten, der sich auf einer elliptischen Bahn mit einer großen Halbachse von 129 900 km und einer Exzentrizität von 0,001 in 1,413 Tagen rechtläufig um den Uranus bewegt, die Bahnebene ist 4,338° gegen dessen Äquatorebene geneigt. Infolge der gebundenen Rotation ist die Rotationsperiode gleich der Umlaufzeit. Der Durchmesser der M. beträgt 472 km, die Masse $6,6 \cdot 10^{19}$ kg und die mittlere Dichte etwa 1,2 g/cm³. Die M. gehört zu den eisartigen planetaren Himmelskörpern. Ihre scheinbare visuelle Helligkeit erreicht in Oppositionsstellung nur etwa $16^{m}_{.}5$.

Genauere Kenntnisse über die Oberflächenbeschaffenheit brachten Beobachtungen mittels der Raumsonde Voyager 2, die sich aber auf nur einen Teil der Oberfläche beschränkten. Offensichtlich existieren zwei völlig unterschiedliche Oberflächenstrukturen. Eine ist offenbar charakteristisch für relativ alte Oberflächenregionen, die dicht mit Einschlagkratern übersät sind, die andere besteht aus drei schroff abgesetzten Arealen, die Längsausdehnungen von 100 bis 300 km haben und z. T. trapezförmig, z. T. oval begrenzt sind. Im Innern sind die Areale von zu den Rändern parallelen Terrassen, Verwerfungen, Höhenrücken und Gräben durchzogen (Abb.). Wie aus der geringen Zahl von Einschlag-

Mira-Sterne

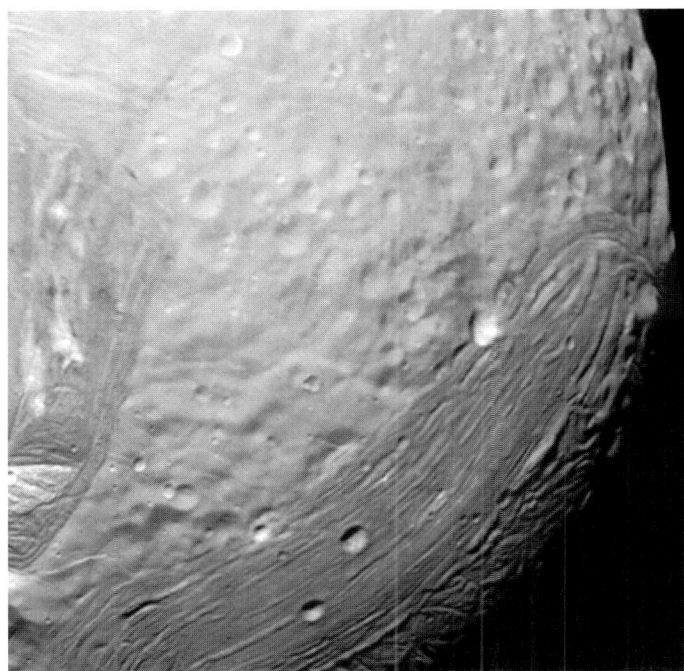

Oberflächendetails der Miranda (NASA/JPL; Mosaik aus mit Hilfe der Raumsonde Voyager 2 gewonnenen Aufnahmen)

kratern hervorgeht, sind es relativ junge Strukturen. Das Nebeneinander der beiden unterschiedlichen Strukturen geht möglicherweise auf eine Neuformierung des gesamten Satelliten zurück. Der Vorläufer der heutigen M. zerbrach vermutlich beim Zusammenstoß mit einem anderen Himmelskörper, wobei sich die Bruchstücke nicht im Raum verstreuten, sondern gravitativ gebunden blieben und zu einem neuen Körper zusammenwuchsen. Beim Einstellen des Druckgleichgewichts im Innern des Körpers sanken Bruchstücke ab, über denen sich eine neue Eiskruste bildete. Diese Deutung ist aber sehr hypothetisch. Es gibt Hinweise auf Eisvulkane.

Hinsichtlich der Einordnung der M. in das System der Uranussatelliten → Uranus.

Mira-Sterne, Typbezeichnung (M), langperiodisch veränderliche Riesen- und Überriesensterne mit Helligkeitsamplituden im visuellen Spektralbereich größer als 2,5 mag und Lichtwechselperioden zwischen etwa 90 und 1 300 Tagen, bei rund 70% der M.-S. liegt die Periode zwischen 180 und 360 Tagen. Die sehr unterschiedlichen Lichtkurven können in drei Gruppen zusammengefasst werden, zwischen denen es jedoch viele Übergänge gibt. Bei der ersten Gruppe folgt auf einen steilen Anstieg zum Helligkeitsmaximum ein flacher Abfall zum Minimum, bei der zweiten sind Anstieg und Abfall etwa gleich schnell, die Lichtkurve erscheint fast symmetrisch, in der dritten Gruppe ist der Helligkeitsanstieg nicht glatt, es treten Buckel in der Lichtkurve auf. Bei ein und demselben Stern sind die Helligkeitsamplitude, die im Allg. 5 bis 6 mag, im Extremfall auch bis zu 8 mag beträgt, sowie die Periode und die Form der Lichtkurve nicht streng konstant, die Variationen sind unperiodisch und nicht genau voraussagbar. Der Ausdruck „Periode" bezieht sich daher immer nur auf einen mehr oder minder kurzen Zeitabschnitt, in dem der Lichtwechsel relativ regelmäßig erfolgt. Beim Stern Mira (o Ceti), dem Prototyp der Gruppe, variiert die scheinbare visuelle Helligkeit zwischen etwa 2 und 10^m.

M.-S. gehören hauptsächlich zur Spektralklasse M, etwa 10% zu den Klassen R, N und S. Die absoluten visuellen Helligkeiten liegen zwischen 0^m und -3^m, sie sind im Mittel umso geringer, je länger die Periode ist. Die Amplitude im visuellen Spektralbereich beträgt bei einer Periode von rund 150 Tagen etwa 3 mag, bei einer Periode von rund 500 Tagen etwa 5 mag. Mit zunehmender Periodenlänge verschiebt sich der Spektraltyp zu späteren Spektralklassen. Im Hertzsprung-Russell-Diagramm liegen die Bildpunkte der M.-S. im Bereich der kühlen Riesensterne mit Effektivtemperaturen zwischen etwa 2 500 und 3 500 K (Abb. → Veränderliche). Die M.-S. sind Pulsationsveränderliche mit veränderlichem Radius und veränderlicher Effektivtemperatur. Das Helligkeitsmaximum im visuellen Spektralbereich fällt mit dem Maximum der Effektivtemperatur und dem Minimum des Sternradius zusammen (Abb.). Das Maximum der Leuchtkraft, gemessen als absolute bolometrische Helligkeit, ist dagegen etwas verschoben und liegt auf dem absteigenden Ast der visuellen Lichtkurve. Die Leuchtkraftschwankungen betragen nur 1 bis 2 mag und sind wesentlich geringer als die Helligkeitsschwankungen im visuellen Spektralbereich. Verursacht ist dies durch die bei sehr kühlen Sternen im visuellen Bereich auftretenden Absorptionsbanden von Molekülen, z. B. Titaniumoxid, deren Stärke von der Effektivtemperatur abhängt (→ Spektralklasse). Im vi-

Mirfak

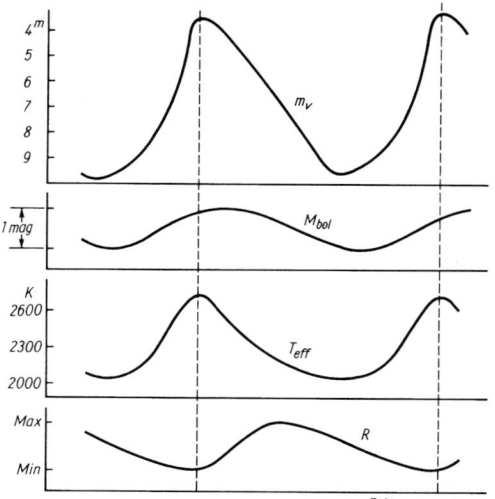

Typische Änderungen der scheinbaren visuellen Helligkeit m_V, der absoluten bolometrischen Helligkeit M_{bol}, der effektiven Temperatur T_{eff} und des Radius R bei Mira (o Ceti) während einer mittleren Lichtwechselperiode

suellen Bereich führt dies zu viel stärkeren Helligkeitsänderungen als in anderen Spektralbereichen. M.-S. mit einer Spektralklasse später als M6, d. h. mit relativ geringer effektiver Temperatur, zeigen z. T. sprungartige Änderungen der visuellen Helligkeit um etwa 0,2 bis 1,0 mag, die wenige Stunden bis einige Tage dauern. Möglicherweise ist dies auf eine relativ rasche Molekülbildung in den Sternatmosphären zurückzuführen (→ zirkumstellare Materie), die mit einer Änderung der → Opazität verbunden ist.
Die Spektren fast aller M.-S. weisen Emissionslinien von Atomen, z. B. Wasserstoff, Eisen und Kalzium, sowie einiger Moleküle, wie Siliziumoxid und Wasser, auf. Sie entstehen in einer ausgedehnten, expandierenden, dünnen Hülle um den Stern, in der die Atome und Moleküle durch die Sternstrahlung zum Leuchten angeregt werden. Im abströmenden, sich abkühlenden Gas können sich Staubteilchen bilden, die Sternstrahlung absorbieren und die aufgenommene Energie im Infrarotbereich emittieren, was bei vielen M.-S.n einen → Infrarotexzess im Vergleich zu nichtveränderlichen Sternen gleichen Spektraltyps hervorruft. Bei M.-S.n der Spektralklasse M bestehen die zirkumstellaren Staubteilchen aus Silikaten, bei R- und N-Sternen überwiegend aus Kohlenstoff. Die Silikatteilchen verursachen Emissionsbanden im infraroten Spektralbereich. In den Hüllen der M.-S. sind z. T. Maser-Quellen eingelagert (→ Maser).
Die M.-S. sind schwingungsinstabile Sterne (→ Sternaufbau), bei denen die Änderungen des Sternradius und der Effektivtemperatur wie bei den Delta-Cephei-Sternen auf sich ändernde Absorptionseigenschaften der Sternmaterie zurückgehen (→ Delta-Cephei-Sterne). Der genaue Anregungsprozess für die Schwingungen ist wegen der tiefreichenden äußeren Konvektionsschichten in den M.-S.n theoretisch noch nicht voll verstanden.
Die Hauptmenge der M.-S. gehört zur Scheibenpopulation und zur Zwischenpopulation II, doch gibt es auch Mitglieder der älteren → Population I.
Mirfak m, *Algenib*, α *Persei*, hellster Stern im Sternbild Perseus mit einer scheinbaren visuellen Helligkeit von $1^m\!.82$, der Spektralklasse F5 und der Leuchtkraftklasse Ib. Der Überriesenstern gehört zu dem Offenen Sternhaufen Melotte 20 und hat eine Sonnenentfernung von 181 pc oder 590 Lichtjahren.
Mischungsweg, die Strecke, die ein Massenelement infolge von Konvektion im Mittel zurücklegt, bis es sich mit seiner Umgebung vermischt und damit seine Individualität verliert; → Sternaufbau.
Mittag, Zeitpunkt der oberen Kulmination, d. h. des Meridiandurchgangs, der Sonne. Je nachdem, ob die Kulmination der wahren oder der mit gleichbleibender Geschwindigkeit längs des Himmelsäquators sich bewegenden gedachten mittleren Sonne betrachtet wird, ergibt sich der *wahre* bzw. der *mittlere M.* (12^h wahre bzw. mittlere Ortssonnenzeit). Die *Mittagshöhe* ist die Höhe der Sonne im Augenblick des Meridiandurchgangs.
Mittagshöhe, → Mittag.
Mitteleuropäische Zeit, → Zeit.
Mittelpunktsgleichung, eine der Ungleichmäßigkeiten der → Mondbewegung.
Mitte-Rand-Variation, *Randverdunkelung*, die Intensitätsabnahme auf der Sonnenscheibe im sichtbaren Spektralbereich von der Mitte zum Rand hin; → Sonne.
mittlere Anomalie, → Anomalie.
mittlere freie Weglänge, die von einem Teilchen zwischen zwei Wechselwirkungen mit einem anderen Teilchen im Mittel zurückgelegte Wegstrecke.
mittlere Ortszeit, → Zeit.
mittlerer Mittag, → Mittag.
mittlerer Ort, → Ort eines Gestirns.
mittleres Infrarot, der Wellenlängenbereich von etwa 5 µm bis 30 µm; → Infrarotbereich.
mittlere Sonne, → Sonnentag.
mittlere Sonnenzeit, → Zeit.
mittlere Spektralklassen, die Spektralklassen F und G; → Spektralklasse.
Mizar, ζ *Ursae Maioris*, ein Stern im Sternbild → Ursa Maior (Großer Bär), der älteste bekannte Doppelstern.
MK-System, *Yerkes-System,* Klassifikationssystem für Sternspektren nach Spektral- und Leuchtkraftklasse; → Leuchtkraft eines Sternes.
Mneme f, ein Satellit des Jupiter. Hinsichtlich der Einordnung der M. in das System der Jupitersatelliten → Jupiter.
Mögel-Dellinger-Effekt, → solar-terrestrische Erscheinungen.
Mohorovičić-Diskontinuität, die untere Begrenzung der Erdkruste; → Erde.
Moldavit m, ein → Tektit.
Molekülinie, eine beim Übergang zwischen zwei diskreten Energieniveaus eines Moleküls entstehende Spektrallinie; → Spektrum.
Molekülwolke, → interstellares Gas.
Mon, Abk. für Monoceros.

Monat, *1)* die Dauer eines Umlaufs des Mondes um die Erde. Je nach der Wahl des Bezugspunkts oder der Bezugslinie, gegenüber denen ein voller Umlauf gezählt wird, ergeben sich unterschiedliche Monatslängen. Der *drakonitische M.* ist gleich der Zeit zwischen zwei aufeinanderfolgenden Durchgängen des Mondes durch seinen aufsteigenden Knoten und dauert 27 d 5 h 5 min 35,8 s. Die Zeit zwischen zwei aufeinanderfolgenden Durchgängen des Mondes durch den Stundenkreis des Frühlingspunktes ist der *tropische M.*, dessen Länge 27 d 7 h 43 min 4,7 s beträgt. Der *siderische M.* ist die Zeit zwischen zwei aufeinanderfolgenden Durchgängen des Mondes durch den Stundenkreis eines Fixsterns, er beläuft sich auf 27 d 7 h 43 min 11,5 s, und der *anomalistische M.* mit einer Dauer von 27 d 13 h 18 min 33,2 s ist die Zeit zwischen zwei aufeinanderfolgenden Durchgängen des Mondes durch das Perigäum. Der *synodische M.* umfasst die Zeit zwischen zwei aufeinanderfolgenden gleichen Stellungen bezüglich der Sonne und damit gleicher Mondphase, seine Länge beträgt 29 d 12 h 44 min 2,9 s. Die unterschiedlichen Monatslängen sind durch die komplizierte und ungleichmäßige → Mondbewegung bedingt. Die tatsächlichen Monatslängen können von den angegebenen mittleren z. T. auch erheblich abweichen, beim siderischen M. z. B. bis zu etwa 3 Stunden, beim synodischen M. sogar bis zu etwa 13 Stunden.

2) im Kalenderwesen ein Zeitabschnitt, der angenähert die Länge eines synodischen M.s hat, → Kalender.

Mond, *Erdmond*, *Erdtrabant*, der permanent der Erde am nächsten sich befindende und sie umlaufende Himmelskörper, der natürliche Satellit der Erde.

Der M. bewegt sich um die Erde in einer mittleren Entfernung von 384 400 km, was rund 60 Erdradien entspricht, die siderische Umlaufzeit beträgt 27,3217 Tage. Detaillierte Angaben über die Mondentfernung von der Erde sowie über die Bewegungen des M.es → Mondbewegung. Infolge der gebundenen Rotation ist die Rotationsperiode gleich der Umlaufzeit, so dass von der Erde aus nur eine Seite des M.es zu sehen ist. Auf Grund der → Libration ist der tatsächlich beobachtbare Teil der Oberfläche aber etwas größer als die der Erde zugewandte Hemisphäre. Der scheinbare Durchmesser beträgt im Mittel 31′ 5″ und ist damit etwas kleiner als der der Sonne, er variiert zwischen 33′ 30″ zur Zeit des Perigäums und 29′ 22″ zur Zeit des Apogäums.

Helligkeit. Der M. leuchtet im reflektierten Sonnenlicht. Infolge seiner Bewegung um die Erde wechselt seine Stellung relativ zu ihr und zur Sonne, wodurch sich der von der Erde aus sichtbare beleuchtete Teil der Mondoberfläche periodisch ändert (→ Mondphasen). Wegen seiner großen Nähe hat der M. nach der Sonne die größte scheinbare visuelle Helligkeit, die bei Vollmond $-12^m\!.74$ beträgt, der vom M. kommende Strahlungsstrom ist dann mehr als 30 000-mal so groß wie der des Sirius, des hellsten Fixsterns. Bei Halbmond ist der Strahlungsstrom auf etwa 10% des Maximalwerts, die Helligkeit um etwa 2,5 mag gesunken. Der steile Helligkeitsabfall ist eine Folge der rauen Oberflächenstruktur des M.es. Bei schrägem Lichteinfall kommt es in Vertiefungen zu starken Schattenbildungen, nur senkrechter Lichteinfall ergibt eine volle Ausleuchtung.

Die Reflexionsfähigkeit der Mondoberfläche ist sehr klein, die Albedo variiert örtlich zwischen 0,04 und 0,14, sie gleicht in den dunkleren Gebieten etwa irdischer Lava, in den helleren irdischem Vulkanstaub. Die ungleiche Verteilung von dunklen und hellen Regionen auf der Oberfläche macht sich in Helligkeitsunterschieden von einander entsprechenden Phasen beim zu- bzw. abnehmenden M. bemerkbar. Die Helligkeit des zunehmenden M.es ist bis zum ersten Viertel deutlich höher als die des abnehmenden M.es vom letzten Viertel an. Dass der M. trotz der außerordentlich geringen Albedo nachts so hell erscheint, ist wesentlich dem Kontrast zum dunklen Nachthimmel zuzuschreiben.

Mondkörper. Der M. ist angenähert eine Kugel mit einem Radius von 1 737,5 km, was 0,2725 Erdradien entspricht (Abb. 1). Die Masse beläuft sich auf $7,3483 \cdot 10^{22}$ kg oder rund 1/81 der Erdmasse, die mittlere Dichte auf 3,343 g/cm^3, das sind etwa 60,6% der mittleren Dichte der Erde. Die Schwerebeschleunigung an der Mondoberfläche beträgt 1,62 m/s^2, d. h. etwa 1/6 der an der Erdoberfläche, und die Entweichgeschwindigkeit 2,37 km/s, was etwa 21% der von der Erde gleichkommt. Die Figur des M.es ist leicht eiförmig, wobei die stärker gerundete Seite in Richtung zur Erde weist. Die Differenz zwischen dem größten und kleinsten Monddurchmesser beträgt etwa 3 km. Die Deformation ist nicht rotationsbedingt, sondern eine Folge der Gezeitenwirkung der Erde. Das Massenzentrum des M.es ist der Erde etwa 1,68 km näher als der geometrische Mittelpunkt des Mondkörpers, was durch die unterschiedliche geologische Struktur der erdnahen und der erdabgewandten Seite verursacht ist. Auf dem M. gibt es kein natürliches Bezugsniveau für Höhenangaben, wie es auf der Erde mit der Meeresoberfläche existiert. Beim M. dient die Oberfläche einer gedachten Kugel mit dem Radius 1 738,0 km als Bezugsfläche für alle Höhenangaben. Da deren Festlegung nicht überall gleich genau möglich ist, sind absolute Höhenangaben z. T. unsicher, relative Höhen, die jeweils gegenüber der unmittelbaren Umgebung bestimmt werden, dagegen wesentlich genauer.

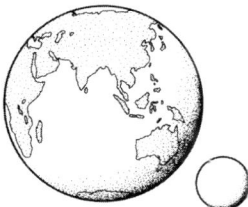

Abb. 1: Größenvergleich von Erde und Mond

Atmosphäre. Der M. hat nahezu keine Atmosphäre. Bei Beobachtungen von der Erde aus sind keinerlei durch eine Atmosphäre bedingte Trübungen wahrnehmbar, die die Durchsicht auf die Oberfläche beeinträchtigen. Bei Sternbedeckungen durch den M. tritt auch keine allmähliche Schwächung des Sternlicht ein, wie es bei einer dichten Atmosphäre der Fall wäre, die Sternhelligkeit nimmt abrupt in Bruchteilen einer Se-

Mond

kunde ab. Die Anzahldichte der Gaspartikeln unmittelbar über der Mondoberfläche ist im Vergleich zum ungestörten interplanetaren Raum etwas erhöht, so dass von einer, wenn auch extrem dünnen Mondatmosphäre gesprochen werden kann. Eine erhöhte Elektronendichte nahe der Mondoberfläche bewirkt, dass unmittelbar vor und nach der Bedeckung einer Radioquelle durch den M. deren Ort an der Himmelskugel gering verändert wird, da die Radiofrequenzstrahlung einer geringen Refraktion unterliegt. Aus deren Größe kann die Anzahldichte der freien Elektronen nahe der Mondoberfläche abgeschätzt werden. Sie ist um rund 10 000 Elektronen je cm^3 höher als im umgebenden interplanetaren Raum. Dies gilt auch für die Ionendichte, wie Messungen mit auf dem M. installierten Geräten zeigen. Die Dichte der Mondatmosphäre an der Oberfläche ist um den Faktor von etwa 10^{-13} geringer als die Dichte der Erdatmosphäre an der Erdoberfläche. Für irdische Begriffe ist dies ein nahezu perfektes Vakuum. Wegen der geringen Schwerebeschleunigung an der Mondoberfläche nimmt die Dichte der Mondatmosphäre mit wachsender Höhe relativ langsam ab. Eine bei der Entstehung des M.es vielleicht vorhanden gewesene dichtere Uratmosphäre hat sich infolge der geringen Entweichgeschwindigkeit sehr schnell in den interplanetaren Raum verflüchtigt.

Die Mondatmosphäre besteht hauptsächlich aus den Edelgasen Helium, Neon und Argon, die beim Zerfall radioaktiver Elemente im Mondgestein entstehen. Auf der Tagseite des M.es kommen Natrium- und Kaliumatome hinzu. Durch die direkte Sonnenstrahlung wird die oberste Molekülschicht des Gesteins stark erhitzt, so dass die Atome frei werden können, möglicherweise werden sie auch von Teilchen des → Sonnenwinds aus dem Oberflächenmaterial herausgeschlagen. Infolge der Einwirkung der → Kosmischen Strahlung und beim Einschlag von Mikrometeoroiden (→ Meteorit) kann es ebenfalls zur lokalen Verdampfung von Oberflächengestein kommen. Die Geschwindigkeit der freigesetzten Gaspartikeln ist geringer als die Entweichgeschwindigkeit, darum bleiben sie nicht permanent in Mondnähe, da sie vom Strahlungsdruck der Sonnenstrahlung weggetrieben werden. Die Entgasung oberer Mondschichten speist möglicherweise ebenfalls die Mondatmosphäre. Gasausbrüche wurden gelegentlich beobachtet. Ihr Beitrag zur Atmosphäre kann jedoch nicht sehr hoch sein, denn es fehlen die für irdische vulkanische Gase charakteristischen Atmosphärenbestandteile.

Oberflächentemperaturen. Infolge der langsamen Rotation ist jeder Teil der Oberfläche einen halben Monat lang der Sonnenstrahlung ausgesetzt und liegt die gleiche Zeit auf der Nachtseite. Auf der Tagseite betragen die Temperaturen maximal etwa 130 °C, während der Mondnacht sinken sie auf etwa −170 °C (Abb. 2). Die schroffen Temperaturgegensätze sind außer durch die lange Dauer von Tag und Nacht auch durch die dünne Mondatmosphäre bedingt, die weder die einfallende Sonnenstrahlung, noch die vom M. emittierte Wärmestrahlung merklich schwächt. Während einer totalen Mondfinsternis sinkt die Oberflächentemperatur infolge der starken Abstrahlung daher beträchtlich. Die gro-

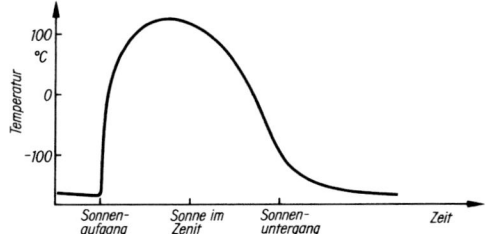

Abb. 2: Temperaturvariationen in der Mitte der Mondscheibe

ßen Temperaturunterschiede zwischen Mondtag und -nacht sind auf eine relativ dünne Bodenschicht beschränkt, was sich aus den verhältnismäßig geringen Intensitätsvariationen der aus diesen Schichten stammenden Radiofrequenzstrahlung ergibt. Das Oberflächenmaterial ist im Allg. porös und dadurch ein schlechter Wärmeleiter, so dass auch bei hoher Sonneneinstrahlung tieferliegende Schichten nur gering erwärmt werden.

Auf der Mondoberfläche existieren Gebiete mit lokalen Temperaturanomalien, benachbarte Oberflächenregionen haben z. T. merkliche Temperaturunterschiede. Sehr junge Krater, z. B. der Krater Tycho, die wahrscheinlich nur durch eine relativ dünne Staubschicht bedeckt sind, scheinen die während des Mondtages einfallende Sonnenenergie relativ gut zu speichern, so dass sie nach Sonnenuntergang etwas wärmer als ihre Umgebung sind. Andere geringe Temperaturerhöhungen rühren möglicherweise von einer lokal etwas erhöhten Radioaktivität bodennahen Gesteins her. Es existieren auch Gebiete mit Temperaturerniedrigungen von 5 bis 10 °C gegenüber der Umgebung.

Selenographische Koordinaten. Zur Lagebestimmung einzelner Punkte auf der Mondoberfläche dient ein Koordinatensystem, dessen Grundebene senkrecht zur Rotationsachse des M.es ist und durch den Mondmittelpunkt geht; sie schneidet den Mondkörper im Mondäquator. Die selenographische Breite [von selene, griech., ‚Mond'] wird senkrecht vom Mondäquator aus nach Norden und Süden jeweils von 0° bis 90° gezählt, die selenographische Länge von einem Nullmeridian aus nach Osten und Westen jeweils von 0° bis 180°. Der Nullmeridian geht durch die Mitte der sichtbaren Mondscheibe und schneidet den Mondäquator im Sinus Medii.

Frühere Mondkarten wurden allgemein so gezeichnet, wie der M. im astronomischen Fernrohr erscheint: Norden unten, Süden oben, Westen links und Osten rechts, es wurden die irdischen Himmelsrichtungen am Himmel auf den M. übertragen. Nach einem Beschluss der Internationalen Astronomischen Union wird jetzt auf allen rotierenden Körpern des Sonnensystems diejenige Richtung mit Osten bezeichnet, in die sich ein Punkt am Äquator infolge der Rotation bewegt, die Gegenrichtung mit Westen. Auf allen Körpern des Planetensystems geht damit die Sonne im Osten auf und im Westen unter. Auf der dem bloßen Auge erscheinenden Mondscheibe ist daher Osten rechts und Westen links.

Von keinem anderen Himmelskörper ist die Oberfläche auch nur annähernd so gut bekannt wie vom M. Mit erdgebundenen Teleskopen sind unter sehr guten Sichtbedingungen noch Einzelheiten bis zu etwa 100 m Ausdehnung zu erkennen, wenn sie sich etwa durch Erhöhung von ihrer Umgebung unterscheiden. Es existieren Mondkarten, die mit Kartenaufnahmen der Erdoberfläche durchaus vergleichbar sind. Die *Selenographie*, die die Beschreibung und die kartographische Aufnahme der Mondoberfläche zur Aufgabe hat, steht diesbezüglich der Geographie wenig nach. Mit mondumkreisenden Raumsonden ist es möglich, auch die von der Erde aus unsichtbare Rückseite zu kartieren.

Oberflächenstrukturen. In der Selenographie haben sich für die Oberflächenstrukturen des M.es sehr früh Bezeichnungen eingebürgert, die der Geographie entlehnt wurden, z. B. Meer, Land, Gebirge, See usw., ohne dass es sich notwendigerweise um die gleichen geologischen Erscheinungen wie auf der Erde handelt. Diese Begriffe werden auch gegenwärtig noch benutzt. Nach Festlegungen der Internationalen Astronomischen Union tragen die einzelnen Oberflächenerscheinungen mit Ausnahme der Krater eine zweiteilige Bezeichnung. Dem Eigennamen geht die lateinische Typbezeichnung der Oberflächenstruktur voraus. Tiefebenen haben z. B. den Gattungsnamen Mare (*Plur.* Maria, ,Meer'), während die Eigennamen recht phantasievoll gewählt wurden, so dass u. a. vom Mare Imbrium (,Regenmeer'), Mare Nubium (,Wolkenmeer') oder Mare Serenitatis (,Meer der Heiterkeit') gesprochen wird. Krater tragen nur einen Eigennamen, meist den von Gelehrten, vor allem von Astronomen, wobei grundsätzlich die englische Schreibweise der Namen benutzt wird.

Schon mit bloßem Auge können auf dem M. helle und dunkle Gebiete gesehen werden. Die hellen Gebiete sind Gebirgsregionen, die dunkleren erweisen sich bei Fernrohrbeobachtungen als weite Ebenen, in denen nur verhältnismäßig geringe Höhenunterschiede existieren. Neben sehr großen Ebenen (Gattungsname Mare oder Oceanus, ,Ozean') existieren auch kleinere Flächen mit Mareeigenschaften, die Bezeichnungen wie Lacus (,See') oder Palus (,Sumpf') tragen. Das größte Mare ist der Oceanus Procellarum (,Ozean der Stürme') mit einer Fläche von 5 Mio. km², gefolgt vom Mare Nubium mit rund 1 Mio. km² und dem Mare Imbrium mit 0,9 Mio. km². Die Maria liegen unterhalb des Bezugsniveaus des M.es, beim Mare Imbrium bis zu etwa 6 km, beim Mare Nectaris (,Nektarmeer') bis zu etwa 5 km. Eine nur in den Maria auftretende Besonderheit stellen die Dorsa (*Sing.* Dorsum, ,Rücken') dar, bei denen es sich um dammartige, relativ schmale und flache, nur bis zu etwa 100 m hohe, langgestreckte Aufwölbungen handelt, die sich bis zu wenigen 100 km teils geradlinig, meist aber mäanderartig hinziehen. Da sie praktisch keine Schatten werfen, sind sie von der Erde aus nicht erkennbar und selbst auf von Raumsonden aus gewonnenen Nahaufnahmen nur schwer wahrzunehmen. Weiterhin existieren in den Maria kreisförmige flache kuppelähnliche Erhebungen, die Tholi (*Sing.* Tholus, ,Kuppel'), mit Höhen bis zu etwa 100 m und Durchmessern bis zu mehreren Kilometern, die meist gruppenweise auftreten.

Auch sie sind so flach, dass sie nur unter günstigsten Lichtverhältnissen erkennbar sind.

Die hellen Großstrukturen werden als Terrae (*Sing.* Terra, ,Land') bezeichnet, sie treten auf der erdzugewandten Seite des M.es vorwiegend auf der südlichen Hemisphäre auf (Abb. 3), während auf der nördlichen nur Reste von Terra-Strukturen zwischen den Maria zu erkennen sind. Diese Terra-Reste manifestieren sich als große Kettengebirge um die Maria. Das Mare Imbrium ist z. B. von den Mondalpen, vom Kaukasus, den rund 650 km langen Apenninen und den Karpaten umsäumt. Diese Bergmassive steigen z. B. in den Apenninen mehr als 6 km über die Ebenen empor. Auf der Mondrückseite sind die Terrae die beherrschenden Strukturen. Von der gesamten Mondoberfläche bedecken sie etwa 80%. Die Strukturen der Mondgebirge können wie die aller Monderhebungen vor allem bei einem sehr flachen Lichteinfall erkannt werden, wenn sie an der Grenze zwischen dem beleuchteten und dem unbeleuchteten Teil der Mondscheibe liegen (Abb. 4). Aus Schattenlänge und Sonnenstand über der entsprechenden Mondregion ist die Berghöhe bestimmbar, sie erreicht in einzelnen Fällen die Höhe der höchsten irdischen Berge. Die auffälligsten Strukturen der Terrae sind Krater, deren Durchmesser z. T. weit mehr als 100 km beträgt. Die größten Krater sind von einem Ringgebirge umgeben, einem Wall, der bis zu Höhen von mehreren Kilometern relativ steil vom Kraterinnern aufsteigt, während der Abfall nach außen hin viel flacher erfolgt. Die umschlossene Innenfläche liegt tiefer als die Umgebung außerhalb des Walls und hat in der Mitte oft einen Zentralberg oder mehrere Zentralberge. Der Kraterdurchmesser beläuft sich in der Regel auf das 10- bis 30fache der Höhe des umgebenden Gebirges (Abb. 5). Die größten Ringgebirge umschließen sog. Wallebenen, deren Durchmesser mehr als 200 km betragen kann. Bei der Wallebene Ptolemaeus beträgt der Durchmesser etwa 150 km, die Wallhöhe etwa 2 400 m, so dass das Verhältnis sogar rund 60:1 erreicht. Die Höhe des umgebenden Ringgebirges ist im Mittel etwa gleich dem Betrag, um den die gekrümmte Mondoberfläche längs einer Strecke von der Größe des Kraterradius von einer Ebene abweicht, d. h. von der Mitte eines derartigen Kraters kann der Kamm des umgebenden Wallgebirges gerade noch über den Horizont hinausragend gesehen werden.

Von einigen großen Kratern, z. B. von Tycho und Copernicus, gehen helle Strahlen aus, die sich bis in sehr große Entfernungen erstrecken, die vom Krater Tycho ausgehenden z. B. bis zu 1 800 km. Die Strahlen überziehen z. T. Maria, Höhenrücken und Randgebirge (Abb. 4). Sie können mehrere Kilometer breit sein, erheben sich aber kaum über ihre Umgebung. Sie fallen besonders bei Vollmond auf. Auf der Vorderseite des M.es sind Strahlensysteme sichtbar, die auf der Rückseite zusammenlaufen und so den Ort großer Krater anzeigen, die von der Erde aus unsichtbar sind.

Krater existieren auf der gesamten Mondoberfläche. In den Terrae sind sie so dicht, dass es praktisch keine kraterfreien Gebiete gibt und beim Entstehen eines neuen Kraters alte Krater ganz oder teilweise zerstört werden. In den Maria ist die Zahl der Krater je Flächeneinheit

Mond

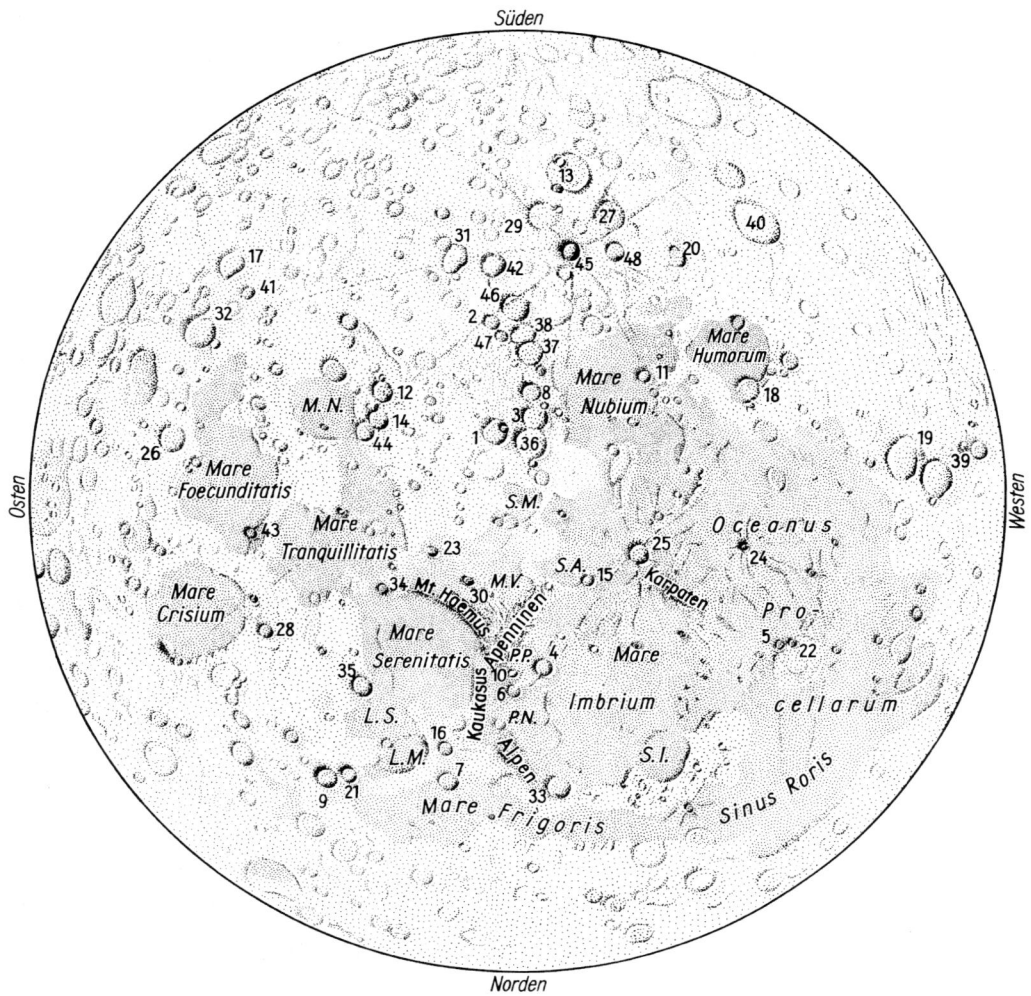

Abb. 3: Übersichtskarte der Mondoberfläche, dargestellt wie im umkehrenden Fernrohr

Es bedeuten:
L. S.: Lacus Somniorum
L. M.: Lacus Mortis
P. P.: Palus Putredinis
M. N.: Mare Nectaris
M. V.: Mare Vaporum
S. A.: Sinus Aestuum
S. I.: Sinus Iridum
S. M.: Sinus Medii

Krater:
1 Albategnius
2 Aliacensis
3 Alphonsus
4 Archimedes
5 Aristarch
6 Aristillus
7 Aristoteles
8 Arzachel
9 Atlas
10 Autolycus
11 Bullialdus
12 Catharina
13 Clavius
14 Cyrillus
15 Eratosthenes
16 Eudoxus
17 Furnerius
18 Gassendi
19 Grimaldi
20 Hainzel
21 Hercules
22 Herodot
23 Julius Caesar
24 Kepler
25 Copernicus
26 Langrenus
27 Longomontan
28 Macrobius
29 Maginus
30 Manilius
31 Maurolycus
32 Petavius
33 Plato
34 Plinius
35 Posidonius
36 Ptolemaeus
37 Purbach
38 Regiomontanus
39 Riccioli
40 Schickard
41 Stevinus
42 Stöfler
43 Taruntius
44 Theophilus
45 Tycho
46 Walter
47 Werner
48 Wilhelm

Mond

Abb. 4: Der Mond etwa 2 Tage nach dem ersten Viertel, wie er in einem umkehrenden Fernrohr erscheint (Norden unten, Osten links). Rechts oben der Krater Tycho mit Strahlensystem

weitaus geringer. Je geringer die Kraterdichte, umso geologisch jünger ist der Bereich der Mondoberfläche. Die Kraterhäufigkeit ist abhängig vom Durchmesser. Während nur relativ wenige Großkrater existieren, sind von der Erde aus rund 40 000 Krater bis herab zu etwa 100 m Durchmesser sichtbar. Aufnahmen von Raumsonden aus zeigen, dass die Anzahl ins Unermessliche steigt, wenn auch die kleinsten Krater mitgezählt werden (Abb. 6). Als Minikrater können mikroskopisch kleine Grübchen mit einem Durchmesser kleiner als 0,01 mm auf der Oberfläche von Mondstaubpartikeln angesehen werden, die nur bei Laboruntersuchungen

Mond

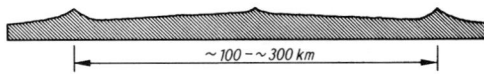

Abb. 5: Schematischer Schnitt durch eine Wallebene mit Zentralberg

erkennbar sind. Die Groß- und Riesenkrater bilden kreisförmige Maria wie das Mare Orientale (‚Morgenländisches Meer'), ein Multiringbecken mit einem Durchmesser von etwa 900 km. Mittlere und große Krater haben in den Maria und z. T. auf dem Boden benachbarter Krater radial vom Zentrum weg gerichtete Strukturen mit Sekundärkratern, die im Allg. elliptisch geformt und radial ausgerichtet sind. In den Terrae fehlen diese Strukturen oder sind wegen der großen Kraterdichte nicht als solche zu erkennen.

Eine weitere Struktureinheit bilden die Valles (*Sing.* Vallis, ‚Tal'), breite, lange, gerade und steilbegrenzte Rinnen mit flachem Boden. Die Vallis Alpes, das Quertal der Mondalpen, hat eine Länge von etwa 130 km und eine Breite von stellenweise mehr als 10 km. Von den Valles zu unterscheiden sind die in großer Zahl vorhandenen grabenförmigen flachen Rillen (Rimae, *Sing.* Rima, ‚Ritze, Rille') mit glatten Rändern und unterschiedlichen Profilen. Die Rimae haben z. T. einen geraden, teilweise einen geknickten oder mäanderartigen Verlauf, wobei die geraden Rimae typische Strukturen der Maria sind. Die Breite beträgt bis zu 5 km, die Tiefe selten mehr als 100 m, sie erstrecken sich über z. T. mehrere 100 km. Eine mäanderartige, einem Flussbett sehr ähnlich sehende Rille schlängelt sich durch das Alpenquertal (Abb. 7).

Zu den Verwerfungen (Gattungsname Rupes, ‚Felshang') gehört die Rupes Recta, die „Gerade Wand", ein in einer Länge von mehr als 100 km fast geradlinig verlaufender Steilhang von etwa 300 m Höhe, der zwei terrassenartige Höhenstufen am Westrand des Mare Nubium trennt.

Entstehung der Oberflächenstrukturen. Während der Bildung des M.es aus einer großen Menge von kleinen und großen Festkörperbruchstücken (→ Kosmogonie) wurde so viel potentielle Energie in kinetische und schließlich in thermische Energie umgewan-

Abb. 6: Detail der Mondoberfläche (Norden unten, Osten links). Etwa in Bildmitte der Krater Albategnius, rechts davon die Krater Ptolemaeus, Alphonsus und Arzachel. Weiter nach rechts schließt sich das Mare Nubium an (NASA; mit Hilfe der Raumsonde Apollo 8 gewonnen)

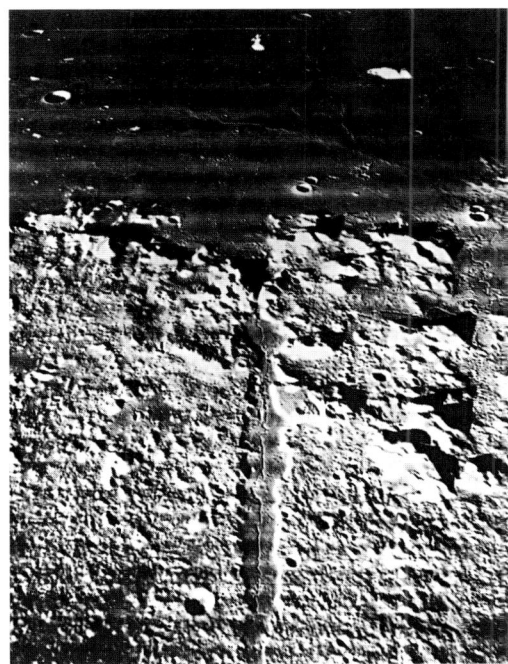

Abb. 7: Mondoberflächendetail Vallis Alpes mit einer sich wie ein Fluss durch ein Tal schlängelnden Rille (NASA; mit Hilfe der Raumsonde Lunar Orbiter 5 gewonnen)

delt, dass die den M. bildenden Gesteine schmolzen Dies ermöglichte eine Sedimentation und chemische Differentiation, bei der spezifisch schwerere Elemente und Verbindungen absanken, leichtere sich an der Oberfläche konzentrierten. Infolge der Energieabstrahlung kühlten die oberflächennahen Schichten ab und erstarrten, wobei festes Gestein aus der Schmelze auskristallisierte. Die bei der Abkühlung erfolgende Schrumpfung der erstarrten Kruste verursachte Spannungen, die zur Bildung gebirgiger Strukturen wie der Mondalpen und der Apenninen führte. Die ältesten Oberflächengesteine, damit die ältesten Krustenbereiche, haben ein Alter von 4,4 Mrd. Jahren. In der Frühphase des Planetensystems war der interplanetare Raum von einer sehr großen Zahl fester Körper, erfüllt, die auf → Meteoroiden, darunter die vorhandenen größeren Körper, darunter den M., stürzten. Die kinetische Energie der aufschlagenden Körper reichte zum Schmelzen größerer Mengen Oberflächengesteins sowie der Körper selbst aus, vor allem aber wurden große Gesteinsmassen ausgeworfen, die einen Wall bildeten und einen Krater zurückließen. Infolge der geringen Schwerkraft und wegen des Fehlens einer abbremsenden Atmosphäre konnten die Bruchstücke bis in große Entfernungen vom Krater geschleudert werden, dabei wurden u. a. die Strahlensysteme von derartigem Auswurfmaterial gebildet. Der aufgeworfene Gesteinswall rutschte, falls er zu hoch war, terrassenförmig zusammen, was z. T. Multiringkrater verursachte. Im Krater konnte ein Zentralberg oder sogar ein zentraler Gebirgsring entstehen. Die Kratermulden waren umso größer, je massereicher der aufschlagende Körper und damit die umgesetzte kinetische Energie war. Die Kratergröße übertraf die Größe des aufschlagenden Projektils um mehr als das 10fache. Bei der Bildung eines Kraters entstanden vielfach auch Sekundärkrater, die von ausgeschleuderten großen Gesteinsbrocken gerissen wurden. Die Zeit, in der die meisten Einschlagkrater entstanden, war verhältnismäßig kurz, sie beschränkte sich vermutlich auf etwa 500 bis 700 Mio. Jahre nach der Bildung des M.es.

Die kinetische Energie der größten aufschlagenden Körper war so groß, dass auch tiefliegendes Untergrundgestein zertrümmert wurde. Durch die entstandenen Bruchspalten drang Magma aus tieferen, noch geschmolzenen Schichten und füllte die Kratermulden aus. Es bildete sich eine Sekundärkruste, die gegenwärtig noch in den Maria zu finden ist. Das geringere Alter der Sekundärkruste ist die Ursache der wesentlich geringeren Kraterzahl je Flächeneinheit in den Maria. Beim Erstarren der Lava entstanden als lokale Strukturelemente u. a. Rücken, Verwerfungen, Bruchlinien und Rillen. Deren Struktur lässt erkennen, dass die Lava sehr dünnflüssig war und eine hohe Fließgeschwindigkeit hatte. Einzelne Rillen haben ihren Anfang in Kratern und Senken, aus denen sich offenbar der Lavastrom ergoss. Die in den Maria beobachteten Kratergruben mit runden weichen Konturen gehen wahrscheinlich auf Schwunderscheinungen in der erstarrenden Lava zurück. Die kuppelförmigen Tholi dürften als Schildvulkane entstanden sein und die langgezogenen Rücken durch das Hervordringen von Magma aus Spalten. Infolge der Dünnflüssigkeit der Lava entstanden keine hohen Vulkanbauten.

Das die Maria und mareähnlichen Gebiete formende Gestein der Sekundärkruste hat eine höhere spezifische Dichte als das Primärkrustengestein der Terrae. Es ist Gestein, das sich aus mit schwererem Material angereicherter Lava aus tieferliegenden Mondschichten bildete und einen relativ großen Anteil von Kalium, seltenen Erden sowie Phosphor enthielt. Auf Grund dieser Zusammensetzung wird es auch als KREEP bezeichnet [engl. Abk. von *k*alium, *r*are-*e*arth *e*lements, *p*hosphor]. Die Maria bilden innerhalb der Mondkruste Massekonzentrationen, sog. Mascons [Verkürzung von engl. mass concentrations], die Schwereanomalien verursachen, die beim Umlauf mondumkreisender Raumsonden kleinere Bahnunregelmäßigkeiten verursachen. Die Krustendicke auf der der Erde zugewandten Seite ist etwas größer als der Rückseite. Möglicherweise ist das die Ursache für das nahezu vollständige Fehlen von Maria auf der Rückseite. Infolge der größeren Dicke reichten die Bruchspalten nicht bis zur Krustenuntergrenze, so dass kein Magma nach oben dringen konnte. Die ältesten lunaren Basalte verfestigten sich vor etwa 3,9 bis 3,8 Mrd. Jahren, die jüngsten vor etwa 3,1 Mrd. Jahren. Zu dieser Zeit endeten die magmatischen Ergießungen und damit die Bildung neuen Oberflächengesteins. Seit rund 3 Mrd. Jahren ist der M. in geologischer Hinsicht ein toter Körper.

Die Krater in den Maria stammen aus einer Zeit, zu der die Sekundärkruste dort schon erstarrt war. Die geringe Kraterzahl zeigt, dass große Körper seitdem nur noch

Mond

selten auf dem M. aufschlugen. Einige große Krater entstanden erst in jüngerer Zeit, der Krater Copernicus z. B. erst vor etwa 0,8 Mrd. Jahren, der Krater Tycho sogar erst vor rund 0,1 Mrd. Jahren. Auch gegenwärtig ist der M. noch einem Bombardement aus dem interplanetaren Raum ausgesetzt, wenn auch große einschlagende Körper sehr selten sind, während kleine Körper, wie Mikrometeoroide, in großer Zahl auftreffen. Sie bewirken, einem Sandstrahlgebläse ähnlich, kleine und kleinste Kraterchen und sorgen wie die Teilchen des Sonnenwindes für eine allmähliche Erosion des Mondgesteins, die durch eine thermische Erosion infolge des schnellen, krassen Temperaturwechsels an der Mondoberfläche gefördert wird.

Beschaffenheit des Mondbodens. Untersuchungen des Mondbodens mit geowissenschaftlichen Methoden wurden mit Hilfe von auf dem M. gelandeten und zur Erde zurückgekehrten Raumsonden sowie durch die Landung von Menschen möglich. Die Mondoberfläche ist von einer z. T. sehr dicken Trümmerschuttschicht, einem sog. Regolith, bedeckt. Keine Gesteinsprobe stammt von anstehendem Felsgestein. Der Regolith wird hauptsächlich von staubfeinen Partikeln gebildet, unter die Glasteilchen und Mikrobrekzien gemischt sind, und ist das Ergebnis eines seit Milliarden von Jahren andauernden Erosionsprozesses. Die Brekzien sind Gesteinssplitter, die bei der mechanischen Zertrümmerung ehemals kristallinen Gesteins entstanden und bei späteren Einschlägen weiterer Meteoroide zu kleinen Klümpchen zusammengepresst wurden und zusammensinterten. Im Regolith sind auch größere Gesteinsbrocken eingebettet, die ähnlich dem irdischen Basalt aus einer Gesteinsschmelze entstanden sind, was u. a. die vielen blasenförmigen Hohlräume zeigen, die auftreten, wenn Lava ohne äußeren Druck erstarrt. Sedimentgesteine, wie Kalkgestein oder Schiefer, fehlen auf dem M. völlig. Durch einen allmählichen Erosionsprozess erfolgte eine langsame Einebnung aller Höhenunterschiede, was sich an den im Regolith eingebetteten Felsbrocken zeigt, deren obenliegende Flächen vielfach abgerundet und glatt sind, während die untenliegenden Bruchflächen meist eckig und kantig geblieben sind.

Das bisher untersuchte lunare Gestein wie auch die vom M. stammenden Meteorite (→ Meteorit) bestehen hauptsächlich aus von der Erde her bekannten Mineralen, es ist aber einheitlicher und petrographisch einfacher aufgebaut als das irdische. Vor allem wegen des Fehlens von Wasser und atmosphärischem Sauerstoff ist die Anzahl der auf dem M. nachgewiesenen Minerale wesentlich kleiner als die Zahl der von der Erde her bekannten, es wurden aber auch auf der Erde nicht vorkommende Minerale gefunden.

Die Gesteinsproben bilden zwei Gruppen, einerseits an Eisen und Titan reiche Basalte, die die Maria ausfüllen, andererseits feldspathaltige Gesteine der Hochländer. Die Mariabasalte entstammen einer fraktionierten Schmelze, bei der Material tieferliegender Schichten gerade so weit erhitzt war, dass Stoffe mit niedrigem Schmelzpunkt flüssig wurden und an die Oberfläche gelangten. Das Alter der Basalte liegt zwischen 3,2 und 4,2 Mrd. Jahren. Das Terragestein ist ein Gemisch aus leicht und schwer schmelzbaren Gesteinen mit einem hohen Anteil leichter Metalle wie Aluminium und Kalzium, wodurch sich eine geringe spezifische Dichte ergab. Das Alter ist wenig höher als 4,3 Mrd. Jahre. Beide Gesteinstypen entstanden unter unterschiedlichen Bedingungen aus dem gleichen Magma, was ein Grund für die geringe Anzahl der lunaren Minerale ist. Charakteristisch für den Mariaboden sind gelbe, orangefarbene und braune Glaskügelchen. Es ist wahrscheinlich beim Aufschlag von Meteoroiden geschmolzenes und hochgeschleudertes Basaltmaterial, das sich noch während der Flugphase abkühlte und in Form von Glaskügelchen zu Boden fiel (Abb. 8).

Trotz einiger Unterschiede in der chemischen Zusammensetzung des Oberflächenmaterials besteht für die häufigsten Elemente eine bemerkenswerte Einheitlichkeit. Im Vergleich mit der mittleren Zusammensetzung der Erdkruste scheint die Mondkruste etwas reicher an schwer schmelzbaren Elementen, wie Alumi-

Abb. 8: Mondstaubteilchen. Fein- bis grobkörnige Gesteinsbruchstücke und etwas oberhalb der Bildmitte ein Glaskügelchen

nium, Kalzium und Titan, hingegen etwas ärmer an Natrium, Magnesium und Eisen zu sein. Bei der chemischen Analyse der lunaren Gesteinsproben ergaben sich keinerlei Hinweise auf die Existenz organischer Verbindungen.

Magnetfeld. Der M. besitzt gegenwärtig kein allgemeines Magnetfeld, dessen Feldstärke höher als 0,01% der des Erdmagnetfelds ist. Einige Gesteinsproben lassen aber darauf schließen, dass bei der Bildung der Gesteine aus flüssigem Magma vor 3 bis 4 Mrd. Jahren ein Magnetfeld vorhanden war, dessen Stärke jedoch nur wenige Prozent der des gegenwärtigen Erdmagnetfelds betrug.

Innerer Aufbau. Der M. ist nach der Erde derjenige Körper im Planetensystem, dessen innerer Aufbau am besten bekannt ist. Er konnte sehr lange Zeit mit auf ihm stationierten Seismometern überwacht werden, so dass die Modelle des inneren Aufbaus auf diesen wesentlichen Beobachtungsdaten beruhen. Die mittlere Dichte liegt nur wenig über der mittleren Dichte des Oberflächengesteins, was auf einen relativ homogenen Aufbau schließen lässt. Infolge der geringen Masse des M.es, damit der geringen Kompression der tieferen Schichten, dürfte kein starker Dichteanstieg nach innen hin bestehen. Die seismischen Untersuchungen lassen aber einen Schalenaufbau des M.es ähnlich dem der Erde erkennen, wobei die Dichtesprünge jedoch weit geringer ausgeprägt sind.

Die äußerste Schale, die Mondkruste, besteht im Wesentlichen aus feldspathaltigem, bis in eine Tiefe von etwa 1 km weitgehend zertrümmertem Terragestein. Die darunter sich befindenden kompakteren Schichten haben wahrscheinlich viele, durch mechanische Einwirkungen verursachte Sprünge und Brüche. Die Dichte nimmt bis zu einer Tiefe von etwa 20 km zu und bleibt dann bis zur Untergrenze der Kruste nahezu konstant. Die Kruste hat auf der der Erde zugewandten Seite eine Dicke von etwa 60 km, auf der abgewandten Seite ist sie fast doppelt so dick (Abb. 9). Die Kruste ist, auf der Mondrückseite in weit geringerem Maße als auf der Vorderseite, infolge der Sprünge und Brüche von aus dem oberen Mantel stammendem Basalt durchsetzt. Unter der Kruste befindet sich ein weitgehend kompakter, im Wesentlichen aus Basalt bestehender Mantel mit einer Mächtigkeit von vielleicht 800 bis 1 000 km. An der Untergrenze ist er wahrscheinlich in einem Bereich von etwa 200 bis 300 km partiell geschmolzen. Bei Mondbeben werden in dieser Schicht transversal schwingende Scherungswellen ausgelöscht und nur longitudinale Kompressionswellen sind möglich. Den innersten Bereich bildet ein Kern, dessen Zusammensetzung nicht bekannt ist. Er kann nicht gänzlich aus Eisen bestehen, denn dann wäre die mittlere Dichte größer. Ein ehemals wahrscheinlich existierendes globales Magnetfeld spricht für einen großen Eisenanteil. Ein wesentlicher Kernbestandteil ist wahrscheinlich auch Schwefel. Der Kernradius ist abhängig von der Zusammensetzung, er könnte 300 bis 400 km betragen. Diese Angaben sind jedoch sehr unsicher. Die Temperatur im Mondzentrum dürfte bei etwa 1 200 K liegen, wie aus dem aus dem Innern kommenden Wärmestrom abgeschätzt werden kann. Ein Teil der Energie des Wärmestromes wird

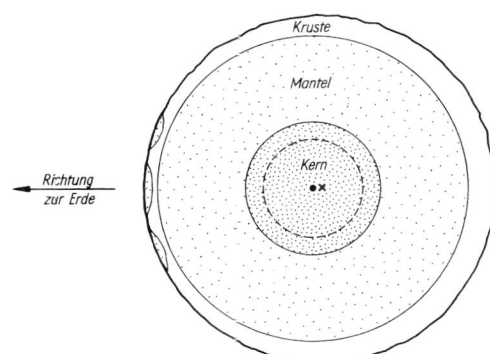

Abb. 9: Schematisierter Schnitt durch den Mond. Das Mächtigkeitsverhältnis von Kern zu Mantel ist annähernd richtig dargestellt, die Krustendicke hingegen stark überhöht, entsprechend der Abstand des Massenmittelpunkts (●) vom Figurenmittelpunkt (✕). Gestrichelt: Der zum Teil aufgeschmolzene Kernbereich. Auf der erdzugewandten Seite angedeutet mit Mantelmaterial aufgefüllte Maria

wahrscheinlich auch beim Zerfall radioaktiver Elemente in den äußeren Mondschichten freigesetzt. Der M. ist seismisch viel weniger aktiv als die Erde.

Entstehung. Die Entstehung des M.es erfolgte sehr wahrscheinlich bei einem fast streifenden Zusammenstoß eines großen Körpers mit der Erde (→ Kosmogonie).

Mondalter, die seit dem letzten Neumond verstrichene Zeit; → Mondphase.

Mondbewegung, die Ortsveränderung des Mondes im Raum in Bezug auf die Erde bzw. die Ortsveränderung des Mondes am Himmel in Bezug auf die Sterne.

Wahre M. Der Mond bewegt sich mit einer mittleren Geschwindigkeit von 1 023 km/s auf einer Ellipsenbahn mit einer großen Halbachse von 384 400 km und einer Exzentrizität von im Mittel 0,0554 rechtläufig um die Erde; infolge von Störungen durch die Sonne kann die Exzentrizität zwischen 0,044 und 0,067 variieren. Die Entfernung des Mondes von der Erde schwankt zwischen 356 410 km im Perigäum und 406 740 km im Apogäum, wobei die Extremwerte in Abhängigkeit von der augenblicklichen Bahnexzentrizität noch um einige Kilometer kleiner bzw. größer sein können. Die mittlere Entfernung entspricht rund 60 Erdradien. Die Mondbahnebene ist im Mittel um knapp 5° 9' gegen die Ebene der Ekliptik geneigt. Die Umlaufzeit des Mondes um die Erde ist ein Monat. Die Zeit zwischen zwei aufeinanderfolgenden gleichen Stellungen in Bezug auf einen Fixstern, der siderische Monat, beträgt 27,32166 Tage. Bei einer anderen Wahl des Bezugspunktes oder der Bezugslinie, gegenüber denen ein voller Umlauf gezählt wird, ergeben sich andere Monatslängen (→ Monat).

Bei einem Blick auf die Ekliptikebene erscheint die räumliche Bewegung des Mondes wegen der gleichzeitigen Erdbewegung als ein Pendeln um die Erdbahn, wobei der Mond von dieser nur um 1/400 der Entfernung Erde–Sonne abweicht. Der relativ geringe Abstand des Mondes von der Erde und das Verhältnis der Umlaufzeit des Mondes um die Erde zur Umlaufzeit der

Mondbewegung

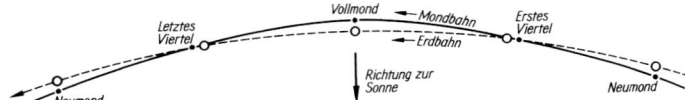

Abb. 1: Erd- und Mondbahn relativ zur Sonne mit stark überhöhten Abständen der Bahnen voneinander

Erde um die Sonne bewirken, dass die Mondbahn immer zur Sonne hin gekrümmt, konkav bleibt. Bezogen auf die Sonne bewegt sich der Mond auf einer infolge der großen Erdnähe stark gestörten elliptischen Bahn um die Sonne (Abb. 1).

Die Bewegung des Mondes in Bezug auf die Erde ist außerordentlich kompliziert, was an der relativen Nähe der Sonne und der großen Nähe der Erde liegt. Die Erde wirkt dadurch gravitativ nicht wie eine in einem Punkt konzentrierte Masse auf den Mond, vielmehr machen sich die räumliche Ausdehnung der Erde, ihre Abweichung von der Kugelgestalt sowie die ungleichmäßige Massenverteilung in ihrem Innern bemerkbar. Insgesamt sind die von der Sonne und der Erde verursachten Bahnstörungen so zahlreich, dass hier nur ein kleiner Teil genannt werden kann.

Die Knotenlinie, die Verbindungslinie der beiden Schnittpunkte der Mondbahn mit der Ebene der Ekliptik, bewegt sich entgegengesetzt der Bahnbewegung des Mondes, was als *Rückwärtsdrehung der Knotenlinie* bezeichnet wird. Die Zeit zwischen zwei aufeinanderfolgenden Durchgängen des Mondes durch den gleichen Knoten, der drakonitische Monat, ist daher um 0,10944 Tage kürzer als der siderische Monat. Eine volle Drehung von 360° vollführt die Knotenlinie in 18,61 Jahren.

Die *Vorwärtsdrehung der Apsidenlinie*, der Verbindungslinie von Perigäum und Apogäum, bewirkt, dass das Perigäum sich mit einer Periode von 8,85 Jahren längs der Bahn in gleicher Richtung wie der Mond bewegt. Die Zeit zwischen zwei aufeinanderfolgenden Perigäumsdurchgängen, ein anomalistischer Monat, ist 0,23289 Tage länger als der siderische Monat. Da die Drehung der Apsidenlinie sehr ungleichmäßig erfolgt, zeitweilig sogar rückläufig sein kann, ist die Länge des anomalistischen Monats großen Schwankungen unterworfen. Die Bahngeschwindigkeit des Mondes ist entsprechend dem zweiten Kepler'schen Gesetz in Perigäumsnähe größer, in Apogäumsnähe kleiner als die mittlere Bahngeschwindigkeit. Die dadurch verursachte periodische Abweichung des Mondes von einem gedachten, sich gleichmäßig längs der Bahn bewegenden Punkt, die bis zu etwa ±6° betragen kann, ist die *Mittelpunktsgleichung*, die *Große Ungleichung* oder *Große Ungleichheit*. Ihr ist die *Evektion* überlagert, die den Mond mit einer Periode von 31,8 Tagen und einer Amplitude von bis zu 1,3° um den nach der Mittelpunktsgleichung berechneten Ort pendeln lässt. Diese Störung wurde bereits von Ptolemäus (um 90 bis um 160) gefunden. Kleinere Schwankungen von 40′ bzw. 11′ verursachen die beiden von T. Brahe (1546–1601) entdeckten Störungen, die *Variation* mit einer Periode von einem halben synodischen Monat und die *jährliche Gleichung* oder *jährliche Ungleichheit* mit einer Periode von einem Jahr. Nicht periodisch ist eine langsame stetige Veränderung der M., die *säkulare Akzeleration*, die von E. Halley (1656–1742) gefunden wurde. Sie wird dadurch verursacht, dass sich der Mond in 100 Jahren um etwa 24″ weiter fortbewegt, als nach der Theorie zu erwarten wäre. Davon gehen 12,0″ auf eine säkulare Änderung der Erdbahnexzentrizität zurück, die gegenwärtig langsam abnimmt. Eine scheinbare Beschleunigung von rund 12″ ist eine Folge der hauptsächlich durch den Mond bewirkten Gezeitenreibung der Erde, die eine langsame Zunahme der Rotationsdauer der Erde, mithin eine Abnahme ihrer Rotationsgeschwindigkeit und ihres Drehimpulses hervorruft (→ Zeit). Die Zunahme der Rotationsperiode der Erde bewirkt eine stetige Vergrößerung der auf die Erdrotation bezogenen und bei den Beobachtungen benutzten Zeiteinheit, bei der Berechnung der Mondposition wird hingegen eine konstante Zeiteinheit verwendet. Der der Erde infolge der Gezeitenreibung verlorengehende Drehimpuls wird als Bahndrehimpuls auf den Mond als dem Hauptverursacher der Gezeiten übertragen. Der erhöhte Bahndrehimpuls bewirkt eine allmähliche Vergrößerung des Mondabstands von der Erde. Gegenwärtig nimmt er im Mittel um 3,82 cm je Jahr zu. Die Verlangsamung der Erdrotation täuscht eine scheinbare Beschleunigung des Mondes um rund 34″ je Jahrhundert vor. Die Drehimpulsübertragung und damit letztlich die Verringerung der Mondgeschwindigkeit bewirkt eine Verlangsamung der M. von etwa 22″ je Jahrhundert, beide Effekte zusammen ergeben die Beschleunigung von rund 12″. Die jährliche Vergrößerung des mittleren Mondabstandes ist nicht für alle Zeiten konstant, da die Drehimpulsübertragung von der Größe der auf die Erde wirkenden Gezeitenreibung abhängt. Diese ist von der jeweiligen Verteilung der Wasser- und Landmassen auf der Erdoberfläche bestimmt, die sich infolge der Verschiebung der Kontinente ständig in nicht vorhersagbarer Weise ändert (→ Gezeiten). Trotz der vielen Störungen, die eine Theorie der M. außerordentlich erschweren, gelingt es den Ort des Mondes auf seiner Bahn für einige Jahre im Voraus auf etwa 2 km genau zu berechnen.

Scheinbare M. Im Mittel verschiebt sich der Mond an der Himmelskugel relativ zu den Fixsternen in jeweils etwa 50 Minuten um seinen Durchmesser von West nach Ost. Da diese Bewegung der scheinbaren täglichen Drehung des Himmels entgegengerichtet ist, kulminiert der Mond von Tag zu Tag etwa 50 Minuten später und geht entsprechend später auf bzw. unter. Bei der scheinbaren M. kommt es gelegentlich zu Sternbedeckungen, die u. a. die Möglichkeit zur exakten Festlegung der Mondbahn bieten.

Die Kulminationshöhe des Mondes, die in weiten Grenzen variieren kann, ist von seiner jeweiligen Deklination abhängig, die wiederum von der Lage der Knotenpunkte bezüglich des Frühlingspunktes bestimmt wird. Befindet sich der aufsteigende Knoten im Frühlingspunkt, addiert sich die auf die Ekliptik bezogene Mondbahnneigung zur Schiefe der Ekliptik, der Wintervollmond mit 28,6° Deklination kulminiert dann für Orte

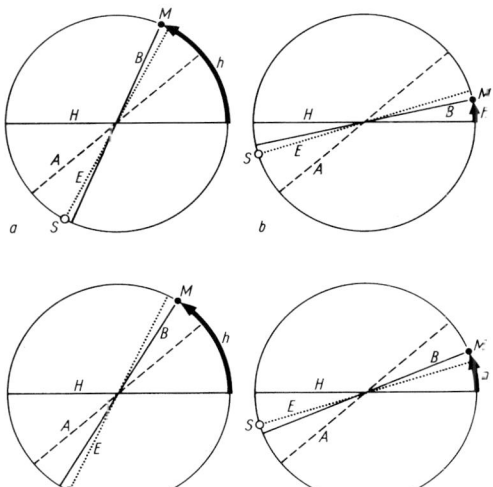

Abb. 2: Zur Kulminationshöhe *h* des Vollmonds. Schematisierter Schnitt in der Meridianebene durch die Himmelskugel. H: Schnittlinie mit der Horizontebene, A: mit der Äquatorebene, B: mit der Mondbahnebene, E: mit der Ebene der Ekliptik. M: Ort des Mondes, S: Ort der Sonne an der Himmelskugel. (a) Stellung im Winter mit dem aufsteigenden Knoten der Mondbahn im Frühlingspunkt, (b) desgleichen im Sommer; (c) Stellung im Winter mit dem aufsteigenden Knoten der Mondbahn im Herbstpunkt, (d) desgleichen im Sommer

mit einer geographischen Breite entsprechend der in Mitteleuropa in einer Höhe von fast 70°. Der Sommervollmond mit einer Deklination von dann −28,6° kulminiert hingegen in nur etwa 10° Höhe. Befindet sich nach 9,3 Jahren der aufsteigende Knoten im Herbstpunkt, subtrahiert sich die Mondbahnneigung von der Schiefe der Ekliptik, die Deklinationsunterschiede sind dann viel geringer (Abb. 2).

Rotation. Der Mond hat eine gebundene Rotation; die Rotationsdauer ist gleich der Umlaufzeit um die Erde, d. h. er wendet der Erde stets die gleiche Seite zu (Abb. 3). Infolge einer Reihe unterschiedlicher Effekte

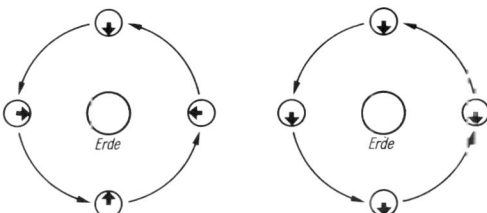

Abb. 3: Zur gebundenen Rotation des Mondes. Pfeil: eine fest mit der Mondoberfläche verbundene Richtung. Links: gebundene Rotation; die Markierung weist immer zur Erde, vollführt aber während eines Umlaufs um die Erde eine Drehung um 360°. Rechts: Bei nicht rotierendem Mond wäre die Markierungsrichtung im Raum konstant, von der Erde aus wären immer andere Teile der Mondoberfläche sichtbar

Mondphase

(→ Libration) sind aber insgesamt 59% seiner Oberfläche von der Erde aus sichtbar. Die gebundene Rotation ist die Folge einer Gezeitenreibung während des Frühzustandes des Mondes. Die Erdanziehung verursachte in der noch nicht völlig erstarrten Mondkruste eine Flutwelle, deren Bewegung durch Reibungseffekte die ursprüngliche Rotation des Mondes so lange veränderte, bis keine Relativbewegung mehr zwischen Flutwelle und Mondoberfläche bestand (→ Gezeiten).
Mondferne, svw. Aposelen; → Apsiden.
Mondfinsternis, → Finsternis.
Mondnähe, svw. Periselen; → Apsiden.
Mondphase, die von der Erde aus sichtbare Beleuchtungsform des Monds. Infolge der Bewegung des Monds um die Erde wechselt seine Stellung relativ zur Sonne, wodurch in periodischer Folge unterschiedlich große Teile seiner der Erde zugewandten Hemisphäre von der Sonne beleuchtet werden (Abb.). Bei *Neumond (Interlunium)* befindet sich der Mond in Konjunktion (→ Konstellation) zur Sonne, so dass die der Erde zugewandte Seite unbeleuchtet ist, er geht dann je nach seiner Deklination etwa gleichzeitig mit der Sonne auf und unter. Kurz vor dem Erreichen der östlichen Quadratur erscheint er als zunehmender *Halbmond* im *ersten Viertel*, er steht dann am Nachmittag und in der ersten Nachthälfte über dem Horizont. Während der Opposition ist die gesamte sichtbare Hemisphäre beleuchtet, der Mond kulminiert als *Vollmond* um Mitternacht wahrer Ortssonnenzeit. Im *letzten Viertel* erscheint der Mond, wenn er sich etwas weiter als bis zur westlichen Quadratur von der Oppositionsstellung wegbewegt hat, er steht dann als abnehmender Halbmond in der zweiten Nachthälfte und am Vormittag am Himmel. Sonnen- und Mondfinsternisse können nur bei Neu- bzw. Vollmond, zu den *Syzygien*, auftreten.
Eine *Lunation* umfasst den vollständigen Ablauf aller M.n bis zum Wiedererreichen der Anfangsphase; ihre Dauer ist gleich dem synodischen → Monat (29 d 12 h 44 min 2,9 s). Die seit dem letzten Neumond verstrichene Zeit ist das *Mondalter*, der Vollmond hat ein Alter von einem halben synodischen Monat. Während einer Lunation bewegt sich der *Terminator*, die Grenzlinie zwischen dem beleuchteten und dem unbeleuchteten Teil der Mondscheibe, zweimal von West nach Ost über die Mondscheibe. Die Gesamthelligkeit des Mondes ändert sich beim Phasenwechsel stärker, als entsprechend der Größenänderung der sichtbaren beleuchteten Fläche zu erwarten wäre (→ Mond).
Kurz vor oder nach Neumond, wenn die von der Sonne bestrahlte Mondsichel nicht zu hell ist, kann das *aschgraue Mondlicht* wahrgenommen werden, eine schwa-

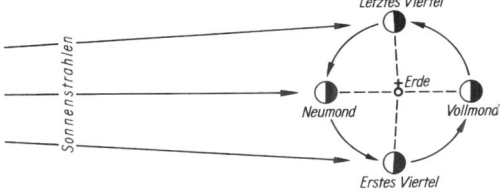

Zur Entstehung der Mondphasen

Monoceros

che Erhellung der Nachtseite des Mondes durch das an der Erde reflektierte Sonnenlicht, ähnlich der Erhellung der Nachtseite der Erde durch den Vollmond.

Monoceros, *Gen.* Monocerotis, abg. ***Mon***, ***Einhorn***, Sternbild der Äquatorzone, das von unseren Breiten aus im Winter am Abendhimmel sichtbar ist. Durch das Sternbild zieht sich die Milchstraße, weiter liegen viele galaktische Nebel und Offene Sternhaufen in ihm, von denen einige, z. B. M 50, schon mit einem Feldstecher sichtbar sind.
Hinsichtlich der Lage am Himmel → Sternkarte Seite 420.

monochromatisch, → Licht einer einzigen Wellenlänge.

Monochromator, optische Anordnung zur Aussonderung eines engen Spektralbereichs aus einem Strahlungsgemisch.

Mons *m, Plur.* Montes, Bezeichnung für einen einzelnen Berg als Struktureinheit auf einem erdartigen Körper des Planetensystems.

Montes *m, Sing.* Mons, Bezeichnung eines Gebirges als Struktureinheit auf einem erdartigen Körper des Planetensystems.

Montierung, → Fernrohr.

Morgenhauptlicht, → Zodiakallicht.

Morgenstern, die Venus, wenn sie sich westlich von der Sonne befindet, deshalb vor ihr aufgeht und in der hellen Morgendämmerung noch mit bloßem Auge gesehen werden kann, wenn alle Sterne von der Himmelshelligkeit bereits überstrahlt werden.

Morgenweite, der längs des wahren Horizonts vom Ostpunkt aus gemessene Winkel bis zum Aufgangspunkt eines Gestirns.

Mosaikspiegel, svw. Segmentspiegel; → Spiegelteleskop.

M-Stern, Stern der → Spektralklasse M.

Mundilfari *m*, ein Satellit des Saturn.
Hinsichtlich der Einordnung des M. in das System der Saturnsatelliten → Saturn.

Mus, Abk. für Musca.

Musca, *Gen.* Muscae, abg. ***Mus***, ***Fliege***, kleines Sternbild des südlichen Himmels, das von unseren Breiten aus nicht sichtbar ist.
Hinsichtlich der Lage am Himmel → Sternkarten Seite 416 und 417.

Myon-Neutrino, → Neutrino.

Nacht, im engeren Sinn der Zeitraum zwischen Sonnenuntergang und Sonnenaufgang, im weiteren Sinn zwischen dem Ende der Abenddämmerung und dem Beginn der Morgendämmerung. Die Länge der N. ist abhängig von der geographischen Breite des Beobachtungsorts und der Jahreszeit. Am Äquator dauert die N. im engeren Sinn immer 12 Stunden, in anderen geographischen Breiten ist sie je nach Jahreszeit länger oder kürzer und beträgt nur zur Zeit der Tagundnachtgleichen 12 Stunden. Die längste Nacht ergibt sich für nördliche geographische Breiten zur Zeit der Wintersonnenwende um den 21. Dezember, die kürzeste zur Zeit der Sommersonnenwende um den 21. Juni, für südliche geographische Breiten sind die Datumsangaben umgekehrt. Über die Länge der N. innerhalb der Polarzonen → Polarnacht.

Nachtbogen, der unter dem Horizont liegende Teil des von einem Himmelskörper bei der scheinbaren täglichen Bewegung beschriebenen Kreisbogens (Abb. → Bewegung der Gestirne).

Nachthimmelslicht, eine auch in mondlosen Nächten und in weiten Entfernungen von Städten vorhandene, schwache Erhellung des Nachthimmels. Die scheinbare Helligkeit des N.s hängt vom Spektralbereich ab und entspricht im visuellen Bereich dem gleichmäßig auf ein Quadratgrad verteilten Licht von etwa 2 bis 4 Sternen der scheinbaren Helligkeit 5^m. Das Spektrum des N.s besteht aus einem Kontinuum, das zu 20 bis 40% von der Gesamtheit der nicht als getrennte Lichtpunkte erkennbaren Sterne sowie von Ausläufern des → Zodiakallichts stammt. Diesem Kontinuum sind Emissionslinien und -banden überlagert, die vom Eigenleuchten der Erdatmosphäre, dem sog. *Airglow* [engl., ,Luftleuchten'], herrühren. Am Tag werden Atome und Moleküle durch die ultraviolette Sonnenstrahlung ionisiert und dissoziiert, bei der → Rekombination während der Nacht wird die in Form von Ionisations- und Dissoziationsenergie gespeicherte Energie emittiert. Eine Anregung von Atomen findet auch durch Stoß mit energiereichen freien Elektronen statt. Die Emissionslinien stammen u. a. vom Sauerstoff wie die grünen und die roten Nordlichtlinien, vom Stickstoff und Natrium sowie im infraroten Spektralbereich vom Hydroxylradikal. Die Höhen der Leuchterscheinungen liegen zwischen etwa 70 und 1 000 km, sie sind für die einzelnen Emissionslinien unterschiedlich. In den unteren Atmosphärenschichten unterliegt das aus der Hochatmosphäre und den extraterrestrischen Quellen stammende Licht einer zusätzlichen Streuung.
Spektrum und Gesamtintensität des N.s variieren örtlich und zeitlich u. a. in Abhängigkeit von der Sonnenaktivität, von der die Intensität der solaren Ultraviolettstrahlung abhängt. Eine beträchtliche Verstärkung des atmosphärischen Eigenleuchtens wird durch → Polarlichter und in der Hochatmosphäre auftretende → Leuchtstreifen verursacht.
Das N. stellt für photometrische Untersuchungen sehr lichtschwacher Sterne oder Flächenlichtquellen ohne adaptive Optik (→ Spiegelteleskop) eine prinzipielle Grenze dar, da infolge der Szintillation das Licht eines Sterns auf ein Szintillationsscheibchen von rund 1″ Durchmesser verteilt wird (→ Fernrohr). Die Nachthimmelshelligkeit dieser Fläche entspricht einem Stern der scheinbaren Helligkeit von rund 22^m, so dass wegen des fehlenden Kontrasts Beobachtungen von Sternen wesentlich geringerer scheinbarer Helligkeit im Allg. nur schwer möglich sind. Bei Verwendung einer adaptiven Optik wird das Sternlicht auf das wesentlich kleinere

Beugungsscheibchen konzentriert, damit der Kontrast zum N. wesentlich erhöht, so dass sich Sterne mit wesentlich geringeren scheinbaren Helligkeiten vom Hintergrund abheben. Mit Hilfe lichtelektrischer digitaler Flächenphotometer (→ Photometer) kann der Einfluss des N.s reduziert werden, indem von dem am Ort eines Himmelsobjekts empfangenen Gesamtstrahlungsstrom, der sich aus dem des zu beobachtenden Objekts und dem N. zusammensetzt, der vom N. stammende Strahlungsstrom subtrahiert wird. Mit modernen photometrischen Methoden sind so noch Sterne mit einer scheinbaren Helligkeit von etwa 29^m bis 30^m nachweisbar.

Nachtwolken, → leuchtende Nachtwolken.

Nadir *m*, *Fußpunkt*, Schnittpunkt des im Beobachtungsort nach unten verlängerten Lots mit der Himmelskugel; der Gegenpunkt des Zenits.

nahes Infrarot, → Infrarotbereich.

Naiad *f*, der innerste Satellit des Neptun. Hinsichtlich der Einordnung der N. in das System der Neptunsatelliten → Neptun.

Narvi *m*, ein Satellit des Saturn. Hinsichtlich der Einordnung des N. in das System der Saturnsatelliten → Saturn.

Nasmyth-System [benannt nach dem engl. Ingenieur J. Nasmyth, 1808–1890], → Spiegelteleskop.

Nativität, → Astrologie.

Natriumschweif, → Komet.

natürlicher Horizont, → Horizont.

nautische Dämmerung, → Dämmerung.

nautisches Dreieck, sphärisches Dreieck an der Himmelskugel mit den Eckpunkten Zenit, Himmelspol und Gestirn.

Nebel, in der Astronomie ein am Himmel schwach leuchtendes, nicht scharf begrenztes Gebiet, das einem sich außerhalb des Planetensystems befindenden Objekt zugeordnet werden kann.

Galaktische N. werden von zum Milchstraßensystem gehörenden dichten Ansammlungen interstellarer Materie verursacht. Unregelmäßig geformte galaktische N. bilden die Gruppe der diffusen N. Relativ regelmäßig begrenzte galaktische N. sind dagegen die → Planetarischen N. Emissionsnebel, zu denen u. a. die Planetarischen Nebel gehören, sind durch benachbarte heiße Sterne zum Leuchten angeregte interstellare Gasansammlungen und zeichnen sich durch ein Emissionslinienspektrum aus (→ interstellares Gas). Bei Reflexionsnebeln wird Sternlicht an interstellaren Staubteilchen gestreut (→ interstellarer Staub); sie haben ein kontinuierliches Spektrum. Nichtleuchtende, das Licht der Hintergrundsterne stark schwächende interstellare Staubwolken, werden gelegentlich als Dunkelnebel, meist als Dunkelwolken bezeichnet.

Diffus erscheinende, optisch mit bloßem Auge nicht in Einzelsterne auflösbare → Sternsysteme bilden die *außer-* oder *extragalaktischen N.*, wobei nach dem Erscheinungsbild elliptische N., Spiralnebel und unregelmäßige N. unterschieden werden.

nebelarme Zone, → nebelfreie Zone.

nebelfreie Zone, ein längs des galaktischen Äquators sich hinziehender, im sichtbaren Spektralbereich etwa 20° bis 30° breiter Streifen, in dem bis auf einige kleine, isolierte Gebiete keine extragalaktischen Nebel (→ Sternsysteme) beobachtet werden. An die n. Z. schließt sich beiderseits die *nebelarme Zone* an, in der die Zahl der beobachteten Sternsysteme je Flächeneinheit merklich geringer ist als im Mittel in der Nähe der galaktischen Pole (Abb. 1).

Ursache für das scheinbare Fehlen extragalaktischer Objekte in der n.n Z. ist die Extinktion des Lichts durch

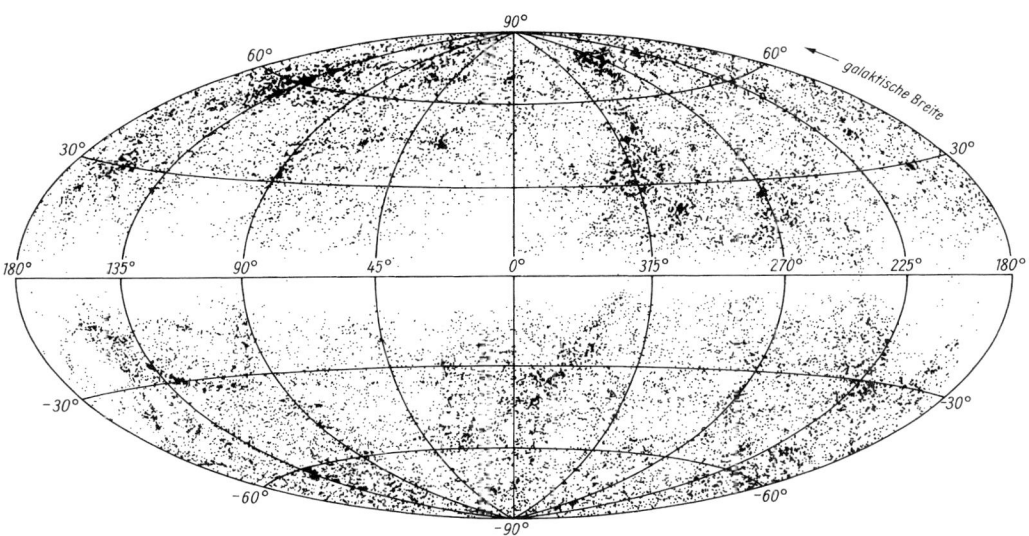

Abb. 1: Scheinbare Verteilung der extragalaktischen Sternsysteme mit einer größeren scheinbaren Helligkeit als $15^m\!.5$ in Abhängigkeit von den galaktischen Koordinaten. (Nach A. A. Sharp; Courtesy of the Publications of the Astronomical Society of the Pacific.)

Nebelkatalog

den im → Milchstraßensystem in einer dünnen Schicht um die galaktische Ebene konzentrierten → interstellaren Staub. Bei Beobachtungen von der Erde aus, die sich wie das gesamte Sonnensystem inmitten der Staubschicht befindet, können in Richtung geringer galaktischer Breiten keine extragalaktischen Objekte wahrgenommen werden, bei Beobachtungen in höheren Breiten durchstößt der Sehstrahl nur auf einer relativ kurzen Strecke Gebiete hoher Extinktion, so dass die scheinbare Helligkeit der Sternsysteme entsprechend geringer geschwächt ist (Abb. 2). Infolge der wolkigen Struktur der interstellaren Materie ist die n. Z. unregelmäßig begrenzt. In Richtung der galaktischen Längen um etwa 160°, 180° und 210°, in den Sternbildern Taurus und Orion, ist auf Grund einzelner Dunkelwolken die Zone stark ausgebuchtet. Die Verbreiterung in Richtung zum galaktischen Zentrum, d. h. nahe 0° galaktischer Länge, wird durch eine hohe Konzentration von Dunkelwolken in Zentrumsnähe verursacht. Im infraroten Spektralbereich ist die interstellare Extinktion wesentlich geringer als im visuellen Bereich, wodurch auch wenige Grad

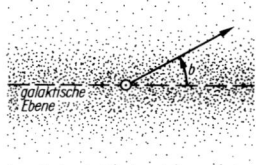

Abb. 2: Schnitt senkrecht zur galaktischen Ebene, punktiert: schematisierte Verteilung des interstellaren Staubs; ☉ Ort der Sonne; Pfeil: Blickrichtung zu einem Objekt der galaktischen Breite *b*

von der galaktischen Ebene entfernt Galaxien beobachtet werden können.

Nebelkatalog, Verzeichnis nebelhaft erscheinender Himmelsobjekte; → Sternkatalog.

Nebenfolge, die → Spektralklassen R, N und S.

Nebenminimum, das schwächer ausgeprägte Minimum in der Lichtkurve eines → Bedeckungsveränderlichen.

Nebulium, hypothetisches Element, das zur Erklärung unbekannter Emissionslinien des → interstellaren Gases angenommen wurde.

Neigung, → Bahnelement.

Neptun *m*, der von der Sonne aus gezählt achte, äußerste Planet des Sonnensystems, Zeichen ♆.
Der N. bewegt sich mit einer mittleren Geschwindigkeit von 5,48 km/s in 163,7 Jahren, der siderischen Umlaufzeit, auf einer Ellipsenbahn mit der großen Halbachse von 4 519 Mio. km, d. h. 30,21 AE, und der Exzentrizität 0,0066 rechtläufig um die Sonne. Die Bahnebene ist um 1,77° gegen die Erdbahnebene geneigt. Die Entfernung des N. von der Sonne schwankt zwischen 30,01 AE im Perihel und 30,41 AE im Aphel. Die Entfernung von der Erde ist von der jeweiligen Stellung der beiden Planeten in ihren Bahnen abhängig und variiert zwischen etwa 4 300 und 4 700 Mio. km. Der scheinbare Neptundurchmesser erreicht selbst in Oppositionsstellung (→ Konstellation) nur etwa 2,4″, die scheinbare visuelle Hellig-

keit beträgt dann $7^m\!.84$. Die Zeit zwischen zwei aufeinanderfolgenden Oppositionen, die synodische Umlaufzeit, beläuft sich im Mittel auf 367,5 Tage.

Infolge der Kleinheit der Planetenscheibe sind Durchmesserbestimmungen von der Erde aus schwierig. Für den Äquatordurchmesser werden gegenwärtig 49 530 km, für den Poldurchmesser 48 680 km als am besten gesichert angesehen. Die Angaben beziehen sich, da eine feste Oberfläche nicht sichtbar ist, auf das Druckniveau 10^5 Pa in der Neptunatmosphäre. Die Masse des N. beläuft sich auf $1,02 \cdot 10^{26}$ kg, entsprechend 17,20 Erdmassen. Die mittlere Dichte von 1,70 g/cm^3 ist wesentlich kleiner als die der erdartigen Planeten, doch merklich größer als die von Jupiter und Saturn.

Genauere Kenntnisse über die Neptunatmosphäre ergaben erst Beobachtungen mittels der Raumsonde Voyager 2. Die Atmosphäre besteht hauptsächlich aus Wasserstoff. Der Heliumanteil beträgt rund 25%, während Methan und Ethan nur etwa 1% beitragen. Die Atmosphäre hat eine wenig auffällige Bänderstruktur (Abb.). Etwa 50 km über einer dichten undurchsichtigen Wolkenschicht, die möglicherweise von aus Ammoniak oder Schwefelwasserstoff bestehenden Eisteilchen gebildet wird, befinden sich weiße, streifenförmig angeordnete Zirruswolken, die vermutlich aus Methaneisteilchen bestehen. Ursache der blassblauen Farbe des N. ist wahrscheinlich das im roten Spektralbereich stark absorbierende Methan, wodurch nur der Blauanteil des Sonnenlichts in Erscheinung tritt. Die leicht veränderliche Albedo des N. beträgt gegenwärtig etwa 0,72, sie ist niedriger als die der anderen jupiterartigen Planeten. Die Effektivtemperatur von etwa –214 °C ist höher, als auf Grund der Sonneneinstrahlung zu erwarten wäre. Die vom N. ausgestrahlte Energie beträgt etwa das 2,6fache der absorbierten. Die zusätzlich emittierte Energie ist wahrscheinlich im Neptuninnern gespeicherte Restwärme aus seiner Entstehungszeit.

Der Neptun mit konzentrisch um die Pole gelegenen Wolkenstrukturen, aufgenommen mit dem Hubble-Weltraumteleskop (NASA/JPL)

Neptun

Benannte Neptunsatelliten

	a (1 000 km)	R_N	e	i (°)	D (km)
reguläre Satelliten:					
Naiad	48,2	1,944	0,000	4,738	66
Thalassa	50,1	2,018	0,000	0,205	82
Despina	52,5	2,117	0,000	0,065	150
Galatea	61,9	2,497	0,000	0,054	176
Larissa	73,5	2,964	0,001	0,201	204
Proteus	117,6	4,739	0,000	0,039	420
irreguläre Satelliten:					
Triton	354,8	14,298	0,000	157,340*	2 707
Nereide	5 513,4	222,190	0,751	7,323*	340
Halimede	15 728	633,838	0,571	134,10*	62
Sao	22 422	903,607	0,293	48,51*	44
Laomedeia	23 571	949,910	0,424	34,74*	42
Psamathe	46 695	1 881,808	0,450	137,391*	40
Neso	48 387	1 949,996	0,494	132,58*	60

a: große Bahnhalbachse; R_N: Neptunradius; e: numerische Bahnexzentrizität; i: Bahnneigung gegen die Äquatorebene; (*) gegen die Ekliptik; D: mittlerer Durchmesser

Auf der Südhemisphäre des N. bei etwa 20° südlicher Breite ergaben Aufnahmen mittels der Raumsonde Voyager 2 1989 ein großes Wirbelsystem mit am Rand hochliegenden weißen Wolken, dem sog. Großen Dunklen Fleck. Er hatte einen Durchmesser von rund 10 000 km, wechselt aber etwas Größe und Form und besitzt Ähnlichkeiten mit dem Großen Roten Fleck des Jupiter; wahrscheinlich handelt es sich um einen Hochdruckwirbel. Ein anderer dunkler Fleck mit einem auffällig hellen Zentrum lag bei etwa 55° südlicher Breite. Ende 1994 war der Große Dunkle Fleck verschwunden, es war aber ein vergleichbarer Wirbel auf der nördlichen Hemisphäre zu sehen.
Der N. hat eine differentielle Rotation. Die Rotationsperiode nahe dem Großen Dunklen Fleck beträgt 18 3 Stunden, in der Nähe des südlicheren Flecks 16,1 Stunden, die mittlere Rotationsperiode beläuft sich auf rund 17,8 Stunden. Die Neigung der Rotationsachse gegen die Bahnebene des N. beträgt etwa 28,8°, was zu einem Jahreszeitenwechsel führt, wobei jede Jahreszeit rund 40 Jahre dauert. Obwohl die Intensität der Sonneneinstrahlung nur etwa 9% der auf die Erde fallenden beträgt, genügt sie offenbar, um ein Wettergeschehen hervorzurufen, wie die neu auftretenden Wolken zeigen.
Der N. besitzt ein schwaches, dipolartiges Magnetfeld, dessen Stärke in der Nähe des Planeten etwa $1,3 \cdot 10^{-5}$ Tesla beträgt, etwas geringer als die Hälfte des Erdmagnetfelds. Die Magnetfeldachse ist 47° gegen die Rotationsachse geneigt, der Magnetfeldmittelpunkt um etwa 0,55 Planetenradien gegen das Planetenzentrum versetzt. Die → Magnetosphäre des N. ändert infolge der starken Neigung der Magnetfeldachse gegen die Rotationsachse sowie der Neigung der Rotationsachse gegen die Bahnebene ständig ihre Gestalt, so dass sich keine starken Strahlungsgürtel ausbilden.
Über den inneren Aufbau des N. ist nichts Sicheres bekannt. Wegen der großen Ähnlichkeit von N. und Uranus hinsichtlich Masse, Radius und mittlerer Dichte sowie wegen der vermuteten Ähnlichkeit ihrer Entstehung (→ Kosmogonie) dürften sich beide Planeten in ihrer Struktur weitgehend gleichen. Das für das Uranusinnere angenommene mögliche Modell (→ Uranus) kann wahrscheinlich auf den N. übertragen werden. Im Zentrum vom N. könnte sich ein Gesteinskern von etwa 4 Erdmassen befinden, andere Modelle nehmen einen masseärmeren oder gar keinen Gesteinskern an. Der Kern ist möglicherweise von einem flüssigen oder zähflüssigen Mantel aus teilweise geschmolzenem Eis von Wasser, Methan und Ammoniak umgeben. Vermutlich ist das Material des Mantels ionisiert und konvektiv durchmischt, so dass wahrscheinlich ein das Magnetfeld verursachender → Dynamomechanismus wirkt. Das Feld und die Magnetosphäre werden bei der Rotation des Neptuninnern mitgeschleppt. Aus periodischen Intensitätsschwankungen der aus der Magnetosphäre stammenden Radiofrequenzstrahlung kann auf die Rotationsperiode des Neptuninnern geschlossen werden, die 16,11 Stunden beträgt. Die Atmosphäre bleibt somit bei der Rotation gegenüber dem Innern zurück, was zu in östlicher Richtung wehenden Winden mit Geschwindigkeiten bis zu 400 m/s führt.
Neptunsatelliten. Der N. besitzt mindestens 13 Satelliten, von denen eine große Anzahl Zwergsatelliten sind. Nur die beiden großen äußeren Satelliten, der → Triton und die → Nereide, sind von der Erde aus beobachtbar, die übrigen wurden erst mit Hilfe von Raumsonden entdeckt. Der Triton umläuft den N. rückläufig, die rund 15-mal weiter entfernte Nereide dagegen rechtläufig. Ihre Bahn ist die exzentrischste Bahn aller Satelliten im Planetensystem, die Bahnebene ist etwa 28° gegen die Bahnebene des N. geneigt. Beide Satelliten sind wahrscheinlich vom N. eingefangene, ehemalige Planetoiden. Viel weiter vom N. entfernt sind drei Zwergsatelliten, deren mittlerer Abstand etwa dem Vierfachen des Abstands der Nereide entspricht. Sie sind möglicherweise Bruchstücke eines ehemaligen größeren Satelliten, was die Gemeinsamkeiten der Bahnen, die Rückläufigkeit sowie nahezu gleiche Halbachsen und Exzentrizitäten und Neigungen gegen die Äquatorebene des N. erklären würde. Die Satelliten

Nereide

Naiad, Thalassa, Despina, Galatea, Larissa sowie der → Proteus, die innerhalb der Tritonbahn den N. umlaufen, bilden ein reguläres Satellitensystem. Sie sind rechtläufig, ihre Bahnen sind nahezu kreisförmig und haben eine sehr geringe Neigung gegen die Äquatorebene des N. Nur die Bahnneigung der Naiad, dem innersten dieser Satelliten, beträgt etwa 4,7°. Der Proteus, der äußerste der regulären Satelliten, ist der größte bekannte Himmelskörper im Planetensystem, der keine Kugelform hat. Obwohl größer als die Nereide, wird er wegen seiner geringen Albedo und seines geringen Abstands vom N. von diesem so überstrahlt, dass er von der Erde aus nicht sichtbar ist. Die Neso, der am weitesten entfernte bekannte Neptunsatellit, umläuft den N. in 9 374 Tagen.

Neptunringe. Das Ringsystem des N. besteht nach gegenwärtigen Kenntnissen aus fünf Ringen und einer scheibenförmigen Materieansammlung. Der Adams-Ring im Abstand von 2,54 Neptunradien ist der äußerste. Er besitzt eine Reihe von 6 bis 8° langen Segmenten, die sich über etwa 40° des Ringumfangs erstrecken. Die Segmente sind Materieanhäufungen, deren Dichte so hoch ist, dass kurz vor oder nach einer Sternbedeckung durch den N. eine geringe, auch von der Erde aus nachweisbare Verdunklung des jeweiligen Sterns verursacht wird, wenn sich ein Segment gerade in der Sichtlinie Beobachter–Stern befindet. Außerhalb der Segmente ist die Dichte der Ringmaterie so gering, dass Sternlicht nicht merklich geschwächt wird. Möglicherweise ist die Galatea, die sich nahe der Innenkante des Rings bewegt, für die Segmentierung verantwortlich. Der Leverrier-Ring bildet dagegen ein mehr oder minder kontinuierliches Band von etwa 15 km Breite; sein Abstand vom N. beträgt 2,15 Neptunradien.

Der innerste, der Galle-Ring, mit einem Radius von 1,69 Neptunradien ist breiter und diffuser. Der Lassell-Ring ist eine schwache Fortsetzung des Leverrier-Rings, die sich bis zum Adams-Ring erstreckt. Die Materie der Ringe besteht im Wesentlichen aus sehr kleinen Partikeln, deren Durchmesser von der Größenordnung der Wellenlänge des Lichts ist, so dass sie im Gegenlicht, d. h. bei einem großen Phasenwinkel, in Erscheinung treten. Das gesamte Satelliten- und Ringsystem des N. ist in eine dünne, scheibenförmige rund 1 000 km ausgedehnte Staubansammlung eingebettet. Die Anzahldichte in ihr beläuft sich auf nur etwa 1 Teilchen je 1 000 m^3. Die Existenzzeit der Ringe, die wahrscheinlich aus der Zertrümmerung von Satelliten hervorgegangen sind, beträgt höchstens 500 Mio. Jahre. Die Ringpartikel umlaufen den N. wie Mikrosatelliten.

Der N. wurde durch seine außergewöhnliche Entdeckungsgeschichte bekannt. Unregelmäßigkeiten in der Bahnbewegung des Uranus wurden auf Störungen durch einen noch unbekannten Planeten zurückgeführt. U. J. J. Leverrier (1811–1877) berechnete die Bahnelemente und eine Ephemeride des hypothetischen Planeten und teilte sie J. G. Galle (1812–1910) mit, der ihn unter Mithilfe von H. d'Arrest (1822–1875) am 23.09.1846 in weniger als 1° Entfernung vom berechneten Ort fand.

Nereide *f*, der äußere der beiden von der Erde aus sichtbaren Neptunsatelliten, der auf einer elliptischen Bahn mit der großen Halbachse von 5,513 Mio. km und der extrem hohen Exzentrizität von 0,751, der größten von allen Satellitenbahnen im Planetensystem, in 360,14 Tagen den Neptun rechtläufig umläuft. Die Bahnebene ist 7,323° gegen dessen Äquatorebene geneigt. Die N. kommt dem Neptun bis auf 1,38 Mio. km nahe und entfernt sich bis zu 9,64 Mio. km. Die N. hat eine unregelmäßige Gestalt mit einem mittleren Durchmesser von etwa 340 km, die Masse beläuft sich auf rund $2,8 \cdot 10^{19}$ kg, die mittlere Dichte auf etwa 1,1 bis 1,4 g/cm^3.

Die N. erreicht in Oppositionsstellung (→ Konstellation) eine scheinbare visuelle Helligkeit von nur reichlich 19^m mit periodischen Helligkeitsvariationen, die durch die nichtkugelförmige Gestalt und eine Rotation mit einer Periode von etwa einem Tag verursacht werden. Die mittlere Albedo beträgt 0,10. Die Oberfläche der N. gleicht einer reinen Kraterlandschaft, die anscheinend durch keine geologischen Prozesse wesentlich beeinflusst wurde.

Die N. ist wahrscheinlich ein von Neptun eingefangener ehemaliger Planetoid. Hinsichtlich der Einordnung der N. in das System der Neptunsatelliten → Neptun.

Netz, das Sternbild → Reticulum.

Neso *f*, ein Satellit des Neptun. Hinsichtlich der Einordnung der N. in das System der Neptunsatelliten → Neptun.

Neuer Stern, svw. Nova.

Neumond, *Interlunium*, die Beleuchtungsform des Mondes, wenn dieser in Konjunktion zur Sonne steht; → Mondphase.

Neutrino *n*, ungeladenes Elementarteilchen aus der Gruppe der Leptonen, das nur der schwachen Wechselwirkung unterliegt und einen extrem kleinen Wechselwirkungsquerschnitt hat, weswegen es Materie nahezu ungehindert durchdringen kann. Zu jedem der drei geladenen Leptonen Elektron, Myon und Tauon gibt es ein N. und zu jedem N. ein Antineutrino.

N.s besitzen eine sehr kleine, aber von Null verschiedene Ruhmasse und können von einem Typ in einen anderen und wieder zurück wechseln („Neutrino-Oszillation").

Elektronen-Neutrinos entstehen u. a. beim β-Zerfall instabiler Atomkerne, bei dem ein Proton in ein Neutron übergeht, wobei ein Positron sowie ein N. ausgesandt werden (→ Betazerfall). Beim Übergang eines Neutrons in ein Proton werden ein Elektron und ein Elektron-Antineutrino emittiert. Bei der Elektron-Positron-Paarvernichtung entstehen ein Neutrino-Antineutrino-Paar sowie zwei Photonen (→ Paarbildung). Elektronen-Neutrinos können ebenso bei der Abbremsung eines hochenergetischen Elektrons durch einen Atomkern sowie bei der Wechselwirkung eines hochenergetischen Photons mit einem Atomkern entstehen.

Bei der Wechselwirkung energiereicher primärer Teilchen der Kosmischen Strahlung mit Molekülen der Erdatmosphäre wird eine Kaskade von Elementarteilchen, u. a. Pionen, Kaonen, Hyperonen, Myonen, Elektronen, Protonen sowie N.s, davon vorwiegend Myonen-Neutrinos und -Antineutrinos ausgelöst (→ Kosmische Strahlung).

Neutrinoastronomie, Teilgebiet der Astronomie, das sich mit der Untersuchung der aus dem Weltall kommenden Neutrinos, besonders den von der Sonne kommenden, befasst (→ Neutrino).

Es gibt drei Arten von Neutrinos, Elektron-Neutrinos, Myon-Neutrinos und Tauon-Neutrinos, und zu jeder Art ein Antineutrino. Neutrinos können von einem Typ in einen anderen und wieder zurück wechseln, sie können „oszillieren".

Neutrinos entstehen u. a. bei den in Sternen ablaufenden Wasserstoffreaktionen. Je gebildeten Heliumkern werden zwei Elektron-Neutrinos frei, deren Energie davon abhängt, ob das Helium bei der Proton-Proton-Reaktion oder beim Kohlenstoff-Stickstoff-Sauerstoff-Zyklus gebildet wird (→ Energiefreisetzung in Sternen). Die Energieverteilung der Neutrinos spiegelt daher die relative Häufigkeit der beteiligten Wasserstoffreaktionen wider. Nahezu alle im Innern eines Sterns gebildeten Neutrinos können infolge ihrer extrem geringen Wechselwirkung mit der Sternmaterie frei in den Raum entweichen. Im Gegensatz zur elektromagnetischen Strahlung, die ihren Ursprung in der Sternatmosphäre hat, tragen Neutrinos Informationen aus dem tiefen Innern der Sterne.

Routinemäßig können gegenwärtig nur Sonnenneutrinos untersucht werden. Aus der Zahl der zur Deckung der Sonnenleuchtkraft notwendigen Wasserstoffreaktionen ergibt sich die Zahl der von der Sonne emittierten Neutrinos zu etwa $2 \cdot 10^{38}$ Neutrinos je Sekunde. Ihr entspricht am Ort der Erde ein Neutrinostrom von $6 \cdot 10^{10}$ Neutrinos je cm^2 und Sekunde. Von 1 Mrd. die Erde durchquerenden Neutrinos kollidiert im Mittel nur 1 Neutrino mit einem Atom der Erde. Trotzdem ist infolge des extrem hohen Neutrinoflusses in geeigneten Detektoren eine genügende Anzahl von Reaktionen nachweisbar. Den Beobachtungen sind Störprozesse überlagert, die u. a. durch Primärteilchen der Kosmischen Strahlung sowie durch Gammastrahlung infolge der natürlichen Radioaktivität irdischen Gesteins verursacht werden. Zur Reduzierung der Störeinflüsse werden Neutrinodetektoren im Allg. tief unter der Erdoberfläche und umgeben von einem geeigneten Schutzmantel errichtet.

Detektoren. Neutrinos werden auf Grund der von ihnen in einem geeigneten Detektormaterial verursachten Atomkernumwandlungen oder der bei der Wechselwirkung mit Elektronen entstehenden Sekundärstrahlung (Tscherenkow-Strahlung) nachgewiesen. Da die Neutrinos für die Reaktionen jeweils eine bestimmte Mindestenergie benötigen, machen sich in Abhängigkeit vom verwendeten Detektormaterial immer nur Neutrinos bemerkbar, deren Energie die Mindestenergie erreicht oder überschreitet.

In einem Typ von Neutrinodetektoren wird die Umwandlung bestimmter Atomkerne durch Elektron-Neutrinos in andere Kerne zum Nachweis verwendet, wobei Chlor-37 oder Gallium-71 als Detektormaterial dienen. Ein Chlor-37-Kern geht bei einer Neutrinoreaktion in einen radioaktiven Argon-37-Kern über, der sich mit einer Halbwertszeit von 35 Tagen wieder in einen Chlor-37-Kern rückverwandelt. Für die Reaktion ist eine Neutrinomindestenergie von 0,814 MeV notwendig, die nur etwa 0,01% der Sonnenneutrinos haben bzw. überschreiten. Ein Gallium-71-Kern wird bei einer Neutrinowechselwirkung in einen Germanium-71-Kern verwandelt, der sich mit einer Halbwertszeit von 11,4 Tagen in einen Gallium-71-Kern rückverwandelt. Die Mindestenergie für diese Reaktion beträgt 0,236 MeV; etwa die Hälfte der Sonnenneutrinos kann die Reaktion auslösen. Die Wahrscheinlichkeit einer Elementumwandlung ist proportional dem Neutrinofluss, der Menge der für die Reaktion geeigneten Atomkerne sowie dem Wirkungsquerschnitt für die jeweilige Umwandlung.

Ein Detektor, bei dem Chloratome zum Neutrinonachweis benutzt werden, befindet sich in South Dakota (USA) etwa 1 500 m unter der Erdoberfläche. Das als Detektormaterial dienende Tetrachloräthylen ist in einem 390 m^3 fassenden Tank enthalten. Nach einer Zeitdauer von mindestens zwei bis drei Halbwertszeiten, nachdem sich im Detektormaterial ein Gleichgewicht zwischen Bildung und Zerfall von Argon-37-Kernen eingestellt hat, wird das Argon mit Helium ausgewaschen und die Zahl der radioaktiven Argon-37-Kerne bestimmt.

Der Detektor Gallex [Abk. für *Gall*ium-*Ex*periment] befindet sich im Gran-Sasso-Untergrundlabor in den Abruzzen (Italien) unter einer 1 200 m mächtigen Gesteinsschicht. Das Detektormaterial wird von 30,3 t Gallium in Form von 101 t einer konzentrierten salzsauren Galliumchlorid-Lösung gebildet. Nach drei Wochen wird die Zahl der bei Neutrinoreaktionen entstandenen und bei nachfolgenden chemischen Reaktionen in stabile Verbindungen eingebauten radioaktiven Germanium-71-Kerne bestimmt. Ein prinzipiell gleiches Verfahren wird im Baksan-Neutrinolabor im Kaukasus mit 60 t Gallium angewandt.

In dem anderen Detektortyp beschleunigen die einfallenden Elektron-Neutrinos in einem geeigneten durchsichtigen flüssigen Detektormaterial bei der Wechselwirkung mit Elektronen diese in der Bewegungsrichtung der einfallenden Neutrinos auf so hohe Geschwindigkeiten, dass → Tscherenkow-Strahlung entsteht, die mittels Photomultipliern registriert wird.

Ein derartiger Detektor ist der sich 1 000 m unter der Erdoberfläche bei Kamioka (Japan) befindende 50 000 t ultrahochreines Wasser enthaltende Super-Kamiokande [‚Kamiokande' Abk. für Kamioka-Neutrino-Detektor]. Die entstehende Tscherenkow-Strahlung wird mit mehreren tausend Photodetektoren registriert. Die erforderliche Mindestenergie der Neutrinos beträgt 7,5 MeV. Bei diesem Verfahren können im Gegensatz zu den anderen Detektoren die Reaktionen in Echtzeit registriert und die Einfallsrichtung der Neutrinos bestimmt werden.

Das Sudbury-Neutrino-Observatorium (Kanada) enthält in einem sich 2 070 m unter der Erdoberfläche befindenden Tank 1 000 t schweres Wasser, wobei die Tankoberfläche zu 56% mit Photodetektoren bedeckt ist. Ein Vorteil dieses Detektors ist, dass alle drei Neutrinoarten bei der Reaktion mit einem Deuteriumatom entweder ein Neutron und ein Proton oder zwei Protonen ablösen, deren Tscherenkow-Strahlung registriert wird.

In dem sich in der Antarktis befindenden internationalen AMANDA-Observatorium [Abk. für engl. Antarctic

Neutron

Muon and Neutrino Detector Array, ‚Antarktische Myon- und Neutrino-Detektoranordnung'] dient Eis als Detektormaterial für die von hochenergetischen Myon-Neutrinos ausgelöste Tscherenkow-Strahlung. Die Strahlung wird mit Photomultipliern nachgewiesen, die an im Eis eingefrorenen, bis in 2 km Tiefe reichenden Trossen angebracht sind. Im Endausbau soll etwa 1 km^3 Eis überwacht werden. Die Zeitauflösung der Multiplier ermöglicht aus der Richtung der Tscherenkow-Strahlung auf die Richtung der die Strahlung auslösenden Neutrinos zu schließen. Es ist auch eine Entscheidung zwischen in der Erdatmosphäre von der Kosmischen Strahlung ausgelösten niederenergetischen und den solaren hochenergetischen Neutrinos möglich. Am Südpol haben die vom Süden kommenden niederenergetischen Neutrinos eine viel geringere Erdmasse zu durchqueren als die von Norden kommenden; die Erde wirkt quasi als Filter. Aus der Differenz der richtungsabhängigen Neutrinos kann der Störeinfluss der Kosmischen Strahlung abgeschätzt werden.

Beobachtungsergebnisse. Mit Hilfe eines theoretischen Standardsonnenmodells kann für jeden Detektor die Anzahl der zu erwartenden Neutrinoreaktionen berechnet werden. Das Verhältnis der von Elektron-Neutrinos ausgelösten Reaktionen zu den berechneten beträgt beim Chlor-Detektor über Jahre gemittelt nur etwa 33%, bei Gallium-Detektoren 60% und beim Super-Kamiokande 46%. Die systematischen Differenzen zwischen registrierten und zu erwartenden Neutrinowechselwirkungen lassen sich dadurch erklären, dass die Neutrinos zwischen den verschiedenen Arten hin und zurück wechseln können (→ Neutrino). Die in der Sonne entstehenden Elektron-Neutrinos können sich auf dem Weg von der Sonne zur Erde in Myon- oder Tauon-Neutrinos umwandeln, die mit Detektoren für Elektron-Neutrinos nicht nachgewiesen werden können.

Die im Sudbury-Neutrinodetektor beobachteten Neutrinoereignisse entsprechen den Voraussagen des Sonnenmodells. Da mit diesem Detektor alle drei Neutrinoarten nachweisbar sind, wirken sich Oszillationen nicht aus. Die Ergebnisse werden als Bestätigung sowohl der Existenz von Neutrino-Oszillationen als auch der Zuverlässigkeit der theoretischen Modelle des inneren Aufbaus der Sonne, ganz allgemein der Sterne angesehen (→ Sternaufbau).

Weitere Neutrinoquellen. Das Weltall ist isotrop mit einer riesigen Menge Neutrinos angefüllt, die noch aus der Frühphase des Weltalls stammen und deren Anzahl die der im Weltall vorhandenen Protonen um etwa das 10^9fache übertrifft (→ Kosmologie). Diese Neutrinos haben aber eine so geringe Energie, dass sie gegenwärtig nicht nachweisbar sind.

Ein kurzer, sehr starker Neutrinostrom wird bei einer Supernovaexplosion ausgelöst, in deren Folge ein Neutronenstern entsteht (→ Supernova). Beim Übergang der Sternmaterie in ein Neutronengas wird bei jeder Umwandlung eines Protons in ein Neutron ein Elektron-Neutrino frei. Bisher konnten Neutrinos nur von der Supernova 1987A nachgewiesen werden. Die Zahl der in einem Puls von 10 bis 15 s Dauer registrierten Neutrinos betrug aber nur 19.

Für ihre bahnbrechenden Arbeiten auf dem Gebiet der Neutrinoastronomie erhielten 2002 Raymond Davis und Masatoshi Koshiba den Physik-Nobelpreis.

Neutron n, ein im freien Zustand instabiles elektrisch neutrales Elementarteilchen aus der Familie der Baryonen mit der Ruhmasse $1,6749 \cdot 10^{-27}$ kg, die um etwa 2,5 Elektronenmassen größer als die eines Protons ist. Ein freies N. wandelt sich mit einer Halbwertszeit von 616 s durch β-Zerfall unter Aussendung eines Elektrons und eines Antineutrinos in ein Proton um (→ Betazerfall). N.en und die positiv geladenen Protonen sind Nukleonen, sie bilden zusammen die Atomkerne. Freie N.en kommen u. a. in der Sekundärstrahlung der → Kosmischen Strahlung vor, die infolge von Kernzertrümmerungen von Molekülen der Erdatmosphäre entstehen.

Neutronenstern, ein extrem kleiner und dichter Stern, in dessen Innern die Materie im Wesentlichen aus freien Neutronen besteht. Die in N.en herrschenden mittleren Dichten betragen rund 10^{15} g/cm^3, d. h. über 1 Mrd. Tonnen je cm^3. N.e entstehen bei der Explosion einer → Supernova am Ende der Entwicklung eines massereichen Sterns mit mindestens 8 Sonnenmassen. Das instabil gewordene Zentralgebiet des Sterns kollabiert nahezu im freien Fall, wobei durch die extreme Dichteerhöhung die Materie neutronisiert wird, anschaulich gesprochen werden Elektronen in die Atomkerne gepresst, in denen sie mit Protonen reagieren und diese in Neutronen umwandeln. Die entstehenden sehr neutronenreichen Atomkerne können die gegenüber stabilen Kernen überzähligen Neutronen nicht binden und stoßen sie aus. Bei Dichten über rund $2 \cdot 10^{14}$ g/cm^3, was der Dichte von Atomkernen entspricht, existieren schließlich nur noch freie Neutronen, die dicht gepackt sind und eine Art riesigen Atomkern bilden.

Zur theoretischen Modellierung eines N.s muss die Zustandsgleichung der Neutronenmaterie bekannt sein, die die Druckabhängigkeit von der Dichte beschreibt. Aus Laborexperimenten kann die Gleichung nicht abgeleitet werden, da sich derartig hohe Dichten experimentell nicht realisieren lassen. Auch theoretische Betrachtungen führen nicht zu einer verlässlichen Zustandsgleichung. Die freien Neutronen dürften unter den extremen Dichten wie ein partiell entartetes Gas reagieren und der Druck im Wesentlichen unabhängig von der Temperatur sein (→ Zustandsgleichung). Möglicherweise existiert infolge von Wechselwirkungen zwischen den Neutronen eine gegenseitige Abstoßung, darüber hinaus dürften relativistische Effekte wesentliche Bedeutung haben, da sich alle Teilchen im Innern eines N.s mit nahezu Lichtgeschwindigkeit bewegen. Insgesamt sind die gegenwärtigen Modelle von N.en sehr unsicher.

N.e haben sehr wahrscheinlich einen Schalenaufbau. Ein Stern von 1,4 Sonnenmassen dürfte die im Folgenden beschriebene Struktur haben (Abb.). Der Radius beträgt 10,6 km. Die äußerste Schale des Sterns wird durch eine normale gasförmige Atmosphäre gebildet, die aber wegen der extrem hohen Schwerkraft an der Sternoberfläche nur wenige Zentimeter dick ist. Die Temperatur der Atmosphäre beträgt rund $1 \cdot 10^6$ K. Die Leuchtkraft des Sterns ergibt sich zu 0,2 Sonnenleucht-

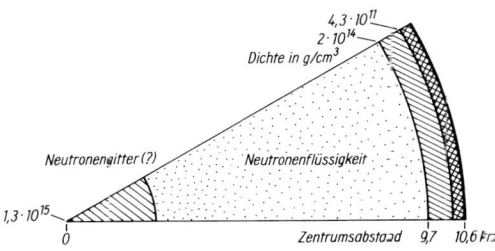

Modell eines Neutronensterns von 1,4 Sonnenmassen und einem Radius von 10,6 km. Doppelt schraffiert: äußere Kruste, einfach schraffiert: innere Kruste

kräften mit dem Maximum der Ausstrahlung bei einer Wellenlänge von 2,9 nm. Nach innen hin nehmen infolge des herrschenden hydrostatischen Gleichgewichts (→ Sternaufbau) Druck und Dichte zu. Bis in eine Tiefe von etwa 300 m, in der die Dichte rund $4 \cdot 10^{11}$ g/cm³ erreicht, gibt es mehr oder minder neutronenreiche Atomkerne. Bis zur Tiefe von etwa 900 m, in der die Dichte etwa $2 \cdot 10^{14}$ g/cm³ beträgt, existieren neben neutronenreichen Atomkernen auch freie Neutronen die sich gitterförmig anordnen und eine feste Kruste bilden. Darunter sind keine Atomkerne mehr vorhanden, sondern nur noch freie Neutronen, die sich superflüssig verhalten und damit keinen Reibungskräften unterworfen sind. Die vorhandenen wenigen Protonen und freien Elektronen machen die Materie supraleitend, so dass das Innere des N.s isotherm sein dürfte. Im Zentrum des Sterns könnte ein fester, aus einem Neutronengitter gebildeter Kern existieren, es werden aber auch exotischere Materieformen in Erwägung gezogen.

Der Radius der N.e nimmt ähnlich wie bei → Weißen Zwergen mit wachsender Sternmasse ab. Entsprechend gibt es eine obere Grenzmasse (*Oppenheimer-Volkoff'sche Grenzmasse*), jenseits der kein N. existiert. Die Grenzmasse dürfte nach theoretischen Erwägungen in der Größenordnung von etwa 2 bis 3 Sonnenmassen liegen und davon abhängig sein, ob und wie schnell der Stern rotiert. Empirisch kann die Masse eines N.s bei Doppelsternen bestimmt werden, bei denen eine Komponente ein N. ist. Nach derartigen Bestimmungen liegt die Masse von N.en zwischen etwa 1,4 und 1,6 Sonnenmassen.

In N.en ist die Bindungsenergie der Materie so hoch, dass ein bis zu zehnprozentiger → Massendefekt existiert. Dadurch wirkt ein N. gravitativ mit einer kleineren Masse als der, die sich durch Summation der Massen aller Partikeln ergibt. Die bei Doppelsternen bestimmte Masse liegt demzufolge unter der theoretisch zu erwartenden oberen Grenzmasse.

Wahrscheinlich gibt es auch eine untere Grenzmasse, da bei zu geringer Masse die Gravitationskraft nicht ausreicht, um einen Stern in dem extrem dichten Zustand zu halten. Die theoretische untere Grenzmasse dürfte in der Größenordnung von 0,2 Sonnenmassen liegen.

Beim Kollaps der instabilen Zentralregion eines massereichen Sterns bei einer Supernovaexplosion bleiben sowohl der Drehimpuls als auch infolge der hohen elektrischen Leitfähigkeit der Sternmaterie der magnetische Fluss erhalten. Es ist daher zu erwarten, dass N.e außerordentlich rasch rotieren und ein extrem starkes Magnetfeld besitzen. Beim Kollaps der Sonne zu einem N. läge die Rotationsgeschwindigkeit am Äquator bei etwa 2/3 der Lichtgeschwindigkeit, die Rotationsperiode bei 0,0005 s und die Stärke des globalen Magnetfeldes bei rund 10^7 Tesla. Schnell rotierende N.e mit extrem hohen Magnetfeldern treten als Pulsare in Erscheinung (→ Pulsar). In → Röntgendoppelsternen ist eine Komponente ein N.

Der empirische Beweis für die Bildung eines rotierenden N.s bei einer Supernovaexplosion ist der Pulsar im → Krebsnebel.

Neutrosphäre, Schicht der Erdatmosphäre, in der die Gasbestandteile im Wesentlichen neutral sind; → Erdatmosphäre.

New General Catalogue of Nebulae and Clusters of Stars [engl., ‚Neuer allgemeiner Katalog von Nebeln und Sternhaufen'], Abk. NGC, ein → Sternkatalog.

Newton, Sir Isaac, engl. Physiker, Mathematiker und Astronom, geb. 04.01.1643 in Woolsthorpe bei Grantham (Lincolnshire), gest. 31.03.1727 in Kensington. Newton ist einer der bedeutendsten Naturforscher. Er begründete die klassische Mechanik, stellte die drei nach ihm benannten Bewegungsgesetze auf und fand vor allem das Gravitationsgesetz. Er konnte damit eine physikalische Begründung für die von J. Kepler (1571–1630) gefundenen Bewegungsgesetze der Planeten geben, die Masse von Himmelskörpern bestimmen sowie Präzession und Nutation wie auch Ebbe und Flut erklären. Damit zeigte er die Gültigkeit der bekannten irdischen Naturgesetze auch für Himmelskörper. Er beschäftigte sich weiterhin mit Problemen der Optik und gab ein Konstruktionsprinzip für Spiegelteleskope an. In der Mathematik begründete er unabhängig von G. W. Leibniz (1646–1716) die Infinitesimalrechnung sowie die Grundlagen der Integralrechnung.

Newton [benannt nach I. Newton, 1643–1727], Maßeinheit der Kraft, Einheitenzeichen N. 1 N ist die Kraft, die einem Körper der Masse 1 kg die Beschleunigung 1 m s^{-2} erteilt: 1 N = 1 m kg s^{-2}.

Newton'sches Gravitationsgesetz [benannt nach I. Newton, 1643–1727], → Gravitation.

Newton-Spiegel, *Newton-System* [benannt nach I. Newton, 1643–1727], → Spiegelteleskop.

N-Galaxie, extragalaktisches Sternsystem mit einem kleinen sternähnlich erscheinenden Kern, der von einer leuchtkraftschwachen, relativ kompakten, nebelartig erscheinenden Hülle umgeben ist; → Sternsystem.

NGC, Abk. für New General Catalogue of Nebulae and Clusters of Stars [engl., ‚Neuer allgemeiner Katalog von Nebeln und Sternhaufen']. NGC gefolgt von einer Zahl, z. B. NGC 224, bezeichnet entweder ein extragalaktisches Sternsystem, im Beispiel den Andromedanebel, einen Sternhaufen oder einen galaktischen Nebel, wobei die Zahl die Nummer angibt, unter der das Objekt in dem Katalog verzeichnet ist.

nichtbaryonische Materie, nicht aus Baryonen, z. B. Protonen und Neutronen, bestehende Materie. Zur n. M. gehören u. a. Neutrinos.

nichtleuchtende Materie

nichtleuchtende Materie, svw. → Dunkle Materie.
nichtradiale Pulsation, → Sternoszillation.
nichtschwarze Strahlung, → Strahlungsgesetze.
nichtthermische Strahlung, → Strahlungsgesetze.
Niveau, in der Atomphysik svw. Energiezustand, Energiestufe; → Atom.
Nix *f*, ein Plutosatellit, der sich auf nahezu einer Kreisbahn von 64 700 km Radius in 38,2 Tagen um den Pluto bewegt. Der Durchmesser wird auf 50 km geschätzt.
n-Körperproblem, svw. Mehrkörperproblem.
nm, Einheitenzeichen für Nanometer, 1 nm = 10^{-9} m.
Nor, Abk. für Norma.
Nordamerikanebel, *NGC 7000*, leuchtender galaktischer Nebel im Sternbild Cygnus (Schwan), dessen Umriss an den nordamerikanischen Kontinent erinnert (Abb. Seite 269). Der N. befindet sich in einer Entfernung von etwa 1 000 pc von der Sonne.
Norden, eine → Himmelsrichtung.
Nördliche Krone, das Sternbild → Corona Borealis.
Nördliche Wasserschlange, das Sternbild → Hydra.
Nordlicht, → Polarlicht.
Nordpol, derjenige Rotationspol eines Himmelskörpers des Planetensystems, der in der gleichen Hemisphäre bezüglich der angenähert mit der Ekliptikebene übereinstimmenden Hauptebene des Planetensystems wie der N. der Erde liegt.
Nordpolarsequenz, svw. Polsequenz.
Nordpunkt, derjenige der beiden Schnittpunkte des Himmelsmeridians mit dem wahren Horizont, der die geringere Poldistanz hat (Abb. → Koordinaten).
Nordstern, der → Polarstern.
Norma, *Gen.* Normae, abg. **Nor**, *Lineal*, *Winkelmaß*, in der Milchstraße liegendes kleines Sternbild des südlichen Himmels, das von unseren Breiten aus nicht sichtbar ist.
Hinsichtlich der Lage am Himmel → Sternkarten Seite 415, 416.
Normalastrograph *m*, spezieller mehrlinsiger photographischer → Refraktor.
Normalvergrößerung, → Fernrohr.
Nova *f*, *Plur.* Novae, Typbezeichnung (N), veränderlicher Stern mit einer plötzlichen Helligkeitszunahme von etwa 7 bis 16 mag, was einer Steigerung der Leuchtkraft um rund das Tausend- bis Millionenfache entspricht. Die irreführende Bezeichnung ‚neuer Stern' ist historisch bedingt, da die Sterne vor dem Ausbruch weit unter der Nachweisgrenze lagen.
Die visuelle Helligkeit einer N. steigt vom *Praenova*-Zustand in zwei bis drei Tagen bis zu einem Vormaximum an, bei dem die Helligkeit etwa 2 mag unter der des Hauptmaximums liegt (Abb. 1). Im Vormaximum kann der Helligkeitsanstieg für mehrere Stunden bis zu einigen Tagen zum Stillstand kommen, bevor das Hauptmaximum erreicht wird. Bei einem sehr schnellen Helligkeitsanstieg tritt das Vormaximum vielfach nicht in Erscheinung. Der Helligkeitsabfall nach dem Hauptmaximum verläuft zunächst im Allg. glatt. Ihm schließt sich ein Abschnitt mit mehr oder minder raschen Schwankungen an, wobei gelegentlich nur ein einziges tiefes relatives Helligkeitsminimum durchlaufen wird. Der letzte endgültige Abfall zur Normalhellig-

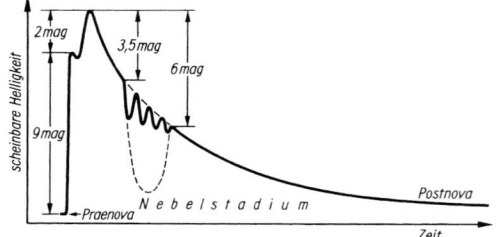

Abb. 1: Schematische Lichtkurve einer Nova, wobei die Zeitskala zunehmend gestaucht ist

ligkeit nimmt wieder einen ruhigen Verlauf. Je nach der Schnelligkeit des ersten Helligkeitsabfalls nach dem Maximum werden die Novae in drei Gruppen eingeteilt. Bei schnellen Novae (Typ Na) folgt nach einem schnellen Helligkeitsanstieg auch ein schneller Abfall, bei dem die Helligkeit in weniger als 100 Tagen um 3 mag sinkt, bei sehr schnellen Novae erfolgt dies in weniger als 20 Tagen. Bei langsamen Novae (Typ Nb) dauert der Helligkeitsabfall um 3 mag nach dem Maximum länger als 100 Tage, wobei die auftretenden mehr oder minder tiefen Zwischenminima nicht berücksichtigt werden. Sehr langsame Novae (Typ Nc) können viele Jahre im Maximum verharren und nur ganz allmählich schwächer werden. Eine rasche N. erreicht nach mehreren Jahren, eine sehr langsame N. erst nach einigen Jahrzehnten einen normalen Endzustand, den *Postnova*-Zustand mit etwa gleicher Helligkeit wie die Praenova vor dem Ausbruch. Eine Postnova hat vielfach einen lebhaften Lichtwechsel mit geringer Amplitude.
Spektrum. Novaspektren haben im visuellen Spektralbereich einige grundsätzliche Gemeinsamkeiten. Die wenigen während des Helligkeitsanstiegs gewonnenen Spektren gleichen normalen Sternspektren der → Spektralklasse B oder A, die Absorptionslinien sind aber infolge des Doppler-Effekts nach dem violetten Ende des Spektrums verschoben. Die Verschiebungen entsprechen Expansionsgeschwindigkeiten der Sternphotosphäre von etwa 100 bis 1 000 km/s, bei schnellen Novae sind die Geschwindigkeiten am größten. Im Helligkeitsmaximum gleicht das Absorptionslinienspektrum etwa dem eines A- oder F-Überriesensterns mit noch größeren Violettverschiebungen als während des Helligkeitsanstiegs. Nahe dem Helligkeitsmaximum erscheinen Emissionslinien, von denen die stärksten vom Wasserstoff und von einfach ionisierten Metallen stammen. Die expandierenden Sternaußenschichten bilden eine Gashülle, die vom Stern zum Leuchten angeregt wird. Kurz nach dem Maximum haben einzelne Spektrallinien neben einer schmalen violettverschobenen Absorptionskomponente einen unverschobenen breiten Emissionsflügel (Abb. 2). Dieser stammt von der expandierenden, durchsichtig gewordenen Hülle, die Absorptionskomponente wird dem Sternspektrum durch die in der Sichtlinie vor dem Stern sich befindende und sich dem Beobachter nähernde Hüllenmaterie aufgeprägt. Die Absorptionslinien sind z. T. in zwei oder mehr Komponenten aufgespalten, wenn die Hülle nicht homogen ist, sondern aus mehreren z. T. unsymmetri-

Nova

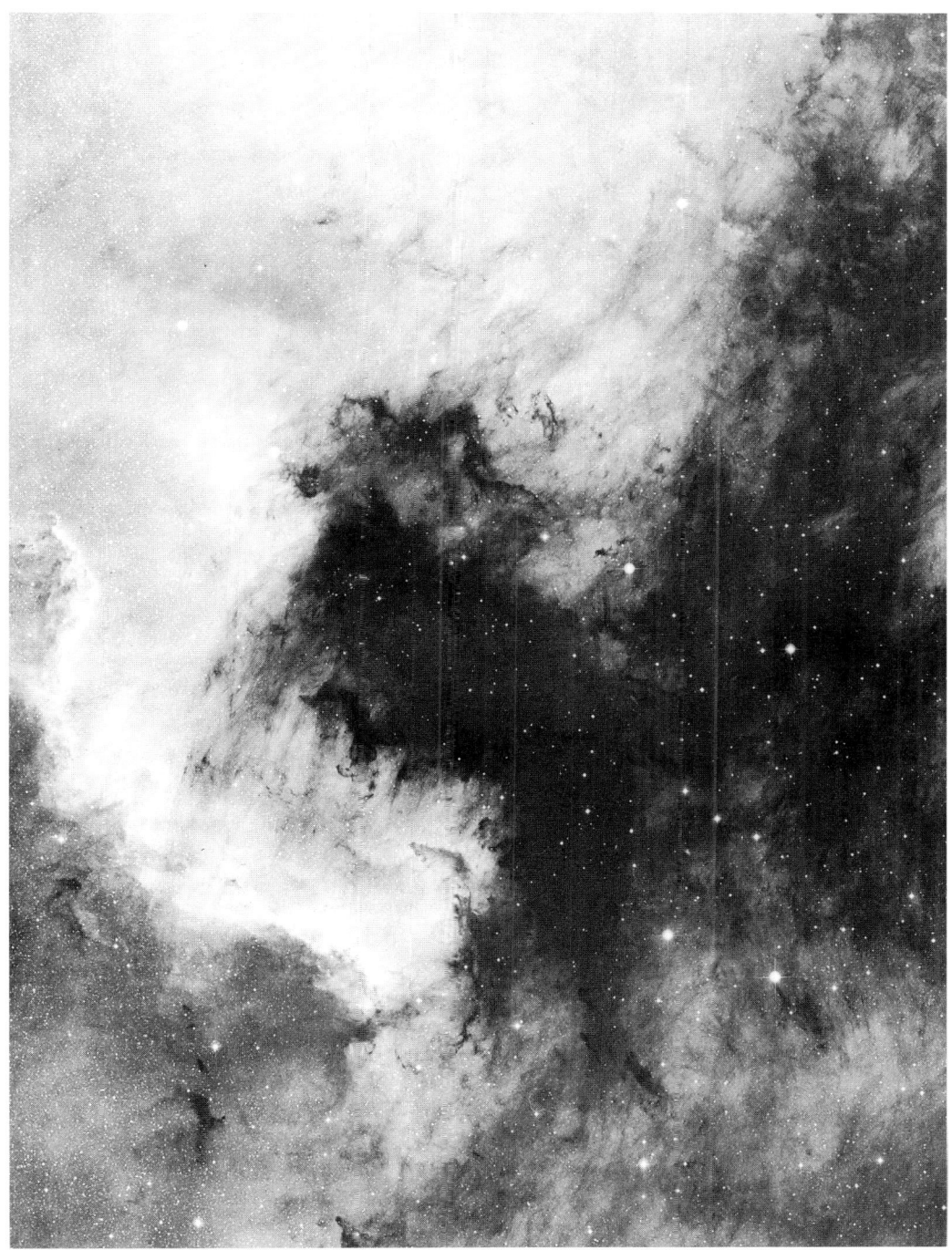

Teile des Nordamerikanebels (Bild: Thüringer Landessternwarte Tautenburg)

Nova

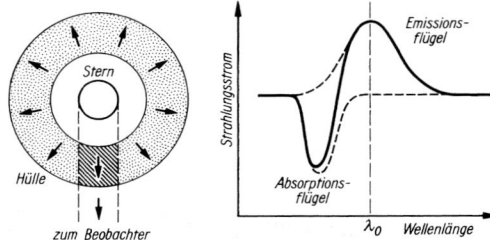

Abb. 2: Zur Deutung der Linienprofile in Novaspektren. Links: punktiert expandierende leuchtende Hülle; schraffiert: das Gebiet, in dem die Absorptionslinien entstehen. Rechts: zusammengesetztes Linienprofil; λ_0: Wellenlänge des unverschobenen Linienmaximums

schen Teilen mit unterschiedlichen Expansionsgeschwindigkeiten besteht. Mit fortschreitender Expansion sinkt die Gasdichte in der Hülle und damit die Stärke der Absorptionslinien, bis diese schließlich ganz verschwinden und ein reines, u. a. von Wasserstoff-, Helium-, Kohlenstoff- und Eisenlinien bestimmtes Emissionslinienspektrum zurückbleibt. Die Elemente können z. T. mehrfach ionisiert sein. Im weiteren Verlauf tauchen „verbotene" Linien auf (→ Atom), z. B. vom zweifach ionisierten Sauerstoff und vom sechsfach ionisierten Eisen, entsprechend den Emissionslinienspektren interstellarer Nebel (→ interstellares Gas), weshalb diese Entwicklungsphase einer N. als Nebelstadium bezeichnet wird. Die Gasdichte der Hülle wird in dieser Phase vergleichbar der in leuchtenden interstellaren Wolken. Die verbotenen Linien verschwinden erst nach dem Erreichen des Postnovazustands, wenn sich die vom Stern abgestoßene Materie im interstellaren Raum zerstreut hat. Das Spektrum einer Postnova entspricht etwa dem eines O- oder B-Sterns.

Die Strahlungsintensität im infraroten Teil des sichtbaren Spektralbereichs steigt einige Wochen nach dem Helligkeitsmaximum stark an. Die Infrarotstrahlung stammt von Staubteilchen, die sich in dem bei der Ausdehnung abkühlenden Hüllengas bilden. Sie absorbieren Sternlicht des ultravioletten Spektralbereichs und emittieren die aufgenommene Energie im Infrarotbereich als Wärmestrahlung. Das bei einigen Novae während des Helligkeitsabfalls im sichtbaren Spektralbereich auftretende tiefe Helligkeitsminimum ist wahrscheinlich durch Staubteilchen verursacht. Während die Hülle noch relativ dicht, aber schon genügend kühl ist, können sich viele absorbierende Staubteilchen bilden, die bei der weiteren Expansion wie das Gas zunehmend im Raum verteilt werden, die Absorption sinkt entsprechend. Bei einigen Novae werden die abgestoßenen Hüllen einige Jahre nach dem Maximum als zirkumstellare Nebel sichtbar. Aus der Wachstumsgeschwindigkeit des Hüllenwinkeldurchmessers sowie der spektroskopisch bestimmten Expansionsgeschwindigkeit kann die Entfernung einer N. bestimmt und mit ihr aus der beobachteten scheinbaren Maximumhelligkeit die absolute Helligkeit ermittelt werden. Bei sehr schnellen Novae ergibt sich die absolute Maximumhelligkeit im visuellen Spektralbereich zu im Mittel etwa -8^m, bei langsamen zu etwa -6^m. Die Postnovae haben visuelle Absoluthelligkeiten von etwa 5^m. Die Masse der abgestoßenen Hülle beträgt rund 10^{-5} bis 10^{-4} Sonnenmassen.

Physikalische Prozesse. Novae gehören zu den → kataklysmischen Veränderlichen. Die Ursache eines Novaausbruchs sind thermonukleare Prozesse an der Oberfläche eines → Weißen Zwergs, der Mitglied eines halbgetrennten → Doppelsterns ist. Die andere Komponente des Doppelsterns ist ein kühler, relativ massearmer Hauptreihenstern, der seine kritische Roche-Fläche (→ Äquipotentialfläche) ausfüllt. Von ihm fließt vorwiegend aus Wasserstoff bestehendes Gas über eine Akkretionsscheibe auf den Weißen Zwerg. Auf ihm bildet sich eine zunehmend dicker werdende Schicht, in der infolge der hohen Schwerkraft das übergeflossene Gas so stark komprimiert wird, daß Gasentartung eintritt (→ Zustandsgleichung). Erreicht die Temperatur an der Schichtuntergrenze die Zündtemperatur für das Wasserstoffbrennen, setzt dieses auf Grund der Gasentartung in Form eines sog. Flashs (→ Sternentwicklung) ein, bei dem die freigesetzte Energie zunächst nur zu einer weiteren Temperaturerhöhung und dadurch zu einer Beschleunigung der Kernreaktionen führt. Erst wenn die Temperatur einige 10^7 K erreicht und die Gasentartung aufgehoben ist, expandieren die wasserstoffbrennenden Schichten explosionsartig. Die Heftigkeit des Ausbruchs ist bestimmt durch den erreichten Entartungsgrad, der u. a. von der Masse des Weißen Zwergs sowie der Schnelligkeit der Massenzunahme abhängt. Wird auf einem massearmen Weißen Zwerg viel Materie in kurzer Zeit abgelagert, kann diese nur langsam abkühlen und demzufolge nicht stark entarten, der Ausbruch ist entsprechend schwach. Die bei den Kernreaktionen freigesetzte Energie bewirkt einen enormen Anstieg der Leuchtkraft, wobei die → Eddington-Leuchtkraft überschritten wird und die äußeren Schichten vom Strahlungsdruck „weggeblasen" werden. Sie bilden die expandierende Gashülle, von der zunächst alle empfangene Strahlung stammt. Infolge der Expansion sinkt die Temperatur in der Hülle, das anfänglich im ultravioletten Spektralbereich liegende Strahlungsmaximum verschiebt sich in den sichtbaren Bereich. Dadurch und infolge der Vergrößerung der strahlenden Oberfläche steigt die visuelle Helligkeit stark an. Sie erreicht ihr Maximum, wenn die Temperatur auf etwa 7 000 bis 10 000 K gefallen ist, der Hüllenradius hat dann etwa das 1 000- bis 10 000fache des ursprünglichen Sternradius erlangt. Bei großen Expansionsgeschwindigkeiten wie bei schnellen Novae tritt das Helligkeitsmaximum im visuellen Bereich schneller ein als bei geringeren Expansionsgeschwindigkeiten. Mit weiter fallender Temperatur steigt das Absorptionsvermögen in den tieferliegenden Hüllenschichten, in ihnen wird die Strahlung zunehmend absorbiert, während die äußeren Hüllenschichten infolge der sinkenden Dichte immer strahlungsdurchlässiger werden, insgesamt bleiben die strahlenden Schichten hinter den äußeren Hüllenbereichen immer mehr zurück.

Die abgestoßene Hülle enthält nur einen Teil des vom Begleiter auf den Weißen Zwerg übergeströmten wasserstoffreichen Gases. In der bei dem Stern verbliebenen Materie nimmt die Intensität der Kernprozesse nur allmählich ab, bei sehr langsamen Novae dauert es besonders langsam. Nach dem Erschöpfen des Kernbrennstoffs sinkt die Leuchtkraft, der Stern geht in den Postnovazustand über.

Die gelegentlich beobachteten Abweichungen der abgestoßenen Hüllen von der Kugelsymmetrie werden möglicherweise dadurch verursacht, dass die auf dem Weißen Zwerg abgelagerte Materie nicht gleichmäßig über die Oberfläche verteilt ist, sondern aus der Akkretionsscheibe kommend sich vor allem in einem gürtelförmigen Bereich auf dem Stern ansammelt, wahrscheinlich wird die Ablagerung auch durch Magnetfelder beeinflusst. Vermutlich setzen die Kernprozesse auch nicht gleichzeitig auf einer geschlossenen Kugelfläche ein, sondern breiten sich von einer lokal begrenzten Stelle mehr oder minder schnell aus, was eine ungleichmäßige Hüllenexpansion zur Folge hat.

Das Gesamtlicht einer Postnova setzt sich aus der Strahlung des Weißen Zwergs mit seiner heißen und nur langsam abkühlenden Oberfläche und der Strahlung der zweiten Doppelsternkomponente zusammen, außerdem tragen die Akkretionsscheibe und der sog. heiße Fleck auf ihr (→ Akkretionsscheibe) zur Gesamtstrahlung bei. Die bei Postnovae vielfach beobachteten mehr oder minder regelmäßigen Helligkeitsvariationen mit Amplituden von z. T. 1 mag sind möglicherweise durch einen ungleichmäßigen Materiefluss von der materieabgebenden Komponente verursacht, was zu Helligkeitsschwankungen des heißen Flecks sowie der Akkretionsscheibe führt. Zu den Helligkeitsvariationen könnten auch Pulsationen des Weißen Zwerges beitragen.

Das Doppelsternsystem bleibt durch den Ausbruch weitgehend unbeeinflusst, nur der Komponentenabstand wird etwas geringer, da das System mit der Hüllenmaterie auch Drehimpuls verliert und sich dadurch die Umlaufgeschwindigkeiten der Komponenten um den Schwerpunkt des Systems verringern. Der Materiestrom zum Weißen Zwerg wird durch den Novaausbruch nicht wesentlich unterbrochen, so dass sich der Ausbruch in Abhängigkeit von der Stärke des Materieaustauschs und der Masse des Weißen Zwergs nach einiger Zeit wiederholen kann. Bei *wiederkehrenden Novae* wurde jeweils mindestens ein zweiter Ausbruch beobachtet, die Zeitdifferenz zwischen den Ausbrüchen beläuft sich auf wenige bis zu etwa 80 Jahre. Bei wiederkehrenden Novae sind die Helligkeitsausbrüche mit etwa 7 bis 9 mag etwas geringer als bei normalen Novae. Möglicherweise sind alle Novae wiederkehrend mit Zwischenzeiten in der Größenordnung von 10^4 bis 10^5 Jahren.

Eine normale N. emittiert im Röntgenbereich weit weniger als ein Prozent der im optischen Bereich emittierten Energie. Der von *Röntgennovae*, von denen bisher nur wenige entdeckt wurden, emittierte Strahlungsstrom im Röntgenbereich ist um etwa einen Faktor 1 000 größer. Wahrscheinlich ist in diesen Doppelsternsystemen die masseaufnehmende Komponente kein Weißer Zwerg, sondern ein kompaktes Objekt, möglicherweise ein → Schwarzes Loch. Einen Hinweis darauf geben Massenbestimmungen in Doppelsternsystemen mit einer Röntgennova, deren Masse größer als die Grenzmasse eines Weißen Zwerges oder eines → Neu-

tronensterns ist. Der Strahlungsausbruch wird möglicherweise durch Prozesse in der Akkretionsscheibe um das kompakte Objekt verursacht, doch sind die Einzelheiten noch weitgehend unbekannt.

Novae gehören vorwiegend zur Scheibenpopulation (→ Population). Sie konzentrieren sich im Milchstraßensystem gegen das galaktische Zentrum. Auch in einigen Kugelsternhaufen, die zur extremen Population II gehören, wurden Novae beobachtet. Im Milchstraßensystem dürften innerhalb eines Jahres etwa 50 Novae aufleuchten, von denen aber nur ein kleiner Teil beobachtet wird, die meisten sind wahrscheinlich hinter dichten interstellaren Dunkelwolken verborgen.

novaähnliche Veränderliche, Typbezeichnung (Nl), Sterne, deren Helligkeitsvariationen und spektralen Eigenschaften Ähnlichkeiten mit denen einer Nova haben. Die n.n V.n gehören zu den kataklysmischen Veränderlichen, deren Lichtwechsel mit dem Überströmen von Materie in einem engen Doppelsternsystem in Verbindung steht, wobei die masseaufnehmende Komponente ein Weißer Zwerg ist (→ kataklysmische Veränderliche). Die Gruppe der n.n V.n ist sehr uneinheitlich, bei einem Teil dürfte es sich um alte Novae handeln, deren Ausbruch nicht beobachtet wurde, bei einem anderen Teil handelt es sich eher um → Zwergnovae, bei wieder anderen sind das Spektrum und der Lichtwechsel durch die Akkretionsscheibe des Systems bestimmt, sie haben Ähnlichkeiten mit → Be-Veränderlichen.

Novula *f*, veraltete Bezeichnung für eine wiederkehrende Nova.

N-Stern, Stern der → Spektralklasse N.

Nuklearenergie, svw. Kernenergie.

nukleare Zeitskala → Sternentwicklung.

Nuklearprozesse, svw. Kernprozesse.

Nukleogenese, svw. Elementenentstehung.

Nukleonen, Bausteine der Atomkerne, gemeinsame Bezeichnung für Protonen und Neutronen.

Nukleosynthese, die Bildung massereicherer Atomkerne aus masseärmeren durch Kernprozesse; → Elementenentstehung.

Nullmeridian, → geographische Ortsbestimmung.

Nutation *f*, kurzperiodische Schwankungen der → Präzession.

Nützliche Vergrößerung, → Fernrohr.

OB-Assoziation, *O-Assoziation*, → Sternassoziation.
obere Konjunktion, → Konstellation.
oberer Planet, → Planet.
Oberon *m*, der äußerste der großen Uranussatelliten. Der O. bewegt sich nahezu auf einer Kreisbahn mit einem Radius von 583 500 km in 13,46 Tagen rechtläufig um den Uranus. Die Bahnebene ist gegen dessen Äqua-

Objektiv

torebene nur um 0,068° geneigt. Die Rotationsperiode ist infolge der gebundenen Rotation gleich der Umlaufzeit. Der Durchmesser beträgt 1 523 km, die Masse $3,01 \cdot 10^{21}$ kg und die mittlere Dichte etwa 1,63 g/cm^3. In Oppositionsstellung erreicht die scheinbare visuelle Helligkeit etwa $13^m_\cdot 7$.

Die mittlere Albedo beläuft sich auf etwa 0,23, was auf eine im Wesentlichen mit Eis bedeckte Oberfläche schließen lässt, die geringe mittlere Dichte lässt vermuten, dass der O. wahrscheinlich insgesamt ein eisartiger planetarer Himmelskörper ist.

Viele der auf der Oberfläche sich befindenden großen Einschlagkrater sind infolge des hellen Eisüberzugs nur schwer erkennbar. Dem wahrscheinlich hauptsächlich aus Wassereis bestehenden Krustenmaterial dürften auch leichtflüchtige Substanzen wie Methan und Ammoniak sowie dunkles meteoroidisches Material beigemengt sein. Der dunkle Boden von Einschlagkratern wird möglicherweise von dieser Materie gebildet. Größere, durch tektonische Prozesse verursachte Oberflächenstrukturen sind kaum vorhanden.

Hinsichtlich der Einordnung des O. in das System der Uranussatelliten → Uranus.

Der O. wurde 1787 von F. W. Herschel (1738–1822) entdeckt.

Objektiv *n*, Teil eines Fernrohrs; → Fernrohr.

Objektivprisma, ein sich vor dem Objektiv eines Fernrohrs befindendes Glasprisma zur Erzeugung von Sternspektren; → Spektralapparat.

Observatorium *n*, Beobachtungsstation für u. a. astronomische Objekte und Vorgänge, insbesondere eine → Sternwarte.

Oceanus *m*, Bezeichnung für große Maria auf dem Mond.

Oct, Abk. für Octans.

Octans, *Gen.* Octantis, abg. ***Oct, Oktant***, Sternbild, in dem der südliche Himmelspol liegt und das von unseren Breiten aus nicht sichtbar ist.

Hinsichtlich der Lage am Himmel → Sternkarten Seite 416 und 417.

Ofen, das Sternbild → Fornax.

Offene Sternhaufen, Ansammlung von etwa 10 bis einigen 1 000 Sternen mit im Allg. geringer Konzentration gegen das Haufenzentrum. Einige O. S. sind mit bloßem Auge sichtbar, wie Praesepe im Sternbild Cancer (Krebs) sowie die Plejaden und Hyaden im Sternbild Taurus (Stier).

Benennung. O. S. tragen z. T. eigene Namen, z. B. die Plejaden, im Allg. werden sie mit der Nummer bezeichnet, unter der sie in einem Katalog, vorzugsweise im Messier-Katalog (abg. M) oder im New General Catalogue of Nebulae and Clusters of Stars [engl. ‚Neuer Generalkatalog von Nebeln und Sternhaufen'] (abg. NGC), aufgeführt sind (→ Sternkatalog). Später entdeckte O. S. tragen den abgekürzten Namen einer von einem Beobachter geführten Entdeckungsliste und die Nummer, unter der sie in der Liste aufgeführt sind.

Abb. 1: Die Offenen Sternhaufen h und χ Persei (Aufnahme: Thüringer Landessternwarte Tautenburg)

Durchmesser, Sterndichte, Masse. Die wahren Durchmesser O.r S. liegen zwischen etwa 1 und 20 pc, etwa 80% haben Durchmesser zwischen 2 und 6 pc. Die Angaben sind unsicher, da für Sterne in den Außenregionen eines Haufens deren Haufenzugehörigkeit schwer feststellbar ist. Im Allg. sind sternreiche und stark konzentrierte Haufen kleiner als sternarme und wenig kompakte Haufen. Die Verteilung der Sterne in O.n S. ist meist kugelsymmetrisch. Die Anzahldichte übersteigt die in der Sonnenumgebung im Mittel um etwa das 200fache, bei einigen Sternhaufen, z. B. bei M 11, um etwa das 1 000fache, bei den Hyaden hingegen nur um rund das 30fache. Die von der Zahl der Mitglieder abhängige Gesamtmasse eines O.n S.s beträgt im Mittel etwa 2 000 Sonnenmassen, bei sternarmen Haufen etwa 100, bei sternreichen hingegen z. T. mehr als 10 000 Sonnenmassen.

Zu den Haufensternen mit besonderen Eigenschaften gehören u. a. Doppelsterne, veränderliche Sterne, die meist zum Typ der unregelmäßigen Veränderlichen gehören, sowie Metalllinien- und Emissionsliniensterne
Farben-Helligkeits-Diagramm. Im Farben-Helligkeits-Diagramm O.r S. befinden sich die Bildpunkte der Haufenmitglieder überwiegend auf der Hauptreihe von den Sternen geringer Masse, damit geringer Leuchtkraft und großem Farbenindex bis zum „Abknickpunkt", der sich im Allg. im Bereich der F-Sterne, bei einigen Haufen auch in dem der B- und O-Sterne befindet (→ Hertzsprung-Russell-Diagramm). Einige Bildpunkte liegen vielfach auf dem durch die Hertzsprung-Lücke von der Hauptreihe getrennten Riesenast. Die Hauptreihe ist im Allg. schmal und scharf ausgeprägt. Bei einzelnen Haufen befinden sich parallel zur mittleren und unteren Hauptreihe, aber um etwa 1 mag zu größeren Leuchtkräften versetzt, noch einzelne Bildpunkte, die wahrscheinlich von optisch nicht aufgelösten Doppelsternen stammen (Abb. 2).

Die Struktur der Farben-Helligkeits-Diagramme ist eine Folge der Entwicklung der Haufenmitglieder (→ Sternentwicklung), wenn angenommen wird, daß alle nahezu gleichzeitig entstanden sind und sich nur in der Masse unterschieden. Die Bildpunkte der Hauptreihe entsprechen Sternen, in deren Zentralgebiet das Wasserstoffbrennen stattfindet (→ Energiefreisetzung in Sternen). Je masseärmer ein Stern bei der Entstehung ist, umso weiter liegt sein Bildpunkt auf der Hauptreihe rechts unten. Mit zunehmendem Alter verringert sich der Wasserstoff im Zentrum, die absolute Helligkeit und der Farbenindex hingegen steigen. Der Bildpunkt verschiebt innerhalb der Hauptreihe nach links oben bis zum Abknickpunkt, der den Zustand der Erschöpfung des Wasserstoffvorrats im Stern markiert, und wandert dann in Richtung zum Roten-Riesen-Ast. Massereichere Sterne durchlaufen die Entwicklung schneller als masseärmere, ihre Bildpunkte verlassen die Hauptreihe daher schneller. Mit zunehmendem Haufenalter verschiebt sich der Abknickpunkt längs der Hauptreihe von links oben nach rechts unten, da immer mehr masseärmere Sterne das Ende des Wasserstoffbrennens erreichen. Aus der Lage des Abknickpunkts kann dadurch das Alter eines Haufens ermittelt werden. Die ältesten O.n S. sind fast 8 Mrd. Jahre alt,

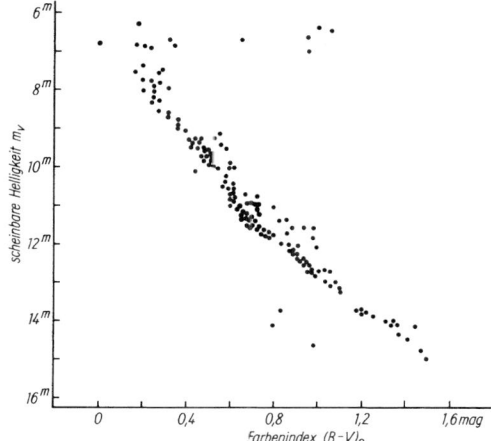

Abb. 2: Farben-Helligkeits-Diagramm des Offenen Sternhaufens Praesepe. Die Bildpunkte etwa 1 mag über der mittleren und unteren Hauptreihe stammen wahrscheinlich von optisch nicht aufgelösten Doppelsternen

bei ihnen schließt sich im Farben-Helligkeits-Diagramm an die Hauptreihe direkt der Riesenast an, das Diagramm ist ähnlich dem eines Kugelsternhaufens (Abb. 3). Bei sehr jungen, nur einige Mio. Jahre alten Haufen weitet sich die Hauptreihe im Bereich der massearmen Sterne nach rechts hin etwas auf. Es sind Bildpunkte von Sternen, die noch im Vor-Hauptreihenzustand sind, in denen das Wasserstoffbrennen noch nicht begonnen hat. Zu ihnen gehören die in einigen O.n S. vorhandenen → T-Tauri-Sterne. Noch keine gesicherte Erklärung gibt es für die sog. „Blauen Nachzüglersterne" in einigen Haufen, deren Bildpunkte auf der Hauptreihe links oberhalb des Abknickpunkts liegen (→ Sternentwicklung).

Auflösung. O. S. können nicht unbeschränkt lange existieren. In Haufen mit hoher Sterndichte kommt es häufig zu nahen Begegnungen zwischen den Sternen, was mit einem Austausch kinetischer Energie verbunden ist. Massearme Sterne können dadurch Geschwindigkeiten größer als die Entweichgeschwindigkeit des Haufens erreichen und den Haufen verlassen, während der Energieverlust die verbliebenen Sterne dichter an das Zentrum heranrücken läßt, wodurch nahe Begegnungen häufiger werden und das Entweichen weiterer Sterne ermöglicht. Insgesamt wird ein Haufen kleiner und dichter und die Zahl seiner Mitglieder geringer. Übrig bleibt wahrscheinlich ein enges Mehrfachsystem aus wenigen Sternen. Bei Haufen geringer anfänglicher Sterndichte können einzelne am Rand sich befindende Sterne infolge naher Begegnungen mit Feldsternen oder massereichen interstellaren Wolken so viel kinetische Energie gewinnen, dass sie den Haufen verlassen. Die restlichen Sterne rücken infolge der sinkenden Massenanziehung und der geringer werdenden gravitativen Bindung weiter auseinander, wodurch die Wahrscheinlichkeit des Ablösens weiterer Sterne größer wird, bis sich alle Sterne im allgemeinen Sternfeld verstreut haben. Lockere O. S. wie die Hyaden können schätzungs-

offenes Weltall

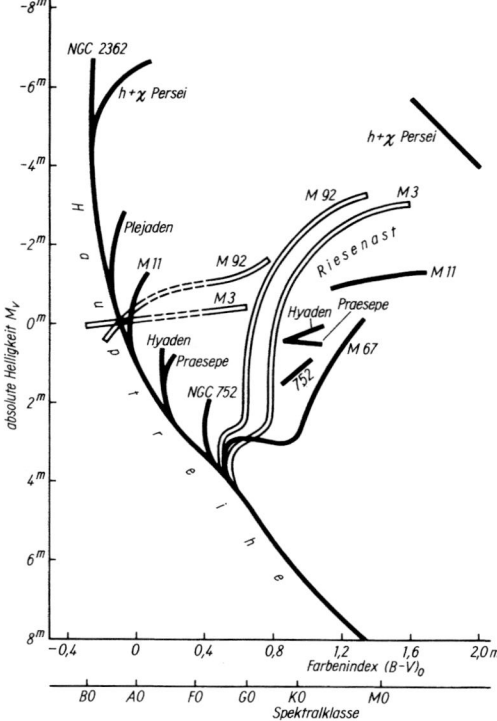

Abb. 3: Schematische Farben-Helligkeits-Diagramme einiger Offener Sternhaufen unterschiedlichen Alters im Vergleich zu denen der Kugelsternhaufen M 3 und M 92

kelwolken verborgen. O. S. sind stark gegen die galaktische Ebene konzentriert, die jüngeren sind häufig mit Wolken interstellarer Materie assoziiert und kommen vorwiegend in Spiralarmen vor. Die O.n S. gehören auf Grund der räumlichen Verteilung im Milchstraßensystem sowie des im Allg. sehr geringen Alters zur extremen → Population I.

Klassifikation. O. S. werden vielfach hinsichtlich der Zahl der Haufenmitglieder, deren Konzentration gegen das Haufenzentrum sowie der Häufigkeitsverteilung der Mitgliedsterne nach der absoluten Helligkeit klassifiziert. Nachteilig ist, dass sich die Kriterien auf scheinbare, nicht auf physikalische Eigenschaften stützen. Ein rein physikalisches Klassifikationsprinzip benutzt die Struktur des Farben-Helligkeits-Diagramms, somit die Verteilung der Haufensterne nach Spektraltyp und Leuchtkraft. Bei Haufen des Typs 1 liegen die Bildpunkte aller Sterne auf der Hauptreihe zwischen den Spektralklassen O und M, beim Typ 2 befindet sich die Hauptmenge der Bildpunkte auf der Hauptreihe, eine geringe Zahl aber im Bereich der Roten Riesen, beim Typ 3 stammen sehr viele Bildpunkte von Roten Riesensternen. Zusätzlich wird ein o, b, a oder f hinzugefügt, was die Spektralklasse der Sterne am Abknickpunkt des Haufens angibt. Nach dieser Klassifikation gehören die Plejaden zum Typ 1b und die Praesepe zum Typ 2a.

O. S. sind außer im Milchstraßensystem auch in extragalaktischen Sternsystemen nachgewiesen.

offenes Weltall, zeitlich unbegrenzt expandierendes Weltall; → Kosmologie.

Öffnung, svw. Eintrittspupille eines → Fernrohrs.

Öffnungsverhältnis, das Verhältnis von nutzbarer Öffnung zur Brennweite eines → Fernrohrs.

OH/IR-Stern, ein nur im infraroten (IR), nicht aber im sichtbaren Spektralbereich in Erscheinung tretender Stern, der mit einer sich in seiner Umgebung befindenden Maser-Quelle des Hydroxylradikals (OH) (→ interstellares Gas) assoziiert ist. Bei OH/IR-S.en handelt es sich aller Wahrscheinlichkeit nach um Riesensterne, in deren Zentralgebiet das Heliumbrennen (→ Energiefreisetzung in Sternen) erloschen ist und von denen ein relativ starker Massenabfluss von etwa 10^{-5} bis 10^{-4} Son-

weise nur noch einige 100 Mio. Jahre, kompakte Haufen wie die Plejaden hingegen viele Mrd. Jahre bestehen.

Räumliche Verteilung. Von den im Milchstraßensystem vermutlich existierenden 15 000 bis 20 000 O.n S. sind bisher nur wenige 1 000 bekannt; die meisten sind von der Sonne aus gesehen „hinter" dichten Dun-

Einige hellere Offene Sternhaufen

Katalognummer		α		δ		m_{ges}	D	Bemerkung
NGC	M	h	min	°	'		'	
869		2	18,9	57	9	4^m	30	Perseus, h Persei
884		2	22,5	57	7	4^m	30	Perseus, χ Persei
1039	34	2	42,0	42	47	6^m	35	Perseus
	45	3	47,0	24	7	1^m	110	Taurus, Plejaden
1960	36	5	36,1	34	8	6^m	12	Auriga
2099	37	5	52,3	32	32	6^m	24	Auriga
2168	35	6	8,8	24	20	5^m	28	Gemini
2323	50	7	2,9	−8	23	6^m	16	Monoceros
2548	48	8	13,7	−5	48	6^m	50	Hydra
2632	44	8	40,0	20	0	3^m	95	Cancer, Praesepe
6633		18	27,5	6	34	5^m	27	Ophiuchus
6705	11	18	51,0	−6	16	6^m	14	Scutum
7092	39	21	32,2	48	27	6^m	80	Cygnus

α: Rektaszension; δ: Deklination; m_{ges}: genäherte visuelle Gesamthelligkeit; D: genäherter scheinbarer Durchmesser. Bemerkung: Sternbild, in dem sich der Haufen befindet, und Name des Haufens

nenmassen pro Jahr erfolgt (→ Sternentwicklung). In dem abströmenden sich abkühlenden Gas bilden sich Staubteilchen, die das Sternlicht im visuellen und ultravioletten Spektralbereich so stark absorbieren, dass im sichtbaren Bereich die Sterne nicht beobachtbar sind. Die von den Teilchen aufgenommene Energie wird als Wärmestrahlung im infraroten Spektralbereich emittiert, was den starken Strahlungsstrom im Infrarot verursacht. Im abströmenden Gas kommt es auch zur Bildung von Molekülen, von denen bestimmte Arten so angeregt werden, dass sie als Maser-Quellen in Erscheinung treten. Einige OH/IR-S.e sind außer mit Hydroxyl-Maser-Quellen auch mit Siliziumoxid- und Wasser-Maser-Quellen assoziiert. Der genaue Anregungsprozess ist noch unbekannt (→ Maser).
Zwischen OH/IR-S.en und → Mira-Sternen bestehen Ähnlichkeiten. Die von OH/IR-S.en emittierte Radiofrequenzstrahlung ist langperiodisch mit Perioden veränderlich, die denen der Mira-Sterne entsprechen. Einige Mira-Sterne sind umgekehrt mit schwachen OH-Maser-Quellen assoziiert.

Ökosphäre, die Zone um einen Stern, in der die physikalischen Bedingungen die Entstehung von Leben nicht von vornherein ausschließen; → Leben auf anderen Himmelskörpern.

Oktant, das Sternbild → Octans.

Okular *n*, Teil eines visuellen → Fernrohrs.

Olbers, Heinrich Wilhelm Matthäus, dtsch. Arzt und Astronom, geb. 11.10.1758 in Arbergen bei Bremen, gest. 02.03.1840 in Bremen; entdeckte die Planetoiden Pallas und Vesta und entwickelte eine vereinfachte Bahnbestimmungsmethode für Kometen.

Olbers'sches Paradoxon [benannt nach H. W. M. Olbers, 1758–1840], die Aussage, dass unter der Annahme eines statischen, unendlich großen, zeitlich unbegrenzt existierenden und gleichmäßig mit Sternen erfüllten Weltalls der gesamte Himmel die gleiche Flächenhelligkeit haben muss wie etwa die Sonnenscheibe, da in jeder beliebigen Richtung der Sehstrahl eine Sternscheibe trifft. Die Annahme einer absorbierenden Materie löst den Widerspruch nicht, da die absorbierte Energie vom absorbierenden Medium wieder emittiert würde und es dadurch eine entsprechende Helligkeit hätte. Die Annahmen sind im real existierenden Weltall nicht erfüllt (→ Kosmologie).

Oort, Jan Hendrik, niederl. Astronom, geb. 28.04.1900 in Franeker, gest. 05.11.1992 in Leiden; ab 1935 Prof. in Leiden, von 1945 bis 1970 Direktor der dortigen Sternwarte; arbeitete auf vielen Gebieten der Astronomie, u. a. über Sternsysteme, speziell des Milchstraßensystems und dessen Rotation, und befruchtete die Radioastronomie entscheidend. Er war wesentlich an der Gründung der Europäischen Südsternwarte (ESO) beteiligt und von 1958–1961 Präsident der Internationalen Astronomischen Union.

Oort'sche Kometenwolke [benannt nach J. H. Oort, 1900–1992], Ansammlung von schätzungsweise 10^{11} bis 10^{12} Kometen, die einen Raum um die Sonne mit einer Ausdehnung in der Größenordnung von 300 000 AE erfüllen; → Komet.

Oort'sche Rotationsformeln [benannt nach J. H. Oort, 1900–1992], Formeln, die die infolge der differentiellen Rotation des Milchstraßensystems sich ergebenden Radialgeschwindigkeiten und Eigenbewegungen beschreiben; → Milchstraßensystem.

Opazität, die Eigenschaft durchstrahlter Materie, Strahlung zu schwächen.

Opazitätskoeffizient, das Absorptionsvermögen von Materie pro Masseeinheit.

Oph, Abk. für Ophiuchus.

Ophelia *f*, *1)* der zweitinnerste der Uranussatelliten. Die O. bewegt sich auf einer kreisnahen Bahn mit dem Radius von 53 800 km in 9,024 Stunden rechtläufig um den Uranus. Die Bahnebene ist 0,193° gegen dessen Äquatorebene geneigt. Der mittlere Durchmesser der O. beträgt 43 km.
Hinsichtlich der Einordnung der O. in das System der Uranussatelliten → Uranus.
2) der Planetoid (171).

Ophiuchus, *Gen*. Ophiuchi, abg. *Oph*, *Schlangenträger*, Sternbild der Äquatorzone, das im Sommer am Abendhimmel sichtbar ist. Der im Sternbild liegende Teil der Milchstraße ist stark durch helle Sternwolken sowie Dunkelwolken und zahlreiche Sternhaufen strukturiert. Der hellste Stern α Ophiuchi ist → Ras Alhague. Die Sonne durchläuft das Sternbild bei ihrer scheinbaren jährlichen Bewegung von Ende November bis Mitte Dezember. Das Sternbild wird zwar von der Ekliptik geschnitten, zählt aber nicht zu den Tierkreissternbildern. Es teilt das Sternbild Serpens (Schlange) in zwei Teile.
Hinsichtlich der Lage am Himmel → Sternkarte Seite 418.

Opposition, → Konstellation.

Oppositionsschleife, die nahe der Oppositionsstellung von einem Planeten durchlaufene schleifenartige Bahn am Himmel; → Bewegung der Gestirne.

optische Achse, gedachte Symmetrielinie in einem optischen Aufbau, die durch die Krümmungszentren von Linsen und Spiegeln geht.

optische Astronomie, ältester Zweig der Astronomie, der durch die Beobachtung der Gestirne im visuellen Spektralbereich geprägt ist.

optische Dicke, Maß für die Strahlungsundurchlässigkeit einer Materieschicht. Für die o. D. $\tau(\lambda)$ einer homogenen Schicht der geometrischen Dicke l sowie des Extinktionskoeffizienten $\alpha(\lambda)$ der Materie gilt $\tau = \alpha \cdot l$, wobei λ die Wellenlänge der Strahlung bezeichnet. Eine Materieschicht der o.n D. τ schwächt die Intensität einer senkrecht hindurchgehenden Strahlung um den Faktor $e^{-\tau}$ ($e \approx 2{,}72\ldots$ Basis der natürlichen Logarithmen). Eine Schicht mit $\tau = 1$ verringert die Strahlungsintensität um rund 37%. Schichten mit einer o.n D. viel größer als 1 sind praktisch undurchsichtig (*optisch dick*), mit einer o.n D. wesentlich kleiner als 1 sehr durchsichtig (*optisch dünn*). Eine geometrisch dünne Schicht kann für Strahlung der Wellenlänge λ optisch dick sein, wenn der Extinktionskoeffizient sehr groß ist, ist er sehr klein, kann die o. D. dann sehr groß sein, wenn die Schichtdicke sehr groß ist. Da der Extinktionskoeffizient im Allg. wellenlängenabhängig ist, kann die o. D. einer gegebenen Materieschicht für Strahlung unterschiedlicher Wellenlänge unterschiedlich groß sein.

optischer Doppelstern

optischer Doppelstern, zwei Sterne, die am Himmel dicht benachbart sind, aber keine physische Einheit bilden.

optisches Fenster, → Erdatmosphäre.

optische Tiefe, Größe zur Beschreibung der Strahlungsdurchlässigkeit einer im optischen Spektralbereich senkrecht durchstrahlten Materieschicht, → optische Dicke.

optische Veränderliche, → Veränderliche.

Orbit, in der Raumfahrt svw. Umlaufbahn.

Ordnungszahl, *Kernladungszahl*, die Anzahl der Protonen (Kernladungen) in einem Atomkern; → Atom.

Ori, Abk. für Orion.

Orientierung nach Gestirnen, die Bestimmung der Himmelsrichtung aus der Stellung der Gestirne. Die genäherte Nordrichtung ergibt sich (nachts) durch das Fällen des Lots vom → Polarstern aus auf den Horizont, da der Stern nahe am nördlichen Himmelspol liegt. Tagsüber ergibt sich die Südrichtung näherungsweise aus der Stellung der Sonne. Bei einer Uhr, die so gedreht ist, dass der Stundenzeiger auf die Sonne weist, weist die Winkelhalbierende zwischen dem Stundenzeiger und der Richtung zur Zwölf (bei Sommerzeit zur Eins) auf dem Zifferblatt nach Süden.

Orion, *Gen*. Orionis, abg. Ori, Sternbild der Äquatorzone, das im Winter am Abendhimmel sichtbar ist. Die hellsten Sterne sind in charakteristischer Weise angeordnet (Abb.), wodurch das Sternbild leicht auffindbar ist. Etwa in Höhe des Himmelsäquators liegen in fast gleichen Abständen voneinander die drei als *Gürtelsterne* oder *Jakobsstab* bezeichneten Sterne δ, ε und ζ Orionis. Nördlich davon befinden sich die Schultersterne, der östliche (α) ist → Beteigeuze, der westliche (γ) → Bellatrix. Fast spiegelbildlich zu den Schultersternen befinden sich südlich der Gürtelsterne die Fußsterne, von denen der westliche (β) → Rigel ist. Schwächere Sterne etwa in der Mitte zwischen den Gürtel- und den Fußsternen bilden das *Schwertgehänge*. Zu ihnen gehört ϑ Orionis, ein Mehrfachsternsystem aus 6 Sternen, von denen die vier hellsten auf Grund ihrer Anordnung als *Trapezsterne* bezeichnet werden. Sie gehören zu einem sehr jungen Sternhaufen mit rund 500 Mitgliedsternen, von denen die meisten von der Sonne aus gesehen „hinter" dichten interstellaren Staubwolken verborgen sind und dadurch nur im infraroten Spektralbereich in Erscheinung treten. An etwa dieser Stelle befindet sich der → Orionnebel (M 42), der hellste vieler leuchtender interstellarer Gasnebel, die mit interstellaren Dunkelwolken weite Teile des Sternbilds durchziehen. Hinsichtlich der Lage am Himmel → Sternkarte Seite 420.

Orionarm, Spiralarm oder Spiralarmzweig des Milchstraßensystems in der Sonnenumgebung, dessen ihn definierende OB-Assoziationen im Sternbild Orion liegen; → Milchstraßensystem.

Orioniden, Meteorstrom, dessen Radiationspunkt im Sternbild Orion liegt; → Meteor.

Orionnebel, *M 42, NGC 1976*, ein Emissionsnebel, der sich etwa beim mittleren Stern des sog. Schwertgehänges (→ Orion) befindet und mit bloßem Auge erkennbar ist (Abb. Seite 277). Die Helligkeit des Nebels geht zum großen Teil auf → interstellares Gas zurück, das durch die Trapezsterne zum Leuchten angeregt wird, zu einem geringen Teil handelt es sich auch um an → interstellaren Staubteilchen gestreute Sternstrahlung. Der O. ist ein Teil eines größeren interstellaren Wolkenkomplexes. Zu ihm gehört die Orionmolekülwolke, in der sich sehr junge Sterne befinden und auch gegenwärtig noch Sterne entstehen. Die Entfernung des O.s von der Sonne beträgt etwa 500 pc, der Durchmesser liegt bei 2 bis 5 pc.

Orion-Veränderliche, *Nebelveränderliche*, Sterne mit unregelmäßig veränderlicher Helligkeit, die mit Wolken interstellarer Materie in Verbindung stehen oder sich in deren Nähe befinden. O.-V. tragen die allgemeine Typbezeichnung In (von *i*rregulär und *N*ebel), sie werden je nach der Spektralklasse oder der Art des Lichtwechsels in vier Gruppen unterteilt. Sterne des Typs Ina gehören zu den Spektralklassen B oder A, die des Typs Inb zu den Spektralklassen F bis M. O.-V. mit schnellem Lichtwechsel bilden die Untergruppe Ins. Die → T-Tauri-Sterne (Bezeichnung InT) bilden die vierte Gruppe. In den Lichtkurven der O.-V.n treten sowohl langsame Schwankungen als auch kurze Minima und halbperiodische Helligkeitsvariationen mit Amplituden bis zu 4 mag sowie eruptionsähnliche Maxima auf. Die O-V.n gehören zu den eruptiven → Veränderlichen. Die ersten Vertreter der O.-V.n wurden im Orionnebel gefunden, daher der Name.

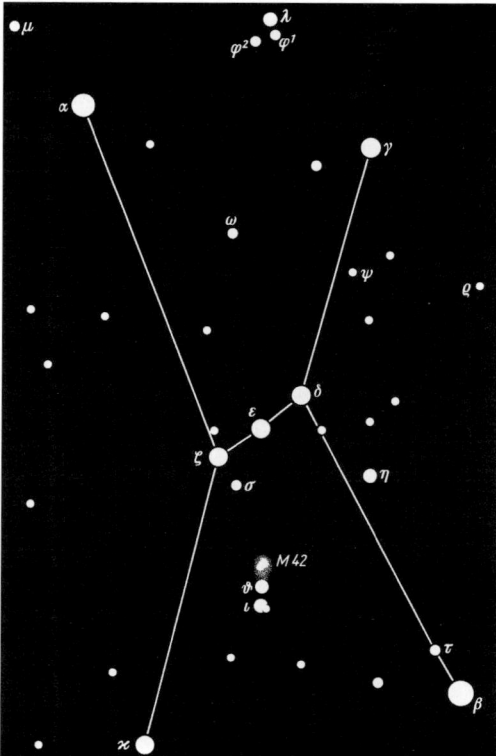

Charakteristische Anordnung der hellsten Sterne des Sternbildes Orion

Orion-Veränderliche

Orionnebel. Zur Hervorhebung schwacher Details ist der Helligkeitskontrast nachträglich verstärkt worden (Aufnahme: Thüringer Landessternwarte Tautenburg)

Ort eines Gestirns

Die O.-V.n sind junge Hauptreihensterne oder Sterne, die sich noch im Vor-Hauptreihenzustand befinden. Die Ursachen des Lichtwechsels sind noch weitgehend unbekannt.

Die → RW-Aurigae-Sterne haben gleiches photometrisches Verhalten wie die O.-V.n und dürften diesen physikalisch ähnlich sein, nur sind sie offenbar nicht mit Wolken interstellarer Materie assoziiert.

Ort eines Gestirns (*Plur.* Örter), *Position eines Gestirns*, durch Koordinaten angegebener Ort eines Himmelobjekts an der Himmelskugel.

Die Positionsbestimmung erfolgt im Rahmen der → Astrometrie, in der die Gestirne als punktförmig erscheinende Gebilde angesehen werden. Die Festlegung der Position erfolgt in einem geeigneten sphärischen Koordinatensystem, das durch ein System von Fundamentalsternen aufgespannt ist. Die Ortsbestimmung für andere Sterne an der Himmelskugel geschieht durch Winkelmessungen relativ zu den Fundamentalsternen. Werden dazu photographische oder digitale Himmelsaufnahmen benutzt, so ist zu berücksichtigen, dass sie Projektionen eines Areals der Himmelskugel auf eine Tangentialebene sind, wobei der Berührungspunkt von Ebene und Kugel das Zentrum des projizierten Areals ist. Auf der Ebene ergibt sich ein verzerrtes Bild des Sterngebiets, denn das durch die Fundamentalsterne repräsentierte sphärische System wird dabei in ein ebenes übertragen. Die auf den Aufnahmen in einem rechtwinkligen Koordinatensystem gemessenen linearen Abstände der Sterne von den projizierten Fundamentalsternen müssen deshalb in Winkelabstände des sphärischen Systems umgewandelt werden, was anhand der Örter der Fundamentalsterne in beiden Koordinatensystemen erfolgen kann.

Die direkt bestimmten Örter sind nicht ohne weiteres mit den wahren Himmelskoordinaten identisch, weil u. a. die → Refraktion zu einer Verkleinerung der gemessenen Zenitdistanz und die → Aberration zu einer Verschiebung der Gestirnspositionen in Richtung des Zielpunktes der Bewegung des Beobachtungsorts zum Zeitpunkt der Beobachtung führt. Für Mitglieder des Sonnensystems ergeben sich infolge von → Parallaxe von unterschiedlichen Beobachtungsorten aus unterschiedliche scheinbare Positionen für ein und dasselbe Gestirn zu ein und derselben Beobachtungszeit. Bei Sternen ist der parallaktische Effekt unmessbar klein. Zur Befreiung der Koordinaten vom parallaktischen Effekt werden die topozentrischen Koordinaten auf geozentrische umgerechnet. Die ermittelten Gestirnspositionen gelten nur für einen bestimmten Zeitpunkt (Epoche), da sich die Grundebene des benutzten sphärischen Koordinatensystems infolge von → Präzession und Nutation sowie Polhöhenschwankungen verlagert (→ Polhöhe). Zur Elimination dieser Effekte werden die Koordinaten auf ein Koordinatensystem zu einer Normalepoche umgerechnet. Die für diese Umrechnungen benötigten Konstanten können z. T. theoretisch, z. T. nur empirisch bestimmt werden (→ Astrometrie).

Ein von Refraktionseinflüssen befreiter beobachteter Ort ergibt den *scheinbaren Ort*, der noch mit Aberrationseinflüssen behaftet ist und sich auf die Lage des Koordinatensystems im Augenblick der Beobachtung bezieht. Nach Elimination des Aberrationseffekts ergibt sich der *wahre Ort*, der ebenfalls auf die momentane Lage des Koordinatensystems bezogen ist, nach Elimination der Nutationseinflüsse der *mittlere Ort*. Die Umrechnung des Koordinatensystems auf eine bestimmte Epoche ergibt den mittleren Ort für diese Epoche. In Sternkarten und Sternkatalogen sind im Allg. mittlere Sternörter für die Standardepoche 2000.0, d. h. für den astronomischen Beginn des → Jahres 2000 angegeben. Zum Auffinden von Sternen am Himmel, deren Ort in einem Katalog oder Jahrbuch verzeichnet ist, müssen an die Katalog- und Jahrbuchangaben die entsprechenden Korrekturen in entgegengesetzter Richtung angebracht werden.

Orthosie *f*, ein Satellit des Jupiter.
Hinsichtlich der Einordnung der O. in das System der Jupitersatelliten → Jupiter.

Ortsbestimmung, für Orte auf der Erde: → geographische Ortsbestimmung, für Örter am Himmel: → Ort eines Gestirns.

Ortszeit, die auf den Meridian des Beobachtungsorts bezogene Zeit.

Oskulationsepoche, → Störungsrechnung.

oskulierende Elemente, → Störungsrechnung.

Osten, eine → Himmelsrichtung.

O-Stern, Stern der → Spektralklasse O.

Ostpunkt, derjenige Schnittpunkt des Himmelsäquators mit dem wahren Horizont, in dem infolge der scheinbaren täglichen Bewegung ein auf dem Himmelsäquator sich befindendes Gestirn in die den Himmelsnordpol enthaltende Hemisphäre eintritt. Der Gegenpunkt ist der Westpunkt. Zur Tagundnachtgleiche geht die Sonne im O. auf.

Ozonosphäre, *Ozonschicht*, Schicht der Erdatmosphäre, in der Ozon seine höchste Konzentration hat; → Erdatmosphäre.

P

Pa, Einheitenzeichen für Pascal, die Einheit des Drucks.

Paaliaq *m*, ein Satellit des Saturn.
Hinsichtlich der Einordnung des P. in das System der Saturnsatelliten → Saturn.

Paarbildung, *Paarentstehung*, *Paarerzeugung*, die Bildung eines Teilchens und seines Antiteilchens. Eine P. erfolgt u. a. bei der Umwandlung eines energiereichen Photons in ein Elektron-Positron-Paar oder bei der Wechselwirkung von Photonen oder hochenergetischer Elementarteilchen, z. B. Elektronen, mit anderen Teilchen. Auf Grund der Äquivalenz von Masse und Energie (→ Relativitätstheorie) ist für die P. eine Energie von mindestens $2 \cdot m_0 c^2$ notwendig, wenn das entstehende Teilchen und das Antiteilchen jeweils die Ruhmasse m_0 haben, c bedeutet die Lichtgeschwindigkeit. Eine *Paar-*

vernichtung, Annihilation oder Zerstrahlung, ist der zur P. entgegengesetzte Prozess und erfolgt beim Zusammenstoß eines Teilchens mit seinem Antiteilchen, wobei deren beider Masse in die Energie zweier Photonen übergeht.

Paarentstehung, svw. Paarbildung.
Paarerzeugung, svw. Paarbildung.
Paarvernichtung, → Paarbildung.

Pallas *f*, der Planetoid (2), der sich auf einer elliptischen Bahn mit der großen Halbachse von 2,771 AE und einer Exzentrizität von 0,234 in 4,61 Jahren rechtläufig um die Sonne bewegt. Die Bahnebene ist um 34,8° gegen die Ekliptikebene geneigt. Die P. ist ein unregelmäßig geformter Himmelskörper, der größte Durchmesser beträgt 570 km, der kleinste 500 km, der mittlere Durchmesser etwa 532 km. Die Masse beläuft sich auf etwa $2,2 \cdot 10^{20}$ kg, die mittlere Dichte auf rund 2,8 g/cm^3 und die Rotationsperiode auf 7,811 Stunden. In Opposition erreicht die P. eine mittlere Helligkeit von etwa $8^m\!.0$.
Die P. wurde als zweiter Planetoid 1802 durch W. Olbers (1758–1840) entdeckt.

Pallene *f*, ein Zwergsatellit des Saturn.

Palus *f*, Bezeichnung für eine Oberflächenstruktur auf erdartigen Himmelskörpern des Planetensystems, die ähnlich einem kleinen Mare auf dem Mond ist.

Pan *m*, **1)** der innerste Saturnsatellit, der sich auf einer Kreisbahn mit einem Radius von 133 583 km in 13,8 Stunden rechtläufig in der Encke'schen Teilung des A-Rings um den → Saturn bewegt. Die Teilung ist wahrscheinlich eine Folge der gravitativen Wirkung des P. auf die Ringpartikeln. Der Durchmesser beträgt 26 km. Hinsichtlich der Einordnung des P. in das System der Saturnsatelliten → Saturn.
2) der Planetoid (4450).

Pandora *f*, **1)** ein Satellit des Saturn. Die P. bewegt sich auf einer kreisnahen Ellipsenbahn mit einer großen Halbachse von 141 700 km und einer Exzentrizität von 0,004 in 15,096 Stunden rechtläufig um den Saturn. Die Bahnebene liegt in dessen Äquatorebene. Infolge der gebundenen Rotation ist die Umlaufzeit gleich der Rotationsperiode. Die P. ist ein unregelmäßig geformter Himmelskörper mit einem gemittelten Durchmesser von 81 km. Die Masse beträgt $1,36 \cdot 10^{17}$ kg, die mittlere Dichte 0,53 g/cm^3. Die Oberfläche weist mindestens zwei Krater von etwa 30 km Durchmesser auf. Die relativ hohe Albedo von über 0,5, die Färbung sowie die geringe Dichte deuten auf Wassereis, dem vielleicht Gesteinsteilchen meteoroidischen Ursprungs beigemengt sind, als Hauptbestandteil und eine sehr poröse Struktur des Oberflächenmaterials hin.
Als äußerer → „Schäferhundsatellit" des F-Rings bewirkt sie zusammen mit dem Satelliten Prometheus dessen Stabilität.
Hinsichtlich der Einordnung der P. in das System der Saturnsatelliten → Saturn.
2) der Planetoid (55).

Parabolantenne, → Radioteleskop.
parabolische Geschwindigkeit, svw. Entweichgeschwindigkeit.
Paradiesvogel, das Sternbild → Apus.
parallaktische Montierung, → Fernrohr.

parallaktisches Lineal, historisches astronomisches Instrument.
parallaktische Verschiebung, → Parallaxe.
Parallaxe *f*, **1)** der Winkel zwischen zwei von verschiedenen Beobachtungsorten zu demselben Punkt gerichteten Sehstrahlen, damit der Winkel, unter dem von dem Punkt aus die Verbindungslinie der beiden Beobachtungsorte gesehen wird. Die Projektion deren Verbindungslinie auf die Senkrechte zur Richtung von Linienmittelpunkt zum beobachteten Punkt wird als Basis bezeichnet. Die P. ist umso kleiner, je kleiner die Basis oder je weiter der beobachtete Punkt von dieser entfernt ist. Mittels einer Parallaxenmessung kann daher bei bekannter Basisgröße die Entfernung bestimmt werden.
2) in der Astronomie svw. die Entfernung eines Gestirns.

Absolut bestimmte Entfernungen. Absolute (primäre) Entfernungen benötigen zu ihrer Ermittlung nicht die Kenntnis der Entfernung eines anderen Objekts. Alle mit geometrischen Methoden bestimmten Entfernungen sind absolut. Himmelskörper erscheinen vom Beobachtungsort aus an die Himmelskugel projiziert. Verschiebt sich der Beobachtungsort, verschiebt sich auch der projizierte Ort. Diese *parallaktische Verschiebung* ist umso größer, je größer die Verschiebung des Beobachtungsortes und je geringer die Entfernung des Gestirns ist. Der parallaktische Winkel ist gleich dem, unter dem vom Gestirn aus gesehen die durch die beiden Beobachtungsorte aufgespannte Basis erscheint (Abb. 1). Eine Ortsveränderung des Beobachters ergibt sich infolge der Rotation der Erde, der Bewegung der Erde um die Sonne sowie der Pekuliarbewegung der Sonne mitsamt dem Planetensystem.

Tägliche P. Die Basis der täglichen P. ist die Verbindungslinie des Beobachtungsorts zum Erdmittelpunkt. Die Erdrotation bewirkt eine periodische Veränderung der Lage des Beobachtungsorts und damit des Winkels, unter dem von einem Himmelskörper aus gesehen die Basis erscheint. Der kleinste Winkel ergibt sich beim Meridiandurchgang des Himmelskörpers, der größte, wenn er sich am Horizont befindet. Für die *Horizontalparallaxe* p_h gilt $\sin p_h = R/r$, wenn R den Erdradius und r die Entfernung des Himmelskörpers vom Erdmittelpunkt bezeichnen. Für die Sonne beträgt die Horizontalparallaxe im Mittel 8,794″.

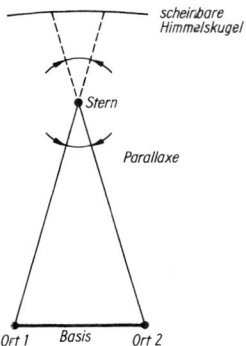

Abb. 1: Zur parallaktischen Verschiebung

Parallaxe

Beim Mond ist wegen dessen Nähe die Abweichung der Erde von der Kugelform zu berücksichtigen. Die *Äquatorialhorizontalparallaxe* ergibt sich, wenn der Mond im Horizont eines Orts am Erdäquator steht, im Mittel beträgt sie 3 422,45″. Für alle Körper außerhalb des Sonnensystems ist die tägliche P. unmeßbar klein.

Jährliche P. Für Entfernungsbestimmungen unter Ausnutzung des Umlaufs der Erde um die Sonne bildet die große Halbachse der Erdbahn die Basis. Ein Stern wird im Laufe eines Jahres von unterschiedlichen Punkten der Erdbahn aus an die Himmelskugel projiziert, er beschreibt scheinbar eine Ellipse. Die große Halbachse der Ellipse ist gleich der jährlichen P., dem Winkel, unter dem die große Halbachse der Erdbahn vom Stern aus erscheint. Die kleine Achse der Ellipse hängt von der ekliptikalen Breite des Sterns ab (Abb. 2). Befindet er sich in der Ekliptik, entartet die Ellipse zu einer Linie, die jährliche parallaktische Bewegung wird zu einem Hinundherpendeln des Sterns um die Mittellage. Befindet er sich im Pol der Ekliptik, geht die Ellipse in einen Kreis über. Bezeichnet a die große Halbachse der Erdbahn, r die Entfernung des Sterns von der Sonne und p die jährliche P., gilt $\sin p = a/r$. Wegen der Kleinheit des parallaktischen Winkels kann in guter Näherung $\sin p = p$ (im Bogenmaß) gesetzt werden, wodurch sich für die jährliche P. in sehr guter Näherung $p = a/r$ ergibt. Zur Messung der jährlichen P. eines Sterns wird seine parallaktische Ellipse relativ zu benachbarten lichtschwachen Sternen ermittelt. Von ihnen darf angenommen werden, daß sie wesentlich weiter als der fragliche Stern entfernt sind und ihre parallaktische Bewegung folglich vernachlässigbar klein ist, so daß die Messungen praktisch nicht verfälscht werden. Zur Berechnung der Sternentfernung muß die große Halbachse der Erdbahn mit möglichst hoher Genauigkeit bekannt sein (→ Sonnenparallaxe). Ist ein Stern von der Sonne 3,0857·10^{13} km entfernt, beträgt die jährliche P. genau 1 Bogensekunde. Diese Entfernung wird als *Parallaxensekunde*, Kurzform Parsec, bezeichnet und als Entfernungseinheit (Einheitenzeichen pc) verwendet. Die Entfernung r (in Parsec) ist gleich dem Reziproken der jährlichen Parallaxe p (in Bogensekunden). Die Bestimmung der jährlichen P. beruht auf einer trigonometrischen Beziehung, sie wird deshalb auch als **trigonometrische P.** bezeichnet. Trigonometrische P.n sind frei von jeglichen Hypothesen und für die kosmische Entfernungsskala von wesentlicher Bedeutung.

Die bei erdgebundenen Positionsbestimmungen störenden Einflüsse der Erdatmosphäre wie die → Szintillation fallen bei extraterrestrischen Beobachtungen weg. Mittels des astrometrischen Erdsatelliten HIPPARCOS wurden die großen Halbachsen der parallaktischen Ellipsen sehr vieler Sterne mit hoher Genauigkeit bestimmt. Bei Sternen im Entfernungsbereich von etwa 3 bis 10 pc beträgt die Genauigkeit ± 1% oder besser, bei rund 22 400 Sternen bis zu einer Grenzentfernung von etwa 100 pc beträgt sie ± 10%, bei rund 30 000 Sternen bis zur Entfernung von etwa 200 pc liegt die Genauigkeit bei etwa ± 20%. Die Genauigkeit ist für scheinbar helle Sterne höher als für scheinbar schwache, für ekliptiknahe Sterne ist sie etwa doppelt so hoch wie für polnahe Sterne. Die größte jährliche P. von 0,773″ hat der Stern → Proxima Centauri, der mit 1,29 pc die geringste Entfernung von der Sonne hat.

Säkulare P. Bezüglich der Sterne mit einer scheinbaren Helligkeit bis zu 12^m hat die Sonne samt dem Planetensystem eine → Pekuliargeschwindigkeit v von 19,5 km/s (→ Milchstraßensystem). Für einen weit entfernten Stern befindet sich die Sonne zu zwei unterschiedlichen Zeitpunkten an zwei unterschiedlichen Orten. Die vom Stern aus gesehene Verbindungslinie der beiden Orte spannt die Basis auf, die unter der sog. säkularen P. gesehen wird. Mit zunehmendem Zeitintervall wächst die von der Sonne zurückgelegte Strecke, nach einem Jahr Zeitdifferenz beträgt sie mehr als das Vierfache der Basis für trigonometrische P.n. Da alle Sterne von der mitbewegten Erde aus an die Himmelskugel projiziert werden, bewirkt die Sonnenbewegung eine systematische Verschiebung der Sternörter an der Himmelskugel, eine systematische → Eigenbewegung. Da jeder Stern auch eine Pekuliarbewegung ausführt, die eine individuelle Eigenbewegung verursacht, kann bei einem Einzelstern nicht entschieden werden, welcher Teil der beobachteten Eigenbewegung durch die Sonnenbewegung, welcher durch die individuelle Sternbewegung verursacht ist. Säkulare P.n können daher nicht für einzelne Sterne zur Entfernungsbestimmung genutzt werden, sondern nur für Gruppen von Sternen, die etwa gleiche Entfernung von der Sonne haben und deren Pekuliarbewegungen der Größe und Richtung nach statistisch verteilt sind. Bei einer Mittelbildung heben sich dann die individuellen Eigenbewegungen gegenseitig auf, wodurch die durch die Sonnenbewegung verursachte systematische Eigenbewegung erkennbar ist. Infolge der Pekuliargeschwindigkeit v legt die Sonne während des Intervalls zwischen zwei Beobachtungszeiten t_1 und t_2 die Wegstrecke $v(t_2 - t_1)$ zurück. Bei bekanntem mittleren Winkelabstand α der Sterngruppe vom Zielpunkt der Sonnenbewegung

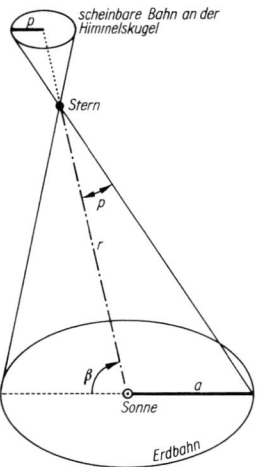

Abb. 2: Zur jährlichen Parallaxe. a: große Halbachse der Bahn der Erde um die Sonne; r: Entfernung des Sterns von der Sonne; p: parallaktischer Winkel; β: ekliptikale Breite

(Abb. 3) ergibt sich die säkulare parallaktische Verschiebung p der Sterngruppe mit der mittleren Entfernung r zu $r = v(t_2 - t_1) \sin \alpha / \sin p$.

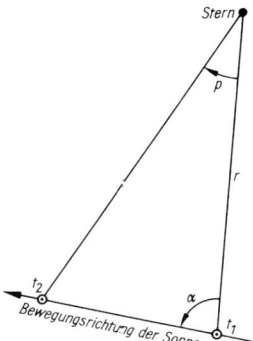

Abb. 3: Zur säkularen Parallaxe. r: Entfernung eines Sterns einer Sterngruppe; t_1, t_2: Zeitpunkte, zu denen der Winkel α zwischen der Richtung zum Stern und der Zielrichtung der Sonnenbewegung gemessen wird; p: parallaktischer Winkel

Dynamische P. Bei täglichen, trigonometrischen und säkularen P.n bestimmt die Bewegung des Beobachtungsortes die Basis. Eine Umkehr der Verfahren ergibt sich, wenn der zu vermessende Stern infolge seiner Bewegung eine Basis bekannter Länge aufspannt. Dies ist bei visuellen Doppelsternen der Fall. Die lineare Abmessung der scheinbaren Bahn des Begleiters um den Hauptstern ist berechenbar, wenn mittels spektroskopischer Beobachtungen die Bahngeschwindigkeit des Begleiters ermittelt wird. Aus Umlaufzeit und Bahngeschwindigkeit ergibt sich der als Basis dienende mittlere Abstand der beiden Sterne. Der Winkel, unter dem die Basis erscheint, ergibt die Entfernung des Doppelsterns, die sog. *dynamische P*. Bei der Mehrzahl der visuellen Doppelsterne kann wegen zu geringer scheinbarer Helligkeit die Umlaufgeschwindigkeit spektroskopisch nicht bestimmt werden. Der mittlere Abstand a der beiden Komponenten, gemessen in astronomischen Einheiten, ist aber mit Hilfe des dritten → Kepler'schen Gesetzes: $a^3 = (\mathfrak{M}_1 + \mathfrak{M}_2) \cdot P^2$ bestimmbar, wenn die Massen $\mathfrak{M}_1$ und $\mathfrak{M}_2$ der beiden Komponenten in Einheiten der Sonnenmasse sowie die Umlaufzeit P in Jahren bekannt sind. Die Umlaufzeit kann genau ermittelt werden, für die Massen gilt dies im Allg. nicht. Als Näherung können die dem Spektraltyp der Komponenten entsprechenden Massen dienen (→ Zustandsgrößen der Sterne). Sind auch die Spektraltypen unbekannt, kann hypothetisch für jede Komponente eine Sonnenmasse angesetzt werden, so dass sich mindestens die Größenordnung der Entfernung (*hypothetische P.*) ergibt. Dynamische oder hypothetische P.n sind umso genauer, je besser die Bahnelemente des Doppelsterns bekannt sind. Der zugängliche Entfernungsbereich ist aber dadurch begrenzt, dass zwei Sterne überhaupt als visueller Doppelstern erkannt werden, der Bereich liegt in der Größenordnung von rund 200 pc.

Relativ bestimmte Entfernungen. Alle Methoden, bei deren Anwendung die Entfernung mindestens eines anderen Objekts erforderlich ist, führen zu relativ bestimmten Entfernungen. Dazu gehören alle Methoden, bei denen absolute Helligkeiten eine Rolle spielen. Photometrische P. Eine photometrische P. ist bestimmbar, wenn die absolute Helligkeit M eines Gestirns bekannt ist und die scheinbare Helligkeit m gemessen wird, da für die Entfernung r in Parsec $m - M = 5 \cdot \lg r - 5$ (→ Helligkeit) gilt, die Differenz $(m - M)$ ist der Entfernungsmodul. Falls die scheinbare Helligkeit durch interstellare Extinktion verfälscht ist, muss der Extinktionsbetrag mindestens angenähert mit Hilfe anderer Beobachtungen ermittelt und die scheinbare Helligkeit entsprechend korrigiert werden (→ interstellarer Staub). Fehler bei photometrisch bestimmten P.n ergeben sich außerdem, wenn die absoluten Helligkeiten nur ungenau bekannt sind. Eine Abweichung der wahren von der angenommenen Helligkeit um 1 mag ergibt bereits einen Entfernungsfehler von fast 50%. Die Parallaxenbestimmung ist relativ, da absolute Helligkeiten nur bei bekannten Entfernungen der Sterne abgeleitet werden können (→ Helligkeit).

Die absolute Helligkeit eines Sterns, Sternhaufens oder Sternsystems kann durch Beobachtungen erschlossen werden, wenn eine eindeutige Korrelation zwischen ihr und anderen beobachtbaren Eigenschaften besteht. Jede derartige Beziehung muss geeicht, d. h. mit Hilfe von Vertretern der jeweiligen Objektgruppe mit bekannten Entfernungen empirisch bestimmt werden. Je nach der Art, wie die absoluten Helligkeiten erschlossen werden, ergeben sich unterschiedliche photometrische Entfernungsbestimmungsmethoden.

Bei *spektroskopischen P.n* wird die absolute Helligkeit der Sterne aus → Spektral- und Leuchtkraftklasse, d. h. dem Intensitätsverhältnis bestimmter Absorptionslinien in den Sternspektren, abgeleitet. Die Unsicherheit spektroskopisch bestimmter P.n beträgt 20 bis 60%. Die Reichweite ist durch die scheinbare Helligkeit eines Sterns bestimmt, bei der noch ein Spektrum genügend hoher Auflösung gewonnen werden kann.

Sind für einen Stern Radius und Effektivtemperatur bekannt, ist die Leuchtkraft, damit die absolute Helligkeit und die Entfernung berechenbar (→ Leuchtkraft eines Sterns). Bei visuellen Doppelsternen ergeben sich aus der Bahnbewegung die Massen der Komponenten (→ Sternmasse). Sind diese als Hauptreihensterne zu identifizieren, kann der Radius bestimmt werden, da für Hauptreihensterne eine empirisch ermittelte Beziehung zwischen Masse und Radius besteht (→ Masse-Leuchtkraft-Beziehung). Derartig ermittelte *strahlungstheoretische P.n* sind relativ genau.

Wird eine gleichförmige Verteilung der diffusen interstellaren Materie vorausgesetzt, kann der Farbindex als Maß für die interstellare Verfärbung des Sternlichts (→ interstellarer Staub) oder die Stärke der Absorptionslinien, z. B. des interstellaren Kalziums (→ interstellares Gas), als Anhaltspunkt für die Entfernung dienen (*Verfärbungs-* bzw. *Kalzium-P.*), da sie von der Menge des interstellaren Staubes bzw. Gases entlang der Sichtlinie abhängen, die voraussetzungsgemäß proportional der Entfernung ist. Insbesondere die Kalzium-

Parallaxe

P.n sind auf frühe O- und B-Sterne beschränkt, weil die Spektren relativ wenig stellare Absorptionslinien aufweisen müssen, damit die interstellaren Linien deutlich hervortreten. Wegen der sehr inhomogenen Verteilung der interstellaren Materie sind beide Methoden mit großen Unsicherheiten behaftet.

Sternhaufenparallaxe, Hauptreihenanpassung. Für Sternhaufen kann aus den beobachteten scheinbaren Helligkeiten und Farbenindizes der Haufenmitglieder ein Farben-Helligkeits-Diagramm aufgestellt werden (→ Offene Sternhaufen).
Wird dieses Diagramm mit dem Hertzsprung-Russell-Diagramm eines Haufens bekannter Entfernung verglichen, bei dem auf der Ordinate absolute Helligkeiten aufgetragen sind, ist der Ordinatenunterschied zwischen beiden Hauptreihen gleich dem Entfernungsmodul ($m - M$), aus dem die Haufenentfernung berechnet werden kann (Abb. 4). Die Methode ist bei der Aufstellung einer kosmischen Entfernungsskala von hoher Bedeutung.

Sternstromparallaxe. Die Methode der Sternstromparallaxe ist die Umkehrung der Methode für säkulare P.n, es wird die einheitliche räumliche Bewegung der Sterne eines → Bewegungssternhaufens, eines „Sternstroms", zur Entfernungsbestinnung verwendet. Die Basis ist die Wegstrecke, die ein Stern des Stroms zwischen zwei Beobachtungszeitpunkten auf Grund der Haufengeschwindigkeit v (in km/s) zurücklegt (Abb. 5). Bezeichnet α den Winkel zwischen Stern und Vertex, dem Zielpunkt der Haufenbewegung, ε die in Bogenmaß je Sekunde umgerechnete Eigenbewegung des Sterns und r seine Entfernung, ergibt sich für die Wegstrecke $s = v \cdot \sin \alpha = r \cdot \varepsilon$. Die Umrechnung ist notwendig, da die beobachtete Eigenbewegungen im Allg. in Bogensekunden pro Jahr angegeben werden. Die Haufengeschwindigkeit kann durch Messung der Eigenbewegung und Radialgeschwindigkeit bei mindestens einem Haufenstern bestimmt werden. Aus Eigenbewegung, Winkel α sowie Haufengeschwindigkeit ergeben sich die Entfernungen der Haufensterne. Sternstromparallaxen sind für nahe Bewegungssternhaufen wegen der dann relativ großen und sehr genau bestimmbaren individuellen Eigenbewegungen recht zuverlässig, zumal auch die Genauigkeit, mit der Vertex und Haufengeschwindigkeit ermittelt werden können, hoch ist. Entscheidende Fehler treten auf, wenn Feldsterne fälschlicherweise als Haufenmitglied angesehen werden.

Rotationsparallaxe. Infolge der differentiellen Rotation des Milchstraßensystems haben galaktische Objekte wie Sterne oder Wolken interstellarer Materie eine von der galaktischen Länge und der heliozentrischen Entfernung der Objekte abhängige Radialgeschwindigkeitskomponente bezüglich der Sonne. Diese Abhängigkeit wird für Objekte der Sonnenumgebung durch die Oort'schen Rotationsformeln beschrieben (→ Milchstraßensystem), für größere Sonnenentfernungen kann die Abhängigkeit aus der beobachteten Rotationskurve des Milchstraßensystems abgeleitet werden. Mit Hilfe spektroskopisch ermittelter Radialgeschwindigkeiten eines Objekts kann folglich dessen Entfernung von der Sonne bestimmt werden. Die Genauigkeit ist davon abhängig, ob das Objekt tatsächlich, wie vorausgesetzt, auf einer Kreisbahn das Milchstraßenzentrum umläuft, also seine Pekuliargeschwindigkeit vernachlässigbar klein ist. Eine grundsätzliche Schwierigkeit besteht darin, dass im Bereich der galaktischen Längen von 270° über 360° bis 90° für jeweils zwei unterschiedliche Entfernungen die Radialgeschwindigkeiten gleich sind (→ Milchstraßensystem). In diesem Bereich müssen zur eindeutigen Entfernungsbestimmung weitere Kriterien herangezogen werden. Die Methode ist indirekt, da zur Bestimmung der in die Oort'schen Formeln eingehenden Konstanten sowie zur Ableitung der galaktischen Rotationskurve absolut bestimmte Sternentfernungen benötigt werden.

Veränderlichenparallaxe. Bei Veränderlichen vom Typ Delta Cephei und W Virginis bestehen Perioden-Helligkeits-Beziehungen (→ Delta-Cephei-Sterne), so dass aus der Periode eines Sterns auf seine absolute Helligkeit geschlossen werden kann. Die Beziehungen müssen empirisch mittels Veränderlichen bekannter Entfernungen geeicht werden. Wegen der hohen absoluten Helligkeiten der Delta-Cephei-Sterne sowie deren charakteristischen Lichtwechsels können Sterne selbst mit geringen scheinbaren Helligkeiten leicht als Veränderliche dieses Typs identifiziert werden. Die abgeleiteten Entfernungen sind bis auf etwa 15% genau. Insbesondere sind auch Entfernungen von extragalaktischen Sternsystemen bestimmbar, in denen Delta-Cephei-Sterne beobachtet werden können. Veränderlichenpa-

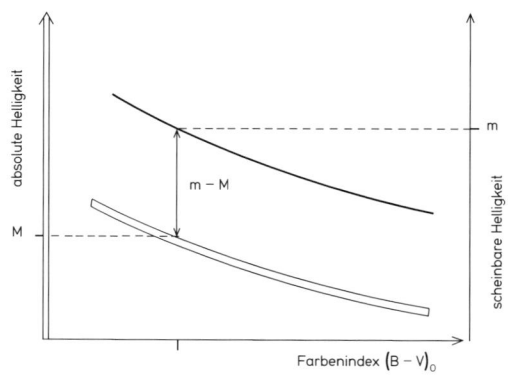

Abb. 4: Hauptreihenanpassung

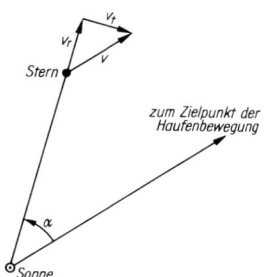

Abb. 5: Zur Sternstromparallaxe. v: Raumgeschwindigkeit; v_r: Radialgeschwindigkeit; v_t: Tangentialgeschwindigkeit; α: Winkel zwischen einem Haufenstern und der Zielrichtung des Bewegungssternhaufens

rallaxen können auch mit Hilfe von → RR-Lyrae-Sternen, → Novae oder → Supernovae gewonnen werden, wenn die mittleren absoluten Helligkeiten dieser Sterne mit Hilfe von Sternen bekannter Entfernung bestimmt wurden. Für die Aufstellung einer kosmischen Entfernungsskala sind Veränderlichenparallaxen von herausragender Bedeutung. Die mit Supernovae des Typs Ia abgeleiteten Entfernungen sind die am weitesten reichenden Veränderlichenparallaxen.

Entfernungen extragalaktischer Sternsysteme. Zur Entfernungsbestimmung können alle Objekte mit großen absoluten Helligkeiten, wie Überriesensterne, HII-Gebiete, Planetarische Nebel, Kugelsternhaufen und insbesondere Supernovae vom Typ Ia, herangezogen werden, wenn die mittleren absoluten Helligkeiten an galaktischen Objekten mit bekannten Entfernungen oder an Objekten in Sternsystemen ermittelt werden, deren Entfernung bekannt ist. Die Anwendung der Methode setzt die grundsätzliche Annahme voraus, dass diese Objekte überall im Weltall physikalisch identisch sind.

Die absolute Gesamthelligkeit eines Sternsystems ist zur Entfernungsbestimmung verwendbar, falls eine eindeutige Beziehung zwischen absoluter Helligkeit eines Systems und einer anderen unabhängigen Beobachtungsgröße, z. B. der morphologischen Struktur des Systems, besteht. Derartige Beziehungen müssen an Sternsystemen bekannter Entfernungen empirisch ermittelt werden. Von großer Bedeutung ist die **Tully-Fisher-Beziehung** [benannt nach den Astronomen R. B. Tully und J. R. Fisher]. Sie ermöglicht es, aus der durch die Rotation eines Spiralsystems verursachten Breite der 21-cm-Linie des interstellaren Wasserstoffs (→ Einundzwanzig-cm-Linie) auf die absolute Helligkeit zu schließen. Eine schwer abschätzbare Ungenauigkeit ergibt sich, wenn die scheinbare Helligkeit durch eine interne Extinktion im System beeinflusst ist oder dieses stark gegen die Sichtlinie geneigt ist.

Rotverschiebungsparallaxe. Der → Hubble-Effekt ermöglicht, aus der Rotverschiebung der Linien im Spektrum eines Sternsystems auf dessen Entfernung zu schließen. Die Rotverschiebung ist durch die infolge der allgemeinen Expansion des Weltalls (→ Kosmologie) bedingte Radialgeschwindigkeit des Sternsystems relativ zum Milchstraßensystem verursacht. Bezeichnet r die Entfernung des Systems, v die Radialgeschwindigkeit und H_0 den sog. Hubble-Parameter, gilt die Beziehung $v = H_0 \cdot r$. Sie muss empirisch mit Hilfe von Sternsystemen bekannter Entfernungen bestimmt werden. Das üblicherweise mit z bezeichnete Verhältnis von Radialgeschwindigkeit v zur Lichtgeschwindigkeit c, $z = v/c$, ist ein direktes Maß für die Rotverschiebung, damit für die Entfernung. Die Formel ist nur für z kleiner als etwa 0,1 anwendbar, da bei größeren Rotverschiebungen, d. h. größeren Entfernungen, die Raumstruktur zu beachten ist (→ Kosmologie). Der mit Rotverschiebungsparallaxen erreichbare Entfernungsbereich hat die größte Grenzentfernung.

Kosmische Entfernungsskala. Die einzelnen Methoden zur Entfernungsbestimmung sind jeweils nur auf bestimmte Objekte und für bestimmte Entfernungsintervalle anwendbar. Eine kosmische Entfernungsskala, die von den unmittelbar benachbarten Sternen bis zu den schwächsten noch erkennbaren extragalaktischen Sternsystemen reicht, kann nur auf einer schrittweisen Verknüpfung der verschiedenen Methoden beruhen. Ausgangspunkt der Skala ist die Entfernung der Hyaden, deren Sternstromparallaxe mit Hilfe des HIPPARCOS-Satelliten bis auf eine Unsicherheit von nur 0,27 pc bestimmt wurde. Mit den Hyadensternen kann die Hauptreihe im Farben-Helligkeits-Diagramm absolut festgelegt werden, so dass mittels einer Hauptreihenanpassung die Entfernungen anderer Offener Sternhaufen bestimmt werden können. Eine Überprüfung dieses Vorgehens ist bei Sternhaufen mit Haufenmitgliedern möglich, deren absolute Helligkeit mittels trigonometrischer Pn bestimmt wurden. Delta-Cephei-Sterne, die Mitglieder eines Sternhaufens bekannter Entfernung sind, gestatten es, die Perioden-Helligkeits-Beziehung zu eichen. Mit Hilfe der Delta-Cephei-Sterne lässt sich die Entfernungsskala auf nähere extragalaktische Sternsysteme erweitern, so dass die Tully-Fisher-Beziehung geeicht werden kann, was die Bestimmung der mittleren absoluten Helligkeit von Supernovae des Typs Ia sowie des Hubble-Parameters möglich macht. Über Rotverschiebungen in den Spektren extragalaktischer Sternsysteme sind schließlich kosmologisch relevante Entfernungen erfassbar.

Geschichtliches. Die erste Parallaxenbestimmung überhaupt führte um 265 v. Chr. Aristarch von Samos (um 320 bis 250 v. Chr.) aus. Für die Mondparallaxe fand er den Wert 1,4°, für die Sonnenparallaxe 4,5′. Hipparch (um 190 bis 125 v. Chr.) verbesserte den Wert für die Sonne auf 2,8′. Den ersten brauchbaren Wert für die Sonnenparallaxe leitete G. D. Cassini (1625–1712) aus eigenen Messungen in Paris und J. Richers (1640?–1696) Beobachtungen in Cayenne bei der Marsopposition 1672 ab. Die erste Parallaxenbestimmung bei Sternen gelang 1838 F. W. Bessel (1784–1846) am Stern 61 Cygni, W. Struve (1793–1864) an der Wega und Th. Henderson (1798–1844) an α Centauri.

Parallaxensekunde, svw. Parsec.
Parallelkreis, svw. Breitenkreis.
Parsec, *Parallaxensekunde*, Einheitenzeichen pc, astronomische Längeneinheit für Entfernungsangaben bei Sternen und Sternsystemen. 1 pc ist die Entfernung, aus der die halbe große Achse der Erdbahn um die Sonne, die astronomische Einheit, unter dem parallaktischen Winkel von 1 Bogensekunde erscheint. Es gilt 1 pc = $3{,}0857 \cdot 10^{13}$ km = 206 264,8 AE = 3,2617 Lichtjahre.

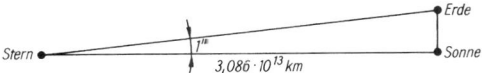

Zur Definition des Parsec

partielle Finsternis, → Finsternis.
Partikelstrahlung, svw. Teilchenstrahlung, → Strahlung.
Pascal [nach dem franz. Mathematiker B. Pascal, 1623–1662], Einheitenzeichen Pa, Maßeinheit des → Drucks.

Pasiphae

Pasiphae *f*, ein Jupitersatellit. Die P. bewegt sich auf einer stark elliptischen Bahn mit der großen Halbachse von $32{,}624 \cdot 10^6$ km und der Exzentrizität 0,409 in 743,63 Tagen rückläufig um den Jupiter. Die Bahnebene ist mit 148,7° stark gegen dessen Bahnebene geneigt. Die P. ist ein Zwergsatellit, dessen Durchmesser nur etwa 60 km beträgt. Wahrscheinlich ist die P. ein vom Jupiter eingefangener Planetoid.
Hinsichtlich der Einordnung der P. in das System der Jupitersatelliten → Jupiter.
Pasithee *f*, ein Satellit des Jupiter.
Hinsichtlich der Einordnung der P. in das System der Jupitersatelliten → Jupiter.
Passageinstrument, astronomisches Winkelmessinstrument.
Patera *f*, *Plur.* Paterae, Bezeichnung für einen unregelmäßig geformten, grubenähnlichen Krater auf erdartigen Körpern des Planetensystems.
Patroclus *m*, der Planetoid (617) mit einer großen Bahnhalbachse von 5,225 AE, einer Exzentrizität von 0,139 und einem Durchmesser von 121 km. Der P. hat den Begleiter Menoetius (→ Planetoid).
Pauli-Prinzip [nach dem österreich. Physiker W. Pauli, 1900–1958], Ausschließungsprinzip der Quantenphysik, wonach zwei Fermionen, z. B. zwei Elektronen, sich nicht im gleichen Zustand befinden können.
Pav, Abk, für Pavo.
Pavo, *Gen.* Pavonis, abg. *Pav*, *Pfau*, unauffälliges Sternbild des südlichen Himmels, das von unseren Breiten aus nicht sichtbar ist.
Hinsichtlich der Lage am Himmel → Sternkarte Seite 416.
pc, Einheitenzeichen für Parsec.
P-Cygni-Profil, → P-Cygni-Sterne.
P-Cygni-Sterne, Überriesensterne der Spektralklasse O oder B mit relativ breiten Emissionslinien im Spektrum. Die Emissionslinien sind von unmittelbar benachbarten violettverschobenen scharfen Absorptionslinien begleitet (Abb.). P.-C.-S. sind von einer durch die Sternstrahlung zum Leuchten angeregten expandierenden Gashülle umgeben, die das charakteristische *P-Cygni-Profil* verursacht. Der Emissionslinienflügel stammt vom leuchtenden Hüllengas, das Bewegungskomponenten sowohl in Richtung zum Beobachter als auch von ihm weg hat, was infolge des → Doppler-Effekts zu sehr unterschiedlich violett- bzw. rotverschobenen Linien führt, die zusammen die breite Emissionslinie mit unverschobenen Linienzentrum ergeben. Der Absorptionsflügel wird durch das zwischen Stern und Beobachter liegende Hüllengas verursacht, was dem Sternspektrum die violettverschobene Absorptionslinie aufprägt. Die Expansionsgeschwindigkeiten der Hüllen betragen bis zu 2000 km/s, der Massenverlust eines Sterns pro Jahr beläuft sich auf rund 10^{-8} bis 10^{-6} Sonnenmassen.
P.-C.-S. sind im Allg. nicht veränderlich, doch der Prototyp der Sterngruppe, P Cygni, war vor 1600 unsichtbar, erreichte 1603 eine scheinbare visuelle Helligkeit von rund 3^m und hat gegenwärtig nur eine von etwa 5^m. Die veränderlichen P.-C.-S. werden zur Gruppe der S-Doradus-Sterne zusammengefasst.
Peculiar-Sterne, Sterne mit spektralen Besonderheiten, die bei der Klassifikation nach Spektralklassen nicht erfasst werden. Zur Kennzeichnung vorhandener spektraler Abweichungen wird der Spektralklasse als Suffix p angefügt, z. B. A0p.
Peg, Abk. für Pegasus.
Pegasus, *Gen.* Pegasi, abg. *Peg*, ausgedehntes Sternbild nördlich des Himmelsäquators, das im Herbst am Abendhimmel sichtbar ist. Der hellste Stern des Sternbildes ist → Markab oder α Pegasi, der Stern γ Pegasi ist → Algenib.
Hinsichtlich der Lage am Himmel → Sternkarte Seite 420.
Pekuliarbewegung, Relativbewegung eines Himmelskörpers gegenüber einer benachbarten Gruppe von Objekten.
Penduluhr, das Sternbild → Horologium.
Penumbra *f*, Randgebiet eines größeren → Sonnenflecks.
Per, Abk. für Perseus.
Perdita *f*, ein Zwergsatellit des Uranus.
Periastron *n*, *Sternnähe* → Apsiden.
Perigalaktikum *n*, der dem galaktischen Zentrum am nächsten liegende Punkt einer Bahn um das galaktische Zentrum → Apsiden.
Perigäum *n*, *Erdnähe* → Apsiden.
Perihel *n*, *Sonnennähe*, der Punkt einer elliptischen Bahn um die Sonne mit dem geringsten Sonnenabstand, der Gegenpunkt ist das *Aphel*. Beide Punkte zusammen sind die Apsiden der Bahn. Der Abstand des P.s von der Sonne, die *Periheldistanz,* ergibt sich zu $a \cdot (1 - e)$, die Apheldistanz zu $a \cdot (1 + e)$, wenn a die große Halbachse der Bahn und e die Bahnexzentrizität bezeichnen.
Periheldrehung, die rechtläufige Verschiebung des → Perihels eines Planeten längs seiner Bahn um die Sonne durch den störenden Einfluss der anderen Planeten und infolge eines relativistischen Effekts (→ Relativitätstheorie). Der Anteil der Planetenstörungen beträgt beim Merkur 532,08″ je Jahrhundert, der relativistische Anteil 43,0″ je Jahrhundert.
Perihelentfernung, *Periheldistanz*, → Perihel.
Perihelzeit, → Bahnelemente.
Perioden-Helligkeits-Beziehung, → Delta-Cephei-Sterne.
Perioden-Leuchtkraft-Beziehung, → Delta-Cephei-Sterne, → W-Virginis-Sterne.

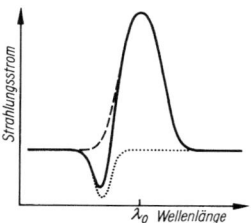

P-Cygni-Profil. - - -: in der Gashülle entstehende Emissionslinie; · · · ·: vom expandierenden Hüllengas dem Sternspektrum aufgeprägte violettverschobene Absorptionslinie; ———: Gesamtlinienprofil; λ_0: Wellenlänge des unverschobenen Linienmaximums

Perioden-Spektrum-Beziehung, → Delta-Cephei-Sterne.
periodischer Meteorstrom, → Meteor.
Periselen *n*, *Mondnähe*, → Apsiden.
Perizentrum *n*, *Zentrumsnähe*, → Apsiden.
Perlschnurphänomen, → Finsternis.
permanenter Meteorstrom, → Meteor.
Perseiden, → Meteor.
Perseus, Gen. Persei, abg. **Per**, Sternbild des nördlichen Himmels, das von unseren Breiten aus gesehen zum größten Teil immer über dem Horizont bleibt und im Winter am Abendhimmel sichtbar ist. Der hellste Stern (α) ist → Mirfak, der Stern β Persei → Algol. Im Sternbild liegen nahe beieinander die mit bloßem Auge sichtbaren Offenen Sternhaufen h und χ Persei (Abb. Seite 285, → Offene Sternhaufen) sowie der mit Feldstecher erkennbare Offene Sternhaufen M 34.
Hinsichtlich der Lage am Himmel → Sternkarten Seite 414 und 420.

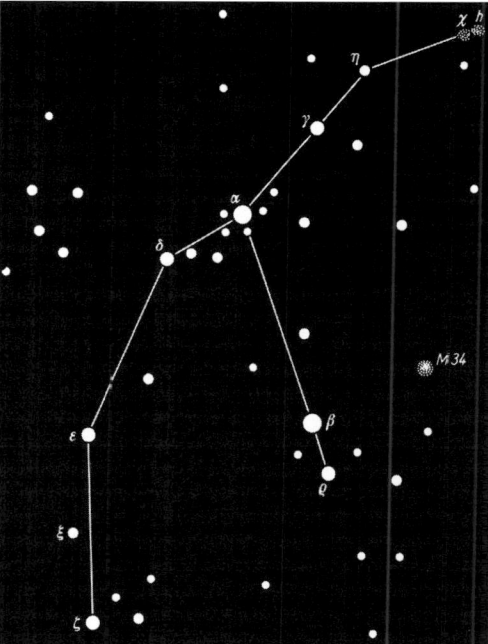

Charakteristische Anordnung der hellsten Sterne des Sternbildes Perseus

Perseusarm, der von der Sonne aus gesehen nächstäußere Spiralarm des → Milchstraßensystems.
Pfau, das Sternbild → Pavo.
Pfeil, das Sternbild → Sagitta.
Pfeilstern, *Barnard'scher Pfeilstern*, *Barnard'scher Stern*, der Stern mit der größten bekannten Eigenbewegung von 10,31″ pro Jahr, die durch seine geringe Sonnenentfernung von 1,8 pc mit verursacht wird. Der P. ist ein massearmer Hauptreihenstern mit einer scheinbaren visuellen Helligkeit von $9^{m}\!.5$ und der Spektralklasse M5.

Pferdekopfnebel, eine interstellare Dunkelwolke, die in der Projektion einem Pferdekopf ähnlich ist (Abb. → interstellarer Staub).
P-Fleck, der westliche, bei der Sonnenrotation vorangehende Hauptfleck einer Gruppe von Sonnenflecken (→ Sonnenfleck).
Phase, *1)* in der Physik der augenblickliche Zustand eines schwingenden Systems, bei Sinusschwingungen der zu einer bestimmten Auslenkung gehörende Winkel.
2) in der Astronomie die von der Erde aus sichtbare Beleuchtungsform, die Lichtgestalt eines Himmelskörpers des Planetensystems. Der *Phasenwinkel* ist der Winkel zwischen den Verbindungslinien Gestirn–Erde und Gestirn–Sonne, durch 180° geteilt gibt die P. den Bruchteil der Himmelskörperhemisphäre an, der beleuchtet gesehen wird. Infolge der sich ändernden Stellungen von Erde, Sonne und Gestirn ergibt sich ein *Phasenwechsel*, der vor allem beim Mond (→ Mondphase) sowie den unteren Planeten Merkur und Venus deutlich in Erscheinung tritt.
3) in der Astronomie bei einem periodischen Veränderlichen ein Zeitpunkt in der Lichtkurve, ausgedrückt in Einheiten der Periode.
Phasendifferenz, Betrag, um den sich die Phasen zweier periodischer Schwingungen gleicher Frequenz unterscheiden.
Phaseninterferometer, → Interferometer.
Phasenübergang, Übergang von einem thermodynamischen Zustand eines Stoffs in einen anderen bei charakteristischen Werten von Druck und Temperatur.
Phasenwechsel, → Phase.
Phasenwinkel, → Phase.
Phe, Abk. für Phoenix.
Phecda, der Stern γ im Sternbild → Ursa Maior.
Phobos *m*, der innere der beiden Marssatelliten, der sich auf einer elliptischen Bahn mit der großen Halbachse von 9 378 km und der Exzentrizität von 0,015 in 0,319 Tagen rechtläufig um den Mars bewegt. Die Bahnebene ist um 1,07° gegen dessen Äquatorebene geneigt. Die Rotationsperiode des P. ist wegen der gebundenen Rotation gleich der Umlaufzeit, die etwa 1/3 der Rotationsperiode des Mars beträgt, wodurch für einen Beobachter am Marsäquator der P. alle 11,1 Stunden im Westen aufgehen und zum Osthorizont wandern würde. Der P. hat eine unregelmäßige Gestalt (Abb.), die angenähert einem dreiachsigen Ellipsoid mit den Achslängen 27, 22 und 19 km entspricht. Die Masse beträgt $1,08 \cdot 10^{16}$ kg, die mittlere Dichte etwa 2,1 g/cm³. Infolge der außerordentlich geringen Albedo von etwa 0,03 bis 0,04 und seiner Kleinheit beträgt die scheinbare visuelle Helligkeit in Oppositionsstellung nur etwa $11^{m}\!.6$.
Die Oberfläche ist mit Einschlagkratern übersät. Der Krater Stickney mit einem Durchmesser von etwa 10 km ist der größte (Abb.). Die Oberfläche weist zahlreiche lineare Strukturen auf, die eine Breite von 100 bis 200 m, eine Tiefe von 10 bis 20 m und eine Länge von bis zu 20 km haben. Sie stehen wahrscheinlich mit der Entstehung des Kraters Stickney in Verbindung. Möglicherweise sind es Bruchspalten, die den gesamten Satelliten durchsetzen. Die kinetische Energie des Himmelskörpers, dessen Einschlag den Krater verursachte, reichte anscheinend beinahe aus, um den P. völlig zu zerstören.

Phoebe

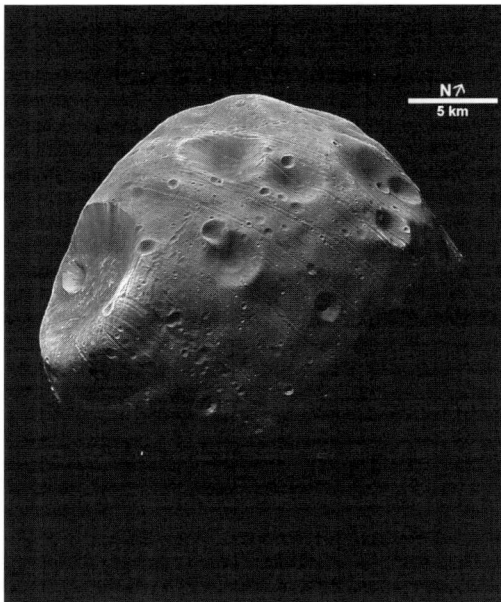

Marssatellit Phobos mit dem großen Krater Stickney (ESA/DLR/FU Berlin)

Spektralphotometrische Untersuchungen lassen vermuten, dass das Oberflächenmaterial Ähnlichkeit mit kohligen Chondriten (→ Meteorit) hat und seine Struktur einem Trümmergestein ähnlich ist, die wahrscheinlich bei Einschlägen kleiner Meteoroiden entstand. Die mittlere Dichte ist geringer als die der bekannten Meteorite. Möglicherweise besteht das Phobosinnere zu einem großen Teil aus Eis.

Der P. ist wahrscheinlich wie der → Deimos, der andere Marssatellit, nicht seit dem Entstehen des Planetensystems dynamisch an den Mars gebunden, sondern ein erst später eingefangener ehemaliger Planetoid. Die Bahn ist infolge der vom Mars ausgeübten Gezeitenkräfte instabil, die große Bahnhalbachse verringert sich gegenwärtig um etwa 9 m je Jahrhundert, so dass der P. in rund 50 Mio. Jahren auf den Mars stürzen wird.

Phoebe f, der äußerste der großen Saturnsatelliten. Die P. bewegt sich auf einer elliptischen Bahn mit der großen Halbachse von 12,944 Mio. km und der Exzentrizität von 0,164 in 550,48 Tagen rückläufig um den Saturn. Die Bahnebene ist gegen dessen Äquatorebene 154,79° geneigt. Die Rotationsperiode beträgt 9,4 Stunden. Die Gestalt der P. ist ähnlich einem dreiachsigen Ellipsoid mit einem mittleren Durchmesser von 213 km. Die Masse beträgt $8,26 \cdot 10^{18}$ kg, die mittlere Dichte 1,63 g/cm³. In Oppositionsstellung erreicht die P. eine scheinbare visuelle Helligkeit von etwa $16^{\mathrm{m}}5$.

Die Oberfläche ist mit Kratern bedeckt (Abb.). Die sehr geringe Albedo von nur etwa 0,08, die Rückläufigkeit der Bahnbewegung und die starke Bahnneigung deuten darauf hin, dass die P. ein vom Saturn eingefangenes Transneptunobjekt oder ein ehemaliger Komet ist.

Hinsichtlich der Einordnung der P. in das System der Saturnsatelliten → Saturn.

Phoenix, *Gen.* Phoenicis, abg. **Phe**, Sternbild des südlichen Himmels, das von unseren Breiten aus nicht sichtbar ist.

Hinsichtlich der Lage am Himmel → Sternkarten Seite 416 und 417.

Photoanregung, *Strahlungsanregung*, der Übergang eines Atoms oder Moleküls von einem Zustand niedriger Energie in einen höherer Energie durch Absorption eines Photons (→ Atom).

Photodissoziation, Aufspaltung eines Moleküls in kleinere Moleküle, in Atome oder Atomgruppen infolge der Absorption eines Photons.

Photoeffekt, svw. lichtelektrischer Effekt.

Photographie, Bezeichnung für ein einzelnes Lichtbild, ein Photo, im erweitertem Sinn Bezeichnung für die Herstellung dauerhaft sichtbarer Bilder mittels Strahlungsenergie. Dazu wird auf einen Film oder eine Glasplatte eine Gelatineschicht (Emulsion) aufgetragen, in der lichtempfindliche Silberhalogenidkörner (Silberbromid, -chlorid, -jodid) eingelagert sind. Bei Strahlungseinwirkung werden einzelne Silberionen eines Korns in neutrale Silberatome verwandelt, durch den anschließenden Entwicklungsprozess wird die begonnene Umwandlung auf alle verbliebenen Silberionen des Korns ausgedehnt. Die Gesamtheit der so entstandenen Silberkörner ergibt das sichtbare Bild. Das Verhältnis der je Flächeneinheit geschwärzten Silberkörner zur Zahl der einfallenden Lichtquanten, die sog. Quantenausbeute, beträgt maximal etwa 2%. Die

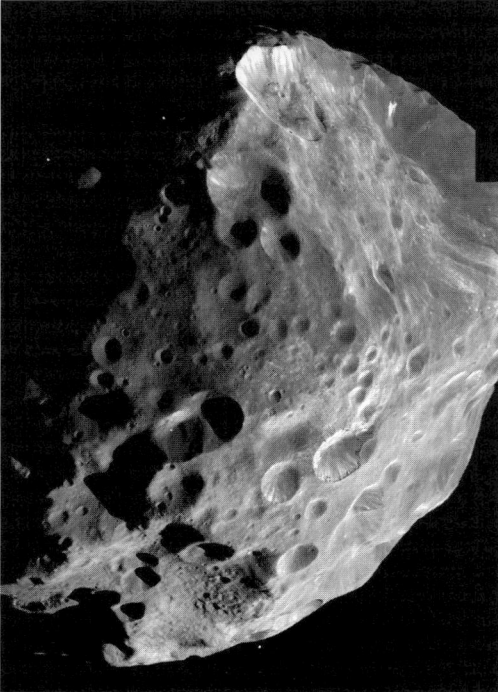

Saturnsatellit Phoebe (NASA/JPL)

Schwärzung ist abhängig von der Wellenlänge der Strahlung, die den Gamma- bis zum Infrarotbereich überdecken kann, von der Strahlungsintensität sowie der Dauer der Bestrahlung. Infolge von Strahlungsstreuung in der Schicht entstehen von Punktquellen, z. B. von Sternen, Schwärzungsscheibchen, die von hellen Sternen größer als die von lichtschwachen sind, was zur Sternphotometrie ausgenutzt werden kann (→ Photometer).

Die P. hatte bis etwa zur Mitte des 20. Jh. große Bedeutung für die Astronomie. Wegen der geringen Quantenausbeute sowie des nichtlinearen Zusammenhangs zwischen einfallendem Strahlungsstrom und hervorgerufener Schwärzung sowie wegen des erst nach der Beobachtung verfügbaren Beobachtungsergebnisses hat die P. gegenwärtig praktisch keine Bedeutung mehr. An ihre Stelle trat die Abbildung durch lichtelektrische Flächenphotometer mit großen Detektorflächen, die eine wesentlich höhere Quantenausbeute sowie eine strenge Linearität zwischen Messgröße und einfallender Strahlungsintensität haben (→ Photometer) sowie eine Photometrie in Echtzeit ermöglichen.

Photoionisation, → Ionisation.

Photometer *n*, Messgerät zur Bestimmung der von einer Lichtquelle ausgehenden Strahlungsstärke, ein der → Photometrie dienendes Instrument.

Visuelle Photometer. Bei einem visuellen P. ist die Netzhaut des Auges der Strahlungsempfänger. Es wird die Helligkeit zweier im Gesichtsfeld eines Fernrohrs dicht benachbarter Lichtquellen miteinander verglichen, wobei die eine Quelle ein „künstlicher Stern" ist dessen Helligkeit in messbarer Weise so weit abgeschwächt werden kann, bis er dem Auge gleich hell erscheint wie der Stern, dessen Helligkeit bestimmt werden soll. Da beim künstlichen Stern die → Szintillation fehlt, ist der Vergleich aus physiologischen Gründen erschwert. Die Bestimmungen sind nicht streng reproduzierbar und stark vom Beobachter abhängig.

Lichtelektrische Sternphotometer. Die für eine lichtelektrische Photometrie von Einzelsternen verwendeten P. beruhen auf dem äußeren → lichtelektrischen Effekt. Aus einem sich in einer Vakuumzelle befindenden, als Katode dienenden Material, meist einer Alkalimetallschicht, werden von auftreffenden Photonen Elektronen losgelöst, die zu einer positiv aufgeladenen Anode fließen. Die Stärke des Stromflusses ist dem auf die Katode fallenden Strahlungsstrom proportional und stellt nach ihrer Verstärkung die Messgröße dar. Beim **Sekundärelektronenvervielfacher (Photomultiplier)** geschieht eine Verstärkung bereits in der Zelle. Die Elektronen werden durch die angelegte Anodenspannung so stark beschleunigt, dass jedes Elektron aus der Anode eine große Zahl von Sekundärelektronen ablöst, die durch eine weitere Anode wiederum stark beschleunigt werden und aus dieser weitere Sekundärelektronen herausschlagen. Durch weitere Anoden ergibt sich am Vervielfacherausgang für jedes Photon eine Lawine von Sekundärelektronen, wodurch eine Verstärkung eines Signals um einen Faktor von 10^7 bis 10^8 erreicht werden kann. Mit einem zeitlich hochauflösenden P. können die Elektronenlawinen, damit die die Katode treffenden Photonen einzeln nachgewiesen und gezählt werden.

Halbleiterphotodetektoren beruhen auf dem inneren lichtelektrischen Effekt. Ein Lichtquant überträgt den Elektronen in einem geeigneten Halbleiter so viel Energie, dass sie frei beweglich werden und die elektrische Leitfähigkeit des Materials messbar erhöhen. Die Erhöhung entspricht dem auffallenden Strahlungsstrom. Da keine Elektronenvervielfachung stattfindet, ist die Empfindlichkeit der Detektoren gering, doch wird dies durch eine sehr hohe Quantenausbeute kompensiert. Beim inneren lichtelektrischen Effekt ist die benötigte Photonenenergie geringer als beim äußeren, daher sind Halbleiterphotodetektoren zum Nachweis längerwelliger Strahlung geeigneter als Sekundärelektronenvervielfacher.

Lichtelektrische Flächenphotometer. Bei **Mikrokanalplatten** wird der äußere lichtelektrische Effekt zum Strahlungsnachweis genutzt. Eine große Zahl (etwa 10^4 bis 10^7) kleiner röhrenförmiger Sekundärelektronenvervielfachern, von denen jeder einzelne einen Durchmesser von etwa 8 bis 12 µm und eine Länge von etwa 1 mm hat, sind zu einer Platte gebündelt. Über den Kanaleingängen befindet sich eine halbdurchlässige Photokatode, von der durch die einfallende Strahlung Primärelektronen ausgelöst werden. Die leicht gekrümmten Kanäle sind so gestaltet, dass die in die Kanäle gelangenden primären Elektronen im Kanal beschleunigt werden und beim Aufprall aus der Kanalwand Sekundärelektronen auslösen, wodurch in jedem Kanal getrennt eine Elektronenlawine entsteht. Die Menge und die Wirkungsweise der einzelnen Vervielfacher gewährleistet eine lokale Verstärkung eines die Mikrokanalplatte treffenden flächenhaften Strahlungsstroms, so dass die Bildinformation erhalten bleibt. Auf einem am Ausgang der Platte sich befindenden mikrokristallinen Empfängerschirm wird das flächenhafte Bild aufgezeichnet. Mikrokanalplatten sind für den Röntgen-, Ultraviolett- bis hin zum visuellen Spektralbereich verwendbar.

CCD-Detektoren [CCD Abk. für *c*harge-*c*oupled *d*evice, engl. svw. ‚ladungsbindende Anordnung'] sind auf dem inneren lichtelektrischen Effekt beruhende Flächenphotometer. Auf einem Siliziumplättchen sind bis zu 2 048 x 2 048 lichtempfindliche, typischerweise etwa 15 µm x 15 µm große Halbleiterelemente („Pixel") matrixartig angeordnet. Die auf die Anordnung einfallende Strahlung setzt in den getroffenen Pixeln Elektronen frei, die durch eine geeignete Spannungsverteilung festgehalten werden, so dass in jedem Pixel eine Ladung aufgebaut wird, die ein Maß für die Dauer und Intensität des das Pixel treffenden Strahlungsstroms ist. Da eine strenge Linearität zwischen dem während der Belichtungsdauer auffallenden Strahlungsstrom und der gespeicherten Ladungsmenge besteht, wird ein optisches Bild in eine flächenhafte Ladungsverteilung umgewandelt. Mit Hilfe von Steuerimpulsen werden die Ladungen Pixel für Pixel getrennt ausgelesen, wodurch sich eine zeitliche Folge kleiner Stromimpulse ergibt. Nach deren Verstärkung wird mittels Hochleistungscomputer aus der Folge der Stromimpulse das optische Bild rekonstruiert. CCD-Detektoren sind im Allg. für Wellenlängen zwischen 400 und 800 nm empfindlich, bei speziellen Detektoren kann der Empfindlichkeitsbe-

Photometrie

reich bis zu einigen Mikrometern erweitert werden. Die Quantenausbeute liegt je nach Wellenlänge bei 60% bis nahe 100%. Mit einem CCD-Detektor können gleichzeitig sowohl sehr starke wie auch sehr schwache Strahlungsströme aufgezeichnet werden, die ein Verhältnis von etwa 100 000 haben können. Die Fähigkeit, auch wenige Elektronen lange Zeit speichern zu können, ermöglicht bei entsprechend langen Belichtungszeiten den Nachweis außerordentlich lichtschwacher Objekte. Zur Erhöhung der verfügbaren Empfängerfläche, damit der Größe des darstellbaren Bildes, werden mehrere CCD-Detektoren zu einem großen Mosaik zusammengeschaltet.

CCD-Detektoren unterliegen einer Reihe von Störeinflüssen. Unvermeidlich ist das durch die Quanteneigenschaft des Lichts bedingte Photonenrauschen. Jedes Pixel hat weiterhin einen thermisch verursachten Dunkelstrom, der bei Hochleistungsdetektoren wesentlich reduziert wird, indem diese mit flüssigem Stickstoff auf rund −150 °C abgekühlt werden. Falls in einem einzelnen Pixel das Maximum der Speicherfähigkeit erreicht ist, fließen die überschüssigen Ladungen zu benachbarten Pixeln über, was eine Verschmierung des Bildes verursacht. Durch Anpassung der Belichtungszeit kann dies vermieden werden. Nachteilig ist außerdem, dass nicht alle Pixel die gleiche Empfindlichkeit haben, was aber relativ leicht festgestellt und bei der Bildrekonstruktion berücksichtig werden kann. Die zwischen den Pixeln bestehenden, bis zu etwa 4% des Bildfeldes ausmachenden Lücken werden geschlossen, indem mehrere um mindestens eine Lückenbreite versetzte Aufnahmen gemacht werden.

Bei speziellen CCD-Detektoren ist die Zahl der freigesetzten Elektronen proportional der Energie der Photonen. Solange nicht zu viele Photonen pro Sekunde einfallen, kann deren Zahl pro Pixel und damit die Energie der einzelnen Photonen bestimmt werden, was eine Spektralanalyse ermöglicht. Es ist dies jedoch nur für nicht zu helle Lichtquellen möglich, die spektrale Auflösung ist relativ gering.

Bei einem lichtelektrischen P. ist von außerordentlichem Vorteil, dass die Messergebnisse schon während der Beobachtung zur Verfügung stehen und auf Bildschirmen sichtbar gemacht werden können, wodurch, wenn nötig, das Beobachtungsverfahren und -programm schnell geändert werden kann.

Thermoelektrische Photometer. Bei einem **Bolometer** wird die Erwärmung, die die von der geschwärzten Empfängerfläche absorbierte Strahlung hervorruft, anhand der damit verbundenen Änderung des elektrischen Widerstandes gemessen. Im Prinzip sind Bolometer für Strahlung aller Wellenlängen geeignet, die Empfindlichkeit ist jedoch stark wellenlängenabhängig. Für den Wellenlängenbereich von etwa 50 µm bis 1 mm werden im Allg. Bolometer verwendet, bei denen die Empfängerfläche aus Supraleiter ist, in dem selbst geringste Temperaturerhöhungen merkliche Widerstandsänderungen verursachen. Die im langwelligen Spektralbereich infolge der zeitlich rasch fluktuierenden thermischen Emission der Erdatmosphäre auftretenden Störungen (→ Szintillation) können mittels eines Strahl-Umschalt-Verfahrens unterdrückt werden. In einem sehr schnellen Takt schwenkt ein Umlenkspiegel zwischen der Stelle des Himmels mit dem zu untersuchenden Objekt und einer dicht benachbarten Himmelsregion periodisch hin und her. Bei der Bestimmung der Differenz der Strahlungsintensitäten in den beiden Regionen hebt sich die nahezu gleiche Hintergrundstrahlung auf, so dass die Strahlungsintensität des Objekts bestimmbar ist. Bei thermoelektrischen P.n stehen wie bei lichtelektrischen schon während der Beobachtung die Messergebnisse zur Verfügung.

Plattenphotometer. Bei der Verwendung von Photoplatten als Strahlungsempfänger steht die Information über die während der Belichtung empfangenen Strahlung erst nach der Entwicklung in Form einer Schwärzungsverteilung auf der Photoplatte zur Verfügung (→ Photographie). Zwischen Schwärzung und der verursachenden Strahlungsmenge besteht kein linearer Zusammenhang, er muss für jede Photoplatte empirisch bestimmt werden. Die Abhängigkeit der Größe der Schwärzungsscheibchen von den scheinbaren Sternhelligkeiten kann mittels Eichsternen bekannter Helligkeit ermittelt werden.

Photometrie, *Lichtmessung*, vergleichendes Verfahren zur Ermittlung des von einer Quelle ausgehenden Strahlungsstroms. Je nach dem verwendeten Strahlungsempfänger (→ Photometer) wird zwischen visueller, photographischer, photoelektrischer und thermoelektrischer P. unterschieden.

Bei der Bestimmung der von einem Gestirn einfallenden Strahlungsleistung, d. h. der Energie je Sekunde und Flächeneinheit, ist im Allg. die scheinbare Helligkeit das Maß. Sie wird in einer durch Standardsterne festgelegte primäre Helligkeitsskala eingemessen. Die Differenz der scheinbaren Helligkeiten zweier Sterne ist proportional dem Logarithmus des Verhältnisses ihrer Strahlungsströme (→ Helligkeit). Der Helligkeitsvergleich erfolgt jeweils in einem durch eine Filter-Empfänger-Kombination festgelegten Farbbereich, da von ein und demselben Gestirn in unterschiedlichen Spektralbereichen unterschiedliche Strahlungsströme ausgehen können (→ Farbsystem). Als Standardsterne für die primäre Helligkeitsskala dienen Gruppen ausgewählter Sterne (Standardsequenzen), die jeweils ein weites Helligkeitsintervall überdecken. Die Helligkeiten der Standardsterne sind mindestens auf 0,01 mag genau bestimmt. Eine Standardsequenz bilden u. a. Sterne in der Umgebung des Himmelsnordpols (Nordpolarsequenz) oder Sterne in ausgewählten Sternhaufen. Der Helligkeitsvergleich erfolgt möglichst bei gleichen Zenitdistanzen, da die Erdatmosphäre wie ein wellenabhängiger Filter wirkt, dessen Durchlässigkeit von der durchsetzten Luftmasse abhängt (→ Erdatmosphäre). Zur Ermittlung der Zenitabhängigkeit wird für ein und denselben Stern bei unterschiedlichen Zenitdistanzen die Helligkeit relativ zu einem Stern mit konstanter Zenitdistanz, etwa dem Polarstern, gemessen.

Bei einer **Drei-** oder einer **Mehrfarbenphotometrie** werden die Helligkeiten in drei oder mehreren Farbbereichen eines → Farbsystems bestimmt. Je nach der Breite der Farbbereiche ergibt sich eine **Schmalbandphotometrie** oder eine **Breitbandphotometrie**. Bei ei-

ner *Spektralphotometrie* wird der einfallende Strahlungsstrom in ein Spektrum zerlegt und die Strahlungsintensitäten in Abhängigkeit von der Wellenlänge gemessen. Spektralphotometrien sind nur an relativ hellen Objekten durchführbar, da für die einzelnen Wellenlängenintervalle jeweils nur ein geringer Teil des Gesamtstrahlungsstroms zur Verfügung steht. Der Helligkeitsvergleich erfolgt jeweils im gleichen Wellenlängebereich mit einem Standardspektrum oder im Spektrum selbst, wobei die Helligkeit des Kontinuums in unmittelbarer Nachbarschaft mit dem zu vermessenden Spektralbereich verglichen wird. Bei einer *Polarimetrie* wird das Verhältnis des in unterschiedlichen Schwingungsrichtungen einfallenden Strahlungsstroms ermittelt (→ Polarisation).
Die bei einer P. als Maßeinheit benutzte Größenklassenskala ist von der üblichen physikalischen Skala der SI-Einheiten losgelöst. Ist der empfangene Strahlungsstrom mindestens eines Sterns in dem physikalischen Maß Watt/Quadratmeter bekannt, können die astronomischen Größenklassen in die SI-Einheiten umgerechnet werden (→ Helligkeit).

photometrische Doppelsterne, svw. Bedeckungsveränderliche.

photometrische Parallaxe, → Parallaxe.

Photomultiplier *m*, svw. Sekundärelektronenvervielfacher.

Photon *n*, *Lichtquant, Strahlungsquant*, Elementarteilchen einer elektromagnetischen Strahlung, z.B. einer Strahlung in Form von Licht.

Photosphäre, die Schicht der Sonnenatmosphäre, aus der der größte Teil der im sichtbaren Spektralbereich emittierten Strahlung stammt (→ Sonne), im übertragenen Sinn die entsprechende Schicht anderer Sterne.

physischer Doppelstern, zwei infolge ihrer gegenseitigen Massenanziehung einander umlaufende Sterne

Piazzi, Giuseppe, ital. Astronom, geb. 16.07.1746 in Ponte, gest. 22.07.1826 in Neapel; anfangs Theologe, später Direktor der Sternwarten Palermo und Neapel, entdeckte am 01.01.1801 den ersten Planetoiden, die Ceres.

Pic, Abk. für Pictor.

Pictor, *Gen*. Pictoris, abg. *Pic*, *Malerstaffelei*, sternarmes Sternbild des südlichen Himmels, das von unseren Breiten aus nicht sichtbar ist.
Hinsichtlich der Lage am Himmel → Sternkarte Seite 417.

Pisces, *Gen*. Piscium, abg. *Psc*, *Fische*, zum Tierkreis gehörendes Sternbild des Äquatorzone, das im Herbst am Abendhimmel sichtbar ist. Die Sonne durchläuft das Sternbild bei ihrer scheinbaren jährlichen Bewegung etwa von Mitte März bis Mitte April. Um den 21. März, zu Frühlingsbeginn, überschreitet sie dabei den Himmelsäquator von Süd nach Nord.
Hinsichtlich der Lage am Himmel → Sternkarte Seite 418 und 420.

Piscis Austrinus, *Gen*. Piscis Austrini, abg. *PsA*, *Südlicher Fisch*, Sternbild des südlichen Himmels, das von unseren Breiten aus gesehen sich nur wenig über den Horizont erhebt. Es ist im Herbst am Abendhimmel sichtbar. Der hellste Stern (α) des Sternbilds ist → Fomalhaut.

Hinsichtlich der Lage am Himmel → Sternkarte Seite 416.

Pixel, elementarer, einzelner Bildpunkt auf einem Bildschirm.

Plage, Bezeichnung für ein chromosphärisches Fackelgebiet im Unterschied zu einem photosphärischen; → Sonnenfackel.

Planck-Konstante, svw. Planck'sches Wirkungsquantum.

Planck-Länge [benannt nach dem dtsch. Physiker M. Planck, 1858–1947], eine Länge von etwa $1,6 \cdot 10^{-33}$ cm. Die Allgemeine Relativitätstheorie versagt vermutlich, wenn sich längs ihr das Gravitationsfeld merklich ändert.

Planck'sches Gesetz [benannt nach dem dtsch. Physiker M. Planck, 1858–1947], → Strahlungsgesetze.

Planck'sches Wirkungsquantum, *Planck-Konstante* [benannt nach dem dtsch. Physiker M. Planck, 1858–1947], von Max Planck in das von ihm angegebene → Strahlungsgesetz eingeführte Konstante, Formelzeichen h, $h = 6,55 \cdot 10^{-34}$ Js.

Planck-Zeit [benannt nach dem dtsch. Physiker M. Planck, 1858–1947], die von einem Lichtquant benötigte Zeit, um die → Planck-Länge zu durchqueren, etwa $5,4 \cdot 10^{-44}$ s.

Planet *m*, *Wandelstern*, im engeren Sinn einer von acht, im reflektierten Sonnenlicht leuchtenden großen Himmelskörpern des Sonnensystems, im weiteren Sinn ein einen Stern umlaufender, nicht selbstleuchtender Himmelskörper mit einer Masse kleiner als etwa 13 Jupitermassen, so dass in ihm das Deuteriumbrennen (→ Energiefreisetzung in Sternen) nicht stattfinden kann (→ Exoplanet). Möglicherweise existieren außer gravitativ gebundenen P.en auch „freie" P.en. Im Folgenden ist P. immer im engeren Sinn gemeint. Die P.en im Sonnensystem sind nach wachsender Entfernung von der Sonne geordnet Merkur, Venus, Erde, Mars, Jupiter, Saturn, Uranus und Neptun. Die P.en Merkur und Venus mit Bahnen innerhalb der Erdbahn werden als *untere P.en* bezeichnet, die sich außerhalb der Erdbahn befindenden als *obere P.en*. Die Bezeichnung *innere P.en* bezieht sich auf Merkur bis Mars, auf Jupiter bis Neptun die Bezeichnung *äußere P.en*.

Helligkeiten (Tab. Seite 293). Die scheinbaren visuellen Helligkeiten der P.en sind sehr unterschiedlich. Die Venus ist nächst der Sonne und dem Mond das hellste Gestirn am Himmel, Mars und Jupiter sind zeitweise heller als der hellste Fixstern → Sirius, die Helligkeiten von Merkur und Saturn gleichen denen des sehr hellen Sterne → Wega und Arctur, der Uranus ist gerade noch mit bloßem Auge sichtbar, der Neptun nur mit Fernrohr. Die scheinbare Helligkeit ist vom Durchmesser des P.en abhängig, von seiner heliozentrischen und geozentrischen Entfernung, von der Albedo sowie vom Phasenwinkel als Maß für den Bruchteil der sichtbaren Planetenscheibe, die beleuchtet ist (→ Phase). Bei den unteren P.en kann der Phasenwinkel zwischen 0° bei der oberen Konjunktion (voll beleuchteter Planetenscheibe) und 180° bei der unteren Konjunktion (unbeleuchteter Planetenscheibe) variieren. Bei den oberen P.en variiert der Phasenwinkel zwischen 0° bei Opposition und einem Maximalwert, der umso kleiner, je größer

Planet

die Entfernung des P.en von der Sonne ist. Die Albedo beträgt bei P.en mit einer dichten wolkenreichen Atmosphäre wie bei Venus, Jupiter, Saturn, Uranus und Neptun 0,4 bis 0,7 und ist damit wesentlich höher als bei P.en mit einer sehr dünnen Atmosphäre wie Mars und Merkur. Deren Albedo, die unter 0,15 liegt, wird durch die Beschaffenheit der Planetenoberfläche bestimmt. Die Helligkeitsänderungen, die beim Mars bis zu 5 mag betragen können, beruhen weniger auf Änderungen des heliozentrischen Abstands, die wegen der geringen Bahnexzentrizität relativ klein sind, sondern vielmehr auf stark schwankenden geozentrischen Abstand sowie dem Phasenwechsel. Die Färbung, unter der ein P. erscheint, ist durch dessen Oberflächen- bzw. Wolkenbeschaffenheit bedingt.

Im Gegensatz zu den punktförmig erscheinenden Fixsternen werden die P.en bei Fernrohrbeobachtungen je nach ihrer Größe und geozentrischen Entfernung als mehr oder minder ausgedehnte Scheibchen gesehen. Die Winkelausdehnung des Planetenscheibchens beträgt bei der Venus bis zu 62″, beim Jupiter bis zu 47″. Infolge der Winkelausdehnung ist die Szintillation der P.en wesentlich geringer als die der Sterne, P.en sind dadurch leicht von diesen zu unterscheiden (→ Szintillation).

Bewegungen (Tab. Seite 293). Die P.en bewegen sich auf Ellipsenbahnen um die Sonne, die sich in einem der beiden Brennpunkte der Bahnellipsen befindet. Die Bewegungen erfolgen gemäß den → Kepler'schen Gesetzen. In Sonnennähe bewegt sich ein P. schneller als in Sonnenferne. Je größer die mittlere heliozentrische Entfernung ist, umso geringer ist die mittlere Bahngeschwindigkeit. Im Abstand r von der Sonne ergibt sich die Geschwindigkeit v zu $v^2 = G \mathfrak{M}_\odot (2/r - 1/a)$, wenn G die Gravitationskonstante, $\mathfrak{M}_\odot$ die Sonnenmasse und a die große Halbachse der Planetenbahn bedeuten. Die Bahnbewegungen sind rechtläufig, vom Nordpol der Ekliptik aus gesehen entgegen dem Uhrzeigersinn. Die P.en werden durch die Massenanziehung der Sonne auf ihren Bahnen gehalten.

Die meisten Planetenbahnen haben eine Exzentrizität unter 0,09, die Bahnen weichen nur wenig von Kreisen ab, die Bahn des Merkur hat dagegen eine Exzentrizität von 0,2. Die Exzentrizität bestimmt, wie stark sich der heliozentrische Abstand beim Umlauf um die Sonne ändert. Im Perihel beträgt der Abstand $a(1-e)$, im Aphel $a(1+e)$, wenn a die große Bahnhalbachse und e die Bahnexzentrizität bezeichnen. Die Bahnhalbachsen der P.en folgen mit Ausnahme des Neptun mit erstaunlicher Genauigkeit einer exponentiellen Abstandsregel, der → Titius-Bode'schen Reihe.

Bei den P.en ist zwischen siderischer und synodischer Umlaufzeit zu unterscheiden. Die siderische Umlaufzeit U_{sid} ist gleich der Zeit, nach der ein P. von der Sonne aus gesehen wieder die gleiche Stellung relativ zu den Fixsternen einnimmt, die synodische U_{syn} gleich der Zeit, nach der ein P. von der Erde aus gesehen wieder die gleiche Stellung relativ zur Sonne hat. Der Unterschied ergibt sich auf Grund des Umlaufs der Erde um die Sonne. Bezeichnet $U_\oplus$ die siderische Umlaufzeit der Erde, so gilt allgemein $U_{syn}^{-1} = U_{sid}^{-1} - U_\oplus^{-1}$.

Die Bahnebenen der P.en haben eine geringe Neigung gegenüber der Erdbahnebene, der Ebene der Ekliptik. Die scheinbaren Bewegungen der P.en an der Himmelskugel, die sich als Projektion der wahren Bewegungen von der sich bewegenden Erde aus ergeben, sind wesentlich komplizierter als die wahren Bewegungen (→ Bewegung der Gestirne).

Rotation (Tab. Seite 293). Die Rotationsperiode und die Neigung der Rotationsachse gegen die Bahnebene sind bei P.en mit markanten Oberflächen- oder Atmosphärenstrukturen leicht feststellbar. Bei Venus und Merkur ist das bei visuellen Beobachtungen von der Erde wegen fehlender Details, beim Neptun wegen der auf Grund der großen Entfernung schlecht sichtbaren Strukturen nur ungenau möglich. Die Rotationsperiode von Merkur und Venus kann aber mittels der → Radio-Echo-Methode bestimmt werden. Die Rotation der P.en ist mit Ausnahme von Venus und Uranus wie die Bahnbewegung rechtläufig. Die Rotationsachse des Uranus liegt fast in seiner Bahnebene. Die gegenwärtigen Rotationsperioden und Achsneigungen der P.en sind nicht für alle Zeiten konstant, sie unterliegen infolge der gravitativen Einflüsse der anderen P.en innerhalb von einigen 10 Mio. Jahren nicht vorhersagbaren, in mathematischem Sinn chaotischen Änderungen.

Durchmesser, Masse, Dichte (Tab. Seite 293). Der Durchmesser eines P.en ergibt sich aus dem Winkeldurchmesser des Planetenscheibchens sowie dem geozentrischen Abstand. Einige P.en weichen infolge ihrer Rotation von der Kugelform ab. Bezeichnet D den Äquatordurchmesser und d den Poldurchmesser, ergibt sich die Abweichung von der Kugelgestalt, die Abplattung, zu $(D-d)/D$. Die Bezeichnung Durchmesser bezieht sich im Allg. auf die feste Planetenoberfläche, bei schnell rotierenden P.en auf den Äquatordurchmesser. Bei Jupiter, Saturn, Uranus und Neptun ist keine feste Oberfläche erkennbar, bei ihnen ist die im optischen Spektralbereich undurchsichtige Wolkendecke die Bezugsfläche. Bei der Venus ist von der Erde aus die feste Oberfläche optisch ebenfalls nicht feststellbar, sie kann aber mittels Radarbeobachtungen sowie mittels Raumsonden untersucht werden.

Die Masse eines P.en ergibt sich mittels des 3. Kepler'schen Gesetzes aus der Bewegung eines natürlichen oder künstlichen Satelliten um den P.en. Bei P.en ohne einen Satelliten kann die Masse aus den bei anderen P.en oder bei Planetoiden verursachten Bahnstörungen bestimmt werden. Aus Masse und Durchmesser ergeben sich die mittlere Dichte sowie die Schwerebeschleunigung an der Planetenoberfläche und die Entweichgeschwindigkeit.

Auf Grund von Durchmesser und mittlerer Dichte werden die P.en in die Gruppe der *erdartigen P.en* (Merkur, Venus, Erde, Mars) und der *jupiterartigen* oder *Riesenplaneten* (Jupiter, Saturn) eingeteilt sowie der *uranusartigen* oder *Großplaneten*, die hinsichtlich Masse und Dichte weitgehend den jupiterartigen gleichen (Abb.). Die Mitglieder einer Gruppe unterscheiden sich von denen der anderen Gruppen in Zusammensetzung und Aufbau. Der Gruppe der erdartigen Himmelskörper sind auch einige Satelliten und Planetoiden zuzuordnen.

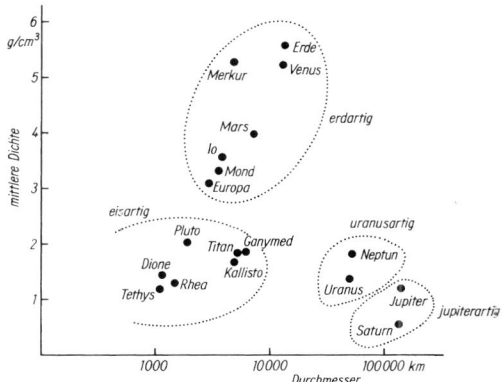

Durchmesser-Dichte-Diagramm der Planeten sowie für Pluto und einige Satelliten

Innerer Aufbau. Der physikalische Zustand und die chemische Zusammensetzung der Materie im Innern eines P.en kann nicht direkt untersucht werden. Es können nur theoretische Modelle aufgestellt werden, die Aussagen über die Tiefenabhängigkeit u. a. von Druck, Dichte, Temperatur sowie den Zustand und die Zusammensetzung der Planetenmaterie machen. Die Modelle gehen von Beobachtungsgrößen wie Masse, Durchmesser, Rotationsperiode, Magnetfeld usw. aus. Im Planeteninnern herrscht ein mechanisches Gleichgewicht. In jedem Punkt halten sich Druck-, Gravitations- sowie Zentrifugalkraft genau die Waage, andernfalls würden die nicht ausbalancierten Kräfte eine schnelle Änderung der inneren Struktur erzwingen. Die Bedingung des mechanischen Gleichgewichts kann mathematisch in einer Gleichung ausgedrückt werden, die zu ihrer Lösung die Kenntnis der → Zustandsgleichung erfordert, d. h. des Zusammenhangs von Druck, Dichte und Temperatur für die vermutete Planetenmaterie. Für nichtgasförmige, kondensierte Stoffe ist die Zustandsgleichung kompliziert und stark materialabhängig; sie kann, wenn überhaupt, nur empirisch mit Hilfe aufwendiger Experimente der Hochdruckphysik ermittelt werden. Bei einigen Stoffen treten unter Bedingungen, wie sie im Planeteninnern zu erwarten sind, Diskontinuitäten im Stoffverhalten auf, die u. a. durch Phasenübergänge verursacht sind, etwa durch den Übergang vom festen in den flüssigen Zustand oder den Übergang zwischen verschiedenen Hochdruckmodifikationen, beim Wasserstoff z. B. den Übergang vom molekularen in den metallischen Zustand. Markante Diskontinuitäten können auch in Form chemischer Inhomogenitäten vorhanden sein, weil sich die Stoffkomponenten entsprechend ihrer Dichte in dem gasförmigen, flüssigen oder schmelzflüssigen Zustand der Materie unter dem Einfluss des Schwerefeldes trennten.
Diese Trennung geschah im Wesentlichen im Frühzustand der P.en, als bei der Bildung eine starke Temperaturerhöhung infolge der Umwandlung potentieller Energie in Wärmeenergie und infolge der Energiefreisetzung beim Zerfall radioaktiver Atome eintrat. Auf Grund der Inhomogenitäten hat das Planeteninnere eine Schalenstruktur, was die Berechnung von Planetenmodellen zusätzlich sehr erschwert, da für jede Schale eine eigene Zustandsgleichung gilt. Jedes theoretische Modell sagt globale Eigenschaften voraus, z. B. die mittlere Dichte, die mit den entsprechenden Beobachtungsgrößen verglichen werden können. Bei Abweichungen der Größen ist das Modell bezüglich z. B. der Dicke und chemischen Zusammensetzung einzelner Schalen so lange zu ändern, bis eine befriedigende Übereinstimmung von Theorie und Beobachtung erreicht ist.
Bei der Wahl der chemischen Zusammensetzung der Planetenmaterie besteht keine vollkommene Freiheit, da die P.en alle aus einer einheitlichen „Urmaterie", dem Sonnennebel, hervorgegangen sind (→ Kosmogonie). Der von den Modellen beschriebene gegenwärtige Zustand muss das Ergebnis eines im Prinzip einheitlichen, aber nicht für alle P.en notwendigerweise gleich schnell verlaufenen Bildungsprozesses sein. Die Modellierung des inneren Aufbaus eines P.en wird entscheidend vereinfacht, wenn mittels seismischer Beobachtungen die Tiefe von Inhomogenitätszonen bestimmt werden kann, was bisher nur für die Erde der Fall ist. Da für die Modellierung nicht genügend unabhängige Beobachtungsgrößen zur Verfügung stehen, sind die Aussagen über die innere Struktur der einzelnen P.en sehr unsicher. Über den individuellen Aufbau → Stichwort des jeweiligen P.en.
Atmosphäre. Die P.en sind von Gashüllen umgeben, die durch die Schwerkraft an die jeweiligen P.en gebunden sind. Dichte und chemische Zusammensetzung variieren infolge der unterschiedlichen Entwicklung von P. zu P. So entweicht aus den obersten Atmosphärenschichten Materie in den interplanetaren Raum, andererseits wird ihr infolge der Entgasung des Planeteninnern Materie zugeführt. Der Gasverlust ist umso größer, je höher die Temperatur der Hochatmosphäre und je geringer die Entweichgeschwindigkeit ist (Tab. Seite 293). Diese wird am ehesten von Gaspartikeln geringer Masse erreicht, Wasserstoff und Helium gehen daher am schnellsten verloren. Eine Atmosphäre existiert über lange Zeiträume nur, wenn die mittlere thermische Geschwindigkeit der Gaspartikeln weit unter der Entweichgeschwindigkeit liegt. Die Atmosphärentemperatur wird wesentlich durch den Sonnenabstand bestimmt. Die Atmosphären der sonnenfernen und massereichen jupiterartigen P.en haben sich daher seit der Planetenbildung praktisch nicht verändert, ihre Zusammensetzung entspricht im Wesentlichen der des Sonnennebels. Die erdartigen P.en verloren die Uratmosphäre relativ früh, die gegenwärtigen Atmosphären sind im Wesentlichen das Ergebnis der Entgasung des Planeteninnern (→ Kosmogonie). Erdartige Himmelskörper mit einer früher hohen, gegenwärtig aber geringen vulkanischen Aktivität haben z. T. auch ihre zweite Atmosphäre verloren Dies trifft für den Merkur zu, dessen jetzige extrem dünne Gashülle im Wesentlichen das Ergebnis des Zerfalls von in den Oberflächenschichten vorhandenen radioaktiven Atomen sowie der Einwirkungen des Sonnenwinds ist (→ Merkur).
Die Oberflächentemperatur atmosphäreloser P.en ist das Ergebnis eines Gleichgewichts zwischen der von der

Planet

Sonne empfangenen und der von der Oberfläche emittierten thermischen Strahlung. Bei P.en mit dichter Atmosphäre ist dieses Gleichgewicht mehr oder minder stark gestört. Da Wolken einen großen Teil der Sonnenstrahlung reflektieren und atmosphärische Staubteilchen Strahlung absorbieren, trifft die Planetenoberfläche ein verringerter Strahlungsstrom. Ist eine Gaskomponente vorhanden, deren Absorptionsvermögen im kurzwelligen Spektralbereich gering, im langwelligen aber groß ist, wie z. B. Kohlendioxid, wird die thermische Oberflächenstrahlung stark zurückgehalten, was zu einem Wärmestau, einem Treibhauseffekt, führt. Die damit verbundene Temperaturerhöhung in der unteren Atmosphäre beträgt beim Mars rund 5 K, bei der Venus 500 K. In einer Planetenatmosphäre herrscht eine Temperaturschichtung. In der bodennahen Troposphäre nimmt die Temperatur gleichmäßig mit der Höhe ab, die herrschende Konvektion bewirkt eine Durchmischung der Troposphäre. In Höhen, in denen der Partialdruck einer Gaskomponente den Sättigungsdruck übersteigt, kondensiert sie, es bilden sich Tröpfchen oder Kleinkristalle, es entstehen Wolken. In der über der Troposphäre sich befindenden Mesosphäre ist die Temperatur relativ konstant, in der darüber liegenden Thermosphäre steigt sie an, was durch die Ionisation von Gaskomponenten durch die solare Ultraviolettstrahlung verursacht wird. Die freiwerdenden Elektronen haben eine im Vergleich zu den umgebenden Gaspartikeln höhere kinetische Energie, die durch Stoß auf die Gaspartikeln übertragen wird. Die weitgehend oberste isotherme Atmosphärenschicht bildet den Übergang zum interplanetaren Raum. In ihr ist die Dichte sehr gering, die freie Weglänge der Gasteilchen groß. Elektrisch neutrale Partikeln bewegen sich auf ballistischen Bahnen und können die Atmosphäre verlassen, elektrisch geladene sind an das herrschende Magnetfeld gebunden. Von diesem groben Schema der Atmosphärenstruktur weicht die der einzelnen P.en mehr oder minder stark ab, z. B. die → Erdatmosphäre.

Bei erdartigen P.en existiert eine scharfe Grenze zwischen Planetenoberfläche und Atmosphäre. Bei jupiterartigen P.en ist nicht bekannt, ob es eine derartige Grenze zwischen dem Gesteinskern oder einem Gaskondensat und der gasförmigen Hülle gibt. Höhenangaben in der Atmosphäre sind dadurch sehr schwierig. Als Bezugsniveau für Höhenangaben, z. B. der von Wolkenschichten, dient vielfach ein bestimmtes Druckniveau oder die Troposphärenobergrenze.

Planetenoberfläche. Oberflächeneinzelheiten sind außer von der Erde auch von Mars, Merkur und Venus bekannt, bei denen die Kenntnisse auf Beobachtungen mittels Raumsonden beruhen, bei der Venus auch auf Radarkartierungen von venusumkreisenden Satelliten aus. Die Planetenoberflächen wie auch die Oberflächen erd- und eisartiger Satelliten haben außer individuellen Besonderheiten viele gemeinsame Strukturelemente, da die Oberflächen seit der Bildung der Körper ähnlichen, sich nur hinsichtlich Intensität und Dauer unterscheidenden Prozessen unterlagen. Dabei traten sowohl endogene (Ursache im Planeteninnern) als auch exogene Prozesse auf. Zu den endogenen zählen tektonische und magmatische Vorgänge, die zu vertikalen und horizontalen Bewegungen in Bereichen der äußersten Planetenschicht, der Kruste, führen und Verwerfungen, Spaltungen, Faltungen oder Aufwölbungen verursachen. Bei magmatischen Prozessen gelangen Gesteinsschmelzen an oder unter die Krustenoberfläche und verursachen großräumige Krustenneu- und -umbildungen, durch lokale Lavaergüsse entstehen u. a. Vulkanbauten. Den magmatischen Prozessen entsprechen bei eisartigen Körpern oder Eiskrusten das Aufschmelzen und Neugefrieren von Eismassen. Exogen sind u. a. alle Atmosphäreneinflüsse, die z. B. zur Verwitterung oder Erosion der Oberflächen führen. Ein extremer exogener Prozess ist der Aufschlag von Himmelskörpern aus dem interplanetaren Raum, bei dem so viel kinetische Energie frei wird, dass es zur teilweisen oder vollständigen Verdampfung des einschlagenden Körpers sowie lokal von Oberflächenmaterial kommt und große Materialmengen ausgeworfen werden. Die Durchmesser der dabei entstehenden Krater übersteigen die der einschlagenden Körper um ein Vielfaches. Großräumige Veränderungen der Planetenoberflächen durch einstürzende Himmelskörper erfolgten hauptsächlich bei P.en ohne eine dichte Atmosphäre und während einer relativ kurzen Periode in der Frühphase des Sonnensystems am Ende der Planetenbildung.

Magnetfeld. Einige P.en haben Magnetfelder, die in Planetennähe im Wesentlichen einem Dipolfeld gleichen. Die Magnetfeldachsen sind z. T. gegen die Rotationsachsen geneigt und die Magnetfeldzentren gegen die Massezentren verschoben. Die Feldstärken an den Planetenoberflächen wie die Magnetfeldpolungen sind sehr unterschiedlich. Die Felder gehen wahrscheinlich nicht auf einen starken permanenten Magnetismus im Planeteninnern zurück, sondern entstehen durch einen → Dynamoeffekt, bei dem mechanische in magnetische Energie überführt und ein ursprünglich schwaches Feld verstärkt wird. Voraussetzung für diesen Prozess ist, dass im Planeteninnern ein elektrisch leitfähiges flüssiges Medium sowie eine differentielle Rotation oder Konvektion existieren. Die Einzelheiten des Dynamoprozesses in den einzelnen P.en sind sicher unterschiedlich und im Detail noch weitgehend unbekannt. Zwischen den planetaren Magnetfeldern und dem mit hoher Geschwindigkeit strömenden → Sonnenwind kommt es zu starken Wechselwirkungen (→ Magnetosphäre).

Planetenentstehung. Über die Entstehung der P.en gibt es noch keine allgemeine quantitative Theorie, sondern nur Vorstellungen hinsichtlich der prinzipiell wirksamen Prozesse sowie der aus ihnen abgeleiteten speziellen Prozesse, die zur Bildung der einzelnen P.en führten (→ Kosmogonie). Die bei der Planetenbildung im Sonnensystem abgelaufenen physikalischen Prozesse sind wahrscheinlich so allgemein, dass sie auch die Bildung von P.en außerhalb des Sonnensystems (Exoplaneten) bestimmen. Ob und wie viele der im Weltall existierenden P.en Leben tragen, ist noch völlig offen. Von den P.en des Sonnensystems scheint außer der Erde kein anderer P. Leben zu beherbergen (→ Leben auf anderen Himmelskörpern).

Alle P.en außer Merkur und Venus werden von mindestens einem → Satelliten umlaufen. Die Teilchen der einige P.en umgebenden Ringe stellen Minisatelliten dar.

Planetarische Nebel

Ausgewählte Planetendaten (1)

Name	Mittlere Entfernung von der Sonne (AE)	Mittlere Entfernung von der Sonne (Mio. km)	Bahnexzentrizität	Bahnneigung gegen Ekliptik	Mittlere Geschwindigkeit (km/s)	Umlaufzeit siderisch (Jahre)	Umlaufzeit synodisch (Tage)
Merkur	0,3871	57,91	0,2056	7° 00′	47,87	0,2408	115,9
Venus	0,7233	108,21	0,0067	3° 24′	35,02	0,6152	583,9
Erde	1,0000	149,60	0,0167		29,79	1,0000	
Mars	1,5237	227,9	0,0934	1° 50′	24,13	1,881	779,9
Jupiter	5,2099	778,4	0,0497	1° 18′	13,07	11,86	398,9
Saturn	9,585	1 427	0,0565	2° 29′	9,67	29,42	378,0
Uranus	19,211	2 883	0,0452	0° 46′	6,84	83,75	369,6
Neptun	30,066	4 519	0,0113	1° 46′	5,48	163,7	367,5

Die Bahndaten entsprechen den oskulierenden Bahnen für 2000,0

Ausgewählte Planetendaten (2)

Name	Äquatordurchmesser (km)	Abplattung (Erde = 1)	Masse (Erde = 1)	Mittlere Dichte (g/cm³)	Entweichgeschwindigkeit an Planetenoberfläche (km/s)	Schwerebeschleunigung an Planetenoberfläche (m/s²)
Merkur	4 876	0,382	0,00	0,0553	5,43	4,26	3,71
Venus	12 104	0,949	0,00	0,8150	5,24	10,4	8,85
Erde	12 756	1,000	0,0034	1,0000	5,51	11,2	9,78
Mars	6 792	0,532	0,0058	0,1074	3,94	5,03	3,71
Jupiter	142 984	11,21	0,063	317,8	1,33	59,6	24,73
Saturn	120 536	9,45	0,109	95,16	0,70	35,5	10,42
Uranus	51 118	4,01	0,022	14,50	1,30	21,3	8,82
Neptun	49 530	3,88	0,017	17,20	1,76	23,6	11,17

Masse der Erde: $5{,}974 \cdot 10^{24}$ kg

Ausgewählte Planetendaten (3)

Name	Rotationsperiode d	h	min	s	Äquatorneigung gegen Bahnebene	Albedo	maximale scheinbare Helligkeit	Zahl der (2009) bekannten Satelliten
Merkur	58	15	30		2°	0,06	$-0^{m}\!,\!17$	0
Venus	243	00	14		177°	0,76	$-4^{m}\!,\!08$	0
Erde		23	56	4	23,5°	0,39		1
Mars		24	37	23	25,2°	0,16	$-2^{m}\!,\!94$	2
Jupiter		9	50	30	3,1°	0,70	$-2^{m}\!,\!55$	63
Saturn		10	14		26,8°	0,74	$0^{m}\!,\!67$	60
Uranus		16	50		98°	0,81	$5^{m}\!,\!52$	27
Neptun		17	50		29°	0,69	$7^{m}\!,\!84$	13

Geschichtliches. Die mit bloßem Auge sichtbaren P.en von Merkur bis Saturn waren schon im Altertum bekannt. Die Entdeckung des Uranus gelang 1781 W. Herschel (1738–1822). Der Neptun wurde durch U. J. J. Leverrier (1811–1877) und J. C. Adams (1819–1892) auf Grund von Untersuchungen der Unregelmäßigkeiten in der Uranusbewegung zunächst theoretisch, 1846 auf Grund der Positionsangaben von Leverrier durch J. G. Galle (1812–1910) unter Mithilfe von L. d'Arrest (1822–1875) auch optisch entdeckt.

planetarisch, zu den Planeten gehörig, planetenartig.
Planetarische Nebel, relativ regelmäßig geformte expandierende leuchtende Gasnebel, die infolge des Abstoßens von Materie durch einen sich in einer späten Entwicklungsphase befindenden Stern entstehen und durch diesen zum Leuchten angeregt werden. Der Name geht darauf zurück, dass bei den frühen visuell erfolgten Beobachtungen die hellsten und größten Nebel im Fernrohr Planetenscheibchen ähnlich erschienen.
Benennung. P. N. tragen z. T. Eigennamen wie der Ringnebel im Sternbild Lyra (Leier), im Allg. werden sie mit der Nummer bezeichnet, unter der sie in einem Katalog, vorzugsweise im → Messier-Katalog (abg. M) oder im New General Catalogue of Nebulae and Clusters of Stars [engl. ‚Neuer Generalkatalog von Nebeln und Sternhaufen'] (abg. NGC), aufgeführt sind (→ Sternkatalog). Bekannte Beispiele P.r N. sind der Ringnebel (M 57) und der Nebel NGC 7293 im Stern-

Planetarische Nebel

bild Aquarius (Wassermann) (Abb. 1). Für P. N., die in beiden Katalogen verzeichnet sind, wird eine der beiden Bezeichnungen gewählt.

Spektrum. Im sichtbaren Spektralbereich gleicht das Spektrum P.r N. dem eines diffusen Emissionsnebels (→ interstellares Gas). Es besteht aus einem schwachen Kontinuum mit überlagerten Emissionslinien. Außer den Balmer-Linien des neutralen Wasserstoffs (→ Spektrum) sind es Linien des neutralen und ionisierten Heliums sowie viele „verbotene" Linien (→ Atom), u. a. vom ionisierten Sauerstoff, Stickstoff, Neon, Schwefel und Argon. Besonders stark sind die vom zweifach ionisierten Sauerstoff, die im grünen Spektralbereich liegen und bei visuellen Beobachtungen den P.n N.n ihr grünliches Aussehen geben. Die sichtbare Ausdehnung eines Nebels ist abhängig von der Beobachtungswellenlänge. Die Ausdehnung ist umso geringer, je höher die zur Ionisation und die zur Anregung des Ausgangsniveaus der jeweiligen Spektrallinie benötigte Energie ist. Im Nebel besteht eine Ionisationsschichtung: Die Zahl der vom Zentralstern emittierten Photonen hoher Energie wird bereits in den inneren Nebelregionen infolge der Ionisation sowohl von Elementen mit hoher als auch mit geringer Ionisationsenergie reduziert. In den Nebelrandgebieten stehen nur Photonen geringer Energie zur Verfügung, die nur Elemente mit geringer Ionisationsenergie ionisieren können. Das Spektrum im Radiofrequenzbereich ist kontinuierlich, es entsteht bei frei-freien Elektronenübergängen, das Kontinuum im Infrarotbereich geht auf frei-gebundene Übergänge zurück (→ Spektrum).

Aus den Doppler-Verschiebungen der Spektrallinien können die Bewegungsverhältnisse im Nebel bestimmt werden (→ Doppler-Effekt). Die inneren Regionen expandieren mit Geschwindigkeiten von etwa 10 km/s, die äußeren mit rund 25 km/s. Das Nebelgas wird bei der Expansion beschleunigt, da bei Strahlungsabsorption außer Energie auch Impuls auf das absorbierende Medium übertragen wird (→ Strahlungsdruck) und die Zahl der Absorptionen nach außen hin ansteigt.

Temperatur und Dichte des Nebelgases ergeben sich aus dem Profil und dem Stärkeverhältnis geeigneter Spektrallinien (→ interstellares Gas). Die Elektronentemperaturen liegen im Bereich von etwa 8 000 bis 15 000 K, die Elektronendichten bei rund 10^3 bis 10^4 Elektronen je cm^3. Die Anzahldichte der Elektronen ist praktisch gleich der der Protonen, da Wasserstoff das weitaus häufigste Element und nahezu vollständig ionisiert ist. Aus der Protonendichte ergibt sich die Massendichte im Nebel.

Die chemische Zusammensetzung der Nebelmaterie ist aus dem Linienspektrum bestimmbar (→ Spektralanalyse). Sie gleicht im Allg. der mittleren kosmischen → Elementenhäufigkeit, nur die relative Häufigkeit von Helium sowie das Verhältnis von Stickstoff zu Kohlenstoff ist vielfach höher als normal.

Die Effektivtemperatur des Zentralsterns ist aus der Stärke der vom Nebelgas emittierten Balmer-Linien und des Balmer-Kontinuums unter der Annahme, dass der Stern wie ein Schwarzer Körper strahlt (→ Strahlungsgesetze), berechenbar. Die Zahl der ausgesandten Photonen ist gleich der der bei der Ionisation des Wasserstoffs absorbierten Photonen des Lyman-Kontinuums. Die Effektivtemperaturen der Zentralsterne liegen zwischen etwa 30 000 und rund 200 000 K, sie gehören zu den heißesten Sternen überhaupt. Das Strahlungsmaximum befindet sich weit im ultravioletten Spektralbereich, im sichtbaren Bereich ist die Strahlungsleistung weitaus geringer, so dass die Zentralsterne bei Nebeln hoher Flächenhelligkeit kaum auffallen. Die Leuchtkraft der Sterne beläuft sich auf etwa 1 000 bis 10 000 Sonnenleuchtkräfte.

Ausdehnung, Masse. Der Winkeldurchmesser P.r N. beträgt bis zu etwa 15′, die kleinsten erscheinen fast punktförmig und können erst durch Spektraluntersuchungen eindeutig von Sternen unterschieden werden. Für einige Nebel ist die Entfernung relativ zuverlässig bestimmbar, so dass aus dem Winkeldurchmesser der lineare Durchmesser berechnet werden kann. Die Nebelradien liegen in der Größenordnung von 0,1 pc. Aus dem Radius und der als homogen angenommenen Protonendichte ist die Nebelmasse ableitbar. Die Massen streuen in einem weiten Bereich, sie können bis zu etwa 0,3 Sonnenmassen betragen. Der große Variationsbereich ist u. a. eine Folge der raschen Entwicklung der Zentralsterne. In deren Verlauf steigt die Effektivtemperatur an, so dass immer mehr energiereiche Photonen emittiert werden, die immer mehr Nebelmaterie zum Leuchten anregen, was als Vergrößerung des Nebelradius erscheint. Die Gasdichte im Nebel ist zeitlich nicht konstant, sie sinkt bei fortwährender Expansion. Wird der Nebelradius wesentlich größer als 0,1 pc, sinkt die Gasdichte so stark, dass sich der Nebel der Beobachtung entzieht.

Einige P. N. sind von Nebelschleiern umgeben, deren Flächenhelligkeit nur etwa 1/10 000 der Flächenhelligkeit des eigentlichen Nebels entspricht. Die Expansionsgeschwindigkeiten dieser Regionen sind geringer als die des Nebels. Einige Nebel sind auch in nicht leuchtendes neutrales Gas eingebettet, das im Radiofrequenzbereich durch Emissionslinien von Molekülen nachweisbar ist (→ interstellares Gas). Die Masse des neutralen Gases übertrifft z. T. die des ionisierten.

Entstehung. P. N. bilden sich infolge eines starken → Sternwinds, der von einem Stern mit einer Masse zwischen etwa 0,8 und 6 Sonnenmassen in dessen späterer Entwicklungsphase ausgeht. In dem Stern ist das zentrale Wasserstoff- wie auch das Heliumbrennen beendet (→ Energiefreisetzung in Sternen). Der Stern ist ein Riesenstern, dessen Energieabstrahlung durch eine das ausgebrannte Zentralgebiet umgebende heliumbrennende sowie eine wasserstoffbrennende Schale gedeckt wird. Der Sternwind hat eine Geschwindigkeit in der Größenordnung von 5 bis 10 km/s, infolge des Sternwinds verliert der Stern möglicherweise bis zu 80% seiner Masse. Auf Grund des Masseabstoßes werden immer tiefere Schichten im Stern freigelegt, auch Schichten, die mit beim zentralen Wasserstoffbrennen gebildeten Helium angereichert sind. Das Wasserstoffbrennen geschah über den Kohlenstoff-Stickstoff-Sauerstoff-Zyklus, bei dem das ursprüngliche Häufigkeitsverhältnis von Kohlenstoff zu Stickstoff zugunsten von Stickstoff verändert wurde, was sich im Häufigkeitsverhältnis dieser Elemente sowie der Häufigkeit des Heli-

Planetarische Nebel

Abb. 1: Planetarischer Nebel NGC 7293 im Sternbild Aquarius (Wassermann). (Aufnahme: Mount Wilson and Palomar Observatories, Pasadena, USA)

Planetarium

ums in der Nebelmaterie widerspiegelt. Infolge des starken Masseverlusts erlöschen schließlich die äußere und die weiter innen liegende heliumbrennende Schalenquelle und das Schrumpfen des Sternradius endet. Während dieser Entwicklungsphase erhöht sich die Effektivtemperatur, die Leuchtkraft bleibt dagegen nahezu konstant. Vom ehemaligen Riesenstern bleibt fast nur das ausgebrannte Zentralgebiet als Reststern übrig, in dem die Temperatur- und Dichteverhältnisse denen in Weißen Zwergen sehr ähnlich sind (→ Sternentwicklung). Der Bildpunkt des Sterns bewegt sich während dieser Zustandsänderung im Hertzsprung-Russell-Diagramm aus dem Gebiet des asymptotischen Riesenasts kommend etwa horizontal nach links zu höheren Effektivtemperaturen hin und biegt dann scharf nach unten ab (Abb. 2). Der Vergleich theoretisch berechneter Entwicklungswege im Hertzsprung-Russell-Diagramm mit der Lage der Bildpunkte beobachteter Zentralsterne von P.n N.n in ihm ergibt für die Masse der Sterne in diesem Entwicklungszustand Werte um rund 0,5 bis 0,9 Sonnenmassen.

Während des Sinkens des Sternradius und der Erhöhung der Effektivtemperatur steigt die Geschwindigkeit des Sternwinds bis zu etwa 3 000 km/s an, die Dichte im Wind nimmt ab. Der Hochgeschwindigkeitswind übt auf den vorauslaufenden langsamen Wind einen Druck aus, wodurch eine Schale stark erhöhter Dichte, aber geringer Expansionsgeschwindigkeit entsteht. Die Sternstrahlung regt die Materie der Schale zum Leuchten an, sie markiert die äußerste Region des P.n N.s. Hinter der Schale ist das Gebiet durch den Hochgeschwindigkeitswind von Materie nahezu freigefegt und leuchtet kaum. Weiter außerhalb der Schale existiert im Wesentlichen nur Neutralgas, in dem sich Staubteilchen bilden können, die Reststrahlung absorbieren und die aufgenommene Energie als thermische Strahlung im infraroten Spektralbereich emittieren.

Die Lebensdauer eines Nebels kann aus dem Radius und der als zeitlich konstant angenommenen Expansionsgeschwindigkeit abgeschätzt werden. Es ergeben sich Existenzzeiten zwischen etwa 10 000 bis 30 000 Jahren. P. N. sind relativ kurzlebige Erscheinungen während einer kurzen Entwicklungsphase nicht zu massereicher Sterne.

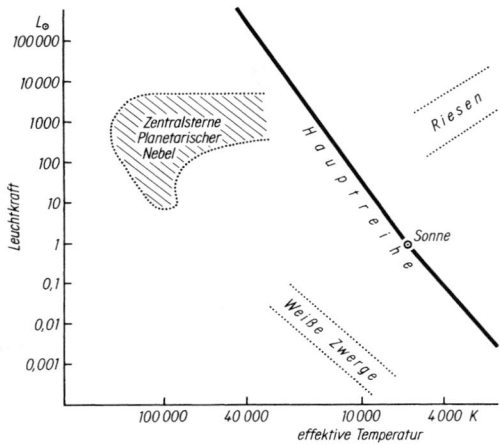

Abb. 2: Schematisiert das Gebiet der Bildpunkte von Zentralsternen Planetarischer Nebel im Hertzsprung-Russell-Diagramm. Die Leuchtkraft ist in Einheiten der Sonnenleuchtkraft $L_\odot$ angegeben

Die inneren Strukturen und das Aussehen der einzelnen P.n N. unterscheiden sich z. T. drastisch, sie weichen im Allg. stark von der Kugelsymmetrie ab. Diese wäre zu erwarten, da der verursachende Stern kugelsymmetrisch ist wie im Prinzip auch der Sternwind. Die Ursachen für die Unregelmäßigkeiten sind weitgehend unbekannt. Möglicherweise verursachen starke Magnetfelder oder stark anisotrope Sternwinde die Unregelmäßigkeiten, möglicherweise ist die umgebende interstellare Materie so inhomogen, dass die Wechselwirkungen mit dem Sternwind zu völlig unregelmäßigen Verdichtungen und Helligkeitsvariationen führen. Die Gesamtzahl der P.n N. im Milchstraßensystem dürfte in der Größenordnung von rund 20 000 liegen. Die Nebel gehören vorwiegend zur Scheibenpopulation, einige wurden in Kugelsternhaufen gefunden, die Mitglieder der Halopopulation sind.

Planetarium, Vorrichtung zur Darstellung des Sternhimmels und der Bewegungen der Gestirne, vor allem von Sonne, Mond und Planeten. Ältere Planetarien waren mechanische Modelle des Sonnensystems, bei de-

Einige hellere Planetarische Nebel

Katalognummer		α		δ		m_{ges}	D	Sternbild
NGC	M	h	min	°	′		″	
2392		7	29,2	20	55	8^m	10	Gemini
3242		10	24,8	−18	38	9^m	26	Hydra
6210		16	44,5	23	48	9^m	12	Hercules
6572		18	12,1	6	50	9^m	10	Serpens
6720	57	18	53,5	33	1	9^m	70	Lyra, Ringnebel
6818		19	43,9	−14	9	10^m	20	Sagittarius
6853	27	19	59,5	22	43	8^m	420	Vulpecula, Hantelnebel
7009		21	4,2	−11	22	8^m	20	Aquarius, Saturnnebel
7293		22	29,6	−20	47	7^m	360	Aquarius, Helixnebel
7662		23	25,9	42	32	9^m	20	Andromeda

α: Rektaszension; δ: Deklination; m_{ges}: genäherte visuelle Gesamthelligkeit; D: genäherter scheinbarer Durchmesser. Angegeben ist das Sternbild, in dem sich der Nebel befindet, und der Name des Nebels

nen die einzelnen Körper durch Antriebsmechanismen, z. B. Uhrwerke, bewegt wurden. Moderne Planetarien sind *Projektionsplanetarien*. Die Gestirne werden als Lichtpunkte oder Scheibchen an eine gewölbte Kuppel projiziert und die Projektoren so gesteuert, dass die scheinbaren Bewegungen des Sternhimmels und die der Gestirne naturgetreu wiedergegeben werden. Das erste P. dieser Art wurde 1923 von der Firma C. Zeiss Jena entwickelt.

Planet außerhalb des Sonnensystems, svw. Exoplanet.

Planetenaberration, →Aberration.

Planetenpräzession, →Präzession.

Planetenring, konzentrischer ringförmiger Bereich erhöhter Dichte von Staubteilchen bis hin zu mittelgroßen Festkörpern um einen Planeten. Im Sonnensystem sind →Jupiter, →Saturn, →Uranus und →Neptun von Ringen umgeben.

Planetensystem, *1)* im engeren Sinn die Gesamtheit der die Sonne umlaufenden Planeten, im weiteren Sinn die Gesamtheit der sich um die Sonne bewegenden Himmelskörper (→Sonnensystem).
2) die Gesamtheit der einen Stern umlaufenden →Exoplaneten.

Planetentafel, tabellarische Aufstellung der →Ephemeriden der Planeten, vielfach auch des Mondes und der Sonne für einen bestimmten Zeitpunkt. Im Altertum waren bei den Chinesen, Indern und Arabern bereits P.n bekannt. Historische Bedeutung haben die im Auftrag von Alfons X. von Kastilien (1226–1282) in den Jahren 1248 bis 1252 gemeinsam von arabischen, jüdischen und christlichen Astronomen aufgestellten *Alfonsinischen Tafeln* und die von J. Kepler (1571–1630) berechneten und von ihm nach Kaiser Rudolf II. (1552–1612) benannten *Rudolfinischen Tafeln*.

Planetesimale, in der Frühphase des Sonnensystems entstandene Kleinkörper aus kondensierter Materie, die durch Anlagerung weiterer P. und anderer, z. B. gasförmiger Materie zu größeren Himmelskörpern, u. a. Planeten, wurden oder hätten werden können.

Planetographie, Teilgebiet der Astronomie, das sich mit der kartographischen Darstellung und Beschreibung der Oberflächenstrukturen der erdartigen Planeten und Satelliten des Planetensystems befasst. Die P. ist der Geographie äquivalent.
Die Benennung topographischer Strukturen auf Himmelskörpern des Planetensystems erfolgt durch die Internationale Astronomische Union. Der Name besteht aus einer lateinischen Bezeichnung der Strukturgattung, z. B. Mare, Planitia oder Mons, und einem individuellen Namen, was zu Bezeichnungen wie Mare Imbrium, Hellas Planitia oder Olympus Mons führt. Krater sowie die tätigen Vulkane auf der Io und einige sehr seltene Strukturen tragen nur Eigennamen. Die Namen werden für die einzelnen Himmelskörper nach bestimmten, jeweils einheitlichen Gesichtspunkten ausgewählt. Bei Personennamen wird grundsätzlich die englische Schreibweise benutzt. Ältere Bezeichnungen für topographische Strukturen auf dem Mond und Mars werden aus Tradition weiterhin verwendet.

Planetoid *m*, *kleiner Planet, Asteroid*, ein die Sonne umlaufender erdartiger Kleinkörper mit einem Durchmesser zwischen einigen wenigen Metern und rund 1 000 km, der im Gegensatz zu Kometenkernen keine Aktivitätserscheinungen zeigt. P.en sind so klein, dass sie im Allg. punktförmig, d. h. sternähnlich erscheinen, worauf die Bezeichnung Asteroid Bezug nimmt. Sie werden auf Grund ihrer Relativbewegung gegenüber den am Himmel benachbarten Sternen entdeckt. Auf langbelichteten Himmelsaufnahmen hinterlassen P.en Strichspuren, deren Länge von der scheinbaren Geschwindigkeit sowie der Belichtungszeit abhängen.

Benennung. Ein P. mit sicher bekannten Bahnelementen erhält zur Identifikation eine Nummer in der Reihenfolge der Entdeckung und einen Namen, den in der Regel der Entdecker vorschlägt. Die Namen wurden zunächst der antiken Mythologie entnommen, gegenwärtig ist der Entdecker in der Benennung frei, so dass Namen wie (526) Jena, (933) Susi, (1815) Beethoven, (2100) Ra-Shalom oder (5000) IAU zu finden sind.
Ein neuentdeckter P. erhält zunächst eine vorläufige Bezeichnung, die aus der Jahreszahl der Entdeckung besteht, gefolgt von einem Buchstabenpaar. Der erste Buchstabe bezeichnet den Zeitpunkt der Entdeckung im Entdeckungsjahr, dabei bedeuten A: 01.01. – 15.01.; B: 16.01. – 31.01.; …; X: 01.12. – 15.12. und Y: 16.12. – 31.12., der Buchstabe J wird nicht benutzt. Der zweite Buchstabe gibt die Reihenfolge der Entdeckung von A bis Z im jeweiligen Zeitintervall an, z. B. ist 1992 AD der P., der 1992 zwischen dem 01.01. und dem 31.01. als 4. P. entdeckt wurde. Werden in einem Zeitabschnitt mehr als 25 P.en gefunden, wird wieder mit A begonnen und jeweils ein Index $\geq$ 1 hinzugefügt, bei mehr als 50 P.en der Index 2 usw. z. B. 1992 QB_1, J wird wieder ausgelassen.
Ende 2007 waren in der Größenordnung von etwa 175 000 P.en entdeckt und benannt.

Bahnen. Die meisten der bekannten P.en bewegen sich im *Planetoidengürtel* auf Kepler-Bahnen im Abstand von 2,1 bis 3,2 AE rechtläufig um die Sonne. Die Umlaufzeiten liegen zwischen etwa 3,2 und 5,8 Jahren. Die Bahnebenen dieser *Gürtelplanetoiden* sind selten stärker als 20° gegen die Ebene der Ekliptik geneigt.
Die Gürtelplanetoiden sind nicht bei allen Sonnenentfernungen gleich häufig (Abb. 1). Relativ wenige P.en kommen in den Entfernungen vor, für die die Umlaufzeit kommensurabel mit der des Jupiter ist, also eine Resonanz zwischen den Umlaufzeiten besteht. Derartige *Kommensurabilitätslücken* oder *Kirkwood-Lücken* [benannt nach dem amerikan. Astronomen D. Kirkwood, 1814–1895] sind die Hestia-Lücke (nach (46) Hestia) bei einem Sonnenabstand von etwa 2,5 AE, bei der eine 3:1-Resonanz herrscht (das Verhältnis der Umlaufzeit der P.en zu der des Jupiter beträgt 1:3), und die Hecuba-Lücke (nach (108) Hecuba) bei etwa 3,3 AE und der 2:1-Resonanz (die Umlaufzeit ist gleich der Hälfte der des Jupiter). Die Lücken sind wahrscheinlich die Folge der an diesen Stellen periodisch in gleicher Weise wirkenden Bahnstörungen durch den Jupiter. Ursprünglich sich in diesen Abständen befindende P.en wurden in Bahnen mit z. T. großer Exzentrizität gelenkt, so dass sie bis zur Mars- oder auch zur Erdbahn gelangten oder auch ganz das System verließen. Bei der endlichen Breite der Resonanzbereiche können zusätz-

Planetoid

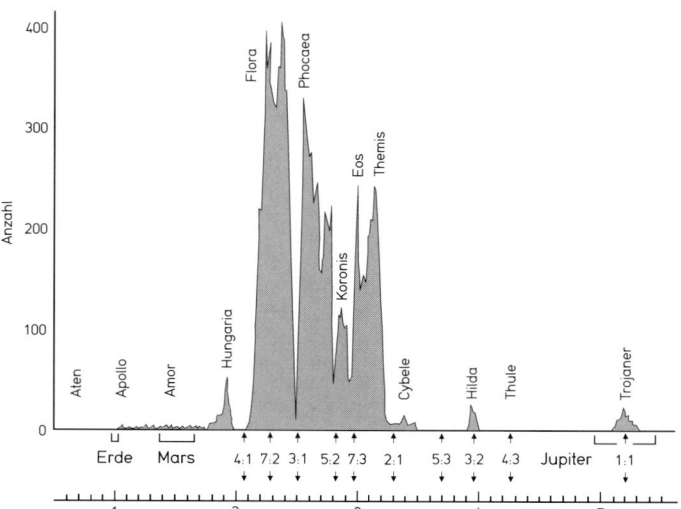

Abb. 1: Häufigkeitsverteilung der Planetoiden in Abhängigkeit von der Sonnenentfernung und Lage einiger Planetoiden bzw. Planetoidengruppen in der Verteilung. Die Zahlenverhältnisse geben das Verhältnis der Umlaufzeit der Planetoiden zu der des Jupiter

lich andere Planeten störend einwirken, was zu Bahnen führen kann, die im mathematischen Sinn chaotisch sind: Infinitesimal kleine Störungen werden exponentiell größer, die tatsächlich durchlaufene Bahn weicht immer stärker von der ungestörten ab und ist langfristig nicht voraussagbar. An einigen Resonanzstellen außerhalb des Planetoidengürtels existieren auch Anhäufungen (Abb. 1). Im Sonnenabstand von etwa 4 AE, bei der 3:2-Resonanz, befinden sich die P.en der Hilda-Gruppe (nach (153) Hilda), bei der 1:1-Resonanz die nach Helden des trojanischen Kriegs benannten → *Trojaner*. Ihre Umlaufzeit gleicht der vom Jupiter. Die Ursachen dieser Häufungen sind noch nicht vollständig geklärt. Mindestens ein P., 1990 MB, hat eine 1:1-Resonanz mit dem Mars, mindestens fünf eine 1:1-Resonanz mit dem Neptun.

Einige P.en haben außergewöhnliche Bahnen. Auch weit außerhalb des Planetoidengürtels jenseits der Saturn- und insbesondere jenseits der Neptunbahn bewegen sich P.en. Andererseits existieren P.en mit Bahnen, die einen geringeren mittleren Sonnenabstand als etwa 2,2 AE haben. Zu ihnen gehören die P.en der **Amor-Gruppe** (nach (1221) Amor), deren Aphel jenseits der Marsbahn, d. h. jenseits 1,52 AE, liegt, ihr Perihel aber diesseits, wobei die Periheldistanz größer als die Apheldistanz der Erde (1,017 AE) ist, es sind sog. *Marsbahnkreuzer*. Die **Apollo-Gruppe** (nach (1862) Apollo) bilden P.en mit einer großen Halbachse größer als 1 AE und einem Perihelabstand kleiner als 1,017 AE. Diese P.en kreuzen „von außen kommend" die Erdbahn. Die P.en der **Aten-Gruppe** (nach (2062) Aten) haben eine große Halbachse kleiner als 1 AE und einen Aphelabstand größer als die Perihelentfernung der Erde von 0,983 AE. Sie bewegen sich hauptsächlich innerhalb der Erdbahn und kreuzen diese „von innen kommend". Die Bahn von (3200) Phaeton hat eine außerordentlich große Exzentrizität von 0,89. Der Phaeton kommt der Sonne bis auf ein Drittel der Merkurentfernung nahe, entfernt sich andererseits bis jenseits der Marsbahn. Die mittlere große Bahnhalbachse des etwa 300 m großen Aten-Planetoiden 1994 XL$_1$ beträgt nur 0,67 AE, die Umlaufzeit rund 6,5 Monate. Die Zahl der bekannten Mitglieder der Amor-Gruppe beträgt etwa 2 280, der Apollo-Gruppe etwa 2 690 und der Aten-Gruppe rund 460.

Zu den erdnahen P.en gehört auch der rund 3 km große P. (163693) Atira mit einer großen Bahnhalbachse von 0,741 AE und der Bahnexzentrizität von 0,32, der beim Sonnenumlauf ständig innerhalb der Erdbahn bleibt und sich der Erde bis maximal 0,19 AE nähert. Am 13. April 2029 wird sich (99942) Apophis der Erde bis auf 34 700 km (weniger als 1/100 der Mondentfernung) nähern. Der etwa 10 km große P. (69230) Hermes erreichte 1937 eine Erdentfernung von 740 500 km. Die Zahl der bisher bekannten erdnahen P.en beträgt mehr als 900, die Zahl der P.en größer als 1 km wird auf 500 bis 1 000 geschätzt. Es sind wahrscheinlich Bruchstücke von Gürtelplanetoiden, die in die speziellen Umlaufbahnen gelenkt wurden. Die P.en der Amor-, Apollo- und Aten-Gruppe durchlaufen infolge der starken Störungen durch die inneren Planeten dynamisch instabile Bahnen.

Durchmesser. Bei einigen wenigen P.en ermöglichen nahe Vorübergänge von Raumsonden eine genaue Durchmesserbestimmung. Bei den größten P.en kann der lineare Durchmesser aus dem Winkeldurchmesser in Verbindung mit der geozentrischen Entfernung ermittelt werden. Weitere mögliche Durchmesserbestimmungen bestehen bei → Sternbedeckungen und mittels der Methode der → Speckle-Interferometrie. Die Größe der weitaus meisten P.en kann nur aus der scheinbaren Helligkeit abgeschätzt werden, wozu sowohl die Kenntnis der heliozentrischen als auch der geozentrischen Entfernung sowie der Albedo der jeweiligen P.en benötigt werden. Die Albedo ist im Allg. nur ungenau bekannt, was sich auf die photometrisch bestimmten Durchmesser überträgt.

Raumsondenbeobachtungen aus geringen Entfernungen zeigen, dass die P.en im Allg. von der Kugelsymmetrie abweichen (Abb. 2). Der Begriff Durchmesser bezieht sich daher im Allg. auf die mittlere Ausdehnung. Beim P.en (1) → Ceres beträgt der mittlere Durch-

Planetoid

Abb. 2: Planetoid (433) Eros (NASA/JPL)

messer 942 km und die → Abplattung 0,068, bei (2) → Pallas der mittlere Durchmesser 532 km und die Abplattung 0,123. (4) → Vesta hat eine Abplattung von 0,208 und (243) → Ida eine von 0,729. Bei den kleinsten bekannten P.en liegen die Durchmesser in der Größenordnung von einigen Metern. Diese P.en werden meist nur entdeckt, wenn sie der Erde sehr nahe kommen. Die bekannten Gürtelplanetoiden haben einen Durchmesser im Bereich von weniger als 1 km bis rund 1 000 km. Generell nimmt die Zahl der P.en mit sinkendem Durchmesser rasch zu. Die Zahl der bekannten Gürtelplanetoiden mit einem Durchmesser größer als 200 km beläuft sich auf etwa 30, die der P.en größer als 10 km wird auf rund 50 000 geschätzt, die der P.en größer als 1 km auf rund 1 bis 2 Mio., die Zahl der P.en größer als 100 m dürfte in der Größenordnung von 10^{10} liegen.

Das Verteilungsgesetz der P.en mit Durchmessern kleiner als 25 km entspricht etwa einer Fragment- und Partikelverteilung, die sich bei einer fortgesetzten Zertrümmerung großer Gesteinsbrocken bis hin zum Mahlen von Gestein experimentell ergibt. Die kleineren P.en dürften daher das Ergebnis von Zertrümmerungen größerer Objekte infolge gegenseitiger Stöße sein. Der Gesamtquerschnitt der bei einem Stoß entstehenden Trümmer ist weit größer als die Summe der Querschnitte der sich stoßenden Ausgangskörper. Mit jedem Zusammenstoß nimmt damit die Wahrscheinlichkeit weiterer Kollisionen zu, ein begonnener Zertrümmerungsprozess setzt sich immer weiter fort. Die bei Infrarotbeobachtungen beobachteten Staubbänder im Planetoidengürtel (→ Infrarotquelle) sind wahrscheinlich Gebiete, in denen die Dichte sehr kleiner Trümmerteilchen besonders hoch ist. Die Oberflächenstruktur der P.en ist offensichtlich weitgehend das Ergebnis von Einschlägen mehr oder minder großer Himmelskörper, wie die Oberfläche von (433) → Eros (Abb. 2). Der P. (253) Mathilde hat bei einem mittleren Durchmesser von rund 52 km einen Einschlagkrater von etwa 33 km. Die Oberflächen der P.en sind z. T. mit Kratern „gesättigt".

P.en mit Begleitern sind wahrscheinlich das Ergebnis eines Zusammenstoßes zweier nahezu gleich großer Ausgangskörper. Beim Zerstreuen der Trümmer im Raum blieb von zwei sich in nahezu gleicher Richtung und mit gleicher Geschwindigkeit bewegenden Fragmenten möglicherweise der masseärmere Körper gravitativ an den massereicheren gebunden. Der P. (243) Ida mit dem mittleren Durchmesser von etwa 39 km hat einen Begleiter, den Dactyl (Abb. 3), dessen Durchmesser etwa 1,5 km beträgt. Zur Zeit der Entdeckung betrug der Abstand des Dactyl rund 85 km vom Mittelpunkt der Ida. Beide Himmelskörper haben fast gleiche mittlere Dichte sowie nahezu gleiche Albedo, die Wahrscheinlichkeit eines gemeinsamen Ausgangskörpers ist danach sehr groß. Der P. (87) Sylvia hat zwei Begleiter, von denen der innere, der Remus, mit einem Durchmesser von grob 7 km sich in einem mittleren Abstand von 710 km in 33,1 Stunden um die Sylvia bewegt, der äußere, der Romulus, hat einen Durchmesser von etwa 18 km und umläuft die Sylvia im Abstand von etwa 1 356 km in 87,6 Stunden. (617) Patroclus wird im Abstand von 680 km in 4,28 Tagen von dem Begleiter Menoetius umkreist.

Indirekt kann auf einen Begleiter eines P.en durch einen dem Rotationslichtwechsel des P.en überlagerten Bedeckungslichtwechsel geschlossen werden. Bei (3671)

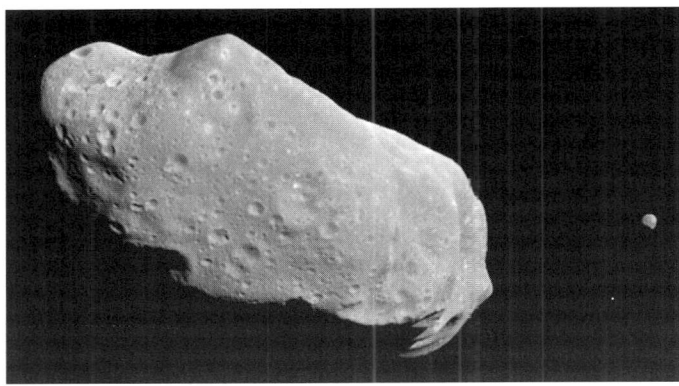

Abb. 3: Der Planetoid (243) Ida mit seinem Begleiter Dactyl (am rechten Bildrand sichtbar) (Aufnahme: Raumsonde Galileo aus einer Entfernung von rund 2 400 km) (NASA/JPL/RPIF/DLR)

Planetoid

Dionysus beträgt die Rotationsperiode 2,7 Stunden und die Bedeckungsperiode 28 Stunden, der Durchmesser des Begleiters beläuft sich auf etwa 1 km. Der P. (45) Eugenia mit einem Durchmesser von 214 km wird von einem etwa 13 km großen Begleiter „Petit-Prince" auf einer Kreisbahn mit einem Radius von 1 190 km in 4,7 Tagen umlaufen. Auch der Lichtwechsel von (624) Hektor ist dem von → Bedeckungsveränderlichen sehr ähnlich, möglicherweise ist es ein Doppelplanetoid, dessen Komponenten nahezu gleiche Masse haben. Bei (4179) Toutatis wurde mit Hilfe von Radarbeobachtungen nachgewiesen, dass es sich um zwei sich fast berührende Körper mit einem Durchmesser von 4 bzw. 2,5 km handelt.

P.en mit Bahnen, deren große Halbachse, Exzentrizität und Neigung nahezu übereinstimmen, sofern die Störeinflüsse der Planeten berücksichtigt und die ungestörten, ursprünglichen Bahnelemente miteinander verglichen werden, bilden eine *Planetoiden-* oder *Hirayama-Familie* [benannt nach dem japan. Astronom K. Hirayama, 1874–1943]. Sie sind aller Wahrscheinlichkeit nach die Trümmer eines großen Ausgangskörpers, der bei einem Zusammenstoß mit einem anderen Körper zerstört wurde. Die kinetische Energie der Stoßpartner reichte zwar zur Zertrümmerung aus, nicht aber zur weiten Zerstreuung relativ großer Trümmer im interplanetaren Raum. Die Mitgliederzahl der mehr als 20 bekannten Planetoidenfamilien ist beträchtlich. Von der Themis-Familie (nach (24) Themis) sind über 500 Mitglieder bekannt, von der Flora-Familie (nach (8) Flora) etwa 260 und von der Koronis-Familie (nach (42) Koronis) rund 400. Die Massen sind sehr ungleich auf die Mitglieder verteilt. Die Masse der Flora beträgt etwa 50% der Gesamtmasse der Familie, die der Koronis etwa 4%.

Masse, Dichte. Die Masse einiger großer P.en kann aus den von ihnen ausgeübten oder auf sie ausgeübten Bahnstörungen erschlossen werden, doch sind diese Bestimmungen relativ ungenau. Der P. (134340) Pluto hat eine Masse von $1{,}24 \cdot 10^{22}$ kg. Die Masse der Ceres beträgt $9{,}46 \cdot 10^{20}$ kg, die der Vesta $2{,}7 \cdot 10^{20}$ kg und die der Pallas $2{,}2 \cdot 10^{20}$ kg, die Massen der anderen P.en sind weitaus geringer. Die Masse von Ceres, Vesta und Pallas zusammen beläuft sich schätzungsweise auf rund 0,05% der Erdmasse und umfasst wahrscheinlich mehr als die Hälfte der Gesamtmasse aller Gürtelplanetoiden. Weitere Möglichkeiten zur Massenbestimmung bieten Satelliten von P.en und, in wenigen Fällen, der Vorbeiflug von Raumsonden. Bei P.en bekannter Masse und bekanntem Durchmesser kann die mittlere Dichte abgeschätzt werden, der Pluto hat eine Dichte von 1,7 g/cm^3, die Ceres eine von 2,08 g/cm^3 und die Vesta eine von 3,4 g/cm^3. Infolge der normalerweise unregelmäßigen Form der P.en sowie der sehr unsicher bekannten Massen sind die Dichten sehr unsicher.

Physikalische Beschaffenheit. Der Vergleich der photometrischen, polarimetrischen sowie Spektraleigenschaften von Meteoriten mit denen von P.en offenbart gewisse Übereinstimmungen. Rund 75% der untersuchten Gürtelplanetoiden sind in ihrem spektralen Reflexionsvermögen sowie der Albedo den kohligen Chondriten (→ Meteorit) ähnlich, sie werden als vom Typ C bezeichnet. Etwa 17% zeigen Verwandtschaft mit den Steinmeteoriten, sie gehören zum Typ S. Die E-Planetoiden besitzen Ähnlichkeiten mit den Enstatit-Chondriten und die P.en des Typs M, die etwa 5% ausmachen, Ähnlichkeiten mit Eisenmeteoriten. Die übrigen Planetoidentypen haben jeweils nur wenige Vertreter. Die Typen unterscheiden sich in der Albedo. Die Albedo der P.en vom Typ C beträgt im Mittel 0,05, die von den Typen M und S etwa 0,2 und die vom Typ E rund 0,5. Die einzelnen Planetoidentypen sind in bestimmten Bereichen des Planetoidengürtels besonders häufig. S- und vor allem E-Planetoiden befinden sich hauptsächlich in sonnennahen Bereichen zwischen etwa 2,0 und 2,3 AE, die vom Typ C zwischen 2,3 und 2,8 AE, die vom Typ M haben das Häufigkeitsmaximum bei ungefähr 2,8 AE Sonnenabstand. Erdnahe P.en sind im Allg. keinem bestimmten Typ zuzuordnen.

Im Hinblick auf die Ähnlichkeiten mit Meteoriten sind die Gürtelplanetoiden wahrscheinlich vorwiegend erdartige Himmelskörper. Vermutlich haben die Gesteinskörper infolge von Kollisionen Sprünge, Spalten und möglicherweise auch Hohlräume, was die große Variation der mittleren Dichte erklären könnte.

Einige der als P.en klassifizierten Himmelskörper scheinen entgaste inaktive Kometenkerne zu sein (→ Komet). Bei den P.en (2060) Chiron und (60558) Echeclus deuten stärkere Helligkeitsvariationen, als es den heliozentrischen und geozentrischen Abstandsänderungen entspricht, auf Aktivitätserscheinungen hin. Wahrscheinlich werden bei diesen P.en bei der Sublimation eisartiger Bestandteile der Oberfläche Staubteilchen mitgerissen, wodurch für kurze Zeit eine Gas-Staub-Koma entsteht. Beide werden deshalb auch als Kometen (P/Chiron bzw. 107P/Echeclus) geführt. Der Apollo-P. 1979 VA erwies sich nachträglich als identisch mit dem Kometen 174P/Wilson-Harrington und der P. 1979 OW$_7$ wurde 1996 unabhängig als Komet 133P/Elst-Pizarro wiedergefunden. Sie heißen daher alternativ (4015) Wilson-Harrington bzw. (7968) Elst-Pizarro. Die Bahn des Phaeton ist fast identisch mit der des Meteorstroms der Geminiden (→ Komet), was typisch für Kometen, nicht aber für P.en ist.

Eine vollkommen andere Struktur hat (25143) Itokawa, ein ungleichmäßiges längliches Gebilde von rund 320 m Ausdehnung, das ein mehr oder minder loses poröses Konglomerat von Gesteinsbrocken mit Größe bis zu 10 m zu sein scheint, doch existieren auf der Oberfläche auch relativ glatte Regionen (Abb. 4).

Die Rotation ruft bei einigen P.en einen Lichtwechsel mit im Allg. geringer Amplitude hervor, beim P. (1620) Geographos beträgt sie aber etwa 2 mag. Die Helligkeitsvariationen werden durch die unregelmäßige Gestalt oder Gebiete mit unterschiedlicher Albedo verursacht. Die Rotationsperioden liegen meist im Bereich einiger Stunden, z. T. auch einiger Tage. Die Periode von (10) Hygiea beträgt 27,6 Tage, die von 1998 KY$_{26}$ nur 10,7 Minuten.

Planetoiden jenseits der Saturnbahn. Ein zweites Häufigkeitsgebiet von P.en befindet sich zwischen etwa 30 und 50 AE Entfernung von der Sonne, es wird als **Kuiper-Gürtel** [benannt nach dem niederl.-

Planetoid

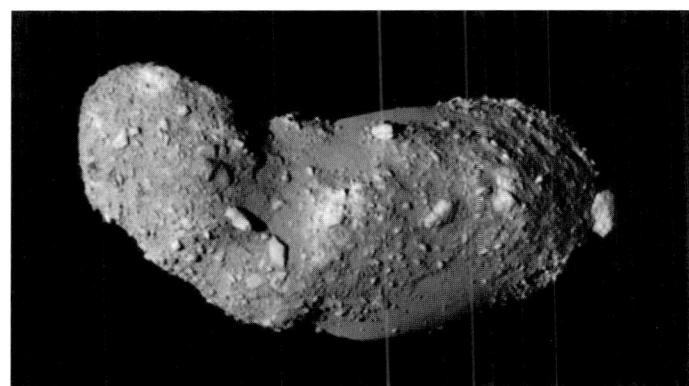

Abb. 4: Nahaufnahme des Planetoiden (25143) Itokawa (JAXA)

amerikan. Astronomen G. Kuiper, 1905–1973] bezeichnet, seine Mitglieder als *Transneptunobjekte*. Mehr als die Hälfte von ihnen hat, wie z. B. die P.en (20000) Varuna und (50000) Quaoar, kreisähnliche Bahnen mit mittleren Bahnhalbachsen zwischen etwa 42 und 48 AE und geringer Neigung gegen die Ebene der Ekliptik. Eine zweite Gruppe durchläuft am Innenrand des Gürtels schwachelliptische Bahnen mit Umlaufzeiten in Resonanz mit der Umlaufzeit des Neptun. Am häufigsten ist das Verhältnis der Umlaufzeiten 3:2, wie es der Pluto

Daten ausgewählter Planetoiden

Name		Bahnelemente			D	Masse
		a (AE)	e	i (°)	(km)	(kg)
Große Gürtelplanetoiden:						
(1)	Ceres	2,766	0,079	10,6	942	$8,7 \cdot 10^{20}$
(4)	Vesta	2,361	0,089	7,1	530	$2,7 \cdot 10^{20}$
(2)	Pallas	2,771	0,234	34,8	532	$2,2 \cdot 10^{20}$
(10)	Hygiea	3,135	0,129	3,8	411	$8,6 \cdot 10^{19}$
(46)	Hestia	2,525	0,172	2,3		
(108)	Hecuba	3,240	0,052	4,2		
(704)	Interamnia	3,519	0,149	17,3	327	$5,7 \cdot 10^{19}$
Erdbahnkreuzer:						
(1862)	Apollo	1,471	0,560	6,4	1,5	
(3200)	Phaeton	1,271	0,890	22,1		
(2062)	Aten	0,967	0,183	18,9	0,9	
(99942)	Apophis	0,922	0,191	3,33	0.32	
Marsbahnkreuzer:						
(433)	Eros	1,458	0,223	10,8	18	$6,7 \cdot 10^{15}$
(1221)	Amor	1,919	0,436	1,9	1,1	
Trojaner:						
(617)	Patroclus	5,225	0,138	22,0	121	$6 \cdot 10^{15}$
(588)	Achilles	5,196	0,143	10,3	70	
Äußere Planetoiden:						
(153)	Hilda	3,981	0,143	7,8	119	
(944)	Hidalgo	5,799	0,658	42,6	29	
Zentauren:						
(2060)	Chiron	13,709	0,381	6,9	350	
(5145)	Pholus	20,377	0,572	24,7	240	
(8405)	Asbolus	18,059	0,621	17,6	90	
Transneptunobjekte:						
(136199)	Eris	67,838	0,437	44,2	2400	
(134340)	Pluto	39,798	0,254	17,1	2390	$6 \cdot 10^{22}$
(90482)	Orcus	39,219	0,225	20,6	1600	
(90377)	Sedna	487	0,843	11,3	1500	
(50000)	Quaoar	43,605	0,039	8,0	1200	
(28978)	Ixion	39,707	0,242	19,6	1100	

a: große Bahnhalbachse; e: Exzentrizität; i: Bahnneigung gegen Ekliptikebene; D: mittlerer Durchmesser

Planetoidenfamilie

hat. Wegen dieser dynamischen Verwandtschaft des Pluto mit Transneptunobjekten und wegen seines Durchmessers, der mit größeren unter ihnen vergleichbar ist, wird der Pluto seit 2006 nach Beschluss der Internationalen Astronomischen Union nicht mehr als Planet, sondern als einer der größten Vertreter dieser Planetoidengruppe betrachtet, und zwar als P. (134340) Pluto. Die Mitglieder einer dritten Gruppe, u. a. (136199) Eris und (90377) Sedna, haben wie kurzperiodische Kometen stärker elliptische Bahnen. Sie sind wahrscheinlich infolge von Störungen durch die äußeren Planeten in ihre jetzigen, dynamisch instabilen Bahnen umgelenkt („gestreut") worden. Dynamisch verwandt mit ihnen sind die **Zentauren**, deren Perihel jenseits der Jupiterbahn liegt und deren große Halbachse kleiner als die des Neptun ist. Sie sind wahrscheinlich infolge von Bahnstörungen in den Bereich zwischen Saturn- und Neptunbahn gelangt. Es dürfte sich um gesteins- oder eisartige Himmelskörper handeln, die inaktiven Kometenkernen ähnlich sind. Der Kuiper-Gürtel gilt als Ursprungsgebiet der kurzperiodischen Kometen, die demnach durch Bahnstörungen ins innere Sonnensystem umgelenkte Transneptunobjekte sind.

Ursprung der Planetoiden. Wahrscheinlich ist die Mehrzahl der P.en aus → Planetesimalen hervorgegangen. Möglicherweise verhinderte die Nähe zum Jupiter im Bereich des jetzigen Planetoidengürtels die Bildung eines Planeten, weil die Bahnen der Planetesimale und entstehender größerer Körper stark gestört wurden und es infolgedessen zu zerstörerischen Zusammenstößen zwischen ihnen kam → Kosmogonie.

Geschichtliches. Die Entdeckung des ersten P.en, der Ceres, am 01.01.1801 durch G. Piazzi (1746–1826) erregte großes Aufsehen, da anscheinend eine Lücke in der → Titius-Bode'schen Reihe geschlossen wurde. Wegen schlechter Beobachtungsbedingungen ging die Ceres wieder verloren, doch die von C. F. Gauß (1777–1855) entwickelte Bahnbestimmungsmethode ermöglichte die Wiederauffindung am 07.12.1801. W. Olbers (1758–1840) gelang 1802 die zweite Planetoidenentdeckung, die der Pallas. Ihr folgte 1804 die der Juno durch K. L. Harding (1765–1834). Der vierte P., die Vesta, wurde 1807 wiederum durch Olbers gefunden. Erst 1845 gelang die nächste Entdeckung, die der Astraea. Das erste Transneptunobjekt (nach Pluto) wurde 1992 gefunden.

Planetoidenfamilie, → Planetoid.
Planetoidengürtel, → Planetoid.
Planetologie, Teilbereich der Astronomie, der sich mit der Zusammensetzung, dem Aufbau und den Vorgängen im Innern sowie an den Oberflächen der Körper des Planetensystems befasst. Die P. ist äquivalent der Geologie.
Planitia f, Plur. Planitiae, Bezeichnung für eine einer Tiefebene ähnlichen Oberflächenstruktur auf erdartigen Körpern des Planetensystems.
Planum n, Plur. Plana, Bezeichnung für eine einer Hochebene ähnlichen Oberflächenstruktur auf erdartigen Körpern des Planetensystems.
Plasma n, Gasgemisch aus freien Elektronen, positiven Ionen und neutralen Teilchen, die sich infolge von ständigen Wechselwirkungen untereinander sowie mit Photonen in verschiedenen Energie- und Anregungszuständen befinden. Die Zahl der je Volumeneinheit durch Elektronen getragenen negativen Ladungen ist im Mittel gleich der von den Ionen getragenen positiven. Von lokalen Störungen abgesehen, ist ein P. raumladungsfrei. Infolge der freien Beweglichkeit der Ladungsträger ist die elektrische Leitfähigkeit groß. Ein äußeres elektrisches Feld verursacht einen Stromfluss, ein äußeres Magnetfeld übt eine Kraft auf die Ladungsträger aus, so dass eine Kopplung von P. und Magnetfeld besteht.

Erfolgt durch äußere Einflüsse eine Trennung der positiven und negativen Ladungsträger, wirkt die elektrische Anziehung dem entgegen, wodurch **Plasmaschwingungen** angeregt werden können. Durch die periodische Beschleunigung der Ladungsträger wird eine elektromagnetische Strahlung emittiert, deren charakteristische Wellenlänge mit der Anzahldichte der Elektronen zunimmt. Umgekehrt wird Strahlung mit Wellenlängen größer als die charakteristische vom P. absorbiert.

Die im Weltall existierenden Gase wie das interstellare, das im Sterninnern sowie in den Sternatmosphären vorhandene Gas sind mindestens teilweise ionisiert, sie bilden und reagieren wie ein P.

Plasmaschwingungen, → Plasma.
Platonisches Jahr, die Umlaufperiode des Frühlingspunkts, etwa 25 700 Jahre; → Präzession.
Plattenphotometer, → Photometer.
Pleione, *Pleone* f, Stern in den → Plejaden mit einer scheinbaren visuellen Helligkeit von 5^m, der Spektralklasse B9 und der Leuchtkraftklasse V.
Plejaden, *Plur.*, **Siebengestirn**, *M 45*, auffälliger, mit bloßem Auge sichtbarer Offener Sternhaufen im Sternbild Taurus (Stier). Trotz des Namens können mit bloßem Auge sechs Sterne heller als 5^m oder neun heller als 6^m gesehen werden. Im inneren Haufenbereich tragen die helleren Sterne Eigennamen (Abb.), hinsichtlich der Lage der P. im Sternbild Taurus → Taurus. Die Gesamtzahl der Mitgliedsterne des Plejadenhaufens beläuft sich auf rund 300, die am Himmel über ein Gebiet von

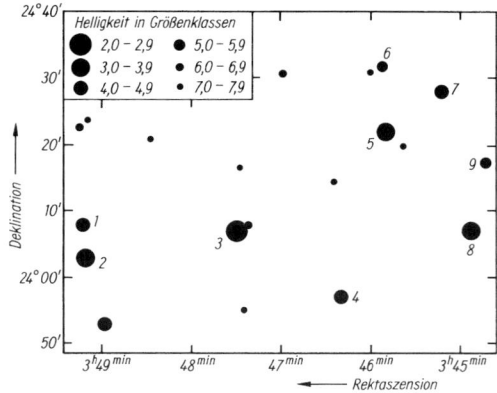

Karte des inneren Teils der Plejaden. 1: Pleione; 2: Atlas; 3: Alkyone; 4: Merope; 5: Maja; 6: Asterope; 7: Taygeta; 8: Electra; 9: Celaeno

etwa 2° Durchmesser verteilt sind. Der räumliche Durchmesser des Sternhaufens beträgt rund 10 pc, die Sonnenentfernung des Haufenzentrums etwa 120 pc und das Alter rund 100 Mio. Jahre. Der Haufen erscheint am Himmel in interstellare Materie eingebettet, die auf langbelichteten Aufnahmen als ein zarter heller Nebelschleier um die hellsten Plejadensterne in Erscheinung tritt (Abb. → interstellarer Staub). Die Materie steht in keinem kosmogonischen Zusammenhang mit dem Haufen, der Nebelschleier ist im Wesentlichen an interstellaren Staubteilchen gestreutes Sternlicht. Die P. wurden früher oft als selbständiges Sternbild angesehen.

Pleone *f*, svw. Pleione.

Pluto *m*, ein Zwergplanet. Der P. bewegt sich mit einer mittleren Geschwindigkeit von 4,75 km/s auf einer elliptischen Bahn mit der großen Halbachse von 39,80 AE und der Exzentrizität von 0,254 rechtläufig um die Sonne. Die Bahnebene ist 17,1° gegen die Ekliptikebene geneigt. Zwischen den Umlaufzeiten von P. und Neptun besteht eine 2:3-Resonanz, d. h. während der P. zwei Sonnenumläufe ausführt, vollendet der Neptun drei, wodurch enge Begegnungen ausgeschlossen sind. Die scheinbare Helligkeit des P. beträgt maximal 14,9. Bei Beobachtungen selbst mit größeren erdgebundenen Teleskopen erscheint er nahezu punktförmig. Infolge der gravitativen Einflüsse der anderen Planeten ist die Plutobahn dynamisch instabil, im mathematischen Sinn chaotisch, die Bahnelemente verändern sich langfristig in nicht voraussagbarer Weise.

Durchmesser, Masse, Rotation. Der Durchmesser beläuft sich auf 2 390 km (rund 69% des Monddurchmessers), die Masse auf ein $1,24 \cdot 10^{22}$ kg (rund 0,20% der Erdmasse), die mittlere Dichte auf etwa 1,7 g/cm^3. Die Rotationsperiode beträgt 6,387 Tage und stimmt mit der Umlaufperiode seines Satelliten Charon überein. Die Äquatorebene ist etwa 94° gegen die Bahnebene geneigt, die Rotation des P. ist damit rückläufig.

Atmosphäre. Die Atmosphäre des P. besteht hauptsächlich aus Stickstoff sowie geringen Mengen von Methan, Kohlenmonoxid und Äthan, der Atmosphärendruck an der Oberfläche beträgt rund 1/100 000 des Atmosphärendrucks an der Erdoberfläche. Die Plutooberfläche ist bei einer Temperatur von rund −230 °C zum größten Teil mit gefrorenem Stickstoff und wahrscheinlich mit geringen Mengen anderer gefrorener Atmosphärenbestandteile bedeckt, worauf die hohe mittlere Albedo von etwa 0,60 zurückzuführen ist. Die Äquatorregion ist relativ dunkel, die Nordpolkappe relativ hell, was durch eine ungleichmäßige Bedeckung mit gefrorenen Niederschlägen verursacht sein dürfte. Seiner mittleren Dichte entsprechend besteht der P. vermutlich aus einem Gesteinskern mit einem Radius in der Größenordnung von 800 km, der von einem Mantel hauptsächlich aus Wassereis umgeben ist, das an der Oberfläche aber nicht nachgewiesen wurde.

Der P. hat einen großen Satelliten, den → Charon, sowie die kleineren → Hydra und → Nix, deren Bahnen noch nicht sicher bekannt sind.

Möglicherweise sind der P. und seine Satelliten die Reste eines größeren Körpers, der bei einer Kollision mit einem anderen Himmelskörper zerstört wurde.

Der P. wurde am 18.02.1930 von C. W. Tombaugh (1906–1997) entdeckt und galt bis 2006 als neunter Planet. Wegen der Besonderheiten hinsichtlich Größe und Masse im Vergleich zu den übrigen Planeten sowie seinen Bahneigenschaften wird er jetzt zu den Transneptunobjekten gezählt (→ Planetoid).

Pogson'sche Helligkeitsskala [benannt nach dem engl. Astronomen N. R. Pogson, 1829–1891], → Helligkeit.

Pol, der Lage nach ausgezeichneter Punkt. In der Astronomie *1)* einer der Durchstoßpunkte der Rotationsachse eines Himmelskörpers durch dessen Oberfläche (*Rotationspol*);

2) einer der Durchstoßpunkte der verlängert gedachten Rotationsachse bzw. Bewegungsachse eines Himmelskörpers durch die Himmelskugel.

Der Rotationsnordpol eines Himmelskörpers ist der P., von dem aus gesehen die Rotation entgegen dem Uhrzeigersinn erfolgt. Die *Himmelspole* sind die Durchstoßpunkte der verlängert gedachten Erdachse durch die Himmelskugel. Der Himmelsnordpol liegt dem Erdnordpol gegenüber. Die *P.e der Ekliptik* bzw. die *galaktischen P.e* sind die Punkte, in denen die Umlaufachse der Erde um die Sonne bzw. die Umlaufachse der Körper des Milchstraßensystems um das galaktische Zentrum die Himmelskugel durchstoßen. Die beiden Nordpole liegen in derjenigen durch den Himmelsäquator begrenzten Himmelshalbkugel, in der sich der Himmelsnordpol befindet.

Polachse, → Fernrohr.

Polarimetrie, Photometrie zur Bestimmung der Polarisation einer Strahlung (→ Photometrie).

Polaris, der → Polarstern.

Polarisation, spezieller Schwingungszustand einer transversalen, insbesondere einer elektromagnetischen Welle. Die von einer Quelle ausgesandte elektromagnetische Strahlung ist normalerweise unpolarisiert, keine zur Ausbreitungsrichtung senkrechte Schwingungsrichtung ist ausgezeichnet bei polarisierter Strahlung ist eine Schwingungsrichtung bevorzugt. Die sie und die Ausbreitungsrichtung definierende Ebene ist die Schwingungsebene, sie enthält den elektrischen Feldvektor, die dazu senkrechte ist die *Polarisationsebene*, sie enthält den magnetischen Feldvektor. Bei linearer P. schwingt die Welle in einer einzigen Richtung, was u. a. bei der Synchrotronstrahlung der Fall ist. Elliptisch oder zirkular polarisierte Strahlung entsteht durch die Überlagerung zweier unterschiedlicher Polarisationsrichtungen, die sich mit konstanter Winkelgeschwindigkeit um die Ausbreitungsrichtung drehen. Durch Absorption, Streuung oder Reflexion kann zunächst unpolarisierte Strahlung in teilweise polarisierte verwandelt werden. Der *Polarisationsgrad* gibt den Anteil polarisierter Strahlung in einem Strahlungsgemisch an (→ Photometrie).

Polarisationsfilter, optische Anordnung, die eintretendes Licht durch Doppelbrechung in zwei senkrecht zueinander polarisierte Lichtbündel zerlegt, von denen ein Bündel unterdrückt wird.

Polarlicht, *Nordlicht* (*Aurora Borealis*), *Südlicht* (*Aurora Australis*), vorwiegend in den Polargebieten der Erde auftretende optische Leuchterscheinung der Erd-

Polarnacht

atmosphäre. P.er beschränken sich im Allg. auf rund 5° breite ringförmige Ovale (Polarlichtovale), die auf der jeweiligen Tagseite der Erde etwa 12°, auf der Nachtseite etwa 22° von den geomagnetischen Polen entfernt sind. Infolge der Erdrotation verschieben sich die Ovale, so dass P.er im Laufe eines Tages in einem großen Gebiet um die geographischen Pole sichtbar sind, Nordlichter gelegentlich auch im Mittelmeergebiet.

P.er treten als ruhig leuchtende oder in der Helligkeit pulsierende Bögen und Flächen oder in ihrer Intensität und Stellung rasch wechselnde, etwa 10 bis 50 km breite und z. T. sehr lange, konvergierende Strahlen (*Nordlichtkrone*) in Erscheinung. Das Spektrum besteht aus Emissionslinien von neutralen und ionisierten Atomen und Molekülen der Hochatmosphäre, u. a. vom Sauerstoff, Stickstoff und Natrium. Die intensivsten sind die *Nordlichtlinien*, „verbotene" Linien (→ Spektrum) des Sauerstoffs mit den Wellenlängen 558 nm (grüne Linie) sowie 630 und 636 nm (rote Linien), wodurch P.er meist grünlich oder rötlich erscheinen. Gelegentlich sind Wasserstofflinien der → Balmer-Serie vorhanden. P.er treten in Höhen zwischen etwa 100 und 300 km auf. Die Strahlen haben im Mittel eine Länge von rund 150 km, sie reichen z. T. bis in Höhen von 800 bis 1 000 km und aus dem Erdschatten hinaus, sie erscheinen dann als sonnenbeschienene P.er.

P.er werden durch den → Sonnenwind verursacht. Bei dessen Wechselwirkung mit dem Magnetfeld der äußeren → Erdmagnetosphäre werden im Bereich der Polarlichtovale Ringströme induziert. Die in den Strömen fließenden energiereichen Elektronen regen Atome der Hochatmosphäre durch Stoß zum Leuchten an. Die Ringströme und die P.er sind permanente Erscheinungen, die am Tag aber durch den hellen Himmelshintergrund überstrahlt werden. In Zeiten eines sehr intensiven Sonnenwindes bewirken die Teilchen eine Verbreiterung der Polarlichtovale und eine hohe Polarlichtaktivität, die z. T. mit erdmagnetischen Störungen gekoppelt sind. Die Häufigkeit dieser Erscheinungen variiert mit der Sonnenfleckenperiode (→ solar-terrestrische Erscheinungen). P.er sind eine der eindrucksvollsten Manifestationen des Erdmagnetfeldes.

Polarnacht, die Zeit, während der für einen Ort mit einer geographischen Breite größer als 66,5° oder kleiner als −66,5° die Sonne länger als 24 Stunden nicht über dem Horizont erscheint. Diese im Winter auftretende Erscheinung entspricht im Sommer der *Polartag*, die Zeit, während der für diese Orte die Sonne länger als 24 Stunden über dem Horizont sichtbar ist. P. und Polartag sind durch die Neigung der Erdachse gegen die Ebene der Ekliptik bedingt (→ Erde). Die Dauer der P. bzw. des Polartags ist abhängig vom Polabstand des Beobachtungsorts. Für Orte auf den Polarkreisen d. h. der geographischen Breite 66,5° bzw. −66,5°, dauert die P. bzw. der Polartag einen Tag, an den Polen ein halbes Jahr. Infolge der Refraktion des Sonnenlichts in der Erdatmosphäre ist die Zeitdauer etwas kürzer als die Achsneigung erwarten lässt.

Polarstern, *Nordstern*, *(Stella) Polaris*, α *Ursae Minoris*, der hellste Stern im Sternbild Ursa Minor (Kleiner Bär) mit einer mittleren scheinbaren visuellen Helligkeit von $1\overset{m}{.}97$, der Spektralklasse F7 und der Leuchtkraftklasse I. Als Überriese hat er einen Durchmesser von etwa 50 Sonnendurchmessern und eine Leuchtkraft von rund 5 000 Sonnenleuchtkräften. Die Sonnenentfernung beträgt 132 pc oder 431 Lichtjahre.

Der P. ist ein Pulsationsveränderlicher vom Typ der → Delta-Cephei-Sterne, seine visuelle Helligkeit schwankt mit einer Periode von 3,97 Tagen und einer Amplitude von 0,03 mag. Die Helligkeitsamplitude sowie die maximalen Expansions- und Kontraktionsgeschwindigkeiten nehmen seit etwa 1980 sehr langsam ab. Der P. ist die Hauptkomponente eines spektroskopischen Doppelsterns, der mit einem $9\overset{m}{.}0$ hellen Hauptreihenstern der Spektralklasse F2 einen visuellen Doppelstern mit einem Komponentenabstand von 18″ bildet.

Der Abstand des P.s vom Himmelsnordpol beträgt nur etwa 45′, so dass mit seiner Hilfe die Nordrichtung bestimmt werden kann (→ Orientierung nach Gestirnen). Infolge der → Präzession verschiebt sich die Lage des Himmelspols relativ zu den benachbarten Sternen, wodurch sich der Abstand des P.s vom Himmelsnordpol bis zum Jahr 2100 auf 28′ verringert (Abb. → Präzession).

Polarstrahlen, während des Sonnenfleckenminimums sichtbare Koronastrahlen in den Polgebieten der Sonne.

Polartag, → Polarnacht.

Poldistanz, Winkelabstand eines Gestirns vom Nordpol des verwendeten Koordinatensystems (→ Koordinaten).

Poleffekt, *Breiteneffekt*, die Abnahme der Intensität der Kosmischen Strahlung mit wachsendem Abstand von den geomagnetischen Polen (→ Kosmische Strahlung).

Polhöhe, Winkelabstand des Himmelsnordpols vom Horizont des Beobachtungsorts. Die P. ist gleich der geographischen Breite des Beobachtungsorts.

Die P. unterliegt einer teils irregulären, teils periodischen Schwankung um einen Mittelwert; die Periode der Schwankung, die *Chandler'sche Periode* [benannt nach dem amerikan. Astronomen S. C. Chandler, 1846–1913], beträgt etwa 415 bis 433 Tage, die Amplitude weniger als 0,35″. Die *Polhöhenschwankung* wird durch die Rotation der Erde verursacht, die einen Kreisel darstellt, dessen Symmetrieachse nicht mit der Rotationsachse zusammenfällt. Die Rotationsachse verlagert sich im Erdkörper, was zu geringen Verschiebungen der beiden Himmelspole, den Durchstoßpunkten der Rotationsachse durch die Himmelskugel, führt. Bei einer vollkommen starren Erde hätte die Polhöhenschwankung eine Periode von etwa 304 Tagen, die längere Periode ist das Ergebnis der Deformierbarkeit des Erdkörpers. Ihr ist eine nicht sehr deutlich ausgeprägte einjährige Periode überlagert, die wahrscheinlich auf jahreszeitlich bedingte Verlagerungen atmosphärischer Hoch- und Tiefdruckgebiete sowie auf wechselnde Eis- und Schneebedeckungen der Polargebiete zurückgeht. Irreguläre Schwankungen werden z. T. durch zufällige Massenverlagerungen im Erdkörper, z. B. bei tektonischen Plattenverschiebungen in der Erdkruste, verursacht.

Die Verlagerung der Rotationsachse im Erdkörper ist mit der Verschiebung der geographischen Pole verbunden (*Polwanderung*). Die Polabweichungen von der mittleren Lage betragen nicht mehr als 20 m (Abb.), wovon etwa 6 m durch Massenverlagerungen im Erdkörper, etwa 3 m durch jahreszeitliche Einflüsse, der Rest durch andere Störungen bedingt sind. Neben kontinuierlichen Polverlagerungen treten Polversetzungen von einigen Metern auf, die mit schweren Erdbeben, damit Massenverlagerungen im Erdkörper korrelieren. Es scheint weiterhin eine säkulare Poldrift von etwa 11 cm pro Jahr in Richtung des 45. westlichen Längenkreises zu existieren, die möglicherweise durch langfristige Massenverlagerungen im Erdmantel infolge von Plattenverschiebungen verursacht ist. Die Lage der geographischen Pole kann mit Hilfe von Radiointerferometern großer Basislängen bis auf etwa 5 cm genau bestimmt werden, mittels Laser-Entfernungsmessungen spezieller Erdsatelliten von verschiedenen Beobachtungsorten aus bis auf etwa 1 cm.

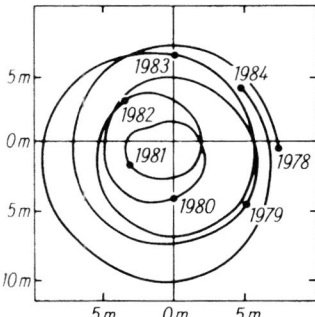

Polwanderung von 1978 bis 1984, Weg des Durchstoßpunktes der Erdrotationsachse durch die Erdoberfläche, bezogen auf einen willkürlichen Nullpunkt

Die Überwachung der Polschwankung erfolgt innerhalb des *Internationalen Erdrotationsdienstes*. Die Polhöhenschwankung wurde 1885 von F. Küstner (1856–1936) entdeckt.

Polhöhenschwankung, → Polhöhe.
Polkappen, auffallend helle Gebiete in den Polregionen erdartiger Himmelskörper des Sonnensystems, u. a. des Mars.
Pollux *m*, β *Geminorum*, der hellste Stern im Sternbild Gemini (Zwillinge) mit einer scheinbaren visuellen Helligkeit von 1^m15, der Spektralklasse K0 und der Leuchtkraftklasse IIIb. Seine Masse beträgt 1,86 Sonnenmassen, sein Radius 8,8 Sonnenradien, die Entfernung von der Sonne 10,3 pc oder 35 Lichtjahre. Der P. wird von einem Planeten mit einer Masse von mindestens 2,9 Jupitermassen auf einer elliptischen Bahn mit einer großen Halbachse von 1,69 AE und der Exzentrizität 0,02 in 589,6 Tagen umlaufen.
Polsequenz, *internationale Polsequenz*, *Nordpolarsequenz*, Auswahl von etwa 330 Sternen in der Umgebung des nördlichen Himmelspols mit sehr genau bestimmten Helligkeiten. Die P. dient als eine Standardsequenz zur Festlegung der Helligkeitsskala in Größenklassen. Die P. überdeckt den Helligkeitsbereich von etwa 2^m bis 17^m (→ Helligkeit).
Polwanderung, → Polhöhe.
Polydeuces *m*, ein Satellit des Saturn.
Hinsichtlich der Einordnung des P. in das System der Saturnsatelliten → Saturn.
Population, *Sternpopulation*, Gruppe von Objekten mit etwa gleichem Alter, anfänglich ähnlicher chemischer Zusammensetzung sowie ähnlicher räumlicher Anordnung und ähnlichen Bewegungsverhältnissen in Sternsystemen, speziell im Milchstraßensystem. Es werden fünf P.en unterschieden.
Die *Halopopulation* oder *extreme P. II* wird von Kugelsternhaufen, Unterzwergen und → RR-Lyrae-Sternen mit Perioden größer als 0,4 Tage gebildet. Die Populationsmitglieder verteilen sich auf einen nahezu sphärischen Raum und bewegen sich auf langgestreckten elliptischen Bahnen um das galaktische Zentrum, deren Neigungen gegenüber der galaktischen Ebene regellos verteilt sind, so dass die Populationsmitglieder im Mittel eine hohe Geschwindigkeitskomponente senkrecht zur galaktischen Ebene haben, außerdem sind sie stark zum galaktischen Zentrum hin konzentriert, kommen aber auch in großem Abstand von der galaktischen Ebene vor.
Hauptvertreter der *Zwischenpopulation II* sind Schnellläufer mit Geschwindigkeiten größer als 30 km/s senkrecht zur Milchstraßenebene sowie langperiodische Veränderliche mit Perioden kleiner als 250 Tage und einer Spektralklasse früher als M5.
Die *Scheibenpopulation* bilden die Zentralsterne Planetarischer Nebel, Novae, RR-Lyrae-Sterne mit Perioden kürzer als 0,4 Tage sowie die meisten Sterne vom Spektraltyp F bis M, damit der weitaus größte Teil der Sterne im Milchstraßensystem, speziell auch im galaktischen Zentralgebiet. Die Scheibenpopulation ist das sternreichste galaktische Untersystem, es nimmt ein diskusähnliches Volumen ein, dessen Durchmesser in der Symmetrieebene nahezu gleich dem der Halopopulation, senkrecht dazu jedoch wesentlich kleiner ist (→ Milchstraßensystem). Zur Scheibenpopulation gehören auch die Sterne mit relativ schwachen Metalllinien im Spektrum.
Sterne mit relativ starken Metalllinien wie die Sonne und die Sterne der Spektralklasse A bilden die *ältere P. I*.
Zur *extremen P. I* oder *Spiralarmpopulation* gehören die Mitglieder der Spiralarme, damit O- und B-Sterne, Überriesen, → Delta-Cephei-Sterne, → T-Tauri-Sterne, junge Offene Sternhaufen und Sternassoziationen sowie die interstellare Materie. Die Mitglieder der extremen P. I bewegen sich auf kreisähnlichen Bahnen um das galaktische Zentrum nahe der Milchstraßenebene, sie bilden das am stärksten gegen die galaktische Ebene konzentrierte galaktische Untersystem mit einer nur schwachen Konzentration zum galaktischen Zentrum.
Die von der Halopopulation bis hin zur Spiralarmpopulation steigende Konzentration gegen die Ebene des Milchstraßensystems spiegelt sich in der Abnahme des mittleren Abstandes der Populationsmitglieder von der galaktischen Ebene sowie der Abnahme der mittleren

Population

Geschwindigkeit senkrecht zu ihr wider. Die P.en durchdringen sich, nahe der galaktischen Ebene existieren Mitglieder aller P.en.

Die Mitglieder der Halopopulation sind die ältesten beobachteten Objekte im Milchstraßensystem, die Mitglieder der Spiralarmpopulation die jüngsten, doch sind Altersangaben für Einzelobjekte schwierig und, wenn überhaupt, nur indirekt möglich. Innerhalb einer P. gibt es eine breite Altersstreuung und zwischen den P.en Überschneidungen. Das mittlere Alter der Sterne einer P. ist korreliert mit der mittleren chemischen Zusammensetzung der Sterne bei ihrer Bildung. Bei Sternen einer älteren P. ist der Massenanteil der Elemente schwerer als Helium, in der Astronomie zusammenfassend als „Metalle" bezeichnet, im Mittel geringer als bei den Objekten einer jüngeren P. Innerhalb einer P. bestehen merkliche Differenzen im Metallgehalt und zwischen den P.en fließende Übergänge. Die Unterschiede in der räumlichen Anordnung der P.en, im dynamischen Verhalten sowie im Metallgehalt sind Folge der bei der Entstehung des Milchstraßensystems und seiner späteren Entwicklung abgelaufenen dynamischen und chemischen Prozesse (→ Milchstraßensystem; → Kosmogonie). Infolge der unterschiedlichen Geschwindigkeiten dieser Prozesse ist eine scharfe Trennung zwischen den P.en nicht zu erwarten.

Z. T. wird die Existenz einer *Population III* angenommen, in der die Sterne der ersten Generation im Milchstraßensystem zusammengefaßt werden, sie würde ein räumlich ausgedehnteres Untersystem als die Halopopulation bilden. Wegen des angenommenen hohen Alters der P. hätten sich die meisten Sterne zu Weißen Zwergen, Neutronensternen oder Schwarzen Löchern entwickelt (→ Sternentwicklung) und wären gegenwärtig sehr leuchtkraftarm. Bisher wurden noch keine Mitglieder einer derartigen P. definitiv identifiziert, was durch die extrem geringe Entdeckungswahrscheinlichkeit bedingt sein kann.

Das unterschiedliche Alter der Sterne der Spiralarm- und der Halopopulation spiegelt sich in der Verteilung der Bildpunkte im → Hertzsprung-Russell-Diagramm bzw. Farben-Helligkeits-Diagramm wider. Die Bildpunkte der Sterne der Spiralarmpopulation, z. B. der Sterne in jungen Offenen Sternhaufen, markieren die Hauptreihe von den M-Sternen bis zu den B- und O-Sternen. Die Bildpunkte der Sterne der Halopopulation, z. B. der Sterne in Kugelsternhaufen, liegen auf der Hauptreihe von den M- nur bis etwa zu den F0-Sternen. Sie bilden dann einen etwa bei diesem Spektraltyp von der Hauptreihe abbiegenden Streifen, der in den Riesenast der Halopopulation übergeht (Abb. → Offene Sternhaufen). Er ist gegenüber dem Riesenast der Spiralarmpopulation etwas versetzt, zudem zweigt von ihm etwa beim Spektraltyp G0 ein horizontaler Ast ab, auf dem die Bildpunkte der RR-Lyrae-Sterne liegen. Das unterschiedliche Aussehen der Hertzsprung-Russell-Diagramme wird im Rahmen der Theorie der → Sternentwicklung gedeutet.

Geschichtliches. Das unterschiedliche Aussehen der Farben-Helligkeits-Diagramme war Anlass für die

Charakteristika der Populationen

Halopopulation	Zwischen- population II	Scheiben- population	ältere Population I	extreme Population I
	Hauptvertreter:			
Kugelsternhaufen	Schnelläufer mit $v_z > 30$ km/s	Zentralsterne Planetarischer Nebel	A-Sterne	O- und B-Sterne
Unterzwerge		Novae	Sterne mit starken Metallinien	Überriesen
RR-Lyrae-Sterne mit $P > 0{,}4$ Tage	Langperiodische Veränderliche mit $P < 250$ Tage und Spektralklasse früher als M5	RR-Lyrae-Sterne mit $P < 0{,}4$ Tage		Delta-Cephei- Sterne
		Sterne des galaktischen Zentral- gebiets		T-Tauri-Sterne
		Sterne mit schwachen Metall- linien		junge Offene Sternhaufen
				Sternassoziatio- nen
				Interstellare Materie
$|\bar{z}|$: 2 000 pc	700 pc	400 pc	150 pc	70 pc
v_z: 75 km/s	25 km/s	18 km/s	10 km/s	8 km/s
Konz.: stark	stark	stark	gering	keine
M/H: 0,01..0,1	0,01..0,1	0,03..0,3	0,3..1	1..3
T: 13..18	10..15	2..10	0,5..5,5	<0,5

P: Periode; $|\bar{z}|$: mittlere Entfernung von der galaktischen Ebene; v_z: mittlere Geschwindigkeit senkrecht zur galaktischen Ebene; Konz.: Konzentration zum galaktischen Zentrum; M/H: Massenverhältnis der Elemente schwerer als Helium zu Wasserstoff, bezogen auf die mittlere kosmische Elementenhäufigkeit; T: Alter in 10^9 Jahren

Einführung des Populationsbegriffs durch W. Baade (1893–1960). Die von ihm postulierte P. I entsprach dem Diagramm der Offenen Sternhaufen, die der P. II dem der Kugelsternhaufen. Die zwei ursprünglichen Baade'schen P.en wurden später in die jetzt gebräuchlichen fünf P.en unterteilt.

In Spiralgalaxien haben die P.en weitgehend die gleiche räumliche Anordnung wie im Milchstraßensystem. Die elliptischen Sternsysteme bestehen fast nur aus Vertretern der älteren P.en, während unregelmäßige Galaxien vorwiegend von Vertretern der jüngeren P.en gebildet werden (→ Sternsystem).

Pore, ein sehr kleiner → Sonnenfleck.

Portia *f*, ein Uranussatellit, der auf einer Kreisbahn mit einem Radius von 66 100 km in 12,31 Stunden den Uranus umläuft. Die Bahnebene ist 0,059° gegen dessen Äquatorebene geneigt. Der Durchmesser der P. beträgt etwa 135 km. Hinsichtlich der Einordnung der P. in das System der Uranussatelliten → Uranus.

Position eines Gestirns, svw. Ort eines Gestirns

Positionsastronomie, → Astrometrie.

Positionskatalog, ein Katalog von Sternen mit sehr genau bestimmten Örtern (Positionen).

Positionswinkel, der Winkel zwischen einer bestimmten Richtung an der Himmelskugel, z. B. der Verbindungslinie der Komponenten eines Doppelsterns, und der Richtung zum Himmelsnordpol. Der P. wird entgegengesetzt dem Uhrzeigersinn von Norden aus gezählt (Abb.).

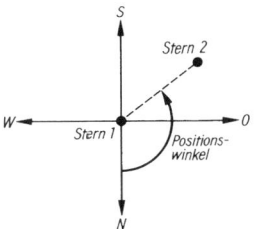

Zur Definition des Positionswinkels, gesehen im umkehrenden Fernrohr

Positron *n*, Antiteilchen des Elektrons, das sich von diesem nur durch seine entgegengesetzte Ladung unterscheidet. P.en entstehen u. a. beim inversen β-Zerfall radioaktiver Atomkerne (→ Betazerfall). Beim Stoß eines P.s mit einem Elektron erfolgt eine Paarvernichtung (→ Paarentstehung).

Postnova *f*, eine Nova nach dem Helligkeitsausbruch (→ Nova).

potentielle Energie, → Energie.

Poynting-Robertson-Effekt [benannt nach dem engl. Physiker J. H. Poynting, 1852–1914, und dem amerikan. Physiker H. P. Robertson, 1903–1961], das Phänomen, wonach kleine sich um die Sonne bewegende Teilchen infolge der Absorption von Sonnenstrahlung abgebremst werden, was zur allmählichen Annäherung an die Sonne führt. Die von der Sonne emittierten Lichtquanten tragen einen zu ihrer Energie proportionalen Impuls, der auf ein absorbierendes Teilchen übertragen wird. Infolge der Bahngeschwindigkeit der umlaufenden Partikeln und der endlichen Lichtgeschwindigkeit ergibt sich bei der Absorption ein Aberrationseffekt (→ Aberration). Der auf ein Teilchen übertragene Impuls hat außer einer von der Sonne weggerichteten radialen Komponente eine der Bewegung des Teilchens entgegengerichtete tangentiale, abbremsend wirkende Komponente. Je kleiner und masseärmer eine Partikel ist, umso größer ist das Verhältnis des tangentialen Impulses gegenüber dem Umlaufimpuls des Teilchens, umso schneller erfolgt die Abbremsung. Andererseits wächst mit abnehmendem Teilchenradius das Verhältnis des radialen Strahlungsdrucks zur gravitativen Anziehung durch die Sonne. Bei Teilchen größer als etwa 0,1 μm überwiegt die Abbremsung, die Teilchen spiralen in die Sonne. Bei kleineren Partikeln überwiegt der Strahlungsdruck, sie werden von der Sonne weggetrieben.

Die Zeit, in der ein 1 μm großes, in Erdentfernung die Sonne umlaufendes Teilchen bis zur Sonne gelangt, beträgt etwa 10 000 Jahre, für ein 1 cm großes Teilchen liegt sie in der Größenordnung von 20 Mio. Jahren.

PPI, PPII, PPIII [lies PP-eins, PP-zwei, PP-drei], Kernprozesse zur → Energiefreisetzung in Sternen.

P-P-Reaktion, ein Folge von Kernprozessen bei der → Energiefreisetzung in Sternen.

p-Prozess, → Elementenentstehung.

Praenova *f*, eine Nova vor dem Helligkeitsausbruch (→ Nova).

Praesepe *f*, *Krippe*, ein mit bloßem Auge sichtbarer Offener Sternhaufen im Sternbild Cancer (Krebs), dem rund 100 Sterne angehören. Seine Entfernung von der Sonne beträgt etwa 160 pc oder 520 Lichtjahre.

Praxidike *f*, ein Satellit des Jupiter, ein Zwergsatellit. Hinsichtlich der Einordnung der P. in das System der Jupitersatelliten → Jupiter.

Präzession, die durch eine äußere Kraft verursachte Bewegung der Achse eines Kreisels um eine im Raum feststehend gedachte Achse; in der Astronomie insbesondere die infolge von Kreiseleffekten auf die rotierende und die Sonne umlaufende Erde verursachte Verschiebung des Frühlingspunktes längs der Ekliptik.

Die rotierende Erde stellt einen Kreisel dar, der aus einer Kugel mit einem den Äquator umspannenden aufgesetzten Wulst besteht. Da die Äquatorebene der Erde rund 23° 26' (Schiefe der Ekliptik) gegen die Ebene der Ekliptik geneigt ist, übt die Anziehungskraft von Sonne und Mond, die sich immer in oder nahe der Ekliptik befinden, auf den Äquatorwulst ein Drehmoment aus, das die Äquatorebene in die Ebene der Ekliptik zu drehen versucht. Den Kreiselgesetzen entsprechend weicht die Rotationsachse der Erde dem Drehmoment rechtwinklig aus. Die Rotationsachse bewegt sich auf dem Mantel eines Doppelkegels (*Präzessionskegel*), dessen Spitze im Erdmittelpunkt ruht und dessen Symmetrieachse senkrecht auf der Ebene der Ekliptik steht und zum Pol der Ekliptik weist (→ Abb. 1). Der halbe Öffnungswinkel des Kegels ist gleich der Schiefe der Ekliptik. Mit der Verlagerung der Rotationsachse verlagert sich die Äquatorebene der Erde und damit der Himmelsäquator, demzufolge verschieben sich Frühlings- und Herbstpunkt, die Schnittpunkte von Himmelsäquator und

Präzession

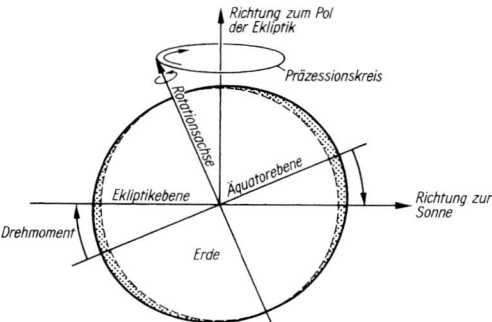

Abb. 1: Zur Präzession. Punktiert: Äquatorwulst der Erde

Ekliptik. Die Verschiebung erfolgt entgegengesetzt der scheinbaren jährlichen Bewegung der Sonne. Die durch Mond und Sonne verursachte Wanderung längs der Ekliptik wird als *P. des Äquators (Lunisolarpräzession)* bezeichnet. Sie beträgt etwa 50,39″ pro Jahr, wovon rund 30″ vom Mond verursacht werden. Die Verschiebung ist um die relativistisch bedingte sog. *geodätische P.* reduziert, die aber nur etwa 0,02″ pro Jahr beträgt. Ein voller Umlauf des Frühlingspunktes längs der Ekliptik dauert rund 25 700 Jahre, ein *Platonisches Jahr*.

Wegen der Exzentrizität von Erd- und Mondbahn sowie der Neigung der Mondbahn gegenüber der Ekliptik variieren die von Sonne und Mond auf die Erde ausgeübten Kräfte. Die dadurch bewirkten periodischen Schwankungen der P. bilden die **Nutation**; der Mantel des Präzessionskegels ist dadurch nicht glatt, sondern leicht „gewellt". Das vom Mond bewirkte Drehmoment ist am größten, wenn der Mond 90° von seinem aufsteigenden Knoten entfernt ist und dieser mit dem Frühlingspunkt zusammenfällt. Der Winkelabstand des Mondes vom Himmelsäquator ist dann gleich der Schiefe der Ekliptik plus der Neigung der Mondbahnebene gegen die Ebene der Ekliptik. Infolge der langsamen Rückwärtsdrehung der Knotenlinie des Monds längs der Mondbahn (→ Mondbewegung) erreicht der Mond alle 18,6 Jahre (Umlaufperiode der Knotenlinie) diese extreme Lage. Der wahre Frühlingspunkt pendelt mit dieser Periode um einen mit konstanter Winkelgeschwindigkeit sich bewegenden mittleren Frühlingspunkt; der größte Abstand des wahren Frühlingspunkts vom mittleren beträgt 17,24″.

Auch die die Sonne umlaufende Erde kann als ein Kreisel aufgefasst werden, bei dem die Masse der Erde gleichmäßig längs ihrer Bahn verteilt ist. Die Erdbahnebene ist gegen die Bahnebenen der die Sonne umlaufenden Planeten geneigt, wodurch diese auf den Erdbahnkreisel ein Drehmoment ausüben, das die Erdbahnebene in die Hauptebene der Planetenbahnen zu drehen versucht. Die Kreiselachse geht durch den Sonnenmittelpunkt und steht senkrecht auf der Erdbahnebene, sie wird durch dieses Drehmoment zu einer Ausweichbewegung gezwungen, die zur Verlagerung der Erdbahnebene, damit der Ekliptik führt. Bei festliegend gedachtem Himmelsäquator ergibt sich eine Verschiebung des Frühlingspunkts längs des Himmelsäquators, die *P. der Ekliptik (Planetenpräzession)* zu etwa 0,11″ je Jahr. Gleichzeitig verändert sich die Schiefe der Ekliptik, die gegenwärtig um rund 0,47″ pro Jahr abnimmt, wozu hauptsächlich Venus und Jupiter mit 0,29″ bzw. 0,16″ pro Jahr beitragen. Die Änderung der Schiefe der Ekliptik ist langfristig periodisch. Sie variiert innerhalb von rund 40 000 Jahren zwischen den Extremwerten 21° 55′ und 24° 18′.

Die P. des Äquators und die P. der Ekliptik zusammen ergeben die *allgemeine P.*, die effektive Verschiebung des Frühlingspunktes längs der sich verlagernden Ekliptik. Da die Einzelverschiebungen nicht in gleicher Richtung erfolgen, beträgt die allgemeine P. nur etwa 50,29″ pro Jahr. Der Quotient von P. des Äquators und $\cos \varepsilon$, wobei ε die Schiefe der Ekliptik bedeutet, ist die sog. *Präzessionskonstante*.

Die numerischen Werte der Lunisolarpräzession, der Nutation sowie der Änderung der Schiefe der Ekliptik müssen im Rahmen der Astrometrie empirisch ermittelt werden. Eine theoretische Bestimmung wäre nur dann möglich, wenn die das Drehmoment wesentlich bestimmende Masseverteilung im Erdkörper exakt bekannt wäre.

Im System der sog. astronomischen Konstanten (→ Astrometrie) gehören die allgemeine P., die Schiefe der Ekliptik und die Nutationskonstante zu den primären Konstanten. Ihre Zahlenwerte wurden auf Grund langjähriger Beobachtungen für die Standardepoche 2000,0 festgelegt. Die allgemeine P. beträgt in Länge, d. h. die Änderung der ekliptikalen Länge des Frühlingspunktes, 5 029,09″ pro Julianisches Jahrhundert, d. h. pro 36 525 Tage, die Schiefe der Ekliptik 23° 26′ 21,45″ und die Nutationskonstante 9,20″. Die entsprechenden Größen für andere Epochen können mittels einfacher Formeln daraus berechnet werden.

Äquatorebene und Ekliptikebene sind Grundebenen astronomischer Koordinatensysteme, der Frühlingspunkt ist der Nullpunkt der Rektaszensionszählung (→ Koordinaten). P. und Nutation verursachen dadurch Koordinatenänderungen der Himmelskörper (→ Ort eines Gestirns). Die Verlagerung der Rotationsachse der Erde bedingt eine Verschiebung des Himmelspols, der Durchstoßpunkte der Achse durch die Himmelskugel relativ zu den Sternen, wodurch eine Änderung des Polabstands der Sterne, speziell der des jetzigen Polarsterns, verursacht wird. Zurzeit beträgt der Abstand etwa 45′ und wird bis zum Jahr 2100 auf etwa 28′ abnehmen (Abb. 2).

Die Verschiebung des Frühlingspunktes entgegengesetzt der scheinbaren jährlichen Sonnenbewegung bewirkt eine Verkürzung des tropischen Jahrs um rund 20 min 23 s gegenüber dem siderischen Jahr (→ Jahr).

Die P. wurde etwa 150 v. Chr. von Hipparch (um 190 bis 125 v. Chr.) beim Vergleich beobachteter Örter von Sternen mit den in einem rund 150 Jahre älteren Sternkatalog angegebenen Örtern entdeckt. Zur Zeit Hipparchs befand sich der Frühlingspunkt im Sternbild Aries (Widder), deshalb die Bezeichnung Widderpunkt, am Rande zum Sternbild Pisces (Fische). Seit dieser Zeit ist er in Rektaszension um rund 1 h 45 min gewandert und befindet sich gegenwärtig im Sternbild Pisces am Rande zum Sternbild Aquarius (Wassermann)

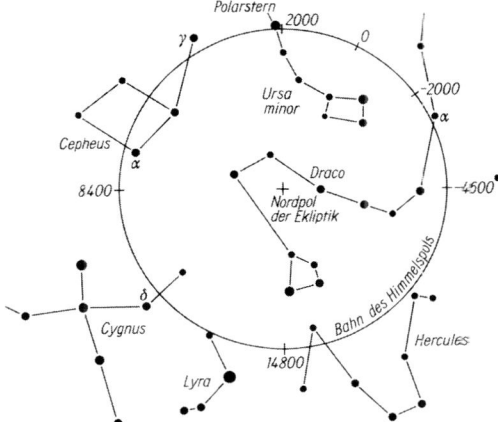

Abb. 2: Bahn des Himmelspols relativ zu den Sternen. Die Jahreszahlen beziehen sich auf den jeweiligen Ort des Pols

(→ Sternkarten Seite 418 und 420). Die Nutation wurde 1747 von J. Bradley (1692–1762) entdeckt.

Präzessionskonstante, → Präzession.

Primärfokus *m*, der Brennpunkt des Hauptspiegels eines Spiegelteleskops.

Primärstrahlung, → Kosmische Strahlung.

Prismenspektrograph *m*, → Spektralapparat.

Problème restreint, das eingeschränkte → Dreikörperproblem.

Procyon, *Prokyon m*, α *Canis Minoris*, der hellste Stern im Sternbild Canis Minor (Kleiner Hund), der vor Sirius, dem Hundsstern, aufgeht. Mit einer scheinbaren visuellen Helligkeit von $0^m\!\!.34$ gehört P. zu den hellsten Sternen am Himmel. Die Spektralklasse ist F5, die Leuchtkraftklasse IV–V. Mit einem sehr lichtschwachen Weißen Zwerg in einem Winkelabstand von etwa 4″ bildet P. einen visuellen Doppelstern. Die Entfernung von der Sonne beträgt 3,5 pc oder etwa 11 Lichtjahre.

Prometheus *m*, *1)* ein Saturnsatellit, der sich auf einer Ellipsenbahn mit der großen Halbachse von 139 400 km und der Exzentrizität von 0,002 in 14,71 Stunden rechtläufig um den Saturn bewegt, die Bahnebene liegt in dessen Äquatorebene. Infolge der gebundenen Rotation ist die Rotationsperiode des P. gleich der Umlaufzeit. Der P. ist ein unregelmäßig geformter Körper mit einem mittleren Durchmesser von 94 km. Die Masse beträgt $1{,}57 \cdot 10^{17}$ kg, die mittlere Dichte 0,36 g/cm³. Die Oberfläche ist durch eine Reihe von Rücken, Tälern und Kratern gekennzeichnet. Die relativ hohe Albedo von 0,6 sowie die geringe Dichte deuten auf Wassereis als hauptsächlichen Bestandteil des Oberflächenmaterials und eine sehr poröse Struktur hin.

Als innerer „Schäferhundsatellit" des F-Rings bewirkt er zusammen mit der Pandora dessen Stabilität.

Hinsichtlich der Einordnung des P. in das System der Saturnsatelliten → Saturn.

2) der Planetoid (1809).

Promontorium *n*, *Plur.* Promontoria, eine als Vorgebirge erscheinende Struktureinheit auf erdartigen Körpern des Planetensystems.

Prospero *m*, ein Satellit des Uranus. Hinsichtlich der Einordnung des P. in das System der Uranussatelliten → Uranus.

Proteus *m*, ein Neptunsatellit, der sich in einer Kreisbahn mit dem Radius von 117 647 km in 1,122 Tagen rechtläufig um den Neptun bewegt. Die Bahnebene ist 0,39° gegen dessen Äquatorebene geneigt. Der P. ist unregelmäßig geformt mit einem mittleren Durchmesser von 420 km. Er ist der größte bekannte, und möglicherweise größtmögliche, nicht kugelförmige erdartige Himmelskörper im Planetensystem.

Die Oberfläche ist durch Einschlagkrater gekennzeichnet, von denen der größte einen Durchmesser von fast dem halben Satellitendurchmesser hat. Die geringe Albedo von 0,06 geht möglicherweise auf die Oberfläche bedeckendes gefrorenes Methan zurück, das durch hochenergetische Teilchen der Neptunmagnetosphäre verändert ist. Infolge der geringen Albedo und der großen Nähe zum Neptun wird der P. von diesem so überstrahlt, dass er von der Erde aus nicht sichtbar ist.

Hinsichtlich der Einordnung des P. in das System der Neptunsatelliten → Neptun.

Der P. wurde 1989 mit Hilfe der Raumsonde Voyager 2 entdeckt.

Proton *n*, Elementarteilchen der Ruhmasse $1{,}6726 \cdot 10^{-27}$ kg und einer positiven elektrischen Ladung, die bis auf das Vorzeichen gleich der Elementarladung des Elektrons ist. P.en sind mit den nur sehr geringfügig massereicheren, elektrisch neutralen Neutronen die Bausteine der Atomkerne (→ Atom). Die Atomkerne des leichtesten Elements, des Wasserstoffs, bestehen aus einem einzigen P.

Proton-Proton-Reaktion, Folge von Kernprozessen zur → Energiefreisetzung in Sternen.

Protoplanet, großer Festkörper im sich bildenden Sonnensystem, der durch Anlagerung von weiterer Materie zu einem Planeten wird, → Kosmogonie.

Protostern, ein in einem hydrostatischen Quasi-Gleichgewicht sich befindender Bereich einer kollabierenden interstellaren Wolke, aus dem sich durch Kontraktion und Massenzunahme ein Stern bildet, → Sternentstehung.

Protuberanz *f*, feinstrukturierte Materiekonzentration in der inneren Sonnenkorona.

P.en sind bei totalen Sonnenfinsternissen als helle, rot leuchtende Strukturen am Sonnenrand sichtbar, wenn die rund 1 Mio. Mal heller strahlende Photosphäre vollständig vom Mond verdeckt ist. Außerhalb von Finsternissen sind P.en mit Hilfe von Koronographen (→ Sonnenbeobachtung) unter Verwendung spezieller, nur für das von P.en emittierte Licht durchlässiger Filter beobachtbar (Abb. 1). Auf die Sonnenscheibe projiziert erscheinen P.en als dunkle fadenähnliche Strukturen, die als „*Filamente*" bezeichnet werden. P.en nehmen wie alle Erscheinungen der Sonnenatmosphäre an der Sonnenrotation teil. Eine sehr langlebige P. kann zunächst am östlichen Sonnenrand als leuchtende Erscheinung auftauchen, sich als dunkles Filament mit der Sonnenrotation über die Sonnenscheibe bewegen, danach am westlichen Sonnenrand leuchtend erscheinen, hinter dem sie schließlich verschwindet. Der Vorgang kann sich z. T. einige Male wiederholen.

Protuberanz

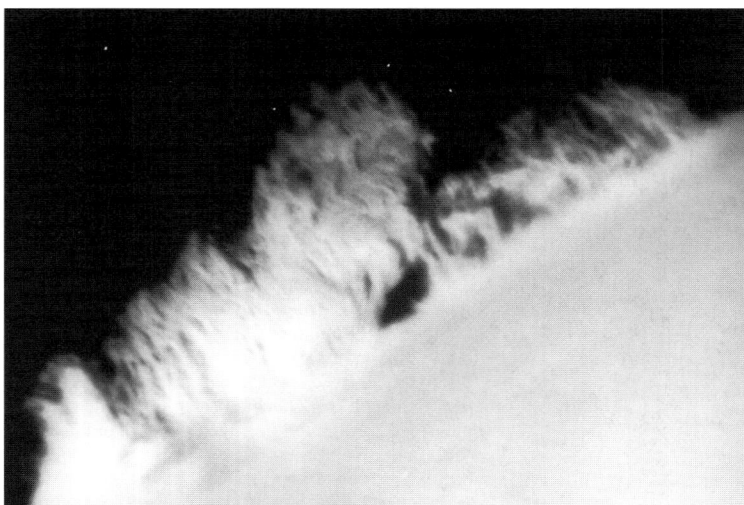

Abb. 1: Protuberanz

Bei P.en werden zwei Grundtypen unterschieden. ***Ruhende P.en*** sind sehr langlebig, sie können bis zu zehn Sonnenrotationsperioden, d. h. etwa 9 Monate überdauern. Die Formen sind außerordentlich vielgestaltig. Meist sind es langgestreckte dünne, hohe, lamellenartige Gebilde, die sich oft wie Brückenbögen über die Chromosphäre erheben, mit der sie durch mehrere „Pfeiler" verbunden sind. Im Mittel beträgt die Länge rund 200 000 km, kann aber auch 1 Mio. km erreichen, die Höhe liegt bei 15 000 bis 120 000 km, im Mittel bei etwa 50 000 km über der Photosphäre, die Dicke beträgt 4 000 bis 15 000 km, im Mittel rund 7 000 km. Bei ihrem Entstehen haben ruhende P.en im Wesentlichen eine Nord-Süd-Ausrichtung, werden aber infolge der differentiellen Rotation der Sonne langsam in Ost-West-Richtung gedreht. Indem zum Pol der Sonne neue Bögen hinzukommen, können sie sich um 100 000 km je Sonnenrotation verlängern. Die Auflösung beginnt meist am äquatornahen Ende der P. Die Feinstrukturen ruhender P.en sind meist in vielfältiger Weise veränderlich. An einzelnen Stellen verdichtet sich heißes Koronagas, kühlt rasch ab und fließt auf gekrümmten, durch magnetische Feldlinien vorgegebenen Bahnen in die Chromosphäre ab. Oftmals setzt plötzlich ein Aktivitätsstadium ein, in dem sich eine P. in wenigen Stunden vollkommen verändern, auch verschwinden kann. Wahrscheinlich wird dies durch eine umfassende Umstrukturierung des herrschenden Magnetfelds verursacht. Häufig sind derartige Aktivitäten mit dem Abströmen von Materie auf bogenförmigen Bahnen in Richtung zu „Anziehungszentren" in der Chromosphäre verbunden, eine P. scheint dabei langsam „abzuschmelzen". Vielfach erscheint nach einigen Tagen an gleicher Stelle wieder eine P. mit nahezu gleicher Grundstruktur. In Aktivitätsstadien erfolgt gelegentlich ein plötzlicher, fast explosionsartiger Aufstieg, eine ruhende P. geht dabei in eine ***aufsteigende*** oder ***eruptive P.*** über, die Höhen von bis zu 2 Mio. km über der Photosphäre erreichen kann (Abb. 2). Die Aufstiegsgeschwindigkeit von im Allg. etwa 100 km/s kann z. T. sprunghaft bis auf 1 000 km/s ansteigen. Die Aktivierung oder Zerstörung einer P. wird häufig durch eine in der Nähe erfolgende → Sonneneruption ausgelöst.

Ruhende P.en entstehen bevorzugt in wenig aktiven fleckenfreien Fackelgebieten der Sonne entlang der Grenzlinie von Regionen entgegengesetzter magnetischer Polarität (→ Sonne), häufig an Fußpunkten von Koronastrahlen. Das lokale Magnetfeld bildet das „Stützgerüst" einer P. und bestimmt weitgehend deren Struktur. Die eine P. bildende Materie ist ein Plasma, dessen geladene Teilchen an die magnetischen Feldlinien gekoppelt sind und sich nur längs der Feldlinien bewegen können (→ Plasma). Die Verdichtung des Koronagases zu einer P. findet allem Anschein nach an Stellen statt, an denen die die unterschiedlich gepolten Regionen verbindenden Feldlinien horizontal verlaufen. Das Magnetfeld bildet dort eine Art Tasche und hindert das Gas am Absinken in die Chromosphäre, wodurch an diesen Stellen eine langgezogene, senkrecht stehende blattähnliche Materiekonfiguration aus kühlem dichten Gas entstehen kann. Die Temperatur des Protuberanzengases liegt zwischen etwa 5 000 und 8 000 K, die Dichte zwischen rund 10^{10} und etwa 10^{11} Teilchen/cm^3. Gegenüber dem umgebenden Koronagas sind die Temperaturen um rund einen Faktor 100 geringer, die Dichten um etwa den gleichen Faktor größer.

Zu den ***aktiven P.en*** gehören die ***Fleckenprotuberanzen***, die sich über aktiven Regionen (→ Sonnenaktivität), bevorzugt über Sonnenflecken, bilden. Es sind vielfach dynamische Strukturen von Bögen und Schleifen mit knotenförmigen Verdichtungen und schnellen Bewegungen, die Existenzzeiten betragen Minuten oder Stunden. Die erreichten Höhen liegen bei etwa 100 000 km. Im Gipfel haben aktive P.en eine Dicke von etwa 30 000 km, an den Fußpunkten von nur etwa 10 000 km. Ihre Längsrichtung weist in der Regel auf den nächstgelegenen magnetisch starken Sonnenfleck. Die Temperatur in einer Fleckenprotuberanz ist nahezu

Protuberanz

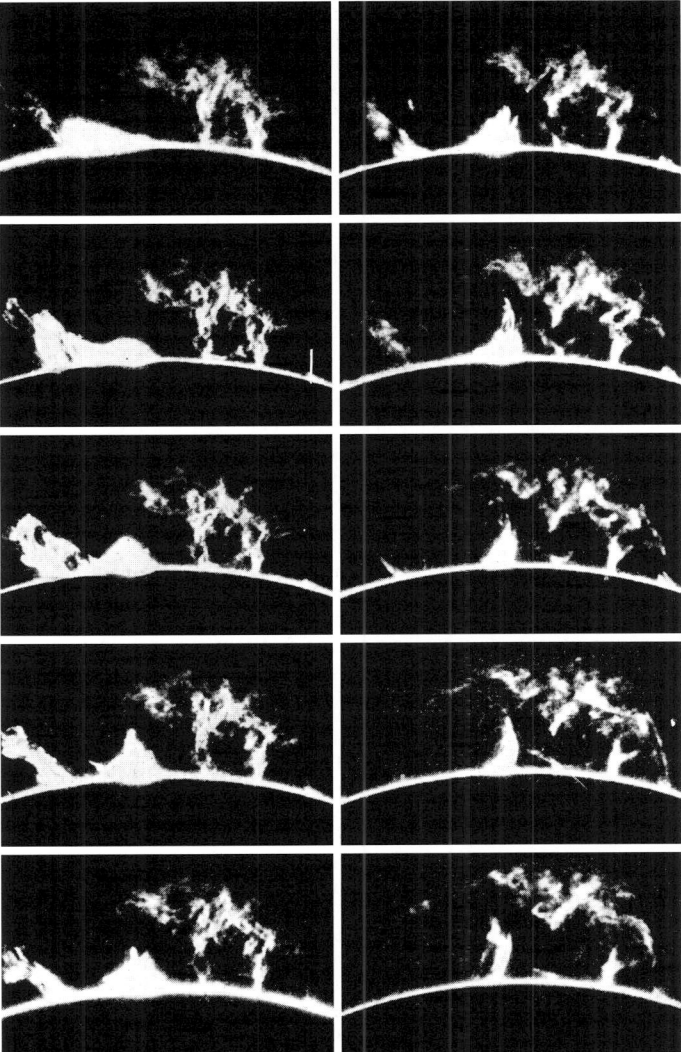

Abb. 2: Aufsteigende Protuberanz in Abständen von jeweils 6 Minuten aufgenommen (Aufnahme: M. Waldmeier)

gleich der in einer ruhenden, die Gasdichte jedoch im Mittel etwas höher. In Verbindung mit Sonneneruptionen treten oft *Spritzprotuberanzen* (engl. ‚Surges') auf, die mit Geschwindigkeiten von bis zu 500 km/s etwa 100 000 km hoch aufsteigen können. Die Existenzdauer beträgt nur wenige Minuten bis wenige Stunden. Häufig wiederholt sich der Aufstieg einer Spritzprotuberanz an gleicher Stelle. Alle Aktivitätserscheinungen werden wesentlich durch Änderungen in der lokalen Magnetfeldstruktur, z. B. einer Neuverknüpfung von Feldlinien, verursacht.

Das Protuberanzenspektrum ist ein dem Flash-Spektrum der Chromosphäre sehr ähnliches Emissionslinienspektrum (→ Sonne). Es treten vor allem die Balmer-Linien des Wasserstoffs (→ Spektrum) sowie Linien vom einmal ionisierten Kalzium und neutralen Helium auf, wobei die Hα-Linie des Wasserstoffs die stärkste Linie ist, was zu der rötlichen Färbung der P.en führt.

P.en sind als typische Erscheinungen der Sonnenaktivität mit der Entwicklung eines großen Aktivitätszentrums verbunden (→ Sonnenaktivität). Ihre Häufigkeit folgt dem elfjährigen Sonnenfleckenzyklus, nur sind Häufigkeitsvariationen nicht so stark ausgeprägt wie bei Sonnenflecken. Zu Beginn eines Sonnenfleckenzyklus treten P.en hauptsächlich in Zonen beiderseits des Sonnenäquators auf, die bis zu heliographischen Breiten von etwa +50° und −50° reichen und sich im Laufe des Zyklus zum Äquator hin verschieben. Die Entstehungsgebiete der P.en verändern ihre Lage ähnlich wie die Sonnenflecken, nur sind deren Entstehungszonen schärfer begrenzt. Von den Hauptentstehungszonen der

Protuberanzenspektroskop

P.en spalten sich vielfach polare Nebenzonen ab, die zum Pol hin wandern und dort kurz nach dem Maximum der Sonnenfleckenhäufigkeit verlöschen.

Protuberanzenspektroskop *n*, Instrument zur → Sonnenbeobachtung.

Proxima Centauri *f*, *V645 Centauri*, Stern im Sternbild Centaurus, der mit 1,29 pc oder 4,22 Lichtjahren den geringsten Abstand von der Sonne hat. Die scheinbare visuelle Helligkeit beträgt 11^m3, der Spektraltyp ist M5e, die Effektivtemperatur beläuft sich auf etwa 3 000 K. P. C. ist ein Veränderlicher vom Typ der → BY-Draconis-Sterne mit einer Periode von rund 41,6 Tagen und einer Amplitude von etwa 0,01 mag, er hat unregelmäßige Lichtausbrüche wie die → UV-Ceti-Sterne. Rund 2° entfernt befindet sich der Doppelstern α Centauri, der hellste Stern des Sternbilds Centaurus, der etwa 0,02 pc weiter von der Sonne entfernt und an den P. C. gravitativ gebunden ist. Sie sind von unseren Breiten aus nicht sichtbar.

PsA, Abk. für Piscis Austrinus.

Psamathe *f*, ein Satellit des Neptun.
Hinsichtlich der Einordnung der P. in das System der Neptunsatelliten → Neptun.

Psc, Abk. für Pisces.

Ptolemäus, Claudius, Astronom, Mathematiker und Geograph, geb. um 100 in Ägypten, gest. um 160 in Alexandria. P. ist der bekannteste Astronom des Altertums, dessen Werke im Gegensatz zu denen von Hipparch (um 190–125 v. Chr.) vollständig überliefert sind. Das Hauptwerk *Mathematike syntaxis* [griech., ‚Handbuch der Astronomie'] enthält eine Zusammenfassung der Arbeiten früherer griechischer Astronomen. Es kam über die Araber nach Europa, wo es unter dem Titel *Almagest* [verstümmelte Form des arabischen Titels *Al-Kitab al-magisti*, ‚das größte Buch'] im gesamten Mittelalter eines der astronomischen Hauptlehrbücher war. Es enthält u. a. eine als **Ptolemäisches Weltsystem** bezeichnete geozentrische Planetentheorie sowie einen Sternkatalog, der teilweise auf eigenen Beobachtungen beruht, weitgehend aber auf einen Katalog von Hipparch zurückgeht. Der Katalog hatte ebenfalls bis über das Mittelalter hinaus Bedeutung.

Ptolomäisches Weltbild, → Weltbild.

Ptolomäisches Weltsystem, → Ptolemäus.

Puck *m*, ein Uranussatellit, der auf einer Kreisbahn mit einem Radius von 86 000 km in 18,288 Stunden den Uranus umläuft, die Bahnebene ist 0,319° gegen die Äquatorebene geneigt. Der Durchmesser des P. beträgt 162 km.
Hinsichtlich der Einordnung des P. in das System der Uranussatelliten → Uranus.

Pulsar *m*, schnell rotierender Neutronenstern, von dem in außerordentlich regelmäßiger Folge kurze Strahlungspulse, überwiegend im Radiofrequenzbereich, empfangen werden.

Benennung. P.e tragen entweder einen Eigennamen wie Krebsnebelpulsar oder die Bezeichnung PSR, gefolgt von einer Zahlengruppe, bei der die ersten vier Ziffern die Rektaszension in Stunde und Minute und die zwei folgenden die Deklination des Pulsarorts angeben. Der Krebsnebelpulsar hat demzufolge auch die Bezeichnung PSR 0531+21. Bei älteren Benennungen folgte der Abkürzung eines Pulsarkatalogs die Nummer, unter der der P. aufgeführt ist.

Beobachtungen. Die Perioden der Strahlungspulse der bisher bekannten P.e liegen zwischen 0,0016 und 8,5 s mit dem Häufigkeitsmaximum knapp unter 1 s. Die Strahlung eines Pulses konzentriert sich im Mittel auf ein Zeitintervall von rund 5% der Periodenlänge, während der übrigen Zeit liegt die Strahlungsintensität unter der Nachweisgrenze gegenwärtiger Teleskope. Stärke und Struktur der einzelnen Pulse eines P.s unterscheiden sich von Puls zu Puls. Über viele Pulse gemittelt ergibt sich jedoch für jeden P. eine charakteristische Pulsform, unabhängig davon, welche Zeitreihe zur Mittelbildung genommen wird, in den Zeitreihen fallen z. T. Pulse aus. Die charakteristische Pulsform hat vielfach zwei Maxima. Die Pulsperioden sind nicht absolut konstant, sie vergrößern sich sehr langsam, und zwar umso schneller, je kürzer die Periode ist. Die typischen relativen Zunahmen liegen in der Größenordnung von 10^{-15} der gegenwärtigen Perioden, d. h. nach 10^{15} Perioden hat sich die Periodenlänge etwa verdoppelt. Bei einigen P.en sind der allgemeinen Pulsfolge plötzliche Periodensprünge überlagert, bei denen sich die Periode in der Größenordnung von weniger als 1 Mikrosekunde verringert, danach vergrößert sie sich in gleicher Weise wie zuvor. Bei einigen P.en verschwinden die Pulse für mehrere Perioden plötzlich und tauchen dann bei der zu erwartenden Pulsphase ebenso plötzlich wieder auf (Abb. 1).

Bedeutsam war die Identifikation des Krebsnebelpulsars als stellarer Überrest der Supernova von 1054, deren gasförmiger Überrest der → Krebsnebel ist. Die Periode des Krebsnebelpulsars beträgt 0,033200 s, die zeitlich gemittelte scheinbare Helligkeit im sichtbaren Spektralbereich beläuft sich auf etwa 16^m. Der Spektralbereich der empfangenen Strahlung reicht vom Gamma- bis zum Radiofrequenzbereich mit jeweils gleicher Periode (Abb. 2). Der Vela-Pulsar PSR 0833-45 ist wahrscheinlich der stellare Überrest einer prähistorischen Supernova im Sternbild Vela, deren gasförmiger Überrest die nichtthermische Radioquelle Vela X ist. Der Vela-Pulsar hat eine Periode von 0,089235 s und strahlt vom Radiofrequenz- bis hin zum Röntgen- und Gammabereich. Andererseits existieren gasförmige Supernovaüberreste ohne erkennbaren zentralen P., z. B. ist beim Überrest der Tychonischen Supernova von 1572 und dem der Kepler'schen Supernova von 1604 kein P. nachgewiesen.

Innerer Aufbau. Physikalische Prozesse mit einer so extrem konstanten Periodizität wie bei P.en beobachtet, können nur im Zusammenhang mit rotierenden Objekten stehen. Deren Radius muss kleiner als der Lichtradius sein, d. h. kleiner als die Entfernung von der Rotationsachse des Objekts, bei der ein mitbewegter Punkt Lichtgeschwindigkeit hätte. Bei einer Periode von 0,01 s ist der Lichtradius kleiner als 500 km. Die am Äquator auftretenden hohen Zentrifugalbeschleunigungen müssen durch entsprechend hohe Schwerebeschleunigungen kompensiert werden, was eine extrem hohe mittlere Dichte des Objekts erfordert. Bei einer Rotationsperiode von 0,01 s muss die Dichte in der Größenordnung von 10^{13} g/cm^3 liegen. Von allen be-

Pulsar

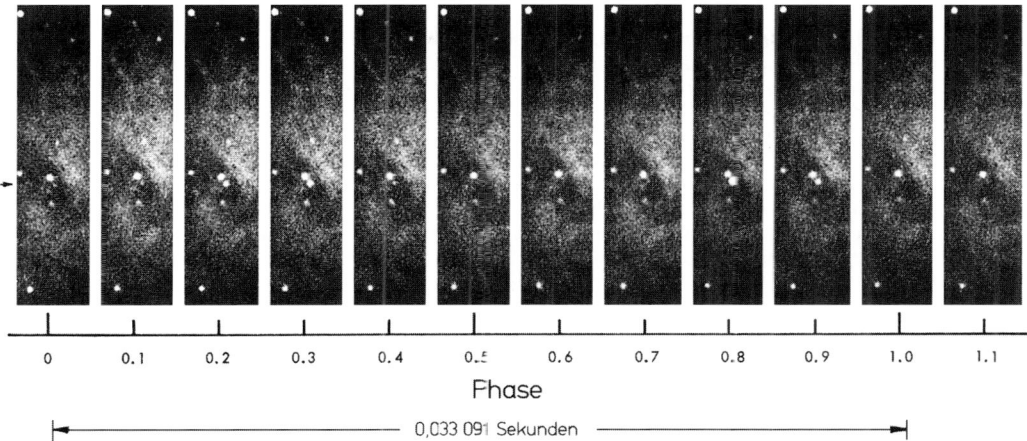

Abb. 1: Krebsnebelpulsar. Aufnahmen zu unterschiedlichem Zeitpunkten innerhalb einer Pulsperiode; Vormaximum etwa bei Phase 0,25, Hauptmaximum etwa bei Phase 0,85. Der Pfeil links weist auf den Pulsar. (Aufnahme: National Optical Astronomy Observatories, Arizona, USA)

kannten Objekttypen haben nur Neutronensterne einen Radius und eine mittlere Dichte, die diese Bedingungen erfüllen (→ Neutronenstern).

Ein Neutronenstern entsteht bei der Supernovaexplosion eines massereichen Sterns. Beim Kollaps des Zentralgebiets schrumpft der Radius auf rund den 10^{-4}-en Teil des ursprünglichen Sternradius. Infolge der Drehimpulserhaltung verkürzt sich die Rotationsperiode auf etwa den 10^{-8}-ten Teil der Rotationsperiode vor dem Kollaps. Die Sternmaterie bildet ein → Plasma mit der Bindung der geladenen Teilchen an das herrschende Magnetfeld, das in der Materie quasi „eingefroren" ist. Ein globales Magnetfeld wird beim Kollaps dadurch um den Faktor 10^8 verstärkt und erreicht eine Stärke in der Größenordnung von 10^4 bis 10^{10} Tesla. Junge Neutronensterne haben sehr kleine Rotationsperioden und extrem starke globale Magnetfelder. Rotations- und Magnetfeldachse fallen im Allg. nicht zusammen, sondern bilden einen von Stern zu Stern unterschiedlichen Winkel, ein Neutronenstern ist daher im Allg. ein „schiefer Rotator" (Abb. → Doppelstern).

Strahlungsprozesse. Das Magnetfeld ist annähernd ein Dipolfeld, dessen Stärke mit wachsendem Abstand von den Magnetfeldpolen stark abnimmt. Das Magnetfeld induziert in dem elektrisch sehr gut leitenden Plasma elektrische Ströme. Die an das Feld gebundenen Teilchen laufen längs der Feldlinien zwischen den Magnetfeldpolen hin und her und werden infolge der Wechselwirkung mit den divergierenden Feldlinien an den Polen hoch beschleunigt. Elektronen erreichen dabei nahezu Lichtgeschwindigkeit, so dass sie → Synchrotronstrahlung emittieren. Die Emission jedes einzelnen Elektrons erfolgt in einem engbegrenzten Kegel, dessen Richtung der augenblicklichen Bewegungsrichtung entspricht. Die Überlagerung vieler individueller Strahlkegel führt zu einem Gesamtstrahlkegel mit einem Öffnungswinkel typischerweise in der Größenordnung von etwa 10°, wobei die Kegelachse mit der Richtung der Magnetfeldlinien nahe der magnetischen Pole

übereinstimmt. Überstreicht der bei der Sternrotation mitgeführte Kegel einen entfernten Beobachter, nimmt dieser einen kurzen Strahlungspuls wahr. (Der Neutronenstern ist einem Leuchtturm mit schmalem, rasch rotierenden Lichtkegel vergleichbar.) Die Synchrotronstrahlung hat eine rein kontinuierliche Energieverteilung, deren Intensität mit zunehmender Frequenz abfällt, die Strahlung ist linear polarisiert.

Die bei einigen P.en beobachtete Drehung der Polarisationsrichtung während eines Pulses geht möglicherweise darauf zurück, dass sich die geometrische Lage der Bewegungsrichtung der Elektronen zur Blickrichtung während der Sichtbarkeit des Strahlkegels ändert. Die oft beobachteten zwei Maxima in den Pulsprofilen sind möglicherweise durch einen sehr großen Winkel

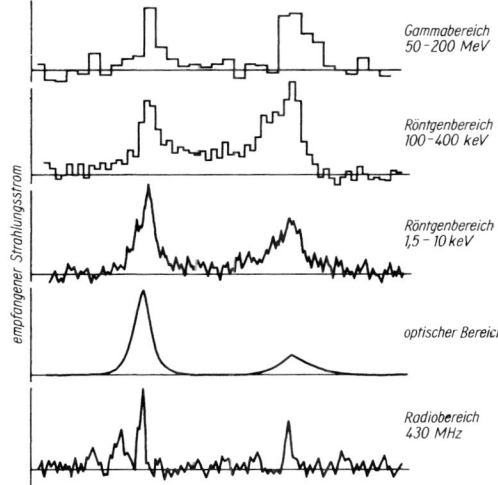

Abb. 2: Lichtkurven des Krebsnebelpulsars in verschiedenen Spektralbereichen. (Nach R. Buccheri)

Pulsar-Doppelstern

zwischen Magnetfeld- und Rotationsachse verursacht. Ein Beobachter wird dann von den Strahlkegeln beider magnetischen Pole getroffen. Die Ursachen der schnellen Puls-zu-Puls-Variationen der Strahlungsintensität mit Zeitskalen von einigen Hundert Mikrosekunden sind im Detail unbekannt. Sie könnten durch einzelne hochbeschleunigte lawinenähnliche Elektronenwolken ungleicher Dichte verursacht werden. Die bei einigen P.en beobachtete sprunghafte Verkürzung der Rotationsperiode beruht möglicherweise auf einer Strukturänderung im Neutronenstern. Die äußeren Schichten bilden eine praktisch feste Kruste (→ Neutronenstern), deren Form durch die herrschenden Gravitations- und Zentrifugalkräfte bestimmt wird. Eine Änderung der Rotationsgeschwindigkeit bedingt eine etwas geänderte Gleichgewichtsfigur. Die Steifheit der Kruste verhindert eine kontinuierliche Formänderung, erreichen die inneren Spannungen einen kritischen Wert, erfolgt eine plötzliche Änderung, wobei sich das Trägheitsmoment sprunghaft ändert und mit ihm die Rotationsgeschwindigkeit. Möglicherweise ist auch eine komplizierte Wechselwirkung des superflüssigen Innern des Neutronensterns mit der äußeren Kruste die Ursache.

Die von einem P. ausgestrahlte Energie wird der Rotationsenergie des Neutronensterns entzogen. Diese nimmt dadurch sehr langsam ab und die Rotationsperiode zu. Aus der Periodenzunahme kann die dem Stern je Sekunde entzogene Energie abgeschätzt werden und damit die Zeit, die ein P. höchstens in Erscheinung treten kann. Sie liegt in der Größenordnung von 10^6 bis 10^8 Jahren. In etwa der gleichen Größenordnung liegt die Zeit, in der das stellare Magnetfeld abgebaut wird. Alte P.e haben dementsprechend lange Perioden und schwache Magnetfelder.

Einige P.e mit schwachem Magnetfeld haben entgegen den Erwartungen z. T. extrem kurze Rotationsperioden. Es sind wahrscheinlich alte Neutronensterne mit weitgehend zerfallenem Magnetfeld, denen von außen Drehimpuls zugeführt wurde. Dies ist bei einem sehr engen Doppelstern möglich. Von der zweiten Doppelsternkomponente kann dem Neutronenstern Materie zufließen (→ Doppelstern), die infolge der Bahnbewegung der Komponenten um den gemeinsamen Schwerpunkt Drehimpuls besitzt, der beim Überfließen erhalten bleibt, so dass die Materie bis zum Erreichen des Neutronensterns eine außerordentlich hohe Winkelgeschwindigkeit erlangt. Infolge des Auftreffens der Materie auf den Neutronenstern mit großer Winkelgeschwindigkeit wird die Rotationsgeschwindigkeit des Sterns stark erhöht. Bei langsam rotierenden Sternen mit schwachem Magnetfeld ist die Drehimpulsübertragung besonders effektiv, da die sich mit hoher Winkelgeschwindigkeit nähernden Teilchen auf Grund der langsamen Rotation und des schwachen Magnetfelds kaum abgebremst werden. Die Übertragung von Rotationsimpuls kann so effektiv sein, dass die Pulsperiode in den Millisekundenbereich verschoben wird und ein *Millisekundenpulsar* entsteht, wie es der P. PSR B 1937+21 mit einer Periode von nur 1,5578 ms ist; es erfolgen 716 Umdrehungen pro Sekunde.

Bei einigen nahen P.en kann mittels Radiointerferometer großer Basislänge (→ Radioteleskop) die jährliche parallaktische Bewegung ermittelt werden, was eine trigonometrische Entfernungsbestimmung ermöglicht (→ Parallaxe). Eine Entfernungsabschätzung ist auch auf Grund der Wellenlängenabhängigkeit der Ausbreitungsgeschwindigkeit elektromagnetischer Strahlung (→ Dispersion) möglich. Ist die mittlere interstellare Elektronendichte längs der Sichtlinie bekannt, kann aus den unterschiedlichen Ankunftszeiten der einzelnen Pulse eines P.s bei unterschiedlichen Wellenlängen dessen Entfernung abgeschätzt werden. Es ergeben sich dabei nur grobe Näherungswerte, da die interstellare Elektronendichte nur ungenau bekannt ist und örtlich stark variiert. Für statistische Untersuchungen sind die Entfernungsabschätzungen aber ausreichend. Von den bekannten P.en sind die meisten nicht weiter als einige Kiloparsec von der Sonne entfernt. Sie sind mäßig stark gegen die galaktische Ebene konzentriert.

Infolge des geringen Öffnungswinkels der Strahlkegel sowie der anisotropen Verteilung der Rotationsachsen ist die Wahrscheinlichkeit sehr gering, dass die Erde vom Strahlkegel eines bestimmten P.s getroffen wird, es ist daher nicht zu erwarten, dass jeder in einem Supernovaüberrest vorhandene P. beobachtet wird. Auf Grund der beobachteten P.e wird die Gesamtzahl der im Milchstraßensystem vorhandenen auf rund 50 000 geschätzt, von denen nur die wenigen, deren Strahlungsintensität genügend hoch ist, nachgewiesen sind.

Bei P.en in einem Doppelstern kann aus der Variation der Pulsankunftszeiten infolge des Umlaufs um den Systemschwerpunkt die Masse der Komponenten bestimmt werden (→ Neutronenstern). Beim Bahnumlauf wird Gravitationsenergie abgestrahlt, wodurch sich die Umlaufzeit sehr langsam verringert. Beim Doppelstern-Pulsar PSR 1913+16 ist die Periodenverringerung nachgewiesen (→ Gravitationswellen).

Bei einem *Doppelpulsar* sind beide Komponenten P.e. Bei PSR 0737-3039 beträgt die Umlaufzeit 2,45 Stunden, der mittlere Komponentenabstand nur 579 000 km, d. h. nur 2,9 Lichtsekunden. Die Pulsperioden belaufen sich auf 0,023 s bzw. 2,8 s, die Massen auf 1,34 Sonnenmassen bzw. 1,25 Sonnenmassen. Die relativistische Drehung der Apsidenlinie des Systems beläuft sich infolge des extrem geringen Abstands der Massen auf 16,9° je Jahr, was die Periheldrehung des Merkur um etwa den Faktor 10^5 übertrifft (→ Merkur).

Der P. PSR 1257+12 mit einer Periode von 6,2185 s besitzt zwei Exoplaneten, wobei es unklar ist, wie diese die Supernovaexplosion beim Entstehen des Neutronensterns überstehen konnten (→ Exoplanet).

Der erste P. wurde am 28.11.1967 von A. Hewish in Zusammenarbeit mit Jocelyn Bell-Burnell entdeckt. 1974 erhielt A. Hewish für diese Entdeckung den Nobelpreis für Physik.

Pulsar-Doppelstern, ein Doppelstern, bei dem mindestens eine Komponente ein Pulsar ist; → Doppelstern.

Pulsationsveränderliche, veränderliche Sterne, deren Lichtwechsel durch ein mehr oder minder regelmäßiges Schwingen des gesamten Sterns um eine Gleichgewichtslage verursacht wird; → Veränderliche.

Pulsationszeitskala, → Sternentwicklung.

Punktquelle, eine räumlich nicht aufgelöste, nicht flächenhaft erscheinende Strahlungsquelle.

Pup, Abk. für Puppis.

Puppis, *Gen.* Puppis, abg. ***Pup**, **Hinterteil des Schiffes**, **Achterschiff***, Sternbild des südlichen Himmels, von dem von unseren Breiten aus Teile im Winter am Abendhimmel sichtbar sind. Durch das Sternbild zieht sich die Milchstraße. Im Sternbild liegen einige mit einem Feldstecher sichtbare Offene Sternhaufen, z. B. M 46 und M 93.

Hinsichtlich der Lage am Himmel → Sternkarten Seite 419 und 420.

Pyrheliometer *n*, Gerät zum Messen der → Solarkonstante.

Pyx, Abk. für Pyxis.

Pyxis, *Gen.* Pyxidis, abg. ***Pyx**, **Kompass**, **Schiffskompass***, unauffälliges Sternbild des südlichen Himmels, das im Winter am Abendhimmel sichtbar ist. Es bildet einen Teil des früheren Sternbilds Argo.

Hinsichtlich der Lage am Himmel → Sternkarte Seite 419.

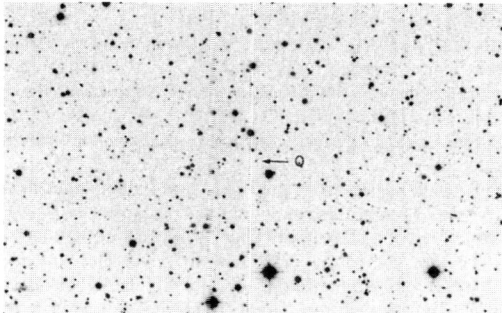

Abb. 1: Photographische Negativaufnahme des Quasars QSO 1947+079 (mit Q markiert) mit einer scheinbaren Helligkeit) von 21^m (Aufnahme: Europäische Südsternwarte)

Quadrantiden, Meteorstrom mit dem Radianten in dem ehemaligen Sternbild Quadrant, heute Teil des Bootes (→ Meteor).

Quadratgrad, Einheitenzeichen □°, Maßeinheit des Raumwinkels (→ Winkel). Ein Q. entspricht einer durch senkrecht aufeinander stehende Großkreise am Himmel begrenzten Fläche mit der Seitenlänge 1 Grad (1°). Die Himmelskugel wird von 41 252,96 Q. überdeckt.

Quadratur *f*, → Konstellation.

Quantenausbeute, Verhältnis der Zahl der ausgelösten Elektronen in einem Photodetektor zur Zahl der eingestrahlten Photonen; → Photometer.

Quaoar *m*, der Planetoid (50000), ein Transneptunobjekt mit einem großen Bahnhalbmesser von 43,61 AE, einer Exzentrizität von 0,038 und einer Bahnneigung gegen die Ekliptik von 7,987°. Der Q. hat einen Durchmesser von etwa 1 200 km und einen im Abstand von rund 11 000 km sich befindenden etwa 100 km großen Begleiter (→ Planetoid).

Quasar *m*, ***quasistellare Radioquelle***, eine starke Radioquelle, deren scheinbarer Durchmesser im optischen wie im Radiofrequenzbereich typischerweise geringer als 1″ ist und daher sternförmig erscheint (Abb. 1), aber eine Rotverschiebung größer als etwa 0,04 hat und folglich extragalaktisch sein muss. Einige punktförmig erscheinende Q.e sind von einem im optischen Spektralbereich wahrnehmbaren sehr schwachen Lichtsaum umgeben. Q.e mit einer Strahlungsleistung im Radiofrequenzbereich in der Größenordnung von rund 10^{17} W oder höher werden als *„radiolaut"* bezeichnet, bei den häufigeren *„radioleisen"* Q.en ist die Strahlungsleistung um einen Faktor 100 bis 1 000 geringer, sie sind entsprechend schwerer nachweisbar. Radiolaute, radioleise Q.e sowie optisch nachweisbare punktförmige Objekte mit sehr hohen Rotverschiebungen werden zusammenfassend als *quasistellare Objekte* bezeichnet.

Benennung. Q.e tragen als Bezeichnung entweder die Abkürzung eines Katalogs von Radioquellen gefolgt von der Nummer, unter der sie im Katalog aufgeführt sind, z. B. ist 3C 273 im 3. von der Universität Cambridge (Großbritannien) herausgegebenen Katalog diskreter Radioquellen an 273. Stelle aufgeführt. Allgemein werden Q.e mit QSO, gefolgt von einer Zahlengruppe bezeichnet, in der die vier ersten Ziffern die Rektaszension in Stunde und Minute des Orts der Quelle am Himmel und die nachfolgenden die Deklination auf ein Zehntel genau in Grad angeben, z. B. QSO 1059+730.

Spektrum. Das Spektrum besteht aus einem nichtthermischen Kontinuum, das sich vom Radiofrequenzbis z.T. in den Röntgenbereich erstreckt und im optischen Spektralbereich von sehr breiten und starken Emissionslinien überlagert ist. Dazu gehören die Lyman-α-Linie des Wasserstoffs sowie (z. T. „verbotene") Linien u. a. vom ein- und zweimal ionisierten Kohlenstoff und Sauerstoff, vom zwei- und viermal ionisierten Neon sowie vom einmal ionisierten Magnesium, die Linien haben eine einheitliche Rotverschiebung z. In den meisten Quasarspektren treten zusätzlich mehrere Gruppen von Absorptionslinien auf, die jeweils geringere Rotverschiebungen als die Emissionslinien haben. Eine Gruppe bilden relativ breite Absorptionskomponenten, die sich an der kurzwelligen Seite von Emissionslinien befinden. Eine andere Gruppe besteht aus scharfen Absorptionslinien mit etwas geringeren Rotverschiebungen als die Emissionslinien. Eine dritte Gruppe umfasst Absorptionslinien schwerer Elemente mit Untergruppen, die jeweils einheitliche, aber wesentlich geringere Rotverschiebungen haben. Die vierte Gruppe bildet ein „Linienwald" aus vielen scharfen Lyman-α-Absorptionslinien, die an die Lyman-α-Emissionslinie grenzend geringere Rotverschiebungen als diese haben (Abb. 2). Im infraroten Spektralbereich ist das Kontinuum vielfach schwach erhöht. Die Spektren der Lichtsäume um Q.e haben ein kontinuierliches

Quasar

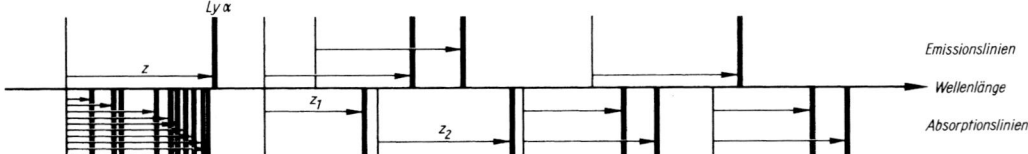

Abb. 2: Schematisches Quasarspektrum, getrennt in Emissionslinien- und Absorptionslinienanteil. Oben: um einen einheitlichen Betrag z gegen die Ruhwellenlängen (dünne Striche) rotverschobene Emissionslinien (dicke Striche); Lyα: Lyman-α-Emissionslinie. Unten: rechts von der Lyman-α-Linie zwei Untergruppen von Absorptionslinien (dicke Striche) mit unterschiedlichen Verschiebungsbeträgen z_1 und z_2 gegen die jeweiligen Ruhwellenlängen (dünne Striche); links von der Lyman-α-Linie ein „Wald" von Absorptionslinien mit unterschiedlichen Rotverschiebungen

Spektrum mit aufgeprägten Absorptionslinien, die einem charakteristischen Sternspektrum entsprechen.
Die Strahlungsintensität vieler Q.e ist in allen Wellenlängenbereichen veränderlich (Abb. 3), wobei aber auch Zeiten konstanter Intensität mit einer Dauer von einigen Monaten, z.T. auch von Tagen existieren. Im sichtbaren Spektralbereich betragen die Amplituden der Helligkeitsschwankungen im Allg. einige 0,1 bis etwa 1 mag, in seltenen Fällen sind sie auch geringfügig größer. Die Intensitätsvariationen bei radiolauten Q.en können innerhalb eines Tages bis zu 30% betragen. Die Veränderlichkeiten im Radiofrequenz- und im visuellem Spektralbereich sind anscheinend nicht miteinander korreliert.

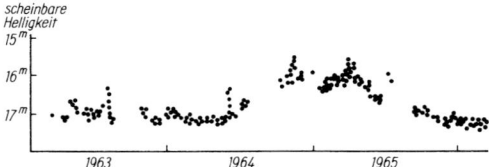

Abb. 3: Helligkeitsvariation des Quasars 3C 345 zwischen 1963 und 1965 im B-Bereich des UBV-Systems. (Nach T. D. Kinman)

Aus den Zeitskalen der Helligkeitsvariationen kann der Durchmesser des die Strahlung emittierenden Raumbereichs abgeschätzt werden. Ein großräumiger physikalischer Prozess, z. B. eine Strahlungsemission mit einer während eines bestimmten Zeitintervalls nahezu konstanten Intensität, kann nur in einem Raumbereich stattfinden, den das den Prozess auslösende Signal während dieser Zeit durchqueren kann. Die größte Signalübertragungsgeschwindigkeit ist die Lichtgeschwindigkeit. Der Durchmesser des die Quasarstrahlung emittierenden Gebiets ist folglich nicht größer als die Strecke, die Licht innerhalb von rund einem Monat durchquert. Falls in vielen getrennten kleineren Bereichen zufällige unabhängige Helligkeitsänderungen stattfänden, würden die Helligkeitsfluktuationen sich überlagern und zusammen eine konstante Helligkeit ergeben. Bei Zeitspannen von rund einer Woche konstanter Intensität kann das strahlende Gebiet nicht größer als etwa 0,01 pc sein.
Entfernung. Die Entfernung eines Q.s ergibt sich aus der Rotverschiebung $z = (\lambda - \lambda_0)/\lambda_0$ der Emissionslinien, wenn λ die beobachtete und λ_0 die Ruhwellenlänge der Linien bedeuten, dabei ist vorausgesetzt, dass die Rotverschiebungen kosmologisch bedingt sind (→ Kosmologie). Die beobachteten Rotverschiebungen reichen von etwa $z = 0,04$ bis zu $z = 6,42$. Bei derart hohen Rotverschiebungen ist z. B. die Lyman-α-Linie, deren Ruhwellenlänge weit im ultravioletten Spektralbereich liegt, bis in den sichtbaren Spektralbereich verschoben. Die Entfernung eines Q.s mit $z \approx 6$ liegt in der Größenordnung von rund 10^9 pc. Q.e sind die am weitesten von der Sonne entfernten bekannten Objekte im Weltall (→ Kosmologie). Bei Q.en mit rein kontinuierlichem Spektrum ist eine Entfernungsbestimmung nicht möglich.
Strahlungsleistung. Unter der Annahme einer isotropen Ausstrahlung ergibt sich mit Hilfe der gemessenen scheinbaren Helligkeit sowie der Entfernung die Strahlungsleistung (→ Helligkeit). Im Extremfall ergeben sich mehr als 10^{15} Sonnenleuchtkräfte, eine rund 1000-mal größere Strahlungsleistung als die der leuchtkraftstärksten normalen Sternsysteme. Diese Energie wird in einem Volumen mit wenigen 0,01 pc Ausdehnung freigesetzt, was eine extrem hohe Energiedichte bedeutet. In Fällen wie APM 08279+5255 und HS 1946+7658 ist die beobachtete extrem hohe Leuchtkraft auf eine Verstärkung durch den Gravitationslinseneffekt zurückzuführen (→ Gravitationslinse).
Quasarmodell. Gegenwärtig werden Q.e als besonders leuchtkräftige Vertreter der Klasse der aktiven Galaxien angesehen. Das Sternsystem tritt im Lichtsaum heller Q.e in Erscheinung (Abb. 4). Der radiale Helligkeitsverlauf im Saum radiolauter Q.e entspricht etwa dem eines elliptischen Sternsystems, bei radioleisen Q.en mehr dem eines Spiralsystems. Bei weit entfernten Q.en ist das den Q. umgebende Sternsystem infolge des zu geringen Helligkeitskontrasts zum Himmelshintergrund nicht nachweisbar.
Im allgemein angenommenen Standardmodell befindet sich im „Kern" eines aktiven → Sternsystems ein massereiches Schwarzes Loch, in das Materie aus der Umgebung einfällt. Beim Fall von Materie in einem extrem starken Gravitationsfeld können unter geeigneten Bedingungen mehr als 10% der Ruhmasse der fallenden Materie als Energie freigesetzt werden. Damit ist der Prozess um Größenordnungen effektiver, als es thermonukleare Reaktionen sind. Es ist kein anderer Mechanismus bekannt, der den Energiebedarf der Q.e in dem für sie charakteristischen kleinen Volumen decken könnte.

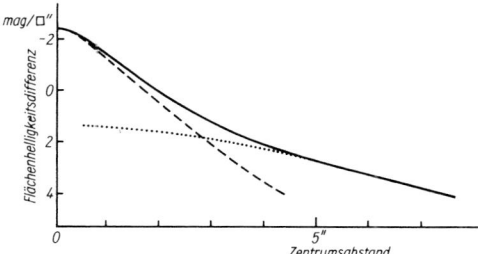

Abb. 4: Radiale Helligkeitsverteilung im Quasar PKS 0736+017. ——: Differenz der Flächenhelligkeiten des Quasars und des Himmelshintergrunds, gemessen in mag je Quadratbogensekunde; - - -: zwischen Quasar und einem Vergleichsstern; ....: Helligkeitsverteilung des umgebenden Sternsystems ohne den als punktförmig angesehenen Quasarkern

Das Schwarze Loch im Zentrum des Sternsystems hat eine Masse in der Größenordnung von 10^6 bis 10^8 Sonnenmassen. Durch das Gravitationsfeld wird die mit Magnetfeldern durchsetzte und infolge der Rotation des Sternsystems einen Drehimpuls tragende gas- und staubförmige Materie außerordentlich stark beschleunigt. Infolge der Erhaltung des Drehimpulses bildet sich außerhalb des Schwarzschild-Radius um das Schwarze Loch eine rotierende Akkretionsscheibe (→ Schwarzes Loch). In ihr wird die Materie extrem stark komprimiert, die beim Fall freigesetzte potentielle Energie in thermische umgewandelt und das Scheibengas enorm aufgeheizt und weitgehend ionisiert. Die freigesetzte Energie wird in allen Spektralbereichen bis hin zum Gammabereich abgestrahlt. Im optischen Spektralbereich ist das Spektrum ein nahezu reines Emissionslinienspektrum. Die Emissionslinien haben infolge der differentiellen Rotation der strahlenden Region eine hohe Doppler-Verbreiterung (→ Doppler-Effekt). Die breiten in den kurzwelligen Linienflügeln auftretenden Absorptionslinien dürften dem Spektrum durch kühleres Gas in den Außenbereichen der Akkretionsscheibe aufgeprägt werden. In der Akkretionsscheibe werden die Magnetfeldlinien verdrillt und die Magnetfeldstärke außerordentlich erhöht. Im innersten Scheibenbereich wird die an die Feldlinien gebundene ionisierte Materie in Richtung der Rotationsachse beschleunigt und zu zwei symmetrisch vom Zentrum weggerichteten Materiestrahlen gebündelt. Die Teilchen in ihnen erlangen nahezu Lichtgeschwindigkeit, was zur Emission von → Synchrotronstrahlung durch die die Magnetfeldlinien in Spiralbahnen umlaufenden Elektronen führt, das Spektrum der Strahlung ist ein nichtthermisches Kontinuum. Die Gruppe der scharfen Absorptionslinien mit nur wenig geringerer Rotverschiebung als die der Emissionslinien wird vermutlich durch das den Kern des Sternsystems umgebende interstellare Gas verursacht. Die Metalllinien mit noch geringeren Rotverschiebungen werden dem Quasarspektrum wahrscheinlich durch interstellares Gas in Halos von Vordergrundgalaxien aufgeprägt. Der „Wald" der scharfen Lyman-α-Absorptionslinien ist aller Wahrscheinlichkeit nach von intergalaktischen Wasserstoffwolken verursacht (→ intergalaktische Materie), die sich in unterschiedlichen Entfernungen vom Milchstraßensystem befinden und damit unterschiedliche, aber geringere Rotverschiebungen als die Lyman-α-Emissionslinie des Q.s haben. Die schwache zusätzliche Infrarotstrahlung ist wahrscheinlich thermische Strahlung von aufgeheizten sich in der Akkretionsscheibe befindenden Staubteilchen. Zum Erreichen der Strahlungsleistung eines Q.s genügt der Fall von wenigen Sonnenmassen pro Jahr. Der Masseverlust der Akkretionsscheibe wird durch nachfließende, aus dem Kernbereich des Sternsystems stammende Materie kompensiert. Kurzfristig wechselnde Einfallraten könnten die Veränderlichkeit der Quasarstrahlung im optischen Spektralbereich verursachen. Im Radiofrequenzbereich sind die Intensitätsvariationen möglicherweise auf eine → Radioszintillation zurückzuführen. Das Quasarphänomen dauert, solange Materie aus der Umgebung der Akkretionsscheibe zufließt, schätzungsweise liegt die Existenzzeit eines Q.s in der Größenordnung von rund 10 Mio. Jahren.

Die berechneten Strahlungsleistungen beruhen auf der Annahme einer isotropen Strahlungsemission. Sie sind etwas zu hoch abgeschätzt, da die Ausstrahlung auf Grund der zwei gerichteten Materiestrahlen anisotrop erfolgt. Es ergibt sich eine etwas geringere Energiekonzentration. Trotz dieser möglichen Einschränkungen sind Q.e die Objekte im Weltall mit der höchsten Energiekonzentration und dem höchsten Energieumsatz.

Kosmologische Einordnung. Q.e sind sowohl die am weitesten von der Sonne entfernten als auch die ältesten nachweisbaren Objekte im Weltall. Bei Q.en mit Rotverschiebungen um $z \approx 6{,}4$ wurde das empfangene Licht schätzungsweise schon rund 850 Mio. Jahre nach der kosmischen Singularität emittiert (→ Kosmologie). Die scheinbare Helligkeit der Quasargalaxien nimmt mit zunehmender Rotverschiebung weniger schnell ab als die Helligkeit von nicht aktiven Sternsystemen. Quasargalaxien hatten zum Zeitpunkt der Lichtemission offenbar eine höhere Leuchtkraft als normale Sternsysteme in späteren Entwicklungsstadien, was auch zu einer höheren Anreicherung schwerer Elemente führte. In den intergalaktischen Gaswolken, die die Lyman-α-Absorptionslinien hervorrufen, fand höchstens eine außerordentlich geringe Sternentstehung statt, die Wolken haben anscheinend noch weitgehend die chemische Zusammensetzung, die die kosmische Materie nach der Kernreaktions-Ära hatte (→ Kosmologie). Diese Wolken waren in den frühen Entwicklungsphasen des Weltalls zahlreicher als gegenwärtig, wie die vergleichsweise größere Anzahldichte der Lyman-α-Absorptionslinien bei großen z-Werten zeigt.

Häufigkeit. Stichprobenartige Durchmusterungen ergeben ganz grob etwa 10 Q.e mit einer scheinbaren Grenzhelligkeit von 21^m je Quadratgrad, was rund 500 000 am Gesamthimmel entspricht. Bisher wurden etwa 15 000 Q.e im Wesentlichen bei der Identifikation punktförmig erscheinender Radioquellen gefunden. Die geschätzte Existenzzeit eines Q.s von nur rund 10 Mio. Jahren lässt vermuten, dass möglicherweise etwa 10%, vielleicht sogar die Mehrzahl der Galaxien, zu irgendeinem Zeitpunkt eine Quasarphase durchliefen.

quasistellare Radioquelle

Außer einzelstehenden Q.en existieren dichtbenachbart sowohl Doppel- als auch Mehrfachquasare mit gleichen Rotverschiebungen. Dies ist aller Wahrscheinlichkeit nach auf einen Gravitationslinseneffekt zurückzuführen. Er ergibt sich, wenn sich genau in der Sichtlinie zu einem Q. hin ein extragalaktisches Sternsystem befindet, in dessen Schwerefeld das Licht des weiter entfernten Q.s abgelenkt wird, so dass mehrere Bilder des gleichen Q.s entstehen (→ Gravitationslinse). Bei dem Doppelquasar QSO 0957+561 mit $z = 1,41$ ist die den Effekt verursachende Galaxie optisch nachgewiesen, die Rotverschiebung von $z = 0,36$ weist sie als Vordergrundobjekt aus.

Geschichtliches. Im Jahr 1960 wurde die Radioquelle 3C 48 mit einem punktförmigen Objekt identifiziert, dessen Spektrum unidentifizierbare breite Emissionslinien enthielt. 1962 zeigte M. Schmidt, dass die Emissionslinien im Spektrum der Radioquelle 3C 273 eine Rotverschiebung von $z = 0,16$ aufweisen. Der kosmologische Ursprung der Rotverschiebung der Q.e blieb bis in die 1970er Jahre umstritten.

quasistellare Radioquelle, → Quasar.
quasistellares Objekt, → Quasar.
Quecksilberhorizont, → Horizont.

R

Rabe, das Sternbild → Corvus.
rad, Einheitenzeichen für Radiant, die Maßeinheit für einen ebenen Winkel; → Winkel.
Radarastronomie, Zweig der Astronomie, in dem die → Radio-Echo-Methode zur Untersuchung erdartiger Körper des Planetensystems verwandt wird.
Radialgeschwindigkeit, die in der Verbindungsgeraden zweier Punkte liegende Komponente der Relativgeschwindigkeit. Die R. zwischen einem Beobachter und einem Himmelskörper ist abhängig sowohl von der Bewegung des Himmelskörpers als auch der der Erde, im allgemeinsten Fall der Erdrotation, der Bewegung der Erde um die Sonne, der Pekuliarbewegung der Sonne sowie deren Bewegung mitsamt dem Planetensystem um das Zentrum des Milchstraßensystems. Auf Grund des → Doppler-Effekts ergibt sich die R. v aus der Differenz der Wellenlänge λ von im Spektrum des Himmelskörpers beobachteten Linien gegenüber deren Laborwellenlänge λ_0, solange die R. viel kleiner als die Lichtgeschwindigkeit ist, aus $v/c = (\lambda - \lambda_0)/\lambda_0$, wobei c die Lichtgeschwindigkeit bedeutet. Bei mit der Lichtgeschwindigkeit vergleichbaren R.en gilt $(\lambda - \lambda_0)/\lambda_0 = \sqrt{(1+v/c)}/\sqrt{(1-v/c)} - 1$. Die R. ist positiv, wenn sich der Himmelskörper vom Beobachter entfernt, negativ, wenn er sich nähert.

R.en sind mit Hilfe moderner Spektrographen bei genügender Helligkeit des zu vermessenden Gestirns bis auf wenige Meter je Sekunde bestimmbar.

Sterne mit R.en größer als 65 km/s bzw. kleiner als −65 km/s bilden die Gruppe der → Schnellläufer. Die Sterne mit den größten bisher gemessenen R.en sind BD −29° 2277 mit +543 km/s und VX Herculis mit −405 km/s. Die bei extragalaktischen Sternsystemen bestimmten R.en betragen bis zu 280 000 km/s, rund 95% der Lichtgeschwindigkeit.

R. und Tangentialgeschwindigkeit (die in km/s umgerechnete Eigenbewegung) ergeben die räumliche Bewegung eines Himmelskörpers bezüglich des Beobachters.

Radiant *m*, *1)* Maßeinheit für einen ebenen → Winkel. *2)* der Ort an der Himmelskugel, von dem die Bahnen eines Meteorstroms auszugehen scheinen (→ Meteor).
Radiationspunkt, → Meteor.
Radioastrometrie, → Astrometrie.
Radioastronomie, Teilgebiet der Astronomie, das sich mit der Untersuchung der aus dem Weltall kommenden Radiofrequenzstrahlung befasst. Der von der Erde aus zugängliche Wellenlängenbereich elektromagnetischer Strahlung ist infolge der wellenlängeabhängigen Durchlässigkeit der → Erdatmosphäre eingeschränkt. Der von der R. untersuchte Spektralbereich erstreckt sich von etwa 1 mm bis rund 30 m. Strahlung mit einer Wellenlänge größer als etwa 30 m wird von der Ionosphäre reflektiert und ist nur mit Hilfe von Radiosatelliten beobachtbar. Die Submillimeterastronomie im Wellenlängenbereich von etwa 700 μm bis 1 mm wird vielfach mit zur R. gezählt.

Radioastronomische Beobachtungen werden nicht durch das in der Erdatmosphäre gestreute Sonnenlicht gestört, sie sind auch am Tage möglich. Die R. ergänzt die von der beobachtenden Astronomie in anderen Wellenlängenbereichen gewonnenen Ergebnisse, speziell die der klassischen Astronomie. Auf Grund der interstellaren Extinktion sind der Beobachtung im optischen Spektralbereich große Gebiete im Milchstraßensystem verschlossen (→ interstellarer Staub), die im Rahmen der R. aber untersucht werden können. Dies sind vor allem innerhalb oder „hinter" dichten interstellaren Dunkelwolken liegende Regionen, z. B. das Zentralgebiet des Milchstraßensystems. Mit Hilfe der R. ist außerdem die Untersuchung von Materiezuständen möglich, deren Strahlungsintensität infolge zu niedriger Temperatur für einen Nachweis im optischen Spektralbereich zu gering ist, was z. B. für sehr kühles interstellares Gas zutrifft. Die von der R. untersuchten Strahlungsquellen sind demzufolge vielfach nicht mit Objekten identisch, die von der klassischen beobachtenden Astronomie untersucht werden. Radioastronomische Beobachtungen erfordern spezielle Teleskope und Strahlungsdetektoren (→ Radioteleskop).

Die R. hat mit der → Radio-Echo-Methode die Möglichkeit, erdartige Himmelskörper des Planetensystems aktiv zu untersuchen.

Radioausbruch, → Sonneneruption.
Radioburst, kurzzeitiger plötzlicher Intensitätsanstieg der Radiofrequenzstrahlung eines Himmelskörpers, z. B. der Sonne.
Radio-Echo-Methode, *Radar-Echo-Methode*, Beobachtungsmethode der Radioastronomie zur Untersu-

chung erdartiger Körper des Planetensystems mit Hilfe der Funkmesstechnik, der Radartechnik. Von einem Sender, z. B. einem Radioteleskop, werden kurze Strahlungspulse im Kurzwellenbereich ausgesandt und die nach der Reflexion an dem zu untersuchenden Himmelskörper als Echo zurückkommenden Strahlungspulse registriert. Aus der Laufzeit der Signale kann die Entfernung des Objekts bestimmt werden. Aus der Stärke und der Intensitätsvariation in den Echopulsen ist eine Kartierung der Oberfläche des Körpers möglich sowie gegebenenfalls die Bestimmung seiner Oberflächenbeschaffenheit, z. B. die Reflexionseigenschaften im Radiofrequenzbereich und die Rauigkeit der Oberfläche. Die Rotationsgeschwindigkeit des Himmelskörpers ergibt sich aus der Wellenlängenverteilung der Echos. Da unterschiedliche Oberflächenbereiche unterschiedliche Radialgeschwindigkeiten relativ zum Beobachter haben, verursacht der → Doppler-Effekt eine Verbreiterung des Pulses.
Mit Hilfe der R.-E.-M. ist die Bestimmung der Bahn und der Geschwindigkeit von in die Erdatmosphäre eingedrungenen Meteoroiden möglich (→ Meteor). Die Methode ist im Gegensatz zu optischen Bestimmungen unabhängig von der Tageszeit.
Der *Laserlicht-Echo-Methode* liegt das gleiche Prinzip wie der R.-E.-M. zugrunde. Es werden kurze, möglichst monochromatische Strahlungspulse im optischen Spektralbereich ausgesandt, die von speziellen auf dem Mond oder an Raumsonden installierten Reflektoren zurückgeworfen werden.

Radiofenster, → Erdatmosphäre.

Radiofrequenzhintergrundstrahlung, aus dem Weltall kommende Radiofrequenzstrahlung mit einer über ein großes Himmelsareal oder den gesamten Himmel mehr oder minder gleichmäßigen, keinen isolierten Radioquellen zuzuordnenden Intensitätsverteilung.
Eine R. mit kontinuierlichem Spektrum und einer mit abnehmendem Abstand vom galaktischen Äquator Intensitätszunahme ist durch eine allgemeine Ausstrahlung des Milchstraßensystems verursacht. Der Strahlungsanteil mit einer thermischen Intensitätsverteilung ist auf einen schmalen Bereich in unmittelbarer Nähe des galaktischen Äquators beschränkt. Die Strahlung ist vor allem die Überlagerung von vielen nicht in Einzelquellen aufgelösten HII-Gebieten sowie thermische Strahlung des dünnen, mehr oder minder gleichmäßig verteilten Zwischenwolkengases (→ interstellares Gas). Der nichtthermische Anteil der galaktischen R. ist → Synchrotronstrahlung, die von hochenergetischen Elektronen der → Kosmischen Strahlung bei der Bewegung in interstellaren Magnetfeldern emittiert wird und vor allem aus den Spiralarmbereichen des Milchstraßensystems kommt. Dieser Anteil ist im Allg. weniger stark gegen den galaktischen Äquator konzentriert als der thermische. Im Dezimeterwellenbereich überwiegt in niedrigen galaktischen Breiten die thermische Strahlung, im Meterwellenlängenbereich die nichtthermische.
Die extragalaktische R. hat eine über den gesamten Himmel gleichmäßige Intensitätsverteilung, es ist der sehr langwellige Anteil der kosmischen Hintergrundstrahlung (→ Drei-Kelvin-Strahlung).

Radiofrequenzstrahlung, *Radiostrahlung*, elektromagnetische Strahlung mit einer Wellenlänge größer als etwa 1 mm. Der Wellenlängenbereich der von der Erde aus beobachtbaren kosmischen R. ist infolge der wellenlängeabhängigen Undurchlässigkeit der Erdatmosphäre eingeschränkt.
Strahlung mit einer Wellenlänge kürzer als etwa 700 µm wird in der Erdatmosphäre fast vollständig absorbiert. Strahlung mit Wellenlängen größer als etwa 30 m wird von der Ionosphäre reflektiert (→ Erdatmosphäre).
Statt der Wellenlänge λ wird bei der R. häufig die Frequenz ν angegeben, wobei die Beziehung $\lambda \cdot \nu = c$ gilt, in der c die Lichtgeschwindigkeit bedeutet. Einer Wellenlänge von 1 mm entspricht demzufolge eine Frequenz von 300 GHz, einer Wellenlänge von 1 m eine Frequenz von 30 MHz.
Die im Radiofrequenzbereich empfangenen Strahlungsströme sind sehr gering, sie werden im Allg. in der speziellen Maßeinheit Jansky (Einheitenzeichen Jy) angegeben, dabei gilt 1 Jy = 10^{-26} W m^{-2} Hz^{-1}. Bei flächenhaft erscheinenden Quellen wird die empfangene Strahlungsmenge noch auf die Raumwinkeleinheit oder 1 Quadratgrad bezogen. Statt der Strahlungsintensität wird vielfach die hierzu proportionale Helligkeits- oder Äquivalenttemperatur angegeben. Es ist die Temperatur, die ein Schwarzer Körper (→ Strahlungsgesetze) hat, der im gleichen Frequenzbereich mit der gleichen Intensität strahlt. Die Helligkeitstemperatur ist nur dann gleich der Temperatur im thermodynamischen Sinn, wenn der strahlende Körper bei der betreffenden Frequenz optisch dick ist (→ optische Dicke), sonst ist die Temperatur niedriger. Von der je Sekunde auf die Empfangsfläche eines Radioteleskops fallenden Energie wird nur ein Teil von der Antenne aufgenommen und steht der Messung zur Verfügung (→ Radioteleskop). Zur Charakterisierung der verfügbaren Energie wird vielfach die Antennentemperatur als Maß verwendet (→ Temperatur), bei Relativmessungen genügt deren Angabe.
R. entsteht bei unterschiedlichen Prozessen. Die Energieverteilung thermischer R. ist durch das Planck'sche Gesetz bestimmt, für Strahlung im Radiofrequenzbereich genügt aber die Rayleigh-Jeans-Näherung (→ Strahlungsgesetze). Nach dem Wien'schen Verschiebungsgesetz liegt das Energiemaximum der von einem Körper ausgesandten Strahlung bei umso größeren Wellenlängen, je geringer die Temperatur ist. Materie, die bei Zimmertemperaturen im sichtbaren Spektralbereich nicht strahlt, kann im Radiofrequenzbereich noch merklich emittieren.
In festen Körpern entsteht thermische R. infolge von Wärmeschwingungen geladener Teilchen, von Elektronen und Ionen. Die kontinuierliche thermische R. ionisierter Gase wird bei frei-freien Übergängen von Elektronen in elektrischen Feldern von Ionen emittiert (→ Atom). Bei optisch dicken Gasen entspricht die spektrale Energieverteilung der Rayleigh-Jeans-Näherung. Bei optisch dünnen Gasen ist die Strahlungsintensität von der kinetischen Temperatur des Gases und dem Quadrat der Anzahl der freien Elektronen je Volumeneinheit (Elektronendichte) abhängig. Sie ist nahezu unabhängig von der Wellenlänge. Ein Gebiet vorge-

Radiogalaxie

gebener Ausdehnung und vorgegebener Elektronendichte ist für Wellenlängen kleiner als eine kritische Wellenlänge optisch dünn, für größere Wellenlängen optisch dick (→ optische Dicke). Das Spektrum der Strahlung hat demzufolge einen charakteristischen Verlauf mit einem Knick bei der kritischen Wellenlänge λ_{krit} (Abb.).

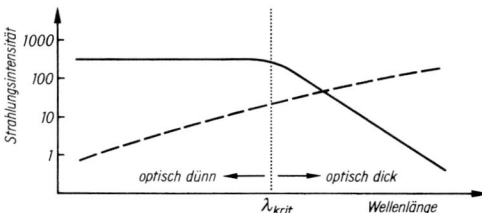

Schematisierte Strahlungsintensität in Abhängigkeit von der Wellenlänge. ——: thermische Radiofrequenzstrahlung einer interstellaren Wolke ionisierten Gases. λ_{krit}: kritische Wellenlänge. - - -: typische Intensitätsverteilung kosmischer Synchrotronstrahlung. Die Strahlungsintensitäten sind in willkürlichen Einheiten angegeben

Nichtthermischen Ursprungs ist die → Synchrotronstrahlung. Sie wird von hochenergetischen Elektronen, die sich in einem Magnetfeld bewegen, emittiert. Die Strahlungsintensität nimmt mit der Wellenlänge zu, die Strahlung ist stark polarisiert, was die Unterscheidung von thermischer R. ermöglicht. Nichtthermische R. entsteht weiterhin bei Plasmaschwingungen (→ Plasma).
Die Messungen der kontinuierlichen R. erfolgen (in Analogie zur Breitbandphotometrie im optischen Spektralbereich) im Allg. bei ausgewählten Wellenlängen, z. B. bei 1, 3 und 9 mm sowie u. a. bei 1,3, 2,8, 3,6, 6, 13, 20, 49 und 90 cm, wobei eine möglichst große Bandbreite angestrebt wird. Für Spezialuntersuchungen werden entsprechend angepasste Wellenlängenbereiche gewählt.
Linienstrahlung im Radiofrequenzbereich entsteht beim Elektronenübergang zwischen den beiden Hyperfeinstrukturniveaus des Grundzustandes der Wasserstoffatome (→ Einundzwanzig-cm-Linie) sowie, nach der Rekombination freier Elektronen mit Ionen auf sehr hoch liegenden Energieniveaus, bei den anschließenden kaskadenartigen Elektronenübergängen zu benachbarten tiefer liegenden Niveaus (→ Rekombinationslinien). Die von Molekülen stammenden Linien im Radiofrequenzbereich gehen ganz überwiegend auf Übergänge zwischen Rotationsniveaus zurück (→ interstellares Gas). Von bestimmten Quellen wird eine durch den Masereffekt verstärkte Linienstrahlung emittiert (→ interstellares Gas).

Radiogalaxie, spezielles aktives extragalaktisches → Sternsystem.
Radioheliograph *m*, → Sonnenbeobachtung.
Radiointerferometer *n*, → Radioteleskop.
Radioquelle, ein Radiofrequenzstrahlung emittierendes kosmisches Objekt. Die Identifikation einer R. mit einem im optischen Spektralbereich beobachteten Objekt ist nicht immer möglich, u. a. wenn ein Himmelskörper zwar im Radiofrequenz-, im optischen Spektralbereich aber nicht oder nicht stark genug strahlt oder wenn der Himmelskörper in einer oder „hinter" einer dichten interstellaren Staubwolke verborgen ist, die zwar für Radiofrequenzstrahlung optisch dünn ist (→ optische Dicke), nicht aber für sichtbare Strahlung (→ interstellarer Staub). Eine Identifikation ist weiterhin schwierig, wenn sich in dem von einem Radioteleskop erfassten Himmelsareal mehr als eine mögliche sichtbare Quelle befindet.
Benennung. Starke R.en wurden zunächst mit dem Sternbild bezeichnet, in dem sie liegen, gefolgt von einem großen lateinischen Buchstaben, der die Reihenfolge der Entdeckung angibt, z. B. Taurus A. (Diese Quelle wurde später mit dem Krebsnebel identifiziert.) Gegenwärtig werden R.n meist mit dem abgekürzten Namen eines Radioquellenkatalogs und der Nummer bezeichnet, unter der sie im Katalog angegeben sind, z. B. bedeutet 3C 48 die an 48. Stelle im 3. von der Universität Cambridge (Großbritannien) herausgegebenen Katalog diskreter R.n angeführte. R.n werden z. T. mit einem den Typ des Objekts kennzeichnenden Symbol, z. B. Q für Quasar, gefolgt von einer Zahlengruppe bezeichnet, in der die vier ersten Ziffern die Rektaszension in Stunde und Minute des Orts der Quelle am Himmel und die nachfolgenden die Deklination auf ein Zehntel genau in Grad angeben. Für starke, lang bekannte R.n werden meist die alten Bezeichnungen verwendet.
Radioquellen im Sonnensystem. Die Radiofrequenzstrahlung der Sonne ist verglichen mit der Strahlung im optischen Spektralbereich sehr gering, der empfangene Strahlungsstrom ist infolge der Nähe der Sonne im Vergleich mit anderen Quellen hingegen sehr hoch. Die Strahlung der von aktiven Gebieten freien, der „ruhigen" Sonne ist eine ständig vorhandene thermische Emission der Chromosphäre und Sonnenkorona. Ihr überlagert ist die Strahlung der „gestörten" Sonne, die auch Anteile nichtthermischer Strahlung enthält (→ Sonne).
Der Mond sowie die Planeten emittieren thermische Radiofrequenzstrahlung. Beim Jupiter ist sie von einer stark veränderlichen nichtthermischen Strahlung im Dezimeterwellenbereich überlagert, die sich z. T. in einzelnen Strahlungsausbrüchen manifestiert. Bei Kometen tritt z. T. eine von Molekülen der Koma herrührende Linienstrahlung auf. Indirekt macht sich interplanetares Gas durch eine → Radioszintillation bemerkbar.
Galaktische Radioquellen. Einzelne Gebiete ionisierten interstellaren Wasserstoffs, sog. HII-Gebiete, heben sich als individuelle R.n mit kontinuierlichem Spektrum von der galaktischen Radiofrequenzhintergrundstrahlung ab. Dabei handelt es sich im Allg. um relativ nahe oder dichte HII-Gebiete, die oft im sichtbaren Spektralbereich als helle Emissionsnebel beobachtbar sind; vielfach liegen sie auch verborgen „hinter" dichten Dunkelwolken. Die von HII-Gebieten emittierte Strahlung hat ein kontinuierliches Spektrum mit überlagerten Spektrallinien, die als → Rekombinationslinien infolge von Elektronenübergängen von sehr hohen Energieniveaus auf benachbarte niedrigere nach der Rekombination von Elektronen mit Ionen entstehen. Die → Planetarischen Nebeln zuzuordnenden R.en sind

vom gleichen Erscheinungstyp wie die von HII-Gebieten.
Gebiete neutralen atomaren Wasserstoffs, sog. HI-Gebiete, treten als R.n auf Grund der von ihnen ausgehenden 21-cm-Linienstrahlung in Erscheinung, die beim Übergang zwischen den beiden Hyperfeinstrukturniveaus der Wasserstoffatome im Grundzustand emittiert wird (→ Einundzwanzig-cm-Linie). Interstellare Molekülwolken zeichnen sich im Radiofrequenzbereich durch ein reiches Linienspektrum aus, das vor allem von Molekülen beim Übergang von höheren zu niedrigeren Rotationsniveaus entsteht (→ interstellares Gas). In Molekülwolken befinden sich dicht bei kompakten HII-Gebieten vielfach Maser-Radioquellen, bei denen für einige Spektrallinien die relativen Intensitäten von denen abweichen, die sich bei einem thermodynamischen Gleichgewichtszustand einstellen (→ interstellares Gas).
Einige R.n sind gasförmige Supernovaüberreste, die auf Grund ihrer thermischen Strahlung sowie ihrer Synchrotronstrahlung als R.n in Erscheinung treten (→ Supernova), so z. B. der Krebsnebel. Die als Novae identifizierten R.n emittieren thermische Strahlung, die offenbar in der optisch dicken von der Nova abgestoßenen Gashülle entsteht.
Als R.n treten u. a. Sterne in Erscheinung, die sich in einem späten Entwicklungszustand befinden und infolge eines starken Masseverlusts von einer zirkumstellaren Gashülle umgeben sind, z. B. → Mira-Sterne, halbregelmäßige Veränderliche sowie → OH/IR-Sterne. Derartige zirkumstellare Hüllen sind vielfach auch mit Maser-Radioquellen verbunden (→ interstellares Gas). Sehr junge Sterne, z. B. → T-Tauri-Sterne, deren zirkumstellare Hüllen Reste der interstellaren Wolke sind, in denen diese Sterne entstanden, sind ebenfalls R.en.
Einige Sterne, wie z. B. Beteigeuze und Algol, emittieren eine von der Sternatmosphäre ausgehende thermische Radiofrequenzstrahlung, die der der „ruhigen" → Sonne entspricht. Die Strahlungsleistungen übertreffen aber die der Sonne bei weitem, bei Beteigeuze z. B. um das Millionenfache. Die Intensität der Strahlung dieser Sterne ist im Wesentlichen konstant, wird aber gelegentlich von Variationen überlagert, die etwa denen der „aktiven" Sonne gleichen. Einige UV-Ceti-Sterne sind stark variable R.n mit Strahlungsausbrüchen, die z. T. mit Ausbrüchen im sichtbaren Spektralbereich korreliert sind. Die Strahlungsausbrüche entstehen wahrscheinlich bei den gleichen Prozessen, bei denen die solaren Radiostürme (→ Sonnenkorona), sind aber um Größenordnungen heftiger. Bei den als R.n identifizierten engen → Doppelsternen steht die Strahlungsemission anscheinend mit dem Überströmen von Materie von einer Doppelsternkomponente zur anderen in Verbindung. Die → Pulsare sind stellare R.en, deren Radiofrequenzstrahlung als Synchrotronstrahlung entsteht und in Form von streng periodischen Strahlungspulsen emittiert wird.
Eine in ihrer Art besondere R. ist die Quelle Sagittarius A* im Zentrum des → Milchstraßensystems, die eine nichtthermische Strahlung emittiert.
Extragalaktische Radioquellen. Dem Milchstraßensystem eng benachbarte Sternsysteme wie der Andromedanebel oder die beiden Magellan'schen Wolken treten als R.n in Erscheinung. Die Strahlungsleistungen im Radiofrequenzbereich sind bei ihnen wesentlich geringer als im optischen Spektralbereich. Die Radiofrequenzstrahlung kann im Andromedanebel analog zum Milchstraßensystem dem Zentralgebiet, einer verhältnismäßig homogenen Scheibe in der Symmetrieebene des Systems sowie den Spiralarmen zugeordnet werden. In den Spiralgalaxien sind die Intensitäten der Strahlungskomponenten im Allg. unterschiedlich stark, z. T. sind einzelne HI- und HII-Gebiete wie auch gasförmige Supernovaüberreste als isolierte R.en nachweisbar. Bei weiter entfernten Galaxien verschmelzen die Einzelquellen zu einer einzigen integralen Strahlungsquelle.
Aktive → Sternsysteme haben im Radiofrequenzbereich eine wesentlich höhere Strahlungsleistung als im sichtbaren Bereich, wobei die Strahlung im Allg. von einer Kernquelle, die mit dem Zentrum des sichtbaren Sternsystems zusammenfällt, und einem Paar flächenhafter R.n, die weit außerhalb der sichtbaren Galaxie liegen, emittiert wird. Sehr starke R.en sind z. B. BL-Lacertae-Objekte und Seyfert-Galaxien, besonders aber → Quasare, die nur auf Grund ihrer außerordentlich starken Radiofrequenzstrahlung entdeckt werden.

Radiospektrometer n, → Radioteleskop.
Radiospektrum, Intensitätsverteilung der von einer Radioquelle kommenden Radiofrequenzstrahlung in Abhängigkeit von der Wellenlänge oder Frequenz.
Radiostern, veraltete und im Allg. irreführende Bezeichnung für eine Radioquelle.
Radiostrahlung, sv.w. Radiofrequenzstrahlung.
Radiosturm, → Sonne.
Radioszintillation, relativ rasche unregelmäßige Richtungs- und Intensitätsvariationen punktförmig erscheinender Radioquellen. Ursache sind lokale Änderungen der Elektronendichte längs des Sehstrahls, wodurch die von einer Radioquelle ausgehenden Wellenfronten in unregelmäßiger Weise deformiert werden, analog zu den Deformationen der Wellenfronten der sichtbaren Strahlung infolge der → Szintillation. *Ionosphärische R.en* gehen auf Schwankungen der Elektronendichte in der Ionosphäre der Erde (→ Erdatmosphäre), vor allem auf die in der etwa 200 km Höhe liegenden F_2-Schicht zurück. Die *interplanetare R.* entsteht durch Schwankungen der Elektronendichte im interplanetaren Gas, die durch den zeitlich stark variierenden → Sonnenwind verursacht werden. Die interplanetare R. tritt im Wesentlichen nur bei Radioquellen mit einem Winkeldurchmesser kleiner als etwa 1″ auf.
Radioteleskop, Instrument zum Empfang der aus dem Weltall kommenden Radiofrequenzstrahlung. Im prinzipiellen Aufbau unterscheiden sich R.e nicht wesentlich von optischen Spiegelteleskopen. Von einem im Allg. parabolischen Reflektor wird Strahlung gesammelt, gebündelt und zu einer sich im Brennpunkt befindenden Antenne gelenkt, von der aus das aufgenommene Signal über einen geeigneten Leiter einem Detektor zugeführt wird (Abb. 1). Unterschiede in der gerätetechnischen Ausführung von optischen und R.en ergeben sich infolge der etwa tausend- bis millionenfach größeren Wellenlänge der Radiofrequenzstrahlung

Radioteleskop

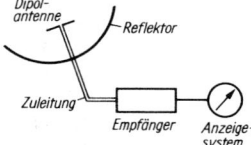

Abb. 1: Schema eines Radioteleskops

gegenüber sichtbarem Licht. Die von R.en aufgenommene Energie ist trotz der im Vergleich zu optischen Spiegelteleskopen extrem großen strahlungssammelnden Reflektoren auf Grund der geringen Energie der Photonen im Radiofrequenzbereich (→ Energie) außerordentlich gering.

Ein parabolischer Reflektor bewirkt eine phasengerechte Konzentration der Strahlung im Brennpunkt. Um dies zu erreichen, dürfen die Abweichungen der Reflektorfläche von einem idealen Rotationsparaboloid nicht mehr als etwa 1/10 bis 1/20 der Beobachtungswellenlänge betragen. Die Formgenauigkeit des Reflektors bestimmt die kleinste Wellenlänge, für die ein R. optimal ist. Aus der Genauigkeitsbedingung folgt, dass die metallene Oberfläche des Reflektors nicht unbedingt homogen und glatt sein muss, sie kann durchbrochen sein, etwa aus einem Drahtgeflecht bestehen, sofern die Lücken nicht größer als etwa 1/10 bis 1/20 der Beobachtungswellenlänge sind.

Voll bewegliche große R.e werden meist als Cassegrain-Instrumente (→ Spiegelteleskop) gebaut.

Die vom parabolischen Reflektor kommende Strahlung wird, bevor sie dessen Brennpunkt erreicht, von einem hyperbolischen Sekundärreflektor auf die Empfangsantenne konzentriert, die sich in der Nähe des Scheitelpunktes des Hauptreflektors befindet. Bei einer derartigen Anordnung ist die Abschirmung der Antenne von irdischen Störstrahlungen am günstigsten.

Auflösungsvermögen. Das Auflösungsvermögen eines Teleskops gibt an, welchen Winkelabstand zwei punktförmige Strahlungsquellen maximal haben dürfen, um noch getrennt wahrnehmbar zu sein. Es ist in gleicher Weise wie das eines optischen Teleskops vom Reflektordurchmesser D und der Beobachtungswellenlänge λ abhängig. Werden beide Größen in gleicher Längeneinheit gemessen, ergibt sich das Auflösungsvermögen α gemessen in Grad zu $\alpha \approx 70 \cdot \lambda/D$. Bei einer Wellenlänge von 1 m muss der Reflektordurchmesser mithin mindestens 70 m betragen, damit Quellen mit einem Winkelabstand von 1° getrennt beobachtet werden können. Ein einigermaßen befriedigendes Auflösungsvermögen ist nur mit außerordentlich großen Reflektoren zu erzielen (Abb. 2). Das erfordert einen hohen technischen Aufwand, da die Reflektorgenauigkeit bei jeder Teleskopstellung und jeder Wetterlage, d. h. unterschiedlicher Windstärke, Temperatur und Sonneneinstrahlung, eingehalten werden muss. Zur Reduzierung des technischen Aufwands wird vielfach darauf verzichtet, die Abweichungen der Reflektorfläche absolut klein zu halten. Sie wird nur während der Beobachtung mit Hilfe von Stellgliedern ständig einem Rotationsparaboloid angepasst, wenn sich dadurch auch Brennweite und Achsrichtung ändern. Eine weitere Steuerung sorgt dafür, dass die Antenne immer im Brennpunkt bleibt. Bei R.en für Beobachtungen im Millimeterwellenbereich kann der Reflektordurchmesser relativ klein sein. Das gesamte Teleskop lässt sich dann zum Schutz gegen Wind-, Wetter- und Temperatureinflüsse in einem Gehäuse aus für Radiostrahlung durchlässigem Material unterbringen.

Strahlungsdiagramm. Die im Fokus vereinigte Strahlungsenergie ist von der Lage der Strahlungsquelle relativ zur Reflektorachse abhängig, worauf die Richtwirkung beruht. Das Strahlungsdiagramm (Abb. 3) gibt den von einer weit entfernten Quelle im Fokus eintreffenden Strahlungsstrom in Abhängigkeit vom Winkelabstand zwischen Reflektorachse und Sehstrahl zur Quelle an. Sind beide Richtungen genau parallel, durchlaufen die Strahlen bis zum Brennpunkt exakt gleiche Wegstrecken, so dass sich eine optimale Phasenüberlagerung und damit maximale Intensität ergibt. Mit wachsendem Winkelabstand werden die durchlaufenen Wegstrecken immer unterschiedlicher, die Phasenüberlagerung ungünstiger, die Intensität sinkt; bei bestimmten Winkeln erfolgt eine Phasenauslöschung und die Intensität wird Null. Das Strahlungsdiagramm hat dadurch von der Hauptkeule getrennte Seitenkeulen. Der Winkel, bei dem die Strahlungsintensität der Hauptkeule die Hälfte des Maximalwerts beträgt, die sog. Halbwertsbreite, ist annähernd gleich dem Auflösungsvermögen. Die über die Seitenkeulen aufgenommene Strahlungsleistung kann dann erheblich stören, wenn die Hauptkeule auf eine schwache Radioquelle gerichtet ist und sich in Richtung einer Seitenkeule zufällig eine starke Quelle befindet. Rotationssymmetrische Reflektoren haben rotationssymmetrische Strahlungsdiagramme; die ideale Rotationssymmetrie wird im geringen Maße u. a. durch die → Beugung der Strahlung an der Stützstruktur für den Sekundärspiegel gestört. Das Strahlungsdiagramm ist im Wesentlichen die Darstellung der Intensitätsverteilung eines Beugungsscheibchens in Polarkoordinaten.

Antennen. Die Strahlung aufnehmende Antenne ist entweder ein Dipol, in dem das elektrische Feld der Strahlung eine Wechselspannung induziert, die mittels Koaxialkabel zum Empfänger geleitet wird, oder ein Metallhorn (Hornantenne), von dem die Welle mittels eines Hohlleiters zum Empfänger gelangt.

Ein Dipol filtert aus dem ankommenden Strahlungsstrom einen schmalen Wellenlängenbereich aus, dessen zentrale Wellenlänge gleich der doppelten Dipollänge ist. Breitbandige Antennensysteme haben mehrere auf verschiedene Wellenlängen abgestimmte Dipole. Ein Dipol wird nur durch Strahlung angeregt, deren elektrischer Feldvektor gleiche Richtung wie der Dipol hat. Mit einem um eine Achse drehbaren Dipol ist die Strahlungsintensität in den verschiedenen Richtungen, damit die Polarisationsrichtung und der Polarisationsgrad der Strahlung bestimmbar (→ Polarisation).

Hornantennen nehmen Strahlung mit Wellenlängen kleiner als die Hornöffnung auf. Infolge der in trichterförmigen Hörnern auftretenden Resonanzeffekte ist ein Horn nur bei wenigen Wellenlängen, den „Arbeitswellenlängen", effektiv. Aus den durch einen Hohlleiter

Radioteleskop

Abb. 2: 100-m-Radioteleskop des Max-Planck-Instituts für Radioastronomie in Bad-Münstereifel-Effelsberg (Aufnahme: Max-Planck-Institut für Radioastronomie, Bonn)

weitergeleiteten Wellen können mittels einer Signalauskoppelung Wellenkomponenten unterschiedlicher Richtung einem Empfänger zugeführt werden, was die Messung polarisierter Strahlung ermöglicht. Durch das Anbringen mehrerer Hornantennen in der Fokalebene des Reflektors können gleichzeitige Beobachtungen bei verschiedenen Arbeitswellenlängen z. B. im Zentimeter- und Millimeterwellenbereich erfolgen. Mit leicht richtungsversetzten Hornantennen ist die Untersuchung auch flächenhafter Radioquellen möglich, so dass sich ein „Radiobild" einer Quelle ergibt.

Zur Reduzierung von Störstrahlung müssen die Zuleitungen von der Antenne zum Empfänger möglichst kurz sein, was bei einem R. vom Cassegrain-Typ sehr leicht erreicht werden kann, gleichzeitig sind Antenne und Empfänger gut zugänglich.

Empfänger. Im Empfänger wird die von der Antenne kommende schwache hochfrequente Wechselspannung in einer ersten Stufe um einen Faktor 10^5 bis 10^8 vorverstärkt. Die Eingangsstufe wird zur Reduzierung des thermischen Rauschens stark gekühlt, weil dieses zusammen mit dem Signal verstärkt wird und das Signal meist wesentlich schwächer ist als das Rauschen. In einer nachfolgenden Mischerstufe wird die verstärkte Wechselspannung mit der eines abgestimmten Oszillators gemischt und in eine niedrigere Frequenz umgesetzt. Diese Wechselspannung wird weiter verstärkt und einer Frequenzweiche zugeführt, in der Träger- und Signalfrequenz wieder entkoppelt werden, so dass die

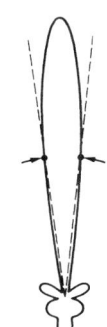

Abb. 3: Strahlungsdiagramm. Der Winkel zwischen den beiden Pfeilspitzen gibt die Halbwertsbreite der Hauptkeule

Radioteleskop

verstärkte Signalintensität zur Verfügung steht. Zur Ermittlung der Signalintensität wird mit dem gleichen Empfänger die Intensität einer thermischen Strahlungsquelle bekannter Temperatur gemessen. Der Vergleich beider geschieht in sehr rascher Folge, um eventuell auftretende zeitliche Störungen zu eliminieren. Bei Beobachtungen im Millimeter- und Submillimeterbereich erfolgt die Frequenzmischung vor der Verstärkung. Die von Hornantennen im Submillimeterbereich empfangenen Wellen werden oft direkt einem stark gekühlten Halbleiterdetektor zugeführt. Eine typische Antennen-Empfänger-Kombination ist nur in einem schmalen Wellenlängenbereich effektiv.

Radiospektrometer. Ein Spektrometer besteht üblicherweise aus einer Reihe von Empfänger-Antennen-Kombinationen, die für jeweils einen schmalen Wellenlängenbereich abgestimmt sind. Die Ermittlung der Strahlungsintensität mit hoher spektraler Auflösung in einem größeren Wellenlängenbereich ist bei diesem Verfahren mit einem hohen Aufwand verbunden. Bei akusto-optischen Spektrometern wird dagegen die vom Empfänger kommende niederfrequente Wechselspannung zur Erzeugung einer akustischen Welle, damit von Dichteinhomogenitäten, in einem geeigneten Kristall verwendet. Beim Durchstrahlen des Kristalls mit monochromatischem Licht wird dieses an den Inhomogenitäten gebeugt. Die Winkelauslenkung ist der Frequenz, die Stärke des gebeugten Lichts der Intensität der Radiostrahlung bei dieser Frequenz proportional. Mit einer Zeile optischer Detektoren hinter dem Kristall wird der Lichtstrom gemessen und daraus die spektrale Energieverteilung der einfallenden Radiofrequenzstrahlung in einem relativ großen Spektralbereich bestimmt. Akusto-optische Spektrometer haben ein hohes spektrales Auflösungsvermögen.

Interferenzsysteme. Zur Erhöhung des Auflösungsvermögens von R.en werden mehrere Teleskope zu einem **Radiointerferometer** zusammengeschaltet. Im einfachsten Fall, bei einem Zweistrahlinterferometer, wird von zwei Teleskopen, deren Verbindungslinie (Basislinie) in Ost-West-Richtung liegt, simultan die gleiche Radioquelle beobachtet. Die in den Antennen induzierten Wechselspannungen werden nach Modulation auf eine niedrigere Frequenz einem Korrelator phasengerecht zugeführt und zur Interferenz gebracht. Bei Hornantennen werden die empfangenen Wellen über Hohlleiter dem Korrelator zugeführt. Infolge der Erdrotation ändert sich der Winkel zwischen Basislinie und Einfallsrichtung der Strahlung, damit der relative Abstand der Teleskope senkrecht zur Einfallsrichtung. Von der Quelle aus gesehen durchlaufen die Teleskope Ellipsenbahnen, wobei die Deklination der Quelle die kleine Halbachse der Bahn bestimmt und die größte relative Basislinie die große. Bei der Deklination 0° entartet die Ellipse zu einer Geraden. Die Änderung der relativen Basislinie hat eine Verschiebung der Maxima der interferierenden Signale zur Folge. Die unterschiedliche Laufzeit der Wellen von der Strahlungsquelle zu den Teleskopen wird durch eine Verzögerungsstrecke so ausgeglichen, als wären die zu durchlaufenden Strecken gleich. Das Auflösungsvermögen eines derartigen Interferometers ist durch die Basislänge und die Wellenlänge der empfangenen Strahlung bestimmt, es ist gleich dem, den ein R. mit einem Reflektordurchmesser gleich der Basislänge hätte. Die aufgenommene Strahlungsleistung hingegen ist nur proportional der Reflektorfläche beider Teleskope zusammen. Wegen der Nicht-Rotationssymmetrie der Teleskopanordnung ist das Strahlungsdiagramm nicht rotationssymmetrisch, sondern blattförmig. Das Auflösungsvermögen ist nur in Basisrichtung sehr hoch, die Hauptkeule entsprechend stark, senkrecht dazu ist es nicht besser als das jedes der beiden einzelnen Teleskope. Mittels eines Vielstrahlinterferometers, bei dem viele Teleskope entlang der Basislinie aufgestellt sind (Abb. 4), kann das Auflösungsvermögen noch wesentlich erhöht werden. Stehen die Basislinien zweier Interferometersysteme senkrecht zueinander, ergibt sich ein hohes Auflösungsvermögen in beiden Richtungen.

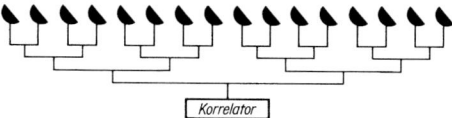

Abb. 4: Schema eines Vielstrahlinterferometers

Die Signalübertragung von den Antennen zum Korrelator kann auf unterschiedlichen Wegen geschehen. Bei kleinen Basislängen genügen feste Leiter, bei Basislängen größer als einige Kilometer erfolgt im Allg. eine drahtlose Übertragung. Bei Interferometern mit Basislängen größer als etwa 100 km werden die an den einzelnen Teleskopen empfangenen und modulierten Signale mit Zeitmarken höchster Genauigkeit versehen und nach den Beobachtungen mit Hilfe großer Rechenanlagen miteinander korreliert.

Ein großer Reflektor kann im Prinzip aus vielen Einzelelementen bestehend gedacht werden, die untereinander Zweistrahlinterferometer mit den unterschiedlichsten Basislängen und Richtungen bilden. Eine einzelne Beobachtung entspricht mithin vielen gleichzeitigen Interferometerbeobachtungen. In der Realität kann daher ein großer Reflektor mit Hilfe einer Anzahl kleiner R.e synthetisiert werden, wenn diese viele Zweistrahlinterferometer unterschiedlicher Basislänge und -richtung bilden können und die Signale rechnerisch so korreliert werden, dass sie zusammen der Beobachtung mit einem großen Reflektor entsprechen. Eine derartige **Apertursynthese** hat den Vorteil, dass die Beobachtung einer Radioquelle nicht unbedingt gleichzeitig durchgeführt werden muss. Grundsätzlich reichen für eine Apertursynthese zwei Teleskope aus, wenn eines davon nacheinander in mehrere bezüglich Abstand und Richtung unterschiedliche Interferometerpositionen gebracht werden kann. Im Allg. werden viele, über eine große Fläche verteilte Teleskope benutzt, von denen ein Teil zwischen den Beobachtungen auf Schienen an unterschiedliche Standorte („Aperturpunkte") gebracht werden kann. Das Auflösungsvermögen eines „synthetisierten" R.s entspricht dem eines Einzelteleskops mit dem Durchmesser gleich dem größten senkrecht zur

Strahlungsrichtung projizierten Abstand der Zwei-Element-Kombinationen.

Die unvollständige Aperturüberdeckung führt bei sehr großen synthetisierten Teleskopen zu Einschränkungen im Gesichtsfeld sowie in der Fähigkeit, schwache Strukturen in der Nähe heller Objekte zu erkennen. Syntheseinstrumente haben aber den Vorteil, dass sie durch Hinzufügen neuer Teleskope schrittweise erweitert werden können und dass die Teleskope auch einzeln nutzbar sind. Nachteilig ist, dass Beobachtungen nicht in Echtzeit durchgeführt werden können.

Mittels des Zusammenwirkens vieler interkontinental verteilter R.e kann ein Teleskop synthetisiert werden, das einem R. mit einem Durchmesser in der Größenordnung von etwa 10 000 km entspricht und das ein Auflösungsvermögen in der Größenordnung von etwa 0,001″ hat, was besser als das der besten optischen Teleskope ist. Schwierigkeiten bereitet die → Radioszintillation, die zu unkorrelierten Störungen der Phasenlage der bei den Teleskopen ankommenden Wellen führt. Zur Reduzierung dieses Phasenfehlers und zum Ausgleich der lückenhaften Aperturüberdeckung sind aufwendige Bildrekonstruktionen erforderlich.

Aufstellung. Voll bewegliche R.e mit einem Reflektordurchmesser bis zum Größenbereich von etwa 30 m werden im Allg. parallaktisch aufgestellt, wesentlich größere azimutal (→ Fernrohr). Bei einer azimutalen Aufstellung ist zur Nachführung die Drehung um zwei zueinander senkrechte Achsen erforderlich, wobei eine Positionsgenauigkeit von wenigen Bogensekunden einzuhalten ist, was rechnergesteuert erreicht wird.

Angaben zu einzelnen Teleskopen. Das R. des National Radio Observatory bei Green Bank (USA) ist weltweit das größte freibewegliche Teleskop. Der Reflektor ist parabolisch mit einem exzentrischen Ausschnitt von 100 m × 110 m. Das europaweit größte R. hat einen parabolischen Reflektor mit einem Durchmesser von 100 m und befindet sich in Effelsberg (Eifel) und gehört zum Max-Planck-Institut für Radioastronomie (Abb. 2). Mit Hilfe rechnergesteuerter Korrekturen des Sekundärspiegels analog einer → aktiven Optik sind Beobachtungen bis zum Millimeterwellenbereich möglich. Das größte Syntheseteleskop befindet sich in Socorro (USA), das aus 27 parabolischen 25-m-R.en besteht, die längs dreier radial auseinanderlaufenden Geraden von je 21 km Länge verschiebbar angeordnet sind (Abb. 5). Mittels Apertursynthese kann damit ein R. von 36 km Durchmesser synthetisiert werden.

Beim gegenwärtig größten R. bei Arecibo (Puerto Rico) ist ein kugelsymmetrischer Reflektor mit einem Durchmesser von 305 m in einer Talmulde fest mit dem Untergrund verbunden (Abb. 6, Seite 326). Die Reflektoroberfläche besteht aus nahezu 40 000 justierbaren Stahlpanelen mit einem Lochraster, der Lochdurchmesser beträgt 4,7 mm, der Lochabstand 6,3 mm. Der sphärische Reflektor weicht von der Idealform nur um etwa ± 3,3 mm ab. Der nutzbare Wellenlängenbereich erstreckt sich bis zum Zentimeterwellenbereich. Beobachtungen sind infolge der Unbeweglichkeit des Reflektors theoretisch auf den Zenit beschränkt. Die Antennen sind jedoch an einem gekrümmten Träger mit dem gleichen Krümmungsmittelpunkt wie der Reflektor verschiebbar angebracht und der drehbare Träger an einem Azimutring von etwa 40 m Durchmesser (Abb. 6). Eine rechnergesteuerte Nachführung ermöglicht die Antennen so zu bewegen, dass Radioquellen innerhalb eines Bereichs von 20° Durchmesser um den Zenit während eines Zeitintervalls von rund zwei Stunden ununterbrochen beobachtbar sind. Auf Grund der geographischen Breite des Teleskops sind Quellen im Deklinationsbereich von −2° bis +38° erreichbar. Die bei einem Kugelspiegel vorhandene sphärische Aberration (→ Fernrohr) wird mittels einer Anordnung kompliziert geformter Sekundär- und Tertiärreflektoren so korrigiert, dass die Strahlung immer auf die Antennen konzentriert bleibt. Zur Abschirmung irdischer Streustrahlung ist der Reflektorrand mit einem 15 m hohen Metallzaun umgeben.

Radiusvektor, *Leitstrahl*, die Verbindungsgerade zwischen einem festen Zentrumspunkt und einem anderen Punkt oder Körper; z. B. bei Kegelschnitten zwischen dem Brennpunkt und einem Punkt des Kegelschnitts.

Abb. 5: Syntheseteleskop in Socorro (USA) (NRAO/AUI/NSF)

Randaufhellung

Abb. 6: Das Radioteleskop bei Arecibo, Puerto Rico. Die Antennen befinden sich unterhalb der mit Stahlseilen von drei Türmen gehaltenen dreieckigen Plattform (NAIC/NSF)

Randaufhellung, → Randverdunkelung.
Randverdunkelung, *Mitte-Rand-Variation*, die im sichtbaren Spektralbereich beobachtbare Abnahme der Flächenhelligkeit auf der Sonnenscheibe von der Mitte zum Rand hin. Im Röntgen- und z. T. im Radiofrequenzbereich existiert hingegen eine Helligkeitszunahme, eine *Randaufhellung* (→ Sonne). Bei anderen Sternen kann ebenfalls eine R. erwartet werden, die sich z. B. bei Bedeckungsveränderlichen aus der Form der Lichtkurve erschließen lässt (→ Bedeckungsveränderliche).
Ras Algethi, α *Herculis*, ein Dreifachstern im Sternbild Hercules. Die Hauptkomponente hat die Spektralklasse M5 und die Leuchtkraftklasse I und ist ein halbregelmäßig veränderlicher Stern, dessen scheinbare visuelle Helligkeit zwischen $2^m_.7$ und $4^m_.0$ variiert. Knapp 5″ vom Hauptstern entfernt befindet sich ein $5^m_.4$ heller spektroskopischer Doppelstern mit einer Umlaufzeit von 51,6 Tagen. Die Entfernung von der Sonne beträgt 117 pc oder 380 Lichtjahre.
Ras Alhague, α *Ophiuchi*, der hellste Stern im Sternbild Ophiuchus mit einer scheinbaren visuellen Helligkeit von $2^m_.08$, der Spektralklasse A5 und der Leucht-

kraftklasse III. Die Entfernung von der Sonne beträgt 14,3 pc oder 47 Lichtjahre.
R-Assoziation, → Sternassoziation.
Raumfahrt, *Weltraumfahrt*, *Astronautik*, die Durchquerung des Raums außerhalb der dichten Erdatmosphäre mittels Raumsonden.
Technische Bedingungen. Zur Überwindung der Erdanziehung und zum Erreichen einer Flugbahn außerhalb der dichten Erdatmosphäre werden Raumflugkörper mittels Raketen in ihre Bahn gebracht. Zum Entweichen aus dem unmittelbaren Gravitationsfeld der Erde in den interplanetaren Raum ist eine Mindestgeschwindigkeit von 11,2 km/s notwendig. Erfolgt der Start am Äquator in Richtung der Erdrotation bzw. der Erdbewegung um die Sonne, hat der Flugkörper bereits eine Geschwindigkeitskomponente in der Flugrichtung, so dass die Entweichgeschwindigkeit geringfügig niedriger sein kann. Zur Energieeinsparung werden Mehrstufenraketen benutzt, nach dem Abwurf einer ausgebrannten Raketenstufe braucht dann nur noch eine wesentlich geringere Masse beschleunigt zu werden. Durch gravitationsunterstützte Beschleunigungen kann die Geschwindigkeit einer Raumsonde wesentlich er-

höht werden, dabei wird bei einem gezielten nahen Vorbeiflug am Mond oder an einem Planeten deren Gravitationsfeld ausgenutzt, um der Sonde einen nach Größe und Richtung vorausbestimmten Impuls zur Beschleunigung und Richtungsänderung zuzuführen. Die übertragene Energie wird der unvergleichlich größeren Bewegungsenergie des zur Beschleunigung benutzten Himmelskörpers entzogen.
Astronomische Möglichkeiten. Infolge der Undurchlässigkeit der → Erdatmosphäre für elektromagnetische Strahlung im Gamma-, Röntgen-, Ultraviolett- sowie im mittleren und fernen Infrarotbereich können in diesen Spektralbereichen kosmische Objekte nur von Erdsatelliten und Raumsonden aus beobachtet werden. Mit Hilfe von Raumsonden sind Beobachtungen und Untersuchungen von Körpern des Planetensystems aus unmittelbarer Nähe, z. T. auch mit geologischen Methoden möglich (→ Mond, → Merkur, → Venus, → Mars, → Jupiter, → Saturn, → Uranus und → Neptun, weiterhin → Kometen, → Planetoiden wie auch Planetensatelliten und Ringsysteme um Planeten). Mittels weich gelandeter Sonden können auf Mond, Venus und Mars Bodenbeschaffenheit und chemische Zusammensetzung des Oberflächenmaterials untersucht werden, vom Mond wurde Gestein für Laboruntersuchungen zur Erde gebracht. Das Durchqueren der Atmosphären von Venus, Mars, Jupiter und des Saturnsatelliten Titan ergab Kenntnisse über die Temperatur- und Druckverhältnisse sowie die Zusammensetzung der Atmosphären. Raumsonden erlauben die Untersuchung des → Sonnenwinds, der primären → Kosmischen Strahlung, der Dichte, der chemischen Zusammensetzung wie auch der Bewegungsverhältnisse der interplanetaren Materie sowie des interplanetaren Magnetfelds (→ interplanetare Materie). Mit Hilfe elektrisch geladener Teilchen wurde das Verhalten derartiger Teilchen in den Ionenschweifen von Kometen unter der Wirkung der Magnetfelder und des Sonnenwindes simuliert. Zusätzlich zur beobachtenden Astronomie ergibt sich mit Raumsonden die Möglichkeit einer experimentierenden Astronomie.
Raumkrümmung, Maß für die Abweichung einer realen Raumstruktur von einer euklidischen, einer ebenen Struktur. Die R. ist positiv für einen sphärisch, negativ für einen hyperbolisch gekrümmten Raum; → Kosmologie.
Raumsonde, *Raumobservatorium*, im interplanetaren Raum sich bewegender Raumflugkörper für wissenschaftliche Untersuchungen von Himmelskörpern und diffuser kosmischer Materie.
Raumwinkel, → Winkel.
Raumzeit, Gesamtheit aller Ereignisse in Raum und Zeit. Im Rahmen der Speziellen Relativitätstheorie werden Raum und Zeit vereint durch einen vierdimensionalen Raum beschrieben; → Relativitätstheorie. Ein Punkt in der R. wird durch drei räumliche und eine zeitliche Koordinate markiert.
Rayleigh-Jeans'sche Näherung [benannt nach den engl. Physikern Lord J. W. Rayleigh, 1842–1919, und Sir J. H. Jeans, 1877–1946], → Strahlungsgesetze.
Rayleigh-Streuung [benannt nach dem engl. Physiker Lord J. W. Rayleigh, 1842–1919], → Streuung.

R-Coronae-Borealis-Sterne, unregelmäßig veränderliche Sterne mit z. T. jahrelang konstanter Helligkeit, die von plötzlichen Helligkeitsminima unterbrochen wird. Innerhalb kurzer Zeit, z. T. nach Wochen oder auch Jahren, wird die Normalhelligkeit wieder erreicht (Abb.). Die Helligkeitsvariationen betragen bis zu 11 mag im V-Bereich des UBV-Systems (→ Farbsystem). Bei einigen R-C.-B.-S.n erfolgt während der Phase konstanter Helligkeit ein in Näherung Pulsationslichtwechsel geringer Amplitude (→ Veränderliche).

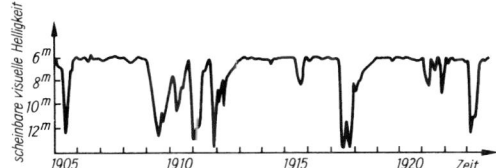

Ausschnitt aus der visuellen Lichtkurve von R Coronae Borealis

R.-C.-B.-S. sind Überriesen meist der Spektralklassen F bis K, auffallend oft der Spektralklasse C, die im Spektrum kaum Wasserstoff-, aber starke Kohlenstofflinien haben. Der Lichtwechsel ist wahrscheinlich durch eine mehr oder minder schnelle Bildung von Kohlenstoffstaubteilchen in der expandierenden Atmosphäre des Sterns verursacht. Die Staubteilchen absorbieren einen beträchtlichen Teil der Sternstrahlung, was die Reduzierung der scheinbaren visuellen Sternhelligkeit bewirkt. Der Materieabfluss ist offenbar zeitlich variabel und damit auch die Menge der gebildeten Staubteilchen. Die bei der Absorption aufgenommene Energie wird als thermische Strahlung im infraroten Spektralbereich emittiert. Die bei einigen R.-C.-B.-S.n auftretenden Variationen der Infrarotstrahlung scheinen mit Variationen im sichtbaren Bereich wenig korreliert zu sein. Infolge der großen Leuchtkraft der Sterne ist der Strahlungsdruck auf die Teilchen hoch, sie werden aus dem Gas-Staub-Gemisch ausgetrieben. Damit sinkt die → optische Dicke, so dass die Helligkeit des Sterns ansteigt und die Rückkehr zur Normalhelligkeit erfolgt.
rechtläufig, Richtungsangabe für die Bewegung von Körpern des Planetensystems um die Sonne, von Satelliten um ihre Planeten sowie für scheinbare Bewegungen von Körpern des Planetensystems an der Himmelskugel. Eine räumliche r.e Bahnbewegung erfolgt in gleicher Richtung wie die Bewegung der Erde um die Sonne, d. h. beim Blick vom Nordpol der Ekliptik aus entgegengesetzt dem Uhrzeigersinn, anderenfalls ist die Bewegung *rückläufig*. Die scheinbare Bewegung eines Himmelskörpers an der Himmelskugel relativ zu den Sternen ist r. bei der Bewegung von West nach Ost, in Gegenrichtung rückläufig (Abb. → Bewegung der Gestirne).
Referenzstern, ein Stern, auf den sich Relativmessungen u. a. von Positionen, Helligkeiten oder Spektren anderer Sterne beziehen.
Referenzsystem, → Fundamentalstern.
Reflexionsgitter, → Beugungsgitter.
Reflektor *m*, svw. Spiegelteleskop.

Reflexion

Reflexion, die unstetige Änderung der Ausbreitungsrichtung elektromagnetischer Strahlung beim Auftreffen auf eine Grenzfläche zweier unterschiedlicher Medien, allgemein das Zurückwerfen der Strahlung an der Grenzfläche. Stärke und Richtung der R. hängen von den Eigenschaften und der Oberflächenbeschaffenheit der Grenzfläche sowie der Wellenlänge der Strahlung ab. Bei geringer Rauigkeit der Fläche relativ zur Wellenlänge erfolgt eine gerichtete R., eine Spiegelung. Dabei gilt das *Reflexionsgesetz*: Einfallender und reflektierter Strahl sowie das im Auftreffpunkt des Strahls auf der Grenzfläche errichtete Lot liegen in einer Ebene, die beiden Strahlen schließen mit dem Lot gleiche Winkel ein: Der Einfallswinkel ist gleich dem Ausfallswinkel. Bei großer Rauigkeit erfolgt eine diffuse R.

Reflexionsnebel, relativ dichte Ansammlung interstellarer Staubteilchen, an denen das Licht benachbarter Sterne gestreut wird, wodurch die Staubansammlung hell in Erscheinung tritt (→ interstellarer Staub).

Refraktion, *1)* Richtungsänderung elektromagnetischer Wellen an der Grenzfläche optisch unterschiedlicher Medien (→ Brechung);
2) in der Astronomie im Allg. die Ablenkung des von Gestirnen kommenden Lichts in der Erdatmosphäre.
Die Erdatmosphäre kann lokal als Folge paralleler Luftschichten aufgefasst werden, in denen mit abnehmender Höhe über der Erdoberfläche die Gasdichte und mit ihr die optische Dichte ansteigt. Beim schrägen Durchqueren der Grenzflächen benachbarter Schichten ändert ein Lichtstrahl seine Richtung. Beim Übergang von niedriger zu höherer optischer Dichte ist der Winkel zwischen einfallendem Strahl und Grenzfläche größer als der Winkel zwischen Grenzfläche und austretendem Strahl (Abb. 1). Der Brechungswinkel wächst mit der Differenz der optischen Dichten und der Größe des Einfallswinkels. Beim senkrechten Auftreffen auf die Grenzfläche erfolgt keine R. Infolge der sich stetig ändernden Dichte in der Erdatmosphäre unterliegt ein von außen kommender Lichtstrahl einer stetigen Krümmung (Abb. 2). Ein Beobachter sieht ein Gestirn in Richtung der Tangente an den Lichtstrahl am Beobachtungsort. Die wahre Zenitdistanz z_0 des Gestirns ist dadurch größer als die scheinbare z. Die Differenz zwischen wahrer und scheinbarer Zenitdistanz ist der Refraktionswinkel (die R.) R. Es gilt $R = (z_0 - z)$. Für ein Gestirn im Zenit ist die R. gleich Null, für ein Gestirn am Horizont ist sie am größten *(Horizontrefraktion)*. Im sichtbaren Spektralbereich ist diese so groß, dass die Sonne um etwas mehr als ihr scheinbarer Durchmesser angehoben erscheint. Die R. ist wellenlängenabhängig, für kurzwelliges, blaues Licht ist sie größer als für langwelliges, für rotes.
Die Aufstellung eines Refraktionsgesetzes ist schwierig, da die wetterabhängige Dichteschichtung in der Erdatmosphäre und damit die Höhenschichtung der optischen Dichte ungenau bekannt sind. Für den visuellen Spektralbereich und nicht zu große Zenitdistanzen z gilt für den Refraktionswinkel näherungsweise $R \approx \alpha \cdot \tan z$ mit $\alpha \approx 60''$. Für Zenitdistanzen größer als etwa 70° ist α keine Konstante, da dann infolge der Erdkrümmung die Erdatmosphäre nicht als planparallel geschichtet angesehen werden kann. Bei astrometrischen Positionsbe-

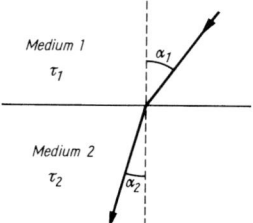

Abb. 1: Zur Refraktion. τ_1, τ_2: optische Dichten ($\tau_2 > \tau_1$); α_1: Einfallswinkel; α_2: Ausfallswinkel

stimmungen sind die zur Beobachtungszeit herrschenden Temperatur- und Druckverhältnisse, eventuell auch die Luftfeuchtigkeit, zur Korrektur des Wertes von α zu berücksichtigen. Im Allg. steigt mit abnehmender Temperatur und zunehmendem Druck die R. Bei geringen Zenitdistanzen ist die R. im Wesentlichen durch die unteren Atmosphärenschichten bestimmt, bei größeren auch durch die höheren. Für diese sind die Temperatur- und Druckverteilungen sehr unsicher, was sich bei Zenitdistanzen größer als etwa 80° auf die R. überträgt.
Bei besonderen Witterungsbedingungen sind die Schichten gleicher Luftdichte nicht parallel zur Erdoberfläche, was *Refraktionsanomalien* verursachen kann, z.B. eine *Azimut-* oder eine *Zenitrefraktion*. Gelegentlich tritt auch eine *Saalrefraktion* bei Beobachtungen durch den Spalt einer Beobachtungskuppel auf, wenn zwischen der Lufttemperatur in der Kuppel und der im Freien ein größerer Unterschied besteht. Die → Szintillation wird durch rasch wechselnde Refraktionsanomalien verursacht. Die im Radiofrequenzbereich auftretende R. ist von etwa gleicher Größenordnung wie die im optischen Spektralbereich (→ Radioszintillation).

Refraktionstabelle

Zenitdistanz	Refraktionswinkel
0°	0′ 0″
10	0 11
20	0 22
30	0 35
40	0 51
50	1 11
60	1 45
70	2 45
80	5 31
90	≈ 35

Der Refraktionswinkel 35′ entspricht näherungsweise dem Winkeldurchmesser der Sonne.

Refraktor *m*, **Linsenfernrohr**, Fernrohr mit einem Objektiv aus einer oder mehreren Linsen, deren Refraktion zur Abbildung genutzt wird. Astronomische R.en sind nach dem Prinzip des Kepler'schen → Fernrohrs konstruiert. Das Objektiv entwirft in der Brennebene ein Bild des Beobachtungsobjekts, das bei *visuellen R.en* durch ein Okular aus geringer Entfernung betrachtet wird und dann vergrößert erscheint. Bei *photographischen R.en* oder lichtelektrisch genutzten

Rekombination

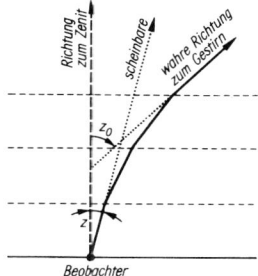

Abb. 2: Zur Refraktion in der Erdatmosphäre. z_0: wahre Zenitdistanz eines Gestirns; z: scheinbare Zenitdistanz. Die kontinuierliche Dichteabnahme in der Erdatmosphäre ist schematisch durch Dichtesprünge dargestellt

wird das Bild auf eine Photoplatte bzw. ein lichtelektrisches Flächenphotometer projiziert, der R. entspricht dann einer Kamera.

Zur Vermeidung der bei Linsen auftretenden Linsenfehler besteht das Objektiv aus einer Linsenkombination. Die chromatische Aberration (→ Fernrohr) verursacht unterschiedliche Brennweiten für unterschiedliche Wellenlängen, für kurzwelliges, blaues Licht ist die Brennweite kleiner als für langwelliges. Bei einem Achromat ist eine Sammellinse mit einer Zerstreuungslinse kombiniert, wodurch für zwei unterschiedliche Wellenlängen gleiche Brennweiten erzielbar sind. Mit einem aus drei oder mehr Linsen bestehenden Apochromat kann für drei Wellenlängen oder einen breiteren Spektralbereich eine befriedigende Farbkorrektur erreicht werden.

Zweilinsenobjektive haben meist ein kleines Gesichtsfeld und große Brennweite, das Verhältnis von Objektivdurchmesser zur Brennweite, das Öffnungsverhältnis, ist klein. Mehrlinsenobjektive haben ein größeres Gesichtsfeld und ein größeres Öffnungsverhältnis. Astrographen waren photographische R.en mit einem Öffnungsverhältnis von 1:8 oder größer, die Objektivöffnung lag meist bei 20 bis 40 cm. Bei einem Normalastrographen entsprach einem Winkel von 1' am Himmel in der Brennebene eine Länge von 1 mm.

Visuelle R.en waren früher die astronomischen Hauptbeobachtungsinstrumente, gegenwärtig werden sie höchstens noch für astrometrische Zwecke genutzt. Winkelmessinstrumente wie Meridiankreise, Passageinstrumente sowie Zenitteleskope sind vielfach mit R.en ausgerüstet.

Die Herstellung großer spannungs- und schlierenfreier Glasscheiben für optische Linsen ist schwierig. Linsen können nur am Rand gefasst werden, sie unterliegen bei unterschiedlichen Teleskopstellungen infolge des Eigengewichts unterschiedlichen Verformungen, was die optische Güte sehr mindert. Teleskope mit sehr großen Öffnungen sind gegenwärtig ausschließlich Reflektoren (Spiegelteleskope).

Der größte visuelle R. mit einer Öffnung von 102 cm und einer Brennweite von 19,8 m befand sich in der Yerkes-Sternwarte (Williams Bay, USA). In der Sternwarte Babelsberg des Astrophysikalischen Instituts in Potsdam steht ein visueller R. mit einer Öffnung von 80 cm und einer Brennweite von 12 m (Abb.).

Visueller Refraktor der Sternwarte Babelsberg. Objektivdurchmesser 65 cm, Brennweite 10,12 m

Regengestirn, svw. Hyaden.

Regio *f*, *Plur.* Regiones, Bezeichnung eines größeren, sich insbesondere durch Reflexionsvermögen oder Färbung von der Umgebung abhebenden Gebiets als eine Struktureinheit auf der Oberfläche erdartiger Körper des Planetensystems.

Regolith, Trümmergestein auf der Oberfläche erdartiger Körper des Planetensystems, das infolge der mechanischen Zerstörung anstehenden Gesteins beim Aufschlag von Meteoroiden und dem „Zusammenbacken" der Trümmer infolge der bei Einschlägen in thermische Energie umgewandelten kinetischen Energie entsteht. Die Gesteinsfragmente reichen von Staubkorngröße bis zu Brocken von Metergröße.

Regulus, α *Leonis*, der hellste Stern im Sternbild Leo (Löwe) mit einer scheinbaren visuellen Helligkeit von $1^{\mathrm{m}}36$, der Spektralklasse B7 und der Leuchtkraftklasse V. Infolge seiner hohen Rotationsgeschwindigkeit ist R. abgeplattet mit einem Verhältnis von Pol- zu Äquatordurchmesser von 1:1.32. R. ist der Hauptstern eines visuellen Dreifachsystems, die beiden anderen Komponenten haben von R. einen Abstand von 176" bzw. 3". Die Entfernung von der Sonne beträgt etwa 24 pc oder 78 Lichtjahre.

Reiterlein, der Stern Alkor im Sternbild → Ursa Maior.

Rekombination, die Vereinigung eines Elektrons mit einem positiv geladenen Ion, der der Ionisation ent-

Rekombinationslinien

gegengesetzte Vorgang. Bei einer R. wird Energie frei, die gleich der Summe der Ionisationsenergie und der kinetischen Energie des Elektrons ist. In einem ionisierten Gas ergibt sich infolge von R.en ein *Rekombinationsleuchten*.

Rekombinationslinien, Emissionslinien, die nach der Rekombination eines Elektrons mit einem positiv geladenen Ion beim kaskadenartigen Übergang des Elektrons von höheren zu niedrigeren Energieniveaus entstehen. In Abhängigkeit von der Energiedifferenz der Energieniveaus liegen R. im ultravioletten, visuellen oder auch im Radiofrequenzbereich. Die in diesem Spektralbereich bei Übergängen zwischen sehr hochliegenden Energieniveaus entstehenden R. können nur in extrem verdünntem Gasen auftreten, da bei diesen Energiezuständen der Abstand eines Elektrons vom Atomkern wesentlich größer ist als der mittlere Abstand zweier Atome bei normalen Gasdichten.

Rekonnexion, Neuverknüpfung magnetischer Feldlinien; → Magnetfeld.

Rektaszension, *gerade Aufsteigung*, der längs des Himmelsäquators gemessene Winkel zwischen dem Frühlingspunkt und dem Schnittpunkt des Stundenkreises eines Gestirns mit dem Himmelsäquator. Die R. wird in Stunden, Minuten und Sekunden von 0^h bis 24^h vom Frühlingspunkt aus entgegengesetzt der Richtung der täglichen scheinbaren Bewegung der Gestirne gemessen (Abb. → Koordinaten).

Rektaszensionssystem, → Koordinaten.

relativistisch, Bezeichnung für mit der Speziellen Relativitätstheorie zu beschreibende Prozesse.

relativistische Geschwindigkeit, Geschwindigkeit nahe der Lichtgeschwindigkeit.

relativistischer Doppler-Effekt, → Doppler-Effekt.

Relativitätstheorie, eine von A. Einstein (1879–1955) entwickelte Theorie der Struktur von Raum und Zeit.

Spezielle Relativitätstheorie. Die 1905 von A. Einstein veröffentlichte Spezielle R. ist wesentlich eine Theorie der Lichtausbreitung in bewegten Medien. Das in der klassischen Mechanik gültige Relativitätsprinzip wird auf alle physikalischen Erscheinungen, speziell auch auf elektromagnetische, erweitert. Hinsichtlich der Darstellung physikalischer Gesetze sind alle gleichförmig gegeneinander bewegten Bezugssysteme gleichwertig, nicht aber beschleunigte, z. B. rotierende Systeme. Die gleichförmige räumliche Bewegung der Erde kann daher nicht durch Messungen auf der Erde, sondern nur auf Grund von Beobachtungen außerirdischer Objekte festgestellt werden. Die Erdrotation hingegen ist durch auf der Erde ausgeführte Beobachtungen nachweisbar, z. B. mit Hilfe des Foucault'schen Pendelversuchs. Im Rahmen der Speziellen R. ergeben sich Folgerungen, die z. T. paradox erscheinen: Die üblichen Vorstellungen von Raum und Zeit sind nicht erfüllt, es gibt keine allgemein gültige absolute Zeit, wodurch die Beurteilung der Gleichzeitigkeit zweier Ereignisse vom Bewegungszustand des Beobachters abhängt. Die Lichtgeschwindigkeit im Vakuum ist konstant. Das von einem Stern kommende Licht hat daher stets die gleiche Geschwindigkeit, unabhängig davon, ob sich der Stern nähert oder entfernt, nur ändert sich infolge des → Doppler-Effekts die beobachtete Wellenlänge. Im Vakuum ist die Lichtgeschwindigkeit die größtmögliche Geschwindigkeit für den Transport von Energie, damit auch von Signalen. Von mit Masse behafteten Körpern kann die Lichtgeschwindigkeit höchstens in Annäherung erreicht werden, anderenfalls würde die Masse über alle Grenzen wachsen, da die Masse m eines Körpers von dessen Geschwindigkeit v abhängt. Es gilt $m = m_0/\sqrt{(1-v^2/c^2)}$, wenn m_0 die Masse des unbewegten Körpers, seine Ruhmasse, und c die Lichtgeschwindigkeit bedeuten. Jeder Masse m ist eine Energie E äquivalent, wobei $E = m \cdot c^2$ gilt, die *Äquivalenzrelation von Masse und Energie*.

Allgemeine Relativitätstheorie. Die Theorie wurde in den Jahren 1907–1916 von A. Einstein entwickelt, es ist eine Theorie der Gravitation und der Raum-Zeit-Struktur, der „Raumzeit" mit drei räumlichen und einer zeitlichen Koordinate. Im Gegensatz zur Newton'schen Physik und zur Speziellen R. ist die Raumzeitstruktur nicht für ein und allemal fest vorgegeben, die räumlichen und zeitlichen Maßverhältnisse werden durch Energie und Impuls von Materie gekrümmt und verzerrt, umgekehrt bestimmt die Raumkrümmung die Bewegung der Materie einschließlich der Ausbreitung elektromagnetischer Felder. Die herkömmlichen anschaulichen Raum-Zeit-Vorstellungen gelten nicht, es gibt weder eine absolute Zeit noch einen absoluten Raum. Dessen metrische Struktur, die Krümmung, hängt vom lokal herrschenden Gravitationsfeld ab. Die Theorie basiert auf der Äquivalenz von träger und schwerer Masse, die durch Labormessungen mit einer Restunsicherheit von 10^{-12} bestätigt ist. Die Allgemeine R. hat für die → Kosmologie, die sich mit der allgemeinen Struktur des Weltraums befasst, eine herausragende Bedeutung.

Astronomische Prüfmöglichkeiten. Bereits von Einstein wurden Prüfmöglichkeiten für die Allgemeine R. mittels astronomischer Beobachtungen vorgeschlagen. Nach der Theorie besteht zusätzlich zu der auf himmelsmechanische Effekte zurückgehenden → Perihelrotation der Planeten eine von den herrschenden Gravitationsfeldern abhängige Drehung. Die theoretische Zusatzdrehung je Jahrhundert beträgt für den Merkur 43,03″, für die Venus 8,6″. Die beobachteten Drehungen von 43,11″ bzw. 8,4″ je 100 Jahre sind damit in sehr guter Übereinstimmung.

Nach der Äquivalenzrelation von Masse und Energie hat ein Photon eine Masse, es unterliegt damit der Gravitation. In der vierdimensionalen Raumzeit durchlaufen Photonen immer Geraden, die unter dem Einfluss eines Gravitationsfelds im dreidimensionalen Raum gekrümmt erscheinen (Abb. → Schwarzes Loch). Ein unmittelbar am Sonnenrand vorübergehender Lichtstrahl wird infolge des solaren Gravitationsfelds von seiner ursprünglichen Richtung abgelenkt, theoretisch um 1,75″. Bei totalen Sonnenfinsternissen kann die Lichtablenkung gemessen werden, indem die Positionen von sich unmittelbar am Sonnenrand befindenden Sternen ermittelt und mit den Positionen verglichen werden, die die Sterne außerhalb der Finsternis haben. Die Messungen sind schwierig, die Messfehler relativ hoch, sie übersteigen aber nicht 10% der theoretischen Positionsverschiebungen. Mit dem astrometrischen Erdsatelliten HIPPARCOS wurde die Lichtablenkung auch für relativ weit von der Sonnenscheibe entfernte Sterne gemessen, die Differenzen zwischen den theoretischen und den beobachteten Werten betrugen nur etwa 0,1%. Die mittels → Radiointerferometer bestimmten Positionsverschiebungen punktförmig erscheinender Radioquellen, z. B. von Quasaren, unmittelbar vor und nach deren Bedeckung durch die Sonne weichen von den theoretischen Werten ebenfalls nicht mehr als 0,1% ab.

Nach der Allgemeinen R. unterliegen Photonen beim Durchlaufen eines Gravitationsfelds einer Laufzeitverkürzung. Die theoretische Verzögerung für ein nahe an der Sonne vorbeigehendes Photon beträgt etwa $2 \cdot 10^{-4}$ s gegenüber einem sich ungestört ausbreitenden Photon. Unter Verwendung von Raumsonden kann die Verzögerung bestimmt werden. Dabei werden kurze Strahlungspulse im Radiofrequenzbereich zu Raumsonden, die sich nahe der oberen Konjunktion (→ Konstellation) mit der Sonne befinden, geschickt und die Laufzeit der Pulse zur Sonde und zurück bestimmt. Die beobachteten Verzögerungen stimmen mit den theoretischen bis auf 0,4% überein.

Die von einem Stern emittierten Photonen unterliegen in dessen Gravitationsfeld einem Energieverlust, sie müssen gewissermaßen Arbeit gegen die Anziehungskraft des Sterns leisten. Der Verlust führt im Sternspektrum zu einer Linienverschiebung hin zu größeren Wellenlängen, zu einer *relativistischen Rotverschiebung*. Hat ein Photon bei der Emission vom Stern der Masse $\mathfrak{M}$ und dem Radius R die Wellenlänge λ_0, ergibt sich für die in großer Entfernung beobachtete Wellenlänge $\lambda = \lambda_0/\sqrt{1 - 2G\,\mathfrak{M}/(Rc^2)}$, wobei G die Gravitationskonstante bedeutet. Bei → Weißen Zwergen liegt der zu erwartende Effekt im Bereich des Messbaren, bei ihnen herrscht ein genügend starkes Gravitationsfeld. Beim Begleiter von → Sirius ist die relativistische Rotverschiebung nachweisbar. Bei der Sonne kann sie nur bei denjenigen Spektrallinien bestimmt werden, die in Schichten der Sonnenatmosphäre entstehen, die nahezu keine radialen Strömungen haben, so dass der relativistische Effekt nicht durch den im Allg. viel stärkeren Doppler-Effekt überdeckt wird. Die Messungen ergeben eine recht genaue Übereinstimmung zwischen theoretischer und beobachteter Verschiebung. Dies gilt auch für die mittels des Mößbauer-Effekts bestimmte relativistische Rotverschiebung im Gravitationsfeld der Erde.

Die auf der Erde und im Planetensystem möglichen Prüfungen der Allgemeinen R. beschränken sich auf schwache Gravitationsfelder. Eine Testmöglichkeit für starke Felder bieten Doppelsternpulsare, d. h. Doppelsternsysteme aus zwei Neutronensternen, von denen einer ein Pulsar ist. Das starke Gravitationsfeld im System bewirkt eine relativ schnelle Periheldrehung sowie die Änderung der Umlaufperiode des Pulsars um den Systemschwerpunkt infolge der Abstrahlung von → Gravitationswellen, außerdem tritt eine erhebliche Laufzeitverkürzung der Pulsarsignale ein. Die an Doppelsternpulsaren durchgeführten Beobachtungen ergeben keinerlei Widersprüche zur Theorie.

Sich bewegende Massen verursachen Störungen der Raumzeit, die sich als Gravitationswellen mit Lichtgeschwindigkeit ausbreiten und Störungen lokaler Gravitationsfelder verursachen. In der Newton'schen Gravitationstheorie macht sich eine Gravitationsänderung ohne jegliche Verzögerung bemerkbar.

r-Element, r-Prozess, → Elementenentstehung.

Remus, ein Begleiter des Planetoiden (87) Sylvia; → Planetoid.

Resonanz, in der Himmelsmechanik *1)* das ganzzahlige Verhältnis der Umlaufzeiten zweier Himmelskörper, die einen dritten umlaufen, *2)* das ganzzahlige Verhältnis der Umlaufzeit eines Himmelskörpers um einen anderen zur Rotationsperiode. Eine Umlauf-Rotations-Resonanz besteht bei einer gebundenen Rotation. R.en der Umlaufzeiten um die Sonne treten u. a. zwischen Planetoiden und Jupiter auf (→ Planetoid).

Ret, Abk. für Reticulum.

Reticulum, *Gen.* Reticuli, abg. **Ret**, *Netz*, kleines Sternbild des südlichen Himmels, das von unseren Breiten aus nicht sichtbar ist.
Hinsichtlich der Lage am Himmel → Sternkarte Seite 417.

Reticulum, *Plur.* Reticula, netzartige Struktur auf der Venusoberfläche.

retrograd, rückläufig; → rechtläufig.

Rhea *f*, *1)* zweitgrößter Saturnsatellit, der sich auf einer elliptischen Bahn mit einer großen Halbachse von 527 070 km und einer Exzentrizität von 0,001 in 4,518 Tagen rechtläufig um den Saturn bewegt, die Bahnebene ist um 0,323° gegen dessen Äquatorebene geneigt. Infolge der gebundenen Rotation ist die Rotationsperiode gleich der Umlaufzeit. Der Durchmesser der R. beträgt 1 529 km, die Masse $2,31 \cdot 10^{21}$ kg und die mittlere Dichte 1,23 g/cm³, was auf einen eisartigen Himmelskörper schließen lässt. In Oppositionsstellung beläuft sich die scheinbare visuelle Helligkeit auf $10^{\mathrm{m}}\!.0$.
Die R. hat zwei unterschiedlich strukturierte Hemisphären. Die in Bewegungsrichtung weisende erscheint relativ gleichmäßig hell, die Rückseite dunkler und fleckiger. Die helle Färbung geht sehr wahrscheinlich auf vom Enceladus ausgeworfene Eisteilchen zurück, die von der R. aufgesammelt werden, während Staubteilchen von der Phoebe die dunklen Flecken verursachen könnten. Die relativ hohe Gesamtalbedo von etwa 0,6 deutet auf Eis als hauptsächliches Oberflächenmaterial hin. Die Oberfläche ist mit Einschlagkratern bedeckt, die sehr steile Kraterwände haben, was wahrscheinlich durch die relativ große Eisfestigkeit bedingt ist.
Hinsichtlich der Einordnung der R. in das System der Saturnsatelliten → Saturn.
Die R. wurde 1672 durch G. D. Cassini (1625–1712) entdeckt.
2) der Planetoid (577).

Richtungsszintillation, → Szintillation.

Riesenast, das Gebiet im → Hertzsprung-Russell-Diagramm, in dem die Bildpunkte der Riesensterne liegen.

Riesenmolekülwolke, massereiche Ansammlung von einigen 10^3 bis etwa 10^5 Sonnenmassen molekularen interstellaren Gases; → interstellares Gas.

Riesenplanet, einer der Planeten Jupiter, Saturn, Uranus oder Neptun.

Riesenstern

Riesenstern, *Riese*, Stern mit großem Durchmesser und großer Leuchtkraft, dessen Bildpunkt im Hertzsprung-Russell-Diagramm deutlich über der Hauptreihe liegt. Normale R.e (Leuchtkraftklasse III) definieren den Riesenast (→ Hertzsprung-Russell-Diagramm), die Bildpunkte der *hellen Riesen* (Leuchtkraftklasse II) befinden sich über denen der normalen R.e. *Überriesen* (Leuchtkraftklasse I) haben die größten Leuchtkräfte, entsprechend liegen die Bildpunkte noch über denen der hellen R.e. Die Bildpunkte der *Unterriesen* (Leuchtkraftklasse IV) befinden sich im Bereich zwischen Riesenast und Hauptreihe. Das Strahlungsmaximum der R.e später Spektralklassen liegt im roten Spektralbereich, sie werden demzufolge als *Rote Riesen* bezeichnet, R.e mittlerer bzw. früher Spektralklassen als *Gelbe Riesen* bzw. *Weiße* oder *Blaue Riesen*.

Rigel, β *Orionis*, der hellste Stern im Sternbild Orion, der westliche der beiden Fußsterne. Mit einer scheinbaren visuellen Helligkeit von $0^{\mathrm{m}}18$ gehört R. zu den hellsten Sternen des Himmels. Die Spektralklasse ist B8, die Leuchtkraftklasse Iab, es ist ein heißer Überriesenstern mit einem Radius von etwa 80 Sonnenradien und einer Leuchtkraft von mehr als 100 000 Sonnenleuchtkräften. R. ist ein Vierfachstern, sowohl die Hauptkomponente als auch die 9″ entfernte $7^{\mathrm{m}}0$ helle Komponente sind spektroskopische Doppelsterne mit Umlaufzeiten von 21,9 bzw. 9,9 Tagen. Die Entfernung von der Sonne beträgt 237 pc oder 770 Lichtjahre.

Rigil Kentaurus, svw. Alpha Centauri.

Rille, svw. Rima.

Rima *f*, *Plur.* Rimae, *Rille*, Bezeichnung für eine lange, sich z. T. über Hunderte von Kilometern erstreckende Spalte als eine Struktureinheit der Mondoberfläche.

Ringgalaxie, ein extragalaktisches Sternsystem, bei dem die Hauptmenge der Sterne nahezu ringförmig angeordnet scheint; → Sternsystem.

Ringgebirge, große ringförmige Anordnung von Bergen auf dem Mond.

Ritchey-Chrétien-System [nach dem amerikan. Astronomen G. W. Ritchey, 1864–1945, und dem franz. Optiker H. Chrétien, 1879–1956], → Spiegelteleskop.

Roche-Fläche [nach dem franz. Mathematiker E. A. Roche, 1820–1883], → Äquipotentialfläche.

Roche-Grenze [nach dem franz. Mathematiker E. A. Roche, 1820–1883], geringster Abstand, in dem ein Himmelskörper einen massereichen anderen Himmelskörper umlaufen kann, ohne von den Gezeitenkräften des Hauptkörpers zerstört zu werden. Die R.-G. beträgt das 2,44fache des Radius des Hauptkörpers multipliziert mit der 3. Wurzel des Dichteverhältnisses von Hauptkörper zu umlaufendem Körper. Bei geringerem Abstand als die R.-G. sind die Gezeitenkräfte größer als die Eigengravitation der umlaufenden Körper, was zur Zerstörung führt. Kleine erdartige Körper, z. B. Satelliten bis etwa 1 km Durchmesser, können auch innerhalb der R.-G. existieren, da die inneren Bindungskräfte, die Festkörperkräfte von Gestein, im Allg. stärker als die Gezeitenkräfte sind.

Römer, Ole (auch Olaf, Olaus), dän. Astronom, geb. 25.09.1644 in Århus, gest. 19.09.1710 in Kopenhagen; 1672–1681 am Pariser Observatorium und Mitglied der dortigen Akademie der Wissenschaften, ab 1681 Direktor der Sternwarte in Kopenhagen. R. erfand den Meridiankreis und bestimmte 1675 die Lichtgeschwindigkeit aus der ungleichmäßigen Folge der Verfinsterungszeiten der vier großen Jupitersatelliten.

Romulus, ein Begleiter des Planetoiden (87) Sylvia; → Planetoid.

Röntgenastronomie, Teilgebiet der Astronomie, das sich mit der Untersuchung der aus dem Weltall kommenden Röntgenstrahlung befasst. Der Wellenlängenbereich der Strahlung liegt zwischen etwa 0,01 und 10 nm, was einer Photonenenergie zwischen etwa 0,1 und 100 keV entspricht (→ Röntgenstrahlung).
Der Nachweis der Röntgenstrahlung erfordert spezielle → Röntgenteleskope mit speziellen Detektoren. Da die → Erdatmosphäre für Röntgenstrahlung undurchlässig ist, müssen die Teleskope über die dichten unteren Atmosphärenschichten gebracht werden, was im Allg. mit Erdsatelliten geschieht.
Röntgenstrahlung unterliegt auch einer Beeinflussung durch die interstellare Materie. Schwere Elemente, vor allem Sauerstoff und Eisen, absorbieren Röntgenstrahlung und werden dadurch ionisiert. Die Stärke der interstellaren Absorption sinkt mit abnehmender Wellenlänge, bei Wellenlängen unterhalb von etwa 1 nm ist die interstellare Materie nahezu vollständig transparent. Bei Stößen mit freien Elektronen übertragen Röntgenphotonen infolge des → Compton-Effekts einen Teil ihrer Energie auf die Elektronen, was eine Erhöhung deren kinetischen Energie bedeutet. Röntgenstrahlung wird an interstellaren Staubteilchen, deren Durchmesser größer als die Wellenlänge der Strahlung ist, gestreut. Die gestreute Strahlung ist auf einen schmalen Winkelbereich beschränkt, es erfolgt weitgehend eine Vorwärtsstreuung.
Die kosmische Röntgenstrahlung ist z. T. thermischen, z. T. nicht-thermischen Ursprungs. Thermische Röntgenstrahlung wird von sehr heißen Plasmen emittiert. Nach dem Wien'schen Verschiebungsgesetz (→ Strahlungsgesetze) entspricht dem Strahlungsmaximum bei 10 nm eine Temperatur von rund 300 000 K, dem Maximum bei 0,01 nm eine von rund 300 Mio. K. Die Aufheizung eines Gases auf derart hohe Temperaturen erfolgt u. a. bei der Akkretion von Materie durch das starke Gravitationsfeld z. B. eines Neutronensterns oder Schwarzen Lochs, wobei potentielle Energie in thermische umgewandelt wird (→ Akkretionsscheibe). Heiße Plasmen entstehen auch, wenn die beim Ausbruch einer → Nova oder → Supernova explosionsartig ausgestoßene Materie auf das umgebende interstellare Gas trifft, wobei Stoßwellen entstehen (→ Welle), in denen kinetische Energie in thermische übergeht. Nicht-thermische Röntgenstrahlung ist u. a. → Synchrotronstrahlung, die von hochenergetischen Elektronen ausgestrahlt wird, die sich in starken Magnetfeldern bewegen. Nicht-thermische Röntgenstrahlung entsteht auch infolge des inversen Compton-Effekts, bei dem hochenergetische Elektronen einen großen Teil ihrer Energie auf Photonen übertragen.

Röntgen-Doppelstern, → Doppelstern.

Röntgenhintergrundstrahlung, aus dem Weltall kommende Röntgenstrahlung mit einer über kleinere Teile des Himmels oder den gesamten Himmel mehr

oder minder gleichmäßigen Intensitätsverteilung, die keinen isolierten Röntgenquellen zuzuordnen ist.
Die R. wird u. a. vom diffus verteilten interstellaren Gas verursacht, das bei der Wechselwirkung mit der von Supernovae abgestoßenen Materie lokal auf einige 10 Mio. K aufgeheizt wird (→ interstellares Gas). Diese Strahlung variiert örtlich relativ stark, hat aber insgesamt eine geringe Flächenhelligkeit. Eine diffuse R. mit Wellenlängen kleiner als etwa 0,5 nm und einer sehr gleichmäßigen Flächenhelligkeit ist wahrscheinlich extragalaktischen Ursprungs und geht weitgehend auf eine von → Quasaren während der frühen Entwicklungsphase des Weltalls emittierte Röntgenstrahlung zurück, die Quasare selbst treten nicht als isolierte Röntgenquellen in Erscheinung. Diese R. hat eine charakteristische Energieverteilung, die infolge der Absorption eines Großteils der Strahlung durch Gas und Staub in dem aktiven Galaxienkern verursacht ist (→ Quasar). Eine andere Komponente extragalaktischer R. wird möglicherweise durch heißes intergalaktisches Gas verursacht, das in anderen Spektralbereichen nicht nachweisbar ist (→ intergalaktische Materie).

Röntgenpulsar, → Pulsar.

Röntgenquelle, eng begrenztes Gebiet am Himmel, das sich durch hohe Strahlungsintensität im Röntgenbereich aus der allgemeinen Röntgenhintergrundstrahlung heraushebt. R.n sind vorwiegend thermische Quellen, die einem heißen Plasma mit Temperaturen zwischen einigen Millionen bis Milliarden K zugeordnet werden können. Nicht-thermische Quellen gehen auf hochenergetische Elektronen zurück, die sich in starken Magnetfeldern bewegen und → Synchrotronstrahlung emittieren oder mit energiereichen Strahlungsfeldern wechselwirken (→ Compton-Effekt).
R.n können fast allen Arten astrophysikalischer Objekte zugeordnet werden, eine eindeutige Identifikation mit individuellen Objekten, die auch in anderen Spektralbereichen in Erscheinung treten, ist nicht in jedem Fall möglich. So sind Quellen, die Röntgenstrahlung mit Wellenlängen kleiner als etwa 1 nm emittieren und sich von der Sonne aus gesehen „hinter" dichten interstellaren Dunkelwolken befinden, im optischen Spektralbereich infolge der interstellaren Extinktion nicht nachweisbar. Andere Quellen haben im Röntgenbereich eine wesentlich höhere Strahlungsleistung als im sichtbaren Spektralbereich, so daß sie im Röntgenbereich über der Nachweisgrenze der Teleskope liegen, im optischen Bereich aber darunter. Mit Hilfe des Röntgensatelliten ROSAT sind etwa 150 000 R.n entdeckt worden.
Bezeichnung. Es gibt keine einheitliche Bezeichnung der R.n. Anfangs wurden sie mit der Abkürzung des Sternbilds, in dem sie liegen, gefolgt von einem X bezeichnet, die nachfolgende Zahl entsprach der Reihenfolge der Entdeckung im Sternbild, z. B. Herkules X-1. Gegenwärtig werden R.en meist durch X mit einer Zahlenkombination bezeichnet, deren erste Zahlengruppe genähert die Rektaszension, die zweite genähert die Deklination der Quelle angibt, z. B. X 1905+000 eine R. mit der Rektaszension $19^h 05^{min}$ und der Deklination $+00,0°$.
Röntgenquellen im Sonnensystem. Die Sonne ist die stärkste R. am Himmel. Von der Sonnenkorona wird eine permanente thermische Röntgenstrahlung ausgestrahlt (Röntgenstrahlung der „ruhigen" Sonne), deren Spektrum aus einem schwachen Kontinuum mit überlagerten Emissionslinien hochionisierter schwerer Elemente besteht. Die allgemeine Sonnenaktivität erzeugt eine zeitlich variable Röntgenstrahlung, deren Intensitätsschwankungen wesentlich stärker sind als die der Strahlung im sichtbaren Spektralbereich (→ Sonne). Die vom Mond empfangene langwellige Röntgenstrahlung ist von einer extrem dünnen Schicht der Oberfläche reflektierte solare Röntgenstrahlung. Von sonnennahen Kometen geht Röntgenstrahlung aus, die möglicherweise bei Umladungsprozessen zwischen Ionen des → Sonnenwinds und Neutralteilchen der Kometenkoma entsteht.
Galaktische Röntgenquellen. Eine Gruppe punktförmiger R.n mit thermischer Energieverteilung wird von Hauptreihensternen späten Spektraltyps gebildet, deren Röntgenstrahlung sehr wahrscheinlich aus den Koronen der Sterne stammt. Die von Hauptreihensternen frühen Spektraltyps emittierte Röntgenstrahlung steht wahrscheinlich mit starken → Sternwinden in Verbindung, die bei der Wechselwirkung mit umgebender interstellarer Materie diese stark aufheizen. Stellare Aktivitätserscheinungen analog den solaren bewirken eine variable Röntgenemission, bei einigen → UV-Ceti-Sternen auch Strahlungsausbrüche. Einige R.n sind → Weiße Zwerge, die z. T. isolierte Objekte, z. T. Mitglieder von Doppelsternen sind. Röntgen-Doppelsterne sind halbgetrennte Systeme, deren eine Komponente ein kompaktes Objekt, ein Neutronenstern oder möglicherweise ein → Schwarzes Loch, ist (→ Doppelstern). Die Röntgenstrahlung kann periodisch wie auch unregelmäßig variieren. Zu den Röntgen-Doppelsternen mit veränderlicher Röntgenstrahlung gehören sog. Röntgenblitzer, die in Abständen von Stunden bis Tagen zusätzlich zu einer permanenten Strahlung kurze Röntgenstrahlungspulse aussenden. Diese werden wahrscheinlich durch Kernreaktionen in der auf Neutronensternen abgelagerten Materie verursacht. Eine andere Gruppe galaktischer R.n bilden Pulsare, bei ihnen ist die emittierte Röntgenstrahlung nicht-thermische → Synchrotronstrahlung (→ Pulsar).
Punktförmig erscheinende starke galaktische R.n sind z. T. von Röntgenhalos umgeben, die infolge einer → Streuung an interstellaren Staubteilchen entstehen. Aus der Winkelausdehnung und dem radialen Intensitätsabfall in den Halos kann unter Voraussetzung einer näherungsweise homogenen galaktischen Staubverteilung auf die Säulendichte des Staubes bis zur Quelle, damit auf ihre Entfernung geschlossen werden.
Nichtstellare galaktische R.n sind gasförmige Supernovaüberreste, die im sichtbaren Spektralbereich z. T. nicht nachweisbar sind. Die Röntgenstrahlung ist thermisch und hat ein kontinuierliches Spektrum mit z. T. überlagerten Emissionslinien hochionisierter Elemente. Sie entsteht, wenn die von den Supernovae abgeschleuderten Gasmassen mit hohen Geschwindigkeiten auf die umgebende interstellare Materie prallen und diese dabei stark aufheizen.
Eine Art „negative" galaktische R. stellen Wolken interstellarer Materie dar, die Röntgenhintergrundstrahlung

Röntgenstrahlung

absorbieren und dadurch als lokale „Dunkelgebiete" erscheinen.

Extragalaktische Röntgenquellen. In nahen extragalaktischen Sternsystemen, z. B. im Andromedanebel und in den Magellan'schen Wolken, können zahlreiche punktförmig erscheinende R.n mit Mitgliedern von Objektgruppen identifiziert werden, die auch im Milchstraßensystem als R.n nachweisbar sind. Bei weit entfernten Galaxien ist das Auflösungsvermögen der Röntgenteleskope im Allg. zu gering, um Einzelquellen identifizieren zu können. Diese Galaxien treten höchstens als Ganzes als R. in Erscheinung. Bei aktiven Galaxien wie Radio- und Seyfert-Galaxien, vor allem aber bei → Quasaren, übertrifft die Strahlungsleistung des aktiven Kerns alle anderen R.n im System.

Eine Gruppe starker flächenhafter extragalaktischer R.n bilden Galaxienhaufen, deren Strahlung vom intracumularen Gas ausgeht, das durch die Wechselwirkung mit Haufengalaxien stark aufgeheizt wird (→ Sternsystem). Die Flächenhelligkeit der Strahlung ist z. T. nicht radialsymmetrisch, sondern hat z. T. zwei lokale Maxima. Möglicherweise gehen diese auf den Zusammenstoß zweier Galaxienhaufen zurück, wobei noch keine gleichmäßige Temperatur- und Dichteverteilung im intracumularen Gas des Gesamthaufens erreicht ist.

Röntgenstrahlung [benannt nach dem dtsch. Physiker W. C. Röntgen, 1845–1923], elektromagnetische Wellenstrahlung mit Wellenlängen zwischen etwa 10 nm und 0,01 nm. Statt der Wellenlänge wird oft die Photonenenergie angegeben, dem Wellenlängenintervall entspricht der Energiebereich von etwa 0,1 bis 100 keV. R. kann sowohl ein kontinuierliches als auch ein Linienspektrum haben.

Röntgenteleskop, Instrument zur Registrierung und Untersuchung der aus dem Weltall kommenden Röntgenstrahlung.

Abbildende R.e nutzen zur Fokussierung der Strahlung die Totalreflexion bei streifendem Einfall mit einem Einfallswinkel geringer als etwa 2° aus. Die Spiegelfläche besteht aus einer scheitelfernen Zone eines Rotationsparaboloids, gefolgt von einer Zone eines konfokalen Hyperboloids mit gleicher Symmetrieachse (Abb. 1). Bei dieser Anordnung werden die durch nicht axiale Strahlung verursachten Bildfehler (→ Fernrohr) minimiert. (Bei optischen und Radioteleskopen erfolgt eine nahezu senkrechte Reflexion an einem scheitelnahen Bereich eines Rotationsparaboloids.) Die lichtsammelnde Fläche eines derartigen Zweizonenspiegels ist klein, zu ihrer Vergrößerung werden bei einem Wolter-

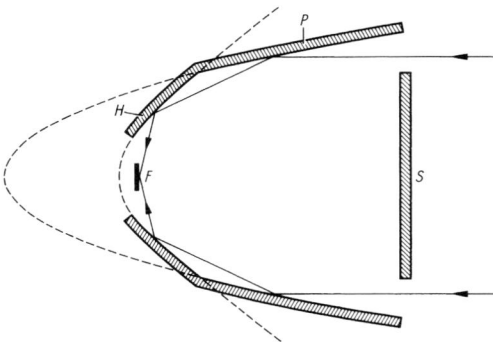

Abb. 1: Schematisierter Strahlengang bei einem abbildenden Röntgenteleskop. P: Ausschnitt aus einem Rotationsparaboloid; H: Ausschnitt aus einem Rotationshyperboloid; F: Brennpunkt; S: Blende zum Schutz vor direkter Strahlung

Teleskop [benannt nach dem dtsch. Physiker H. K. Wolter, 1911–1978] mehrere Spiegel achsparallel so ineinandergesetzt, dass parallel einfallende Strahlen den gleichen Brennpunkt haben (Abb. 2). Die Oberflächengüte der Spiegelflächen bestimmt die Grenzwellenlänge der fokussierbaren Strahlung.

Zur Registrierung der Röntgenstrahlung dienen verschiedene Strahlungsdetektoren. Bei Proportionalzählern (Geiger-Müller-Zählern) werden in einem gasgefüllten Rohr durch ein Röntgenphoton Gasatome ionisiert und die freigesetzten primären Elektronen von einem axialen positiv geladenen Anodendraht angezogen und beschleunigt. Die Primärelektronen setzen im Füllgas durch Ionisationen weitere, sekundäre Elektronen frei, die wiederum Atome ionisieren usw. Die Gesamtheit der von dem Anodendraht gesammelten Elektronen verursacht einen messbaren Stromstoß, dessen Stärke der Energie des eingefallenen Röntgenphotons proportional ist.

In einem Szintillationszähler werden Elektronen von Röntgenphotonen nur so stark beschleunigt, dass sie Atome zum Strahlen anregen, sie aber nicht ionisieren. Die Zahl der von einem Röntgenphoton verursachten sekundären Photonen hängt von der Energie des Primärphotons ab, die Sekundärphotonen werden mit Hilfe eines Photomultipliers vervielfacht und registriert. In Festkörper-Halbleiterdetektoren bringt ein durch ein Röntgenphoton erzeugtes primäres Elektron andere

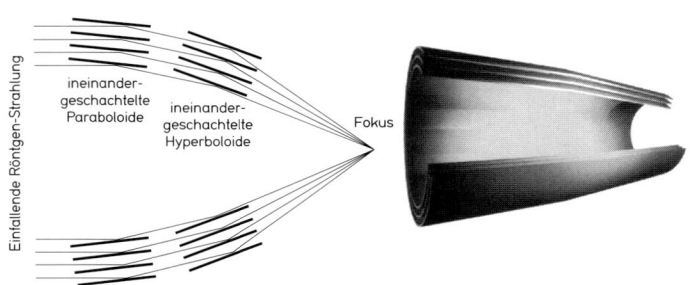

Abb. 2: Schema des Strahlengangs in einem Wolter-Teleskop mit konfokaler Spiegelanordnung

Elektronen in einen Energiezustand, in dem sie im Halbleiter frei beweglich sind. Die Elektronen werden von einer Anode gesammelt und als kleiner Stromstoß registriert. Die Detektoren zeichnen sich durch eine hohe Energieauflösung, d. h. eine hohe spektrale Empfindlichkeit, aus. Zur Unterdrückung von Störeffekten werden die Detektoren sehr tief gekühlt. Um einen Flächendetektor zu erreichen, werden viele kleine Einzeldetektoren zu einem größeren Areal zusammengefaßt. Da die Erdatmosphäre für Strahlung mit Wellenlängen kleiner als etwa 300 nm undurchlässig ist (→ Erdatmosphäre), werden R.e mit Hilfe von Erdsatelliten weit über die dichten unteren Atmosphärenschichten gebracht.

Das bisher größte abbildende R., ein Wolter-Teleskop mit vier Paraboloid-Hyperboloid-Spiegeln, einer Öffnung von 84 cm, einer Brennweite von 2,4 m und einer Strahlung sammelnden Fläche von insgesamt 1141 cm², befand sich auf dem Röntgensatelliten ROSAT.

Rosalind *f*, **1)** ein Satellit des Uranus. Hinsichtlich der Einordnung der R. in das System der Uranussatelliten → Uranus.
2) der Planetoid (900).

ROSAT [Abk. für Röntgen-Satellit], → Röntgenteleskop.

Rotation, *Drehung*, Eigendrehung eines Körpers um eine Rotationsachse. Der in einer zur Rotationsachse senkrechten Ebene überstrichene Winkel mit dem Scheitelpunkt in der Rotationsachse ist der Drehwinkel. Die Winkelgeschwindigkeit ist der von einem Punkt je Zeiteinheit überstrichene Drehwinkel. Bei einer starren R. haben alle Punkte eines Körpers gleiche Winkelgeschwindigkeit, bei einer differentiellen R. variiert die Winkelgeschwindigkeit mit dem Abstand von der Rotationsachse. Bei einer gebundenen R. ist die Rotationsperiode eines Himmelskörpers gleich seiner Umlaufperiode um einen anderen, wobei die Rotationsachse parallel zur Umlaufachse ist, der Himmelskörper wendet dem umlaufenen immer die gleiche Seite zu.

Rotation der Sterne, Drehung der Sterne um eine durch ihren Mittelpunkt gehende Achse.
Die Rotation ist mittels der charakteristischen Verbreiterung von Spektrallinien nachweisbar. Die Punkte auf der scheinbaren Sternscheibe haben bezüglich des Beobachters unterschiedliche Radialgeschwindigkeiten. Die Zahl der sich nähernden Punkte ist gleich der der sich entfernenden, wodurch sich infolge des → Doppler-Effekts für jede Linie eine symmetrische Intensitätsverteilung ergibt. Ein typisches Rotationsprofil unterscheidet sich von den durch andere Verbreiterungseffekte verursachten Profilen (→ Spektrum). Die Breite eines Rotationsprofils ist proportional der maximalen Differenz der Radialgeschwindigkeiten. Bei bekannter Linienbreite im Spektrum eines nicht rotierenden Sterns gleicher Spektral- und Leuchtkraftklasse ist aus dem Rotationsprofil die maximale Radialgeschwindigkeit v_{rad} ableitbar. Sie ist kleiner als die Rotationsgeschwindigkeit v des Sterns, da die Rotationsachse im Allg. um einen unbekannten Winkel i gegen die Beobachtungsrichtung geneigt ist, es gilt $v_{rad} = v \cdot \sin i$. Beim Blick genau in Richtung der Rotationsachse, d. h. bei $i = 0°$, ist keine Rotation feststellbar. Kann für eine Sterngruppe vorausgesetzt werden, dass die Rotationsachsen relativ zur Sichtlinie statistisch verteilt sind, ist zwar nicht die individuelle, wohl aber die mittlere Rotationsgeschwindigkeit der Gruppenmitglieder bestimmbar. Der statistische Mittelwert von $\sin i$ ergibt sich zu 0,7854.

Bei Bedeckungsveränderlichen mit einer dunklen und einer hellen Komponente ist die Sternrotation sehr genau zu ermitteln. Die Sichtlinie Beobachter–Gestirn liegt fast genau in der Bahnebene des Doppelsternsystems (→ Bedeckungsveränderliche), der Rotationssinn der Komponenten ist im Allg. gleich dem Umlaufsinn um den Schwerpunkt des Systems, so dass Rotationsachse und Sichtlinie senkrecht aufeinander stehen. Kurz vor sowie nach der Bedeckung der helleren Komponente durch die dunklere bleibt ein schmaler Randbereich der hellen unverdeckt (Abb.). Vor der Bedeckung bewegt sich der Bereich vom Beobachter weg, nach der Bedeckung auf ihn zu, was eine Rot- bzw. Blauverschiebung des Spektrallinien verursacht. Die Größe der Linienverschiebung entspricht der Rotationsgeschwindigkeit der hellen Komponente.

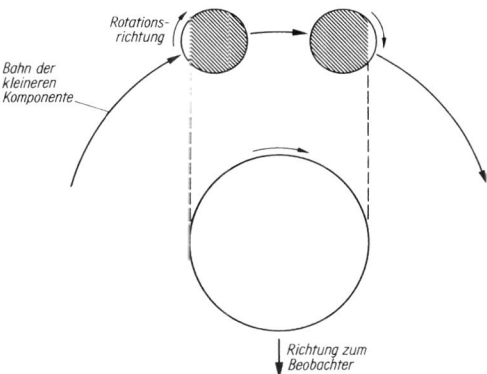

Zur Bestimmung der Rotationsgeschwindigkeit bei Bedeckungsveränderlichen

Die Rotationsperiode eines Sterns kann auch aus periodischen Helligkeitsvariationen erschlossen werden, die sich infolge der periodischen Verschiebung eines großen Sternflecks über die Sternscheibe ergeben. Die Amplituden der Helligkeitsschwankungen betragen nur einige Hundertstel Größenklassen, die Rotationsgeschwindigkeit bleibt unbekannt.

Die größten bei Hauptreihensternen bestimmten Rotationsgeschwindigkeiten liegen bei etwa 550 km/s, die kürzesten Rotationsperioden bei einigen Tagen. Hohe Rotationsgeschwindigkeiten haben vor allem O- und B-Sterne, bei G- bis M-Sternen sind die mittleren Rotationsgeschwindigkeiten wesentlich geringer, z. T. kleiner als 20 km/s. Möglicherweise sind die Unterschiede die Folge unterschiedlicher Entstehungsprozesse von massereichen und massearmen Sternen, eventuell auch die Folge unterschiedlicher Prozesse in späteren Entwicklungsphasen, z. B. unterschiedlich starke → Sternwinde. Die geringen mittleren Rotationsgeschwindigkeiten massearmer Sterne sind vielleicht auch dadurch

Rotationslinie

bedingt, dass bei ihrer Bildung gleichzeitig ein Planetensystem entsteht, wobei der größte Teil des Drehimpulses der interstellaren Ausgangswolke nicht in den des entstehenden Sterns übergeht, sondern in die Umlaufbewegung von Planeten analog den Verhältnissen im Sonnensystem (→ Kosmogonie).

Riesen- und Überriesensterne haben im Mittel wesentlich geringere Rotationsgeschwindigkeiten als Hauptreihensterne. Infolge der im Laufe der Sternentwicklung eintretenden Expansion eines Sterns (→ Sternentwicklung) sinkt wegen der Drehimpulserhaltung die Rotationsgeschwindigkeit. Der Übergang zu einem → Weißen Zwerg oder einem → Neutronenstern ist dagegen mit einer z. T. extremen Kontraktion und einer starken Erhöhung der Rotationsgeschwindigkeit verbunden. Bei Neutronensternen kann die Rotationsperiode z. T. Sekunden und Bruchteile von Sekunden betragen. Gehört er einem Doppelsternsystem an, kann infolge des Überströmens drehimpulstragender Materie von einem nahen Begleiter die Rotationsperiode des Neutronensterns noch weiter verringert werden (→ Pulsar).

Bei → Be-Sternen und → Hüllensternen sind die Rotationsgeschwindigkeiten so hoch, dass die äquatoriale Zentrifugalbeschleunigung in der Größenordnung der Schwerebeschleunigung liegt. Das führt zu einem starken → Sternwind und zur Ausbildung einer den Stern umgebenden Hülle. Das Hüllengas wird durch die Sternstrahlung zum Leuchten angeregt, so dass im Sternspektrum Emissionslinien vorhanden sind.

Rotationslinie, beim Übergang eines Moleküls von einem höheren Rotationsenergieniveau auf ein niedrigeres emittierte Spektrallinie (→ interstellares Gas).

Rotationsparallaxe, → Parallaxe.

Rotationsveränderliche, Sterne, deren scheinbare Helligkeit sich infolge einer Rotation periodisch ändert, weil sie nicht kugelförmig sind (→ ellipsoidische Veränderliche) oder große Sternflecken besitzen (→ BY-Draconis-Sterne).

Rotationsverbreiterung, durch die Rotation eines Körpers verursachte Verbreiterung der Spektrallinien; → Spektrum.

Roter Fleck, *Großer Roter Fleck*, auffällige Atmosphärenerscheinung auf dem → Jupiter.

Roter Riese, *roter Riesenstern*, Riesenstern der Spektralklasse G bis M.

Rotverschiebung, Verschiebung einer Spektrallinie zu größeren Wellenlängen, im visuellen Spektralbereich zum roten Ende des Spektrums hin. Eine R. ist gleichbedeutend mit einer Energieabnahme der Photonen.

Auf Grund des → Doppler-Effekts ergibt sich eine R., wenn sich Strahlungsquelle und Beobachter voneinander entfernen. Die Zunahme der R. in den Spektren extragalaktischer Sternsysteme mit geringer werdender scheinbarer Helligkeit ist die Folge der allgemeinen Expansion des Weltalls (*kosmologische R.*; → Kosmologie). Nach der Speziellen → Relativitätstheorie ist jeder Energie eine Masse äquivalent, daher unterliegen auch Photonen dem Einfluss der Gravitation. Die von einem Stern emittierten Photonen müssen in dem Gravitationsfeld des Sterns quasi Arbeit leisten, sie verlieren Energie, es ergibt sich eine *relativistische R.* oder *Gravitations-R.*

Rotverschiebungsparallaxe, → Parallaxe.

r-Prozess, → Elementenentstehung.

RR-Lyrae-Sterne, *Haufenveränderliche*, Typebezeichnung (RR), Pulsationsveränderliche der Spektralklassen A und F mit Perioden zwischen etwa 0,2 und 1,2 Tagen. Nach der Form der Lichtkurve werden zwei Untergruppen unterschieden. RRab-Sterne haben eine asymmetrische Lichtkurve, der Anstieg zum Helligkeitsmaximum erfolgt rascher als der Abfall zum Minimum. Bei RRc-Sternen ist die Lichtkurve nahezu symmetrisch, Auf- und Abstieg dauern etwa gleich lang (Abb.). Die Gruppe RRab ist die Zusammenfassung der beiden früheren Untergruppen RRa und RRb. RRab-Sterne haben im Allg. Perioden größer als 0,35 Tage, RRc-Sterne unter 0,4 Tagen. Die Helligkeitsamplituden belaufen sich bei RRab-Sternen mit kürzeren Perioden auf rund 1 bis 2 mag, bei Sternen längerer Perioden auf rund 0,5 mag. Bei RRc-Sternen betragen die Amplituden einheitlich rund 0,5 mag.

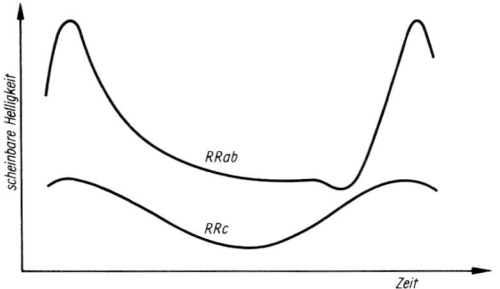

Schematische Lichtkurven von RR-Lyrae-Sternen

Die Lichtkurven der Mehrzahl der RR-L.-S. sind von Zyklus zu Zyklus gleich. Bei einzelnen Sternen überlagern sich mehrere Perioden, so dass es zu periodischen Änderungen sowohl der Form als auch der Periode der Lichtkurve kommt, zum sog. *Blazhko-Effekt* [benannt nach dem russ. Astronomen S. N. Blazhko, 1870–1956]. Bei RR Lyrae beträgt die Blazhko-Periode 40,8 Tage, die Helligkeitsamplitude schwankt zwischen etwa 0,8 und 1,2 mag.

Die über eine Periode gemittelten visuellen absoluten Helligkeiten der RR-L.-S. liegen bei etwa $0^m\!\!.6$ mit einer Streubreite von rund 0,3 mag. Die mittlere absolute Helligkeit ist nur sehr gering von der Periode abhängig. Im Gegensatz zu anderen Pulsationsveränderlichen, z. B. den → Delta-Cephei-Sternen, besteht bei den RR-L.-S.n keine Perioden-Helligkeits-Beziehung. In Kugelsternhaufen unterscheiden sich die mittleren absoluten Helligkeiten der RR-L.-S. z. T. von Haufen zu Haufen. RR-L.-S. haben Massen von etwa 0,5 bis 0,6 Sonnenmassen, sie sind Mitglieder der Halopopulation (→ Population). Von dem gehäuften Auftreten in Kugelsternhaufen rührt die Bezeichnung Haufenveränderliche her. Von den bekannten RR-L.-S.n gehört etwa die Hälfte zum Typ RRab, wenige zum Typ RRc, ein Großteil ist noch nicht eindeutig klassifiziert.

Der Lichtwechsel der RR-L.-S. ist durch eine Pulsation der Sterne verursacht, die Expansions- und Kontraktionsgeschwindigkeiten betragen etwa 30 km/s. Die Ursache der Pulsation ist die gleiche wie bei den Delta-Cephei-Sternen. Im Hertzsprung-Russell-Diagramm befinden sich die Bildpunkte der RR-L.-S. auf dem horizontalen Riesenast etwa in der Verlängerung des Instabilitätsstreifens der Delta-Cephei-Sterne zu geringeren absoluten Helligkeiten hin (Abb. → Veränderliche). Die kürzeste bei einem RRc-Stern beobachtete Periode liegt in der Größenordnung von etwa 0,18 Tagen, wahrscheinlich pulsiert der Stern in einer Oberschwingung.
R-Stern, Stern der → Spektralklasse R.
Rubidium-Strontium-Methode, Verfahren zur → Altersbestimmung von Meteoriten.
rückläufig, Gegensatz zu → rechtläufig.
Rudolfinische Tafeln [benannt nach Kaiser Rudolf II., 1552–1612], → Planetentafeln.
ruhende Kalziumlinien, interstellare Absorptionslinien in den Spektren von Doppelsternen; → interstellares Gas.
Ruhmasse, Masse eines ruhenden Teilchens; → Relativitätstheorie.
Ruhwellenlänge, svw. Laborwellenlänge.
Runaway-Sterne, svw. Ausreißersterne.
Rupes *f, Plur.* Rupes, Bezeichnung einer Verwerfung oder Böschung als eine Struktureinheit auf der Oberfläche erdartiger Körper des Planetensystems.
Russell, Henry Norris, amerikan. Astronom, geb. 25.10.1877 in Oyster Bay, gest. 19.02.1957 in Princeton (NY); Prof. in Princeton und Direktor der dortigen Sternwarte, arbeitete u. a. auf dem Gebiet der Spektralphotometrie, chemischen Zusammensetzung der Sternatmosphären, des inneren Aufbaus der Sterne sowie deren Entwicklung. Die von E. Hertzsprung (1873–1967) empirisch gefundene Beziehung zwischen Leuchtkraft und effektiver Temperatur der Sterne bzw. absoluter Helligkeit und Spektraltyp übertrug R. in die heute übliche Form des Hertzsprung-Russell-Diagramms.
RV-Tauri-Sterne, Typbezeichnung (RV), helle Riesen- und Überriesensterne der Spektralklassen zwischen F5 und K, seltener der Spektralklasse M., mit halbregelmäßigen, innerhalb von etwa 30 bis 150 Tagen erfolgenden Helligkeitsvariationen. Die mittlere Amplitude des Lichtwechsels beträgt bis zu 3 mag. Die Lichtkurven haben typischerweise eine Doppelwelle mit abwechselnd tiefen und flachen Minima, wobei die Unterschiede gelegentlich verschwinden oder in unregelmäßigen Abständen eine plötzliche Vertauschung vom Haupt- und Nebenminimum eintritt, der Lichtwechsel scheint dann um eine halbe Periode verschoben. Sterne mit einem derartigen Verhalten bilden die Untergruppe RVa, Sterne, bei denen die mittlere Helligkeit zusätzlich langsam variiert, die Gruppe RVb. Durch eine Überlagerung von schnellen und der langsamen Variationen kann die Gesamtamplitude 5 mag erreichen.
Der Lichtwechsel beruht auf radialen Pulsationen der Sterne. Das Auftreten von Emissionslinien im Spektrum während des Helligkeitsmaximums geht auf ausgedehnte Hüllen um die Sterne zurück, die das Ergebnis eines zeitlich begrenzten starken Massenverlusts sind. Die in den Hüllen vorhandenen Staubteilchen absorbieren Sternstrahlung und emittieren die aufgenommene Energie im Infrarotbereich und sind dadurch nachweisbar. Die RV-T.-S. sind relativ massearm, ihr Entwicklungszustand entspricht dem der Sterne nach dem → asymptotischen Riesenast. Zwischen den RV-T.-S.n und den → langsam unregelmäßigen Veränderlichen besteht ein fließender Übergang. Die RV-T.-S. gehören z. T. zur Halopopulation, z. T. zur Zwischenpopulation II oder zur Scheibenpopulation (→ Population).
RW-Aurigae-Sterne, Typbezeichnung (Is), veränderliche Sterne mit raschen unregelmäßigen Helligkeitsschwankungen ähnlich denen der → Orion-Veränderlichen. Im Gegensatz zu diesen befinden sich die RW-A.-S. nicht in unmittelbarer Nachbarschaft interstellarer Wolken oder Wolkenkomplexen. Eine Unterteilung der RW-A.-S erfolgt in gleicher Weise wie bei den Orion-Veränderlichen.
Die Ursachen des Lichtwechsels sind noch weitgehend unbekannt.
Ryle, Sir (seit 1966) Martin, brit. Astrophysiker, geb. 27.09.1918 in Brighton, gest. 14.10.1984 in Cambridge; ab 1959 Prof. in Cambridge. Einer der Begründer der Radioastronomie, in die er die Methode der Interferometrie und der Aperatursynthese (→ Radioteleskop) einführte; untersuchte die solare Radiofrequenzstrahlung und Probleme der Kosmologie. Zusammen mit A. Hewish erhielt er 1974 den Nobel-Preis für Physik.

s, Einheitenzeichen für Sekunde.
Saalrefraktion, → Refraktion.
Sagitta, *Gen.* Sagittae, abg. **Sge**, *Pfeil*, kleines Sternbild des nördlichen Himmels, in der Milchstraße gelegen und im Sommer am Abendhimmel sichtbar.
Hinsichtlich der Lage am Himmel → Sternkarte Seite 418.
Sagittarius, *Gen.* Sagittarii, abg. **Sgr**, *Schütze*, zum Tierkreis gehörendes Sternbild des südlichen Himmels, das im Sommer am Abendhimmel sichtbar ist. Durch das Sternbild zieht sich die Milchstraße mit vielen leuchtenden Gasnebeln und Dunkelwolken sowie einigen hellen Sternhaufen. In dem Sternbild liegt die Richtung zum Zentrum des Milchstraßensystems. Bei ihrer scheinbaren jährlichen Bewegung durchläuft die Sonne S. von etwa Mitte Dezember bis in die zweite Januarhälfte.
Hinsichtlich der Lage am Himmel → Sternkarte Seite 418.
Sagittariusarm, der von der Sonne aus gesehen nächstinnere Spiralarm des → Milchstraßensystems.
Saha, Meghnad, ind. Physiker und Astrophysiker, geb. 06.10.1893 in Seoratoli (Bangladesch), gest. 16.02.1956 in Delhi; arbeitete u. a. auf dem Gebiet der

Saha-Gleichung

Spektralanalyse sowie der Theorie der thermischen Ionisation und Anregung von Gasen.

Saha-Gleichung [benannt nach dem ind. Astrophysiker M. Saha, 1893–1956], mathematische Beziehung zur Bestimmung des Ionisationsgrades eines Gases; → Ionisation.

säkular, in der Astronomie svw. in langen Zeiträumen sich bemerkbar machend, z. B. s.e Störungen, s.e Bewegungen.

säkulare Aberration, → Aberration.

säkulare Akzeleration, eine der Störungen der → Mondbewegung.

säkulare Parallaxe, → Parallaxe

Salpeter-Prozess [benannt nach dem amerikan. Astrophysiker E. E. Salpeter], Folge von Kernreaktionen in Sternen, bei denen Helium in schwerere Elemente umgewandelt wird; → Energiefreisetzung in Sternen.

Sao *f*, ein Satellit des Neptun.
Hinsichtlich der Einordnung der S. in das System der Neptunsatelliten → Neptun.

Sarosperiode, *Saroszyklus*, *chaldäische Periode*, Zeitraum zwischen der Wiederkehr einer Finsternis unter fast gleichen Bedingungen innerhalb des Finsterniszyklus; → Finsternis.

Satellit *m*, *Trabant* (auch *Mond*), ein einen Planeten oder Planetoiden umlaufender und dynamisch an ihn gebundener Himmelskörper. Im Sonnensystem sind derzeit (2008) über 320 größere S.en bekannt.
Benennung. Die S.en tragen Eigennamen, ein neu entdeckter S. wird mit dem Symbol S/ bezeichnet, gefolgt von der Jahreszahl der Entdeckung, dem Anfangsbuchstaben der umlaufenen Planeten sowie einer fortlaufenden Nummer in der Reihenfolge der Entdeckungen im jeweiligen Jahr. Danach bezeichnet z. B. S/2000 S1 den ersten 2000 entdeckten S. des Saturn. Sind die Bahnelemente mit genügender Genauigkeit bekannt, erhält der S. einen Namen, der von der Internationalen Astronomischen Union nach festen Regeln vergeben wird, und eine römische Zahl, die die Reihenfolge der Entdeckung widerspiegelt. Danach heißt S/2000 S1 endgültig Saturn XIX Ymir.
Satellitensysteme. In den ausgedehnten Satellitensystemen um Jupiter, Saturn, Uranus und Neptun bilden die S.en drei im dynamischen Verhalten unterschiedliche Gruppen. Reguläre S.en bewegen sich rechtläufig auf kreisähnlichen Bahnen nahe der Äquatorebene des jeweiligen Planeten, wobei die dem Planeten sehr nahen S.en wahrscheinlich eine gebundene → Rotation haben. Zur Gruppe der irregulären S.en gehören meist kleine, unregelmäßig geformte Körper mit exzentrischen und z. T. stark gegen die Äquatorebene des Planeten geneigten Bahnen; ihre Bewegungen sind z. T. rückläufig. Die dritte Gruppe umfasst Minisatelliten mit einem Durchmesser in der Größenordnung von einigen Metern bis zu einigen Mikrometern. In ihrer Gesamtheit bilden diese S.en in der Äquatorebene des jeweiligen Planeten konzentrische scheibenförmige Ringsysteme mit im Allg. geringer Dicke senkrecht zur Symmetrieebene der Ringe. Die Ringsysteme haben vielfach innere Strukturen, die mindestens teilweise durch dynamische Wechselwirkungen zwischen den Ringteilchen und benachbarten größeren S.en verursacht werden.

Hinsichtlich der Anordnung der S.en und der Ringsysteme → Mars, → Jupiter, → Saturn, → Uranus, → Neptun und → Pluto.
Das Verhältnis der Ausdehnung des Satellitensystems zum Radius des zugehörigen Planeten ist sehr unterschiedlich. Bei Jupiter und Saturn beträgt es 410:1 bzw. 416:1, beim Uranus 816:1 und beim Neptun 1 950:1.
Der Höchstabstand eines S.en vom Planeten ist durch die Entfernung bestimmt, bei der seine Bahnbewegung durch die Sonne so stark gestört wird, dass er den Anziehungsbereich des Planeten verlässt; der Mindestabstand für große S.en ist die Entfernung vom Planeten, bei dem der S. nicht durch die Gezeitenkräfte des Planeten zerstört wird (→ Roche-Grenze). Klein- und Kleinstsatelliten, deren innere Festkörperkräfte größer als die Gezeitenkräfte sind, können auch innerhalb der Roche-Grenze existieren. Alle Ringsysteme, bis auf den E-Ring des Saturn, befinden sich innerhalb der jeweiligen Roche-Grenze. Die Partikeln der Planetenringe rühren möglicherweise von ehemaligen S.en oder Kometen her, die durch Gezeitenkräfte zerstört und deren Trümmer durch Zusammenstöße untereinander weiter zerkleinert wurden.
Die größten S.en übertreffen hinsichtlich Masse und Durchmesser den Planeten Merkur, der Saturnsatellit → Titan besitzt eine dichte Atmosphäre. Das Massenverhältnis zwischen Planet und einem S.en des Systems ist z. T. außerordentlich groß, bei Saturn zu Titan beträgt es 4 231:1, bei der Erde zum Mond 81,5:1, beim Zwergplaneten Pluto zum Charon nur etwa 7:1. Kleinsatelliten haben Durchmesser in der Größenordnung von 100 km, Zwergsatelliten z. T. in der Größenordnung von einigen 10 km. Die unregelmäßige Gestalt kleiner S.en ist wahrscheinlich durch Zusammenstöße mit anderen Körpern verursacht.
Entstehung. Reguläre S.en sind aller Wahrscheinlichkeit nach durch Akkretion von Materie in Teilbereichen des Sonnennebels gleichzeitig mit ihrem Planeten entstanden (→ Kosmogonie). Als Teilbereiche des Sonnennebels unter Erhaltung des Drehimpulses der Protoplaneten kollabierten, entstanden dünne Gas-Staub-Scheiben, in denen sich die Materie auf Kreisbahnen um das Zentrum bewegte. Infolge der Abführung der beim Kollaps freiwerdenden potentiellen Energie kühlte die Materie ab, so dass schwerflüchtige Elemente kondensieren und sich kleine Teilchen bilden konnten, die sich nahe der Symmetrieebene der Scheiben ansammelten und im Wesentlichen durch Koagulation zu immer größeren Körpern anwuchsen. Auf Grund des Temperaturgefälles innerhalb der Scheibe bestanden die größer werdenden Körper nahe des entstehenden Planeten im Wesentlichen aus gesteinsartigem Material, in größeren Entfernungen zunehmend aus eisartigem. Viele irreguläre S.en dürften an anderer Stelle des Sonnennebels entstandene ehemalige Planetoiden sein, die erst infolge einer gravitativen Wechselwirkung mit dem Planeten eingefangen wurden, der Einfangprozess ist in den Einzelheiten noch nicht voll geklärt. Zwergsatelliten mit fast gleicher Bahnexzentrizität und -neigung dürften aus jeweils einem größeren Ursprungskörper hervorgegangen sein, der bei einem Zusammenstoß mit einem anderen großen Körper zerstört wurde. Das Er-

de-Mond-System ist mit großer Wahrscheinlichkeit beim Stoß eines massereichen Körpers mit der Protoerde entstanden (→ Kosmogonie), die Entstehung des Pluto-Charon-Systems dürfte auf einen ähnlichen Prozess zurückzuführen sein. In der stofflichen Zusammensetzung und im inneren Aufbau unterscheiden sich Klein- und Zwergsatelliten nicht von anderen Körpern des Planetensystems gleicher Dimension und gleichem permanenten Abstand von der Sonne. Einige S.en, z. B. der Mond und die Jupitersatelliten Io und Europa, sind den erdartigen planetaren Himmelskörpern zuzurechnen, andere, wie die Saturnsatelliten Mimas und Enceladus, den eisartigen (→ Planet).

Saturn, der sonnenfernste noch mit bloßem Auge sichtbare Planet, Zeichen ♄.

Der S. bewegt sich mit einer mittleren Geschwindigkeit von 9,67 km/s in 29,42 Jahren, der siderischen Umlaufzeit, auf einer Ellipsenbahn mit der großen Halbachse von 9,54 AE oder 1,427 Mrd. km und einer Exzentrizität von 0,0565 rechtläufig um die Sonne. Die Bahnebene ist 2,48° gegen die Ebene der Ekliptik geneigt. Die Entfernung des S. von der Sonne schwankt zwischen 1,352 Mrd. km im Perihel und 1,502 Mrd. km im Aphel. Je nach der Stellung des S. und der Erde in ihren Bahnen variiert der Erdabstand zwischen 1,193 und 1,658 Mrd. km und der scheinbare Durchmesser zwischen rund 20″ und 15″. Die günstigsten Beobachtungsbedingungen ergeben sich bei Opposition (→ Konstellation) des S. zur Sonne. Die scheinbare visuelle Helligkeit kann dann 0^{m}67 erreichen. Die Zeit zwischen zwei aufeinanderfolgenden Oppositionen, die synodische Umlaufzeit, beträgt im Mittel 378 Tage.

Durchmesser, Masse. Der Äquatordurchmesser beträgt 120 536 km, rund das 9,5fache des Erddurchmessers. Der S. ist damit der zweitgrößte Planet des Sonnensystems, ein Riesenplanet. Er hat eine differentielle Rotation. In Äquatornähe beläuft sich die Rotationsperiode auf 10 h 14 min (System I), in mittleren planetographischen Breiten auf 10 h 40 min (System II). Aus periodischen Schwankungen der Radiofrequenzstrahlung ergibt sich eine Rotationsperiode von 10 h 39 min. Sie gilt für das Saturninnere, in dem das für die Radiofrequenzstrahlung wesentliche und bei der Rotation mitgeführte Magnetfeld verankert ist. Die Äquatorebene ist gegen die Bahnebene um 26° 45′ geneigt. Der S. ist infolge der schnellen Rotation von allen Planeten am stärksten abgeplattet, die Abplattung beträgt 1:9,5, Pol- und Äquatordurchmesser unterscheiden sich um 12 300 km. Da keine feste Oberfläche wahrnehmbar ist, beziehen sich Durchmesserangaben auf die sichtbare Wolkenobergrenze. Die Saturnmasse ist mit $5{,}68 \cdot 10^{26}$ kg, entsprechend 95,16 Erdmassen, fast dreimal so groß wie die Masse aller kleineren Planeten zusammen. Die mittlere Dichte beträgt 0,70 g/cm^3, nur etwa 13% der mittleren Dichte der Erde, es ist die kleinste mittlere Dichte aller Planeten, sie ist vergleichbar der Dichte verflüssigter Gase.

Atmosphäre. Die mittlere Albedo des S. ist mit 0,74 sehr hoch. Alle sichtbaren Einzelheiten sind Wolkenstrukturen. Farbvariationen sind sehr gering, die Wolken erscheinen mattgelblich bis orange gefärbt. In der Wolkendecke sind infolge der geringen Farbunterschiede Details nur schwierig zu erkennen. Sie ist in parallel zum Äquator verlaufenden Zonen und Gürtel gegliedert (Abb. 1), wobei die Grenzen zwischen den Strukturen viel unschärfer als beim Jupiter sind. Die auffälligsten dunklen Gürtel befinden sich bei etwa 20° und 40° nördlicher planetographischer Breite.

Von der Erde aus sind unregelmäßige Strukturierungen wenig auffällig. Auf Aufnahmen aus großer Nähe sind z. T. bräunlich gefärbte ovale Flecken erkennbar. Sie befinden sich vor allem in höheren nördlichen und südlichen planetographischen Breiten und sind meist nicht länger als rund ein Jahr sichtbar. Ihre innere Rotation

Abb. 1: Saturn in einer Aufnahme des Hubble-Weltraumteleskops. Links der Südpolregion liegt der Schatten von Saturn auf dem Ringsystem (NASA, ESA and Erich Karkoschka, University of Arizona)

Saturn

weist sie als Hochdruckwirbel aus. In Abständen von etwa 30 Jahren, der siderischen Umlaufzeit, wird im nördlichen Teil der Äquatorzone der sog. Große Weiße Fleck sichtbar, ein Wolkenkomplex mit einer Nord-Süd-Ausdehnung von rund 10 000 km. Die Wolken bestehen wahrscheinlich aus festen Ammoniakteilchen, die in der Saturnatmosphäre offenbar gehäuft auskondensieren, wenn in der nördlichen Äquatorzone die Sonneneinstrahlung am höchsten ist, wenn dort „Sommer" herrscht. Die den Planeten umfassende Strukturierung der sichtbaren Wolkenschichten geht auf ein kompliziertes Wind- und Strömungssystem zurück. In einem Band etwa 30° beiderseits des Äquators treten starke, der Rotation vorauseilende Westwinde mit Geschwindigkeiten bis zu 500 m/s auf. Mit zunehmender Breite nimmt die Windgeschwindigkeit ab. Nahe 35° bis 40° nördlicher und südlicher Breite rotiert die sichtbare Wolkendecke angenähert synchron mit dem Saturninnern, weiter zu den Polen hin bestehen abwechselnd Ost- und Westwinde mit bedeutend geringeren Geschwindigkeiten als in Äquatornähe. Das globale Windsystem ist wahrscheinlich eine Folge der schnellen Rotation des S. sowie des von innen nach außen fließenden Wärmestroms.

Die Temperaturschichtung der oberen Saturnatmosphäre (Abb. 2) sowie deren Zusammensetzung ist mit Hilfe von Raumsonden bestimmbar. Mit einem Masseanteil von etwa 94% ist Wasserstoff das häufigste Element, gefolgt von Helium mit rund 5%, Ammoniak und Methan sind gering häufig. Die vermutlich bei photochemischen Prozessen aus Methan entstehenden Verbindungen Phosphin, Ethan, Acetylen, Propan und andere sind nur in Spuren vorhanden. Die oberste, aus Ammoniakeisteilchen bestehende Wolkenschicht geht nach außen in eine dünne Dunstschicht über, die bis zum Bereich des Temperaturminimums, der Tropopause, reichen dürfte. Das verwaschene Aussehen der Wolkenstrukturen ist wahrscheinlich durch diesen Dunst verursacht. Ammoniakkristalle haben im Allg. nicht die bei den Wolkenstrukturen beobachteten Färbungen, diese werden wahrscheinlich durch bisher unbekannte Atmosphärensubstanzen verursacht.

Magnetfeld. An der Wolkenobergrenze hat das Magnetfeld eine Stärke von $2,1 \cdot 10^{-5}$ Tesla, d. h. etwa die gleiche Stärke wie das Magnetfeld an der Erdoberfläche. Es ist angenähert ein Dipolfeld mit einer dem Erdfeld entgegengesetzten Polung. Magnetfeldachse und Rotationsachse sind nahezu gleich ausgerichtet, der Dipolmittelpunkt ist aber um etwa 4% des Saturnradius gegen den Saturnmittelpunkt verschoben. Die Grenze der → Magnetosphäre befindet sich auf der der Sonne zugewandten Seite etwa 25 Saturnradien über der sichtbaren Wolkenschicht. Der Abstand variiert stark in Abhängigkeit von der Stärke des → Sonnenwinds, so dass sich der Titan, der größte Saturnsatellit, z. T. innerhalb, z. T. außerhalb der Magnetosphäre befindet. Auf der von der Sonne abgewandten Seite ist die Magnetosphäre zu einem Schweif auseinandergezogen, der noch in einer Entfernung von etwa 50 Saturnradien nachweisbar ist, sich aber bedeutend weiter erstrecken dürfte. Innerhalb der Magnetosphäre existieren Gürtel, in denen die Anzahldichte elektrisch geladener Partikeln, hauptsächlich Elektronen und Protonen, gegenüber der Umgebung erhöht ist. Die Gürtel werden u. a. durch die in der Magnetosphäre umlaufenden Satelliten, besonders durch den Mimas und die Rhea, sowie durch das Ringsystem beeinflusst. Ringpartikeln nehmen geladene Teilchen aus den Gürteln auf, andererseits schlagen energiereiche Teilchen aus Ringpartikeln und Satellitenoberflächen Atome heraus, die aufgeladen den Strahlungsgürteln zugute kommen. Die Magnetosphäre dürfte in größeren planetozentrischen Entfernungen einer ausgedehnten Scheibe gleichen, da die geladenen Teilchen durch das Magnetfeld zum Mitrotieren gezwungen werden und in großen Planetenentfernungen einer hohen Zentrifugalkraft unterliegen.

Innerer Aufbau. Der innere Aufbau ist im Wesentlichen unbekannt, es existieren nur einige auf Beobachtungen beruhende Erkenntnisse, auf denen theoretische Modelle basieren, durch sie aber auch stark eingeschränkt werden. Die geringe mittlere Dichte bedingt Wasserstoff, das leichteste Element, als Hauptbestandteil der Saturnmaterie, andererseits ist auf Grund kosmogonischer Überlegungen ein Gesteinskern sehr wahrscheinlich (→ Kosmogonie). Das Magnetfeld weist auf die Wirkung eines Dynamoeffekts im Saturninnern hin, was einen flüssigen, elektrisch gut leitfähigen Materiezustand voraussetzt (→ Dynamoeffekt). Die Saturnmodelle gehen deshalb von einem Schalenaufbau aus, wobei aber Dicke und Zusammensetzung der einzelnen Schalen nicht sicher bekannt sind. Nach einem der Modelle (Abb. 3) besteht die äußerste, sehr dicke Schale hauptsächlich aus Wasserstoff mit einer geringen Beimengung von Helium. Nach innen zu steigen Dichte und Temperatur an, wobei möglicherweise ein Zustand erreicht wird, bei dem zwischen gasförmig und flüssig nicht unterschieden werden kann, so dass keine scharfe Grenze zwischen einer gasförmigen Außenschale und einer aus Kondensat bestehenden flüssigen Innenschale existiert. In einem Zentrumsabstand von rund 0,5 Saturnradien wird der Wasserstoff infolge des hohen Drucks ionisiert und geht in eine metallische Phase über. Die dadurch frei beweglichen Elektronen verursachen eine hohe elektrische Leitfähigkeit, die der von Metallen vergleichbar ist. Unter den herrschenden Bedingungen bildet Helium im „metallischen" Wasser-

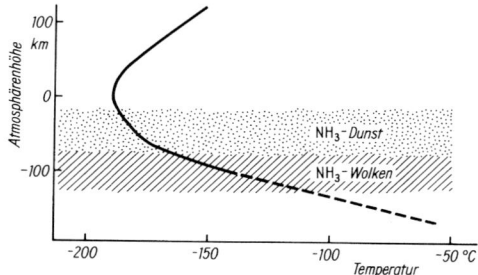

Abb. 2: Temperaturverlauf in der Saturnatmosphäre; gestrichelt: extrapolierter Verlauf sowie die Lage der obersten Wolkenschicht. Die Höhenskala ist auf die Tropopause mit dem Temperaturminimum bezogen.
NH_3: Ammoniak

stoff tröpfchenartige Konzentrationen, die auf Grund ihrer höheren spezifischen Dichte unter der Wirkung der Schwerkraft zum Zentrum sinken, ab etwa 0,44 Saturnradien dürfte ein stabiles Mischungsverhältnis von Wasserstoff und Helium erreicht sein. Beim Absinken des Heliums wird potentielle Energie freigesetzt und das Saturninnere erwärmt. Der dadurch verursachte, nach außen gerichtete Energiestrom könnte erklären, weshalb die vom S. emittierte Energie etwa 1,8-mal größer ist als die von der Sonne empfangene. Das Zentralgebiet wird von einem Gesteinskern mit einer Masse von etwa 20 Erdmassen und einem Radius von vielleicht 0,25 Saturnradien gebildet.

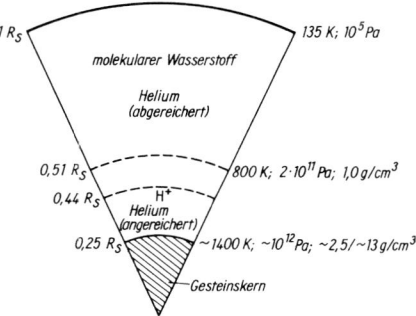

Abb. 3: Modell des Saturninnern. Zentrumsentfernungen in Einheiten des Saturnradius R_S. Rechts: genäherte Werte von Temperatur, Druck sowie Dichte oberhalb und unterhalb der angegebenen Grenzflächen. H⁺: metallischer Wasserstoff. (Nach D. Stevenson)

Saturnringe. Die Ringe des S. liegen in dessen Äquatorebene. Infolge deren Neigung gegen die Bahnebene nehmen bei der Bewegung des S. um die Sonne die Ringe unterschiedliche Stellungen relativ zur Erde ein, zeitweilig sind sie schräg „von unten", zeitweilig schräg „von oben" zu sehen, rund alle 15 Jahre fällt die Sichtlinie Erde–Saturn genau in die Äquatorebene. Die Ringe erscheinen dann in ihrer Gesamtheit als heller Strich.

Zur Kennzeichnung der von der Erde aus auffälligsten Ringe wurden im 19. Jh. die Buchstaben A (Außenring), B (Innenring) und C (Flor- oder Kreppring) verwendet. Durch Raumsondenbeobachtungen wurden eine ausgeprägte innere Struktur der bekannten sowie zusätzliche Ringe gefunden. Die auffälligsten Ringbereiche erhielten in der Reihenfolge der Entdeckung die Bezeichnungen D, E, F und G, wobei die alphabetische Reihenfolge dadurch nicht mehr mit der Ringanordnung übereinstimmt, einige Strukturen wurden auch nach bedeutenden Astronomen benannt (Tab.).

Der D-Ring reicht mit seiner Innengrenze bis nahe an die Saturnatmosphäre. Er ist extrem lichtschwach und von der Erde aus nicht sichtbar. Nach außen schließt sich praktisch nahtlos der gleichfalls relativ lichtschwache, von der Erde aus aber deutlich erkennbare C-Ring an. Er ist stark untergliedert, in ihm befindet sich in einem vom Saturnmittelpunkt aus gerechneten Abstand von 1,45 Saturnradien (R_S) die Maxwell'sche

Saturnringsystem

	Breite (km)	Abstand vom Saturnzentrum (km)
Wolkenobergrenze		60 330
D-Ring: Innenkante		66 970
C-Ring: Innenkante		74 510
Maxwell'sche Lücke	270	(87 480)
B-Ring: Innenkante		(92 000)
Außenkante		117 520
Huygens'sche Lücke	430	(117 700)
Cassinische Teilung	4 450	(119 760)
A-Ring: Innenkante		122 170
Encke'sche Teilung	328	(133 570)
Keeler'sche Lücke	≈ 35	(136 530)
A-Ring: Außenkante		136 780
F-Ring	50	(140 180)
G-Ring	≈ 1 000	(170 100)
E-Ring: Innenkante		181 000
Außenkante		(483 000)

Eingeklammerte Werte sind Abstandsmittelwerte.

Lücke [benannt nach dem brit. Physiker J. C. Maxwell, 1831–1879]. Auf den C-Ring folgt nach außen der hellste und dichteste aller Ringe, der stark strukturierte B-Ring. Seine vertikale Dicke beträgt weniger als 100 m. Die scharfe, nicht völlig kreisförmige Außengrenze geht wahrscheinlich auf die Gezeitenwirkung des bei 3,08 R_S sich befindenden Satelliten → Mimas zurück. Die Umlaufzeiten der Partikeln an der Ringgrenze stehen im Verhältnis von 1:2 zur Umlaufzeit des Mimas. Die schneller als er umlaufenden werden von ihm etwas abgebremst und nähern sich dem S., die Außengrenze befindet sich im Bereich der exakten Resonanz. Die Bahnen sind infolge der Störungen durch den Mimas gering verformt. Zwischen B- und A-Ring liegen bei 1,95 R_S die Huygens'sche Lücke [benannt nach dem niederl. Astronomen C. Huygens, 1629–1695] und die breite Cassini'sche Teilung [benannt nach dem franz. Astronomen C. D. Cassini, 1625–1722]. Im zweithellsten, im stark strukturierten A-Ring liegen bei 2,216 R_S die Encke'sche Teilung [benannt nach dem dtsch. Astronomen J. F. Encke 1791–1865] und benachbart die sehr schmale Keeler'sche Lücke [benannt nach dem amerikan. Astronomen J. K. Keeler, 1857–1900]. In der Encke'schen Teilung bewegt sich der Satellit Pan, in der Keeler'schen Lücke der Daphnis und nahe der scharfen, bei 2,26 liegenden Außenkante des A-Rings der → Atlas, dessen Umlaufzeit mit der der Randteilchen in einer 6:7-Resonanz steht. Der sich bei 2,33 R_S befindende außerordentlich schmale F-Ring wird von zwei → „Schäferhundsatelliten", dem Prometheus und der Pandora, verursacht, die auf Grund ihres gravitativen Einflusses die Ringpartikeln zusammenhalten. Die Ursachen feiner Teilstrukturen im F-Ring wie Knicke und Verdrillungen sind im Detail unbekannt. Vom F-Ring durch den Epimetheus und Janus getrennt liegt bei 2,8 R_S der außerordentlich lichtschwache G-Ring. Der äußerste, sehr breite E-Ring hat keine genau fixierte Außengrenze. Die vertikale Ringdicke beläuft sich im äußersten Bereich auf etwa

Saturn

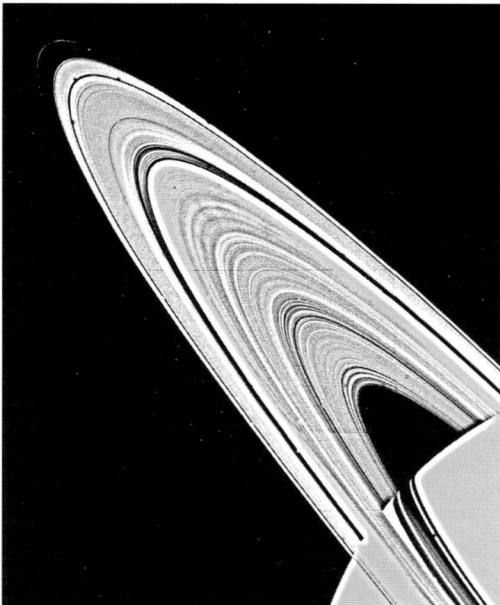

Abb. 4: Saturnringsystem, aufgenommen mittels der Raumsonde Voyager 1 aus einer Entfernung von etwa 8 Mio. km. Der F-Ring schwach oben links, im hellen A-Ring die dunkle Encke'sche Teilung, zwischen dem A- und dem B-Ring das dunkle Band der Cassini'schen Teilung. Der C-Ring mit vielen inneren Strukturen tritt vor dem Saturn nur schwach in Erscheinung. Die starken dunklen Streifen auf dem Saturn sind Ringschatten (NASA/JPL)

40 000 km, nahe der Innenkante auf rund 6 000 km, nahe bei 4 R_S hat die Dicke ein Minimum von rund 4 000 km, die Partikeldichte aber anscheinend ein Maximum. Der E-Ring ist unter extrem guten Beobachtungsbedingungen und günstiger Ringstellung auch von der Erde aus beobachtbar.

Das Ringsystem wird von einer Wolke neutralen Wasserstoffs eingehüllt, die sich von etwa der Innenkante des A-Rings bis zur Innenkante des E-Rings erstreckt. Ihre vertikale Dicke wird auf 100 000 km geschätzt. Die Herkunft des Wasserstoffs ist unbekannt.

Der Ursprung der Teilchen des Ringsystems ist im Wesentlichen noch ungesichert. Möglicherweise stammen sie von Kometenkernen, die sich dem S. näherten und, da sie einen geringeren Abstand als die → Roche-Grenze erreichten, durch die Gezeitenkräfte des S. zerstört wurden. Die Bruchstücke verteilten sich in der Bahnebene des jeweiligen Kometen und wurden infolge der gravitativen Wirkung des abgeplatteten S. allmählich in dessen Äquatorebene gedreht. Die Ringteilchen unterliegen infolge des Aufschlags interplanetarer Meteoroiden und Stößen untereinander einer Erosion, sie umlaufen den S. wie Mikrosatelliten.

Saturnsatelliten. Der S. wird von einem weit ausgedehnten, stark strukturierten Satellitensystem umgeben. Hinsichtlich des Abstands vom Saturnmittelpunkt und der Umlaufrichtung bilden mehr oder wenig viele Satelliten unterschiedliche Gruppen. Im Abstandsbereich von 2,22 bis 2,35 R_S befinden sich die Kleinsatelliten Pan, Daphnis, Atlas, Prometheus und Pandora, die sich mit Umlaufzeiten zwischen 0,575 bis 0,629 Tagen auf in der Äquatorebene des S. liegenden Kreisbahnen rechtläufig um diesen bewegen. Der → Atlas bewirkt die scharfe Außengrenze des A-Rings, der → Prometheus und die → Pandora sind „Schäferhundsatelliten" für den F-Ring. Zwischen 2,51 und 3,08 R_S befinden sich der → Epimetheus, der → Janus und der Mimas. Der Epimetheus und der Janus durchlaufen Bahnen mit einem Abstand geringer als der Monddurchmesser, wodurch außerordentlich starke gravitative Wechselwirkungen bestehen. Holt der etwas weiter innen laufende, damit schnellere Satellit den weiter außen laufenden, langsameren ein, wird dieser abgebremst und nähert sich dem S., während der innere beschleunigt wird und sich entfernt. Im Zeitraum von rund 4 Jahren tauschen beide dadurch ihre Bahnen. Die beiden großen Satelliten, der → Enceladus und die → Tethys, bewegen sich bei 3,95 bzw. 4,89 R_S auf nahezu Kreisbahnen wie auch die unmittelbar benachbarten Zwergsatelliten Telesto und Calypso. Die Zwergsatelliten Helene und Polydeuces sind der → Dione dicht benachbart.

Relativ alleinstehend ist die → Rhea bei 8,75 R_S. In dem extrem ausgedehnten Entfernungsbereich von 20,27 bis 59,08 R_S, dem Umlaufzeitenbereich von 15,945 bis 79,33 Tagen befinden sich die Großsatelliten → Titan, → Hyperion und → Iapetus. Zwischen den Umlaufzeiten des Mimas und der → Thethys sowie denen des → Enceladus und der → Dione besteht eine 1:2-Resonanz, zwischen den Umlaufzeiten des Titan und des Hyperion eine 3:4-Resonanz. Die Telesto und die Calypso befinden sich in den Librationspunkten L_4 bzw. L_5 (→ Dreikörperproblem) vom S. und der Tethys, die Helene und der Polydeuces in den Librationspunkten L_4 bzw. L_5 vom S. und der Dione. Die Bahnebenen der regulären Satelliten sind bis auf die des → Iapetus relativ gering geneigt gegen die Äquatorebene des S.

Die rechtläufigen regulären großen Satelliten, möglicherweise auch Kleinsatelliten und vielleicht einige Zwergsatelliten sind wahrscheinlich durch Akkretion aus einer Gas-Staub-Scheibe um den S. zur gleichen Zeit wie dieser entstanden (→ Kosmogonie). Die großen Satelliten gehören zu den im Wesentlichen eisartigen planetaren Himmelskörpern, bei denen ein wahrscheinlich kleiner Gesteinskern von einem dickeren Eismantel umgeben ist.

Den äußeren außerordentlich weit ausgedehnten Satellitenbereich zwischen 184,3 und 417 R_S und Umlaufzeiten zwischen 449,22 und 1 490,97 Tagen bilden Gruppen von im Wesentlichen rückläufigen irregulären Zwergsatelliten mit mehr oder weniger unterschiedlichen Bahnexzentrizitäten und Bahnneigungen, die → Phoebe als Kleinsatellit ist eine Ausnahme.

Bei den irregulären Satelliten dürfte es sich um eingefangene Planetoiden oder größere Meteoroiden handeln, wobei die Gruppen von jeweils sehr dicht benachbarten Zwergsatelliten wahrscheinlich Trümmer eines größeren Körpers sind, der bei einem Stoß mit einem anderen Körper zerstört wurde.

Säulendichte

Benannte Saturnsatelliten

	a		e	i	D
	(1 000 km)	(R_S)		(°)	(km)
Reguläre Satelliten:					
Pan	133,60	2,22	0,000	0,00	26
Daphnis	136,50	2,27	0,000	0,00	6
Atlas	137,70	2,29	0,000	0,00	20
Prometheus	139,40	2,31	0,002	0,00	94
Pandora	141,70	2,35	0,004	0,00	81
Epimetheus	151,40	2,51	0,020	0,33	117
Janus	151,50	2,51	0,007	0,16	181
Mimas	185,54	3,08	0,020	1,57	398
Methone	194,40	3,23	0,000	0,01	3
Anthe	197,70	3,28	0,001	0,10	2
Pallene	212,28	3,52	0,004	0,18	4
Enceladus	238,04	3,95	0,005	0,01	505
Tethys	294,67	4,89	0,000	1,09	1 073
Telesto	294,71	4,89	0,000	1,18	24
Calypso	294,71	4,89	0,000	1,50	19
Dione	377,42	6,26	0,002	0,03	1 125
Helene	377,42	6,26	0,007	0,21	32
Polydeuces	377,40	6,26	0,019	0,18	3
Rhea	527,07	8,75	0,001	0,33	1 529
Titan	1 221,87	20,28	0,029	1,63	5 151
Hyperion	1 500,88	24,91	0,027	0,57	266
Iapetus	3 560,84	59,11	0,028	7,57	1 469
Irreguläre Satelliten:					
Kiviuq	11 111	184,44	0,329	45,70*	16
Ijiraq	11 124	184,66	0,316	46,44*	12
Phoebe	12 944	214,87	0,164	154,79*	213
Paaliaq	15 200	252,32	0,363	45,08*	22
Skathi	15 541	257,98	0,270	152,64*	8
Albiorix	16 182	268,82	0,477	34,21*	32
Bebhionn	17 119	284,17	0,469	35,01*	6
Erriapus	17 343	287,85	0,472	34,69*	10
Siarnaq	17 531	291,02	0,296	46,00*	40
Skoll	17 665	293,24	0,464	161,2*	6
Tarvos	17 983	298,52	0,530	33,82*	15
Tarqeq	18 009	298,82	0,160	46,09*	7
Greip	18 206	302,03	0,326	179,84*	6
Hyrrokkin	18 437	306,05	0,333	151,40*	8
Mundilfari	18 685	310,17	0,210	167,32*	7
Jarnsaxa	18 811	312,12	0,216	163,32*	6
Narvi	19 007	315,52	0,431	145,82*	7
Bergelmir	19 338	321,01	0,142	158,56*	6
Suttungr	19 459	323,02	0,114	175,82*	7
Hati	19 856	329,61	0,372	165,83*	6
Bestla	20 129	334,14	0,521	145,21*	7
Farbauti	20 390	338,47	0,206	156,38*	5
Thrymr	20 474	339,87	0,465	175,97*	7
Aegir	20 735	344,20	0,252	166,69*	6
Kari	22 118	367,16	0,478	156,30*	7
Fenrir	22 453	372,72	0,136	164,94*	4
Surtur	22 707	376,94	0,451	177,51*	6
Ymir	23 040	382,46	0,335	173,12*	18
Loge	23 065	382,88	0,187	167,93*	6
Fornjot	25 108	416,793	0,206	170,42*	6

a: große Bahnhalbachse; R_S: Satellitenabstand in Einheiten des Saturnradius; *e*: numerische Bahnexzentrizität; *i*: Bahnneigung gegen die Äquatorebene; (*) Bahnneigung gegen Ekliptikebene, *D*: mittlerer Durchmesser

Sauerstoffreaktionen, Kernprozesse zur → Energiefreisetzung in Sternen, bei denen Sauerstoff in schwerere Elemente umgewandelt wird.

Säulendichte, Materiedichte oder Anzahldichte von Teilchen in einer Säule mit der Einheitsfläche als Querschnitt; die Maßeinheit ist g/cm² bzw. /cm².

SB-Galaxie, spiralförmig erscheinendes extragalaktisches Sternsystem mit einem zentralen „Balken"; → Sternsystem.

Schäferhundsatellit, *Hirtensatellit, Wächtersatellit*, ein auf Grund der gravitativen Einwirkung das dynamische Verhalten kleiner Teilchen beeinflussender Satellit. Ein S., der in einer etwas größeren (kleineren) Entfernung als eine Teilchenwolke einen Planeten umläuft, bremst (beschleunigt) benachbarte Teilchen, wodurch sie ein wenig nach innen (außen) wandern. Zwei S.en können dadurch in einem Ringsystem kleiner Teilchen um einen Planeten scharfe Ringgrenzen oder charakteristische Bänder oder Lücken verursachen.

Schalenbrennen, anschaulicher Ausdruck für die in einer Schale oder mehreren getrennten Schalen um das Zentralgebiet eines Sterns durch Kernreaktionen erfolgende Energiefreisetzung.

Schalenquellenmodell, modellhafte Beschreibung des inneren Aufbaus eines Sterns, bei dem die Energiefreisetzungsprozesse in einer oder mehreren getrennten Kugelschalen um das Sternzentrum stattfinden; → Sternaufbau, → Sternentwicklung.

Schaltsekunde, → Zeit.

Schedir m, α *Cassiopeiae*, der hellste Stern im Sternbild Cassiopeia mit einer scheinbaren visuellen Helligkeit von $2^m\!\!.25$, der Spektralklasse K0 und der Leuchtkraftklasse III. Die Entfernung von der Sonne beträgt 70 pc oder 228 Lichtjahre.

Scheibenpopulation, → Population.

scheinbare Bewegung, → Bewegung der Gestirne.

scheinbare Eigenbewegung, → Eigenbewegung.

scheinbare Helligkeit, Maß für den von einem Himmelskörper empfangenen Strahlungsstrom, die Maßeinheit sind Größenklassen; → Helligkeit.

scheinbare jährliche Sonnenbewegung, → Bewegung der Gestirne.

scheinbarer Durchmesser, *Winkeldurchmesser*, die von einem Beobachter gesehene Winkelausdehnung eines kosmischen Objekts.

scheinbarer Horizont, → Horizont.

scheinbarer Ort, der Ort eines Himmelskörpers an der Himmelskugel, dessen Lage infolge u. a. von Refraktion, Parallaxe, Präzession, Nutation und Eigenbewegung vom wahren Ort abweicht; → Ort eines Gestirns.

scheinbare tägliche Bewegung, → Bewegung der Gestirne.

Scheiner'sche Methode [nach dem Jesuitenpater Chr. Scheiner, 1573–1650], Verfahren zur genauen Aufstellung frei beweglicher parallaktisch montierter → Fernrohre.

Scheitelpunkt, svw. Zenit.

Schiaparelli, Giovanni Virginio, ital. Astronom, geb. 14.03.1835 in Savigliano, gest. 04.07.1910 in Mailand; 1864–1900 Direktor der Sternwarte in Mailand. Hauptarbeitsgebiete Meteore, wobei er den Zusammenhang zwischen dem Kometen 109P/Swift-Tuttle und dem Meteorstrom der Perseiden erkannte; deutete linienähnliche Oberflächenstrukturen auf dem Mars als „Marskanäle".

Schiefe der Ekliptik, der Winkel, unter dem sich Ekliptik und Himmelsäquator schneiden. Die S. d. E. beträgt gegenwärtig (2008) 23° 26′ 17,71″, sie nimmt infolge von Präzession und Nutation um rund 0,47″ pro Jahr ab (→ Präzession).

schiefer Rotator, ein Stern, dessen Magnetfeldachse nicht mit seiner Rotationsachse zusammenfällt; → magnetische Sterne.

Schiefspiegler, → Spiegelteleskop.

Schiff, *Schiff Argo*, das frühere Sternbild → Argo.

Schiffskompass, das Sternbild → Pyxis.

Schild, das Sternbild → Scutum.

Schklowski, Jossif Samuilowitsch, russ. Astrophysiker, geb. 01.07.1916 in Gluchow, gest. 03.03.1985 in Moskau; ab 1938 am Sternberg-Institut, ab 1953 Prof. in Moskau und ab 1968 am Institut für Kosmosforschung in Moskau. S. arbeitete auf dem Gebiet der theoretischen Astrophysik, speziell der Physik der Sonnenkorona, der solaren und galaktischen Radiofrequenzstrahlung sowie aktiver Galaxien.

Schlange, das Sternbild → Serpens.

Schlangenträger, das Sternbild → Ophiuchus.

Schmalbandphotometrie, eine in schmalen Wellenlängenbereichen erfolgende Spektralphotometrie; → Photometrie.

Schmidt, Bernhard Woldemar, estnischer Astrooptiker, geb. 30.03.1879 auf Nargen, gest. 01.12.1935 in Hamburg; zunächst in Mittweida, ab 1926 in Hamburg-Bergedorf. S. stellte hervorragende Spiegel und Linsen für astronomische Fernrohre her, erfand die nach ihm benannte komafreie Spiegelanordnung mit großem Gesichtsfeld (→ Spiegelteleskop).

Schmidt-Cassegrain-System, → Spiegelteleskop.

Schmidt-Spiegel, → Spiegelteleskop.

schneller Prozess, → Elementenentstehung.

Schnellläufer, Sterne mit größeren Geschwindigkeiten als 65 km/s relativ zur Sonne. Im Milchstraßensystem durchlaufen S. elliptische Bahnen, die stark gegen die Sonnenbahn geneigt sind. Ihre in Richtung der galaktischen Rotation weisende Geschwindigkeitskomponente ist im Allg. geringer als die der Sonne, sie bleiben daher im Allg. hinter ihr zurück. Die Bezeichnung „Langsamläufer" wäre zutreffender. Die S. gehören zur Zwischenpopulation II (→ Population).

Schockwelle, svw. Stoßwelle; → Welle.

Schütze, das Sternbild → Sagittarius.

schwach wechselwirkendes massereiches Teilchen, *WIMP* [engl. Abk. für weakly interacting massive particle], hypothetisches nicht-baryonisches mit Masse behaftetes Teilchen; → Dunkle Materie.

Schwan, das Sternbild → Cygnus.

Schwarzer Körper, *Schwarzer Strahler, Hohlraumstrahler*, idealer Körper, der die gesamte auftreffende elektromagnetische Strahlung absorbiert. Seine Ausstrahlung ist materialunabhängig und allein von der Temperatur abhängig, die spektrale Energieverteilung wird durch das Planck'sche Strahlungsgesetz beschrieben (→ Strahlungsgesetze).

Schwarzes Loch, ein Objekt mit einer so extrem hohen Massenkonzentration, damit einem so starken Gravitationsfeld, dass weder materielle Teilchen noch Strahlung aus diesem entweichen können. Wegen seines starken Gravitationsfeldes ist ein S. L. nur im Rahmen der Allgemeinen → Relativitätstheorie

Schwarzes Loch

angemessen zu beschreiben. Es ist durch Masse, Drehimpuls und elektrische Ladung eindeutig festgelegt. Im Zentrum eines Schwarzen Lochs befindet sich eine Singularität, die sich jeder physikalischen Beschreibung entzieht.

Nichtrotierendes S. L. Die von einem punktförmigen, nicht rotierenden, elektrisch neutralen Schwarzen Loch der Masse m auf einen im Abstand r sich befindenden Probekörper ausgeübte Kraft F_E ergibt sich zu $F_E = F_N/\sqrt{(1-r_S/r)}$, wenn F_N die formal nach dem Newton'schen Gravitationsgesetz (→ Gravitation) berechnete Kraft und r_S den sog. Schwarzschild-Radius bezeichnen [benannt nach dem dtsch. Astronomen K. Schwarzschild, 1873–1916], für den $r_S = 2Gm/c^2$ gilt, wobei G die Gravitationskonstante und c die Lichtgeschwindigkeit bedeuten. Nähert sich ein Körper dem Schwarzen Loch, erreicht die Anziehungskraft F_E in der Entfernung r_S einen unendlich großen Wert, es gibt keine irgendwie geartete Möglichkeit, der Anziehungskraft zu widerstehen, der Körper fällt ohne jegliche Umkehrmöglichkeit in das Zentrum des Gravitationsfelds. Sendet der Körper während des Falls Strahlung aus, unterliegen die Photonen ebenfalls dem Gravitationsfeld, da ihre Energie auf Grund der Äquivalenzrelation von Masse und Energie einer Masse äquivalent ist (→ Relativitätstheorie).

Ein weit entfernter Beobachter kann daher nur so lange Strahlung empfangen, wie der Körper noch nicht den Schwarzschild-Radius erreicht hat (Abb. 1), danach gelangt keinerlei Strahlung mehr nach außen. Das Schwarze Loch ist mit dem Überschreiten des Schwarzschild-Radius für den Beobachter unsichtbar, „schwarz" geworden. Ein vom Beobachter zum Körper in Form von z. B. Strahlung gesandtes Signal kann etwa nach Reflexion nicht wieder empfangen werden, da es in gleicher Weise dem Gravitationsfeld unterliegt. Die Kugelfläche mit dem Radius r_S um das Loch stellt einen *Ereignishorizont* dar. Alle Geschehnisse, die sich hinter diesem Horizont ereignen, sind für einen äußeren Beobachter prinzipiell nicht wahrnehmbar. Der Ereignishorizont verkörpert keine physische Oberfläche, sondern ist eher eine mathematische Grenzfläche.

Für normale Himmelskörper wie Sterne oder Planeten ist der Schwarzschild-Radius viel kleiner als deren physischer Radius. Für die Sonne ergibt sich der Schwarzschild-Radius zu etwa 2,9 km, für die Erde zu knapp 1 cm.

Nach der Allgemeinen Relativitätstheorie spiegelt das herrschende Gravitationsfeld die Struktur des vierdimensionalen Raums, seine Metrik, wider, die durch die im Raum sich befindenden Massen bestimmt ist: Je mehr Masse vorhanden ist, umso stärker ist der Raum gekrümmt und umso stärker ist das Gravitationsfeld (→ Relativitätstheorie). Bei schwachen Feldern ist die Krümmung so gering, dass die Metrik praktisch nicht von der des gewöhnlichen euklidischen Raums abweicht. In starken Feldern macht sich die Raumkrümmung deutlich bemerkbar, Licht durchläuft keine Geraden, sondern gekrümmte Bahnen. In derartigen Feldern scheinen für einen weit entfernten Beobachter die Ereignisse langsamer abzulaufen als in einem schwachen Feld, es tritt eine „*Zeitdilatation*" ein. Zeigt die Uhr eines sehr weit vom Schwarzen Loch entfernten Beobachters die Zeit t an, liest er auf einer sich in der Entfernung r befindenden identischen Uhr die Zeit t' ab, wobei die Beziehung $t' = t \cdot \sqrt{(1-r_S/r)}$ besteht. Für den fernen Beobachter scheint die im Gravitationsfeld fallende Uhr immer langsamer zu gehen, die Einsturzgeschwindigkeit immer kleiner zu werden, die Uhr erst nach unendlich langer Zeit hinter dem Ereignishorizont zu verschwinden. In der Eigenzeit eines mitfallenden Beobachters gemessen, erfolgt der Einsturz mit stetig wachsender Geschwindigkeit, schließlich unendlich schnell.

Jede elektromagnetische Schwingung ist ein periodischer Vorgang, stellt demzufolge eine Art Uhr dar. Für einen entfernten Beobachter scheint sich infolge der Zeitdilatation die Frequenz, damit die Energie, der von einem fallenden Körper ausgesandten Photonen zu verringern, d. h. die Wellenlänge zu vergrößern und nach dem roten Ende des sichtbaren Spektrums hin zu verschieben. Rotverschiebung und Energieverlust werden unendlich groß, wenn die Emission am Schwarzschild-Radius erfolgt. Anschaulich gesprochen, muss ein Photon umso mehr Energie aufwenden, um gegen das Gravitationsfeld anzulaufen, je näher seine Emission am Schwarzschild-Radius erfolgt. Am Schwarzschild-Radius genügt keine Energie mehr, um das Gravitationsfeld zu überwinden. Es sind daher keinerlei durch Beobachtungen überprüfbare Aussagen über das Innere eines Schwarzen Lochs möglich.

Rotierendes S. L. Um ein rotierendes S. L. ist die Raumstruktur im Vergleich zu der um ein nicht rotierendes verändert. Es werden → Inertialsysteme, damit

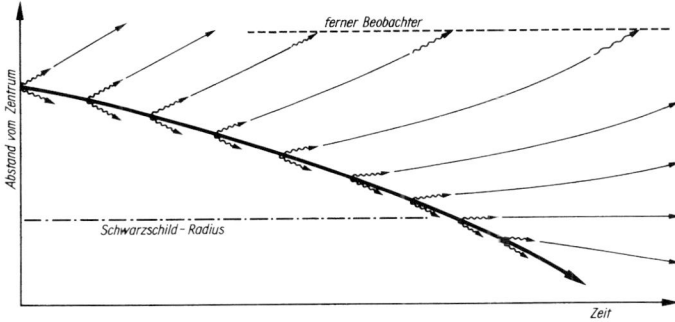

Abb. 1: Schematisiert der Einsturz eines Körpers in ein nicht rotierendes Schwarzes Loch. ——: Weg des einfallenden Körpers; - - -: Weg eines ferner Beobachters mit konstantem Abstand. Gewellte Pfeile: in regelmäßigen Abständen vom einfallenden Körper ausgesandte Lichtsignale und die Bahnen der Photonen im Gravitationsfeld des Schwarzen Lochs, die beim Beobachter mit immer größer werdenden Zeitintervallen eintreffen

Schwarzes Loch

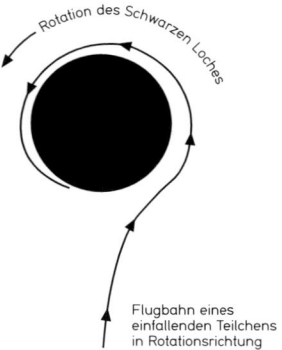
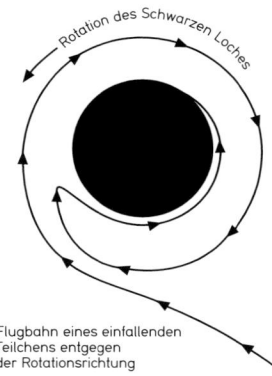

Flugbahn eines einfallenden Teilchens in Rotationsrichtung

Flugbahn eines einfallenden Teilchens entgegen der Rotationsrichtung

Abb. 2: Bahnen zweier sich mit unterschiedlicher Umlaufrichtung bezüglich des Rotationssinns eines Schwarzen Lochs nähernder Teilchen

der „Raum", mit abnehmender Entfernung vom Schwarzen Loch mit steigender Winkelgeschwindigkeit im gleichen Drehsinn wie der des Lochs mitgeschleppt. Für einen entfernten Beobachter fällt ein Körper nicht nur mit wachsender Geschwindigkeit in Richtung zum Schwarzen Loch, vielmehr nimmt auch die Winkelgeschwindigkeit mit sinkendem Abstand immer mehr zu, bis sie am Ereignishorizont gleich der des Schwarzen Lochs ist: Das Teilchen scheint beim Fall eine Schraubenlinie zu durchlaufen (Abb. 2).

Bei einem rotierenden Schwarzen Loch sind zwei „Horizonte" zu unterscheiden. Der innere kugelsymmetrische Horizont entspricht dem Ereignishorizont des nicht rotierenden Lochs, der äußere nicht kugelsymmetrische ist eine „statische" Grenzfläche. In dem von dieser Fläche umschlossenen Raum werden Inertialsysteme mitgeschleppt. Die kleine Achse des äußeren Horizonts ist gleich dem Radius des Ereignishorizonts (Abb. 3). Das Gebiet zwischen beiden Horizonten ist die „*Ergosphäre*". Gelangt ein Teilchen mit hoher Geschwindigkeit in sie hinein, erhöht sich die Winkelgeschwindigkeit und damit die Fliehkraft so stark, dass es die Ergosphäre mit einer höheren kinetischen Energie verlassen kann als sie vor dem Eindringen in die Sphäre war. Die gewonnene Energie wird der Rotationsenergie des Schwarzen Lochs entzogen.

Entstehung, Nachweis. Ein S. L. mit einer Masse in der Größenordnung der von Sternen („stellares" S. L.) könnte beim Gravitationskollaps am Ende der Entwicklung eines massereichen Sterns entstehen (→ Sternentwicklung). Für den Stern erfolgt der Kollaps zwar extrem schnell, für einen entfernten Beobachter jedoch verzögert. In dem Zeitraum, in dem die Sternoberfläche den Schwarzschild-Radius erreicht, können nur endlich viele Photonen ausgesandt werden, die für den Beobachter auf eine im Prinzip unendlich lange Empfangszeit verteilt sind, wobei jedes später eintreffende Photon einen größeren Energiebetrag verloren hat. Die je Zeiteinheit empfangene Energie nimmt exponentiell ab, so dass sich der kollabierende Stern sehr schnell der Beobachtung entzieht. Einem Beobachter erscheint der Kollaps, als vollzöge er sich in Bruchteilen einer Sekunde.

Auf ein stellares S. L. kann geschlossen werden, wenn die Masse eines kompakten Objekts größer als die Grenzmasse von → Neutronensternen ist. Massebestimmungen sind bei → Doppelsternen möglich. Bei bestimmten Röntgen-Doppelsternen existieren kompakte Komponenten mit so großer Masse, dass Neutronensterne ausgeschlossen erscheinen. Z. B. wird bei der Röntgenquelle Cygnus X-1 ein kompaktes Objekt mit einer Masse von etwa 10 Sonnenmassen von einem Rie-

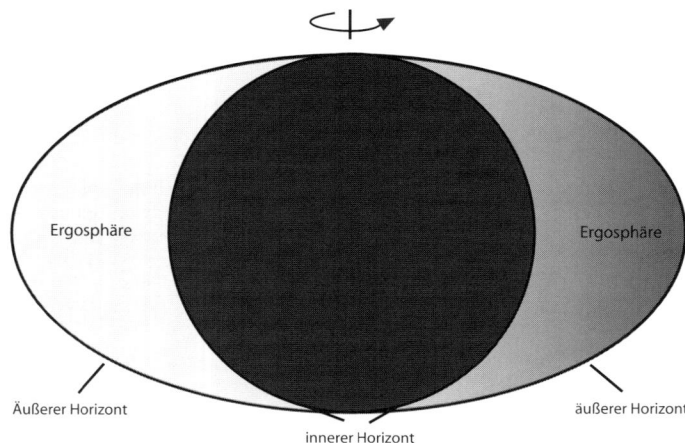

Abb. 3: Innerer und äußerer Horizont sowie Ergosphäre um ein rotierendes Schwarzes Loch

senstern mit einer Periode von nur 5,6 Tagen umlaufen. In dem halbgetrennten System fließt vom Begleiter dem Schwarzen L. Materie zu, wodurch es von einer → Akkretionsscheibe umgeben ist. Die zufließende Materie wird in dem extrem starken Gravitationsfeld hoch komprimiert und erhitzt, so dass sie in allen Spektralbereichen bis hin zum Röntgenbereich strahlt. Infolge dynamischer Reibung umläuft die weit innen liegende Materie auf einer quasi stabilen Bahn das Schwarze Loch, in das Materie stürzt. Die typische Umlaufperiode in der Bahn liegt in der Größenordnung von Millisekunden, in gleicher Größenordnung wie die beobachteten unregelmäßigen Intensitätsvariationen der emittierten Röntgenstrahlung (→ Röntgenquelle).

Schwarze Löcher existieren möglicherweise in den Zentralregionen dichter Kugelsternhaufen. Infolge von Sternzusammenstößen könnte sich zunächst ein stellares S. L. bilden, das durch Einsturz weiterer Sterne zu einem Schwarzen Loch „mittlerer Masse" in der Größenordnung von einigen 1000 bis 10 000 Sonnenmassen anwächst.

„Supermassereiche" Schwarze Löcher mit Massen in der Größenordnung von etwa 10^6 bis 10^9 Sonnenmassen befinden sich in den Kernen aktiver Galaxien, für deren Aktivität sie ursächlich verantwortlich sind, und wahrscheinlich in den Zentralregionen aller größeren → Sternsysteme. Infolge der außerordentlich hohen Dichte von Sternen und interstellarer Materie im Zentralgebiet der Systeme kann im Laufe einiger Milliarden Jahre aus einem Schwarzen Loch mittlerer Masse durch Massenzufluss ein supermassereiches werden. Im Zentrum des Milchstraßensystems befindet sich eins mit einer Masse von etwa 3,6 Mio. Sonnenmassen (→ Milchstraßensystem). Die Masse ergibt sich auf Grund der Bewegungsverhältnisse von Sternen und HII-Regionen (→ interstellares Gas) in der Kernregion des Milchstraßensystems.

Während der frühen Entwicklungsphasen des Weltalls könnten auf Grund der herrschenden extrem hohen Materiedichte Schwarze Löcher mit Massen wesentlich geringer als die stellaren entstanden sein. Allerdings wurden bisher keine Hinweise auf derartige „primordiale" Schwarze Löcher beobachtet.

„Verdampfung" Schwarzer Löcher. Es ist nicht ausgeschlossen, dass bei der Annäherung an den Ereignishorizont und insbesondere im Innern eines Schwarzen Lochs der Gültigkeitsbereich der Allgemeinen Relativitätstheorie verlassen wird, weil Quanteneffekte eine Rolle spielen könnten, und eine korrekte Beschreibung eine noch ausstehende Theorie der Quantengravitation erfordert. Eine Konsequenz einer Vereinigung von Gravitations- und Quantentheorie könnte sein, dass doch Teilchen den Bereich eines Schwarzen Lochs verlassen können. Nach der Quantenfeldtheorie bewirken Quantenfluktuationen im Vakuum eine ständige Entstehung und Vernichtung virtueller Teilchen-Antiteilchen-Paare. In unmittelbarer Nähe des Ereignishorizonts eines Schwarzen Lochs kann ein Teilchenpaar z. B. durch Gezeitenkräfte so schnell getrennt werden, dass die Paarvernichtung verhindert wird: Ein Teilchen stürzt in das Schwarze Loch, das andere entweicht mit hoher Energie aus der Ergosphäre. Die Energie des sich entfernenden Teilchens ist umgekehrt proportional der Masse des Schwarzen Lochs und geht diesem verloren. Es „verdampft", als besäße es eine Temperatur, deren Höhe mit sinkendem Schwarzschild-Radius wächst. Der Energieverlust durch die sog. Hawking-Strahlung [benannt nach dem brit. Physiker und Kosmologen S. W. Hawking] ist für massearme Schwarze Löcher größer als für massereiche, der Verlust ist aber außerordentlich gering. Die „Verdampfung" eines Schwarzen Lochs von einer Sonnenmasse würde etwa 10^{66} Jahre, das Vielfache des Weltalters, benötigen und in der Endphase explosionsartig erfolgen. Bis jetzt gibt es noch keinerlei Beobachtungshinweise, die auf die Existenz der Hawking-Strahlung hindeuten.

Schwarze Strahlung, *Hohlraumstrahlung*, elektromagnetische Strahlung deren Energieverteilung dem Planck'schen Strahlungsgesetz für einen wohldefinierten Temperaturwert entspricht (→ Strahlungsgesetze).

Schwarzschild, *1)* Karl Siegmund, dtsch. Astronom, geb. 09.10.1873 in Frankfurt/Main, gest. 11.05.1916 in Potsdam; ab 1901 Prof. an der Universität Göttingen und Direktor der dortigen Sternwarte, ab 1909 Direktor des Astrophysikalischen Observatoriums in Potsdam. S. war einer der hervorragendsten Astronomen seiner Zeit und Pionier der Astrophysik, seine Arbeiten waren von großer Bedeutung für fast alle Gebiete der Astronomie. Er untersuchte u. a. Probleme der photographischen Photometrie, der astronomischen Optik, arbeitete auf dem Gebiet der Stellarstatistik und der Eigenbewegungen der Sterne sowie der Theorie der Sternatmosphären und des Strahlungstransports, er veröffentlichte weiterhin grundlegende Arbeiten zur theoretischen Physik, speziell zur Relativitätstheorie.
2) Martin, dtsch.-amerikan. Astrophysiker, geb. 31.05.1912 in Potsdam, gest. 10.04.1997 in Princeton (USA); Studium in Göttingen und Berlin, Promotion 1935 in Göttingen, 1936 aus rassischen Gründen Emigration in die USA, ab 1937 in Cambridge (USA), 1940–1947 an der Columbia Universität, ab 1947 in Princeton. Er arbeitete auf dem Gebiet der Theorie des Sternaufbaus und der Sternentwicklung und entwickelte die Theorie der Pulsation der Sterne sowie der solaren und stellaren Konvektion.

Schwarzschild-Radius [benannt nach dem dtsch. Astronomen K. Schwarzschild, 1873–1916], → Schwarzes Loch.

Schwärzung, → Photographie.

Schweif, Teil eines → Kometen.

Schweifstern, alte Bezeichnung für Komet.

Schwerebeschleunigung, die in einem Gravitationsfeld auf eine Testmasse wirkende Beschleunigung, speziell die im Schwerefeld der Erde bewirkte Beschleunigung. Für die S. gilt $g = GM/r^2$, wenn G die Gravitationskonstante, M die Masse des anziehenden Körpers und r den Abstand vom Mittelpunkt des anziehenden Körpers bezeichnen.

Schwerefeld, svw. Gravitationsfeld.

Schwerkraft, die auf einen Körper durch einen anderen Körper infolge dessen Massenanziehung ausgeübte Kraft, speziell die Kraft infolge der Massenanziehung der Erde.

Schwertfisch

Schwertfisch, das Sternbild → Dorado.
Scl, Abk. für Sculptor.
Sco, Abk. für Scorpius.
Scopulus *m, Plur.* Scopuli, Bezeichnung einer irregulären Böschung als ein Strukturelement auf der Oberfläche erdartiger Körper des Planetensystems.
Scorpius, *Gen.* Scorpii, abg. *Sco*, *Skorpion*, zum Tierkreis gehörendes Sternbild des südlichen Himmels, das im Sommer am Abendhimmel sichtbar ist, sich in unseren Breiten aber nur gering über den Horizont erhebt. Der hellste Stern ist → Antares. Durch das Sternbild zieht sich die Milchstraße als schwach leuchtendes Band mit vielen galaktischen Nebeln und Dunkelwolken sowie Sternhaufen. Die Sonne durchläuft das Sternbild bei ihrer scheinbaren jährlichen Bewegung Ende November innerhalb weniger Tage.
Hinsichtlich der Lage am Himmel → Sternkarten Seite 416, 418 und 419.
Scorpius-Centaurus-Haufen, möglicher Bewegungssternhaufen, dessen Mitglieder sich vor allem in den Sternbildern Scorpius und Centaurus befinden (→ Bewegungssternhaufen).
Sct, Abk. für Scutum.
Sculptor, *Gen.* Sculptoris, abg. *Scl*, *Bildhauerwerkstatt*, Sternbild des südlichen Himmels, das im Herbst am Abendhimmel sichtbar ist, sich in unseren Breiten aber nur sehr wenig über den Horizont erhebt. In dem Sternbild liegt der galaktische Südpol.
Hinsichtlich der Lage am Himmel → Sternkarten Seite 418 und 420.
Scutum, *Gen.* Scuti, abg. *Sct*, *Schild*, kleines Sternbild der Äquatorzone, das im Sommer am Abendhimmel sichtbar ist. Durch das Sternbild zieht sich die Milchstraße. Im Sternbild liegen mehrere mit Feldstecher sichtbare Offene Sternhaufen, z. B. M 11 und M 26.
Hinsichtlich der Lage am Himmel → Sternkarte Seite 418.
S-Doradus-Sterne, *leuchtkräftige blaue Veränderliche*, *Hubble-Sandage-Veränderliche* [benannt nach den amerikan. Astronomen E. Hubble, 1889–1953, und A. Sandage], (Typbezeichnung SD), Überriesensterne der Spektralklassen B und A mit einem langsamen unregelmäßigen Lichtwechsel. Die typischen Zeitskalen des Wechsels betragen Jahre oder auch Jahrzehnte, wobei auch Zeiten konstanter Helligkeit sowie Helligkeitsausbrüche bis 7 mag auftreten. Die Amplituden der Helligkeitsvariationen betragen im Allg. wenig mehr als 1 mag. S-D.-S. sind massereiche Sterne in einer späten Entwicklungsphase beim Übergang zu → Wolf-Rayet-Sternen, der mit einem relativ hohen Masseverlust von etwa 10^{-4} bis 10^{-5} Sonnenmassen pro Jahr verbunden ist. Dabei bildet sich eine im infraroten Spektralbereich nachweisbare expandierende zirkumstellare Hülle, im Spektrum tauchen Emissionslinien auf. Die S-D.-S. gehören mit einer absoluten Helligkeit von etwa $-7^{\mathrm{m}}5$ bis $-9^{\mathrm{m}}5$ zu den leuchtkräftigsten Sternen. Die Ursachen des Lichtwechsels sind möglicherweise dynamische Instabilitäten in den äußeren Sternregionen, möglicherweise unregelmäßige Masseverlustraten.
Die bekannten S-D.-S. gehören zur extremen Population I. Der Prototyp der Gruppe, S Doradus, ist Mitglied der Großen Magellan'schen Wolke, bekannte Vertreter sind η Carinae und P Cygni.
Seeing, → Szintillation.
Segel, *Segel des Schiffs*, das Sternbild → Vela.
Segmentspiegel, ein aus mehreren Teilen zusammengesetzter Primärspiegel eines → Spiegelteleskops.
Seitenkeule, → Radioteleskop.
Sekundärelektronenvervielfacher, *Photomultiplier*, ein den äußeren lichtelektrischen Effekt ausnutzendes Strahlungsnachweisgerät. Auffallende Photonen lösen von einer Photokatode Elektronen ab, die über eine Verstärkungskette von Dynoden bis zur Anode in ihrer Zahl zu einer Elektronenlawine vervielfacht werden. Der resultierende Anodenstrom wird weiter verstärkt und danach gemessen. S. werden in lichtelektrischen → Photometern benutzt.
Sekundärminimum, *Nebenminimum*, das schwächer ausgeprägte Minimum in der Lichtkurve von → Bedeckungsveränderlichen.
Sekundärspiegel, der im Strahlengang eines Spiegelteleskops nach dem Hauptspiegel folgende Spiegel; → Spiegelteleskop.
Sekundärstrahlung, die durch Wechselwirkung von Teilchen der primären Kosmischen Strahlung mit Molekülen der Erdatmosphäre ausgelöste Teilchen- und elektromagnetische Strahlung (→ Kosmische Strahlung).
Sekunde, Basiseinheit der → Zeit.
Selbstabsorption, der sich in einer dem Zentrum einer starken Emissionslinie aufgeprägten Absorptionskomponente äußernde Effekt, dass die → optische Dicke z. B. in einer interstellaren Wolke im Bereich des Linienzentrums mit zunehmender Weglänge immer größer wird und deshalb ein Teil der von dem Medium emittierten Strahlung von ihm wieder absorbiert wird.
Selenographie, Teilgebiet der Astronomie, das sich mit der kartographischen Aufnahme und Beschreibung der Mondoberfläche befasst.
selenographisch, mondkundlich, die Mondoberfläche betreffend.
Ser, Abk. für Serpens.
Serie, *Seriengrenze*, → Spektrum.
Seriengrenzkontinuum, → Spektrum.
Serpens, *Gen.* Serpentis, abg. *Ser*, *Schlange*, Sternbild der Äquatorzone, das im Sommer am Abendhimmel sichtbar ist und aus zwei, durch das Sternbild Ophiuchus (Schlangenträger) voneinander getrennten Teilen besteht. Der nordwestliche Teil wird als *Serpens Caput* (Kopf der Schlange), der südöstliche Teil als *Serpens Cauda* (Schwanz der Schlange) bezeichnet. Auf Sternkarten sind häufig die Sterne beider Teile durch das Sternbild Ophiuchus hindurch verbunden.
Hinsichtlich der Lage am Himmel → Sternkarten Seite 418 und 419.
Setebos *m*, ein Satellit des Uranus.
Hinsichtlich der Einordnung des S. in das System der Uranussatelliten → Uranus.
SETI, Abk. für Search for extraterrestial Intelligences [engl., svw. ‚Suche nach extraterrestrischen intelligenten Lebewesen'], → Leben auf anderen Himmelskörpern.

Sex, Abk. für Sextans.

Sextans, *Gen.* Sextantis, abg. *Sex*, *Sextant*, kleines Sternbild der Äquatorzone, das im Frühjahr am Abendhimmel sichtbar ist.
Hinsichtlich der Lage am Himmel → Sternkarte Seite 419.

Sextant *m*, das Sternbild → Sextans.

Sextilschein, → Konstellation.

Seyfert-Galaxien [benannt nach dem amerikan. Astronomen C. K. Seyfert, 1911–1960], extragalaktische Sternsysteme mit hoher Kernaktivität und damit zusammenhängend speziellen photometrischen und spektroskopischen Eigenschaften; → Sternsystem.

S-Galaxie, spiralförmig erscheinendes extragalaktisches → Sternsystem.

Sge, Abk. für Sagitta.

Sgr, Abk. für Sagittarius.

Siarnaq *m*, ein Satellit des Saturn.
Hinsichtlich der Einordnung des S. in das System der Saturnsatelliten → Saturn.

Sichtlinie, svw. Gesichtslinie.

siderisch, auf Sterne bezüglich.

siderischer Tag, → Zeit.

Siebengestirn, svw. Plejaden.

Siliziumreaktionen, Kernprozesse zur → Energiefreisetzung in Sternen.

Singularität, Zustand, bei dem physikalische Größen unendlich große Werte erreichen würden.

Sinope *f*, einer der äußeren Jupitersatelliten, der sich auf einer elliptischen Bahn mit der großen Halbachse von 23,93 Mio. km und der Exzentrizität von 0,250 in 758,90 Tagen rückläufig um den Jupiter bewegt. Die Bahn ist 156,21° gegen dessen Bahnebene geneigt. Der Durchmesser der S. beträgt 38 km.
Hinsichtlich der Einordnung der S. in das System der Jupitersatelliten → Jupiter.

Sinus *m*, *Plur.* Sinus, Bezeichnung für eine kleine bogenförmige Einbuchtung am Rand einer Tiefebene als ein Strukturelement auf erdartigen Himmelskörpern des Planetensystems.

Sirius *m*, *Hundsstern*, α *Canis Maioris*, der hellste Stern im Sternbild Canis Maior (Großer Hund), der mit einer scheinbaren visuellen Helligkeit von $-1^m\!46$ der hellste Stern am Himmel ist. S. ist ein visueller Doppelstern mit einer Umlaufzeit von 50,1 Jahren. Die hellere Komponente (*Sirius A*) ist ein Hauptreihenstern der Spektralklasse A1. Die Leuchtkraft beträgt etwa das 20fache der Sonnenleuchtkraft, der Radius 2,4 Sonnenradien und die Masse 2,02 Sonnenmassen. Die effektive Temperatur beläuft sich auf etwa 10 400 K. Die Entfernung von der Sonne beträgt 2,64 pc oder 8,8 Lichtjahre, was die hohe scheinbare Helligkeit bedingt. Der Begleiter (*Sirius B*) ist ein um etwa 10 mag lichtschwächerer Weißer Zwerg. Der Winkelabstand beträgt etwa 8″. Die Masse von Sirius B beläuft sich auf 0,98 Sonnenmassen, der Radius auf nur 0,0081 Sonnenradien (2,3 Erdradien), die effektive Temperatur auf etwa 24 800 K.

Sirrah, der Stern → Alpheratz.

Skalenfaktor, mathematische Größe zur Beschreibung der Abstandsänderung kosmischer Objekte infolge der Expansion des Weltalls; → Kosmologie.

Skalenhöhe, *Äquivalenthöhe*, *Skalenlänge*, Abstand von einem Bezugspunkt, bei dem eine Größe, z. B. Dichte oder Druck, auf den Bruchteil 1/e (rund 37%) seines Wertes am Bezugspunkt abgesunken ist. e = 2,718 ist die Basis der natürlichen Logarithmen.

Skathi *f*, ein Satellit des Saturn.
Hinsichtlich der Einordnung der S. in das System der Saturnsatelliten → Saturn.

Skoll *m*, ein Satellit des Saturn.
Hinsichtlich der Einordnung des S. in das System der Saturnsatelliten → Saturn.

Skorpion, das Sternbild → Scorpius.

SNU [engl. Abk. für Solar Neutrino Unit, ‚Sonnenneutrinoeinheit'], → Neutrinoastronomie.

solar, zur Sonne gehörig.

Solarkonstante, der solare Strahlungsstrom in mittlerer Entfernung der Erde von der Sonne außerhalb der Erdatmosphäre. Die S. ist keine Konstante im strengen Sinn. Das langjährige Mittel beträgt 1,368 kW/m^2. Die im Verlauf von Tagen und Wochen unregelmäßigen Schwankungen haben eine Amplitude von etwa 0,2% des Mittelwerts. Langfristig variiert die S. in Abhängigkeit von der → Sonnenaktivität um etwa 0,15%. Ursache der Variationen ist u. a. die wechselnde Bedeckung der Sonnenscheibe mit → Sonnenflecken und → Sonnenfackeln, d. h. mit relativ kühlen bzw. heißen Gebieten. Im Fleckenmaximum ist der solare Strahlungsstrom im Mittel am größten, variiert jedoch infolge unregelmäßiger Passagen größerer Sonnenfleckengruppen über die Sonnenscheibe auch am stärksten. Die Helligkeitsreduzierung auf Grund höherer Fleckenzahl wird durch die gleichfalls höhere Fackelhäufigkeit etwas mehr als kompensiert.

Zur Bestimmung der S. dienen u. a. Bolometer und Pyrheliometer. Ein Bolometer besteht im Wesentlichen aus einem hohlen Metallblock, in den durch eine Öffnung Sonnenstrahlung fällt, im Hohlraum absorbiert und in Wärmeenergie umgewandelt wird. Die sich einstellen-

Sirius A, durch Pfeil gekennzeichnet Sirius B (NASA)

solar-terrestrische Erscheinungen

de Temperatur ist proportional dem solaren Energiestrom. Bei einem Pyrheliometer wird die Sonneneinstrahlung über einen Temperaturanstieg eines geschwärzten Absorbers nachgewiesen. Da ein Teil der ultravioletten wie auch der infraroten Strahlung in der Erdatmosphäre absorbiert wird, erfolgen hochgenaue Messungen mittels Erdsatelliten oder Raumsonden außerhalb der Erdatmosphäre.

Aus der S. S ist die Leuchtkraft L der Sonne berechenbar, es gilt $L = 4\pi r^2 \cdot S$, wenn r die Entfernung der Erde von der Sonne bezeichnet.

solar-terrestrische Erscheinungen, durch die Sonne auf der Erde verursachte, insbesondere mit der → Sonnenaktivität im Zusammenhang stehende variable Phänomene mit Ausnahme des Wettergeschehens. Oftmals kann einem einzelnen irdischen Phänomen kein bestimmtes Ereignis auf der Sonne zugeordnet werden, sondern nur auf Grund statistischer Untersuchungen die irdische Erscheinung als den s.-t.n E. zugehörig erkannt werden. Die auf die Sonnenaktivität zurückgehenden Variationen der solaren elektromagnetischen und Teilchenstrahlung machen sich hauptsächlich in einer Änderung der Höhe und Dichte bestimmter Ionosphärenschichten der Erdatmosphäre, in Störungen des Erdmagnetfeldes und der Häufigkeit von Polarlichtern bemerkbar.

In der Ionosphäre werden Atome und Moleküle durch die energiereiche Sonnenstrahlung ionisiert. Die Elektronendichte erreicht mehrere Maxima, so dass dementsprechend Teilschichten (D-, E-, F_1- und F_2-Schicht) unterschieden werden können (→ Erdatmosphäre). Da Radiowellen in Abhängigkeit von ihrer Wellenlänge und der Elektronendichte an diesen Ionosphärenschichten reflektiert werden, ermöglichen Laufzeitmessungen von Radiosignalen, die von der Erdoberfläche aus gesendet und an den Schichten reflektiert werden, die Höhe und Elektronendichte der Schichten zu bestimmen. Die Elektronendichten variieren mit einer täglichen, jahreszeitlichen und einer 11-jährigen Periode. Den periodischen Schwankungen sind zusätzliche Ionosphärenstörungen überlagert, die hauptsächlich auf die bei starken Sonneneruptionen erhöhte solare Röntgenstrahlung zurückgehen. Die D-Schicht kann dadurch so verstärkt werden, dass ihre Untergrenze bis etwa 60 km Höhe absinkt, wodurch der Kurzwellenfunkverkehr z. T. beträchtlich beeinflusst wird: Radiowellen im Wellenlängenbereich von 15 bis 60 m werden normalerweise an der über der D-Schicht liegenden F_2-Schicht reflektiert und sind deshalb noch in großer Entfernung vom Sender zu empfangen. Eine verstärkte D-Schicht absorbiert diese Radiostrahlung so stark, dass sie gar nicht bis zur F_2-Schicht gelangt, wodurch es zu Störungen bis hin zum Totalausfall des Empfangs weit entfernter Radiosender (*Mögel-Dellinger-Effekt*) kommen kann. Die aus dem Weltall einfallende Radiofrequenzstrahlung dieses Spektralbereichs wird in der verstärkten D-Schicht ebenfalls absorbiert, wodurch radioastronomische Beobachtungen in diesem Wellenlängenbereich beeinträchtigt werden.

Störungen des Erdmagnetfelds gehen auf Variationen des → Sonnenwinds zurück, die u. a. durch koronale Massenauswürfe verursacht werden. Die Partikelwolke und die ihr vorauslaufende Stoßwelle erreichen nach 20 bis 40 Stunden die Erde. Durch den von ihnen auf das Erdmagnetfeld ausgeübten Druck wird das Feld komprimiert und damit verstärkt, bis ein Gleichgewicht zwischen dem kinetischen Druck der Partikeln und dem magnetischen Druck des Erdfelds erreicht ist. Energiereiche Teilchen können in die →Erdmagnetosphäre eindringen und die Ringströme um die Magnetfeldachse der Erde verstärken (→Polarlicht), was durch Induktion eine Erhöhung des dem allgemeinen Erdfeld entgegengerichteten Magnetfelds verursacht. Eine einzelne Sonnenwindwolke bewirkt anfangs eine Verstärkung des Erdmagnetfelds, danach eine Schwächung und schließlich unregelmäßige Schwankungen der Feldstärke um den Mittelwert. Die Amplitude bei großen Feldvariationen (*magnetische Stürme*) kann bis zu einigen Prozent der Normalfeldstärke betragen, die Dauer eines Sturms beläuft sich auf einige Stunden bis einige Tage. Die in die Erdmagnetosphäre eingedrungenen energiereichen Teilchen einer Partikelwolke regen Moleküle der Hochatmosphäre zum verstärkten Leuchten an, was ein gehäuftes Auftreten von **Polarlichtern** verursacht. Wegen ihrer engen Kopplung an magnetische Stürme sind sie ein Indiz für starke Sonnenaktivität.

Ein Zusammenhang zwischen bestimmten meteorologischen und solaren Vorgängen ist nur sehr schwer nachzuweisen. Er erfordert eine Wirkungskette von der Sonne über den Sonnenwind, die Magnetosphäre und die Ionosphäre bis zur Troposphäre, in der sich die größte Masse der Atmosphäre befindet und in der sich das Wettergeschehen sowie alle biologischen Prozesse abspielen. Das Wettergeschehen kann direkt nur durch die sichtbare und infrarote Sonnenstrahlung gesteuert werden, da nur sie bis zur Troposphäre gelangt. Ihr Anteil am gesamten solaren Energiestrom beträgt rund 97%, wobei dieser bei hoher Sonnenaktivität höchstens um etwa 0,1% vom langjährigen Mittel abweicht. Der unmittelbare Einfluss der Sonnenaktivität auf Wetter und Klima ist daher sehr gering. Die solare Ultraviolett- und Röntgenstrahlung mit einem Anteil von etwa 3% am Gesamtstrahlungsstrom unterliegt zwar viel stärkeren zeitlichen Variationen, sie wird aber in Höhen oberhalb von etwa 25 km vollständig absorbiert. Im Höhenbereich zwischen etwa 20 und 90 km hängen Temperatur und Elektronendichte nur gering von der Sonnenaktivität ab, in der Ionosphäre dagegen erheblich. Das Wettergeschehen in der Troposphäre könnte indirekt mit der Sonnenaktivität verknüpft sein, da auf Grund der Luftzirkulation Energie von einer Atmosphärenschicht zu anderen Schichten, möglicherweise einschließlich der Troposphäre, transportiert wird. Variationen in höheren Atmosphärenschichten könnten sich dadurch über im Detail noch unbekannte nichtlineare Prozesse auch in der Troposphäre bemerkbar machen.

Zusammenhänge zwischen meteorologischen Erscheinungen und Sonnenaktivität dürften vor allem im Auftreten relativ extremer Wetterlagen erkennbar sein. Für die Tropen besteht möglicherweise ein Zusammenhang mit starken großräumigen Schwankungen von Temperatur und Niederschlag, in gemäßigten Breiten werden entsprechende Variationen im 11-jährigen Rhythmus

durch die viel stärkeren unregelmäßigen und jahreszeitlichen Variationen überdeckt.
Während Einflüsse der Sonnenaktivität auf schnell ablaufende biologische Prozesse nicht bestehen, sind für einige spezielle und sehr langsame Wachstumsprozesse Zusammenhänge erkennbar. Die Breite der Jahresringe einiger Baumarten variiert offenbar über Jahrhunderte mit einer 11-jährigen Periode. Die unterschiedlichen Ringbreiten sind auf Variationen des Wachstumsprozesses zurückzuführen.
Im Zeitraum zwischen etwa 1665 und etwa 1715, während des sog. *Maunder-Minimums* der → Sonnenflecken, war die Sonnenaktivität extrem gering. Möglicherweise steht die zu dieser Zeit in der Nordhemisphäre herrschende „Kleine Eiszeit" damit in Verbindung, eine ungewöhnlich starke Sonnenaktivität könnte mit einer „Warmzeit" im 12. Jh. in Europa korrespondieren.

Solstitialpunkte, → Solstitium.

Solstitium *n*, *Plur.* Solstitien, **Sonnenwende,** der Zeitpunkt, zu dem die Sonne während ihrer scheinbaren jährlichen Bewegung ihre größte bzw. kleinste Deklination hat. Die größte Deklination erreicht sie zur Zeit des Sommersolstitiums (Sommersonnenwende), dem astronomischen Sommeranfang, der auf den 21. Juni fällt, die kleinste Deklination zur Zeit des Wintersolstitiums (Wintersonnenwende), dem astronomischen Winteranfang, der auf den 21. Dezember fällt. Verschiebungen um einen Tag können eintreten, da das Kalenderjahr nicht gleich dem tropischen Jahr ist und der Tagesbeginn nicht für alle Orte der Erde zum gleichen Zeitpunkt beginnt. Nach den Solstitien wendet sich die scheinbare Sonnenbahn wieder dem Himmelsäquator zu. Die *Solstitialpunkte* sind die Punkte auf der Ekliptik, in denen sich die Sonne zur Zeit der Solstitien befindet.

Sommer, → Jahreszeit.

Sommerdreieck, das durch die hellen Sterne → Wega im Sternbild Lyra, → Atair im Sternbild Aquila und → Deneb im Sternbild Cygnus gebildete etwa gleichseitige Dreieck. Das S. wird am sommerlichen Abendhimmel bereits in der Dämmerung vor dem Auftauchen anderer Sterne sichtbar.

Sommersolstitium, → Solstitium.
Sommersonnenwende, → Solstitium.
Sommerzeit, → Zeit.

Sonne, der Zentralkörper des Sonnensystems, Zeichen ☉.
Die S. ist der uns nächstgelegene Stern. Sie ist eine strahlende Gaskugel, die von der Erde aus als hell leuchtende, kreisrunde Scheibe erscheint. Infolge der Massenanziehung der S. werden alle Körper des Planetensystems wie die Erde auf Bahnen um die S. gehalten (→ Sonnensystem). Die S. ermöglicht als Licht- und Wärmespender Leben auf der Erde, sie wirkt durch ihre Strahlung in vielfältiger Weise auf irdische Vorgänge ein (→ solar-terrestrische Erscheinungen).
Auf Grund des hohen solaren Strahlungsstroms können Beobachtungen mit großer zeitlicher, räumlicher und spektraler Auflösung durchgeführt werden, wodurch sich Erscheinungen im Detail untersuchen lassen, die bei anderen Sternen völlig unbeobachtbar sind (→ Sonnenbeobachtung).

Dimensionen. Die Entfernung der Erde von der S. beträgt im Mittel 149 597 870 km und schwankt zwischen etwa 147,1 Mio. km, wenn sich die Erde Anfang Januar im Perihel ihrer Bahn, und etwa 152,1 Mio. km, wenn sie sich Anfang Juli im Aphel befindet. Die mittlere Entfernung ist in sehr guter Näherung gleich der → Astronomischen Einheit. Der Winkeldurchmesser, unter dem die Sonnenscheibe von der Erde aus erscheint, beträgt im Mittel 31′ 59,3″ und variiert zwischen 32′ 36″ und 31′ 31″.
Obwohl die S. eine Gaskugel mit einem stetigen radialen Dichteabfall nach außen hin ist, erscheint sie scharf begrenzt, weil der größte Teil der Sonnenstrahlung aus einer Kugelschale (Photosphäre) kommt, deren Dicke von etwa 300 km nur rund 0,02% ihres Durchmessers beträgt. Sie kann deshalb in gewisser Hinsicht als „Oberfläche" der Sonne betrachtet werden. Mit „Sonnendurchmesser" ist der Durchmesser der Photosphäre gemeint. Der lineare Durchmesser der S. ergibt sich aus dem scheinbaren Durchmesser der Sonnenscheibe und der Erdentfernung zu 1,392 Mio. km, was 109,2 Erddurchmessern oder dem 3,6fachen mittleren Abstand des Mondes von der Erde entspricht. Eine Strecke auf der Sonnenoberfläche von rund 725 km erscheint von der Erde aus unter einem Winkel von 1″. Infolge der → Szintillation sind Einzelheiten auf der S. mit einer Ausdehnung unter 500 km von der Erde aus nur schwer zu erkennen. Die Sonnenmasse ergibt sich mit Hilfe des 3. → Kepler'schen Gesetzes und der Umlaufzeit der Erde um die S. zu $1,989 \cdot 10^{30}$ kg (rund 333 000 Erdmassen) und ist rund 750-mal größer als die Masse aller anderen Körper des Sonnensystems zusammen. Die mittlere Dichte beläuft sich auf 1,409 g/cm³ (rund 1/4 der

Daten der Sonne

Entfernung von der Erde:	
mittlere	149,6 Mio. km
größte	152,1 Mio. km
kleinste	147,1 Mio. km
Durchmesser:	
mittlerer scheinbarer	31′ 59,3″
wahrer	1,392 Mio. km
Masse	$1,989 \cdot 10^{30}$ kg
mittlere Dichte	1,409 g/cm³
Schwerebeschleunigung an der Oberfläche	274 m/s²
Entweichgeschwindigkeit von der Oberfläche	617,7 km/s
Helligkeit:	scheinbar absolut
visuell	$-26^m\!\!,70$ $4^m\!\!,87$
bolometrisch	$-26^m\!\!,83$ $4^m\!\!,74$
Leuchtkraft	$3,847 \cdot 10^{26}$ W
Spektralklasse	G2
Leuchtkraftklasse	V
effektive Temperatur	5 770 K
Äquatorneigung gegen die Ekliptikebene	7° 8′
mittlere Rotationsdauer:	
siderisch	25,38 Tage
synodisch	27,27 Tage

Sonne

mittleren Dichte der Erde), während die Schwerebeschleunigung an der Sonnenoberfläche mit 274 m/s² etwa 28-mal so groß wie die an der Erdoberfläche ist.

Leuchtkraft. Die S. ist mit einer scheinbaren visuellen Helligkeit von −26,^{m}70 das hellste Gestirn am Himmel, sie übertrifft die Vollmondhelligkeit um etwa 14 mag, was rund dem 450 000fachen in der Strahlungsmenge entspricht. Die absolute visuelle Helligkeit beträgt +4,^{m}87. Der solare Strahlungsstrom in der mittleren Erdentfernung, die → Solarkonstante, beläuft sich auf 1,368 kW/m². Aus ihr und der mittleren Erdentfernung ergibt sich die gesamte von der S. je Sekunde ausgestrahlte Energie, ihre Leuchtkraft, zu $3,847 \cdot 10^{26}$ W. Von dieser Gesamtstrahlungsleistung erhält die Erde nur etwa 1/2 Milliardstel. Die Strahlungsleistung je Flächeneinheit an der Sonnenoberfläche beläuft sich auf $6,296 \cdot 10^7$ W/m². Nach dem Stefan-Boltzmann'schen Gesetz (→ Strahlungsgesetze) ergibt sich daraus die effektive Temperatur zu 5 770 K.

Scheinbare Bewegungen. Die S. nimmt an der durch die Erdrotation bedingten täglichen Umdrehung des Fixsternhimmels teil, sie geht im Osten auf, im Westen unter und erreicht jeweils um 12^h wahrer Ortssonnenzeit (→ Zeit) genau im Süden ihren höchsten Stand über dem Horizont (Kulmination). Infolge der Bahnbewegung der Erde um die S. wird von jeweils unterschiedlichen Orten der Erdbahn aus an die Himmelskugel projiziert, was die scheinbare jährliche Bewegung relativ zu den Sternen von West nach Ost, d. h. entgegengesetzt der scheinbaren täglichen Bewegung, verursacht. Die scheinbare jährliche Bewegung verläuft längs der Ekliptik, auf der die S. je Tag im Mittel 59,1′ zurücklegt. Eine Strecke entsprechend ihres scheinbaren Durchmessers durchläuft sie in etwa 13 Stunden. Auf Grund der Ungleichmäßigkeit der Bahngeschwindigkeit der Erde ist die Bewegung der S. längs der Ekliptik ungleichmäßig. Im Winter, wenn sich die Erde nahe ihres Perihels befindet, ist die Bewegung schneller als im Sommer. Entsprechend sind die Zeiten zwischen zwei aufeinanderfolgenden Kulminationen der S., der wahre Sonnentag, unterschiedlich lang (→ Zeit).

Die Ekliptik ist gegen den Himmelsäquator um etwa 23° 26′ geneigt. In den Schnittpunkten von Ekliptik und Himmelsäquator, den Äquinoktialpunkten, befindet sich die S. um den 21. März zur Zeit des Frühlingsäquinoktiums und um den 23. September zur Zeit des Herbstäquinoktiums. Sie kulminiert zu diesen Zeitpunkten für Orte am Erdäquator im Zenit. Nach dem Frühlingsäquinoktium nimmt die Deklination der S. zu und erreicht um den 21. Juni zur Sommersonnenwende das Maximum von etwa +23° 26′. Für alle auf dem nördlichen Wendekreis der Erde liegenden Orte kulminiert die S. dann im Zenit. Nach der Sommersonnenwende nähert sie sich wieder dem Himmelsäquator, die Deklination nimmt ab, wird ab dem Herbstäquinoktium negativ und erreicht um den 21. Dezember, zur Wintersonnenwende, das Minimum von etwa −23° 26′. Die S. kulminiert dann für alle Orte auf dem südlichen Wendekreis der Erde im Zenit. Je größer die Sonnendeklination ist, umso größer sind auf der Nordhalbkugel der Erde die Länge des Tags und die Kulminationshöhe. Innerhalb der um 23° 26′ von den Polen entfernten Polarkreise der Erde wird die S. jedes Jahr für eine mehr oder minder lange Zeit zu einem Zirkumpolarstern, sie sinkt dann selbst zu Mitternacht nicht unter den Horizont (→ Polarnacht). Das Datum der Äquinoktien und Sonnenwenden kann um einen Tag schwanken, da das tropische und das Kalenderjahr nicht gleich lang sind und nicht für alle Orte der Erde der Tagesbeginn auf den gleichen Zeitpunkt fällt.

Rotation. Die Rotation der S. ist aus den scheinbaren Bewegungen markanter Erscheinungen auf der Sonnenscheibe, z. B. von Sonnenflecken, zu erkennen. Die Rotation erfolgt im gleichen Sinn wie die Erdrotation sowie der Erdumlauf um die S. Die Erscheinungen auf der Sonnenscheibe wandern von Ost nach West (Abb. 1). Ost und West sind dabei entsprechend den irdischen Himmelsrichtungen definiert. Auf der Sonnenscheibe liegt bei der Kulmination der S. Osten links und Westen rechts. Die S. hat eine differentielle Rotation. Die aus der Bewegung von Sonnenflecken (→ Sonnenfleck) bestimmte siderische Rotationsperiode beträgt am Sonnenäquator 25,0 Tage, in 10° heliographischer Breite 25,2 Tage, in 20° Breite 25,6 Tage und in 40° Breite 27,0 Tage. Die synodischen Rotationsperioden sind um jeweils 1,89 Tage länger. Die Winkelgeschwindigkeit am Sonnenäquator beläuft sich auf 14,4° je Tag. Die mittels des → Doppler-Effekts bestimmten Winkelgeschwindigkeiten sind etwas geringer und haben eine etwas andere Abhängigkeit von der heliographischen Breite. Da Sonnenflecken an solare Magnetfelder gebunden und diese tief im Sonneninnern verankert sind (s. u.), deuten die Unterschiede in den Winkelgeschwindigkeiten auf eine Tiefenabhängigkeit der Rotation hin. Mit zunehmender Tiefe nimmt die Winkelgeschwindigkeit etwas zu. Aus der Winkelgeschwindigkeit ergibt sich für einen Punkt am Sonnenäquator die Rotationsgeschwindigkeit zu etwa 1,93 km/s.

Die differentielle Rotation ist wahrscheinlich durch Gasströmungen in der unterhalb der Photosphäre gelegenen Konvektionszone verursacht, in der außer Energie auch Drehimpuls transportiert wird. Dieser wird offenbar so umverteilt, dass die äquatornahen Gebiete auf Kosten der polnahen beschleunigt werden.

Sonnenkoordinaten. Die Durchstoßpunkte der Rotationsachse durch die Sonnenoberfläche definieren die Rotationspole. Der Sonnenäquator ist die Schnittlinie einer auf der Rotationsachse senkrecht stehenden und durch den Sonnenmittelpunkt gehenden Ebene mit der Sonnenoberfläche. Die Äquatorebene ist um 7° 8′ gegen die Ebene der Ekliptik geneigt. Vom Sonnenäquator aus wird die heliographische Breite nach den Polen hin von 0° bis 90° gezählt, auf der Sonnennordhalbku-

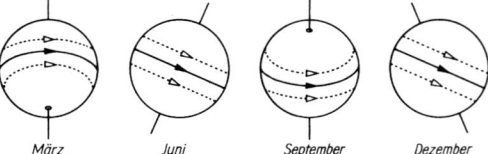

Abb. 1: Lage der Rotationsachse der Sonne relativ zur Erde und scheinbare Bahnen von Erscheinungen auf der Sonne zu unterschiedlichen Jahreszeiten

gel positiv, auf der Südhalbkugel negativ. Auf Grund der differentiellen Rotation und weil keine dauernd am gleichen Ort verbleibenden Oberflächenerscheinungen existieren, wird zur Festlegung der heliographischen Länge um die Sonnenkugel ein System von durch die Pole gehenden Längenkreisen gelegt, deren Winkelgeschwindigkeit 14,1844° je Tag beträgt, entsprechend der Winkelgeschwindigkeit bei der heliographischen Breite von etwa 16°. Als Bezugslängenkreis ist derjenige definiert, der am 01. Januar 1854 12^h Weltzeit durch den Mittelpunkt der Sonnenscheibe ging. Die Rotationen werden durchnummeriert. Die Rotation Nr. 1 begann am 09. November 1853, die Rotation Nr. 2 000 am 20. Februar 2003.

Sonnenatmosphäre. Die äußeren Gebiete der S. mit einer für elektromagnetische Strahlung sehr geringen → optischen Dicke sind direkt beobachtbar, sie bilden die Sonnenatmosphäre, die nicht direkt beobachtbaren Gebiete das Sonneninnere. Die Sonnenatmosphäre gliedert sich auf Grund der unterschiedlichen thermischen und Strahlungseigenschaften in vier Teilbereiche. Von innen nach außen gehend sind es die Photosphäre, die Chromosphäre, die Übergangsschicht und die Korona. In der Sonnenatmosphäre nehmen Druck und Dichte von innen nach außen kontinuierlich ab. Für die Temperatur gilt dies nur in der Photosphäre und der unteren und mittleren Chromosphäre (Tab.), in den darüber liegenden Schichten steigt die Temperatur mit wachsendem Zentrumsabstand.

Aufbau der Photosphäre, h < ≈300 km, und der unteren Chromosphäre, h > ≈300 km

Höhe (km)	optische Tiefe	Temperatur (K)	Druck (Pa)	Dichte (g/cm³)
2 000	10^{-8}	9 000	$1,2 \cdot 10^{-2}$	$2,9 \cdot 10^{-3}$
1 580	10^{-6}	7 150	$2,5 \cdot 10^{-1}$	$1,0 \cdot 10^{-2}$
840	10^{-5}	5 280	7,9	$2,5 \cdot 10^{-0}$
560	10^{-4}	4 180	$7,1 \cdot 10^{1}$	$3,6 \cdot 10^{-9}$
420	10^{-3}	4 370	$3,5 \cdot 10^{2}$	$1,3 \cdot 10^{-3}$
320	$5 \cdot 10^{-3}$	4 560	$8,5 \cdot 10^{2}$	$3,1 \cdot 10^{-3}$
278	0,01	4 640	$1,3 \cdot 10^{3}$	$4,5 \cdot 10^{-3}$
178	0,05	4 950	$3,1 \cdot 10^{3}$	$1,0 \cdot 10^{-7}$
136	0,1	5 140	$4,7 \cdot 10^{3}$	$1,5 \cdot 10^{-7}$
91	0,2	5 410	$6,8 \cdot 10^{3}$	$2,1 \cdot 10^{-7}$
36	0,5	5 920	$1,0 \cdot 10^{4}$	$2,9 \cdot 10^{-7}$
0	1,0	6 430	$1,3 \cdot 10^{4}$	$3,5 \cdot 10^{-7}$
−27	2,0	7 120	$1,5 \cdot 10^{4}$	$3,6 \cdot 10^{-7}$
−56	5,0	8 100	$1,8 \cdot 10^{4}$	$3,7 \cdot 10^{-7}$

Die optische Tiefe gilt für Strahlung der Wellenlänge 500 nm, die Höhen sind auf das Niveau mit der optischen Tiefe 1,0 bezogen

In der Sonnenatmosphäre existieren sowohl zu jeder Zeit beobachtbare Erscheinungen wie die Granulation, als auch nur zeitweise beobachtbare Phänomene, wie die Sonnenflecken. Die permanenten Phänomene sind Erscheinungen der „ruhigen S.", die veränderlichen der „aktiven S.".

Photosphäre. Die Photosphäre ist die Schicht der Sonnenatmosphäre, aus der über 90% der Sonnenstrahlung und speziell die Strahlung des sichtbaren Spektralbereichs direkt in den Weltraum gelangt, sie ist die normalerweise sichtbare Schicht. Innerhalb von nur etwa 300 km, die von der Erde aus unter einem Winkel von weniger als 0,5″ erscheinen, fällt die Intensität der sichtbaren Strahlung auf nahezu Null ab, was den scharfen Rand der Sonnenscheibe bedingt. Die Sonnenscheibe ist das projizierte Bild der Photosphäre (Abb. 2).

Die Flächenhelligkeit auf der Sonnenscheibe nimmt vom Scheibenzentrum zum Rand hin ab, es existiert eine *Randverdunklung* (Abb. 2). Diese *Mitte-Rand-Variation* ist von der Beobachtungswellenlänge abhängig. Für kurzwelliges, blaues Licht ist der Helligkeitsabfall stärker als für langwelliges, rotes (Abb. 3). Die Randverdunklung ist eine Folge des Temperaturgefälles in der Photosphäre. Strahlung, die von tief liegenden Schichten der Photosphäre ausgesandt wird, wird von den darüber liegenden Schichten teilweise absorbiert. Die Stärke der Absorption steigt mit der Länge des Wegs in den höherliegenden Schichten, d. h. mit der optischen Dicke. Am Scheibenrand durchstößt der Sehstrahl die Photosphäre schräg, in der Scheibenmitte senkrecht, der Lichtweg durch die höherliegenden Photosphärenschichten ist am Rand größer, die Absorption höher als in der Scheibenmitte (Abb. 4). Die am Scheibenrand beobachtete Strahlung hat entsprechend einen geringen Anteil an Strahlung aus tieferen Schichten und stammt vorwiegend aus höheren, kühleren Photosphärenschichten, die Strahlungsintensität ist daher niedriger und das Intensitätsmaximum liegt bei größeren Wellenlängen. In der Scheibenmitte stammt die sichtbare Strahlung überwiegend aus tieferliegenden, heißeren Schichten, das Strahlungsmaximum liegt bei kürzeren Wellenlängen. Aus der Wellenlängenabhängigkeit der Randverdunklung kann die Temperaturschichtung in der Photosphäre abgeleitet werden. An der Photosphärenuntergrenze, von der gerade noch Strahlung direkt empfangen wird, beträgt die Temperatur etwa 7 000 K,

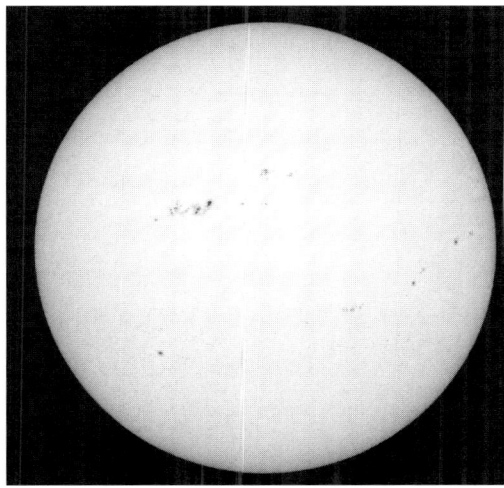

Abb. 2: Sonnenaufnahme im integralen Licht. (Aufnahme: Sonnenobservatorium Einsteinturm, Potsdam)

Sonne

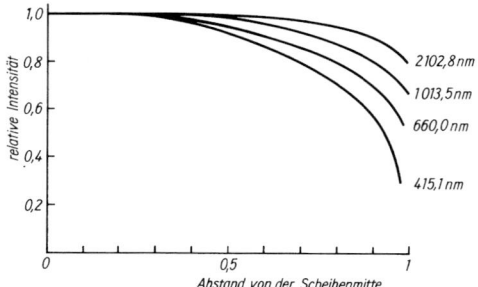

Abb. 3: Mitte-Rand-Variation für verschiedene Wellenlängen des kontinuierlichen Spektrums in Abhängigkeit vom Scheibenradius, bezogen auf die Strahlungsintensität in der Scheibenmitte

an der Obergrenze etwa 4 500 K. Die Gasdichte nimmt innerhalb der Photosphäre von etwa $3 \cdot 10^{-7}$ g/cm³ auf etwa $3 \cdot 10^{-8}$ g/cm³ ab.

Die Oberfläche der ungestörten Photosphäre hat im sichtbaren Spektralbereich eine als *Granulation* bezeichnete wabenförmige, „körnige" Struktur. Kleine helle Gebiete, die *Granula*, heben sich vom etwas weniger hellen Hintergrund ab (Abb. 5). Der mittlere scheinbare Durchmesser der Granula, von denen sich auf der Sonnenoberfläche in jedem Augenblick grob 4 Mio. befinden, beträgt etwa 2″, der wahre Durchmesser im Mittel rund 1 400 km. Die mittlere Breite der das dunklere intergranulare Netzwerk bildenden Bereiche beläuft sich im Allg. auf rund 0,5″. Der Flächenanteil der Granula ist etwa doppelt so groß wie der der intergranularen Zwischenräume.

Der Temperaturunterschied zwischen den Granula und den intergranularen Regionen beträgt einige 100 K und nimmt mit der Höhe in der Photosphäre ab. Die Granulation ist auf Strömungen in der tieferen Photosphäre zurückzuführen, die in der darunter liegenden Konvektionszone verursacht werden. In dieser steigen heiße „Materiepakete" (Konvektionselemente) auf, kühlere sinken ab. Die Granula sind die obersten Bereiche der aufsteigenden Elemente, in deren Zentrum Aufwärtsgeschwindigkeiten von etwa 1 km/s herrschen. In einem Granulum besteht eine vom Zentrum nach außen gerichtete horizontale Strömung mit Geschwindigkeiten in der Größenordnung von etwa 250 m/s. Die Existenzdauer eines Granulums liegt bei 5 bis 10 Minuten. Wegen der Luftunruhe in der Erdatmosphäre sind Detailuntersuchungen der Granulation von der Erdoberfläche aus schwierig.

Außer den kleinräumigen Konvektionsströmungen der Granulation existiert ein großräumigeres Strömungsmuster, die *Supergranulation*. Die viele Granula enthaltenden *Supergranula* haben einen Durchmesser von etwa 20 000 bis 30 000 km, in ihnen strömt Materie mit Geschwindigkeiten von etwa 300 bis 400 m/s vertikal nach oben, die in höheren Photosphärenschichten etwas größer sind. Die von den Zentren der Supergranula ausgehenden Horizontalgeschwindigkeiten betragen an den Rändern etwa 200 m/s, am Rand sind die Strömungen etwas nach unten gerichtet. Die mittlere Existenzdauer eines Supergranulums liegt bei 10 bis 20 Stunden. Wie die Granula sind die Supergranula die obersten Schichten großer Konvektionselemente. Die vertikalen Dimensionen der Supergranula können aus der Existenzdauer und den vertikalen Geschwindigkeiten abgeschätzt werden, sie liegen in der Größenordnung von etwa 15 000 bis 20 000 km. Im sichtbaren Spektralbereich ist die Supergranulation durch Überlagerungen von in unterschiedlichen Spektrallinien gewonnenen Sonnenbildern erkennbar.

Die Photosphäre ist der Sitz vieler Aktivitätserscheinungen ($\rightarrow$ Sonnenaktivität), von denen die Sonnenflecken ($\rightarrow$ Sonnenfleck) die auffälligsten sind, andere Phänomene sind photosphärische Fackeln ($\rightarrow$ Sonnenfackel) sowie Eruptionen ($\rightarrow$ Sonneneruption). Die Sonnenaktivität wird im Wesentlichen durch sich ändernde Magnetfeldstrukturen in der Sonnenatmosphäre verursacht.

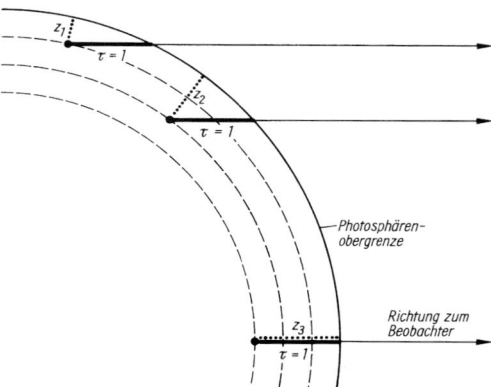

Abb. 4: Zur Randverdunklung. $\tau = 1$ fester Wert der optischen Tiefe; z_1, z_2, z_3: geometrische Tiefen

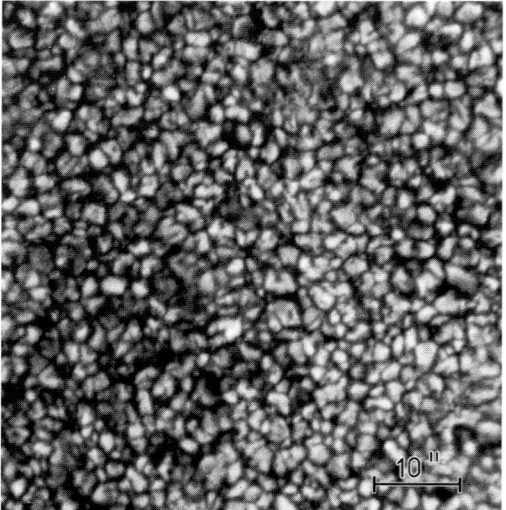

Abb. 5: Sonnengranulation. (Aufnahme: Kiepenheuer-Institut für Sonnenphysik, Freiburg i. Br.)

Sonnenschwingungen, Helioseismologie. In der Photosphäre ist ein komplexes Schwingungsmuster erkennbar, lokale Vertikalbewegungen in Photosphärenbereichen mit Ausdehnungen von etwa 5 000 bis 20 000 km. Die Geschwindigkeitsamplituden betragen bis zu einigen 100 m/s, die Schwingungsperioden liegen zwischen einigen Minuten und einigen Stunden, die Perioden um 5 Minuten sind stark bevorzugt. Die in der Photosphäre beobachteten Schwingungen sind das Ergebnis der Überlagerung von einigen Millionen von Resonanzschwingungen des Sonnenkörpers. Die Schwingungsanregung geschieht durch die turbulenten Bewegungen in der Konvektionszone, die Druckwellen (akustische Wellen) auslösen. Im Sonnenkörper durchlaufen sie Gebiete mit unterschiedlichen Temperatur- und Dichteverhältnissen, damit unterschiedlichen lokalen Schallgeschwindigkeiten. Nicht streng radiale Wellenfronten breiten sich dadurch nicht geradlinig aus, sondern werden mit zunehmender Eindringtiefe immer mehr zur Oberfläche zurückgelenkt, also im Sonneninnern reflektiert. Nahe der Photosphäre werden nach außen laufende Wellen am steilen Dichteabfall reflektiert (Abb. 6). Die Lage der Reflexionszonen ist abhängig von der Frequenz der Wellen. Bei bestimmten Frequenzen kommt es durch Überlagerung der nach innen und der nach außen laufenden Wellen zu Resonanzerscheinungen, zur Ausbildung stehender, nur gering gedämpfter Druckwellen, wie in einem akustischen Resonator. Jede der stehenden Wellen ruft ein einfaches geometrisches Muster von Schwingungsknoten und -bäuchen in der Photosphäre hervor. Die Überlagerung der vielen durch Oberschwingungen verursachten Muster führt zu einem sehr komplexen Großmuster, das vor allem von den 5-Minuten-Oszillationen an der Sonnenoberfläche beherrscht wird. Neben den 5-Minuten-Schwingungen scheinen auch Schwingungen mit Perioden um etwa 160 Minuten bevorzugt zu sein.

Untersuchungen des Großmusters der Oszillationen ermöglichen auf Grund der von der Frequenz abhängigen Resonanztiefen der Wellen die detaillierte Bestimmung der physikalischen Verhältnisse im Sonneninnern. In Analogie zur Seismologie wird das Vorgehen als Helioseismologie bezeichnet.

Photosphärenspektrum. Das Photosphärenspektrum entspricht dem Spektrum eines Sterns der Spektralklasse G2 und der Leuchtkraftklasse V, die S. ist ein normaler Hauptreihenstern.

Das von der Erdoberfläche aus beobachtbare Sonnenspektrum umfasst den Wellenlängenbereich von etwa 300 nm bis 2 μm, es ist ein Kontinuum mit aufgeprägten Absorptionslinien (Abb.7) und stellt die Überlagerung der Spektren der aus unterschiedlich heißen Photosphärenschichten stammenden Strahlung dar. Die Intensitätsverteilung des kontinuierlichen Spektrums gleicht für Wellenlängen größer als etwa 600 nm in guter Näherung der eines Schwarzen Körpers der Temperatur von etwa 5 700 K. Bei kürzeren Wellenlängen ist eine Anpassung an die Intensitätsverteilung einer Schwarz-Körper-Strahlung infolge der vielen sehr eng beieinanderliegenden Absorptionslinien weniger gut, vor allem auch wegen des starken Intensitätsabfalls an der Balmer-Grenze (→ Balmer-Linien), die bei etwa 370 nm liegt (Abb. → Spektralklasse). Die im sichtbaren Spektralbereich liegenden Absorptionslinien werden allgemein als *Fraunhofer-Linien* bezeichnet [be-

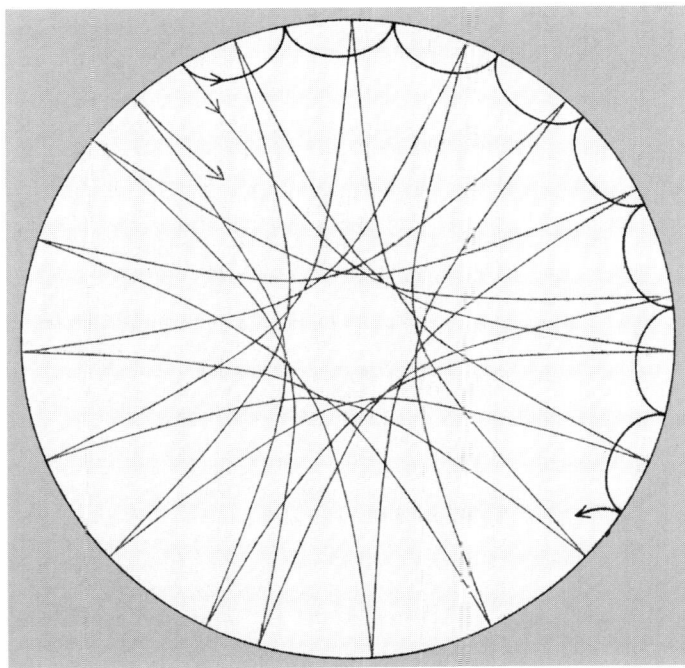

Abb. 6: Sonnenschwingungen. Dünne und dicke Linien: Ausbreitungsrichtungen akustischer Wellen unterschiedlicher Eindringtiefe

Sonne

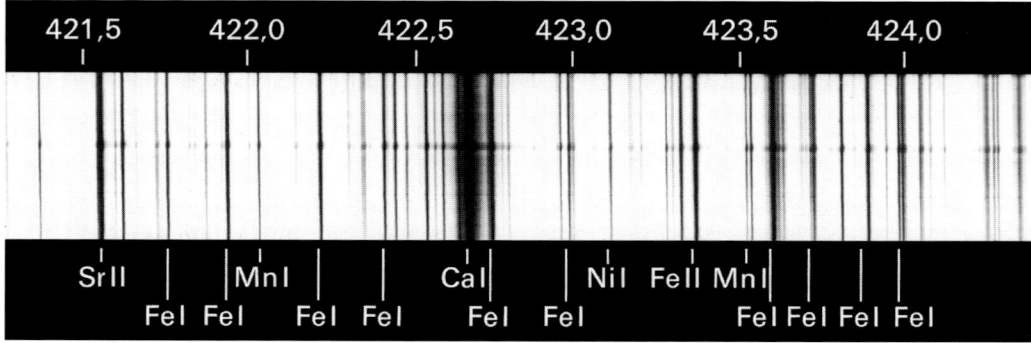

Abb. 7: Sonnenspektrum im Bereich von etwa 421,5 bis 424,0 nm. Für die stärksten Fraunhofer-Linien sind die erzeugenden Elemente angegeben; I: neutrale Atome; II: einmal ionisierte Atome (Aufnahmen: Sonnenobservatorium Einsteinturm, Potsdam)

nannt nach dem dtsch. Astronomen J. Fraunhofer, 1787–1823].

Ein kontinuierliches Spektrum entsteht infolge der Rekombination von Elektronen mit Ionen. Die emittierte Strahlungsenergie ist die Summe der kinetischen Energie der Elektronen und der Ionisationsenergie der Ionen. Die Intensität des photosphärischen Kontinuums wird durch die Strahlungsemission bei der Anlagerung von Elektronen an Wasserstoffatome bestimmt, wobei negativ geladene Wasserstoffatome (H^--Ionen) entstehen. Die Grenze dieses Kontinuums liegt, entsprechend der geringen Bindungenergie des angelagerten Elektrons, im Infrarotbereich bei etwa 1,66 µm. Der Beitrag von frei-freien Übergängen der Elektronen in elektrischen Feldern von Ionen (→ Atom) zum kontinuierlichen Spektrum ist im sichtbaren Spektralbereich gering, für Wellenlängen größer als etwa 1,80 µm wird das Kontinuum fast nur durch diesen Prozess bestimmt. Im Ultraviolettbereich nimmt die Helligkeit des kontinuierlichen Spektrums stark ab. Ab etwa 200 nm bis hin zu noch geringeren Wellenlängen ändert sich der Charakter des Spektrums, es wird immer stärker von Emissionslinien bestimmt. Sie beherrschen jenseits von 150 nm das gesamte Spektrum, das dann nicht mehr zur Photosphäre, sondern zur Chromosphäre gehört.

Von den mehr als 22 000 im Wellenlängenbereich von 300 bis 880 nm im Sonnenspektrum registrierten Absorptionslinien sind rund 6 500 irdischen Ursprungs (*tellurische Linien*), die dem Spektrum erst beim Durchgang durch die Erdatmosphäre aufgeprägt werden. Die stärksten Fraunhofer-Linien werden im Allg. mit den von Fraunhofer eingeführten Buchstaben bezeichnet. Die von Sauerstoffmolekülen der Erdatmosphäre herrührenden Linien bei 758,4 bzw. 686,8 nm tragen z. B. die Buchstaben A bzw. B, das von Natriumatomen der Sonnenatmosphäre verursachte Linienpaar bei 589,6 und 589,0 nm den Buchstaben D und die vom einmal ionisierten Kalzium stammenden Linien bei 396,9 bzw. 393,4 nm die Bezeichnung H bzw. K. Etwa 73% der solaren Absorptionslinien konnten bisher identifiziert, d. h. einem bestimmten Element zugeordnet werden. Insgesamt sind 67 verschiedene Elemente in der Photosphäre nachgewiesen. Bei den nicht durch Absorptionslinien vertretenen Elementen handelt es sich entweder um sehr seltene Elemente, beurteilt nach ihrer Häufigkeit auf der Erde oder in Meteoriten, z. B. Wismut und Uran, oder um Elemente, die unter den in der Photosphäre herrschenden physikalischen Bedingungen keine Absorptionslinien haben, z. B. Argon, Neon und Quecksilber. Die weitaus meisten Absorptionslinien im Ultraviolettbereich gehen auf Metalle, vor allem Eisen zurück, im Infrarotbereich meist auf zweiatomige Moleküle, wie Zyan (CN), Methylidin (CH) und Kohlenmonoxid (CO). Die quantitative Spektralanalyse des Photosphärenspektrums ermöglicht die Bestimmung der chemischen Zusammensetzung der Sonnenatmosphäre, wobei die gleichen Methoden wie bei der Spektralanalyse anderer Sterne angewandt werden (→ Sternatmosphäre). Die Analyseergebnisse spielen bei der Bestimmung der mittleren kosmischen → Elementenhäufigkeit eine wesentliche Rolle.

Das Profil der Absorptionslinien wird durch die thermische Bewegung der absorbierenden Atome und störende Einflüsse benachbarter Atome bestimmt (→ Spektrum). Für Strahlung im Wellenlängenbereich einer Absorptionslinie ist die → optische Dicke der Photosphäre viel größer als die im angrenzenden Kontinuum. Deshalb gelangt nur Strahlung aus höherliegenden, kühleren Schichten nach außen. Infolge deren geringer Emissionsfähigkeit erscheint im Vergleich zum angrenzenden Kontinuum die Linie dunkel, obwohl auch im Linienbereich Strahlung emittiert wird. Im Linienzentrum ist die relative Undurchsichtigkeit am größten, das Restlicht am geringsten, es stammt aus den höchsten Photosphärenschichten, z. T. aus der Chromosphäre.

Solare Magnetfelder. Der Nachweis solarer Magnetfelder erfolgt mit Hilfe des → Zeeman-Effekts, der Aufspaltung der Spektrallinien in mehrere Komponenten. Die S. hat ein globales Magnetfeld, das in den beiden Polkalotten mit heliographischen Breiten größer als etwa 60° bzw. kleiner als etwa −60° am deutlichsten erkennbar ist. Es ist angenähert ein Dipolfeld mit einer Feldstärke an der Sonnenoberfläche von etwa $1 \cdot 10^{-4}$ bis $2 \cdot 10^{-4}$ Tesla. Die Feldlinien weisen an den Polen radial nach außen, was u. a. in den Polarstrahlen der Korona erkennbar ist. Zu Zeiten des Sonnenfleckenmaximums erfolgt eine Umpolung des globalen Feldes. Außer dem globalen Feld existieren in Bereichen mit einer Ausdehnung in der Größenordnung der Supergranula lokale Felder. Beobachtungen hoher räumlicher Auflösung zeigen, dass die Felder aus vielen diskreten Elementen bestehen, wobei jedes Element offenbar die Durchstoßstelle eines Bündels von Feldlinien, einer magnetischen Flussröhre, durch die Photosphäre ist. Der Durchmesser einer Röhre beträgt rund 200 km, ihre Feldstärke etwa 0,15 Tesla (→ Sonnenfleck). Die Flussröhren werden bei horizontalen Bewegungen innerhalb eines Supergranulums an dessen Rand gedrängt, wo sie sich konzentrieren und zusammen ein magnetisches Netzwerk bilden. Räumlich hochaufgelöste Filtergramme (→ Sonnenbeobachtung) sehr geringer Bandbreite zeigen die vertikalen Flussröhren im Allg. als kleine gegen die Umgebung hell erscheinende Strukturen.

Neben dem globalen Feld existieren relativ kurzlebige kleinräumige Magnetfelder mit hoher Feldstärke, die ursächlich mit der Sonnenaktivität in Verbindung stehen. Es sind im Allg. bipolare Gebiete, in denen zwei Teilbereiche unterschiedlicher Polarität eng benachbart und durch Magnetfeldlinien miteinander verbunden sind. In den Feldbereichen sind die magnetischen Flussröhren wesentlich dichter gepackt als zwischen den Supergranula. Die mittlere Feldstärke liegt in der Größenordnung der in den einzelnen Flussröhren. Die bipolaren magnetischen Gebiete sind die charakteristischen und am längsten existierenden Aktivitätserscheinungen. Außerhalb der aktiven Regionen befinden sich ausgedehnte unipolare Bereiche geringer Feldstärke, die wahrscheinlich durch die Auflösung größerer ehemals bipolarer Gebiete entstehen.

Magnetfelder und Photosphärengas sind stark aneinander gekoppelt und verhalten sich, als wäre das Feld in der Materie „eingefroren": Überwiegt die Bewegungsenergie der Materie im Vergleich zur Magnetfeldenergie, schleppt das Gas bei einer Bewegung senkrecht zur ursprünglichen Feldrichtung mit und verformt es, überwiegt die Energie des Magnetfelds die Bewegungsenergie, be- oder verhindert das Feld eine Bewegung des Gases quer zu den Feldlinien, nur längs der Feldlinien ist sie möglich.

Die solaren Magnetfelder entstehen wahrscheinlich infolge eines magneto-hydrodynamischen → Dynamoeffekts, bei dem mechanische Energie über elektromagnetische Induktion in magnetische umgewandelt wird. Infolge der Wechselwirkung zwischen der durch die differentielle Rotation in der Konvektionszone im Sonneninnern verursachten Materieströmungen wird ein anfängliches schwaches dipolartiges Feld verstärkt und zu im Wesentlichen parallel zu den Breitenkreisen ausgerichteten magnetischen Flussröhren verformt. Durch Auftriebskräfte nach oben befördert, durchbrechen sie gegebenenfalls die Sonnenoberfläche und werden als aktives Gebiet sichtbar.

Das Verschwinden lokaler Felder bewirken wahrscheinlich turbulente Bewegungen der Supergranula, wodurch die Flussröhren über größere Gebiete verteilt werden. Ein mit turbulenten Bewegungen verbundener Dynamoeffekt ist auch die Ursache der periodischen Umpolung des globalen Feldes.

Chromosphäre. Über der Photosphäre liegt die mit einer Dicke in der Größenordnung von 10 000 km viel mächtigere Chromosphäre, deren Ausstrahlung infolge der niedrigeren Dichte von typischerweise 10^{-12} g/cm^3 bedeutend geringer ist als die der Photosphäre. Die Chromosphäre wird im Allg. von der Photosphäre völlig überstrahlt. Nur bei totalen Sonnenfinsternissen ist sie vor und nach der Totalität für sehr kurze Zeit sichtbar, wenn der Mond zwar die Photosphäre vollkommen verdeckt, nicht aber die darüber liegenden Schichten der Sonnenatmosphäre. Die Chromosphäre erscheint dann als rosafarbiger sichelförmiger Lichtsaum am dunklen Mondrand (→ Finsternis). Bis zu einer Höhe von etwa 1 500 km ist die Chromosphäre relativ homogen, in größeren Höhen geht sie in einen „Wald" aus verschieden langen flammenähnlichen Lichtzungen *(Spicula)* über (Abb. 8). Die Durchmesser der Spicula belaufen sich im Mittel auf 800 km, die Höhen im Durchschnitt auf 3 000 km, an den Polen der S. sind sie etwas höher. Die Spicula schießen mit Geschwindigkeiten von 10 bis 30 km/s in die Höhe. Ein Spiculum hat eine Existenzzeit von rund 10 Minuten, die vereinzelt auftretenden Riesenspicula eine bis zu etwa 40 Minuten, diese können bis in Höhen von mehreren 10 000 km reichen. Die Spicula, deren Temperatur 10 000 bis 20 000 K beträgt, sind nicht die Fortsetzung der in der Photosphäre sichtbaren Granula, was die weitgehende Übereinstimmung des mittleren Durchmessers, der mittleren Existenzzeit sowie der jeweils auf der Sonnenscheibe vorhandenen Anzahl nahelegen könnte. Der physikalische Prozess, der die Spicula verursacht und der wahrscheinlich auf magneto-hydrodynamische Effekte zurückgeht, ist in vielen Details ungeklärt. Die Spicula treten besonders an den Polen der S. hervor, wo sie in nahezu gleicher Weise gegen den Sonnenrand geneigt sind wie die Polarstrahlen der Korona. Die wesentlichen Aktivitätserscheinungen in der Chromosphäre stellen chromosphärische Fackeln dar (→ Sonnenfackel).

Die Untersuchung der Chromosphäre vor der hellen Sonnenscheibe ist bei Verwendung monochromatischer Bilder (Spektroheliogramme) im Licht einer kräftigen Absorptionslinie möglich. Die beobachtete Strahlung kommt dann allein aus der Chromosphäre, und zwar aus umso höher liegenden Schichten, je näher der Spektralbereich am Absorptionslinienzentrum liegt, das überstrahlende Photosphärenlicht wird dadurch unterdrückt. Die Untersuchungen erfolgen meist im Licht des einmal ionisierten Kalziums oder der Hα-Linie des Wasserstoffs. Das genaue Aussehen der Chromosphäre ist abhängig von der spektralen Lage des Linienzentrums im Filterbereich, doch zeigen die Bilder im Wesentlichen die gleichen Strukturen (Abb. 9). Die Chromosphäre erscheint wie mit einem hellen Netzwerk überzogen, dessen Maschendurchmesser im Mittel bei rund 30 000 km liegt, die Existenzdauer einer Netzwerkzelle beträgt etwa einen Tag. Innerhalb der Zellenränder existiert eine Feinstruktur mit hellen und dunklen fadenförmig erscheinenden Regionen. Die dunklen haben Ausdehnungen zwischen 600 und 1 600 km und eine Existenzdauer von etwa 10 Minuten, die feinen häufen sich zu gröberen, 2 000 bis 8 000 km großen Regionen, die

Sonne

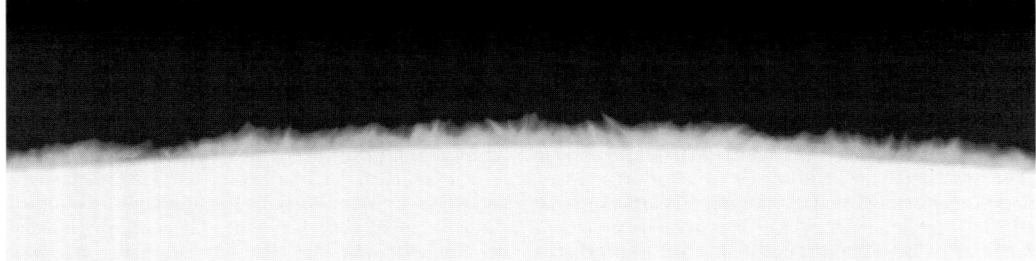

Abb. 8: Spicula am Sonnenrand. (Aufnahme: Sacramento Peak Observatory, New Mexico, USA)

rundliche Büschel oder Rosetten bilden. Die Existenzdauer der gröberen Flecken liegt bei einigen Stunden. Die Zellen des Netzwerks sind mit den Konvektionszellen der Supergranulation identisch. Bei den feineren fadenförmigen Flecken sind einzelne Spicula vor der Sonnenscheibe zu sehen, die offenbar nur entlang des Netzwerkes vorkommen.

In der Chromosphäre setzt sich die in der Photosphäre erfolgende Abnahme von Dichte und Temperatur mit zunehmender Höhe fort. Die Temperatur erreicht ein Minimum von etwa 4 200 K in etwa 300 km Höhe über der Photosphäre, darüber steigt die Temperatur an, in etwa 2 000 km Höhe werden 9 000 K erreicht. Die Höhenangaben beziehen sich auf ein Nullniveau, bei dem die optische Tiefe bei der Wellenlänge 500 nm den Wert 1 erreicht. Das Bezugsniveau liegt in der Photosphäre, diese kann aber wegen ihrer geringen Dicke für Höhen größer als einige 1 000 km als Nullniveau angesehen werden.

Chromosphärenspektrum. Das Spektrum der Chromosphäre ist ein Emissionslinienspektrum, das bei totalen Sonnenfinsternissen nur sehr kurz sichtbar

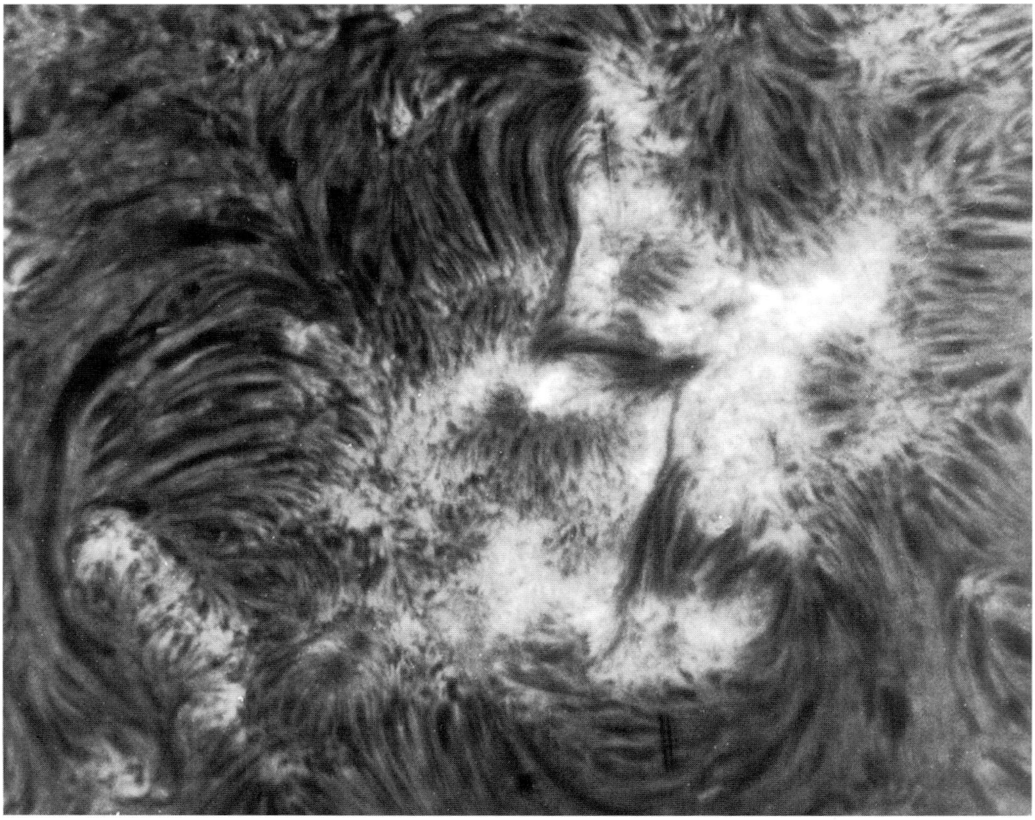

Abb. 9: Sonnenchromosphäre im Licht der Hα-Linie des Wasserstoffs mit Spicula am Rande von Supergranulationszellen. (Aufnahme: Kiepenheuer-Institut für Sonnenphysik, Freiburg i. Br.)

ist und als *Flash-Spektrum* bezeichnet wird. Zu den stärksten Emissionslinien im sichtbaren Spektralbereich gehört die Hα-Linie des Wasserstoffs bei 656 nm. Auf sie geht die rötliche Färbung der Chromosphäre zurück. Das Spektrum der unteren Chromosphäre ist im Wesentlichen ein „umgekehrtes" Photosphärenspektrum, in dem die Fraunhofer-Linien der Photosphäre in Emission auftreten. Im Spektrum der oberen Chromosphäre sind Linien besonders häufig, für deren Anregung eine relativ hohe Energie erforderlich ist, z. B. Linien des neutralen und einmal ionisierten Heliums sowie ionisierter Metalle. Bei extraterrestrischen Beobachtungen ist das ultraviolette Chromosphärenspektrum ohne besondere Hilfsmittel beobachtbar, in diesem Spektralbereich ist die optische Dicke der Chromosphäre so groß, dass keine Photosphärenstrahlung nach außen gelangt. Die Lyman-α-Linie des Wasserstoffs bei 121,6 nm ist die stärkste Linie; in ihr werden etwa 90% der gesamten ultravioletten Chromosphärenstrahlung emittiert.

Übergangsschicht. An die Chromosphäre schließt sich nach außen eine Schicht von wenigen 1 000 km Mächtigkeit an, in der ein extremer Temperaturanstieg von etwa 25 000 K auf rund 10^6 K erfolgt, verbunden mit einem ebenso steilen Dichteabfall (Abb. 10). Ursache des Temperaturanstiegs ist einerseits, dass kühles Gas hoher Dichte besser Energie abstrahlt als heißes Gas niedriger Dichte und andererseits, dass heißes nahezu vollständig ionisiertes Gas ein außerordentlich hohes Wärmeleitvermögen hat, das längs Magnetfeldlinien um viele Größenordnungen größer ist als quer dazu. Aus der heißen Korona fließt Energie „von oben" in die tieferliegenden kühleren und dichteren Schichten, die die zufließende Energie abstrahlen. Der Prozess ist selbstregulierend. Bei einem zu hohen Energiestrom aus der Korona sinkt deren Temperatur, damit das Wärmeleitvermögen des Gases, und der Energiefluss wird gedrosselt, bei einem zu geringen Energieabfluss aus der Korona bleiben die unteren Koronabereiche heiß, das Wärmeleitvermögen steigt, der Energiefluss wird erhöht. Insgesamt bleibt die Temperaturverteilung in der Übergangsschicht zeitlich konstant.

Die Spicula der Chromosphäre erstrecken sich durch die Übergangsschicht bis in die untere Korona, sie sind eng mit Magnetfeldern verknüpft. Da der Gasdruck mit zunehmender Höhe sinkt, wird der senkrecht zu den Feldlinien wirkende magnetische Druck viel größer als der Gasdruck. Die in der Photosphäre an den Rand der

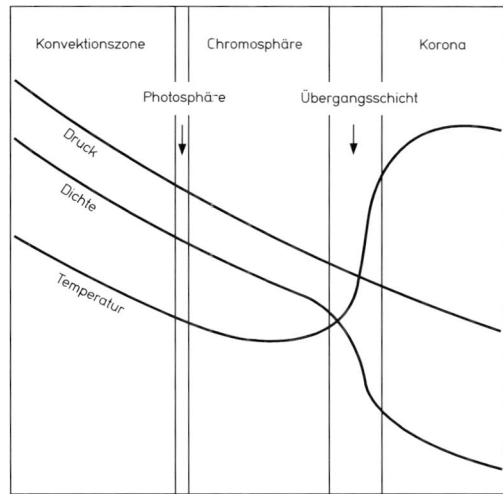

Abb. 10: Qualitativer Verlauf von Druck, Dichte und Temperatur in der Sonnenatmosphäre

Supergranula gedrängten Feldlinien nehmen in großen Höhen ein viel ausgedehnteres Gebiet ein als die einzelnen Supergranula (Abb. 11). Auf Grund der niedrigeren Temperaturen und höheren Dichten in den Spicula im Vergleich zur Umgebung strahlen sie stärker als die umgebende Materie und treten so in Erscheinung. In der Übergangsschicht existieren starke lokale Störungen, wodurch in ihr eine wesentlich höhere Turbulenz herrscht als in der Photosphäre und Chromosphäre.

Korona. Die äußerste Schicht der Sonnenatmosphäre tritt bei totalen Sonnenfinsternissen als weißlich leuchtender Strahlenkranz (Korona [lat. ‚Kranz']) um die dunkle Mondscheibe in Erscheinung, wenn die rund 10^6-mal stärker strahlende Photosphäre vollständig verdeckt ist. Da die Lichterscheinung entscheidend durch die äußerste Schicht der Sonnenatmosphäre geprägt ist, wird der Begriff „Korona" auf diese übertragen. Die materielle Korona ist ein bezüglich Temperatur und Dichte inhomogenes sich ständig änderndes physikalisches System mit kurz- und langfristig existierenden Schlingen, Schleifen, Bögen sowie mit nach außen hin offenen Strukturen. Dieses dynamische System wird entscheidend von komplizierten physikalischen Energieumwandlungsprozessen bestimmt, bei denen kineti-

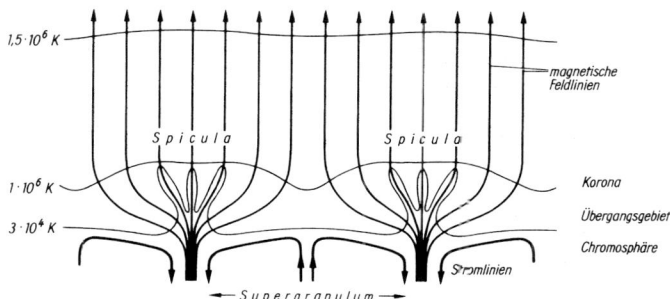

Abb. 11: Schema der Schichtung der mittleren Sonnenatmosphäre über einem Supergranulum. Dick: Strömungslinien; dünn: Magnetfeldlinien; sehr schwach: Linien gleicher Temperatur

Sonne

Abb. 12: Typische Struktur einer Maximumkorona

sche Energie in thermische und magnetische Energie sowie wieder zurück und in Strahlungsenergie verwandelt wird. Charakteristisch für die Koronamaterie sind sehr hohe Temperaturen. Sie betragen im Mittel etwa 2 Mio. K, in Gebieten der inneren Korona über Regionen hoher Sonnenaktivität mehr als 3 Mio. K und im Bereich von → Sonneneruptionen sogar 20 bis 40 Mio. K. Andererseits existieren Regionen („Koronalöcher") mit Temperaturen um 1 Mio. K und darunter.

Die großräumige sichtbare Struktur der Korona ist durch mehr oder minder lange Strahlen gekennzeichnet und von Finsternis zu Finsternis unterschiedlich, doch besteht eine deutliche Abhängigkeit von der → Sonnenaktivität. Die während eines Aktivitätsmaximums sichtbare *Maximumkorona* (Abb. 12) hat nahezu gleichlange Strahlen nach fast allen Richtungen, die Korona während eines Minimums, die *Minimumkorona* (Abb. 13), ist relativ abgeflacht mit unterschiedlich langen Strahlen.

Koronaspektrum. Im visuellen Spektralbereich setzt sich das Koronalicht aus drei Strahlungsanteilen mit unterschiedlichen Spektren zusammen. Die *K-Kompo-* *nente (K-Korona)* besitzt ein rein kontinuierliches Spektrum, dessen Intensitätsverteilung im Wesentlichen der des Photosphärenkontinuums gleicht, das Spektrum der *F-Komponente (F-Korona)* entspricht dem von Fraunhofer-Absorptionslinien überlagerten Kontinuum, die *L-Komponente (L-Korona)* hat ein Emissionslinienspektrum. Die Helligkeit der einzelnen Komponenten nimmt mit wachsendem Abstand von der Mitte der Sonnenscheibe unterschiedlich stark ab (Abb. 14). In unmittelbarer Nähe der Sonnenscheibe überwiegt die K-Komponente, ab etwa 1 Sonnenradius Entfernung die F-Komponente. Die Intensität der L-Komponente sinkt mit wachsendem Abstand sehr rasch, ihr Beitrag zur Gesamtkoronastrahlung beträgt nur etwa 1 bis 2%.

Das Licht der K-Komponente ist an freien Elektronen der Koronamaterie gestreutes Photosphärenlicht. Jeder Streuvorgang ist mit einer Doppler-Verschiebung verbunden (→ Doppler-Effekt). Da die thermischen Geschwindigkeiten der Elektronen infolge der hohen Temperaturen einen sehr weiten Energiebereich überdecken, wird das Licht eines schmalen Wellenlängenbereichs nach der Streuung über einen sehr viel weiteren Bereich

Sonne

Abb. 13: Typische Struktur einer Minimumkorona (Aufnahme: Thorsten Boeckel, Manavgath/Türkei, 29.03.2006)

verteilt, die vor der Streuung vorhandenen Absorptionslinien werden bis zur Unkenntlichkeit verbreitert. Infolgedessen ist das Streulichtspektrum ein Kontinuum mit der Intensitätsverteilung entsprechend der ungestreuten Strahlung. Die Streulichtintensität ist proportional der Zahl der in der Sichtlinie sich befindenden Elektronen. Aus der Intensitätsabnahme der K-Komponente mit wachsendem Abstand von der Sonnenscheibe kann dadurch die Elektronendichte in Abhängigkeit von der Höhe in der Korona bestimmt werden. Die Elektronen stammen im Wesentlichen von dem bei den herrschenden Temperaturen vollständig ionisierten Wasserstoff, dem häufigsten Element. Die Anzahldichte der Elektronen ist demzufolge nahezu identisch mit der der Protonen, so dass auch die höhenabhängige Massendichte in der Korona bestimmt werden kann. Das Streulicht ist teilweise linear polarisiert, wobei der Polarisationsgrad (→ Polarisation) in einem Abstand von etwa 4 Sonnenradien von der Sonnenoberfläche rund 60% beträgt.

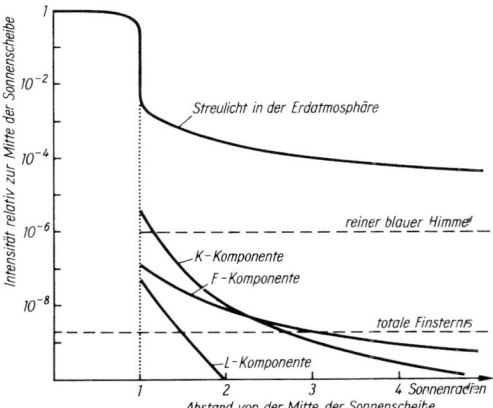

Abb. 14: Helligkeitsverlauf der Komponenten der Sonnenkorona in Abhängigkeit vom Abstand von der Mitte der Sonnenscheibe; gestrichelt: Himmelshelligkeit bei unterschiedlichen Beobachtungsbedingungen

Das Licht der F-Komponente ist ebenfalls gestreutes Sonnenlicht, nur erfolgt die Streuung an den gleichen interplanetaren Staubteilchen (Abb. 15), die in größerem Abstand von der S. das → Zodiakallicht bewirken. Die F-Komponente ist das Zodiakallicht nahe der S. und wird nicht durch Koronamaterie verursacht. Da die Staubteilchen wesentlich geringere Geschwindigkeiten als die Elektronen in der Korona haben, erfolgen praktisch keine Doppler-Verbreiterungen der Absorptionslinien, das Spektrum der F-Komponente gleicht demzufolge dem ungestreuten Sonnenlicht. Die an den Staubteilchen gestreute Strahlung ist unpolarisiert. Aus Messungen des Polarisationsgrads ist eine Unterscheidung zwischen der F- und der K-Korona möglich.

Die Emissionslinien der L-Komponente stammen von Ionen der Koronamaterie, besonders starke Linien von hochionisierten Elementen, vorwiegend Eisen, Nickel und Kalzium. Die rote Koronalinie mit einer Wellenlänge von 637,4 nm geht z. B. auf 9-mal ionisiertes Eisen zurück, die bei 530,3 nm liegende grüne Linie auf 13-mal ionisiertes Eisen und die gelbe Linie bei 569,4 nm auf 14-mal ionisiertes Kalzium. Die Koronalinien sind „verbotene" Linien (→ Atom), die nur infolge der außerordentlich geringen Dichte der Koronamaterie in Erscheinung treten. Der hohe Ionisationsgrad ist auf die hohe Temperatur des Koronagases zurückzuführen. Die Ionisation der Atome ist vorwiegend eine Folge von Stößen mit energiereichen Elektronen, weniger von Absorption energiereicher Strahlung (→ Ionisation).

Auf Grund der hohen Temperaturen erfolgt die Strahlungsemission der Korona vorwiegend im Röntgen- wie im Gammabereich. Da die Photosphäre in diesem Bereich nicht strahlt, kann im Röntgenlicht die Struktur der Korona vor der Sonnenscheibe untersucht werden. Das Röntgenspektrum besteht aus einem schwachen Kontinuum, das bei der Rekombination freier Elektronen mit Ionen entsteht (→ Spektrum). Ihm sind von hochionisierten Elementen ausgehende (erlaubte) Emissionslinien überlagert, so die Linie bei 2,48 nm vom 6-mal ionisierten Stickstoff, die bei 1,9 nm vom 7fach ionisierten Sauerstoff und die bei 0,18 nm vom 25fach ionisierten Eisen. Im Spektrum der solaren

Sonne

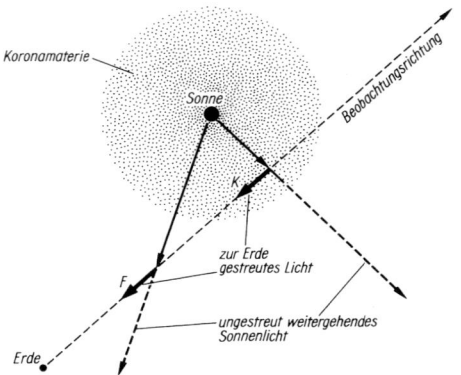

Abb. 15: Zum Entstehungsort der F-Komponente (F) und der K-Komponente (K) der Sonnenkorona

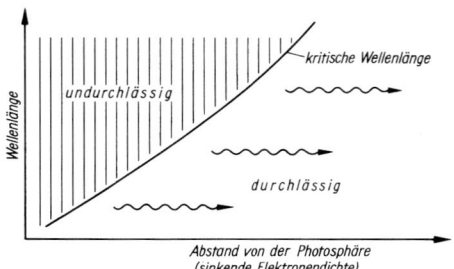

Abb. 16: Kritische Wellenlänge in Abhängigkeit von der Höhe über der Photosphäre

Gammastrahlung existieren Emissionslinien auch von angeregten Atomkernen (→ Sonneneruption). Unter der Annahme einer nahezu isothermen Korona im thermodynamischen Gleichgewicht mit einer Temperatur in der Größenordnung von einigen Mio. K ist die Dichte der Koronamaterie bestimmbar. Sie beläuft sich in der inneren Korona auf etwa 1 Mrd. Teilchen/cm^3, in einem Abstand von 1 Sonnenradius von der Photosphäre auf etwa 1 Mio. je cm^3, bei 4 Sonnenradien auf rund 100 000 und bei 10 Sonnenradien auf weniger als 10 000 Teilchen/cm^3.

Die Sonnenkorona emittiert auch Radiofrequenzstrahlung. Die Intensität der Strahlung ist großen Schwankungen unterworfen. Zu Zeiten geringer Sonnenaktivität herrscht eine Grundstrahlung (die Strahlung der „ruhigen S.") vor, die sowohl thermischen Ursprungs ist, also bei frei-freien Übergängen der Elektronen in den elektrischen Feldern von Ionen entsteht, als auch → Synchrotronstrahlung, die von hochenergetischen Elektronen bei Bewegungen in großräumigen Magnetfeldern emittiert wird. Je nach der Wellenlänge stammt die Strahlung aus Materieschichten unterschiedlichen Abstands vom Sonnenzentrum. Ionisiertes Gas ist nur für Strahlung bestimmter Wellenlängen durchlässig (→ Plasma). Die Durchlässigkeitsgrenze, die „kritische" Wellenlänge, ist von der Elektronendichte des Plasmas abhängig. Für Strahlung mit Wellenlängen kleiner als die kritische ist das Plasma durchlässig, für größere Wellenlängen undurchlässig. Die kritische Wellenlänge nimmt mit sinkender Elektronendichte zu, d. h. in der Korona mit wachsendem Abstand von der Photosphäre (Abb. 16). Für Zentimeter- und Dezimeterwellen ist die Korona weitgehend durchlässig. Die Strahlung dieses Spektralbereichs stammt vorwiegend aus der Chromosphäre, da infolge der höheren Dichte ihr Ausstrahlungsvermögen größer ist als das der darüber liegenden Schichten. Meterwellen haben ihren Ursprung in der inneren Korona: Strahlung mit Wellenlängen von etwa 10 m stammt aus dem mindestens etwa 0,5 Sonnenradien über der Photosphäre liegenden Koronabereich. Der Durchmesser der „Radiosonne" ist von der Wellenlänge der Strahlung abhängig. Im Zentimeterbereich entspricht der Durchmesser nahezu der visuell sichtbaren Sonnenscheibe, im Meterbereich ist er wesentlich größer (Abb. 17). Für Zentimeter- und Dezimeterwellen besteht eine *Randaufhellung*. Der Sehstrahl durchsetzt am Rand der Sonnenscheibe, in Teilen der Chromosphäre und der Übergangsschicht eine viel größere Masse als in der Mitte der Sonnenscheibe, der empfangene Strahlungsstrom ist daher am Rand der Sonnenscheibe größer als in deren Mitte.

Je nach dem Grad der Sonnenaktivität kann die Radiofrequenzstrahlung der ruhigen Sonne mit in lokalen Aktivitätszentren der mittleren Korona entstehenden „Radiostürmen" überlagert sein, während „Radioausbrüche" meist mit bewegten Plasmen in der unteren Korona verbunden sind (→ Sonneneruption).

Struktur der Korona. Die Struktur der Korona ist wesentlich durch den Verlauf magnetischer Felder geprägt. Die längs der Feldlinien strömenden Teilchen verursachen einen an die Magnetfelder gebundenen lokalen Energietransport. Dieser bewirkt, dass zwischen den Feldlinienbereichen und der Umgebung große Temperatur- und Dichteunterschiede bestehen, wodurch infolge einer erhöhten Ausstrahlung die Magnetfeldstrukturen sichtbar werden, sie können sowohl groß- als auch kleinräumig sein. Großräumige Magnetfelder sind im Allg. über längere Zeiträume stabil, kleinräumige relativ instabil. Ihre Umstrukturierung erfolgt in relativ kurzen Zeiträumen, wobei die Struktur-

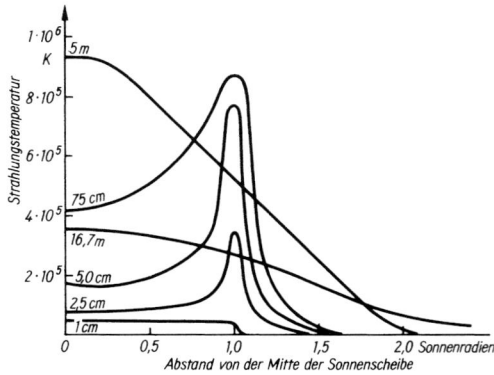

Abb. 17: Variation des Strahlungsstroms der Radiofrequenzstrahlung mit der Strahlungstemperatur als Maß bei verschiedenen Wellenlängen in Abhängigkeit vom Abstand von der Sonnenscheibenmitte

Abb. 18: Arkadenartige koronale Bogenstrukturen, die Magnetfeldregionen unterschiedlicher Polarität verbinden. Die hell erscheinenden Fußpunkte liegen in der Photosphäre

änderungen teilweise von kräftigen Materieströmungen mit Geschwindigkeiten bis zu 100 km/s verbunden sind. Die kleinräumigen Schlingen, Schleifen und Bögen verbinden im Allg. in der Photosphäre liegende benachbarte Aktivitätsgebiete unterschiedlicher Feldpolarität (→ Sonnenaktivität). Die Struktur der Magnetfelder tritt besonders deutlich auf von satellitengetragenen Teleskopen gewonnenen Bildern in Erscheinung (Abb. 18). Bögen überspannen nicht nur Aktivitätsregionen, sie befinden sich auch über Gebieten ohne erkennbare Aktivität. Diese Bögen enthalten im Allg. etwas kühlere Materie als Aktivitätsgebiete verbindende, so dass sie weniger deutlich in Erscheinung treten. Die Bögen zwischen Aktivitätsgebieten haben Längen von z. T. einigen 100 000 km. In den Bögen treten gelegentlich plötzliche örtliche Helligkeitssteigerungen auf, die möglicherweise durch Verschiebung der Fußpunkte und damit verbundene Änderungen der Feldstruktur verursacht werden, was zu Temperatur- und Dichteänderungen längs der Feldlinien führt. Fußpunktverschiebungen können auch magneto-hydrodynamische Wellen und lokale Aufheizungen auslösen.

Die für die Struktur der sichtbaren Korona charakteristischen Strahlen befinden sich typischerweise über einer bogenförmigen Anordnung von Magnetfeldern mit Fußpunkten in der Photosphäre. In den Polarbereichen sind Gebiete einheitlicher magnetischer Polarität durch das großräumige bipolare Magnetfeld der S. vorgegeben. Nach außen hin sind die Felder z. T. offen, so dass längs der Feldlinien strömende Materie die S. verlassen und in den interplanetaren Raum abströmen kann (→ Sonnenwind). Der Abfluss wird durch den Gasdruck in der inneren Korona angetrieben, der größer als der Gravitationsdruck der darüber liegenden Materie ist. In der abfließenden Materie sind Magnetfelder eingelagert, wodurch im außenliegenden Teil der Feldstruktur Feldlinien entgegengesetzter Polarität so nahe kommen können, dass eine dünne neutrale Schicht entsteht (Abb. 19). Die abströmende Materie verursacht einen starken lokalen Energieverlust, wodurch die Emission der Gebiete, z. B. im Röntgenbereich, entsprechend gering ist, sie erscheinen auf Röntgenbildern als „Koronalöcher". Sie gehören zu den am längsten existierenden lokalen Erscheinungen der S., sie können mehr als 10 Sonnenrotationen überdauern. Sehr kleine Magnetfeldstrukturen verursachen die auf Röntgenbildern sichtbaren „hellen Punkte", die einen Durchmesser von im Mittel etwa 20 000 km und eine mittlere Existenzdauer von einigen Stunden, z. T. auch mehr als einen Tag haben, sie sind das Gegenstück zu den Koronalöchern. Die „koronalen Kondensationen" sind Gebiete, in denen Temperatur und Dichte gegenüber der Umgebung etwas erhöht sind, wodurch sie z. T. auch im sichtbaren Spek-

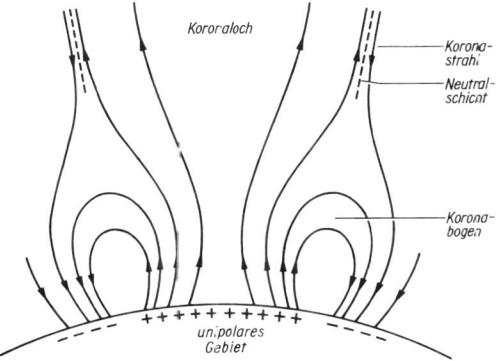

Abb. 19: Schematische Darstellung magnetisch unterschiedlich strukturierter Bereiche der Sonnenkorona

tralbereich durch eine erhöhte Strahlungsintensität in Erscheinung treten. Die Kondensationen befinden sich teilweise relativ lange Zeit in rund 20 000 bis 200 000 km Höhe über aktiven Gebieten.

Koronale Heizprozesse. Die hohen Koronatemperaturen sind keine Folge der Absorption von Strahlung aus tieferliegenden, kühleren Schichten der Sonnenatmosphäre. Energie kann nicht von Gebieten niedriger in Gebiete hoher Temperatur durch Strahlung übertragen werden. Die Heizung muss über Prozesse erfolgen, bei denen kinetische Energie direkt oder indirekt aus tieferliegenden Schichten in höherliegende transportiert und in thermische überführt wird, wobei mit großer Wahrscheinlichkeit magnetische Prozesse die Energieübertragung bewirken. Die turbulenten Materiebewegungen in der Konvektionszone lösen elektrische Ströme aus, die Magnetfelder induzieren. Bei der Bewegung des Plasmas werden magnetische Feldlinien mitgeschleppt und verdrillt, wodurch z. T. komplizierte energiereiche Magnetfeldstrukturen in der Korona entstehen, in denen Feldbereiche entgegengesetzter Polarität sich sehr nahe kommen, was eine Neuverknüpfung von Feldlinien und einen Übergang energiereicher in energetisch günstigere Strukturen ermöglicht. Die bei der Umstrukturierung freiwerdende magnetische Energie wird u. a. als Wärmeenergie auf die umgebende Koronamaterie übertragen. Die Energie ist mithin umgewandelte kinetische Energie der Konvektionszone. Möglicherweise tragen Mikroeruptionen mit zur Heizung bei, bei denen lokal sehr hohe Energien frei werden (→ Sonneneruption). Die detaillierten Berechnungen der Energiefreisetzungsrate sowie die der Energieverteilung in der Korona sind äußerst kompliziert.

Innerer Aufbau. Im Sonneninnern ist nahezu die gesamte Sonnenmasse vereinigt, nur etwa ein Milliardstel der Masse befindet sich in der Sonnenatmosphäre. Das Sonneninnere ist mittels elektromagnetischer Strahlung nicht beobachtbar, nur über die Helioseismologie und die Messung des solaren Neutrinostroms (→ Neutrinoastronomie) können direkte Aussagen über den physikalischen Zustand gewonnen werden, ansonsten sind Aussagen über den inneren Aufbau nur auf Grund theoretischer Untersuchungen möglich (→ Sternaufbau). Im Sonnenzentrum herrscht eine Temperatur von etwa 15,6 Mio. K, ein Druck von rund $2{,}3 \cdot 10^{16}$ Pa und eine Dichte von etwa 148 g/cm^3. Diese Werte sind geringfügig von dem der Berechnung zugrunde gelegten Sonnenmodell abhängig. Mit wachsendem Zentrumsabstand nehmen Temperatur und Dichte stetig ab (Tab.). Die von der S. ausgestrahlte Energie wird in den zentrumsnahen Bereichen bei Kernprozessen freigesetzt, bei denen Wasserstoff in Helium umgewandelt wird („Wasserstoffbrennen"; → Energiefreisetzung in Sternen). Die Energie wird in den inneren Regionen durch Strahlung nach außen transportiert, in zentrumsfernen Gebieten, in denen die häufigsten Elemente Wasserstoff und Helium nur teilweise ionisiert sind und ein starkes Temperaturgefälle herrscht, erfolgt der Energietransport im Wesentlichen durch Konvektion. Die untere Grenze der Konvektionszone, die mittels der Helioseismologie empirisch bestimmt werden kann, liegt in einer Zentrumsentfernung von rund 500 000 km, die Obergrenze befindet sich unmittelbar unter der Photosphäre.

Gemäß der Äquivalenzrelation von Masse und Energie (→ Relativitätstheorie) verliert die S. infolge der Ausstrahlung eine Masse von etwa 4,3 Mrd. kg je Sekunde, trotz dieses Masseverlusts reduziert sich die Sonnenmasse in 10 Mrd. Jahren bei angenommener konstanter Leuchtkraft nur um etwa 0,07%. Der Masseverlust infolge des → Sonnenwinds beträgt gegenwärtig etwa 25% des Verlusts infolge von Strahlung.

Unter der Annahme, dass die Materie der S. bei der Entstehung zu 73,6% aus Wasserstoff, zu 26% aus Helium und zu 1,4% aus schweren Elementen bestand und dass das Alter der S. 4,6 Mrd. Jahre beträgt (→ Altersbestimmung), ergibt sich ein Modell des gegenwärtigen inneren Aufbaus wie in der Tab. angegeben. Seit Beginn der Energiefreisetzung hat sich im Zentrum infolge des Wasserstoffbrennens der Wasserstoffgehalt auf rund 35,5 Masseprozent verringert und der Anteil des Heliums auf nahezu 64% erhöht, der Anteil der schweren Elemente blieb unverändert.

Innerer Aufbau der Sonne

$M/M_\odot$	$R/R_\odot$	T 10^6 K	$L/L_\odot$	ρ g/cm^3
0,000	0,000	15,6	0,000	148,0
0,104	0,115	12,5	0,553	76,4
0,204	0,155	10,9	0,798	54,0
0,300	0,188	9,74	0,912	39,9
0,400	0,221	8,70	0,966	28,8
0,500	0,225	7,76	0,990	20,1
0,585	0,288	7,01	0,998	14,2
0,690	0,334	6,08	1,000	8,34
0,795	0,398	5,09	1,000	4,06
0,900	0,504	3,88	1,000	1,27
0,991	0,802	1,36	1,000	0,0792

$M/M_\odot$: Masse im Verhältnis zur Sonnenmasse $M_\odot$; $R/R_\odot$: Radius der den Masseanteil $M/M_\odot$ enthaltenden Kugel im Verhältnis zum Sonnenradius $R_\odot$; $L/L_\odot$: Energieabgabe dieser Kugel im Verhältnis zur Sonnenleuchtkraft $L_\odot$; T: Zentraltemperatur; ρ: Zentraldichte

Wie alle Sterne unterliegt die S. einer Entwicklung mit der Änderung des inneren Aufbaus. Als massearmer Stern deckt sie gegenwärtig die abgestrahlte Energie durch das Wasserstoffbrennen. Mit der Erschöpfung des Wasserstoffs im Zentralbereich setzt das „Heliumbrennen" (→ Energiefreisetzung in Sternen) ein. Während der folgenden Entwicklungsphasen wird die S. expandieren und ein roter Riesenstern werden und mehr als 20% ihrer Masse verlieren. Nach der Erschöpfung aller für Kernprozesse verfügbaren Materie erreicht sie infolge einer starken Kontraktion den Endzustand ihrer Entwicklung, den eines Weißen Zwergs (→ Sternentwicklung).

Einordnung unter die übrigen Sterne. In ihrem gegenwärtigen Aufbau nimmt die S. keinerlei Sonderstellung ein, sie ist einer der mehr als 100 Mrd. Sterne des Milchstraßensystems, in dem sie sich am Rande eines Spiralarms in ungefähr 8 500 pc Abstand vom galaktischen Zentrum und etwa 15 pc nördlich der galaktischen Ebene befindet (→ Milchstraßensystem).

Sonnenaktivität, die Gesamtheit der nicht permanent auftretenden veränderlichen Erscheinungen auf der Sonne. Zu ihnen gehören u. a. Sonnenflecken (→ Sonnenfleck), Sonnenfackeln (→ Sonnenfackel), Protuberanzen (→ Protuberanz) sowie Sonneneruptionen (→ Sonneneruption).

Die einzelnen Aktivitätserscheinungen sind in vielfältiger Weise miteinander verknüpft, viele treten unabhängig von anderen, einige gleichzeitig, andere in einer festen Reihenfolge nacheinander auf. Räumlich und zeitlich zusammengehörende Erscheinungen lassen sich deshalb als Ergebnis der Entstehung und Entwicklung eines *aktiven Gebiets* in der Sonnenatmosphäre auffassen. Von der typischen Entwicklung eines aktiven Gebiets gibt es aber vielfache Abweichungen. Die Stärke der S., d. h. die Häufigkeit der verschiedenen Erscheinungen, variiert mehr oder minder deutlich mit dem 11-jährigen Zyklus der Sonnenflecken. Die Erscheinungen sind im Wesentlichen mit Änderungen lokaler Magnetfelder verbunden. Für die lokalen Magnetfelder der Aktivitätsregionen ist das globale Magnetfeld der Sonne von wesentlicher Bedeutung.

Das Auftreten eines aktiven Gebietes ist gleichbedeutend mit dem Auftauchen eines starken Magnetfeldes in der Sonnenatmosphäre. Es ist das Ergebnis eines → Dynamoeffekts, bei dem über elektromagnetische Induktion mechanische Energie in magnetische umgewandelt wird (→ Sonne). Das Magnetfeld kann aus Bündeln magnetischer Feldlinien (magnetische Flussröhren) bestehend angesehen werden, die im Allg. am Boden der Konvektionszone vorgebildet existieren und im Wesentlichen parallel zu den Breitenkreisen ausgerichtet sind. Erhöht sich in den Flussröhren die Feldstärke, wächst der magnetische Druck, und da ein lokales Druckgleichgewicht besteht, nimmt die Gasdichte in den Flussröhren ab. Sie erfahren einen Auftrieb und steigen in die Sonnenatmosphäre auf. An den Durchbruchstellen eines Flussröhrenbündels durch die sichtbare „Sonnenoberfläche" (Photosphäre) entsteht eine begrenzte Region mit einem starken Magnetfeld, ein aktives Gebiet.

Bei allen Aktivitäten können nur sekundäre Erscheinungen in der Sonnenatmosphäre beobachtet werden, die treibenden physikalischen Prozesse in den tieferen Sonnenschichten sind unbeobachtbar.

Die Durchbruchphase des Magnetfelds dauert etwa 1 bis 3 Tage. In ihr tauchen in Bereichen, die innerhalb der solaren Fleckenzone (→ Sonnenfleck) liegen, zwischen benachbarten Supergranula (→ Sonne) Magnetfelder, verbunden mit photosphärischen Fackeln, auf und breiten sich mit Geschwindigkeiten von etwa 20 000 km pro Tag längs der Grenzregionen der Supergranula aus. Die Magnetfeldregion ist im Allg. bipolar. Nach ein oder zwei Tagen erreichen die Fackeln ihre maximale Helligkeit. Etwa gleichzeitig erscheinen die ersten dunklen Poren und kleine Sonnenflecken. Benachbarte Flecken entgegengesetzter Polarität sind durch ein System von Magnetfeldbögen verbunden, deren Gipfelpunkte mit Geschwindigkeiten von rund 10 km/s unter Zunahme der Ausstrahlung bis in die Korona aufsteigen, dabei kann Materie längs der Feldlinien zu den Fußpunkten der Bögen hin abfließen. Nach drei bis etwa vier Tagen ist in dem aktiven Gebiet eine Fleckengruppe entstanden, die von einem Fackelgebiet umgeben ist und eine Längsausdehnung von typischerweise rund 50 000 km hat. Der Koronabereich über dem Aktivitätsgebiet tritt durch eine verstärkte Röntgenstrahlung in Erscheinung. Ein aktives Gebiet erreicht nach etwa 10 bis 12 Tagen seine maximale Ausdehnung. Das gesamte aktive Gebiet, die bipolare Region, die eine Ausdehnung in der Größenordnung von rund 200 000 km erreicht und infolge der differentiellen Rotation der → Sonne immer stärker parallel zum Sonnenäquator auseinandergezogen wird. Der im Gebiet vorhandene magnetische Fluss, die Feldstärke einer Polarität, bleibt im Wesentlichen konstant, offenbar durchbrechen keine neuen Magnetflussröhren die Photosphäre, sie werden nur über ein immer größeres Gebiet verteilt. Die Häufigkeit der Sonneneruptionen mit allen ihren Begleiterscheinungen erreicht ein Maximum, außerdem entstehen innerhalb des Fackelgebietes und nahe den Flecken in den unteren Koronaschichten kurzlebige Protuberanzen, in der äußeren Koronaschicht treten u. a. koronale Kondensationen auf.

Die Auflösung eines Aktivitätsgebiets kann 6 bis 9 Monate dauern. Während dieser Zeit erweitert sich die magnetische Region immer mehr, sie erstreckt sich schließlich über ein Gebiet von etwa 500 000 km Durchmesser. Sonneneruptionen treten kaum noch auf, alle Sonnenflecken verschwinden. Von den Fackelgebieten, deren Intensität sinkt, bleiben im Allg. nur noch zwei getrennte Bereiche übrig, von denen jeder eine einheitliche magnetische Polarität hat. Über der Grenzlinie benachbarter Gebiete unterschiedlicher Polarität bildet sich eine große ruhende Protuberanz, deren langsame Auflösung erst nach 6 oder mehr Monaten erfolgt. Ruhende Protuberanzen gehören zu den am längsten existierenden Phänomenen eines aktiven Gebiets. Über der Protuberanz erhebt sich in der Regel ein langer Koronastrahl. Schließlich verliert die magnetische Region den bipolaren Charakter und wird unipolar.

Neben den großen, über Monate existierenden Aktivitätsgebieten gibt es viele kleinere, die nur für Tage oder Wochen beobachtbar sind. Der die Photosphäre durchbrechende Magnetfluss ist an diesen Stellen vergleichsweise gering, so dass höchstens Poren, aber keine Sonnenflecken auftreten. Darüber hinaus gibt es eine Vielzahl sehr kleiner, nur für Stunden oder höchstens einen Tag auftauchende Magnetfelder (ephemere Gebiete) mit sehr geringen Aktivitätserscheinungen.

Mit der S. sind auf der Erde unterschiedliche → solarterrestrische Erscheinungen verbunden.

Sonnenbeobachtung, die systematische Untersuchung der globalen Zustandsgrößen der Sonne wie Durchmesser, Leuchtkraft und effektive Temperatur sowie der Erscheinungen und Phänomene in der Sonnenatmosphäre wie auch indirekt des Sonneninnern.

Der solare Strahlungsstrom ist wegen des geringen Abstands der Erde von der Sonne so hoch, dass Beobachtungen im gesamten elektromagnetischen Spektrum mit einer zeitlichen, räumlichen und spektralen Auflösung wie bei keinem anderen Stern möglich sind. Bei keinem anderen Stern ist darüber hinaus die detaillierte Untersuchung der von ihnen ausgehenden Teilchenstrahlung

Sonnenbeobachtung

möglich. Insgesamt stellt die Sonne ein für die Astrophysik außerordentlich wichtiges Forschungsobjekt dar.

Der hohe Strahlungsstrom im sichtbaren Spektralbereich hat auch Nachteile. Die Streuung der Sonnenstrahlung in der Erdatmosphäre verursacht eine starke Störstrahlung, außerdem erwärmt die direkte Sonneneinstrahlung sowohl die Umgebung der Beobachtungsinstrumente wie auch die Instrumente selbst. Die Erwärmung der Teleskopumgebung führt u. a. zur lokalen Verstärkung der → Szintillation, was die Erkennbarkeit sehr kleiner Strukturen auf der Sonnenscheibe verschlechtert.

Der Einfluss der Szintillation kann durch die Aufstellung der Beobachtungsinstrumente auf Türmen und hohen Bergen verringert werden. Über ihnen befindet sich eine geringere Luftmasse als z. B. in Meereshöhe, wodurch die atmosphärische Streustrahlung reduziert ist. Die Verwendung einer adaptiven Optik (→ Spiegelteleskop) ermöglicht die durch Szintillation verringerte Bildgüte wesentlich zu verbessern. Der Einsatz von Erdsatelliten als Instrumententräger vermeidet den Einfluss der Erdatmosphäre gänzlich.

Um die Verringerung der optischen Güte der Teleskopspiegel infolge von Erwärmung zu minimieren, werden diese aus einer Glaskeramik mit möglichst geringem Wärmeausdehnungskoeffizienten hergestellt (→ Spiegelteleskop). Die innerhalb eines Teleskops auf Grund thermischer Einflüsse entstehende Verschlechterung der Bildgüte wird vielfach durch den Einschluss entscheidender Abschnitte des Strahlengangs in ein Vakuum oder in einen mit einer dünnen Heliumatmosphäre gefüllten Behälter begrenzt. Die der Sonnenstrahlung ausgesetzten nichtoptischen Teile der Beobachtungsinstrumente erhalten stark reflektierende Schutzanstriche.

Visuelle Beobachtungen. Einfache S.en im sichtbaren Spektralbereich können auch mit kleineren Fernrohren ausgeführt werden. W a r n u n g : Nie mit einem Fernrohr ohne geeignete Sonnenschutzfilter in die Sonne sehen, da dies zu schweren Augenschäden führen kann. Zur Verminderung der Strahlungsintensität kann das Fernrohrobjektiv durch Vorsetzen einer Ringblende teilweise abgedeckt werden, wodurch aber die Bildqualität leidet, oder es können dunkle Glasfilter in den Strahlengang eingebracht werden. Befinden sich diese hinter dem Okular, besteht die Gefahr, dass sie sich sehr stark erwärmen und dadurch springen. Für direkte S.en sind aus Glasprismen und -scheiben bestehende Helioskope geeignet, bei denen der größte Teil des vom Objektiv gesammelten Sonnenlichts aus dem Strahlengang ausgespiegelt wird, so dass nur noch ein geringer Teil das Okular erreicht. Eine Lichtschwächung ist weiterhin durch die Verwendung von Polarisationsfiltern möglich.

Die *Projektionsmethode* ermöglicht auf einem mit dem Fernrohr fest verbundenen weißen Schirm ein vergrößertes Sonnenbild darzustellen, indem durch das Verschieben des Okulars der Abstand zwischen Objektiv und Okular etwas vergrößert wird. Zur besseren Sichtbarkeit des Bildes kann das direkte Sonnenlicht mittels einer am Fernrohr befestigten Blende abgeschirmt werden. Zur Projektion sind Okulare mit verkitteten Linsen ungeeignet, da bei zu starker Erwärmung der Kitt schmelzen und das Okular unbrauchbar werden kann. Die einfachste Sonnenprojektion ist ganz ohne Fernrohr nach dem Prinzip der Lochkamera möglich, wie sie bereits von J. Kepler (1571–1630) durchgeführt wurde. Das „Objektiv" besteht aus einem kleinen kreisförmigen Loch, hinter dem auf einem in größerem Abstand sich befindenden Projektionsschirm in einem völlig abgedunkelten Raum ein Sonnenbild sichtbar ist. Das Bild ist umso größer, jedoch auch umso lichtschwächer, je größer der Abstand zwischen Loch und Schirm ist.

Beobachtungsinstrumente für den sichtbaren Spektralbereich. Zur Untersuchung kleinräumiger Erscheinungen auf der „Sonnenoberfläche" (→ Sonne) werden Teleskope großer Brennweite benötigt, um möglichst große Sonnenbilder zu erlangen. Bei einer Brennweite f ergibt sich der Durchmesser d der sichtbaren Sonnenscheibe zu $d = 0{,}0093 \cdot f$ (→ Fernrohr), bei 10 m Brennweite beträgt der Durchmesser nur etwa 10 cm. Zur Realisierung sehr großer Brennweiten werden Sonnenteleskope im Allg. ortsfest aufgestellt und das Sonnenlicht mittels ebener Spiegel zum Objektiv geleitet. *Heliostaten* verfügen nur über einen Spiegel; sie haben den Nachteil, dass sich das in der Brennebene entstehende Sonnenbild während der Beobachtung um seinen Mittelpunkt dreht. *Zölostaten* haben zwei Spiegel, von denen der erste um eine zur Erdachse parallele Achse drehbar ist und somit der scheinbaren täglichen Sonnenbewegung nachgeführt werden kann. Von ihm gelangt das Sonnenlicht auf den feststehenden zweiten und danach zum Objektiv (Abb. 1), das Bild der Sonne bleibt fest.

Ortsfeste Teleskope großer Brennweite werden meist als Turmteleskope gebaut, bei denen der Instrumententräger ein massiver senkrechter Turm ist oder aus einem Stahlgitterwerk besteht. Auf dem Turm befindet sich ein Zölostat, von dem das Sonnenlicht zu einem im Turm im Allg. waagerecht befestigten Objektiv geführt wird, das ein Sonnenbild am Turmfuß erzeugt. Um eine möglichst große Brennweite ohne zu großen Bauaufwand zu erreichen, wird der Strahlengang z. T. gefaltet (Abb. 2). In der Brennebene werden mittels optischer Anordnungen Teile des Sonnenbilds zur genaueren, z. B. spektroskopischen Untersuchung ausgeblendet.

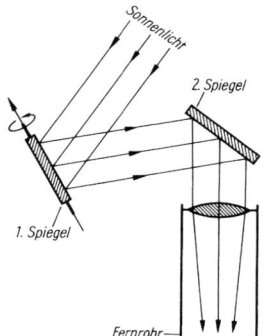

Abb. 1: Strahlengang in einem Zölostaten

Sonnenbeobachtung

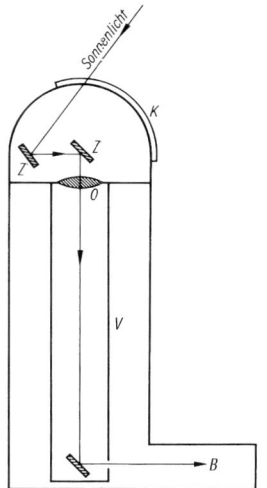

Abb. 2: Schema eines Turmteleskops. K: Kuppel; Z: Zölostatenspiegel; O: Objektiv; V: Vakuumröhre; B: Brennebene und Raum für Zusatzgeräte

Ein derartiges Turmteleskop mit einem Zölostatenspiegel von 85 cm Durchmesser und einem Objektiv mit 14,5 m Brennweite befindet sich im Sonnenobservatorium *Einsteinturm* des Astrophysikalischen Instituts in Potsdam (Abb. 3 u. 4). Beim größten Sonnenturm, dem McMath-Sonnenteleskop auf dem Kitt Peak (USA), beträgt der Durchmesser des Zölostatenspiegels 2 m. Von ihm wird das Licht durch einen schrägen Schacht auf einen fast 150 m entfernten Parabolspiegel geleitet, der ein Sonnenbild von etwa 80 cm Durchmesser entwirft.

Mit einem **Koronographen** können die inneren Bereiche der Sonnenkorona außerhalb einer totalen Sonnenfinsternis beobachtet werden, indem im Instrument eine „künstliche" Sonnenfinsternis erzeugt wird. Das Fernrohrobjektiv ist eine sehr gut polierte staub- und schlierenfreie Linse, die möglichst wenig Streulicht im Fernrohr verursacht und die die hell leuchtende Photosphäre samt dem inneren Koronabereich in einer Ebene abbildet. Dort befindet sich eine kreisförmige Blende, die das Bild der Photosphäre gerade abdeckt (Abb. 5) wie der Mond bei einer totalen Sonnenfinsternis. Zur Vermeidung einer zu starken Erwärmung ist die Blende im Allg. kegelförmig, so dass das auffallende Licht nach außen reflektiert wird. Eine Feldlinse bildet die Objektivöffnung auf eine Austrittsblende ab, die das am Objektivrand gebeugte Licht unterdrückt. Die von der Kegelblende nicht abgedeckte innere Sonnenkorona wird von einer Projektionsoptik in der Brennebene abgebildet. Zur Vermeidung atmosphärischen Streulichts werden Koronographen an Orten mit möglichst dunstfreier Atmosphäre, z. B. auf Bergen in Küstennähe, aufgestellt. Für Koronographen an Bord von Raumsonden besteht das Streulichtproblem nicht; sie ermöglichen die Beobachtung der Sonnenkorona bis in viele Sonnenradien Abstand.

Mit *Spektroheliographen* werden Sonnenbilder im Licht eines sehr schmalen Wellenlängenbereichs gewonnen. Sie stellen den augenblicklichen Zustand jener Schicht der Sonnenatmosphäre dar, aus der die Strahlung des ausgewählten Wellenlängenbereichs überwiegend stammt. Ein Objektiv entwirft ein Sonnenbild, von dem der Eintrittsspalt eines Monochromators einen schmalen Streifen ausschneidet (Abb. 6). Das Licht wird spektral zerlegt und vom entstehenden Spektrum mit Hilfe eines Austrittsspalts ein Wellenlängenbereich ausgeblendet. Mit einem Flächenphotodetektor (→ Photometer) wird das monochromatische Bild des vom Eintrittsspalt freigegebenen Teils der Sonnenscheibe registriert. Um ein monochromatisches Bild der gesamten Sonnenscheibe (Spektroheliogramm) zu erhalten, wird der Eintrittsspalt über die Sonnenscheibe bewegt. Das Arbeitsprinzip eines Spektroheliskops entspricht dem eines Spektroheliographen, nur wird das Sonnenbild in so schneller Folge abgetastet, dass bei visueller Betrachtung das Auge ein zusammenhängendes

Abb. 3: Sonnenobservatorium Einsteinturm des Astrophysikalischen Instituts Potsdam (Foto: R. Arlt)

Sonnenbeobachtung

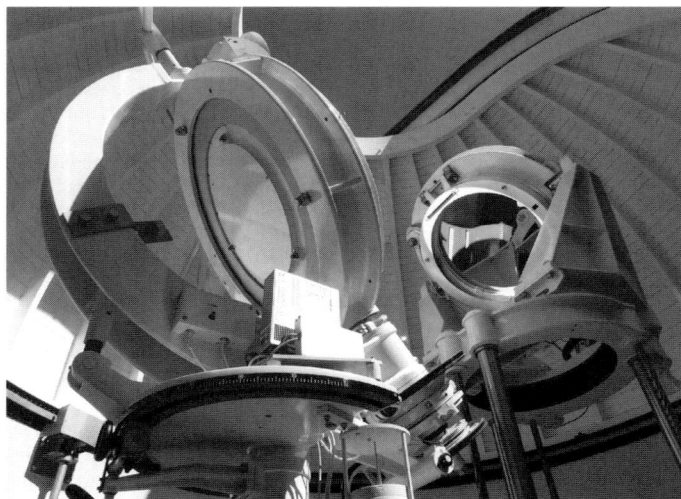

Abb. 4: Zölostatenspiegel des Sonnenobservatoriums Einsteinturm (Foto: R. Arlt)

monochromatisches Bild der Sonnenscheibe wahrnimmt. Monochromatische Sonnenbilder können auch mit einer in den Strahlengang des Fernrohrs gebrachten Filterkombination gewonnen werden, die nur für Licht etwa im Zentrum einer Absorptionslinie durchlässig ist. Sehr kurze Aufnahmen ermöglichen die Erfassung kleinster Details, da der Szintillationseinfluss reduziert ist.

Bei einem *Protuberanzenspektroskop* wird ein ähnliches Prinzip wie bei einem Spektroheliographen zum Sichtbarmachen von Protuberanzen angewandt. Der Eintrittsspalt des Monochromators liegt unmittelbar am Rand der Sonnenscheibe, der Austrittsspalt filtert Licht einer Spektrallinie aus, in der Protuberanzen intensiv strahlen (→ Protuberanz), eine am Rand der Sonnenscheibe sich befindende Protuberanz tritt dann hell in Erscheinung. Das Bild kann mit einem sich hinter dem Austrittsspalt befindenden Okular betrachtet werden.

Mittels eines *Magnetographen* ist die Verteilung solarer Magnetfelder darstellbar. Die Spektrallinien einer sich in einem Magnetfeld befindenden Strahlungsquelle werden, wenn der Sehstrahl in Feldrichtung weist, infolge des Zeeman-Effekts in jeweils zwei Komponenten aufgespalten, die symmetrisch zur Normallage um einen kleinen Betrag verschoben und entgegengesetzt polarisiert sind (Abb. 7). Die Größe der Verschiebung ist ein Maß für die Magnetfeldstärke (→ Zeeman-Effekt). Mit einem Polarisator wird Licht eines schmalen Spektralbereichs in den Flügeln der Linienkomponente abwechselnd ausgeblendet und einem Strahlungsempfänger zugeführt. Im Rhythmus des Wechsels variiert das angezeigte Signal, aus der Größe der Wellenlängenverschiebung ergibt sich die Stärke des Magnetfelds. Bei einer punktweisen Abtastung der Sonnenscheibe sind lokale Feldstärken nachweisbar.

Instrumente für andere Spektralbereiche. Der über das gesamte Spektrum summierte Strahlungsstrom der Sonne am Ort der Erde, die sog. Solarkonstante, wird mittels eines Pyrheliometers oder Bolometers gemessen (→ Solarkonstante). Für die detaillierte Untersuchung der solaren Radiofrequenzstrahlung sind Radioeinzelteleskope wegen ihres sehr geringen Auflösungsvermögens ungeeignet, es kann nur der von der gesamten Sonnenscheibe emittierte Strahlungsstrom bestimmt werden. Radioheliographen haben ein wesentlich höheres Winkelauflösungsvermögen, mit ihnen sind Detailuntersuchungen einzelner Bereiche der Sonnenatmosphäre möglich. Die Heliographen sind im Allg. Viel-Element-Interferometer (→ Radioteleskop). Das größte Interferometer besteht aus 96 kreisförmig angeordneten Radioteleskopen mit jeweils 13,7 m Durchmesser, es befindet sich in Culgoora (Australien) und dient der Überwachung der Sonne im Zentimeterwellenbereich. S.en im extrem kurzwelligen Spektralbereich und im Röntgenbereich sind nur mit satelliten-

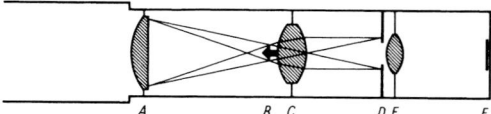

Abb. 5: Schema eines Koronographen. A: Objektivlinse; B: Kegelblende; C: Feldlinse; D: Austrittsblende D; E: Projektionsoptik; F: Brennebene

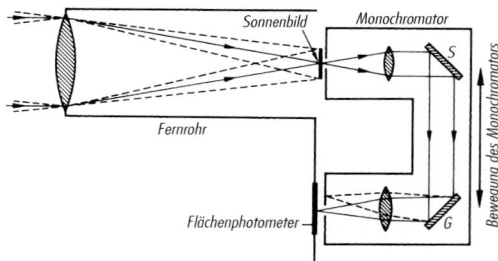

Abb. 6: Schema eines Gitterheliographen. S: Umlenkspiegel; G: Gitter

Sonneneruption

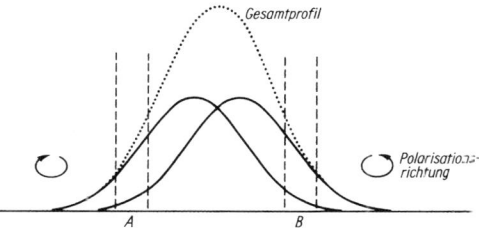

Abb. 7: Linienaufspaltung beim longitudinalen Zeeman-Effekt. Punktiert: unpolarisiertes Gesamtlinienprofil; durchgezogen: die verschobenen entgegengesetzt polarisierten Linienkomponenten; A, B: schmale in den Linienflügeln liegende Beobachtungsspektralbereiche

getragenen Instrumenten möglich, da die → Erdatmosphäre in diesen Spektralbereichen undurchlässig ist. Direkte Aussagen über den physikalischen Zustand des Zentralbereichs der Sonne ermöglicht die Beobachtung der bei Kernprozessen zur Energiefreisetzung entstehenden Neutrinostrahlung (→ Neutrinoastronomie). Die Untersuchung des → Sonnenwinds erfolgt mit Hilfe von Raumsonden.

Sonneneruption, *Flare*, plötzlicher Helligkeitsanstieg in einem engbegrenzten Bereich der Sonnenchromosphäre als Folge einer explosionsartigen Freisetzung magnetischer Energie. Während einer S. wird Strahlung praktisch aller Wellenlängen, vom Gamma- bis in den Radiofrequenzbereich, ausgesandt, wobei die relativen Änderungen bei kurzen und langen Wellenlängen am größten sind. Eruptionen sind außerdem direkt oder indirekt mit Stoßwellenphänomenen und Materieströmungen verknüpft. Sie machen sich visuell am deutlichsten im Licht der Hα-Strahlung des Wasserstoffs bemerkbar (Abb. 1). In seltenen Fällen strahlen S.en im sichtbaren Spektralbereich ein Kontinuum aus; sie sind dann für wenige Minuten als eine *weiße Eruption* zu beobachten. Am Sonnenrand erscheinen S.en als Aufhellungen und flache Ausweitungen der Chromosphäre. S.en treten bevorzugt in großen Sonnenfleckengruppen mit einer komplexen Magnetfeldstruktur auf (→ Sonnenfleck).

Eine S. verläuft normalerweise in drei Phasen. Im Vorstadium wird im Laufe von fünf oder mehr Minuten das Plasma langsam erwärmt, was sich in einer erhöhten Ausstrahlung im weichen Röntgenbereich (Wellenlänge 0,1 bis 1 nm) bemerkbar macht. Während der impulsiven Phase erfolgen mehrere kurze Ausbrüche harter Röntgenstrahlung. Gleichzeitig steigt die Ausstrahlung im Bereich weicher Röntgenstrahlung und die Helligkeit im sichtbaren Spektralbereich innerhalb weniger Sekunden bis Minuten stetig an. Der anschließende Helligkeitsabfall ist wesentlich langsamer, die Gesamtdauer ist abhängig von der Größe der leuchtenden Region. Kleine, nur für sehr kurze Zeit wahrnehmbare S.en umfassen ein Gebiet von etwa 15 000 km Durchmesser, größere mit einer Dauer von rund 20 Minuten ein Gebiet von etwa 25 000 km, sehr große eine Stunde oder länger wahrnehmbare S.en erfassen eine Fläche von rund 50 000 km Durchmesser. Die Häufigkeit der Eruptionen hängt von ihrer Größe ab. In einer großen Sonnenfleckengruppe erscheinen im groben Mittel etwa eine große S. pro Tag und rund 10 bis 100 mittlere und kleine.

Am gleichen Ort können nacheinander mehrere Eruptionen auftreten. Das Spektrum einer S. ist dem Flash-Spektrum (→ Sonne) der oberen Chromosphäre ähnlich. Die → Balmer-Linien des Wasserstoffs, speziell die Hα-Linie, sowie die Linien H und K des einmal ionisierten Kalziums sind relativ stark. Die Emissionslinien haben eine im Wesentlichen durch den → Stark-Effekt verursachte große Breite: Infolge der bei Eruptionen hohen Anzahldichte freier Ladungsträger befinden sich die strahlenden Atome nahezu immer im elektrischen Feld eines geladenen Teilchens, was die Linienaufspaltung bewirkt. Die Abstände zwischen den strahlenden Atomen und den benachbarten Ladungsträgern sind statistisch verteilt, damit auch die Aufspaltungsbeträge. Deren Überlagerung verursacht die Linienbreite. Im sehr kurzwelligen Ultraviolettbereich kommen zu den Emissionslinien der Chromosphäre noch typische

Abb. 1: Große Sonneneruption. (Aufnahme: Kiepenheuer-Institut für Sonnenphysik, Freiburg i. Br.)

Sonneneruption

der → Sonnenkorona hinzu. Linien im Röntgenbereich stammen z. T. von sehr hoch ionisierten Metallen, z. B. vom 24-fach ionisierten Eisen. Aus dem Auftreten dieser Linien kann auf die Temperatur von etwa 20 Mio. K und höher in den Ausbruchgebieten geschlossen werden. Bei diesen hohen Temperaturen sind außer Atomen z. T. auch Atomkerne hoch angeregt, was zu Emissionslinien im Gammabereich führt. Außerdem können Kernprozesse stattfinden, bei denen u. a. angeregte Deuteriumkerne entstehen (→ Energiefreisetzung in Sternen). Bei deren Übergang zu einem tieferen Energiezustand entstehen Photonen mit einer Energie von 2,2 MeV. Bei sehr starken S.en tritt die von der Paarvernichtung von Elektronen und Positronen (→ Paarbildung) herrührende Emissionslinie mit einer Photonenenergie von 0,51 MeV auf. Die Positronen entstehen bei den Kernprozessen.

Während einer S. verändert sich der solare Strahlungsstrom im Bereich der weichen Röntgenstrahlung um das 100- bis 1000fache. Im Radiofrequenzbereich treten bei S.en zwar auch sehr heftige Strahlungsausbrüche ein, die umgesetzte Energie gegenüber der Gesamtenergie einer S. ist jedoch sehr gering.

S.en sind mit Materieströmungen in der Chromosphäre und der Korona verbunden, die z. T. als Spritzprotuberanzen auftreten (→ Protuberanz), bei denen Materie mit Geschwindigkeiten von ungefähr 500 km/s und mehr etwa 100 000 km Höhe erreicht. Die Materiebewegungen sind mit Hilfe von satellitengetragenen Koronographen (→ Sonnenbeobachtung) direkt nachweisbar, indirekt können sie aus den Änderungen der empfangenen Radiofrequenzstrahlung erschlossen werden. Mit Hilfe dynamischer Radiospektren, bei denen die Frequenz der Strahlung über einer Zeitskala aufgetragen wird (Abb. 2), lassen sich die Änderungen der nichtthermischen Radiofrequenzstrahlung in verschiedene Anteile mit unterschiedlichen Ursachen zerlegen. Zu Beginn einer Eruption und zeitgleich mit einem Ausbruch im Bereich der harten Röntgenstrahlung (Wellenlänge von etwa 0,01 bis 0,1 nm) treten Radiostrahlungsausbrüche (Bursts) vom Typ III auf. Dabei ist für Sekunden die Strahlung in einem Frequenzbereich von etwa 10 bis 100 MHz Breite erhöht. Das Strahlungsmaximum liegt anfänglich bei rund 500 MHz und verschiebt sich mit einer Geschwindigkeit von etwa 10 bis 100 MHz/s auf rund 5 MHz. Verursacht werden diese Ausbrüche durch extrem schnelle Elektronen, die sich mit fast 100 000 km/s längs lokal vorgegebener Magnetfeldlinien in die Korona hinein bewegen. Das Koronagas wird dadurch zu Plasmaschwingungen angeregt (→ Plasma), deren Frequenz von der lokalen Elektronendichte abhängt. Mit sinkender Elektronendichte, d. h. mit zunehmender Höhe in der Korona, nimmt die Frequenz ab. Nach den Typ-III-Ausbrüchen folgen Ausbrüche des Typs V, die nach dem Helligkeitsmaximum einer Eruption einsetzen und wenige Minuten dauern. Das Spektrum ist kontinuierlich und liegt im Meterwellenbereich. Die Strahlung entsteht wahrscheinlich bei Plasmaschwingungen in der oberen Korona. Möglicherweise sind die die Schwingungen verursachenden Elektronen in lokalen „Taschen", d. h. in geschlossenen Magnetfeldstrukturen, gefangen, so dass sie nicht in größere Höhen aufsteigen können und sich daher keine Frequenzdrift ergibt. Bei großen S.en folgen zusätzlich Bursts vom Typ II mit einer Dauer von etwa 5 bis 30 Minuten. Deren Strahlungsintensität ist großen Schwankungen unterworfen, das Strahlungsmaximum verschiebt sich mit einer Geschwindigkeit von etwa 0,2 MHz/s von etwa 400 zu rund 30 MHz, meist erfolgt gleichzeitig eine Emission bei der doppelten Frequenz. Verursacht werden Typ-II-Ausbrüche durch magneto-hydrodynamische Stoßwellen, die mit etwa 1 000 km/s die Korona durchqueren. Ihnen folgen Ausbrüche des Typs IV, die ein kontinuierliches Spektrum mit einer Bandbreite von etwa 100 MHz haben und deren niedrigste Frequenz langsam abnimmt. Die Ausbrüche können Minuten bis Stunden dauern, wobei eine relativ konstante Intensitätsverstärkung bei allen Wellenlängen eintritt. Die Ursprungsgebiete der Typ-IV-Bursts verlagern sich mit gleicher Geschwindigkeit wie die der Typ-II-Ausbrüche um mehrere Sonnendurchmesser in größere Koronahöhen. Die Strahlung ist → Synchrotronstrahlung von Elektronen, die in den sich nach außen bewegenden Stoßfronten auf sehr hohe Geschwindigkeiten beschleunigt werden. Bursts vom Typ I sind Teilerscheinungen von sog. „Rauschstürmen", die in Koronabereichen über Aktivitätsgebieten entstehen, aber nicht mit S.en in unmittelbarer Verbindung stehen.

Die bei einer Eruption umgesetzte Gesamtenergiemenge (die Summe von Strahlungs-, kinetischer sowie Energie der magneto-hydrodynamischen Wellen) übertrifft die Energie, die vor dem Ausbruch im Gebiet der späteren S. in Form von thermischer und kinetischer Energie vorhanden ist, um Größenordnungen, ist aber geringer als die in lokalen Magnetfeldern gespeicherte Energie. Beim Übergang einer energiereichen Magnetfeldkonfiguration in eine energiegünstigere infolge einer Neuverknüpfung von Magnetfeldlinien wird so viel Energie freigesetzt, dass eine S. ausgelöst wird. Der Prozess findet vor allem nahe der Scheitelpunkte magnetischer Feldlinienbögen statt, in denen außerordentlich instabile Magnetfeldstrukturen existieren, da die Feldlinien durch die über ihnen sich befindende Materie stark verformt sind (Abb. 3). Infolge der plötzlich freigesetzten Energie erhöht sich die lokale Temperatur auf einige 10^7 K, was die Emission von harter Röntgenstrah-

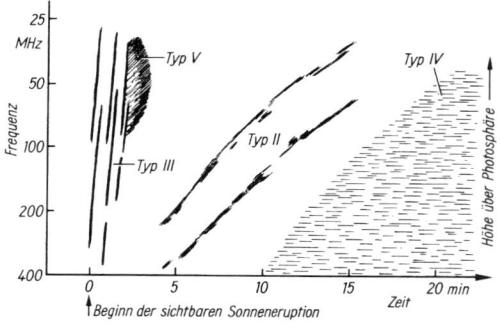

Abb. 2: Schematisches dynamisches Radiospektrum einer großen Sonneneruption. Erläuterungen im Text

lung auslöst, noch bevor die Eruption im Licht der Hα-Strahlung sichtbar ist (Abb. 4). Infolge der Umwandlung thermischer Energie in kinetische der Elektronen, damit ihre Beschleunigung, sinkt die Intensität der Röntgenstrahlung innerhalb weniger Sekunden ab. Der optische Strahlungsausbruch erfolgt, wenn die längs vorhandener Magnetfeldlinien sich bewegenden Elektronen einen Teil ihrer Energie in die tieferliegende Chromosphäre transportieren und im Bereich der Fußpunkte von Feldlinienbögen eine lokale Aufheizung des Gases bewirken. Große Elektronenwolken bewegen sich andererseits in höherliegende Koronaschichten und lösen dabei Radioausbrüche vom Typ III aus. Die Elektronen verursachen die magneto-hydrodynamischen Stoßwellen und Typ-II-Bursts sowie z. T. Effekte innerhalb der Chromosphäre und der unteren Korona in einer Entfernung von einigen 1 000 km, so z. B. Störungen und Aktivierung ruhender Protuberanzen.

Außer den großen Eruptionen erscheinen zu jeder Zeit sehr viele über die ganze Sonne verteilte „Mikroeruptionen", die lokale Aufheizungen in nur kleinen Raumbereichen bewirken.

Bei starken S.en können Materiewolken längs offener in den interplanetaren Raum sich erstreckender Magnetfelder die Sonne verlassen. Die bei sehr starken S.en freigesetzten Energien reichen aus, um Atomkerne, vor allem Kerne von Wasserstoff- und Heliumatomen, auf relativistische Geschwindigkeiten zu beschleunigen, wodurch die Kerne zur niederenergetischen → Kosmischen Strahlung beitragen. Nach etwa 1 bis 2 Tagen erreichen Materiewolken gegebenenfalls die Erde und bewirken eventuell Störungen der Erdmagnetosphäre. Dadurch und auch durch die während einer S. stark erhöhten Röntgenstrahlung sind S.en eine wesentliche Ursache der → solar-terrestrischen Erscheinungen.

Sonnenfackel, Aufhellung eines begrenzten Gebiets der Sonnenscheibe infolge einer Temperaturerhöhung in der Photosphäre und Chromosphäre. Gegenüber der ungestörten Umgebung ist die Temperatur um etwa 100 K höher und die Strahlungsintensität um etwa 10% verstärkt. *Photosphärische Fackeln* sind Erscheinungen der oberen Photosphäre und sind in randnahen Bereichen der Sonnenscheibe im integralen Sonnenlicht sichtbar, in der Scheibenmitte aber unsichtbar. In ihr werden die Fackeln durch die aus tieferen, heißeren Photosphärenschichten stammende Strahlung überstrahlt. *Chromosphärische Fackeln* sind über die gesamte Sonnenscheibe verteilt und auf monochromatischen Abbildungen der Chromosphäre umso deutlicher zu erkennen, je höher die abgebildete Chromosphärenschicht ist (→ Sonnenbeobachtung). Photosphärische und chromosphärische Fackeln sind im Wesentlichen die gleichen Erscheinungen, der Unterschied ist durch die Beobachtungsmethode bedingt, die unterschiedliche Bereiche der Sonnenatmosphäre erfasst.

Fackelgebiete bestehen aus einem Netzwerk von Lichtadern mit einer Granulation analog der in der Photosphäre (→ Sonne). Die Fackelgranula gleichen im Wesentlichen den Granula der Photosphäre. Benachbarte Fackeln in einem Gebiet sind durch lange, dünne und dunkel erscheinende Streifen von rund 700 bis 2 000 km Breite und im Mittel 10 000 km Länge, sog. *Fibrillen*, getrennt, deren Existenzdauer im Durchschnitt 10 bis 20 Minuten beträgt.

S.n sind typische Erscheinungen der → Sonnenaktivität, sie sind über ein in der Regel magnetisch bipolares Aktivitätsgebiet der Photosphäre verteilt. Die lokalen Magnetfelder können als aus vielen diskreten Feldelementen zusammengesetzt angesehen werden, wobei die Elemente die Durchstoßpunkte magnetischer Feldlinienbündel durch Photosphäre bzw. Chromosphäre sind. Die einzelnen hellen Fackelgranula sind möglicherweise derartige Durchstoßpunkte. Die Überhitzung in den Fackelgebieten wird wahrscheinlich durch den Übergang kleiner energiereicher Magnetfeldstrukturen in energieärmere infolge einer Neuverknüpfung von Feldlinien verursacht. Die S.n sind die langlebigsten Erscheinungen der Sonnenaktivität, sie existieren in den Aktivitätsgebieten bereits, bevor Sonnenflecken sichtbar sind, und auch noch dann, wenn die Flecken bereits verschwunden sind. Ein Fackelgebiet existiert durchschnittlich dreimal länger als die Fleckengruppe, die in ihm entstand.

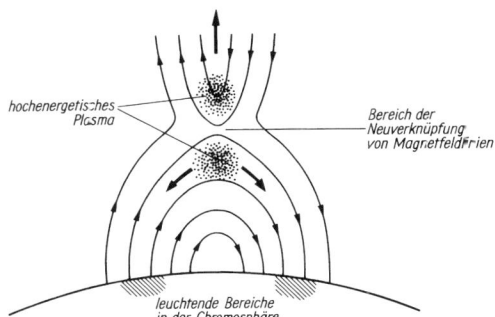

Abb. 3: Schematisierte mögliche Magnetfeldstruktur vor einer Sonneneruption. Dünne Linien: Magnetfeldlinien; dicker Pfeil Bewegungsrichtung des Plasmas

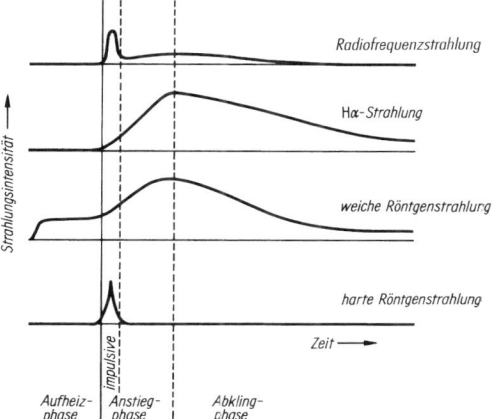

Abb. 4: Zeitlicher Verlauf der Strahlungsintensität in verschiedenen Wellenlängenbereichen während einer Sonneneruption. (Nach E. R. Priest)

Sonnenferne

Sonnenflecken sind immer von Fackeln umgeben, aber nicht in allen Fackelgebieten existieren Sonnenflecken. Entsprechend der engen Bindung zwischen Fackeln und Flecken folgen die S.n dem Sonnenfleckenzyklus, sie treten vorwiegend in den Fleckenzonen auf (→ Sonnenfleck) und erstrecken sich bis etwa 45° beiderseits des Sonnenäquators, in dessen unmittelbarer Nähe Fackeln selten sind. Kurz vor und während des Sonnenfleckenminimums erscheinen kleine Fackeln auch in hohen heliographischen Breiten. Diese *polaren Fackeln* stehen wahrscheinlich mit Polarstrahlen der Sonnenkorona in Verbindung.

Sonnenferne, svw. Aphel.

Sonnenfinsternis, → Finsternis.

Sonnenfleck, Störgebiet der Photosphäre, das auf der Sonnenscheibe als dunkler Fleck erscheint. Große S.en bestehen aus einem dunklen Kern, der *Umbra*, die von einer weniger dunklen Außenregion, der *Penumbra*, mit einer näherungsweise radialen fadenförmigen Feinstruktur umgeben ist (Abb. 1). Der Umbradurchmesser liegt im Bereich von etwa 5 000 bis 20 000 km, bei den kleinsten S.en (*Poren*) beläuft er sich auf nur etwa 1 000 km. Der Durchmesser der Penumbra kann bei den größten S.en bis zu 200 000 km, d. h. mehr als 15 Erddurchmesser, betragen, die Poren haben keine Penumbra. Die Umbra nimmt im Durchschnitt 15 bis 20% der gesamten Fläche eines Flecks ein. Große S.en treten häufig in Gruppen auf, die so groß sein können, daß sie bei genügender Abschwächung des Sonnenlichts durch einen dünnen Dunstschleier in der Erdatmosphäre auch mit bloßem Auge sichtbar sind.

Fleckenhäufigkeit. Ein Maß für die Häufigkeit von S.en ist die *Fleckenrelativzahl* $R = k \cdot (f + 10\,g)$, wobei f die Gesamtzahl der bei einer Beobachtung auf der Sonnenscheibe sichtbaren Flecken und g die Zahl der Fleckengruppen bedeutet, ein einzelner, isoliert auftretender S. wird dabei auch als eine Fleckengruppe betrachtet. Der Faktor k dient zur Normierung der mit unterschiedlichen Instrumenten und von unterschiedlichen Beobachtern bestimmten Relativzahlen auf ein einheitliches System. Bis 1980 wurde die an der Sternwarte Zürich bestimmte Fleckenrelativzahl als Bezugswert genutzt, gegenwärtig die des Observatoriums in Brüssel, für diese gilt jeweils $k = 1$. Die Fleckenrelativzahl ist u. a. ein Maß für den Teil der Sonnenscheibe, der von S.en bedeckt ist, er kann bis etwa 0,4% der Gesamtfläche erreichen.

Die Relativzahlen schwanken stark und unregelmäßig von Tag zu Tag, die Monatsmittelwerte hingegen unterliegen im Mittel 11-jährigen Zyklus. Der zeitliche Abstand von einem Häufigkeitsmaximum zum nächsten kann zwischen 7 und 17 Jahren schwanken (Abb. 2). Hohe Maxima treten im Allg. ein bis zwei Jahre verfrüht gegenüber der mittleren Zykluslänge ein, zu diesen Maxima steigen die Fleckenrelativzahlen relativ steil an und fallen danach etwas langsamer ab. Die Maxima der einzelnen Zyklen haben unterschiedliche Höhen, sie scheinen eine etwa 80-jährige Periode zu haben. Die Sonnenfleckzyklen werden durchnummeriert. Das Minimum des 23. Zyklus wird Mitte des Jahres 2008 eintreten, es beginnt dann der 24. Die Sonne kann anscheinend während einer längeren Zeit fast vollstän-

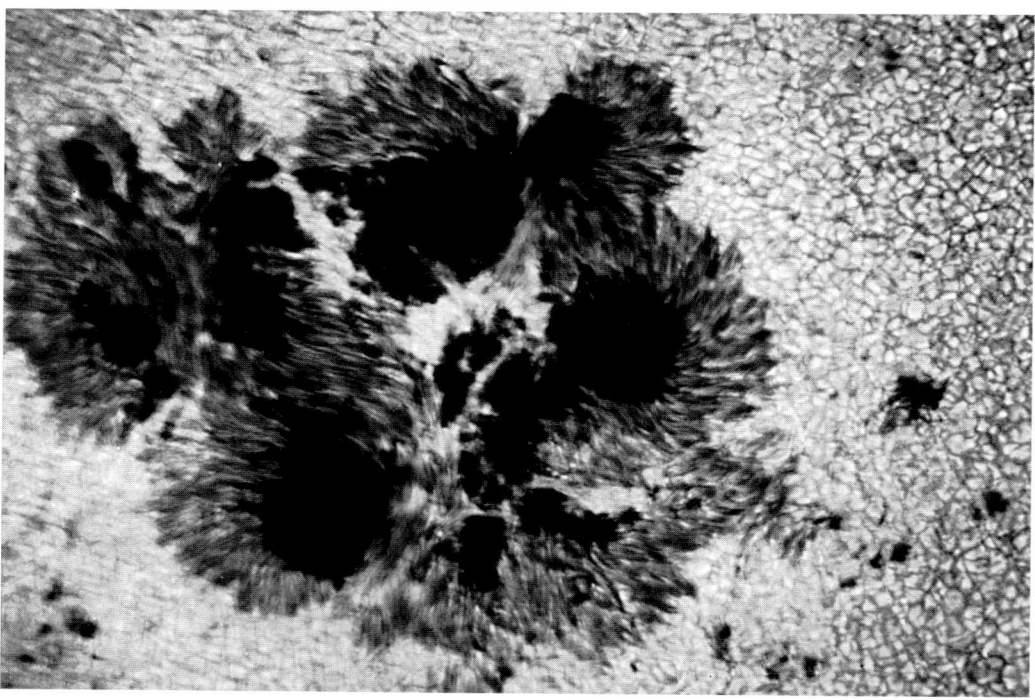

Abb. 1: Sonnenfleck. (Aufnahme: Kiepenheuer-Institut für Sonnenphysik, Freiburg i. Br.)

Sonnenfleck

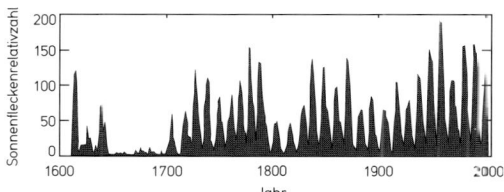

Abb. 2: Jahresmittelwerte der Fleckenrelativzahlen von 1600 bis 2000. (Nach H. Wöhl)

dig fleckenfrei sein. Ein derartiges ausgedehntes Minimum, das sog. *Maunder-Minimum* [benannt nach dem brit. Astronomen E. W. Maunder, 1851–1928], dauerte von etwa 1645 bis 1715 (Abb. 2).

Fleckenzonen. S.en treten in zwei zum Sonnenäquator parallelen Zonen zwischen etwa 35° und 7° nördlicher bzw. südlicher heliographischer Breite (→ Sonne) auf. Die ersten Flecken eines neuen Zyklus erscheinen bei ungefähr ±35° Breite. Die Fleckenentstehungsgebiete verlagern sich im Verlauf eines Zyklus stetig zum Äquator hin (Abb. 3). In der graphischen Darstellung der Entstehungsorte in Abhängigkeit von der Zeit ergibt sich ein charakteristisches Muster, das als *Schmetterlingsdiagramm* bezeichnet wird. Während die letzten S.en eines auslaufenden Zyklus noch in etwa ±7° Breite vorhanden sind, erscheinen bereits die ersten Flecken des neuen in etwa 35° Abstand vom Äquator. Über einen Zeitraum von rund zwei Jahren können Flecken zweier Zyklen gleichzeitig sichtbar sein, es ist aber eindeutig, zu welchem Zyklus ein bestimmter Fleck gehört. Ein Einzelfleck in einer Fleckengruppe wandert im Allg. gering in Richtung Sonnenäquator.

Entwicklung von Fleckengruppen. Die Entwicklung einer großen Fleckengruppe wird in groben Zügen durch das Züricher Klassifikationsschema der Sonnenfleckengruppen beschrieben (Abb. 4), in dem die Flecken in die Klassen A bis I eingeteilt werden. Aus einer Anhäufung von Poren (Klassen A und B) bildet sich innerhalb von etwa 2 bis 4 Tagen durch Zusammenrücken vorhandener und Verschmelzen mit neu auftauchenden Poren eine kleine längliche Fleckengruppe mit zwei Hauptflecken (Klassen C und D), von denen der westliche, bei der Sonnenrotation vorangehende als *P-Fleck* [von precede, engl., ‚vorausgehen'], der nachfolgende als *F-Fleck* [von follow, engl., ‚nachfolgen'] bezeichnet wird. Nach weiteren rund 3 bis 6 Tagen ist angenähert die maximale Längsausdehnung der Fleckengruppe erreicht, die in heliographischer Länge bis zu 30° betragen kann (Klassen E und F). Beim späteren Zerfall der Gruppe bleibt im Allg. der P-Fleck zunächst unberührt (Klasse G). Nach ganz grob 4 bis 10 Tagen sind nur noch er und wenige Poren übrig (Klassen H und I), bis er schließlich im Verlauf von Wochen allmählich kleiner wird und verschwindet. Kleinere Fleckengruppen können bei ihrer Entwicklung die Klassen um F auslassen und die Folge nun umgekehrt bis zurück zu A durchlaufen. In der Regel ist der P-Fleck dem Sonnenäquator etwas näher als der F-Fleck. Die Existenzdauer eines S.s beträgt im Mittel wenige Tage. 95% aller S.en sind weniger als 11 Tage sichtbar, 60% weniger als 2 Tage. Die kurze Existenzzeit der meisten S.en spiegelt sich in den starken Schwankungen der Fleckenrelativzahl von Tag zu Tag wider. Sehr große Fleckengruppen können auch während mehrerer Sonnenrotationsperioden existieren.

Nach ihrer magnetischen Struktur werden Fleckengruppen eingeteilt in unipolare, wenn alle Flecken gleiche Polarität besitzen, in bipolare, wenn die beiden Hauptflecken entgegengesetzte Polarität haben, oder komplexe, wenn in einer bipolaren Gruppe mindestens zwei

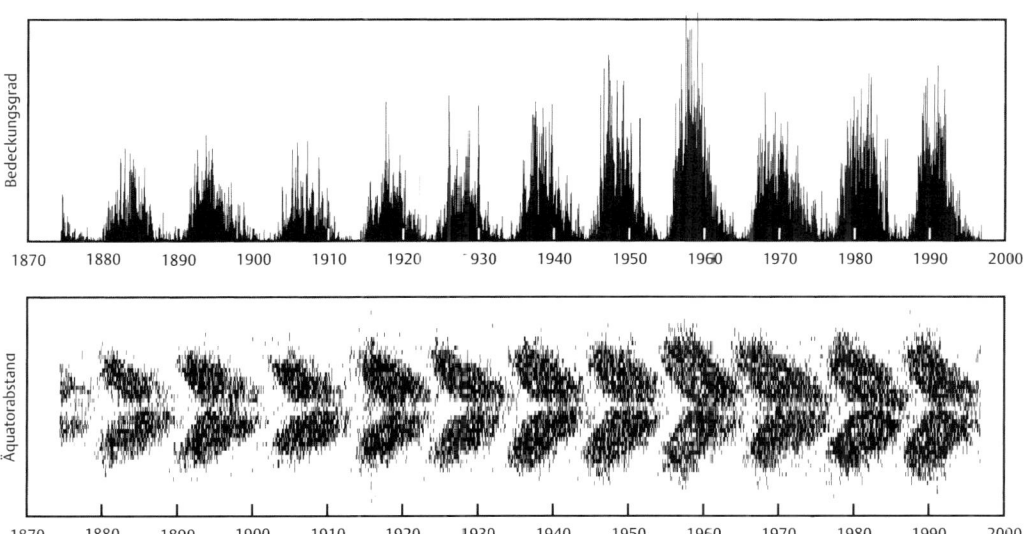

Abb. 3: Von den Sonnenflecken eingenommene Fläche der Sonnenscheibe (oben) und Schmetterlingsdiagramm von 1875 bis 1995 (unten)

Sonnenfleck

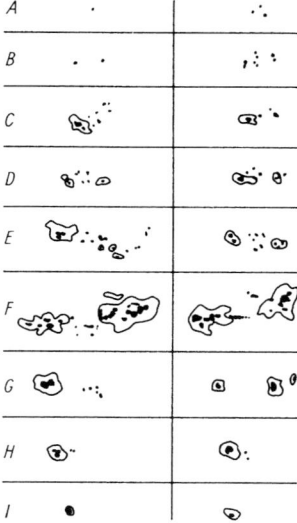

Abb. 4: Schema der Züricher Klassifikation der Sonnenfleckengruppen. (Nach M. Waldmeier)

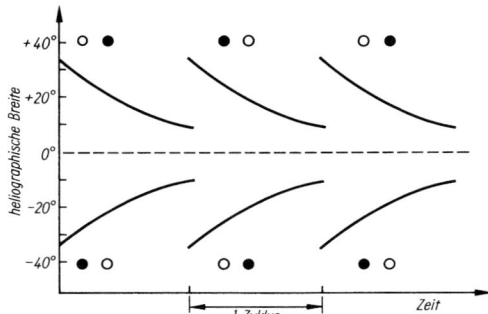

Abb. 5: Schematisiertes Schmetterlingsdiagramm mit der Wanderung der Fleckenentstehungsgebiete und der Zuordnung von magnetischem Nordpol (●) und Südpol (O) zum P- bzw. F-Fleck in bipolaren Fleckengruppen

große Flecken gleicher Polarität vorhanden sind. Bipolare Gruppen sind mit 90% aller Fleckengruppen am häufigsten, gefolgt von den unipolaren, die Häufigkeit magnetisch komplexer Gruppen beträgt weniger als 1%. Bei unipolaren Gruppen ist der fehlende Pol durch ein Gebiet mit schwachem Magnetfeld in der Umgebung angedeutet, in dem sich zunächst kein Fleck befindet, später gelegentlich einer entsteht. Bei bipolaren Gruppen sind auf einer Sonnenhemisphäre innerhalb eines Zyklus alle P-Flecken von gleicher Polarität, z. B. magnetische Nordpole, während alle F-Flecken die andere Polarität haben, auf der anderen Hemisphäre ist die Zuordnung der Polaritäten gerade umgekehrt. Mit Beginn des neuen Zyklus wechselt die Zuordnung (Abb. 5). Hinsichtlich des magnetischen Verhaltens umfasst der Sonnenfleckenzyklus zwei gewöhnliche 11-jährige Zyklen.
Die Entwicklung einer großen Fleckengruppe steht immer im Zusammenhang mit der Entwicklung eines kräftigen Aktivitätsgebiets auf der Sonne, alle Erscheinungen der Sonnenaktivität haben dadurch die gleiche Periode wie die S.en (→ Sonnenaktivität).
Physikalische Struktur. S.en sind nicht absolut dunkel, nur die Flächenhelligkeit auf der Sonnenscheibe ist geringer als die der Umgebung. Die Flächenhelligkeit der Umbra beträgt unabhängig von der Fleckengröße im sichtbaren Spektralbereich etwa 5 bis 15% von der der ungestörten Umgebung, die der Penumbra rund 80%. Die effektive Temperatur der Umbra ist mit rund 3 500 K etwa 2 000 K geringer als die der ungestörten Photosphäre. Infolge der reduzierten Temperatur sind im Umbraspektrum → Fraunhofer-Linien neutraler Atome stärker als im normalen Photosphärenspektrum, die Spektrallinien von Ionen hingegen schwächer, es treten auch Linien einfacher Moleküle auf, z. B. vom Titanoxid und Kohlenstoffhydrid. Im Spektrum der S.en sind die Spektrallinien infolge des → Zeeman-Effekts aufgespalten. Die Feldstärke der Magnetfelder beträgt bei Poren etwa 0,2 Tesla, im Zentrum der größeren Flecken 0,2 bis 0,4 Tesla, anscheinend besteht kein Zusammenhang zwischen Fleckengröße und Feldstärke. In bipolaren S.en ist die Feldstärke der beiden Polaritäten etwa gleich. Die Magnetfeldlinien verlaufen in der Umbra im Wesentlichen senkrecht zur Sonnenoberfläche, in der Penumbra sind sie mit wachsendem Zentrumsabstand immer stärker nach außen geneigt, am Außenrand der Penumbra verlaufen sie fast horizontal (Abb. 6). Die Feldstärke beläuft sich dort auf etwa ein Zehntel der in der Umbra oder weniger.
In einem S. ist der Gesamtdruck, die Summe von Gasdruck und magnetischem Druck, im Gleichgewicht mit dem Druck in der umgebenden Photosphäre. Infolge der erhöhten Magnetfeldstärke ist in der Umbra der Beitrag des magnetischen Drucks zum Gesamtdruck größer als der Anteil des Gasdrucks, demzufolge ist die Gasdichte in der Umbra geringer als in der Umgebung und die Absorptionsfähigkeit der Materie im Fleckenbereich ebenso geringer als in der Umgebung. Die Flächen gleicher optischer Tiefe (→ optische Dicke), damit die Flächen gleicher Sichtbarkeit von außen, liegen in der Umbra in geometrisch tieferen Schichten der Photosphäre als in der Fleckumgebung. Der geometrische Höhenunterschied der Flächen gleicher optischer Tiefe

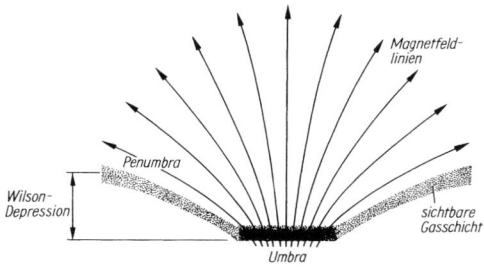

Abb. 6: Schematisierter Schnitt durch einen Sonnenfleck. Die vertikalen Abmessungen sind gegenüber den horizontalen stark überhöht

zwischen Umbra und umgebender Photosphäre beträgt rund 600 km. Ein S. erscheint demzufolge wie eine „suppentellerförmige Einsenkung" innerhalb der Photosphäre. Bei einem Fleck am Rand der Sonnenscheibe erscheint infolge der perspektivischen Verzerrung die Penumbra auf der der Sonnenscheibenmitte zugewandten Seite schmaler als auf der Gegenseite, ein als *Wilson-Effekt* bezeichnetes Phänomen [benannt nach dem brit. Astronomen A. Wilson, 1714–1786].

Innerhalb von Umbra und Penumbra existiert ein kompliziertes großräumiges Strömungssystem. Im Bereich der Penumbra ist die Strömung im Wesentlichen parallel zur Oberfläche mit Geschwindigkeiten von etwa 5 km/s nach auswärts gerichtet, was sich besonders bei Flecken nahe am Sonnenscheibenrand bemerkbar macht. Die Bewegung auf der der Sonnenscheibenmitte zugewandten Seite des Flecks ist häufig gerade umgekehrt gerichtet, was als *Evershed-Effekt* bezeichnet wird [benannt nach den brit. Astronomen J. Evershed, 1864–1956]. Die Strömungen in der Penumbra stehen anscheinend mit deren fadenförmiger Feinstruktur in Beziehung. Am äußersten Penumbrabereich folgt der Strömungsverlauf offensichtlich dem Magnetfeldverlauf nach außen und ist gering nach unten gerichtet.

Die niedrigen Temperaturen in den S.en werden durch die starken lokalen Magnetfelder verursacht. Unterhalb der Photosphäre wird die nach außen fließende Energie im Wesentlichen durch turbulente Gasströmungen (Konvektion) transportiert (→ Sonne). Das Gas ist ein Gemisch geladener Teilchen, ein → Plasma. Geladene Teilchen können sich nur längs magnetischer Feldlinien bewegen, nicht senkrecht zu ihnen. Infolge des in der Umbra weitgehend senkrechten Verlaufs der Feldlinien ist die Bewegung der Konvektionselemente nahezu einheitlich gerichtet und der konvektive Energietransport reduziert. An Stellen, an denen ein Bündel von Magnetfeldlinien (magnetische Flussröhre) die Sonnenoberfläche durchstößt, herrscht damit ein Wärmedefizit. Das sich sehr nahe an der Durchbruchstelle befindende Gas ist kühler als in größerer Entfernung, strahlt weniger hell und bildet die dunkel erscheinende Umbra. Eine bipolare Fleckengruppe entsteht, wenn ein unter der Photosphäre vorgebildetes Bündel von Flussröhren aufsteigt und die Photosphäre durchbricht (Abb. 7). Die Auffächerung der Flussröhrenbündel infolge des in der Photosphäre nach oben hin abnehmenden Gasdrucks verursacht den schrägen Verlauf der Feldlinien am Fleckenrand und entsprechend die Richtung der Strömung. Die Abstandsvergrößerung zwischen P- und F-Fleck zu Beginn der Entwicklung einer Fleckengruppe ist durch das Hochdriften und die sich verstärkende Flussröhrenausbeulung verursacht. Infolge der turbulenten Bewegungen des Gases werden die Flussröhren verschoben, damit auch einzelne Flecken in einer Fleckengruppe. Bei der Verschiebung der Feldlinien erfolgt eine Verbiegung und Verdrillung, wodurch sich komplizierte energiereiche Magnetfeldkonfigurationen im Bereich einer Fleckengruppe bilden können. Gehen diese Strukturen durch Neuverknüpfungen der Feldlinien in energetisch günstigere Konfigurationen über, wird magnetische Energie freigesetzt, die in thermische umgewandelt wird und die umgebende Materie dadurch stark aufheizt.

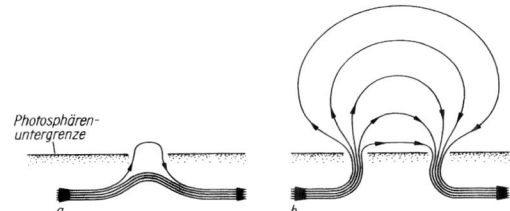

Abb. 7: Zur Entstehung einer bipolaren Fleckengruppe. a: Lage eines Bündels von Magnetflussröhren beim Beginn der Bildung einer Fleckengruppe; b: bei der entwickelten Gruppe

Die dabei erreichten extrem hohen Temperaturen und die z. T. auf hohe Geschwindigkeiten beschleunigte Materie können Ursache einer → Sonneneruption sein. Sowohl der Polaritätswechsel von P- und F-Fleck wie der des globalen solaren Magnetfeldes nach jedem 11-jährigen Fleckenzyklus und die Äquatorwanderung der Fleckenentstehungsgebiete während eines Zyklus sind Folgen eines magneto-hydrodynamischen Dynamoprozesses im Sonneninnern (→ Sonne). Die Sonne hat im Bereich der Konvektionszone eine differentielle Rotation, die Rotationsgeschwindigkeit am Sonnenäquator ist größer als in höheren heliographischen Breiten. Infolge der engen Kopplung der Sonnenmaterie an das Magnetfeld (das Magnetfeld ist in der Materie quasi „eingefroren") wird es bei der Materiebewegung mitgeschleppt. Die Feldlinien eines anfänglich schwachen globalen dipolartigen Magnetfelds, dessen Achse mit der Rotationsachse der Sonne zusammenfällt, werden infolge der differentiellen Rotation mit der Zeit immer stärker parallel zum Sonnenäquator ausgerichtet und zusammengedrängt. Mit der Feldliniendichte steigt die Feldstärke, die Magnetfeldrichtung ist aber auf den beiden Sonnenhemisphären entgegengesetzt. Infolge des mit der Feldstärke in den Flussröhren steigenden magnetischen Drucks sinkt die Gasdichte, bis schließlich der damit verbundene Auftrieb ein Röhrenbündel in die Photosphäre aufsteigen lässt. Beim Durchbruch der Flussröhren durch die Sonnenoberfläche haben die im Sinne der Sonnenrotation vorangehenden S.en auf den beiden Hemisphären infolge der unterschiedlichen Magnetfeldrichtungen entgegengesetzte Polarität. Die in der Konvektionszone auf- und absteigenden Turbulenzelemente haben in den Zonen nördlich und südlich des Sonnenäquators mit gleichem Abstand von ihm unterschiedliche Symmetrieeigenschaften. Es bilden sich in der sich bewegenden Materie elektrische Ströme, die ein dem ursprünglichen Feld entgegengesetzt orientiertes Magnetfeld induzieren. Im Laufe des Prozesses entsteht ein globales Dipolfeld mit einer der ursprünglichen Polarität entgegengerichteten. Die Polaritätsänderungen entsprechen dem Sonnenfleckenzyklus. In jedem neuen Zyklus ist auch auf den beiden Hemisphären die Feldrichtung in den Flussröhren gegenüber dem vorherigen Zyklus vertauscht, damit die Polarität der P- und F-Flecken.

S.en existieren so lange, bis das lokale Magnetfeld zu schwach ist, um den konvektiven Energietransport zu verhindern. Die kurze Existenzzeit der S.en, damit das

Sonnenfleckenrelativzahl

relativ schnelle Schwächerwerden der Magnetfelder, ist theoretisch schwer verständlich. Infolge der hohen elektrischen Leitfähigkeit der Sonnenmaterie sollten Magnetfelder der Theorie nach sehr viel langsamer zerfallen als beobachtet.

Superpenumbra. Über großen S.en ist das sie verursachende Flussröhrenbündel so stark aufgefächert, dass es bis in die Chromosphäre reicht und eine große angenähert radial ausgerichtete dunkle und faserartig erscheinende Materieanordnung, eine Superpenumbra, verursacht. Die äußeren Enden der Fasern befinden sich einige 1 000 km über der Photosphäre, die Längen betragen etwa 10 000 km und die Breiten rund 2 000 km. Eine Superpenumbra ist im Licht der in der Chromosphäre starken Spektrallinien, vor allem der Hα-Linie des Wasserstoffs (→ Spektrum), erkennbar. In den hoch gelegenen Schichten herrscht eine radiale Strömung in Richtung zum Fleckenzentrum, entgegengesetzt der Strömung in der Penumbra.

Geschichtliches. Die S.en wurden 1610 von G. Galilei (1564–1642) und etwa gleichzeitig, aber unabhängig von ihm, von J. Fabricius (1587– ≈1617) sowie C. Scheiner (1575–1650) als Sonnenphänomen erkannt. Die Periodizität der Fleckenhäufigkeit entdeckte 1843 H. Schwabe (1789–1875), die Dauer eines Fleckenzyklus R. Wolf (1816–1893). G. E. Hale (1868–1938) wies 1908 die Existenz von Magnetfeldern in S.en nach.

Sonnenfleckenrelativzahl, → Sonnenfleck.

Sonnenjahr, Zeitabschnitt, dessen Festlegung auf der scheinbaren jährlichen Bewegung der Sonne am Himmel beruht.

Sonnenkorona *f*, *1)* der bei totalen Sonnenfinsternissen leuchtende Strahlenkranz um die dunkle Mondscheibe;
2) die äußerste Schicht der Sonnenatmosphäre (→ Sonne).

Sonnennähe, svw. Perihel.

Sonnennebel, die Materiewolke, aus der das Sonnensystem hervorgegangen ist; → Kosmogonie.

Sonnenparallaxe, *(1)* der Winkel, unter dem der Äquatorradius der Erde vom Sonnenmittelpunkt aus erscheinen würde;
(2) die Entfernung der Erde von der Sonne.

Die unmittelbare Bestimmung der S., gleich ob parallaktischer Winkel oder die Entfernung der Erde von der Sonne, ist nicht möglich. Zur trigonometrischen Bestimmung der Erde-Sonne-Entfernung müsste von zwei Beobachtungsorten auf der Erde aus ein und derselbe möglichst kleine unbewegliche Punkt auf der Sonnenscheibe anvisiert werden, doch gibt es keinen derartigen Punkt. Eine genaue Entfernungsbestimmung ist daher nur indirekt möglich.

Relative Entfernungen innerhalb des Sonnensystems sind auf Grund des dritten Kepler'schen Gesetzes (→ Kepler'sche Gesetze) mit sehr hoher Genauigkeit bekannt, da die Umlaufzeiten der Himmelskörper um die Sonne außerordentlich genau bestimmt werden können. Zur Umrechnung der relativen Entfernungen in absolute, z. B. in Kilometer, genügt eine einzige absolut bestimmte Entfernung der Erde von einem Körper des Planetensystems. Für eine derartige Bestimmung ist vor allem die → Radio-Echo-Methode geeignet. Bei ihr werden kurze Signale im Radiofrequenzbereich ausgesandt und die von einem Himmelskörper, etwa vom Merkur oder von der Venus, reflektierten Signale registriert. Aus der Differenz von Sende- und Empfangszeit der Signale und der Lichtgeschwindigkeit ergibt sich die Entfernung des Himmelskörpers von der Erde außerordentlich genau. Schwierigkeiten bereiten nur Signalverzerrungen bei der Reflexion und die sehr geringen Intensitäten der Echos. Der genaueste Wert für die mittlere Entfernung Erde–Sonne beträgt 149 597 870 km mit einer Unsicherheit von nur etwa 0,1 km. Die S. als Winkel ergibt sich zu 8,79415″.

Die Entfernung Erde–Sonne ist die Basis für trigonometrische Entfernungsbestimmungen von Sternen und Grundlage einer allgemeinen kosmischen Entfernungsskala (→ Parallaxe).

Der Wert für die mittlere Entfernung Erde–Sonne weicht geringfügig von der in der Astrometrie definierten astronomischen Einheitslänge ab, die in prinzipiell anderer Weise festgelegt ist (→ Astrometrie).

Sonnenphysik, Zweig der Astronomie, der die Sonne mit allen ihren Erscheinungen als Forschungsgegenstand hat.

Sonnenspektrum, → Sonne.

Sonnensystem, die Sonne samt allen sich um sie bewegenden Himmelskörpern, wie Planeten mit ihren Satelliten, Planetoiden, Kometen, sowie die Gesamtheit der die Sonne umgebenden Gas- und Staubteilchen. Das Planetensystem umfasst alle diese Körper und Teilchen unter Ausschluss der Sonne.

Mitglieder. Der Hauptkörper des S.s ist die Sonne, ein Stern, der nahezu die gesamte Masse des Systems, rund 333 000 Erdmassen, in sich vereinigt. Die Energieemission aller Körper des Planetensystems wird fast ausschließlich durch die Sonnenstrahlung bestimmt. Die emittierte Strahlung ist entweder reflektiertes oder absorbiertes und in ein Eigenleuchten umgesetztes Sonnenlicht. Nur beim → Jupiter und Saturn ist die Energieabgabe etwas größer als die Energiezuführung durch die Sonnenstrahlung. Die 8 die Sonne umlaufenden Planeten haben eine Gesamtmasse von 446,5 Erdmassen, wovon auf den Jupiter allein 317,8 entfallen. Die Planetendurchmesser liegen zwischen rund 143 000 und 4 876 km (→ Planet). Die (2007) bekannten 165 → Satelliten der Planeten haben zusammen nur etwa 0,12 Erdmassen. Die Durchmesser der größten Satelliten schließen an die Durchmesser der Planeten an, die der kleinsten betragen weniger als 10 km. Die Teilchen der Ringsysteme um → Jupiter, → Saturn, → Uranus und → Neptun sind Minisatelliten mit einem Durchmesser bis hin zum Millimeterbereich. Die bis 2007 bekannten rund 370 000 Planetoiden haben Durchmesser zwischen etwa 1 000 km und weniger als 1 km (→ Planetoid). Die Gesamtzahl der im S. existierenden Planetoiden mit einem Durchmesser größer als 100 m beläuft sich schätzungsweise auf etwa 10^{10}, deren Gesamtmasse beträgt wahrscheinlich nicht mehr als 0,05% der Erdmasse. Die im S. möglicherweise vorhandenen bis zu 10^{12} Kometen dürften zusammen kaum viel mehr Masse als die Erde haben. Die Größe der Kometenkerne

Sonnensystem

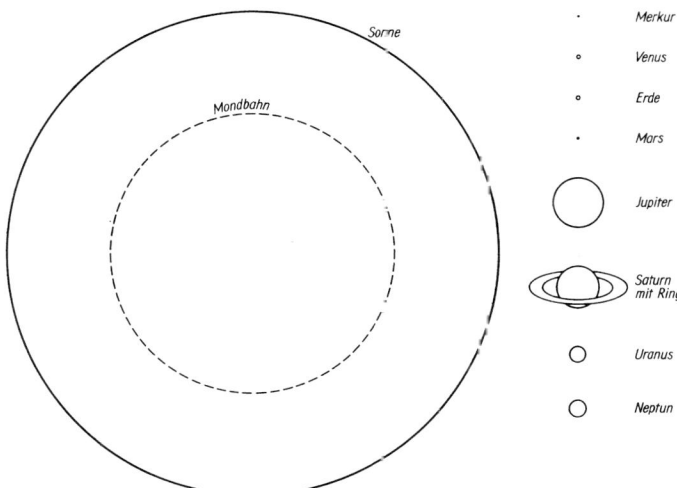

Größenverhältnisse im Sonnensystem

liegt zwischen etwa 100 und 1 km, die Länge der Kometenschweife kann hingegen mehrere 100 Mio. km erreichen (→ Komet). Bei den Kleinkörpern der → interplanetaren Materie, den Meteoroiden, überwiegen Teilchen mit einem Durchmesser von 0,01 mm bis 1 cm, größere Körper sind selten. Die Gesamtmasse der Kleinkörper beläuft sich vermutlich auf weniger als ein Milliardstel Erdmasse. Das in der interplanetaren Materie vorhandene Gas wird von Atomen, Ionen, Molekülen und freien Elektronen gebildet. Zur interplanetaren Materie werden gelegentlich auch die Kometen und Planetoiden gerechnet.

Nach ihrem Aufbau gehören die größeren Körper des Planetensystems drei unterschiedlichen Gruppen an. Erdartige Himmelskörper bestehen in der Regel aus einem mehr oder minder großen Eisenkern, umgeben von einem Gesteinsmantel. Sie besitzen relativ kleine Massen und kleine Durchmesser, haben aber hohe mittlere Dichten. Vertreter dieser Gruppe sind die Planeten Merkur, Venus, Erde und Mars, unter den Satelliten sind es u. a. der Mond, die Io und die Europa. Die Planetoiden gehören im Allg. zu den erdartigen Himmelskörpern ohne Eisenkern. Die zweite Gruppe bilden die jupiterartigen Planeten Jupiter, Saturn, Uranus und Neptun, bei denen ein Gesteinskern von einem gasförmigen und möglicherweise z. T. flüssigen Mantel umgeben ist, dessen chemische Zusammensetzung etwa der der Sonne gleicht. Die Massen und Durchmesser dieser Planeten sind groß, ihre mittleren Dichten hingegen klein. Die Mitglieder der dritten Gruppe, die eisartigen Himmelskörper, bestehen hauptsächlich aus unterschiedlichen Eissorten, vor allem aus gefrorenen Wasserstoffverbindungen wie Wasser, Methan und Ammoniak. Diese Himmelskörper besitzen sowohl kleine Massen und Durchmesser als auch niedrige mittlere Dichten. Zu dieser Gruppe gehören vor allem die Transneptunobjekte, darunter die Zwergplaneten Pluto und Eris, von den Satelliten u. a. der Ganymed, die Kallisto, der Titan und die Rhea. Möglicherweise haben sie auch einen mehr oder minder großen Gesteinskern. Eisartige Himmelskörper ohne einen derartigen Kern sind die Kometenkerne.

Bewegungen. Das S. wird durch die Massenanziehung der Sonne zusammengehalten. Die auf ein Mitglied des S.s von der Sonne ausgeübte Anziehungskraft steht jeweils im Gleichgewicht mit der infolge der Bahnbewegung des Körpers um die Sonne auftretenden Zentrifugalkraft. Die Bewegungen sind im Wesentlichen rechtläufig, d. h. sie erfolgen im gleichen Sinn wie der Umlauf der Erde um die Sonne. Eine rückläufige Bewegung haben einige Satelliten, Kometen und Meteoroiden. Die einzelnen Objektgruppen unterscheiden sich durch die mittlere Exzentrizität und die mittlere Neigung ihrer Bahnen gegen die Hauptebene des S.s, die angenähert mit der Erdbahnebene zusammenfällt. Die Bahnen der Planeten haben eine sehr geringe Exzentrizität und sind nur wenig gegen die Erdbahnebene geneigt. Bei den Planetoiden und kurzperiodischen Kometen sind die Bahnexzentrizitäten und Neigungen z. T. wesentlich größer. Langperiodische Kometen durchlaufen parabelnahe Ellipsen mit keiner bevorzugten Ausrichtung bezüglich der Erdbahnebene. Die meist kreisähnlichen Bahnen der Satelliten liegen bevorzugt in der Nähe der Äquatorebene des umlaufenen Planeten.

Die durchlaufenen Bahnen sind wesentlich durch die Massenanziehung der Sonne bestimmt und gehorchen daher in sehr guter Näherung den → Kepler'schen Gesetzen. Die von den übrigen Körpern ausgeübten Anziehungskräfte stören die reine Kepler-Bewegung. Außerdem ergeben sich für einige Mitglieder des Systems unter dem Einfluss der Sonnenstrahlung sehr geringe, doch merkliche Bahnstörungen. Die Wechselwirkung rotierender Kometenkerne mit der Sonnenstrahlung kann sowohl zu einer Beschleunigung als auch zu einer Abbremsung der Bahnbewegung führen (→ Komet). Kleine Meteoroide nähern sich unter der Wirkung der Sonnenstrahlung infolge des → Poynting-Robertson-Effekts immer mehr der Sonne und stürzen schließlich in sie hinein. Die kleinsten Staubteilchen werden hingegen durch den Druck der Sonnenstrahlung aus dem S.

Sonnentag

ausgetrieben. Die von der Sonne ausgehende und das gesamte S. durchsetzende Teilchenstrahlung hat ebenfalls eine radiale Bewegungskomponente (→ Sonnenwind).

Um Aussagen über die zukünftigen Bewegungsverhältnisse im S. zu gewinnen, muss ein kompliziertes → Mehrkörperproblem mit mindestens 9 Himmelskörpern (die Sonne und die Planeten) gelöst werden, die masseärmeren Körper spielen keine entscheidende Rolle für das Gesamtsystem. Jeder Körper beeinflusst aufgrund seiner Massenanziehung die Bewegung aller anderen, andererseits werden seine Bewegungen von allen anderen beeinflusst. Zur Berechnung der zukünftigen Bahnen müssen Ort und Geschwindigkeit von allen Körpern für den gegenwärtigen Zeitpunkt bekannt sein. Die Zahlenwerte dieser Größen stimmen aber allein schon auf Grund der unvermeidlichen Beobachtungsunsicherheiten nicht exakt mit den tatsächlichen überein. Bei auch noch so kleinen Differenzen weichen die berechneten Bahnen mit wachsender Zahl der Rechenschritte, damit wachsendem Abstand vom gegenwärtigen Zeitpunkt, immer mehr voneinander ab (→ Mehrkörperproblem). Im mathematischen Sinn ergibt sich ein nicht voraussagbarer, ein chaotischer Bewegungsablauf der Körper. Dies trifft vor allem für die massearmen Mitglieder des Systems zu.

Die Bewegungsverhältnisse der Satelliten werden infolge des geringen Abstands vom umlaufenen Planeten durch dessen Massenanziehung bestimmt, die sehr viel größer ist als die Anziehungskraft der Sonne. Bei einem System von Satelliten um einen Planeten verursachen die gegenseitigen → Störungen ebenfalls einen langfristig chaotischen Bewegungsablauf.

Das gesamte S. bewegt sich relativ zu den umgebenden Sternen mit einer Geschwindigkeit von rund 20 km/s in Richtung auf das Sternbild Hercules. Gemeinsam mit den benachbarten Sternen umläuft es in etwa 240 Mio. Jahren einmal das Zentrum des → Milchstraßensystems.

Ausdehnung. Eine feste Grenze für das S. ist nicht angebbar. Der Begriff Ausdehnung bezieht sich lediglich auf die größte Entfernung von Mitgliedern des S.s, die eine periodische Bewegung um die Sonne ausführen. Die Planetenbahnen beschränken sich auf den innersten Teil des Systems, sie haben alle eine Bahnhalbachse kleiner als 30 AE. Dieser Zentralteil des S.s ist von einer extrem großen Wolke von Kometen umgeben, deren äußere Grenze bei vielleicht 150 000 AE, d. h. bei etwa 0,7 pc, liegt (→ Komet). In dieser Entfernung können sich die gravitativen Kräfte benachbarter oder dem System nahekommender Sterne bemerkbar machen, wodurch Kometen so stark von ihren gegenwärtigen Bahnen abgelenkt werden können, dass sie das S. auch verlassen können.

Entstehung. In seiner Gesamtheit ist das S. aus einer lokalen Ansammlung interstellarer Materie, dem Sonnennebel, entstanden. Die dabei ablaufenden Prozesse werden im Rahmen der → Kosmogonie untersucht.

Sonnentag, die Zeit zwischen zwei aufeinanderfolgenden unteren Kulminationen (→ Konstellation) der Sonne. Der in 24 Stunden zu je 60 Minuten zu je 60 Sekunden eingeteilte S. ist die Einheit der Sonnenzeit, er beginnt zu Mitternacht, d. h. 0^h Ortszeit. Die Sonnenzeit ist gleich dem → Stundenwinkel der Sonne plus 12 Stunden. Der *wahre S.* bezieht sich auf die Kulmination der tatsächlich beobachteten Sonne. Er ist infolge ihrer ungleichförmigen scheinbaren jährlichen Bewegung längs der Ekliptik kein gleichförmiges Zeitmaß, daher für Wissenschaft und Wirtschaft ungeeignet. Der *mittlere S.* bezieht sich auf eine fiktive *mittlere Sonne*, die sich definitionsgemäß mit konstanter Geschwindigkeit längs des Himmelsäquators bewegt. Da die Bewegung von wahrer und mittlerer Sonne gleichzeitig im Perihel der Sonnenbahn beginnt, erreicht die wahre Sonne infolge ihrer ungleichmäßigen Bewegung den Frühlingspunkt eher als die mittlere.

Die Differenz zwischen wahrer und mittlerer Sonnenzeit ist die → Zeitgleichung.

Der mittlere S. ist 3 min 55,91 s länger als ein → Sterntag, da im Laufe eines Jahres die Erde die Sonne gerade einmal umläuft, damit relativ zum Fixsternhimmel eine volle Umdrehung mehr als relativ zur Sonne ausführt (Abb.). Es gilt 1 mittlerer S. = 1,00274 Sterntage = 24 h 3 min 56,56 s Sternzeit, 1 Sterntag = 0,99727 mittlere S.e = 23 h 56 min 4,09 s mittlere Sonnenzeit.

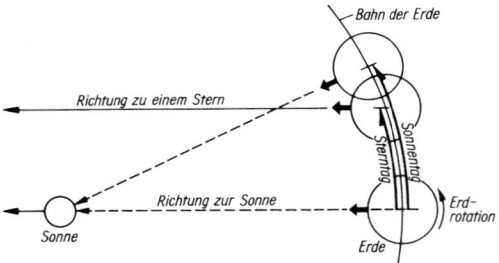

Zur Definition von Sonnen- und Sterntag. Dicker Pfeil: feste Markierung auf der Erdoberfläche; dünne Pfeile: längs der Erdbahn zurückgelegter Weg bis zur Vollendung eines Stern- bzw. Sonnentags

Die dem mittleren S. angepasste koordinierte Weltzeit ist die Grundlage für das international benutzte Zeitsystem (→ Zeit).

Sonnenturm, → Sonnenbeobachtung.

Sonnenwende, svw. Solstitium.

Sonnenwind, die von der Sonne ausgehende, aus freien Elektronen und Atomkernen bestehende Teilchenstrahlung. Von den Atomkernen sind etwa 96% Wasserstoffkerne (Protonen), Heliumkerne tragen etwa 4% bei, alle anderen Elemente zusammen weniger als 1%. Die Zahl der freien Elektronen ist praktisch gleich der Zahl der Protonen. Der S. ist zeitlich stark veränderlich. In Erdbahnnähe variiert die Geschwindigkeit zwischen 300 und mehr als 800 km/s, im Mittel beträgt sie rund 400 km/s. Die Dichte schwankt zwischen etwa 0,4 und 100 Teilchen je cm^3, im Mittel liegt sie bei rund 10 Teilchen je cm^3. Aus der der systematischen Strömung überlagerten ungeordneten Bewegung der Gaspartikeln ergibt sich die kinetische → Temperatur des S.s. Sie beträgt für die Atomkerne im Mittel etwa 50 000 K, für die freien Elektronen etwa 200 000 K. Die

Sonne verliert durch den S. je Sekunde eine Masse in der Größenordnung von 1 Mrd. kg, was aber nur etwa ein Viertel des Masseverlusts infolge der Strahlungsemission ist (→ Sonne).

Nahe der Erdbahn scheint der relativ stetige Teilchenstrom von einzelnen Wolken mit hohen Strömungsgeschwindigkeiten überlagert zu sein, die eine Wiederholungstendenz von rund 27 Tagen (der synodischen Rotationsperiode der Sonne) haben. Es handelt sich jedoch nicht um einzelne Teilchenwolken, vielmehr wird die Erde von einem stetig fließenden, stark gebündelten und über mehrere Rotationsperioden der Sonne anhaltenden „Teilchenstrom" im Rhythmus der Sonnenrotation überstrichen. Die Quellgebiete der Hochgeschwindigkeitsströme sind „Koronalöcher", die der langsam fließenden hingegen wahrscheinlich über Aktivitätsgebieten liegende Koronaregionen. Über den Quellgebieten sind die lokalen Magnetfelder nach außen hin offen, so dass längs der Feldlinien ein eng gebündelter Strom heißen Koronagases mit eingebetteten Magnetfeldern in den interplanetaren Raum abfließen kann. Der Teilchenfluss wird durch den Gasdruck der inneren Korona angetrieben, der größer als der Gravitationsdruck der darüber liegenden Materie ist. Beim Abfließen der Materie wird Energie verbraucht, wodurch die Temperatur des strömenden Gases verringert wird. Infolge der hohen Wärmeleitfähigkeit der Koronamaterie wird aber aus tieferliegenden Koronaschichten Energie nachgeliefert, so dass die Temperatur nur langsam sinkt. Bei Teilchenströmen sehr hoher Geschwindigkeit bewirken wahrscheinlich magneto-hydrodynamische Wellen eine zusätzliche Energiezufuhr und Teilchenbeschleunigung (→ Sonne).

Die Kinematik der Materie in der inneren Korona wird durch starke lokale Magnetfelder bestimmt, in den Außenbereichen der Korona ist die kinetische Energie des Gases so groß, dass dieses die Magnetfelder mitschleppt. Die angenähert radiale Auswärtsbewegung des Gases zusammen mit der Sonnenrotation verursacht eine großräumige Spiralstruktur der mitgeführten, in tiefliegenden Sonnenregionen verankerten und nach außen hin offenen Magnetfelder. Die Teilchenbahnen weichen von der radialen Richtung um einen Winkel von rund 1,5° ab.

Die vom S. mitgeführten Magnetfelder sind in Erdbahnnähe in zwei oder vier Sektoren unterteilt, in denen die Feldlinienrichtungen abwechselnd zur Sonne hin und von ihr weg weisen (Abb. 1). Die Magnetfelder nahe der Sonnenpole haben infolge des global dipolartigen solaren Magnetfelds (→ Sonne) entgegengesetzte Polarität (Abb. 2). Die nach außen weisenden Feldlinien sind durch geschlossene Feldanordnungen in Aktivitätsgebieten der Photosphäre und Chromosphäre getrennt. In etwa 2 bis 3 Sonnenradien über der Photosphäre kommen die von den solaren Polgebieten ausgehenden Feldlinien sich sehr nahe und bilden eine Neutralschicht. Bei einem reinen Dipolfeld und einer homogenen Sonnenkorona würde diese Schicht in der Äquatorebene der Sonne liegen. Da die Sonnenäquatorebene etwa 7° gegen die Ebene der Ekliptik geneigt ist, würde die Erde während einer halben synodischen Rotationsperiode der Sonne von einem einwärts gerichteten, die andere Zeit von einem auswärtsgerichteten

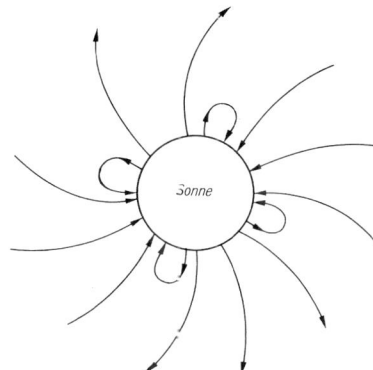

Abb. 1: Großräumiger Verlauf der Magnetfelder in der Ekliptikebene weitab von der Sonne

Magnetfeld überstrichen werden. Die Neutralschicht ist jedoch infolge der unsymmetrischen Verteilung der Aktivitätsgebiete in der Sonnenkorona gewellt (Abb. 2), so dass in der Ebene der Ekliptik mehr als nur zwei Sektoren mit abwechselnden Feldrichtungen auftreten.

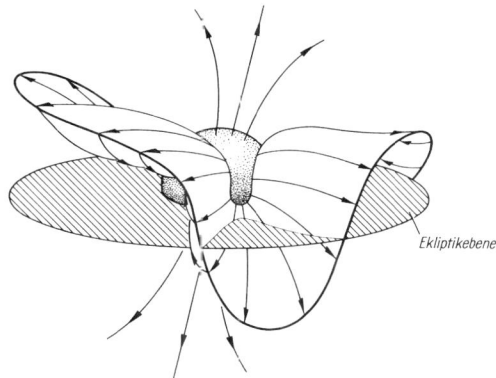

Abb. 2: Schematisierte Struktur der Neutralfläche relativ zur Ekliptikebene; dünne Pfeile: Verlauf der Magnetfeldlinien

Treffen der S. und die von ihm mitgeschleppten Magnetfelder auf die Magnetosphären der Planeten, werden diese auf der der Sonne zugewandten Seite komprimiert, auf der abgewandten Seite zu langen Magnetosphärenschweifen auseinandergezogen (→ Erdmagnetosphäre). Bei Kometen bewirkt der S. die Ionenschweife (→ Komet). Aus deren Existenz wurde auf eine solare Teilchenstrahlung geschlossen, bevor diese direkt nachgewiesen werden konnte.

Mit Hilfe von Raumsonden wurde der S. noch in einer Sonnenentfernung von rund 30 AE nachgewiesen. In Entfernungen von 50 bis 100 AE tritt er vermutlich mit der umgebenden interstellaren Materie in Wechselwirkung und begrenzt damit die → Heliosphäre.

Sonnenzeit, die in → Sonnentagen gemessene Zeit.
Sothisperiode, *Hundssternperiode*, Zyklus von 1 400 Jahren im historischen ägyptischen → Kalender.

Spaltspektrograph

Spaltspektrograph, → Spektralapparat.

späte Spektralklassen, die → Spektralklassen K, M, N, R, S sowie L.

Speckle-Interferometrie, Beobachtungsverfahren zur Ausschöpfung des theoretischen Auflösungsvermögens eines erdgebundenen astronomischen Fernrohrs. Bei der Abbildung einer Punktlichtquelle, z. B. eines Sterns, durch ein Fernrohr entsteht in der Brennebene ein Beugungsscheibchen, dessen Größe von der Wellenlänge des einfallenden Lichts sowie der freien Öffnung des Teleskops abhängt (→ Fernrohr). Das Beugungsscheibchen stellt eine prinzipielle Grenze für das Auflösungsvermögen eines Fernrohrs dar. Bei Beobachtungen von der Erdoberfläche aus wird diese Grenze im Allg. auch nicht annähernd erreicht, da die turbulenten Luftbewegungen in der Erdatmosphäre schnelle Helligkeits- und Richtungsänderungen des einfallenden Lichts verursachen (→ Szintillation). Statt eines örtlich festen Beugungsscheibchens ergibt sich ein sich außerordentlich schnell änderndes zufälliges Muster einzelner heller Flecken [engl. ‚speckles'], von denen jeder einzelne Fleck ein Beugungsscheibchen darstellt. Die Zahl der Flecken entspricht etwa der Zahl der vom Licht durchquerten Turbulenzelemente. Die während einer längeren Beobachtungszeit sich überlagernden Muster erzeugen das gegenüber den Beugungsscheibchen viel größere Szintillationsscheibchen.

Bei der S.-I. wird aus dem ankommenden Licht ein schmaler Wellenlängenbereich ausgefiltert und in schneller Folge werden sehr kurze Momentaufnahmen von weniger als etwa 0,1 s Dauer gemacht, die das jeweilige augenblickliche Beugungsscheibchenmuster zeigen. Die einzelnen Beugungsscheibchen sind nicht sehr gut definiert, da zur Abbildung infolge der kurzen Belichtungszeit und der Lichtverteilung auf viele Flecken für einen einzelnen Fleck nur wenig Licht zur Verfügung steht. Während der Beobachtung erfolgt eine rechnergesteuerte Bildbearbeitung, bei der aus der statistischen Verteilung der Flecken der Mittelpunkt der Verteilung sowie ein gemitteltes Bild der Scheibchen bestimmt wird. Das gemittelte Bild entspricht dem vom Teleskop bei einer beugungsbegrenzten Auflösung verursachten Beugungsscheibchen.

Das Verfahren kann u. a. zur optischen Auflösung von Doppelsternen genutzt werden. Die Komponenten des Doppelsterns ergeben ein Fleckenmuster, bei dem jeder Fleck einen dicht benachbarten zweiten Fleck hat, der dem Beugungsscheibchen der anderen Komponente entspricht. Bei der Rekonstruktion ergeben sich die beiden getrennten Beugungsscheibchen, selbst wenn ihr Abstand kleiner als das Szintillationsscheibchen ist. In gleicher Weise kann die Sternverteilung in dichten Sternhaufen ermittelt werden.

Die S.-I. ist sehr zeitaufwendig und ist durch die Verwendung von adaptiven Optiken (→ Spiegelteleskop) weitgehend verdrängt.

Spektralanalyse, die Untersuchung des Spektrums eines Himmelskörpers zur Bestimmung der chemischen Zusammensetzung und des physikalischen Zustands der das Licht aussendenden Schichten. Die S. nimmt in der Astrophysik eine herausragende Stellung ein, da beides nur auf diesem Wege möglich ist.

Ein Spektrum besteht im Allg. aus einer kontinuierlichen Intensitätsverteilung mit überlagerten Spektrallinien, die sowohl Emissions- wie auch Absorptionslinien sein können. Die einzelnen Komponenten des Spektrums haben unterschiedliche Stärke. Das spezielle Aussehen eines Spektrums wird durch die Häufigkeit der Elemente in dem das Spektrum emittierenden Medium, im Allg. einem Gas, sowie dessen physikalischen Zustand bestimmt (→ Spektrum).

Eine *qualitative* S. ergibt sich bereits bei der Identifizierung der im Spektrum auftretenden Spektrallinien. Dazu wird das beobachtete Spektrum mit Spektren irdischer Substanzen verglichen und festgestellt, durch welche Elemente die einzelnen Linien verursacht werden. Bei einer *quantitativen* S. wird darüber hinaus die relative Häufigkeit der verschiedenen Elemente ermittelt, wozu Spektren hohen Auflösungsvermögens benötigt werden, um von vielen Elementen die Stärke der Spektrallinien bestimmen zu können.

Die Schwierigkeiten einer quantitativen S. ergeben sich aus der Abhängigkeit des Spektrums auch vom physikalischen Zustand des absorbierenden bzw. emittierenden Gases, d. h. von der herrschenden Dichte und Temperatur. Die Temperatur bestimmt den Anregungs- und Ionisationszustand der Elemente, der Ionisationsgrad wird zusätzlich von der Dichte, speziell der Anzahldichte der freien Elektronen, bestimmt (→ Absorption, → Ionisation). In dem von der Erde aus beobachtbaren Spektralbereich (→ Erdatmosphäre) sind im Allg. nicht von allen Anregungs- und Ionisationszuständen eines Elements Spektrallinien vorhanden. Eine quantitative S. ist aber nur möglich, wenn der Anregungs- und Ionisationszustand von allen Elementen bekannt ist. Die Berechnung des Ionisationsgrads eines bestimmten Elements setzt aber voraus, dass dieser bereits von sämtlichen anderen Elementen bekannt ist, da alle ionisierten Elemente zur Anzahldichte der Elektronen beitragen. Eine exakte quantitative S. muss daher schrittweise in einem Näherungsverfahren erfolgen (→ Sternatmosphäre).

Für eine detaillierte S. sind Spektren mit möglichst hoher Auflösung notwendig, um spektrale Merkmale trotz geringer Wellenlängendifferenz noch getrennt untersuchen zu können (→ Spektralapparat).

Spektralapparat, Gerät zur Zerlegung einer elektromagnetischen Strahlung, speziell der Strahlung im optischen Spektralbereich, in ein Spektrum.

In einem *Spektroskop* kann das Spektrum durch ein kleines Fernrohr betrachtet werden. In einem *Spektrographen* wird die spektral zerlegte Strahlung auf einen geeigneten Empfänger, z. B. einen photoelektrischen Flächendetektor (→ Photometer), geleitet und die Strahlungsintensität in Abhängigkeit von der Wellenlänge registriert. Die spektrale Zerlegung erfolgt im einfachsten Fall mittels Glasprismen, bei modernen astronomischen S.en fast ausschließlich mit Hilfe von Beugungsgittern, dementsprechend wird zwischen Prismen- und Gitterspektrograph unterschieden. In einem spaltlosen Spektrographen wird die gesamte von der Strahlungsquelle einfallende Strahlung spektral zerlegt, in einem Spaltspektrographen nur der durch einen engen Spalt begrenzte Teil der Strahlung.

Der Eintrittsspalt eines *Spaltspektrographen* befindet sich in der Brennebene des Fernrohrs und schneidet aus dem Bild des zu untersuchenden Objekts, bei einem Stern aus dessen Szintillationsscheibchen (→ Szintillation), einen schmalen Streifen aus, so dass nur der vom Spalt durchgelassene Strahlungsanteil spektral zerlegt wird. Dieser wird mittels einer Kollimatoroptik in ein Parallellichtbündel verwandelt und auf ein wellenlängenselektives Element (Glasprisma oder ein Beugungsgitter) geleitet, von dem das Licht entsprechend der Wellenlänge in unterschiedliche Lichtbündel aufgefächert wird. Die Bündel gelangen zu einem Kameraobjektiv, das sie einem Strahlungsempfänger zuführt (Abb.). Das entstandene Spektrum ist eine Folge nebeneinandergereihter monochromatischer Bilder des beleuchteten Spalts. Ist das Licht der Strahlungsquelle monochromatisch, wird nur ein einziges Spaltbild erzeugt; das Spektrum besteht aus einer einzigen Spektrallinie. Ist das Licht ein Gemisch von Strahlung aller möglichen Wellenlängen, bilden die Spaltbilder ein kontinuierliches Band; es liegt dann ein kontinuierliches Spektrum vor. Der Spalt dient zur Beschränkung des Spaltbilds auf einen engen Wellenlängenbereich. Je schmaler der Spalt, umso besser ist die spektrale Auflösung, umso weniger Licht steht aber auch jedem Wellenlängenbereich zur Verfügung.

Bei einem *Gitterspektrographen* erfolgt die spektrale Zerlegung des Lichts durch ein Beugungsgitter, im Allg. einen Spiegel, in dessen Oberfläche sehr viele eng benachbarte parallele Furchen geritzt sind, zwischen denen schmale reflektierende Streifen verbleiben. Auf einen Millimeter können bis zu tausend und mehr Streifen kommen. Sie wirken wie die Spalte eines → Interferometers. Mittels einer Kameraoptik wird das von den Streifen kommende Licht zur Interferenz gebracht, wodurch sich in der Brennebene der Optik Intensitätsmaxima an den Stellen ergeben, an denen der Gangunterschied des von den einzelnen Streifen kommenden Lichts genau ein ganzzahliges Vielfaches der Wellenlänge ist. Je größer die Wellenlänge, umso weiter sind die Maxima von der Senkrechten zur Gitterebene entfernt. Die Gesamtheit der Maxima ergibt das Spektrum, der überdeckte Wellenlängenbereich die Effektivität der spektralen Zerlegung. Wird das Spektrum von n interferierenden Streifen erzeugt, bezeichnet n die Ordnung des Spektrums. Bei einem normalen Reflexionsgitter geht infolge der Undurchlässigkeit der geritzten Furchen ein Teil des Lichts verloren. Bei einem *Blaze-Gitter* [blaze, engl., ‚lodern'] erhalten die reflektierenden Gitterstreifen eine spezielle Form, so dass sich für bestimmte Einfallswinkel eine große Helligkeit ergibt, das Spektrum einer bestimmten Ordnung besonders hell erscheint. Die Spektren unterschiedlicher Ordnungen überlappen sich in der Brennebene der Optik umso mehr, je höher die Ordnungen sind. Zur Trennung der überlappenden Spektren wird bei einem *Échelle-Gitter* [échelle, franz., ‚Stufe'] das Licht an einem zweiten Gitter reflektiert, dessen Furchen senkrecht zu denen des ersten Gitters sind. Vom zweiten Gitter werden die Spektren unterschiedlicher Ordnung so abgelenkt, dass sie parallel zueinander liegen. Bei einem *Grism* [engl. Kunstwort aus *g*rating, ‚Gitter', und pr*ism*, ‚Prisma'] wird ein Strichgitter auf einem Prisma aufgebracht, wodurch die Spektren höherer Ordnung gleichfalls nebeneinander zu liegen kommen.

Zur Bestimmung der Wellenlängenskala in einem beobachteten Spektrum wird es mit einem Spektrum verglichen, das mit dem zur Beobachtung genutzten Spektrographen gewonnen wurde und Linien bekannter Wellenlänge besitzt.

Ein *spaltloser Spektrograph* gleicht im Prinzip einem Spaltspektrographen, nur gelangt mit Hilfe der Kollimatoroptik das Licht des in der Brennebene des Fernrohrs erzeugten Bilds als Ganzes in den Spektrographen. In der Brennebene der Spektrographenkamera ergeben sich aufgereiht die monochromatischen Bilder des Objekts, bei einem Stern die Bilder des Szintillationsscheibchens, die überlappend ein kontinuierliches Spektrum ergeben. Bei Objekten, deren Strahlung auf nur wenige Spektrallinien konzentriert ist, befinden sich in der Brennebene getrennte monochromatische Bilder des Objekts.

Wegen der großen Entfernungen astronomischer Objekte sind die empfangenen Lichtbündel nahezu ideal parallel, was eine Kollimatoroptik erübrigt. Bei den einfachsten spaltlosen Spektrographen wird ein *Objektivprisma*, ein unmittelbar vor dem Fernrohrobjektiv sich befindendes Glasprisma, verwendet; das gesamte Fernrohr wird dadurch zur Spektrographenkamera. In der Teleskopbrennebene entsteht simultan von jedem sich im Gesichtsfeld befindenden Objekt ein Spektrum. Das Auflösungsvermögen eines Objektivprismas ist nicht sehr hoch, bei großer Sterndichte im Gesichtsfeld treten leicht Überlappungen der einzelnen Spektren auf. Die Länge der Spektren beträgt meist nur einige Millimeter. Zum Erkennen der stärksten Absorptionslinien in den Sternspektren und damit für eine grobe Spektralklassifikation reicht dies oft aus.

Fabry-Pérot-Interferometer [benannt nach den franz. Physikern C. Fabry (1867–1945) und J.-B. Pérot (1863–1925)] werden hauptsächlich zur Untersuchung flächenhafter Objekte mit Emissionslinienspektrum benutzt. Hauptbestandteil sind zwei durch einen Luftspalt getrennte planparallele Glasplatten, deren einander zugekehrte Seiten halbdurchlässig verspiegelt sind. Das Licht tritt in das Interferometer durch die erste Glasplatte ein und wird dann zwischen erster und zweiter Platte mehrfach reflektiert. Ein kleiner Teil des Lichts tritt bei jeder Reflexion aus dem Interferometer aus und wird mit einer Linsenkombination abgebildet. Bei einer ausgedehnten monochromatischen Lichtquelle durch-

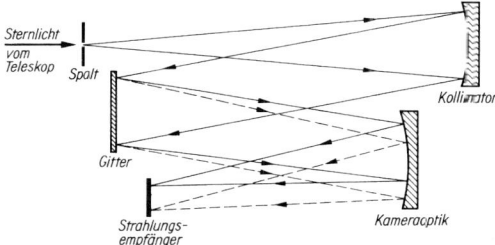

Schematischer Strahlengang in einem Gitterspektrograph

Spektralbereich

laufen die Strahlen von allen nicht auf der optischen Achse liegenden Punkten das Interferometer mit unterschiedlichen Winkeln und haben dadurch unterschiedliche Weglängen, die Lichtwellen unterschiedliche Phasen. Entsprechen die Unterschiede einem ganzzahligen Vielfachen der Wellenlänge, kommt es zu einer positiven Interferenz, wodurch in der Brennebene der Abbildungsoptik konzentrische, helle, nach außen hin schmaler und lichtschwächer werdende Interferenzringe entstehen. Die Ringradien hängen von der Wellenlänge des Lichts sowie dem Abstand der Glasplatten ab, Abstandsveränderungen bewirken Radienveränderungen. Aus den gemessenen Radien kann bei bekanntem Plattenabstand die Wellenlänge des Lichts bestimmt werden.

Leistung der Spektrographen. Die Leistung eines S.s ist durch Dispersion, Auflösungsvermögen und Lichtstärke charakterisiert. Die *Dispersion* gibt an, wie stark das Spektrum in der Brennebene des Spektrographen auseinandergezogen ist. Die Angabe 1 nm/mm bedeutet z. B., dass Licht eines Wellenlängenbereichs von 1 nm ein Spektrum von 1 mm Länge ergibt, es ist dies die reziproke lineare Dispersion des S.s. Bei modernen Spektrographen werden reziproke Lineardispersionen von etwa 0,1 nm/mm erreicht. Zur Untersuchung sehr feiner spektraler Einzelheiten wie Linienkonturen sind hohe Dispersionen unverzichtbar, aber je höher die Dispersion ist, umso geringer ist die auf die Flächeneinheit der Brennebene fallende Energie.

Das *Auflösungsvermögen* gibt den Wellenlängenunterschied $\Delta\lambda$ an, den zwei spektrale Merkmale, z. B. zwei Spektrallinien, bei der Wellenlänge λ haben müssen, um im Spektrum getrennt wahrgenommen zu werden. Bei in der Astronomie verwendeten Gitterspektrographen werden Auflösungsvermögen $\lambda/\Delta\lambda$ von etwa 100 000 erreicht, d. h. bei einer Wellenlänge von 500 nm sind zwei Spektrallinien mit einer Wellenlängendifferenz von 0,005 nm noch getrennt nachweisbar. Das Auflösungsvermögen ist umso größer, je höher die Ordnung des Spektrums ist.

Die *Lichtstärke* charakterisiert die Bestrahlungsstärke des Strahlungsdetektors. Die in der Astronomie zu untersuchenden Objekte sind im Allg. sehr lichtschwach, zusätzlich wird die geringe Strahlungsenergie noch infolge der spektralen Zerlegung auf eine große Fläche verteilt. Um auswertbare Spektren zu erlangen, wird eine hohe Lichtstärke benötigt. Die Höhe der Bestrahlung des Detektors sinkt aber mit steigender Dispersion. Spaltlose Spektrographen haben die größte Lichtstärke, da sämtliche vom Fernrohr erfasste Strahlung zum Spektrum beiträgt.

Im Detail können S.e vom skizzierten Schema abweichen. Bei großen Spektrographen sind vielfach mehrere Kameras vorhanden, um unterschiedliche Wellenlängenbereiche untersuchen zu können. Die am Fernrohr nahe des Brennpunkts befestigten S.e werden bei der Bewegung mitgeführt, sie müssen so stabil sein, dass bei Fernrohrbewegungen wie auch bei Temperaturschwankungen die optische Güte der Abbildung gewährleistet bleibt. Große Spektrographen werden vielfach im Coudé-Fokus eines Spiegelteleskops installiert, wo sie ortsfest sind und bei konstanter Temperatur gehalten werden können. Bei azimutal montierten Teleskopen wird vielfach der Nasmyth-Fokus (→ Spiegelteleskop) genutzt.

Bei einem *Multiobjekt-Spektrographen* befindet sich in der Brennebene des Teleskops eine Maske mit Durchbrüchen an denjenigen Stellen, an denen sich die Bilder der in einem Stern- oder Galaxienfeld zu untersuchenden Objekte befinden. An der Trägerplatte der Maske ist an jeder Durchbruchstelle eine Glasfaser positioniert, mit der das Licht des jeweiligen Objekts einer genau definierten Stelle des Spalts eines Spaltspektrographs zugeführt und von einem photoelektrischen Detektor registriert wird. Bei einer Beobachtung können Spektren von z. T. mehr als 100 Objekten simultan gewonnen werden. Die Spektren haben eine relativ geringe Auflösung, für jedes Beobachtungsfeld ist eine der Objektverteilung entsprechende spezielle Maske erforderlich. Für Strahlung außerhalb des sichtbaren Spektralbereichs werden S.e besonderer Art benötigt (→ Röntgenteleskop; → Radioteleskop).

Spektralbereich, ein mehr oder minder großer Teil eines elektromagnetischen Spektrums.

Spektralkatalog, Sternkatalog, der vor allem die genau bestimmte Spektralklasse der aufgeführten Sterne enthält.

Spektralklasse, *Spektraltyp*, eine Angabe zur Charakterisierung des Spektrums eines Sterns.

Im optischen Spektralbereich besteht ein Sternspektrum aus einer kontinuierlichen Intensitätsverteilung, dem überwiegend Absorptionslinien überlagert sind. Die Energieverteilung des kontinuierlichen Spektrums ist von der effektiven → Temperatur des Sterns abhängig; mit zunehmender Temperatur verschiebt sich das Energiemaximum zu kürzeren Wellenlängen. Die Stärke einer Spektrallinie (→ Spektrum) ist von der Häufigkeit des sie verursachenden chemischen Elements sowie von seinem Anregungs- und Ionisationsgrad abhängig. Beide nehmen mit steigender Temperatur zu, der Ionisationsgrad hängt zusätzlich von der Dichte ab, er sinkt mit steigender Dichte (→ Ionisation). Da die Dichte in einer Sternatmosphäre zusätzlich zur Effektivtemperatur von der herrschenden Schwerebeschleunigung abhängig ist, sind sie die beiden ein Sternspektrum bestimmenden physikalischen Parameter. In erster Näherung ist die chemische Zusammensetzung der Sternatmosphären gleich, aus der S. kann daher auf den physikalischen Zustand in der Atmosphäre geschlossen werden.

Spektralklassifikation. Die Vielfalt der Sternspektren wird im Rahmen der gegenwärtig gebräuchlichen Spektralklassifikation im Wesentlichen nach der Stärke der Absorptionslinien in den Spektren grob in die Klassen O, B, A, F, G, K und M eingeteilt. In dieser Reihe haben die Sterne der folgenden Klasse jeweils eine geringere effektive Temperatur als die Sterne der vorangegangenen, die O-Sterne demnach die höchste, die M-Sterne die niedrigste effektive Temperatur.

Neben dieser *Hauptfolge* der S.n gibt es *Nebenfolgen*, zu denen die S.n R und N (heute als C zusammengefasst) sowie S gehören (Abb. 1). Deren Spektren unterscheiden sich von denen der Klasse M im Wesentlichen im infraroten Spektralbereich. Die → Wolf-Rayet-Ster-

Spektralklasse

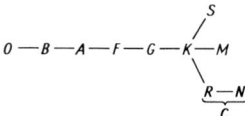

Abb. 1: Schema der Hauptfolge und der Nebenfolgen der Spektralklassen

ne gehören zur gesonderten S. W, die in der Hauptfolge noch vor der S. O liegt. Zur Kennzeichnung substellarer Objekte dienen die S.n L und T.

Zur feineren Unterscheidung werden die S.n der Hauptfolge dezimal unterteilt, wobei dem großen Buchstaben eine der Ziffern 0 bis 9 entsprechend abnehmender Effektivtemperatur angefügt wird, z. B. in der Reihe A0, A1, ... A9, F0, F1 ... F9, G0 ... . Eine Ausnahme bildet die S. O, bei der die Einteilung bei O3 beginnt.

Die nicht alphabetische Reihenfolge ist historisch bedingt. Die ursprünglich an der Harvard-Sternwarte (USA) durchgeführte Spektralklassifikation *(Harvard-Klassifikation)* erfolgte nach rein äußerlichen Merkmalen. Bei der späteren Wahl der Effektivtemperatur als Ordnungskriterium wurden die alten Bezeichnungen der S.n im Wesentlichen beibehalten, nur musste die Reihenfolge z. T. geändert werden. Einige S.n der Harvard-Klassifikation wurden teilweise mit anderen vereinigt, andere weggelassen.

Es hat sich eingebürgert, die S.n O bis A als *frühe*, die von F bis G als *mittlere* und die übrigen als *späte S.n* zu bezeichnen, ohne dass damit, wie zunächst gedacht, die Entwicklung der Sterne gemeint ist. Allgemein wird ein Stern im Vergleich mit einem anderen als „früher" oder „später" bezeichnet, je nachdem, ob die S. in der Hauptreihenfolge der Klasse O oder der Klasse M näher liegt. Die wesentlichen für die Einordnung der Sternspektren in die Spektralklassenfolge benutzten Merkmale sind in der Tabelle angegeben. Wie in der Spektroskopie üblich, wird die Ionisationsstufe eines Elements durch eine hinter das Elementsymbol gestellte römische Zahl gekennzeichnet: I neutral, II einmal ionisiert, III zweimal ionisiert, usw.; z. B. bezeichnet HI neutralen Wasserstoff, HeII einmal ionisiertes Helium, NIII zweimal ionisierten Stickstoff (Abb. 2 und 3).

Die Sterne der S.n R und N werden wegen des Auftretens von Kohlenstoffverbindungen als *Kohlenstoffsterne* bezeichnet und zur S. C zusammengefasst. Zu den S.n L und T gehören substellare Objekte, u. a. → Braune Zwerge.

Spektrale Besonderheiten in einem Sternspektrum werden durch einen kleinen, dem Symbol der S. nachgestellten Buchstaben gekennzeichnet, z. B. bedeutet e, dass im Spektrum Emissionslinien vorhanden sind, n, dass die Spektrallinien sehr diffus sind, und p, dass im Rahmen der normalen Klassifikation nicht erfassbare Besonderheiten auftreten.

Allgemein gilt: Je höher die Effektivtemperatur, umso mehr Linien ionisierter Atome, je geringer die Temperatur, umso mehr Moleküllinien. Die relativen Maxima in der Stärke einiger Linien, z. B. der → Balmer-Linien des Wasserstoffs (Abb. 4), sind Folge des mit wachsender Effektivtemperatur steigenden Anregungs- und Io-

Spektrale Merkmale der Spektralklassen

W: Breite Emissionslinien u. a. von HI, HeI und HeII auf intensivem Kontinuum.

O: Bei frühen O-Sternen Absorptionslinien von HeII, ansonsten von HeI, sowie Linien von mehrfach ionisierten Atomen, z. B. CIII, NIII, SiIV; Balmer-Linien (HI) relativ schwach.

B0-B4: Absorptionslinien von HeI, außerdem Balmer-Linien und Linien von OII und SiII.

B5-B9: Schwächere Heliumlinien, verstärkte Balmer-Linien.

A0-A4: Balmer-Linien dominieren; einige Linien ionisierter Metalle, z. B. MgII, SiII, FeII, TiII.

A5-A9: Balmer-Linien etwas schwächer, die Linien H und K von CaII sowie von neutralen Metallen wie FeI etwas stärker.

F0-F4: Linien H und K weiter verstärkt, Balmer-Linien weiter geschwächt, Linien des vom CH-Radikal verursachten G-Bands.

F5-F9: Linien H und K stärkste Linien, G-Band verstärkt.

G0-G4: Linien H und K dominieren, Balmer-Linien noch erkennbar, viele Linien neutraler Metalle. Das Sonnenspektrum ist vom Typ G2.

G5-G9: Linien von FeI kräftiger als Balmer-Linien.

K0-K4: Kontinuum an der kurzwelligen Seite der K-Linie fast verschwunden, G-Band sehr stark, schwache Banden vom Titanoxid (TiO).

K5-K9: Ähnlich wie K0 bis K4, TiO-Banden verstärkt.

M: TiO-Banden sind Hauptmerkmal, G-Band in einzelne Linien aufgelöst, sehr starke Linien von CaI.

R: Ähnlich wie M, Banden von Zyan (CN) und Kohlenmonoxid (CO).

N: Ähnlich wie R, Kontinuum für Wellenlängen kleiner als 450 nm fehlt fast völlig.

S: Ähnlich wie M und N, Banden von Zirkonoxid (ZrO).

L: Linien von Eisenhydrid (FeH), Kalziumhydrid (CaH) sowie Na, K, Cs, schwache Banden von Methan und Wasser.

T: Schwächere Banden von FeH und CaH, starke Banden von Methan und Wasser.

nisationsgrads. Mit steigender Temperatur nimmt der Anregungsgrad und damit die Stärke der vom ersten angeregten Zustand neutraler Wasserstoffatome ausgehenden Balmer-Linien zu, der Ionisationsgrad ist noch relativ gering.

Steigt die Temperatur weiter, so auch der Ionisationsgrad, wodurch die relative Zahl der neutralen Atome ab-, ihr Anregungsgrad aber weiter zunimmt, die absolute Zahl neutraler Atome nimmt infolge des steigenden Ionisationsgrads dagegen ab. Ab etwa der S. A0 ist die Abnahme stärker als die Zunahme neutraler Atome im ersten angeregten Zustand, so dass nun die Stärke der Balmer-Linien sinkt (Abb. 4).

Von den Sternen heller als 8^m gehören etwa 99,9% zu den S.n B bis M, was die Bezeichnung Hauptfolge rechtfertigt, nahezu der gesamte Rest gehört zu den S.n

Spektralklasse

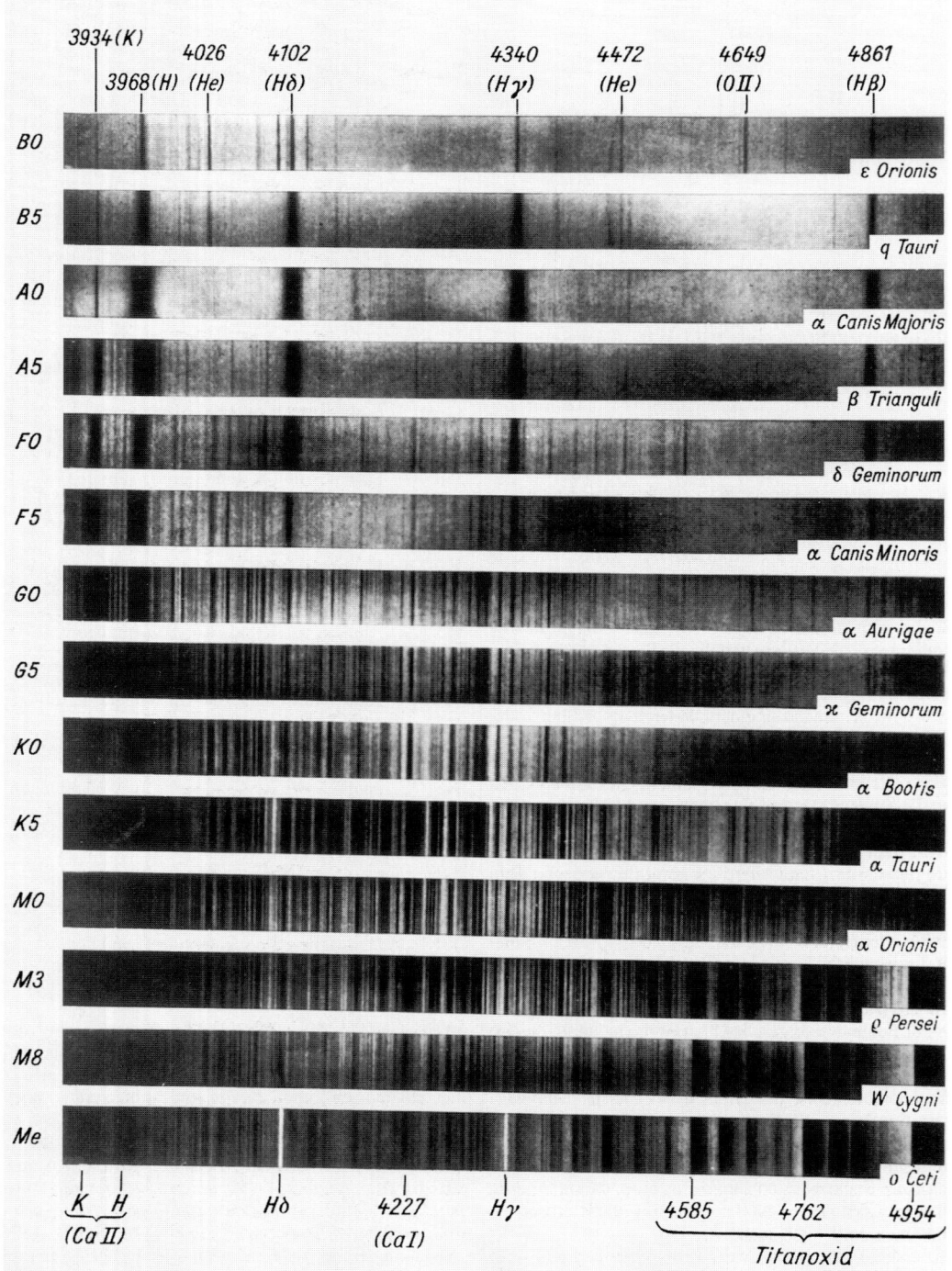

Abb. 2: Typische Sternspektren von Hauptreihensternen unterschiedlicher Spektralklasse. Für einige Linien sind die Wellenlängen in Å und die erzeugenden Elemente angegeben; I: neutrale Atome; II: einmal ionisierte Atome. (Zusammengestellt von W. C. Seitter)

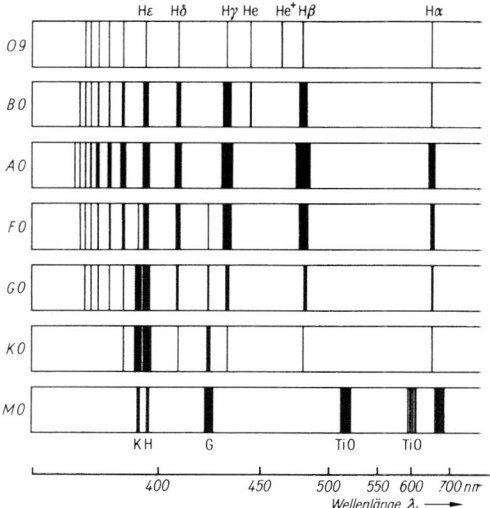

Abb. 3: Stärke charakteristischer Spektrallinien längs der Hauptfolge der Spektralklassen. Hα, Hβ ... Linien der Balmer-Serie; He, He⁺ neutrales bzw. einmal ionisiertes Helium. (Nach F. Gondolatsch, G. Groschopf und O. Zimmermann)

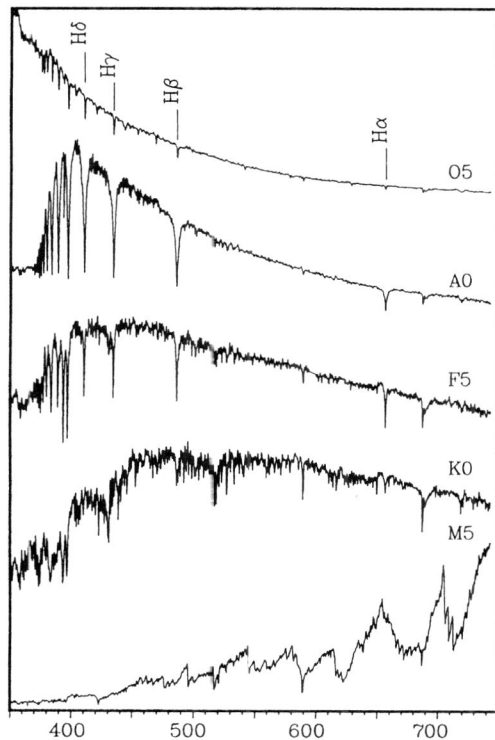

Abb. 4: Wellenlängenabhängigkeit der Intensitätsverteilung in den Spektren von Sternen unterschiedlicher Spektralklasse

O und W. Von den 225 300 Sternen des → Henry-Draper-Katalogs mit einer scheinbaren Grenzhelligkeit von $9^m\!\!.5$ entfallen auf die S. M etwa 7%, K 37%, G 16%, F 10%, A 27% und B etwa 3%. Diese Verteilung entspricht nicht der tatsächlichen Verteilung der Sterne in einem vorgegebenen Raumbereich, z.B. der Sonnenumgebung, auf die verschiedenen S.n.: Sterne unterschiedlicher S. haben unterschiedliche Leuchtkraft (→ Zustandsgröße eines Sterns) und stammen daher bei vorgegebener scheinbarer Grenzhelligkeit aus unterschiedlich großen Raumbereichen. Die wahre Verteilung der Sterne auf die verschiedenen S.n gibt die → Leuchtkraftfunktion.

Für Sterne gleicher S. und demnach ungefähr gleicher Effektivtemperatur wächst mit dem Radius die → Leuchtkraft, die Schwerebeschleunigung dagegen sinkt. Eine geringere Schwerebeschleunigung hat geringere Dichte und niedrigeren Druck in der Atmosphäre zur Folge. Niedrigere Dichte bedeutet einen höheren Ionisationsgrad, damit eine größere Stärke der von ionisierten Atomen herrührenden Spektrallinien. Bei geringerer Dichte ist die Druckverbreiterung (→ Spektrum) geringer, die Spektrallinien sind schmäler. Bei gleicher Effektivtemperatur und damit gleicher S. unterscheiden sich die Spektren je nach der Leuchtkraft der Sterne ein wenig. Aus einem Sternspektrum kann damit sowohl auf die effektive Temperatur als auch auf die Leuchtkraft geschlossen werden.

Zur Charakterisierung dieser beiden Größen wird die Angabe der S. durch die der **Leuchtkraftklasse** ergänzt, indem dem Symbol der S. eine römische Ziffer von I bis V nachgestellt wird. Die Leuchtkraftklasse I umfasst Sterne mit sehr großem Radius, die Überriesen, die Sterne mit einem mittelgroßen Radius, die Riesen, gehören zur Leuchtkraftklasse III, Hauptreihensterne zur Leuchtkraftklasse V (→ Hertzsprung-Russell-Diagramm). Das Spektrum der Sonne ist durch G2V charakterisiert.

Das gegenwärtig im Allg. verwendete derartige „zweidimensionale" Klassifikationssystem nach S. und Leuchtkraftklasse beruht auf den von W. W. Morgan, P. C. Keenan und E. Kellman entwickelten Kriterien, es wird nach den Anfangsbuchstaben der Autorennamen als MKK-System oder MK-System bezeichnet. Die empirische Klassifikation der Sternspektren nach Effektivtemperatur und Schwerebeschleunigung kann theoretisch begründet werden (→ Sternatmosphäre).

Zur Realisierung des Systems von Spektral- und Leuchtkraftklassen dienen unter einheitlichen Beobachtungsbedingungen gewonnene Spektren von Standardsternen. Dazu werden im Allg. Spektrographen geringer Dispersion verwendet (→ Spektralapparat), um auch weniger helle Sterne erfassen zu können. Zur Bestimmung der S. eines Sterns wird sein Spektrum mit denen von Standardsternen verglichen, die mit gleichen Spektralinstrumenten gewonnen wurden. Für statistische Untersuchungen sind vor allem Teleskope mit Objektivprisma (→ Spektralapparat) geeignet, da gleichzeitig von vielen Sternen eines Sternfelds Spektren erhalten werden.

Spektralklassifikation

Bei Sternen geringer scheinbarer Helligkeit ist eine Spektralklassifikation auch mittels einer Schmalbandphotometrie möglich (→ Photometrie), bei der aus der Sternstrahlung solche schmale Spektralbereiche ausgefiltert werden, in denen bei der üblichen Klassifikation benutzte Linien liegen. Das Verhältnis der Strahlungsintensität in einem derartigen Spektralbereich zu der im benachbarten Kontinuum ist dann wesentlich von der Stärke der zur Klassifikation benötigten Linien abhängig.

Eine andere zweidimensionale Spektralklassifikation nutzt als Klassifikationskriterium die Lage und Größe des sog. → Balmer-Sprungs, d.h. die Differenz zwischen der Intensität des Kontinuums auf der langwelligen und der kurzwelligen Seite der bei 364,6 nm liegenden Seriengrenze der Balmer-Linien (Abb. 5). Der Helligkeitsabfall ergibt sich, da alle Strahlung mit Wellenlängen kleiner als 364,6 nm von Wasserstoffatomen im ersten angeregten Zustand absorbiert wird und zur Ionisation führt, längerwellige Strahlung hingegen nur diskrete Zustände für Balmer-Linien anregt. In realen Spektren überlappen sich infolge der Druckverbreiterung (→ Spektrum) die Balmer-Linien nahe der Seriengrenze so stark, dass sie nicht mehr einzeln erkennbar sind, es ergibt sich ein „verschmierter" Übergang zum kurzwelligen Kontinuum. Zur Spektralklassifikation dient die Größe der Helligkeitsdifferenz zwischen dem jeweils bis zur willkürlich festgelegten Wellenlänge 370,0 nm extrapolierten Kontinuum. Die Differenz ist von der Effektivtemperatur des Sterns abhängig, damit der S. äquivalent. Der zweite Parameter ist die Steilheit des Helligkeitsabfalls im Bereich des Balmer-Sprungs, die durch die Druckverbreiterung der Linien bedingt ist, damit der Leuchtkraftklasse äquivalent ist. Zur Klassifikation sind Spektren hoher Auflösung erforderlich.

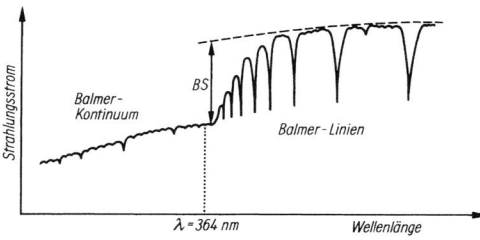

Abb. 5: Schematisierte spektrale Intensitätsverteilung eines Sternspektrums nahe der Balmer-Grenze; BS: Balmer-Sprung. Erläuterungen im Text

Spektralklassifikation, die Einteilung von Sternspektren nach physikalischen Gesichtspunkten; → Spektralklasse.
Spektrallinie, → Spektrum.
Spektralphotometrie, die Bestimmung der Helligkeitsverteilung im Spektrum von Himmelskörpern; → Photometrie.
Spektraltyp, svw. Spektralklasse.
Spektraltypparallaxe, → Parallaxe.
Spektrograph, → Spektralapparat.
Spektroheliograph, Instrument zur → Sonnenbeobachtung.
Spektroskop, → Spektralapparat.
spektroskopische Parallaxe, → Parallaxe.
spektroskopischer Doppelstern, → Doppelstern.
Spektrum, die Intensität einer elektromagnetischen Strahlung in Abhängigkeit von der Wellenlänge bzw. der Frequenz, im erweiterten Sinn die Häufigkeitsverteilung einer bestimmten Eigenschaft von Objekten in einer gegebenen Menge. Ein Massenspektrum bezeichnet z.B. die Häufigkeitsverteilung der Masse von Teilchen in einer Teilchenmenge, ein Geschwindigkeitsspektrum die Geschwindigkeitsverteilung.

Elektromagnetische Strahlung besteht im Allg. aus einem Gemisch von Wellen unterschiedlicher Wellenlänge oder – im Teilchenbild – aus einem Gemisch von Photonen unterschiedlicher Energie. Beispielsweise erweist sich das dem Auge weiß erscheinende Sonnenlicht als eine Mischung von Licht ganz unterschiedlicher Farbe. Zur Trennung der verschiedenen Anteile einer Strahlung und zur Bestimmung der wellenlängenabhängigen Intensitätsverteilung in einem mehr oder weniger breiten Wellenlängenbereich dienen → Spektralapparate.

Eine Stelle im elektromagnetischen S. ist durch die Angabe der Wellenlänge λ oder der Frequenz ν festgelegt. Wellenlänge und Frequenz sind durch die Beziehung $c = \lambda \cdot \nu$ verbunden, in der c die Lichtgeschwindigkeit bezeichnet. Für die Photonenenergie E an dieser Stelle gilt $E = hc/\lambda = h \cdot \nu$, dabei bedeutet h das Planck'sche → Wirkungsquantum. Elektromagnetische Strahlung kann u.a. beim Übergang eines Atoms, Moleküls oder Atomkerns von einem Zustand höherer Energie E_2 in einen Zustand niedrigerer Energie E_1 emittiert werden. Die Frequenz der dabei ausgesandten Photons ergibt sich zu $\nu = (E_2 - E_1)/h$. Für den Übergang von E_1 zu E_2 muss dem Teilchen im Energiezustand E_1 die Energie $E_2 - E_1$ durch Absorption eines Photons zugeführt werden.

Im Bereich des sichtbaren Lichts nimmt die Wellenlänge vom Violett zum Rot von etwa 400 auf 700 nm zu. Strahlung kleinerer oder größerer Wellenlänge ist unsichtbar, wird aber meist auch als Licht bezeichnet. An den sichtbaren Spektralbereich schließt sich zu kürzeren Wellenlängen hin der Ultraviolettbereich an, der bis etwa 10 nm reicht, danach das Gebiet der Röntgenstrahlung bis zu etwa 0,01 nm sowie das der Gammastrahlung mit noch kürzeren Wellenlängen. Jenseits des roten Spektralbereichs liegt der Infrarotbereich, der sich bis zu einigen 100 µm erstreckt und in den Submillimeterbereich übergeht, dem sich das Gebiet der Radiofrequenzstrahlung anschließt.

Nach dem Aussehen wird zwischen einem kontinuierlichen S., einem Linienspektrum oder einem Bandenspektrum unterschieden, die auch überlagert sein können.

Kontinuierliches Spektrum. Ein kontinuierliches S. ist eine lückenlose Energieverteilung in einem mehr oder minder breiten Wellenlängenbereich. Es kann sowohl ein Emissions- wie auch ein Absorptionskontinuum sein, je nachdem, ob in dem Bereich Strahlung emittiert oder absorbiert wird. Dabei müssen der Energieausgangs- oder -endzustand oder beide eine kontinuierliche Folge von Energiezuständen haben. Das trifft

z. B. für die kinetische Energie freier Elektronen zu, so dass kontinuierliche Spektren bei frei-freien, gebunden-freien und frei-gebundenen Elektronenübergängen entstehen (→ Atom). Unter besonderen Bedingungen können auch gebunden-gebundene Übergänge infolge von → Zwei-Photonen-Emissionen zu einem Kontinuum führen. Kontinuierliche Spektren werden auch von Festkörpern emittiert, bei denen die Energiezustände der in den Atomen gebundenen Elektronen infolge der starken Wechselwirkung mit Nachbaratomen zu breiten Energiebändern auseinandergezogen sind.

Die Strahlung eines sehr dichten oder sehr ausgedehnten Gases hat ein kontinuierliches S., da die Emissionsfähigkeit der Atome mit deren Absorptionsfähigkeit gekoppelt ist. Emittieren die Atome bei einer Wellenlänge sehr stark, so ist auch die Absorptionsfähigkeit sehr hoch. Die emittierte Strahlung ist schon nach kurzer Wegstrecke absorbiert. Bei geringer Emissions- und daher geringer Absorptionsfähigkeit ist die freie Weglänge der Photonen groß; die geringe Emission pro Volumeneinheit wird durch die Beiträge der längs einer großen Wegstrecke verteilten Atome ausgeglichen. Insgesamt führt dies bei genügender Ausdehnung zu einem kontinuierlichen S. In weniger dichten oder weniger weit ausgedehnten Gasmassen tritt die Kompensation nicht ein, es ergibt sich ein Linienspektrum. Ob eine Gasmasse in diesem Sinn dicht oder weniger dicht bzw. weit oder weniger weit ausgedehnt ist, hängt von der freien Weglänge der Photonen ab (→ optische Dicke).

Ein Körper, der sich im idealen thermodynamischen Gleichgewicht befindet, sendet ein kontinuierliches S. aus, in dem die Energieverteilung allein von der Temperatur, nicht von seiner chemischen Zusammensetzung abhängt, es wird durch das Planck'sche Strahlungsgesetz (→ Strahlungsgesetze) beschrieben. Die Energieverteilung einer → Synchrotronstrahlung ist ebenfalls kontinuierlich, weicht aber davon stark ab, da sie nicht thermischen Ursprungs ist.

Linienspektrum. Ein wenig ausgedehntes oder sehr dünnes Gas emittiert ein *Emissionslinienspektrum* mit einem eventuell überlagerten schwachen Emissionskontinuum. Durchsetzt eine Strahlung mit kontinuierlicher Energieverteilung ein derartiges Gas und hat die Strahlungsquelle eine höhere Temperatur als das Gas, wird der durchgehenden Strahlung ein *Absorptionslinienspektrum*, eventuell verbunden mit einem Absorptionskontinuum, aufgeprägt. Von dem Gas werden genau die Linien absorbiert, die es auch emittieren würde. Für jedes chemische Element sind bestimmte Spektrallinien charakteristisch, die beim Übergang eines Atoms, Moleküls oder Atomkerns von einem diskreten Ausgangsenergiezustand zu einem diskreten Endzustand, d. h. bei gebunden-gebundenen Übergängen, entstehen (→ Atom). Die Linien lassen sich zu Serien zusammenfassen, wobei alle Absorptionslinien einer Serie zu Übergängen von einem Ausgangsenergieniveau zu den verschiedenen Endniveaus, die Emissionslinien einer Serie dagegen zu Übergängen von den verschiedenen Ausgangsniveaus auf das gleiche Endniveau gehören (Abb. 1). Bei Wasserstoff ergeben Übergänge vom oder zum Grundzustand, dem niedrigsten Energiezustand, die im ultravioletten Spektralbereich liegende → Lyman-Serie mit Lyman-α, Lyman-β, Lyman-γ usw., die Übergänge vom oder zum ersten angeregten Niveau die im sichtbaren Spektralbereich liegende → Balmer-Serie mit Hα, Hβ, Hγ usw. Die Linien einer Serie häufen sich gegen die Seriengrenze, was der Häufung der Energieniveaus gegen die Ionisationsenergie entspricht. An die Seriengrenze schließt sich ein bei gebunden-freien bzw. frei-gebundenen Übergängen entstehendes Seriengrenzkontinuum an, wobei der gebundene Zustand dem der Serie zugeordneten diskreten Energiezustand entspricht.

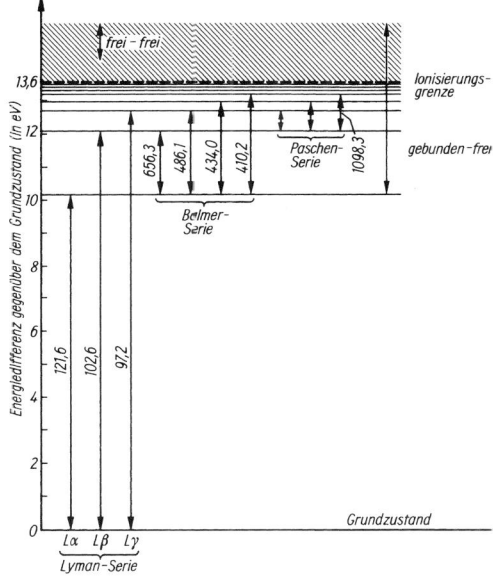

Abb. 1: Energieniveau-Schema des Wasserstoffs. Für die gebunden-gebundenen Übergänge sind die Wellenlängen der entstehenden Spektrallinien in nm angegeben sowie ein gebunden-freier und ein frei-freier Übergang dargestellt; 1 eV = $1{,}6 \cdot 10^{-19}$ J

Die **Linienstärke** ist ein Maß für die in einer Emissionslinie konzentrierte Strahlungsenergie, bei Absorptionslinien die im Kontinuum fehlende Energie. Bei Absorptionslinien dient die **Äquivalentbreite** als Maß für die Linienstärke, es ist die Breite eines gedachten Rechteckstreifens in dem der Linie benachbarten Kontinuum mit einer Fläche gleich der zwischen dem Linienprofil und dem über die Linie hinweg extrapolierten Kontinuum (Abb. 2).

Die Intensitätsverteilung im Linienbereich, die **Linienkontur** *(das Linienprofil)* (Abb. 4), ist vom physikalischen Zustand des die Linie erzeugenden Gases abhängig. Die absorbierte bzw. emittierte Energie ist im Linienzentrum am größten, beiderseits vom Zentrum, in den *Linienflügeln*, sinkt sie. Ein Maß für den Wellenlängenbereich, über den sich die emittierte oder absorbierte Energie verteilt, ist die **Halbwertsbreite**, die Breite der Linie bei der halben Maximumintensität (Abb. 3). Jede Linie besitzt eine *natürliche Linienbreite*, die von der mittleren Verweilzeit (→ Atom) des Elektrons auf

Spektrum

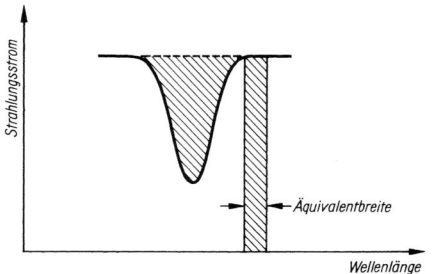

Abb. 2: Zur Definition der Äquivalentbreite. - -: extrapoliertes Kontinuum

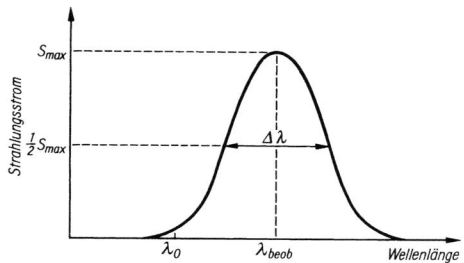

Abb. 3: Profil einer Emissionslinie. λ_0: Ruhwellenlänge, Lage des Energiemaximums der unverschobenen Linie; λ_{beob}: beobachtete Wellenlänge und Linienmaximum E_{max}; $\Delta\lambda$: Halbwertsbreite

dem Ausgangsniveau abhängt. Je geringer die Verweilzeit, umso größer ist die Linienbreite.

Eine **Linienverbreiterung** über die natürliche Linienbreite hinaus ergibt sich infolge von Prozessen, bei denen die Verweilzeit auf dem Ausgangsniveau verringert wird, z. B. infolge von Stößen mit anderen Gasatomen, was eine von der Dichte bzw. dem Druck im Gas abhängende *Stoß*- oder *Druckverbreiterung* verursacht.

Eine nicht von der Verweilzeit abhängige Linienverbreiterung ist die *Doppler-Verbreiterung*. Sie ergibt sich infolge des thermischen → Doppler-Effekts. Die absorbierenden bzw. emittierenden Atome haben eine ungeordnete Wärmebewegung, die in Bezug auf den Beobachter unterschiedliche Radialgeschwindigkeiten bedingt. Dies führt zu unterschiedlichen Rot- bzw. Blauverschiebungen der von den einzelnen Atomen erzeugten Linie, in der Gesamtheit erfolgt eine Linienverbreiterung. Bei rotierenden Lichtquellen tritt eine *Rotationsverbreiterung* ein, die gleichfalls eine Folge des Doppler-Effekts ist, da unterschiedliche Teile der Quellenoberfläche unterschiedliche Radialgeschwindigkeiten haben. Eine nicht erkennbare Linienaufspaltung infolge des → Stark-Effekts oder des → Zeeman-Effekts verursacht insgesamt eine Linienverbreiterung.

Eine **Linienverschiebung** ergibt sich auf Grund des Doppler-Effekts bei einer Radialgeschwindigkeit zwischen der Strahlungsquelle und dem Beobachter. Die Wellenlänge des Energiemaximums ist gegenüber der Wellenlänge bei ruhender Lichtquelle (Ruh-, Laborwellenlänge) verschoben. Eine relativistische Rotverschiebung ergibt sich infolge des Energieverlusts der emittierten Photonen, wenn sich die Lichtquelle in einem starken Gravitationsfeld befindet (→ Relativitätstheorie).

Die Verweilzeit auf einem angeregten Energieniveau beträgt im Allg. rund 10^{-8} s. Einige Atome und Ionen haben Energieniveaus mit einer außerordentlich geringen Übergangswahrscheinlichkeit zu sämtlichen tieferliegenden Niveaus, es sind „metastabile" Niveaus (→ Atom) mit Verweilzeiten von Sekunden, Minuten oder auch Jahren. Erfolgt doch ein Übergang auf ein tieferliegendes Niveau, entsteht eine „verbotene Linie", eine nach den klassischen Auswahlregeln der Quantenmechanik nicht erlaubte. *Verbotene Linien* treten normalerweise (z. B. im Labor) nicht auf, da während der langen Verweilzeit bei Zusammenstößen mit Gaspartikeln die Atome in andere Energiezustände gebracht werden, von denen spontane Übergänge zu tieferliegenden Energieniveaus ohne Einschränkung möglich sind. Bei extrem geringen Dichten wie im interstellaren Raum ist die Zeit zwischen zwei Stößen im Mittel vergleichbar mit der Verweilzeit auf den metastabilen Niveaus oder sogar länger, so dass verbotene Linien beobachtet sind (→ interstellares Gas). Infolge der hohen Verweilzeiten sind verbotene Linien sehr schmal.

B a n d e n s p e k t r u m. Die Struktur der Spektren von Molekülen ist komplizierter als die von Atomen. Zur inneren Energie eines Moleküls tragen außer der Bindungsenergie der Elektronen in den Atomen die Schwingungsenergie der Atome im Molekül sowie die Rotationsenergie des gesamten Moleküls oder auch Teile von ihm bei, wodurch sehr viel mehr Möglichkeiten einer Energieänderung bestehen. Bei einer Änderung des Energiezustands der Elektronen werden etwa gleiche Energien benötigt bzw. frei wie bei gebunden-gebundenen Übergängen in Atomen, die entstehenden Linien liegen im Wesentlichen im optischen oder ultravioletten Spektralbereich. Die bei Schwingungsübergängen entstehenden Linien liegen vor allem im Infrarotbereich und die bei Rotationsübergängen entstehenden im fernen Infrarot-, Submillimeter-, hauptsächlich aber im Radiofrequenzbereich. Die Übergänge können einzeln erfolgen, z. B. als reine Rotationsübergänge.

Im Regelfall ändert sich gleichzeitig mit dem Schwingungs- auch der Rotationszustand (Schwingungs-Rotations-Übergänge). Bei Elektronenübergängen treten im Allg. gleichzeitig auch Rotations- und Schwingungsübergänge auf, wodurch statt einer Linie ein breites Linienband entsteht. Im Radiofrequenzbereich sind die durch Rotationsübergänge entstehenden Linien im Allg. so weit getrennt, dass sie als Einzellinien in Erscheinung treten, was die Identifizierung vielatomiger Moleküle sehr erleichtert (→ interstellares Gas). Sym-

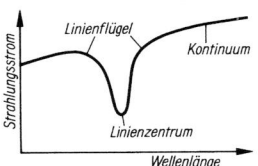

Abb. 4: Profil einer Absorptionslinie

metrisch gebaute Moleküle wie molekularer Wasserstoff besitzen kein reines Rotationslinienspektrum. Die einzelnen Energieniveaus können zusätzlich z. B. infolge der Wechselwirkung der Molekülrotation mit der Bewegung der Elektronen im Molekül oder infolge der Rotation einzelner Molekülteile relativ zum Gesamtmolekül aufgespalten sein, was zu Linien mit nur geringer unterschiedlicher Energie führt. Es besteht auch die Möglichkeit der Wechselwirkung des magnetischen Moments der Atomkerne im Molekül mit dem innermolekularen Magnetfeld.

sphärischer Raum, ein Raum mit positiver Krümmung; → Kosmologie.

Spica, *Spika, f, α Virginis*, der hellste Stern im Sternbild Virgo (Jungfrau). Die S. ist ein spektroskopischer Doppelstern mit einer scheinbaren visuellen Helligkeit von $0^m{.}98$, bei dem die Hauptkomponente ein Hauptreihenstern der Spektralklasse B1, die Nebenkomponente ein Hauptreihenstern der Spektralklasse B2 ist. Die Umlaufperiode um den gemeinsamen Schwerpunkt beläuft sich auf 4,014 Tage. Infolge der nichtkugelförmigen Gestalt der Komponenten ist die S. ein → ellipsoidischer Veränderlicher mit einer Amplitude von 0,03 mag. Die hellere Komponente ist außerdem ein β-Cephei-Stern mit einer Amplitude von 0,015 mag und einer Periode von 0,17 Tagen. Die Entfernung von der Sonne beträgt 80 pc oder 260 Lichtjahre.

Spiculum *n, Plur.* Spicula, *Spicule, f,* eine Materieverdichtung in der Sonnenchromosphäre (→ Sonne).

Spiegelteleskop, *Reflektor,* astronomisches Fernrohr mit einem Hohlspiegel als lichtsammelndes Element.

Der *Primärspiegel* (*Hauptspiegel*) eines S.s befindet sich in einer Fassung am unteren Ende des Tubus. Der Spiegel besteht vorzugsweise aus einer monolithischen Glasplatte, deren eine Seite im Allg. parabolisch geschliffen ist. Optisch wirksam ist eine etwa 100 bis 200 nm dünne, im Vakuum aufgedampfte Aluminiumschicht, deren Reflexionsvermögen im sichtbaren Spektralbereich rund 80% beträgt. Für spezielle Beobachtungsaufgaben, z. B. für Infrarotbeobachtungen, wird z. T. ein Gold- oder Silberbelag verwendet. Zur Gewährleistung einer hohen Abbildungsgüte dürfen die Abweichungen der Spiegeloberfläche von der Idealform nicht größer als etwa 1/20 der Wellenlänge der bei der Beobachtung wirksamen Strahlung sein, für Beobachtungen im sichtbaren Spektralbereich nicht größer als etwa 0,02 μm. Die Verformung des Spiegels und damit die Minderung der optischen Güte infolge des Eigengewichts bei unterschiedlichen Fernrohrstellungen kann durch hohe innere Steifheit verhindert werden, was eine Scheibendicke von etwa 1/6 des Scheibendurchmessers erfordert. Die Verformungen können auch ausgeglichen werden, indem der Primärspiegel auf viele regelbare Unterstützungselemente gelagert wird, was eine Reduzierung der Spiegeldicke auf etwa 1/40 bis 1/50 des Durchmessers ermöglicht. Spiegelverformungen infolge von Temperaturänderungen werden durch Verwendung einer Glaskeramik vermieden, d. h. eines Glases mit einem polykristallinen Gefüge. Der thermische Ausdehnungskoeffizient einer Glaskeramik ist im Allg. vernachlässigbar klein. Bei Weltraumteleskopen besteht der Spiegel zur Gewichtsreduzierung z. T. aus einer speziellen Aluminiumlegierung oder aus einem durch Kohlenstofffasern verstärkten Kunststoff hoher Steifheit.

Ein vom Tubus getragener Sekundärspiegel ermöglicht im Zusammenwirken mit dem Primärspiegel unterschiedliche optische Systeme (Abb. 1). Das vom Hauptspiegel in der Brennebene erzeugte Bild eines Himmelsobjekts befindet sich auf der optischen Achse zwischen Spiegel und Objekt. Zur Vermeidung einer Abschattung des Strahlungsgangs durch eventuell in der Brennebene angebrachte größere Beobachtungsinstrumente wird die vom Hauptspiegel reflektierte Strahlung durch den Sekundärspiegel z. T. aus dem Tubus ausgelenkt. Beim *Newton-System* [benannt nach I. Newton, 1643–1727] befindet sich, vom Hauptspiegel aus gesehen, kurz vor dessen Brennpunkt, dem *Primärfokus*, ein kleiner, ebener, schräg gestellter Hilfsspiegel, durch den die Strahlung seitlich aus dem Tubus gelangt, so dass der Brennpunkt (der „Newton-Fokus") außerhalb des Tubus zu liegen kommt. Das System wird für visuelle wie auch photometrische Beobachtungen genutzt. Beim *Cassegrain-System* [benannt nach N. Cassegrain, 1625–1725] ist der Hauptspiegel in der Mitte durchbohrt und ein kurz vor dem Primärfokus angebrachter konvex-hyperbolisch geschliffener Sekundärspiegel lenkt die Strahlung durch die Spiegelbohrung zum hinter dem Hauptspiegel liegenden „Cassegrain-Fokus". Bei einer derartigen Form des Sekundärspiegels ergibt sich eine Vergrößerung der Brennweite. Das *Gregory-System* [benannt nach J. Gregory, 1638–1675] ist ähnlich dem Cassegrain-System, nur befindet sich der Sekundärspiegel hinter dem Primärfokus. Eine Kombination von Cassegrain- und Newton-System stellt das *Nasmyth-System* [benannt nach J. Nasmyth, 1808–1890] dar. Zwischen Haupt- und Sekundärspiegel befindet sich ein ebener Hilfsspiegel, der das Licht je nach Montierungsart durch die Deklinationsachse oder die Höhenachse seitlich aus dem Tubus lenkt. Der Brennpunkt ist ortsfest, so dass auf einer mit der Montierung verbundenen Tragkonstruktion Zusatzinstrumente fest aufgestellt werden können. Das System hat den Vorteil, dass der Hauptspiegel nicht durchbohrt zu werden braucht. Beim *Coudé-System* [coudé, franz., ‚Ellbogen'] wird die vom Hauptspiegel eines parallaktisch montierten Teleskops kommende Strahlung mittels mehrerer Hilfsspiegel durch die Deklinationsachse und weiter durch die Stundenachse der Fernrohrmontierung geleitet. Da die Stundenachse immer zum Himmelspol weist, ist der Brennpunkt des Systems, der „Coudé-Fokus", ortsfest, was die Aufstellung sehr großer schwerer Zusatzinstrumente, z. B. von Spektrographen, gestattet. Infolge der Strahlungsführung ergibt sich zusätzlich eine Brennweitenvergrößerung. Bei allen diesen Systemen ist der Hauptspiegel parabolisch geformt. Damit werden nur Objekte in der optischen Achse fehlerfrei abgebildet. Bei seitlich liegenden Objekten trifft das Lichtbündel schräg auf den Hauptspiegel, wodurch sich statt eines Brennpunkts eine Fläche mit komplizierter Intensitätsverteilung und Umrandung ergibt (→ Fernrohr). Der Abbildungsfehler ist umso größer, je größer der Achsabstand des Objekts ist. Der

Spiegelteleskop

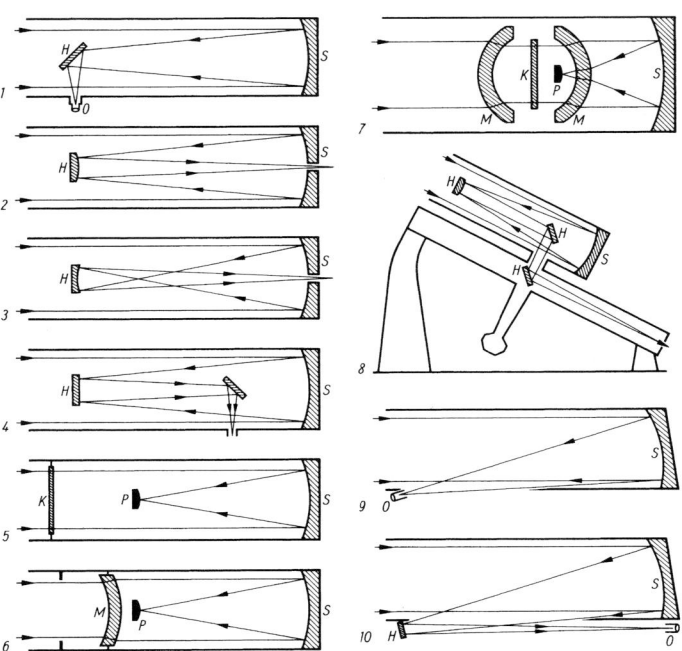

Abb. 1: Optische Systeme bei Spiegelteleskopen. 1: Newton-System; 2: Cassegrain-System; 3: Gregory-System; 4: Nasmyth-System; 5: Schmidt-System; 6: Maksutow-System; 7: Super-Schmidt-System; 8: Coudé-System; 9: Herschel-System; 10: Schiefspiegler. S: Hauptspiegel; H: Hilfsspiegel, Sekundärspiegel; O: Okular; K: Korrektionsplatte; M: Meniskuslinse; P: Halterung für Photodetektor

nutzbare Gesichtsfelddurchmesser parabolischer Hauptspiegel ist meist geringer als wenige Bogenminuten.

Zur Abbildung größerer Sternfelder sind derartige Spiegelsysteme nicht geeignet. Ein optisches System mit einem großen Gesichtsfeld ist das ***Schmidt-System*** [benannt nach B. Schmidt, 1879–1935], das einen Kugelspiegel als Hauptspiegel hat (Abb. 1). Der bei Kugelspiegeln auftretende Abbildungsfehler der sphärischen Aberration (→ Fernrohr) entsteht, weil achsferne Strahlen eine kürzere Brennweite als achsnahe haben. Mit Hilfe einer *Korrektionsplatte* im Krümmungsmittelpunkt des Kugelspiegels wird dieser Abbildungsfehler korrigiert. Es ist eine dünne, kompliziert geschliffene radialsymmetrische Glasscheibe, die eine Vergrößerung der Brennweite der Randstrahlen und eine Verkürzung der Brennweite achsnaher Strahlen bewirkt. Infolge der Kugelsymmetrie des Hauptspiegels und der Lage der Korrektionsplatte treffen achsferne und achsnahe Strahlenbündel unter gleichen Bedingungen auf den Hauptspiegel. Der Durchmesser der Korrektionsplatte ist deutlich kleiner als der des Kugelspiegels, meist beträgt das Verhältnis etwa 2:3, so dass schräg einfallende Strahlenbündel auch mit großem Querschnitt voll den Spiegel treffen und nicht vom Spiegelrand abgeschnitten werden. Die wirksame freie Öffnung eines Schmidt-Teleskops ist durch die Korrektionsplatte bestimmt. Ein Schmidt-System hat eine gekrümmte Brennfläche in der Mitte zwischen Korrektionsplatte und Hauptspiegel. Ein fest mit dem Tubus verbundenes Haltekreuz trägt eine Kassette mit einer der Brennfläche entsprechend gewölbten Vorderseite, an die während der Beobachtung eine Photoplatte gepresst wird. Die Wölbung der Brennfläche kann durch eine vor ihr angebrachte Ebnungslinse korrigiert werden. Der nutzbare Gesichtsfelddurchmesser beträgt mehrere Grad. Ein ***Maksutow-System*** [benannt nach M. Maksutow, 1896–1964] hat ebenfalls einen Kugelspiegel als Primärspiegel, aber statt der Korrektionsplatte eine dicke, zum Spiegel konzentrische Meniskuslinse in der Nähe der Brennfläche. ***Super-Schmidt-Systeme*** bestehen aus einer Kombination von Kugelspiegel, Meniskuslinse und Korrektionsplatte, die ein sehr großes Gesichtsfeld mit z. T. mehr als 50° Durchmesser ermöglicht. Ein ***Ritchey-Chrétien-System*** [benannt nach G. Ritchey, 1864–1945, und H. Chrétien, 1879–1956] stellt ein modifiziertes Cassegrain-System dar, bei dem sowohl der parabolische Hauptspiegel als auch der Sekundärspiegel so hyperbolisch deformiert sind, dass Bildfehler für achsferne Punkte weitgehend vermieden werden. Wegen der Deformation des Hauptspiegels ist das System für Beobachtungen im Primärfokus nicht geeignet. Bei modernen Großteleskopen wird kein großes Gesichtsfeld angestrebt, da mit einer aktiven und adaptiven Optik eine optimale Abbildung nur für ein kleines Gesichtsfeld erreicht werden kann.

Großteleskope besitzen vielfach mehrere Systemvarianten. Mit Hilfe von Sekundär- und Hilfsspiegeln ist die Verlagerung des Brennpunkts an unterschiedliche Stellen möglich. Bei parallaktisch montierten Teleskopen wird außer dem Primär- vielfach auch der Nasmyth- und Coudé-Fokus genutzt, bei azimutal montierten der Primär-, Nasmyth- und Cassegrain-Fokus. Das weltweit größte Schmidt-Teleskop, das sich in der Thüringer Landessternwarte Tautenburg (→ Karl-Schwarzschild-Observatorium) befindet, hat einen 2-m-Kugelspiegel und eine Korrektionsplatte von 1,34 m Öffnung (Abb. 2). Unter Verwendung eines konvex-hyperboli-

Abb. 2: Schmidt-Teleskop der Thüringer Landessternwarte Tautenburg

schen Hilfsspiegels kann es als Quasi-Cassegrain-Teleskop sowie als Coudé-Instrument genutzt werden.

Die optische Achse des Primärspiegels ist im Allg. mit der Beobachtungsrichtung identisch. Bei einigen Spiegelsystemen ist der Hauptspiegel schräg („schief") zur optischen Achse, so dass diese von der Beobachtungsrichtung etwas abweicht (Abb. 1). Beim *Herschel-System* [benannt nach F. W. Herschel, 1738–1822] liegt der Primärfokus etwas außerhalb des Tubus. Beim *Schiefspiegler* fällt das vom Hauptspiegel reflektierte Licht so auf einen Sekundärspiegel, dass die Strahlführung parallel zur primären optischen Achse verläuft und der Primärfokus nahe dem Ende, aber außerhalb des Tubus liegt. Beide Systeme sind nur für visuelle Beobachtungen geeignet.

Der Primärspiegel eines großen S.s befindet sich von Unterstützungselementen gehalten und getragen in einer Fassung am Ende des Tubus, der im Allg. eine Gitterstruktur hat. Mit dem Tubus sind außer Sekundär- und Umlenkspiegel vielfach Beobachtungsinstrumente, wie Photometer oder Spektrographen, starr verbunden. Der Nachweis sehr lichtschwacher Objekte erfordert einen möglichst großen Primärspiegel. Bei monolithischen Spiegeln wachsen mit steigendem Durchmesser die Herstellungsschwierigkeiten stark an. Zu deren Vermeidung werden bei Großteleskopen z. T. *Segment-* oder *Mosaikspiegel* genutzt. Beim Hobby-Eberly-Teleskop des McDonald Observatory (Texas, USA) bilden 91 Segmente den Primärspiegel von 9,9 m Durchmesser. Bei den beiden Keck-Teleskopen auf dem Mauna Kea, Hawaii, bilden den hexagonalen Hauptspiegel von 9,8 m Durchmesser 36 hexagonale Segmente von 0,9 m Seitenlänge. Die Oberflächen der einzelnen Segmente sind innerhalb sehr enger Toleranzen Teil einer sphärischen Fläche. Jedes Segment kann regelbar um zwei Achsen gekippt sowie gering verschoben werden.

Zur Vergrößerung der lichtsammelnden Fläche befinden sich beim Large Binocular Telescope [engl., ‚gro-

Spiegelteleskop

Abb. 3: Großes binokulares Teleskop (LBT) auf dem Mount Graham, Texas

ßes binokulares Teleskop'] auf dem Mount Graham (Arizona, USA) zwei 8,4-m-Teleskope mit einem Mittelpunktsabstand von 14,4 m auf einer gemeinsamen Montierung (Abb. 3). Jeder Tubus der beiden Teleskope trägt u. a. Hilfsspiegel und optische Umlenkelemente zur Faltung der jeweiligen Strahlengänge bis hin zum gemeinsamen Brennpunkt. Es lassen sich unterschiedliche optische Systemvarianten realisieren. Beim Very Large Telescope [engl., ,sehr großes Teleskop'] der → Europäischen Südsternwarte auf dem Cerro Paranal (Chile) wird die Vergrößerung der lichtsammelnden Fläche dadurch erreicht, dass von vier identischen 8,2-m-Teleskopen (Abb. 4) mit Hilfe geeigneter Strahlführung das Licht in einem gemeinsamen Brennpunkt vereinigt wird. Jeder der etwa 17 cm dicken, aus Glaskeramik bestehenden Hauptspiegel der Teleskope wird von 150 axialen und 78 radialen Unterstützungselementen gehalten, die sowohl Druck- als auch Zugkräfte auf den Spiegel ausüben können, so dass die Abweichung der Oberflächen von der Idealform nur etwa 10 nm beträgt. Mit einer Spiegelfläche von zusammen 216 m^2 übertrifft die Lichtsammelleistung der vier Teleskope alle bisher gebauten optischen Teleskope. Jedes Teleskop ist auch unabhängig von den anderen zu Beobachtungen nutzbar.

Dünne monolithische und Mosaikspiegel unterliegen während der Beobachtung infolge von wechselnden gravitativen, thermischen und anderen Einflüssen Verformungen, die eine Reduzierung der optischen Güte verursachen. Mit Hilfe einer **aktiven Optik** (Abb. 5) ist die Kompensation dieser Einflüsse möglich, es können selbst die von der Spiegelherstellung herrührenden unvermeidlichen Restfehler korrigiert werden. Während der Beobachtung werden dazu in regelmäßigen Abständen mittels eines Bildanalysators die von einzelnen Flächenarealen des Hauptspiegels oder den einzelnen Segmenten eines Mosaikspiegels verursachten Abbildungsfehler eines am Rand des Gesichtsfelds sich befindenden Prüfsterns analysiert. Sinkt die Güte der Abbildung des Teststerns unter einen vorgegebenen Grenzwert, werden die zur Wiederherstellung der optimalen Abbildung notwendigen Formänderungen des Spiegels bzw. der Spiegelsegmente berechnet und mit Hilfe der Unterstützungssysteme wird eine Nachjustierung durchgeführt. Eventuell ist auch eine geringe Ausrichtung des Sekundärspiegels notwendig.

Eine **adaptive Optik** (Abb. 6) ermöglicht die Korrektur der durch die → Szintillation verursachten Minderung der Abbildungsgüte. Die von einem Stern kommenden Wellenfronten sind vor dem Eintritt in die Erdatmosphäre eben, beim Eintritt in das Teleskop aber infolge der wechselnden Dichteinhomogenitäten in der Erdatmosphäre deformiert. Statt eines Beugungsscheibchens ergibt sich in der Brennebene ein viel größeres Szintillationsscheibchen (→ Fernrohr). Mittels geringer lokaler Verbiegungen eines kleinen im Strahlengang sich befindenden, deformierbaren Tertiärspiegels können die Wellenfrontdeformationen so kompensiert werden, dass in der Brennebene die Abbildung wieder durch ebene Wellenfronten erfolgt und ein dem Auflösungsvermögen des Teleskops entsprechendes Beugungsscheibchen entsteht. Wegen der raschen und rein zufälligen Änderungen der atmosphärischen Dichteinhomogenitäten ist mittels eines Referenzsterns und eines Wellenfrontanalysators in Intervallen von etwa 1 bis 50 Millisekunden die augenblickliche Deformation der Wellenfront zu bestimmen. Als Wellenfrontsensor dient eine Anordnung sehr vieler Mikrolinsen, wobei jede Linse einen kleinen Bereich der deformierten Wellenfront ausschneidet und das Teilbildchen auf ein photoelektrisches Flächenphotometer projiziert. Aus dem Bildmuster lassen sich die augenblicklichen Wellendeformationen erkennen und die zur Kompensation notwendigen Verbiegungen des Tertiärspiegels berechnen. Die typischen Wellenfrontverformungen in Ausbreitungsrichtung liegen im Bereich von 3 bis 6 µm. Im infraroten Spektralbereich ist dies relativ unbedeutend, im visuellen Spektralbereich entspricht das hingegen etwa 6 bis 12 Wellenlängen. Die noch zu tolerierenden Deformationen liegen in der Größenordnung von 1/4

Spiegelteleskop

Abb. 4: Ein 8,2-m-Teleskop der Europäischen Südsternwarte (ESO) auf dem Cerro Paranal

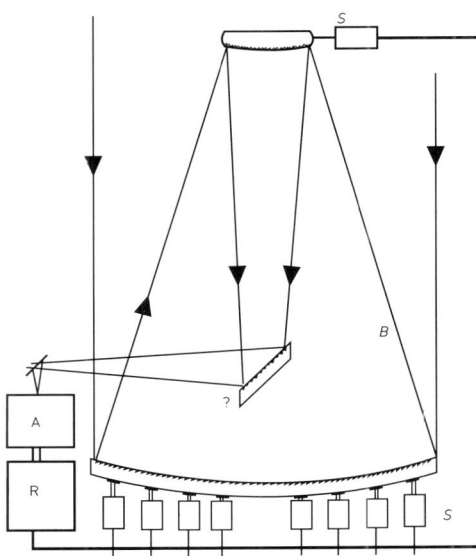

Abb. 5: Prinzip der aktiven Optik. A: Bildanalysator; R: Korrekturrechner; S: Stellglieder

der Beobachtungswellenlänge, so dass eine adaptive Optik gegenwärtig im Wesentlichen bei Beobachtungen im Infrarotbereich genutzt wird. Eine befriedigende Wellenfrontglättung kann wegen der kleinräumigen Dichteinhomogenitäten der Erdatmosphäre nur für ein sehr kleines Gesichtsfeld von wenigen Bogensekunden Durchmesser erreicht werden. Der Referenzstern muss in diesem Feld liegen. Falls kein geeigneter Stern zur Verfügung steht, kann eine mit einem eng gebündelten Laserstrahl hoch in der Atmosphäre, im Mittel in etwa 90 km Höhe, erzeugte Referenzpunktquelle genutzt werden. Zur Korrektur für einen größeren Bereich werden mehrere Referenzlichtquellen benötigt. Die durch die Szintillation verursachte Abweichung des Beugungsscheibchens von der optischen Achse des Teleskops wird durch einen Kipp- und Schwenkspiegel vor dem Wellenfrontsensor ausgeglichen. Der Aufwand, der bei einer adaptiven Optik getrieben werden muss, ist unvergleichlich viel größer als bei einer aktiven Optik.

Die Möglichkeit, Systeme der aktiven und adaptiven Optik zu nutzen, rechtfertigt den Bau von Teleskopen der 8-m-Klasse und darüber, da deren beugungsbegrenzte Auflösung erreichbar ist.

Großteleskope haben wegen der hohen technischen Schwierigkeiten, die sich bei einer parallaktischen Montierung ergeben, grundsätzlich eine azimutale Montierung (→ Fernrohr). Infolge der scheinbaren täg-

Spika

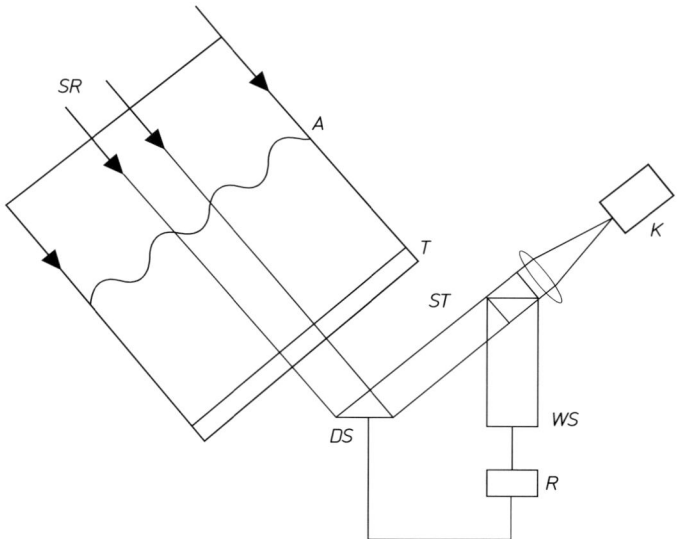

Abb. 6: Prinzip der adaptiven Optik. SR: Strahlungsbündel vom Referenzstern. A: Atmosphäre; T: Teleskop; DS: deformierbarer Spiegel; ST: Strahlungsteiler; WS: Wellenfrontanalysator; R: Echtzeitrechner; K: Kamera

Gegenwärtige Großteleskope

Teleskop	Ort	Apertur [m]	lichtsammelnde Gesamtfläche [m^2]
Hobby-Eberly Telescope	McDonald-Obs., Texas	9,9	78
Keck I und II	Mauna Kea, Hawaii	je 10,0	je 79
Very Large Telescope	Cerro Paranal, Chile	4 x 8,2	216
Subaru	Mauna Kea, Hawaii	8,3	54
Gemini Nord	Mauna Kea, Hawaii	8,0	50
Gemini Süd	Cerro Pachón, Chile	8,0	50
Southern African Large Telescope	Sutherland, Südafrika	9,9	78
Gran Telescopio de las Canarias	Roque de los Muchachos, La Palma	10,0	80
Large Binocular Telescope	Mount Graham, Arizona	2 x 8,4	100

lichen Bewegung des Himmelsobjekts während der Beobachtung muss das Teleskop bei der notwendigen Nachführung um zwei Achsen gedreht werden. Mit rechnergesteuerten Antrieben ist eine Nachführgenauigkeit von etwa 0,05″ erreichbar. Das Hobby-Eberly-Teleskop hat eine feste Höheneinstellung von 55°. Zur Nachführung wird das Teleskop um die Azimutachse gedreht, die vertikale Nachführung erfolgt mit einer opto-mechanisch gesteuerten Hilfsoptik längs eines einem Höhenkreis entsprechenden Tragegerüsts.
Sonderkonstruktionen von S. sind für Beobachtungen in einem anderen als dem optischen Spektralbereich notwendig; → Radioteleskop, → Röntgenteleskop.
Spika, svw. Spica.
Spin, Eigendrehimpuls eines Elementarteilchens.
Spiralarm, charakteristische Struktureinheit des Milchstraßensystems sowie spiralförmiger → Sternsysteme.
Spiralarmpopulation, svw. extreme Population I, → Population.
Spiralsystem, *Spiralnebel*, extragalaktisches Sternsystem mit Spiralarmen als charakteristische Struktureinheit; → Sternsystem.
Sponde *f*, ein Zwergsatellit des → Jupiter.

Spritzprotuberanz, → Protuberanz.
s-Prozess, → Elementenentstehung.
sr, Einheitenzeichen für Steradiant, Maßeinheit des Raumwinkels, → Winkel.
SS-Cygni-Sterne, eine Untergruppe der → U-Geminorum-Sterne.
S-Stern, Stern der Spektralklasse S.
Standardstern, Stern mit einer genau vermessenen Beobachtungsgröße, z. B. der scheinbaren Helligkeit oder des Spektrums, der zusammen mit anderen S.en das diese Größe definierende Bezugssystem festlegt (→ Photometrie, → Spektralklasse).
starburst galaxy, → Sternsystem.
Stark-Effekt [benannt nach dem dtsch. Physiker J. Stark, 1874–1957], die Aufspaltung und Verschiebung von Spektrallinien, die von Atomen emittiert werden, die sich in einem elektrischen Feld befinden. Infolge der Wechselwirkung zwischen einem im Atom gebundenen Elektron und dem äußeren elektrischen Feld werden die Energieniveaus des Elektrons in mehrere Unterniveaus aufgespalten, deren Energiedifferenzen von der Stärke des herrschenden Feldes abhängen. In Sternatmosphären sind infolge der hohen Dichten die emittierenden bzw. absorbierenden Atome so eng be-

nachbart, dass sie sich nahezu immer im Feld geladener Nachbarteilchen befinden. Die Felder sind sehr schwach, so dass es nicht zu einer messbaren Linienaufspaltung, sondern nur zu einer Linienverbreiterung kommt.

starre Rotation, → Rotation.

Staubschweif, → Komet.

Steady-State-Theorie, die Vorstellung, wonach die Dichte im expandierenden Weltall konstant bleibt, da ständig neue Materie entsteht. Seit der Entdeckung der → kosmischen Hintergrundstrahlung sind diese Vorstellungen widerlegt.

Stefan-Boltzmann'sches Gesetz, *Stefan-Boltzmann-Konstante* [benannt nach dem öster. Physiker J. Stefan, 1835–1893, und dem dtsch. Physiker L. Boltzmann, 1844–1906], → Strahlungsgesetze.

Steinbock, das Sternbild → Capricornus.

Steinmeteorit, ein im Wesentlichen aus silikatischem Gestein bestehender Meteorit.

Stella Polaris *f*, svw. Polarstern.

Stellardynamik, Teilgebiet der Astronomie, das sich mit den Bewegungen der Sterne unter dem Einfluss von Gravitationsfeldern im Milchstraßensystem sowie in extragalaktischen Sternsystemen befasst. Die S. des Milchstraßensystems untersucht vor allem die Sternbewegungen in der Sonnenumgebung und den Spiralarmen (→ Milchstraßensystem).

Stellarstatistik, Teilgebiet der Astronomie, das sich mit der Verteilung der Sterne im Milchstraßensystem befasst. Die Grundlagen der S. beruhen im Wesentlichen auf Himmelsdurchmusterungen. Die Sterne werden im Allg. in Helligkeitsgruppen eingeteilt, deren mittlere scheinbare Helligkeit m sich von der der nächsten Gruppe um jeweils 1 mag unterscheidet. Die Sternzahl $N(m)$ bezeichnet die Zahl der Mitglieder der Gruppe mit m, die sich in einer bestimmten Beobachtungsrichtung je Flächeneinheit an der Himmelskugel befinden. Die kumulativen Sternzahlen $S(m)$ sind die bis zu einer bestimmten scheinbaren Helligkeit m aufsummierten Sternzahlen.

Die Zahl der Sterne pro Flächeneinheit nimmt mit abnehmender scheinbarer Helligkeit stark zu. Die Gesamtzahl der sichtbaren Sterne am gesamten Himmel bis zur scheinbaren visuellen Helligkeit von 6^m beträgt rund 6 000, bis zur scheinbaren Helligkeit von 12^m liegt die Gesamtzahl der Sterne in der Größenordnung von rund 1 Mio., bis zur Helligkeit von 18^m in der von etwa 150 Mio. Je geringer die scheinbare Helligkeit ist, umso größer ist die Konzentration um den galaktischen Äquator. Die äquatornahen Sterne verursachen das unregelmäßig begrenzte Band der → Milchstraße. Die Zunahme der Sternzahlen mit geringer werdender scheinbarer Helligkeit ist in niedrigen Breiten weitaus stärker als in hohen. Bei Durchmusterungen werden wegen der extrem großen Zahl der Sterne im Allg. nur einzelne regelmäßig über den Himmel verteilte kleinere Areale untersucht. Die sich ergebenden Resultate werden in erster Näherung als repräsentativ auch für größere in den jeweiligen Beobachtungsrichtungen angesehen. Der von den Arealen überdeckte Teil des Himmels ist sehr klein.

Stellarstatistik

Zahl der am gesamten Himmel mit bloßem Auge sichtbaren Sterne im Helligkeitsintervall ± 0,5 mag um die mittlere scheinbare visuelle Helligkeit m

m	$N(m)$	$S(m)$
–1	2	2
0	6	8
1	14	22
2	68	90
3	197	287
4	599	886
5	1 976	2 862
6	5 830	8 592

Über alle galaktischen Längen gemittelte Sternzahlen N(m) für zwei galaktische Breitenzonen in Abhängigkeit von der scheinbaren Helligkeit und das Verhältnis der kumulativen Sternzahlen in der galaktischen Ebene (S_0) zu denen an den galaktischen Polen (S_{90})

m	$N(m)$ 0° bis 20°	$N(m)$ 40° bis 90°	$S_0 : S_{90}$
4	0,013	0,0053	3,4
6	0,107	0,044	3,5
8	0,832	0,337	3,6
10	6,18	2,33	4,3
12	43,0	13,8	5,6
14	275	67,8	8,4
16	1 550	267	13,2
18	7 310	548	21,1
20	28 200	2 140	34,4
22	50 900	3 130	44,2

Die Bestimmung der Zahl der Sterne je Volumeneinheit, d. h. der räumlichen Sterndichte, ist aus den Sternzahlen $N(m)$ nicht direkt möglich. Da Sterne unterschiedliche absolute Helligkeiten haben, ist die scheinbare Helligkeit kein unmittelbares Entfernungsmaß. Zu den Sternzahlen in einem Helligkeitsintervall tragen sowohl nahe leuchtkraftschwache als auch ferne leuchtkraftstarke Sterne bei. Bei bekannter Häufigkeitsverteilung in Abhängigkeit von der absoluten Helligkeit, d. h. bei bekannter Leuchtkraftfunktion, ist die räumliche Dichte dagegen aus den Sternzahlen bestimmbar.

Die Leuchtkraftfunktion ist abhängig vom Ort im Milchstraßensystem. Empirisch kann sie nur für die nähere Sonnenumgebung zuverlässig ermittelt werden (→ Leuchtkraftfunktion). Schwierigkeiten bei ihrer Bestimmung ergeben sich infolge der interstellaren Extinktion, da durch sie die scheinbaren Helligkeiten reduziert sind, die Entfernungen vergrößert erscheinen, was im Allg. umso stärker ist, je größer die Entfernungen von der Sonne sind (→ interstellarer Staub). Die Reduzierung ist darüber hinaus in unterschiedlichen Beobachtungsrichtungen unterschiedlich stark und abhängig von der Verteilung des interstellaren Staubs längs der Sichtlinie.

Die Bestimmung der räumlichen Sterndichte aus den Sternzahlen erfolgt unter der Annahme einer bestimmten Leuchtkraftfunktion sowie eines bestimmten räumlichen Verteilungsmodells der Sterne und des interstellaren Staubs. Die für eine bestimmte Beobachtungsrichtung unter diesen Annahmen berechneten Sternzahlen je Flächeneinheit stimmen im Allg. nicht mit den beobachteten überein. Um die Differenzen zu minimieren, werden die Modellannahmen schrittweise verändert, bis eine befriedigende Übereinstimmung erreicht ist. Das Verfahren ist nicht immer eindeutig, was zusätzliche Untersuchungen notwendig macht. Insgesamt lassen sich die Sterndichten nur relativ grob bestimmen, so dass nur grobe Strukturen im Milchstraßensystem erfasst werden können. Allein für die nähere Sonnenumgebung sind Feinheiten der Struktur genauer bestimmbar, mit zunehmender Entfernung ist dies immer weniger möglich. Bei Gruppen von Sternen, die jeweils gleiche oder nahezu gleiche absolute Helligkeit haben, sind Aussagen über die räumliche Verteilung der Gruppenmitglieder relativ sicher, die Sterne bilden aber jeweils nur ein mehr oder minder kleines Untersystem im Milchstraßensystem (→ Milchstraßensystem).

Stephano *m*, ein Satellit des Uranus.
Hinsichtlich der Einordnung des S. in das System der Uranussatelliten → Uranus.

Steradiant *m*, Einheitenzeichen sr, Maßeinheit des Raumwinkels; → Winkel.

Stereokomparator, → Komparator.

Stern, *Fixstern*, massereicher, kugelförmiger Himmelskörper, der für eine mehr oder weniger lange Zeitspanne die von ihm ausgesandte Strahlung durch thermonukleare Fusionsprozesse freisetzt; landläufig jeder am Nachthimmel sichtbare Himmelskörper außer dem Mond, also auch die Planeten. Im Unterschied zu ihnen, den „Wandelsternen", scheinen die S.e im eigentlichen Sinn ihre gegenseitige Stellung beizubehalten und wurden daher auch als „Fixsterne" bezeichnet.

Der S. mit der geringsten Entfernung von der Erde ist die Sonne, danach folgt Proxima Centauri mit einer Entfernung von 1,29 pc, die etwa 270 000-mal größer als die der Sonne ist. Die S.e, die eine mittels des astrometrischen Satelliten HIPPARCOS bestimmte Entfernung geringer als 4,0 pc haben, enthält Tab.1. Die am weitesten entfernten S.e, die noch als Einzelobjekte erkennbar sind, befinden sich in extragalaktischen Sternsystemen, deren Entfernungen in der Größenordnung von einigen Millionen pc liegen. Infolge der selbst für die nächsten S.e relativ großen Entfernungen ist ihr scheinbarer Durchmesser so klein, dass S.e auch im Fernrohr bis auf sehr geringe Ausnahmen punktförmig erscheinen. Die scheinbaren Bewegungen relativ zueinander sind ebenfalls außerordentlich gering und können erst, wenn überhaupt, nach jahrelangen Beobachtungen bestimmt werden (→ Eigenbewegungen).

Die S.e werden nach ihrer → Helligkeit in Größenklassen eingeteilt. Die Zahl der sichtbaren S.e nimmt mit geringer werdender Helligkeit rasch zu. Von Mitteleuropa aus sind S.e mit einer Deklination größer als −40° sichtbar. Die in diesem Deklinationsbereich sich befindenden Sterne heller als $2^m_{.}00$ enthält Tab. 2. Die helleren der mit bloßem Auge sichtbaren S.e werden am Himmel seit alters her zu → Sternbildern zusammengefasst. Die Zahl der am gesamten Himmel mit bloßem Auge sichtbaren S.e beträgt etwa 6000. Sie und einige

Tab. 1: *Bekannte Sterne mit einer geringeren Sonnenentfernung als 4,0 pc*

Stern	Koordinaten (2000)				r	m_V	M_V	Sp
	α		δ		(pc)			
	h	min	°	′				
Proxima Centauri	14	30,0	−62	41	1,29	$11^m_{.}01$	$15^m_{.}45$	M5e V
α Centauri A	14	40,0	−60	51	1,35	$-0^m_{.}01$	$4^m_{.}34$	G2 V
α Centauri B					1,35		$5^m_{.}70$	K1 V
Pfeilstern	17	57,8	+4	40	1,82	$9^m_{.}54$	$13^m_{.}24$	M4 V
HD 95735	11	03,3	+35	59	2,55	$7^m_{.}49$	$10^m_{.}46$	M2 V
Sirius A	6	45,2	−16	43	2,64	$-1^m_{.}44$	$1^m_{.}45$	A0 V
Sirius B						$8^m_{.}44$	$11^m_{.}36$	DA5
HIP 92403	18	49,8	−23	50	2,97	$10^m_{.}37$	$13^m_{.}00$	M3 V
ε Eridani	3	32,9	−09	27	3,22	$3^m_{.}72$	$6^m_{.}18$	K2 V
HD 217 987	23	05,7	−35	51	3,29	$7^m_{.}35$	$9^m_{.}76$	M2 V
HIP 57 548	11	47,7	+00	48	3,35	$11^m_{.}12$	$13^m_{.}50$	M4 V
61 Cygni A	21	06,8	+38	44	3,48	$5^m_{.}20$	$7^m_{.}49$	K5 V
61 Cygni B					3,48	$6^m_{.}05$	$8^m_{.}33$	K7 V
α Canis Minoris A	7	39,3	+5	14	3,50	$0^m_{.}40$	$2^m_{.}68$	F5 IV-V
α Canis Minoris B						$10^m_{.}92$	$13^m_{.}20$	DA
HD 173 740	18	42,8	+59	37	3,52	$9^m_{.}70$	$11^m_{.}97$	M3 V
HD 173 739	18	42,8	+59	38	3,53	$8^m_{.}94$	$11^m_{.}18$	M3 V
HD 1 326	0	18,3	+44	01	3,57	$8^m_{.}09$	$10^m_{.}33$	M5 V
ε Indi	22	03,3	−56	47	3,63	$4^m_{.}69$	$6^m_{.}89$	K5e V
τ Ceti	1	44,1	−15	56	3,65	$3^m_{.}49$	$5^m_{.}68$	G8 V
HIP 5 643	1	12,5	−17	00	3,72	$12^m_{.}10$	$14^m_{.}25$	M4 V
HIP 36 208	7	27,4	+5	14	3,80	$9^m_{.}84$	$11^m_{.}94$	M3 V
HD 33 793	5	11,6	−45	00	3,92	$8^m_{.}86$	$10^m_{.}89$	M1 V
HD 202 560	21	17,3	−38	52	3,95	$6^m_{.}69$	$8^m_{.}71$	M0 V

α: Rektaszension, δ: Deklination; *r*: Entfernung im HIPPARCOS-Katalog; m_V: scheinbare visuelle Helligkeit; M_V: absolute visuelle Helligkeit; Sp: Spektral- und Leuchtkraftklasse. Helligkeiten im V-Bereich des UBV-Systems

100 Mrd. weitere S.e sind Mitglieder des → Milchstraßensystems und umlaufen dessen Zentrum in mehr oder minder kreisähnlichen Bahnen. Die S.e des Milchstraßensystems konzentrieren sich an der Himmelskugel um den galaktischen Äquator, sie verursachen in ihrer Gesamtheit das unregelmäßig begrenzte Band der → Milchstraße. Innerhalb des Milchstraßensystems existieren Einzelsterne, → Doppelsterne und → Mehrfachsterne sowie eine große Anzahl von → Sternhaufen. Jenseits des Milchstraßensystems befinden sich die extragalaktischen Sternsysteme, die z. T. dem Milchstraßensystem gleichen, sich in ihrer Struktur und Größe aber auch stark von ihm unterscheiden können (→ Sternsystem).

Die unterschiedlichen scheinbaren Helligkeiten der S.e sind eine Folge der unterschiedlichen Entfernungen von der Sonne sowie ihrer unterschiedlichen Leuchtkräfte. Die Leuchtkraft wird durch die effektive Temperatur und den Sternradius bestimmt (→ Leuchtkraft eines Sterns). Die Effektivtemperaturen liegen zwischen etwa 2 500 und 50 000 K, in Einzelfällen betragen sie bis 100 000 K. Die Radien der Neutronensterne sind von der Größenordnung 10 bis 15 km, die Radien der Weißen Zwerge liegen in der Größenordnung von einigen 1 000 km und sind damit den Radien der Planeten vergleichbar, während die Radien der Überriesensterne mit einigen 100 Mio. km denen der Planetenbahnen gleichen. Die Massen der S.e liegen in einem Bereich zwischen etwa 0,08 und rund 80 Sonnenmassen (→ Zustandsgröße eines Sterns).

Die weitaus meisten S.e haben eine konstante Helligkeit, bei einigen variiert sie aber auch mehr oder minder regelmäßig (→ Veränderliche). Das „Flimmern" der S.e, die → Szintillation, ist durch rasch wechselnde Dichteinhomogenitäten in der Erdatmosphäre verursacht.

S.e sind durch die Schwerkraft zusammengehaltene Gaskugeln, von denen nur die äußersten Schichten direkt beobachtet werden können, nur aus ihnen, den → Sternatmosphären, kann elektromagnetische Strahlung, auch das sichtbare Licht, frei in den Weltraum entweichen. Die Dicke der Atmosphären ist im Vergleich zu den Sternradien sehr gering, sie enthalten nur

Tab. 2: *Sterne visuell heller als 2,^{m}0 und mit einer Deklination größer als −40°*

Stern	α h	α min	δ °	δ ′	m_v	Sp	r (pc)	Bemerkungen
α Canis Maioris	6	45,1	−16	43	−1^{m}44	A0 V	2,6	Sirius, VisD 8″
α Bootis	14	15,7	19	11	−0^{m}05	K2 III	11,2	Arctur
α Orionis	5	55,2	7	24	0^{m}00	M2 I	131	Beteigeuze, V
α Lyrae	18	36,9	38	47	0^{m}03	A0 V	7,8	Wega
α Aurigae	5	16,7	46	0	0^{m}08	G0 III+G5 III	12,9	Capella, SpD
β Orionis	5	14,5	−8	12	0^{m}18	B8 I	237	Rigel, 3f: VisD 9″, SpD
α Canis Minoris	7	39,3	5	14	0^{m}40	F5 IV-V	3,5	Procyon, VisD 4″
α Aquilae	19	50,8	8	52	0^{m}82	A7 IV-V	5,1	Atair
α Tauri	4	35,9	16	30	0^{m}87	K5 III	20	Aldebaran, VisD 31″
α Virginis	13	25,2	−11	9	0^{m}98	B1 V	80	Spica, SpD
α Scorpii	16	29,4	−26	26	1^{m}06	M1 I+B2 V	185	Antares, VisD 3″
β Geminorum	7	45,3	28	1	1^{m}16	K0 III	10,3	Pollux
α Piscis Austrini	22	57,6	−29	37	1^{m}18	A3 V	7,7	Fomalhaut
α Cygni	20	41,4	45	16	1^{m}30	A2 I		Deneb
α Leonis	10	8,4	11	58	1^{m}36	B7 V	24	Regulus, 3f
ε Canis Maioris	6	58,6	−28	58	1^{m}51	B2 Iab	132	
α Geminorum	7	34,6	31	53	1^{m}58	A1V+A2V	15,6	Castor, 6f
λ Scorpii	17	33,6	−37	6	1^{m}62	B1 IV	216	SpD
γ Orionis	5	25,1	6	21	1^{m}64	B2 III	75	Bellatrix, V
β Tauri	5	26,3	28	36	1^{m}65	B7 III	40	
ε Orionis	5	36,2	−1	12	1^{m}69	B0 I	411	
ζ Orionis	5	40,8	−1	57	1^{m}74	O9,5 Ib+B0III	250	3f: VisD 2,5″, SpD
ε Ursae Maioris	12	54,0	55	58	1^{m}76	A0p	25	Alioth, SpD
ε Sagittarii	18	24,2	−34	23	1^{m}79	B9 III	44	
α Persei	3	24,3	49	52	1^{m}79	F5 I	181	Mirfak
α Ursae Maioris	11	3,7	61	45	1^{m}81	K0 III	38	Dubhe
δ Canis Maioris	7	88,4	−26	24	1^{m}84	F8 Iab	550	
η Ursae Maioris	13	47,5	49	19	1^{m}85	B3 V	31	Benetnasch
β Aurigae	5	59,5	44	57	1^{m}90	A2 V	25	SpD, V
γ Geminorum	6	37,7	16	24	1^{m}93	A0 IV	32	
α Ursae Minoris	2	31,8	89	15	1^{m}97	F7 I	132	Polarstern, 3f: VisD 18″
β Canis Maioris	6	22,7	−17	57	1^{m}98	B1 II-III	153	SpD, 3f
α Hydrae	9	27,6	−8	40	1^{m}99	K3 III	54	Alphard

α: Rektaszension, δ: Deklination; r: Entfernung im HIPPARCOS-Katalog; m_v: scheinbare visuelle Helligkeit; Sp: Spektral- und Leuchtkraftklasse; VisD: visueller Doppelstern mit Winkelabstand der Komponenten; SpD: spektroskopischer Doppelstern; 3f: Dreifachstern; 4f Vierfachstern usw.; V: Veränderlicher

Sternassoziation

einen außerordentlich kleinen Teil der Sternmasse. Nahezu die gesamte Masse befindet sich im Sterninnern, das mit herkömmlichen Mitteln unbeobachtbar ist. Auf Grund theoretischer Untersuchungen lassen sich aber wohlbegründete Aussagen über den →Sternaufbau machen, u. a. über den Temperatur-, Dichte- und Druckverlauf, über den physikalischen Zustand der Sternmaterie sowie über die Energiefreisetzungsprozesse. Mit Ausnahme der → Braunen Zwerge, der → Weißen Zwerge und der → Neutronensterne setzen Kernreaktionen die von den S.en ausgestrahlte Energie frei (→ Energiefreisetzung in Sternen). Bei diesen Reaktionen werden aus leichten Atomkernen schwerere aufgebaut, was eine allmähliche Änderung der chemischen Zusammensetzung der Sternmaterie sowie des Sternaufbaus zur Folge hat. Diese Änderungen verursachen eine allmähliche Änderung der beobachtbaren Zustandsgrößen (→ Sternentwicklung). S.e entstehen aus interstellarer Materie. Da der Prozess der → Sternentstehung im Milchstraßensystem und in anderen Sternsystemen auch gegenwärtig noch stattfindet, reicht das Alter der existierenden S.e von wenigen Millionen bis zu rund 10 Mrd. Jahren (→ Altersbestimmung).

Zwischen einigen der globalen Zustandsgrößen, z. B. zwischen der Effektivtemperatur, dem Durchmesser und der Leuchtkraft, bestehen durch mathematische Formeln beschreibbare Beziehungen. Komplexe Zusammenhänge zwischen anderen Zustandsgrößen lassen sich anhand von sog. Zustandsdiagrammen veranschaulichen. Zu diesen gehört vor allem das → Hertzsprung-Russell-Diagramm, in dem auch die Entwicklung eines S.s graphisch dargestellt werden kann.

Im beobachtbaren Teil des Weltalls gibt es etwa 70 Trilliarden ($7 \cdot 10^{22}$) S.e. Für diese grobe Schätzung wurden in einem kleinen Bereich des Weltalls die Zahl der extragalaktischen Sternsysteme und ihre Entfernungen bestimmt, woraus sich für jedes System die absolute Helligkeit und damit die Anzahl der sie bildenden S.e ergibt. Schließlich wurden diese Zahlen auf das der Beobachtung zugängliche Weltall extrapoliert.

Sternassoziation, lockere Gruppe gemeinsam entstandener Sterne mit ähnlichen physikalischen Eigenschaften.

Die zu einer S. gehörenden Sterne sind im Allg. gering um das Zentrum konzentriert, sie bilden eine gravitativ nicht gebundene Ansammlung von relativ wenigen bis maximal 100 sehr jungen Sternen. Eine S. ist die am wenigsten kompakte Form eines Sternhaufens. Es werden drei Typen von S.en unterschieden. *OB-Assoziationen* werden im Wesentlichen von Sternen der Spektralklassen O sowie B0 bis B2 gebildet. Die in Reflexionsnebeln (→ interstellarer Staub) eingebetteten *R-Assoziationen* können auch frühe A-Sterne enthalten, während die *T-Assoziationen* von veränderlichen → T-Tauri-Sternen gebildet werden. Die verschiedenen Typen befinden sich oftmals im gleichen Raumgebiet, z. B. in der Umgebung der Trapez-Sterne im Sternbild Orion. Die Gürtelsterne des Orion sind Mitglieder einer OB-Assoziation.

S.en haben mit etwa 40 bis 100 pc größere Ausdehnungen als → Offene Sternhaufen, sind aber weniger scharf begrenzt. Die Anzahldichte der Mitgliedsterne einer S. ist viel geringer als die der übrigen Sterne im Raumgebiet, so dass S.en die Gesamtsterndichte nur geringfügig erhöhen. Einige OB-Assoziationen expandieren mit Geschwindigkeiten von rund 10 km/s. Unter der Annahme, dass die jetzige Ausdehnung dieser Assoziationen infolge der Expansion von einem kleinen Ursprungsgebiet aus erreicht wurde, ergibt sich ein Alter von 1 bis 10 Mio. Jahren. Es ist in Übereinstimmung mit dem Alter der O- und frühen B-Sterne, das höchstens etwa 10 bis 15 Mio. Jahre beträgt (→ Sternentwicklung). Die Sterne der T-Assoziationen sind ebenfalls außerordentlich jung, sie befinden sich noch im Vorhauptreihenzustand. S.en sind keine über eine lange Zeit existierenden Sternansammlungen. Unter der zerstörenden Wirkung der differentiellen Rotation des → Milchstraßensystems und infolge der durch andere Sternhaufen sowie durch massereiche interstellare Wolken ausgeübten Gezeitenkräfte unterliegen die S.en einer verhältnismäßig raschen Auflösung. Die Existenzzeit liegt selbst ohne Expansion in der Größenordnung von etwa 10 Mio. Jahren.

S.en sind stark gegen die galaktische Ebene konzentriert, sie definieren zusammen mit den jungen Offenen Sternhaufen die Spiralarme des Milchstraßensystems und befinden sich infolge ihres geringen Alters noch in der Nähe ihres Entstehungsorts. S.en markieren damit Gebiete im Milchstraßensystem, in denen auch gegenwärtig Sterne entstehen (→ Sternentstehung). S.en sind typische Vertreter der extremen → Population I.

Die Zahl der bekannten OB-Assoziationen beläuft sich auf weniger als etwa 100. Ihre Gesamtzahl im Milchstraßensystem dürfte einige 100 bis 1 000 betragen, von denen die Mehrheit aber von der Sonne aus gesehen sich „hinter" vorgelagerter staubförmiger interstellarer Materie befindet. Dass nur eine kleinere Zahl von T-Assoziationen bekannt ist, dürfte u. a. an den im Vergleich zu den O- und B-Sternen geringeren absoluten Helligkeiten der T-Tauri-Sterne liegen, wodurch die Entdeckungswahrscheinlichkeit sehr gering ist. Die Zahl der bekannten R-Assoziationen ist noch niedriger.

In nahen extragalaktischen Sternsystemen, z. B. im Andromedanebel und in den Magellan'schen Wolken, werden ebenfalls S.en beobachtet.

Sternatlas, eine Zusammenfassung einzelner → Sternkarten.

Sternatmosphäre, die äußersten Schichten eines Sterns, aus denen die in den Weltraum emittierte elektromagnetische Strahlung, z. B. das sichtbare Licht, stammt.

Bei der Sonne, dem der Erde nächsten Stern, wird die Atmosphäre auf Grund der Beobachtungsmöglichkeiten in Teilbereiche untergliedert (→ Sonne). Der Hauptteil der sichtbaren Strahlung kommt aus der Photosphäre, der untersten Atmosphärenschicht. Die darüber liegende Chromosphäre und die Korona sind wegen der Überstrahlung durch die Photosphäre im Allg. unsichtbar. Alle Sterne dürften weitestgehend die gleiche Atmosphärenstruktur haben. Auch bei ihnen wird die Schicht, aus der nahezu die gesamte sichtbare Strahlung stammt, als Photosphäre bezeichnet und im Allg. mit der Atmosphäre gleichgesetzt.

Sternatmosphäre

Sterne sind durch die Schwerkraft zusammengehaltene Gaskugeln. Die Dicke der Photosphäre ist verglichen mit dem Sternradius sehr klein; bei der Sonne beträgt die Photosphärendicke weniger als 1/1 000 des Sonnenradius. In gleicher Größenordnung liegt das Verhältnis bei den meisten Sternen, nur bei Überriesensternen ist das Verhältnis wesentlich größer. Wegen der geringen Ausdehnung wird die Photosphäre als „Oberfläche" eines Sterns betrachtet, auf sie beziehen sich z. B. die Radiusangaben. Im strengen Sinn existiert bei einer Gaskugel keine äußere Grenze, es besteht ein allmählicher Dichteabfall nach außen hin. Die Ausdehnung der Sternkorona als äußerste Atmosphärenschicht ist unbestimmt, es ist der Übergangsbereich zum interstellaren Raum. Die theoretische Beschreibung der Struktur und des physikalischen Zustands einer Korona ist sehr schwierig, da die Struktur durch klein- und großräumige Magnetfelder wesentlich bestimmt wird und dementsprechend sehr inhomogen ist, selbst bei der Sonne ist eine detaillierte Beschreibung kaum möglich (→ Sonne). Die Aussagen über die physikalischen Verhältnisse in der Photosphäre der Sonne sind im Gegensatz dazu relativ gesichert, zumal sich die Theorie auf großes Beobachtungsmaterial stützen kann.

Der weitaus größte Teil eines Sterns, das Sterninnere, enthält nahezu die gesamte Masse, aus ihm gelangt aber keine elektromagnetische Strahlung direkt in den Weltraum, es ist daher mit herkömmlichen Mitteln nicht beobachtbar. Nur bei der Sonne kann aus dem beobachteten Neutrinostrom ansatzweise auf den physikalischen Zustand des Sonneninnern, speziell auf die Prozesse zur Energiefreisetzung, geschlossen werden (→ Neutrinoastronomie), grobe Hinweise auf die Struktur geben auch Beobachtungen mittels der Helioseismologie (→ Sonne). Alle Aussagen über das Innere der Sonne und das anderer Sterne basieren auf theoretischen Untersuchungen (→ Sternaufbau). Zwischen der Atmosphäre und dem Sterninnern besteht keine scharfe Grenze, beide gehen stetig ineinander über.

Eine S. wird von Gasschichten gebildet, in denen Druck, Temperatur und Dichte in Abhängigkeit vom Abstand vom Sternzentrum abnehmen. Die Theorie der S.n hat das Ziel, diese Schichtung sowie die chemische Zusammensetzung der Atmosphärenmaterie unter Verwendung von Beobachtungen, speziell des Spektrums der Sternstrahlung, zu bestimmen. In voller Allgemeinheit ist dies nicht möglich. Die Theorie geht von vereinfachenden Annahmen aus. Z. B. wird eine S. als eine nur gering ausgedehnte planparallele Schicht angenommen, die weder expandiert noch kontrahiert und in der keine großräumigen Strömungen oder Magnetfelder existieren. Nur in Spezialuntersuchungen werden S.n als ausgedehnte, konzentrische, möglicherweise expandierende Kugelschalen angesehen.

Atmosphärenaufbau, Energietransport. Die in einer S. sich einstellende Temperatur-, Dichte- und Druckschichtung ist wesentlich von den Einwirkungen des Sterninnern abhängig. Der aus dem Sterninnern kommende Energiestrom ist maßgebend für die Temperaturverhältnisse in der Atmosphäre. Die Massenanziehung des Sterninnern bestimmt die in der Atmosphäre herrschende Schwerebeschleunigung, damit die Kompression der Atmosphärenmaterie. Auf Grund der geringen Photosphärendicke kann die Schwerebeschleunigung der Einfachheit halber für die gesamte Photosphäre als konstant angesehen werden. In ihr herrscht ein hydrostatisches Gleichgewicht, d. h., an jeder Stelle der Atmosphäre sind die nach außen gerichteten Druckkräfte gleich der nach innen gerichteten Gravitationskraft. Da diese mit wachsendem Mittelpunktsabstand abnimmt, nehmen auch Druck und Dichte nach außen ab.

Die eine S. durchsetzende Energie wird im Wesentlichen durch Strahlung transportiert. Tieferliegende heiße Sternschichten geben mehr Energie nach außen ab als weiter außen sich befindende kühlere Schichten nach innen. Die optische Dichte der Materie bedingt, wie weit zwei noch im direkten Strahlungsaustausch stehende Schichten voneinander entfernt sein können. Die optische Dichte sinkt, wenn die Absorptionsfähigkeit der Materie, ausgedrückt durch den Absorptionskoeffizienten, abnimmt. Dieser ist von der chemischen Zusammensetzung der Sternmaterie abhängig, speziell von der Häufigkeit der schweren Elemente, sowie vom physikalischen Zustand der Materie, insbesondere vom Anregungs- und Ionisationszustand (→ Absorption, → Ionisation). Der Koeffizient ist stark wellenlängeabhängig. Zur Bestimmung der optischen Dichte müssen außerordentlich viele von angeregten und ionisierten Atomen stammende Spektrallinien berücksichtigt werden. Unter Vorgabe der chemischen Zusammensetzung ist die Berechnung des Absorptionskoeffizienten für alle Dichte- und Temperaturwerte sowie alle Wellenlängen im Rahmen der Atomphysik möglich. Der Emissionskoeffizient beschreibt, bei welchen Wellenlängen die absorbierte Energie wieder ausgestrahlt wird. Im thermodynamischen Gleichgewicht sind Absorptions- und Emissionskoeffizient proportional, der Proportionalitätsfaktor ist durch das Planck'sche Strahlungsgesetz festgelegt (→ Strahlungsgesetze).

In kühlen S.n spielt neben dem Energietransport durch Strahlung auch der durch Konvektion eine Rolle. Dabei fungieren einzelne Massenelemente als Energieträger, heiße steigen auf, kühle sinken ab. In einer S. im hydrostatischen Gleichgewicht existieren weder Energiequellen noch -senken, d. h., der eine konzentrische Kugeloberfläche durchsetzende Gesamtenergiestrom ist unabhängig vom Kugelradius. Ein Maß für die eine Kugeloberfläche je Sekunde durchfließende über alle Wellenlängen summierte Strahlungsenergie zuzüglich der durch Konvektion transportierten Energie ist die effektive Temperatur des Sterns, sie gibt den die „Sternoberfläche" durchsetzenden Energiestrom an (→ Leuchtkraft eines Sterns).

In der Photosphäre herrscht ein Temperaturgefälle, sie ist im strengen Sinn lokal nicht im thermodynamischen Gleichgewicht. Die Intensität der ein Volumenelement durchsetzenden Strahlung hängt von der Richtung der Strahlung ab, sie ist damit keine Hohlraumstrahlung (→ Strahlungsgesetze). Da die spektrale Intensitätsverteilung des lokalen Strahlungsfelds nicht bekannt ist, ergeben sich Schwierigkeiten bei der Berechnung des herrschenden Anregungs- und Ionisationszustands der Elemente, damit auch Schwierigkeiten bei der Bestim-

Sternatmosphäre

mung des lokal maßgebenden Absorptions- und Emissionskoeffizienten. Zur Umgehung der Schwierigkeiten wird im Allg. angenommen, dass an jedem Ort in der S. die Anregungs- und Ionisationsbedingungen so sind, als würde lokales thermodynamisches Gleichgewicht entsprechend der lokalen Temperatur bestehen. Für viele Atmosphärenberechnungen stellt dies eine hinreichend gute Näherung dar. Bei sehr heißen S.n und Atmosphären mit sehr geringer Gasdichte ist die Annahme unbefriedigend wie auch für die obersten Schichten einer „normalen" S. Diese Fälle erzwingen, bei der Bestimmung des Atmosphärenaufbaus auf die Annahme lokalen thermodynamischen Gleichgewichts zu verzichten, was zwar genauer, aber mit viel höherem Rechenaufwand verbunden ist.

Die Absorptionsfähigkeit des Atmosphärengases bestimmt, aus welchen Tiefen Strahlung ungehindert in den Weltraum entweichen, wie tief von außen in die S. hineingesehen werden kann. Bei hoher Absorptionsfähigkeit ist die geometrische Dicke der durchstrahlten Schichten klein, bei geringer Absorption gelangt auch aus großen Tiefen Strahlung nach außen. Das Produkt aus Absorptionsfähigkeit und geometrischer Schichtdicke bestimmt die → optische Dicke der Schicht. Eine Schicht, deren optische Dicke einen Zahlenwert wesentlich größer als Eins hat, ist undurchsichtig, ist „optisch dick", eine mit einem viel kleineren Wert ist fast vollkommen durchsichtig, „optisch dünn". Die optische Dicke einer Schicht gegebener geometrischer Dicke ist wegen der Wellenlängenabhängigkeit des Absorptionskoeffizienten von der Wellenlänge der sie durchsetzenden Strahlung abhängig. Für bestimmte Wellenlängen kann die Schicht optisch dick, für andere optisch dünn sein. Eine S. umfasst diejenigen äußeren Schichten, in denen von außen betrachtet die optische Tiefe nicht wesentlich größer als Eins ist. Dabei wird im Allg. diejenige Wellenlänge zugrunde gelegt, bei der das Intensitätsmaximum der vom Stern emittierten Strahlung liegt. Die beobachtete Strahlung stammt aus Schichten unterschiedlicher geometrischer Tiefe. Der Beitrag der obersten, kühlsten Schichten ist relativ gering, da das Emissionsvermögen gering ist, es ist bei thermodynamischem Gleichgewicht proportional der 4. Potenz der Temperatur. Die tiefsten, damit heißesten Schichten, aus denen gerade noch Strahlung nach außen dringt, haben zwar ein hohes Emissionsvermögen, doch wird die Strahlung auf dem Weg nach außen von den höherliegenden Schichten stark absorbiert. Bei der Sonne bewirkt die nach außen abnehmende Temperatur sowie die unterschiedliche optische Tiefe der Schichten die Randverdunklung der Sonnenscheibe (→ Sonne). Am Scheibenrand wird die optische Tiefe Eins in höherliegenden kühleren Schichten erreicht als in der Sonnenscheibenmitte, in Scheibenmitte kann tiefer in die Sonnenatmosphäre gesehen werden als am Rand. Sterne erscheinen im Gegensatz zur Sonne punktförmig, so dass keine Randverdunklung beobachtbar ist.

Die über der Photosphäre liegende Chromosphäre und Korona haben wie bei der Sonne eine z. T. wesentlich höhere Temperatur als die Photosphäre (→ Sonne), sie leisten im sichtbaren Spektralbereich dennoch keinen merklichen Beitrag zur beobachteten Strahlung, da Gasdichte und damit das Emissionsvermögen viel geringer als in der Photosphäre sind.

Atmosphärenmodelle. Das Modell der Atmosphäre eines bestimmten Sterns beinhaltet den radialen Verlauf u. a. von Druck, Dichte und Temperatur sowie des herrschenden Strahlungsfelds in Abhängigkeit von den für den Stern charakteristischen Parametern Schwerebeschleunigung und effektive Temperatur.

Zur Berechnung eines Modells ist für jeden Ort der Atmosphäre ein System von Gleichungen zu lösen, die den physikalischen Zustand der Materie und die Eigenschaften des Strahlungsfelds beschreiben. Eine Gleichung ergibt sich aus der Bedingung des hydrostatischen Gleichgewichts, eine aus der Bedingung der Konstanz des Gesamtstrahlungsstroms und eine, die sog. Zustandsgleichung, gibt die Verknüpfung von Dichte, Temperatur und Druck an. Andere Gleichungen beschreiben die lokale Wechselwirkung von Strahlung und Materie, wobei die Stärke der Wechselwirkung von der Wellenlänge der Strahlung sowie deren richtungsabhängiger Intensität abhängt. Im Prinzip wäre für jede Wellenlänge und jede Strahlungsrichtung eine gesonderte Gleichung zu lösen, insgesamt zweimal unendlich viele Gleichungen, was in voller Allgemeinheit nicht möglich ist. Man beschränkt sich im Allg. auf einige charakteristische Wellenlängen und einige Strahlungsrichtungen. Hinzu kommt eine sehr große Zahl von Gleichungen, die den Anregungs- und Ionisationszustand aller vorhandenen Elemente in Abhängigkeit von Dichte und Temperatur beschreiben.

Als freie Parameter gehen in das außerordentlich umfangreiche Gleichungssystem die für einen bestimmten Stern in der Photosphäre herrschende Schwerebeschleunigung und die effektive Temperatur sowie die chemische Zusammensetzung der Atmosphärenmaterie ein. Diese Parameter sind zahlenmäßig vorzugeben. Das Modell beschreibt damit die Atmosphäre dieses Sterns.

Das umfangreiche und komplizierte Gesamtgleichungssystem ist nur mittels großer Rechenanlagen lösbar. Der Rechenaufwand sinkt erheblich, wenn vereinfachende Annahmen gemacht werden. Eine Vereinfachung ist z. B. die Annahme, dass die Absorptionsfähigkeit für alle Wellenlängen gleich ist, der Strahlungstransport wird dann durch eine einzige Gleichung beschrieben. Das berechnete Modell beschreibt dann eine sog. „graue" Atmosphäre, es kann vielfach als Anfangsnäherung für die genauere Modellierung einer S. genutzt werden

Spektrum. Ein Sternspektrum besteht im Allg. aus einem Kontinuum, dem Absorptionslinien aufgeprägt sind. Die Intensitätsverteilung des Kontinuums ist im Wesentlichen durch die effektive Temperatur bestimmt, die der mittleren Temperatur der S. entspricht. Das Maximum der Intensitätsverteilung liegt bei umso kürzeren Wellenlängen, je höher die Effektivtemperatur ist (→ Strahlungsgesetze). Das Vorhandensein und die Stärke einer Absorptionslinie gehen auf die Menge des diese Linie hervorrufenden Elements zurück sowie auf die relative Zahl der Atome des Elements, die sich in dem für die Linie charakteristischen Anregungs- und Ionisationszustand befinden. Anregungs- und Ionisationsgrad wachsen mit steigender Temperatur, der Ionisationsgrad darüber hinaus mit abnehmender Dichte. Die Berechnung des Ionisationsgrads eines bestimmten Elements erfordert daher nicht nur die Kenntnis der herrschenden Temperatur, sondern auch die Kenntnis der Dichte, speziell die der freien Elektronen. Dies setzt aber voraus, dass der Ionisationsgrad aller anderen Elemente bekannt ist, da diese ja zur Anzahldichte der Elektronen beitragen. Diese grundsätzliche Schwierigkeit bedingt, dass nur mittels eines Näherungsverfahrens der Ionisationsgrad eines Elements bestimmt werden kann.

Die in einer S. herrschende Gasdichte wird wesentlich durch die Schwerebeschleunigung bestimmt. Ein Sternspektrum ist damit sowohl von der Effektivtemperatur als auch von der Schwerebeschleunigung abhängig. Diese von zwei Parametern verursachte Abhängigkeit bedingt z. B. die Unterschiede im Linienspektrum von Riesen- und Hauptreihensternen gleicher Effektivtemperatur. Bei Riesensternen ist die Schwerebeschleunigung gering, damit die mittlere Dichte, so dass im Spektrum die von Ionen stammenden Linien relativ stärker, die von neutralen Atomen stammenden relativ schwächer sind als in den Spektren von Hauptreihensternen. Die bei der → Spektralklassifikation erfolgende Einordnung der Sternspektren in durch die Effektivtemperatur bestimmte Spektralklassen und durch die Schwerebeschleunigung bestimmte Leuchtkraftklassen findet damit ihre theoretische Begründung.

Zum Spektrum tragen unterschiedlich tief liegende Atmosphärenschichten bei. Die mittlere Tiefe der Schicht, von der Strahlung einer bestimmten Wellenlänge stammt, wird durch den vom physikalischen Zustand und der Wellenlänge abhängigen Absorptionskoeffizienten bestimmt. Er besteht aus einem das Absorptionslinienspektrum beschreibenden und einem das kontinuierliche Spektrum beschreibenden Koeffizienten. Die Linienabsorption beruht auf gebunden-gebundenen Elektronenübergängen (→ Atom) hauptsächlich in Metall-, Helium- und Wasserstoffatomen. Die Übergänge erfolgen durch Absorption von Strahlung diskreter Wellenlängen, was die Absorptionslinien bei diesen Wellenlängen verursacht. Die Linien bilden eine Serie mit einer Häufung bei der Wellenlänge, die der Ionisationsenergie für das jeweilige Ausgangsenergieniveau der Linien entspricht (→ Spektrum).

Die kontinuierliche Absorption beruht auf gebunden-freien Übergängen. Die absorbierte Strahlung hat eine Energie größer als die Ionisationsenergie. Die Stärke der kontinuierlichen Absorption nimmt mit wachsender Wellenlänge bis hin zur Grenze der Linienserie stetig zu und fällt an der Seriengrenze auf Null ab. Da sich die Atome und Ionen der Elemente in jeweils unterschiedlichen Anregungs- und Ionisationszuständen befinden, hat der kontinuierliche Absorptionskoeffizient einer Elementenmischung eine sägezahnähnliche Wellenlängenabhängigkeit (Abb. 1). Zur kontinuierlichen Absorption tragen auch frei-freie Übergänge der Elektronen bei, die sich in den elektrischen Feldern von Ionen bewegen. In den Atmosphären heißer Überriesen kommt die Photonenstreuung an freien Elektronen, in Atmosphären kühler Sterne die Streuung an neutralen Wasserstoffatomen hinzu.

Bei einer Absorptionslinie ist die Absorption im Linienzentrum am stärksten und fällt in den Linienflügeln auf Null ab (→ Spektrum), die Restintensität der Strahlung im Linienbereich ist damit abhängig vom Abstand vom Linienzentrum. Die Reststrahlung stammt aus unterschiedlichen geometrischen Tiefen, in der Linienmitte aus höheren kühleren Schichten als in den Linienflügeln. Das Auftreten einer Absorptionslinie ist damit grundsätzlich an ein Temperaturgefälle gebunden, bei strengem thermodynamischen Gleichgewicht existiert keinerlei Temperaturgradient, es ergibt sich ein reines Kontinuum (→ Strahlungsgesetze).

Die Absorptionslinien bewirken eine Art Glashauseffekt. Die absorbierenden Atome und Ionen emittieren die aufgenommene Energie in alle Richtungen, auch in tieferliegende Schichten, so dass deren Temperatur etwas erhöht wird und entsprechend die Intensität des Kontinuums zwischen den Linien, der über alle Wellenlängen summierte Gesamtstrahlungsstrom bleibt aber konstant.

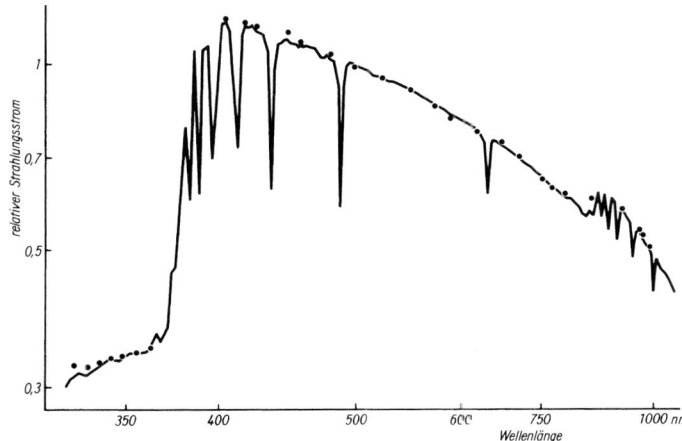

Abb. 1: Berechnetes Spektrum für den Stern α Lyrae (Wega) mit der Effektivtemperatur 9 400 K, der Schwerebeschleunigung 89,1 m/s^2 und einer chemischen Zusammensetzung wie die in der Sonnenatmosphäre. Durchgezogene Linie: berechnetes Spektrum; die Strahlungsströme sind auf den Strahlungsstrom bei der Wellenlänge 500 nm bezogen. Punkte: gemessene Strahlungsströme im Kontinuum von α Lyrae. (Nach R. L. Kurucz)

Sternatmosphäre

Normalerweise sind Spektrallinien schmal, unterschiedliche Effekte bewirken aber eine Linienverbreiterung. Ein Effekt ist der thermische → Doppler-Effekt. Die Doppler-Verbreiterung ist umso größer, je höher die kinetische Temperatur ist. Die Druckverbreiterung ist Folge von Stößen zwischen den Atomen. Die Stoßwahrscheinlichkeit steigt mit zunehmender Dichte und zunehmendem Druck, was sich auf die Verbreiterung überträgt (→ Spektrum). Riesensterne haben eine geringere Schwerebeschleunigung, einen geringeren Druck in der Atmosphäre damit eine geringere Druckverbreiterung, die Spektrallinien sind schmaler als bei Hauptreihensternen gleicher Spektralklasse, d. h. gleicher Effektivtemperatur. Die durch Doppler-Verbreiterung bewirkte Linienkontur unterscheidet sich von der durch Druckverbreiterung verursachten, so dass anhand des Linienprofils die Wirkung der beiden Effekte getrennt bestimmt werden kann.

Eine Turbulenzverbreiterung ergibt sich, wenn in der S. Konvektion herrscht, aufsteigende und absinkende Masseelemente verursachen eine zusätzliche Doppler-Verbreiterung. Ist die Geschwindigkeit der Konvektionselemente mit der lokalen Schallgeschwindigkeit vergleichbar, ergibt sich ein dynamischer Druck, wodurch der Gesamtdruck höher als in einer nicht konvektiven Atmosphäre ist, entsprechend ergibt sich eine erhöhte Druckverbreiterung. Die bei einer Rotation des Sterns auftretende Rotationsverbreiterung (→ Spektrum) ist von den physikalischen Verhältnissen in der S. unabhängig.

Mit zunehmendem Zentrumsabstand sinkt die Temperatur. Bei dicken Atmosphärenschichten weichen die Temperaturen an den Schichtgrenzen stark voneinander ab, die Differenzen sind z. T. so groß, dass keine einheitliche Temperatur für eine Schicht angegeben werden kann. So ist die aus der Strahlung bestimmte effektive Temperatur nicht notwendigerweise gleich der aus der Doppler-Verbreiterung abgeleiteten kinetischen Temperatur und auch nicht notwendig gleich aus dem Anregungs- bzw. Ionisationsgrad der verschiedenen Elemente bestimmten. Die Unterschiede sind umso größer, je weniger die Anregung und Ionisation durch Stöße erfolgen, sondern häufiger durch Strahlungsprozesse. Die der Anregung und Ionisation entgegengesetzten Prozesse (Abregung, Rekombination) sind weitgehend durch die vom physikalischen Zustand unabhängigen Übergangswahrscheinlichkeiten (→ Atom) bestimmt. In den tiefliegenden Atmosphärenschichten sind die Dichten so hoch, dass Stoßprozesse viel effektiver als Strahlungsprozesse sind.

Spektralanalyse. Spektralanalysen haben das Ziel, die chemische Zusammensetzung der S. aus dem Spektrum zu ermitteln. Dies ist nur erreichbar, wenn gleichzeitig der physikalische Aufbau der S. bestimmt wird, da das Spektrum sowohl vom physikalischen Zustand als auch von der chemischen Zusammensetzung abhängt.

Eine detaillierte Spektralanalyse erfolgt schrittweise in einem Näherungsverfahren. Der erste Schritt besteht meist in einer *Grobanalyse*, bei der eine „graue" Atmosphäre angenommen wird. Mit geschätzten Werten von Effektivtemperatur und Schwerebeschleunigung wird die Temperatur- und Dichteschichtung in der Atmosphäre ermittelt, so dass aus den Stärken der Absorptionslinien die chemische Zusammensetzung angenähert bestimmt werden kann, als Maß für die Linienstärke dient dabei die Äquivalentbreite der Linien (→ Spektrum). Bei dem Verfahren wird die Annahme gemacht, dass der von tiefliegenden Schichten emittierten kontinuierlichen Strahlung von der höherliegenden homogenen Atmosphäre Absorptionslinien aufgeprägt werden, deren Äquivalentbreiten allein von der Zahl der absorbierenden Atome abhängen und nicht durch Verbreiterungseffekte beeinflusst sind. In einem Diagramm mit dem Logarithmus der Äquivalentbreite als Ordinate und dem Logarithmus der Zahl der absorptionsfähigen Atome als Abszisse ergibt sich mit zunehmenden Atomzahlen eine monoton ansteigende Kurve, die sog. *Wachstumskurve* (Abb. 2). Bei nur wenig absorptionsfähigen Atomen nimmt die Äquivalentbreite proportional zur Atomzahl zu, da jedes Atom die gleiche Absorptionsmöglichkeit hat. Mit steigender Zahl sinkt die Wahrscheinlichkeit für ein in den höherliegenden Atmosphärenschichten sich befindendes absorptionsfähiges Atom, tatsächlich zu absorbieren, da durch tieferliegende Atome der Strahlungsstrom im Linienbereich bereits reduziert ist, die Äquivalentbreite steigt daher langsamer als die Atomzahl. Bei sehr großen Atomzahlen wird die Absorption im Bereich der Linienflügel stärker, bei gleichbleibender Zunahme der Atomzahlen wird die Wachstumskurve wieder etwas steiler. Je nach der Stärke der Druckverbreiterung ergeben sich unterschiedliche, parallel verlaufende Äste der Wachstumskurve. Aus den gemessenen Äquivalentbreiten von Linien unterschiedlicher Elemente kann die Zahl der Atome dieser Elemente ermittelt werden.

Bei einer *Feinanalyse* werden die bei der Grobanalyse bestimmte chemische Zusammensetzung zur Berechnung eines nächsten Atmosphärenmodells sowie die für die Effektivtemperatur und Schwerebeschleunigung geschätzten Werte benutzt. Ein Kriterium für die Güte des neuen Modells ist, dass der die Atmosphäre durchsetzende berechnete Energiestrom konstant ist. Bei Nichterfüllung wird der Temperatur- und Druckverlauf so lange korrigiert, bis Konstanz erreicht ist. Mit dem neuen Modell werden wieder Stärke und Kontur von Spektrallinien berechnet und mit denen im beobachteten Spektrum verglichen. Eine schrittweise Änderung von chemischer Zusammensetzung, Effektivtemperatur und Schwerebeschleunigung erfolgt so lange, bis das berechnete mit dem beobachteten Spektrum übereinstimmt. Der Rechenaufwand für eine Feinanalyse erhöht sich wesentlich, wenn Abweichungen vom lokalen thermodynamischen Gleichgewicht zu berücksichtigen sind. Die Angaben zur → Elementhäufigkeit beruhen auf Feinanalysen.

Modell der Sonnenatmosphäre. Die Bestimmung des Aufbaus der Sonnenphotosphäre und unteren Chromosphäre ist relativ einfach, da aus der Randverdunklung der Sonnenscheibe die Temperaturschichtung ohne Kenntnis anderer Parameter abgeleitet werden kann (→ Sonne), was bei den punktförmig erscheinenden Sternen nicht möglich ist. Der Temperaturverlauf in

Sternaufbau

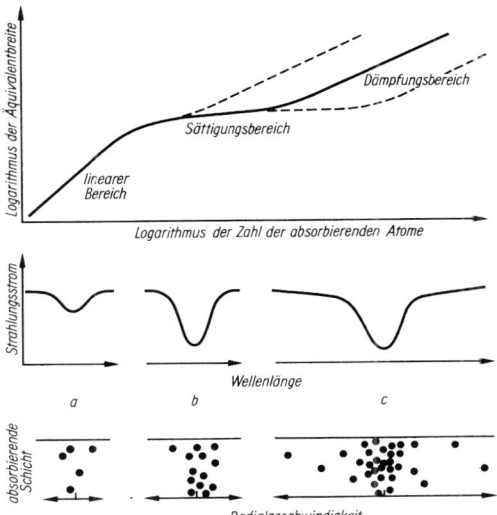

Abb. 2: Oben: Wachstumskurven für unterschiedliche Druckverbreiterungen. Mitte: die den einzelnen Bereichen der Wachstumskurve entsprechenden charakteristischen Linienprofile. Unten: schematisiert die Zahl der absorbierenden Atome und die für die Doppler-Verbreiterung wirksame Radialgeschwindigkeit der Atome

der etwas höher liegenden Chromosphäre ergibt sich aus der Reststrahlung in den Linienzentren sehr starker Absorptionslinien. Die Strahlung wird von Schichten emittiert, die von außen gesehen sehr geringe geometrische Tiefen haben.
Die Bestimmung der physikalischen Struktur der Sonnenkorona ist wesentlich schwieriger. In ihr erreicht die Temperatur lokal z. T. viele Millionen K. (→ Sonne). Die Aufheizung erfolgt durch Prozesse, bei denen Energie direkt oder indirekt unter Mitwirkung von Magnetfeldern aus tieferliegenden Schichten in die Korona transportiert wird. Die detaillierte Koronastruktur ist von sich z. T. kurzfristig ändernden lokalen Magnetfeldern, von internen Materieströmungen sowie von aus der Korona in den interplanetaren Raum abfließender Materie bedingt (→ Sonnenwind).
Frühe Hauptreihensterne haben wahrscheinlich auch Koronen, worauf Beobachtungen im Röntgen- und extremen Ultraviolettbereich hinweisen. Strahlung in diesen Wellenlängenbereichen wird nur von Gasen sehr hoher Temperatur emittiert. Die Sternkoronen dürften im Wesentlichen der Sonnenkorona gleichen.
Abweichungen von Standardmodellatmosphären. Bei den Modellrechnungen wird im Allg. angenommen, dass weder großräumige Strömungen noch starke lokale oder globale Magnetfelder existieren. Für die äußersten Schichten der Sonnenatmosphäre gilt dies nicht, was bei anderen Sternen gleich sein dürfte. Zur Berücksichtigung dieser Effekte ist das zur Berechnung von S.en notwendige Gleichungssystem durch Zusatzgleichungen zu erweitern, das dadurch noch komplizierter wird, da durch Beobachtungen nur außerordentlich

unsichere Werte für die in die Gleichungen eingehenden Parameter gewonnen werden können.
Bei → Bedeckungsveränderlichen mit einem kühlen Überriesen- und einem heißen Hauptreihenstern als Komponenten existieren Beobachtungsmöglichkeiten, die eine Berechnung der Atmosphäre des Überriesensterns wesentlich vereinfachen. Bei der Bedeckung des Hauptreihensterns durch den Überriesen werden nach und nach dessen äußere dünne Atmosphärenschichten vom Licht des Hauptreihensterns durchstrahlt. Dem Spektrum werden dadurch von der Atmosphäre des Riesensterns herrührende zusätzliche Absorptionslinien aufgeprägt. Aus Spektralbeobachtungen bei unterschiedlichen Bedeckungsphasen kann damit ein empirisches Atmosphärenmodell des Riesensterns abgeleitet werden.
Bei sehr engen Doppelsternen, bei Kontaktsystemen (→ Doppelstern), kann eine beide Komponenten einhüllende gemeinsame Atmosphäre existieren. Da die Komponenten im Allg. unterschiedliche Masse und Größe haben, erfordert die Berechnung einer derartigen Atmosphäre ein globales dreidimensionales Modell, bei dem auch die infolge des Umlaufs um den gemeinsamen Schwerpunkt auftretenden Effekte zu berücksichtigen sind.
Für Sterne sehr geringer Effektivtemperatur, z. B. für → Braune Zwerge, sind Atmosphärenberechnungen dadurch erschwert, dass die chemische Zusammensetzung der Atmosphäre infolge der Bildung von Molekülen und Staubteilchen in unübersichtlicher Weise verändert wird, was sich auf den Absorptionskoeffizienten und damit auf das lokale Strahlungsfeld überträgt. Sehr massearme Sterne haben eine bis auf eine dünne Photosphärenschicht stark konvektive Atmosphäre, deren Berechnung infolge des Fehlens einer gesicherten Konvektionstheorie außerordentlich erschwert ist.
Bei Überriesensternen ist die Annahme einer planparallelen Atmosphärenschichtung nicht gerechtfertigt. Die Atmosphäre muss als aus konzentrischen Kugelschalen bestehend betrachtet werden. Bei der Bestimmung des lokalen Strahlungsfelds sind außerdem auch die von Molekülen herrührenden Spektrallinien zu berücksichtigen.

Sternaufbau, die durch den Temperatur-, Dichte- und Druckverlauf sowie die Energiefreisetzungsrate in Abhängigkeit vom Zentrumsabstand festgelegte physikalische Struktur eines Sterns. Durch den S. werden die der Beobachtung zugänglichen globalen → Zustandsgrößen eines Sterns wie Leuchtkraft, Radius und Effektivtemperatur bestimmt.
Sterne sind durch die Eigengravitation zusammengehaltene, große Energiemengen in den interstellaren Raum ausstrahlende Gaskugeln. Die äußeren Schichten, aus denen die beobachtete elektromagnetische Strahlung stammt und die damit der Beobachtung direkt zugänglich sind, bilden die → Sternatmosphäre. Die darunter liegenden mit herkömmlichen Mitteln unbeobachtbaren Sternschichten bilden das *Sterninnere*. Bei der Sonne kann aus dem beobachteten Neutrinostrom ansatzweise auf den Aufbau ihres Inneren, speziell auf die Prozesse zur Energiefreisetzung, geschlossen werden (→ Neutrinoastronomie). Grobe Aufschlüs-

Sternaufbau

se über das Sonneninnere sind auch mit Hilfe der Helioseismologie zu gewinnen (→ Sonne). Zwischen dem Innern und der Atmosphäre besteht, da beide gasförmig sind, keine scharfe Grenze. Verglichen mit dem Sternradius ist die Dicke der Schicht, aus der der größte Teil der sichtbaren Strahlung stammt, die Photosphäre, im Allg. außerordentlich gering, bei der Sonne beträgt das Verhältnis von Photosphärendicke zum Sonnenradius weniger als 1/1 000. In gleicher Größenordnung liegt das Verhältnis bei den meisten Sternen, nur bei Überriesensternen ist es wesentlich größer. Wegen der außerordentlich geringen Dicke kann die Photosphäre für viele Untersuchungen als „Oberfläche" eines Sterns betrachtet werden, auf sie beziehen sich die Radiusangaben. Die Sternatmosphäre enthält nur einen extrem geringen Bruchteil der Masse eines Sterns, bei der Sonne nur etwa ein Hundertmilliardstel der Masse. Die Masse des Sterninnern kann daher mit der Sternmasse gleichgesetzt werden.

Infolge der Unbeobachtbarkeit des Sterninneren können Aussagen über dessen physikalische Struktur nur auf Grund theoretischer Untersuchungen gewonnen werden. Ziel der Theorie ist, die Verläufe von Temperatur, Dichte, Druck sowie Energiefreisetzung in Abhängigkeit vom Mittelpunktsabstand zu berechnen. Als freie Parameter gehen in die Rechnungen die für einen Stern aus Beobachtungen abgeleiteten charakteristischen Größen Masse und chemische Zusammensetzung der Sternmaterie ein. Die Rechnungen basieren auf allgemeinen physikalischen Prinzipien. Das Ergebnis der Rechnungen ergibt das Modell des durch die speziellen Parameter festgelegten Sterns. Das Modell beschreibt den Stern dann richtig, wenn die aus ihm abgeleiteten globalen Zustandsgrößen mit den beobachteten übereinstimmen. Um die Theorie möglichst einfach zu gestalten, wird im Allg. angenommen, dass Sterne weder rotieren noch starke globale Magnetfelder oder nahe Begleiter haben. Es treten dann keine Zentrifugal-, magnetische oder Gezeitenkräfte auf, die eine Abweichung von der Kugelsymmetrie bewirken, unter diesen Annahmen sind alle physikalischen Größen allein vom Zentrumsabstand abhängig, es ist die einzige unabhängige Variable. Die Einschränkung auf nichtrotierende und magnetfeldfreie Einzelsterne ist nicht sehr einschneidend, da die weitaus meisten Sterne wie auch die Sonne diese Bedingung in sehr guter Näherung erfüllen.

Hydrostatisches Gleichgewicht. Bei den meisten Sternen ändern sich die beobachteten Zustandsgrößen während langer Zeiträume nicht nachweisbar. Die für derartige Bestimmungen verfügbaren Zeitintervalle sind jedoch verglichen mit der Existenzdauer eines Sterns verschwindend gering (→ Sternentwicklung). Die von Geophysik, Geologie und Paläontologie gewonnenen Daten ergeben, dass der die Erde treffende solare Energiestrom seit mindestens 2 Mrd. Jahren nicht wesentlich vom gegenwärtigen abwich (→ Solarkonstante), was bedeutet, dass die Sonnenleuchtkraft während dieser Zeit praktisch ungeändert blieb. In Verallgemeinerung dessen kann angenommen werden, dass sich auch bei den meisten Sternen der innere Aufbau höchstens in sehr langen Zeiträumen merklich ändert. Sterne müssen sich demzufolge in einem hydrostatischen Gleichgewichtszustand befinden, bei dem an jeder Stelle im Sterninnern die auf ein beliebiges Volumenelement einwirkenden Kräfte sich exakt kompensieren, so dass keinerlei Beschleunigungen eintreten. Diese Kräfte sind wegen der Kugelsymmetrie der vom Sternzentrum weg gerichtete Gas- und Strahlungsdruck und der auf das Zentrum hin gerichtete, von der Massenanziehung herrührende Gravitationsdruck. Der Gasdruck ist meist wesentlich stärker als der Strahlungsdruck, nur im Innern massereicher Sterne trägt er merklich zum Gesamtdruck bei. Wäre das hydrostatische Gleichgewicht gestört, würden Sterne entweder expandieren oder kontrahieren, d. h., ihr innerer Aufbau würde sich langfristig ändern.

Bei Pulsationsveränderlichen (→ Veränderliche) ist das hydrostatische Gleichgewicht nicht zu jedem Zeitpunkt exakt erfüllt, sie sind mehr oder minder starken periodischen Schwankungen um eine mittlere Gleichgewichtslage unterworfen. In den durch Beobachtungen überdeckten, viele Perioden umfassenden Zeiträumen ändert sich der mittlere Zustand im Allg. kaum. Bei den Berechnungen des inneren Aufbaus dieser Sterne wird daher meist davon ausgegangen, dass sie sich im hydrostatischen Gleichgewicht befinden, erst danach wird das Schwingungsverhalten untersucht. Während bestimmter Entwicklungsphasen treten z. T. schnelle Strukturänderungen ein (→ Sternentwicklung), doch können diese Phasen vielfach als ein Durchlaufen von Quasi-Gleichgewichtszuständen angesehen werden.

Materialfunktion. Bevor ein Sternmodell berechnet werden kann, müssen bestimmte, den Sternaufbau wesentlich beeinflussende Eigenschaften der Sternmaterie als Funktion von Druck, Temperatur und chemischer Zusammensetzung bekannt sein, wie Dichte, Strahlungsabsorptionskoeffizient (→ Absorption) und Energiefreisetzungsrate. Die Berechnung dieser „Materialfunktionen" für den im Sterninnern auftretenden Wertebereich ist eine teilweise sehr schwierige Aufgabe von Thermodynamik, Atomphysik und Kernphysik.

Zustandsgleichung. Die Beziehung zwischen Dichte, Druck und Temperatur wird über eine → Zustandsgleichung beschrieben. Bei den meisten Sternen kann die Sternmaterie als ideales Gas betrachtet werden, für das eine sehr einfache Beziehung zwischen den drei Größen gilt. Wird statt der Massendichte die Anzahldichte benutzt, geht über die mittlere Masse einer Gaspartikel auch die chemische Zusammensetzung des Gases ein. Selbst bei Dichten in der Größenordnung von 100 bis 1 000 g/cm^3 sind die Bedingungen für ein ideales Gas in guter Näherung erfüllt, da bei den hohen Temperaturen im Sterninnern das Gas nahezu vollständig ionisiert ist und praktisch nur aus Atomkernen und freien Elektronen besteht. Die Eigenvolumina dieser Teilchen sind rund 10^{15}-mal kleiner als die Volumina von nicht oder nur teilweise ionisierten Atomen. Die gegenseitigen Beeinflussungen der Teilchen entsprechen so den Bedingungen eines idealen Gases. Kompliziertere Zustandsgleichungen ergeben sich bei Gasdichten höher als etwa 10^4 g/cm^3. Die Elektronen unterliegen dann quantenmechanischen Effekten, sie bilden ein teilweises oder vollständig „entartetes" Gas (→ Zustandsgleichung). Im Fall der vollständigen Entartung hängt der von den Elektronen ausgeübte Druck nur von deren Anzahldichte, nicht aber von der Temperatur ab. Im Übergangsbereich zwischen idealem und vollständig entartetem Gas ist der Zusammenhang zwischen Druck, Dichte und Temperatur komplizierter, aber berechenbar. Das Verhalten der das „Kerngas" bildenden Atomkerne gleicht einem idealen Gas selbst bei vollständiger Entartung des „Elektronengases". Der Beitrag des Kerngases zum Gesamtdruck ist gegenüber dem Druck der entarteten Elektronen vernachlässigbar klein, nur diese halten das hydrostatische Gleichgewicht aufrecht. Die Zustandsgleichung vollständig oder teilweise entarteter Materie hängt im geringen Maße von der chemischen Zusammensetzung der Sternmaterie ab, da dadurch die mittlere Masse eines Atomkerns pro freies Elektron bestimmt ist. In Neutronensternen besteht das Sterngas im Wesentlichen aus freien Neutronen, für das die Zustandsgleichung gegenwärtig nicht genau bekannt ist, so dass sich auch der innere Aufbau eines Neutronensterns nicht mit der gewünschten Genauigkeit berechnen lässt (→ Neutronenstern). Der Strahlungsdruck hängt weder von der Dichte noch der chemischen Zusammensetzung der Sternmaterie ab, sondern allein von der Temperatur, er variiert mit der 4. Potenz der Temperatur.

Energiefreisetzung. Der Aufbau eines Sterns wird wesentlich durch die im Sterninnern freigesetzte Energie bestimmt. Energiereservoire bilden Kernenergie, potentielle Energie, d.h. Gravitationsenergie, sowie Wärmeenergie. Der Vorrat an Kernenergie ist die höchste verfügbare Energiemenge pro Masseneinheit und deckt die Energieausstrahlung eines Sterns am längsten. Kernenergie wird bei Reaktionen frei, bei denen aus leichteren Atomkernen schwerere aufgebaut werden. Dafür sind Temperaturen von mindestens einigen Millionen K notwendig, da nur dann die Reaktionspartner eine genügend hohe kinetische Energie haben, um die gegenseitige elektrostatische Abstoßung zu überwinden. Je höher die Kernladungszahl der in die Reaktionen einbezogenen Atomkerne ist, umso höhere Temperaturen sind notwendig (→ Energiefreisetzung in Sternen). Infolge der geringen Reaktionswahrscheinlichkeiten verläuft die Energiefreisetzung im Allg. sehr langsam, nicht explosionsartig. Anschaulich werden die Kernreaktionen als nukleares „Brennen" bezeichnet, obwohl es kein auf chemischen Reaktionen beruhender Verbrennungsprozess ist.

Die meiste Energie pro beteiligte Kernbausteine liefert das „Wasserstoffbrennen", bei dem über Zwischenschritte aus vier Wasserstoffkernen (Protonen) ein Heliumkern gebildet wird. Bei Temperaturen bis etwa 17 Mio. K ist die Proton-Proton-Reaktion (P-P-Reaktion) effektiver als der Kohlenstoff-Stickstoff-Sauerstoff-Zyklus (CNO-Zyklus). Bei der P-P-Reaktion wächst die Energiefreisetzungsrate mit etwa der 5. Potenz der Temperatur, beim CNO-Zyklus hingegen mit etwa der 15. Potenz. Wegen der hohen Temperaturabhängigkeit ist die Energiefreisetzung im Allg. auf den Bereich unmittelbar um das Sternzentrum konzentriert, in dem die Temperaturen am höchsten sind. Wenn im Zentralgebiet aller Wasserstoff verbraucht ist, erfolgt das Wasserstoffbrennen in einer Kugelschale, die die aus Helium bestehende „ausgebrannte" Zentralregion umgibt. Für das Heliumbrennen, bei dem aus 3 bzw. 4 Heliumkernen ein Kohlenstoff- bzw. ein Sauerstoffkern entsteht, sind Temperaturen über etwa 100 Mio. K notwendig, das spätere Kohlenstoff- bzw. Sauerstoffbrennen benötigt 500 Mio. K und mehr. Infolge von Kernreaktionen tritt eine Änderung der chemischen Zusammensetzung der Sternmaterie ein, was zur Änderung des S.s führt (→ Sternentwicklung).

Potentielle Energie wird frei, wenn der gesamte Stern oder ein Teil von ihm kontrahiert. Bei einer sehr langsamen Kontraktion ist das hydrostatische Gleichgewicht nur geringfügig verletzt, der Stern durchläuft eine Folge von Quasi-Gleichgewichtszuständen. Bei einem exakten Gleichgewicht gäbe es keine Kontraktion. In einem vollständig ionisierten idealen Gas wird von der freigesetzten potentiellen Energie die Hälfte ausgestrahlt, der andere Teil verbleibt im Stern als Wärmeenergie. Eine Kontraktion ist dadurch immer mit einer Temperaturerhöhung im kontrahierenden Bereich verbunden. In bestimmten Entwicklungsphasen können gewisse Gebiete eines Sterns, speziell seine äußeren Regionen, auch expandieren (→ Sternentwicklung). Dabei wird Arbeit gegen die Schwerkraft geleistet, die dafür benötigte Energie wird dem Wärmevorrat des Sterns entnommen. Die verfügbare potentielle Energie pro Masseneinheit ist wesentlich geringer als die verfügbare Kernenergie. Bei der Sonne könnte die Gravitationsenergie nur etwa 10 Mio. Jahre lang die gegenwärtige Energieabstrahlung decken, was wesentlich geringer als die bisherige Existenzzeit der Sonne ist. In gleicher Größenordnung von rund 10 Mio. Jahren liegt die Zeit, während der die im Sonneninnern gespeicherte Wärmeenergie die Sonnenausstrahlung decken könnte.

Energietransport Die im Wesentlichen in Zentrumsnähe freigesetzte Energie muss nach außen gelangen, bevor sie vom Stern abgestrahlt werden kann. Der ein Temperaturgefälle voraussetzende Energietransport kann durch Strahlung, durch Konvektion oder durch Wärmeleitung erfolgen. Der Energietransport durch Strahlung („Strahlungstransport") beruht darauf, dass jedes Volumenelement eine seiner Temperatur entsprechende Energie in alle Richtungen mit gleicher Intensität ausstrahlt (→ Strahlungsgesetze). Zwei radial benachbarte Volumenelemente strahlen sich gegenseitig Energie zu, das weiter innen gelegene, heißere Element dem weiter außen gelegenen, kühleren aber mehr als es von diesem empfängt. Es existiert somit ein von innen nach außen fließender Nettostrahlungsstrom. Seine Größe hängt vom Temperaturgefälle sowie von der freien Weglänge der die Energie transportierenden Photonen ab, damit von der Strahlungsdurchlässigkeit der Sternmaterie. Je durchlässiger sie ist, umso größer ist die freie Weglänge sowie der Temperaturunterschied zwischen zwei unterschiedlich weit vom Zentrum entfernten Volumenelementen, die noch im direkten Strahlungsaustausch stehen. Die Strahlungsdurchlässigkeit ist durch die → optische Dicke der Materie bestimmt, die von der Dichte, den herrschenden physikalischen Bedingungen sowie der chemischen Zusammensetzung der Sternmaterie abhängt. Die optische Dicke kann un-

Sternaufbau

ter Vorgabe der chemischen Zusammensetzung für alle Dichte- und Temperaturwerte sowie für alle Wellenlängen im Rahmen der Atomphysik berechnet werden. Die Wechselwirkungsprozesse zwischen Strahlung und Materie beruhen im Sterninnern im Wesentlichen auf frei-freien Elektronenübergängen (→ Atom) sowie auf der Streuung von Photonen an freien Elektronen (→ Compton-Effekt). Die Prozesse sind im tiefen Sterninnern so effektiv, dass die mittlere freie Weglänge der Photonen nur in der Größenordnung von Zentimetern liegt.

Nach dieser Wegstrecke haben die Photonen ihre Energie und durch Streuung ihre Richtung geändert. Die Temperaturdifferenz auf diesem Wegstück ist so gering, dass bei der Berechnung der optischen Dicke so getan werden kann, als würde lokal thermodynamisches Gleichgewicht bei der jeweiligen Temperatur bestehen. Die Richtungsänderung erfolgt nicht zielgerichtet nach außen, sondern in alle Richtungen mit gleicher Wahrscheinlichkeit. Die transportierte Energie durchläuft dadurch im Zick-Zack einen Zufallsweg, auf dem sie nur sehr langsam nach außen gelangt. Der Strahlungstransport kann daher als eine sehr langsame Energiediffusion nach außen mit einer Diffusionszeit in der Größenordnung von etwa 1 Mio. Jahre beschrieben werden.

Bei Konvektion sind Materieballen (Konvektionselemente) die Energieträger. Materie, die heißer ist als die sich in der Umgebung befindenden, hat eine geringere Dichte, ist dadurch leichter, erfährt einen Auftrieb, steigt in kühlere Gebiete auf, vermischt sich mit der dortigen Materie und gibt ihren Wärmeenergieüberschuss an sie ab. Kühlere Materie sinkt ab und nimmt bei der Vermischung in tieferliegenden Gebieten Wärmeenergie auf. Insgesamt steigt gleich viel Materie auf wie absinkt.

Konvektion erfolgt bei einem sehr starken Temperaturgefälle. Beim Aufsteigen gelangen die Konvektionselemente in Gebiete mit niedrigerem Gasdruck. Zur Aufrechterhaltung des Druckgleichgewichts mit der Umgebung dehnen sie sich angenähert adiabatisch aus, d. h. ohne Energieaustausch mit der Umgebung. Infolge der Ausdehnung kühlt die Materie etwas ab. Ist das beim Aufstieg sich einstellende Temperaturgefälle geringer als in der Umgebung, bleiben die Konvektionselemente heißer als die Umgebung und steigen weiter auf, die Konvektion bleibt erhalten. Ist der Temperaturabfall größer als in der Umgebung, wird die Materie beim Aufstieg kühler als das umgebende Gas und sinkt zum Ausgangsort zurück, die Konvektion wird unterdrückt.

Das Verhältnis des adiabatischen Temperaturgradienten zu dem, der sich beim Strahlungstransport einstellen würde, bestimmt, ob Konvektion stattfindet oder nicht. Da der Energietransport durch Konvektion wesentlich effektiver ist als der durch Strahlung, kann dieser bei Konvektion praktisch vernachlässigt werden. Eine exakte mathematische Beschreibung der turbulenten Konvektion ist sehr schwierig. Der mittlere „Mischungsweg", d. h. die Wegstrecke, die ein Konvektionselement im Mittel zurücklegt, bevor es sich mit seiner Umgebung vermischt und so seine Identität verliert, entspricht der mittleren freien Weglänge eines Photons beim Strahlungstransport.

Beim Vergleich des adiabatischen Temperaturgradienten mit dem sich beim Strahlungstransport einstellenden ergibt sich theoretisch eine scharfe Grenze für das Konvektionsgebiet. Die tatsächliche Grenze ist aber unscharf, da die sich bewegenden Materieballen einen Impuls besitzen und infolge ihrer Trägheit über die theoretische Grenze hinausschießen. Die Weite des Bereiches, der infolge des Überschießens in das Konvektionsgebiet einzubeziehen ist, kann wegen des Fehlens einer Konvektionstheorie nicht exakt angeben werden. Infolge dieser Unkenntnis kann der innere Aufbau eines Sterns, in dem Konvektion eine entscheidende Rolle spielt, im Allg. nicht mit der angestrebten Genauigkeit berechnet werden.

Eine Folge der Konvektion ist eine großräumige Durchmischung der Sternmaterie. Innerhalb eines Konvektionsgebietes ist die chemische Zusammensetzung der Materie überall gleich, was in Gebieten, in denen Strahlungstransport herrscht, nicht notwendig der Fall ist.

Der Energietransport infolge Wärmeleitung geschieht auf Grund der ungeordneten thermischen Bewegung der Gaspartikeln. Schnelle, energiereiche, aus heißen Gebieten stammende Gaspartikeln übertragen durch Stoß Energie auf langsamere, energieärmere in kühlen Gebieten. Die Wärmeleitfähigkeit eines idealen Gases ist außerordentlich gering, sie spielt in den weitaus meisten Sternen gegenüber Strahlungstransport und Konvektion keine Rolle. Ein entartetes Elektronengas hat im Gegensatz dazu eine sehr hohe Wärmeleitfähigkeit. Diese dominiert so stark, dass der Strahlungstransport vernachlässigt werden kann. Für die Wärmeleitung genügt ein extrem kleines Temperaturgefälle.

Thermisch-energetisches Gleichgewicht. In einem Stern im hydrostatischen Gleichgewicht muss sämtliche im Innern freigesetzte Energie nach außen transportiert werden. Bei einem Stern mit über sehr lange Zeiträume konstanter Leuchtkraft, d. h. konstanter Energieausstrahlung, bleibt die Energiefreisetzungsrate wie auch das sich einstellende Temperaturgefälle praktisch unverändert. Im Stern herrscht damit nicht nur ein hydrostatisches Gleichgewicht, sondern auch ein thermisch-energetisches. Der Stern befindet sich in einem „vollständigen" Gleichgewicht.

Berechnung von Sternmodellen. Die Berechnung des inneren Aufbaus eines Sterns im vollständigen Gleichgewicht erfordert die Lösung eines auf physikalischen Grundprinzipien beruhenden Systems mathematischer Gleichungen. Eine Gleichung beschreibt z. B. den Druck-, eine andere den Temperaturverlauf in Abhängigkeit vom Zentrumsabstand, zwei weitere geben an, wie sich die in einer Kugel um das Sternzentrum eingeschlossene Masse sowie die die Oberfläche dieser Kugel durchsetzende Energie sich mit dem Kugelradius ändern. Hinzu kommen die Zustandsgleichung, eine Gleichung für die spezifische Energiefreisetzungsrate und eine für die Wechselwirkung zwischen Strahlung und Sternmaterie. Eine Lösung des Gesamtgleichungssystems muss bestimmte Bedingungen erfüllen, so dürfen die Materie- und die Energiedichte im Sterninnern keine physikalisch unvernünftigen Werte annehmen,

z. B. nicht Null oder unendlich groß sein. Weiterhin müssen sich am Rand des Sterninnern die Temperatur- und Druckverläufe an die für eine Sternatmosphäre herrschenden glatt anschließen. Jede Lösung des Systems ist von zwei frei wählbaren Parametern abhängig. Aus kosmogonischen Gründen werden dafür die Sternmasse sowie die chemische Zusammensetzung der Sternmaterie gewählt, wobei diese auch innerhalb des Sterns variieren kann. Die Lösung des Gleichungssystems mit der Erfüllung der Bedingungen beschreibt das Modell eines Sterns, für den die Werte der vorgegebenen Parameter gelten.

Für die Theorie des S.s ist entscheidend, ob es bei vorgegebener Masse und vorgegebener chemischer Materiezusammensetzung eine und nur eine Lösung des Gleichungssystems gibt. Untersuchungen zeigen, daß dies nicht notwendigerweise der Fall ist. Es können durchaus Sterne gleicher Masse und gleicher chemischer Zusammensetzung, aber mit unterschiedlichem inneren Aufbau, daher auch mit unterschiedlichen beobachtbaren Zustandsgrößen, existieren. Derartige Mehrfachlösungen unterscheiden sich normalerweise ganz beträchtlich voneinander, d. h., der Temperatur- und Dichteverlauf und andere Größen im Sterninnern sowie der Radius und die Leuchtkraft sind nicht beliebig wenig voneinander verschieden, sondern unterscheiden sich sehr stark, es besteht dadurch nur eine „lokale Eindeutigkeit" der Modelle. Das besagt, daß in „unmittelbarer Umgebung einer Gleichgewichtslösung" normalerweise keine andere existiert, was bedeutet, daß ein Stern mit einem einer Gleichgewichtslösung entsprechenden inneren Aufbau nicht in einen anderen Zustand beliebig überwechseln kann.

Infolge der Kernprozesse zur Energiefreisetzung verändert sich die chemische Zusammensetzung der Sternmaterie, was eine Änderung auch des inneren Aufbaus zur Folge hat. Ein Stern durchläuft dadurch eine irreversible Folge unterschiedlicher Zustände, „er entwickelt sich". Die Lösung des Gleichungssystems für eine bestimmte vorgegebene Sternmasse und chemische Materiezusammensetzung beschreibt den inneren Aufbau eines Sterns für einen ganz bestimmten Zeitpunkt in seiner Entwicklung (→ Sternentwicklung). Die Vorgabe von Masse und chemischer Zusammensetzung reicht zum Finden einer Lösung für einen Stern im vollständigen Gleichgewicht aus. Herrscht wegen einer großräumigen Kontraktion oder Expansion kein vollkommenes Gleichgewicht, ist für die Modellberechnung zusätzlich noch eine Angabe über den thermischen Zustand notwendig, der sich aus der vorausgegangenen Entwicklung des Sterns ergibt. Die lokale Eindeutigkeit der Lösungen sichert die Entwicklung eines Sterns in eindeutiger Weise, solange er im vollständigen Gleichgewicht bleibt. Falls ein Stern instabil wird und sich weit vom vollständigen Gleichgewicht entfernt, können zwei Lösungen auch unmittelbar „benachbart" sein, doch selbst dann ist in den meisten Fällen die Entwicklung noch eindeutig durch die Vorgeschichte bestimmt.

Für jedes Sternmodell sind die der Beobachtung zugänglichen Größen wie Leuchtkraft, Radius und effektive Temperatur bestimmt, die mit gemessenen Werten existierender Sterne verglichen werden können. Dazu werden die Bildpunkte der berechneten Werte von Leuchtkraft und Effektivtemperatur in ein → Hertzsprung-Russell-Diagramm (HRD) eingetragen. Bei theoretischen Untersuchungen wird in ihm im Allg. statt des Spektraltyps als Abszisse die nach links steigende Effektivtemperatur gewählt (Abb. → Sternentwicklung). Jedem Modell entspricht ein Punkt im Diagramm. Für zeitlich aufeinanderfolgende Modelle ein und desselben Sterns ergibt sich eine Punktfolge, ein „Entwicklungsweg" (→ Sternentwicklung). Modellrechnungen ermöglichen wichtige Strukturen im HRD auch ohne Berücksichtigung von Entwicklungseffekten zu erklären.

Junge, gerade entstandene Sterne haben eine homogene chemische Zusammensetzung, die der des interstellaren Gases im Wesentlichen gleicht (→ Sternentstehung). Für sie wird im Allg. ein Massenanteil von etwa 60 bis 70% Wasserstoff angenommen, während der Rest, bis auf etwa 2 bis 3% schwerere Elemente, auf Helium entfällt. Chemisch homogene Sterne haben einen sehr einfachen inneren Aufbau. Die Bildpunkte dieser Sterne liegen im HRD in Abhängigkeit von der Sternmasse geordnet auf einer Linie entlang der linken Begrenzungslinie des beobachteten Hauptreihenbands (→ Hertzsprung-Russell-Diagramm). Die Sternmasse nimmt dabei von rechts unten nach links oben zu. Die Linie bildet die sog. Alter-Null-Hauptreihe. Modellsterne, die nicht mehr chemisch homogen sind, in deren Zentrum aber noch das Wasserstoffbrennen stattfindet, haben Bildpunkte im Bereich des beobachteten Hauptreihenbands. Die Bildpunkte von Modellsternen, bei denen das Wasserstoffbrennen im Zentrum beendet ist, sich aber noch in einer Kugelschale fortsetzt, liegen außerhalb des Hauptreihenbands (→ Sternentwicklung). Das zentrale Wasserstoffbrennen ist das gemeinsame Charakteristikum aller Hauptreihensterne. Bei Hauptreihenmodellsternen besteht zwischen der Masse $\mathfrak{M}$ und der Leuchtkraft L eine theoretische Masse-Leuchtkraft-Beziehung, für die in guter Näherung $L \sim \mathfrak{M}^{3,5}$ gilt, zwischen der Masse und dem Radius R besteht eine Masse-Radius-Beziehung mit $R \sim \mathfrak{M}^{0,6}$. Beide Beziehungen sind in guter Übereinstimmung mit den bei realen Hauptreihensternen beobachteten Beziehungen (→ Masse-Leuchtkraft-Beziehung).

Nicht für jede beliebige Kombination von Leuchtkraft und Effektivtemperatur, nicht für jeden beliebigen Punkt im HRD, existiert ein Sternmodell, das der Bedingung des hydrostatischen Gleichgewichts genügt. Die Bildpunkte von Sternen im Gleichgewicht, deren Energietransport durch Strahlung oder höchstens in Teilbereichen durch Konvektion erfolgt, liegen im HRD links der sog. Hayashi-Linie [benannt nach dem japan. Astronomen C. Hayashi]. Auf dieser Grenzlinie befinden sich die Bildpunkte der Sterne, die im gesamten Sterninnern vom Zentrum bis zur Oberfläche konvektiv sind, rechts von ihr die Bildpunkte von Sternen, in denen das hydrostatische Gleichgewicht grundlegend gestört ist, deren Aufbau sich innerhalb sehr kurzer Zeit wesentlich ändert. Diese Sterne befinden sich noch in der Bildungsphase (→ Sternentstehung). Die Hayashi-Linie verläuft im HRD bei Effektivtemperaturen um et-

Sternaufbau

wa 3 500 K sehr steil von oben nach unten nahezu parallel zur Ordinatenachse. Die genaue Lage verschiebt sich mit wachsender Sternmasse etwas nach links und hängt schwach von der chemischen Zusammensetzung der Außenschichten der Sterne ab. Bisher wurde noch kein Stern beobachtet, dessen Bildpunkt sich im HRD eindeutig rechts der Hayashi-Linie befindet.

Prüfung der Theorie. Eine Prüfung der Theorie ist notwendig um festzustellen, ob alle wichtigen physikalischen Prozesse berücksichtigt und keine falschen einbezogen wurden. Zur Prüfung kann u. a. die Drehung der Apsidenlinie (→Apsiden) von Doppelsternen genutzt werden. Die Komponenten eines Doppelsternsystems bewegen sich nur dann auf konstanten Ellipsenbahnen um den gemeinsamen Schwerpunkt, wenn in den Sternen die Masse extrem stark konzentriert ist, sonst vollführt die Apsidenlinie eine langsame Drehung, deren Geschwindigkeit von der Massenverteilung im Sterninnern abhängt. Die beobachtete Drehgeschwindigkeit vermittelt mithin ein Bild der Massenverteilung in den Komponenten. Alle Vergleiche zwischen theoretisch bestimmten und beobachteten Drehgeschwindigkeiten haben zu keinerlei Widersprüchen geführt. Die meisten dieser Beobachtungen sind allerdings nicht genügend genau oder aussagekräftig, um eine ernsthafte Prüfung der Theorie zu sein.

Die Sonne erlaubt strengere Prüfmethoden. Bei der Energiefreisetzung durch Kernreaktionen entstehen Neutrinos (→ Energiefreisetzung in Sternen), die auf Grund ihrer extrem geringen Wechselwirkung mit Materie eine so große freie Weglänge haben, dass sie die gesamte Sonne ungehindert durchqueren können. Die Untersuchung des solaren Neutrinoflusses ermöglicht daher einen direkten Einblick in das Sonneninnere, da die Zahl und die Energieverteilung der Neutrinos von Art und Intensität der im Sonneninnern ablaufenden Kernprozesse abhängig sind und diese wiederum von den herrschenden Dichte- und Temperaturverhältnissen sowie der chemischen Zusammensetzung der Materie abhängen. Der gemessene Neutrinostrom entspricht unter Berücksichtigung von möglichen Neutrinooszillationen dem auf Grund theoretischer Sonnenmodelle zu erwartenden Wert (→ Neutrinoastronomie).

Eine andere Prüfmethode benutzt das beobachtete Schwingungsverhalten der Sonnenoberfläche, das durch Überlagerungen sehr zahlreicher Resonanzschwingungen des Sonneninnern verursacht wird. Diese werden ständig von turbulenten Strömungen innerhalb der Konvektionszone der Sonne angeregt. Dabei bilden sich stehende Wellen im Sonnenkörper wie in einem akustischen Resonator (→ Sonne). Die Perioden der Wellen, d. h. das Schwingungsverhalten des Sonneninnern, hängt vom Verlauf der Schallgeschwindigkeit in ihm ab und gibt daher Auskunft über den Temperatur- und Dichteverlauf. In groben Zügen stimmen die aus den Sonnenmodellen erschlossenen Perioden mit den beobachteten überein.

Sternmodelle. Alle homogenen Hauptreihensterne haben einen ähnlichen Aufbau, es bestehen nur durch unterschiedliche Sternmassen verursachte Unterschiede. Bei massereichen Sternen mit mehr als etwa 2 Sonnenmassen wird die ausgestrahlte Energie im Wesentlichen durch den CNO-Zyklus gedeckt. Dessen starke Temperaturabhängigkeit bewirkt eine hohe Konzentration der Energiequellen um das Sternzentrum, was in den zentrumsnahen Bereichen zu einem so hohen Temperaturgradienten führt, dass Konvektion herrscht. Die Ausdehnung des konvektiven Bereichs und die in ihm enthaltene Masse sind umso größer, je höher die Sternmasse ist. Mit dieser steigt die Zentraltemperatur, während die Zentraldichte sinkt (Tab.). Bei massearmen Sternen mit weniger als etwa 2 Sonnenmassen sind die Zentraltemperaturen relativ niedrig, so dass die Energiefreisetzung überwiegend durch die P-P-Reaktion erfolgt. Die Energiequellen sind weniger stark um das Sternzentrum konzentriert, so dass der Strahlungstransport zur Energieabführung ausreicht. Infolge der geringen Effektivtemperaturen dieser Sterne sind deren Außenschichten relativ kühl, so dass die beiden häufigsten Elemente Helium und Wasserstoff nicht vollständig ionisiert sind. Die Absorptionsfähigkeit der Sternmaterie ist demzufolge so hoch, dass es zu einem Wärmestau mit einem hohen Temperaturgefälle in den Außenschichten kommt, was Konvektion zur Folge hat. Die Ausdehnung der Konvektionszone nimmt mit sinkender Sternmasse zu und reicht immer tiefer in den Stern hinein. Die Bildpunkte der Sterne konzentrieren sich im HRD mit sinkender Masse stärker nach rechts unten und liegen immer näher an der Hayashi-Linie. Sterne mit einer Masse geringer als etwa 0,22 Sonnenmassen sind vollkommen konvektiv, ihre Bildpunkte liegen sowohl auf der Hauptreihe als auch auf der Hayashi-Linie.

Charakteristische Größen chemisch homogener Hauptreihensterne

Masse ($\mathfrak{M}_\odot$)	Leuchtkraft ($L_\odot$)	Effektiv-temperatur (K)	Radius ($R_\odot$)	Zentral-temperatur (10^6 K)	Zentraldichte (g/cm^3)	zentrale konvektive Masse (%)
0,8	0,25	4 900	0,68	11,4	85	0,00
1,0	0,76	5 700	0,89	13,5	90	0,00
1,3	2,4	6 500	1,3	16,4	94	0,01
1,8	11	8 500	1,5	20,3	79	0,11
2,5	41	11 000	1,8	22,9	53	0,16
4,0	230	15 000	2,3	25,9	29	0,20
6,3	1 200	20 000	2,9	28,8	16	0,24
10	5 500	25 000	3,8	31,7	2,5	0,30

$\mathfrak{M}_\odot$: Sonnenmasse; $L_\odot$: Sonnenleuchtkraft; $R_\odot$: Sonnenradius. Die zentrale konvektive Masse in Prozent der Sternmasse. Angenommene chemische Zusammensetzung: 70% der Masse Wasserstoff, 27% Helium, 3% schwere Elemente

Sternaufbau

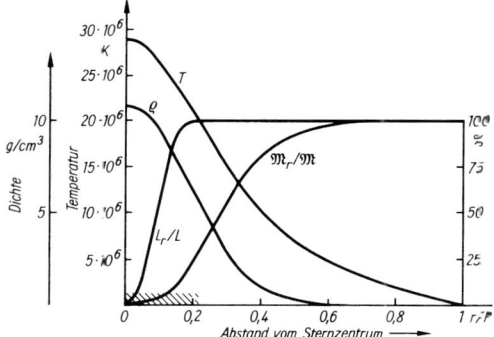

Abb. 1: Modell eines homogenen Hauptreihensterns von $\mathfrak{M}$ = 7 Sonnenmassen, Zusammensetzung in Masseprozent: 60,2% Wasserstoff, 35,4% Helium, 4,4% schwere Elemente. r/R: relativer Zentrumsabstand; R: Sternradius = 3,4 Sonnenradien; T: Temperatur; ρ: Dichte. L: Leuchtkraft = 2 100 Sonnenleuchtkräfte, L_r/L: Strahlungsleistung einer konzentrischen Kugel mit Radius r relativ zur Leuchtkraft des Sterns; $\mathfrak{M}_r/\mathfrak{M}$: in einer konzentrischen Kugel mit dem Radius r enthaltene Masse relativ zur Gesamtmasse des Sterns. Schraffiert: konvektiver Bereich

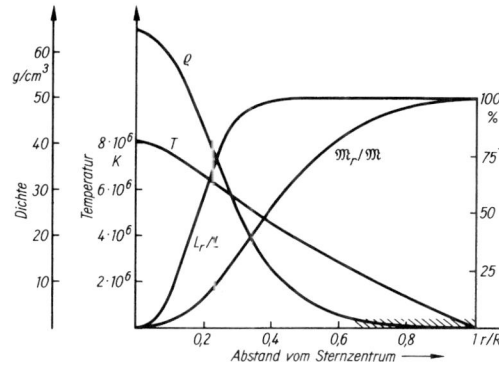

Abb. 2: Modell eines homogenen Hauptreihensterns von $\mathfrak{M}$ = 0,6 Sonnenmassen, Zusammensetzung in Masseprozent: 77% Wasserstoff, 21% Helium, 2% schwere Elemente. Sternradius R = 0,644 Sonnenradien, Leuchtkraft L = 0,565 Sonnenleuchtkräfte. Symbole und Markierungen wie in Abb. 1

Abb. 1 und 2 zeigen die innere Struktur zweier homogener Hauptreihensterne von 7 bzw. 0,6 Sonnenmassen. Die Stärke der Konzentration der Energiequellen um das Sternzentrum ist aus dem Verlauf der relativen lokalen Leuchtkraft L_r/L zu erkennen, die die Strahlungsleistung einer konzentrischen Kugel des Radius r relativ zur Leuchtkraft des Sterns angibt.

Den inneren Aufbau eines chemisch inhomogenen Sterns von $\mathfrak{M}$ = 7 Sonnenmassen, des Sterns der Abb. 1 in einem um 34 Mio. Jahre späteren Entwicklungszustand, stellt Abb. 3 dar. Im Zentrum ist aller Wasserstoff und alles Helium verbraucht, nur Kohlenstoff und Sauerstoff sind vorhanden. Die Zentralregion ist von einem Heliumgebiet und einer heliumbrennenden Schale umgeben, in der rund 30% der vom Stern abgestrahlten Energie freigesetzt werden, 70% werden in einer über der Heliumregion liegenden wasserstoffbrennenden Zone freigesetzt. Die Materiezusammensetzung über der wasserstoffbrennenden Zone ist unverändert und gleicht der bei der Entstehung des Sterns. Das Modell entspricht einem massereichen Roten Riesenstern (→ Sternentwicklung). Modelle anderer entwickelter Sterne → Sternentwicklung.

Das Modell des Riesensterns von 1,3 Sonnenmassen, dessen innere 26% der Gesamtmasse keinen Wasserstoff mehr enthalten, ist in Abb. 4 dargestellt. Die Zentraltemperatur ist, obwohl viel höher als bei einem homogenen Hauptreihenstern gleicher Masse, für das Heliumbrennen jedoch nicht hoch genug. Im Zentralge-

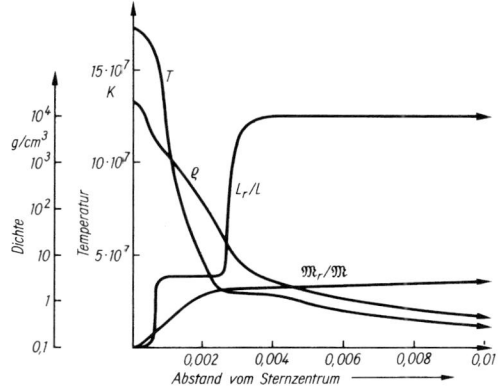

Abb. 3: Modell eines Riesensterns von $\mathfrak{M}$ = 7 Sonnenmassen mit zwei Schalenquellen. Symbole und Markierungen wie in Abb. 1. Radius R = 72 Sonnenradien, Leuchtkraft L = 7 100 Sonnenleuchtkräfte. Rechts: gesamter Stern; Links: Zentralregionen, der Maßstab des Zentrumsabstands ist zur besseren Erkennbarkeit der Kurvenverläu-

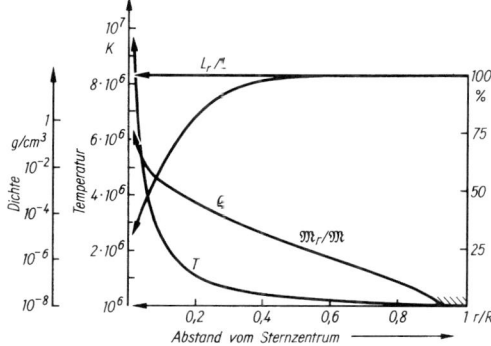

fe vergrößert, die Maßstäbe für Temperatur und Dichte sind anders als für den Gesamtstern. Das Zentralgebiet aus Kohlenstoff und Sauerstoff ist von einer heliumbrennenden Schale umgeben (erster starker Anstieg der L_r/L-Kurve), weiter außen noch eine wasserstoffbrennende Schale (zweiter steiler Anstieg); Weiteres s. Text

Sternaufbau

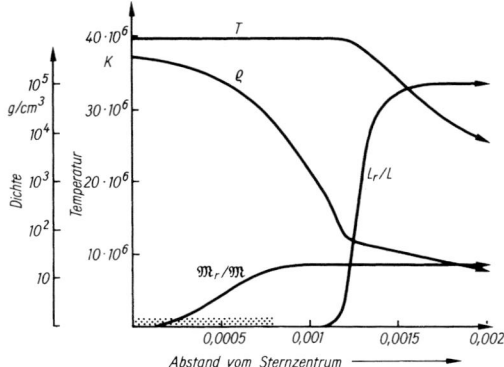 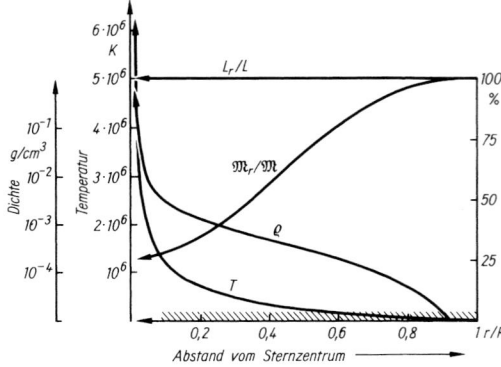

Abb. 4: Modell eines Riesensterns von $\mathfrak{M} = 1,3$ Sonnenmassen mit einer Schalenquelle. Symbole und Markierungen wie in Abb. 1. Radius $R = 21$ Sonnenradien, Leuchtkraft $L = 226$ Sonnenleuchtkräfte. Rechts: gesamter Stern; Links: Zentralregion, der Maßstab des Zentrumsabstands ist zur besseren Erkennbarkeit der Kurvenverläufe vergrößert, die Maßstäbe für Temperatur und Dichte sind anders als für den Gesamtstern. Die vom Stern ausgestrahlte Energie wird in einer wasserstoffbrennenden Schale (starker Anstieg der L_r/L-Kurve) freigesetzt, die ein von Wasserstoff freies Zentralgebiet umgibt. Punktiert: Bereich mit entartetem Elektronengas; Weiteres s. Text

biet mit einem Radius von nur etwa 1/1000 des Sternradius befinden sich rund 25% der Sternmasse ohne nukleare Energiefreisetzung, die Zentraldichte beträgt fast $3,5 \cdot 10^5$ g/cm³. Bei der herrschenden Temperatur ist das Elektronengas weitgehend entartet, infolge dessen hoher Wärmeleitfähigkeit ist das Zentralgebiet nahezu isotherm. Es ist von einer dünnen Kugelschale umgeben, in der die vom Stern ausgestrahlte Energie durch Wasserstoffreaktionen freigesetzt wird. Die Energie wird zunächst durch Strahlung, im größeren Teil der Sternaußenbereiche durch Konvektion abtransportiert. Das Modell entspricht etwa dem eines massearmen Roten Riesensterns in einem Kugelsternhaufen.

Stabilität von Sternen. Modellrechnungen erfolgen im Allg. unter der Voraussetzung eines vollständigen Gleichgewichts. In Sternen treten jedoch immer kleine Störungen des Gleichgewichts auf, die zu Modelländerungen führen. Ein Stern ist stabil, wenn eine Störung infolge der etwas geänderten physikalischen Verhältnisse unterdrückt wird und der Stern wieder zum Gleichgewichtszustand zurückkehrt. Bei einem instabilen Stern wird eine anfangs kleine Störung zunehmend größer, der Stern entfernt sich immer weiter vom Gleichgewichtszustand. Stabilitätsuntersuchungen erfordern komplizierte theoretische Untersuchungen.

Hauptreihensterne mit Massen größer als 80 bis 100 Sonnenmassen sind instabil. Im Zentralgebiet ist die Temperatur so hoch, die Dichte so niedrig, dass der Strahlungsdruck einen wesentlichen Beitrag zum Gesamtdruck leistet. Eine kleine Störung, z.B. eine kleine Änderung des Sternradius, schaukelt sich im Laufe der Zeit zu immer größeren Radiusschwankungen auf, bis der Stern Materie abstößt und seine Masse dadurch so weit reduziert wird, dass sie unter die Instabilitätsgrenze sinkt. Der genaue Wert der oberen Grenzmasse stabiler Sterne ist von der chemischen Zusammensetzung der Sternmaterie abhängig.

Nukleare Energiefreisetzungsprozesse können auf Grund ihrer hohen Temperaturabhängigkeit und infolge der immer vorhandenen kleinen Temperaturschwankungen die Stabilität sehr empfindlich beeinflussen. Die meisten Sterne sind, wie die Sonne, stabil, da die Kernreaktionen in einem idealen Gas stattfinden: Erhöht sich die Temperatur, beschleunigen sich die Kernprozesse und es wird mehr Energie freigesetzt. Infolge der Temperaturerhöhung dehnt sich das Gas aus und leistet Arbeit gegen den Gravitationsdruck. Die dazu benötigte Energie wird dem Gas entzogen, damit abgekühlt, bis die Energiefreisetzung den Gleichgewichtszustand wieder erreicht. Sterne, bei denen Kernprozesse in einem entarteten Elektronengas erfolgen, sind instabil. An der Energiefreisetzung ist nur das Kerngas beteiligt, das zum Gesamtgasdruck einen verschwindend kleinen Beitrag leistet. In einem Massenelement zusätzlich freigesetzte Energie ändert am Energiezustand der Elektronen praktisch nichts, führt daher nicht zu einer Expansion. Die Zusatzenergie kommt nur dem Kerngas zugute, dessen Temperatur steigt, die Kernprozesse sich verstärken und immer mehr Energie freigesetzt wird. Erst wenn die Temperatur so hoch ist, dass die Entartung des Elektronengases aufgehoben wird, reagiert die Sternmaterie wieder wie ein ideales Gas, expandiert und kühlt sich ab. Eine derartige thermische Instabilität führt kurzzeitig zu einer sehr hohen, als „Flash" bezeichneten Energiefreisetzung [flash, engl., ‚Blitz']. Diese Instabilität tritt bei relativ massearmen Sternen in späten Entwicklungsphasen auf (→ Sternentwicklung).

In heliumbrennenden Schalenquellen kann es auch in einem idealen Gas zu einer Instabilität kommen. Sie ergibt sich in einer geometrisch sehr dünnen Heliumschale zu Beginn des Heliumbrennens. Die freigesetzte Energie wird nicht durch Expansionsarbeit aufgebraucht, da die Expansion zu wenig Materie erfasst. Infolge der hohen Temperaturabhängigkeit der Heliumreaktionen erhöht sich die Energiefreisetzung ausbruchartig, was die Expansion nun eines großen Teils der Heliumschale bewirkt. Die Instabilität endet, wenn die starke Temperaturerniedrigung bei der Expansion zur Reduzierung und Stabilisierung der Energiefreisetzungsprozesse führt. Die Instabilität ist in ihrer Auswirkung einem Flash ähnlich und wiederholt sich mit Perioden von einigen 1 000 bis einigen 10 000 Jahren, es kommt zu einer Folge „thermischer Pulse". Die Zeiträume zwischen den Pulsen sind gegenüber der langfristigen Sternentwicklung kurz, so dass die Entwicklung kaum beeinflusst wird.

Sterne sind schwingungsfähige Gebilde. Bei einer zufälligen Kontraktion oder Expansion schwingt ein Stern etwas um die Gleichgewichtslage. Die Schwingungen klingen normalerweise rasch ab, da fast alle Sterne „strahlungsgedämpft" sind und Schwingungsenergie durch Abstrahlung verlieren. Unter bestimmten Umständen kann ein Strahlungseffekt aber die Schwingungen auch verstärken. Im Normalfall absorbiert die Sternmaterie bei einer Kompression verstärkt Strahlung und ist bei Expansion für Strahlung durchlässiger. Existiert jedoch im Stern ein Bereich, in dem bei einer Kompression die Temperatur und der Gasdruck sich durch Strahlungsabsorption nicht schnell genug im notwendigen Maß erhöhen, erfolgt eine weitere Kompression, bevor die Bewegung sich umkehrt. Die folgende Expansion wird nicht im notwendigen Maß gebremst, weil sich die Strahlungsdurchlässigkeit zunächst nicht mit sinkender Temperatur und Dichte verringert. In allen Sternen gibt es schwingungsanregende Schichten, es überwiegen aber schwingungsdämpfende. Nur wenn Ausdehnung und Lage der anregenden Schichten bestimmte Bedingungen erfüllen, wird die Schwingungsanregung so stark, dass der gesamte Stern zu pulsieren beginnt. Dies gilt für Sterne mit Effektivtemperaturen in einem engen Bereich um etwa 5 300 K. Die Bildpunkte dieser Sterne markieren im HRD den sog. Instabilitätsstreifen (→ Sternentwicklung). Da der Prozess entscheidend durch den im Allg. mit κ bezeichneten Absorptionskoeffizienten gesteuert wird, wird er als „Kappa-Mechanismus" („κ-Mechanismus") bezeichnet.

Die Ursachen der Instabilität, die bei massereichen Riesensternen in einem späten Entwicklungszustand zu einem langsamen Abstoßen eines großen Teils der Sternmasse führt, sind im Detail noch weitgehend unbekannt. Es entsteht dabei ein → Planetarischer Nebel mit dem Reststern als Zentralstern. Bei sehr massereichen Sternen führen am Ende ihrer Entwicklung Instabilitäten zur Explosion des gesamten Sterns als → Supernova.

Nichtkugelförmige Sterne. Die Theorie des Aufbaus von Sternen, die verformenden Kräften wie Zentrifugalkräften bei rotierenden Sternen, Gezeitenkräften in engen Doppelsternsystemen oder magnetischen Kräften bei starken globalen Magnetfeldern unterworfen sind, ist kompliziert, da die Kräfte eine Störung der Kugelsymmetrie bewirken. Die bisher berechneten, die Kugelsymmetrie voraussetzenden Modelle lassen keine verlässliche Prüfung an beobachteten nicht kugelförmigen Sternen zu. In einigen Fällen ergeben vereinfachende, nur geringe Abweichungen von der Kugelsymmetrie berücksichtigende Annahmen theoretisch befriedigende Ergebnisse. Dies gilt z. B. für langsam rotierende Sterne, bei denen die Fliehkräfte klein gegenüber den Gravitationskräften sind. Für die Entwicklung enger → Doppelsterne ist der Massenaustausch zwischen den Komponenten wesentlich bedeutungsvoller als die Verformung durch Gezeitenkräfte (→ Sternentwicklung). Bei schnell rotierenden Sternen, bei denen die Zentrifugalkräfte erheblich sind, kommt es nicht allein zu einer Abplattung der Sterne, es treten auch großräumige meridionale Zirkulationen auf, die in Ebenen verlaufen, die die Drehachse enthalten. Selbst bei der langsam rotierenden Sonne existieren derartige Zirkulationen innerhalb der Konvektionszone. Diese Strömungen sind bei Modellberechnungen zu berücksichtigen, wenn Details, wie z. B. die innere differentielle Rotation, theoretisch erklärt werden sollen.

Sternbedeckung, die Bedeckung eines Sterns durch einen Himmelskörper, der sich in die Sichtlinie Beobachter–Stern schiebt, im engeren Sinn die Bedeckung eines Sterns durch den Mond, im weiteren Sinn die durch einen beliebigen Körper des Planetensystems. Bei → Bedeckungsveränderlichen erfolgt eine teilweise oder vollständige Bedeckung einer Komponente eines Doppelsternsystems durch die andere.

S.en durch den Mond sind infolge dessen verhältnismäßig schneller scheinbarer Bewegung relativ zu den Sternen und seines großen scheinbaren Durchmessers häufig. Entsprechend der Neigung der Mondbahn gegen die Ekliptik ist die Bedeckung von Sternen in einem Bereich von ±5° um die Ekliptik möglich.

Die Verfinsterung eines Sterns bei einer Mondbedeckung geschieht fast schlagartig, da Sterne im Allg. als punktförmige Lichtquellen erscheinen und der Mond keine merkliche Atmosphäre hat. Bei Sternen mit einem merklichen scheinbaren Durchmesser tritt eine „allmähliche" Verfinsterung ein. Infolge der Beugung des Sternlichts am Mondrand treten unmittelbar vor und nach der Bedeckung während etwa 10 bis 100 Millisekunden rasche Helligkeitsschwankungen des Sternlichts auf, die zur Bestimmung des Winkeldurchmessers des Sterns genutzt werden können (→ Sterndurchmesser). S.en durch den Mond ermöglichen eine sehr genaue Bestimmung der scheinbaren Mondbewegung.

S.en durch Körper des Planetensystems ermöglichen u. a. die Bestimmung des Durchmessers des bedeckenden Körpers. Dabei wird die Dauer der Verfinsterung eines Sterns von verschiedenen Beobachtungsorten aus bestimmt. Bei S.en durch Planeten mit Ringsystemen kann aus den unmittelbar vor und nach der Verdeckung beobachteten Helligkeitsschwankungen des verdeckten Sterns auf die Größe und die Dichte in den Ringen geschlossen werden. Die Ringe von Uranus und Neptun wurden auf diese Weise entdeckt.

Die vorausberechneten Daten von S.en sind in astronomischen Jahrbüchern verzeichnet.

Sternbild, im landläufigen Sinn eine zu einem gedachten Bild zusammengefasste Gruppe am Himmel benachbarter heller Sterne, im astronomischen Sinn ein durch feste Grenzen definiertes Gebiet an der Himmelskugel, in dem eine derartige Sterngruppe liegt.

Sternbild

Sternbilder

Lateinischer Name	Genitiv	Abkürzung	Deutscher Name	Sternkarte
Andromeda	Andromedae	And	Andromeda	414/415/418/420
Antlia	Antliae	Ant	Luftpumpe	417/419
Apus	Apodis	Aps	Paradiesvogel	416
Aquarius	Aquarii	Aqr	Wassermann	418
Aquila	Aquilae	Aql	Adler	416
Ara	Arae	Ara	Altar	416
Aries	Arietis	Ari	Widder	420
Auriga	Aurigae	Aur	Fuhrmann	414/420
Bootes	Bootis	Boo	Bärenhüter	415/419
Caelum	Caeli	Cae	Grabstichel	420
Camelopardalis	Camelopardalis	Cam	Giraffe	414/417
Cancer	Cancri	Cnc	Krebs	414/419
Canes Venatici	Canum Venaticorum	CVn	Jagdhunde	415/419
Canis Maior	Canis Maioris	CMa	Großer Hund	417/420
Canis Minor	Canis Minoris	CMi	Kleiner Hund	420
Capricornus	Capricorni	Cap	Steinbock	418
Carina	Carinae	Car	Schiffskiel	417
Cassiopeia	Cassiopeiae	Cas	Kassiopeia	414
Centaurus	Centauri	Cen	Zentaur, Kentaur	416/417
Cepheus	Cephei	Cep	Kepheus	414/415
Cetus	Ceti	Cet	Walfisch	420
Chamaeleon	Chamaeleontis	Cha	Chamäleon	417/416
Circinus	Circini	Cir	Zirkel	416
Columba	Columbae	Col	Taube	417/420
Coma Berenices	Comae Berenices	Com	Haar der Berenike	419
Corona Australis	Coronae Australis	CrA	Südliche Krone	416/418
Corona Borealis	Coronae Borealis	CrB	Nördliche Krone	415/418/419
Corvus	Corvi	Crv	Rabe	419
Crater	Crateris	Crt	Becher	419
Crux	Crucis	Cru	Kreuz (des Südens)	416
Cygnus	Cygni	Cyg	Schwan	415/418
Delphinus	Delphini	Del	Delphin	418
Dorado	Doradus	Dor	Goldfisch	417
Draco	Draconis	Dra	Drache	414/415
Equuleus	Equulei	Equ	Füllen	418
Eridanus	Eridani	Eri	(Fluss) Eridanus	417/420
Fornax	Fornacis	For	Chemischer Ofen	417/420
Gemini	Geminorum	Gem	Zwillinge	420
Grus	Gruis	Gru	Kranich	416/418
Hercules	Herculis	Her	Herkules	415/418
Horologium	Horologii	Hor	Pendeluhr	417
Hydra	Hydrae	Hya	Weibliche oder Nördliche Wasserschlange	417/419
Hydrus	Hydri	Hyi	Männliche oder Kleine Wasserschlange	417
Indus	Indi	Ind	Inder	416
Lacerta	Lacertae	Lac	Eidechse	415/418
Leo	Leonis	Leo	Löwe	414/419
Leo Minor	Leonis Minoris	LMi	Kleiner Löwe	416/419
Lepus	Leporis	Lep	Hase	420
Libra	Librae	Lib	Waage	419
Lupus	Lupi	Lup	Wolf	416/419
Lynx	Lyncis	Lyn	Luchs	419/420
Lyra	Lyrae	Lyr	Leier	415/418
Mensa	Mensae	Men	Tafelberg	417
Microscopium	Microscopii	Mic	Mikroskop	416/418
Monoceros	Monocerotis	mon	Einhorn	420
Musca	Muscae	Mus	Fliege	416
Norma	Normae	Nor	Lineal, Winkelmaß	416

Sternbild

Sternbilder

Lateinischer Name	Genitiv	Abkürzung	Deutscher Name	Sternkarte
Octans	Octantis	Oct	Oktant	416/417
Ophiuchus	Ophiuchi	Oph	Schlangenträger	418
Orion	Orionis	Ori	Orion	420
Pavo	Pavonis	Pav	Pfau	416
Pegasus	Pegasi	Peg	Pegasus	415/418
Perseus	Persei	Per	Perseus	414/420
Phoenix	Phoenicis	Phe	Phönix	417
Pictor	Pictoris	Pic	Malerstaffelei	417
Pisces	Piscium	Psc	Fische	414/418/420
Piscis Austrinus	Piscis Austrini	PsA	Südlicher Fisch	416/418
Puppis	Puppis	Pup	Achterschiff	417/419/420
Pyxis	Pyxidis	Pyx	Schiffskompass, Kompass	417/419
Reticulum	Reticuli	Ret	Netz	417
Sagitta	Sagittae	Sge	Pfeil	418
Sagittarius	Sagittarii	Sgr	Schütze	416
Scorpius	Scorpii	Sco	Skorpion	416/418
Sculptor	Sculptoris	Scl	Bildhauerwerkstatt	416/417/418/420
Scutum	Scuti	Sct	Schild	418
Serpens	Serpentis	Ser	Schlange	418/419
Sextans	Sextantis	Sex	Sextant	419
Taurus	Tauri	Tau	Stier	420
Telescopium	Telescopii	Tel	Fernrohr, Teleskop	416
Triangulum	Trianguli	Tri	Dreieck	414/420
Triangulum Australe	Trianguli Australis	TrA	Südliches Dreieck	416/417
Tucana	Tucanae	Tuc	Tukan	416/417
Ursa Maior	Ursae Maioris	UMa	Großer Bär	414/415/419
Ursa Minor	Ursae Minoris	UMi	Kleiner Bär	415
Vela	Velorum	Vel	Segel (des Schiffes)	417
Virgo	Virginis	Vir	Jungfrau	419
Volans	Volantis	Vol	Fliegender Fisch	417
Vulpecula	Vulpeculae	Vul	Fuchs, Füchschen	418

Die S.er sind auf den angegebenen Sternkarten zu finden. Einige bekanntere S.er sind unter den entsprechenden Stichwörtern beschrieben

Je nach der Lage zum Himmelsäquator werden nördliche, südliche und S.er der Äquatorzone unterschieden. Von Mitteleuropa aus, d.h. von einer geographischen Breite von rund +50° aus, sind die nördlichen, die S.er der Äquatorzone sowie die südlichen S.er mit einem Winkelabstand vom Himmelssüdpol größer als die geographische Breite des Beobachtungsorts sichtbar. Da die Sonne im Laufe eines Jahres an unterschiedliche Stellen der Himmelskugel projiziert erscheint, wechseln die nach Sonnenuntergang sichtbaren S.er mit der Jahreszeit. Entsprechend werden Sommersternbilder, z.B. Lyra und Aquila, und Wintersternbilder, z.B. Orion und Canis Maior, die im Sommer bzw. im Winter am Abendhimmel sichtbar sind, unterschieden. Die um die Ekliptik gruppierten S.er werden als Tierkreissternbilder bezeichnet (→ Tierkreis).
Die markantesten S.er können mit Hilfe einfacher Sternkarten leicht aufgefunden werden. Hilfreich ist vielfach, die hellsten Sterne eines S.s sich durch Linien zu einfachen geometrischen Figuren verbunden zu denken. Es lassen sich nur wenige Sterngruppierungen zwanglos zu einem „Bild" vereinigen, so dass es kaum möglich ist, in den Figuren die den Namen entsprechenden Bilder am Himmel zu erkennen. Die augenfällige scheinbare Zusammengehörigkeit einer Sterngruppe bedeutet nicht, dass die Sterne auch räumlich eine Einheit bilden. Sie können sehr weit voneinander entfernt sein und nur zufällig nahezu in gleicher Blickrichtung liegen und so am Himmel benachbart erscheinen. Gleiche scheinbare Sternhelligkeiten bedeuten auch nicht notwendigerweise gleiche Entfernungen von der Sonne, da unterschiedliche Entfernungen durch Leuchtkraftunterschiede kompensiert werden können (→ Parallaxe).
Die Namen vieler am Nordhimmel sichtbarer S.er gehen auf die griechische Mythologie zurück, die S.er des Südhimmels wurden vielfach von Seefahrern nach Gegenständen ihres täglichen Gebrauchs benannt. Die Zusammenfassung von Sternen zu einem S. und deren Name war bei verschiedenen Völkern z. T. unterschiedlich und änderte sich auch im Laufe der Zeit. Alte Sternkarten enthalten z. B. das S. Argo (Schiff), das im Wesentlichen aus den heutigen S.ern Vela (Segel), Puppis (Achterschiff), Carina (Kiel) und Pyxis (Kompass) be-

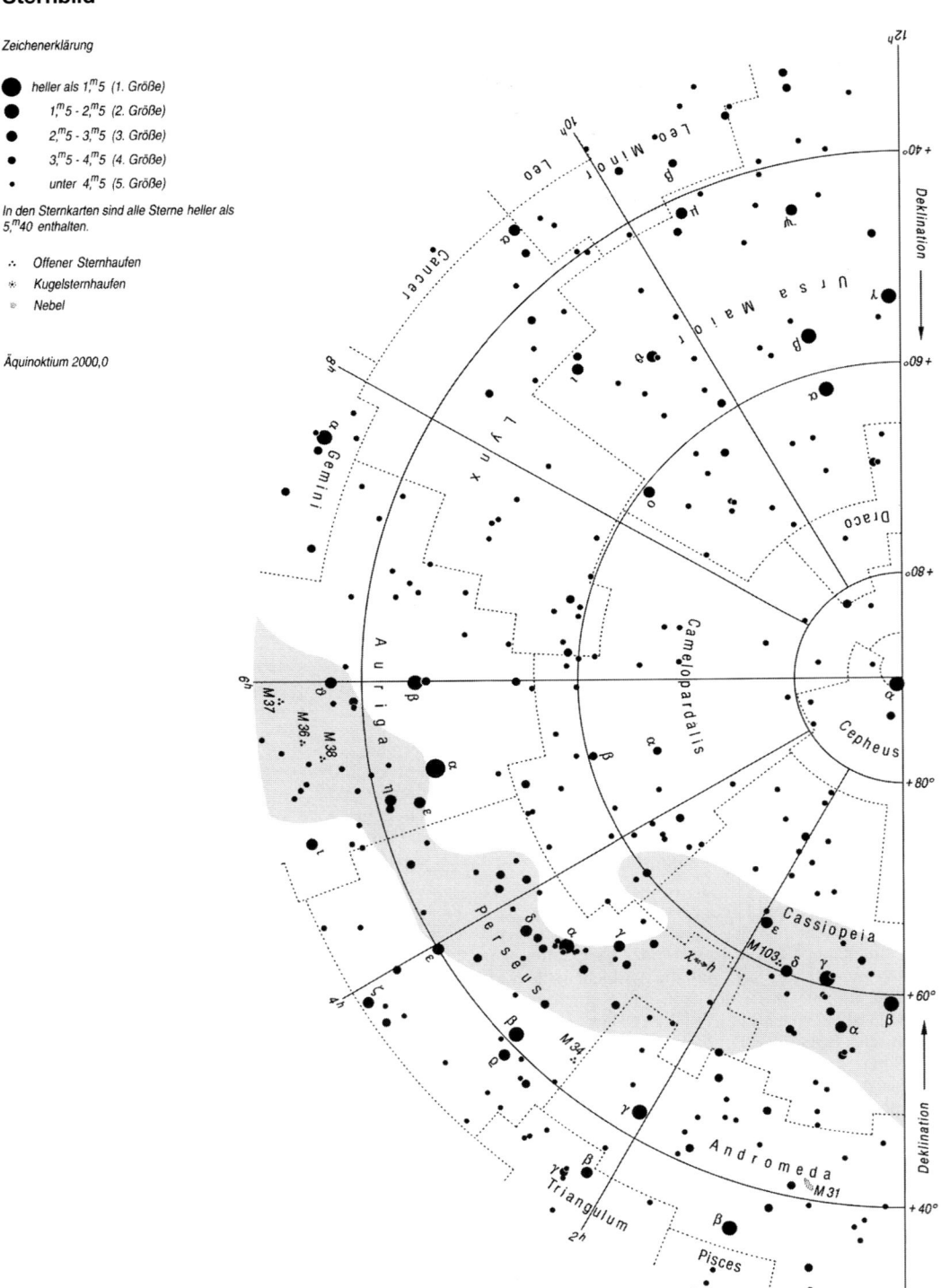

Sternbild

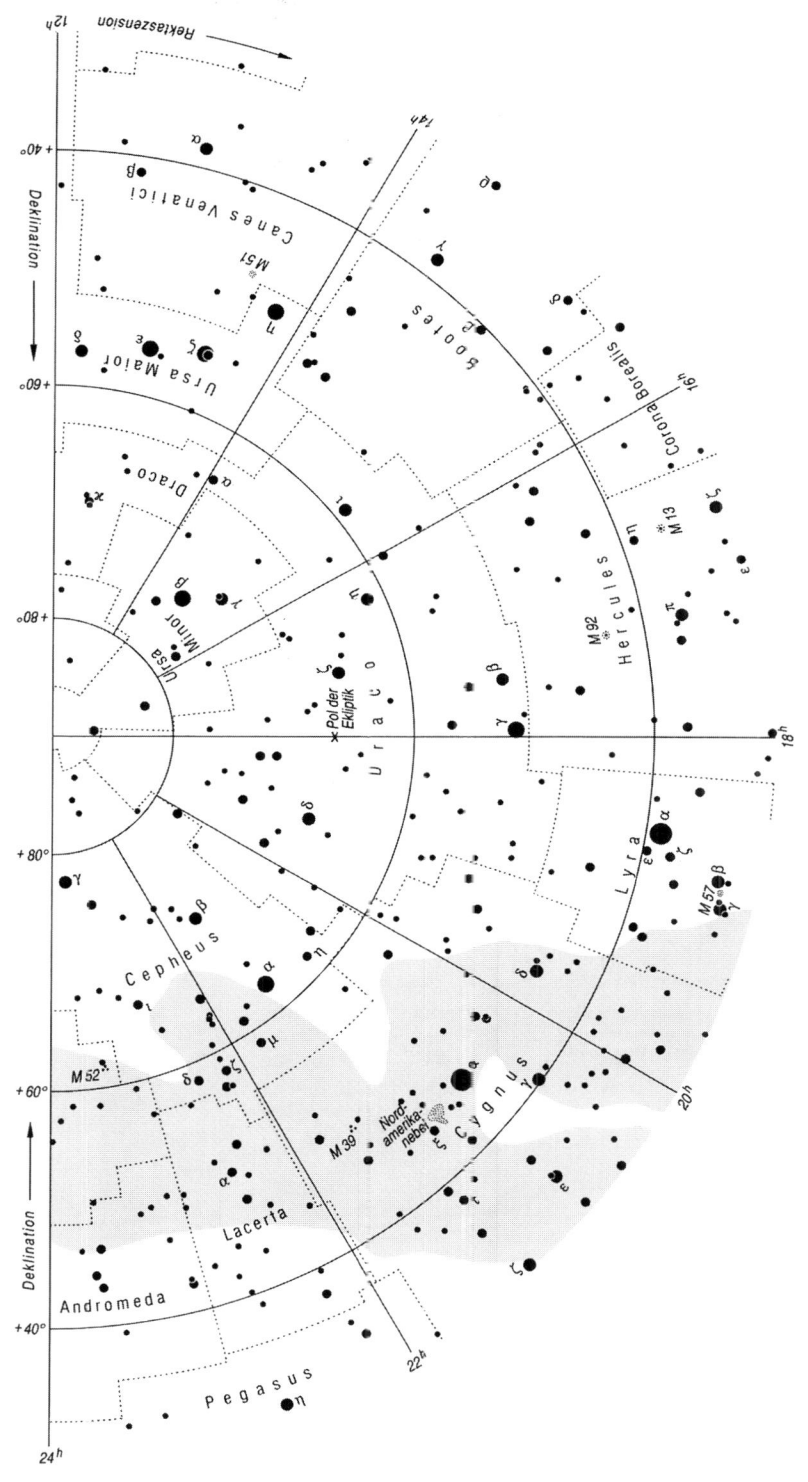

Sternbild

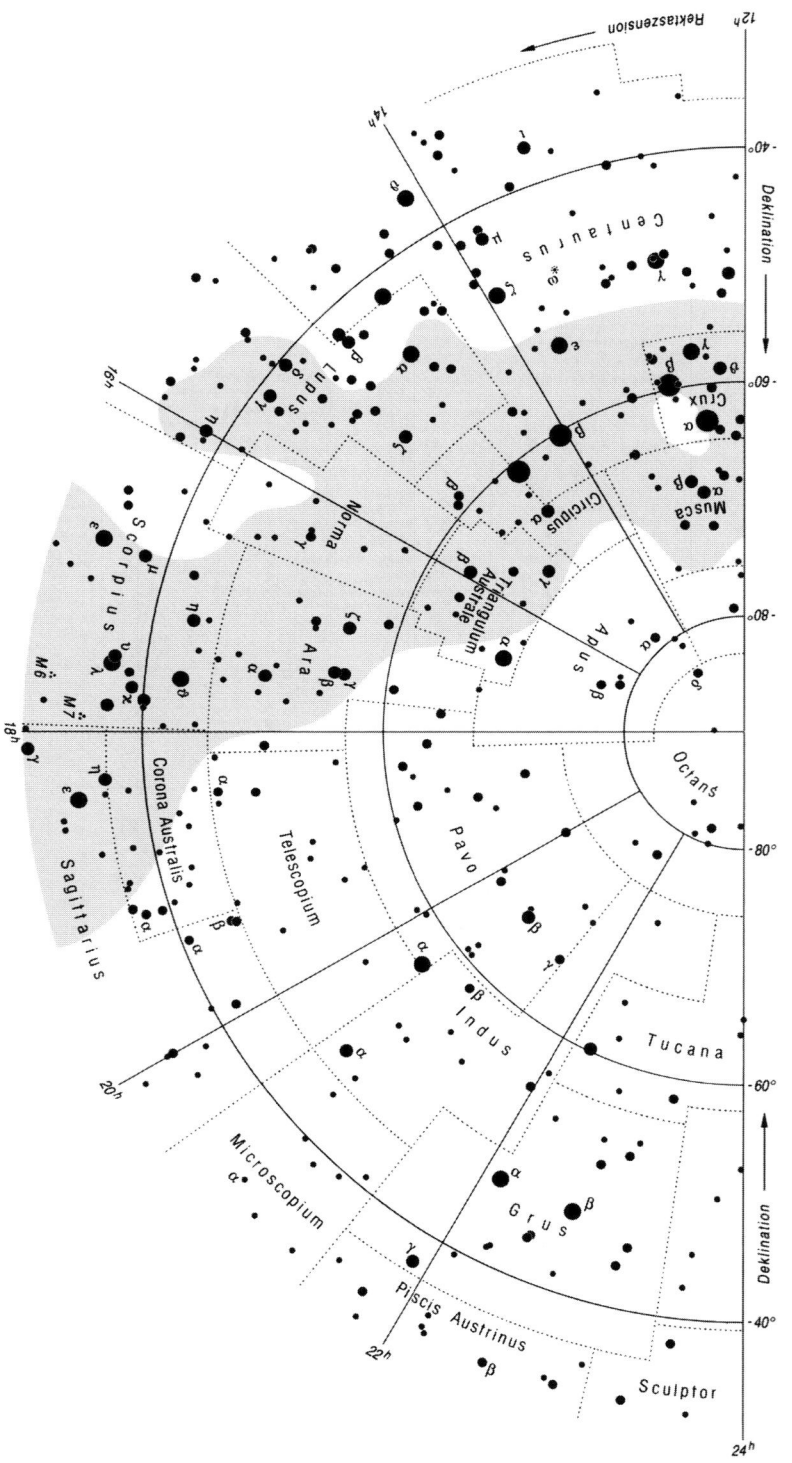

Sternbild

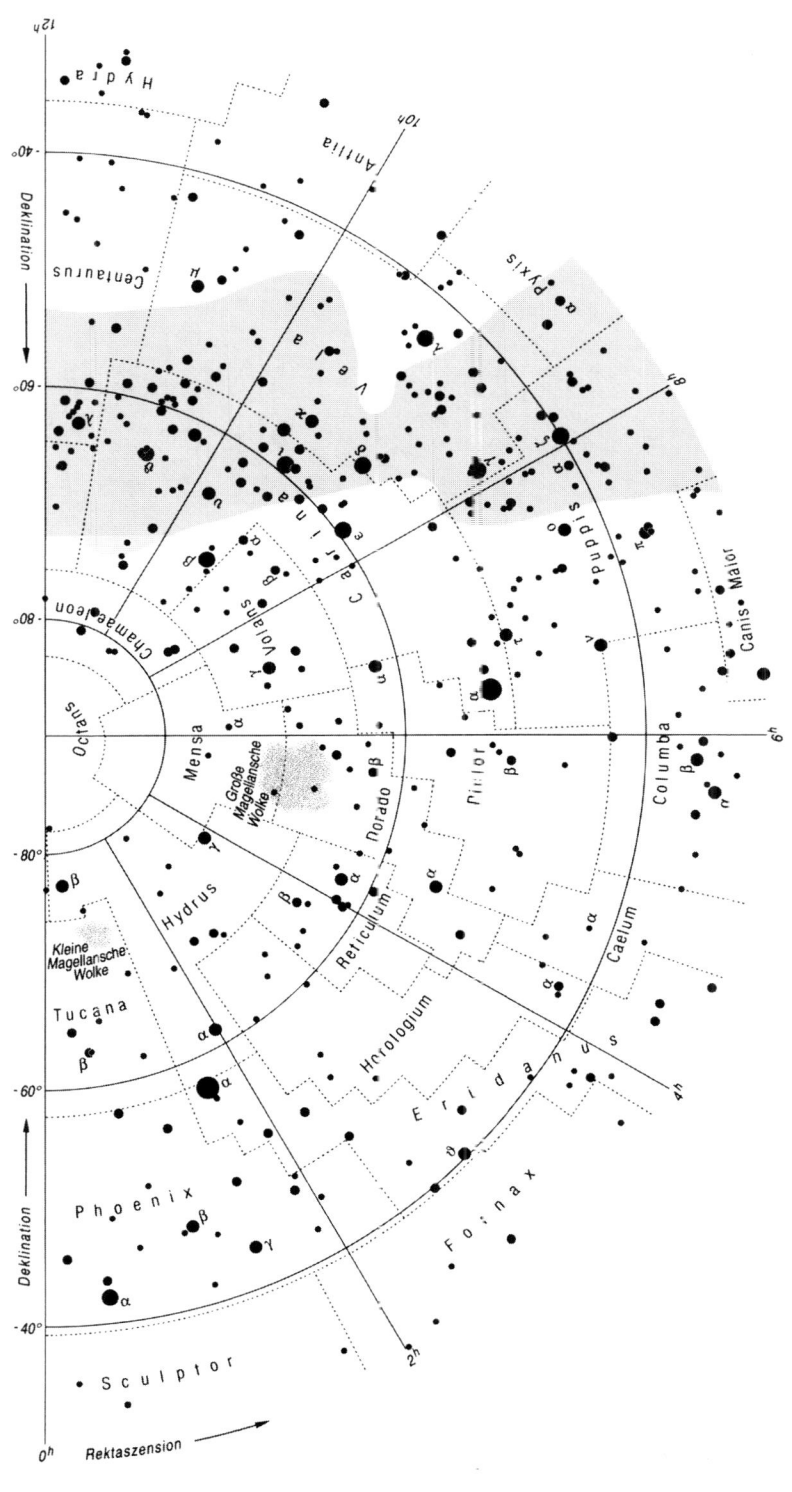

Sternbild

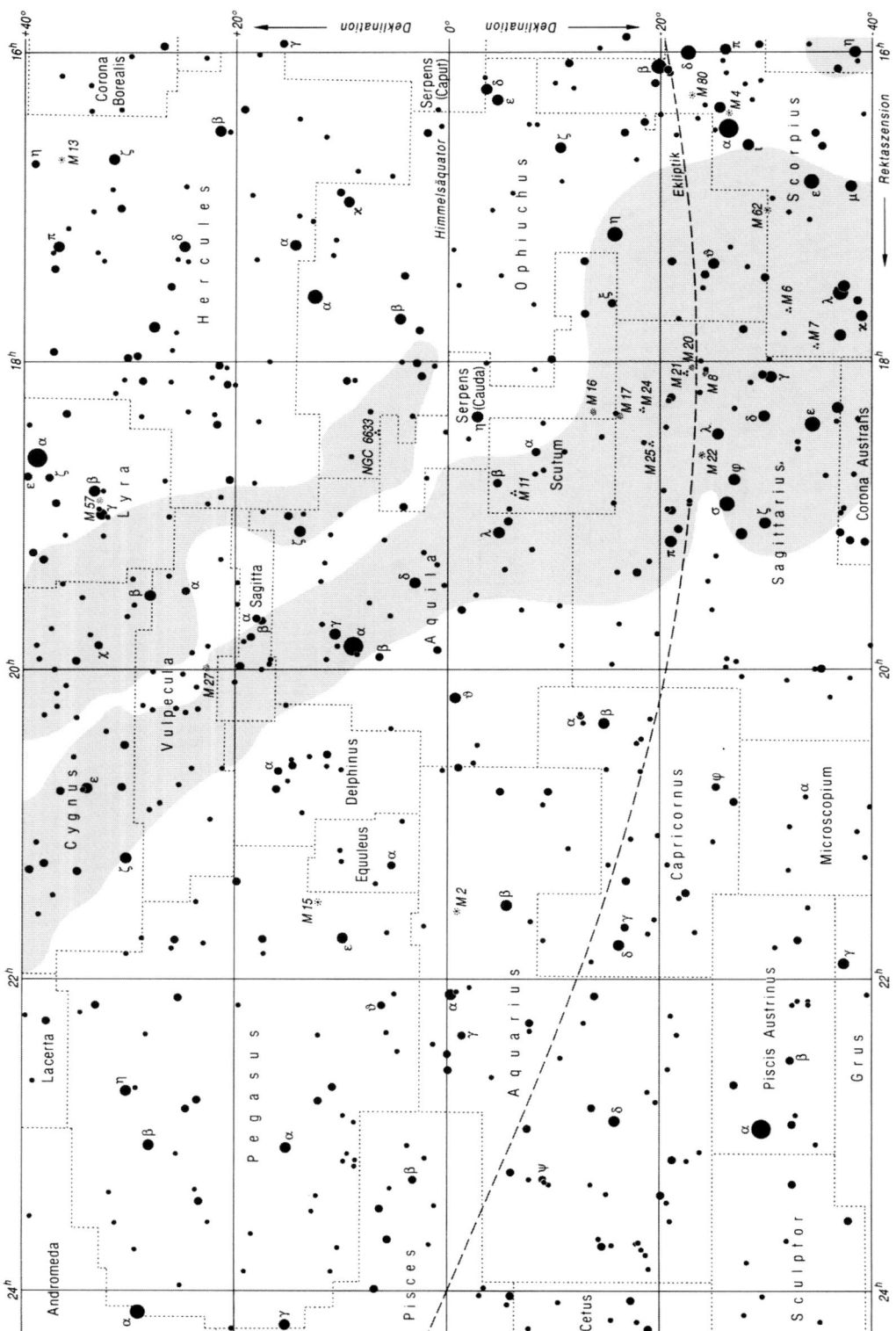

Sternbild

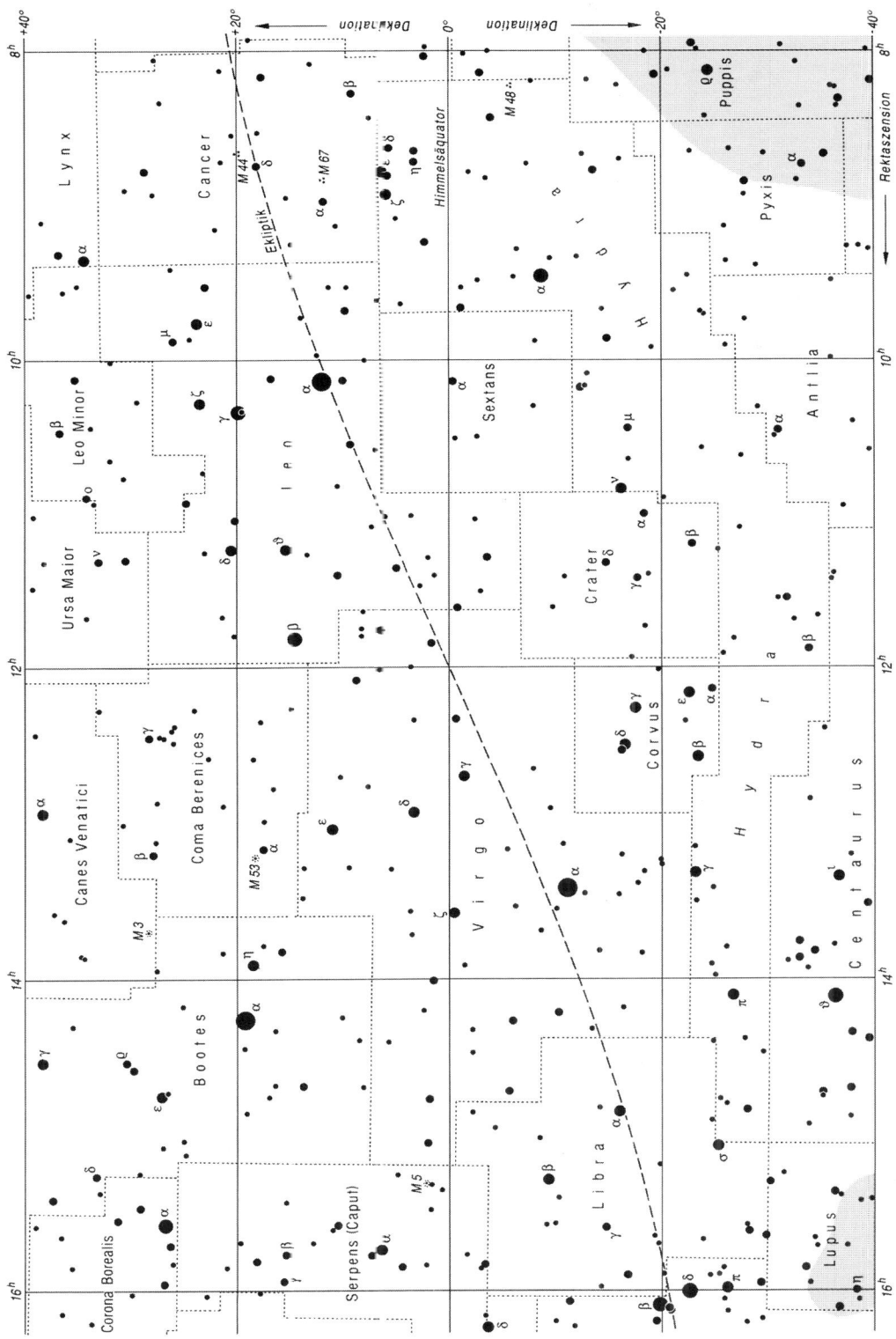

Sternbild

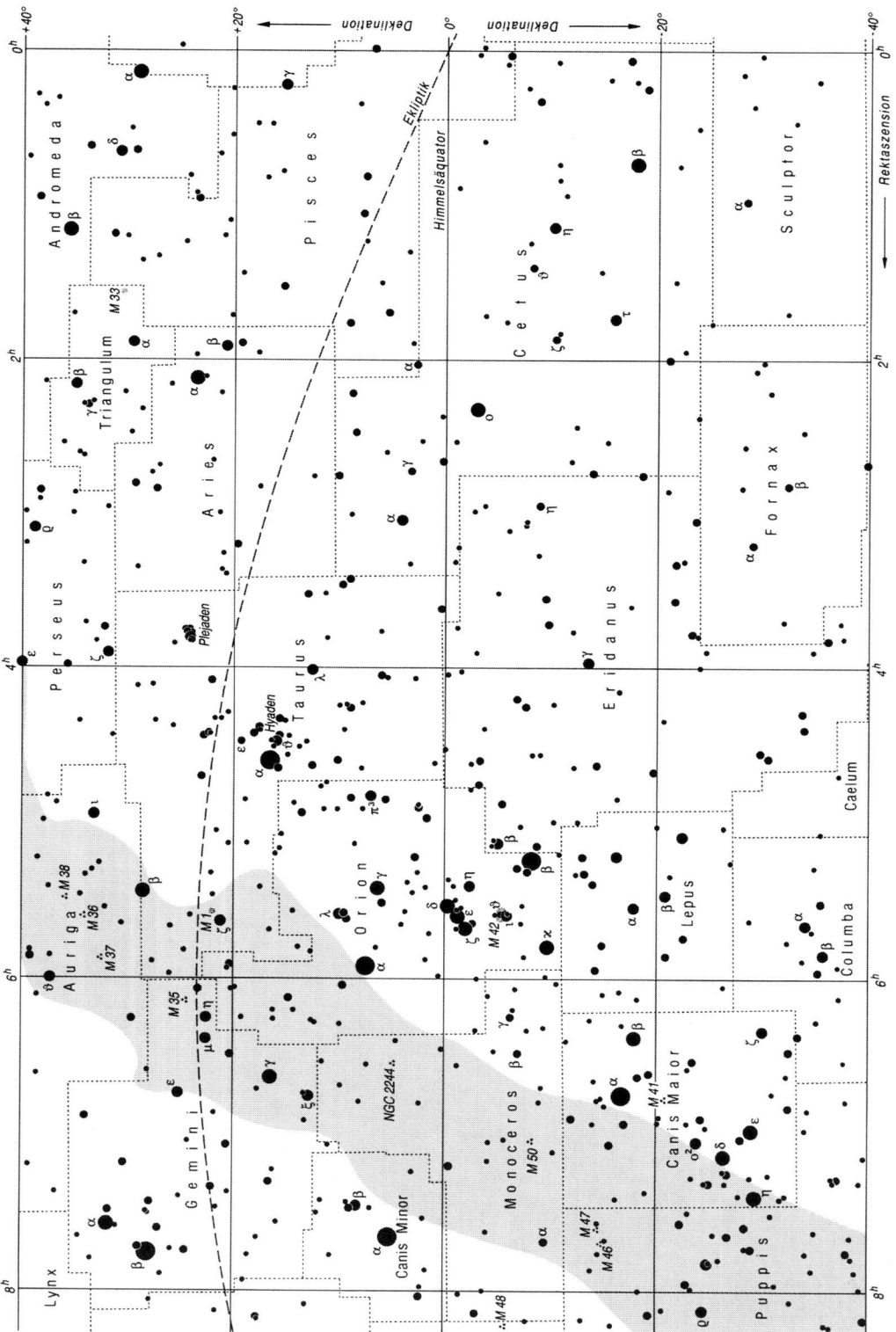

stand. Einige S.er tragen auch unterschiedliche deutsche Bezeichnungen.

In der Astronomie werden im Allg. nur die lateinischen Namen der S.er benutzt, die ein wohlbegrenztes Gebiet am Himmel um die alten Sternbildfiguren bezeichnen, wobei alle in einem derartigen Gebiet liegenden Sterne zum jeweiligen S. gezählt werden. Die Sternbildgrenzen wurden 1925 durch internationale Vereinbarung festgelegt. Danach gibt es 88 S.er, die den Himmel lückenlos überdecken (→ Sternkarten auf den Seiten 414 bis 420). Die helleren Sterne eines S.s werden mit griechischen oder lateinischen Buchstaben, z. T. auch mit Zahlen in Verbindung mit dem Genitiv des Sternbildnamens, bezeichnet. Sterne geringer scheinbarer Helligkeit tragen teilweise die Nummer, unter der sie in einem der größeren Sternkataloge verzeichnet sind, oder werden durch ihre Koordinaten gekennzeichnet. Einzelne Sterne in einem S. haben z. T. spezielle Eigennamen (→ Sternnamen).

Geschichtliches. Die Herkunft und Bedeutung der Sternbildnamen zu erklären, ist weniger eine astronomische, mehr eine kulturgeschichtliche und philologische Aufgabe. Der Grundstock der heute gebräuchlichen S.er beruht auf den 48 S.ern, die von Ptolemäus im *Almagest* verwendet wurden. Von ihnen gehen die S.er des Tierkreises und 18 weitere direkt auf mesopotamische Quellen zurück. Das antike S. Coma Berenices (Haar der Berenike) ist verhältnismäßig jung. Die ägyptische Prinzessin Berenike opferte ihr Haar, das dann aus dem Tempel verschwand. Ihr zu Ehren „entdeckte" es der Mathematiker Koon im Jahr 247 am Himmel wieder. Von den holländischen Ostindienfahrern Pieter Dirkszoon Keyser (1540–1596) und Frederick de Houtman (1571–1627) stammen die ersten südlichen S.er Apus, Chamaeleon, Dorado, Grus, Hydrus, Indus, Musca, Pavo, Phoenix, Triangulum Australe, Tucana und Volans. Als Schöpfer von Crux und Columba als eigenständige S.er gilt Augustin Royer. Um Lücken am Himmel zu schließen, führte J. Hevelius (1611–1687) die S.er Camelopardalis, Canes Venatici, Lacerta, Leo Minor, Lynx, Monoceros, Scutum, Sextans und Vulpecula ein. N. L. de Lacaille (1713–1762) spaltete das große S. Argo in Carina, Puppis und Vela auf und schuf die übrigen heute verwendeten S.er des Südhimmels, allerdings wurden ihre Namen später gekürzt (z. B. Fornax Chemica zu Fornax, Equuleus Pictoris zu Pictor).

Sterndeutung, svw. Astrologie.

Sterndurchmesser, die Länge einer durch den Sternmittelpunkt gehenden, ganz im Stern verlaufenden, durch zwei Punkte der Sternoberfläche begrenzten Geraden.

Sterne sind selbstleuchtende Gaskugeln mit nach außen hin kontinuierlich abnehmender Dichte, so daß keine feste äußere Grenze existiert. Die äußerste Schicht, aus der der Hauptteil des ausgestrahlten sichtbaren Sternlichts stammt, ist die Photosphäre. Da ihre Dicke im Vergleich zu ihrem Durchmesser im Allg. außerordentlich klein ist (→ Sternatmosphäre), wird sie als „Sternoberfläche" definiert und der S. auf sie bezogen.

Vom *wahren* (linearen) *Durchmesser*, ist der *scheinbare Durchmesser* (Winkeldurchmesser) zu unterscheiden; es ist dies der Winkel, unter dem der wahre Durchmesser von der Erde aus erscheint. Der wahre S. kann bei bekannter Entfernung des Sterns aus dem beobachteten scheinbaren berechnet werden.

Nur bei einem einzigen Stern, der Sonne, ist der Winkeldurchmesser unmittelbar bestimmbar. Der Durchmesser der Sonnenscheibe variiert infolge der elliptischen Bahn der Erde um die Sonne zwischen 32′ 36″ und 31′ 31″ und beträgt im Mittel 31′ 59,3″. Mit der mittleren Entfernung der Erde von der Sonne ergibt sich der lineare Sonnendurchmesser zu 1,392 Mio. km. Nahezu alle anderen Sterne erscheinen infolge ihrer großen Entfernungen nicht als Scheibchen, sondern als punktförmige Strahlungsquellen, die infolge der in der Erdatmosphäre verursachten Richtungsszintillation im Allg. zu Szintillationsscheibchen vergrößert werden (→ Szintillation). Bei einigen nahen Sternen kann mittels spezieller Methoden der Winkeldurchmesser direkt ermittelt werden.

Zur genauen Bestimmung scheinbarer S. werden vor allem interferometrische Meßverfahren angewandt. Mit einem als Zusatzgerät an einem Spiegelteleskop angebrachten Michelson-Interferometer können Winkeldurchmesser bis zu rund 0,01″ gemessen werden. Die Meßgrenze ist wesentlich durch die Szintillation sowie die Schwierigkeiten bei der Realisierung eines großen derartigen Interferometers bedingt. Winkeldurchmesser bis zur Größenordnung von etwa 0,001″ sind mit Hilfe von Zwei- oder Viel-Apertur-Interferometern bestimmbar. Das von den Teleskopen gesammelte Licht wird dabei phasengerecht zur Interferenz gebracht. Beim Verzicht auf die phasengerechte Überlagerung der Sternstrahlung können mittels Intensitätsinterferometern bei hellen Sternen Winkeldurchmesser in nahezu gleicher Größenordnung ermittelt werden (→ Interferometer).

Zur Bestimmung von S.n können Sternbedeckungen durch den Mond genutzt werden. Der Mondrand wirkt für das von einem Stern kommende Licht wie eine scharfe Kante, an der es gebeugt wird (→ Beugung). Wäre ein Stern eine monochromatische punktförmige Lichtquelle, würde sich bei der Beugung eine charakteristische Helligkeitsverteilung mit ausgeprägten Maxima und Minima senkrecht zur Kante ergeben. Bei einer flächenhaften Lichtquelle ruft jeder Lichtpunkt ein eigenes Beugungsmuster hervor, das gegenüber den anderen Mustern jeweils etwas verschoben ist. In der Gesamtstrahlung ergibt sich infolge der Überlagerungen der Muster eine Gesamthelligkeitsverteilung, in der die Maxima und Minima in Abhängigkeit von der Winkelausdehnung der Quelle mehr oder minder stark „verschmiert" sind (Abb. 1). Bei einer Sternbedeckung schiebt sich der Mondrand innerhalb von rund 10 bis 100 Millisekunden mit einer mittleren Winkelgeschwindigkeit von etwa 0,5″/s durch das vom Stern kommende Strahlerbündel, das einen Querschnitt entsprechend dem Winkeldurchmesser des Sternscheibchens hat. Das Gesamthelligkeitsmuster schiebt sich dabei über ein Fernrohr hinweg. Aus dem Vergleich des mit zeitlich hochauflösenden Photometern gemessenen Verlaufs der Helligkeitsvariation mit für unterschiedliche Quellengrößen theoretisch bestimmten Verläufen kann die Winkelausdehnung der flächenhaften Licht-

Sternentstehung

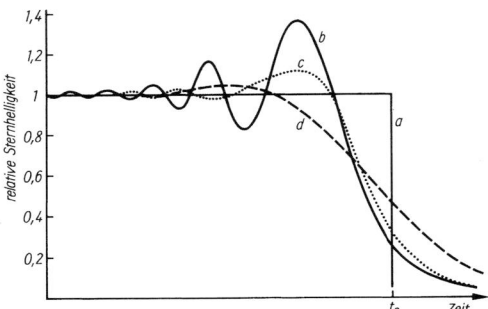

Abb. 1: Zur Durchmesserbestimmung mittels Sternbedeckungen durch den Mond. Relative zeitliche Helligkeitsverläufe: (a) hypothetischer Fall ohne Beugung am Mondrand, (b) punktförmige Lichtquelle, (c) bzw. (d) Sternscheibchen mit einem Winkeldurchmesser von 0,007″ bzw. 0,015″. t_0: Zeitpunkt der geometrischen Bedeckung

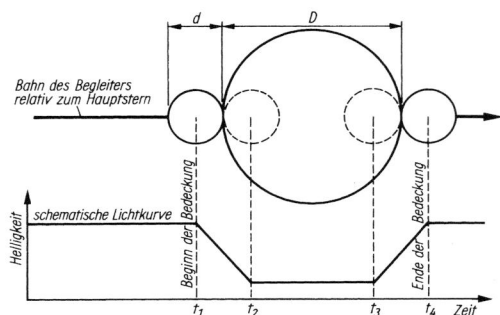

Abb. 2: Zur Durchmesserbestimmung der Komponenten von Bedeckungsveränderlichen. D: Durchmesser der Hauptkomponente; d: Durchmesser des Begleiters. Erläuterungen im Text

quelle ermittelt werden. Die Sternscheibchen haben wie die Sonnenscheibe eine Randverdunklung, so dass die einzelnen Scheibchenpunkte unbekannte Beiträge zum Gesamtmuster leisten, was die Auswertungen der Messungen erschwert. Da die Messungen einen möglichst schmalen Spektralbereich sowie eine möglichst hohe Zeitauflösung der Photometer voraussetzen, ist das Verfahren auf helle Sterne beschränkt.

Eine Ermittlung von S.n ist bei → Bedeckungsveränderlichen möglich (Abb. 2). Außerhalb der Bedeckung tragen zur beobachteten Helligkeit sowohl Hauptstern als auch Begleiter bei. Ab dem Zeitpunkt t_1, dem Beginn der Bedeckung des Begleiters durch den Hauptstern, nimmt die beobachtete Helligkeit bis zum Zeitpunkt t_2, der vollständigen Bedeckung, auf ein Minimum ab, das bis zum Zeitpunkt t_3, dem Ende der vollständigen Bedeckung, konstant bleibt. Danach steigt die Helligkeit bis zum Zeitpunkt t_4, dem Ende der Bedeckung, wieder bis zur Ausgangshelligkeit an. Die Länge der vom Begleiter durchlaufenen Bahn ist der Umlaufperiode des Begleiters um den Hauptstern proportional, die Differenz $t_3 - t_2$ damit proportional der Differenz zwischen dem Durchmesser des Hauptsterns und dem des Begleiters und die Differenz $t_4 - t_1$ proportional der Summe der beiden Durchmesser. Mit der Bestimmung der Zeitdifferenzen in Einheiten der Umlaufperiode ist die Bestimmung beider Durchmesser in Einheiten der Bahnlänge möglich. Werden mittels spektroskopischer Beobachtungen die Bahngeschwindigkeiten beider Komponenten bestimmt, ist die Länge der vom Begleiter durchlaufenen Bahn im linearen Maß angebbar, damit auch beide Durchmesser. Die Methode ist bei den Bedeckungsveränderlichen relativ genau, bei denen sich die Komponenten angenähert in Kreisbahnen bewegen. Sie ist dann ungenau, wenn stark elliptische Bahnen durchlaufen werden, wenn die Komponenten sehr eng benachbart und infolge von Gezeitenwirkungen oder infolge hoher Rotationsgeschwindigkeiten abgeplattet sind, oder wenn sie eine starke Randverdunklung oder eine ungleichmäßige Flächenhelligkeit infolge gegenseitiger Bestrahlung haben.

Mittels der strahlungstheoretischen Methode ergibt sich der S. unmittelbar im linearen Maß. Ist aus der scheinbaren Helligkeit und der Entfernung die Leuchtkraft L eines Sterns und mit Hilfe von Spektralbeobachtungen die Effektivtemperatur T_{eff} bekannt, ergibt sich der lineare Durchmesser D des Sterns auf Grund der Beziehung $L = \pi D^2 \cdot \sigma T_{\text{eff}}^4$, in der σ die Stefan-Boltzmann-Konstante bedeutet (→ Leuchtkraft eines Sterns). Wegen der beschränkten Genauigkeit, mit der sowohl Leuchtkraft als auch Effektivtemperatur bestimmt werden können, sind strahlungstheoretisch abgeleitete S. nicht sehr genau, die Methode ist aber auf alle Sterne anwendbar.
Die S. betragen bei → Neutronensternen etwa 10 bis 15 km, bei → Weißen Zwergen erreichen sie etwa Planetengröße, während sie bei Überriesen bis zu einigen 1 000 Sonnendurchmesser betragen können und damit den Planetenbahnen vergleichbar sind. Die Durchmesser der weitaus meisten Sterne, der Hauptreihensterne, liegen in einem engen Bereich von etwa 0,5 bis 10 Sonnendurchmessern (→ Zustandsgröße eines Sterns).

Sterndurchmesser

Sternname	Winkeldurchmesser (″)	linearer Durchmesser ($D_\odot$)	Methode
R Doradus	0,058	370	Z
Beteigeuze	0,050	800	Z
Mira	0,047	390	Z
Canopus	0,0066	22	Z
Sirius	0,0059	2,4	Z
Procyon	0,0055	2,0	Z
Rigel	0,0029	80	Z
Regulus	0,00138	3,7	I
Bellatrix	0,00076	3,1	I

$D_\odot$: Sonnendurchmesser; Z: Zwei-Apertur-Phaseninterferometer; I: Intensitätsinterferometer

Sternentstehung, die Bildung von Sternen aus diffus verteilter interstellarer Materie.
Die Existenz unterschiedlich alter Sterne zeigt, dass die S. kein einmaliger Vorgang war. Sterne der Spektralklasse O sind z. B. maximal 10 Mio. Jahre alt, die Sonne hat ein Alter von 4,6 Mrd. Jahren und die Sterne in Kugel-

Sternentstehung

sternhaufen haben ein Alter von etwa 10 bis 11 Mrd. Jahren (→ Altersbestimmung). Seit mindestens dieser Zeit dauert die S. im Milchstraßensystem und in anderen Sternsystemen an, sie findet auch noch gegenwärtig statt.
Bedingungen für die Sternentstehung. Die S. ist durch eine Materieverdichtung um einen Faktor von grob 10^{20} gekennzeichnet. Die mittlere Dichte interstellarer Gaswolken liegt im Bereich zwischen etwa 10^{-18} und rund 10^{-24} g/cm³ mit einer außerordentlich großen Streuung (→ interstellares Gas), die mittlere Dichte der Sonne beträgt dagegen 1,4 g/cm³. Eine derart extreme Verdichtung ist nur auf Grund der Eigengravitation von großen Materiekonzentrationen, nicht aber durch Einwirkung äußerer Kräfte möglich. Die Kontraktion einer Gasmasse setzt ein, wenn die zum Zentrum hin gerichtete Gravitationskraft größer ist als die auseinandertreibenden Kräfte. Zu diesen gehört im Wesentlichen der Gasdruck, zu dem bei starken turbulenten Bewegungen der Turbulenzdruck, bei Rotation Zentrifugalkräfte und bei starken Magnetfeldern magnetische Druckkräfte hinzukommen. Im einfachsten, idealisierten Fall einer nicht rotierenden kugelförmigen interstellaren Wolke einheitlicher Temperatur und Dichte ohne Turbulenz und Magnetfelder kann eine obere Grenzmasse angegeben werden, die sog. Jeans-Masse [nach dem engl. Astronomen J. H. Jeans, 1877–1946], bei deren Überschreiten eine Wolke gravitativ instabil wird. Die Grenzmasse ist umso größer, je höher die Temperatur und je niedriger die Dichte ist.

Diffuse interstellare Wolken neutralen atomaren Wasserstoffs mittlerer Größe, Temperatur und Dichte sind gravitativ stabil. Ihre Massen sind deutlich kleiner als die theoretische Jeans-Masse. Molekülwolken mit zehnmal niedrigeren mittleren Temperaturen und rund 10^6-mal höheren mittleren Dichten im Vergleich zu diffusen Wolken haben eine viel größere als die theoretische Jeans-Masse; die Wolken müssten als Ganzes kontrahieren. Mehr oder minder starke turbulente Gasströmungen, die z. T. lokal Überschallgeschwindigkeit haben, sorgen jedoch für eine im Großen und Ganzen großräumige Stabilität. In Molekülwolken existieren sehr viele mehr oder minder statistisch verteilte lokale Dichtekonzentrationen („Wolkenkerne"), in denen die Dichte z. T. 1 000-mal über dem Mittel liegt. Die Grenzmassen dieser Kerne liegen im Bereich von einigen wenigen bis zu einigen 100 Sonnenmassen und sind vielfach gravitativ instabil, sie sind die bevorzugten Orte für die S.

Jede interstellare Wolke besitzt infolge u. a. der differentiellen Rotation im Milchstraßensystem einen spezifischen Drehimpuls, der im Mittel etwa 10^6- bis 10^8-mal größer ist als der mittlere spezifische Drehimpuls eines Sterns. Bei einer Kontraktion nimmt der Abstand der Massenelemente von der Rotationsachse ab, die Umlaufgeschwindigkeiten nehmen infolge der Drehimpulserhaltung hingegen zu und mit ihnen die Fliehkräfte. Fände innerhalb einer großen Wolke keine großräumige Umverteilung des Drehimpulses statt, würde die Kontraktion nach kurzer Zeit zum Erliegen kommen, eine S. würde nicht stattfinden. Die in Molekülwolken je Masseneinheit vorhandene mittlere Magnetfeldenergie ist in der Größenordnung vergleichbar mit der großräumigen mittleren Gravitationsenergie, in Sternen ist die Gravitationsenergie um viele Größenordnungen größer. Bei der Kontraktion werden die Magnetfelder mitgeschleppt, sie sind im Gas „eingefroren" (→ interstellares Magnetfeld), wodurch die spezifische Magnetfeldstärke fortwährend erhöht wird. Da eine allmähliche Diffusion des Magnetfelds mindestens aus den inneren Bereichen der Wolkenkerne stattfindet, wird die S. durch interstellare Magnetfelder kaum beeinflusst, die Details der Diffusionsprozesse sind jedoch noch nicht vollständig geklärt.

Thermische Prozesse bei der Kontraktion. Bei einer Kontraktion wird Gravitationsenergie frei, die in Wärmeenergie übergeht. Die ablaufenden thermischen und dynamischen Prozesse hängen entscheidend von der Ausgangssituation in der kontrahierenden Materie ab, so u. a. von der Wolkenform und Dichteverteilung, den Bewegungsverhältnissen sowie gegebenenfalls der Stärke und Struktur von Magnetfeldern, wobei alle diese Größen innerhalb außerordentlich weiter Grenzen variieren können. Die Berücksichtigung aller möglichen individuellen Anfangsbedingungen würde die Berechnung des Ablaufs der Kontraktion einer Wolke so umfangreich, komplex und unübersichtlich machen, dass sie mindestens gegenwärtig in voller Allgemeinheit nicht durchgeführt werden kann. Um die wesentlichen thermischen Prozesse bei der Kontraktion zu erfassen, werden im Allg. stark vereinfachte Ausgangssituationen betrachtet, z. B. die Kontraktion einer nichtrotierenden kugelsymmetrischen kleinen Wolke ohne innere Turbulenz und Magnetfelder. Wegen der Kugelsymmetrie braucht dann nur eine einzige Raumkoordinate (der Mittelpunktsabstand) berücksichtigt zu werden. Bei komplizierteren Anfangsbedingungen mit starken Abweichungen von der Kugelsymmetrie verläuft die Kontraktion nicht mehr radial, bei den Rechnungen muss die volle Dreidimensionalität berücksichtigt werden, was den Rechenaufwand extrem erhöht.

Die bei der Kontraktion frei werdende Wärmeenergie muss genügend schnell abgeführt werden, da sonst der steigende Gasdruck den Gravitationsdruck zunehmend kompensieren und die Kontraktion stark bremsen würde. Bei einer schnellen Energieabführung bewirkt der zentrale Dichteanstieg, dass die Instabilität der Wolke größer wird und eine langsam einsetzende Kontraktion in einen Kollaps, nahezu in einen freien Fall in Richtung zum Wolkenzentrum, übergeht. Die Zeit, die frei fallende Materie zum Erreichen des Zentrums benötigt, ist umgekehrt proportional der Wurzel aus der Gasdichte (→ Frei-Fall-Zeit). Bei einer Anfangsdichte von etwa 10^{-21} g/cm³ beträgt die Frei-Fall-Zeit rund 3 Mio. Jahre, bei 100-mal höherer Dichte, aber sonst ungeänderten Bedingungen nur 300 000 Jahre. Lokal instabile Wolkenkerne mit hoher Dichte kontrahieren schneller als die weniger dichten, d. h., anfängliche Dichteunterschiede werden immer größer.

Die Abführung der Wärmeenergie (die Kühlung der Materie) erfolgt durch Umwandlung thermischer Energie in Strahlungsenergie und deren Emission in den umgebenden Raum. Diese Umwandlung geschieht u. a. mittels der in der Materie eingebetteten Staubteilchen. Ihre innere Energie ist infolge des in Molekülwolken stark reduzierten interstellaren Strahlungsfelds sehr

Sternentstehung

niedrig, selbst eine geringe Energiezufuhr führt zu einer relativ großen Temperaturerhöhung. Beim Stoß der Staubteilchen mit Gaspartikeln übertragen diese einen Teil ihrer kinetischen Energie auf die Teilchen, sie werden aufgeheizt und emittieren die zugeführte Energie als Wärmestrahlung (→ interstellarer Staub). Die übertragene Energie ist infolge der niedrigen Gastemperaturen gering, so dass das Maximum der Wärmestrahlung im fernen Infrarotbereich liegt. In diesem Wellenlängenbereich ist das interstellare Gas sehr strahlungsdurchlässig (→ interstellares Gas), die Strahlung kann dadurch leicht aus der kontrahierenden Materie entweichen.

Eine Kühlung ist auch direkt über die Gaspartikeln möglich. Beim Stoß der Atome, Ionen oder Moleküle miteinander kann ein Stoßpartner Energie auf den anderen übertragen und bei diesem eine Anregung höherer Energieniveaus verursachen (→ Anregung). Bei der folgenden spontanen Strahlungsemission wird die Anregungsenergie wieder abgegeben. Auf Grund der geringen Gastemperaturen können nur sehr niedrige Energieniveaus angeregt werden, die Strahlungsemission erfolgt dadurch im langwelligen Infrarot-, Submillimeter- oder Radiofrequenzbereich. Die Zahl energieübertragender Stöße nimmt mit steigender Gasdichte zu, damit wächst die Effektivität der Kühlprozesse, andererseits wächst mit steigender Dichte die Strahlungsundurchlässigkeit des Gases, wodurch die Kühleffektivität mit zunehmender Verdichtung zunehmend reduziert wird. Bei nicht zu hohen Dichten ist die Kühlung so effektiv, dass die Temperatur der Wolkenmaterie eher fällt als steigt und damit die Kontraktion erleichtert wird.

Da die Geschwindigkeit der Kontraktion von der Anfangsdichte abhängt, verläuft sie im Zentralgebiet eines Wolkenkerns schneller als in den äußeren Bereichen. In ihm geht sie schnell in einen Kollaps über, der von innen nach außen fortschreitend immer größere Kernregionen erfasst. Die äußeren Wolkenbereiche bleiben von den Vorgängen im Wolkenzentrum weitgehend unberührt. Infolge des starken Dichteanstiegs im Zentralgebiet (Abb. 1) wird dieses zuerst für Strahlung undurchlässig, der Gasdruck steigt so stark an, dass der Kollaps gebremst wird und in eine langsamere Kontraktion übergeht, die freigesetzte Gravitationsenergie wird größer als die abgestrahlte. In der Zentralregion baut sich langsam ein angenähertes → hydrostatisches Gleichgewicht auf, während die Restwolke noch kollabiert.

Die auf das Quasi-Gleichgewichtsgebiet stürzende Materie hat (im Vergleich zu den lokalen Bedingungen) Überschallgeschwindigkeit, so dass sich im Aufprallbereich eine Stoßfront bildet, in der die kinetische Energie der aufstürzenden Materie in thermische umgewandelt und das innenliegende Gebiet zusätzlich von außen aufgeheizt wird. Erreicht die Temperatur etwa 2 000 K, setzt die Dissoziation der Wasserstoffmoleküle ein, die die Hauptmenge der Gaspartikeln in Molekülwolken stellen (→ interstellares Gas). Dabei wird Energie verbraucht, die nicht mehr zur Aufrechterhaltung des Quasi-Gleichgewichts zur Verfügung steht, das Gebiet wird gravitativ instabil und kollabiert kurzzeitig noch einmal. Infolge des erneuten schnellen Temperaturanstiegs

wird der Wasserstoff ionisiert, was ebenfalls Energie verbraucht, doch wird sie infolge der anhaltenden Kontraktion mehr als ergänzt. Beim Erreichen von etwa 20 000 bis 30 000 K ist der Wasserstoff vollständig ionisiert, es kommt zu einem erneuten Quasi-Gleichgewicht. Das Zentralgebiet kontrahiert nur sehr langsam weiter, und zwar nach Maßgabe der Kelvin-Helmholtz-Zeitskala (→ Sternentwicklung). Der Sturz der Restwolke auf das Gleichgewichtsgebiet erfolgt hingegen weiterhin nahezu im freien Fall. Im Quasi-Gleichgewichtsgebiet befindet sich anfangs nur ein kleiner Bruchteil der späteren Sternmasse, er wird aber durch die aufstürzende Materie zunehmend größer.

Die Quasi-Gleichgewichtsregion ist das Zentralgebiet des entstehenden Sterns, es stellt einen *Protostern* dar. Er unterscheidet sich vom späteren Stern durch völlig andere Bedingungen in den äußersten Bereichen, an seiner „Oberfläche". Die einfallende Materie übt einen äußeren Druck aus und heizt den Protostern (zusätzlich zur im Innern freigesetzten Energie) von außen her auf. Die Temperatur an der Oberfläche ist vergleichbar mit der im Zentrum, während die dazwischen liegenden Bereiche kühler sind. Strahlt der langsam kontrahierende, an Masse zunehmende Protostern schließlich mehr Energie aus als er von außen erhält, hat er den Vor-Hauptreihenzustand erreicht (→ Sternentwicklung).

Wodurch die Massezunahme des Protosterns beendet wird, ist in den Einzelheiten nicht geklärt. Bei sehr kleiner Anfangsmasse eines Wolkenkerns könnte die umgebende Wolkenmaterie so ausgedünnt sein, dass ein weiterer Massezustrom vor allein zum Erliegen kommt. Massereichere Protosterne könnten auf Grund ihrer hohen Energieemission und damit hoher Strahlungsintensität das Restwolkengas so stark aufheizen, dass der Wasserstoff ionisiert wird und ein HII-Gebiet entsteht (→ interstellares Gas), es expandiert und könnte den weiteren Materieeinfall verhindern. Eine hohe Strahlungsintensität übt außerdem auf Staubteilchen einen → Strahlungsdruck aus, sie werden vom Protostern „weggeblasen" und nehmen infolge der dynamischen Kopplung zwischen Gas und Staubteilchen auch das

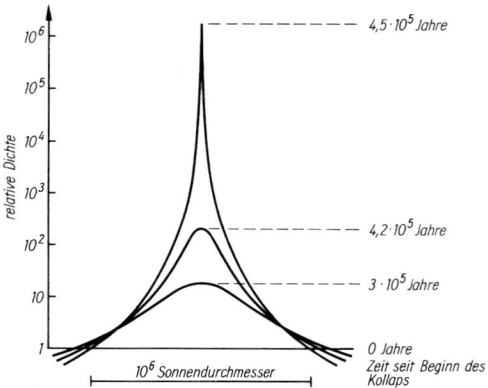

Abb. 1: Relative Dichteverteilung in einer kugelsymmetrisch kollabierenden Wolke von einer Sonnenmasse und einer angenommenen Ausgangsdichte von 10^{-19} g/cm^3 zu verschiedenen Zeitpunkten. (Nach R. B. Larson)

Sternentstehung

Abb. 2: Sternentstehungsgebiete im Sternbild Monoceros (Einhorn) mit einer konusartigen Dunkelwolke und umgebenden HII-Gebieten (NASA-HQ-GRIN)

Gas mit. Die Kontraktion schlägt möglicherweise in eine Expansion um. Bei Sternen mittlerer Masse könnte auch ein starker → Sternwind während der Vor-Hauptreihenphase den Materieeinfall beenden.

Drehimpulsübertragung. Auf Grund der Drehimpulserhaltung erfolgt bei einer rotierenden Wolke nur anfangs eine radiale Kontraktion. In weit von der Rotationsachse entfernten Bereichen erhöht sich mit abnehmendem Mittelpunktsabstand die Rotationsgeschwindigkeit, es steigen die Zentrifugalkräfte, und die radiale Kontraktion geht allmählich in eine Kontraktion parallel zur Rotationsachse über, wodurch eine abgeflachte, rotierende scheibenähnliche Materiekonfiguration entsteht. Die Scheibe rotiert differentiell, was zu Reibungseffekten führt, wodurch weiter außen liegende Materie beschleunigt, weiter innen liegende abgebremst wird, Drehimpuls wird so von innen nach außen übertragen. Da die Fliehkräfte im Innenbereich der Scheibe sinken, kann sich Materie der Rotationsachse nähern, dem Protostern wird so Masse zugeführt, die Scheibe ist eine → Akkretionsscheibe. Infolge der Drehimpulsübertragung steigt die Rotationsgeschwindigkeit der weit von der Rotationsachse entfernten Materie und steigen die auf die Materie wirkenden Fliehkräfte, vor allem massereiche außenliegende Wolkenteilbereiche entfernen sich weiter vom Zentrum. Die zentrale Dichte erhöht sich, während die in den Außenregionen sinkt. Neben rein hydrodynamischen Effekten spielen wahrscheinlich auch magneto-hydrodynamische beim Drehimpulstransport eine Rolle. Die großräumigen Umverteilungsprozesse des Drehimpulses sind wesentlich von den jeweiligen physikalischen Bedingungen abhängig.

Ursachen von Wolkeninstabilitäten. Gravitative Instabilitäten können durch starke Abkühlung in einem Teilbereich eines ausgedehnten Wolkenkomplexes verursacht werden. Bei einem Temperaturabfall sinkt der lokale Gasdruck, der äußere Druck bleibt hingegen nahezu unverändert. In dem Teilbereich erfolgt eine Dichtezunahme, die eventuell zur gravitativen Instabilität des Bereichs führt. Eine Druckabnahme tritt auch bei der Molekülbildung ein, da die Zahl der freien Partikeln je Volumeneinheit um mindestens die Hälfte reduziert wird. Infolge von Reibungseffekten kann in einem turbulenten Wolkenbereich der Turbulenzdruck so verringert werden, dass die lokale Gesamtdruckreduzierung einen Dichteanstieg verursacht. Dies geschieht auch bei einer allmählichen Diffusion eines Magnetfelds, weil der ursprünglich vorhandene Magnetfelddruck reduziert wird. Eine lokale Dichteerhöhung kann ein Stern oder Protostern hoher Oberflächentemperatur bewirken, indem er die umgebende Materie ionisiert und die Bildung eines expandierenden HII-Gebiets verursacht (Abb. 2). Die Effektivität der einzelnen mit unterschiedlichen Zeitskalen ablaufenden Prozesse hängt entscheidend von den lokalen Anfangsbedingungen in dem Wolkenkomplex ab, so dass der Beitrag eines einzelnen Prozesses zur Instabilität eines bestimmten Wolkengebiets nicht abgeschätzt werden kann.

Die Effektivität der S., des Umwandlungsprozesses interstellarer in stellare Materie, ist insgesamt sehr gering. Von der Masse einer Molekülwolke oder eines Wolkenteils wird offensichtlich nur ein außerordentlich kleiner Prozentsatz bei der Sternbildung verbraucht, sonst wäre die große Zahl der existierenden Molekülwolken, vor allem der Riesenmolekularwol-

Sternentstehung

ken, nicht zu erklären. Wie viel Masse eines Wolkenkerns letztlich in stellare übergeht, ist weitgehend unbekannt.

Wolkenzerfall. Der Zerfall einer Molekülwolke oder eines Wolkenteils in mehrere eigenständig kontrahierende Einzelbereiche ist bereits durch die anfängliche Zufallsverteilung von Dichtekonzentrationen und deren Masse vorgegeben und wird durch die Drehimpulsumverteilung verstärkt. Massenkonzentrationen unterschiedlichen Zentralabstands erlangen unterschiedliche radiale und Rotationsgeschwindigkeiten, was den Zerfall einer Wolkenregion begünstigt oder auslöst. Der Zerfall großer Wolken ist wahrscheinlich auch Folge unterschiedlicher Kühlgeschwindigkeiten in unterschiedlich massereichen Dichtekonzentrationen. Bei Konzentrationen hoher Masse ist infolge des günstigeren Verhältnisses von Oberfläche zu Volumen der Kühlprozess effektiver als bei Konzentrationen geringer Masse, bei denen bei gleicher Energiezuführung je Masseneinheit die Temperaturabnahme geringer ist. Durch ein expandierendes HII-Gebiet in der umgebenden Restwolke um einen Protostern hoher Effektivtemperatur werden Wolkenkomplexe unterschiedlicher Dichte unterschiedlich komprimiert, wodurch sich gravitativ unterschiedlich instabile Wolkengebiete ergeben. Das detaillierte Zusammenwirken der sehr verschiedenen Zerfallsmöglichkeiten einer Wolke in einer geschlossenen Theorie zu beschreiben, ist extrem schwierig, da die dynamischen Prozesse ganz wesentlich von den lokalen physikalischen Bedingungen abhängen und mit sehr unterschiedlichen Geschwindigkeiten ablaufen. Weder die Zahl der aus einer Wolke entstehenden Sterne noch deren Massenverteilung kann sicher abgeschätzt werden.

Beobachtungen zur Sternentstehung. Die Bildpunkte der Protosterne liegen im → Hertzsprung-Russell-Diagramm rechts der sog. Hayashi-Linie (→ Sternaufbau). In diesem Bereich befinden sich nur außerordentlich wenig Bildpunkte nachgewiesener Protosterne, was zumindest z. T. durch eine starke interstellare Extinktion verursacht sein dürfte. Links der Linie liegen die Bildpunkte der Vor-Hauptreihensterne. Zu den Sternen in diesem Stadium gehören u. a. die massearmen → T-Tauri-Sterne sowie die → Herbig-Ae/Be-Sterne, die eine etwas höhere Masse haben.

Aus Beobachtungen geht hervor, dass junge Sterne im Allg. nicht isoliert, sondern mehr oder minder gleichzeitig in relativ kleinen Raumbereichen entstehen und → Sternassoziationen oder Sternhaufen von einigen wenigen bis einigen 100 Sternen bilden. Mit großer Wahrscheinlichkeit ist dies eine Folge der im Wesentlichen lokal wirkenden Zerfallsprozesse. Expandierende HII-Gebiete komprimieren z. B. nahe benachbarte Gebiete unterschiedlicher Dichte unterschiedlich stark, wodurch lokale Ansammlungen etwa gleich alter Protosterne unterschiedlicher Masse entstehen. Im Milchstraßensystem existieren große Sternentstehungsgebiete mit vielen sehr jungen Sternen. Ein Gebiet befindet sich z. B. im Orion-Molekülwolkenkomplex, in dem rund 500 neuentstandene Sterne mit Massen zwischen etwa 0,1 und 2 Sonnenmassen nachgewiesen sind. Die meisten der in diesem Komplex neuentstandenen Sterne dürften aber infolge der hohen interstellaren Extinktion nur im nahen Infrarotbereich jenseits von etwa 1 µm beobachtbar sein.

Großräumige Regionen mit hoher Sternentstehungsrate sind im Milchstraßensystem u. a. eine Folge der differentiellen Rotation. Wenn interstellare Wolken aus einem Zwischenarmgebiet kommen, prallen sie auf die sich in einem Spiralarm befindende, langsamer umlaufende interstellare Materie (→ Milchstraßensystem). Der Aufprall erfolgt im Wesentlichen mit Überschallgeschwindigkeit, wodurch in einem räumlich langgestreckten Bereich eine Stoßfront mit einem hohen Dichte- und Temperaturanstieg entsteht. Infolge des starken Druckanstiegs können in begrenzten Teilbereichen der Front Gebiete sehr hoher Dichte entstehen und gravitativ instabil werden, was zu einer großräumigen S. führt. Massereiche O- und frühe B-Sterne haben eine Existenzzeit von nur wenigen Millionen Jahren, so dass sie sich nicht sehr viel weiter als etwa 100 pc vom Entstehungsort entfernt haben. Sie markieren die Spiralarme als Gebiete erhöhter S. Stoßfronten können auch durch eine Supernova ausgelöst werden, die in einer interstellaren Wolke oder in ihrer Nähe explodiert, da die bei der Explosion abgestoßenen Gasmassen mit sehr hohen Geschwindigkeiten auf die umgebene interstellare Materie prallen (→ Supernova). Infolge der inhomogenen Dichteverteilung in ihr entstehen filamentartige Strukturen, die in einzelne z. T. gravitativ instabile Dichtekonzentrationen zerfallen, was eine S. im Bereich der Supernova bewirkt. Befinden sich unter den neugebildeten Sternen sehr massereiche, können diese ihrerseits als Supernova explodieren, wodurch in einem großen Molekülwolkenkomplex eine Art Kettenreaktion der S. induziert wird.

Sehr junge Sterne sind vielfach mit bipolaren eng gebündelten Masseströmungen in Richtung der Rotationsachse der die Sterne umgebenden Akkretionsscheibe verbunden. Der von jungen Sternen ausgehende → Sternwind wird in seiner Ausbreitung infolge der Massekonzentration in der Scheibenebene extrem behindert, senkrecht dazu kaum. Die Wechselwirkung der durch magneto-hydrodynamische Prozesse beschleunigten und gebündelten Materie (→ bipolarer Nebel) mit der umgebenden interstellaren Materie verursacht u. a. → Herbig-Haro-Objekte.

Die von Protosternen ausgehende Strahlung wird in alle Richtungen emittiert. Die in der Akkretionsscheibe eingebetteten Staubteilchen absorbieren Strahlung und emittieren die aufgenommene Energie im infraroten Spektralbereich. Infolge der Konzentration der Teilchen in der Scheibenebene ist die Infrarotstrahlung im Bereich der Ebene relativ intensiv, die von den Sternen emittierte sichtbare Strahlung hingegen infolge der hohen Extinktion in der Scheibe stark reduziert. Es hängt daher von der Ausrichtung der Scheibe zur Sichtlinie ab, ob ein junger Stern nur als Infrarotquelle oder auch im sichtbaren Spektralbereich nachweisbar ist.

Ungeklärt ist, ob und wie → Globulen mit der S. in Verbindung stehen. Bei einigen konnten durch Beobachtungen im Submillimeterbereich im Zentralgebiet dichte kühle Massenkonzentrationen nachgewiesen werden, die möglicherweise kollabieren. Ihre Entwicklung ist anscheinend noch nicht so weit fortgeschritten, dass sie als kompakte Infrarotquellen in Erscheinung treten.

Sternentstehungsrate. Aussagen über die Zahl der im Mittel pro Zeiteinheit im Milchstraßensystem entstehenden Sterne sind kaum möglich. Die Bildungsraten in einem bestimmten Raumgebiet hängen von den lokalen Bedingungen in der interstellaren Materie des Gebiets ab, vor allem von der Dichteverteilung und den großräumigen Bewegungsverhältnissen, die im Detail nicht bekannt sind. Grobe Abschätzungen legen nahe, dass gegenwärtig im Milchstraßensystem jährlich etwa 1 bis 5 Sonnenmassen interstellare Materie in stellare verwandelt werden.

In der Frühphase des Milchstraßensystems war die Sternentstehungsrate wesentlich höher als gegenwärtig. Sie verlief in vielen Einzelheiten anders. Die Häufigkeit schwerer Elemente, und damit die Effektivität der Kühlprozesse, war sehr viel geringer als gegenwärtig, da Wasserstoff als häufigstes Element sehr wenig zur Kühlung beiträgt und die wesentlich aus schweren Elementen bestehenden interstellaren Staubteilchen fehlten. Es konnten dadurch nur massereiche Wolkenkomplexe gravitativ instabil werden und nur sehr massereiche Sterne entstehen, die sich sehr rasch entwickelten und als Supernova explodierten. Bei der Explosion gelangten die während der Entwicklung der Sterne sowie bei der Explosion gebildeten schweren Elemente in das bei der S. nicht verbrauchte interstellare Gas (→ Supernova), wodurch mit jeder späteren Sterngeneration die Kühlung effektiver wurde und zunehmend massearmere Sterne entstanden. Mit der Verringerung der verfügbaren interstellaren Materie nahm die Sternentstehungsrate ab. Eine quantitative Abschätzung über die zeitliche Änderung, speziell in unterschiedlichen Bereichen des Milchstraßensystems, ist gegenwärtig nicht möglich.

Sternentwicklung, die irreversible zeitliche Änderung des inneren Aufbaus eines Sterns, sein Altern.

Sterne sind leuchtende Gaskugeln, deren innere Struktur sich im Allg. nur in Zeiträumen von Millionen, z. T. Milliarden von Jahren wesentlich ändert. Die Änderungen sind von der Sternmasse und der chemischen Zusammensetzung der Sternmaterie abhängig. Durch die innere Struktur sind die globalen beobachtbaren Zustandsgrößen eines Sterns wie Leuchtkraft, Radius und effektive Temperatur (→ Sternaufbau) eindeutig festgelegt. Der momentane innere Aufbau ist darüber hinaus wesentlich durch die im Sterninnern freigesetzte Energie bestimmt. Die verfügbaren Energien sind Kernenergie, potentielle Energie (d.h. Gravitationsenergie) sowie Wärmeenergie. Der Vorrat an Kernenergie ist der höchste pro Masseeinheit und deckt die Energieausstrahlung eines Sterns am längsten. Kernenergie wird bei Reaktionen frei, bei denen aus leichteren Atomkernen schwerere aufgebaut werden. Infolge der Kernprozesse ergibt sich zwangsläufig eine Änderung der chemischen Zusammensetzung der Sternmaterie (→ Energiefreisetzung in Sternen) und damit des Sternaufbaus. Die Kernreaktionen erfolgen im tiefen Sterninnern, der Beobachtung ist aber nur die äußerste Schicht eines Sterns, die → Sternatmosphäre, zugänglich. Im Allg. gelangen die Reaktionsprodukte nicht in die Atmosphäre, die Änderungen der Materiezusammensetzung sind daher nicht unmittelbar aus Beobachtungen bestimmbar. Infolge der Strukturänderung ergibt sich auch eine Änderung der globalen Zustandsgrößen, im Prinzip könnte die S. daher mit Hilfe deren Beobachtungen ermittelt werden. Die Langsamkeit des Alterungsprozesses überträgt sich auf die der Zustandsgrößen, deren Veränderungen in überblickbaren Zeiträumen so gering sind, dass die S. doch nicht messend verfolgt werden kann. Sie ist nur auf Grund theoretischer Überlegungen und Rechnungen zu ermitteln.

Die bei physisch veränderlichen Sternen (→ Veränderliche) beobachteten Leuchtkraftvariationen gehen im Allg. nicht auf Alterungseffekte zurück, sondern werden durch mehr oder minder periodische Schwingungen um einen Gleichgewichtszustand des Sterninnern verursacht, der sich wie die innere Struktur nichtveränderlicher Sterne nur außerordentlich langsam ändert. Eine Ausnahme bilden Supernovae, in denen radikale Strukturänderungen innerhalb kürzester Zeit stattfinden (→ Supernova).

Zur theoretischen Verfolgung der Entwicklung eines Sterns ist dessen innerer Aufbau für viele aufeinanderfolgende Zeitpunkte zu berechnen, was die wiederholte Lösung eines sehr umfangreichen Gleichungssystems erfordert (→ Sternaufbau). Eine Lösung setzt die Kenntnis der Sternmasse sowie der chemischen Zusammensetzung an jeder Stelle des Sterninnern voraus. Bei der Entstehung eines Sterns ist die Zusammensetzung für den gesamten Stern homogen und gleich der mittleren Zusammensetzung der interstellaren Materie, aus der er entstand. Die Änderung der Zusammensetzung setzt mit den ersten Kernreaktionen ein. Dieser Zeitpunkt markiert den Beginn der S. im engeren Sinn, er wird im Allg. als Nullpunkt für Altersangaben gewählt. Eine Lösung der Aufbaugleichungen (d.h. ein Sternmodell) beschreibt außer dem Temperatur-, Dichte- und Druckverlauf im Sterninnern auch, wo und in welcher Stärke die Kernprozesse ablaufen, damit mit welcher Geschwindigkeit sich an jeder Stelle die Zusammensetzung der Sternmaterie ändert. Für einen wenig späteren Zeitpunkt kann damit die Zusammensetzung bestimmt und da sich die Sternmasse nicht ändert, das Modell des Sterns für diesen Zeitpunkt berechnet werden. Dieses dient seinerseits als Ausgangsmodell für einen weiteren Zeitschritt. Da ein Modell auch die Werte für Leuchtkraft und Effektivtemperatur angibt, spiegelt sich die zeitliche Modellfolge für ein und denselben Stern in der Änderung dieser Größen wider. Der Bildpunkt eines Sternmodells für einen bestimmten Zeitpunkt kann in ein → Hertzsprung-Russell-Diagramm (HRD) in der gleichen Weise eingetragen werden wie der eines realen Sterns. Bei theoretischen Untersuchungen wird im HRD im Allg. als Abszisse die nach links steigende Effektivtemperatur statt des Spektraltyps gewählt. Die Bildpunkte des Modellsterns in seiner zeitlichen Entwicklung ergeben im HRD einen *Entwicklungsweg*.

Verbindet ein berechneter Entwicklungsweg zwei durch Beobachtungen bestimmte Bildpunkte, können diese reale Sterne repräsentieren, die den gleichen Anfangszustand hatten, sich zum Beobachtungszeitpunkt aber in unterschiedlichen Entwicklungszuständen be-

Sternentwicklung

finden. Die Sterne wären zu unterschiedlichen Zeiten entstanden, ihr Altersunterschied kann mittels Entwicklungsrechnungen bestimmt werden. Ein Ziel der Theorie der S. ist, Bildpunkte von Sternen möglichst in einen bestimmten Entwicklungsweg einzuordnen. Da es im HRD Stellen gibt, die von mehreren Entwicklungswegen berührt werden, ist eine derartige Einordnung nicht immer zwingend.

Die verschieden Kernprozesse, die im Allg. als „Brennen" bezeichnet werden, setzen für ihren Ablauf unterschiedliche Temperaturen voraus (→ Energiefreisetzung in Sternen). Das Wasserstoffbrennen, bei dem Wasserstoff in Helium umgewandelt wird, erfordert die niedrigsten Temperaturen, höhere Temperaturen das Heliumbrennen, bei dem Kohlenstoff sowie Sauerstoff entstehen, und noch höhere Temperaturen das Kohlenstoff- und Sauerstoffbrennen sowie die Umwandlungsprozesse noch schwererer Elemente. Infolge des Temperaturanstiegs im Sterninnern zum Zentrum hin sowie der hohen Temperaturabhängigkeit der Kernprozesse sind diese vorwiegend im Zentralgebiet des Sterns konzentriert. Ist dort das Ausgangselement eines Kernprozesses verbraucht, kann dieser in einer das „ausgebrannte" Zentralgebiet umgebenden Kugelschale ablaufen, falls in ihr der „Brennstoff" noch vorhanden und die Temperatur hoch genug ist. Die im Sterninnern gebildeten Elemente verbleiben am Entstehungsort, falls sich dieser in einem Gebiet befindet, in dem der Energietransport durch Strahlung erfolgt. In Regionen, in denen die Energie durch Konvektion nach außen transportiert wird (→ Sternaufbau), findet eine großräumige Durchmischung statt. Brennstoff kann dadurch aus entfernteren Schalen herantransportiert und die entstandenen Elemente in diese gebracht werden.

Bei schnell rotierenden Sternen, in denen großräumige Strömungssysteme auftreten, ergibt sich ebenfalls eine Durchmischung, doch ist dort Wirkung im Allg. gering, da die Strömungen sehr langsam verlaufen und normalerweise keine Gebiete stark unterschiedlicher Zusammensetzung erfassen (→ Sternaufbau).

Die Zusammensetzung der Sternmaterie beim Einsetzen der Kernprozesse, vor allem die Häufigkeit der Elemente schwerer als Helium, hängt vom Zeitpunkt des Entstehens eines Sterns ab. Die ersten im Milchstraßensystem entstandenen Sterne hatten einen deutlich geringeren Anteil an schweren Elementen als die Sterne einer späteren Sterngeneration und diese einen geringeren Anteil als die gegenwärtig entstehenden, was auf die im Laufe der Zeit immer stärkere Anreicherung der im Milchstraßensystem verbleibenden interstellaren Materie mit schweren Elementen zurückgeht (→ Sternentstehung). Die Zusammensetzungsunterschiede zum Zeitpunkt Null beeinflussen zwar die Entwicklung eines Sterns in bestimmten Details, ihr Einfluss ist aber wesentlich geringer als der der Unterschiede in der Masse.

Zeitskalen der Sternentwicklung. Entwicklungsbedingte Strukturänderungen finden in einem Stern mit unterschiedlichen Geschwindigkeiten statt, die im Wesentlichen davon abhängen, aus welcher Energiequelle ein Stern den augenblicklichen Energiebedarf für die Ausstrahlung deckt. Zu Beginn der Entwicklung steht einem Stern ein sehr großes Reservoir an Kernenergie sowie Gravitationsenergie zur Verfügung. Der typische Zeitraum zwischen dem Beginn eines bestimmten Kernprozesses und dem Erschöpfen des entsprechenden Brennstoffvorrats für den Prozess wird als *nukleare Zeitskala* des Prozesses bezeichnet. Für einen bestimmten Stern hängt deren Dauer einerseits von der zur Verfügung stehenden Brennstoffmenge (damit von der Sternmasse) ab, andererseits bestimmt die Leuchtkraft die Schnelligkeit des Brennstoffverbrauchs. Das zentrale Wasserstoffbrennen, das für Hauptreihensterne charakteristisch ist (→ Sternaufbau), hat die längste nukleare Zeitskala, u. a. da Wasserstoff das häufigste Element ist. Die Leuchtkraft der Hauptreihensterne steigt mit etwa der 3,5ten Potenz der Masse (→ Masse-Leuchtkraft-Beziehung), die nukleare Zeitskala für das zentrale Wasserstoffbrennen ist daher ganz grob umgekehrt proportional dem Quadrat der Sternmasse. Für einen Stern mit 1 Sonnenmasse beträgt sie rund 10 Mrd. Jahre, für einen 10-Sonnenmassen-Stern reichlich 100 Mio. Jahre. Die nukleare Zeitskala für das zentrale Heliumbrennen ist wesentlich kürzer als die des zentralen Wasserstoffbrennens, da die verfügbare Heliummenge geringer ist und beim Heliumbrennen pro Gramm „Brennstoff" nur etwa ein Zehntel der Energie freigesetzt wird. Die spezifische Energiefreisetzung ist bei allen nachfolgenden Kernprozessen geringer als die bei den vorausgehenden (→ Energiefreisetzung in Sternen), die entsprechenden nuklearen Zeitskalen sind immer kürzer. Grundsätzlich ist die Länge einer bestimmten nuklearen Zeitskala für massereiche Sterne kürzer als für massearme.

Nukleare Zeitskalen in Abhängigkeit von der Sternmasse

$\mathfrak{M}/\mathfrak{M}_\odot$	Wasserstoffbrennen (10^6 Jahre)	Heliumbrennen (10^6 Jahre)
0,8	24 339	
1,0	9 514	
1,5	2 591	
2,0	1 057	
3,0	325	83
4,0	145	29
5,0	82	13
7,0	37	4,6
9,0	22	2,4
15	10	1,0
20	7	0,8
25	6	0,7
40		

Anfangszusammensetzung: 62% Wasserstoff, 34% Helium, 4% schwerere Elemente; $\mathfrak{M}/\mathfrak{M}_\odot$: Sternmasse in Einheit der Sonnenmasse; das Heliumbrennen findet bei massearmen Sternen nicht statt

Ist ein Kernbrennstoff im Sternzentrum erschöpft, können die anschließenden Kernreaktionen erst beginnen, wenn die Temperatur genügend hoch (die „Zündtemperatur" erreicht) ist. Die Temperaturerhöhung eines Sterns aus vollständig ionisierter und sich wie ein ideales Gas verhaltender Materie ist nur durch Kontraktion des gesamten Sterns oder eines Teils von ihm möglich. Dabei wird Gravitationsenergie in Wärmeenergie überführt. Ein Stern befindet sich bei der Kontraktion nicht im exakten hydrostatischen Gleichgewicht (er würde sonst nicht kontrahieren), die Abweichungen vom Gleichgewicht sind aber so gering, dass er sehr langsam eine Folge von Quasi-Gleichgewichtszuständen durchläuft. Bei einem idealen Gas geht von der freigesetzten Gravitationsenergie die Hälfte in thermische Energie über, die andere Hälfte steht für die Ausstrahlung zur Verfügung. Die *Kontraktionszeitskala (thermische Zeitskala, Kelvin-Helmholtz-Zeitskala)* [benannt nach dem brit. Physiker Lord Kelvin, 1824–1907, und dem dtsch. Physiker H. L. von Helmholtz, 1821–1894] gibt den Zeitraum an, in dem sich der Vorrat an potentieller bzw. Wärmeenergie wesentlich ändert. Zur Abschätzung wird der Vorrat mit der je Sekunde ausgestrahlten Energie verglichen. Die Kelvin-Helmholtz-Zeitskala ist wesentlich kürzer als die Zeitskala für das zentrale Wasserstoffbrennen, sie ist für massereiche Sterne kürzer als für massearme. Für einen Stern von 1 Sonnenmasse liegt die Kontraktionszeitskala bei etwa 30 Mio. Jahren, für einen 10-Sonnenmassen-Stern bei rund 100 000 Jahren.

Die Länge einer Zeitskala lässt ganz grob auf die Wahrscheinlichkeit schließen, mit der Sterne im entsprechenden Entwicklungszustand beobachtbar sind. Je länger eine Zeitskala ist, umso größer ist unter sonst gleichen Bedingungen die Beobachtungswahrscheinlichkeit. Die große beobachtete Häufigkeit von Hauptreihensternen je Raumeinheit im Milchstraßensystem, speziell der der massearmen Sterne, ist, abgesehen von deren höherer Entstehungswahrscheinlichkeit, eine Folge der langen Zeitskala für das zentrale Wasserstoffbrennen, das bei massearmen Sternen besonders lang anhält. Riesensterne, in denen das zentrale Heliumbrennen stattfindet, werden infolge der kürzeren nuklearen Zeitskala entsprechend seltener beobachtet. Sterne in Entwicklungsphasen nach dem Heliumbrennen sind, abgesehen von den Sternen, die sich in einem der Endzustände der S. befinden, kaum beobachtbar, was auch für Sterne in Entwicklungsphasen, für die die Kontraktionszeitskala maßgebend ist, gilt.

Für die nicht entwicklungsbedingten Leuchtkraftvariationen der physischen Veränderlichen ist im Wesentlichen die *hydrostatische Zeitskala* maßgebend. Sie gibt den Zeitraum an, den ein Stern benötigt, um nach einer kleinen Störung des hydrostatischen Gleichgewichts wieder in dieses zurückzukehren, er ist etwa gleich der Periode pulsierender Sterne. Die Größenordnung der Zeitskala entspricht etwa dem Zeitraum, den eine Schallwelle zum einmaligen Durchqueren des Sterns benötigt, und ist demzufolge vom Sternradius und der lokalen Schallgeschwindigkeit im Sterninnern abhängig. Diese sinkt mit abnehmender Temperatur und damit mit zunehmendem Abstand vom Sternzentrum. Die hydrostatische Zeitskala wird dementsprechend entscheidend von den ausgedehnten Sternaußenschichten bestimmt und ist etwa umgekehrt proportional der Wurzel aus der mittleren Dichte des Sterns. Bei Roten Riesensternen, die eine geringe mittlere Dichte haben, beläuft sie sich auf etwa 1 bis 100 Tage, bei der Sonne auf etwa 1/4 Stunde, bei Weißen Zwergen auf Sekunden.

Vergleich von Theorie und Beobachtung. Es ist schwierig, die Ergebnisse von Entwicklungsrechnungen mittels Beobachtungen zu überprüfen, die Beobachtungsdaten allein erlauben keine direkten Schlüsse auf den Entwicklungszustand eines Sterns. Es werden umgekehrt die Beobachtungen mit Hilfe der theoretischen Ergebnisse interpretiert. Dazu sind u. a. Sternhaufen sehr geeignet. Die Mitglieder eines Haufens sind nahezu gleichzeitig aus der gleichen interstellaren Wolke hervorgegangen (→ Sternentstehung) und hatten dementsprechend bei der Entstehung gleiche chemische Zusammensetzung. Sie haben alle das gleiche, wenn auch unbekannte Alter, nur ihre Masse war zum Zeitpunkt Null unterschiedlich. Die aus Entwicklungsrechnungen abgeleiteten globalen Zustandsgrößen einer Gruppe von Modellsternen mit gleicher chemischer Anfangszusammensetzung, aber unterschiedlichen Anfangsmassen, müssen demzufolge für einen bestimmten Zeitpunkt mit den beobachteten Eigenschaften eines realen Sternhaufens übereinstimmen. Um dies zu verifizieren, werden die Bildpunkte einer derartigen Gruppe von Modellsternen in ein HRD eingetragen und untersucht, ob damit die HRD beobachteter Sternhaufen erklärt werden können.

Eine andere Prüfmöglichkeit bieten Doppelsterne. Deren Komponenten sind gleichzeitig entstanden, hatten die gleiche ursprüngliche chemische Zusammensetzung und unterschieden sich höchstens in ihrer Masse. Bei realen → Doppelsternen lassen sich die Massen auf Grund der Bewegungen der Komponenten um den gemeinsamen Schwerpunkt bestimmen. Bei der Prüfung der Theorie werden die durch die Entwicklung bedingten Eigenschaften von Modelldoppelsternen mit denen beobachteter Doppelsterne verglichen, wobei unter Umständen der Massenaustausch zwischen den beiden Komponenten zu berücksichtigen ist. Ein gesicherter quantitativer Test ist wegen der sich z. T. ergebenden Schwierigkeiten nur schwer möglich.

Ergebnisse von Entwicklungsrechnungen. Die sich in unterschiedlichen Entwicklungsphasen befindenden Sterne haben eine im Wesentlichen von der Sternmasse zum Zeitpunkt Null abhängige Struktur. Im Folgenden sind an einigen exemplarischen Beispielen diese Strukturen beschrieben, und zwar für die Entwicklungsphase kurz vor dem Hauptreihenzustand sowie während des zentralen Wasserstoff- und Heliumbrennens. Diese Strukturen sind auf Grund zahlreicher Modellrechnungen relativ sicher bekannt.

Entwicklung vor dem Hauptreihenzustand. Sterne entstehen infolge der Kontraktion einer interstellaren Molekülwolke oder eines Teils einer Wolke (→ Sternentstehung). Während der letzten Phase der Kontraktion vor dem Einsetzen des zentralen Wasserstoffbrennens, d. h. als Protostern, ist der künftige Stern noch ausgedehnt und kühl, im HRD befindet sich der Bildpunkt rechts der Hauptreihe und bewegt sich längs einer Linie mit nahezu konstanter Leuchtkraft auf die Hauptreihe zu. Beim Beginn des Wasserstoffbrennens befindet er sich auf der Alter-Null-Hauptreihe, der linken Begrenzung des Hauptreihenbandes. Für die letzte Phase der Kontraktion ist die von der Sternmasse abhängige Kelvin-Helmholtz-Zeitskala maßgebend, de-

Sternentwicklung

ren Dauer durch die Sternmasse bestimmt wird. Im HRD einiger sehr junger Sternhaufen liegen entsprechend die Bildpunkte der massereichen, damit schnell kontrahierenden Sterne bereits auf der Hauptreihe, während die der massearmen Sterne des Haufens sich noch rechts der Hauptreihe befinden.

Zentrales Wasserstoff- und Heliumbrennen bei massereichen Sternen. Als massereiche Sterne werden in den folgenden Betrachtungen Sterne mit einer größeren Masse als etwa dem Zwei- bis Dreifachen der Sonnenmasse bezeichnet. Als Beispiel einer berechneten Entwicklung eines massereichen Sterns dient ein 7-Sonnenmassen-Stern mit der anfänglichen Zusammensetzung von 60,2% Wasserstoff, 35,4% Helium und 4,4% schwere Elemente. Mit Beginn des zentralen Wasserstoffbrennens liegt der Bildpunkt des Sterns im HRD auf der Alter-Null-Hauptreihe (Abb. 1, Punkt A). Der Radius beträgt 3,4 Sonnenradien, die Leuchtkraft 2 100 Sonnenleuchtkräfte und die effektive Temperatur etwa 26 900 K, der Spektraltyp ist B0. Für das Wasserstoffbrennen ist der Kohlenstoff-Stickstoff-Sauerstoff-Zyklus maßgebend (→ Energiefreisetzung in Sternen), der in der unmittelbaren Umgebung des Sternzentrums abläuft, in dem eine Temperatur von etwa 29 Mio. K und eine Dichte von etwa 11 g/cm^3 herrschen. In einem rund 25% der Gesamtmasse des Sterns enthaltenden zentralen Gebiet wird die Energie durch Konvektion transportiert und das gebildete Helium in ihm verteilt. Außerhalb der Konvektionsregion erfolgt der Energietransport durch Strahlung. Darstellung der inneren Struktur des Sterns zu diesem Zeitpunkt → Sternaufbau, Abb. 1.

Infolge des Wasserstoffbrennens sinkt die relative Wasserstoffhäufigkeit im Sternzentrum, der durch Konvektion erfaßte Bereich nimmt ab (Abb. 2). Die Auswirkungen der allmählichen Verknappung des Wasserstoffs auf den energiefreisetzenden Prozess werden durch eine geringe Kontraktion des Zentralgebiets kompensiert, wodurch die Temperatur erhöht wird und die Kernprozesse etwas verstärkt ablaufen, während die Außenbereiche etwas expandieren. Dabei erhöht sich die Leuchtkraft geringfügig, der Bildpunkt verschiebt sich im HRD ein wenig nach oben (Abb. 1, von A bis C), verbleibt aber im Bereich des Hauptreihenbandes. Nach etwa 26 Mio. Jahren ist der Wasserstoffvorrat im Zentrum vollständig verbraucht (Abb. 1, Punkt C). Der Stern besteht dann aus einem zentralen Heliumgebiet, einem Bereich mit nach außen hin zunehmender relativer Wasserstoffhäufigkeit und einer äußeren Hülle, in der noch die ursprüngliche Zusammensetzung herrscht. Der Radius ist auf 5,3 Sonnenradien angewachsen. Das Wasserstoffbrennen erfolgt von nun an in einer den Heliumbereich umschließenden Kugelschale. Das Heliumbrennen setzt erst ein, nachdem infolge der Kontraktion des zentralen Heliumgebiets die Temperatur in ihm auf etwa 100 Mio. K gestiegen ist. Während der Kontraktion dehnt sich die äußere Hülle stark aus, der Stern wird zu einem Riesenstern mit einem Radius von etwa 100 Sonnenradien. Der Radiusanstieg ist mit einem Abfall der Effektivtemperatur verbunden, die Leuchtkraft bleibt dadurch nahezu unverändert. Im HRD bewegt sich der Bildpunkt weit nach rechts in das Gebiet der Roten Riesen (Abb. 1, von C nach D). Für die durch die zentrale Kontraktion bestimmte Entwicklungsphase ist die Kelvin-Helmholtz-Zeitskala maßgebend, die nur etwa 500 000 Jahre umfasst.

Während dieser kurzen Zeit durchquert der Entwicklungsweg im HRD das gesamte Gebiet vom linken oberen Teil der Hauptreihe bis zum rechts liegenden Bereich der Roten Riesen. Die Entdeckungswahrscheinlichkeit für Sterne während dieser Entwicklung ist gering, die Bildpunkte befinden sich in der Hertzsprung-Lücke (→ Hertzsprung-Russell-Diagramm, Abb. 1 und 3). Mit Beginn des Heliumbrennens 26,6 Mio. Jahre nach dem Beginn des Wasserstoffbrennens enden die zentrale Kontraktion und die Hüllenexpansion (Abb. 1, Punkt E). Der Sternradius ist auf 137 Sonnenradien, die Zentraldichte auf rund 6 000 g/cm^3 angewachsen und die Effektivtemperatur auf etwa 3 500 K abgesunken. Die Sternaußenschichten sind infolge der Abkühlung für Strahlung undurchlässiger, der Energietransport durch Strahlung dadurch ineffektiv geworden; es setzt Konvektion ein (→ Sternaufbau). Die äußere Konvektionszone reicht tief in das Sterninnere hinein, sie umfasst fast 70% der gesamten Sternmasse, jedoch nicht die Regionen, die mit dem beim Wasserstoffbrennen gebildeten Helium angereichert sind. Die folgenden Strukturänderungen des Sterns laufen mit einer Geschwindigkeit gemäß der nuklearen Zeitskala für das Heliumbrennen ab. Dieses deckt nicht die gesamte Leuchtkraft des Sterns. In einer etwas weiter außen liegenden Kugelschale findet noch das Wasserstoffbrennen statt, das lange Zeit mehr als die Hälfte zur ausgestrahlten Energie beiträgt.

Während des zentralen Heliumbrennens durchläuft der Bildpunkt im Gebiet der Roten Riesen eine Schleife (Abb. 1, von E über F nach G). Der Entwicklungsweg kreuzt dabei den schmalen, fast senkrechten Streifen, in dem die Bildpunkte der Pulsationsveränderlichen vom Typ Delta Cephei liegen. Der Modellstern ist in diesen Entwicklungsphasen gleichfalls schwingungsinstabil, die Pulsationsperioden liegen zwischen etwa 8 und 20 Tagen. Der Modellstern entspricht damit genau einem → Delta-Cephei-Stern.

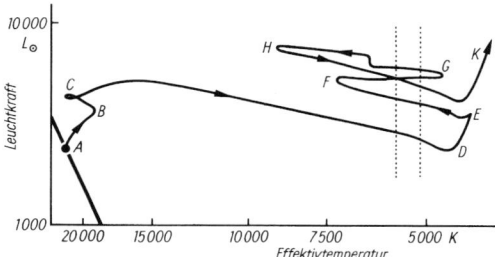

Abb. 1: Entwicklungsweg eines Sterns von 7 Sonnenmassen im Hertzsprung-Russell-Diagramm. Stark ausgezogene Linie: Alter-Null-Hauptreihe. Streifen zwischen den punktierten Linien: Bereich der Pulsationsinstabilität. $L_\odot$: Leuchtkraft der Sonne. Zur Bedeutung der Buchstaben siehe Text. (Nach E. Hofmeister, R. Kippenhahn und A. Weigert)

Sternentwicklung

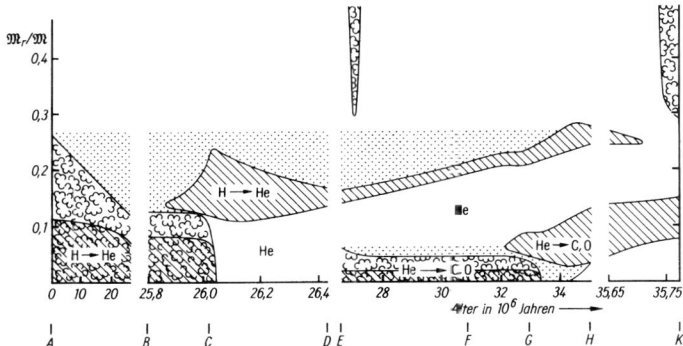

Abb. 2: Zeitliche Änderung des inneren Aufbaus eines Sterns von 7 Sonnenmassen. $\mathfrak{M}_r/\mathfrak{M}$: in einer konzentrischen Kugel mit dem Radius r enthaltene Masse bezogen auf die Gesamtsternmasse; schraffiert: Gebiete mit einer nuklearen Energiefreisetzung größer als $0{,}1\ J\ kg^{-1}\ s^{-1}$; H → He: Wasserstoffbrennen; He → C,O: Heliumbrennen. „Wolkig" markiert: Gebiete mit Konvektion, punktiert: Gebiete mit nach innen abnehmendem Wasserstoff- bzw. Heliumgehalt. Die Buchstaben entsprechen denen in Abb. 1, siehe Text. (Nach E. Hofmeister, R. Kippenhahn und A. Weigert)

Rund 7 Mio. Jahre nach dem Einsetzen des Heliumbrennens ist der Heliumvorrat im Zentralgebiet erschöpft. Es erlischt dort, findet aber noch in einer Schale um den mehrheitlich aus Sauerstoff und etwas Kohlenstoff bestehenden Zentralbereich statt (→ Energiefreisetzung in Sternen). Über einem Heliumzwischenbereich befindet sich eine noch Wasserstoff enthaltende Schale, in der das Wasserstoffbrennen stattfindet, der Stern besitzt damit zwei „Schalenquellen" (Abb. 2). Die Zentraltemperatur liegt bei etwa 175 Mio. K, die Zentraldichte bei knapp $50\,000\ g/cm^3$. Zur inneren Struktur des Sterns zu diesem Zeitpunkt → Sternaufbau, Abb. 3. Das ausgebrannte Zentralgebiet kontrahiert, während die äußere Hülle des Sterns stark und schnell expandiert, der Bildpunkt wandert im HRD auf dem sog. asymptotischen Riesenast steil nach oben.

Zentrales Wasserstoff- und Heliumbrennen bei massearmen Sternen. Als massearm werden im Folgenden Sterne mit weniger als 2,3 Sonnenmassen bezeichnet. Als Beispiel für die berechneten entwicklungsbedingten Strukturänderungen eines massearmen Sterns wird die eines Sterns von 1,3 Sonnenmassen beschrieben. Die Anfangszusammensetzung bestand zu 90% aus Wasserstoff, 9,9% Helium und 0,1% schweren Elementen, die zum Zeitpunkt der Modellrechnungen als typisch für die mittlere Zusammensetzung der interstellaren Materie des Milchstraßensystems zur Zeit der Entstehung der Kugelsternhaufen angesehen wurde. Die gegenwärtige Zusammensetzung wird geringfügig anders angenommen, die berechneten wesentlichen Entwicklungsphasen eines Sterns von 1,3 Sonnenmassen dürften dennoch die der massearmen Sterne richtig beschreiben, da die Phasen nicht zu sehr von der Anfangszusammensetzung abhängen. Bei Beginn des Wasserstoffbrennens beträgt die Leuchtkraft des Modellsterns etwa 1,91 Sonnenleuchtkräfte, der Radius 1,02 Sonnenradien, die Effektivtemperatur 6760 K und der Spektraltyp F0, die Zentraltemperatur beläuft sich auf 14,8 Mio. K und die Zentraldichte auf etwa $100\ g/cm^3$. Das Wasserstoffbrennen geschieht über die Proton-Proton-Reaktion (→ Energiefreisetzung in Sternen).

Zum Zeitpunkt Null herrscht in einem kleinen, rund 4% der Gesamtmasse umfassenden Zentralgebiet Konvektion. Der Wasserstoffvorrat in dem Gebiet wird langsam von innen nach außen geringer, nach ungefähr 6,5 Mrd. Jahren ist er im Zentrum erschöpft. Die Konvektion im Zentralgebiet ist lange, bevor der Wasserstoffvorrat verbraucht ist, beendet. Der Energietransport erfolgt dann durch Strahlung, wodurch das neu gebildete Helium im Wesentlichen am Ort des Entstehens bleibt. Nach dem vollständigen Verbrauch des Wasserstoffs im Zentrum findet das Wasserstoffbrennen nur noch in einer das zentrale Heliumgebiet umschließenden Kugelschale statt, während das zentrale Heliumgebiet langsam zu kontrahieren beginnt. Die die Schalenquelle umgebenden äußeren Sternschichten expandieren. Im HRD wendet sich der Entwicklungsweg des Modellsterns von der Alter-Null-Hauptreihe etwas nach oben, bleibt aber im Bereich der Hauptreihe. Mit Beginn der zentralen Kontraktion verläuft der Weg etwa längs einer Linie konstanter Leuchtkraft nach rechts, doch wird der Verlauf durch die etwa senkrecht verlaufende Hayashi-Linie (benannt nach dem japan. Astronomen C. Hayashi) gestoppt, die von keinem sich im hydrostatischen Gleichgewicht befindenden Stern überschritten wird (→ Sternaufbau). Der Entwicklungsweg biegt daher nach oben ab und läuft nahezu parallel zur Hayashi-Linie (Abb. 3). Die vom Stern ausgestrahlte Energie stammt aus der wasserstoffbrennenden Schalenquelle, deren Produktivität von der sich stetig erhöhenden Masse des umschlossenen Heliumbereichs abhängt. Die Zunahme der Produktivität erfolgt nach Maßgabe der nuklearen Zeitskala des Wasserstoffbrennens, der Entwicklungsweg wird daher sehr langsam durchlaufen. Der Zustand des Modellsterns gleicht jetzt dem der Roten Unterriesen und Roten Riesen in Kugelsternhaufen, deren Bildpunkte im HRD auf dem steil ansteigenden Riesenast liegen (→ Kugelsternhaufen Abb. 2). Die Nähe der Hayashi-Linie, auf der sich die Bildpunkte vollkommen konvektiver Sterne befinden, macht sich dadurch bemerkbar, dass eine äußere Konvektionszone tief ins Sterninnere hineinreicht.

Die schon während des zentralen Wasserstoffbrennens relativ hohe Zentraldichte erhöht sich bei der Kontraktion des Heliumbereichs und erreicht schließlich etwa 1 Mio. g/cm^3, was zur „Entartung" des von den freien Elektronen gebildeten „Elektronengases" führt (→ Zustandsgleichung). Die Elektronen üben dann einen so hohen Druck aus, dass das hydrostatische Gleichgewicht des Sterns allein durch sie bewirkt wird; die nach wie vor im idealen Gaszustand verbleibenden, das „Kerngas" bildenden Atomkerne tragen praktisch

431

Sternentwicklung

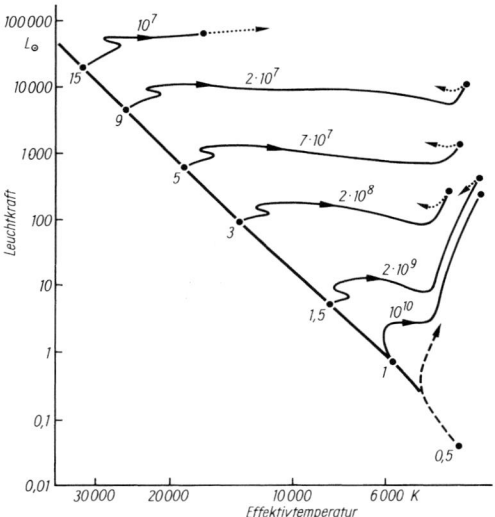

Abb. 3: Entwicklungswege im Hertzsprung-Russell-Diagramm für Sterne unterschiedlicher Masse. Dünne Linien: Entwicklung vom Einsetzen des Wasserstoffbrennens bis zum Einsetzen des Heliumbrennens. Punktiert: Richtung des Entwicklungsweges nach Beginn des zentralen Heliumbrennens. Dicke Linie: Alter-Null-Hauptreihe, an ihr die Sternmassen in Einheiten der Sonnenmasse. Der Entwicklungsweg des 0,5-Sonnenmassen-Sterns ist geschätzt. $L_\odot$: Sonnenleuchtkraft. (Nach I. Iben)

nichts zum Gesamtdruck bei. Das entartete Elektronengas ist ein ausgezeichneter Wärmeleiter, im Kerngas des Heliumbereichs herrscht dadurch eine nahezu konstante Temperatur, die etwa der in der Schalenquelle entspricht (→ Sternaufbau, Abb. 4).

Die „Wasserstoffschalenquelle" verschiebt sich allmählich nach außen, wodurch der zentrale Heliumbereich an Masse gewinnt. Beträgt sie etwa 0,45 Sonnenmassen, erreicht infolge einer Reihe komplizierter Prozesse die Temperatur des Kerngases etwa 100 Mio. K, so dass das Heliumbrennen einsetzt. Infolge der Entartung des Elektronengases führt dies zu einer thermischen Instabilität, zu einem sog. „Heliumflash" [flash, engl., ‚Blitz'] (→ Sternaufbau). Der in einem idealen Gas bei einer Temperaturerhöhung wirkende Selbstregulierungsprozess findet nicht statt, da die beim Flash freiwerdende Energie allein dem Kerngas zugute kommt, wodurch dessen Temperatur und mit ihr die Effektivität des Heliumbrennens erhöht wird, was die Temperaturzunahme weiter beschleunigt. Insgesamt ergibt sich eine gewaltige Überproduktion an Energie, die im tiefen Sterninnern bis zu einer Strahlungsleistung von etwa 100 Mrd. Sonnenleuchtkräften führt. Der Flash ist infolge der außerordentlich schnellen Temperaturerhöhung außerordentlich kurz, die extreme Energiefreisetzung dauert nur Sekunden. Während dieser kurzen Zeit wird die Entartung des Elektronengases aufgehoben (→ Zustandsgleichung), so dass das Elektronengas mit dem Kerngas zusammen wie ein ideales Gas reagiert und der Selbstregulierungsprozess wieder wirkt. Eine Expansion des zentralen Heliumbereichs verbraucht außerordentlich viel Energie, was zu einer drastischen Senkung der Temperatur und zu einer Stabilisierung der Energiefreisetzung führt. Die beim Flash freigesetzte Energie wird nicht sofort nach außen transportiert, sondern im Wesentlichen durch die Expansion der weiter außen liegenden Sternschichten verbraucht. Beim Einsetzen des Flashs befindet sich der Bildpunkt des Modellsterns am höchsten Punkt des Entwicklungsweges und wandert danach wieder rasch nach unten (Abb. 3). Die Berechnung der dem Flash folgenden Entwicklungsphasen massearmer Sterne stößt auf große Schwierigkeiten, die physikalischen Prozesse beim Flash mathematisch zu beschreiben und quantitativ zu erfassen. Trotz der sich ergebenden Unsicherheiten in einigen Details dürfte gesichert sein, dass auf den Heliumflash ein Entwicklungsabschnitt mit normalem ruhigen Heliumbrennen im Zentralgebiet folgt. Der Entwicklungsweg verläuft dabei im Bereich des horizontalen Riesenasts in einer kleinen Schleife erst nach links und dann nach rechts. Der horizontale Riesenast ist durch Bildpunkte im HRD der Kugelsternhaufen markiert (→ Kugelsternhaufen). Die Größe der Schleife ist möglicherweise davon abhängig, ob der Stern bis zum Flash einen starken Massenverlust erleidet. Der Entwicklungsweg durchquert das Gebiet, in dem die Bildpunkte der → RR-Lyrae-Sterne, typische Mitglieder von Kugelsternhaufen, in der Verlängerung des Instabilitätsstreifens der Delta-Cephei-Sterne liegen (Abb. 1).

Am Ende des zentralen Heliumbrennens sind die Verhältnisse im Prinzip ähnlich wie nach dem zentralen Wasserstoffbrennen. Der zentrale Kohlenstoff-Sauerstoff-Bereich kontrahiert bis zur Entartung des Elektronengases und wird isotherm entsprechend der Temperatur der umgebenden heliumbrennenden Schalenquelle, die langsam die darüber liegenden Heliumbereiche erfasst. Zusätzlich existiert noch eine etwas weiter außen sich befindende Wasserstoffschalenquelle. Die darüber lagernden äußeren wasserstoffreichen Sternregionen expandieren. Die Leuchtkraft steigt in dem Maß an, wie sich die Masse des kontrahierenden zentralen Bereichs erhöht. Im HRD läuft der Entwicklungsweg wieder nach rechts hin zur Hayashi-Linie und danach parallel zu ihr nach oben, er markiert den sog. asymptotischen Riesenast (Abb. 3, Sterne mit 1 und 1,5 Sonnenmassen).

Für Sterne mit Massen etwas geringer als 1 Sonnenmasse liegt die Zeitskala für das zentrale Wasserstoffbrennen bei 15 bis 20 Mrd. Jahren und mehr, ist also größer als das Weltalter. Selbst in den ältesten dieser Sterne ist das Wasserstoffbrennen gegenwärtig noch nicht erloschen, die Bildpunkte befinden sich noch immer im Bereich der Hauptreihe. In deren unterstem Teil befinden sich dadurch Bildpunkte von Sternen aller Altersstufen.

Hertzsprung-Russell-Diagramme von Sternhaufen. In den mittels Entwicklungsrechnungen theoretisch bestimmten HRD der Sternhaufen haben die Bildpunkte eine vom Haufenalter abhängige charakteristische Verteilung. Bei Sternhaufen mittleren Alters ist die untere und mittlere Hauptreihe bis zu einer für jeden Haufen charakteristischen Stelle (dem „*Abknickpunkt*") mit Bildpunkten besetzt, oberhalb von ihm ist sie unbesetzt (Abb. 4). In den masseärmeren und den Sternen mittlerer Masse findet demnach das zentrale Wasserstoffbrennen statt, in den massereichen ist es beendet. Direkt am Abknickpunkt befinden sich die Bildpunkte der Sterne, in denen der zentrale Wasserstoffvorrat gerade aufgebraucht ist. Bei beobachteten Sternhaufen kann für die Sterne am Abknickpunkt die Leuchtkraft und mittels der → Masse-Leuchtkraft-Beziehung die Masse bestimmt werden. Für Sterne dieser Masse ist mit Hilfe von Entwicklungsrechnungen die seit dem Einsetzen des Wasserstoffbrennens vergangene Zeit berechenbar und damit kann das Alter des Haufens angegeben werden. Rechts vom Abknickpunkt liegen die Bildpunkte der Sterne, in denen das zentrale Heliumbrennen beginnt und die Kelvin-Helmholtz-Zeitskala maßgebend ist. In den theoretischen HRD fehlen für Haufen mit einem Alter von einigen 10 Mio. Jahren zwischen Abknickpunkt und Roten Riesensternen nahezu alle Bildpunkte, was der Hertzsprung-Lücke bei beobachteten HRD entspricht. Im Bereich der Roten Riesen ist hingegen eine nukleare Zeitskala maßgebend, so dass sich die Bildpunkte häufen. Bei extrem jungen Haufen ist der unterste Teil der Hauptreihe unbesetzt, da sehr massearme Sterne sich noch in der Vor-Hauptreihen-Kontraktionsphase befinden. Für sehr alte Sternhaufen kann das Alter auf Grund des Vergleichs berechneter und aus Beobachtungen gewonnener HRD ermittelt werden, wobei für die Modellsterne eine Anfangszusammensetzung gewählt wird, die etwa der mittleren Zusammensetzung der interstellaren Materie des Milchstraßensystems zur Zeit der Entstehung der Kugelsternhaufen entspricht. In Kugelsternhaufen befinden sich keine sich schnell entwickelnden massereichen Sterne, sondern nur sich langsam entwickelnden massearmen Sterne sowie Riesensterne in einer sehr späten Entwicklungsphase. Das HRD junger Haufen entspricht in der prinzipiellen Struktur den HRD → Offener Sternhaufen, die HRD der alten Haufen denen von → Kugelsternhaufen (→ Offene Sternhaufen Abb. 3).

In den HRD einiger Sternhaufen befinden sich auf der Hauptreihe auch Bildpunkte links vom Abknickpunkt. Die zugehörigen Sterne bilden die „Blauen Nachzügler". Ihre Spektralklasse ist früher, das Strahlungsmaximum gegenüber dem der Sterne am Abknickpunkt etwas zum „blauen Ende" des Spektrums hin verschoben. Nach den Entwicklungsrechnungen wären die Sterne, falls es sich um Einzelsterne mit einer normalen Entwicklung handelt, später als die übrigen Haufenmitglieder entstanden, anderenfalls wäre ihr Vorhandensein nicht erklärbar. Es könnte sich auch um Einzelsterne mit einem Alter gleich dem der anderen Haufenmitglieder handeln, falls ein besonderer, unbekannter Prozess eine starke Durchmischung der Sternmaterie bewirkt. Dem Zentralgebiet würde zusätzlicher „Brennstoff" zugeführt, was eine Verlängerung des zentralen Wasserstoffbrennens verursachen würde. Die Bildpunkte könnten auch zu optisch nicht aufgelösten Doppelsternen gehören, die fälschlicherweise als Einzelsterne angesehen werden. Möglicherweise hat in den Doppelsternen auch ein Massetransport von einer Komponente zur anderen stattgefunden, so dass eine der Komponenten massereicher ist als bei der Entstehung. Die genaue Deutung des Phänomens der Blauen Nachzüglersterne steht noch aus.

Entwicklung nach dem Heliumbrennen. Die Berechnung der auf das Heliumbrennen folgenden Entwicklungsphasen ist wegen vieler auftretender Komplikationen nur beschränkt möglich. Aussagen können nur unter Zuhilfenahme von Vereinfachungen oder durch Überbrückung von Zwischenphasen mit Hilfe allgemeiner Überlegungen gemacht werden. Eine wesentliche Vereinfachung besteht darin, dass nur die Entwicklung des Zentralgebiets eines Sterns betrachtet und auf die Berechnung der Entwicklung des Sterns als Ganzes weitgehend verzichtet wird. In nahezu allen Sternen setzt nach dem zentralen Heliumbrennen in der heliumbrennenden Schalenquelle eine thermische Instabilität ein, die zu thermischen Pulsen führt (→ Sternaufbau). Der Aufbau ändert sich dabei in Zeiträumen von einigen 1 000 bis 10 000 Jahren fast periodisch, was genaue Entwicklungsrechnungen über wesentlich längere Zeiträume außerordentlich erschwert.

Die Entwicklung des Zentralgebiets eines massereichen Sterns vom Wasserstoffbrennen bis nach dem zentralen Heliumbrennen folgt einem einfachen Schema. Nukleares Brennen wechselt zyklisch mit einer Kontraktionsphase ab, in der eine zentrale Aufheizung bis zum Einsetzen des nächsten Brennens erfolgt. Ist dieses im Zen-

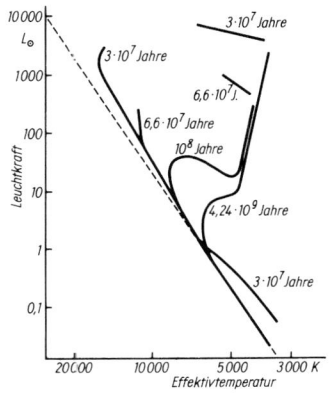
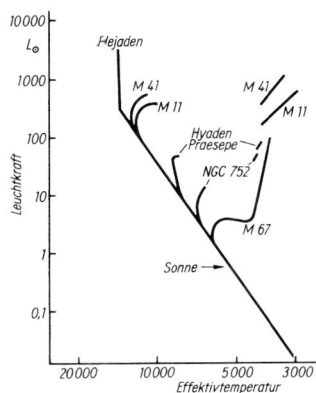

Abb. 4: Links: Schematisches Hertzsprung-Russell-Diagramm eines theoretischen Sternhaufens zu unterschiedlichen Zeitpunkten der Entwicklung; gestrichelt: Alter-Null-Hauptreihe. Rechts: Schematisierte Hertzsprung-Russell-Diagramme realer Sternhaufen. Gezeichnet sind Gebiete, die vornehmlich von Bildpunkten besetzt sind. $L_\odot$: Sonnenleuchtkraft. (Nach R. Kippenhahn und A. Weigert)

Sternentwicklung

trum beendet, setzt es sich im Allg. in einer das Zentralgebiet umgebenden Kugelschale fort. Dabei können z. T. mehrere verschiedene Schalenquellen gleichzeitig existieren, die sich langsam nach außen verschieben. Zwischen den Schalenquellen liegen Regionen, die mit in der unmittelbar darüber liegenden Brennzone entstandenen Elementen angereichert sind. Der Stern hat insgesamt eine Art Zwiebelschalenstruktur. Die Aufeinanderfolge unterschiedlicher Kernprozesse kann, falls nicht wesentlich Neues auftritt, im Prinzip so weit gehen, bis das Zentralgebiet nur aus Eisen besteht. Beim Aufbau noch schwererer Elemente wird keine Energie frei, sondern verbraucht (→ Energiefreisetzung in Sternen).

Die Folge nukleares Brennen – Kontraktion – nächstes Brennen ist nur möglich, wenn durch die Kontraktion die Zündtemperatur des nächsten Brennens erreicht wird. Dies kann nur geschehen, wenn die Sternmaterie sich wie ein ideales Gas verhält, d. h., solange das Elektronengas nicht entartet ist. Je geringer die Masse des Zentralgebiets ist, umso geringer ist die verfügbare Gravitationsenergie und eine umso stärkere Kontraktion ist zum Beginn des nächsten Brennens nötig, umso eher entartet aber aufolge steigender Dichte das Elektronengas. Bei einem Stern mit einer Masse bei der Entstehung von etwa 0,08 Sonnenmassen oder geringer tritt die Entartung bereits vor Beginn des Wasserstoffbrennens ein. Ein derartiger Protostern wird nie ein Stern im strengen Sinn, er wird ein → Brauner Zwerg. Für das Zünden des Heliumbrennens vor der Entartung ist eine Mindestmasse des Zentralgebiets von etwa 0,3 Sonnenmassen nötig, die Gesamtmasse des Sterns muss größer als etwa 2,3 Sonnenmassen sein. Die Grenzmasse von 2,3 Sonnenmassen bei der Unterscheidung zwischen massearmen und massereichen Sternen findet darin ihre Begründung. Das Zünden des Kohlenstoffbrennens in einem nichtentarteten Zentralgebiet ist nur möglich, wenn dessen Masse mindestens etwa 0,9 Sonnenmassen und die Gesamtmasse des Sterns mehr als rund 8 bis 10 Sonnenmassen beträgt. In sehr massereichen Sternen entartet das Elektronengas nie, diese Sterne folgen dem Entwicklungsschema bis zum Endzustand. Aus dieser Folge scheiden Sterne dann aus, wenn der Vorrat an nutzbarer Kernenergie völlig ausgeschöpft ist und kein weiterer Kernprozess mehr möglich ist. Diese Sterne streben einem Endzustand der Entwicklung zu.

Endzustände. Das Ende der Entwicklung ist durch eine hochgradige Kompression mit einer entsprechend hohen Dichte der Sternmaterie charakterisiert. Nach dem Grad der Kompression ergeben sich drei unterschiedliche Endzustände.

Ein Endzustand ist der eines → Weißen Zwergs. In Weißen Zwergen beträgt die mittlere Dichte rund 10^6 g/cm^3, das Elektronengas ist hochgradig entartet. Der Radius Weißer Zwerge liegt in der Größenordnung der Planetenradien, die Masse beträgt höchstens etwa 1,4 Sonnenmassen. Sterne mit einer Anfangsmasse bis zu 8 Sonnenmassen erreichen diesen Zustand und müssen im Laufe ihrer Entwicklung entsprechend viel Masse verlieren. Dabei bewegen sie sich bei gleichbleibender Leuchtkraft rasch quer durchs HRD nach links. Die von derartig massereichen Sternen abgestoßenen Gasmassen manifestieren sich z. T. in Planetarischer Nebel. Nach Ende der letzten Kernprozesse geht der Zentralstern des Nebels bei einer anfangs schnellen, danach langsameren Kontraktion der verbliebenen Sternaußenschichten in den Zustand eines Weißen Zwergs über. Der Entwicklungsweg während dieser Phase überquert die Hauptreihe und führt links und parallel zu ihr in den Bereich der Weißen Zwerge (→ Planetarischer Nebel Abb. 2). Weiße Zwerge decken ihre Ausstrahlung durch die im Kerngas gespeicherte Wärmeenergie.

In Neutronensternen beläuft sich die Dichte auf 10^{12} bis über 10^{15} g/cm^3, die Sternmaterie ist im Wesentlichen ein Neutronengas, der Sternradius liegt in der Größenordnung von 10 km. Wahrscheinlich erreichen Sterne mit einer Anfangsmasse von mehr als etwa 8 Sonnenmassen diesen Endzustand. Er ist die Folge einer Instabilität am Ende der Entwicklung dieser sehr massereichen Sterne, bei der die Zentralregionen kollabieren, während die Sternaußenschichten in einer Supernovaexplosion mit extremen Geschwindigkeiten abgeschleudert werden (→ Supernova). Auch für Neutronensterne gibt es eine obere Grenzmasse, jenseits der sie nicht existieren können. Diese liegt zwischen etwa 2 und 3 Sonnenmassen (→ Neutronenstern).

Endzustände maximaler Kompression stellen wahrscheinlich „stellare" Schwarze Löcher dar. Sie entstehen vielleicht beim Kollaps der Zentralregion eines Sterns von mehr als etwa 10 Sonnenmassen, wenn deren Masse die Grenzmasse für Neutronensterne überschreitet und der Kollaps dadurch durch nichts mehr aufzuhalten ist (→ Schwarzes Loch).

Masseänderungsbedingte Sternentwicklungen. Strukturänderungen eines Sterns sind während bestimmter Entwicklungsphasen nicht allein infolge von Änderungen der Zusammensetzung der Sternmaterie bedingt, sondern auch infolge von Änderungen der Sternmasse. Bei Entwicklungsrechnungen stößt deren Berücksichtigung im Allg. auf erhebliche Schwierigkeiten, da ein Massenverlust durch das Zusammenspiel vieler komplizierter Einzelprozesse in den Sternatmosphären verursacht wird, die nur schwer mathematisch beschreibbar und quantitativ erfassbar sind.

Ein Massenverlust tritt bei jedem Stern allein schon auf Grund seiner Ausstrahlung ein, da die ausgestrahlte Energie einer Masse äquivalent ist (→ Relativitätstheorie). Dieser Verlust ist im Vergleich mit der Sternmasse aber verschwindend klein, die S. wird dadurch absolut nicht beeinflusst. Sterne verlieren infolge eines → Sternwinds Masse. Während des Hauptreihenzustandes ist dieser Massenverlust im Allg. gering, kann aber während des Riesen- und Überriesenzustandes auf Grund des dann großen Sternradius und der demzufolge geringen Schwerebeschleunigung an der Sternoberfläche erheblich sein und 10^{-5} bis 10^{-4} Sonnenmassen pro Jahr erreichen. Die innerhalb einer relativ kurzen Zeit insgesamt abgestoßene Sternmasse tritt z. T. in der Form eines Planetarischen Nebels in Erscheinung. Zum Teil werden infolge des Verlusts der wasserstoffreichen Außenschichten Sternregionen sichtbar, in denen Umwandlungsprodukte aus Kernreaktionen während früherer Entwicklungsphasen vorhanden sind. Zu den

Sternen mit einer derartigen Entwicklung gehören u. a. die → Wolf-Rayet-Sterne, deren Bildpunkte im HRD z. T. links von der Hauptreihe liegen.
Sterne mit einer Anfangsmasse höher als etwa 80 bis 100 Sonnenmassen sind instabil. Sie geraten durch kleinste Störungen des hydrostatischen Gleichgewichts in Schwingungen mit immer größer werdender Amplitude. Schließlich laufen Stoßwellen zur Sternoberfläche und bewirken das Abstoßen von Materie, bis die Masse so weit reduziert ist, dass ein schwingungsstabiler Stern übrigbleibt (→ Sternaufbau). Der radikalste Massenverlust erfolgt am Ende der Entwicklung sehr massereicher Sterne während einer Supernovaexplosion, bei der ein wesentlicher Teil der Masse abgeschleudert wird und ein Neutronenstern als stellarer Rest zurückbleibt (→ Supernova) oder sogar der gesamte Stern zerstört wird. In allen diesen Fällen verläuft die S. entscheidend anders, als sie ohne Masseverlust verliefe.

Entwicklung enger Doppelsterne. Die Beobachtungen an engen Doppelsternsystemen stehen z. T. im Widerspruch zur Theorie der S. Bei einigen halbgetrennten Systemen (→ Doppelstern) ist die massereichere Komponente ein noch unentwickelter Hauptreihenstern, während die masseärmere ein Roter Riese oder sogar ein Weißer Zwerg ist. Derartige scheinbare Widersprüche sind durch die unterschiedlichen Entwicklungsmöglichkeiten bedingt, die Einzelsterne und Mitglieder enger Doppelsterne haben. Ein Einzelstern kann beim Übergang in den Zustand eines Roten Riesen oder Überriesen sich ungehindert ausdehnen. Bei einem Mitglied eines engen Doppelsternsystems nimmt dagegen bei der Expansion der zentrumsfernen Bereiche der gravitative Einfluss der anderen Komponente stark zu und kann so groß werden, dass Materie von der expandierenden Komponente zur anderen fließt. Eine Komponente verliert Masse, die andere gewinnt sie, wodurch die Entwicklung der Komponenten anders verläuft als bei Sternen ohne Massenänderung.

Mögliche Auswirkungen des Massenaustauschs zwischen den Komponenten eines Doppelsternsystems zeigen Entwicklungsrechnungen, bei denen Anfangsmassen der Komponenten zu 1 bzw. 2 Sonnenmassen und ein Mittelpunktsabstand der Komponenten von 6,6 Sonnenradien angenommen wurden. Als unentwickelte Hauptreihensterne bilden sie ein getrenntes System (Abb. 5, Zeitpunkt A). Die massereichere Komponente verbraucht den zentralen Wasserstoffvorrat wesentlich schneller als die masseärmere. Nach Ende des Wasserstoffbrennens beginnt die massereichere zu expandieren, ihre Außenschichten gelangen dabei immer stärker in den Anziehungsbereich des Begleiters, es fließt Masse auf diesen über, wodurch der Doppelstern zu einem halbgetrennten System wird (Abb. 5, Zeitpunkt B). Die ursprünglich massereichere Komponente (der anfängliche Hauptstern) verliert dabei so viel Masse an den Begleiter, dass im System die Rolle von Hauptstern und Begleiter getauscht wird. Der Massenaustausch ist mit einer Umverteilung des Bahndrehimpulses und damit einer Abstandsänderung der Komponenten verbunden, die masseabgebende Komponente rückt vom Systemschwerpunkt weg, die masseaufnehmende näher sich

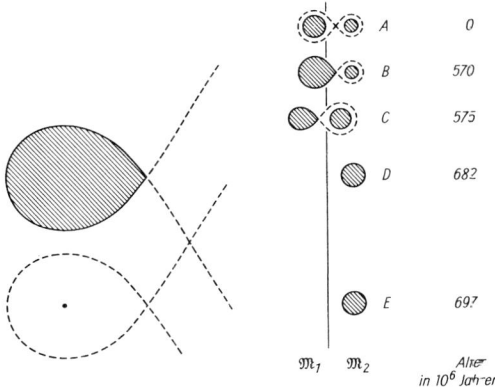

Abb. 5: Entwicklung eines engen Doppelsterns. Schnittebene durch die Mittelpunkte der Komponenten und den Systemschwerpunkt. Schraffiert: mit Masse erfüllte Volumina; gestrichelt: Schnitt der Ebene mit der kritischen Äquipotentialfläche. Altersangabe seit Einsetzen des Wasserstoffbrennens. Weitere Erläuterungen im Text. (Nach R. Kippenhahn, K. Kohl und A. Weigert)

ihm. Infolge der Abstandsänderung kann die masseabgebende Komponente weiter expandieren und das durch die kritische → Äquipotentialfläche vorgegebene Volumen voll ausfüllen (Abb. 5, Zeitpunkt D). Bei der Massenabgabe gehen nahezu die gesamten Außenregionen des ursprünglichen Hauptsterns verloren, es bleibt fast nur noch der zentrale Heliumbereich übrig, dessen Masse zu gering ist, um durch Kontraktion die Zündtemperatur für das Heliumbrennen zu erreichen. Der verfügbare Vorrat an Kernenergie ist erschöpft und der Stern kontrahiert in den Zustand eines Weißen Zwergs (Abb. 5, Zeitpunkt E). Die Massenabgabe erfolgt nach Maßgabe der Kelvin-Helmholtz-Zeitskala so schnell, dass sich der nunmehrige Hauptstern kaum entwickeln konnte und sich noch im Zustand eines Hauptreihensterns befindet. Das ursprüngliche Doppelsternsystem bildet nun ein getrenntes System mit einem Weißen Zwerg von 0,26 Sonnenmassen und einem Hauptstern von 2,74 Sonnenmassen. Die unterschiedliche Entwicklung der ursprünglichen Hauptkomponente im Vergleich mit einem Einzelstern manifestiert sich im Entwicklungsweg (Abb. 6).

Die von einer Komponente abströmende Materie geht nicht notwendigerweise vollständig zur anderen über, ein Teil kann das System verlassen und Drehimpuls abführen, wodurch sich die Komponentenabstände vom gemeinsamen Schwerpunkt vergrößern. Allgemeine Aussagen über die verlorengehende Masse und das dynamische Verhalten der Komponenten sind nicht möglich.

Das ursprüngliche Massenverhältnis und der Komponentenabstand bestimmen den Beginn des Massenabflusses von der Hauptkomponente. Geschieht dieser bereits während des zentralen Wasserstoffbrennens, wird der Stern nicht zu einem Roten Riesen, sondern bleibt bis zum Ende des Wasserstoffbrennens ein Unterriese (→ Hertzsprung-Russell-Diagramm). Beginnt der Massenverlust nach dem Wasserstoffbrennen bei der Ent-

Sternfarbe

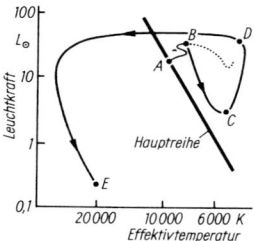

Abb. 6: Entwicklungsweg der anfänglichen Hauptkomponente im Hertzsprung-Russell-Diagramm des in Abb. 5 dargestellten Doppelsterns; die Buchstaben markieren gleiche Entwicklungszustände. Punktiert: Entwicklungsweg, den der Stern als Einzelstern bis zum Erreichen des Riesenzustandes durchlaufen würde. (Nach R. Kippenhahn, K. Kohl und A. Weigert)

wicklung zu einem Roten Riesen und ist das Elektronengas im Zentralgebiet nicht entartet, ist die Entwicklung zu einem sehr leuchtkräftigen heliumbrennenden Stern hoher Effektivtemperatur möglich. Wird infolge der Drehimpulsumverteilung bei der Massenübertragung der Abstand der Komponenten nicht zu groß, kann ein zweiter Massenaustausch eintreten. Nach Ende des zentralen Wasserstoffbrennens im neuen Hauptstern kann bei seiner folgenden Expansion Masse in den Anziehungsbereich des Begleiters gelangen. Dass Masse von einer wenig entwickelten Komponente zu einem Weißen Zwerg überströmt, ist u. a. bei → kataklysmischen Veränderlichen der Fall. Ein Typ von Supernovae wird gleichfalls durch einen Materiefluss auf einen Weißen Zwerg verursacht (→ Supernova).
Bei Kontaktsystemen ist der Komponentenabstand so gering, dass beim Masseüberströmen eine gemeinsame Hülle entstehen kann, wobei auch ein Energietransport von der massereicheren, heißeren Komponente zum Begleiter stattfindet. Selbst bei sehr unterschiedlichen Komponentenmassen gelangen beide Komponenten zu nahezu gleichen Effektivtemperaturen. Die Einzelheiten der ablaufenden Prozesse sind noch nicht geklärt. Kontaktsysteme dieser Art bilden Bedeckungsveränderliche vom Typ → W Ursae Maioris.
Sternfarbe, der in einem normalsichtigen Auge hervorgerufene Farbeindruck eines Sterns. Aus physiologischen Gründen können mit bloßem Auge nur bei hellen Sternen Farben wahrgenommen werden. Die Farbe entspricht der Effektivtemperatur eines Sterns, damit der spektralen Intensitätsverteilung der Sternstrahlung. Je höher die Effektivtemperatur ist, umso kürzer ist die Wellenlänge des Intensitätsmaximums, im visuellen Spektralbereich umso näher dem „blauen" Bereich. Sterne mit hoher Effektivtemperatur wie die der Spektralklasse A erscheinen bläulich-weiß, Sterne niedriger Effektivtemperatur wie die der Spektralklasse M rötlich.
Farbunterschiede sind am besten bei Sternen zu erkennen, die am Himmel benachbart sind, z. B. bei den beiden hellsten Sternen im Sternbild → Orion, von denen Rigel eine hohe, Beteigeuze eine geringe Effektivtemperatur hat. Bei Fernrohrbeobachtungen sind u. a. bei den Komponenten des Doppelsterns → Albireo im Sternbild Cygnus (Schwan) relativ deutliche Farbunterschiede erkennbar. Sternen nahe am Horizont sind individuelle Farben infolge der farbigen → Szintillation schwierig zuzuordnen. Ein Maß für die spektrale Intensitätsverteilung der Sterne ist der → Farbenindex.
Sternferne, svw. Apastron; → Apsiden.
Sternfleck, Störgebiet in der Photosphäre eines Sterns mit einer im Allg. wesentlich geringeren Flächenhelligkeit als die umgebende Photosphäre. S.en sind wahrscheinlich auf physikalisch ähnliche Ursachen zurückzuführen wie Sonnenflecken. Da Sterne punktförmig erscheinen, können S.en nur indirekt bei rotierenden Sternen auf Grund eines Lichtwechsels nachgewiesen werden. Veränderliche mit einer ungleichmäßigen Helligkeitsverteilung auf der Sternoberfläche sind u. a. → BY-Draconis-Sterne. Einige Sterne haben Oberflächenregionen etwas erhöhter Flächenhelligkeit, z. B. wurde bei → Beteigeuze mit dem Hubble-Weltraumteleskop ein zeitweilig vorhandener heißer Fleck in der Photosphäre nachgewiesen.
Sternglobus, svw. Himmelsglobus.
Sterngröße, ältere Bezeichnung für Größenklasse, der Maßeinheit für die → Helligkeit eines Sterns.
Sternhaufen, Ansammlung von nahezu gleichzeitig aus der gleichen interstellaren Wolke entstandenen Sternen, die eine physische Einheit bilden. Auf Grund der unterschiedlichen Erscheinungsformen werden → Offene S., → Bewegungssternhaufen, → Sternassoziationen und → Kugelsternhaufen unterschieden. Die zum → Milchstraßensystem gehörenden S. bilden die galaktischen Haufen.
Sternhaufenparallaxe, → Parallaxe.
Sterninneres, der Teil eines Sterns, aus dem keine elektromagnetische Strahlung direkt in den Weltraum gelangt, im Gegensatz zur Sternatmosphäre, → Sternaufbau.
Sternkarte, *Himmelskarte*, kartographische Abbildung der gesamten oder eines Teils der Himmelskugel, bei der die Sternpositionen am Himmel auf ebene Kartenblätter übertragen sind. Bei gezeichneten S.n wird als Koordinatensystem zur Festlegung der Position vorwiegend das Äquatorsystem eines bestimmten Äquinoktiums (→ Koordinaten) gewählt. Durch unterschiedliche Symbole werden die Helligkeit oder Veränderlichkeit der Sterne charakterisiert sowie vielfach auch andere Himmelsobjekte, wie Sternhaufen, extragalaktische Sternsysteme, Wolken interstellarer Materie oder Radioquellen, gekennzeichnet (→ Sternkarten Seite 414 bis 420). S.n enthalten im Allg. alle Sterne bis zu einer bestimmten scheinbaren Grenzhelligkeit. Sie dienen u. a. zur Orientierung am Sternhimmel und zum Auffinden von Himmelsobjekten, von denen nur die Koordinaten gegeben sind, z. B. bei Neuentdeckungen oder Ephemeriden von Körpern des Sonnensystems. Mehrere zusammengehörige S.n bilden einen **Stern-** oder *Himmelsatlas*.
Eine *drehbare* S. besteht aus einer kreisförmigen S. und einer sich darüber befindenden drehbaren durchsichtigen Folie, auf der der Horizont des Beobachtungsortes dargestellt ist. Mit Hilfe von Skalen am Rand der S. kann für den gewünschten Zeitpunkt der sichtbare Be-

reich der Himmelskugel hervorgehoben werden, was eine rasche Orientierung am Nachthimmel ermöglicht. Der Drehmittelpunkt der Folie ist der Himmelspol. Größere Bedeutung als gezeichnete S.n haben Kartierungen des gesamten Himmels oder von Himmelsausschnitten mittels photographischer Aufnahmen oder photoelektrischer Flächenphotometer. Diese S.n ermöglichen die Registrierung und Untersuchung vieler Himmelsobjekte unter einheitlichen Bedingungen, z. B. die Überwachung von Veränderlichen oder der scheinbaren Bewegungen von Himmelskörpern. Zur Koordinatenbestimmung der Objekte dient ein durch Referenzsterne repräsentiertes → Fundamentalsystem bzw. ein Teil eines derartigen Systems.

Einer der größten photographischen Sternatlanten ist der *Palomar Observatory Sky Survey* [engl., ‚Himmelsdurchmusterung des Palomar-Observatoriums']. Er besteht aus 935 photographischen Aufnahmen, die den Himmel zwischen 90° und −30° Deklination lückenlos überdecken. Jedes Himmelsareal ist in einem kurzwelligen (blauen) und einem langwelligen (roten) Spektralbereich aufgenommen. Die Grenzhelligkeit im blauen Bereich beträgt etwa $21^m_\cdot 1$, im roten etwa $20^m_\cdot 0$. Zur Ergänzung wurde durch die Europäische Süd-Sternwarte der Südhimmel im Deklinationsbereich von −17,5° bis −90° mit 606 Feldern überdeckt, die gleichfalls im blauen und im roten Spektralbereich aufgenommen wurden. Eine photoelektrische S. des Gesamthimmels in Spektralbereichen mit den Wellenlängen 1,2, 1,6 und 2,2 µm ist der sog. *Two Micron All Sky Survey* [engl. svw. ‚Himmelsdurchmusterung bei 2 µm'] des Mount-Hopkins-Observatoriums (Arizona, USA) und des Cerro-Tololo-Observatoriums (Chile). Dabei sind mehr als 300 Mio. Sterne bis zu einer vom Spektralbereich abhängigen scheinbaren Grenzhelligkeit von etwa 15^m bis 17^m sowie mehr als 1 Mio. Galaxien registriert.

Durchmusterungen dienen im Allg. zu einer vollständigen Erfassung von Himmelsobjekten bis zu einer bestimmten scheinbaren Helligkeit. Nur für sehr kleine Himmelsareale ist es möglich, Durchmusterungen bis zur gegenwärtig technisch erreichbaren Grenzhelligkeit durchzuführen. Mit Hilfe des Hubble-Weltraumteleskops wurden vier Himmelsausschnitte von 5,6 Quadratbogenminuten untersucht, in denen noch Himmelsobjekte der scheinbaren Helligkeit von etwa 30^m nachgewiesen wurden. Das Hubble Deep Field North [engl. svw. ‚weitreichendes nördliches Hubble-Feld'] liegt im Sternbild Ursa Maior (Großer Bär), das Hubble Deep Field South [südliches Feld] im Sternbild Tucana (Tukan) und das Hubble Ultra Deep Field [ultraweit reichendes Feld] im Sternbild Fornax (Chemischer Ofen).

Historische Sternkarten. Zu den bekanntesten großen gezeichneten Sternatlanten gehört die *Bonner Durchmusterung* von F. W. Argelander (1799–1875), die auf 40 Kartenblättern alle Sterne im Deklinationsbereich von 90° bis −1° bis zur scheinbaren Helligkeit von $9^m_\cdot 3$ enthält. Durch E. Schönfeld (1821–1891) wurde der Atlas bis zur Deklination −23° ausgedehnt, wobei alle Sterne heller als 10^m erfasst sind. Von historischem Interesse ist weiterhin die 1603 in Augsburg erschienene *Uranometrie* von J. Bayer (1572–1625), in der die hellsten Sterne eines Sternbildes jeweils mit griechischen Buchstaben bezeichnet sind, die seither zur Kennzeichnung der Sterne benutzt werden.

Sternkatalog, geordnetes Verzeichnis von Sternen, in dem die für einen bestimmten Zeitpunkt (→ Epoche des Katalogs) gültigen Koordinaten sowie charakteristische Sternparameter (z. B. scheinbare Helligkeit, Spektralklasse, Entfernung oder Eigenbewegung) angegeben sind.

Der vom Observatorium der Yale-Universität (New Haven, USA) herausgegebene *Bright Star Catalogue* [engl., ‚Katalog heller Sterne'] verzeichnet 9 110 Sterne heller als $6^m_\cdot 5$. Positionskataloge sind Zusammenstellungen von Sternen, deren Koordinaten mit höchstmöglicher Genauigkeit bestimmt sind. Zu ihnen gehören die Fundamentalkataloge, in denen die Positionen und Eigenbewegungen von relativ wenigen Sternen zusammengetragen sind, die aber in ihrer Gesamtheit das zur Koordinatenbestimmung benutzte sphärische Koordinatensystem definieren (→ Fundamentalsystem) wie der vom Astronomischen Rechen-Institut in Heidelberg herausgegebene *5 Fundamentalkatalog* mit 1 535 Sternen. Vom gleichen Institut stammt der *PPM-Katalog* [PPM Abk. für Positions and Proper Motions, engl., ‚Positionen und Eigenbewegungen'], in dem von 181 731 über den gesamten Himmel verteilten Sternen bis zur Grenzhelligkeit von $12^m_\cdot 0$ die Koordinaten sowie Eigenbewegungen aufgeführt sind. Von ebenfalls über den gesamten Himmel verteilten 118 218 Sternen enthält der auf Beobachtungen mittels des astrometrischen Satelliten → HIPPARCOS beruhende S. hochgenaue Parallaxen und von nahezu allen Sternen bis zur scheinbaren Grenzhelligkeit von 10^m die Helligkeiten mit einer Genauigkeit von etwa 0,002 mag.

In Spektralkatalogen stehen Angaben zum Spektrum der Sterne im Vordergrund. Zu den bekanntesten gehört der vom Harvard College Observatory (Cambridge, USA) herausgegebene *Henry-Draper-Katalog* [benannt nach dem amerikan. Chemiker und Amateurastronomen Henry Draper, 1837–1882] mit Spektralangaben für 225 300 Sterne heller als $9^m_\cdot 5$. Im *Atlas of Stellar Spectra* [engl., ‚Atlas von Sternspektren'] von W. W. Morgan und P. C. Keenan sind von ausgewählten Sternen Spektren abgebildet, die als Standardspektren für die meisten Spektralklassifikationen dienen (→ Spektralklasse).

Die älteren „Nebelkataloge" sind keine S.e im strengen Sinn, da in ihnen keine Sterne, sondern Himmelsobjekte aufgeführt sind, die bei Beobachtungen mit kleineren Teleskopen nebelartig verschwommen erscheinen (galaktische Nebel, Sternhaufen oder extragalaktische Sternsysteme). Die bekanntesten derartigen Kataloge sind der *Messier-Katalog* [benannt nach dem franz. Astronomen C. Messier, 1730–1817] mit 103 verzeichneten „Nebeln" sowie der 7 840 Himmelsobjekte enthaltende *New General Catalogue of Nebulae and Clusters of Stars* [engl., ‚Neuer allgemeiner Katalog von Nebeln und Sternhaufen'] mit den beiden Ergänzungen *Index Catalogue* I und II [engl., ‚Index-Katalog'], in denen 5 385 Objekte aufgeführt sind. Andere Spezialkataloge enthalten Angaben zu stellaren oder nichtstellaren Objekten, z. B. Gammastrahlenquellen, Röntgen- und Infrarotquellen oder Radioquellen.

Sternkorona

Im Centre de Données Stellaires [franz., ‚Zentrum für Sterndaten'] an der Sternwarte Straßburg (Frankreich) werden die in Katalogen enthaltenen Daten unter einheitlichen Kriterien zusammengestellt, auf modernen Datenträgern gespeichert und weltweit zur Verfügung gestellt.

Sternkorona, die äußerste Atmosphärenschicht eines Sterns analog der Sonnenkorona. In einer S. herrschen Temperaturen von einigen Millionen K, so dass stellare Koronen auf Grund ihrer Röntgenemission nachgewiesen werden können (→ Sternatmosphäre).

Sternkunde, svw. Astronomie.

Sternleere, ein Gebiet innerhalb des Milchstraßenbandes, das durch eine im Vergleich zur Umgebung geringere Anzahl sichtbarer Sterne je Flächeneinheit auffällt. S.n werden im Allg. durch eine mehr oder minder scharf begrenzte Wolke staubförmiger interstellarer Materie vorgetäuscht, durch die das Licht der Hintergrundsterne geschwächt wird (→ interstellare Materie).

Sternmasse, die in einem Stern vereinigte Masse. Massenbestimmungen sind nur mittels Messungen der von einem Körper auf einen anderen ausgeübten Massenanziehung möglich.

In Doppelsternsystemen sind die beiden Komponenten gravitativ aneinander gekoppelt und bewegen sich um den Schwerpunkt des Systems. Bezeichnet a (in Astronomischen Einheiten, AE) die große Halbachse der Bahn des Begleiters um den Hauptstern, U (in Jahren) die Umlaufzeit der Komponenten um den Schwerpunkt sowie $\mathfrak{M}_1$ und $\mathfrak{M}_2$ (in Einheiten der Sonnenmasse) die Massen der beiden Komponenten, so gilt nach dem dritten Kepler'schen Gesetz $(\mathfrak{M}_1 + \mathfrak{M}_2) = a^3 : U^2$ (→ Kepler'sche Gesetze). Sind die Umlaufzeit und die große Bahnhalbachse bekannt, kann die Massensumme der beiden Komponenten berechnet werden. Bei visuellen Doppelsternen ist die große Bahnhalbachse durch Beobachtungen im Winkelmaß bestimmbar, bei zusätzlich bekannter Entfernung des Systems ist die Umrechnung in Astronomische Einheiten möglich. Geringe Ungenauigkeiten in der Entfernungsbestimmung führen zu relativ großen Fehlern bei der Massensumme, da die große Halbachse mit der 3. Potenz in die Rechnung eingeht. Bei visuellen Doppelsternen mit bekannter Neigung der Bahnebene des Systems gegen die Sichtlinie sowie der sich infolge der Umlaufbewegung des Begleiters ergebenden Radialgeschwindigkeit kann die Bahngeschwindigkeit und in Verbindung mit der Umlaufzeit der Bahnumfang bestimmt werden. Bei diesen Doppelsternen ist auch ohne Kenntnis der Entfernung die große Bahnhalbachse im linearen Maß bestimmbar. Zur Bestimmung der Masse der einzelnen Komponenten in einem Doppelsternsystem ist die Kenntnis beider Bahnen um den Systemschwerpunkt notwendig. Bezeichnen a_1 und a_2 die großen Halbachsen der Bahnen, so gilt für das Massenverhältnis $\mathfrak{M}_1 : \mathfrak{M}_2 = a_2 : a_1$. Aus dieser Gleichung zusammen mit der für die Massensumme ergeben sich die Einzelmassen.

Bei spektroskopischen Doppelsternen können in günstigen Fällen aus Spektralbeobachtungen die von den Bewegungen der beiden Komponenten um den Systemschwerpunkt herrührenden Radialgeschwindigkeiten bestimmt werden. Die Bahngeschwindigkeiten selbst sind unbekannt, da der Winkel zwischen Sichtlinie und Bahnebene unbekannt ist. Für die Bestimmung des Massenverhältnisses spielt dies keine Rolle, da der den Neigungswinkel enthaltende Projektionsfaktor für beide Bahnen gleich ist und sich beim Massenverhältnis heraushebt, in die Massensumme geht der Faktor jedoch ein. Unter der Annahme, dass die Bahnebenen der Doppelsterne keinerlei räumliche Vorzugsrichtung aufweisen, lässt sich für die unbekannte individuelle Neigung ein statistischer Mittelwert angeben und mit ihm ein Mittelwert für die Massensumme bestimmen. Damit entfällt zwar die Möglichkeit, individuelle S.n zu ermitteln, für Sterne mit gleichen physikalischen Eigenschaften, z. B. gleicher Spektralklasse, können aber statistische Mittelwerte der Masse abgeleitet werden, die für viele Untersuchungen ausreichen. Bei spektroskopischen Doppelsternen, die gleichzeitig Bedeckungsveränderliche sind, liegt die Bahnebene praktisch in der Sichtlinie, so dass die Bahnneigung bekannt ist und die Massen beider Komponenten getrennt und eindeutig bestimmbar sind.

Die Masse eines Einzelsterns kann im Prinzip aus der relativistischen Rotverschiebung der Spektrallinien (→ Relativitätstheorie) abgeleitet werden. Bezeichnet λ_0 die unverschobene und λ die gemessene Wellenlänge einer Spektrallinie, gilt $(\lambda - \lambda_0)/\lambda_0 = G\,\mathfrak{M}/(Rc^2)$, wenn G die Gravitationskonstante, $\mathfrak{M}$ die Sternmasse, R den Sternradius und c die Lichtgeschwindigkeit bezeichnen. Bei bekanntem Sternradius könnte damit die Sternmasse abgeleitet werden. Die Beobachtungen stoßen jedoch auf große Schwierigkeiten, da die relativistischen Rotverschiebungen sehr klein, andere Störeffekte hingegen groß sind. Bei Sternen mit sehr kleinem Radius, z. B. Weißen Zwergen, ist in Einzelfällen eine Trennung der relativistischen Rotverschiebung von den Störeffekten möglich. (Die Methode nutzt die Massenanziehung von Sternmasse und Masse des den Stern verlassenden Photons aus.)

Für Hauptreihensterne ist eine indirekte Methode der Massenbestimmung möglich, da für diese Sterne eine → Masse-Leuchtkraft-Beziehung besteht. Nach deren Eichung mit Hilfe von Sternen bekannter Masse kann die Masse eines Sterns aus seiner Leuchtkraft ermittelt werden.

Die Masse der Sonne ist mit Hilfe des dritten Kepler'schen Gesetzes aus den großen Bahnhalbachsen sowie den Umlaufzeiten der Planeten bestimmbar, da die Planetenmassen gegenüber der Sonnenmasse sehr klein sind. Die Sonnenmasse beträgt $1,989 \cdot 10^{30}$ kg.

Auf Grund relativ weniger Beobachtungen und unvermeidbarer Beobachtungsfehler sind nur für verhältnismäßig wenige Sterne zuverlässige Massewerte bekannt. Der größte Teil der abgeleiteten S.n liegt im Bereich von etwa 0,5 bis 10 Sonnenmassen, die Extremwerte betragen etwa 0,08 und rund 80 Sonnenmassen. Objekte mit einer Masse geringer als 0,08 Sonnenmassen sind keine Sterne im strengen Sinn, da in ihnen keine Kernreaktionen zur Energiefreisetzung ablaufen (→ Brauner Zwerg). Sterne mit Massen größer als etwa 80 bis 100 Sonnenmassen sind instabil, sie stoßen so viel Materie ab, bis sie in den Stabilitätsbereich kommen (→ Sternaufbau).

Sternmodell, die unter Zugrundelegung der Masse sowie der chemischen Zusammensetzung der Sternmaterie theoretisch ermittelte innere Struktur eines Sterns; → Sternaufbau.

Sternnähe, svw. Periastron; → Apsiden.

Sternname, Bezeichnung eines individuellen Sterns zur Unterscheidung von anderen Sternen. Die hellsten Sterne haben vielfach einen Eigennamen, wie Sirius, Capella, Wega, Beteigeuze oder Deneb. Die helleren Sterne in einem Sternbild werden im Allg. mit den von J. Bayer (1572–1625) eingeführten kleinen griechischen (selten auch kleine oder große lateinische) Buchstaben, gefolgt vom Genitiv des lateinischen Namens des Sternbilds oder dessen Abkürzung (→ Sternbild) bezeichnet. Die alphabetische Folge der Buchstaben entspricht nur angenähert der Folge der Helligkeiten. Der Stern Wega im Sternbild Lyra (Leier) trägt z. B. danach auch die Bezeichnung α Lyrae (α Lyr), Sirius im Sternbild Canis Maior (Großer Hund) die Bezeichnung α Canis Maioris (α CMa) und der Polarstern im Sternbild Ursa Minor (Kleiner Bär) die Bezeichnung α Ursae Minoris (α UMi). Bei Sternen, die keine von Bayer stammende Bezeichnung tragen, werden die auf J. Flamsteed (1646–1719) zurückgehenden Zahlen verbunden mit dem Genitiv des Sternbildnamens benutzt, z. B. 61 Cygni.
Ein spezielles Bezeichnungssystem gibt es für → Veränderliche.
Für Sterne geringer scheinbarer Helligkeit, besonders für Sterne schwächer als etwa 6^m, wird im Allg. auf Sternkataloge zurückgegriffen und ein Stern durch den (abgekürzten) Katalognamen und die Nummer, unter der er aufgeführt ist, bezeichnet. Dadurch gibt es für ein und denselben Stern z. T. viele unterschiedliche Bezeichnungen. Im Bright Star Catalogue (HR, Abk. für Harvard College Observatory Revised Photometry, ‚Verbesserte Photometrie des Harvard College Observatory'), der → Bonner Durchmusterung (BD), dem → Henry-Draper-Katalog (HD) und dem → HIPPARCOS-Katalog (HIC) erscheint der Sirius unter den Bezeichnungen HR 2491 = BD $-16°$ 1591 = HD 48 915 = HIC 32 349.
Insgesamt bestehen keine verbindlichen Regeln für die Namensgebung von Sternen.

Sternoszillation, Schwingen eines Sterns um eine Gleichgewichtslage. Sterne sind Gaskugeln, die unter bestimmten Bedingungen schwingungsinstabil sind (→ Sternaufbau). Sie können, wie z. B. die δ-Cephei-, RR-Lyrae- und Mira-Sterne, als Ganzes periodische radiale Schwingungen (Expansionen und Kontraktionen) um eine Gleichgewichtslage ausführen, bei denen sich die gesamte Sternoberfläche im gleichen Takt bewegt. In Sternen sind auch nichtradiale Oszillationen möglich, bei denen sich einzelne Oberflächenbereiche radial nach außen, andere gleichzeitig nach innen bewegen. Bei Sternen mit oberflächennahen Konvektionszonen (→ Sternaufbau) werden derartige Schwingungen durch turbulente Bewegungen angeregt, wodurch Druckwellen das Sterninnere durchlaufen und die Überlagerung gegenläufiger Wellen gleicher Frequenz Resonanzschwingungen und damit Oberflächenoszillationen auslösen. Bei der → Sonne sind derartige Schwingungen nachweisbar. Die Helligkeitsvariationen bei den → ZZ-Ceti- und → Gamma-Doradus-Sternen beruhen vermutlich auf großräumigen nichtradialen Schwingungen.

Sternpopulation, → Population.

Sternschnuppe, ein Meteor, das nicht heller als etwa -4^m ist.

Sternschnuppenschwarm, svw. Meteorstrom.

Sternstrom, eine Gruppe von Sternen mit einer einheitlichen räumlichen Geschwindigkeit und Bewegungsrichtung. Die Mitglieder eines → Bewegungssternhaufens bilden einen *lokalen S.* Die *statistischen* Sternströme werden durch das Bewegungsverhalten der Sterne in der weiteren Sonnenumgebung vorgetäuscht: Die Sterne durchlaufen bei ihrer Bewegung um das Zentrum des Milchstraßensystems ellipsenähnliche Bahnen mit dem galaktischen Zentrum in einem der Brennpunkte. Die Bewegungskomponenten in Richtung zum Zentrum oder von ihm weg sind dadurch hinsichtlich Richtung und Geschwindigkeit bevorzugt gegenüber den Komponenten in den Richtungen senkrecht dazu, im statistischen Mittel scheinen dadurch zwei entgegengerichtete Sternströme zu existieren. Bei Sternen unterschiedlicher Spektralklassen ist dieses Verhalten unterschiedlich stark ausgeprägt. Bei den statistischen Sternströmen streuen die individuellen Werte für Geschwindigkeit und Bewegungsrichtung erheblich im Gegensatz zu den lokalen Sternströmen.

Sternstromparallaxe, → Parallaxe.

Sternsystem, *Galaxie*, physische Einheit von einigen wenigen Milliarden bis zu einigen 100 Mrd. Sternen sowie großer Mengen interstellarer Materie. Das Milchstraßensystem (Galaxis) stellt ein derartiges S. dar. Ein extragalaktisches S. wird wegen der Analogie auch als Galaxie bezeichnet. Einige wenige S.e können mit bloßem Auge als nebelhafte Gebilde gesehen werden, auf dieses Aussehen geht der Ausdruck *extragalaktische Nebel* für extragalaktische S.e zurück.
Benennung. Einige auffällige S.e werden nach dem Sternbild benannt, in dem sie sich befinden, z. B. der Andromedanebel nach dem Sternbild Andromeda, der Jagdhundenebel nach dem Sternbild Canes Venatici (Jagdhunde) oder das Fornaxsystem nach dem Sternbild Fornax (Chemischer Ofen). Ansonsten werden hellere S.e mit dem Namen bzw. der Abkürzung des Namens eines „Nebelkatalogs" (→ Sternkatalog) bezeichnet sowie die Nummer, unter der sie im Katalog aufgeführt sind. Bekannte Kataloge sind der Messier-Katalog [benannt nach dem franz. Astronomen C. Messier, 1730–1817], abg. M, und der New General Catalogue of Nebulae and Clusters of Stars [engl., ‚Neuer allgemeiner Katalog von Nebeln und Sternhaufen'], abg. NGC. Ein und dasselbe helle S. kann demzufolge verschiedene Bezeichnungen haben, der Andromedanebel z. B. M 31 und NGC 224 oder der Jagdhundenebel M 51 und NGC 5194. Die nicht auf diese Weise erfassten S.e werden mit dem Namen eines der zahlreichen anderen Galaxienkataloge und der Nummer bezeichnet, unter der sie darin zu finden sind, oder es werden nur die Himmelskoordinaten zur Identifikation eines Systems angegeben.

Sternsystem

Klassifikation. S.e haben sehr unterschiedliche innere Strukturen, entsprechend unterscheiden sie sich im Erscheinungsbild hinsichtlich Form, Helligkeitsverteilung und Spektrum. Bei der Klassifikation der S.e wird diese Vielfalt nach bestimmten Kriterien geordnet. Da keine für alle S.e gültige geschlossene physikalische Theorie zur Erklärung der verschiedenen Parameter existiert, dient im Wesentlichen das äußere Erscheinungsbild als Kriterium. In der sog. *Hubble-Sequenz* [benannt nach dem amerikan. Astronomen E. Hubble, 1889–1953] werden 10 morphologische Grundtypen unterschieden, die sich in drei Haupttypen, elliptische, spiralförmige und irreguläre Systeme, zusammenfassen lassen (Abb. 1).

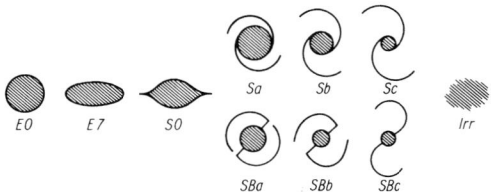

Abb. 1: Hubble-Sequenz

Elliptische S.e (elliptische Nebel; Symbol E) haben eine innere Sternverteilung, die eine von einem zentralen Gebiet nach außen hin stetig abnehmende strukturlose Flächenhelligkeit verursacht, wobei Linien gleicher Flächenhelligkeit (Isophoten) mehr oder minder gut definierte Ellipsen oder Kreise bilden (Abb. 2). Die einzelnen Systemtypen werden durch den Grad der Abplattung der Isophoten unterschieden und durch eine dem Symbol E beigefügte ganze Zahl zwischen 0 und 7 gekennzeichnet. Diese ergibt sich gerundet aus der Beziehung $10(a-b)/a$, in der a die Länge der großen, b die der kleinen Achse der äußersten Isophote bedeuten. E0 bezeichnet ein kreisähnlich erscheinendes elliptisches S., E7 ein System mit der stärksten beobachteten Abplattung. Die Beobachtung eines E0-Systems bedeutet nicht notwendigerweise, dass das S. kugelförmig aufgebaut ist, so kann ein linsenförmiges S. beim Blick senkrecht auf die Systemebene völlig rund erscheinen. In einigen elliptischen S.en sind z. T. geringe innere Strukturen erkennbar, in einigen unterscheidet sich die Orientierung der Isophoten für unterschiedliche Flächenhelligkeiten.

S0-Systeme (Spindelgalaxien) wurden in der ursprünglichen Hubble-Sequenz den elliptischen S.en zugeordnet, stellen aber den Übergang von diesen zu den spiralförmigen S.en dar. S0-Systeme haben ein auffällig helles Zentralgebiet, das von einer mehr oder minder gleichförmig begrenzten scheibenförmigen Sternanordnung umgeben ist. Spiralstrukturen sind nicht vorhanden, doch sind oftmals breite, durch interstellaren Staub verursachte dunkle Absorptionsstreifen zu erkennen. S0-Systeme werden gelegentlich auch als „armlose" Spiralsysteme bezeichnet.

Spiralsysteme (Spiralnebel; Symbol S) haben eine abgeplattete rotationssymmetrische zentrale Sternanhäufung, den *Zentralkörper* oder die *zentrale Aufbauchung*, um die sich zwei oder mehr Spiralarme winden (Abb. → Andromedanebel). Je nach der äußeren Erscheinung werden drei Untergruppen unterschieden. Bei Sa-Spiralen wird ein großer, heller Zentralkörper eng von Spiralarmen umschlungen, bei Sc-Spiralen ist der Zentralkörper klein und wenig auffallend, die Arme sind breit und weit geöffnet (Abb. 3), Sb-Spiralen nehmen eine Zwischenstellung ein. Bei feinerer Unterteilung werden Zwischengruppen eingefügt, z. B. Sab- oder Sbc-Spiralen. Spiralarme sind wesentlich durch Sterne der → Spektralklasse O und B sowie leuchtende Gebiete ionisierten interstellaren Wasserstoffs (HII-Gebiete; → interstellares Gas) markierte Strukturen innerhalb einer stark abgeflachten diskusähnlichen Sternverteilung, der „*Scheibe*", die die Hauptmenge der Sterne eines Spiralsystems umfasst. Beim Blick auf die Kante der Scheibe gibt sich die um ihre Symmetrieebene konzentrierte interstellare Materie, speziell der interstellare Staub, durch einen mehr oder minder breiten Absorptionsstreifen zu erkennen. Das Milchstraßensystem ist ein Spiralsystem wahrscheinlich vom Typ Sb oder Sbc. Eine besondere Form der Spiralsysteme stellen ***Balkenspiralen*** dar (Symbol SB). Sie sind durch einen Zentralkörper und eine radial von ihm nach zwei entgegengesetzten Seiten sich erstreckende Sternanhäufung, die einen zentralen „Balken" bildet, gekennzeichnet. Von ihm gehen, z. T. scharf abgewinkelt, Spiralarme aus, die sich um das Systemzentrum winden (Abb. 4). Bei SBa-Systemen bilden die Arme einen fast geschlossenen Kreis, SBc-Systeme haben mehr eine S-förmige Gestalt, SBb-Spiralen nehmen eine Zwischenstellung. Der Balken ist wahrscheinlich keine durch spezielle Anfangsbedingungen festgelegte permanente, aus den gleichen Sternen bestehende Struktur. Die Sternverteilung wird wahrscheinlich durch ein in der Zentralregion nicht rotationssymmetrisches Gravitationsfeld verur-

Abb. 2: Elliptisches Sternsystem M 87 im Sternbild Virgo (Jungfrau). (Aufnahme: Thüringer Landessternwarte Tautenburg)

Sternsystem

Abb. 3: Spiralsystem M 33 im Sternbild Triangulum (Dreieck). (Aufnahme: Thüringer Landessternwarte Tautenburg)

Sternsystem

sacht, wodurch besondere Bewegungsverhältnisse ausgelöst und wieder aufgelöst werden.

Bei *irregulären S.en* (Symbol Irr) ist in der Verteilung der O- und B-Sterne sowie der HII-Gebiete keine wohl definierte innere Struktur erkennbar (Abb. → Magellan'sche Wolken). Bei einem Teil irregulärer Systeme, den sog. Irr-I-Systemen, sind die leuchtkraftschwachen Sterne geringer Effektivtemperatur sowie die Gebiete neutralen interstellaren Wasserstoffs (HI-Gebiete) relativ regelmäßig in einer räumlich abgeplatteten Verteilung angeordnet. Bei irregulären Systemen vom Typ Irr II handelt es sich in der Mehrzahl um eigentliche Spiral- oder elliptische Systeme, die einen aktiven Galaxienkern mit starken Materieauswürfen besitzen, wodurch das regelmäßige Erscheinungsbild stark gestört ist. Es kann sich auch um zwei wechselwirkende oder „zusammenstoßende" Sternsysteme handeln, die im Gesamtbild keine innere Symmetrie erkennen lassen.

Bei Abweichungen der S.e von den idealen Hubble-Typen werden den Großbuchstaben Zusätze beigefügt. S.e mit geringen Abweichungen erhalten den Zusatz p [Abk. für peculiar, engl., ,eigentümlich'], so werden elliptische Systeme mit wahrnehmbaren Absorptionsstrukturen als Ep-Systeme bezeichnet, Spiralsysteme geringer Flächenhelligkeit tragen ein L [Abk. für low, engl., ,gering'], Systeme mit einem sehr kleinen, sehr hellen Zentralgebiet bei sonst geringer Flächenhelligkeit ein N [Abk. für nucleus, engl., ,Kern'] und Spiralsysteme mit sehr kleinem Zentralkörper sowie stark aufgelockerten Armen, die als Übergangsformen zu irregulären Systemen erscheinen, werden mit einem m [Abk. für Magellan'sche Wolken] versehen. Zwerggalaxien erhalten als Zusatz d [Abk. für dwarf, engl., ,Zwerg'] vor dem Symbol E, S oder I. Da elliptische Zwerggalaxien den großen elliptischen S.en meist wenig ähnlich sehen, werden sie meist als sphäroidale Zwerggalaxien (dSph) bezeichnet. Das dominante S. eines Galaxienhaufens trägt die Bezeichnung cD [Abk. für central dominant, engl., ,zentral vorherrschend'].

Die ursprüngliche Vorstellung, dass die Hubble-Sequenz die zeitliche Entwicklung eines S.s von einem E0- zu einem Sc- bzw. SBc-System widerspiegelt, ist nicht richtig, sie hat sich aber im Sprachgebrauch erhalten, so werden die in der Sequenz (Abb. 1) links stehenden S.e als „frühe" Typen, die rechts stehenden als „späte" Typen bezeichnet. Sb-Spiralen sind hiernach „früher" als Sc-Systeme, beide aber „später" als elliptische Galaxien. Das Hubble'sche Klassifikationsschema kann physikalisch als eine grobe Anordnung nach zunehmendem Drehimpuls pro Masseneinheit aufgefasst werden, der von den E-Systemen zu den späten S-Systemen hin zunimmt.

In die Hubble'sche Klassifikation lassen sich etwa 95% der scheinbar hellen S.e einordnen. Die relative Verteilung der S.e mit einer scheinbaren Gesamthelligkeit im photographischen Spektralbereich größer als $12^m_.9$ und einer Deklination größer als $-30°$ auf die verschiedenen Hubble-Typen (Tab.) ist nicht identisch mit der tatsächlichen Häufigkeitsverteilung der Galaxientypen im Weltall, da leuchtkraftschwache S.e im Gegensatz zu leuchtkraftstarken nur in der näheren Umgebung des Milchstraßensystems erfasst werden können. Verlässliche Aussagen über die tatsächliche Verteilung der Typen lassen sich nur gewinnen, wenn sämtliche S.e in einem abgeschlossenen Raumgebiet bekannt sind. Dies ist nur in der Umgebung der → Lokalen Gruppe der Fall, doch ist unbekannt, wie repräsentativ diese Verteilung für das gesamte Weltall ist.

Relative Verteilung der Sternsysteme heller als 13^m und der Deklination größer als $-30°$

Typ	Prozent
E0-E7	14
S0	9
Sa	10
Sb	19
Sc	33
SBa	4
SBb	6
SBc	2
Irr	3

Das Klassifikationsschema der S.e von W. W. Morgan [amerikan. Astronom, 1906–1994] benutzt zusätzlich zum äußeren Erscheinungsbild als Ordnungskriterium das Spektrum des Gesamtsystems, das sich aus den Spektren der Mitgliedsterne sowie der HII-Gebiete zusammensetzt. Je nachdem ob das Spektrum von Sternen der Spektralklasse B, A, F oder K geprägt ist, wird vor

Abb. 4: Balkenspirale NGC 1300 im Sternbild Eridanus. (Hubble Heritage Team, ESA, NASA)

den die morphologische Struktur bezeichnenden Großbuchstaben ein b, a, f oder k gesetzt und spektrale Zwischentypen durch af, fg oder gk gekennzeichnet. Zwischen dem Typ und dem Spektrum eines S.s besteht keine sehr ausgeprägte Korrelation. Bei der praktischen Anwendung der Klassifikation nach dem Spektrum besteht bei nahen Systemen die Schwierigkeit, dass infolge ihrer großen Winkelausdehnung jeweils nur von einem Teilbereich ein Spektrum gewonnen werden kann, die Klassifikation aber vom Gesamtspektrum ausgeht. Nach dem Erscheinungsbild werden wie in der Hubble-Sequenz Spiralsysteme (S), Balkenspiralen (B), elliptische (E) und irreguläre Systeme (I) unterschieden. Eine Zahl zwischen 1 und 7 gibt zusätzlich an, wie die Symmetrieebene einer Galaxie zur Sichtlinie liegt. Dabei bedeutet 1, dass die Blickrichtung senkrecht zur Symmetrieebene ist, und 7, dass die Sichtlinie in der Symmetrieebene liegt. Bei der Hubble'schen Klassifikation wird der Andromedanebel mit Sb, bei der Morgan'schen mit kS5 gekennzeichnet, der Triangulumnebel entsprechend mit Sc bzw. fS3.

Andere Klassifikationen benutzen zusätzlich noch die Gesamtleuchtkraft eines S.s als Ordnungskriterium in Analogie zur Einteilung der Sterne in Leuchtkraftklassen (→ Leuchtkraft eines Sterns). Unabhängig von der Einteilung nach dem Erscheinungsbild werden S.e auch danach unterschieden, ob sie in einem bestimmten Spektralbereich eine besonders hohe Strahlungsleistung haben, z. B. Radio- oder Infrarotgalaxien. Einen speziellen Galaxientyp bilden aktive S.e.

Entfernungsbestimmung. Bei extragalaktischen Objekten sind Entfernungen nur photometrisch zu ermitteln, wobei die scheinbare Helligkeit gemessen und die absolute als bekannt angenommen wird (→ Parallaxe). Außerdem wird vorausgesetzt, dass sich keine lichtschwächende → intergalaktische Materie zwischen Objekt und Milchstraßensystem befindet und Sterne mit photometrisch gleichen Eigenschaften, z. B. gleiches Spektrum oder gleiche Helligkeitsvariationen, unabhängig von Ort und kosmischer Umgebung auch gleiche absolute Helligkeiten haben. Bei physikalisch gleich strukturierten Objekten, wie Kugelsternhaufen, große HII-Gebiete oder auch ganze S.e, wird ebenfalls gleiche absolute Helligkeit angenommen.

Können in S.en absolut helle Einzelobjekte, wie → Delta-Cephei-Sterne, Kugelsternhaufen oder HII-Gebiete, identifiziert werden, ergibt sich aus der scheinbaren und der mittleren absoluten Helligkeit gleicher galaktischer Objekte die Entfernung. Bei optisch nicht in Einzelobjekte auflösbaren S.en wird als absolute Helligkeit die mittlere Gesamthelligkeit der nahen Galaxien gleichen Typs angesetzt. Für die am weitesten entfernten S.e dient der → Hubble-Effekt zur Entfernungsbestimmung. Alle photometrischen Bestimmungsmethoden sind infolge der geringen scheinbaren Helligkeit der Objekte mit großen Unsicherheiten behaftet, z. T. auch mit systematischen Fehlern, u. a. wenn die Annahme gleicher mittlerer absoluter Helligkeit für eine bestimmte Objektgruppe nicht erfüllt ist. Ungenauigkeiten bei den Entfernungen übertragen sich auf alle Größen der S.e, für deren Bestimmung die Entfernung wesentlich ist.

Durchmesser. Der lineare Durchmesser der S.e bekannter Entfernung ergibt sich aus dem Winkeldurchmesser. S.e sind ausgedehnte Lichtquellen ohne scharfe Begrenzung und uneinheitlicher Verteilung von Objekten gleicher Strahlungsintensität. Die Winkeldurchmesser sind daher u. a. von der Empfindlichkeit der benutzten Strahlungsempfänger abhängig. Um vergleichbare Daten zu erhalten, wird als Referenzgröße der Winkeldurchmesser der Isophote der scheinbaren Flächenhelligkeit von $26^m\!.6$ je Quadratbogensekunde gewählt. Die Flächenhelligkeit einer Lichtquelle ist unabhängig von der Entfernung (→ Helligkeit) und die meisten S.e haben bei der Flächenhelligkeit von $26^m\!.6$ im optischen Spektralbereich einen starken Helligkeitsabfall, so dass die Isophote die Strahlung der Hauptmenge der Sterne eines Systems umschließt. Die Hälfte des Winkeldurchmessers dieser Isophote wird als *Holmberg-Radius* [benannt nach dem schwed. Astronomen E. Holmberg, 1908–2000] bezeichnet. Zur Bestimmung des mittleren Radius für unterschiedliche Galaxientypen sind unter gleichen Bedingungen im gleichen Spektralbereich gewonnene Beobachtungen erforderlich. Unter anderem erfüllt der *Palomar Observatory Sky Survey* [engl., svw. ‚Himmelsdurchmusterung der Palomar-Sternwarte'] diese Bedingung.

Der mittlere lineare Durchmesser elliptischer und S0-Systeme liegt zwischen etwa 1 und 50 kpc, der der Spiralsysteme zwischen 10 und 30 kpc und der der irregulären vom Typ I zwischen 5 und 20 kpc. Die hohe Streuung für die einzelnen Galaxientypen ist durch die Existenz von Zwerg- und Riesengalaxien bedingt. Bei elliptischen S.en gibt es z. B. Riesengalaxien mit einem Durchmesser bis zu einigen 100 kpc, die Durchmesser von Riesenspiralsystemen können bis zu 200 kpc betragen. Bei radioastronomischer Bestimmung der Ausdehnung von Spiralgalaxien z. B. mittels der 21-cm-Linie des neutralen interstellaren Wasserstoffs (→ Einundzwanzig-cm-Linie) ergeben sich z. T. Durchmesser bis zu einigen Megaparsec. Der optisch erkennbare zentrale Bereich dieser Systeme ist offenbar von einer großen Wasserstoffwolke umgeben, die das System einhüllt und im sichtbaren Spektralbereich nicht in Erscheinung tritt.

Absolute Helligkeit. Die absolute Helligkeit eines S.s folgt aus der Entfernung und der scheinbaren Gesamthelligkeit, die als die Summe der Flächenhelligkeiten innerhalb des Holmberg-Radius angenommen wird. Im Allg. werden damit mehr als 90% der von einem System im optischen Spektralbereich emittierten Strahlung erfasst. Die gemessenen Flächenhelligkeiten können nicht unkorrigiert verwendet werden, da sie z. T. infolge einer intergalaktischen und möglicherweise einer systeminternen interstellaren Extinktion reduziert sind. Die Auswirkung der systeminternen Extinktion hängt vom Neigungswinkel der Sichtlinie gegen die Symmetrieebene des Systems ab, da der die Extinktion verursachende interstellare Staub in einer dünnen Schicht um diese Ebene konzentriert ist. Bei einem Winkel von nahezu 90° wirkt sich der Staub kaum aus, ein derartiges S. erscheint demzufolge heller als ein System gleichen Typs, bei dem die Sichtlinie in der Symmetrieebene liegt, bei Spiralsystemen mit einer dicken Staubschicht

Sternsystem

ist der Effekt am stärksten. Durch empirische Korrekturwerte kann er in gewissen Grenzen ausgeglichen werden.

Der Variationsbereich der absoluten photographischen Helligkeiten liegt bei elliptischen und S0-Systemen zwischen etwa -10^m und -22^m, bei S- und SB-Systemen zwischen -16^m und -21^m und bei irregulären Systemen des Typs I zwischen rund -14^m und -18^m. Alle S.e mit einer im B-Bereich des UBV-Systems (→ Farbsystem) geringeren absoluten Helligkeit als -16^m werden als *Zwerggalaxien* bezeichnet. Die absolute Helligkeit der leuchtkraftschwächsten elliptischen Zwerggalaxien unterscheidet sich kaum von der der absolut hellsten Kugelsternhaufen. Die Streuung der absoluten Helligkeiten ist bei S.en insgesamt geringer als bei Sternen (→ Zustandsgrößen eines Sterns).

Zur Gesamtleuchtkraft eines S.s trägt im Wesentlichen der optische Spektralbereich bei. Galaxien, bei denen das Strahlungsmaximum im mittleren oder fernen Infrarot liegt und bis zu zwei Größenordnungen größer ist als bei Galaxien gleichen Typs üblich, bilden die Gruppe der *Infrarotgalaxien*. Der im Radiofrequenzbereich ausgesandte Strahlungsstrom beträgt bei „normalen" Spiralsystemen nur etwa ein Millionstel des Strahlungsstroms im optischen Bereich. Die Strahlungsleistung der *Radiogalaxien* im Radiofrequenzbereich ist um viele Größenordnungen höher als bei der Mehrheit der S.e gleichen morphologischen Typs.

Spektrum. Das optische Spektrum eines S.s ist die Überlagerung der Spektren aller das System bildenden Einzelsterne, es ist ein Absorptionslinienspektrum, das von der Spektralklasse des Hauptteils der Mitgliedsterne bestimmt wird. Dem Absorptionslinienspektrum ist z. T. ein Emissionslinienspektrum überlagert, das von den HII-Gebieten im System herrührt. Aus dem Spektrum kann grob auf die chemische Zusammensetzung der dominierenden Sterne geschlossen werden. Insbesondere die relative Häufigkeit schwerer Elemente („Metalle") kann mittels spezieller Farbenindizes („Metallindizes") bestimmt werden (→ Farbenindex). Sie beinhalten auch Hinweise auf das mittlere Alter einer Sternansammlung. Je geringer der Metallgehalt, umso älter sind im Mittel die Sterne (→ Population), umso weniger Sterne früher Spektralklassen sind in der Regel vorhanden.

Rotation. Die Rotation eines S.s kann mittels Messungen der Radialgeschwindigkeiten bestimmt werden, woraus nur bei bekannter Neigung der Rotationsachse gegen die Sichtlinie die Rotationsgeschwindigkeiten abgeleitet werden können. Bei Spiralsystemen liegt die maximale Rotationsgeschwindigkeit zwischen etwa 200 und 300 km/s. Bei nahen S- und SB-Systemen kann die Rotationsgeschwindigkeit in Abhängigkeit vom Zentrumsabstand (die Rotationskurve) bestimmt werden. Danach haben die Spiralsysteme eine differentielle Rotation: In geringen Zentrumsentfernungen ist die Rotationsgeschwindigkeit relativ konstant und steigt z. T. nach außen hin leicht an. In großen Entfernungen nimmt bei den meisten Spiralsystemen die Rotationsgeschwindigkeit geringer ab als bei den hohen beobachteten zentralen Massekonzentrationen zu erwarten wäre. Die Rotationskurven hängen nicht vom Hubble-Typ ab.

Balkenspiralen haben in Zentrumsnähe kein rotationssymmetrisches Gravitationsfeld, die Bewegungsverhältnisse sind dadurch sehr kompliziert. In den Zentralregionen der Balken bewegen sich die Sterne auf elliptischen Bahnen unterschiedlicher Exzentrizität um das Galaxienzentrum, bei einigen Systemen sind auch Strömungen längs des Balkens erkennbar.

Bei elliptischen S.en liegen die gemessenen maximalen Radialgeschwindigkeiten typischerweise zwischen etwa 50 und 100 km/s. Eine Rotation als einheitliche systematische Bewegung um eine ausgezeichnete Achse ist bei den Systemen von untergeordneter Bedeutung gegenüber den individuellen Bewegungen der Sterne um das Massenzentrum des Systems, die ellipsoidische Gestalt ist nur in sehr geringem Maß eine Rotationsabplattung. In einigen elliptischen S.en haben die Sterne z. T. entgegengesetzte Umlaufrichtungen. Dynamisch unterschiedliche Sterngruppen bilden möglicherweise eine Art dreiachsige Unterstruktur. Die durch die Bewegungen der Hauptmenge der Mitgliedsterne angedeutete Rotationsachse fällt nicht notwendigerweise mit einer der Hauptachsen der Struktur zusammen. Die Geschwindigkeiten der Sterne um das Massenzentrum sind sehr unterschiedlich, was infolge des → Doppler-Effekts zu einer Rotationsverbreiterung der Absorptionslinien im Spektrum des Gesamtsystems führt. Die komplizierte dynamische Struktur elliptischer Systeme ist wahrscheinlich durch die „Verschmelzung" vorher selbständiger S.e verursacht.

Masse. Aus den Rotationskurven kann bei Spiralsystemen analog wie beim → Milchstraßensystem auf die Massenverteilung im System geschlossen werden und aus der Rotationsgeschwindigkeit der am weitesten außenliegenden Bereiche auf die Gesamtmasse. Bei den meisten Spiralsystemen sinkt die im optischen Spektralbereich abgeleitete Rotationskurve in den Außenbereichen nicht im erwarteten Maße ab. Dies ist nur dadurch zu erklären, dass eine beträchtliche Menge gravitativ wirksamer Masse in diesen Regionen vorhanden ist, die sich aber nicht durch Strahlung bemerkbar macht. Dabei handelt es sich mit großer Wahrscheinlichkeit um → Dunkle Materie, die sich möglicherweise weit über die Grenzen des sichtbaren Systems hinaus erstreckt. Die aus der optisch bestimmten Rotationskurve abgeleitete Gesamtmasse ist daher nur ein unterer Grenzwert. Sie beträgt bei den massereichsten Spiralsystemen bis zu einigen 10^{11}, bei den massearmen etwa 10^9 Sonnenmassen. Bei Spiralsystemen scheint ein loser Zusammenhang zwischen der Gesamtmasse und dem morphologischen Galaxientyp zu existieren. Die Masse nimmt von den Sa- zu den Sc-Spiralen stetig ab, doch streuen die Einzelwerte stark um den Mittelwert eines Typs. Bei elliptischen Zwerggalaxien betragen die aus der Linienverbreiterung abgeleiteten Massen z. T. nur etwa 10^6 bis 10^7, bei elliptischen Riesengalaxien hingegen bis zu 10^{13} Sonnenmassen.

Bei Doppelgalaxien bewegen sich zwei S.e um einen gemeinsamen Schwerpunkt. Mittels des dritten Kepler'schen Gesetzes (→ Kepler'sche Gesetze) ist die Bestimmung ihrer Masse möglich, wenn außer den Bahngeschwindigkeiten beider Systeme um den gemeinsamen Schwerpunkt auch ihr linearer Abstand bekannt ist. Dieser ergibt sich aus dem Winkelabstand der Systeme und der Entfernung vom Milchstraßensystem.

Die mittlere Masse der Mitglieder eines Galaxienhaufens ergibt sich aus der Gesamtmasse des Haufens, aus der Zahl der Mitglieder sowie deren Verteilung im Haufen. Die Gesamtmasse kann aus der Geschwindigkeitsverteilung der Mitgliedgalaxien bestimmt werden und die Galaxienverteilung mit Hilfe der scheinbaren Helligkeit der einzelnen Haufenmitglieder. Die so ermittelte mittlere Masse der Galaxien ist z. T. wesentlich größer als die mit anderen Bestimmungsmethoden ermittelten Massenwerte. Möglicherweise geht ein Großteil der gravitativ wirksamen Masse eines Haufens, die die Geschwindigkeiten der Mitglieder bestimmt, auf zahlreiche Mitglieder geringer scheinbarer Helligkeit zurück, die optisch nicht in Erscheinung treten und damit bei der Bestimmung der Gesamtzahl nicht mitgezählt werden. Einen wesentlichen Beitrag zur Gesamtmasse könnte auch intracumulare Materie mit einem großen Anteil Dunkler Materie leisten. Insgesamt sind alle Massenbestimmungen mit beträchtlichen Unsicherheiten behaftet.

Aus Masse und absoluter Helligkeit bzw. Leuchtkraft der Systeme ist das Masse-Leuchtkraft-Verhältnis ableitbar, wobei die Größen in Sonneneinheiten gemessen werden. Bei elliptischen S.en liegt das Verhältnis zwischen 10 und 80, bei den absolut hellsten bei maximal 100. Spiralsysteme haben ein Verhältnis zwischen 1 und 20, Irr-I-Systeme zwischen 1 und 10. Das Verhältnis ist umso größer, je mehr Dunkle Materie in einem System existiert, die zwar zur Masse, nicht aber zur Leuchtkraft beiträgt. Es besteht ein direkter Zusammenhang zwischen Masse-Leuchtkraft-Verhältnis und Spektrum. Je größer das Verhältnis ist, umso mehr massearme Sterne geringer Effektivtemperatur sind im System vorhanden, bei umso geringerer Wellenlänge liegt das Strahlungsmaximum.

Populationen. In nahen S.en, in denen Einzelobjekte untersucht werden können, sind die absolut hellsten Objekte vertreten, die auch im Milchstraßensystem vorhanden sind. Bei optisch auflösbaren S.en kann die Populationszusammensetzung, z. B. die relative Häufigkeit von Sternen unterschiedlicher Spektralklasse, aus dem Spektrum des Gesamtsystems oder einzelner seiner Gebiete ermittelt werden. In Spiralsystemen sind die Mitglieder der extremen → Population I, z. B. O- und B-Sterne, Überriesen, Delta-Cephei-Sterne, Offene Sternhaufen, HII-Gebiete und Wolken interstellaren Staubs, im Wesentlichen in gleicher Weise wie im Milchstraßensystem angeordnet. In ihnen existieren weiterhin Objekte der Scheibenpopulation, z. B. Planetarische Nebel und Novae, und Mitglieder der Halopopulation, z. B. RR-Lyrae-Sterne und Kugelsternhaufen. Am absolut hellsten sind die äußerst selten auftretenden Supernovae.

Elliptische S.e bestehen hauptsächlich aus alten Sternen, die zur Scheibenpopulation, zur Zwischenpopulation II und zur Halopopulation gehören. Zur Gesamtleuchtkraft tragen vor allem massearme Rote Riesen und Überriesen bei. Vertreter der extremen Population I, z. B. massereiche O- und B-Sterne, wie auch interstellare Materie fehlen fast völlig. Gelegentlich sind dunkle, durch interstellaren Staub verursachte Strukturen und Anzeichen für interstellares Gas erkennbar. Die Masse der interstellaren Materie dürfte aber weniger als etwa 0,01% der Gesamtmasse eines Systems ausmachen. Absolut helle elliptische S.e scheinen relativ mehr interstellare Materie zu beherbergen als Zwerggalaxien. Der Metallgehalt elliptischer S.e ist relativ gering, nur bei einigen besonders leuchtkraftstarken Systemen entspricht er etwa dem mittleren Metallgehalt der Sterne der Sonnenumgebung. In elliptischen Zwerggalaxien dominieren metallarme Sterne.

Der Zentralkörper eines Spiralsystems wird überwiegend von älteren Sternen der Scheibenpopulation gebildet und gleicht in der stellaren Zusammensetzung weitgehend elliptischen S.en. Bei den den Zentralkörper sehr weiträumig umgebenden Sternen kann zwischen einer „dicken Scheibe" und einer in sie eingebetteten „dünnen Scheibe" unterschieden werden. Die Mitglieder der dicken Scheibe gehören zur Scheibenpopulation, es sind vorwiegend metallarme Sterne, die in der zentrumsnahen Scheibenregion relativ älter sind als die Sterne in den weiter außen liegenden Bereichen. Die dünne Scheibe bilden Objekte der extremen Population I, d. h. junge Sterne, HII-Gebiete sowie interstellares Gas und interstellarer Staub (Abb. 5), zusammen markieren sie die in der dünnen Scheibe eingebetteten Spiralarme. Bei frühen Spiralsystemen ist der relative Anteil der Objekte der Population I im Mittel geringer als bei späten. Der Massenanteil des interstellaren Wasserstoffs steigt typischerweise von etwa 2% der Gesamtmasse bei Sa-Spiralen bis zu etwa 25% bei Sc-Spiralen. Eine größere Menge interstellaren Wasserstoffs existiert auch außerhalb der optisch wahrnehmbaren Regionen. Der Zentralkörper und die Scheiben sind von einem ausgedehnten, etwa sphärischen Halo aus Kugelsternhaufen, den typischen Vertretern der Halopopulation mit im Mittel geringem Metallgehalt, sowie von größeren Mengen Dunkler Materie umgeben.

Für unregelmäßige S.e des Typs I ist eine große Häufigkeit junger Objekte der Population I sowie ein hoher Massenanteil interstellarer Materie, der bis zu 30% betragen kann, charakteristisch; es sind aber auch Vertreter der Scheiben- und der Halopopulation, z. B. Novae und Kugelsternhaufen, vorhanden. Der relative Metallgehalt steigt mit zunehmender absoluter Helligkeit der Systeme: Im interstellaren Gas irregulärer Zwerggalaxien ist er um rund eine Größenordnung geringer als im Mittel im interstellaren Gas des Milchstraßensystems.

Sternentstehung Die Sternentstehungsrate in einem S. ist umso höher, je höher der Massenanteil der interstellaren Materie ist. In Spiralsystemen ist sie demzufolge sehr hoch, was sich in der Existenz vieler junger Sterne widerspiegelt. In elliptischen S.en entstehen auf Grund des Mangels an interstellarer Materie praktisch keine Sterne mehr. Wahrscheinlich entstanden sie im Wesentlichen in den Ursystemen der Galaxien während einer verhältnismäßig kurzen Zeit nach deren Bildung. Große elliptische Systeme des Typs Irr II sind mit großer Wahrscheinlichkeit das Ergebnis des „Zusammenstoßes" und nachfolgendem „Verschmelzen"

Sternsystem

zweier S.e. In dem neuentstandenen System ist die interstellare Materie stark verdichtet, was eine intensive Sternentstehung auslöst. Die von der Mehrzahl der elliptischen Systeme emittierte Röntgenstrahlung stammt von Gas in den Systemaußenregionen, das von Sternen hoher Effektivtemperatur aufgeheizt ist. Es ist so heiß, dass langfristig das von Mitgliedsternen verursachte Gravitationsfeld allein sein Abströmen in den intergalaktischen Raum nicht verhindern kann, das Feld wird offenbar durch erhebliche Mengen Dunkler Materie verstärkt. In irregulären Systemen des Typs I gab es anscheinend zu keiner Zeit eine Phase erhöhter Sternentstehung, sie blieb wahrscheinlich langfristig mehr oder minder konstant.

Galaxien mit einer extrem hohen Sternentstehungsrate werden als „*starburst galaxies*" [engl., svw. ‚Galaxien mit berstender Sternentstehung'] bezeichnet. Sie ist in ihnen um ein bis zwei Größenordnungen höher als die im Milchstraßensystem beobachtete. Die intensive Sternentstehung ist wahrscheinlich nur ein ausbruchsartiges Ereignis von vielleicht 10 Mio. Jahren Dauer, denn sonst wäre die verfügbare interstellare Materie in einer viel kürzeren Zeit als die Existenzdauer von Galaxien verbraucht. Starburst galaxies haben eine stark erhöhte Infrarotstrahlung, da die im System vorhandenen interstellaren Staubpartikeln die von den jungen Sternen hoher Effektivtemperatur emittierte kurzwellige Strahlung absorbieren, sich stark erhitzen und die aufgenommene Energie als thermische Strahlung im infraroten Spektralbereich emittieren (→ interstellarer Staub).

Infrarotgalaxien durchlaufen wahrscheinlich gleichfalls eine Phase verstärkter, aber nicht extrem gesteigerter Sternentstehung, wobei die Infrarotstrahlung bei analogen physikalischen Prozessen wie bei den starburst galaxies verursacht wird. Die Strahlungsintensität der Infrarotgalaxien ist im infraroten Spektralbereich höher als die in allen anderen Bereichen zusammen. Die kurzwellige Sternstrahlung ist durch interstellare Absorption so stark reduziert, dass die Systeme im optischen Spektralbereich kaum beobachtbar sind. Die meisten sehr hellen Infrarotgalaxien scheinen wie die Irr-II-Systeme auf den Zusammenstoß und die Verschmelzung gasreicher Spiralsysteme zurückzugehen, was die erhöhte Sternbildung auslöst.

Bei den sog. „*blauen Zwerggalaxien*" liegt das Strahlungsmaximum im Blaubereich des optischen Spektrums. In ihnen existieren relativ viele junge Sterne hoher Effektivtemperatur, die den interstellaren Wasserstoff weitgehend ionisieren, so dass das Spektrum wesentlich durch HII-Gebiete bestimmt wird. Die Galaxien werden daher auch als **HII-Galaxien** bezeichnet. Möglicherweise läuft in diesen Systemen die Sternentstehung nicht kontinuierlich, sondern in getrennten, kurzen Schüben ab. Eine blaue Zwerggalaxie erführe demnach gerade eine Phase verstärkter Sternbildung. Den blauen Zwerggalaxien entsprechende S.e außerhalb dieser Phase sind möglicherweise die **Systeme geringer Flächenhelligkeit**. Ihre Flächenhelligkeit beträgt nur etwa 1/10 bis 1/20 der des Nachthimmels, so dass sie nur mit lichtelektrischen Flächendetektoren sehr hoher Empfindlichkeit nachgewiesen werden können.

Spiralstruktur in Spiralsystemen. Spiralsysteme haben einen hohen Massenanteil interstellarer Materie, die in der dünnen Scheibe um die Symmetrieebene konzentriert ist. Beim Zusammenfallen des Sehstrahls mit der Ebene, beim Blick auf die „Kante" des S.s, verursacht der interstellare Staub ein mehr oder minder breites Absorptionsband (Abb. 5). Das Licht der vom Beobachter aus gesehen „hinter" den Staubgebieten liegenden Sterne wird so stark reduziert, dass sie nicht in Erscheinung treten. Infolge der hohen Dichte der interstellaren Materie in der dünnen Scheibe ist die Sternentstehungsrate hoch, die jungen Sterne hoher Effektivtemperatur und die durch sie verursachten HII-Regionen konzentrieren sich demzufolge nahe der Symmetrieebene.

Abb. 5: Das von der Kante gesehene Spiralsystem M 104 im Sternbild Virgo (Jungfrau), der sog. Sombreronebel. (NASA-MSFC)

Spiralarme sind keine Gebilde, die über viele Umläufe der Sterne um das Systemzentrum aus den gleichen Objekten bestehen, sie würden infolge der scherenden Wirkung der differentiellen Rotation innerhalb einiger 100 Mio. Jahre bis zur Unkenntlichkeit verzerrt. Spiralarme entstehen wahrscheinlich in Bereichen der Symmetrieebene des Systems, in denen das Gravitationsfeld im Vergleich zum großräumigen Mittel erhöht ist. Das überlagerte Feld hat aller Wahrscheinlichkeit nach eine im Allg. zweiarmige, spiralförmige Großstruktur, die symmetrisch vom Zentralkörper ausgeht und sich bis in relativ große Zentrumsentfernungen erstreckt. In jeder Entfernung rotiert das Feld mit einer kleineren Winkelgeschwindigkeit als die Sterne und die interstellare Materie, so dass diese das Zusatzfeld überholen und dabei einer variierenden Anziehungskraft unterliegen. Beim Einströmen in den Bereich erhöhter Gravitation werden sie beschleunigt, beim Verlassen abgebremst. Der entstehende Staubereich hat das gleiche großräumige Muster wie das Störfeld. Für die Sterne verursacht der Stau infolge ihrer großen Abstände voneinander nur eine geringe Erhöhung der Anzahldichte. Die interstellare Materie wird hingegen wegen der starken Wechselwirkung der Gaspartikeln stark komprimiert und dadurch eine entsprechend intensive Sternentstehung ausgelöst (Abb. → Milchstraßensystem). Die entstehenden massereichen O- und B-Sterne haben eine so kurze Existenzzeit (→ Sternentwicklung), dass sie sich nur wenig von ihrem Entstehungsort entfernen, sie markieren zusammen mit den durch sie verursachten HII-Gebieten das Zusatzfeld in Form von Spiralarmen. Vielfach existieren mehr als zwei, teilweise verzweigte oder in Stücke aufgebrochene Arme (Abb. 3). Sie gehen möglicherweise auf das Zusammenwirken der differentiellen Rotation mit einer in weit auseinandergezogenen dichten interstellaren Wolkenkomplexen sich selbstanregenden Sternentstehung zurück. Sehr massereiche Sterne entwickeln sich innerhalb weniger Millionen Jahre zu Supernovae. Bei deren Explosion wird stellare Materie mit hoher Geschwindigkeit abgestoßen, wodurch in der umgebenden interstellaren Materie Stoßwellen entstehen (→ Supernova), in denen Materie stark komprimiert und die Sternbildung verstärkt wird. Die Supernovaausbrüche der dabei entstandenen massereichsten Sterne regen die Sternbildung weiter an. Dieser Prozess einer sich selbst anregenden Sternentstehung läuft ab, bis der Vorrat an interstellarer Materie aufgebraucht ist. Durch die differentielle Rotation werden die Sternentstehungsgebiete zu langgestreckten spiralförmigen Bereichen verformt. Da die Dichte der interstellaren Materie in vielen Regionen der Spiralsysteme erhöht ist, findet die stimulierte Sternbildung in vielen Bereichen mit unterschiedlich hohen Entstehungsraten und unterschiedlich lange statt.

O- und B-Sterne sowie HII-Gebiete markieren dadurch unterschiedliche Spiralarmstücke und Spiralarmauffächerungen. Bei niedrigen Entstehungsraten wird die interstellare Materie nur langsam verbraucht und die differentielle Rotation bewirkt lange, eng gewundene Spiralarme, hohe Entstehungsraten verursachen weniger eng gewundene. Infolge der nach außen hin abnehmenden Winkelgeschwindigkeit werden Spiralarme im Allg. „nachgeschleppt".

Galaxienkerne. Im Zentralbereich der S.e befindet sich eine sehr kleine kompakte Region, der „Kern". Bei Spiralgalaxien ist es eine nahezu punktförmig erscheinende Sternkonzentration, die sich aus der mit wachsendem Zentrumsabstand abfallenden Flächenhelligkeit als starkes Intensitätsmaximum heraushebt. Im Röntgen- und Infrarotbereich, vor allem aber im Radiofrequenzbereich sind Galaxienkerne ebenfalls mit einer starken Strahlungsüberhöhung verbunden. Bei elliptischen S.en werden die Kerne vom Restsystem völlig überstrahlt, bei irregulären Systemen treten Kerne im Allg. nicht herausragend in Erscheinung. Die Anzahldichte der Sterne im Kernbereich kann aus der Flächenhelligkeit abgeschätzt werden. Die Sterndichte übertrifft die in den Außenregionen um viele Größenordnungen. Eine derartig hohe Dichte hat starke Wechselwirkungen zwischen den Sternen zur Folge, es kommt zu extrem nahen Begegnungen und zu „Zusammenstößen". Bei der anschließenden „Verschmelzung" der Stoßpartner kann der dabei entstehende neue Stern so massereich sein, dass er zu einer Supernova von Typ II wird (→ Supernova) und ein Neutronenstern oder ein → Schwarzes Loch als Überrest bleibt. Durch weitere Verschmelzungen von Sternen und von Schwarzen Löchern kann schließlich ein zentrales supermassereiches Schwarzes Loch mit einer Masse von etwa 10^6 bis 10^9 Sonnenmassen entstehen. Es wird heute davon ausgegangen, dass die Kerne aller massereichen S.e ein supermassereiches Schwarzes Loch enthalten.

Aktive Galaxien. Die bestehenden Ordnungskriterien der verschiedenen Typen aktiver Galaxien beruhen auf z. T. sehr unterschiedlichen morphologischen, photometrischen oder spektroskopischen Erscheinungsformen, was zu vielen Überschneidungen der verschiedenen Typen aktiver Galaxien führt. Gemeinsam ist aktiven Galaxien, zu denen u. a. Radiogalaxien, Seyfert-Galaxien, BL-Lacertae-Objekte und Quasare gehören, eine intensive nichtthermische Strahlung. Die Strahlungsintensität im Gamma-, Röntgen-, optischen, z. T. auch Radiofrequenzbereich variiert mit Zeitskalen kleiner als etwa 1 Jahr bis herab von Tagen. Das ermöglicht die Abschätzung der maximalen Ausdehnung der Strahlungsquelle. Sie kann nicht größer sein als die Strecke, die ein Signal während einer Phase konstanter Ausstrahlung durchlaufen muss, um diese in einem weiten Raumbereich auszulösen und aufrechtzuerhalten. Bei rein zufälligen lokalen Helligkeitsvariationen in einem großen Gebiet käme es zu unregelmäßigen Helligkeitsschwankungen, die sich im Mittel ausglichen. Die Lichtgeschwindigkeit ist die höchstmögliche Signalübertragungsgeschwindigkeit (→ Relativitätstheorie). Bei einer für ein halbes Jahr konstanten Helligkeit beträgt die Lichtlaufstrecke, damit der Durchmesser des Strahlungsgebiets, 0,5 Lichtjahre, bei 1 Tag liegt die Ausdehnung bei maximal 200 AE.

Nur die Kerne der S.e sind klein genug, um als Sitz der Aktivität in Frage zu kommen. Beim Standardmodell eines aktiven S.s wird ein zentrales supermassereiches Schwarzes Loch angenommen, dem aus der weiträumigen Umgebung relativ kühle, unterschiedlich dichte, einen Drehimpuls und Magnetfelder tragende interstellare Materie zuströmt und eine → Akkretionsscheibe bildet. Die beim Einfall freigesetzte potentielle Energie wird in der Scheibe in thermische Energie umgewandelt, die Materie extrem komprimiert und stark aufgeheizt. Die in der Scheibe konzentrierte Energie wird in allen Spektralbereichen bis hin zum Gammabereich abgestrahlt. In den innersten Bereichen der Akkretionsscheibe befindet sich ein dünnes, extrem heißes und hochionisiertes Gas, in dem Photonen an freien Elektronen gestreut und durch den inversen → Compton-Effekt bis auf Energien des Röntgen- und Gammabereichs gebracht werden. Die energiereiche Strahlung der Akkretionsscheibe vermag außerdem kühles Gas in der Umgebung zur Emission von Linienstrahlung anzuregen. In der Scheibe werden die Magnetfeldlinien verdrillt und das Magnetfeld so verstärkt, dass die ionisierte Materie zur Bewegung in Richtung der Rotationsachse gezwungen wird. Dabei entstehen zwei symmetrische, vom Zentrum weggerichtete, stark gebündelte Materiestrahlen. Die Teilchen in ihnen haben nahezu Lichtgeschwindigkeit, die Elektronen umlaufen die mitgeführten Magnetfeldlinien in Spiralbahnen und senden dabei → Synchrotronstrahlung aus. Die unterschiedlichen Typen der aktiven Galaxien ergeben sich möglicherweise allein (oder wenigstens zum großen Teil) durch die zufällige Orientierung der Sichtlinie zur Symmetrieebene der Kernregion.

Sternsystem

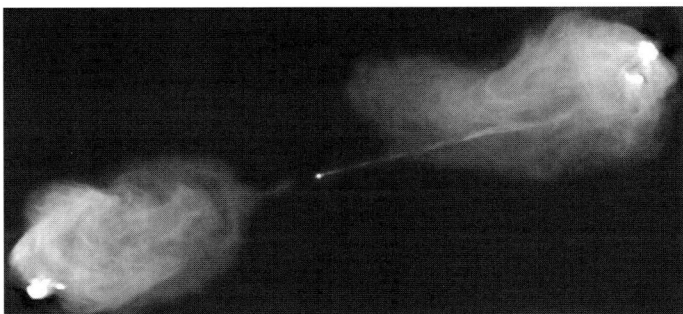

Abb. 6: Die Doppelblasenstruktur der Radioquelle Cygnus A (NRAO/AUI)

Radiogalaxien sind aktive S.e, deren Strahlungsleistung im Radiofrequenzbereich die im optischen um mehr als eine Größenordnung übertrifft. Radiogalaxien sind in der Regel im optischen Spektralbereich sehr leuchtkräftige elliptische Riesengalaxien oder S0-Systeme. Eine relativ schwache Radioquelle liegt im Systemzentrum, der Hauptteil der Strahlung ist Synchrotronstrahlung, die im Normalfall aus einer Doppelquelle stammt, wobei sich die beiden Einzelquellen weit außerhalb und auf entgegengesetzten Seiten des sichtbaren S.s befinden (Abb. 6). Die symmetrische Quellenanordnung wird durch die vom Kern in entgegengesetzte Richtungen ausgehenden Materiestrahlen verursacht. Relativ zur intergalaktischen Materie bewegt sich die Strahlmaterie mit Überschallgeschwindigkeit, wodurch es beim Aufprall auf die umgebende Materie zur Bildung von Stoßfronten mit intensiver Synchrotronstrahlung kommt (Abb. 7). Die als Flecken erscheinenden Doppelquellen sind räumliche „Blasen" geringer Materie-, aber hoher Strahlungsdichte. Bei einer hohen Relativbewegung der Radiogalaxie gegenüber der intergalaktischen Materie entsteht eine **Kopf-Schwanz-Radiogalaxie**. Der Staudruck in der umgebenden Materie ist für die Galaxie vernachlässigbar gering, für die Blasen hingegen erheblich, so dass die Verbindungslinie der Blasen so verbogen wird, dass sich die Muttergalaxie am „Kopf" der Strahlungsverteilung befindet, während die Blasen in Abhängigkeit von der intergalaktischen Materiedichte zurückbleiben, „nach hinten" versetzt erscheinen und den „Schwanz" bilden (Abb. 8).
Bei einigen wenigen Radiogalaxien erscheinen mehrere Quellenpaare in verschiedenen Zentrumsentfernungen längs einer Geraden aufgereiht. Die sie verursachenden Materiestrahlen bewegen sich offensichtlich längs der konstanten Rotationsachse der Akkretionsscheibe und gehen auf wiederholte Aktivitätsphasen des Kerns zurück, die möglicherweise durch zeitlich stark unterschiedliche der Akkretionsscheibe zufließende Materiemengen ausgelöst werden. Bei einigen Galaxien haben die Einzelquellen unterschiedliche Intensitäten, deren Verhältnis 10:1 oder mehr betragen kann. Bei weit entfernten Radiogalaxien tritt z. T. auch nur eine Quelle in Erscheinung, die andere liegt unter der Nachweisgrenze. Ursache dafür ist, dass die Sichtlinie mit der Bewegungsrichtung der Materiestrahlen zusammenfällt, so dass sich die Materie eines Strahls mit nahezu Lichtgeschwindigkeit auf den Beobachter zu bewegt, die des anderen von ihm weg. Auf Grund des → Doppler-Effekts ergibt sich eine spektrale Violett- bzw. Rotverschiebung des Strahlungsmaximums, was zu einer Energieerhöhung bzw. Energieerniedrigung der wahrgenommenen Strahlung führt. Bei einigen Ra-

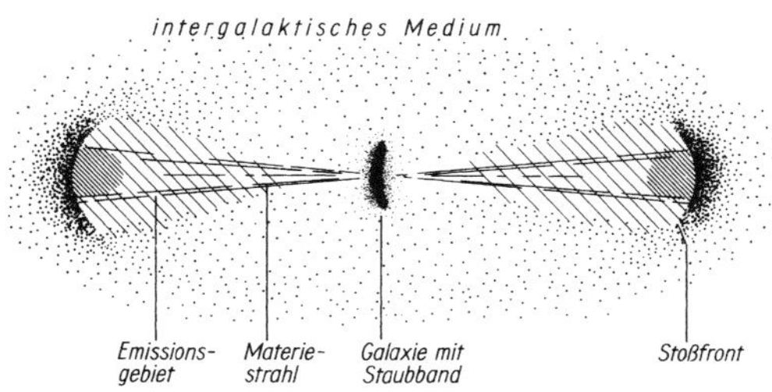

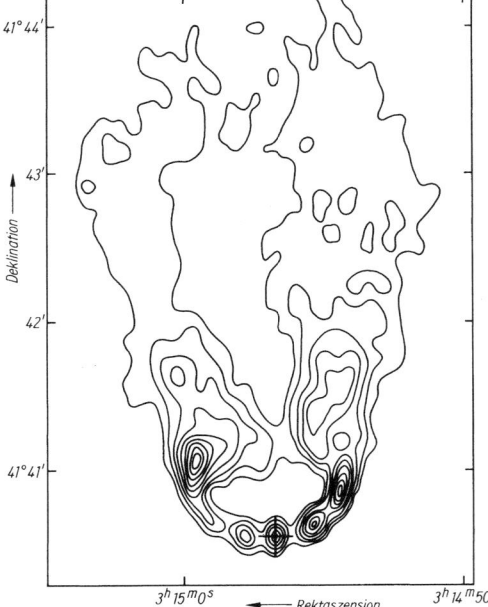

Abb. 7: Schema der Anordnung der zwei Materiestrahlen und der Hauptemissionsgebiete einer Radiogalaxie

Abb. 8: Linien gleichen Strahlungsstroms bei der Wellenlänge 6 cm der Radioquelle 3C 83.1B im Sternsystem NGC 1265; +: Ort des Sternsystems

Sternsystem

Abb. 9: Die inneren Regionen des elliptischen Sternsystems M 87 mit einem im nahen Infraroten sichtbaren Materiestrahl. (NASA/GSFC)

diogalaxien sind die Materiestrahlen auch in anderen Spektralbereichen nachweisbar, z. B. bei der elliptischen Riesengalaxie M 87, die als Radioquelle mit Virgo A bezeichnet wird. Von ihr geht ein etwa 1 500 pc langer, Infrarotstrahlung emittierender Materiestrahl aus (Abb. 9). Die in ihm existierenden hellen Verdichtungen sind wahrscheinlich auch durch variierende Kernaktivität verursacht.

Seyfert-Galaxien [benannt nach dem amerikan. Astrophysiker C. K. Seyfert, 1911–1960] sind vorwiegend Spiralsysteme mit einem sehr hellen sternartig erscheinenden Kern, von dem Synchrotronstrahlung hoher Intensität ausgeht. Die Strahlungsleistung kann 1 Mrd. Sonnenleuchtkräfte erreichen. Einige der Galaxien haben Helligkeitsvariationen mit Zeitskalen von Wochen oder Monaten.

In den Spektren der Seyfert-Galaxien vom Typ I treten breite Emissionslinien des Wasserstoffs (→ Balmer-Linien) sowie Linien vom neutralen und einmal ionisierten Helium auf. Die Emissionslinien stammen von einer Ansammlung von Wolken ionisierten Wasserstoffs, die sich mit Geschwindigkeiten von bis zu 15 000 km/s bewegen. Die durch die unterschiedlichen Radialgeschwindigkeiten hervorgerufenen unterschiedlichen Doppler-Verbreiterungen verursachen die großen Linienbreiten.

In den Spektren sind weiterhin → verbotene Linien u. a. vom zweimal ionisierten Sauerstoff sowie vom zwei- und viermal ionisierten Neon vorhanden. Deren Breite ist wesentlich geringer, die Radialgeschwindigkeiten der emittierenden Atome liegen nur zwischen etwa 500 und 1 000 km/s. Bei Seyfert-Galaxien vom Typ II fehlen die Wasserstoff- und Heliumlinien, das Spektrum enthält nur verbotene Linien. Bei einigen Seyfert-Galaxien ist keine eindeutige Zuordnung zu einem der Typen möglich.

Die meisten Seyfert-Galaxien haben eine Kernradioquelle mit einer etwa 10- bis 1 000-mal höheren Intensität als inaktive S.e, einige haben eine zusätzliche Radiodoppelquelle und gleichen darin Radiogalaxien. Die Verbindungslinie eines Quellenpaars scheint aber nicht gleich der Rotationsachse des Spiralsystems, sondern senkrecht zu ihr zu sein. Seyfert-Galaxien stellen im Allg. starke Infrarotquellen dar, einige haben auch ein starkes Ultraviolettkontinuum.

Die breiten und die schmalen Emissionslinien entstehen wahrscheinlich in zwei unterschiedlichen Gruppen von Materiewolken als Quelle der Linienstrahlung. Die näher am Schwarzen Loch sich befindenden Wolken erreichen dem starken Gravitationsfeld entsprechend viel höhere Geschwindigkeiten als die weiter außen liegenden. Beim mehr oder minder senkrechten Blick auf das S. stammt die Strahlung von beiden Wolkenpopulationen, im Spektrum erscheinen breite und schmale Emissionslinien. Liegt die Blickrichtung relativ nahe an der Symmetrieebene des S.s, so wird die innere Wolkenpopulation, die die breiten Emissionslinien verursacht, durch einen Gas-Staub-Torus um die Akkretionsscheibe verdeckt, so dass im Spektrum nur schmale Linien sichtbar sind.

Bei den *BL-Lacertae-Objekten* handelt es sich wahrscheinlich um die aktiven Kerne von elliptischen Riesengalaxien. Der Name erklärt sich daraus, dass ein zunächst irrtümlich als veränderlicher Stern angesehenes und entsprechend den Regeln zur Benennung von → Veränderlichen als BL Lacertae bezeichnetes Objekt später als eine starke extragalaktische Radioquelle identifiziert wurde. Objekte mit gleichen Radiofrequenzeigenschaften werden seitdem als BL-Lacertae-Objekte bezeichnet. Sie haben starke und schnelle Helligkeitsvariationen in allen Spektralbereichen (Abb. 11), im kurzwelligen Bereich sind sie im Allg. größer als im langwelligen. Das optische Spektrum besteht aus einem von Synchrotronstrahlung stammenden Kontinuum mit z. T. sehr schwachen aufgeprägten Emissionslinien. Einige BL-Lacertae-Objekte sind von einem schwachen Lichtsaum mit einem Absorptionslinienspektrum umgeben, der wahrscheinlich von Sternen in

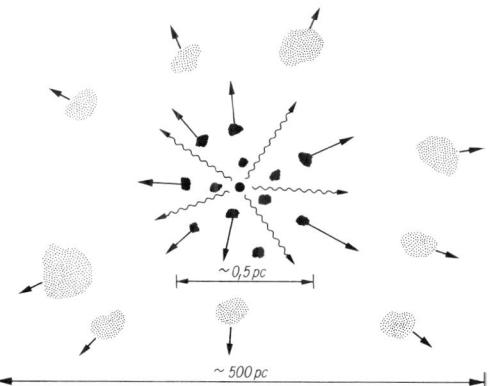

Abb. 10: Schematisierte mögliche Struktur des Kerngebiets einer Seyfert-Galaxie. Dunkel: Wolken ionisierten Wasserstoffs; punktiert: Ursprungsgebiete verbotener Linien; gewellt: vom Kern ausgehende Synchrotronstrahlung; gerade Pfeile: Bewegungsrichtung der Wolken, die Pfeillängen charakterisieren die Wolkengeschwindigkeit

Sternsystem

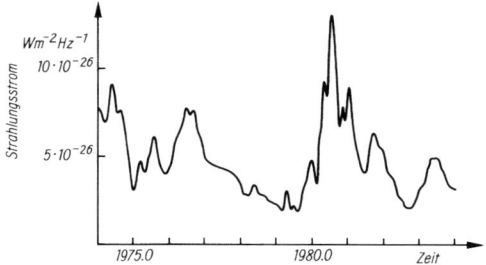

Abb. 11: BL Lacertae. Variation der Strahlungsintensität bei der Wellenlänge von 3,7 cm

den äußeren Regionen der Galaxie herrührt. Andere BL-Lacertae-Objekte emittieren eine intensive Strahlung im Röntgen-, z. T. auch im Gammabereich, wahrscheinlich geht sie auf den inversen → Compton-Effekt zurück. Elektronen sehr hoher Energie übertragen einen Teil ihrer Energie auf niederenergetische Photonen, die die gewonnene Energie als energiereiche Strahlung in der Bewegungsrichtung der Elektronen emittieren. Die absoluten Helligkeiten der BL-Lacertae-Objekte liegen zwischen etwa -21^m und -26^m. Vermutlich sind bei ihnen die Materiestrahlen auf den Beobachter gerichtet und deren durch relativistische Effekte verstärkte Strahlung dominiert das Spektrum.

Quasare bilden eine besondere Gruppe aktiver Galaxien, deren Ausstrahlung von einer außerordentlich hohen Kernaktivität bestimmt wird. Der Energieumsatz ist der höchste aller aktiven Galaxien. Die Strahlungsintensität ist so hoch, dass Quasare die am weitesten entfernten nachweisbaren kosmischen Objekte sind (→ Kosmologie). Unter der Annahme einer isotropen Ausstrahlung ergibt sich aus der gemessenen scheinbaren Helligkeit sowie der Entfernung die Strahlungsleistung (→ Helligkeit) von Quasaren, die im Extremfall mehr als 10^{15} Sonnenleuchtkräfte betragen kann, d. h. eine rund 10 000-mal größere Strahlungsleistung als die der leuchtkraftstärksten normalen S.e. Diese Energie wird in einem Volumen mit wenigen 0,01 pc Ausdehnung freigesetzt, was eine extrem hohe Energiedichte bedeutet (→ Quasar).

Der Anteil aktiver Galaxien an der Gesamtzahl der S.e ist sehr gering, er beträgt nur etwa 1 bis 3%. Unter den absolut hellen Systemen ist er höher als unter den leuchtkraftschwachen, etwa 10% der absolut hellen aktiven S.e sind Seyfert-Galaxien.

Wechselwirkende Galaxien. S.e haben z. T. Strukturen, die auf eine gravitative Wechselwirkung mit einem anderen System schließen lassen (Abb. 12). Die Stärke der Wechselwirkungen hängt von der Masse, der Relativgeschwindigkeit, dem Abstand der beteiligten Galaxien und der Orientierung ihrer Rotationsachsen ab; die sichtbaren Auswirkungen sind von der Blickrichtung vom Milchstraßensystem aus abhängig. Beim nahen Vorübergang zweier relativ massereicher S.e können die Gezeitenwirkungen die ursprüngliche Rotationssymmetrie so stark beeinflussen, dass weit aus den S.en herausragende schweifartige Filamente erhöhter Sterndichte entstehen.

Abb. 12: Sternsystem M 51 und Begleiter NGC 5195 im Sternbild Canes Venatici (Jagdhunde). (Aufnahme: Thüringer Landessternwarte Tautenburg)

Bei extrem geringem Abstand zweier S.e kann es zu einem „Zusammenstoß", zum gegenseitigen Durchdringen und zur „Verschmelzung" der Systeme kommen, wodurch die individuellen Strukturen zerstört werden und im entstehenden S. sich eine neue Struktur herausbildet. Es können aber auch die Grundstrukturen der Stoßpartner mehr oder minder erkennbar erhalten bleiben (Abb. 13). Beim Zusammenstoß zweier Galaxien ist die Wahrscheinlichkeit extrem gering, dass zwei Sterne miteinander kollidieren, da die Sternabstände in den S.en im Mittel 10^7- bis 10^8-mal größer als die mittleren Sterndurchmesser sind.

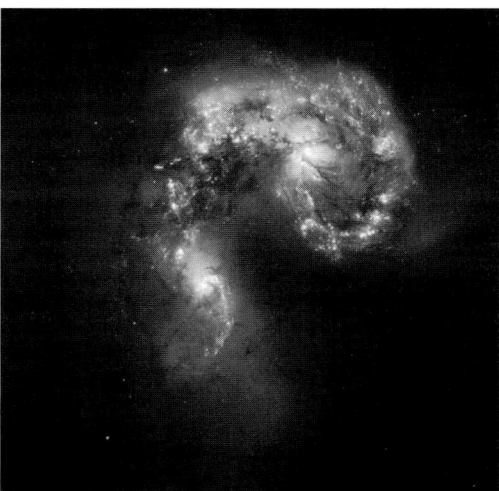

Abb. 13: Die zusammenstoßenden Sternsysteme NGC 4038 und NGC 4039 im Sternbild Corvus (Rabe). (NASA, ESA, and the Hubble Heritage Team; STScI/AURA)

Für die interstellare Materie ist die Wechselwirkung der Gaspartikeln beim Zusammenstoß außerordentlich stark. Der Zusammenprall erfolgt mit einer wesentlich höheren Geschwindigkeit als der Schallgeschwindigkeit im Gas der Systeme. Die Überschallgeschwindigkeit bewirkt eine Stoßfront mit einer extrem starken Verdichtung der interstellaren Materie, was eine ausbruchartige Sternentstehung auslöst. Das S. M 82 durchläuft anscheinend eine derartige Phase (Abb. 14). In seinem Zentralgebiet befindet sich eine große Zahl extrem junger massereicher Sterne, von denen viele als Supernovae explodieren. Das Sternentstehungsgebiet ist optisch infolge der in Blickrichtung vorgelagerten interstellaren staubförmigen Materie nicht nachweisbar, wohl aber die thermische Infrarotstrahlung der von der Supernovastrahlung aufgeheizten Staubteilchen. Vom Zentralgebiet gehen fächerförmig verteilt leuchtende Materiestrahlen aus, bei denen es sich wahrscheinlich um Materie handelt, die bei den Supernovaausbrüchen abgestoßen wurde und stark gebündelt mit Geschwindigkeiten von einigen 100 km/s in den intergalaktischen Raum abströmt. Die „starburst galaxies" sind vermutlich die Prototypen eines derartigen Zusammenstoßes.

Infolge gravitativer Wechselwirkungen kommt es bei engen Begegnungen von S.en wahrscheinlich in den Zentralgebieten zu Störungen der Bewegungsverhältnisse, wodurch der Zustrom von Materie zur Akkretionsscheibe um das zentrale Schwarze Loch sowohl erhöht als auch verringert werden kann, so dass gegebenenfalls eine Kernaktivität ausgelöst, verstärkt oder zum Verlöschen gebracht wird.

In **Ringgalaxien** sind die Sterne sowie die interstellare Materie in einer mehr oder minder weiten Ringstruktur angeordnet, deren Zentrum z. T. sternleer erscheint oder nur eine kompakte Sternanhäufung enthält. Wahrscheinlich entstehen diese Strukturen bei einem fast zentralen Zusammenstoß eines weit ausgedehnten Spiralsystems mit einer sehr kompakten Galaxie. Im Spiralsystem könnte dabei ein großer Teil der Sterne des Zentralgebiets gravitativ an das kompakte S. gebunden werden, ohne dass die Struktur der Außenbereiche wesentlich gestört wird (Abb. 15).

Beim Durchdringen zweier Galaxien kann sich ein System bilden, in dem die Zugehörigkeit der Sterne zu einem der beiden Ausgangssysteme nicht mehr erkennbar ist, nur die beiden Zentralgebiete können auf Grund ihrer hohen Sternkonzentration erhalten bleiben, was zu einem S. mit zwei Kernen führt.

Galaxiengruppierungen. Der größte Teil der beobachteten S.e gehört einer mehr oder minder großen gravitativ gebundenen Galaxiengruppe an, Feldgalaxien scheinen die Ausnahme zu sein.

Bei Doppel- und Mehrfachgalaxien bewegen sich zwei oder einige wenige S.e um den gemeinsamen Schwerpunkt. Das Milchstraßensystem wird von über einem Dutzend Zwerggalaxien umlaufen, darunter die beiden Magellan'schen Wolken. Zusammen mit dem Andromedanebel und dessen Begleitern gehört es zur → Lokalen Gruppe, die von mehr als 30 S.en, ganz überwiegend Zwerggalaxien, gebildet wird. Im Gegensatz zu kleinen Gruppierungen mit relativ wenigen Mitgliedsystemen (Abb. 16) bestehen Galaxienhaufen aus einigen 100 bis z. T. über 1 000 Mitgliedern. Der von einem Haufen eingenommene Raum kann einen Durchmesser bis zu einigen Megaparsec haben. In regulären Haufen mit im Allg. mehr als 1 000 Großgalaxien ist deren Verteilung nahezu kugelsymmetrisch mit der Konzentration um ein Haufenzentrum. Die helleren Haufengalaxien sind fast alle elliptische oder S0-Systeme, große Spiralsysteme sind selten. Das Zentrum wird vielfach von einer sehr massereichen cD-Galaxie dominiert. Beim Coma-Haufen beispielsweise sind rund 1 000 Großgalaxien auf einen Raum von schätzungsweise etwa 1 Mpc Durchmesser verteilt, seine Entfernung vom Milchstraßensystem beträgt rund 100 Mpc. Irreguläre Haufen haben keine merkliche Symmetrie und nur eine

Abb. 14: Das Sternsystem M 82 im Sternbild Ursa Maior (Großer Bär), aufgenommen im Licht der Hα-Linie des Wasserstoffs. (NASA, ESA, and the Hubble Heritage Team; STScI/AURA)

Abb. 15: Das Sternsystem NGC 4650A bei der Kollision mit einem ausgedehnten anderen Sternsystem (ESO)

Sternsystem

Abb. 16: Gruppierung der Sternsysteme NGC 3185, NGC 3187, NGC 3190 und NGC 3193 im Sternbild Leo (Löwe). (Thüringer Landessternwarte Tautenburg)

geringe Konzentration um ein Zentrum. In ihnen sind im Allg. alle Galaxientypen vertreten, auch späte Spiral- und irreguläre Systeme. Die im Virgo-Haufen vorhandenen rund 2 500 Großgalaxien sind am Himmel über ein Gebiet mit einem Winkeldurchmesser von etwa 6° verteilt. Der lineare Haufendurchmesser beträgt rund 2 Mpc, die Entfernung vom Milchstraßensystem etwa 20 Mpc. Im Coma- wie im Virgo-Haufen fallen nur die absolut hellen Großgalaxien auf, die grob geschätzt etwa zehnmal häufigeren Zwerggalaxien liegen größtenteils unter der Nachweisgrenze.

Eine weitere Einteilung der Galaxienhaufen unterscheidet drei Typen von Haufen. Beim Typ I befindet sich im Zentrum eine cD-Galaxie, beim Typ II liegt das Aussehen der hellsten Galaxie zwischen dem einer cD-Galaxie und dem eines normalen großen elliptischen Systems, Haufen vom Typ III haben keine zentral dominierende Galaxie.

Die mittlere Anzahldichte der S.e in einem Haufen ist relativ hoch, entsprechend gering ist der mittlere Abstand der Haufengalaxien. Im Haufenzentrum liegt er in der Größenordnung von wenigen Galaxiendurchmessern, was zu häufigen Galaxienwechselwirkungen führt, bei denen Spiralsysteme einen erheblichen Teil ihrer interstellaren Materie verlieren. Der Verlust bewirkt, dass in den Restsystemen die Sternentstehung weitgehend zum Erliegen kommt und kaum noch die die Spiralarme markierenden O- und B-Sterne gebildet werden. Die vor dem Stoß vorhandenen Sterne dieser Spektralklassen erreichen infolge ihrer relativ schnellen Entwicklung einen der leuchtkraftschwachen Endzustände der →Sternentwicklung. Spiralsysteme verlieren dadurch ihre typische Struktur und erlangen das Aussehen von S0- oder elliptischen Systemen. Infolge des Fehlens von Sternen hoher Effektivtemperatur verschiebt sich im Spektrum der Systeme das Intensitätsmaximum zu größeren Wellenlängen, d. h. vom blauen zum roten Spektralbereich. Der Effekt ist umso größer, je höher die Anzahldichte der Haufenmitglieder ist und je länger er wirken kann. Der relative Anteil „blauer" Galaxien ist daher in weit entfernten und stark konzentrierten Galaxienhaufen höher als in nahen. Bei Zusammenstößen und Verschmelzungen von Galaxien wachsen massereiche kompakte Galaxien auf Kosten masseärmerer Systeme. Die das Zentrum eines mitgliederreichen Haufens dominierende massereiche **cD-Galaxie** hat ihre Masse infolge vieler Verschmelzungen gewonnen. In den Außenbereichen der Haufen sind Verschmelzungen seltener, die relative Häufigkeit von Spiral- und Zwergsystemen daher hoch.

Das bei Zusammenstößen den Spiralsystemen verlorengehende interstellare Gas verbleibt als intracumulares Gas gravitativ im Haufen gebunden. Die Dichte des Gases liegt in der Größenordnung von etwa 10^{-2} bis 10^{-4} Atomen/cm^3. Bei der Bewegung der Galaxien mit Geschwindigkeiten von bis zu etwa 1 000 km/s um das Haufenzentrum wird ein Teil der kinetischen Energie als thermische auf das Gas übertragen, das dadurch auf etwa 10^7 bis 10^8 K aufgeheizt wird. Auf Grund dieser Temperatur erfolgt die Abstrahlung der aufgenommenen Energie hauptsächlich im Röntgenbereich. Galaxienhaufen sind daher vielfach flächenhafte Röntgenquellen mit umso höherer Strahlungsleistung, je größer die mittlere Geschwindigkeit der Haufenmitglieder ist, weshalb in der Regel reguläre Haufen häufiger als Röntgenquellen in Erscheinung treten als irreguläre. Das Spektrum des intracumularen Gases enthält zahlreiche Emissionslinien hochionisierter schwerer Elemente, die im ehemals interstellaren Gas vorhanden waren. Das intracumulare Gas ist daher kein ursprüngliches, prägalaktisches Gas, das bei der Bildung der Galaxienhaufen übrig blieb.

Die aus der mittleren Masse der Galaxien sowie dem intracumularen Gas berechnete Masse beträgt schätzungsweise nur etwa 20 bis 25% der Gesamtmasse, die erforderlich ist, um das heiße intracumulare Gas dauerhaft im Haufen zu halten. Das Gravitationsfeld muss daher wesentlich durch Dunkle Materie bestimmt werden. Galaxienhaufen ordnen sich großräumig in Supergalaxienhaufen an, die typischerweise eine Ausdehnung von etwa dem Zehnfachen des Durchmessers großer Galaxienhaufen haben. Superhaufen haben eine im Allg. unregelmäßige Struktur ohne herausragendes Zentrum, wodurch es schwierig ist, Grenzen anzugeben. Die Lokale Gruppe gehört mit dem Virgo-Haufen zu einer flachen, langgezogenen strukturellen Einheit, die als Lokaler Superhaufen bezeichnet wird und nur den Virgo-Haufen als großen Galaxienhaufen enthält. Superhaufen sind aller Wahrscheinlichkeit nach keine gravitativ gebundenen physischen Einheiten, in denen Gleichverteilung von potentieller und kinetischer Energie der Mitglieder besteht. Der dafür notwendige Energieaustausch kann infolge der Längsausdehnung der Superhaufen und der mittleren Geschwindigkeit der Haufenmitglieder in der seit der Bildung der Großstrukturen im Weltall vergangenen Zeit nicht erreicht werden.

Kosmische Galaxienverteilung. Die Zahl der S.e je Flächeneinheit am Himmel nimmt vom galaktischen Äquator bis zu den galaktischen Polen hin zu. In einem

Sternsystem

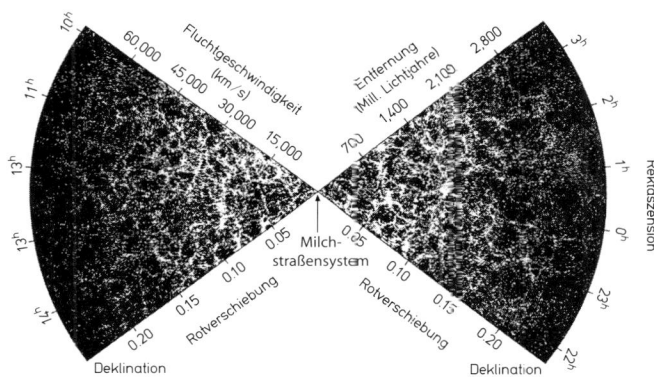

Abb. 18: Verteilung von rund 63 000 extragalaktischen Sternsystemen zwischen 2ʰ bis 25ʰ in Rektaszension und zwischen 0° bis −30° in Deklination in Abhängigkeit von der aus den Radialgeschwindigkeiten abgeleiteten Entfernung der Systeme. Das Milchstraßensystem befindet sich in der gemeinsamen Spitze der beiden Kreisausschnitte

Streifen wechselnder Breite längs des galaktischen Äquators, der nebelfreien Zone, fehlen S.e vollständig oder sind nur in kleinen isolierten Bereichen vorhanden (Abb. → nebelfreie Zone). Dies spiegelt nicht die wahre räumliche Verteilung wider, sondern ist Folge der Lage der Sonne im Milchstraßensystem, die sich in Nähe der galaktischen Ebene befindet, um die auch interstellarer Staub konzentriert ist. Die interstellare Extinktion nimmt infolgedessen mit zunehmender galaktischer Breite ab, in niedrigen Breiten ist sie hoch, an den Polen am geringsten. Von den S.en scheinbar heller als 13ᵐ befinden sich mehr in der galaktischen Nordhemisphäre als in der Südhemisphäre, da in der Nordhemisphäre der relativ nahe Virgo-Haufen liegt, dessen leuchtkraftstärkste Mitglieder scheinbar heller als 13ᵐ sind. Nach Korrektur der beobachteten Flächendichten der S.e bezüglich der interstellaren Extinktion sowie der Nord-Süd-Asymmetrie ergibt sich, wenn man Flächen an der Himmelskugel von mehr als etwa 10° Durchmesser miteinander vergleicht, eine relativ gleichmäßige Galaxienverteilung.

Die S.e bilden über weite Bereiche des Weltalls verstreute Großstrukturen, zwischen denen sich Galaxienleeren befinden, deren Ausdehnungen in der Größenordnung von etwa 20 bis 50 Mpc liegen dürften (Abb. 18). In Volumina mit einem Durchmesser größer als etwa 500 Mpc scheinen im überblickbaren Teil des Weltalls die S.e relativ homogen verteilt zu sein und die Anzahldichte im großräumigen Mittel nur etwa ein S. je Mpc³ zu betragen. Der Abstand der S.e voneinander beträgt schätzungsweise etwa das 200- bis 400fache des mittleren Durchmessers eines Systems.

Nach den mit dem Hubble-Weltraumteleskop durchgeführten Durchmusterungen (→ Sternkarte) enthält ein Himmelsareal von etwa 1/10 Vollmondgröße bis hin zur schwächsten erreichbaren scheinbaren Helligkeit schätzungsweise 10 000 Galaxien. Eine Extrapolation auf den gesamten der Beobachtung zugänglichen Bereich des Weltalls ergibt mindestens 10^{10} Galaxien. Diese Zahl ist sicherlich zu klein, da ein Großteil der vorhandenen Zwergsysteme unter der Nachweisgrenze des Hubble-Weltraumteleskops liegen dürfte. Die mittlere Massendichte der in den sichtbaren S.en konzentrierten Materie ergibt sich zu etwa $5 \cdot 10^{-31}$ g/cm³ (rund $3 \cdot 10^{-7}$ Wasserstoffatome/cm³), doch ist auch dieser Wert außerordentlich unsicher. Die S.e unterliegen einer systematischen Bewegung infolge der allgemeinen Expansion des Weltalls (→ Kosmologie).

Entstehung der Sternsysteme. Die S.e entstanden während der frühen Entwicklung des Weltalls in der sog. Galaxien-Ära (→ Kosmologie, Kosmogonie).

Einige hellere extragalaktische Sternsysteme

Katalognummer		α		δ		m_ges	D	Typ	Bemerkungen
NGC	M	h	min	°	′		′		
205		0	40,4	41	41	8ᵐ	8	E6	Andromeda
221	32	0	42,8	40	52	8ᵐ	3	E2	Andromeda
224	31	0	42,8	41	16	3ᵐ	240	Sb	Andromedanebel
598	33	1	33,9	30	40	6ᵐ	50	Sc	Triangulumnebel
2403		7	36,8	65	37	8ᵐ	13	Sc	Camelopardalis
3031	81	9	55,6	69	4	7ᵐ	19	Sb	Ursa Maior
3034	82	9	55,9	69	41	8ᵐ	6	Irr	Ursa Maior
4258	106	12	18,9	47	19	8ᵐ	13	Sb	Canes Venatici
4472	49	12	29,9	8	1	5ᵐ	8	E4	Virgo
4594	104	12	39,9	−11	37	8ᵐ	5	Sb	Virgo, Sombreronebel
5194	51	13	29,9	47	11	8ᵐ	9	Sc	Canes Venatici
5457	101	14	3,3	54	22	8ᵐ	25	Sc	Ursa Maior

α: Rektaszension; δ: Deklination; m_ges: genäherte visuelle Gesamthelligkeit; D: genäherter scheinbarer Durchmesser. Bemerkungen: Sternbild, in dem sich das Sternsystem befindet, und Name des Systems

Sterntag

Sterntag, → Zeit.

Sterntemperatur, aus der Strahlung eines Sterns abgeleiteter Temperaturwert, im Allg. die *effektive Temperatur*.

Die von einem Stern emittierte elektromagnetische Strahlung stammt aus der Sternatmosphäre, die Hauptmenge der Strahlung im optischen Spektralbereich aus der Sternphotosphäre (→ Sternatmosphäre). Die Effektivtemperatur beschreibt daher deren thermischen Zustand.

Die Bestimmung der effektiven Temperatur erfordert im Prinzip den Vergleich der bei jeder Wellenlänge des Sternspektrums empfangenen Strahlungsenergie mit der bei der gleichen Wellenlänge von einem Schwarzen Körper (→ Strahlungsgesetze) bekannter Temperatur emittierten Energie (→ Temperatur). Mit erdgebundenen Teleskopen ist ein derartiger Vergleich nicht unmittelbar möglich, da in der Erdatmosphäre Strahlung unterschiedlicher Wellenlänge unterschiedlich stark absorbiert wird (→ Erdatmosphäre). Die atmosphärische Extinktion ist von Höhe des Sterns (→ Koordinaten) sowie den nur schwer zu berücksichtigenden meteorologischen Bedingungen abhängig. Im ultravioletten Spektralbereich und in großen Teilen des infraroten Bereichs ist die Erdatmosphäre gänzlich undurchlässig. Bei extraterrestrischen Beobachtungen spielt die atmosphärische Extinktion keine Rolle. Die ebenfalls vorhandene selektive Extinktion in der Empfangsapparatur ist leicht bestimmbar, indem die bei jeder Wellenlänge mit der Apparatur gemessene Strahlungsenergie eines Schwarzen Körpers mit der theoretisch zu erwartenden verglichen wird. Schwierigkeiten ergeben sich dadurch, dass die für einen Vergleich geeigneten Schwarzen Körper für Temperaturen höher als etwa 2 500 K kaum zur Verfügung stehen, die Effektivtemperaturen der Sterne aber im Allg. wesentlich höher sind. Die Temperatur der für Vergleichsmessungen meist benutzten A0-Sterne beträgt z. B. etwa 10 000 K. Die Temperaturunterschiede bewirken im kurzwelligen Spektralbereich, in dem Sterne hoher Effektivtemperatur ihr Strahlungsmaximum haben, leicht Mess-Ungenauigkeiten. Auf Grund der unterschiedlichen, z. T. schwer bestimmbaren Einflüsse der einzelnen störenden Effekte wurde im Allg. nur für relativ wenige Standardsterne die spektrale Energieverteilung in absoluten Einheiten bestimmt, d. h., die effektiven Temperaturen exakt ermittelt. Zur Bestimmung der spektralen Energieverteilung anderer Sterne genügen Relativmessungen, bei denen Standardsterne als Eichlichtquellen dienen.

Sternphotosphären befinden sich nicht im thermodynamischen Gleichgewicht, so dass unterschiedliche Temperaturbestimmungsmethoden z. T. zu unterschiedlichen Temperaturwerten führen. Die Ermittlung von Farbtemperaturen (→ Temperatur) ist weitaus leichter als die von Effektivtemperaturen, doch sind Farbtemperaturen physikalisch weniger aussagekräftig. Zur Umgehung der Schwierigkeit werden Effektivtemperaturen aus mehreren geeignet bestimmten ausgewählten Farbtemperaturen abgeleitet. Die für diese Umrechnungen benötigten Beziehungen werden mit Hilfe von Standardsternen ermittelt, die so abgeleiteten Effektivtemperaturen sind relativ ungenau.

Die Effektivtemperaturen liegen in Abhängigkeit von Spektral- und Leuchtkraftklasse zwischen etwa 2 500 und 50 000 K, in Einzelfällen wie z. B. bei Zentralsternen Planetarischer Nebel erreichen sie bis zu 200 000 K (→ Zustandsgröße eines Sterns).

Sternwarte, *Observatorium*, Einrichtung zur Beobachtung kosmischer Objekte und Erscheinungen. Die Beobachtungen erfolgen in sehr unterschiedlichen Bereichen des elektromagnetischen Spektrums, es werden auch aus dem Weltall einfallende Teilchenstrahlungen untersucht. Die sich daraus ergebenden unterschiedlichen Beobachtungsverfahren erfordern sehr unterschiedliche Beobachtungsinstrumente und -standorte.

Die klassischen wissenschaftlichen astronomischen Beobachtungen erfolgen im Allg. im sichtbaren Spektralbereich sowie im nahen, z. T. auch mittleren Infrarotbereich. Die dafür benutzten Teleskope befinden sich im Allg. in den für S.n typischen Kuppeln auf größeren Gebäuden (Abb. 1) oder in getrennt stehenden Kuppelräumen (→ Sonnenbeobachtungen). Die Kuppeln sind meist halbkugelförmig und drehbar und haben eine mehr oder minder breite Öffnung (Spalt), durch die die Beobachtungen erfolgen. Die Kuppeln sind thermisch isoliert und hell gestrichen, um eine Aufheizung des

Abb. 1: Sternwarte Babelsberg
(Foto: R. Arlt)

Kuppelraums am Tag möglichst zu vermeiden. Sehr große, azimutal montierte Teleskope werden im Allg. mit einem eng umschließenden Gebäude umgeben, das als Ganzes drehbar und mit einer dem Kuppelspalt entsprechenden Öffnung versehen ist. Außer den eigentlichen Beobachtungsinstrumenten gehört zu einer S. noch eine Vielzahl von Zusatzinstrumenten und Auswertegeräten, vor allem große Rechenanlagen zur Bearbeitung der Beobachtungsdaten.

Die Standorte der Observatorien werden so gewählt, dass möglichst optimale Beobachtungsbedingungen gewährleistet sind. Für Beobachtungen im optischen Spektralbereich bedeutet dies z. B. eine möglichst große Anzahl klarer Nächte mit geringer atmosphärischer Extinktion und Luftunruhe (→ Szintillation). Diese Bedingungen herrschen in hochliegenden Wüsten oder auf küstennahen hohen Bergen mit weitgehend laminaren Luftströmungen, wie z. B. an der Westküste Süd- und Nordamerikas oder auf Inseln wie Hawaii oder den Kanarischen Inseln. In Europa sind mit Ausnahme weniger Stellen die meteorologischen Bedingungen für astronomische Beobachtungen im visuellen Spektralbereich ungünstig, die Errichtung sehr großer S.n wenig sinnvoll. Für Beobachtungen im mittleren und fernen Infrarot-, im Millimeter- und Submillimeterbereich werden Standorte mit möglichst trockenem Klima benötigt, um die in diesem Spektralbereich störende Wasserdampfabsorption in der unteren Atmosphäre zu vermeiden. Für klassische astronomische Beobachtungen ist eine geringe Himmelshintergrundhelligkeit unabdingbar, was nur weitab von großen Städten gewährleistet ist.

Für Beobachtungen im Radiofrequenzbereich sind klimatische Verhältnisse von geringerer Bedeutung, wesentlicher sind Störstrahlungen, die durch die Wahl siedlungsferner Standorte mit umgebenden abschirmenden Bergen am besten vermieden werden (→ Radioastronomie), auch Beobachtungen im Gammastrahlenbereich erfordern weniger einschränkende Bedingungen (→ Gammaastronomie).

Für Beobachtungen, die mittels erdgebundener Observatorien nicht oder nur eingeschränkt möglich sind, werden die Beobachtungsinstrumente mit Hilfe von Ballons, Flugzeugen, Raketen, Erdsatelliten oder auch Raumsonden in Höhen gebracht, in denen die störenden Einflüsse der Erdatmosphäre teilweise oder völlig vernachlässigbar sind.

Untersuchungen der aus dem Weltall kommenden Teilchenstrahlungen wie der → Kosmischen Strahlung und der solaren Neutrinostrahlung erfordern völlig andere Instrumente sowie Beobachtungsmethoden. Die Einrichtungen zum Nachweis solarer Neutrinos befinden sich z. B. tief unter der Erdoberfläche (→ Neutrinoastronomie). Diese Forschungseinrichtungen haben keinerlei Ähnlichkeit mit klassischen S.n.

Die fortschreitende Aufgliederung der Astronomie in einzelne Teilbereiche führt zu einer immer stärkeren Spezialisierung einzelner S.n und Observatorien. So gibt es Forschungseinrichtungen, die sich z. B. vorwiegend mit Beobachtungen und Untersuchungen der Sonne, veränderlicher Sterne, interstellarer Materie oder extragalaktischer Sternsysteme befassen. Andere astronomische Forschungseinrichtungen arbeiten vorwiegend oder ausschließlich auf theoretischen Gebieten. In sog. → virtuellen Observatorien werden bereits archivierte sowie neu hinzukommende Beobachtungsergebnisse und -daten aller Spektralbereiche zusammengefasst und so aufbereitet, dass sie jedem Astronomen zur Verfügung stehen. Viele S.n gehören zu Universitäten oder sind eigene staatliche oder privatrechtliche Institute oder Einrichtungen innerhalb einer Wissenschaftsorganisation.

Die Tab. enthält Angaben zu ausgewählten deutschen wissenschaftlichen astronomischen Instituten und S.n mit Angaben zu deren gegenwärtigen Hauptarbeitsgebieten.

Ausgewählte deutsche wissenschaftliche Institute und Sternwarten

Bonn, Astronomische Institute der Univ. Bonn; S. mit Obs. Hoher List; Radioastronomisches Inst.; Inst. für Astrophysik und Extraterrestrische Forschung: Sonnensystem, Milchstraßensystem, Galaxien, Galaxienhaufen.

Bonn, Max-Planck-Inst. für Radioastronomie: 100-m-Radiot. Effelsberg. Internationales Obs. auf Mt. Graham (Arizona USA); Deutsch-Französisch-Spanisches 30-m-Radiot. auf Pico Veleta (Spanien): Infrarot-, Millimeter-, Submillimeter-, Radioastronomie; Galaxis, aktive Galaxien, Sternphysik.

Freiburg i. Br., Kiepenheuer-Inst. für Sonnenphysik mit Obs. Schauinsland und Außenstellen im Obs. del Teide (Teneriffa), 70-cm-Turmt.: Zustandsgrößen der Sonne, Sonnenflecken, Sonnenatmosphäre.

Garching bei München, Max-Planck-Inst. für Astrophysik: Stellare Physik, Hochenergieastrophysik, Galaxienentwicklung, Gravitationsphysik.

Garching bei München, Max-Planck-Inst. für Extraterrestrische Physik: Sonnensystem, Sternentwicklung, interstellares Medium, Galaxien, Kosmologie.

Göttingen, Univ.-S. und Außenstelle im Obs. del Teide (Teneriffa): Sonnen- und Plasmaphysik, Stellarastronomie, Galaxien.

Hamburg-Bergedorf, Hamburger S.: Extragalaktische Astronomie, Stellarastrophysik, Sternatmosphären.

Hannover, Zentrum für Gravitationsphysik; Inst. für Atom- und Molekülphysik: Gravitationswellen, Spektroskopie.

Hannover, Max-Planck-Inst. für Gravitationsphysik, Teilinstitut Hannover: Gravitationswellen.

Heidelberg, Inst. für Theoretische Astrophysik der Univ. Heidelberg: Sonnensystem, Sternphysik, interstellares Medium, Kosmologie.

Heidelberg-Königstuhl, Landes-S.: Sonnensystem, Sternentstehung, Sternentwicklung, Galaxien.

Heidelberg-Königstuhl, Max-Planck-Inst. für Astronomie; Außenstelle: Deutsch-Spanisches Astronomisches Zentrum Calar Alto (Spanien) mit 123-cm-Sp., 220-cm-Sp., 350-cm-Sp., 80/120-cm-Schmidt-Sp.: Planetenentstehung, interstellarer Staub, junge Sterne, Veränderliche, Galaxien.

Jena, Astrophysikalisches Inst. und Univ.-S.: Planetenentstehung, Exoplaneten, Molekülwolken, interstellarer Staub, Sternhaufen.

Sternwind

Katlenburg-Lindau, Max-Planck-Inst. für Aeronomie: Mond, Sonnenwind, Sonnensystem.
Kiel, Inst. für Theoretische Physik und Astrophysik: Weiße Zwerge, Braune Zwerge, späte Sterne, Milchstraßensystem, Galaxien.
Potsdam, Astrophysikalisches Inst. Potsdam; Außenstellen Sonnenobservatorium Einsteinturm, 60-cm-Turmt.; Obs. für Solare Radioastronomie Tremsdorf: Magnetohydrodynamik, Sonnenphysik, Sternphysik, Galaxien, Kosmologie.
Potsdam, Max-Planck-Inst. für Gravitationsphysik: Allgemeine Relativitätstheorie, relativistische Astrophysik, Quantengravitation.
Tautenburg, Thüringer Landessternwarte Tautenburg, 134/200-cm-Schmidt-Sp.: Sonnensystem, Sternphysik, Exoplaneten, Milchstraßensystem, extragalaktische Astronomie.
Tübingen, Univ. Tübingen, Inst. für Astronomie und Astrophysik: Exoplaneten, Röntgen- und Violettastronomie, Sternphysik, Relativitätstheorie.

Abkürzungen: S. = Sternwarte; Obs. = Observatorium; Inst. = Institut; Univ. = Universität; Sp. = Spiegelteleskop; Turmt. = Turmteleskop; Radiot. = Radioteleskop.

Große astronomische Observatorien mit den größten Teleskopen an Standorten mit optimalen, oftmals nur an weitabgelegenen Orten anzutreffenden Beobachtungsbedingungen oder Spezialobservatorien, die sich über weite Gebiete erstrecken müssen, werden vielfach als internationale Gemeinschaftsobservatorien errichtet und betrieben. In der Tab. sind einige dieser Observatorien und deren größere Teleskope nach Standorten geordnet wie auch einige größere nationale Observatorien des Auslands aufgeführt.

Ausgewählte internationale Gemeinschaftsobservatorien und nationale astronomische Observatorien des Auslands

Arecibo (Puerto Rico): Cornell-Univ., National Science Foundation; unbewegliches 305-m-Radiot.
Calar Alto (Spanien) (2 168 m ü. M.): Deutsch-Spanisches astronomisches Zentrum; 123-cm-Sp., 152-cm-Sp., 220-cm-Sp., 350-cm-Sp.
Cerro Paranal (Chile) (2 600 m ü. M.): Europäische Südsternwarte; vier 8,2-m-Sp. und drei 1,8-m-Sp.
Culgoora (Neu Süd Wales, Australien): Sonnen-Radio-Obs.; sechsundneunzig 15-m-Radiot.
Green Bank (Virginia, USA): Nationales Radioastronomisches Obs.; zwei 26-m-Radiot., 43-m-Radiot.
Hubble-Weltraum-Teleskop (NASA, USA) (595 km ü. M.); 240-cm-Sp.
Jodrell Bank (Großbritannien): 76-m-Radiot., zwei 24 x 26-m-Radiot.
Kitt Peak (Arizona, USA) (2 100 m ü. M.): Nationales optisches astronomisches Obs.; 381-cm-Sp., 152-cm-Turmt., 25-m-Radiot.; Steward Obs., 213-cm-Sp., 234-cm-Sp., 350-cm-Sp.
La Palma (Kanarische Inseln) (2 400 m ü. M.): Internationales Obs.; 100-cm-Sp., 250-cm-Sp., 256-cm-Sp., 420-cm-Sp., 50-cm-Turmt., 358-cm-Sp., 10-m-Sp.
La Silla (Chile) (2 400 m ü. M.): Europäische Südsternwarte; 100/158-cm-Schmidt-Sp., 152-Sp., 350-cm-Sp., 358-cm-Sp., 15-m-Radiot.; 90-cm-Sp. (Niederlande), 154-cm-Sp. (Dänemark), 120-cm-Sp. (Schweiz).
Mauna Kea (Hawaii, USA) (4 200 m ü. M.): Internationales Obs.; zwei 10-m-Sp. (USA), 358-cm-Sp. (Frankreich, Hawaii, Kanada), 380-cm-Sp. (Großbritannien), 810-cm-Sp. (USA, Großbritannien, Kanada, Argentinien, Australien, Brasilien, Chile), 8,2-m-Sp. (Japan), 10,4-m-Submillimeterteleskop (USA), 15-m-Radiot. (Großbritannien, Kanada, Niederlande), 25-m-Radiot.
Mount Graham (Arizona, USA) (3 200 m ü. M.): Internationales Obs.; Binokulares Teleskop mit zwei 8,4-m-Sp. auf gemeinsamer Montierung, 180-cm-Sp. (Vatikan), 10-m-Submillimeterteleskop.
Mount Hopkins (Arizona, USA) (2 600 m ü. M.); sechs 180-cm-Sp. auf gemeinsamer Montierung, 10-m-Gammastrahlenteleskop.
Mount Locke (Texas, USA) (2 081 m ü. M.): 9,2-m-Sp.
Narrabri (Neu Süd Wales, Australien); zwei 6,7-m-Sp., sechs 22-m-Radiot.
Palomar Mountain (Kalifornien, USA) (1 700 m ü. M.): California Institute of Technology; 508-cm-Sp.
Pico Veleta (Spanien) (2 850 m ü. M.): Deutsch-Französisch-Spanisches Inst. für Radioastronomie im Millimeterbereich, 30-m-Radiot., drei 15-m-Radiot.
Siding Spring Mountain (Australien) (1 200 m ü. M.): Australisches National-Obs.; 390-cm-Sp. (Australien, Großbritannien), 124/183-cm-Schmidt-Sp. (Australien, Großbritannien).
Socorro (Neu Mexiko, USA), Nationales Radio-Obs.: siebenundzwanzig 25-m-Radiot.
Teneriffa (Kanarische Inseln) (2 400 m ü. M.): Internationales Sonnen-Obs.; 40-cm-Turmt. (Deutschland), 70-cm-Turmt. (Deutschland), 90-cm-Turmt. (Frankreich, Italien), 155-cm-Sp. (Spanien).

Abkürzungen: S. = Sternwarte, Obs. = Observatorium, Inst. = Institut, Univ. = Universität; Sp. = Spiegelteleskop, Turmt. = Turmteleskop, Radiot. = Radioteleskop.

Sternwind, ein von einem Stern stetig mehr oder weniger radial abfließender Gas- und Teilchenstrom. S.e entsprechen dem → Sonnenwind, sie sind anhand von Emissionslinien mit charakteristischen Linienprofilen im Sternspektrum zu erkennen. Die Emissionslinien sind entweder infolge des → Doppler-Effekts sehr breit, wobei die Breite durch die Geschwindigkeit des S.es vom Beobachter weg bzw. auf ihn zu bestimmt ist, oder sie werden auf ihrer kurzwelligen Seite von einer Absorptionslinie begleitet (P-Cygni-Profil, → P-Cygni-Sterne), die dem Sternlicht durch das in Richtung zum Beobachter fließende Gas aufgeprägt wird. Der Masseverlust eines Sterns infolge eines S.s hängt u. a. von der an der Sternoberfläche herrschenden Schwerebeschleunigung ab. Bei Hauptreihensternen liegt er in der Größenordnung von etwa 10^{-14} Sonnenmassen pro Jahr, bei Roten Überriesen und Mirasternen bei rund 10^{-9} bis 10^{-8} Sonnenmassen pro Jahr.
S.e mit großen Abströmgeschwindigkeiten und hohen Massenabflussraten werden aller Wahrscheinlichkeit nach durch den → Strahlungsdruck der Sterne verursacht. Bei Strahlungsabsorption wird ein gerichteter

Impuls auf das absorbierende Teilchen überträgt und es in Strahlungsrichtung beschleunigt. Bei Sternen hoher Effektivtemperatur erfolgt die Impulsübertragung direkt auf Gasatome, bei kühlen Riesensternen vor allem auf die im abströmenden Gas sich bildenden Staubteilchen (→ interstellarer Staub), die den Impuls durch Stoß auf die Gaspartikeln übertragen. Möglicherweise werden starke S.e durch Sternpulsationen (→ Sternaufbau) verstärkt.

Sternwolke, *1)* auffällige unregelmäßig begrenzte Anhäufung von Sternen in der Milchstraße; *2)* weiträumiges Gebiet erhöhter Sterndichte innerhalb des Milchstraßensystems oder extragalaktischer Sternsysteme.

Sternzahl, → Stellarstatistik.

Sternzeit, die in → Sterntagen gemessene → Zeit.

Stier, das Sternbild → Taurus.

Störung, im allgemeinen Sinn die Änderung des Zustandes eines physikalischen Systems durch eine äußere Einwirkung, im astronomischen Sinn die Änderung der Bahn eines Himmelskörpers infolge der Massenanziehung durch einen anderen. Die Größe einer S. ist von der Masse des gestörten und des störenden Körpers sowie der Entfernung der Körper voneinander abhängig. Als S.en werden im Allg. nur kleine Bahnänderungen bezeichnet.
Periodische S.en werden nach regelmäßigen Zeiträumen wieder ausgeglichen, so dass die Bahn langfristig ungeändert bleibt. *Säkulare S.en* werden langfristig immer stärker, wodurch die Abweichungen von der ungestörten Bahn immer größer werden. Ein aus mehreren Himmelskörpern gebildetes dynamisches System kann infolge von S.en die Stabilität verlieren und zerfallen. Die Bestimmung von S.en erfolgt im Rahmen einer → Störungsrechnung.

Störungsrechnung, die Bestimmung der Bahnänderung eines Himmelskörpers infolge der Gravitationswirkung eines anderen. In der S. werden im Allg. dynamische Systeme betrachtet, in denen sich Himmelskörper auf Kepler-Bahnen (→ Kepler'sche Gesetze) um den gemeinsamen Massenmittelpunkt bewegen und die gegenseitigen Gravitationseinflüsse nur zu geringen Bahnänderungen führen. Im Sonnensystem trifft dies auf die Störungen der Bahn eines Planeten durch die anderen Planeten zu. Die Planeteneinflüsse auf die Bewegungen von Planetoiden und Kometen können hingegen sehr groß sein (→ Planetoid).
Bei der Methode der *speziellen Störungen* werden für einen bestimmten Zeitpunkt (die *Oskulationsepoche*) die Bahnelemente des gestörten Körpers als bekannt angesehen. Für dicht aufeinanderfolgende Zeitpunkte werden die vom störenden Körper ausgehenden Kräfte berechnet und ihr Einfluss auf die Bahnelemente bestimmt. Es ergibt sich so eine Folge von jeweils nur während kurzer Zeitintervalle geltenden *oskulierenden Bahnelementen*, aus denen sich die tatsächlich durchlaufene Bahn bestimmen lässt. Das Verfahren hat den Vorteil, dass es auf alle Bahnformen anwendbar ist. Es liefert für Zeiträume nahe dem Ausgangszeitpunkt relativ schnell Ergebnisse, für Zeiträume weitab vom Anfangszeitpunkt ist ein hoher Rechenaufwand erforderlich, da die Bahnelemente für sehr viele Zeitpunkte berechnet werden müssen. Für große Zeiträume werden außerdem die berechneten Bahnen auf Grund der bei numerischen Rechnungen unvermeidbaren Rundungsfehler zunehmend unzuverlässiger. Besteht das dynamische System aus sehr vielen Mitgliedern, kann deren Bewegungsablauf nach der Methode der speziellen Störungen mit Hilfe von Großrechnern auch für relativ lange Zeitabschnitte berechnet werden (→ Mehrkörperproblem).
Bei der Methode der *allgemeinen Störungen* wird mit Hilfe der Gravitationstheorie versucht, Formeln (als Reihenentwicklung) aufzustellen, mit denen die Örter des gestörten Körpers direkt für jeden beliebigen Zeitpunkt berechnet werden können. Die Aufstellung derartiger Formeln ist nur bei immer klein bleibenden Störungen möglich. Dabei wird von der ungestörten Bewegung ausgegangen, die einzelnen Glieder der Reihenentwicklung werden so bestimmt, dass die tatsächlich durchlaufene Bahn möglichst gut angenähert wird. In der Reihenentwicklung tritt die Zeit als unabhängige Variable auf. Zur Berechnung der Position des gestörten Körpers zu einem bestimmten Zeitpunkt wird dieser als Wert für die Zeitvariable genommen. Sind die Störungen nicht sehr klein, wie z. B. die der Sonne auf die Mondbahn (→ Mondbewegung), werden die Reihenentwicklungen außerordentlich kompliziert und enthalten z. T. einige 100 Glieder.
Die Leistungsfähigkeit der S. zeigte sich, als die Bahn des Neptun aus geringen Unregelmäßigkeiten der Uranusbahn berechnet werden konnte und der Planet nahe dem vorausgesagten Ort gefunden wurde.

Stoßanregung, die Überführung eines Atoms oder Moleküls von einem niedrigen in einen höheren Energiezustand durch Energieaufnahme bei einem Stoß mit einem anderen Teilchen (→ Anregung).

Stoßfront, die durch eine Stoßwelle gebildete Fläche verdichteter Materie, die unterschiedliche Strömungsvorgänge trennt → Welle.

Stoßionisation, → Ionisation.

Stoßwelle, → Welle.

Strahlung, die von einer Quelle in Form von Wellen oder materiellen Teilchen abgegebene Energie. Bei einer *Wellenstrahlung* erfolgt der Energietransport in Form von Druckwellen, elektromagnetischen oder Gravitationswellen.
Bei *elektromagnetischer Wellenstrahlung* (gleichbedeutend mit S. im engeren Sinn) breiten sich von einer Quelle kommend elektrische und magnetische Felder mit periodisch wechselnder Feldstärke radial aus. Die Zahl der an einem Ort je Sekunde eintreffenden gleichen Wellenphasen (z. B. Phasen maximaler Feldstärke) ist die Frequenz ν der S., der zu einem gegebenen Zeitpunkt gemessene (von der Quelle aus gesehen radiale) Abstand zweier benachbarter Orte gleicher Phase die Wellenlänge λ.
Frequenz und Wellenlänge sind durch die Beziehung $\lambda \cdot \nu = c$ verbunden, wobei c die Lichtgeschwindigkeit bedeutet. Die Flächen gleicher Feldstärke verschieben sich mit Lichtgeschwindigkeit in der Ausbreitungsrichtung. Die Schwingungsrichtung des die Feldstärke charakterisierenden Amplitudenvektors ist senkrecht zur Ausbreitungsrichtung, wobei im Allg. keine Schwin-

Strahlungsanregung

gungsrichtung ausgezeichnet ist. Ist eine ausgezeichnet, wird die S. als polarisiert bezeichnet.

Elektromagnetische S. mit Wellenlängen zwischen etwa 380 und 760 nm ist sichtbar, ist „Licht". Zu kürzeren Wellenlängen hin schließt sich die ultraviolette, Röntgen- und Gammastrahlung an, zu längeren Wellenlängen die infrarote, Submillimeter-, Millimeter- und Radiofrequenzstrahlung. Normalerweise geht von einer Quelle ein Gemisch von S. mit sehr vielen unterschiedlichen Wellenlängen aus, deren Ordnung nach Wellenlängen das → Spektrum der S. ergibt.

Jeder Körper emittiert elektromagnetische S., deren Stärke und spektrale Zusammensetzung von der Temperatur und der Beschaffenheit des Körpers abhängig ist (→ Strahlungsgesetze). Neben dieser thermischen S. gibt es elektromagnetische S. nichtthermischen Ursprungs, z. B. → Synchrotron- und → Tscherenkow-Strahlung.

Elektromagnetische S. breitet sich im Vakuum, in optisch homogenen Stoffen sowie in schwachen Gravitationsfeldern geradlinig aus. Eine Lichtablenkung tritt u. a. bei Strahlungsbrechung (→ Brechung) und → Beugung sowie in starken Gravitationsfeldern (→ Relativitätstheorie) ein.

Elektromagnetische S. kann gleichzeitig auch als Teilchenstrahlung aufgefasst werden, wobei die Energieträger als Lichtquanten oder Photonen bezeichnet werden und die Energie $h\nu$ besitzen, wobei h das → Planck'sche Wirkungsquantum bezeichnet. Die → Absorption und → Emission von elektromagnetischer S. erfolgt in Form von Photonen.

Bei einer *Teilchenstrahlung* (Korpuskularstrahlung) im engeren Sinn sind materielle Teilchen die Energieträger. Eine derartige Teilchenstrahlung ist u. a. die → Kosmische S., der von der Sonne oder von Sternen ausgehende → Sonnen- bzw. → Sternwind sowie der von der Sonne ausgehende Neutrinostrom (→ Neutrinoastronomie).

Strahlungsanregung, svw. Photoanregung.

Strahlungsära, Entwicklungsabschnitt in der Frühphase des Weltalls; → Kosmologie.

Strahlungsdetektor, → Strahlungsempfänger.

Strahlungsdiagramm, → Radioteleskop.

Strahlungsdichte, die Gesamtenergie des in der Volumeneinheit vorhandenen Strahlungsfelds. Die S. einer Schwarzen Strahlung ist allein von der Temperatur abhängig (→ Strahlungsgesetze).

Strahlungsdruck, die von einer elektromagnetischen Strahlung, z. B. Licht, bei Absorption auf das absorbierende Teilchen ausgeübte Kraft. Jedes Lichtquant trägt außer der Energie $h\nu$ einen radial von der Strahlungsquelle weg gerichteten Impuls $h\nu/c$, wobei h das Planck'sche → Wirkungsquantum, ν die Frequenz der Strahlung und c die Lichtgeschwindigkeit bedeuten.

Der S. ist umso größer, je mehr Photonen je Sekunde absorbiert werden und je größer deren Impuls ist. Bei Schwarzer Strahlung ist der S. p allein von der Temperatur T abhängig, es gilt $p = aT^4/3$, wobei a die Strahlungsdichtekonstante bedeutet (→ Strahlungsgesetze).

Strahlungsempfänger, *Strahlungsdetektor*, Gerät zum Nachweis und zur Messung von Strahlung. Im engeren Sinn ein Empfänger für elektromagnetische Strahlung, im weiteren Sinn auch einer zum Nachweis von → Gravitationswellen und Teilchenstrahlung, z. B. der → Kosmischen Strahlung, des → Sonnenwinds sowie der solaren Neutrinostrahlung (→ Neutrinoastronomie).

Als S. für elektromagnetische Strahlung im ultravioletten, sichtbaren und infraroten Spektralbereich werden im Allg. lichtelektrische oder thermoelektrische Detektoren verwendet, sie sind die Hauptbestandteile der → Photometer. Zum Strahlungsempfang im Röntgen-, Gamma- und Radiofrequenzbereich sind spezielle S. erforderlich, → Röntgenteleskop, → Gammaastronomie, → Radioteleskop. Bei der visuellen Beobachtung dient das Auge als S. (→ Augenempfindlichkeit).

Strahlungsentkopplung, → Kosmologie.

Strahlungsexzess, Intensitätsüberhöhung einer Strahlung in einem bestimmten Spektralbereich im Vergleich zu einer als normal angesehenen Strahlung, z. B. der eines Standardsterns. Ein Ultraviolett- bzw. Infrarotexzess ist eine Strahlungsüberhöhung im ultravioletten bzw. infraroten Spektralbereich (→ Farbenindex).

Strahlungsfeld, die Gesamtheit der in einem Raumgebiet vorhandenen elektromagnetischen Strahlung.

Strahlungsfluss, svw. Strahlungsstrom.

Strahlungsgesetze, Sammelbegriff für Beziehungen zwischen der Frequenz ν bzw. der Wellenlänge λ elektromagnetischer Strahlung und der absoluten Temperatur T des die Strahlung emittierenden Körpers. Die Stärke und spektrale Energieverteilung der Strahlung ist außer von der Temperatur von der Beschaffenheit des Körpers abhängig. Das Emissionsvermögen eines Körpers ist streng mit dessen Absorptionsvermögen verknüpft.

Ein Körper, der jede ihn treffende elektromagnetische Strahlung vollständig absorbiert, ist ideal „schwarz". Die Strahlung eines derartigen *Schwarzen Körpers* hat im Vergleich zu den Körpern gleicher Temperatur in allen Spektralbereichen die höchste Intensität. Ein Schwarzer Körper kann genähert durch einen Hohlraum realisiert werden, dessen für Strahlung undurchlässige Wände gleiche Temperatur haben. Ein geringer Teil der im Innern des Hohlraums vorhandenen *Schwarzen Strahlung* oder *Hohlraumstrahlung* kann durch eine sehr kleine Wandöffnung austreten und so beobachtet werden.

Die spektrale Energieverteilung Schwarzer Strahlung der Temperatur T stellt ein ideales Kontinuum dar und wird durch das *Planck'sche Strahlungsgesetz* (Planck-Funktion) beschrieben [benannt nach dem dtsch. Physiker M. Planck, 1858–1947]. Danach gilt für die von der Flächeneinheit je Sekunde und Frequenzeinheit in die Raumwinkeleinheit ausgestrahlte Energie $B(\nu,T)$ die Beziehung $B(\nu,T) = 2h\nu^3/c^2 \cdot (e^{h\nu/kT} - 1)^{-1}$, in der h das Planck'sche Wirkungsquantum, k die Boltzmann-Konstante [benannt nach dem dtsch. Physiker L. Boltzmann, 1844–1906] und c die Lichtgeschwindigkeit bezeichnen, $e \approx 2{,}72\ldots$ ist die Basis der natürlichen Logarithmen (Abb.). Im Falle sehr hoher Frequenzen, d. h. kleiner Wellenlängen, geht das Planck'sche Strahlungsgesetz in die *Wien'sche Näherung* $B_W(\nu,T) = 2h\nu^3/c^2 \cdot e^{-h\nu/kT}$ über [benannt nach dem dtsch. Physiker

Strahlungsgürtel

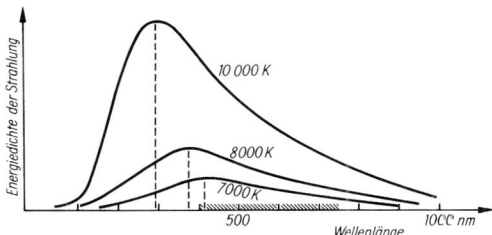

Planck-Funktion für unterschiedliche Temperaturen. Gestrichelte Linien: Lage des jeweiligen Energiemaximums; schraffiert: sichtbarer Spektralbereich

W. C. Wien, 1864–1928], im Falle sehr niedriger Frequenzen, d. h. großer Wellenlängen, in die **Rayleigh-Jeans'sche Näherung** $B_R(\nu, T) = 2\nu^2/c^2 \cdot kT$ [benannt nach den engl. Physikern Lord J. W. Rayleigh, 1842–1919, und J. H. Jeans, 1877–1946]. Die Wellenlänge λ_{max} des Strahlungsmaximums nimmt mit wachsender Temperatur ab, beschrieben durch das **Wien'sche Verschiebungsgesetz** $\lambda_{max} \cdot T = 0{,}2898$ cm K (Tab.). Der von einem Schwarzen Körper je Sekunde und je Flächeneinheit ausgestrahlte Gesamtstrahlungsstrom $\Phi(T)$ ist nach dem **Stefan-Boltzmann'schen Gesetz** [benannt nach dem öster. Physiker J. Stefan, 1835–1893 und dem dtsch. Physiker L. Boltzmann, 1844–1906] allein von der Temperatur abhängig: $\Phi(T) = \sigma T^4$, wobei σ die Stefan-Boltzmann-Konstante bezeichnet. Die Energiedichte einer Schwarzen Strahlung ergibt sich zu aT^4, wobei a die Strahlungsdichtekonstante bedeutet.

In der Tab. sind für Schwarze Strahlung die Wellenlängen des Energiemaximums, der Spektralbereich, in dem das Maximum liegt, sowie der Gesamtstrahlungsstrom für unterschiedliche Temperaturen angegeben.

Schwarze Strahlung

Temperatur (K)	Maximumswellenlänge (nm)	Spektralbereich	Gesamtstrahlungsstrom (W)
1 000	2 900	infrarot	$5{,}8 \cdot 10^4$
4 000	720	rot	$1{,}5 \cdot 10^7$
7 000	412	violett	$1{,}4 \cdot 10^3$
10 000	290	ultraviolett	$5{,}8 \cdot 10^3$
1 000 000	2,9	Röntgenbereich	$5{,}8 \cdot 10^{-6}$

Zahlenwerte der Konstanten:
$c = 2{,}997$ m s^{-1}
$h = 6{,}626 \cdot 10^{-34}$ J s
$k = 1{,}381 \cdot 10^{-23}$ J K^{-1}
$\sigma = 5{,}670 \cdot 10^{-8}$ W m^{-2} K^{-4}
$a = 7{,}581 \cdot 10^{-16}$ J m^{-3} K^{-4}

Ein *Grauer Strahler* sendet **Nichtschwarze Strahlung** aus, bei der die Strahlungsintensität verglichen mit der einer Schwarzen Strahlung in allen Wellenlängen um den gleichen Bruchteil geringer ist. Die relative Energieverteilung ist unverändert, der Betrag der emittierten Gesamtstrahlung aber reduziert. Bei einem *selektiven Strahler* ist für unterschiedliche Wellenlängen das Verhältnis der ausgestrahlten Energie im Vergleich zu der eines Schwarzen Strahlers unterschiedlich. Absorptions- oder Emissionslinien im Spektrum zeigen, dass keine Schwarze Strahlung vorliegt.

Bei nichtthermischer Strahlung, z. B. → Synchrotronstrahlung oder → Tscherenkow-Strahlung, ist die Energieverteilung nicht durch die Temperatur, sondern andere physikalische Parameter bestimmt.

Strahlungsgleichgewicht, Zustand eines Gases, bei dem je Volumeneinheit die absorbierte Energie gleich der emittierten ist, d. h., die Temperatur konstant ist.

Strahlungsgürtel, gürtelförmige Bereiche in der Magnetosphäre eines Planeten, in denen die Dichte geladener Teilchen (Elektronen, Protonen und Ionen) erhöht ist.

Infolge ihrer Kopplung an das Magnetfeld bewegen sich die elektrisch geladenen Teilchen schraubenförmig entlang der Feldlinien. In der Nähe der magnetischen Pole, wo sich die Feldlinien verdichten und der magnetische Druck zunimmt, werden die Teilchen „gespiegelt", ihre Bewegungsrichtung kehrt sich um. Infolgedessen oszillieren sie zwischen den Magnetpolen hin und her und bleiben im Magnetfeld gespeichert. Bei der Erde liegen die Zeiten zwischen zwei Spiegelungen in der Größenordnung von etwa 0,1 bis 3 s. Die Teilchen haben allerdings eine begrenzte Verweilzeit, da sie infolge von Zusammenstößen Energie verlieren und in die Erdatmosphäre eintauchen, wobei sie z. T. am Polarlichtphänomen beteiligt sind (→ Polarlicht).

Die Erde ist von zwei als **Van-Allen-Gürtel** bezeichneten S.n umgeben [benannt nach dem amerikan. Astronomen J. A. Van Allen, 1914–2006]. Der *innere Gürtel* befindet sich in einer Höhe von etwa 1,2 bis 2,5 Erdradien über der Erdoberfläche und ist auf niedrige geographische Breiten beschränkt (Abb.). Er wird vorwiegend von Protonen mit Energien von etwa 30 bis 150 MeV gebildet. Der Hauptteil der Protonen entsteht beim Stoß von Teilchen der → Kosmischen Strahlung mit Atomen und Molekülen der Erdatmosphäre, ein geringer Teil wird von eingefangenen Teilchen der Primärstrahlung der Kosmischen Strahlung sowie des → Sonnenwinds gestellt. Die Anzahldichte im inneren Gürtel ist zeitlich relativ konstant. Der *äußere Gürtel* befindet sich zwischen etwa 3 bis 5 Erdradien Höhe und erstreckt sich bis zu höheren geographischen Breiten. In ihm befinden sich im Wesentlichen die bei der Ionisation von Atomen freigesetzten Elektronen sowie eingefangene des Sonnenwinds. Die Anzahldichte der Elektronen ist zeitlich stark variabel und abhängig von der Sonnenaktivität. Die Elektronenenergien liegen bei 1,5 MeV und darüber. Nahe dem Innenrand des inneren Gürtels existiert in einer Höhe von rund 6 000 bis 10 000 km über der Erdoberfläche ein Gebiet erhöhter Teilchendichte, wobei es sich u. a. um sog. „anomale" Teilchen der Kosmischen Strahlung handelt, d. h. um Atomkerne, die bei der Wechselwirkung von Sonnenwindteilchen mit interstellarer Materie entstehen und in erdnahe Gebiete der → Heliosphäre gelangen. Die Dichte der anomalen Teilchen variiert mit dem 11-jährigen Zyklus der Sonnenaktivität. Bis in eine Höhe von etwa 6 Erdradien über der Erdoberfläche sind zwischen den S.n Protonen und Elektronen geringer Energie gefangen.

Strahlungsintensität

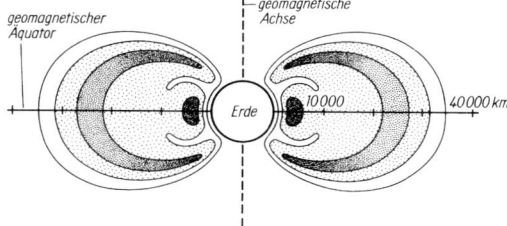

Strahlungsgürtel der Erde. Die Helligkeitsabstufung entspricht der Anzahldichte der Teilchen. Zahlen: Höhe über der Erdoberfläche

Die Planeten Jupiter, Saturn und Uranus sind ebenfalls von S.n umgeben.
Strahlungsintensität, die von einer Strahlungsquelle je Einheitsfläche, Zeiteinheit und Einheitsbandbreite in einen Kegel der Öffnung 1 Steradiant (→ Winkel), dessen Achse senkrecht zur Fläche ist, ausgestrahlte Energie oder die auf die Einheitsfläche je Sekunde und Einheitsbandbreite aus einem Kegel der Öffnung 1 Steradiant, dessen Achse senkrecht zur Fläche ist, fallende Energie. Ihr entspricht die in Größenklassen je Quadratgrad (oder -minute oder -sekunde) gemessene Flächenhelligkeit.
Strahlungskosmos, → Kosmologie.
Strahlungsleistung, die von einer Strahlungsquelle je Zeiteinheit abgegebene Energie.
Strahlungsstrom, die die Einheitsfläche je Sekunde und Einheitsbandbreite durchsetzende oder auf sie auffallende Energie.
Strahlungstemperatur, → Temperatur.
strahlungstheoretische Parallaxe, → Parallaxe.
Strahlungstransport, Energieübertragung mittels elektromagnetischer Strahlung.
Stratosphäre, Schicht in der Erdatmosphäre mit der *Stratopause* als obere Grenze; → Erdatmosphäre.
Streuung, Ablenkung eines Teils einer gebündelten Wellen- oder Teilchenstrahlung aus seiner ursprünglichen Richtung infolge Inhomogenitäten im durchquerten Medium (feste Partikeln, Tröpfchen, Moleküle, Atome u. Ä.). Je nachdem, ob beim Streuprozess keine (bzw. eine nur sehr geringe) oder aber eine entscheidende Energieänderung eintritt, wird zwischen elastischer und unelastischer S. unterschieden (in Analogie zu Stoßprozessen, die oft ein gutes Modell für S. sind). Die →Absorption kann als extrem unelastische S. aufgefasst werden. Durch eine aus vielen Teilchen bestehende homogene Schicht der Dicke d wird die Intensität einer senkrecht hindurchgehenden elektromagnetischen Strahlung infolge von S. um den Faktor $e^{-\sigma d}$ reduziert, wobei $e \approx 2{,}72\ldots$ die Basis der natürlichen Logarithmen und σ den Streukoeffizient bedeuten. Bei elektromagnetischer Strahlung im sichtbaren Spektralbereich bedeutet das Produkt σd die → optische Dicke der Schicht.
Die Phasen- oder Streufunktion gibt den Anteil der Strahlung an, der in eine bestimmte Richtung, ausgedrückt durch den Winkel zwischen Einfalls- und Ausfallsrichtung, gestreut wird. Abhängig von den Bedingungen, unter denen die Strahlung gestreut wird, werden die Streufunktionen unterschiedlich bezeichnet.

Für die S. elektromagnetischer Strahlung an sehr kleinen Teilchen im Vergleich zur Wellenlänge λ der Strahlung ergibt sich die sog. ***Rayleigh-Streuung*** [benannt nach dem engl. Physiker J. W. Rayleigh, 1842–1919]. Bei ihr ist der Streuanteil in Richtung des einfallenden Lichts (Vorwärtsstreuung) gleich dem in der Gegenrichtung (Rückwärtsstreuung) und doppelt so groß wie der unter einem Winkel von 90° zur Richtung des einfallenden Lichts gestreute Anteil. Die Seitwärtsstreuung ist vollständig polarisiert. Der Streukoeffizient ist proportional $1/\lambda^4$, d. h., kurzwelliges („blaues") Licht wird sehr viel stärker gestreut als langwelliges („rotes"). Bei Teilchen mit einem Durchmesser von der gleichen Größenordnung wie die Wellenlänge ergibt sich die sog. ***Ångström-Streuung*** [benannt nach dem schwed. Physiker und Astronomen A. J. Ångström, 1814–1874], bei der die Vorwärtsstreuung sehr viel stärker als die Rückwärts- und Seitwärtsstreuung ist. Der Streukoeffizient ist etwa proportional $1/\lambda$. Teilchen mit einem im Vergleich zur Wellenlänge großen Durchmesser haben einen Streukoeffizienten unabhängig von der Wellenlänge. Das „Himmelsblau" ist Folge von Rayleigh-Streuung des Sonnenlichts an Molekülen der Erdatmosphäre, atmosphärische Dunstteilchen verhalten sich gemäß der Ångström-Streuung und verursachen eine weißliche Verfärbung des Himmels. Der allgemeine Fall der S. von Licht an kugelförmigen Teilchen beliebiger Größe, die sog. ***Mie-Streuung*** [benannt nach dem dtsch. Physiker G. Mie, 1869–1957], enthält die Rayleigh- und Ångström-Streuung als Sonderfälle. Die ***Thomson-Streuung*** [benannt nach dem engl. Physiker Sir J. J. Thomson, 1856–1940] beschreibt die S. elektromagnetischer Strahlung an elektrisch geladenen Teilchen, besonders an Elektronen. Bei ihr ist der Streukoeffizient wellenlängenunabhängig und die seitwärts gestreute Strahlung polarisiert.
Ein der S. ähnlicher Effekt tritt auf, wenn Gasatome bei gebunden-gebundenen Übergängen einfallende Strahlung absorbieren und die aufgenommene Energie bei genau gleicher Wellenlänge wieder emittieren. Da die Emission in alle Richtungen gleichmäßig erfolgt, ergibt sich eine Intensitätsminderung in der ursprünglichen Strahlrichtung zugunsten der Intensität in alle andere Richtungen.
Ein Beispiel für unelastische S. elektromagnetischer Strahlung ist die ***Compton-Streuung*** (→ Compton-Effekt).
Strömgren, Bengt Georg Daniel, dänischer Astrophysiker, geb. 21.01.1908 in Göteborg (Schweden), gest. 04.07.1987 in Kopenhagen, 1940–1951 Direktor der Sternwarte Kopenhagen, danach der Yerkes-Sternwarte in Williams Bay (Wisconsin, USA), 1957–1967 in Princeton (New Jersey, USA), ab 1967 in Kopenhagen. 1970–1973 Präsident der Internationalen Astronomischen Union. S. arbeitete vor allem auf dem Gebiet des Sternaufbaus, der Sternatmosphären sowie der Physik der interstellaren Materie.
Strömgren-Radius [benannt nach dem dänischen Astrophysiker B. Strömgren, 1908–1987], die radiale Ausdehnung eines interstellaren Gebiets ionisierten Wasserstoffs (HII-Gebiet) um einen Stern hoher Effektivtemperatur; → interstellares Gas.

Strommeteor, zu einem Meteorstrom gehörendes → Meteor.

Struve, *1)* Friedrich Georg Wilhelm, deutsch-russ. Astronom, geb. 15.04.1793 in Altona, gest. 23.11.1864 in Sankt Petersburg (Russland); ab 1813 Direktor der Sternwarte Dorpat (Tartu, Estland), 1839–1862 der Sternwarte Pulkowo; arbeitete über Doppelsterne, bestimmte 1838 gleichzeitig mit F. W. Bessel (1784–1846) erstmalig eine Fixsternparallaxe.

2) Otto, russ.-amerikanischer Astronom, geb. 12.08.1897 in Charkow, gest. 06.04.1963 in Berkeley (Kalifornien, USA), Urenkel von *1)*; ab 1921 in den USA, ab 1930 Direktor des Yerkes-, McDonald- und Leuschner-Observatoriums, ab 1959 des Nationalen Radioastronomischen Observatoriums in Green Bank (Virginia, USA). 1952–1955 Präsident der Internationalen Astronomischen Union. Hauptarbeitsgebiete Sternspektroskopie, interstellare Materie, Doppel- und Mehrfachsterne sowie Kosmogonie.

Stufenschätzung, visuelle Methode zur Helligkeitsbestimmung von Gestirnen. Es werden Helligkeitsdifferenzen zwischen Sternen bekannter Helligkeit und einem Gestirn geschätzt und in eine an Sternen bekannter Helligkeit „geeichten", von Beobachter zu Beobachter unterschiedlichen Gedächtnisskala eingeordnet. Die gerade noch wahrnehmbare Helligkeitsdifferenz, d. h. eine „Stufe", beträgt meist knapp 0,1 mag.

Stundenachse, → Fernrohr.

Stundenkreis, jeder Großkreis an der Himmelskugel, der den Himmelsäquator senkrecht schneidet (Abb. → Koordinaten).

Stundenwinkel, der vom Beobachtungsort aus auf dem Himmelsäquator gemessene Winkel zwischen dem Himmelsmeridian und dem Stundenkreis eines Gestirns. Der S. wird in Stunden, Minuten und Sekunden von 0^h bis 24^h vom Schnittpunkt des Äquators mit dem Meridian in Richtung der täglichen scheinbaren Bewegung der Gestirne gezählt (Abb. → Koordinaten). Der S. ist gleich der seit dem letzten Meridiandurchgang des Gestirns verstrichenen Sternzeit.

Stundenwinkelsystem, astronomisches Koordinatensystem; → Koordinaten.

Submillimeterastronomie, Teilgebiet der Astronomie mit dem Ziel, die aus dem Weltall im Wellenlängenbereich zwischen etwa 300 µm und 1 mm (Submillimeterbereich) einfallende elektromagnetische Strahlung zu untersuchen. Die kurzwellige Grenze ist nicht scharf definiert. Die S. wird vielfach als Teilgebiet der Radioastronomie angesehen.

Submillimeterbereich, der Wellenlängenbereich des elektromagnetischen Spektrums zwischen etwa 300 µm und 1 mm. Die kurzwellige Grenze ist nicht scharf definiert.

Süden, eine → Himmelsrichtung.

Südliche Krone, das Sternbild → Corona Australis.

Südlicher Fisch, das Sternbild → Piscis Austrinus.

Südliches Dreieck, das Sternbild → Triangulum Australe.

Südlicht, → Polarlicht.

Südpol, derjenige Rotationspol eines Himmelskörpers des Planetensystems, der in der gleichen auf die Hauptebene des Planetensystems bezogenen Hemisphäre liegt wie der S. der Erde. Die Hauptebene des Planetensystems gleicht angenähert der Ebene der Ekliptik.

Südpunkt, derjenige Schnittpunkt des Himmelsmeridians mit dem wahren Horizont, der die größere Poldistanz hat (Abb. → Koordinaten).

Sulcus *m*, *Plur.* Sulci, Bezeichnung für eine furchenähnliche Oberflächenstruktur auf erdartigen Körpern des Planetensystems.

Sunyaev-Zeldowich-Effekt [benannt nach den russ. Astrophysikern R. Sunyaew und Y. Zeldowich, 1914–1987], der bei der Wechselwirkung der → kosmischen Hintergrundstrahlung mit heißem Gas in Galaxienhaufen (→ Sternsystem) auftretende inverse → Compton-Effekt. Die Photonen der Hintergrundstrahlung gewinnen bei der Wechselwirkung mit hochenergetischen Elektronen des intracumularen Gases Energie, wodurch beim Blick in Richtung des Haufens die spektrale Energieverteilung geändert wird und nicht mehr der einer Schwarzen Strahlung entspricht (→ Strahlungsgesetze): Im langwelligen Bereich ab etwa 1,38 mm ist die Strahlungsintensität geringfügig reduziert, im kurzwelligen erhöht. Bei bekannten Gaseigenschaften wie Elektronentemperatur und -dichte kann aus der Änderung der spektralen Energieverteilung der Hintergrundstrahlung im Vergleich mit der Strahlung in benachbarten Gebieten die Tiefenausdehnung des heißen intracumularen Gases ermittelt werden. Aus der scheinbaren Ausdehnung des Anomaliegebiets und bei vorausgesetzter sphärischer Verteilung des intracumularen Gases ergibt sich die Haufenentfernung, die infolge der unsicheren Haufenmodelle aber sehr ungenau ist.

Supergalaxienhaufen, → Sternsystem.

Supergranulum *n*, *Plur.* Supergranula, Strukturelement der Sonnengranulation, → Sonne.

Supernova *f*, *Plur.* Supernovae, in der Typologie der Veränderlichen Typbezeichnung SN, zur Klasse der kataklysmischen Veränderlichen gerechneter veränderlicher Stern, der einen plötzlichen Helligkeitsausbruch ähnlich einer Nova zeigt. Die Helligkeitszunahme beträgt z. T. mehr als 20 mag. Die Leuchtkraftsteigerung ist rund 100 000-mal größer als bei einer Nova, daher „Supernova".

Der Ausbruch ist ein einmaliges Ereignis, der Stern verliert bei dem explosionsartigen Vorgang einen großen Teil seiner Masse oder wird ganz zerstört.

Von den im Milchstraßensystem aufgeleuchteten S.e wurden nur 12 direkt beobachtet, und zwar alle vor der Erfindung des Fernrohrs, so dass sie nicht eingehend untersucht werden konnten. Von drei von ihnen existieren relativ sichere Angaben hinsichtlich der Erscheinung, nämlich von der 1054 im Sternbild Taurus von chinesischen und japanischen Astronomen als „Gaststern" beobachteten und fast einen Monat lang selbst am Tageshimmel sichtbaren S., vom Tychonischen Stern, einer 1572 von Tycho Brahe (1546–1601) beobachteten S. im Sternbild Cassiopeia, die ebenfalls mit bloßem Auge am Tageshimmel sichtbar war, und von der 1604 u. a. von J. Kepler (1571–1630) im Sternbild Ophiuchus beobachteten S. Alle seither entdeckten S.e gehören extragalaktischen Sternsystemen an. Die scheinbaren Helligkeiten dieser S.e sind meist so ge-

Supernova

ring, dass nur unmittelbar nach dem Helligkeitsmaximum Beobachtungen, kaum aber eingehende spektroskopische Untersuchungen möglich sind. Eine sehr große Ausnahme bildete die S. 1987 A, die am 23.02.1987 in der Großen Magellan'schen Wolke aufleuchtete und 24 Stunden später eine scheinbare visuelle Helligkeit von etwa 5^m, im Mai 1987 sogar von $2^m\!.8$ erreichte.

Benennung. S.e werden, wenn sie nicht besondere Namen wie die Tychonische und die Kepler'sche S. tragen, mit der Jahreszahl ihrer Entdeckung sowie, in der Reihenfolge der Entdeckung, mit einem großen lateinischen Buchstaben von A bis Z und weiter mit zwei kleinen lateinischen Buchstaben von aa bis zz bezeichnet. So trägt die 551. (und letzte) Supernovaentdeckung des Jahres 2006 die Bezeichnung SN 2006ue.

Klassifikation. Als Klassifikationskriterium dient im Wesentlichen das optische Spektrum. Zum Typ I gehören S.e ohne Wasserstofflinien im Spektrum, zum Typ II die mit Wasserstofflinien. Der Typ I gliedert sich in drei Gruppen. S.e vom Typ Ia haben nahe dem Helligkeitsmaximum bei 620 nm eine tiefe, vom einmal ionisierten Silizium herrührende Absorptionslinie, die beim Typ Ib mindestens kurz nach dem Helligkeitsmaximum nicht auftritt, dafür sind Absorptionslinien vom neutralen Helium vorhanden, die wiederum beim Typ Ia sehr schwach sind oder ganz fehlen. Im Spektrum des Typs Ic sind kurz nach dem Maximum weder Silizium- noch Heliumlinien vorhanden. Viele Monate nach dem Helligkeitsmaximum werden die Spektren der Typ-Ia-S.e von Emissionslinien des Eisens und Kobalts dominiert, während die Spektren der Ib- und Ic-S.e von Emissionslinien hauptsächlich des Sauerstoffs und Kalziums beherrscht werden. Von den den Typ II definierenden Wasserstofflinien ist die →Balmer-Linie Hα am stärksten, die Wasserstofflinien sind in den Spektren im Allg. noch lange nach dem Helligkeitsmaximum vorhanden, sie können z. T. erst nach Monaten verschwinden, dafür tauchen Kalzium- und Sauerstofflinien auf. Der Typ einer S. kann sich auch ändern wie z. B. bei der S. 1987 K, deren Typ sich von II zu Ib verschob. Die Spektren der Typ-II-S.e haben eine relativ große Vielfalt, die jedoch nicht zu einer allgemein akzeptierten Unterklassifikation führt. Die Tychonische und die Kepler'sche S. gehörten mit großer Wahrscheinlichkeit zum Typ I.

Im Radiofrequenzbereich wird von Typ-II-S.e während des Maximums keine Strahlung empfangen, erst wenige Monate danach sind sie als Radioquellen beobachtbar, wobei das Strahlungsmaximum im Zentimeterwellenbereich liegt. S.e vom Typ Ib und Ic können immer als Radioquellen in Erscheinung treten.

Expansionsgeschwindigkeiten, Helligkeitsvariationen. Die im optischen Spektrum identifizierten Linien sind infolge des →Doppler-Effekts nach kürzeren Wellenlängen hin verschoben. Die den Hauptteil der Strahlung emittierenden äußeren Sternschichten haben infolge der explosionsartigen Expansion eine Relativbewegung in Richtung zum Beobachter. Bei Typ-I-S.e liegen die Expansionsgeschwindigkeiten während des Helligkeitsmaximums in der Größenordnung von 10 000 km/s, doch sind infolge der wenigen gesicherten Spektralmerkmale die Angaben relativ unsicher. Für Typ-II-S.e ergeben sich Expansionsgeschwindigkeiten in der Größenordnung von rund 5 000 km/s.

Die unterschiedlichen Supernovatypen unterscheiden sich hinsichtlich der Lichtkurven. Beim Typ I dauert der Anstieg zum Helligkeitsmaximum einige Tage und wird von einem raschen Abfall gefolgt, während dem die Helligkeit innerhalb von rund 30 Tagen um etwa 3 mag sinkt, danach verläuft der Helligkeitsabfall weniger steil, aber glatt. Die Leuchtkraft nimmt in dieser Phase etwa exponentiell ab und vermindert sich im Verlauf von rund 70 Tagen um jeweils die Hälfte (Abb. 1). Die Form der Lichtkurven ist bei Typ-I-S.e recht einheitlich. Bei S.e vom Typ II ist die Anstiegszeit zum Maximum anscheinend sehr kurz, sie beträgt nur einige Stunden bis wenige Tage. Der Anstieg konnte bisher aber nur bei wenigen Sternen genauer verfolgt werden. Der Helligkeitsverlauf nach dem Maximum ist uneinheitlich, doch sind zwei Hauptgruppen unterscheidbar. Bei einem Teil der Typ-II-S.e nimmt in den ersten etwa 50 bis 100 Tagen nach dem Maximum die Helligkeit innerhalb von rund 20 Tagen jeweils um 1 mag ab, danach wechseln oftmals Phasen mit einem schnellen und einem weniger schnellen Helligkeitsabfall. Bei der anderen, zahlreicheren Gruppe wird etwa zwei Monate nach dem Maximum ein „Helligkeitsplateau" mit einer nur geringen Helligkeitsänderung erreicht, das zwei bis drei Wochen dauert. Der nachfolgende Helligkeitsabfall ist steiler als vor dem Plateau, wird später aber wieder etwas flacher. Ein nicht in das Schema passender Helligkeitsverlauf wurde bei der S. 1987 A beobachtet (Abb. 6), bei der auf einen schnellen Helligkeitsabfall nach dem Maximum erneut ein Helligkeitsanstieg folgte, bei dem fast die Maximalhelligkeit wieder erreicht wurde; die endgültige Helligkeitsabnahme verlief wieder normal und linear.

Absolute Helligkeiten. Absolute Helligkeiten im Strahlungsmaximum können bei S.e bestimmt werden, die in extragalaktischen Sternsystemen mit bekannten

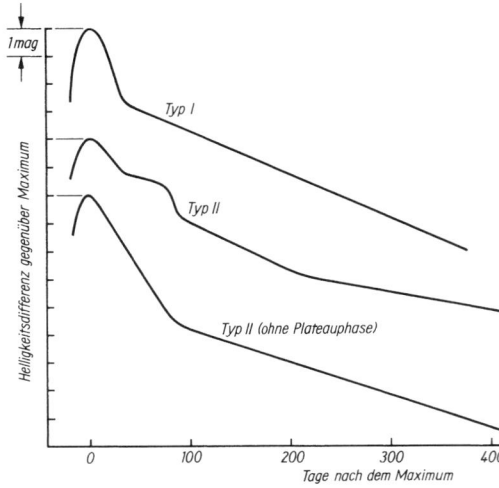

Abb. 1: Typische Lichtkurven von Supernovae. Mitte: Lichtkurve einer Supernova vom Typ II mit Plateauphase.

Entfernungen aufleuchten. S.e vom Typ Ia erreichen eine absolute Helligkeit von im Mittel -19^m mit geringer Streuung. Sie haben dadurch für die Entfernungsbestimmung extrem weit entfernter Galaxien große Bedeutung, da sie als Standardlichtquellen genutzt werden können (→ Kosmologie). Die absoluten Maximumhelligkeiten der S.e vom Typ Ib und Ic sind um etwa 1,5 mag niedriger. Beim Typ II liegt der Mittelwert bei etwa -17^m mit einem relativ hohen Streubereich, der bis zu 2 mag betragen kann. Die absoluten Helligkeiten der S.e sind im Maximum denen ganzer Sternsysteme vergleichbar. Die maximale Strahlungsleistung beträgt einige 10^{35} bis mehr als $2 \cdot 10^{36}$ J/s. Die gesamte in Form elektromagnetischer Strahlung emittierte Energie beläuft sich bei S.e des Typs Ia auf etwa 10^{43} bis 10^{44} J, bei denen des Typs II auf rund 10^{42} bis 10^{43} J. Es ist dies nur ein geringer Teil der gesamten freigesetzten Energie, die kinetische Energie der bei der explosionsartigen Expansion abgeschleuderten Gasmassen ist um rund das Zehnfache, die gegebenenfalls von Neutrinos abtransportierte Energie sogar um rund das Hundertfache größer.

Supernovaüberreste. Die bei einer Supernovaexplosion in den interstellaren Raum geschleuderte Materie ist erst viele Jahre nach dem Helligkeitsausbruch als eine Schale expandierenden Gases beobachtbar. Das bekannteste Beispiel ist der → Krebsnebel, der gasförmige Überrest der S. von 1054. Seine Expansion kann direkt gemessen werden. Der Winkeldurchmesser nimmt pro Jahr um etwa 0,11″ zu; bei einer als konstant angenommenen Expansionsgeschwindigkeit und dem jetzigen Winkeldurchmesser ergibt sich das Alter des Nebels zu rund 900 Jahren. Es besteht daher kein Zweifel an der Verbindung des Krebsnebels mit dem 1054 an dieser Stelle des Himmels beobachteten „Gaststern". An den Orten der anderen historischen Supernovae befinden sich gleichfalls optisch wahrnehmbare expandierende Gasnebel, die wie der Krebsnebel auch als Radio- und häufig auch als Röntgenquellen in Erscheinung treten. Der sog. Große Cygnusbogen (Abb. 2, Seite 464) ist der Überrest einer S., die vor rund 5 000 Jahren in einer Sonnenentfernung von etwa 400 pc aufleuchtete.

Im Zentrum des gasförmigen Überrests existiert gegebenenfalls ein stellarer Überrest in Form eines → Neutronensterns. Beim Krebsnebel sowie bei einigen weiteren gasförmigen Überresten ist der Neutronenstern als → Pulsar nachgewiesen. In weit über 100 anderen als Supernovaüberreste angesehenen Objekten des Milchstraßensystems wurde kein Pulsar gefunden. Entweder existieren in diesen Fällen kein stellarer Überrest oder die Pulsare wurden nicht beobachtet, weil ihre Entdeckungswahrscheinlichkeit sehr gering ist. Sowohl am Ort der Tychonischen als auch der Kepler'schen S. befinden sich weder ein Pulsar noch ein normaler Neutronenstern, der auf Grund seiner Röntgenstrahlung hätte nachgewiesen werden können.

Das von einer S. explosionsartig abgestoßene Gas prallt mit Überschallgeschwindigkeit auf die umgebende interstellare Materie, wobei eine Stoßfront entsteht, in der das Gas stark komprimiert, auf Temperaturen von rund 2 bis 15 Mio. K. aufgeheizt und vollständig ionisiert wird. Das heiße Gas, das im Idealfall die Form einer Kugelschale hat, emittiert im Wesentlichen Röntgenstrahlung. Die bei den gasförmigen Überresten der Typ-II-S.e beobachtete Röntgen- und z. T. auch Gammastrahlung ist hingegen von hochenergetischen Elektronen emittierte → Synchrotronstrahlung. Die Elektronen stammen vom zentralen Neutronenstern, die sich in den beim Stoß auch komprimierten Magnetfeldern bewegen. Im Röntgenbereich ist die Synchrotronstrahlung im Allg. so dominierend, dass die thermische Strahlung kaum in Erscheinung tritt. Bei Himmelsdurchmusterungen im Gammabereich können auf Grund der speziellen Abhängigkeit der Intensität der Synchrotronstrahlung von der Wellenlänge Supernovaüberreste gefunden werden, die weder im sichtbaren noch im Radiofrequenzbereich zuvor nachgewiesen wurden.

Bei den gasförmigen Überresten der Typ-I-S.e stammt die Radiofrequenzstrahlung im Wesentlichen aus der mehr oder minder dicken Schale komprimierten Gases, die in der Projektion an die Himmelskugel angenähert ringförmig erscheint, bei Überresten der Typ-II-S.e wird die Strahlung hingegen von einem näherungsweise kugelförmigen Bereich emittiert, der in der Projektion als eine relativ homogene kreisförmige Quelle in Erscheinung tritt. Die gasförmigen Überreste der Tychonischen (Abb. 3) wie der Kepler'schen S. haben eine für S.e des Typs I typische Quellenstruktur, der Krebsnebel eine des Typs II.

Die Radiofrequenzstrahlung ist von hochenergetischen Elektronen emittierte Synchrotronstrahlung. Infolge der Ausstrahlung ist deren Energieverlust so groß, dass sie ihre ursprüngliche Bewegungsenergie sehr schnell verlieren und nicht mehr strahlen würden, wenn sie nicht ständig nachbeschleunigt würden. Vermutlich geschieht dies bei der Wechselwirkung der Elektronen mit inhomogenen Magnetfeldern, bei der die Elektronen kinetische Energie auf Kosten der Magnetfeldenergie gewinnen. Die Nachbeschleunigung ist in Gebieten hoher Feldstärke am effektivsten, d. h. in der Kugelschale mit den bei der Kompression des Gases mit komprimierten, damit verstärkten Feldern. Bei den Überresten der Typ-II-S.e wird die Synchrotronstrahlung im Radiofrequenzbereich von den gleichen Elektronen emittiert, die auch die Strahlung im Röntgenbereich verursachen. Bei radioastronomischen Durchmusterungen wurde eine Reihe gasförmiger Überreste von S.e gefunden, deren Ausbruch in historischer Zeit stattgefunden haben muss, aber unentdeckt blieb. Das trifft u. a. auch auf die nach der Sonne stärkste Radioquelle des Himmels, Cassiopeia A, zu (Abb. 4). Sie ist wahrscheinlich der Überrest einer S., die um das Jahr 1667 aufleuchtete. Der Quellenstruktur zufolge handelte es sich um eine S. des Typs I.

Die Materie der gasförmigen Überreste ist sowohl vom Stern abgeschleudertes als auch komprimiertes interstellares Gas, dessen relativer Anteil mit der Zeit größer wird. Die jüngsten Überreste bieten die Möglichkeit, die chemische Zusammensetzung der ehemals stellaren Materie zu untersuchen. Infolge der beim Aufprall stellarer auf interstellare Materie erfolgenden Abbremsung sinkt die Expansionsgeschwindigkeit des abgeschleuderten Gases und damit die Möglichkeit, die umgebende Mate-

Supernova

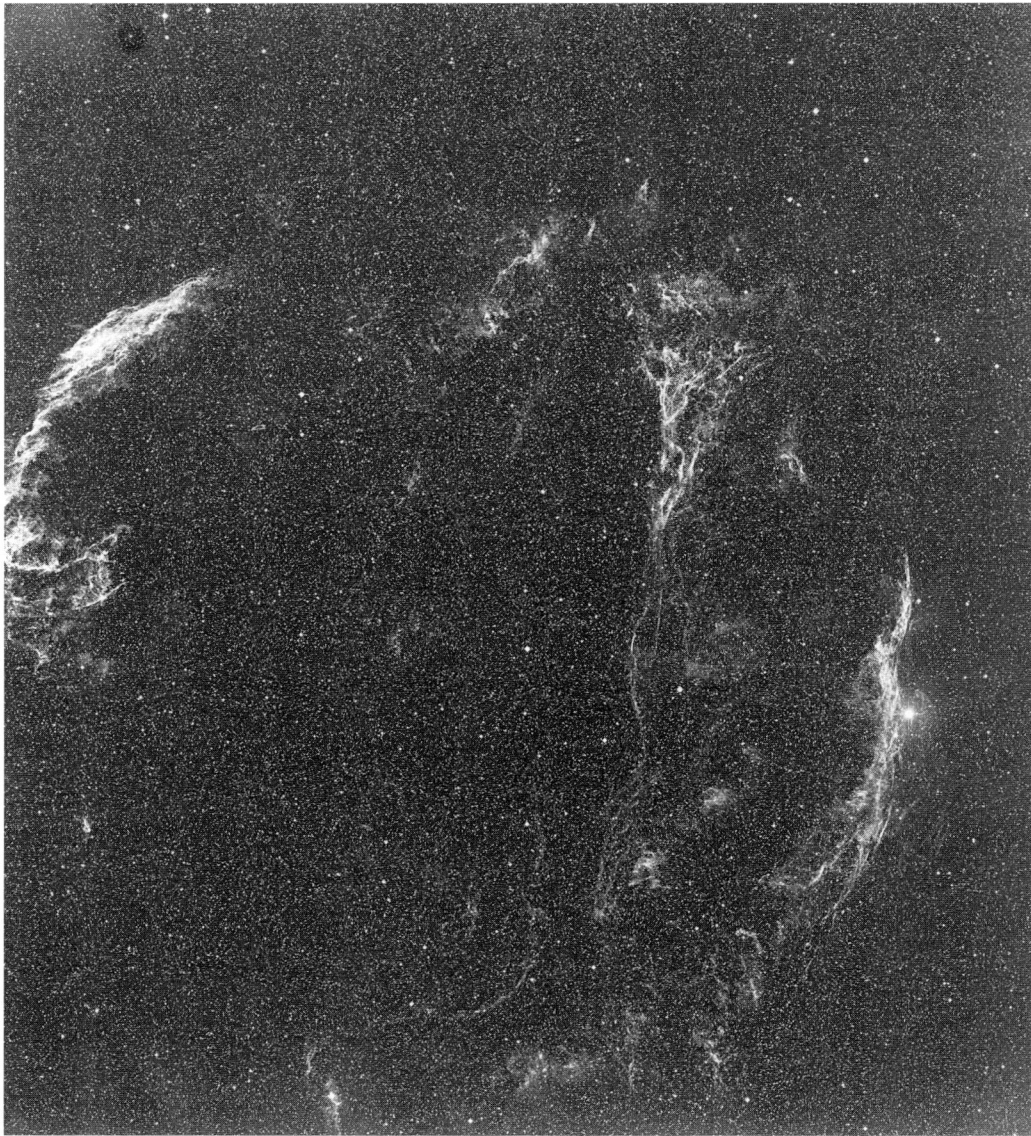

Abb. 2: Der Große Cygnusbogen im Sternbild Cygnus (Aufnahme: Thüringer Landessternwarte Tautenburg)

rie aufzuheizen. Nach rund einer Million Jahre dürften sich die physikalischen Verhältnisse in der Kompressionszone den Verhältnissen im ungestörten interstellaren Medium so weit angenähert haben, dass die gasförmigen Überreste nicht mehr erkennbar sind. Das Abschleudern der Materie erfolgt infolge von starken Konvektionsprozessen im Allg. extrem anisotrop, was sich auf die Struktur des gasförmigen Überrests überträgt.

Physikalische Prozesse. Eine Supernovaexplosion in völliger Allgemeinheit theoretisch zu beschreiben und numerisch zu berechnen ist außerordentlich schwierig, da dazu die ausschlaggebenden, z. T. innerhalb von Sekundenbruchteilen ablaufenden physikalischen Prozesse wie auch ihre Wechselwirkungen in allen Einzelheiten bekannt sein müssten. Es gibt aber wohlbegründete Modellvorstellungen, die die Ursachen eines Ausbruchs, das Abstoßen eines großen Teils der Sternmasse und sich daraus ergebende Beobachtungsphänomene wie die Helligkeitsvariationen und Eigenschaften der Spektren mindestens qualitativ richtig darstellen.

Typ-Ia-Supernovae. Der Vorläuferstern einer S. vom Typ Ia ist vermutlich ein Weißer Zwerg in einem Doppelstern, dessen Masse infolge von Materiezufuhr

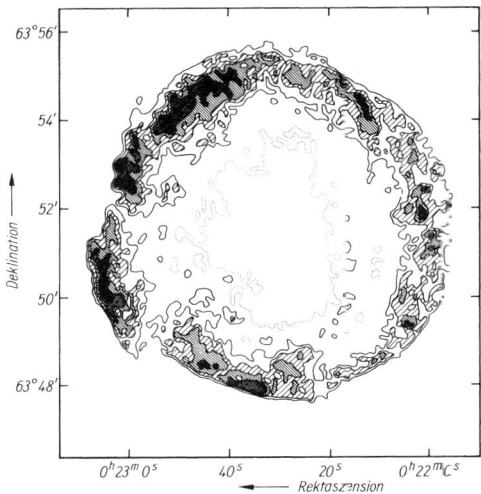

Abb. 3: Linien gleichen Strahlungsstroms des gasförmigen Überrests der Tychonischen Supernova bei der Wellenlänge 6 cm

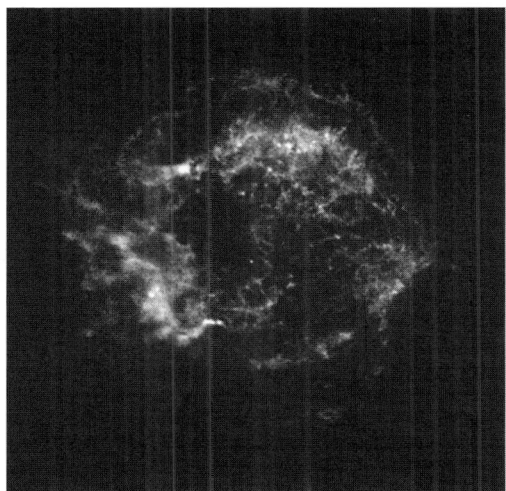

Abb. 4: Radioquelle Cassiopeia A (NASA/MFSC)

die Chandrasekhar'sche Grenzmasse (→ Weißer Zwerg) überschreitet. Der Weiße Zwerg besteht infolge der während der Sternentwicklung im Innern abgelaufenen Kernreaktionen im Wesentlichen aus Kohlenstoff und Sauerstoff, den Reaktionsprodukten des Heliumbrennens (→ Energiefreisetzung in Sternen).
Ist der Weiße Zwerg eine Komponente eines halbgetrennten Doppelsternsystems, fließt ihm von der anderen Komponente aus deren Außenregionen wasserstoffreiche Materie zu (→ Doppelstern). Sie bildet an seiner Oberfläche eine heiße wasserstoffreiche Schicht, in der es zu kontinuierlich ablaufenden Kernreaktionen kommt, bei denen der Wasserstoff zu Helium, z. T. auch zu Kohlenstoff und Sauerstoff umgewandelt wird. Der Materiezufluss bewirkt einen stetigen Masseanstieg des Weißen Zwergs. Erreicht er dadurch die Chandrasekhar'sche Grenzmasse, wird er instabil und kollabiert. Die dabei plötzlich freigesetzte potenzielle Energie geht in thermische Energie über, so dass die steigenden Temperaturen nahe dem Sternzentrum zum Zünden des Kohlenstoffbrennens ausreichen. Das setzt zusätzliche Energie frei und löst Kernreaktionen aus, die sich weiter außen liegende Bereiche erfassen; eine Detonationswelle durchläuft den gesamten Stern. Bei den Kernreaktionen entstehen schwere Elemente bis hin zur Eisengruppe. Ein hoher Prozentsatz dieser Elemente ist radioaktives Nickel-56, das mit einer Halbwertszeit von etwa 6,1 Tagen sich in radioaktives Kobalt-56 verwandelt, das mit einer Halbwertszeit von rund 76,8 Tagen in stabiles Eisen-56 übergeht (→ Elementenentstehung). Beim radioaktiven Zerfall der Isotope wird Gammastrahlung frei, die in niederenergetische Röntgen- und Ultraviolettstrahlung und schließlich in sichtbare Strahlung umgesetzt wird. Nach Maßgabe der Halbwertszeiten nimmt die Stärke der Gammastrahlung exponentiell, die in Größenklassen gemessene scheinbare visuelle Helligkeit linear ab, wie bei Typ-I-S.e beobachtet. Die anfangs sehr hohen Geschwindigkeiten in der Explosionswelle sinken während der Expansion. Die gleichfalls sinkenden Temperaturen sind aber noch so hoch, dass Kernprozesse ablaufen, bei denen leichte Elemente wie Magnesium, Silizium und Schwefel gebildet werden. Die beim Kollaps insgesamt freigesetzte Energie ist rund 20-mal größer als die gravitative Bindungsenergie des Sterns vor dem Kollaps, so dass er vollständig zerstört wird. Infolge des Verschwindens des Weißen Zwergs ist die verbleibende Komponente im Doppelsternsystem nicht mehr gravitativ gebunden und entfernt sich mit der Geschwindigkeit, die sie relativ zum ehemaligen Schwerpunkt des Systems hatte.
Eine andere Erklärung nimmt an, dass der Hauptstern eines Doppelsternsystems ein Weißer Zwerg ist. Infolge der Ausstrahlung von → Gravitationswellen verliert das System fortwährend Energie, so dass der Begleiter sich dem Hauptstern immer mehr nähert und schließlich durch Gezeitenkräfte zerrissen wird. Ein Teil der Materie gelangt auf den Weißen Zwerg, dessen Masse dadurch den Chandrasekhar'schen Grenzwert überschreitet und kollabiert.
Da die Materie in einem Weißen Zwerg vor der Explosion keinen Wasserstoff enthält, fehlen im Spektrum der Typ-Ia-S.e Wasserstofflinien, doch treten Linien von tief im Sterninnern gebildeten Elementen auf, die auch im Spektrum des gasförmigen Überrests vorhanden sein sollten. In den Überresten der Tychonischen und Kepler'schen S. fehlen diese Elemente, in anderen Überresten sind z. T. Eisenlinien vorhanden, die aber meist nur schwach sind. Der innere Aufbau Weißer Zwerge ist weitestgehend gleich und damit sind es auch die bei einer Explosion ablaufenden Prozesse, was die geringe Streuung der absoluten Maximumhelligkeiten und der Lichtkurven der Typ-Ia-S.e erklärt.
Typ-II-Supernovae. Ein massereicher Stern von mindestens etwa 8 Sonnenmassen ist der Vorläuferstern einer S. vom Typ II. Infolge der während der Entwicklung des Sterns abgelaufenen Kernreaktionen besitzt

Supernova

sein Inneres in der Endphase eine Art Zwiebelschalenstruktur, bei der die einzelnen Schalen aus den Endprodukten der aufeinandergefolgten Kernprozesse bestehen (→ Energiefreisetzung in Sternen). Die detaillierte Schichtung ist von der anfänglichen Masse des Sterns abhängig. Betrug sie zwischen etwa 8 und 12 Sonnenmassen, besteht die Zentralregion (der „Kern" des Sterns) aus Sauerstoff, Neon und Magnesium. Sie ist von einer Schale aus Kohlenstoff und Sauerstoff umgeben, an deren Innengrenze das Kohlenstoffbrennen stattfindet, wodurch die Masse des Kerns ständig zunimmt. Weiter außen befindet sich eine dünne Heliumschale, an deren Innengrenze Helium in Kohlenstoff und Sauerstoff verwandelt wird. Umgeben ist alles von einer ausgedehnten wasserstoffreichen Hülle. Hatte der Stern bei seiner Entstehung eine Masse von mehr als etwa 20 Sonnenmassen, führt die Entwicklung zu einem aus Elementen der Eisengruppe bestehenden Kern, der von einer Silizium-, Schwefel-, Sauerstoff-Neon-Magnesium-, Kohlenstoff-Sauerstoff- und schließlich Heliumschale umgeben ist; eine wasserstoffreiche Schicht bildet den äußeren Abschluss. Die Gasdichte im Kern ist so hoch, dass das Elektronengas weitgehend entartet ist und der physikalische Zustand des Kerns dem eines Weißen Zwergs gleicht.

Anlass der Supernovaexplosion ist die Implosion des Kerns, die auf unterschiedliche Weise ausgelöst werden kann. Möglicherweise übersteigt infolge der Massenzunahme durch das Kohlenstoffbrennen die Kernmasse die Grenzmasse eines Weißen Zwergs, wodurch der Kern instabil wird und kollabiert. Bei sehr massereichen Sternen kann die zentrale Implosion auch dadurch ausgelöst werden, dass im Zentralgebiet Eisen infolge abbauender Kernreaktionen in leichtere Elemente zerfällt (→ Energiefreisetzung in Sternen). Die dazu benötigte Energie wird der inneren Energie der Sternmaterie entnommen, wodurch der Gasdruck sehr stark sinkt und der Kern kollabiert.

Unabhängig von der Art der Auslösung erfolgt der Kernkollaps nahezu im freien Fall, was eine plötzliche enorme Verdichtung und Temperaturerhöhung der kollabierenden Sternmaterie zur Folge hat.

Die Zahl der freien Elektronen ist wegen der vollständigen Ionisation der Materie wesentlich höher als die der Atomkerne. Auf Grund der hohen Temperaturen erlangen die Elektronen eine so hohe kinetische Energie, dass sie in die Atomkerne eindringen und mit Protonen zu Neutronen umwandeln können (→ Neutronenstern). Durch den Elektroneneinfang sinkt die Anzahldichte der Gaspartikeln und damit der Druck, so dass der Kernkollaps weiter geht. Bei jeder Protonenumwandlung wird ein Neutrino mit einer hohen kinetischen Energie frei. Da die Wechselwirkung von Neutrinos mit Materie extrem gering ist, können sie den Stern zunächst ungehindert verlassen (→ Neutrinoastronomie). Bei Dichten von größenordnungsmäßig 10^{11} g/cm^3 wird die freie Weglänge jedoch so klein und die Wahrscheinlichkeit von Wechselwirkungen entsprechend so erhöht, dass die Neutrinos fast ihre gesamte kinetische Energie auf die Materie übertragen.

Infolge der Umwandlung von Protonen in Neutronen werden die Atomkerne immer neutronenreicher und die Kernladung sinkt. Dadurch werden Kernreaktionen möglich, bei denen sehr schwere Atomkerne gebildet werden. Erreicht die Dichte im kollabierenden Gebiet Werte von etwa $4 \cdot 10^{11}$ g/cm^3, haben die Kerne so viele überzählige Neutronen, dass sie nicht länger gebunden sind und aus den Kernen zu entweichen beginnen. Übersteigt im kollabierenden Zentralgebiet die Dichte rund $2 \cdot 10^{14}$ g/cm^3, sind praktisch nur noch freie Neutronen vorhanden und so dicht gepackt, dass sie eine Art riesigen, außerordentlich inkompressiblen Atomkern bilden.

Infolge des zentralen Kollapses stürzt die sich außerhalb des Zentralgebiets befindende Sternmaterie im freien Fall auf den „Atomkern". Der Aufprall ist so heftig, dass der Kern über seinen Gleichgewichtszustand hinaus, der dem eines Neutronensterns entspricht, komprimiert wird. Das Rückschnellen in den Gleichgewichtszustand treibt eine Stoßwelle mit einer Geschwindigkeit von einigen 10 000 km/s in die fallende Materie. Bei der Auswärtsbewegung verliert die Welle einerseits Energie, andererseits wird ihr Energie u. a. von den durch die extreme Temperatur- und Dichteerhöhung ausgelösten Kernprozessen, vor allem aber durch die Neutrinos zugeführt. Der entstandene Neutronenstern hat einen Radius von 10 bis 12 km und eine Masse von etwa 2 bis 3 Sonnenmassen, er bildet den stellaren Überrest der S., die gesamte übrige Sternmaterie bildet den gasförmigen Überrest. Falls die Masse des Neutronensterns größer als die Grenzmasse stabiler Neutronensterne ist oder falls die Grenzmasse infolge des Rückfalls nicht genügend beschleunigter Materie der Außenschichten überschritten wird, kann der Neutronenstern zu einem → Schwarzen Loch kollabieren, so dass keinerlei stellarer Überrest verbleibt. Für Sterne mit Anfangsmassen zwischen etwa 20 und 50 Sonnenmassen wird dies vermutet.

Infolge der Energiezuführung wird die Stoßwelle so energiereich, dass der freie Fall der äußeren Sternschichten gestoppt wird und in eine explosionsartig verlaufende Expansion umschlägt. Von der insgesamt beim Kollaps freiwerdenden potentiellen Energie geht etwa 1% unmittelbar in kinetische Energie der expandierenden Materie über, rund 99% der Energie tragen die Neutrinos und nur etwa 0,005% bleiben für die Strahlungsemission übrig. Die in Sekundenbruchteilen erfolgende Energiezufuhr bewirkt eine starke Konvektion, wodurch die radiale Schichtung im Stern gestört und die Expansion hochgradig anisotrop wird. Es entstehen langgezogene verästelte ausgedehnte Strömungsstrukturen, die bis weit in die äußeren Sternschichten reichen. Infolge der anisotropen Expansion ist auch die Struktur des entstehenden gasförmigen Überrests entsprechend anisotrop mit vielfach als radiale Bögen erscheinenden Dichtekonzentrationen und einer sehr unregelmäßigen Begrenzung (Abb. 2).

Wenige Stunden nach dem zentralen Kollaps erfolgt der Durchbruch der Stoßwelle durch die Sternoberfläche, womit das sichtbare Supernovaphänomen beginnt. Der anfängliche schnelle Helligkeitsanstieg wird im Wesentlichen durch die fast explosionsartige Expansion der leuchtenden Schichten des Sterns verursacht. Mit fortschreitender Expansion nimmt deren Dichte ab und sie werden durchsichtiger. Die Hauptmenge der sichtbaren Strahlung kommt aus immer tieferen, langsameren und sich abkühlenden Schichten. Nach dem Erreichen eines Maximums nimmt die beobachtete Helligkeit dadurch ab und die aus den Spektren abgeleiteten Expansionsgeschwindigkeiten sinken. Zunehmend stammt die ausgestrahlte Energie aus dem Zerfall radioaktiver Elemente, so dass der weitere Helligkeitsabfall wesentlich durch die Halbwertszeiten der bei den Kernreaktionen gebildeten radioaktiven Elemente, vor allem von Kobalt, bestimmt wird.

Das bei Typ-II-S.e in der Lichtkurve z. T. auftretende Helligkeitsplateau ist möglicherweise dadurch bedingt, dass der in der expandierenden Gashülle vorhandene, durch die Stoßwelle nahezu vollständig ionisierte Wasserstoff rekombiniert und die dabei freiwerdende Energie dem Gas zugute kommt. Der z. T. beobachtete zweite Helligkeitsanstieg nach dem ersten Abfall ist eventuell die Folge eines verhältnismäßig hohen Wasserstoffgehalts und damit einer entsprechend hohen Energiezufuhr.

Infolge der sehr unterschiedlichen Ausgangssituationen in den Vorläufersternen der Typ-II-S.e sind die freigesetzten und in Form von Strahlung abgegebenen Energien sehr unterschiedlich, was wahrscheinlich die relativ große Streuung der absoluten Maximalhelligkeiten sowie die z. T. sehr unterschiedlichen Lichtkurven verursacht.

S.e des Typs Ib und Ic gehen möglicherweise gleichfalls auf Instabilitäten im Innern weitentwickelter massereicher Sterne zurück. Die Vorläufersterne dieser S.e könnten in ihrer vorangegangenen Entwicklung den größten Teil der wasserstoffreichen Außenschichten, vielleicht sogar die mit Helium angereicherten Schichten infolge eines starken Sternwinds verloren haben, so dass in den Spektren keine entsprechenden Linien zu finden sind. Als Vorläufersterne der S.e vom Typ Ib werden insbesondere → Wolf-Rayet-Sterne angesehen.

Supernovaumgebung, Häufigkeiten. Extragalaktische S.e vom Typ II werden vorwiegend in Spiralsystemen beobachtet, wobei Spiralarme und nahe HII-Gebiete, d. h. Orte hoher Sternentstehungsrate, bevorzugt sind, kommen aber auch in irregulären Sternsystemen vor. Da die Vorgängersterne massereich sind, entwickeln sie sich sehr schnell und erreichen in relativ kurzer Zeit die Endphase der Entwicklung (→ Sternentwicklung), es sind Mitglieder der Population I. Typ-I-S.e leuchten auch in elliptischen Sternsystemen auf, in Spiralgalaxien sind keine Regionen bevorzugt. Diese Supernovae entstammen einer Sternpopulation, in der massearme Sterne vorherrschen (→ Population). Diese benötigen relativ lange Zeit, bis sie den Zustand eines Weißen Zwergs erreichen, es sind relativ alte Sterne.

Supernovaausbrüche sind sehr selten. In einem Spiralsystem leuchtet schätzungsweise alle 30 bis 80 Jahre eine S. auf, doch weichen einige Galaxien von diesem groben Mittelwert erheblich ab. In zwei Spiralsystemen wurden z. B. innerhalb der letzten 50 Jahre jeweils 4 Supernovae entdeckt. Möglicherweise ist dies eine Folge einer hohen Sternentstehungsrate in diesen Galaxien. Im Milchstraßensystem ereignet sich im groben Mittel etwa alle 30 Jahre ein Supernovaausbruch, wobei wahrscheinlich S.e des Typs II häufiger sind als die des Typs I. Die geringe Zahl der bisher beobachteten S.e dürfte im Wesentlichen dadurch bedingt sein, dass die meisten Typ-II-S.e als Mitglieder der extremen Population I ebenso wie die interstellare Materie um die galaktische Ebene konzentriert sind, so dass sich viele S.e für den Beobachter „hinter" dichten interstellaren Staubwolken befinden und sich der Beobachtung entziehen. Die jüngste S. im Milchstraßensystem, die wahrscheinlich um das Jahr 1667 in einer Sonnenentfernung von rund 3 000 pc aufleuchtete, blieb wohl aus diesem Grund unbeobachtet. Ihr gasförmiger Überrest ist die Radioquelle Cassiopeia A (Abb. 4). Mittels systematischer Durchmusterungen und spezieller Suchprogramme werden jährlich mehrere 100 extragalaktische S.e gefunden.

Globale Auswirkungen von Supernovae. Die Materie, die bei einem Supernovaausbruch in den interstellaren Raum gelangt, enthält sowohl Elemente, die im Vorläuferstern während der dem Ausbruch vorangegangenen Entwicklungsphasen gebildet wurden, als auch Elemente, die erst beim Ausbruch entstehen. S.e spielen dadurch für die chemische Entwicklung der Sternsysteme, speziell auch des Milchstraßensystems, eine entscheidende Rolle (→ Milchstraßensystem). Die kinetische Energie der mit hoher Geschwindigkeit abgestoßenen Materie wird bei der Wechselwirkung mit der umgebenden interstellaren Materie an diese abgegeben, wodurch S.e auch einen beträchtlichen Beitrag zur Energiebilanz der interstellaren Materie eines Sternsystems leisten und dessen physikalischen Zustand beeinflussen (→ interstellares Gas).

Supernova 1987 A (Abb. 5). Der Ausbruch der S. 1987 A hat eine große Bedeutung, da bis dahin nur von zwei S.e die wahrscheinlichen Vorläufersterne bekannt waren, aber nur bei der S. 1987 A der Vorläuferstern eingehender untersucht war und der Ausbruch mit noch nie erreichter Genauigkeit verfolgt werden konnte. Die S. wurde am 24.02.1987 entdeckt, als die scheinbare Helligkeit schon $6^m\!.4$ erreicht hatte, 24 Stunden später war sie auf etwa 5^m angewachsen. Danach erfolgte ein etwa 10 Tage dauernder geringer Helligkeitsabfall (Abb. 6), bis nach einem erneuten Anstieg rund 90 Tage nach dem Ausbruch das Helligkeitsmaximum im sichtbaren Spektralbereich mit $2^m\!.8$ erreicht wurde. Der nach dem Maximum zunächst rasche Helligkeitsabfall ging nach etwa 125 Tagen in eine lineare Abnahme über, die auf radioaktiven Zerfall mit einer Halbwertszeit von rund 77 Tagen als Energiequelle hinwies, was genau der von Kobalt-56 entspricht. Aus der ausgestrahlten Energiemenge ergibt sich die Masse des bei der Explosion gebildeten Kobalt-56 zu 0,07 Sonnenmassen.

Ab 1991 nahm die Leuchtkraft mit einer Halbwertszeit von etwa 270 Tagen, der vom Kobalt-57, ab, mittels Raumsonden konnten die beim Zerfall von Kobalt-56 und -57 entstehenden Gammaquanten direkt nachgewiesen werden. Etwa 530 Tage nach dem Helligkeitsmaximum begann im expandierenden Gas die Bildung von Staubteilchen, die einen Teil der Strahlung absorbierten und als thermische Strahlung im Infrarotbereich emittierten, was eine zunehmende Verschiebung des In-

Supernova

Abb. 5: Supernova 1987 A in der Großen Magellan'schen Wolke. Oben: Aufnahme vom 07.11.1982; Unten: Aufnahme vom 27.02.1987 um $10^h\,13^{min}$ WZ (Royal Observatory/SPL/Agentur Focus)

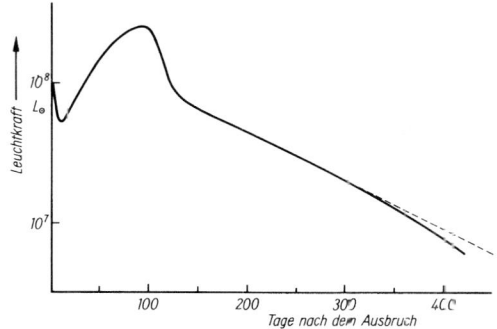

Abb. 6: Lichtkurve der Supernova 1987 A für die ersten 400 Tage nach dem Ausbruch. Gestrichelt: Verlauf bei konstanter Helligkeitsabnahme

tensitätsmaximums der empfangenen Strahlung vom sichtbaren in den infraroten Spektralbereich zur Folge hatte.

Das Spektrum der S. 1987 A entsprach dem einer Typ-II-S. Die Expansionsgeschwindigkeit, abgeleitet aus der Spektralverschiebung der Wasserstofflinien, betrug kurz nach dem Helligkeitsmaximum rund 20 000 km/s, mehr als das Doppelte des Mittelwerts für Typ-II-S.e. Die absolute visuelle Maximumhelligkeit lag hingegen unter dem Mittelwert.

Möglicherweise sind die Abweichungen dadurch bedingt, daß der Stern vor dem Ausbruch den Spektraltyp B3 Ia hatte, demnach ein blauer und kein roter Überriese war, wie es für einen Stern von etwa 20 Sonnenmassen am Ende seiner Entwicklung zu erwarten wäre. Blaue Überriesen haben eine wesentlich höhere mittlere Dichte. Dies erhöhte eventuell die Absorption der freigesetzten Strahlung und verringerte damit die absolute Helligkeit. Da bei blauen Überriesen die Sternaußenschichten erheblich stärker gravitativ gebunden sind, wird zu ihrem Abstoßen mehr Energie verbraucht, die dann nicht für eine Ausstrahlung zur Verfügung steht. Für die Strukturänderung des Vorläufersterns waren möglicherweise auch die etwas andere mittlere chemische Zusammensetzung in der Großen Magellan'schen Wolke sowie ein starker → Sternwind von Bedeutung, der einen erheblichen Verlust der äußeren Sternschichten und damit den Wechsel von einem roten zu einem blauen Überriesen zur Folge hatte.

Die S. ist von hellen Gasringen umgeben. Sie gehen vielleicht auf Materie zurück, die in verschiedenen Entwicklungsphasen durch Sternwinde abgestoßen wurde. Das abgestoßene Gas prallt mit Überschallgeschwindigkeit auf die umgebende interstellare Materie, wodurch eine Stoßfront entsteht. Durch die beim Supernovaausbruch ausgesandte Ultraviolettstrahlung wird die Materie zum Leuchten angeregt. Mehr als 10 Jahre nach dem Aufleuchten der S. erreichte das beim Ausbruch mit hoher Geschwindigkeit ausgeschleuderte Gas den innersten Ring. Sein Aufprall verstärkte dessen Leuchten um ein Vielfaches.

Bei der S. 1987 A wurden zum ersten Mal Neutrinos nachgewiesen, die bei S.e vom Typ II während des Kol-

lapses der Zentralregion entstehen. Rund 3,8 Stunden vor der ersten optischen Wahrnehmung wurden innerhalb eines Zeitraumes von 10 bis 15 s 19 Neutrinos registriert (→ Neutrinoastronomie).

Am Ort der S. 1987 A wurde bisher kein Pulsar gefunden, was u. a. daran liegen könnte, daß die umgebende interstellare Materie für sichtbare Strahlung optisch sehr dick ist (→ optische Dicke), oder daß die stark gebündelte Strahlung des möglicherweise vorhandenen Pulsars (→ Pulsar) nicht die Erde überstreicht.

Supernovaüberrest, → Supernova.
Superpenumbra, → Sonnenfleck.
Super-Schmidt-Spiegel, → Spiegelteleskop.
Surge f, svw. Spritzprotuberanz, → Protuberanz.
Surtur m, ein Satellit des Saturn.
Hinsichtlich der Einordnung des S. in das System der Saturnsatelliten → Saturn.
Suttungr m, ein Satellit des Saturn.
Hinsichtlich der Einordnung des S. in das System der Saturnsatelliten → Saturn.
SU-Ursae-Majoris-Sterne, Untergruppe der → U-Geminorum-Sterne.
Swings, Pol, belg. Astrophysiker, geb. 24.09.1906 in Ransart, gest. 28.10.1983 in Liège; ab 1932 Direktor des Instituts für Astrophysik der Universität Liège, während des 2. Weltkrieges in den USA, danach wieder in Liège. Von 1964—1967 Präsident der Internationalen Astronomischen Union. S. arbeitete vor allem auf dem Gebiet der Spektroskopie und untersuchte u. a. die Spektren heißer Sterne, Novae und Planetarischer Nebel.
SX-Phoenicis-Sterne, → Delta-Scuti-Sterne
Sycorax f, ein Uranussatellit.
Hinsichtlich der Einordnung der S. in das System der Uranussatelliten → Uranus.
symbiotische Sterne, → Z-Andromedae-Sterne.
Synchrotronstrahlung, von hochenergetischen, in einem Magnetfeld sich bewegenden Elektronen ausgesandte elektromagnetische Strahlung. Die ausgestrahlte Energie wird der kinetischen Energie der Elektronen entzogen, die durch das Magnetfeld auf Spiralbahnen um die Magnetfeldlinien gezwungen werden. Die Emission erfolgt tangential zur momentanen Bewegungsrichtung in einem kleinen kegelförmigen Bereich (Abb.), dessen Öffnungswinkel mit zunehmender Elektronenenergie kleiner wird. Das Spektrum ist kontinuierlich und polarisiert, die Polarisationsebene ist parallel dem Magnetfeld. Mit wachsender Feldstärke und Elektronenenergie nimmt die Wellenlänge des Intensitätsmaximums der S. ab. Das Zusammenwirken vieler Elektronen unterschiedlicher Energie verursacht eine

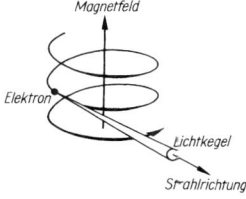

Lichtkegel einer Synchrotronstrahlung

synodisch

Intensitätsverteilung der Gesamtstrahlung entsprechend der Energieverteilung der Elektronen. Da die Zahl der Elektronen im Allg. mit abnehmender kinetischer Energie zunimmt, ist für S. ein Intensitätsanstieg zu größeren Wellenlängen hin typisch (→ Radiofrequenzstrahlung). Durch ihn und die Polarisation lässt sich die nichtthermische S. von thermischer Strahlung unterscheiden (→ Strahlungsgesetze).

syn͟odisch, auf die relative Stellung von Sonne und Erde bezüglich.

synodische Umlaufzeit, → Planet.

Synth͟eseteleskop, → Radioteleskop.

Syzy͟gien, *Sing.* Syzygie, gemeinsame Bezeichnung für Opposition und Konjunktion, insbes. die Zeiten von Neu- und Vollmond; → Mondphase.

Szintillation, durch turbulente Luftbewegungen verursachte schnelle Helligkeits- und Richtungsänderungen der sichtbaren Sternstrahlung, das „Flimmern" der Sterne.

Die ***Richtungsszintillation*** äußert sich in ständigen Richtungsänderungen (Hinundhertanzen) des Sternbilds um eine mittlere Position, in einer „Luftunruhe". Bei langen Beobachtungszeiten wird das Sternlicht dadurch auf das im Vergleich zum Beugungsscheibchen (→ Fernrohr) viel größere Szintillationsscheibchen verteilt. Die Richtungsszintillation setzt dem Auflösungsvermögen erdgebundener Teleskope eine Grenze, Einzelheiten mit einer wesentlich geringeren Winkelentfernung als 1″ sind nicht getrennt wahrnehmbar. Die ***Intensitätsszintillation*** verursacht eine unregelmäßige Intensitätsvariation des Sternlichts. Beide Szintillationsanteile werden durch Inhomogenitäten (Turbulenzelemente) in der Erdatmosphäre verursacht. Temperatur und Dichte in ihnen, und damit der Brechungsindex, unterscheiden sich geringfügig gegenüber der Umgebung. Die Größe der Turbulenzelemente liegt bei einigen Zentimetern bis Dezimetern. Infolge der unregelmäßigen Verschiebungen der Turbulenzelemente in der Sichtlinie ergibt sich die S. Richtungsänderungen werden vorwiegend von bodennahen Inhomogenitäten in Höhen geringer als etwa 25 m verursacht, Intensitätsänderungen hauptsächlich von Inhomogenitäten in einigen Kilometern Höhe. Die Stärke der S. ist z. T. schnellen Variationen unterworfen und von der Wetterlage sowie der Tageszeit abhängig, sie ist im Allg. gegen Mittag am größten. Die Durchsichtqualität der Atmosphäre (als *‚Seeing'* bezeichnet) ist für Beobachtungen von großer Bedeutung. Bei im Wesentlichen stabil geschichteten Luftmassen, die u. a. auf über die atmosphärische Inversionsschicht hinausragenden Bergen herrschen, ist die S. im Allg. gering.

Mit Hilfe einer adaptiven Optik gelingt es, die Richtungsszintillation weitestgehend zu unterdrücken (→ Spiegelteleskop).

Bei Lichtquellen mit einem merklichen Winkeldurchmesser, wie Sonne, Mond und Planeten, ist für das bloße Auge die S. nicht oder nur wenig bemerkbar, da die Turbulenzelemente nicht einzeln wirken, sondern als statistische Gesamtheit. Bei visuellen Fernrohrbeobachtungen ausgedehnter Lichtquellen verursacht die Richtungsszintillation eine wechselnde Schärfe der Bilder und ein Verschwimmen der Bildränder. Bei horizontnahen Sternen tritt gelegentlich eine ***farbige S.*** auf, da infolge der Dispersionswirkung der Erdatmosphäre das Sternlicht zu einem kleinen Spektrum auseinandergezogen wird und einzelne Turbulenzelemente nur Teile des Spektrums beeinflussen.

Bei Radioquellen ergibt sich eine → Radioszintillation.

T, Einheitenzeichen für → Tesla, die Maßeinheit der magnetischen Induktion.

Tafelberg, das Sternbild → Mensa.

Tag, *1)* allgemein die Zeit zwischen Sonnenaufgang und Sonnenuntergang. Die Länge des T.s ist von der geographischen Breite des Beobachtungsorts und der Jahreszeit abhängig (Abb.). Am Äquator dauert ein T. immer 12 Stunden, in anderen geographischen Breiten ist er je nach Jahreszeit länger oder kürzer und beträgt nur zur Tagundnachtgleiche 12 Stunden. Für nördliche geographische Breiten ergibt sich der längste T. zur Zeit der Sommersonnenwende, um den 21. Juni, der kürzeste T. zur Zeit der Wintersonnenwende, um den 21. Dezember, für südliche geographische Breiten ist es umgekehrt.

2) In der Astronomie die Zeit zwischen zwei aufeinanderfolgenden oberen Kulminationen des Frühlingspunkts (Sterntag) bzw. ein und desselben Sterns oder zwischen zwei unteren Kulminationen der Sonne (Sonnentag) (→ Zeit).

3) Einheitenzeichen d; als Zeiteinheit der Dauer von 86 400 Atomsekunden.

Tagbogen, der über dem Horizont liegende Teil des von einem Himmelskörper bei der scheinbaren täg-

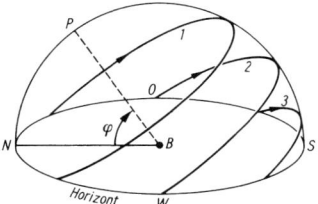 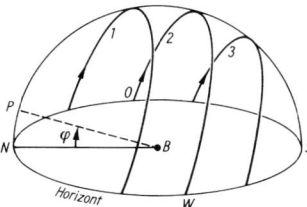

Tageslänge für einen Beobachtungsort (B) mit der nördlichen geographischen Breite φ in Abhängigkeit von der Länge des Tagbogens der Sonne zur Sommersonnenwende (1), der Tagundnachtgleichen (2) und der Wintersonnenwende (3). P: Himmelsnordpol; N: Nordpunkt; S: Südpunkt; O: Ostpunkt; W: Westpunkt

lichen Bewegung beschriebenen Kreisbogens (→ Bewegung der Gestirne).
Tageslichtstrom, ein Meteorstrom mit dem scheinbaren Radianten auf der Tagseite der Erde; → Meteor.
tägliche Aberration, → Aberration.
tägliche Parallaxe, → Parallaxe.
Tagundnachtgleiche, svw. Äquinoktium.
TAI [Abk. für Temps Atomique International, franz., ‚Internationale Atomzeit'],→ Zeit.
Tangentialgeschwindigkeit, die Geschwindigkeit eines Himmelskörpers senkrecht zur Sichtlinie Beobachter–Himmelskörper.
Tarqeq *m*, ein Zwergsatellit des → Saturn.
Tarvos *m*, ein Zwergsatellit des → Saturn.
T-Assoziation, → Sternassoziation.
Tau, Abk. für Taurus.
Taube, das Sternbild → Columba.
Taurus, *Gen.* Tauri, abg. **Tau**, **Stier**, zum Tierkreis gehörendes Sternbild nördlich des Himmelsäquators, das in unseren Breiten im Winter am Abendhimmel sichtbar ist. Der hellste Stern des Sternbilds ist → Aldebaran. Im T. befinden sich nahe Aldebaran zwei mit bloßem Auge sichtbare Offene Sternhaufen, die → Plejaden und die → Hyaden. Im östlichen Teil des Sternbilds im Bereich der Milchstraße liegt der → Krebsnebel (M 1). Die Sonne durchläuft bei ihrer scheinbaren jährlichen Bewegung das Sternbild von Mitte Mai bis in die zweite Junihälfte.
Hinsichtlich der Lage am Himmel → Sternkarte Seite 420.
Taurus-Strom, Bewegungssternhaufen, zu dem die Hyaden gehören; → Bewegungssternhaufen.
Taygeta *f*, Stern in den → Plejaden mit einer scheinbaren visuellen Helligkeit von $4^m\!.3$, der Spektralklasse B6 und der Leuchtkraftklasse IV.
Taygete *f*, ein Satellit des Jupiter.
Hinsichtlich der Einordnung der T. in das System der Jupitersatelliten → Jupiter.
TDT [Abk. für Terrestrial Dynamical Time, engl., ‚Terrestrische Dynamische Zeit'], → Zeit.
Teilchendichte, Zahl der Teilchen je Volumeneinheit.

Teilchenstrahlung, *Korpuskularstrahlung*, *Partikelstrahlung*, Energiestrom mit materiellen Teilchen als Energieträger.
Tektit *m*, *Glasmeteorit*, kleines rundliches oder längliches, aus einer schwer schmelzbaren glasartigen Materie, vorwiegend aus Siliziumdioxid, bestehendes Teilchen. T.e sind meist grünlich, dunkelgrün bis schwarz gefärbt. Sie werden in mehr oder minder großen begrenzten Gebieten der Erde gefunden und nach ihnen bezeichnet, z. B. *Moldavite* nach der Moldau (Tschechische Republik), *Australite* nach Australien oder *Billitonite* nach der indones. Insel Billiton (jetzt Belitung). T.e entstehen beim Aufschlag eines großen Meteoroiden auf die Erdoberfläche, wobei so viel kinetische Energie umgesetzt wird, dass ein Teil des getroffenen irdischen Gesteins sowie ein großer Teil des Meteoroiden schmilzt und ausgeworfen wird. Beim Abkühlen der Schmelztröpfchen bilden sich die T.e und fallen in der Nähe des Aufschlagsorts zur Erde. Da T.e nicht extraterrestrischen, sondern vorwiegend terrestrischen Ursprungs sind, ist die historische Bezeichnung „Glasmeteorit" irreführend. Die im Mondstaub in großer Menge vorhandenen glasartigen tektitähnlichen Partikeln sind wahrscheinlich beim Einschlag von Meteoroiden auf die Mondoberfläche entstanden (→ Mond).
Tel, Abk. für Telescopium.
Telescopium, *Gen.* Telescopii, abg. **Tel**, *Fernrohr*, *Teleskop*, Sternbild des südlichen Himmels, das von unseren Breiten aus nicht sichtbar ist.
Hinsichtlich der Lage am Himmel → Sternkarte Seite 416.
Teleskop, 1) ein → Fernrohr;
2) das Sternbild → Telescopium.
Teleskop-Array, Anordnung von Teleskopen, mit der bei geeigneter Strahlzusammenführung ein Großteleskop mit großer effektiver Öffnung und hohem Auflösungsvermögen simuliert werden kann.
teleskopische Meteore, → Meteor.
Telesto *f*, ein Saturnsatellit, der sich auf einer Kreisbahn mit einem Radius von 294 710 km in 1,888 Tagen rechtläufig um den Saturn bewegt, gegen dessen Äqua-

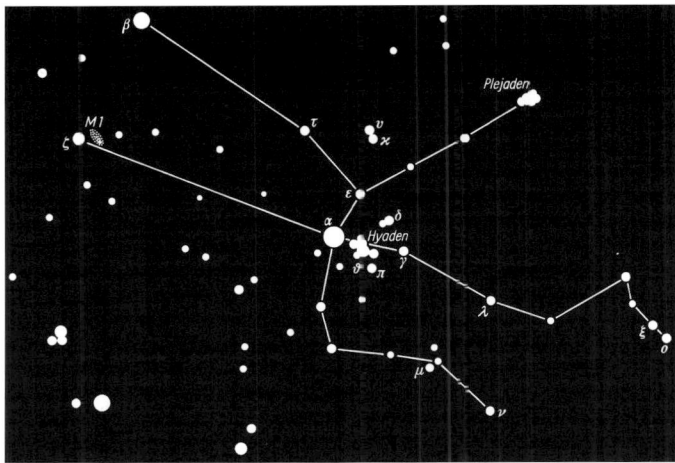

Charakteristische Anordnung der hellsten Sterne des Sternbildes Taurus (Stier)

torebene die Bahnebene um etwa 1,18° geneigt ist. Die T. ist hat eine unregelmäßige Form, mit einem mittleren Durchmesser von 24 km.

Die T. und die Tethys bewegen sich auf identischen Bahnen um den Saturn, wobei die T. sich im → Librationspunkt L_4 von Tethys und Saturn befindet, der Tethys damit um 60° voraus ist.

Hinsichtlich der Einordnung der T. in das System der Saturnsatelliten → Saturn.

tellurisch, auf die Erde bezüglich.

tellurische Linien, durch die Erdatmosphäre dem Sonnenspektrum aufgeprägte Spektrallinien.

Temperatur, Maß für den Wärmezustand eines Körpers oder den thermodynamischen Zustand eines physikalischen Systems. Die T. bestimmt u. a. die spektrale Energieverteilung der von einem Körper emittierten elektromagnetischen Strahlung, bei Gasen die Verteilung der Atome und Moleküle auf die verschiedenen Anregungs- und Ionisationszustände sowie die Geschwindigkeitsverteilung der Gaspartikeln.

Die T. wird in unterschiedlich definierten Gradskalen gemessen. Die im täglichen Leben meistbenutzte ist die Celsius-Skala, in der die T. in °C (Grad Celsius) angegeben wird mit dem Schmelzpunkt von Eis als Nullpunkt. Grundsätzlich kann ein Körper niemals eine niedrigere T. als –273,160 °C (absoluter Nullpunkt) haben. Für physikalische Systeme ist die Angabe der **absoluten T.** am aussagekräftigsten, wobei die T. mit gleicher Schrittweite wie die Celsius-Skala vom absoluten Nullpunkt aus gemessen wird. Maßeinheit dieser Temperaturskala ist das Kelvin [benannt nach dem britischen Physiker Lord Kelvin, 1824–1907] mit dem Einheitenzeichen K; 0 °C = 273,160 K.

Zur Temperaturmessung können nach einer Eichung alle temperaturabhängigen Eigenschaften der Materie benutzt werden. Befindet sich ein physikalisches System in einem idealen thermodynamischen Gleichgewicht, führen alle Temperaturbestimmungsmethoden zum gleichen Temperaturwert, bei Abweichungen vom Gleichgewicht ist dies im Allg. nicht der Fall. Die spektrale Intensitätsverteilung einer von einem Schwarzen Körper emittierten elektromagnetischen Strahlung, einer sog. Schwarzen oder Hohlraumstrahlung, ist allein von der T. abhängig und durch das Planck'sche Strahlungsgesetz bestimmt (→ Strahlungsgesetze). Zur Temperaturbestimmung eines realen Körpers kann dessen Ausstrahlung mit der eines Schwarzen Körpers unterschiedlicher T. verglichen und dem Körper die T. zugeordnet werden, bei der die beste Übereinstimmung besteht.

Da die Strahlung emittierenden oder absorbierenden Gase in Himmelskörpern sich im Allg. nicht im idealen thermodynamischen Gleichgewicht befinden, sind die abgeleiteten Temperaturwerte von der benutzten Bestimmungsmethode abhängig (Tab.). Die **effektive T.** eines Sterns ist gleich der T., bei der ein gleichgroßer Schwarzer Körper die gleiche Leuchtkraft wie der Stern hätte. Bei der Bestimmung der **Strahlungstemperatur** beschränkt sich der Vergleich der Strahlungsleistungen auf einen begrenzten Spektralbereich. Bezieht sich der Vergleich auf eine einzige Wellenlänge, ergibt sich die **Schwarze T.** Der Vergleich der beobachteten relativen

Aus der Sonnenstrahlung im visuellen Spektralbereich abgeleitete Temperaturen

Effektivtemperatur	5 770 K
Strahlungstemperatur	
visueller Spektralbereich	6 050 K
photographischer Spektralbereich	5 895 K
Farbtemperatur, 300 nm – 400 nm	4 850 K
410 nm – 950 nm	7 140 K
Ionisationstemperatur	6 180 K

spektralen Intensitätsverteilung in einem bestimmten Wellenlängenbereich, einem „Farbbereich", mit der eines Schwarzen Körpers führt auf die **Farbtemperatur** für diesen Bereich. Dabei wird nur die Kontinuumstrahlung zum Vergleich herangezogen, eventuell vorhandene Spektrallinien bleiben unberücksichtigt. Bei der Bereichsbeschränkung auf eine einzige Wellenlänge geht die Farbtemperatur in die **Gradationstemperatur** über. Bei der **bolometrischen T.** wird die über alle Wellenlängen emittierte Strahlung mit der eines Schwarzen Körpers verglichen, bolometrische und effektive T. sind identisch.

Die relative Verteilung der Atome und Moleküle eines Gases auf die verschiedenen Anregungszustände (→ Anregung) ist im thermodynamischen Gleichgewicht allein von der T. abhängig. Aus dem Vergleich des Verhältnisses der Stärke von Spektrallinien von Atomen eines Elements in unterschiedlichen Anregungszuständen, aber einheitlichem Ionisationszustand, mit dem berechneten theoretischen Verhältnis kann die **Anregungstemperatur** des Gases abgeleitet werden. Werden Linien von Atomen eines Elements in unterschiedlichen Ionisationszuständen zur Temperaturbestimmung benutzt, ergibt sich die **Ionisationstemperatur**, wobei zu deren Bestimmung die Kenntnis der Gasdichte erforderlich ist, da der Ionisationszustand sowohl von der T. als auch der Dichte abhängt (→ Ionisation). Im thermodynamischen Gleichgewicht ist die statistische Verteilung der Geschwindigkeiten der Partikeln eines Gases, insbesondere ihr Mittelwert, temperaturabhängig (→ Maxwell'sche Geschwindigkeitsverteilung). Die mittlere Geschwindigkeit, die aus der Doppler-Verbreiterung von Spektrallinien bestimmbar ist (→ Spektrum), kann damit zur Ableitung der **kinetischen T.** dienen.

Bezieht sich die kinetische T. auf die Geschwindigkeitsverteilung der freien Elektronen, ergibt sich die **Elektronentemperatur**.

In der Radioastronomie wird vielfach die in gleicher Weise wie die Strahlungstemperatur definierte **Helligkeitstemperatur** oder **Äquivalenttemperatur** als Maß für die von einer Radioquelle empfangene Strahlungsintensität (die je Flächen- und Zeiteinheit in die Raumwinkeleinheit ausgestrahlte Energie) benutzt. Die **Antennentemperatur** entspricht der T. eines Schwarzen Strahlers, dessen Energieausstrahlung je Sekunde gleich der von der Antenne aufgenommenen Energie ist.

Terminator *m*, die Grenze zwischen dem von der Sonne beleuchteten und dem unbeleuchteten Teil der Scheibe des Mondes, eines Planeten oder eines anderen erdartigen Körpers des Planetensystems.

Terra *f*, *Plur.* Terrae, Bezeichnung für einen großen, kontinentartigen Oberflächenbereich eines erdartigen Körpers des Planetensystems.

terrestrisches Fernrohr, → Fernrohr.

terrestrische Zeit, → Zeit.

Tesla [benannt nach dem kroatisch-amerikan. Physiker N. Tesla, 1856–1943], Einheitenzeichen T, Maßeinheit der magnetischen Induktion, 1 T = 1 Vs/m^2 = 10^4 Gauß.

Tessera *f*, *Plur.* Tesserae, eine aus sich überkreuzenden Bergketten und Tälern bestehende Oberflächenregion eines erdartigen Körpers des Planetensystems.

Tethys *f*, ein Saturnsatellit, der sich auf einer Kreisbahn mit einem Radius von 294 670 km in 1,888 Tagen rechtläufig um den Saturn bewegt, die Bahnebene ist gegen dessen Äquatorebene um 1,09° geneigt. Die Rotationsperiode der T. ist auf Grund der gebundenen Rotation gleich der Umlaufperiode. Die T. hat einen Durchmesser von 1 073 km, eine Masse von etwa 6,17 · 10^{20} kg und eine mittlere Dichte von rund 0,956 g/cm^3. In Oppositionsstellung (→ Konstellation) erreicht die T. eine scheinbare visuelle Helligkeit von 10^m,5.

Die geringe mittlere Dichte legt nahe, dass die T. wahrscheinlich nahezu vollständig aus Eis besteht. Die Oberfläche mit einer mittleren Albedo von etwa 0,8 dürfte wesentlich mit Wassereis überzogen sein. Sie ist dicht mit Einschlagkratern bedeckt, von denen der Krater Odysseus als größter einen Durchmesser von etwa 400 km hat, was rund 40% des Durchmessers entspricht. Eine charakteristische Oberflächenstruktur ist das Ithaca Chasma, ein System kilometertiefer Täler und Spalten, das fast 3/4 des Umfangs der T. umspannt und eine Breite von mehr als 100 km hat; es überdeckt nahezu 10% der Oberfläche. Möglicherweise ist das Tälersystem beim Aufbrechen der bereits existierenden Eiskruste entstanden, als im Tethysinnern Wasser gefror. Die „kratergesättigte" Eiskruste lässt auf ein hohes Alter schließen.

An die T. sind zwei kleinere Satelliten, die Telesto und die Calypso, dynamisch gebunden, die sich in den → Librationspunkten L$_4$ bzw. L$_5$ von Saturn und T. befinden.

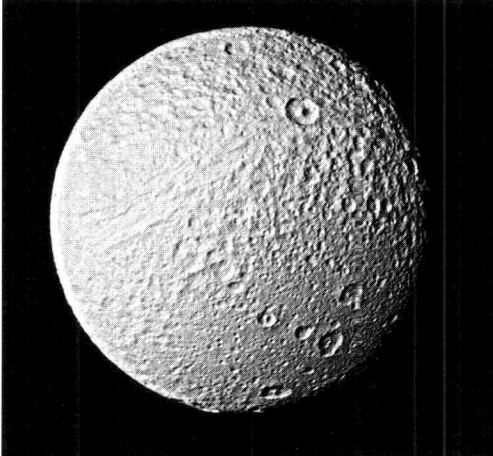

Saturnsatellit Tethys (Aufnahme: NASA/JPL; Raumsonde Voyager 2)

Hinsichtlich der Einordnung der T. in das System der Saturnsatelliten → Saturn.
Die T. wurde 1684 von G. D. Cassini (1625–1712) entdeckt.

Thalassa *f*, ein Satellit des Neptun.
Hinsichtlich der Einordnung der T. in das System der Neptunsatelliten → Neptun.

Thebe *f*, ein Satellit des Jupiter.
Hinsichtlich der Einordnung der T. in das System der Jupitersatelliten → Jupiter.

Thelxinoe *f*, ein Satellit des Jupiter.
Hinsichtlich der Einordnung der T. in das System der Jupitersatelliten → Jupiter.

Themisto *f*, ein Zwergsatellit des → Jupiter.

thermische Bremsstrahlung, → Bremsstrahlung.

thermische Doppler-Verbreiterung, die durch thermische Bewegungen von Atomen oder Molekülen bewirkte Linienverbreiterung im Spektrum eines Gases; → Doppler-Effekt.

thermische Pulse, → Sternaufbau.

thermodynamisches Gleichgewicht, Zustand eines abgeschlossenen Systems materieller Teilchen, die untereinander Wärmeenergie austauschen können, wobei die innere Temperatur des Systems aber konstant bleibt.

thermoelektrisches Photometer, → Photometer.

Thermosphäre, hochliegende Schicht der Erdatmosphäre, in der die Temperatur mit zunehmender Höhe ansteigt; → Erdatmosphäre.

Tholus *m*, *Plur.* Tholi, kleine kegelähnliche Vulkanerhebung auf der Oberfläche erdartiger Körper des Planetensystems.

Thrymr *m*, ein Satellit des Saturn.
Hinsichtlich der Einordnung des T. in das System der Saturnsatelliten → Saturn.

Thyone *f*, ein Zwergsatellit des → Jupiter.

Tierkreis, *Zodiakus,* die Himmelskugel entlang der Ekliptik umspannende Zone, in der die scheinbaren Bewegungen der Sonne, des Mondes und der Planeten stattfinden. Der T. umfasst die zwölf **Tierkreissternbilder** Aries (Widder), Taurus (Stier), Gemini (Zwillinge), Cancer (Krebs), Leo (Löwe), Virgo (Jungfrau), Libra (Waage), Scorpius (Skorpion), Sagittarius (Schütze), Capricornus (Steinbock), Aquarius (Wassermann) und Pisces (Fische). Hinsichtlich der Lage der Sternbilder am Himmel → Sternkarten Seite 418, 419 und 420, hinsichtlich der Symbole → Zeichen. Das Sternbild Ophiuchus, das ebenfalls von der Ekliptik geschnitten wird, zählt traditionsgemäß nicht zu den Tierkreissternbildern. Die *Tierkreiszeichen,* die nach benachbarten Tierkreissternbildern benannt sind, spielen nur noch in der → Astrologie eine Rolle.

Tierkreislicht, svw. Zodiakallicht.

Tierkreiszeichen, → Astrologie.

Titan *m*, der größte Saturnsatellit. Der T. bewegt sich auf einer elliptischen Bahn mit einer großen Halbachse von 1,221 Mio. km und einer Exzentrizität von 0,029 in 15,945 Tagen rechtläufig um den Saturn, gegen dessen Äquatorebene die Bahnebene um 1,63° geneigt ist. Die Rotationsperiode des T. ist auf Grund der gebundenen Rotation gleich der Umlaufperiode. Der T. ist der zweitgrößte Satellit im Sonnensystem, sein Durchmesser von

Titania

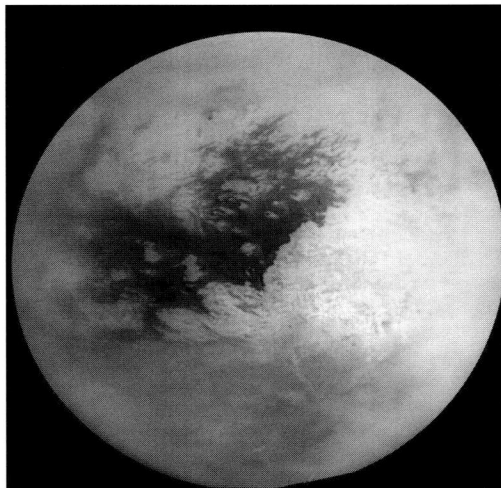

Oberfläche des Titan (NASA/JPL/Space Science Institute)

5 151 km übertrifft den des Planeten Merkur, die Masse beträgt $1,346 \cdot 10^{23}$ kg, die mittlere Dichte 1,88 g/cm³. In Oppositionsstellung (→ Konstellation) erreicht die scheinbare visuelle Helligkeit etwa $8^m\!.3$.
Bei visuellen Beobachtungen erscheint der T. orangegelb und völlig verschleiert. Als einziger Satellit im Planetensystem hat der T. eine ausgedehnte Atmosphäre, die so dicht ist, dass Oberflächenstrukturen von der Erde aus unsichtbar sind. Die untere Atmosphäre besteht hauptsächlich aus molekularem Stickstoff, dessen Volumenanteil mehr als 95% beträgt, während der von Methan sich auf wenige Prozent und der vom molekularen Wasserstoff auf rund 0,2% beläuft. In sehr geringen Mengen sind Kohlenmonoxid und Kohlenwasserstoffe, wie Äthan, Propan und Äthin, vorhanden. Diese sind wahrscheinlich Endprodukte komplexer photochemischer Reaktionen, an deren Anfang die Dissoziation von Methan durch die solare Ultraviolettstrahlung steht. Atmosphärischer Dunst konzentriert sich anscheinend in zwei oder drei, etwa 300 km über der Oberfläche liegenden Schichten. Der Atmosphärendruck an der Titanoberfläche ist mit etwa 150 kPa (1,5 bar) höher als der Luftdruck an der Erdoberfläche. Die mittlere Oberflächentemperatur beläuft sich auf rund −180 °C, so dass Methan an der Oberfläche vermutlich flüssig ist. Mit der Raumsonde „Cassini" wurden in beiden Polarregionen Strukturen entdeckt, die als Seen und Flüsse gedeutet werden. Möglicherweise existiert ein dem Wasserzyklus der Erde ähnlicher Methanzyklus. Auf der Halbkugel, auf der „Sommer" herrscht, verdunstet das Methan und wird durch Winde auf die andere Halbkugel verfrachtet. Dort geht es in heftigem Methanregen nieder, was zu fließenden und stehenden Methangewässern führt, die sich besonders bei Infrarotaufnahmen zu erkennen geben (Abb.). In der Atmosphäre existiert Methan in Form von Tröpfchen. Die Oberfläche scheint ähnlich der irdischen durch tektonische Prozesse, Erosionen und möglicherweise Vulkanismus geprägt zu sein. Auf ihr befindet sich eine Ringstruktur, wahrscheinlich ein Einschlagkrater mit einem Durchmesser von etwa 440 km. An der Landestelle der Raumsonde „Huygens" existieren felsbrockenähnliche Oberflächengebilde, die möglicherweise aus gefrorenen Substanzen bestehen.
Das Innere des T. besteht vermutlich aus einem 3 400 km großen Gesteinskern, der vielleicht die Hälfte der Gesamtmasse enthält, und einem etwa 700 oder 800 km dicken Eismantel.
Hinsichtlich der Einordnung des T. in das System der Saturnsatelliten → Saturn.
Der T. wurde 1655 von C. Huygens (1629–1695) entdeckt.

Titania *f,* **1)** der größte der Uranussatelliten. Die T. bewegt sich auf einer elliptischen Bahn mit der großen Halbachse von 436 300 km und einer Exzentrizität von 0,001 in 8,706 Tagen rechtläufig um den Uranus, gegen dessen Äquatorebene die Bahnebene um 0,79° geneigt ist. Die Rotationsperiode der T. ist auf Grund der gebundenen Rotation gleich der Umlaufperiode. Der Durchmesser beträgt 1 578 km, die mittlere Dichte etwa 1,72 g/cm³. In Oppositionsstellung (→ Konstellation) erreicht die scheinbare visuelle Helligkeit etwa 14^m.
Die T. besteht wahrscheinlich etwa zu gleichen Teilen aus Gestein und Wassereis, worauf die geringe Dichte hinweist. Die Oberfläche dürfte hauptsächlich von Wassereis bedeckt sein, dem möglicherweise leichtflüchtige Substanzen wie Methan und Ammoniak beigemengt sind. Die Oberfläche ist mit Einschlagkratern überzogen, deren größter einen Durchmesser von etwa 300 km hat. Weitere charakteristische Strukturen sind Verwerfungen sowie sich z. T. über fast 1 000 km erstreckende und 50 bis 70 km breite Grabenbrüche. Diese Strukturen sind wahrscheinlich bei tektonischen Aktivitäten infolge des Aufbrechens einer bereits festen Kruste beim Gefrieren des Titaniainnern entstanden.
Hinsichtlich der Einordnung der T. in das System der Uranussatelliten → Uranus.

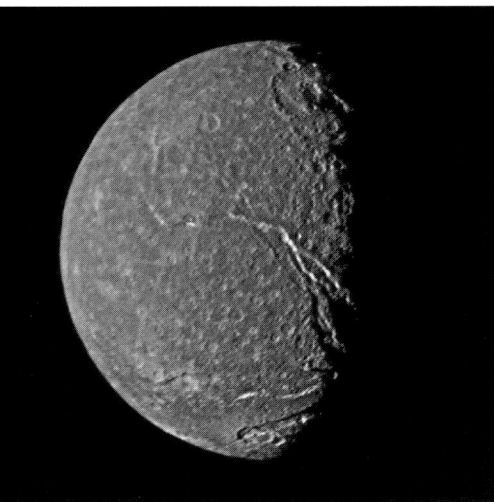

Uranussatellit Titania (Aufnahme: NASA/JPL; Raumsonde Voyager 2)

Die T. wurde 1787 von F. W. Herschel (1738–1822) entdeckt.
2) der Planetoid (593).

Titius-Bode'sche Reihe, *Abstandsregel der Planeten*, *Bode'sche Regel* [benannt nach dem Mathematiker und Physiker J. K. Titius, 1729–1796, und dem Astronomen J. E. Bode, 1747–1826], eine 1766 von Titius gefundene und von Bode allgemein bekannt gemachte, die mittleren Sonnenabstände der Planeten beschreibende mathematische Formel. Für den Planetenabstand d gemessen in Astronomischen Einheiten gilt die Beziehung $d = 0,4 + 0,3 \cdot 2^n$, in der für Merkur $n = -\infty$, für Venus $n = 0$, für die Erde $n = 1$, für Mars $n = 2$ usw. zu setzen ist. Eine ursprünglich für $n = 3$ vorhandene Lücke wurde durch die Entdeckung der Planetoiden geschlossen. Die Übereinstimmung der nach der Formel berechneten mit den tatsächlichen Planetenabständen ist für den Neptun schlecht (Tab.). Die Deutung der T.-B. R. wird im Allg. innerhalb der → Kosmogonie des Sonnensystems gesucht.

Titius-Bode'sche Reihe

Planet	n	d berechnet	beobachtet
Merkur	$-\infty$	0,4	0,39
Venus	0	0,7	0,72
Erde	1	1,0	1,00
Mars	2	1,6	1,52
Planetoiden	3	2,8	(2,9)
Jupiter	4	5,2	5,20
Saturn	5	10,0	9,59
Uranus	6	19,6	19,2
Neptun	7	38,8	30,1

topozentrisch, auf den Beobachtungsort bezüglich.
Totalität, die vollständige Verfinsterung eines Gestirns, → Finsternis.
Totalitätszone, streifenförmiges Gebiet auf der Erdoberfläche, von dem aus bei einer Sonnenfinsternis die Sonne total verfinstert erscheint, → Finsternis.
TrA, Abk. für Triangulum Australe.
Trabant, svw. Satellit.
translunar, jenseits der Mondbahn befindlich.
Transmissionsgitter, → Beugungsgitter.
Transneptunobjekt, → Planetoid.
Transpluto, ein jenseits der Plutobahn zeitweilig vermuteter Planet.
Trapez, die vier hellsten Sterne des Mehrfachsterns ϑ Orionis, → Orion.
Tri, Abk. für Triangulum.
Triangulum, Gen. Trianguli, abg. *Tri*, *Dreieck*, Sternbild des nördlichen Himmels, das von unseren Breiten aus im Winter hoch am Abendhimmel sichtbar ist. Ein in diesem Sternbild sich befindendes spiralförmiges extragalaktisches Sternsystem, der *Triangulumnebel* (M 33), ist schon mit lichtstarkem Feldstecher zu sehen. Hinsichtlich der Lage am Himmel → Sternkarte Seite 420.
Triangulum Australe, *Gen.* Trianguli Australis, abg. *TrA*, *Südliches Dreieck*, Sternbild des südlichen Himmels, das von unseren Breiten aus nicht sichtbar ist. Hinsichtlich der Lage am Himmel → Sternkarte Seite 416.
Trigonalschein, → Konstellation.
Trinculo *m*, ein Zwergsatellit des → Uranus.
Tripel-α-Prozess, Tripel-Alpha-Prozess, *Drei-Alpha-Prozess*, → Energiefreisetzung in Sternen.
Triton *m*, der innere und größere der beiden von der Erde aus sichtbaren Neptunsatelliten. Der T. bewegt sich auf einer Kreisbahn mit einem Radius von 354 800 km in 5,877 Tagen rückläufig um den Neptun. Die Bahnebene ist gegen dessen Äquatorebene 157,34° geneigt. Der T. hat als einziger der großen Satelliten des Sonnensystems eine rückläufige Bewegung. Die Rotationsperiode des T. ist auf Grund der gebundenen Rotation gleich der Umlaufperiode. Der Durchmesser beträgt 2 707 km, die Masse $2,14 \cdot 10^{22}$ kg und die mittlere Dichte 2,06 g/cm^3. In Oppositionsstellung (→ Konstellation) erreicht die scheinbare visuelle Helligkeit $13^m,5$.

Das Innere des T. besteht vermutlich aus einem Gesteinskern mit einem Radius von vielleicht 60% des Gesamtradius, der von einem Eismantel umgeben ist. Die mittlere Oberflächentemperatur beträgt etwa -235 °C, so dass Stickstoff gefriert und Ablagerungen bilden kann. Die Oberfläche scheint von einer dünnen, möglicherweise jahreszeitlich wechselnden Stickstoff- und Methaneisschicht sowie von gefrorenem Kohlendioxid bedeckt zu sein. Einschlagkrater sind selten, doch existieren wahrscheinlich auf tektonische Aktivitäten zurückgehende Strukturen wie Faltungen und Einstürze.
Der T. hat eine extrem dünne, im Wesentlichen aus Stickstoff bestehende Atmosphäre. In etwa 3 bis 6 km Höhe befindet sich ein feiner Dunst- oder Wolkenschleier, der möglicherweise von dicht unter der Oberfläche vorhandenem gefrorenem Stickstoff stammt, der infolge der Sonneneinstrahlung verdampft.
Der T. ist wahrscheinlich ein vom Neptun eingefangener großer Planetoid, der nach dem Einfang eine stark elliptische Bahn durchlief, die infolge der vom Neptun verursachten wechselnden Gezeitenwirkungen in die jetzige Kreisbahn gebracht wurde. Die rückläufige Bahnbewegung ist möglicherweise die Folge eines fast frontal erfolgten Zusammenstoßes mit einem anderen, dabei zerstörten Himmelskörper. Die Gezeiten führten möglicherweise auch zu einer allmählichen Erwärmung und einem teilweisen Aufschmelzen des Inneren, so dass sich Gesteinskern und Eismantel bilden konnten.
Hinsichtlich der Einordnung des T. in das System der Neptunsatelliten → Neptun.
Trojaner, Planetoidengruppe, die sich in der Nähe der → Librationspunkte L_4 und L_5 von Sonne und Jupiter befindet. Die Umlaufzeiten der T. um die Sonne sind gleich der Umlaufzeit des Jupiter, es besteht eine 1:1-Resonanz (→ Planetoid). Die Bahnen entsprechen im Großen der Bahn des Jupiter, relativ zum zugeordneten Librationspunkt sind sie nierenförmig, im Einzelfall sehr langgestreckt, wodurch sich ein T. um mehr als 1 AE von seinem Librationspunkt entfernen kann (Abb.). Infolge von Planetenstörungen ergeben sich z. T. nichtperiodische Schleifenbahnen um die Librationspunkte. Die Neigungen der Bahnebenen gegen die Jupiterbahnebene können relativ groß sein, die von

Tscherenkow-Strahlung

(1208) Troilus beträgt z. B. 33°. Einen Durchmesser größer als 150 km haben (624) Hektor, (911) Agamemnon, (1437) Diomedes und (617) Patroclus. Helligkeitsvariationen lassen vermuten, dass es sich bei Hektor und Patroclus um jeweils ein enges Planetoidenpaar handelt. Die Gesamtzahl der T. mit einem Durchmesser größer als 15 km wird auf etwa 1 000 geschätzt, bis 2008 waren rund 2 400 bekannt. Die Zahl der Miniplanetoiden unter den T.n ist sehr viel größer. Von den T.n befinden sich mehr in der Nähe des bei der Bewegung um die Sonne vorauseilenden Librationspunkts L_4.

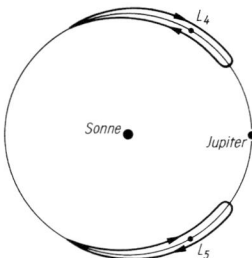

Schematisierte Bahnen von Trojaner-Planetoiden bezüglich der Librationspunkte L_4 und L_5 von Sonne und Jupiter, dessen Bahn kreisförmig gezeichnet ist

Der erste T. wurde 1906 von M. Wolf (1863–1932) entdeckt und Achilles genannt. Seitdem werden alle Planetoiden nahe der Librationspunkte L_4 und L_5 von Sonne und Jupiter nach Helden des Trojanischen Krieges benannt und zusammenfassend als T. bezeichnet. Bei L_4 befinden sich die nach griech. Helden benannten Planetoiden, u. a. Agamemnon, Diomedes, (588) Achilles und (1404) Ajax, der Trojaner Hektor bildet eine Ausnahme. Bei L_5 befinden sich die Planetoiden, die Namen trojanischer Helden tragen, u. a. Troilus, (884) Priamus, (1172) Äneas und (1173) Anchises, Ausnahme hier ist der Grieche Patroclus.

Die in den Librationspunkten von Sonne und Neptun sich befindenden Planetoiden werden als Neptun-T. bezeichnet.

Tscherenkow-Strahlung [benannt nach dem russ. Physiker P. A. Tscherenkow, 1904–1990], elektromagnetische Strahlung, die von einem geladenen Teilchen emittiert wird, das sich mit einer Geschwindigkeit größer als die Lichtgeschwindigkeit durch ein Medium bewegt (→ Überlichtgeschwindigkeit). T.-S. ist nichtthermisch, die Emission erfolgt in einem engen Kegel in der Bewegungsrichtung des Teilchens. T.-S. wird u. a. von Teilchen emittiert, die bei der Wechselwirkung hochenergetischer Gammastrahlung mit Atomen der Erdatmosphäre entstehen (→ Gammaastronomie). T.-S. ist das optische Analogon zur akustischen Kopfwelle eines sich mit Überschallgeschwindigkeit bewegenden Flugkörpers.

TT [Abk. für Terrestrial Time, engl. ‚Terrestrische Zeit'], → Zeit.

T-Tauri-Sterne, Typbezeichnung InT, sehr junge, im Vor-Hauptreihenzustand sich befindende masseärmere Sterne der Spektralklassen F bis M mit unregelmäßigem Lichtwechsel und Helligkeitsamplituden bis zu 2 mag. Die Spektren haben starke Emissionslinien, die vor allem von Wasserstoff und einmal ionisiertem Kalzium stammen, z. T. auch „verbotene" Linien von einmal ionisiertem Schwefel (→ Atom) sowie breite Absorptionslinien, u. a. von Lithium. Der kontinuierlichen Intensitätsverteilung ist oft ein Infrarotexzess überlagert (→ Farbenindex). Eine Doppler-Verschiebung (→ Doppler-Effekt) der Emissionslinien ist Folge eines starken → Sternwinds. Die Abströmgeschwindigkeiten betragen bis zu einigen 100 km/s, die Massenverlustraten liegen in der Größenordnung von etwa 10^{-6} bis 10^{-7} Sonnenmassen pro Jahr. Etwa die Hälfte der T-T.-S. ist von einer zirkumstellaren Scheibe umgeben. Die in der Scheibe vorhandenen Staubteilchen absorbieren die kurzwellige Sternstrahlung und emittieren die aufgenommene Energie als thermische Strahlung im Infrarotbereich. Bei einer Gruppe von T-T.-S.n fehlen starke Wasserstofflinien sowie ein Infrarotexzess.

Die T-T.-S. gehören zur extremen Population I. Sie befinden sich vorzugsweise in Sternentstehungsgebieten und bilden vielfach Gruppen, z. B. die T-Assoziationen (→ Sternassoziation). Die in der Umgebung vieler T-T.-S. existierende interstellare Materie ist möglicherweise lokale Restmaterie, die bei der Sternentstehung nicht einbezogen wurde.

Die Bildpunkte der T-T.-S. befinden sich im Hertzsprung-Russell-Diagramm rechts oberhalb der Hauptreihe (→ Veränderliche). Der Lichtwechsel wird wahrscheinlich durch bei Sternen im Vor-Hauptreihenzustand auftretende Instabilitäten verursacht. Das photometrische Verhalten der T-T.-S. gleicht dem der → Orion-Veränderlichen, von denen sie eine Untergruppe bilden.

Tuc, Abk. für Tucana.

Tucana, *Gen.* Tucanae, abg. *Tuc, Tukan*, Sternbild des südlichen Himmels, das von unseren Breiten aus nicht sichtbar ist. In dem Sternbild liegt die Kleine Magellan'sche Wolke.

Hinsichtlich der Lage am Himmel → Sternkarte Seite 416.

Tukan, das Sternbild → Tucana.

Tully-Fisher-Beziehung [benannt nach dem kanadischen Astrophysiker R. B. Tully und dem amerikan. J. R. Fisher], empirische Beziehung zwischen der absoluten Helligkeit eines extragalaktischen Spiralsystems und dessen Rotationsgeschwindigkeit (→ Parallaxe).

Tunneleffekt, mit den Gesetzen der klassischen Mechanik nicht zu erklärende quantenmechanische Erscheinung, bei der ein Teilchen einen Potentialwall mit einer gewissen Wahrscheinlichkeit auch dann überwinden kann, wenn die kinetische Energie des Teilchens geringer ist als die Höhe des Walls, es kann ihn „durchtunneln".

Turbulenz, auf Wirbelbewegungen beruhende Strömungsform in Flüssigkeiten oder Gasen, wodurch lokal Geschwindigkeit und Druck völlig unregelmäßig sind und sehr stark um die entsprechenden Mittelwerte schwanken. Die T. bewirkt eine starke Durchmischung im turbulenten Medium.

Turbulenzverbreiterung, durch ungeordnete turbulente Bewegungen eines Gases im Spektrum bewirkte Linienverbreiterung, → Doppler-Effekt.

Turmteleskop, → Sonnenbeobachtung.
Tychonischer Stern [benannt nach dem dänischen Astronomen Tycho Brahe, 1546–1602], die im Jahre 1572 von Brahe beobachtete und beschriebene Supernova im Sternbild Cassiopeia (→ Supernova).
Tychonisches System [benannt nach dem dänischen Astronomen Tycho Brahe, 1546–1602], *Tychonisches Weltbild*, → Weltbild.

U

Übergangsschicht, eine durch einen sehr starken Temperaturanstieg charakterisierte, zwischen der Chromosphäre und der Korona liegende Schicht einer Sternatmosphäre, speziell der Atmosphäre der → Sonne.
Überlichtgeschwindigkeit, über der des Lichts liegende Geschwindigkeit. Nach der Speziellen → Relativitätstheorie gibt es keinerlei Signale oder Wirkungen, die sich schneller als mit Vakuumlichtgeschwindigkeit ausbreiten könnten. Die Beschleunigung eines Körpers auf Ü. scheitert an der relativistischen Massenzunahme. In einem Medium mit der Brechzahl n gilt für die Phasengeschwindigkeit c_p, mit der sich gleiche Schwingungszustände, d. h. gleiche Phasen einer elektromagnetischen Welle, ausbreiten $c_p = c/n$, wobei c die Vakuumlichtgeschwindigkeit bedeutet.
Da in einem Medium die Brechzahl immer größer als Eins ist, ist die Phasengeschwindigkeit des Lichts in einem Medium immer kleiner als die Vakuumlichtgeschwindigkeit.
Materielle Teilchen können sich in einem Medium mit einer größeren Geschwindigkeit als der entsprechenden Lichtgeschwindigkeit, d. h. mit Ü., bewegen, ohne die Vakuumlichtgeschwindigkeit zu überschreiten. Elektrisch geladene Teilchen emittieren dann → Tscherenkow-Strahlung.
Bei dicht benachbarten extragalaktischen Radioquellen werden z. T. relative Ortsveränderungen am Himmel beobachtet, die den Eindruck hervorrufen, als bewegten sich die Quellen mit einem Vielfachen der Vakuumlichtgeschwindigkeit relativ zueinander. Dieser Scheineffekt tritt auf, wenn die Quellen sich längs der Sichtlinie mit fast Lichtgeschwindigkeit bewegen, wobei eine Quelle sich dem Beobachter nähert, die andere sich von ihm entfernt. Infolge der endlichen Lichtgeschwindigkeit benötigt die Strahlung von der sich entfernenden Quelle eine längere, von der sich nähernden Quelle eine kürzere Zeit, um zum Beobachter zu gelangen. Bleibt dies bei der Bestimmung der Relativgeschwindigkeit, d. h. des zurückgelegten Wegs dividiert durch die verstrichene Zeit, unberücksichtigt, kann sich formal ein Zahlenwert größer als die Vakuumlichtgeschwindigkeit ergeben.
Überriese, ein Stern, dessen Bildpunkt im → Hertzsprung-Russell-Diagramm über dem Riesenast liegt. Überriesensterne bilden die → Leuchtkraftklasse I.

Überschallgeschwindigkeit, eine Geschwindigkeit höher als die Schallgeschwindigkeit in einem gasförmigen Medium. Beim Aufprall einer Gaswolke auf ein anderes Gas mit einer Geschwindigkeit, die über der Schallgeschwindigkeit in diesem Gas liegt, d. h. mit Ü., wird eine Stoßwelle ausgelöst, in der eine starke Materieverdichtung und Aufheizung erfolgt, wobei kinetische Energie in thermische Energie übergeht. Dies findet u. a. bei einem „Zusammenstoß" zweier interstellarer Wolken statt (→ interstellares Gas).
UBV-System, → Farbsystem.
U-Geminorum-Sterne, Typbezeichnung (UG), früher auch *Zwergnovae*, zur Klasse der → kataklysmischen Veränderlichen gehörende veränderliche Sterne mit kurzen Helligkeitsausbrüchen, die sich innerhalb von wenigen Tagen bis einigen Jahren in halb- oder unregelmäßiger Folge wiederholen, die Amplituden können 2 bis 8 mag erreichen. Während der Phasen minimaler Helligkeit sind Helligkeitsvariationen gering. Die Lichtkurven der U-G.-S. sind ähnlich denen der wiederkehrenden → Novae, doch sind die Amplituden geringer und die Intervalle zwischen zwei Ausbrüchen kürzer. Photometrisch existieren drei Untergruppen. Bei *SS-Cygni-Sternen* wächst bei einem Ausbruch die Helligkeit innerhalb von 1 bis 2 Tagen um 2 bis 6 mag, der Abfall dauert mehrere Tage bis mehrere Wochen, wie z. B. bei SS Cygni (Abb. 1). Der Abstand der Ausbrüche beträgt etwa 10 Tage bis einige Jahre. Je geringer der Abstand ist, umso kleiner ist in der Regel die Amplitude des Helligkeitsausbruchs. Bei *SU-Ursae-Maioris-Sternen* tritt nach etwa 3 bis 10 Zyklen ein Supermaximum auf, das sich durch längere Dauer und größere Maximumhelligkeit auszeichnet. Bei *Z-Camelopardalis-Sternen* betragen die Helligkeitsamplituden 2 bis 5 mag, die Folge der Ausbrüche ist zeitweilig unterbrochen, die Sterne verharren längere Zeit, z. T. mehrere Jahre, bei einer mittleren Helligkeit (Abb. 2). Im Spektrum unterscheiden sich die Untergruppen nicht voneinander.
Als kataklysmische Veränderliche sind die U-G.-S. enge Doppelsternsysteme, bei denen eine Komponente

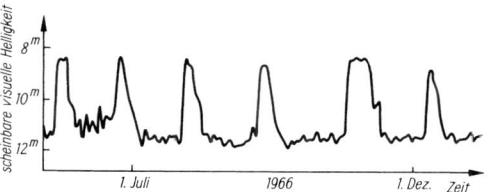

Abb. 1: Ausschnitt aus der Lichtkurve von SS Cygni

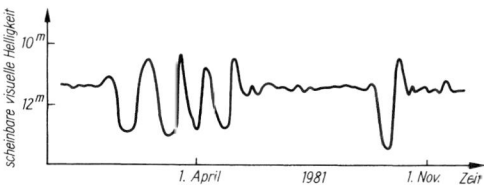

Abb. 2: Ausschnitt aus der Lichtkurve von Z Camelopardalis

U-Helligkeit

ein Weißer Zwerg ist, dem von der anderen Komponente Masse zufließt. Die Helligkeitsvariationen hängen ursächlich mit dem Massenfluss zusammen. Der Weiße Zwerg ist von einer durch die überfließende Materie gebildeten → Akkretionsscheibe umgeben, aus der Materie auf den Weißen Zwerg gelangt. Während der Minimumphase der Lichtkurve nimmt die Menge der Materie in der Akkretionsscheibe zu. Überschreitet die Dichte in ihr einen kritischen Wert, wird die Scheibe instabil und ein Teil der Materie fällt plötzlich in Richtung zum Weißen Zwerg. Die beim Fall freiwerdende potentielle Energie wird in Strahlungsenergie umgewandelt und der Helligkeitsausbruch ausgelöst. Je geringer der Massenfluss zur Akkretionsscheibe ist, umso länger ist der Zeitraum zwischen den Instabilitäten und umso größer sind die Ausbrüche. Zeitliche Schwankungen der Abstände sind wahrscheinlich auf variierende Überflussraten zurückzuführen, was möglicherweise auch die Helligkeitsvariationen während der Minimumphase verursacht. Die Superausbrüche der SU-Ursae-Maioris-Sterne sind vermutlich durch mehr oder minder periodische Instabilitäten in der Atmosphäre des materieabgebenden Sterns verursacht, die zu drastischen Erhöhungen der Überflussrate führen.

U-Helligkeit, eine auf den U-Bereich des UBV-Systems bezogene Helligkeit (→ Farbsystem).

Ultrastrahlung, svw. Kosmische Strahlung.

Ultraviolett, *Ultraviolettbereich*, der sich an den kurzwelligen, violetten Teil des sichtbaren Spektrums nach kleineren Wellenlängen hin anschließende Spektralbereich. Der U. überdeckt den Wellenlängenbereich zwischen etwa 400 und 10 nm, der Bereich zwischen etwa 100 bis 10 nm wird als extremes Ultraviolett bezeichnet.

Ultraviolettexzess, *UV-Exzess*, Strahlungsüberschuss im ultravioletten Spektralbereich gegenüber einer als normal angesehenen Vergleichslichtquelle (→ Farbenindex).

UMa, Abk. für Ursa Maior.

Umbra *f*, das dunkle Kerngebiet eines → Sonnenflecks.

Umbriel *m*, ein Uranussatellit, der sich auf einer elliptischen Bahn mit einer großen Halbachse von 266 000 km und einer Exzentrizität von 0,004 in 4,144 Tagen rechtläufig um den Uranus bewegt. Die Bahnebene ist um 0,128° gegen dessen Äquatorebene geneigt. Die Rotationsperiode ist auf Grund der gebundenen Rotation gleich der Umlaufperiode. Der Durchmesser des U. beträgt 1 169 km, die mittlere Dichte etwa 1,4 g/cm^3. In Oppositionsstellung (→ Konstellation) beträgt die scheinbare visuelle Helligkeit 15^m,3.
Der U. ist wahrscheinlich ein eisartiger planetarer Himmelskörper, was die relativ geringe mittlere Dichte vermuten lässt. Die Oberfläche ist dicht mit Einschlagkratern bedeckt, von denen die größten einen Durchmesser von mehr als 100 km haben. Lineare Strukturen wie Gräben oder Verwerfungen sind kaum vorhanden. Einige helle Regionen auf der ansonsten relativ dunklen Oberfläche sind wahrscheinlich durch eine geringe tektonische Aktivität verursachte Eisfreilegungen.
Hinsichtlich der Einordnung des U. in das System der Uranussatelliten → Uranus.

UMi, Abk. für Ursa Minor.

Umlaufzeit *Plur.*, die von einem Himmelskörper zum Umlaufen eines anderen Himmelskörpers oder eines ausgezeichneten Punkts benötigte Zeit. Je nachdem auf welche Bezugsrichtung die Vollendung eines Umlaufs bezogen wird, ergeben sich unterschiedliche U.en, bei der Bewegung der Planeten um die Sonne z. B. die siderische oder die synodische U. (→ Planet), bei der Bewegung des Mondes um die Erde zusätzlich noch die tropische, anomalistische und drakonitische U. (→ Monat).

Undae *Plur.*, Bezeichnung für Dünen als Struktureinheit auf erdartigen Himmelskörpern des Sonnensystems.

Ungleichung, *Ungleichheit*, eine der Ungleichmäßigkeiten in der Bewegung des Mondes um die Erde; → Mondbewegung.

Universum, svw. Weltall.

unregelmäßige Veränderliche, Typbezeichnung (I), zur Klasse der eruptiven Veränderlichen gerechnete inhomogene Gruppe veränderlicher Sterne mit unregelmäßigen Helligkeitsschwankungen. Die Lichtkurven (→ Veränderliche) sind im Allg. durch flache Wellen verschiedener Gestalt und Länge gekennzeichnet mit meist kleineren Amplituden als 0,5 mag. Untergruppen der u.n V.n sind Orion-Veränderliche, → T-Tauri-Sterne und → RW-Aurigae-Sterne.

Unsöld, Albrecht Otto Johannes, dtsch. Astrophysiker, geb. 20.04.1905 in Bolheim, gest. 23.09.1995 in Kiel; ab 1932 Professor in Kiel. U. arbeitete hauptsächlich auf dem Gebiet der Quantenmechanik, der Theorie der Sonnen- und Sternatmosphären sowie der quantitativen Spektralanalyse.

untere Konjunktion, → Konstellation.

Untergang, der Augenblick des Verschwindens eines Gestirns unter dem Horizont infolge der scheinbaren täglichen Bewegung; → Aufgang.

Unterriese, ein Stern, dessen Bildpunkt im → Hertzsprung-Russell-Diagramm zwischen der Hauptreihe und dem Riesenast liegt. U.n bilden die → Leuchtkraftklasse IV.

Unterzwerg, ein Stern, dessen Bildpunkt im → Hertzsprung-Russell-Diagramm etwas unterhalb der Hauptreihe liegt. In den U.en sind die relative Häufigkeit schwerer Elemente im Vergleich zum Mittel der Hauptreihensterne gleicher Effektivtemperatur geringer und die zugehörigen Absorptionslinien im Sternspektrum damit schwächer. Bei der Spektralklassifikation werden U.e dadurch einer früheren Spektralklasse zugeordnet als es ihrer Effektivtemperatur entspricht. U.e bilden die → Leuchtkraftklasse VI und sind Mitglieder der Halopopulation (→ Population).

Uran-Blei-Methode, → Altersbestimmung.

Uranus *m*, der sonnennächste der nicht schon im Altertum bekannten Planeten, Zeichen ♅.
Der U. bewegt sich mit einer mittleren Geschwindigkeit von 6,84 km/s in 83,75 Jahren, der siderischen Umlaufzeit, auf einer Ellipsenbahn mit der großen Halbachse von 19,27 AE und einer Exzentrizität von 0,0462 rechtläufig um die Sonne. Die Bahnebene ist um 46′ 21″ gegen die Ebene der Ekliptik geneigt. Die Sonnenentfernung des U. schwankt zwischen 18,36 AE im Perihel und 20,18 AE im Aphel. Die Entfernung von der Erde ist abhängig von der jeweiligen Stellung der beiden Planeten in ihren Bahnen, sie variiert zwischen 2,590 Mrd.

Uranus

und 3,140 Mrd. km, entsprechend variiert der scheinbare Durchmesser zwischen etwa 4,6″ und 3,8″. Die synodische Umlaufzeit des U. beträgt im Mittel 369,6 Tage. Der U. erreicht eine scheinbare visuelle Helligkeit von maximal $5^m\!.5$ und ist mit bloßem Auge gerade noch zu erkennen.

Infolge der Kleinheit der Planetenscheibe ist die Bestimmung von Durchmesser und Rotationsperiode von der Erde aus sehr schwierig. Beobachtungen mittels Raumsonden ergaben für den Äquatordurchmesser 51118 km, d.h. fast das Vierfache des Erddurchmessers. Der Poldurchmesser ist um rund 1200 km geringer, die Abplattung beträgt 0,022. Der U. hat eine differentielle → Rotation, in etwa 27° planetographischer Breite beträgt die Rotationsperiode der sichtbaren Wolkenschichten 16,9 Stunden, in etwa 40° Breite 16,0 Stunden. Die Rotation ist rückläufig, die Rotationsachse liegt fast in der Bahnebene, die Neigung der Äquatorebene gegen die Bahnebene beträgt 98°. Die Ursache der starken Neigung der Rotationsachse ist vermutlich der Einschlag eines etwa erdgroßen Himmelskörpers in der Frühzeit des Planetensystems, die Umlaufbahnen der regulären Satelliten sind in gleicher Weise gekippt.

Atmosphäre. Von der Erde aus erscheint der U. unter einer fast einheitlichen, matt grünlich getönten Wolkendecke. Die Albedo der Wolken ist mit 0,81 sehr hoch. Isolierte, in Größe, Lage, Helligkeit und Existenzdauer variierende Wolkenstrukturen scheinen durch Stürme in der Uranusatmosphäre verursacht zu sein. Sie unterliegt offenbar komplexen dynamischen Prozessen, die möglicherweise jahreszeitlichen Schwankungen unterworfen sind. In Höhe der sichtbaren Wolken wehen starke Winde mit Geschwindigkeiten bis zu 200 m/s in Rotationsrichtung, die Ursachen dafür sind unbekannt. Die Atmosphäre hat eine Bänderstruktur, doch ist ein markantes Strömungsmuster wie in der Saturn- oder Jupiteratmosphäre nicht zu erkennen.

Die Uranusatmosphäre besteht der Masse nach zu rund 85% aus molekularem Wasserstoff, der Rest ist im Wesentlichen Helium, der Anteil von Methan, Äthan und Acetylen ist sehr gering. Die Wolken in einem Höhenniveau mit einer Temperatur von etwa –190 °C bestehen wahrscheinlich aus Methaneiskristallen. In der rund 40 km höher liegenden, der irdischen Tropopause vergleichbaren Schicht mit dem Temperaturminimum von rund –220 °C befinden sich Nebelschwaden, bei denen es sich möglicherweise um Acetylen- und Äthandunst handelt. Über der Tropopause steigt die Temperatur an, in einer ausgedehnten Wasserstoffhülle betragen die Temperaturen bis zu 470 °C.

Das Magnetfeld hat an der Wolkenobergrenze nahezu die Stärke des Erdfelds an der Erdoberfläche.

Die Neigung der Magnetfeldachse gegen die Rotationsachse beträgt etwa 60° und übertrifft erheblich die bei anderen Planeten. Das Magnetfeld ist angenähert ein Dipolfeld, dessen Mittelpunkt um etwa 0,3 Uranusradien gegen den Mittelpunkt des Uranuskörpers verschoben ist. Das Magnetfeld ist an das Uranusinnere gekoppelt und wird bei dessen Rotation mitgeschleppt, die Rotationsperiode des Feldes beträgt 17,24 Stunden, d.h., das Uranusinnere bleibt hinter der schneller rotierenden Atmosphäre zurück. Der U. ist von einer → Magnetosphäre umgeben, deren Grenze sich auf der sonnenzugewandten Seite in einer Entfernung von mindestens 10 Uranusradien befindet, die Grenze des in die Gegenrichtung weisenden Magnetosphärenschweifs dürfte wesentlich weiter entfernt sein.

Innerer Aufbau. Der U. hat eine Masse von 14,50 Erdmassen. Die mittlere Dichte von 1,30 g/cm^3 ist viel geringer als die der erdartigen Planeten, aber deutlich größer als die von Jupiter und Saturn. Der innere Aufbau des U. ist weitgehend unbekannt. Die existierenden Modellvorstellungen beruhen im Wesentlichen auf Überlegungen zur Entstehung der sonnenfernen Planeten (→ Kosmogonie). Der U. könnte einen Schalenaufbau besitzen (Abb. 1), bei dem ein Gesteinskern von vielleicht 4 Erdmassen von einem flüssigen, elektrisch leitfähigen, möglicherweise aus ionisiertem Wasser, Ammoniak und Methan bestehenden „Ionenozean" umgeben ist, der sich zwischen etwa 0,3 und 0,7 Uranusradien erstreckt. Im → Sonnennebel waren die Bestandteile des Ionenozeans in der Entfernung der jetzigen Uranusbahn von der Sonne wahrscheinlich gefroren und wurden erst nach der Entstehung im Uranusinnern flüssig und ionisiert, teilweise auch dissoziiert. An der Obergrenze des Ozeans existiert wahrscheinlich ein abrupter Übergang zu einer äußeren, hauptsächlich aus Wasserstoff und Helium bestehenden Schale. In ihr variieren vermutlich Temperatur und Dichte so, dass keine klare Phasengrenze zwischen dem flüssigen und dem gasförmigen Zustand, demzufolge keine wohldefinierte Oberfläche existiert, die das Uranusinnere von der Atmosphäre trennt. Das Magnetfeld ist wahrscheinlich die Folge eines Dynamoeffekts, was einen flüssigen, elektrisch leitfähigen Materiezustand voraussetzt, der durch den Ionenozean gegeben wäre (→ Dynamoeffekt).

Uranusringe. Das System der Uranusringe befindet sich im Abstand zwischen 1,639 und 1,957 Uranusradien (R_U) vom Uranusmittelpunkt. Das System besteht aus vielen dünnen schmalen Ringen, die vielfach nur eine Breite von wenigen Kilometern haben (Abb. 2). Die Ringbreite variiert z. T. längs des Umfangs, beim ε-Ring zwischen etwa 20 und 90 km. Ungeklärt ist, wel-

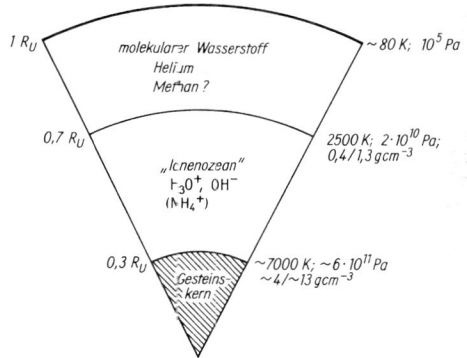

Abb. 1: Möglicher Aufbau des Uranusinnern. Links: Mittelpunktsentfernungen in Einheiten des Uranusradius R_U. Rechts: Temperatur, Druck in Pascal (Pa) sowie die jeweils oberhalb und unterhalb der Grenzflächen herrschende Dichte

Uranus

Abb. 2: Uranusringsystem mit dem hellen, weit außen liegenden ε-Ring, Sterne sind als Strichspuren abgebildet. (Aufnahme: NASA/JPL; Raumsonde Voyager 2)

Uranusringsystem

Bezeichnung	mittlere Breite (km)	Abstand vom Uranuszentrum (1000 km)
6	3	41 891
5	2	42 274
4	2	42 555
α	11	44 753
β	8	45 699
η	2	47 207
γ	1	47 641
δ	7	48 280
ε	50	50 019

Die Ringe sind teilweise schwach elliptisch und ihre Ebenen leicht gegen die Äquatorebene des U. geneigt. Die mit griechischen Buchstaben bezeichneten Ringe wurden von der Erde aus bei Sternbedeckungen durch den U. auf Grund von außerhalb der Hauptbedeckung kurzzeitig auftretenden Zusatzverdunkelungen entdeckt, die meisten dieser Ringe aber bei der Passage der Raumsonde Voyager 2 am U. gefunden. Von den Ringen 4, 5 und 6 erstreckt sich nach innen hin ein mehr als 1 000 km breites Band sehr geringer Dichte mit einer Helligkeit von etwa einem Tausendstel der des ε-Rings. Das Ringmaterial besteht aus verhältnismäßig großen Partikeln mit einem Durchmesser bis zu rund 10 cm, cher physikalische Effekt die Schmalheit und die meist scharfe Begrenzung der Ringe verursacht. Beim ε-Ring wirken wahrscheinlich die Cordelia und die Ophelia als → „Schäferhundsatelliten".

Benannte Uranussatelliten

	a (1 000 km)	R_U	e	i (°)	D (km)
Reguläre Satelliten:					
Cordelia	49,8	1,94	0,000	0,085	40
Ophelia	53,8	2,10	0,010	0,104	43
Bianca	59,2	2,31	0,001	0,193	51
Cressida	61,8	2,42	0,000	0,006	80
Desdemona	62,7	2,45	0,000	0,113	64
Juliet	64,4	2,51	0,001	0,065	94
Portia	66,1	2,58	0,000	0,059	135
Rosalind	69,9	2,73	0,000	0,279	72
Cupid	74,4	2,91	0,001	0,099	12
Belinda	75,3	2,94	0,000	0,031	80
Perdita	76,4	2,99	0,012	0,047	26
Puck	86,0	3,36	0,000	0,319	162
Mab	97,7	3,82	0,002	0,134	24
Miranda	129,9	5,07	0,001	4,338	472
Ariel	190,9	7,46	0,001	0,041	1 158
Umbriel	266,0	10,40	0,004	0,128	1 169
Titania	436,3	17,05	0,001	0,079	1 578
Oberon	583,5	22,81	0,001	0,068	1 523
Irreguläre Satelliten:					
Francisco	4 276	167,19	0,146	84,788	12
Caliban	7 231	282,73	0,159	118,774	98
Stephano	8 004	312,96	0,229	117,552	20
Trinculo	8 504	332,51	0,220	94,846	10
Sycoras	12 179	476,20	0,522	85,698	190
Margaret	16 256	635,61	0,661	41,783	11
Prospero	16 256	635,61	0,445	62,075	30
Setebos	17 418	681,04	0,591	90,216	30
Ferdinand	20 901	817,23	0,368	90,426	12

a: große Bahnhalbachse; R_U: Uranusradius; *e*: numerische Bahnexzentrizität; *i*: Bahnneigung gegen die Äquatorebene; *D*: mittlerer Durchmesser

andererseits existieren Staubteilchen mit einem Durchmesser im Größenbereich um etwa 0,02 mm, die sich unter speziellen Bobachtungsbedingungen bemerkbar machen. Das Ringmaterial ist relativ dunkel, die Zusammensetzung weitgehend unbekannt. Möglicherweise bestehen die Teilchen aus gefrorenen Kohlenstoffverbindungen mit Methan als Ausgangsmaterial, möglicherweise auch aus Silikatmaterial. Die Ringteilchen umlaufen den U. als Minisatelliten.
Uranussatelliten. Die größten regulären rechtläufigen Satelliten, die → Miranda, der → Ariel, der → Umbriel, die → Titania und der → Oberon, bewegen sich auf nahezu Kreisbahnen weit außerhalb des Ringsystems im Bereich zwischen etwa 5 und 22 R_U. Die Neigung der Bahnebenen gegen die Äquatorebene des U. ist mit Ausnahme der Mirandabahn sehr gering. Die Durchmesser der Satelliten sind außerordentlich unterschiedlich.
Innerhalb der Mirandabahn befinden sich in einem relativ schmalen Abstandsbereich von nur etwa 1,42 R_U bis auf die → Portia und den → Puck eine Vielzahl von Kleinsatelliten. Von ihnen sind die beiden innersten, die Cordelia und die → Ophelia, wahrscheinlich die Schäferhundsatelliten des ε-Rings.
Die großen regulären Satelliten, möglicherweise auch die näher an U. liegenden Kleinsatelliten, sind wahrscheinlich durch Akkretion aus einer Gas-Staub-Scheibe um den U. zur gleichen Zeit wie dieser entstanden (→ Kosmogonie). Die großen Satelliten sind wahrscheinlich im Wesentlichen eisartige Himmelskörper mit einem kleinen Gesteinskern.
Jenseits der Bahn des Oberon in einem Abstandsbereich von z. T. vielen 100 R_U umläuft eine große Zahl von irregulären Klein- und Zwergsatelliten den U. auf z. T. stark elliptischen Bahnen nahe der Planetenbahnebene. Bei diesen Satelliten handelt es sich wahrscheinlich um eingefangene Planetoiden oder große Meteoroiden. Bei den dicht benachbarten Zwergsatelliten mit nahezu gleichen Bahnen dürfte es sich jeweils um Trümmer eines größeren Körpers handeln, der bei einem Stoß mit einem anderen Körper zerstört wurde. Ferdinand, der äußerste der bekannten Uranussatelliten, umläuft den U. in 2 887 Tagen.
Uratmosphäre, → Kosmogonie
Urknall, → Kosmologie.
Ursa Maior, Gen. Ursae Maioris, abg. *UMa*, *Großer Bär*, das bekannteste Sternbild des nördlichen Himmels, dessen größter Teil in unseren Breiten immer über dem Horizont bleibt. Die sieben hellsten Sterne (α, β, γ δ, ε, ζ, η) bilden den *Großen Wagen (Großer Himmelswagen)*. Landläufig werden Großer Bär und Großer Wagen gleichgesetzt. Die vom „Wagenkasten" abgehenden „Deichselsterne" werden als Schwanz des Großen Bären gedeutet. Vom mittleren Deichselstern (ζ bzw. Mizar) befindet sich knapp 12′ entfernt der etwa 2 mag schwächere Stern Alkor (80 Ursae Maioris), der als „Reiterlein" oder, da er mit bloßem Auge gerade noch erkennbar ist, als „Augenprüfer" bezeichnet wird. Bei Fernrohrbeobachtungen erscheint Mizar als visueller Doppelstern, mit einem Komponentenabstand von 14″, wobei jede Komponente ein spektroskopischer Doppelstern, Mizar insgesamt ein Vierfachsystem ist. In rund um das Fünffache

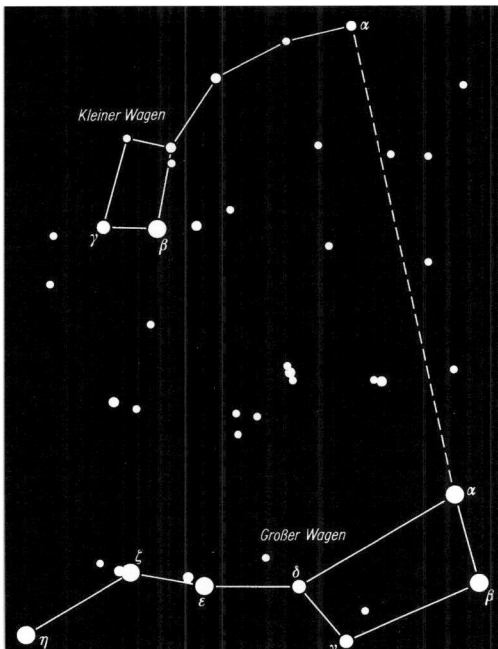

Charakteristische Anordnungen der hellsten Sterne der Sternbilder Ursa Maior (Großer Bär) und Ursa Minor (Kleiner Bär)

verlängertem Abstand der hinteren „Wagenkastensterne" (α und β) befindet sich der Polarstern.
Im Frühjahr steht das Sternbild am Abendhimmel in der Nähe des Zenits, im Sommer westlich vom Polarstern, im Herbst unterhalb von ihm über dem Nordhorizont und im Winter östlich vom Polarstern. Aus der Stellung des Großen Wagens am Himmel kann die Sternzeit angenähert ermittelt werden. Zwischen den Sternen γ und δ verläuft der 12^h-Stundenkreis. Wenn er durch den Nordpunkt geht, befindet sich der Frühlingspunkt in oberer Kulmination, es ist 0^h Sternzeit.
Hinsichtlich der Lage am Himmel → Sternkarte Seite 420.

Einige Sterne der Sternbilder Ursa Maior und Ursa Minor

	Sternname	m_{vis}	Sp	r (pc)
Ursa Maior:	α (Dubhe)	$1\overset{m}{.}81$	K0 III	38
	β (Merak)	$2\overset{m}{.}34$	A1 V	24
	γ (Phecda)	$2\overset{m}{.}41$	A0 V	26
	δ (Megrez)	$3\overset{m}{.}32$	A3 V	25
	ε (Alioth)	$1\overset{m}{.}76$	A0p	25
	ζ (Mizar)	$2\overset{m}{.}23$	A2 V	24
	η (Benetnasch)	$1\overset{m}{.}85$	B3 V	31
	80 (Alkor)	$3\overset{m}{.}99$	A5 V	25
Ursa Minor:	α (Polarstern)	$1\overset{m}{.}97$	F7 I	132
	β (Kochab)	$2\overset{m}{.}07$	K4 III	39

m_{vis}: scheinbare visuelle Helligkeit; Sp: Spektral- und Leuchtkraftklasse; r: Entfernung von der Sonne

Ursa-Maior-Haufen

Ursa-Maior-Haufen, *Bärenstrom*, ein Bewegungssternhaufen, dem u. a. die Sterne β, γ, δ, ε und ζ Ursae Maioris und rund 100 weitere Sterne, darunter der Sirius, angehören. Die Geschwindigkeit der Haufensterne relativ zur Menge der Umgebungssterne beträgt rund 27 km/s, der Zielpunkt des U.-M.-H.s liegt im Sternbild Aquila (Adler).

Ursa Minor, *Gen.* Ursae Minoris, abg. *UMi, Kleiner Bär*, Sternbild, in dem der Polarstern sowie der nördliche Himmelspol liegen und das in unseren Breiten stets über dem Horizont bleibt. Die hellsten Sterne bilden den ***Kleinen Wagen (Kleiner Himmelswagen)***. Landläufig werden Kleiner Bär und Kleiner Wagen gleichgesetzt. Der äußerste der „Deichselsterne" ist der Polarstern.
Hinsichtlich der Lage am Himmel → Sternkarte Seite 420.

UT, UT1, UT2, UTC, → Zeit.

UV-Ceti-Sterne, Typbezeichnung (UV), *Flackersterne*, *Flare-Sterne*, zur Klasse der eruptiven Veränderlichen gerechnete veränderliche Sterne mit in unregelmäßigen Abständen von mehreren Tagen auftretenden Helligkeitsausbrüchen, deren Amplituden bis zu 6 mag betragen. Der Helligkeitsanstieg erfolgt innerhalb von Sekunden bis Minuten, während der nachfolgende Abfall etwa 10 bis 120 Minuten dauert (Abb.). Die Helligkeitsänderungen sind im kurzwelligen Spektralbereich größer als bei längeren Wellenlängen. Die UV-C.-S. gehören zur Spektralklasse M, z. T. auch zur Klasse K. Möglicherweise sind es Sterne, die sich noch im Vorhauptreihenzustand befinden (→ Sternentwicklung). In allen Sternhaufen jünger als etwa 100 Mio. Jahre befinden sich UV-C.-S., es sind Mitglieder der extremen Population I.

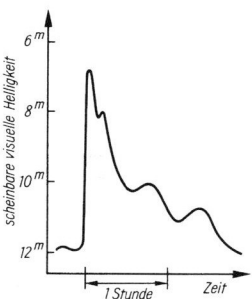

Extremer Helligkeitsausbruch des Sterns UV Ceti vom 25.09.1952

Die Helligkeitsausbrüche der UV-C.-S. sind den Sonneneruptionen ähnlich, doch haben sie eine weit höhere Strahlungsintensität. Wie bei Sonneneruptionen besteht bei einigen UV-C.-S.n eine Korrelation zwischen den Intensitätsschwankungen im optischen Spektralbereich und denen im Radiofrequenzbereich. Die Zahl der bekannten UV-C.-S. ist relativ hoch, obwohl die Entdeckungswahrscheinlichkeit gering ist. Zu den UV-C.-S.n gehört auch der der Sonne am nächsten benachbarte Stern Proxima Centauri.

UV-Exzess, → Farbenindex.

Vakuumenergie, → Kosmologie.
Vakuumfluktuationen, im Rahmen der Quantenfeldtheorie beschriebene kurzzeitige Änderung der Energie an einem Punkt des Raumes. Das in deren Folge erzeugte Teilchen-Antiteilchen-Paar wird so schnell wieder vernichtet, dass es sich prinzipiell dem direkten Nachweis entzieht, weshalb sie als virtuelle Teilchen bezeichnet werden.
Vakuumlichtgeschwindigkeit, → Lichtgeschwindigkeit.
Vallis *f, Plur.* Valles, talförmige Vertiefung mit flacher Sohle auf großen erdartigen Körpern des Planetensystems.
Van-Allen-Gürtel [benannt nach dem amerikan. Physiker J. A. Van Allen, 1914–2006], die Strahlungsgürtel der Erde; → Strahlungsgürtel.
variable Sterne, svw. veränderliche Sterne, → Veränderliche.
Variation, 1) allgemein Abwechslung; 2) eine der Störungen der → Mondbewegung.
Vastitas *f, Plur.* Vastitates, große Tiefebene auf großen erdartigen Körpern des Planetensystems.
Vel, Abk. für Vela.
Vela, *Gen.* Velorum, abg. *Vel, Segel, Segel des Schiffes*, in der Milchstraße gelegenes Sternbild des südlichen Himmels, das von unseren Breiten aus nicht sichtbar ist. Es bildet einen Teil des früheren Sternbildes Argo.
Hinsichtlich der Lage am Himmel → Sternkarte Seite 417.
Vela-Pulsar, → Pulsar.
Venus *f*, der erdnächste der unteren Planeten, Zeichen ♀.
Die V. bewegt sich mit einer mittleren Geschwindigkeit von 35,02 km/s in 224,7 Tagen, der siderischen Umlaufzeit, auf einer Ellipsenbahn mit der großen Halbachse von 108,2 Mio. km und der Exzentrizität 0,0068 rechtläufig um die Sonne. Die Exzentrizität ist die kleinste aller Planetenbahnen. Die Bahnebene ist um 3,4° gegen die Erdbahnebene geneigt.
Im Gegensatz zu den meisten anderen Planeten und zum Hauptdrehsinn im Sonnensystem rotiert die V. rückläufig, die Neigung ihrer Äquatorebene gegen die Bahnebene beträgt etwa 177°. Die siderische Rotationsperiode (→ Rotation) von 243,01 Tagen ist wesentlich länger als die aller anderen Planeten. Die synodische Umlaufzeit beläuft sich auf 583,92 Tage. Aus der Rotationsperiode relativ zur Sonne ergibt sich ein „Venustag" zu etwa 58 Erdtagen. Die jetzigen Werte von Rotationsperiode und Neigung der Äquatorebene sind nicht identisch mit den Werten bei der Entstehung der V. Infolge von Störungen durch die benachbarten Planeten und die Sonne können sich beide Größen binnen wenigen 10 Mio. Jahren in nichtvorhersagbarer Weise ändern.
Von der Erde aus gesehen kann die V. als unterer Planet eine größte → Elongation von etwa 47° von der Sonne

haben. Zwischen größter östlicher und größter westlicher Elongation scheint die V. mit der synodischen Umlaufzeit zu pendeln. Infolge der ungleichförmigen Relativbewegungen von V. und Erde sind die Zeiten zwischen zwei aufeinanderfolgenden größten Elongationen unterschiedlich lang. Von der größten östlichen über die untere Konjunktion bis zur größten westlichen Elongation vergehen etwa 144 Tage, von dort über die obere Konjunktion zurück zur größten östlichen rund 440 Tage. Das Verhältnis der synodischen Umlaufzeit der V. zu einem Jahr beträgt fast genau 5:8, wodurch sich ein achtjähriger Zyklus der Venussichtbarkeit ergibt. Eine bestimmte Konstellation wiederholt sich unter gleichen Bedingungen nahezu auf den Tag genau nach 8 Jahren.

Die V. hat einen Durchmesser von 12 104 km, d. h. etwa 95% des Erddurchmessers, und ist nicht abgeplattet. Die Masse beträgt mit $4,869 \cdot 10^{24}$ kg etwa 81,5% der Erdmasse, die mittlere Dichte von 5,24 g/cm^3 etwa 95% der mittleren Dichte der Erde.

Helligkeit. Die Entfernung der V. von der Sonne variiert zwischen 107,4 Mio. km im Perihel und 109,0 Mio. km im Aphel, die Entfernung von der Erde beträgt je nach der Stellung der beiden Planeten auf ihren Bahnen zwischen 41 Mio. und 257 Mio. km. Der scheinbare Venusdurchmesser variiert zwischen 10″ und 60″, in Verbindung mit dem ausgeprägten Phasenwechsel (Abb. 1) ergeben sich starke Helligkeitsschwankungen. In oberer Konjunktion, in Erdferne, erscheint die V. als vollbeleuchtete, wegen der großen Entfernung aber sehr kleine Scheibe. Der scheinbare Durchmesser vergrößert sich, je näher die V. der unteren Konjunktion, der Erdnähe, kommt, der sichtbare beleuchtete Teil der Scheibe sinkt aber. Die größte scheinbare Helligkeit wird etwa 35 Tage vor bzw. nach der unteren Konjunktion erreicht. In dieser Stellung erscheint die sichtbare Helligkeitsverteilung sichelförmig und umgibt etwas mehr als den halben Scheibenumfang, was als „Übergreifen der Hörnerspitzen" bezeichnet wird. Verursacht wird dies durch Streuung des Sonnenlichts in der Venusatmosphäre. Befindet sich die V. bei der unteren Konjunktion genau in der Sichtlinie Erde–Sonne, kommt es zu einem „Venusdurchgang", bei dem die V. als dunkler Fleck auf der Sonnenscheibe sich im Laufe einiger Stunden über sie hinwegschiebt. Venusdurchgänge erfolgen paarweise mit einem achtjährigen Abstand durchschnittlich alle 120 Jahre. Die nächsten ereignen sich am 06.06.2012 und dann am 11.12.2117 und am 08.12.2125.

Mit einer scheinbaren visuellen Helligkeit von -3^m bis -4^m ist die V. nach Sonne und Mond das weitaus hellste Gestirn am Himmel. In der hellen Dämmerung kann die V. als „Morgenstern" bzw. „Abendstern" gesehen werden, wenn schon oder noch alle Sterne von der Himmelshelligkeit überstrahlt werden. Für die Nordhalbkugel der Erde ergibt sich die beste Sichtbarkeit, wenn die größte östliche Elongation im Frühjahr, die größte westliche im Herbst stattfindet. Sowohl der Winkel zwischen der Ekliptik, in deren Nähe sich die V. immer befindet, und dem wahren Horizont des Beobachters wie auch die Zeitdifferenz zwischen den Untergängen von Sonne und V. bzw. ihren Aufgängen ist dann am größ-

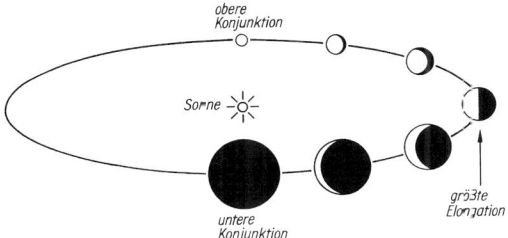

Abb. 1: Phasenwechsel und scheinbare Durchmesser der Venus in Abhängigkeit von der Stellung relativ zur Erde; nicht maßstabsgerecht

ten. Bei günstigsten Bedingungen ist die V. auch am Taghimmel mit bloßem Auge sichtbar.

Atmosphäre. Die V. besitzt eine Atmosphäre mit einer stets geschlossenen undurchsichtigen Wolkendecke, deren Albedo 0,76 beträgt, gelegentlich erscheint die Wolkendecke fleckig.

Mit Hilfe von in die Venusatmosphäre eingedrungenen Raumsonden konnte die chemische Zusammensetzung der Atmosphäre bestimmt werden. Kohlendioxid ist mit 96 Volumenprozent am häufigsten, die Häufigkeit von Stickstoff beläuft sich auf 3,5%, der Rest wird von Wasserdampf und Schwefeldioxid gebildet, nur in Spuren sind Argon, Neon, Kohlenmonoxid, Chlor- und Fluorwasserstoff vorhanden. Die Atmosphärendichte an der Venusoberfläche ist etwa 40-mal höher als die Dichte der Erdatmosphäre an der Erdoberfläche, der Atmosphärendruck übertrifft den an der Erdoberfläche um etwa das 90fache, was dem Druck in etwa 900 m Wassertiefe entspricht.

Von der einfallenden Sonnenstrahlung werden rund 76% infolge der hohen Albedo der Wolkendecke reflektiert, von der nicht reflektierten Strahlung im ultravioletten und nahen Infrarotbereich werden etwa zwei Drittel in den Wolken absorbiert, so dass nur rund 8% der Sonnenstrahlung die untere Atmosphäre und die Oberfläche erreichen. Sie wird dort absorbiert und die aufgenommene Energie als längerwellige, thermische Strahlung wieder emittiert. Für diese ist das Absorptionsvermögen der unteren Atmosphärenschichten infolge des vorhandenen Kohlendioxids sehr hoch, sie wird nahezu vollständig absorbiert, wodurch sich ein starker Treibhauseffekt ergibt, durch den die Oberfläche stark aufgeheizt wird.

Die Oberflächentemperatur beträgt im Mittel 470 °C. Sie liegt damit über der Schmelztemperatur z. B. von Blei und Zinn, der Boden ist dunkelrotglühend. Die Erwärmung der Venusoberfläche ist sehr gleichmäßig und die Wärmekapazität des Bodens so groß, dass es keine tageszeitlichen Temperaturschwankungen gibt. Der Temperaturunterschied zwischen äquatornahen und polnahen Gebieten beträgt maximal etwa 5 °C, wodurch sich keine Klimazonen wie auf der Erde ausbilden. Wegen des Fehlens von Ozeanen als natürliches Nullniveau für Höhenangaben dient die Oberfläche einer Kugel mit einem Radius von 6 051,8 km definitionsgemäß als Bezugsniveau.

Venus

In der bis in etwa 90 bis 100 km Höhe reichenden der irdischen Troposphäre entsprechenden Atmosphärenschicht nimmt die Temperatur gleichmäßig ab. Bis in etwa 35 km Höhe über der Oberfläche erstreckt sich eine dünne Dunstzone, zwischen rund 47 und 70 km Höhe befinden sich drei unterschiedlich dichte Wolkenschichten, die durch Regionen von wenigen Kilometern Mächtigkeit voneinander getrennt sind. Über den Wolkenschichten existiert eine weitere, bis in etwa 90 km Höhe reichende sehr dünne Dunstschicht (Abb. 2). Die Hauptwolkenschichten sind chemisch sehr heterogen und bestehen zu etwa 75 Massenprozent aus Schwefelsäuretröpfchen mit einer Größe zwischen etwa 0,5 und 2 μm, doch finden sich auch Beimengungen eines chlor- und phosphorhaltigen Aerosols. In tieferen Niveaus sind möglicherweise auch etwas größere Tropfen elementaren Schwefels beigemischt, eventuell auch Schwefelkristalle. Die Teilchendichte in den Venuswolken ist im Allg. geringer als in irdischen Wolken.

In der über der Troposphäre liegenden, etwa 10 km dicken Mesosphäre hängt die Temperatur nur schwach von der Höhe ab, in der Thermosphäre darüber nimmt sie auf der Tagseite infolge von Strahlungsabsorption bis in eine Höhe von etwa 160 km zu, auf der Nachtseite fällt sie stark ab. In der äußersten Atmosphären-

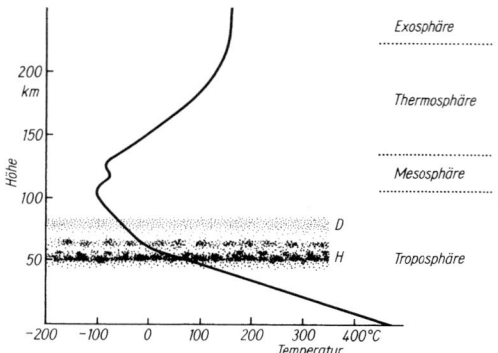

Abb. 2: Temperaturverlauf und Wolkenschichtung in der Venusatmosphäre. H: Hauptwolkenschicht; D: Dunstschicht

schicht, der Exosphäre, ist die Temperatur nahezu konstant.

Die Windgeschwindigkeiten betragen in Bodennähe weniger als 1 m/s, in niedrigen planetographischen Breiten erreichen sie in den obersten Wolkenschichten etwa 100 m/s. Die Winde wehen in Rotationsrichtung,

Abb. 3: Struktur der Wolkendecke der Venus. (Aufnahme: NASA; Raumsonde Venus Orbiter)

so dass die hohen Atmosphärenschichten eine viel höhere Winkelgeschwindigkeit haben als der Venuskörper; die Rotationsperiode beträgt hier nur etwa 4 Tage. Die Ursachen der schnellen Atmosphärenrotation sind noch weitgehend ungeklärt. Die im ultravioletten Licht erkennbaren Strukturen der Wolkendecke (Abb. 3) sind auf eine meridionale Zirkulation zurückzuführen. In den am intensivsten bestrahlten äquatornahen Wolkenschichten steigen Gasmassen auf, die in der oberen Atmosphäre umgelenkt werden und mit Geschwindigkeiten von rund 10 m/s den Polen zuströmen, dort absinken und in tieferen Atmosphärenschichten zum Äquator zurückfließen.

Oberfläche. Wegen der stets geschlossenen Wolkendecke ist die Venusoberfläche von der Erde aus nicht beobachtbar, kann aber von venusumkreisenden Raumsonden mittels Radartechnik untersucht werden (Abb. 4). Etwa 80% der Venusoberfläche sind relativ flache Ebenen mit Höhendifferenzen von weniger als 1 km, sie markieren etwa das Höhenbezugsniveau. Rund 5% der Oberfläche liegen merklich unter dem Nullniveau, rund 15% darüber (Abb. 5), die größten Höhendifferenzen überhaupt betragen etwa 14 km. Einige Hochländer liegen z. T. erheblich über dem mittleren Niveau. Zwei der größten, Ishtar Terra und Aphrodite Terra, sind in ihrer Größe irdischen Kontinenten wie Australien oder halb Afrika vergleichbar. Sie sind wahrscheinlich nicht durch eine Plattentektonik mit einheitlichen horizontalen Bewegungen großer Krustenbereiche verursacht, denn es fehlen Oberflächenstrukturen, die mit Subduktionszonen und Bruchspalten vergleichbar sind. Andererseits existieren Gebirgszüge wie die Maxwell Montes und Freyja Montes, die eine Höhe bis zu 10 km erreichen und Merkmale haben, die auf eine Entstehung durch horizontale lokale Krustenbewegungen schließen lassen. Möglicherweise führt die hohe Oberflächentemperatur und eine geringe Lithosphärendicke mehr zu einer Streckung oder Faltung der Kruste als zum Auseinanderbrechen in große Platten.

Die Venusoberfläche ist relativ jung und stark durch vulkanische Prozesse modifiziert. Vulkanismus ist der am weitesten verbreitete und wirksamste tektonische Prozess. Auf ihn gehen die durch Lavaüberflutungen gekennzeichneten Ebenen zurück. Die verschiedenen Vulkanbauten wie Dome und Schildvulkane haben Durchmesser von rund 2 bis 20 km, die Höhe beträgt im großräumigen Mittel etwa 200 m. Die Konturen der Vulkanreliefs werden im Allg. durch relativ flache Hänge bestimmt. Schildvulkane bilden vielfach ganze Felder mit z. T. 100 bis 200 km Ausdehnung. Einige hohe Vulkane, wie die benachbarten, etwa 5 km über die Umgebung aufragenden Rhea Mons und Theia Mons mit einem Basisdurchmesser von etwa 700 km, haben komplexe Gipfelstrukturen mit bis zu 80 km weiten Calderen. Es existieren ovale oder kreisförmige Strukturen, die Coronae, die von konzentrischen Bergketten und Frakturen umgeben sind und Innengebiete mit einem wellenförmigen Relief haben. Der Durchmesser dieser Regionen liegt meist zwischen 100 und 300 km. Entstanden sind sie wahrscheinlich durch von unten gegen die Lithosphäre drückende Magmablasen. Beim Nachlassen des Drucks sank das Innengebiet ab, was zu den

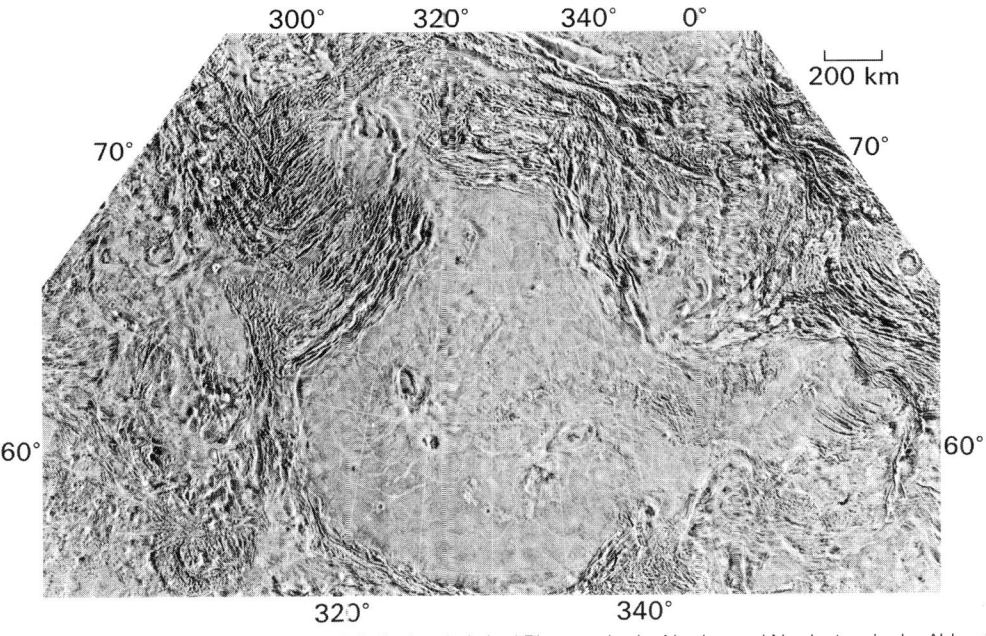

Abb. 4: Oberflächenbereich mit dem relativ flachen Lakshmi Planum, das im Norden und Nordosten, in der Abb. oben und rechts oben, durch die Freyja Montes, im Osten durch die Maxwell Montes und im Nordwesten durch die Akna Montes begrenzt ist. Am rechten Bildrand ist gerade noch der Krater Cleopatra zu erkennen. (Russische Akademie der Wissenschaften)

Venus

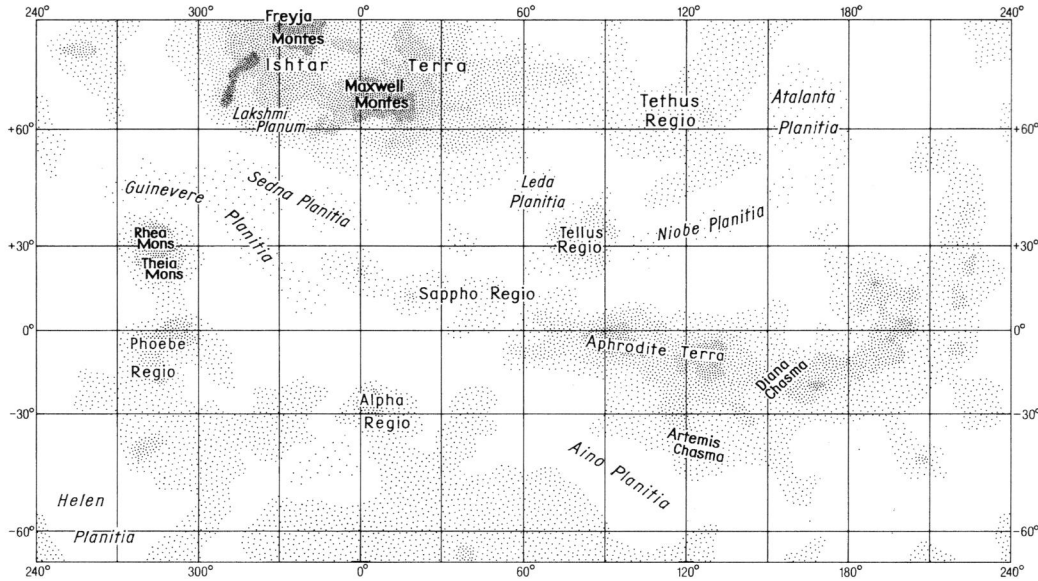

Abb. 5: Übersichtskarte der Venusoberfläche. Die Stärke der Punktierung ist ein Maß für die Höhe über dem Bezugsniveau. Nicht punktiert: unter dem Nullniveau liegende Planitiae

konzentrischen Höhenketten führte. Außer Vulkanbauten und von ihnen ausgehende Lavastromfelder existieren gewundene Lavakanäle mit einer Länge von einigen bis vielen 100 km. Sie wurden wahrscheinlich durch extrem dünnflüssige Lava und große Effusionsraten gebildet.

Eine morphologische Besonderheit der Venusoberfläche sind die über einige 1 000 km sich hinziehenden Tesserae, z. B. die Alpha Regio mit einem parkettähnlichen Strukturmuster von parallelen Kämmen und Tälern, deren Richtung sich z. T. schroff ändert. Die Kammabstände liegen typischerweise bei 10 km. Die Ursachen dieser Krustenverformungen, bei denen sich offenbar Kompressions- und Entspannungsrichtungen häufig änderten, gehen möglicherweise auf eine Abwärtsbewegung magmatischen Materials im Venusmantel zurück.

Auf der Venusoberfläche befinden sich einige 100 Einschlagkrater mit einem Durchmesser zwischen einigen wenigen und bis zu etwa 200 km. Die Zahl ist im Vergleich zur Zahl der Einschlagkrater auf Merkur oder Mond besonders in den tieferliegenden Gebieten gering. Vermutlich ist dies durch vulkanische Aktivitäten verursacht, wodurch sehr früh entstandene Einschlagkrater durch lokale Lavaflüsse überzogen und verdeckt wurden. Kleine Einschlagkrater existieren in diesen Gebieten offenbar nicht, weil die sie erzeugenden kleineren → Meteoroiden wahrscheinlich in der dichten Venusatmosphäre so stark abgebremst werden, dass sie zerbrechen und fast wirkungslos die Oberfläche erreichen. Aus der Zahl der Einschlagkrater je Flächeneinheit verglichen mit der Zahl der Krater auf dem Mond kann das mittlere Alter der jetzigen Venusoberfläche zu etwa 500 Mio. Jahre abschätzt werden.

Möglicherweise gab es vorher eine durch Vulkanismus verursachte nahezu globale Neubildung der Oberfläche, bei der die meisten alten Krater überflutet wurden. Nur etwa 10 bis 20% der jetzigen Oberfläche dürften durch einen späten Vulkanismus wesentlich geformt worden sein. Möglicherweise war aber auch auf Grund der hohen Temperaturen bis vor einigen 100 Mio. Jahren die Gesteinskruste so verformbar, dass früher eingeschlagene Meteoroiden keine sichtbaren Spuren hinterließen. Erst nach einer vielleicht abrupten Erstarrung der Lithosphäre blieben Einschlagkrater erhalten.

Anzeichen für einen in der Gegenwart andauernden Vulkanismus sind nicht zu erkennen.

Das in der Venusatmosphäre vorhandene Kohlendioxid und Schwefeldioxid sowie der Stickstoff sind wahrscheinlich bei der Entgasung magmatischer Schmelzen freigesetzt worden. Der dabei ebenfalls freiwerdende Wasserdampf konnte im Gegensatz zur Erde nicht in großen Mengen kondensieren, so dass keine Gewässer entstanden und Kohlendioxid nicht wie auf der Erde durch Minerale gebunden wurde, es verblieb in der Atmosphäre. Die Wassermoleküle wurden durch die solare Ultraviolettstrahlung dissoziiert, der Wasserstoff entwich in den Weltraum, der Sauerstoff wurde chemisch an andere atmosphärische Bestandteile oder an Oberflächengesteine gebunden.

In der Umgebung der Landeplätze von auf der Venusoberfläche weich gelandeten Raumsonden befindet sich anstehendes magmatisches Gestein, das z. T. von feinem Verwitterungsschutt und plattenförmigen Gesteinsbrocken bedeckt ist. Die Analysen des Venusbodens lassen auf eine basaltartige Zusammensetzung schließen. Eine Verwitterung dürfte vor allem auf chemische Prozesse zurückzuführen sein, eine Erosion wie auf der Erde spielte auf der V. für die Landschaftsgestaltung kaum eine Rolle. Es sind aber windgeschaffene Strukturen, wie Dünenfelder und verwehtes Kratermaterial, vorhanden, deren Richtungen bevorzugt zum Äquator hinweisen, was auf die globalen atmosphärischen Strömungen in Bodennähe zurückgeht.

Die V. hat ein äußerst schwaches Magnetfeld, das an der Oberfläche nur etwa 1/10 000 der Stärke des Erdmagnetfeldes an der Erdoberfläche beträgt. Das Magnetfeld wird durch ein weitgehend konstantes elektrisches Stromsystem in der Venusionosphäre induziert. Die Feldstärke ist so gering, dass die Venusmagnetosphäre auf der der Sonne zugewandten Seite durch den → Sonnenwind stark zusammengepresst wird, die Obergrenze liegt im Mittel nur etwa 2 000 km über der Venusoberfläche. Auf der sonnenabgewandten Seite erstreckt sich der Magnetosphärenschweif weiter als etwa 7 Venusradien.

Innerer Aufbau. Über den inneren Aufbau der V. ist wenig Gesichertes bekannt. Auf Grund der Masse und der mittleren Dichte der V. sowie auf Grund kosmogonischer Überlegungen ist zu vermuten, dass ein innerer Struktur ähnlich ist der der Erde ist (→ Kosmogonie). Im Allg. wird ein eisenreicher Kern von etwa 20% der Gesamtmasse angenommen. Der Mantel dürfte aus Silikatmineralen bestehen mit Eigenschaften ähnlich denen des irdischen Mantels. Die Kruste, deren Dicke unbekannt ist, besteht wahrscheinlich aus Silikaten geringer Dichte.

Venusdurchgang, der Vorübergang der Venus vor der Sonnenscheibe; → Venus

Veränderliche, *veränderliche Sterne*, Sterne mit variierender scheinbarer Helligkeit. Die Grenze zwischen V.n und Sternen konstanter Helligkeit ist allgemein nur schwer festzulegen, da der Nachweis von Helligkeitsschwankungen sowohl von der Empfindlichkeit des zur Beobachtung benutzten Strahlungsdetektors wie Photoplatte oder lichtelektrisches Photometer, als auch vom Spektralbereich abhängt, in dem die Helligkeitsbestimmungen erfolgen. Je höher die Empfindlichkeit, umso leichter ist eine Veränderlichkeit nachweisbar.

Zur Definition eines Sterns als V.r wird vor allem das Verhalten im optischen Spektralbereich herangezogen. Die Sonne hat z. B. eine stark variierende Radiofrequenzstrahlung, im optischen Spektralbereich ist die Strahlung hingegen weitestgehend konstant, so dass die Sonne nicht zu den veränderlichen Sternen gerechnet wird.

Die Entscheidung, ob ein Stern ein V.r ist, kann vielfach erst nach Jahren gefällt werden, wenn die scheinbare Helligkeit über einen genügend langen Zeitraum gemessen und die **Lichtkurve**, die in Diagrammform dargestellte Beziehung zwischen scheinbarer Helligkeit und Zeit, bestimmt wurde. Aus der Lichtkurve ergibt sich die Amplitude und gegebenenfalls die Periode des Lichtwechsels. Mittels photoelektrischer Detektoren lassen sich noch Helligkeitsvariationen von einigen 0,001 mag erfassen, die sich z. T. innerhalb von Sekunden ereignen.

Die Gesamtzahl der veränderlichen Sterne, von denen Amplitude, Art des Lichtwechsels und andere charakteristische Merkmale zuverlässig bekannt sind, liegt in der Größenordnung von einigen 100 000. Trotz dieser hohen Zahl ist der Anteil der V.n an der Gesamtzahl der Sterne sehr gering. Systematische Himmelsdurchmusterungen mit hochempfindlichen Detektoren lassen die Zahl der entdeckten V.n um viele Größenordnungen steigen. Zur Suche von V.n werden zunehmend vollautomatische Teleskope mit CCD-Detektoren (→ Photometer) benutzt, mit denen ein jeweils großes Himmelsareal überwacht und von außerordentlich vielen Sternen die aktuellen Helligkeiten gemessen und mit früher ermittelten verglichen werden.

Benennung. Gesicherte V. werden in der Reihenfolge der Entdeckung mit einem großen lateinischen Buchstaben von R bis Z fortlaufend und dem Genitiv des Namens des Sternbilds, in dem sie sich befinden, bezeichnet (z. B. S Vulpeculae), sofern sie nicht bereits einen griechischen Buchstaben tragen (z. B. δ Cephei). Bei mehr als neun V.n in einem Sternbild werden die Doppelbuchstaben RR...RZ, SS...SZ usw. bis ZZ, schließlich AA...AZ, BB...BZ bis QQ...QZ verwendet. Sind diese 334 Bezeichnungsmöglichkeiten erschöpft, werden V. eines Sternbilds mit V und einer nachgestellten Zahl sowie dem Genitiv des Sternbildnamens gekennzeichnet, wobei die Zahl mit 335 beginnend die Reihenfolge der Entdeckungen angibt, z. B. V787 Sagittarii. Einzelne Sternwarten oder Beobachter bezeichnen die von ihnen entdeckten V.n z. T. mit besonderen Symbolen und der Nummer in der Entdeckungsliste.

Klassifizierung. Die Gruppeneinteilung der V.n beruht in erster Linie auf der Art der Lichtkurve. Die Zuordnung eines V.n zu einer bestimmten Gruppe erfordert z. T. zusätzliche Kriterien wie absolute Helligkeit, Spektralklasse, räumliches Bewegungsverhalten und Position im Milchstraßensystem. Eine wesentliche Schwierigkeit bei der Einteilung ist, dass vielfach die physikalische Ursache für einen bestimmten Lichtwechselverlauf nicht eindeutig bekannt ist, wodurch sich mannigfaltige Übergänge und Überschneidungen der Gruppen ergeben.

Die Veränderlichenklassen werden im Allg. nach einem typischen Vertreter der jeweiligen Klasse benannt, z. B. die Mira-Sterne nach dem Stern Mira oder die Delta-Cephei-Sterne nach dem Stern δ Cephei.

Es existieren zwei Grundtypen, optische und physische V. *Optische V.* sind u. a. Doppelsterne, deren Lichtwechsel dadurch bedingt ist, dass die Sichtlinie Beobachter–Doppelstern zufällig genau in der Bahnebene der beiden Doppelsternkomponenten liegt, wodurch es zu periodischen Bedeckungen einer Komponente durch die andere kommt *(Bedeckungsveränderliche)*, oder dass sich periodisch die Größe der sichtbaren leuchtenden Flächen der Komponenten, die infolge gegenseitiger Gezeitenkräfte ellipsoidisch verformt sind, ändert *(ellipsoidische V.)*. Zu einem Bedeckungslichtwechsel kommt es auch, wenn sich eine Gas-Staubwolke variabler → optischer Dicke um einen Stern bewegt. Rund 20% der bekannten V.n sind optische V. Die Leuchtkraft der optisch veränderlichen Sterne ist konstant.

Physische V. sind Sterne, deren Leuchtkraft aus unterschiedlichen Ursachen variiert.

Von den bekannten physischen V.n sind etwa 90% **Pulsationsveränderliche.** Ihr Lichtwechsel wird durch ein

Veränderliche

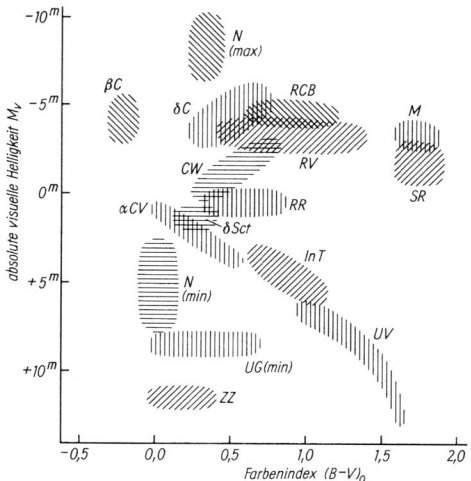

Lage der Bildpunkte einiger Gruppen von Veränderlichen im Farben-Helligkeits-Diagramm. N: Novae; βC: Beta-Cephei-Sterne; δC: Delta-Cephei-Sterne; RCB: R-Coronae-Borealis-Sterne; RV: RV-Tauri-Sterne; M: Mira-Sterne; CW: W-Virginis-Sterne; SR: halbregelmäßige Veränderliche; RR: RR-Lyrae-Sterne; δSc: Delta-Scuti-Sterne; αCV: α²-Canum-Venaticorum-Sterne; InT: T-Tauri-Sterne; UG: U-Geminorum-Sterne; UV: UV-Ceti-Sterne; ZZ: ZZ-Ceti-Sterne

relativ gleichmäßiges Schwingen der Sterne um einen inneren Gleichgewichtszustand verursacht (→ Sternaufbau), was mit einer Radiusänderung und einer Änderung der effektiven Temperatur verbunden ist. Der Lichtwechsel kann so regelmäßig erfolgen, dass für lange Zeit im Voraus der Eintritt der Maximal- und Minimalhelligkeit bestimmt werden kann, Beispiele sind → Delta-Cephei-Sterne, → W-Virginis-Sterne und → RR-Lyrae-Sterne. Bei → Delta-Scuti-Sternen treten mehrere Schwingungsmoden auf, von denen nach längeren Zeitintervallen einige verschwinden und wieder auftauchen können. Bei → langsam unregelmäßigen V.n schwankt die Länge einzelner Lichtwechselperioden in weiten Grenzen, wodurch Form und Amplitude der Lichtkurve relativ stark variieren. Unregelmäßig pulsierende V. haben einen auch nicht andeutungsweise regelmäßigen und vorhersagbaren Lichtwechsel. Die Periodenlängen der Pulsationsveränderlichen reichen von Bruchteilen eines Tages wie bei RR-Lyrae-Sternen bis zu einigen 100 Tagen wie bei → Mira-Sternen. Die Bildpunkte der Pulsationsveränderlichen liegen im Hertzsprung-Russell- bzw. Farben-Helligkeits-Diagramm in einem schmalen Band, dem Cepheiden-Streifen, der sich von den Roten Riesen und Überriesen über die Hauptreihe hinweg bis zu den Weißen Zwergen erstreckt (Abb.). Die meisten Pulsationsveränderlichen sind Riesen und Überriesen mit Pulsperioden, die umso länger sind, je später die Spektralklasse bei gleicher absoluter Helligkeit ist. Die → Delta-Scuti-Sterne sind pulsierende Hauptreihensterne, → ZZ-Ceti-Sterne pulsierende Weiße Zwerge.

Bei der heterogenen Gruppe der *Eruptionsveränderlichen* wird der Lichtwechsel durch Lichtausbrüche, die z. T. mit Sonneneruptionen verwandt sind wie z. B. bei den UV-Ceti-Sternen, oder das Abstoßen von Gashüllen, wie bei Gamma-Cassiopeiae- und R-Coronae-Borealis-Sternen, hervorgerufen. Die T-Tauri-Sterne und die in ihrem Variationsverhalten ähnlichen Sterne werden ebenfalls zu den Eruptionsveränderlichen gezählt.

Bei den *Rotationsveränderlichen* werden periodische Helligkeitsvariationen durch Sternflecken oder lokale magnetische Oberflächenstrukturen oder wechselnde Gestalt verursacht, die Periode des Lichtwechsels ist gleich der Rotationsperiode.

Bei der Gruppe der → *kataklysmischen V.n* entstehen die Helligkeitsänderungen z. T., wie bei einer Supernova, durch eine plötzliche explosionsartig eintretende In-

Klassifikationsschema der veränderlichen Sterne

Physische Veränderliche		
Pulsationsveränderliche	Eruptionsveränderliche	kataklysmische Veränderliche
Delta-Cephei-Sterne (C δ)	Gamma-Cassiopeiae-Sterne (γC)	Supernovae (SN)
W-Virginis-Sterne (CW)	Orion-Veränderliche (In)	Novae (N)
RR-Lyrae-Sterne (RR)	FU-Orionis-Sterne (FU)	novaähnliche Veränderliche (NL)
Beta-Cephei-Sterne ((βC)	UV-Ceti-Sterne (UV)	wiederkehrende Novae (NR)
Delta- Scuti-Sterne (δSc)	S-Doradus-Sterne (SD)	U-Geminorum-Sterne (UG)
RV-Tauri-Sterne (RV)	R-Coronae-Borealis-Sterne (RCB)	Z-Andromedae-Sterne (ZAND)
Mira-Sterne (M)	unregelmäßige Veränderliche (I)	
halbregelmäßige Veränderliche (SR)	T-Tauri-Sterne (InT)	
langsam unregelmäßige Veränderliche (L)		
ZZ-Ceti-Sterne (ZZ)		

Optische Veränderliche		
Rotationsveränderliche	Bedeckungsveränderliche	
Alpha-Canum-Venaticorum-Sterne (ACV)	Algol-Sterne (EA)	
BY-Draconis-Sterne (BY)	Beta-Lyrae-Sterne (EB)	
Pulsare (PSR)	W-Ursae-Maioris-Sterne (EW)	
ellipsoidische Veränderliche (ELL)		

In den Klammern das jeweilige Gruppensymbol

Einige helle Vertreter von Gruppen veränderlicher Sterne

Stern	α		δ		Helligkeit		Typ	Periode
	h	min	°	′	max.	min.		(Tage)
γ Cassiopeiae	0	56,7	60	43	$1^m\!.6$	$3^m\!.0$	γC	
o Ceti	2	19,3	−2	59	$2^m\!.0$	$10^m\!.1$	M	334
β Persei	3	8,2	40	57	$2^m\!.1$	$3^m\!.4$	EA	2,867
ν Eridani	4	36,3	−3	21	$3^m\!.9$	$4^m\!.1$	βC	0,178
R Coronae Borealis	15	48,6	28	9	$5^m\!.7$	$14^m\!.8$	RCB	
δ Scuti	18	42,3	−9	3	$4^m\!.6$	$4^m\!.8$	δSc	0,194
β Lyrae	18	50,1	33	22	$3^m\!.3$	$4^m\!.4$	EB	12,940
P Cygni	20	17,8	38	2	$3^m\!.0$	$6^m\!.0$	Nl	
μ Cephei	21	43,5	58	47	$3^m\!.4$	$5^m\!.1$	SR	~730
δ Cephei	22	29,2	58	25	$3^m\!.6$	$4^m\!.5$	Cδ	5,366
β Pegasi	23	3,8	28	5	$2^m\!.3$	$2^m\!.7$	I	

α: Rektaszension; δ: Deklination; max., min.: maximale, minimale scheinbare Helligkeit

stabilität des gesamten Sterns, meist durch Instabilitäten an der Sternoberfläche, wie bei einer Nova, oder in einer Akkretionsscheibe, wie bei den U-Geminorum-Sternen.
Veränderlichenparallaxe, → Parallaxe.
veränderlicher Stern, → Veränderliche.
verbotene Linien, Spektrallinien, die auf Grund der Regeln der Quantenphysik für Elektronenübergänge nicht auftreten dürften. Die Übergänge sind jedoch nicht grundsätzlich unmöglich, sondern nur extrem unwahrscheinlich (→ Atom). Unter Laborbedingungen werden v. L. nicht beobachtet, da die Besetzung des Ausgangsniveaus der Linien infolge der außerordentlich häufigen Stöße mit anderen Gasparktikeln so beeinflusst wird, dass andere Elektronenübergänge wesentlich häufiger sind. Bei den extrem niedrigen Gasdichten im → interstellaren Gas oder in der Sonnenkorona sind Stöße so selten, dass trotz der geringen Übergangswahrscheinlichkeit zur Emission v.r L. kommt.
Verdichtungsstoß, die beim Auftreffen zweier Gasmassen, dem „Stoß" zweier Gaswolken, sich ergebenden Dichte- und Temperaturerhöhungen, wenn die Relativgeschwindigkeit größer als die Schallgeschwindigkeit im Gas ist. Die Störung breitet sich im Gas als Druckwelle aus; → Welle.
Verfärbung, eine durch interstellaren Staub verursachte Veränderung der Intensitätsverteilung im Spektrum eines Sterns. Infolge der stärkeren Extinktion kurzwelliger Strahlung als langwelliger, wird das Maximum der Strahlungsintensität nach größeren Wellenlängen hin verschoben, das Sternlicht erscheint röter als es dem Spektraltyp des Sterns entspricht (→ interstellarer Staub).
Verfärbungskurve, → interstellarer Staub.
Verfärbungsparallaxe, → Parallaxe.
Verfärbungsweg, → Farbenindex.
Verfestigungsalter, → Altersbestimmung.
Verfinsterung, → Finsternis.
Vergrößerung, → Fernrohr.
Vertex *m, Plur.* Vertices, *Fluchtpunkt,* der Zielpunkt, dem die Mitglieder einer Sterngruppe mit einheitlicher räumlicher Bewegung zuzustreben scheinen; → Bewegungssternhaufen.

Vertikalkreis, jeder senkrecht zum wahren Horizont des Beobachtungsorts stehende Großkreis an der Himmelskugel. Der *Erste Vertikal* geht durch den Ost- und Westpunkt (→ Koordinaten).
Very Large Array, Anordnung von 27 25-m-Radioteleskopen zu einem Apertur-Synthese-Radioteleskop bei Socorro (New Mexico, USA); → Radioteleskop.
Very Large Baseline Interferometry, Interferometrie mit in sehr großen Entfernungen voneinander aufgestellten Radioteleskopen; → Radioteleskop.
Very Large Telescope, zusammenfassende Bezeichnung für die vier 8,2-m-Teleskope der → Europäischen Südsternwarte auf dem Cerro Paranal (Chile).
Verzeichnung, Abbildungsfehler, → Fernrohr.
Verzögerungseinheit, optoelektrische Baueinheit zur Verzögerung optischer oder elektrischer Signale; → Interferometer.
Vesta *f,* der Planetoid (4), der sich auf einer elliptischen Bahn mit der großen Halbachse von 2,361 AE und einer Exzentrizität von 0,089 in 3,63 Jahren rechtläufig um die Sonne bewegt. Die V. ist unregelmäßig geformt mit Achslängen von 578, 560 und 458 km, der mittlere Durchmesser beläuft sich auf etwa 530 km. Die Masse beträgt $2{,}7 \cdot 10^{20}$ kg, die mittlere Dichte 3,4 g/cm^3. Ihre Oberfläche ist durch Einschlagkrater gekennzeichnet. In Opposition (→ Konstellation) erreicht die mittlere scheinbare Helligkeit etwa $8^m\!.0$.
Die V. wurde 1807 von W. Olbers (1758–1840) entdeckt.
Viel-Spiegel-Teleskop, → Spiegelteleskop.
Vielstrahlinterferometer, → Radioteleskop.
vierter Kontakt, → Finsternis.
Vignettierung, svw. Abschattung.
Violettverschiebung, die Verschiebung einer Spektrallinie zu kleineren Wellenlängen, im visuellen Spektralbereich zum violetten Ende des Spektrums hin; → Doppler-Effekt.
Vir, Abk. für Virgo.
Virga *f, Plur.* Virgae, eine sich durch die Färbung abhebende strichartige Struktureinheit auf der Oberfläche eines erdartigen Körpers des Planetensystems.
Virgo, *Gen.* Virginis, abg. *Vir, Jungfrau,* zum Tierkreis gehörendes Sternbild der Äquatorzone, das in unseren

Virgo-Haufen

Breiten im Frühjahr am Abendhimmel sichtbar ist. Die Sonne durchläuft bei ihrer scheinbaren jährlichen Bewegung das Sternbild von Mitte September bis Ende Oktober, wobei sie um den 23. September im Herbstpunkt den Himmelsäquator von Nord nach Süd überschreitet. Bis auf den Stern α Virginis, die → Spica, haben die Sterne des Sternbilds relativ geringe scheinbare Helligkeiten. Im Sternbild befinden sich die extragalaktischen Sternsysteme des Virgo-Haufens (→ Sternsystem).
Hinsichtlich der Lage am Himmel → Sternkarte Seite 419.

Virgo-Haufen, *Virgo-Galaxienhaufen*, → Sternsystem.

Virialsatz, Beziehung zwischen dem zeitlichen Mittel der kinetischen Energie und der potentiellen Energie in einem abgeschlossenen System gravitierender Körper wie Kugelsternhaufen oder Galaxienhaufen. Das Zweifache der mittleren kinetischen Energie ist gleich der mittleren potentiellen Energie, die durch die Masse des Systems bestimmt wird. Aus der beobachteten mittleren Geschwindigkeit der Systemmitglieder kann damit auf die Gesamtmasse des Systems geschlossen werden.

virtuelles Observatorium, Datenbank, in der möglichst alle bereits archivierten sowie neu gewonnene Beobachtungsdaten vieler Observatorien gespeichert und jedem wissenschaftlich tätigen Astronomen innerhalb eines Computernetzwerks zugänglich sind. Ein derartiges Netzwerk entspricht einem Observatorium mit einem extrem großen Teleskop, das praktisch ununterbrochen in allen Wellenlängenbereichen gleichzeitig genutzt wird.

virtuelle Teilchen, ein aus Vakuumenergie entstehendes und durch Paarvernichtung sofort wieder verschwindendes Teilchen-Antiteilchen-Paar, was nicht mit einer Verletzung des Energieprinzips verbunden ist. Die prinzipiell unbeobachtbaren v.n T. könnten in dem extrem starken Gravitationsfeld in unmittelbarer Nähe eines → Schwarzen Lochs in ein reelles Teilchen-Antiteilchen-Paar zerfallen.

Visionsradius, svw. Gesichtslinie.

visuell, das Sehen betreffend, auf dem Gesichtssinn beruhend, mit dem Auge beobachtet.

visuelle Helligkeit, mit dem Auge oder im sichtbaren Spektralbereich ermittelte Helligkeit eines Gestirns.

visuelle Photometrie, → Photometrie.

visuelles Photometer, → Photometer.

Vol, Abk. für Volans.

Volans, *Gen.* Volantis, abg. *Vol, Fliegender Fisch*, kleines Sternbild des südlichen Himmels, das von unseren Breiten aus nicht sichtbar ist.
Hinsichtlich der Lage am Himmel → Sternkarte Seite 417.

Vollmond, die Beleuchtungsform des Mondes in Oppositionsstellung zur Sonne; → Mondphase.

Vorwärtsdrehung der Apsidenlinie, *Periheldrehung*, langsame Drehung der großen Halbachse einer von einem Himmelskörper um einen anderen durchlaufenen elliptischen Bahn; → Relativitätstheorie. Hinsichtlich der V. d. A. des Mondes → Mondbewegung.

Vorwärtsdrehung der Knotenlinie, → Mondbewegung.

Vul, Abk. für Vulpecula.

Vulpecula, *Gen.* Vulpeculae, abg. *Vul, Fuchs, Füchslein*, in der Milchstraße liegendes Sternbild des nördlichen Himmels, das von unseren Breiten aus im Sommer am Abendhimmel sichtbar ist. Im Sternbild befindet sich der mit lichtstarken Feldstechern gut zu beobachtende Planetarische Nebel M 27 (Hantelnebel).
Hinsichtlich der Lage am Himmel → Sternkarte Seite 418.

W, Einheitenzeichen für → Watt, die Maßeinheit der Leistung.

Waage, das Sternbild → Libra.

Waagepunkt, svw. Herbstpunkt; → Frühlingspunkt.

Wachstumskurve, in Diagrammform dargestellte Beziehung zwischen der Stärke einer Spektrallinie und der Zahl der sie erzeugenden Atome; → Sternatmosphäre.

Wagen, *1) Großer Wagen*, → Ursa Maior; *2) Kleiner Wagen*, → Ursa Minor.

wahrer Horizont, → Horizont.

wahrer Ort, → Ort eines Gestirns.

wahre Sonne, → Sonnentag.

Wahrnehmungshorizont, → Kosmologie.

Walfisch, das Sternbild → Cetus.

Wallebene, charakteristische Oberflächenstruktur auf dem Mond.

Wandelstern, in der antiken Astronomie ein sich relativ zu den an der Himmelskugel ortsfesten Sternen (Fixsternen) bewegender Himmelskörper, somit Sonne, Mond, Merkur, Venus, Mars, Jupiter und Saturn, im modernen Sprachgebrauch svw. Planet.

Wärmeenergie, spezielle Energieform; → Energie.

Wärmestrahlung, → Strahlungsgesetze.

Wassermann, das Sternbild → Aquarius.

Wasserschlange, *1) Weibliche* oder *Nördliche W.*, das Sternbild → Hydra;
2) Männliche oder *Kleine W.*, das Sternbild → Hydrus.

Wasserstoff, das leichteste chemische Element, Kernladungszahl 1, Symbol H. W. existiert in drei Isotopen mit den Massenzahlen 1, 2 und 3. Der Kern eines normalen (leichten) Wasserstoffatoms besteht aus einem Proton, der des schweren W.s (Deuterium; Symbol ^{2}H oder ^{2}D) aus einem Proton und einem Neutron, der des instabilen überschweren W.s (Tritium; Symbol ^{3}H oder ^{3}T) aus einem Proton und zwei Neutronen. Beim neutralen W. ist ein Elektron an den Kern gebunden, beim ionisierten W. fehlt das Elektron, beim negativ geladenen Wasserstoffion, Symbol H$^-$, ist ein zweites Elektron an den Kern gebunden. In der Spektroskopie wird neutraler W. im Allg. mit HI, ionisierter mit HII bezeichnet. W. ist das weitaus häufigste Element im Weltall, → Elementenhäufigkeit.

Wasserstoffbrennen, svw. Wasserstoffreaktion; → Energiefreisetzung in Sternen.

Wasserstoff-Emissionsgebiet, schwach leuchtende diffuse interstellare Wolke ionisierten Wasserstoffs; → interstellares Gas.

Wasserstoffreaktion, ein Kernprozess, bei dem Wasserstoff in Helium umgewandelt wird; → Energiefreisetzung in Sternen.

Watt [nach dem engl. Ingenieur J. Watt, 1736–1819], Einheitenzeichen W, Maßeinheit der Leistung.

Wega f, α *Lyrae*, der hellste Stern im Sternbild Lyra (Leier). Mit einer scheinbaren visuellen Helligkeit von $0^m.03$ gehört W. zu den hellsten Sternen des Himmels, mit → Atair und → Deneb bildet die W. das sog. → Sommerdreieck. Sie ist ein Hauptreihenstern vom Spektraltyp A0. Die Leuchtkraft beträgt etwa das 50-fache der Sonnenleuchtkraft, der Radius etwa das 2,9-fache des Sonnenradius. Die Entfernung von der Sonne beläuft sich auf 7,8 pc oder rund 25 Lichtjahre.
Die W. ist von einer scheibenförmigen zirkumstellaren Staubwolke umgeben, deren Radius etwa 85 AE beträgt. Aus der Scheibenmaterie bildet sich möglicherweise ein Planetensystem ähnlich dem um die Sonne.

Weibliche Wasserschlange, das Sternbild → Hydra.

Weiße Ovale, Wolkenstrukturen in der Atmosphäre des → Jupiter.

Weißer Zwerg, ein Stern, dessen innere Stabilität von einem entarteten Elektronengas aufrechterhalten wird. Die Bildpunkte W. Z.e im → Hertzsprung-Russell-Diagramm liegen etwa 8 bis 12 mag unterhalb der Hauptreihe. Der Name geht auf die zuerst entdeckten Sterne dieser Art zurück, die infolge ihrer hohen Effektivtemperatur „weiß" erschienen.

Zustandsgrößen. Die Effektivtemperaturen W. Z.e liegen zwischen etwa 5 000 und 80 000 K, die absolute Helligkeit zwischen rund 8^m und 16^m. Der Mittelwert der Radien beträgt rund 8 000 km und ist vergleichbar den Planetenradien. Die Masse beläuft sich im Mittel auf etwa 0,6 Sonnenmassen mit einem Streubereich zwischen etwa 0,4 und 1,2 Sonnenmassen. Die mittlere Dichte liegt in der Größenordnung von rund 10^5 g/cm^3, d. h. bei etwa dem 100 000-fachen der mittleren Dichte der Sonne. Die Schwerebeschleunigung an der Oberfläche beträgt entsprechend rund das 10 000-fache der an der Sonnenoberfläche. Die Magnetfeldstärke gleicht etwa der Stärke des globalen Magnetfelds der Sonne. Die bei einigen Weißen Z.en bestimmten Rotationsperioden liegen zwischen 20 Minuten und 3 Tagen.

Spektrum. Die kontinuierliche Energieverteilung in den Spektren W. Z.e entspricht etwa der von Hauptreihensternen der → Spektralklassen O bis K, sehr selten der Spektralklasse M, entsprechend nehmen die Effektivtemperaturen ab. Zur Kennzeichnung der Spektren W. Z.e ist dem normalen Spektralklassensymbol ein D vorgesetzt, die Spektralklassen laufen demzufolge von DO bis DK. Dem Kontinuum sind relativ wenig Absorptionslinien aufgeprägt, infolge des hohen Atmosphärendrucks sind sie breit und verwaschen. In den Spektren dominieren im Allg. Linien eines Elements oder einer → Ionisationsstufe eines Elements. Bei DO-Sternen sind es Linien des ionisierten, bei DB-Sternen Linien des neutralen Heliums und bei DA-Sternen dominieren Wasserstofflinien. In den Spektren von DF-, DG- und DK-Sternen treten neben Helium- und Wasserstofflinien schwache Linien vom einmal ionisierten Kalzium auf, bei DG-Sternen zusätzlich sehr schwache Eisen-, Kohlenstoff- und Magnesiumlinien. In allen Spektren sind Wasserstofflinien vorhanden, z. T. schwache Wasserstoff- verbunden mit starken Heliumlinien, z. T. starke Wasserstoff- verbunden mit schwachen Heliumlinien. Spektren, die fast rein kontinuierlich sind, werden mit DC bezeichnet, die Effektivtemperatur liegt bei etwa 10 000 K und darunter. Rund 80 bis 90% der Weißen Zwerge gehören zur Spektralklasse DA, rund 10% zur Klasse DB, der Rest verteilt sich auf die übrigen Spektralklassen.

Innerer Aufbau. Infolge der praktisch vollständigen Ionisation kann die Sternmaterie im Innern eines Weißen Z.s aus zwei Partialgasen bestehend angesehen werden, dem von freien Elektronen gebildeten Elektronengas und dem von Atomkernen gebildeten Kerngas. Auf Grund der hohen Dichte ist das Elektronengas bei den herrschenden Temperaturen hochgradig entartet (→ Zustandsgleichung), das Kerngas verhält sich hingegen weitestgehend wie ein ideales Gas. Es trägt zum Gesamtdruck im Stern vernachlässigbar wenig bei, den inneren Aufbau bestimmt das Elektronengas (→ Sternaufbau).

In einem vollständig entarteten Gas hängt der Druck allein von der Dichte, nicht auch von der Temperatur ab. Mit steigender Masse eines Weißen Z.s nimmt der gravitative Druck zu, zur Aufrechterhaltung der inneren Stabilität des Sterns muss entsprechend der Druck des entarteten Elektronengases steigen, damit die Elektronendichte, was eine Radiusverkleinerung bedingt. Steigende Masse ist demnach zwangsläufig mit abnehmendem Radius verbunden (Abb.). Steigende Elektronendichte bewirkt gleichzeitig die Erhöhung der Fermi-Energie, die sich immer mehr der Ruhmasseenergie der Elektronen nähert: Das Elektronengas geht in den Zustand der relativistischen Entartung über. Ein relativistisch entartetes Elektronengas übt einen geringeren Druck aus als ein nichtrelativistisch entartetes, es ist weniger „steif" (→ Zustandsgleichung). Der innere Gleichgewichtszustand kann daher mit zunehmender Masse nur bis zu einer oberen Grenzmasse, der **Chandrasekhar'schen Grenzmasse**, bestehen [benannt nach dem ind.-amerikan. Astrophysiker S. Chandrasekhar, 1910–1995]. Bei einem vollständig aus Helium oder schwereren Elementen bestehenden Weißen Z. liegt die Grenzmasse bei etwa 1,4 Sonnenmassen, jenseits davon ist die Stabilität unmöglich, der Stern kollabiert.

Für einen Stern, der bei der Entstehung weniger als etwa 8 Sonnenmassen hat, endet die Entwicklung mit dem Zustand eines Weißen Z.s (→ Sternentwicklung). Da in Sternen mit weniger als 0,5 Sonnenmassen das Heliumbrennen nicht beginnt (→ Energiefreisetzung in Sternen), bestehen diese Weißen Z.e im Wesentlichen aus Helium, massereichere aus Kohlenstoff und Sauerstoff. Sterne mit einer Entstehungsmasse größer als 1 bis 2 Sonnenmassen verlieren in der Spätphase ihrer Entwicklung einen Großteil der Masse, die als Planeta-

Welle

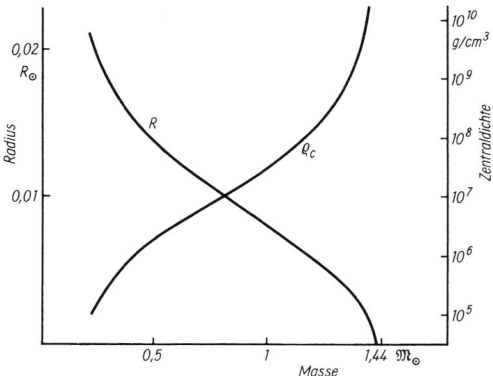

Abhängigkeit des Radius R und der Zentraldichte ρ_c von der Masse eines aus Helium oder schwereren Elementen bestehenden Weißen Zwergs mit vollständig entartetem Elektronengas; $R_\odot$: Sonnenradius; $\mathfrak{M}_\odot$: Sonnenmasse

rischer Nebel in Erscheinung tritt, der in den Zustand eines Weißen Z.s übergegangene Reststern bildet den Zentralstern des Nebels (→ Planetarischer Nebel).
Die von einem Weißen Z. ausgestrahlte Energie wird allein vom Kerngas gedeckt, dessen mittlere kinetische Energie sinkt, während die der Elektronen unverändert bleibt. Infolge der hohen Wärmeleitfähigkeit des entarteten Elektronengases herrscht im Innern eines Weißen Z.s fast überall die gleiche Temperatur. Mit dem Erreichen extrem geringer Temperatur geht das superdichte Kerngas im Zentralbereich in einen Zustand über, in dem sich die Atomkerne wie in einem Raumgitter niedrigster Energie anordnen.
Infolge der Abkühlung des Kerngases sinkt die Leuchtkraft des Sterns und, da der Sternradius praktisch konstant bleibt, die Effektivtemperatur. Im → Hertzsprung-Russell-Diagramm verschiebt sich der Bildpunkt eines Weißen Z.s etwa parallel zur Hauptreihe von links oben nach rechts unten. Die Abkühlungszeit bis zum Erreichen einer Effektivtemperatur von etwa 3 000 K liegt bei rund 1 Mrd. Jahre.
Atmosphäre. In den äußersten Sternschichten ist infolge der niedrigeren Dichte die Entartung aufgehoben, so dass sich auch die freien Elektronen wie ein ideales Gas verhalten. Auf einer sehr kleinen Wegstrecke fällt die Temperatur des Elektronengases auf die Effektivtemperatur ab. Die Atmosphäre eines Weißen Z.s, die Schicht, aus der die beobachtete Strahlung stammt, hat eine Dicke von nur etwa 100 m. Der relativ hohe Atmosphärendruck bewirkt eine starke Verbreiterung der Spektrallinien (→ Spektrum), so dass schwache Linien z. T. bis zur Unkenntlichkeit verzerrt sind und im Kontinuum untergehen. Das Fehlen von Wasserstofflinien bei DO- und DB-Sternen ist durch die Sternentwicklung bedingt, während der die äußeren, wasserstoffreichen Sternschichten in Form eines → Sternwinds weitgehend abgestoßen wurden, so dass die weiter innen liegenden Schichten, die durch das Wasserstoffbrennen mit Helium angereichert wurden, sichtbar sind (→ Sternentwicklung).

Häufigkeit. Die Beobachtbarkeit der Weißen Z.e beschränkt sich im Wesentlichen auf die nähere Sonnenumgebung. Dadurch bedingt liegt die Zahl der bekannten Weißen Z.e bei rund 1 000. Ihre Häufigkeit im gesamten Milchstraßensystem ist hingegen sehr hoch, da alle jemals entstandenen Sterne mit einer Anfangsmasse kleiner als rund 8 Sonnenmassen den Endzustand eines Weißen Z.s erreichen. Möglicherweise sind bis zu 90% aller Sterne in der weiteren Sonnenumgebung Weiße Z.e. Der Weiße Z. mit der geringsten Entfernung von der Sonne ist der Begleiter von → Sirius.
Veränderlichkeit. Bei Weißen Z.en können bei besonderer Kombination der Zustandsgrößen kleine Störungen der inneren Stabilität des Sterns auftreten, die ihn zu Schwingungen um den Gleichgewichtszustand anregen und mit kurzperiodischen Helligkeitsvariationen geringer Amplitude verbunden sind (→ ZZ-Ceti-Sterne).
Ein W. Z. als Komponente in einem halbgetrennten Doppelsternsystem ist die wesentliche Ursache eines → kataklysmischen Veränderlichen. Wird infolge des Materiezustroms von der anderen Komponente die Grenzmasse des Weißen Z.s überschritten, kollabiert er, was eine Supernova des Typs Ia auslöst (→ Supernova).
Welle, eine sich räumlich ausbreitende energietransportierende Erregung. Erregungen als Störungen eines physikalischen Zustands sind u. a. Auslenkungen von Teilchen in einem Medium wie bei akustischen W.n oder periodische Änderungen eines elektromagnetischen Feldes wie bei elektromagnetischen W.n. Eine sehr kurze starke Störung in einem von Teilchen gebildeten Medium, z. B. einem Gas, die etwa infolge mit einer Geschwindigkeit höher als die Schallgeschwindigkeit in den Gasen erfolgenden Aufpralls eines anderen Gases verursacht wird, führt zu einer Stoßwelle. In ihr ist die Dichte sowie die Temperatur stark erhöht, da die kinetische Energie der Gaspartikeln im Wesentlichen in thermische übergeht (→ interstellares Gas). Die Verbindung benachbarter Raumpunkte im gleichen Auslenkungs- oder Schwingungszustand ergibt eine zusammenhängende Fläche, eine Wellenfront, bei einer Stoßwelle eine Stoßfront. Der kürzeste Abstand zweier benachbarter Wellenfronten gleicher Phase ist die Wellenlänge λ, die Zahl der je Sekunde einen festen Punkt überstreichenden Fronten die Frequenz ν. Für die Ausbreitungsgeschwindigkeit der Wellenfronten, die sog. Phasengeschwindigkeit v_p, gilt $v_p = \lambda \cdot \nu$. Die Wellenfronten sind senkrecht zur Ausbreitungsrichtung.
Wellenfront, → Welle.
Wellenfrontsensor, → Sternsystem.
Wellenstrahlung, → Strahlung.
Weltachse, *Himmelsachse*, gedachte Achse, um die sich die Himmelskörper bei ihrer scheinbaren täglichen Bewegung zu drehen scheinen, die Verbindungslinie der an die Himmelskugel projizierten Erdpole.
Weltall, *Kosmos*, der gesamte von Materie und Energie erfüllte Raum. Die Untersuchung der großräumigen Struktur, des Aufbaus sowie der Entwicklung des W.s erfolgt im Rahmen der → Kosmologie. Vom Gesamtweltall ist nur ein winziger Teilbereich durch Beobachtungen erfassbar.

In den ältesten Vorstellungen vom Bau des W.s wurde es als eine flache Scheibe mit der Erde als Mittelpunkt und einer auf dem Rand der Erdscheibe aufliegenden Halbkugel, an der die Sterne haften, angesehen. Spätere Vorstellungen gingen von einer die Fixsterne tragenden Hohlkugel mit der Erde als Mittelpunkt aus. Die Wandelsterne, die mit bloßem Auge sichtbaren Planeten sowie Sonne und Mond, wurden an kristallene Sphären gebunden gedacht, die sich um die ruhende Erde drehen, so dass Kreisbahnen beschrieben werden. Die Vorstellungen waren alle rein anthropozentrisch, der Mensch sah sich im Mittelpunkt des W.s und als Maß aller Dinge. Mit fortschreitenden astronomischen Erkenntnissen wurde die Annahme einer bevorzugten Stellung der Erde schrittweise aufgegeben. Es wurde erkannt, dass sich weder im Mittelpunkt des Sonnensystems befindet, noch die Sonne im Mittelpunkt des Milchstraßensystems, noch dieses sich an einem in irgendeiner Weise ausgezeichneten Ort im W. (→ Kosmologie).

Weltalter, → Kosmologie, → Altersbestimmung.

Weltbild, im physikalischen Sinn eine in sich geschlossene Vorstellung vom Weltall, im engeren astronomischen Sinn eine Vorstellung vom Bau des Sonnensystems.

In der Antike herrschte ein rein *geozentrisches W.* vor, das seine abschließende und für lange Zeit gültige Form durch den alexandrinischen Astronomen C. Ptolemäus (um 90 – um 160) erhielt. In diesem *ptolemäischen W.* wird die im Mittelpunkt des Weltalls ruhende Erde von den Wandelsternen (den sichtbaren Planeten sowie von Sonne und Mond) umlaufen gedacht. Um die teilweise komplizierten scheinbaren Bewegungen durch die vorausgesetzten gleichförmigen Kreisbewegungen befriedigend beschreiben zu können, nahm er exzentrische und zusammengesetzte Kreisbahnen an (→ Epizyklentheorie). Nach Heraklid von Pontos (4. Jh. v. Chr.) bewegen sich Merkur und Venus um die Sonne, die übrigen Planeten sowie der Mond umlaufen hingegen die Erde. Aristarch von Samos (um 320 v. Chr. – 250 v. Chr.) vertrat ein strenges *heliozentrisches W.*, in dem der Sonne als Mittelpunkt des Weltalls eine überragende Stellung zukommt, doch konnten sich seine Ideen nicht durchsetzen.

Die Grundlagen für die gegenwärtige Planetentheorie gehen auf N. Kopernikus (1473–1543) zurück. Das *kopernikanische W.* ist heliozentrisch, die Sonne wird von der Erde und den sichtbaren Planeten mit konstanten Geschwindigkeiten umlaufen, während der Mond sich um die Erde bewegt. Die tägliche Umdrehung des Sternhimmels erklärte Kopernikus als Folge einer Drehung der Erde. Für die räumlichen Bewegungen der Himmelskörper nahm er zunächst einfache Kreisbahnen an, ging dann aber, um die komplizierten scheinbaren Bewegungen der Wandelsterne relativ zu den Fixsternen befriedigend beschreiben zu können, zu Epizyklen über. Die kopernikanische Lehre wurde nicht nur aus philosophischen und dogmatischen Gründen lange Zeit bekämpft, sie wurde auch von vielen Astronomen abgelehnt, da die Übereinstimmung zwischen den auf ihrer Grundlage theoretisch vorausgesagten und den beobachteten Planetenpositionen nicht befriedigend war und außerdem die parallaktischen Bewegungen der Fixsterne nicht gefunden wurden, die bei einer räumlichen Bewegung der Erde auftreten müssen (→ Bewegung der Gestirne). Tycho Brahe (1546–1601), der größte beobachtende Astronom seiner Zeit, vertrat daher eine Planetentheorie (*tychonisches W.*), in dem sich alle Planeten um die Sonne bewegen, diese umläuft aber die im Mittelpunkt des Systems ruhende Erde. Diese Vorstellungen trugen zu stark die Merkmale eines Kompromisses, fanden daher nur wenige Anhänger und wurden nur kurze Zeit beachtet.

Welthorizont, die den beobachtbaren vom prinzipiell unbeobachtbaren Teil des Weltalls trennende Grenze, → Kosmologie.

Weltlinie, Kurve eines massebehafteten Teilchens oder eines Photons in der vierdimensionalen Raumzeit; → Kosmologie.

Weltmodell, eine Theorie, die die großräumige Struktur des Weltalls sowie dessen zeitliche Änderung beschreibt; → Kosmologie.

Weltpostulat, → Kosmologie.

Weltraum, *1)* im umfassenden Sinn svw. Weltall; *2)* im engeren Sinn der Raum außerhalb der Erdatmosphäre.

Weltzeit, Abk. WZ oder UT, die auf den Nullmeridian (Meridian von Greenwich, Großbritannien) bezogene mittlere Sonnenzeit; → Zeit.

Wendekreis, *1)* ein 23° 26′ vom Himmelsäquator entfernter ihm paralleler Kleinkreis an der Himmelskugel. Auf dem nördlichen W., dem *W. des Krebses* mit der Deklination +23° 26′, befindet sich die Sonne zur Sommersonnenwende um den 21. Juni und wendet sich bei ihrer scheinbaren jährlichen Bewegung wieder dem Himmelsäquator zu. Der Wendepunkt (Solstitialpunkt) verschiebt sich infolge der → Präzession am Himmel. Er lag im Mittelalter im Sternbild Cancer (Krebs), gegenwärtig befindet er sich im Sternbild Taurus (Stier). Den südlichen W., den *W. des Steinbocks* mit der Deklination –23° 26′, erreicht die Sonne zur Wintersonnenwende um den 21. Dezember, wonach sie sich wieder dem Himmelsäquator zuwendet. Dieser Wendepunkt befand sich früher im Sternbild Capricornus (Steinbock) und jetzt im Sternbild Sagittarius (Schütze).

2) ein dem Erdäquator paralleler Kreis mit der geographischen Breite +23° 26′ (nördlicher W. oder W. des Krebses) bzw. –23° 26′ (südlicher W. oder W. des Steinbocks). Zur Zeit der Sommer- bzw. Wintersonnenwende steht die Sonne senkrecht über diesen W.en.

Westen, → Himmelsrichtung.

Westpunkt, derjenige der beiden Schnittpunkte des Himmelsäquators mit dem wahren Horizont des Beobachtungsorts, in dem ein auf dem Himmelsäquator sich befindendes Gestirn bei der scheinbaren täglichen Bewegung unter den Horizont sinkt. Der Gegenpunkt ist der Ostpunkt. Zur Tagundnachtgleiche geht die Sonne im W. unter und im Ostpunkt auf.

Widder, das Sternbild → Aries.

Widderpunkt, svw. Frühlingspunkt.

Widmannstätten'sche Figuren [benannt nach dem österr. Technologen A. von Widmannstätten, 1754–1849], → Meteorit.

wiederkehrende Nova, → Nova.
Wien'sche Näherung [benannt nach dem dtsch. Physiker W. C. Wien, 1864–1928], → Strahlungsgesetze.
Wien'sches Verschiebungsgesetz [benannt nach dem dtsch. Physiker W. C. Wien, 1864–1928], → Strahlungsgesetze.
Wilson-Effekt [benannt nach dem brit. Astronomen A. Wilson, 1714–1786], → Sonnenfleck.
WIMP [engl. Abk. für weakly interacting massive particle, ‚schwach wechselwirkendes massereiches Teilchen'], Bezeichnung für ein hypothetisches Teilchen, das als Bestandteil der → Dunklen Materie vorgeschlagen wurde.
Winkel, Richtungsunterschied zweier von einem gemeinsamen Punkt, dem Scheitelpunkt, ausgehenden Geraden. Die Einheit des ebenen W.s im *Bogenmaß* ist der Radiant (Einheitenzeichen rad). Zwei Geraden schließen den W. 1 rad ein, wenn der auf einem Kreis mit dem Scheitelpunkt als Mittelpunkt ausgeschnittene Bogen gleich dem Kreisradius ist. Der volle W. hat das Bogenmaß 2π, im *Gradmaß* 360°. 1 rad = 57,29578° bzw. 1° = 0,017453 rad.
Der *Raumwinkel* ist das Verhältnis der von einem beliebig geformten Kegelmantel aus der Oberfläche einer Kugel mit der Kegelspitze als Mittelpunkt ausgeschnittenen Kugelhaube zur Gesamtkugeloberfläche. Die Einheit des Raumwinkels ist ein Steradiant (Einheitenzeichen sr). Bei 1 sr ist das Verhältnis der Kugelhaubenfläche zur Gesamtoberfläche gleich $1/4\pi$. Der volle Raumwinkel beträgt 4π sr. In der Astronomie sind als Maßeinheit auch Quadratgrad (Einheitenzeichen □°), -bogenminute (□′) und -sekunde (□″) in Gebrauch, wobei gilt 4π sr = 41252,96 □°.
Winkeldurchmesser, *scheinbarer Durchmesser*, die Winkelausdehnung eines scheibenförmig erscheinenden Objekts.
Winkelentfernung, scheinbarer Abstand zweier Objekte an der Himmelskugel.
Winkelgeschwindigkeit, der je Zeiteinheit überstrichene Winkel gemessen entweder als Radiant/Sekunde oder Grad/Sekunde, wobei 1 rad/s = 57,296°/s gilt (→ Winkel).
Winkelmaß, das Sternbild → Norma.
Winkelmessinstrument, in der Astronomie ein Beobachtungsinstrument zur Bestimmung der Richtung eines Gestirns relativ zu einer Bezugsrichtung oder einem Bezugspunkt.
Das klassische astronomische W. ist der *Meridiankreis* (Abb. rechts unten), bei dem ein Fernrohr fest mit einer waagerechten, in Ost-West-Richtung liegenden Achse so verbunden ist, dass bei der Drehung um diese Achse die optische Achse des Fernrohrs den Himmelsmeridian des Beobachtungsorts überstreicht. Hochgenaue Teilkreise ermöglichen eine Winkelmessung längs des Meridians, wodurch beim Meridiandurchgang eines Sterns u. a. dessen Höhe und Deklination gemessen und aus der Meridiandurchgangszeit die Rektaszension (→ Koordinaten) sowie die Sternzeit bestimmt werden können (→ Zeit).
Winter, → Jahreszeit.

Wintersolstitium, *Wintersonnenwende*, → Solstitium.
Wirkungsquantum, *Planck'sches Wirkungsquantum*, *Planck'sche Konstante* [benannt nach dem dtsch. Physiker M. Planck, 1858–1947], Zeichen h, universelle Konstante mit der physikalischen Dimension einer Wirkung, $h = 6{,}626 \cdot 10^{-34}$ J s, → Strahlungsgesetze.
Wolf, das Sternbild → Lupus.
Wolf-Rayet-Stern [benannt nach den franz. Astronomen C. J. Wolf, 1827–1918, und G. A. Rayet, 1839–1906], ein Stern hoher Effektivtemperatur, dessen Spektrum aus einem schwachen Kontinuum und abnorm breiten und kräftigen Emissionslinien besteht. W.-R.-S.e bilden die → Spektralklasse W. Eine Untergruppe, die Spektralklasse WC, ist durch Emissionslinien des zwei- und dreimal ionisierten Kohlenstoffs (C) sowie Linien vom Sauerstoff gekennzeichnet, für die zweite Untergruppe, die Spektralklasse WN, sind Emissionslinien vom zwei- bis viermal ionisierten Stickstoff (N) charakteristisch.

W.-R.-S.e sind sehr junge massereiche Sterne der extremen Population I und daher u. a. Mitglieder → Offener Sternhaufen und O-Assoziationen (→ Sternassoziation) oder befinden sich in räumlicher Nähe von O- oder B-Sternen. Die effektiven Temperaturen liegen zwischen etwa 30 000 und 60 000 K, die Massen zwischen 5 und etwa 50 Sonnenmassen, die Radien zwischen etwa 3 und 25 Sonnenradien und die absoluten visuellen Helligkeiten zwischen etwa -3^m und -7^m. Die Leuchtkräfte belaufen sich auf rund 50 000 bis 1 Mio. Sonnenleuchtkräfte.

Meridiankreis der Sternwarte Babelsberg

Die Emissionslinien entstehen infolge eines starken → Sternwinds, dessen Geschwindigkeit zwischen etwa 1 000 und 2 500 km/s liegt und der zu einem Massenverlust von 10^{-5} bis 10^{-4} Sonnenmassen pro Jahr führt; ein Stern kann während einer relativ kurzen Zeit einen beträchtlichen Teil seiner äußeren wasserstoffreichen Schichten verlieren. Dadurch werden Sternregionen sichtbar, die sich ehemals tief im Sterninnern befanden und deren chemische Zusammensetzung durch die Kernprozesse während der Sternentwicklung bestimmt ist. W.-R.-S.e entwickeln sich vermutlich aus Sternen, die ursprünglich 40 bis 50 Sonnenmassen besitzen, und befinden sich in einer Entwicklungsphase, in der das zentrale Heliumbrennen stattfindet (→ Sternentwicklung), bei dem im Wesentlichen Stickstoff und Sauerstoff entsteht. Der Massenverlust ist bei WN-Sternen anscheinend relativ gering, so dass die durch den CNO-Zyklus während des Wasserstoffbrennens mit Stickstoff angereicherte, aber mit Kohlenstoff abgereicherte Materie sichtbar ist.

Die WC-Sterne haben wesentlich mehr Masse verloren, wodurch ehemals tieferliegende, heißere Regionen des Sterninnern sichtbar sind, in denen der beim Heliumbrennen entstehende Kohlenstoff vorherrscht. Die detaillierten An- und Abreicherungsprozesse sind bei Entwicklungsrechnungen nur schwer quantitativ zu erfassen, da die Berücksichtigung eines Masseverlusts bei den Rechnungen außerordentlich kompliziert ist (→ Sternentwicklung). Nach der Erschöpfung der Kernenergievorräte explodieren die WC-Sterne möglicherweise als → Supernovae des Typs Ib.

Manche Zentralsterne (→ Planetarischer Nebel) haben Spektren, die denen der W.-R.-S.e ähnlich sind, stellen aber einen Entwicklungszustand masseärmerer Sterne dar.

Wolter-Teleskop [benannt nach dem dtsch. Physiker H. K. Wolter, 1911–1978], → Röntgenteleskop.

W-Stern, Stern der Spektralklasse W; → Wolf-Rayet-Sterne.

W-Ursae-Majoris-Sterne, Typbezeichnung EW, Untergruppe der → Bedeckungsveränderlichen.

W-Virginis-Sterne, Typbezeichnung CW, Pulsationsveränderliche hoher Leuchtkraft mit sehr regelmäßigen Helligkeitsvariationen, deren Perioden zwischen etwa einem Tag und 30 Tagen mit einem Häufigkeitsmaximum bei 11 Tagen liegen. Im Lichtwechsel gleichen die W.-V.-S. den → Delta-Cephei-Sternen. Die Lichtkurven der W.-V.-S. sind weniger glatt, sekundäre Wellen und Buckel sind besonders bei Sternen mit kleinen Perioden relativ häufig, bei Sternen mit Perioden zwischen 13 und 20 Tagen vornehmlich auf dem absteigenden Ast der Lichtkurve (Abb.). Der Lichtwechsel ist Folge eines periodischen Schwingens des gesamten Sterns um den Gleichgewichtszustand (→ Sternaufbau). W.-V.-S. haben die Leuchtkraftklasse I oder II, die → Spektralklasse im Helligkeitsmaximum liegt zwischen etwa A2 und F0.

Für W-V.-S. existiert wie für Delta-Cephei-Sterne eine Perioden-Helligkeits-Beziehung, nur sind die absoluten Helligkeiten der W.-V.-S. bei kurzen Perioden um etwa 1 mag, bei langen Perioden um etwa 1,5 mag geringer als die der Delta-Cephei-Sterne (Abb. → Delta-Cephei-

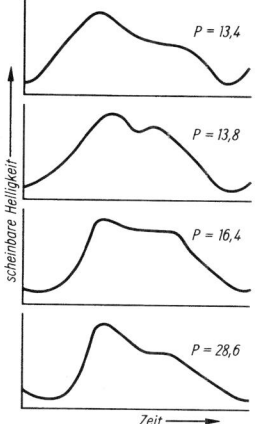

Typische Lichtkurven von W-Virginis-Sternen mit unterschiedlichen Periodenlängen P in Tagen

Sterne). Der Lichtwechsel des Sterns RU Camelopardalis ist atypisch, die Amplitude betrug zunächst knapp 1 mag, ab 1963 wurde sie zunehmend geringer, zwei Jahre war der Lichtwechsel erloschen, um Jahre danach, wenn auch unregelmäßig, wieder zu beginnen. Vermutlich ist dieses ungewöhnliche Verhalten auf eine relativ rasche Strukturänderung des inneren Aufbaus des Sterns zurückzuführen.

Die W.-V.-S. sind im Gegensatz zu den zur Population I gehörenden Delta-Cephei-Sternen Mitglieder der Scheibenpopulation, z. T. auch der Halopopulation.

WZ, Abk. für Weltzeit; → Zeit.

Yepun, Name eines der vier 8,2-m-Teleskope der → Europäischen Südsternwarte.

Yerkes-System, svw. MK-System; → Leuchtkraft eines Sterns.

Ymir *m*, ein Zwergsatellit des → Saturn.

Z-Andromedae-Sterne, *symbiotische Sterne*, Typbezeichnung (ZAND), heterogene Gruppe veränderlicher Sterne mit mehr oder minder regelmäßigen Hel-

Z-Camelopardalis-Sterne

ligkeitsvariationen. Die Perioden betragen mehrere Wochen bis zu einigen Jahren, die Amplituden z. T. mehr als 3 mag. Im Spektrum der Z-A.-S. sind Merkmale sowohl hoher als auch geringer Effektivtemperatur vorhanden, deshalb die Bezeichnung ‚symbiotische' Sterne.

Die Z-A.-S. gehören zu den → kataklysmischen Veränderlichen, es sind halbgetrennte Doppelsterne mit Umlaufzeiten länger als 100 Tage, deren eine Komponente ein roter Riese oder Überriese der Spektralklasse M, seltener K, ist. Bei der anderen Komponente kann es sich um einen Weißen Zwerg oder einen Hauptreihenstern handeln, denen vom Riesenstern Materie zufließt, so dass sich eine → Akkretionsscheibe um den masseempfangenden Stern bildet. Das gesamte Doppelsternsystem ist von zirkumstellarer Materie eingehüllt, die vom Riesenstern als → Sternwind abgeblasen wird. Zu den Helligkeitsvariationen tragen wahrscheinlich unterschiedliche Effekte in unterschiedlicher Stärke bei. Der Riesenstern kann einen Lichtwechsel ähnlich einem → Mira-Stern haben, Helligkeitsvariationen können in der Akkretionsscheibe oder der Gashülle infolge eines variierenden Massenzuflusses verursacht werden; durch Instabilitäten in der Akkretionsscheibe könnte es zu novaähnlichen Lichtausbrüchen kommen, oder eine variierende Massezufuhr führt zu einem Lichtwechsel des Weißen Zwergs. Eine befriedigende theoretische Deutung des beobachteten Lichtwechsels ist noch nicht möglich. Z-A.-S. gehören vermutlich zur Population II.

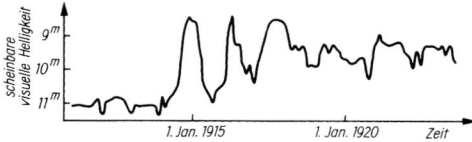

Ausschnitt aus der Lichtkurve von Z Andromedae

Z-Camelopardalis-Sterne, Typbezeichnung (ZCAM), Untergruppe der → U-Geminorum-Sterne.

Zeeman-Effekt [benannt nach dem niederl. Physiker P. Zeeman, 1865–1943], die Aufspaltung von Spektrallinien, die von sich in einem homogenen äußeren Magnetfeld befindenden Atomen emittiert werden. Beim *normalen Z.-E.* ergibt sich bei Sicht senkrecht auf die Magnetfeldlinien der *transversale Z.-E.*, eine Linienaufspaltung in drei Komponenten, bei Sicht längs der Feldlinien hingegen der *longitudinale Z.-E.*, eine Linienaufspaltung in zwei entgegengesetzt zirkular polarisierte Komponenten (Abb. → Sonnenbeobachtung). Beim *anomalen Z.-E.* ist die Linienaufspaltung komplizierter. Der Abstand der Linienkomponenten ist abhängig von der Stärke des Magnetfelds, aus der Linienaufspaltung kann dadurch die Feldstärke bestimmt werden. Beim longitudinalen Z.-E. ist auch bei geringer Feldstärke mittels eines geeigneten Polarimeters auf Grund der entgegengesetzt zirkularen Polarisation die Linienaufspaltung messbar.

Zeichen, vom Mittelalter her übliche Symbole, mit denen in der Astronomie einzelne Himmelskörper, Abschnitte des Tierkreises, Konstellationen und besondere Punkte an der Himmelskugel bezeichnet werden.
Himmelskörper:
☉ Sonne, ☾ Mond, ✳ Stern, ☄ Komet, ☿ Merkur, ♀ Venus, ♁ Erde, ♂ Mars, ♃ Jupiter, ♄ Saturn, ♅ Uranus, ♆ Neptun, ♇ Pluto.
Tierkreiszeichen:
♈ Aries (Widder), ♉ Taurus (Stier), ♊ Gemini (Zwillinge), ♋ Cancer (Krebs), ♌ Leo (Löwe), ♍ Virgo (Jungfrau), ♎ Libra (Waage), ♏ Scorpius (Skorpion), ♐ Sagittarius (Schütze), ♑ Capricornus (Steinbock), ♒ Aquarius (Wassermann), ♓ Pisces (Fische).
Konstellationen:
☌ Konjunktion, ☍ Opposition, □ Quadratur, △ Trigonalschein, ✶ Sextilschein.
Punkte:
☊ aufsteigender Knoten, ☋ absteigender Knoten, ♈ Frühlingspunkt (Widderpunkt).

Zeit, Grundbegriff zur Erfassung der Bewegung von Materie, des Nacheinanders von Ereignissen.

Die Zeitmessung beruht auf der Bestimmung einer Zeiteinheit, des Abstandes zwischen zwei Zeitpunkten sowie der Definition eines Nullpunktes einer Zeitskala. Zur Definition eines Zeitmaßes werden unveränderliche streng periodische reproduzierbare Vorgänge hinreichend konstanter Periode benutzt wie z. B. die Rotation der Erde, der Umlauf der Erde um die Sonne, die Schwingung eines Pendels, eines Quarzes oder die Frequenz einer elektromagnetischen Welle.

Die Periode der Erdrotation definiert als Zeitmaß einen Tag. Die Periode ergibt sich aus der scheinbaren täglichen Bewegung eines festen Bezugspunkts an der Himmelskugel relativ zu einer festgelegten Bezugslinie, im Allg. relativ zum Himmelsmeridian des Beobachtungsorts. Je nach der Wahl des Bezugspunkts ergeben sich unterschiedliche Tageslängen, da sich die Bezugspunkte z. T. gegeneinander verschieben. Der Zeitraum zwischen zwei aufeinanderfolgenden oberen Kulminationen des Frühlingspunkts definiert als Zeiteinheit den *Sterntag*, die Zeitskala ist die **Sternzeit**. Die wahre Sternzeit bezieht sich auf den wahren, die mittlere Sternzeit auf den mittleren Frühlingspunkt, der mit einer Periode von 18,6 Jahren um den wahren Frühlingspunkt pendelt (→ Präzesssion). Die Differenz zwischen wahrer und mittlerer Sternzeit beträgt maximal 0,4 s. Bei der Wahl der oberen Kulmination eines bestimmten „Zeitsterns" zur Festlegung des Zeitmaßes ergibt sich eine um etwa 0,0084 s längere Zeiteinheit, der *siderische Tag*. Zeitsterne sind ausgewählte, in der Nähe des Himmelsäquators sich befindende Sterne, deren Koordinaten mit höchster Genauigkeit bestimmt und hinsichtlich der Eigenbewegung korrigiert sind.

Die Zeit zwischen zwei aufeinanderfolgenden unteren Kulminationen des Mittelpunkts der Sonnenscheibe definiert einen *Sonnentag*. Infolge des Umlaufs der Erde um die Sonne verschiebt sich der Ort der Sonne relativ zu den Fixsternen. Da die Umlaufgeschwindigkeit der Erde ungleichmäßig ist, überträgt sich dies auf die Verschiebung der Sonne längs der Ekliptik. Der wahre Sonnentag ist demzufolge kein konstantes Zeitmaß (→ Zeitgleichung). Bei der Definition einer fiktiven „mittleren" Sonne, die sich völlig gleichmäßig längs des Himmelsäquators bewegt, ergibt sich der mittlere Sonnentag, die Zeitskala ist die **Sonnenzeit**, der Nullpunkt ist der untere Meridiandurchgang der mittleren Sonne, Mitternacht. Als fiktiver Punkt ist die mittlere Sonne nicht unmittelbar beobachtbar, es kann aber die durch Beobachtung bestimmte Sternzeit in mittlere Sonnenzeit umgerechnet werden. Ein Sterntag ist um 3 min 55,91 s Sonnenzeit kürzer als der mittlere Sonnentag. Ein Sonnenjahr von 365,2422 mittleren Sonnentagen umfasst 366,2422 Sterntage.

Sternzeit, wahre und mittlere Sonnenzeit sind auf Grund ihrer Definition an den Meridian des Beobachtungsorts gebunden, es sind **Ortszeiten**. Die auf den Nullmeridian der Erde, den Meridian von Greenwich (Großbritannien) bezogene mittlere Sonnenzeit ist die **Weltzeit** (abg. WZ oder UT [UT engl. Abk. für Universal Time, ‚Weltzeit']). Bei der Sternzeit und Sonnenzeit ist die Sekunde ein abgeleitetes Zeitmaß, es ist der jeweils 86 400. Teil eines Sterntags bzw. eines mittleren Sonnentags.

Die Erdrotation ist nicht vollkommen gleichmäßig, damit sind die auf ihr basierenden Zeiteinheiten nicht absolut konstant. Außer einer langfristig fortschreitenden säkularen Verlangsamung der Rotation, die im Mittel zu einer Zunahme der Tageslänge von 1,7 Millisekunden je Jahrhundert führt, treten unregelmäßige und jahreszeitlich bedingte Schwankungen sowie Variationen der Rotation mit kürzeren Perioden auf. Die säkulare Verlangsamung (Abb.1) ist wahrscheinlich eine Folge der → Gezeiten, die Reibungen im Meereswasser sowie Reibungen zwischen Meerwasser und Landmassen bewirken. Der der Erde verlorengehende Drehimpuls kommt der Bahnbewegung des die Gezeiten hauptsächlich verursachenden Mondes zugute (→ Mondbewegung). Die unregelmäßigen Schwankungen der Erdrotation gehen wahrscheinlich auf Masseverlagerungen im Erdinnern zurück, die jahreszeitlichen Schwankungen auf meteorologische Vorgänge, möglicherweise auf einen Drehimpulsaustausch zwischen Erdatmosphäre und Erdkörper (Abb. 2).

Die Rotationsachse ist im Erdkörper nicht fest (→ Polhöhe), was für unterschiedliche Beobachtungsorte unterschiedliche Verschiebung des Meridians bewirkt. Die durch Beobachtungen von Meridiandurchgängen festgelegte Tageslänge ist dadurch mit geringen, vom Beobachtungsort abhängigen Unregelmäßigkeiten behaftet. Die Polbewegung wird im Rahmen des Internationalen Diensts für Erdrotation und Bezugssysteme überwacht (→ Polhöhe) und der Einfluss der Polbewegung als Korrektur an die unmittelbar aus den Beobachtungen abgeleitete Weltzeit UT0 angebracht, was zur Weltzeit UT1 führt. Deren Korrektur hinsichtlich der quasiperiodischen und als bekannt angenommenen jahreszeitlichen Schwankungen der Rotationsperiode ergibt die Weltzeit UT2.

Die gesetzliche Zeiteinheit in Deutschland ist seit 1971 die **Atomsekunde** der **Internationalen Atomzeit** (abg. TAI [franz. Abk. für Temps Atomique International, ‚internationale Atomzeit']). Sie ist durch die beim Elektronenübergang zwischen Hyperfeinstrukturniveaus des Grundzustandes von Caesium-133-Atomen in Ruhe und bei einer Umgebungstemperatur von 0 K ausgesandten elektromagnetischen Welle definiert. Eine Atomsekunde (abg. s) ist die Dauer von 9 192 631 770 Schwingungen dieser Welle. Die Atomzeit wird mit durch die Frequenz der Caesiumlinie gesteuerten Atomuhren gemessen. Diese gehen nicht absolut gleich, da die Frequenz der Linie von relativistischen Effekten, z. B. dem lokalen Gravitationsfeld, sowie dem lokalen Magnetfeld beeinflusst wird. Zur Umgehung dieser Effekte wird die Atomzeit rechnerisch auf mittlere Meereshöhe bezogen. Abweichungen von maximal 1 s zwischen mehreren Caesium-Atomuhren ergeben sich erst nach rund 300 000 Jahren. Diese Genauigkeit ist größer als die der rotierenden Erde, deren Unregelmäßigkeiten sich erst mit Atomuhren nachweisen lassen. Die Atomsekunde ist die Zeiteinheit im Internationalen Einheitensystem SI.

Die Atomzeitsekunde ist um etwa $(3 \text{ bis } 4) \cdot 10^{-8}$ s kürzer als die gegenwärtige mittlere Sonnenzeitsekunde, wodurch sich eine Differenz der beiden Zeitskalen um etwa 1 s pro Jahr ergibt. Definitionsgemäß war zum Zeitpunkt 01. Januar 1958 0^h TAI in den Systemen UT2 und TAI exakt gleich, am 01. Januar 1990 galt UT2 – TAI = –24,6 s.

Radiosender strahlen die **koordinierte Weltzeit** (UTC) [engl. Abk. für universal time coordinated, ‚koordinierte Weltzeit'] mit der Atomsekunde als Zeiteinheit aus. Die Zeitskala ist an die Sonnenzeit durch die Festlegung des Nullpunktes der Sekundenzählung gebunden. Um die Differenz zwischen UTC und UT1 nie größer als 0,75 s werden zu lassen, wird, wenn benötigt, am 31. Dezember oder am 30. Juni eine ganze Sekunde, eine Schaltsekunde, eingefügt (Abb. 3). Die Zeitskala UTC

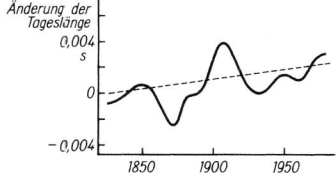

Abb. 1: Änderung der mittleren Tageslänge zwischen 1820 und 1975 relativ zur mittleren Tageslänge von 1930. Gestrichelt: säkulare Zunahme

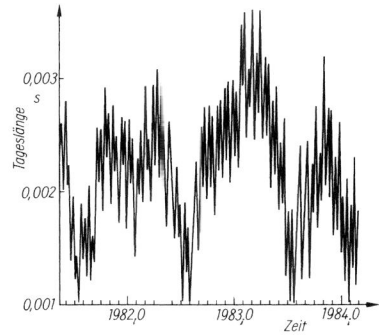

Abb. 2: Differenz der aktuellen Tageslänge zwischen 1981 und 1984 und der mittleren Tageslänge des Jahrs 1930. (Nach M. Eubanks)

Zeitdilatation

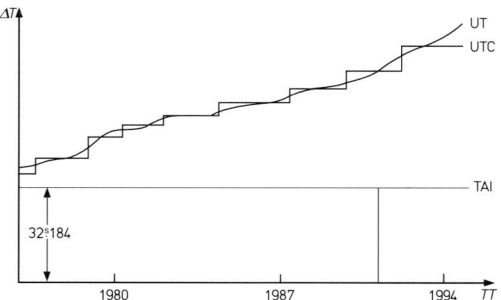

Abb. 3: Verhältnis von Weltzeit UT, der koordinierter Weltzeit UTC und der Atomzeit TAI in Abhängigkeit von der terrestrischen Zeit TT von 1980 bis 1994; die Stufen entsprechen einer Schaltsekunde

wird damit der unregelmäßigen, aber für die praktischen Bedürfnisse des täglichen Lebens entscheidenden Erdrotation angepasst. Die Differenz UT1 – UTC wird vom Internationalen Erdrotationsdienst ermittelt. Die für die täglichen Belange am besten geeignete Zeit ist die mittlere Sonnenzeit, in ihr beginnt der Tag zum Zeitpunkt der unteren Kulmination der mittleren Sonne, d. h. um Mitternacht. An Orten unterschiedlicher geographischer Länge findet die Sonnenkulmination in Weltzeit zu unterschiedlichen Zeitpunkten statt, entsprechend beginnt die Tageszählung unterschiedlich. Einer Differenz von 15° geographischer Länge entspricht eine Zeitdifferenz von 1 Stunde in den jeweiligen Ortszeiten. In den geographischen Breiten Mitteleuropas bei etwa +50° ergibt sich eine Ortszeitdifferenz von 1 s bei einer Ost-West-Entfernung zweier Orte von rund 300 m. Da für Wirtschaft und Verkehr unterschiedliche Ortszeiten ungeeignet sind, werden größere Erdzonen um ausgewählte Bezugsmeridiane zu Zeitzonen zusammengefasst und für diese eine Einheitszeit, eine *Zonenzeit*, festgelegt. Zonenzeiten unterscheiden sich im Allg. um volle Stunden von der koordinierten Weltzeit, die auf den Nullmeridian der Erde, den Meridian von Greenwich (Großbritannien), bezogen ist, die als Zonenzeit als *Westeuropäische Z.* bezeichnet wird. Für die *Mitteleuropäische Z.*, abg. MEZ, ist der Bezugsmeridian 15° östlicher Länge, damit gilt MEZ = UTC + 1 h. Aus wirtschaftlichen oder politischen Gründen werden in einzelnen Ländern dauernd oder zeitweilig Zeitskalen mit unterschiedlichen Nullpunkten benutzt, die z. T. erheblich von der der geographischen Lage entsprechenden Zonenzeit abweichen. In Mitteleuropa gilt z. B. während des Sommerhalbjahrs die *Mitteleuropäische Sommerzeit*, abg. MESZ, mit MESZ = MEZ + 1 h. Um astronomische Ereignisse in einer für die gesamte Erde einheitlichen Zeitskala festzulegen, werden sie grundsätzlich in Weltzeit UTC angegeben.

Die aus der mittleren Sonnenzeit abgeleitete Zeitskala ist wegen der sich verändernden Rotation der Erde kein konstantes Zeitmaß und deshalb für die Berechnung von → Ephemeriden ungeeignet. Für die *Ephemeridenzeit* (abg. ET) ist der Umlauf der Erde um die Sonne, das tropische Jahr, der definierende periodische Vorgang. Infolge des nicht vollkommen periodischen Erdumlaufs wird zur Definition des Nullpunkts dieser Zeitskala die Länge des tropischen Jahrs für den 0. Januar 1900 $12^h\ 0^{min}\ 0^s$ Ephemeridenzeit festgelegt. Die Länge einer Sekunde in Ephemeridenzeit ist definiert als der 31 556 925,9747. Teil der Länge dieses tropischen Jahrs. Die Ermittlung der momentanen Ephemeridenzeit geschieht mittels des Vergleichs der beobachteten Himmelskoordinaten der Sonne zu bestimmten Zeitpunkten mit den in astronomischen Jahrbüchern für diese Zeitpunkte angegebenen geozentrischen Ephemeriden der Sonne. Zur Berechnung der Ephemeriden wird seit 1984,0 die auf der Atomsekunde beruhende *terrestrische Z.* TT (engl. Abk. für Terrestrial Time, ‚terrestrische Zeit') benutzt. Seit dem 01. Januar 1977 $0^h\ 0^{min}\ 0^s$ TAI gilt TT = ET = TAI + 32,184 s. Die terrestrische Zeit gilt streng für einen Beobachter auf der durch das Geoid definierten Oberfläche der → Erde. Infolge der Zeitdilatation durch das Schwerefeld der Erde geht dessen Uhr etwa 22 ms pro Jahr langsamer als eine Uhr im Mittelpunkt der Erde, die Geozentrische Koordinatenzeit (abg. TCG) anzeigt. Diese Zeitskala wird für die Ephemeriden geozentrischer Phänomene (Präzession, Nutation, Mondbewegung, Erdsatelliten) benutzt. Für heliozentrische Bewegungen dient die Baryzentrische Koordinatenzeit (abg. TCB); sie wird von einer Uhr angezeigt, die sich im Schwerpunkt des Sonnensystems befindet und alle Bewegungen des Systems mitmacht, aber nicht dessen Schwerefeld unterliegt. Eine derartige Uhr geht etwa 490 ms pro Jahr schneller als die TT.

Zeitdilatation, → Relativitätstheorie.

Zeitgleichung, Differenz zwischen wahrer und mittlerer Sonnenzeit. Die Z. ist der Zeitbetrag, der zur mittleren Sonnenzeit hinzuzufügen ist, um wahre Sonnenzeit zu erhalten. Bei positiver Z. kulminiert die wahre Sonne früher als die mittlere, eine mittlere Sonnenzeit anzeigende Uhr geht gegenüber einer wahre Sonnenzeit anzeigenden Uhr nach. Die Z. hat jährlich am 15. Mai mit +3,7 min und am 04. November mit +16,4 min ein Maximum sowie am 12. Februar mit –14,3 min und am 27. Juli mit –6,5 min ein Minimum. Am 15. April, 13. Juni, 02. September und am 25. Dezember ist die Z. gleich Null (Abb.). Die angegebenen Daten können sich um einen Tag verschieben, da das Kalenderjahr nicht gleich dem tropischen Jahr ist.

Die Z. ist im Wesentlichen durch zwei sich überlagernde Effekte mit unterschiedlichen Perioden verursacht. Die ungleichmäßige scheinbare Bewegung der Sonne

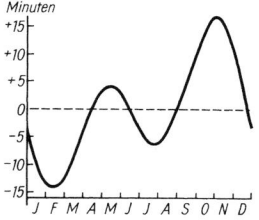

Zeitgleichung

längs der Ekliptik bewirkt eine jährliche Periode und die Neigung der Ekliptik gegen den Himmelsäquator eine halbjährliche. Dass die Z. bei Frühlingsanfang nicht genau gleich Null ist, sondern erst etwas später, ist durch die Definitionen des Startpunktes für die (fiktive) mittlere Sonne bedingt (→ Sonnentag).

Zeitskala, *1)* ein durch fortlaufende Addition einer bestimmten Zeiteinheit gemessener Zeitablauf (→ Zeit); *2)* ein Zeitintervall, in dem sich eine physikalische Größe in charakteristischer Weise ändert.

Zeitstern, → Zeit.

Zeitzone, ein auf einen Bezugsmeridian der Erde bezogenes Gebiet mit festgelegter einheitlicher → Zeit.

Zenit *m*, *Scheitelpunkt*, Schnittpunkt des im Beobachtungsort gefällten und nach oben verlängerten Lots mit der Himmelskugel. Der Z. ist der genau senkrecht über dem Beobachter liegende Punkt am Himmel, der Gegenpunkt ist der Nadir.

Zenitdistanz, Winkelabstand eines Gestirns vom Zenit; → Koordinaten.

Zenitextinktion, → Erdatmosphäre.

Zenitrefraktion, → Refraktion.

Zentaur, das Sternbild → Centaurus.

Zentauren, *Zentaur-Objekte*, Planetoiden oder inaktive Kometenkerne mit Bahnen, deren Perihel jenseits der Jupiterbahn liegt und deren große Halbachse kleiner als die des Neptun ist. Die Umlaufperioden um die Sonne betragen etwa 50 bis 150 Jahre. Möglicherweise stammen die Z. aus dem Kuiper-Gürtel und sind durch den störenden Einfluss des Neptun auf ihre gegenwärtigen Bahnen gelangt (→ Planetoid).

Zentaur-Objekte, svw. Zentauren.

Zentralberg, auf erdartigen Himmelskörpern sich in der Mitte eines Ringgebirges oder eines großen Kraters befindender Berg.

Zentralkörper, eine sich in einem Sternsystem befindende, von Sternen gebildete, großräumige, zentrale Struktureinheit; → Sternsystem.

Zentralstern, ein im Mittelpunkt eines Planetarischen Nebels sich befindender Stern hoher Effektivtemperatur; → Planetarischer Nebel.

Zentrifugalkraft, *Fliehkraft*, eine senkrecht von der Drehachse weg gerichtete Trägheitskraft. Die Z. ist proportional der Masse, des Abstands von der Drehachse sowie der Winkelgeschwindigkeit eines Körpers.

Zirkel, das Sternbild → Circinus.

zirkumpolar, sich nahe der Himmelspole befindend, den Pol umkreisend.

Zirkumpolarstern, ein bei der scheinbaren täglichen Bewegung nicht unter den Horizont sinkender Stern (Abb. → Bewegung der Gestirne).

zirkumstellar, sich in der unmittelbaren Umgebung eines Sterns befindend.

zirkumstellare Materie, in unmittelbarer Umgebung eines Sterns sich befindende und mit ihm in einem kosmogonischen Zusammenhang stehende Materie.

Bei der Bildung eines Sterns wird nur ein Teil der interstellaren Wolke, in der er entsteht, in stellare Materie umgewandelt (→ Sternentstehung), im Allg. umgibt den neuentstandenen Stern ein Restteil der Wolke als mehr oder minder dichte → Akkretionsscheibe. Die in ihr sich befindenden Staubteilchen absorbieren die ultraviolette und sichtbare Sternstrahlung so effektiv, dass der eingebettete Stern im visuellen Spektralbereich im Allg. unsichtbar ist. Die absorbierte Energie wird als thermische Strahlung im infraroten Spektralbereich emittiert. Eine zikumstellare Scheibe tritt dadurch vielfach nur als Infrarotquelle in Erscheinung. Vor allem massereiche Protosterne und sehr junge Sterne (z. B. → T-Tauri-Sterne) sind von Gas-Staub-Scheiben umgeben. Um Sterne im Vor-Hauptreihenzustand mit einem Alter von etwa 1 Mio. Jahren haben die Scheiben im Mittel einen Durchmesser von einigen 10 bis 100 AE, ihre Masse beträgt rund 0,01 Sonnenmassen.

Zirkumstellare Scheiben haben eine Existenzdauer von nur einigen Millionen Jahren. Kleine Staubteilchen, die die thermische Strahlung hauptsächlich emittieren, werden infolge des Drucks der Sternstrahlung aus den Scheiben getrieben. Größere Teilchen können sich bis hin zu immer größer werdenden → Planetesimalen, schließlich zu Planetoiden und noch größeren Körpern zusammenballen, wodurch aus einer Scheibe ein Planetensystem analog dem um die Sonne entstehen kann (→ Kosmogonie). Durch Zusammenstöße zwischen Planetesimalen oder mit Planetoiden und Kometenkernen vergleichbaren Körpern werden gleichzeitig ständig kleine Teilchen nachgeliefert. Derartige *Trümmerscheiben* werden um ältere Hauptreihensterne, z. B. um die Wega oder βPictoris, beobachtet, sie haben Durchmesser von etwa 100 bis 1000 AE.

Die von einem Stern in Form eines → Sternwinds abgestoßene Materie bildet eine zirkumstellare Hülle, die auf Grund der im visuellen Spektralbereich dem Sternspektrum aufgeprägten scharfen violettverschobenen Absorptionslinien oder durch Emissionslinien mit violettverschobenen Absorptionsflügeln nachgewiesen werden kann. Die Emissionslinien stammen von der gasförmigen z.n M., die durch die Ultraviolettstrahlung des Sterns zum Leuchten angeregt wird. Die Absorptionslinien werden dem Spektrum durch das vor den Sternen sich befindende Gas aufgeprägt, wobei die Violettverschiebung Folge des mit hoher Geschwindigkeit in Richtung zum Beobachter strömenden Sternwinds ist (→ Doppler-Effekt). Starke Sternwinde haben vor allem Sterne im Vor-Hauptreihenzustand wie → Herbig-Ae/Be-Sterne und T-Tauri-Sterne, aber auch in der Entwicklung fortgeschrittene Sterne wie → Wolf-Rayet-Sterne und P-Cygni-Sterne.

Im Sternwind der Riesen- und Überriesensterne geringer Effektivtemperatur können sich Staubteilchen bilden, deren Menge bei → OH/IR-Sternen so groß ist, dass die von den Sternen emittierte Strahlung im sichtbaren Spektralbereich vollständig absorbiert wird und sie allein durch die thermische Strahlung des Staubs nachweisbar sind. Bei → R-Coronae-Borealis-Sternen entstehen in unregelmäßigen Zeitabständen z. T. so viele Staubteilchen, dass den Sternen ein charakteristischer Lichtwechsel aufgeprägt wird.

Bei Kontaktsystemen unter den → Doppelsternen fließt so viel Materie von einer Komponente zur anderen, dass sich eine mehr oder minder große, das Gesamtsystem umgebende Gashülle bildet. Die masseaufnehmende Komponente bei halbgetrennten Doppelsternsystemen ist im Allg. von einer → Akkretionsscheibe umge-

Zirrusnebel

ben, die u. a. den Lichtwechsel der → kataklysmischen Veränderlichen verursacht.
Eine rasche Rotation nahe an der Stabilitätsgrenze führt bei den → Be-Sternen bevorzugt in der Äquatorregion zum Abströmen von Gas, das sich durch charakteristische Linienprofile in den Spektren bemerkbar macht.

Zirrusnebel, *Großer Cygnusbogen*, ein blasser Nebelschleier im Sternbild Cygnus (Schwan), der gasförmige Überrest einer Supernova. Der Z. ist etwa 2 500 pc von der Sonne entfernt (Abb. → Supernova).

Zodiakallicht, *Tierkreislicht*, schwache um die Ekliptik konzentrierte Lichterscheinung am Nachthimmel. Mit wachsendem Winkelabstand von der Sonne nimmt die Intensität wie auch die Breite der Lichterscheinung ab, so dass das Z. nur in der Dämmerung vor Sonnenaufgang bzw. nach Sonnenuntergang sichtbar ist. Die hellsten Teile dieses *Morgen-* bzw. *Abendhauptlichts* können unter günstigen Beobachtungsbedingungen fast bis zu etwa 90° Abstand von der Sonne sichtbar sein. Die Flächenhelligkeit des Hauptlichts erreicht etwa die der hellsten Milchstraßengebiete. Infolge der geringen Neigung der Ekliptik gegen den Horizont und des geringen Helligkeitskontrasts ist das Z. in unseren geographischen Breiten nur selten zu beobachten. Die günstigsten Beobachtungsbedingungen für das Abendhauptlicht ergeben sich im Frühjahr kurz nach Sonnenuntergang, für das Morgenhauptlicht im Herbst kurz vor Sonnenaufgang. In den Tropen ist die Sichtbarkeit unabhängig von der Jahreszeit. In großem Sonnenabstand erscheint das Z. als sich längs der Ekliptik erstreckendes zusammenhängendes schwaches *Zodiakallichtband*. Das Band hat im Gegenpunkt zur Sonne ein relativ helleres Gebiet, den *Gegenschein*, dessen Intensität etwa 1/20 der des Hauptlichts beträgt. Bei extraterrestrischen Beobachtungen nimmt die Intensität des Hauptlichts in Richtung zur Sonne zu und geht in das Licht der F-Korona der → Sonne über.
Die Flächenhelligkeit des Z.s ist schwer bestimmbar, da es vom Streulicht der Erdatmosphäre sowie, mehr oder minder stark, vom Licht der Milchstraße überlagert wird.
Das Z. ist an interplanetaren Staubteilchen gestreutes Sonnenlicht. Die Intensität der Streustrahlung ist abhängig von der Verteilung der Teilchen längs des Sehstrahls, ihrer räumlichen Entfernung von der Sonne sowie ihren Streueigenschaften. Diese werden von Größe, Form und chemischer Zusammensetzung der Teilchen bestimmt. Die Streuung des Sonnenlichts erfolgt nicht isotrop (→ Streuung). Die mit zunehmendem Winkelabstand von der Sonne geringer werdende Vorwärtsstreuung verursacht die abstandsabhängige Intensität des Z.s. Der Gegenschein beruht auf Rückwärtsstreuung, nicht auf einer erhöhten Teilchendichte im Gegenpunkt der Sonne. Das Spektrum des Z.s gleicht dem der Sonne.
Der das Z. bewirkende interplanetare Staub, die *Zodiakallichtmaterie*, umgibt die Sonne in Form eines abgeflachten Ellipsoids, in dem die Anzahldichte der Teilchen mit wachsendem räumlichem Abstand von der Sonne abnimmt. Die Teilchenradien liegen im Bereich zwischen etwa 5 und 100 µm, Teilchen mit Radien zwischen 10 und 70 µm tragen etwa 70% zum Z. bei. Mit zunehmendem Teilchenradius nimmt die Teilchenhäufigkeit stark ab. Die Teilchenzusammensetzung ist durch Analyse von mittels hochfliegenden Flugzeugen aufgefangenen Partikeln bestimmbar (→ interplanetare Materie).

Zodiakus *m*, svw. Tierkreis.

Zölostat *m*, ein aus Planspiegeln bestehendes optisches System, mit dem Licht eines Himmelskörpers unabhängig von dessen scheinbarer täglicher Bewegung einem fest aufgestellten Teleskop zugeführt werden kann. Z.e werden besonders bei → Sonnenbeobachtungen benutzt.

Zonenzeit, → Zeit.

Zustandsdiagramm, ein die funktionale Abhängigkeit zweier globaler, einen Stern als Ganzes charakterisierender Beobachtungsgrößen darstellendes Diagramm; z. B. das Hertzsprung-Russell-Diagramm.

Zustandsgleichung, mathematische Beziehung von Größen, die wesentlich vom thermodynamischen Zustand eines Stoffes abhängen, speziell die Beziehung von Druck, Dichte und Temperatur.

Ideales Gas. Bei einem idealen Gas ist der Druck p dem Produkt von Dichte ρ und Temperatur T proportional: $p = \rho \cdot kT/m = n \cdot kT$, wobei m die mittlere Masse der Gasteilchen, n die Anzahldichte der Teilchen und k die → Boltzmann-Konstante bedeuten. Der Druck ist nicht von der chemischen Zusammensetzung des Gases abhängig. Reale Gase lassen sich umso eher als ideale Gase beschreiben, je geringer die Wechselwirkungen der Gaspartikeln untereinander sind, was insbesondere der Fall ist, wenn die Eigenvolumina der Partikeln im Vergleich zum gesamten zur Verfügung stehenden Volumen sehr klein sind. In normalen Sternen und im interstellaren Gas ist diese Bedingung sehr gut erfüllt.

Entartetes Elektronengas. Bei sehr hohen Dichten und niedrigen Temperaturen bewirken quantenmechanische Effekte Abweichungen vom Verhalten eines idealen Gases.
Zwei identische Fermionen (Teilchen mit halbzahligem Spin), z. B. Elektronen, Protonen oder Neutronen, die sich im gleichen Raumgebiet aufhalten, können nicht die gleiche Energie haben. Bei entsprechend hoher Dichte haben einige Teilchen auch dann sehr hohe Geschwindigkeiten, wenn die Temperatur sinkt, weil die niedrigeren Energiezustände alle besetzt sind, der Gasdruck wird unabhängig von der Temperatur. Die „Gasentartung" tritt in einem vollständig ionisierten Gas für die freien Elektronen, für das „Elektronengas", wegen deren geringerer Masse viel eher ein als für die massereicheren Atomkerne.
Ein Elektronengas wird als vollständig entartet bezeichnet, wenn sämtliche nach den Gesetzen der Quantentheorie verfügbaren Energieniveaus bis zu einer Grenzenergie, der Fermi-Energie [benannt nach dem ital. Physiker E. Fermi, 1901–1954], vollständig besetzt sind. Je höher die Elektronengasdichte ist, umso höher ist die Fermi-Energie.
Es ist zwischen nichtrelativistischer und relativistischer Entartung, bei der die Fermi-Energie vergleichbar mit der Ruhmasseenergie der Elektronen ist, zu unterscheiden. Unabhängig von der Temperatur ist bei vollständiger nichtrelativistischer Entartung der Druck proportio-

nal $\rho^{5/3}$, bei vollständiger relativistischer Entartung proportional $\rho^{4/3}$. Vollständig relativistisch entartetes Elektronengas übt einen geringeren Druck aus als nichtrelativistisch entartetes, es ist weniger „steif". Die Grenze zwischen nichtrelativistischer und relativistischer Elektronenentartung liegt bei Dichten in der Größenordnung von etwa $2 \cdot 10^6$ g/cm³. Vollständige Entartung setzt im Prinzip eine verschwindend kleine Temperatur voraus, doch ist auch bei Temperaturen bis zur Fermi-Temperatur Entartung möglich, die bei den in → Weißen Zwergen herrschenden Dichten in der Größenordnung von einigen 10^6 K liegt. Die Entartung eines Elektronengases kann bei sonst unveränderten Bedingungen durch eine Temperaturerhöhung aufgehoben werden.

Im Zwischenbereich zwischen idealem und vollständig entartetem Elektronengas ist die Z. komplizierter, da der Grad der Entartung zu berücksichtigen ist und der Druck auch von der Temperatur abhängt. Im Übergangsbereich von nichtrelativistischer zu relativistischer Entartung ist die Z. gleichfalls komplizierter.

Neutronengas. Bei Gasdichten in der Größenordnung von 10^{14} bis 10^{15} g/cm³ existieren keine normalen Atomkerne, sie zerfallen infolge des Einfangs freier Elektronen (inverser → Betazerfall) in Neutronen. Das von den Neutronen gebildete Gas ist entartet, da sämtliche nach der Quantentheorie erlaubten Energieniveaus bis zu einer Grenzenergie besetzt sind. Die Z. eines entarteten „Neutronengases" ist noch weitgehend unbekannt. Infolge der extrem hohen Dichten sind die Abstände zwischen den Neutronen so klein, dass Kernkräfte wirksam werden, außerdem sind relativistische Effekte, z. B. die geschwindigkeitsabhängige Massezunahme der Teilchen (→ Relativitätstheorie), zu berücksichtigen.

Photonengas. Eine sehr einfache Z. ergibt sich für den Druck, den die Photonen einer den Raum erfüllenden Strahlung („Photonengas") ausüben. Im Fall Schwarzer Strahlung (→ Strahlungsgesetze) der Temperatur T gilt für den Strahlungsdruck $p = aT^4/3$, wenn a die Strahlungsdichtekonstante (→ Strahlungsgesetze) bezeichnet. Der Strahlungsdruck ist weder von der Dichte noch der Zusammensetzung eines im gleichen Volumen existierenden Gases abhängig. Im Vergleich zum Gasdruck spielt der Strahlungsdruck nur bei sehr hohen Temperaturen und vergleichsweise niedrigen Gasdichten eine Rolle.

Infolge der unterschiedlichen Abhängigkeiten von Dichte und Temperatur leisten in einem Gas in bestimmten Temperatur- und Dichtebereichen unterschiedliche Komponenten den Hauptbeitrag zum Gesamtdruck (Abb.), die Beiträge der anderen Komponenten brauchen dann vielfach nicht berücksichtigt zu werden.

Feste, flüssige Materie. Die Z. fester oder flüssiger Stoffe ist infolge des starken Materialeinflusses außerordentlich kompliziert. Nur für Drücke bis zu etwa 10^9 N/m² kann sie experimentell ermittelt, für höhere Drücke muss sie theoretisch bestimmt werden, was im Allg. nicht umfassend möglich ist.

Zustandsgrößen eines Sterns, globale Beobachtungsgrößen, die einen Stern als Ganzes charakterisie-

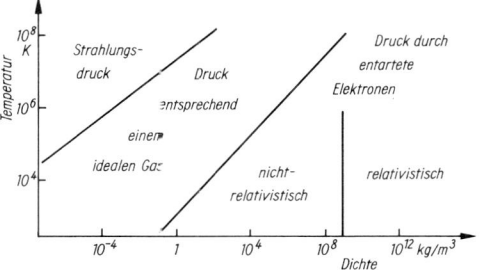

Temperatur-Dichte-Diagramm mit den Bereichen, in denen der Druck durch eine Komponente dominiert wird. Längs der Linien ist der Druck von im Diagramm benachbarten Gaszuständen gleich

ren. Zu den Z. e. S. gehören Masse, Leuchtkraft bzw. absolute Helligkeit, Durchmesser sowie effektive Temperatur. Leuchtkraft, Durchmesser und Effektivtemperatur sind durch eine mathematische Beziehung miteinander verknüpft und damit nicht unabhängig voneinander (→ Leuchtkraft).

Abgeleitete Z. sind mittlere Dichte und Schwerebeschleunigung an der Sternoberfläche, die durch Masse und Durchmesser bestimmt werden. Zu den Z. e. S. werden auch Größen gerechnet, die nicht konsequent physikalisch definiert sind, aber wesentliche Beobachtungsgrößen beinhalten, wie Spektral- und Leuchtkraftklasse sowie die chemische Zusammensetzung der Sternatmosphäre.

Zwischen der das Sternspektrum beschreibenden Spektral- und Leuchtkraftklasse und den das Spektrum bestimmenden Größen Effektivtemperatur, Schwerebeschleunigung an der Sternoberfläche sowie chemische Atmosphärenzusammensetzung bestehen keine Zusammenhänge, die durch einfache Formeln beschreibbar sind. Der Zusammenhang wird im Allg. graphisch durch *Zustandsdiagramme* veranschaulicht. Von diesen ist das → Hertzsprung-Russell-Diagramm, das den Zusammenhang zwischen Leuchtkraft bzw. absoluter Helligkeit und der Effektivtemperatur bzw. der Spektralklasse darstellt, von besonderer Bedeutung.

Zu den einen Stern als Ganzes charakterisierenden Beobachtungsgrößen gehören weiterhin die Rotationsperiode bzw. Rotationsgeschwindigkeit an der Sternoberfläche sowie das globale Magnetfeld.

Die Bestimmung der globalen Zustandsgrößen setzt z. T. eine hohe Messgenauigkeit voraus, nur für wenige Sterne ist die Gesamtheit der Größen bekannt. Die Tabelle (S. 502) enthält für Sterne unterschiedlicher Spektral- und Leuchtkraftklasse gemittelte Werte der Zustandsgrößen. Die Bestimmungsmethoden der einzelnen Größen sind unter dem entsprechenden Stichwort beschrieben.

Zwei-Farben-Diagramm, *Zwei-Farbenindex-Diagramm*, → Farbenindex.

Zweikörperproblem, *Kepler-Problem*, die Aufgabe, die Bewegung zweier Körper zu bestimmen, die unter dem alleinigen Einfluss ihrer gegenseitigen Massenanziehung stehen. Dabei wird angenommen, dass die

Zwei-Photonen-Emission

Mittlere Zustandsgrößen der Sterne

Spektral- und Leuchtkraftklasse	L ($L_\odot$)	$\mathfrak{M}$ ($\mathfrak{M}_\odot$)	R ($R_\odot$)	T_{eff} (K)	ρ ($\rho_\odot$)	g ($g_\odot$)	T_{eff} (K)
O5V	800 000	60	14	45 000	0,02	0,3	7,80
B0V	50 000	18	7,6	30 000	0,04	0,3	5,20
A0V	50	2,9	2,5	9 500	0,2	0,5	1,65
F0V	7	1,6	1,6	7 300	0,4	0,6	1,27
G0V	1,5	1,1	1,1	6 100	0,9	0,9	1,06
K0V	0,4	0,8	0,9	5 200	1,2	1,0	0,90
M0V	0,08	0,5	0,6	3 900	2,3	1,4	0,68
M5V	0,01	0,2	0,3	3 300	7,3	2,2	0,57
A0III	150	4	4	10 100	$6 \cdot 10^{-2}$	$3 \cdot 10^{-1}$	1,75
F0III	30	2	4	7 100	$3 \cdot 10^{-2}$	$1 \cdot 10^{-1}$	1,23
G0III	40	1,0	6	5 800	$5 \cdot 10^{-3}$	$3 \cdot 10^{-2}$	1,01
K0III	70	1,1	13	4 700	$5 \cdot 10^{-4}$	$7 \cdot 10^{-3}$	0,81
M0III	300	1,2	40	3 800	$2 \cdot 10^{-5}$	$8 \cdot 10^{-4}$	0,66
B0I	300 000	25	30	26 000	$9 \cdot 10^{-4}$	$3 \cdot 10^{-2}$	4,51
A0I	40 000	16	60	9 800	$7 \cdot 10^{-5}$	$4 \cdot 10^{-3}$	1,70
F0I	30 000	12	90	7 700	$2 \cdot 10^{-5}$	$1 \cdot 10^{-3}$	1,33
G0I	30 000	10	170	5 600	$2 \cdot 10^{-6}$	$3 \cdot 10^{-4}$	0,97
K0I	30 000	13	205	4 500	$8 \cdot 10^{-7}$	$2 \cdot 10^{-4}$	0,78
M0I	40 000	13	500	3 600	$1 \cdot 10^{-9}$	$5 \cdot 10^{-5}$	0,63
DA0	0,0007	0,6	0,011	9 500	$4,5 \cdot 10^5$	$3 \cdot 10^3$	1,64

L: Leuchtkraft; $\mathfrak{M}$: Masse; R: Radius; T_{eff}: effektive Temperatur; ρ: mittlere Dichte; g: Schwerebeschleunigung an der Sternoberfläche.
Sonne: $L_\odot = 3{,}85 \cdot 10^{26}$ W; $\mathfrak{M}_\odot = 1{,}99 \cdot 10^{30}$ kg; $R_\odot = 6{,}96 \cdot 10^5$ m; $T_{\text{eff}} = 5770$ K; $\rho_\odot = 1{,}41 \cdot 10^3$ kg/m³; $g_\odot = 274$ m/s².

Masse der Körper im Körpermittelpunkt konzentriert ist, dass es sich um „Punktmassen" handelt. Dies bedeutet, dass der Abstand der Körper um viele Größenanordnungen größer ist als ihr Durchmesser.
Im Allg. wird einer der Körper, der Hauptkörper, als ruhend angesehen, während der andere sich relativ zu diesem bewegt. Die Anziehungskraft zwischen den Körpern ist nach dem Newton'schen Gravitationsgesetz proportional den Massen der Körper und umgekehrt proportional dem Quadrat ihrer Entfernung. Sind für einen bestimmten Zeitpunkt der Ort des zweiten Körpers und dessen Geschwindigkeit nach Richtung und Größe relativ zum Hauptkörper sowie die Masse beider Körper bekannt, sind die Bahn sowie der Bewegungsablauf des umlaufenden Körpers für beliebige Zeiträume berechenbar. Die Bahn ist ein Kegelschnitt (ein Kreis, eine Ellipse, eine Parabel oder eine Hyperbel), in deren einem Brennpunkt sich der Hauptkörper befindet. Für die Bahngeschwindigkeit gilt der Flächensatz, wonach die Verbindungslinie zwischen Haupt- und sich bewegendem Körper in gleichen Zeitintervallen gleich große Flächen überstreicht. Die → Kepler'schen Gesetze sind als Spezialfall in diesen Bewegungsregeln enthalten. Da es gleichgültig ist, welcher der beiden Körper als Hauptkörper angesehen wird, gelten die Gesetze auch für die Bewegungen des ersten Körpers relativ zum zweiten. Werden die Bewegungen der beiden Körper auf den gemeinsamen Schwerpunkt bezogen, durchlaufen sie ähnliche Bahnen mit gleichem Bewegungsablauf, z. B. Ellipsen mit gleicher Exzentrizität.
Können die Körper nicht als Punktmassen angesehen werden, ist die Lösung des Z.s wesentlich komplizierter. Ist die Bahn in Näherung eine Ellipse, ist die tatsächliche Bahn nicht geschlossenen, da die große Achse der Bahnellipse in Abhängigkeit von der Massenverteilung im jeweiligen Körperinnern sowie von den Körperabständen sich dreht (→ Perihelrotation). Bei extrem massereichen Körpern werden bei der Bewegung merkliche Energiemengen in Form von → Gravitationswellen abgestrahlt, wodurch die Körper Spiralbahnen durchlaufen und sich ihr gegenseitiger Abstand langsam verkleinert.
Im Sonnensystem ist das Z. in guter Näherung erfüllt, da die Abstände der Planeten von der Sonne und untereinander sehr groß sind. Für den Bewegungsablauf über astronomisch lange Zeiträume müssen aber die gegenseitigen gravitativen Einflüsse der Planeten als Störungen der Zwei-Körper-Bewegung berücksichtigt werden. Im strengen Sinn liegt kein Z., sondern ein → Mehrkörperproblem vor. Dies gilt vor allem für die Bewegungen von Planetoiden und Kometen. Sie kommen den Planeten z. T. so nahe, dass durch deren Massenanziehung die Bahnen der massearmen Körper entscheidend beeinflusst werden. Der Bewegungsablauf der Satelliten um ihren jeweiligen Planeten kann gleichfalls nur in Näherung als Z. angesehen werden. Die Satelliten haben so geringe Abstände von ihrem Planeten, dass dieser nicht als Punktmasse wirkt. Dies trifft im besonderen Maß für den Mond zu, dessen Umlaufbewegung auf Grund des Einflusses der Erde sowie der Sonne außerordentlich kompliziert ist (→ Mondbewegung). Bei der Bewegung der Kometen spielen vielfach nicht nur gravitative, sondern auch nichtgravitative Kräfte eine Rolle (→ Komet). In diesen Fällen wird das klassische Z. ganz verlassen.

Zwei-Photonen-Emission, der spontane Übergang eines in einem Atom gebundenen Elektrons von einem höherliegenden Energieniveau zu einem niedrigeren unter Aussendung zweier Photonen. Die Energie beider Photonen zusammen ist gleich der Energiedifferenz der beiden Niveaus, die Verteilung der Energie auf die Photonen jedoch beliebig, so dass bei einer Z.-P.-E. ein kontinuierliches Spektrum emittiert wird. Die Wahrscheinlichkeit für eine Z.-P.-E. ist um viele Größenordnungen geringer als für einen Ein-Photon-Übergang. Bei „verbotenen" Übergängen (→ Atom) sind Z.-P.-E.en relativ häufiger und spielen im interstellaren Gas z. T. eine Rolle.

Zweispektrensystem, spektroskopisches Doppelsternsystem, in dessen Spektrum Linien beider Komponenten in Erscheinung treten.

Zweistrahlinterferometer, → Radioteleskop.

zweiter Kontakt, → Finsternis.

Zwerg-Cepheiden, ältere Bezeichnung für die → Delta-Scuti-Sterne, insbesondere für die mit großer Amplitude.

Zwergenast, andere Bezeichnung der Hauptreihe im → Hertzsprung-Russell-Diagramm.

Zwerggalaxie, extragalaktisches Sternsystem geringer absoluter Helligkeit; → Sternsystem.

Zwergnovae, *Sing. Zwergnova, f*, ältere Bezeichnung für → U-Geminorum-Sterne.

Zwergplanet, ein die Sonne umlaufender Himmelskörper, der eine so große Masse hat, dass die Eigengravitation die Festigkeit der ihn formenden Materie überwindet und er sich in einem hydrostatischen Gleichgewicht befindet, d. h. nahezu rund, aber kein Satellit ist, und in dessen Nähe, anders als bei einem Planeten, auch weitere Kleinkörper die Sonne umlaufen. Zu den Z.en werden gegenwärtig die → Ceres, die → Eris und der → Pluto gerechnet, wobei Ceres und Eris zunächst als Planetoiden, Pluto als Planet bezeichnet wurden.

Zwergstern, ein Hauptreihenstern, insbesondere eines mittleren oder späten Spektraltyps.

Zwischenpopulation, → Population.

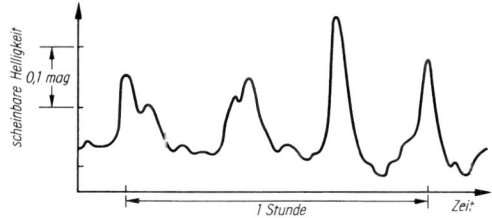

Lichtkurve des ZZ-Ceti-Sterns ZZ Piscium am 17.10.1974 während einer Zeit etwas länger als eine Stunde

Zwischenwolkengas, zwischen interstellaren Wolken diffus verteiltes Gas neutralen Wasserstoffs; → interstellares Gas.

Zwillinge, das Sternbild → Gemini.

ZZ-Ceti-Sterne, Typbezeichnung (ZZ), kurzperiodisch veränderliche Weiße Zwerge der Spektralklasse DA mit Helligkeitsamplituden von maximal 0,3 mag und Perioden zwischen etwa 4 und 20 Minuten (Abb.). Charakteristisch ist das Auftreten vieler, z. T. mehr als 20 überlagerter Perioden, die teilweise über längere Zeit sehr genau eingehalten werden, aber auch nach wenigen Stunden abklingen können. Der Lichtwechsel der ZZ-C.-S. ist auf nichtradiale Pulsationen zurückzuführen (→ Sternaufbau). Die Sterne werden von Wellen unterschiedlicher Perioden durchlaufen, die insgesamt eine komplexe Oszillation verursachen. An der Sternoberfläche kommt es zu großräumigen Temperaturvariationen mit Temperaturdifferenzen zwischen benachbarten Bereichen in der Größenordnung von etwa 1 000 K.

Die Bildpunkte der ZZ-C.-S. liegen im Hertzsprung-Russell-Diagramm in der Verlängerung des Instabilitätsstreifens (Abb. → Veränderliche).